MODERN PHYSICS

Gary N. Felder | Kenny M. Felder 지음

현대물리학

김명훈 | 김진승 | 신서동 | 조덕용 옮김

저자 소개

이 책 "현대 물리학"은 상대성과 양자역학의 기초부터 입자 물리학과 우주론의 최근 발전에 이르는, 물리학 기초 과정에서 일반적으로 다루는 내용에 능동 학습 교육법을 적용했다. 저자들은 능동 학습을 교수가 원하는 만큼 수업에 쉽게 활용할 수 있도록 유연한 접근 방식을 썼다. 각 장은 수업 전이나 수업 중에 학생들이 핵심 개념을 이해하도록 돕는 "발견 연습" 및 "능동 읽기 연습"으로 더욱 풍부해졌고, "개념시험"은 학생들의 이해도를 확인하고 수업중 토론을 자극한다. 각 장에는 다양한 기본 이해 문제, 연습 및 계산, 컴퓨터 기반 문제, 고급 응용 프로그램 탐색 등 광범위한 평가 자료가 들어 있다. 문제 은행, 대화형 동영상, 그리고 교수와 학생을 위한 기타 수업 자료를 온라인에서 제공한다. 학생들은 읽기 쉽고 생생한 문장, 상세한 설명, 다양한 수준의 기술과 경험을 고려한 "수학 간주곡", 그리고 물리학에 대한 관심을 더욱 높이는 고급 주제들을 통해 학습에 몰입할 수 있다.

게리 N. 펠더(Gary N. Felder)는 매사추세츠주 스미스 대학의 물리학 교수이다. 그의 연구는 급팽창 우주론, 전산 모사, 그리고 물리학 개념 교육을 위한 컴퓨터 및 문장 도구 개발에 집중되어 있다. 2017년에는 뛰어난 교육과 학생들에게 좋은 영향을 미친 공로로 스미스 대학 학생회로부터 SGA 교수 교육상을 받았다. 그의 논문 "The Effects of Personality Type on Engineering Student Performance and Attitudes"은 2003년 미국공학교육학회의 "올해의 최우수 논문" 상을 받았다.

케니 M. 펠더(Kenny M. Felder)는 노스캐롤라이나주 롤리 차터 고등학교에서 20년 넘게 물리학과 수학을 가르쳤다. 그는 노스캐롤라이나 대학교 채플힐 캠퍼스에서 물리학 학사 학위를 최우등으로 받았다. 그의 저서 『Advanced Algebra II』는 이 교재에 포함된 능동 학습 교육법의 많은 부분을 개척했으며, 라이스 대학교의 커넥션스 프로젝트에서는 이를 "매우 전통적인 과목에 대한 비전통적인 접근법"으로 묘사하며 "2학년 대수학의 세계를 생생하게 만들어준다"고 평했다.

두 사람은 『Mathematical Methods in Engineering and Physics』(2016)을 공저했다.

M O D E R N P H Y S I C S

현대물리학

Modern Physics

차례
Contents

서문
Preface

현대 물리학 담당 교수님께

이 교재는 현대 물리학 입문 과정용이다. 학생들은 이미 고전역학과 전자기학의 입문 과정을 배웠을 것으로 추정하므로 이 과정은 물리학 계열의 셋째 과정이 될 수 있다. 수학은 일변수 미분과 적분을 모두 할 수 있어야 하며, 더 고급 주제는 필요할 때 이 책에서 소개하거나 되새긴다.

현대 물리학 교재는 이미 많이 나와 있는데, 왜 새로운 교재를 쓸 필요가 있다고 생각했는가?

- 상대성과 양자역학이 대표하는 개념적 혁신이 고전 물리학 위에 어떻게 세워지는지, 어떻게 일상적인 물리적 직관에서 근본적으로 벗어나는지, 물리적 패러다임의 급진적 변화가 방정식에 어떻게 반영되는지 강조하고 싶었다. 이미 나와 있는 책들은 이를 잘 하지 못한다고 생각했다. 기존의 많은 교재는 학생보다 교수를 위해 쓴 것처럼 보이며, 학생들은 방정식에 담긴 내용을 명확하게 알지 못한 채 그것을 풀어야 했을 수 있다.
- 우리가 원한 것은 학생들이 기초적인 수준에서 자료를 이해할 수 있도록 이끄는 물음과 미묘함을 더 깊이 탐구할 수 있도록 하는 물음이었다. 핵심 수학적 기법에 대한 연습과 실습을 제공하는 많은 문제와 학생들이 핵심 유도과정을 이해하고 따라할 수 있도록 하는 문제도 원했다. 기존 교재는 대체로 이들 범주 중 어느 것도 충분히 제공하지 않는다.
- 학생들이 아직 배우지 못했을 수도 있는 수학적 주제들, 예를 들어 정상파와 진행파, 복소 지수 함수, 이산 및 연속 확률 분포, 편미분, 구좌표, 그리고 물론 편미분 방정식 등을 양자역학에 필요한 주제로 검토하고 싶었다.
- 교수와 학생 모두를 지원하기 위해 디지털 기법을 써서 온라인 자료 모음을 제공하고자 했다. 이 서문의 뒷부분에서는 온라인 자료에 대해 자세히 설명하지만, 거기까지 읽지 않을 수도 있으니 지금 바로 www.cambridge.org/felder-modernphysics에 들어가서 무엇이 있는지 둘러보기 바란다. 또한 학생들이 자주 참고해야 할 수도 있으므로 강의 첫 시간에 이곳을 표시해 두도록 지시하는 것이 좋다.
- 가장 중요한 것은 많은 초급 역학 및 전자기학 교재에서도 쓸 수 있지만 대개 고급 과정에서는 쓸 수 없는 유형의 도구를 원했다는 것이다. 교실에서 능동 학습 기법을 쓰지 않는다면 위에서 나열한 모든 장점을 책에서 계속 확인할 수 있기 바란다. 하지만 능동 학습 기법을 썼거나 시도해보고 싶다면 이 책에서 내용을 희생하지 않고 쉽게 실험할 수 있는 도구를 찾

을 수 있다. 이 서문의 대부분은 이러한 도구를 어떻게 쓰는지(그리고 우리가 직접 쓰는 방식)를 설명하는 데 할애한다.

우리 둘은 다른 때에 다른 학교에서 배운 현대 물리학 강좌가 삶을 바꾸는 계시였다. 아주 빠른 물체는 무엇이 다르지? 낱낱의 광자는 무엇을 하지? 이런 일이 실제로 일어난다고?

그 감격을 학생들과 공유하고 싶었다: 그들이 아인슈타인, 보어, 슈뢰딩거와 함께 원탁에 둘러앉아 놀라운 실험적 증거를 설명하기 위해 일관된 이론적 모형을 꾸며내기를 원한다. 그들이 관련된 수학적 과정에 익숙해지고 동시에 기본 물리학이 그들의 직관을 거스르는 방식을 보기를 원한다.

이 책의 제목으로 “어린애 같은 경이와 미분 방정식”도 생각했었다. 학생들이 특수 상대론과 양자역학에 대한 소개에서 이 모든 것을 보기를 원한다. 뒷장에서는 이러한 이론이 20세기와 21세기의 가장 어려운 과학 문제의 답을 찾는 데 어떻게 도움이 되었는지 살펴보고자 한다. 또한 2022년 현재에도 여전히 답을 모르는 물음들도 알려주어, 학생들이 언젠가 답을 찾는 데 도움이 될 수 있기를 바란다.

주제 및 조직

이 책은 대체로 특수 상대성(제1-2장), 양자역학(제3-6장)과 고급 주제(제7-14장)의 세 부분으로 되어 있다. 두 학기 강좌에서는 책 전체를 다룰 수 있지만 대부분의 대학에서는 현대 물리학이 한 학기 강좌이므로 그 때는 다룰 부분을 골라야 할 것이다.

강좌에서 상대성을 뺀다면 1장과 2장을 건너뛰어라. 상대성을 넣는다면 § 1.2(하루나 이틀 정도의 소개)에서 2장의 끝(2~3주 동안)까지의 어디에서든 마칠 수 있다. 상대성은 이후 장에서 가끔 나오는데, 대부분은 공식 $E^2 = p^2c^2 + m^2c^4$과 관련된 문제에서 나오므로 상대성에서 그 식까지 다루지 못하면 이러한 문제는 과제로 내지 말아야 한다.

3장의 처음 세 절—간섭의 수학, 고전적인 영의 겹-실틈 실험, 그리고 같은 실험을 광자 하나씩 써서 반복하는 것—이 양자역학에 대한 소개이다. 학생들은 이러한 실험 결과를 설명하려면 이론의 여러 측면이 직관에 어긋난다는 것을 스스로 확신해야 한다. 나머지 부분에서는 흑체 복사, 광전 효과, 콤프턴 산란 및 20세기 초 물리학자들이 양자 가설을 제안하고 받아들이게 된 기타 결과를 제시한다; 이 중 원하는 것을 골라 다룰 수 있지만 이후 장에서 꼭 필요하지는 않다.

4, 5, 6장에서는 양자역학의 이론과 수학을 이 입문 수준에서 다룬다. 이 부분은 전형적인 현대 물리학 강좌에서 비중이 가장 크다. 하지만 생략해도 연속성을 유지되는 부분도 있다.

- § 6.3(운동량 고유 상태) 및/또는 § 6.4(위상 속도 및 군 속도)를 건너뛸 수 있지만, 후자를 다루려면 전자도 다루어야 한다.
- § 6.6에서는 시간-변화 슈뢰딩거 방정식을 소개하고, 이를 써서 앞서 소개한 에너지 고유 상태의 시간 진화 규칙을 끌어낸다. 이 절 다른 부분보다 고급 수학을 쓰며 생략할 수 있다.

§ 4.1(원자 분광선 및 보어 모형)과 § 4.2(물질 파동)은 건너뛰어도 되지만, 슈뢰딩거의 파동 역

학에 중요한 동기를 제공하므로 건너뛰지 않는 것이 좋다. § 5.1은 학생들이 기초 물리학에서 배웠어야 할 힘과 위치 에너지에 대한 개념을 되새긴 것이다. 간단한 되새김이지만, 학생들이 이것을 잘 안다고 확신하지 않는 한 건너뛰는 것은 (학생들에게는 더욱) 위험하다.

6장 이후는 양자역학의 쓰임새를 보여준다. 이후의 장은 대부분 서로 독립적이다. 때때로 한 절은 다른 장의 앞 절에 의존하기도 하며, 이러한 관련성은 관련된 절의 첫 부분에서 설명한다. 유일한 주요 장의 관계는 9장(분자)이 8장(원자)의 연장이며, 이는 다시 7장(수소 원자)의 연장이라는 것이다.

이들 장 중 한 두 개를 골라 자세히 살펴보는 것도 재미있을 것이다. (게리는 14장 우주론을 추천한다!) 반면에 학생들에게 다양한 주제를 맛보이는 것도 좋다. 그러한 선택을 쉽게 할 수 있도록 첫 절이나 둘째 절을 독립적인 개요로 제시할 수 있도록 이러한 장을 많이 구성했다. 다음과 같은 선택을 고려해 보자: 제7장(수소 원자)의 첫 절, 10장(통계역학)의 첫 두 절, 11장(고체)의 첫 두 절, 12장(원자핵)의 첫 절 또는 처음 두 절, 13장(입자물리학)의 첫 두 절, 그리고/또는 14장(우주론)의 첫 절 또는 처음 두 절. (7장의 경우 첫 절의 소개를 다룬 다음 § 7.5 및 § 7.6의 스핀에 대한 설명으로 넘어갈 수도 있다.)

능동 학습

위에서 살펴본 바와 같이, 이 책은 이미 나온 현대 물리학 교재보다 장점이 많다고 생각한다. 능동 학습에 관심이 없다면, 다른 교재와 비교하여 설명이 더 명확하고 물음과 문제가 더 철저하고 탐구적인지 직접 판단해 보라.

하지만 우리는 능동 학습을 열렬히 지지한다. 왜냐하면 능동 학습이 효과적임을 모든 연구가 보여주기 때문이다: 능동 학습 기법을 제대로 쓰면 학생들은 더 잘 배우고, 더 깊이 이해하며, 더 오래 기억한다.[1]

이와 함께 어려움도 잘 알고 있다. 이미 빠듯한 수업 시간에 내용을 줄이지 않으면서 능동적이고 도전적인 시간을 어떻게 짜내지? 그리고 학생들이 건설적으로 참여하는 올바른 활동을 어떻게 마련하지? 이 책은 수업 중이든 수업 외이든 추가 시간을 아주 조금 써서 능동 학습을 쉽게 실험할 수 있게 해준다. 이러한 실험이 학생의 이해도와 기억을 높이는 데 정말 빠르고 쉽고 (가장 중요한) 효과적임을 알게 된다면 대담하게 몇 가지를 더 시도해 볼 수 있다.

그래서 그 목적에 맞게 설계한 이 책의 요소를 안내한다.

발견 연습

"발견 연습"은 강의 시작 5~20분 전에 보는 자습서(self-guided tutorial)이다. 강의 당일 숙제로 내거나, 주제 시작 시 수업에서 마치거나, 이전 주제가 끝날 때 수업에서 마쳐 다음 수업을 준비할 수 있다. 학생들은 주제에 관한 수학과 물리학 일부를 풀어간다. 그들이 모든 것을 풀어낼 수 있다

1 다음 예를 보라: Freeman, S., Eddy, S. L., McDonough, M., et al., Active learning increases student performance in science, engineering, and mathematics, *Proceedings of the National Academy of Sciences of the United States of America*, **111**(23), 8410–15, 2014.

면, 수업 준비를 잘 한 셈이다. 그들이 막히면 주제가 무엇인지, 정확히 무엇에서 헷갈리는지를 더 명확히 알고 있으므로 강의에서 잘 배울 준비가 된 셈이다.

이 책의 연습 문제를 모두 풀 필요는 없고, 우리도 강의에서 그것을 모두 쓰지는 않는다! 이 책은 교수가 연습 문제를 골라 쓸 수 있게 많이 넣었다.

능동 읽기 연습

아래의 상자는 § 6.5 산란 및 터널링에 있다. 학생들은 이미 입자의 에너지보다 더 높은 전위 장벽에 입사할 때의 에너지 고유 상태를 푸는 방법을 배웠고, 이제는 입자의 에너지보다 더 낮은 전위 장벽을 살펴본다. 이 경우 학생들은 앞서 본 사례를 바탕으로 수학적 해는 쉽게 구할 수 있겠지만, 파동의 일부가 투과된다는 것을 그 해를 써서 이해하도록 이끌려고 한다.

능동 읽기 연습: $E > U_0$인 전위 계단

1. $E > U_0$인 입자에 대해 $x \geq 0$에서 에너지 고유상태를 써라.
2. 위의 문제에 대한 답은 두 부분으로 되어 있다. 두 부분 각각은 입자에 대해 무엇을 나타내는가?
3. 이 두 부분 중 어느 것도 $x \to \infty$에서 발산하지 않지만 어쨌든 둘 중 하나는 0이 되어야 한다. 어느 것인지 물리적으로 추측할 수 있는가?

수업 전에 교재를 읽어오는, 동기부여가 된 학생들에게는 다음 단계로 넘어가기 전에 잠시 쉬면서 이러한 연습을 시키면 내용의 이해도와 기억력이 아주 좋아진다. 하지만 많은 학생들은 (교재를 읽는다고 해도) 그렇지 않으며, 내용을 강의에서 처음 볼 것이다.

그래서 이 중 한 두 개만 다루면서 강의를 잠시 멈추는 것이 좋겠다. 그 물음을 담은 슬라이드를 보여준다. (모든 슬라이드는 온라인으로 제공된다.) 1분 동안 학생 스스로 생각해 보게 하고, 옆의 학생과 답을 비교하고 토론하는 데 또 1분을 준다. 연구에 따르면, 각각 1-2분을 넘지 않는 이러한 멈춤을 한 두 번 하면 학생들이 50분 강의 내용을 훨씬 더 잘 기억한다.

그 다음에는 무엇을 해야 할까? (위의 경우에는) 교재의 능동 읽기에 대한 답을 바로 제시한다. 이 경우에는 그 답이 강의의 다음 단계에 중요하다. 따라서 학생들의 답을 두루 조사한 다음 올바른 답을 설명하는 것으로 강의를 진행할 수 있다. 다른 경우에는 능동 읽기 연습의 답이 온라인에 있고, 그것을 골라 수업 중에 토론하거나 학생들에게 나중에 찾아보라고 할 수 있다.

빠른 확인 및 개념 시험

책에 부수되는 온라인 자료 중에는 수업에 쓸 수 있게 꾸민 객관식 물음 모음이 있다. 일반적인 능동 학습 기법에서는 개인별 응답기, 스마트폰 앱, 쪽지 제출 등을 통해 정답율 확인한다. 정답율이 높으면 그 답을 칠판에 적어 보여준 뒤 넘어가면 되고, 낮으면 짝을 지어 토론시킨 다음 설명할 수 있다.

이 물음들은 두 가지 범주로 나뉜다.

- "빠른 확인"은 간단한 사실적 물음이다. ("다음 중 어떤 것이 '관성' 기준틀을 정의하는가?") 빠른 확인은 학생들이 기본 내용을 잘 따라오고 있는지 빨리 확인하기 위한 것이다. 이는 책에는 없고 온라인으로만 제공된다.
- "개념 시험"는 이해력에 대한 미묘한 시험이다. 개념 시험은 오답이 정답만큼이나 많이 나올 때가 잦다. 하지만 학생들이 스스로 답할 시간을 주고 이웃과 대화할 시간을 1분 더 주면 2분 뒤에는 점수가 훨씬 높아지며, 그 2분 동안 많은 학습이 이루어진다. 개념 시험은 과제 집합의 일부로도 쓸 수 있다. 모든 개념 시험은 온라인으로 제공되지만 일부는 책에 '개념 물음'(아래 설명)으로도 들어 있다.

객관식 물음도 연습 문제처럼 많이 제공하여 골라 쓸 수 있게 했지만, 그것을 모두 쓰는 것은 권장하지 않는다!

책의 다른 주요 특징들

능동 학습을 명확히 지원하고자 꾸민 연습과 물음 외에도, 이 책에는 학생들이 내용을 배우고 기억하는 데 도움이 되는 여러 특징이 있다.

수학 간주곡

현대 물리학을 배우는 학생들은 수학을 어느 수준까지 배웠고, 수식은 얼마나 잘 다룰까? 대답은 학생마다, 강좌마다, 학교마다 엄청나게 다르다는 것이다. 대부분의 학생들은 기본 삼각법과 초급 미적분은 잘 알 것이다. 다변수 함수[예를 들어 진행파 $y = A\sin(kx - \omega t)$]를 본 적은 있어도 익숙하지는 않을 것이다. 고등학교 이후로 복소수를 본 적이 없을 수도 있다. 편도함수, 중적분, 구좌표 및 편미분 방정식을 배웠을 수도 있고 처음 볼 수도 있다. 학생들이 이 모든 주제를 잘 알거나 익히면서 현대 물리학을 배울 것이라고 낙관적으로 가정한다면 그 결과는 좌절감과 수박 겉핥기 지식일 수 있다. 그래서 내용을 연속적으로 전개하되, 필요한 곳에서 그 주제를 설명하는 짧은 절을 두었다.

수학적 주제가 강좌의 선수 과목에 없다면 시간을 들여 이 절을 다룰 수 있고, 선수 과목에 있다면 이 절에서 몇 가지 과제를 내어 학생들에게 복습할 주제를 알려줄 수 있다.

물음

각 절의 설명 뒤에는 많은 물음과 문제가 있다.

물음은 "개념 물음 및 개념 시험"과 "심층 토론"으로 나뉜다. 문제와 달리 이러한 물음은 거의 계산할 필요가 없다. 절에서 제시한 주제를 이해한 학생은 대부분의 개념 물음, 예를 들어 약간의 생각과 토론을 한 뒤에 답할 수 있어야 하므로 이러한 물음은 정기적인 과제 및/또는 수업중 토론에 적합하다. 하지만 그 학생이 심층 토론 물음은 어려워할 수 있다. 그 어려움이 토론과 논장으로 이어진다면 특별한 가치가 있다! 이러한 물음은 점수를 더 주는 문제, 더 긴 토론의 주제 또는 열성적인 학생의 도전 과제가 된다. 주의 사항은 다음과 같이 괄호로 묶어 보여주는 것이 좋다: (꼭 정답이 아니어도 좋으니, 실제 생각을 보여줄 것을 기대한다.)

문제

각 절의 맨 끝에는 문제가 있는데, 여러 면에서 다른 교재에서 볼 수 있는 문제와 비슷하다. 첫째 차이는 더 많다는 것이다. (경험상 교수들은 거의 언제나 더 많은 문제를 원한다.) "탐구"가 붙은 문제는 실제 쓰임새나 고급 개념으로 더 깊이 들어가며 점수를 더 주거나 모둠 과제로 낼 수 있다.

전통적인 교재의 설명에 있는 유도과정의 전체 또는 일부를 문제로 넘겼다. 목표는 충분한 얼개를 제공하여 학생 스스로 결과를 제대로 유도할 수 있게 만드는 것이다. 학생들이 참으로 배우게 하고 싶은 유도과정이라면 교수가 보여주기 전에 먼저 학생 스스로 유도해 보면 (또는 적어도 시도해 보면) 더 잘 이해하고 기억할 것이라고 굳게 믿는다.

홑 실틈 회절이나 쌍 소멸과 같은 특정 주제를 탐구하는 문제의 제목은 굵은 글씨로 표시했다.

다변수 미적분을 현대 물리학의 선수 과목으로 지정할 지는 학과마다 의견이 다르므로, 학생들이 그것을 아직 배우지 않았을 경우 교수들이 건너 뛸 수 있도록 다중적분이 들어가는 문제는 따로 표시했다.

앞의 문제의 결과를 쓰는 일부 문제는 따로 표시했다. 어떤 절에 "15. [이 문제는 문제 14의 결과를 씀.]"이 있으면 과제로 문제 14만 또는 문제 14와 15 모두 낼 수 있지만, 문제 15만 내면 안 된다.

컴퓨터 문제

문제를 풀 때 컴퓨터를 쓰는 것은 물리학 전공생에게 중요한 기술이지만 컴퓨터에 너무 의지하면 중요한 기법을 배우는 데 방해가 될 수 있다. 우리의 목표는 올바른 균형을 강요하는 것이 아니라 여러분이 정하도록 지원하는 것이다. 컴퓨터를 쓰는 문제는 쪽그림(💻)으로 표시했다. (단순히 그래프 계산기를 쓰는 문제는 표시하지 않았다.) 그러한 문제는 학생들이 Wolfram Alpha, Mathematica, Matlab, Excel 또는 기타 프로그램을 써서 풀게 할 수 있다. 강좌에서 컴퓨터 쓰는 것을 원하지 않는다면 그 문제를 안내면 된다.

온라인 자료

이 책의 웹사이트 www.cambridge.org/felder-modernphysics에 제공한 온라인 자료는 이 과정을 가르치는 것을 최대한 쉽게 하고, 이 과정을 최대한 생산적으로 수강할 수 있도록 꾸몄다.

이들 자료 중 일부는 위에서 설명한 능동 학습 도구와 관련이 있다.

발견 연습

모든 발견 연습 문제는 책에 있으므로 "발견연습 1.1을 풀어 내세요"라고 하여 과제를 낼 수 있다. 하지만 학생 작업을 위한 빈 공간을 포함하여 웹사이트에서 인쇄 가능한 형태로도 제공되므로 수업 시간에 학생들에게 전달하여 작업할 수 있다.

능동 읽기 연습

능동 읽기 연습은 두 가지 형태로도 제공된다: 인쇄된 책과 수업 중에 쉽게 떠올릴 수 있는 슬라이드 형태로 웹사이트에서 제공된다.

일부 능동 읽기 연습의 풀이

강의를 계속하는데 능동 읽기 연습의 풀이가 꼭 필요하면 교재의 연습 바로 아래에 풀이가 있다. 연습 문제를 발표하고 토론한 다음 풀이가 명확한지 확인한 다음 더 진행하기 전에 해결책을 제시해야 한다는 가정이 있다. 따라서 학생들이 나중에 참고할 수 있는 온라인 풀이는 나머지 강의에 필요하지 않다.

빠른 확인 및 개념 시험

모든 객관식 물음은 수업 중에 쓰기 쉽게 만든 PowerPoint 및 PDF 슬라이드로 제공된다. 개념 시험 일부는 책의 개념 물음에도 들어 있다.

능동 학습 도구를 쓰지 않는 전통적인 강좌를 지원하는 다른 자료도 만들었다.

과제 집합

이 책에 실린 문제가 다른 교재보다 더 많고 더 다양하다는 점을 강조해 왔다. 하지만 과제를 내는데 시간을 너무 많이 쓰게 되면 이러한 강점이 약점이 될 수 있다. 각 절마다 주요 개념을 다루는 물음과 문제의 작은 표본을 골랐다. 과제를 매일 내려면 그 집합을 쓰면 된다. 주간 과제를 내려면, 강의에서 다룬 절의 집합을 모으면 된다.

동영상

책의 여러 곳에는 정적인 그림보다 개념을 더 잘 보여주는 온라인 대화형 동영상 링크가 있다. 예를 들어, 이 책에는 파동뭉치가 전위 장벽에 접근하여 일부 반사되고 일부 투과되는 것을 보여주는 동영상이 있다. 학생들은 그 동영상에서 파동뭉치가 전위 장벽에 부딪혀 침투한 다음 반사 파동과 투과 파동을 만드는 것을 볼 수 있다. 그 뒤에 학생들은 장벽 높이를 바꾸고 다시 실행하여 어떻게 변하는지 볼 수 있다. 이러한 동영상은 강의 시간에 보여주거나, 실습 활동으로 쓰거나, 읽기 과제로 지정할 수 있다.

보충 절

이 책에는 책의 내용을 보완하는 여러 주제의 절에 대한 링크도 들어 있다.

마지막 생각

과학이라는 놀라운 사업에 대해 한 마디 남긴다.

> 우리는 물리적 기계이다—돌아다니고 말하고 웃다가, 때가 되면 죽는 꼭두각시다. 하지만 피할 수 없는 기본적 답이 하나 있다. 우리는 묻는 존재이다.
>
> - 에딩턴 경 (Sir Arthur Stanley Eddington)

감사 및 그림의 저작권
Acknowledgments and Figure Credits

이 책의 앞 표지에는 두 저자 게리 N. 펠더와 케니 M. 펠더의 이름이 있다. 하지만 훨씬 더 많은 사람들의 기여가 없었다면 이 책은 나올 수 없었을 것이다.

이 케임브리지 대학교 출판부의 편집 담당 빈스 힉스(Vince Higgs)와 멜리사 쉬버스(Melissa Shivers)가 처음부터 함께 했다 그들은 우리가 대부분의 다른 캠브리지 교재와는 다른 무언가를 시도하고 있음을 바로 알아차렸다(그들의 영국식 표현과 억양은 미국인인 우리가 듣기에 매력적이었다). 그들은 우리의 특이한 접근 방식을 꺼리지 않았다; 그들은 그것을 지지하고 심지어 환호하기도 했으며, 처음에는 막연했던 미래상을 현실화하는 모든 단계에서 우리와 함께 노력했다. 그들은 수십 명의 초기 비평가들에게 우리 책을 전달했고, 그들의 의견 덕에 책의 모든 부분이 더 좋아졌다. 그들은 우리가 뜻하지 않았던 비표준적인 면을 지적했고, 그것을 바로잡는 방법을 조언했다. (멜리사가 책 전체를 읽지 않고도 어떻게 "겹친 소제목"을 모두 찾아냈는지는 수수께끼다. 하지만 지금은 모두 사라졌다.) 멜리사와 빈스, 두 분의 철저한 지원에 대해 우리가 늘 고마워하며 뒷담화 했다는 사실을 알아주셨으면 해요.

캠브리지 출판부에서 원고 편집과 최종 교정은 각각 존 킹(John King)과 수잔 파킨슨(Susan Parkinson)이 맡았는데, 그들은 설명, 연습, 물음, 문제를 모두 읽었다. 그들의 작업 수준은 놀라웠다. 일부는 아주 세부적이었고("이 도표는 조금 틀렸다"), 일부는 전문 지식이 필요한 것도 있었다("실제로는 자기 효과가 아니다"). 그들은 우리가 수십 번 읽고도 놓친 실수를 찾아냈고, 우리가 꿈에도 생각하지 못했던 개선안을 제안했다. 처음부터 끝까지 그들은 그저 필요한 일을 하는 것이 아니라 이 책을 최선으로 만들려 했음이 분명했다. 한때 우리 둘은 캠브리지 출판부가 두 사람에게 얼마를 줘도 아깝지 않을 것이라고 말했다. 일이 끝날에는 캠브리지 출판부의 레이첼 노리지(Rachel Norridge)가 지도력을 발휘했다. 그녀는 지속적으로 일의 진행 상황과 그 이유를 우리에게 알려주었고, 최종 교정 과정에 대한 우리의 (때때로 비정통적인) 요청을 최선을 다해 받아들였다. 그녀 덕분에 험난할 수도 있는 과정이 매끄럽게 진행되었다.

또한 우리가 찾아낸 초기 독자들도 귀중한 조언을 해주었다. 가장 중요한 몇 분은 알파벳 순으로 다음과 같다: 리처드 펠더(Richard Felder), 제시카 지앙(Jessica Jiang), 치토세 마루코(Chitose Maruko), 트래비스 노르센(Travis Norsen), 효정 박[Hyo Jung (Catherine) Park], 바바라 솔로만(Barbara Soloman)은 모두 여러 초안을 읽고 불분명한 곳, 단어와 그림을 줄여야 할 곳, 새로운 설명 방법, 단순한 실수를 지적했다. 그들의 전문 지식과 배려로 책의 모든 부분을 다듬었다.

(위에서 말한) 제시카 장과 치토세 마루코는 게리의 스미스 대학(Smith College) 학생인데 이

책의 웹사이트에 있는 멋진 동영상 모두를 관리한다. 우리가 "결합된 무한 사각 우물의 여러 고유함수를 보여줄 수 있으면 좋을 것 같아"라고 말하면, 그 중 한 명이 "좋아요, 해보지요"라고 한다. (아니면 놀랍게도 자주 "아, 네, 지난주에 이미 그런 것을 짰어요"라고 한다.) 그들은 설계하고 코딩하고 수정하여 올릴 준비를 마쳤다. 제시카와 치토세, 둘 다 참으로 대단하다.

휴 처칠(Hugh Churchill), 제롬 펑(Jerome Fung), 윌 윌리엄스(Will Williams)는 한 학기 현대 물리학 강의에 이 책의 초고를 썼는데, 가끔 PDF를 강의 전날 받기도 했다. 그들과 학생들의 의견이 여러 면에서 책을 개선했다. 미완성 교재를 쓰면 교사와 학생 모두 성가심과 조달 문제가 생기는데, 그들이 보여준 믿음과 도움에 감사한다.

이 책은 여러 주제에 대해 전문가와 토론을 하여 덕을 많이 보았다. 특히 원자 및 분자 화학에 대해 조언해준 앤드류 버크(Andrew Berke), 결정 구조를 이해하는 데 도움을 준 냇 포춘(Nat Fortune), 광학에 대한 설명을 더 명확하게 해준 도린 와인버거(Doreen Weinberger)에게 고마움을 전한다.

아내 로즈마리 맥노튼(Rosemary McNaughton)과 조이스 펠더(Joyce Felder)에게 최고의 고마움을 전한다. 그들이 여러 해 많은 것을 참고 많은 일을 더 했다는 것은 말할 필요도 없다. [우리 아이들 메리(Mary), 벤야민(Benjamin), 잭(Jack), 섀넌(Shannon), 제임스(James), 세실리아 펠더(Cecilia Felder)도 마찬가지다.] 하지만 로즈마리와 조이스는 둘 다 전문 교사로서 과정 내내 경청하고 의견을 주기도 했다. 여러분이 들고 있는 이 책은 그들 덕분에 훨씬 나아졌다.

개리 펠더(Gary N. Felder), 케니 펠더(Kenny M. Felder)

그림의 저작권

아래의 그림을 제외한 모든 그림의 저작권은 저자 및 케임브리지 대학교 출판부에 있다:

그림 2.26 Caltech/MIT/UGO Lab; **그림 3.14** Jordgette [CC BY-SA 3.0 (https://creativecommons.org/licenses/by-sa/3.0)]; **그림 3.15** Jordgette [CC BY-SA 3.0 (https://creativecommons.org/licenses/by-sa/3.0)]; **그림 3.16** Aleksandr Berdnikov [CC BY-SA 4.0 (https://creativecommons.org/licenses/by-sa/4.0)]; © ESA and the Planck Collaboration Arthur Compton, 1923. Public Domain. **그림 3.35**는 다음의 허가를 받아 실음: Springer Nature Customer Service Centre GmbH: Springer, Magnetic Confinement Fusion Driven Thermonuclear Energy, by Bahman Zohuri © 2017; **그림 4.2** © Arthur Schawlow, Stanford University, Stanford University Dept. of Physics, Stanford, CA 94305; **그림 4.6** Ahellwig, 2006. Public Domain; **그림 4.8**은 다음의 허가를 받아 실음: Springer Nature Customer Service Centre GmbH: Springer Nature, Zeitschrift für Physik, Elektroneninterferenzen an mehreren kunstlich hergestellten Feinspalten. Claus J nsson © 1961; **그림 7.11** H. S. Photos/Alamy Stock Photo; **그림 7.14** NSO/AURA/NSF; **그림 8.6** H. G. J. Moseley, 1914. Public Domain; **그림 10.4** Evan Swigart [CC BY 2.0 (https://creativecommons.org/licenses/by/2.0)]; **그림 10.28** (왼쪽) Julien Bobroff and Frederic Bouquet of LPS, Orsay, France [CC BY-SA 3.0 (https://creativecommons.org/licenses/by-sa/3.0)], (오

른쪽) Alfred Leitner, 1963. Public Domain; **그림 10.30** © The Royal Swedish Academy of Sciences; **그림 12.4** OpenStax [CC BY 4.0 (https://creativecommons.org/licenses/by/4.0)]. 무료 사용: https://openstax.org/books/university-physics-volume-3/pages/1-introduction; **그림 12.5** OpenStax [CC BY 4.0 (https://creativecommons.org/licenses/by/4.0)]. 무료 사용: https://openstax.org/books/chemistry-2e/pages/1-introduction; **그림 12.7**은 Robert Hofstadter의 노벨상 수상 강연의 일부임. Copyright © The Nobel Foundation 1961; **그림 12.9** J. J. Thomson, 1913. Public Domain; **그림 13.6** Reprinted with permission from: Carl D. Anderson, Physical Review, 43, 491-494, 1933. 판권은 1933 by the American Physical Society; **그림 13.7** 1970-2022 CERN (License: CC-BY-4.0); **그림 13.8** © The Regents of the University of California, Lawrence Berkeley National Laboratory; **그림 14.3** Henrietta S. Leavitt and Edward C. Pickering, 1912. Public Domain; 그림 14.10 Mario De Leo [CC BY-SA 4.0 (https://creativecommons.org/licenses/by-sa/4.0)]; **그림 14.15** © ESA and the Planck Collaboration.

옮긴이 서문
Translator's Preface

물리학의 내용은 광범위하여 세부 주제를 나누는 방식도 갖가지인데, 대학 1,2학년생에게 초급 물리학을 가르칠 때는 크게 고전 물리학과 현대 물리학으로 나눌 수 있다. 물리학에서 고전과 현대를 가르는 기준은 대체로 막스 플랑크가 양자 가설을 제시한 1900년이다. 고전물리학은 (고전) 역학, 열통계역학, 전자기학, (고전) 광학을 다루고 현대 물리학은 상대론, 양자역학, 원자-핵-입자 물리학 및 우주론을 다룬다.

1900년은, 2025년 현재로 보면 1세기가 넘는 과거이므로 "현대 물리학"이라는 말이 형용모순처럼 어색하기도 하다. 아인슈타인이 특수상대론과 일반상대론을 발표한 해가 각각 1905년과 1915년, 보어가 원자 모형을 발표한 해가 1913년, 드 브로이가 물질파 가설을 발표한 해가 1924년, 슈뢰딩거가 파동 방정식을 발표한 해가 1926년 인 것을 따져도 그렇다.

그렇지만, 굳이 "고전"과 "현대"의 수식어를 그대로 쓰는 것은 관습을 존중하는 뜻도 있고, 그만큼 두 주제의 성격이 다르기 때문이기도 하며, 상대론과 양자론 이후로 그와 비길만한 물리학 이론의 변혁이 일어나지 않았기 때문일 것이다. 그동안 물리학의 여러 분야가 아주 많이 발전했고, 연구 결과도 많이 쌓였다. 따라서 현대 물리학 교재에는 1900년대 전반기에 혁명적으로 변화된 내용과 함께 그 뒤로 1세기가 넘게 쌓인 연구 결과를 적절한 수준으로 담아 소개하는 것이 바람직하다. 최근 과학기술 수준이 높아지면서 상대론과 양자론은 물리학 전공자만 배우는 주제가 아니라 공학(재료공학, 전자공학, 컴퓨터 공학 등) 및 화학, 생물학 등에서도 어느 정도 알아야 할 상황이 되었고, 우주의 기원과 진화를 포함한 시공간 전체에 대한 거대한 물음에 대한 설명을 추구하는 우주론은 막연한 가설이 아닌 실험 물리학의 영역으로 들어와 있어 지적 호기심이 큰 사람은 다들 궁금해 할 주제이다. 따라서 현대 물리학 교재에는 이러한 내용을 모두 담을 필요성이 생겼다.

이미 나와 있는 현대물리학 한글 교재에 굳이 하나를 더하는 이유는 세 가지다. 첫째로 이 교재에는 최근까지의 물리학 연구 결과 중에서 대학 1, 2학년에게 전반적으로 소개할 필요성이 인정되는 내용이 알차게 들어있고, 상당히 깊은 수준으로 설명한 점이다. 둘째는 교육/학습의 방법론이다. 배울 내용을 적절한 물음으로 제시하여 먼저 학생 스스로 생각해 보게 한 다음 설명을 하여 학습 효과를 높이고자 하는 "능동 학습"을 적용한 것이다. 모든 것을 다 아는(?) 교수가 계시하는 대로 읽고, 듣는 것 보다는 주제에 관해 적절한 수준의 물음을 던져 학생 스스로 생각하게 이끌면 학습 효과가 좋다는 것은 물리교육 연구를 통해 이미 인정되었다. 하지만, 그것을 적극적으로 반영한 고급 과정의 교재는 드문데, 이 책이 그러한 시도를 많이 한 것이 매우 참신하다. 셋째는 교재를 읽어내는 속력이다. 좋은 외국어 교재라고 해도 읽는 것이 더디면, 학습 효율은 그만큼 낮아진다. 젊음은 유한하고, 배워 익혀야 할 것은 많다. 해결책은 가독성이 좋은 한글 문장에 정확한 내용을 담는 것인데, 노력은 했지만 판단은 여러분의 몫이다.

끝으로, 이 교재의 내용이 방대하다보니 원서의 설명에 정확하지 않거나 명확하지 않은 곳이 가끔 보이는데, 본문에서 바로잡거나 각주를 달아 보완했다.

2025년

전북대학교 물리학과
김명훈, 김진승, 신서동, 조덕용(가나다 순)

1

상대성 I: 시간, 공간 및 운동

Relativity I: Time, Space, and Motion

아인슈타인의 이론은 대중문화의 일부가 되었다. 관찰자마다 시간이 다르게 흐른다는 사실("시간 팽창")은 혹성탈출(Planet of the Apes, 1968)에서 인터스텔라(Interstellar, 2014)에 이르는 공상 과학 소설과 영화의 주요 요소가 되었다. 사람들에게 물리 공식 하나만 말해보라고 하면 아마도 $E = mc^2$을 말할 것이다. 사람들이 "시공간"이라는 말을 쓰는 것도 들어봤을 것이고. "과학에 따르면 모든 것이 상대적"이고 아인슈타인의 연구가 어떻게든 오펜하이머의 원자 폭탄 개발에 도움이 되었음을 확인해줄 것이다.

그런데, 그 이론을 제대로 아는 사람이 몇이나 될까?

종종 그렇듯이 실제 물리학은 대중적 버전보다 더 흥미롭다. 더 미묘하고, 더 격렬하고, 더 이상하다. 그리고 "고전" 물리학과 "현대" 물리학의 결정적인 단절을 드러내는 것은 이 마지막 특성, 아마도 상대론이 우리의 물리적 직관과 크게 어긋나는 것일 것이다.

1.1 갈릴레이 상대성

갈릴레이 상대성(또는 "갈릴레이 불변성")은 뉴턴 물리학의 초석 중 하나이다. 역학 교수가 "다른 기준틀에서 이 문제를 살펴보자"라고 말한다면 갈릴레이를 들먹이지 않아도 갈릴레이 상대성을 말하는 것이다.

다음은 갈릴레이 자신이 대화[1](Dialogue Concerning the Two Chief World Systems, 1632)에서 이 원리를 표현한 것이다.

> 운동은 상대적이다; 똑같이 운동하는 물체끼리는 서로 마치 서 있는 것과 같다.

갈릴레이는 이 원리를 사고 실험을 통해 설명했다.

> 베니스를 떠나는 배에 실린 물품은 코르푸, 크레타, 키프로스를 거쳐 알레포로 간다. 베니스, 코르푸, 크레타 등은 움직이지 않고 가만히 서 있다. 그러나 배에 실린 자루, 상자, 묶음과 배의 상대적 위치는 베니스에서 알레포까지 가는 긴 여행 내내 바뀌지 않는다. 그 까닭은

1 "대화" 갈릴레오 갈릴레이 저, 이무현 번역(사이언스북스, 2016)

> 이들 모두 똑같이 움직이기 때문이다. 배의 화물에서 자루 하나를 상자에서 1 cm만 옮겨도, 그 이동의 효과가 이들 모두가 함께 가는 3,200 km의 여행보다 더 클 것이다.
> 따라서 움직이는 여러 물체에 공통인 운동은 상대적 위치에 아무 영향도 주지 않으며, 상대적 운동만이 영향을 준다는 것이 분명하다.

아인슈타인은 이 원리를 뒤집거나 고치지 않았다. 오히려 그는 그것을 열광적으로 재확인했다. 이 고전적 관념을 되새기면 아인슈타인의 현대 이론을 향한 중요한 첫 걸음을 내딛게 된다.

1.1.1 발견 연습: 갈릴레이 상대성

우주인 돌쇠는 시속 3억 km로 태양계로 돌진하고 있다. 근처 행성에 있는 그의 적이 그를 향해 미사일을 시속 4억 km로 쏜다. 돌쇠의 우주선은 시속 4.5억 km의 충격을 손상 없이 견딜 수 있다; 그 이상이면 선체가 뚫릴 것이다.

1. 적이 돌쇠 앞에 있어 미사일과 우주선이 정면으로 충돌한다면 선체가 뚫릴까?
   다음을 보라: www.cambridge.org/felder-modernphysics/checkyourself, Check Yourself #1
2. 적이 돌쇠 뒤에 있어 미사일이 따라잡아 우주선 뒤를 때린다면 선체가 뚫릴까?
3. 미사일이 옆에서 날아와 우주선의 진행 방향과 수직으로 충돌한다면 선체가 뚫릴까?

1.1.2 설명: 갈릴레이 상대성

소녀가 파란 차 뒷자리에 타고 그녀의 아빠가 운전하여 시속 60 km로 곧은 길을 달린다. 그녀의 왼쪽으로 시속 65 km로 달리는 녹색 차가 지나간다. 오른쪽 길가에 가로수가 줄지어 서 있다. 그녀는 반대쪽 차선을 따라 시속 60 km로 달리는 자동차를 본다(그림 1.1 참조).

소녀에게 이 모든 것이 어떻게 보일까? 그녀가 보기에는 자기가 탄 차와 아빠는 서 있다. 녹색 자동차는 왼쪽 앞으로 천천히 겨우 5 km의 속력으로 — 지나간다. 그녀를 추월하는 데 시간이 걸린다. 가로수는 시속 60 km로 뒤로 가고 있고, 반대쪽 차선을 달리는 차들은 시속 120 km로 맹렬히 지나간다.

당신은 이 모든 것을 스스로 헤아릴 수 있었다. 하지만 다음과 같이 생각해볼 수도 있다.

> 소녀는 움직이므로 그녀가 보는 모든 속도는 틀린 값이다. 시속 60 km로 가고 있음을 안다면 그 정보를 써서 모든 물체의 실제 속도를 셈할 수 있다.

우리의 목표는 위의 단락에서 벗어나 다음 단락으로 안내하는 것이다.

> 소녀의 관점은 완벽하게 맞다. 사건에 대한 그녀의 설명은 (도로에서 본) 우리의 첫 번째 설명만큼 타당하다. "녹색 차는 도로에 대해 65 km로 가고 있다"와 "녹색 차는 소녀에 대해

그림 1.1 파란 차가 추월하는 녹색 차와 반대쪽으로 가는 빨간 차 및 노란 차를 본다.

5 km로 가고 있다"는 같은 사실을 표현하는 두 가지 동등한 방법이며 어느 쪽이 다른 쪽보다 더 정확한 것은 아니다.

이상한가? 도로는 "실제로는" 서 있고 자동차는 "실제로는" 움직이는 것이 맞다고 믿는가? 그렇다면 다음을 생각하라: 도로는 실제로는 시속 1600 km로 지구 중심 주위를 돌고 있다. 그리고 지구 자체는 시속 100,000 km 이상의 속도로 태양 주위를 돌고 있다. "참으로 서 있는" 곳을 찾으려면 얼마나 멀리 가야할까? 답은 그러지 마라는 것이다. 문제를 가장 쉽게 만들 수 있는 점이 서 있다고 보라.

예: 관점 바꾸기

대양 정기선이 10 m/s로 오른쪽으로 가고 있다. 순희는 10 m × 10 m 크기의 선실 뒤쪽 구석에 서서 반대쪽 구석으로 공을 5 m/s로 던진다. 공은 앞벽, 옆벽 또는 구석 어디에 맞을까?

답: 이것은 표준 벡터 문제이다, 그렇지 않은가? 공의 속도 벡터는 배의 속도 벡터(오른쪽으로 10 m/s)와 배에 대해 던진 공의 속도 벡터(45°로 5 m/s)의 합이다. 그런 다음 공이 배(따라서 벽)에 맞았을 때 벽이 어디에 있는지 확인하려면 배가(따라서 벽도) 오른쪽으로 간다는 사실을 고려한다.

많은 초보자들이 이 문제를 풀 때 위와 같이 생각한다. 그것은 완벽하게 맞지만 쓸데없이 복잡하다. 경험이 많은 사람은 바다가 아닌 배를 기준으로 생각한다. 선실은 서 있다. 공은 반대쪽 구석을 향해 곧게 가서 그곳을 맞춘다.

원리의 공식적 진술

갈릴레이가 상대론을 처음 제시했을 때(1쪽) 그는 베니스에서 알레포까지 3200 km를 가는 배에 실린 화물의 관점을 골랐다. 그의 예를 최신 판으로 바꾸자.

능동 읽기 연습: 갈릴레이 우주선

태양계에서 멀리 있는 우주선에 있다고 상상하자. 그것은 집처럼 편안한 커다란 배이지만 창이 없고 외부 세계와 어떤 통신도 없다. 선실 바닥이 아닌 허공에 떠서 손에 공을 쥐고 있다가 손을 펴 공을 놓는다. 우주선이 아래와 같이 움직이는 네 가지 상황에서 공은 어떻게 될까?

1. 갑자기 가속한다.
2. 갑자기 감속한다.
3. 갑자기 우회전한다.
4. 엄청나게 빨리 가면서 속도를 그대로 유지한다.

위의 물음에 대한 답을 모두 적어 놓은 뒤 나아가라!

처음 세 물음에 대한 답은 "뒤로 가기 시작한다," "앞으로 가기 시작한다." 그리고 "왼쪽으로 가기 시작한다"이다. 그러나 넷째 물음에 대한 대답은 "그대로 있다"이다. 외부 관찰자는 공이 우주선과 똑같은 속도로 우주공간에서 나아가고 있다고 말할 것이다. 우주선 안에서 보면 공은 가만히 떠 있는 것처럼 보인다.

따라서 공이 떠 있는 것만을 봐서는 우주선이 서 있는지, 가고 있는지 알 수 없다. 어떤 일이 일어나고 있는지 참으로 알고 싶다면 실험을 시작할 수 있다. 공을 이리저리 던져 어떻게 가고 벽에서 튕겨져 나오는지 재라. 광선을 거울에 비추어 반사시키면서 반사각을 재라. 하지만, 쓸모가 전혀 없을 것이다; 우주선이 빨리 가는지 느리게 가는지, 앞으로 가는지 뒤로 가는지, 서 있는지 여전히 알 수 없다.

이 모든 것은 다음 문장으로 요약된다.

갈릴레이 상대성 원리

물리 법칙은 모든 관성 기준틀에서 같다. (이 문장에서 "관성"은 "등속"을 뜻한다.)

가속 기준틀에서는 물리 법칙이 상당히 다르다. 당구공이 저절로 날아가기 시작한다. 가속도가 충분히 크면(예: 약 10 g 또는 지면 중력 가속도의 10배, 1 분 이상 지속) 사람은 죽을 것이다. 모든 기준틀의 관찰자는 우주선에 탄 사람이 죽는다는 데 동의할 것이다.

그러나 서 있는 우주선 내부의 세계와 시속 8억 km로 꾸준히 가는 우주선 내부의 세계는 전혀 구별할 수 없다. 그래서 우주선이 서 있다고 주장할 수 있는 권리가 있다. 가까운 별이 뒤로 가고 있다고 결론을 내려야 할지라도 마찬가지다.

달리 말하면 가속도는 우주의 모든 물체가 임의의 순간에 가진 고유 속성이다. 그러나 물체의 속도는 특정 기준틀에 대해서만 의미 있게 정의할 수 있다. 다른 기준틀에서는 같은 물체의 속도가 달라지며 그것도 마찬가지로 정확하다.

갈릴레이 상대성의 수학

당신은 길가에 서 있는데 소녀의 파란 차가 속력 u로 지나간다. 당신과 소녀 둘 다 차, 나무 및 기타 물체의 위치를 재고 있다.

소녀의 기준틀에서 잰 값에는 붓점(′)을 붙인다. 예를 들어 어떤 나무의 위치를 x로 나타낼 때 다음 두 가지가 동시에 참일 수 있다(그림 1.2).

- $x = 30$ m (30 m 앞에 나무가 있다.)
- $x' = -10$ m (소녀가 보기에는 그 나무가 10 m 뒤에 있다.)

그림 1.2 나무가 있는 곳은 당신의 앞 쪽 30 m, 차에 탄 소녀의 뒤 쪽 10 m이다.

이 붓점은 미분을 나타내지 않는다. 이 장과 2장 전체에서 붓점 붙인 변수는 그것이 대체 기준틀에서 본 값임을 나타낸다.

소녀의 차가 당신을 지날 때, 둘 다 시계 눈금을 0으로 맞춘다. 따라서 그 곳과 그 때는 당신에게 $t = 0$이고 $x = 0$이다; 소녀에게도 $t' = 0$이고 $x = 0$이다.

$x = 0$은 늘 당신이 서 있는 곳임을 기억하라. 소녀(가 있는 곳)의 x-값은 시간이 가면서 커진다($x_{소녀} = ut$). 반면에 $x' = 0$은 늘 소녀가 있는 곳이다. 그녀가 잰 당신의 위치의 x'-값은 꾸준히 줄어든다($x'_{당신} = -ut'$).

더 일반적으로 당신의 좌표계에서 소녀의 좌표계로 바꾸는 식은 다음과 같다. 변수 v는 당신이 잰 어떤 물체의 속도, v'은 소녀가 잰 그 물체의 속도이다. 가속도는 마찬가지로 a와 a'이다:

$$\left.\begin{aligned} t' &= t \\ a' &= a \\ v' &= v - u \\ x' &= x - ut \end{aligned}\right\} \tag{1.1}$$

예를 들어, 앞서의 예($u = 60$ km/h)에서 녹색 차는 $v = 65$ km/h로 다가왔다. 소녀가 보기에는 그것이 $v' = v - u = 5$ km/h로 앞으로 기어갔다.

삼차원에서는 그 목록에 다음 두 식을 추가할 수 있다: $y' = y$ 및 $z' = z$. 당신과 소녀의 상대 운동이 x축 방향이므로 y 및 z 좌표는 둘 다 똑같다. 이 중요한 원리는 갈릴레이에서 아인슈타인으로 넘어갈 때도 유지된다.

이 모든 식은 고전 물리학의 중요한 속성을 보여준다. 처음에는 헷갈릴 수 있지만 시간을 들여 찬찬히 따져보면 결국 완벽하게 이해될 것이다. 지금은 흡족함을 즐겨라. 다음 절에서는 흡족함이 사라질 것이다.

1.1.3 물음과 문제: 갈릴레이 상대성

개념 물음 및 개념시험

1. 당신은 서 있고 순희가 옆에서 $+y$쪽으로 등속으로 가고 있다. 막쇠는 자기 마음대로 근처에서 움직이고 있다(그림 1.3). 아래의 각 물음은 순희가 당신 옆을 지나간 조금 뒤 잰 막쇠의 위치에 관한 것이며 당신이 잰 값(붓점 없음)을 순희가 잰 값(붓점 붙음)과 비교하라. 각각에 대해 보통 변수와 붓점 변수 어느 것이 더 큰지, 또는 같은지 또는 정보가 부족하여 알 수 없는지 말하라. 이 문제의 모든 변수는 당신이나 순희가 잰 막쇠의 위치이다.

그림 1.1

(a) x와 x'

(b) y와 y'

(c) v_x와 v'_x

(d) v_y와 v'_y

(e) a_x와 a'_x

(f) a_y와 a'_y

2. 다른 기준 틀에 있는 두 관찰자가 어떤 물체의 모든 것을 잰다. 갈릴레이의 상대론을 바탕으로 이 두 관찰자의 측정값이 같아야 하는 양과 다를 수 있는 양을 세 가지씩 나열하라. (답 중 일부는 아인슈타인의 이론에서 바뀔 수 있지만 지금은 신경쓰지 마라.)

3. (1.1)에서 식 $t' = t$의 뜻을 설명하라.

4. 당신 차를 35 km/h로 몰고 있을 때 다른 차가 같은 방향으로 50 km/h로 지나가면 "그 차는 당신의 기준 틀에서 15 km/h로 간다"고 한다: 그것은 무엇을 뜻하는가? 대답은 다음과 같아야 한다: 숫자 15가 들어가고 그 값이 뜻하는 바를 설명해야 한다. "기준틀"이라는 말은 넣지 마라.

5. 수레 안에 용수철을 세우고, 그 위에 공을 올려 놓았다. 수레가 선 상태에서 용수철을 아래로 눌렀다 놓으면 공이 위로 튀어 올랐다가 다시 떨어진다. 아래의 각각의 각본에서 공이 떨어지는 곳이 어디일까: (A) 수레 안, (B) 수레 뒤, (C) 수레 앞.

(a) 수레를 밀어 바닥을 따라 등속도로 가게 한 뒤 용

수철을 푼다. (마찰은 무시한다.)

(b) (a)와 같지만 이번에는 수레가 갈 때 마찰력을 많이 받는다.

6. 자전거를 타고 20 km/h로 가는데 원반이 왼쪽에서 10 km/h로 날아와 머리 옆면을 친다. 머리를 얼마나 다칠까? 설명하라. (수학이 조금 들어갈 수 있다.)

A. 자전거를 타지 않을 때와 같다.

B. 서 있는데 원반이 20 km/h로 와서 칠 때와 같다.

C. 서 있는데 원반이 30 km/h로 와서 칠 때와 같다.

D. 위에 답이 없음.

7. 우주선이 등속으로 가며 옆에 서 있는 수퍼맨을 지나친다. 우주선 안에서는 우주선이 가는지, 서 있는지를 알아내려는 실험을 하고 있다. 당구공을 위로 던지니, 올라가서 천정에서 튕겨져 나와 다시 손으로 돌아온다.

(a) 당신이 보는 당구공의 운동을 묘사하라. 경로는 어떤 꼴인가?

(b) 수퍼맨은 그의 X-레이 시각으로 모든 것을 보고 있다. 그가 보는 공의 운동을 묘사하라. 경로는 어떤 꼴인가?

8. (1.1)은 도로 기준틀에서 차에 탄 소녀의 틀로 가는 좌표 변환식이다. 반대로 변환하는 식을 써라. 두 변환식의 유일한 차이는 무엇인가?

9. 아리스토텔레스는 “운동” 상태와 “정지” 상태는 근본적으로 다르다고 믿었다. 그러나 갈릴레이는 이 구별이 기준 틀에 달려 있다고 했다. 한 관찰자가 “정지”라고 하는 것을 다른 관찰자는 “운동”이라고 한다. 그러면 움직이는 물체는 정지 상태로 가는 경향이 있다는 아리스토텔레스의 관찰을 어떻게 설명할까?

심층 토론

10. 우주의 물체마다 매 순간 가속도가 잘 정의된다고 했다. 물체의 속도를 구하려 가속도를 시간에 대해 적분한다. 가속도가 모든 기준틀에서 같아야 한다면 속도가 다를 수 있는가?

11. 갈릴레이가 상대론을 제안하게 된 동기 중 일부는 코페르니쿠스 태양계에 대한 일반적인 반대를 반박하기 위한 것이었다. 말을 타고 달리면 귀를 스치는 바람을 느낀다. 지구가 우주 공간을 빠르게 가고 있다면 왜 강풍을 느끼지 않는가?

문제

12. 친구 철수가 차를 60 km/h로 몰고 있는데 다른 차가 70 km/h로 추월했다. 당신은 철수에게 “네 기준틀에서 보면 그 차가 10 km/h로 가고 있어”라고 설명했고 그는 당신 말을 믿지 않는다. 철수는 늘 이러한 논쟁에서 어떻게든 (성가시게) 이기려 들기 때문에 반박의 여지가 없게 그를 논파해야 한다. “네 차와 다른 차가 시각 $t = 0$, $x = 0$에서 같이 출발한다고 하자.” 철수는 동의할 것이다.

(a) 도로 기준틀에서 한 시간 뒤에 철수의 자동차와 다른 자동차의 위치를 구하라. 두 값만 대지 말고, 근거를 대어 철수가 반박하지 못하게 하라.

(b) 이제 그 때 철수의 차를 기준으로 다른 차의 위치를 구하라. 이 절에 나온 식을 쓰지 마라. 철수가 반박하지 못하게 상식적인 주장을 하라.

(c) “속도의 정의에 따라, 차가 한 시간에 x km을 간다면 그 차는 (평균) 속도는 x km/h이다.”라고 말하면, 철수도 동의할 것이다. 그 정의와 (b)의 결과를 써서 다른 차가 그의 기준틀에서 10 km/h의 속도로 간다는 것을 보여 철수를 설득하라.

문제 12 후기: 당신은 건전한 주장을 했지만 철수는 다음 절에서 이 문제를 다시 꺼낼 것이다.

13. 제비가 북쪽으로 25 km/h로 날아가고 있다. 북쪽을 y-쪽, 동쪽을 x-쪽으로 잡자. 아래의 관점에서 제비의 속도를 구하라:

(a) 제비가 앉아 있던 나무.

(b) 북쪽으로 25 km/h로 날아가는 참새

(c) 남쪽으로 25 km/h로 날아가는 비둘기

(d) 동쪽으로 25 km/h로 날아가는 오리

14. (1.1)은 상대 속도 u인 두 기준틀에서 본 같은 물체의 시간, 위치, 속도 및 가속도의 네 가지 양에 대한 갈릴레이식 변환식이다. 질량, 운동량 및 운동 에너지에

대한 유사한 변환을 써라.

15. 순희가 $+x$-축에 대해 30°인 직선을 따라 20 m/s로 달린다. 그녀가 당신 옆을 지나갈 때 두 사람 모두 시계 바늘을 0에 맞춘다. 그 때 당신의 기준틀에서 차가 속도 $\vec{v}$로 간다. 나중에 시각 t에 당신과 그녀 모두 차의 위치, 속도 및 가속도를 잰다. 당신이 잰 t, x, y, v_x, v_y, a_x, a_y를 그녀가 잰 값으로 바꾸는 식을 써라. 그러나 측정값은 같은 기호에 붓점을 붙여 구별하라. (답은 변수마다 하나씩 총 7개의 식이다.)

16. x- 및 y-축이 그려진 들판의 원점에 서 있다. 석우는 속도 $(3\text{ m/s})\hat{i} + (4\text{ m/s})\hat{j}$로 달리고, 동시에 윤희는 자전거를 타고 $+y$ 방향으로 10 m/s로 간다. 그녀는 제동기를 밟아 $-(2\text{ m/s}^2)\hat{j}$로 감속한다. 둘이 동시에 당신을 지날 때 모두 시계 바늘을 0에 맞춘다.

(a) 윤희가 당신을 지난 후 2초 뒤에, 당신의 기준틀에서 그녀의 위치, 속도 및 가속도를 구하라.

(b) 그 때 석우의 기준틀에서 윤희의 위치, 속도 및 가속도를 구하라.

17. (1.1)은 붓점 기준틀이 붓점 없는 기준틀에 대해 x 방향으로 속력 u로 간다고 할 때 두 기준틀에서 잰 어떤 물체의 측정값의 변환식이다. 붓점 기준틀이 x축에 대해 각도 ϕ로 속력 u로 간다고 가정하여 변환식을 고쳐 써라. 답은 식 7개로 구성되며, 시간, 그리고 위치, 속도, 가속도의 x 및 y성분으로 쓰면 된다.

18. 작은 원을 따라 일정한 속력으로 가는 기차 안에 있다면, 창밖을 보지 않아도 기차가 가고 있다는 것을 알 수 있다. 당신은 원의 바깥쪽으로 밀린다고 느낄 것이다.

(a) 이것이 왜 물리 법칙은 모든 관성 기준틀에서 같다는 갈릴레이의 원리에 어긋나지 않가?

(b) 그렇다면 왜 우리는 지축을 중심으로 등속 원 운동을 하고 있음을 느끼지 못하는가? (약간의 셈이 필요하다.)

19. 자전거 바퀴 테두리에 껌이 붙어 있다. 바퀴는 반경이 1/3 m이고 자전거가 8 m/s로 달릴 때 $\pi/12$초마다 한 바퀴 돈다. 시각 $t = 0$에 껌은 바퀴의 가장 높은 곳에 있다.

(a) 바퀴 중심에 대한 껌의 수평 위치를 나타내는 함수 $x'(t)$를 구하라. t의 단위는 초(s), 길이 단위는 m이다.

(b) 도로에 대한 껌의 수평 위치를 나타내는 함수 $x(t)$를 구하라. $x(0) = 0$으로 잡아라. t의 단위는 초, 길이 단위는 m이다.

20. 맹구는 낙하산을 펼쳐 일정한 속력 10 m/s로 안전하게 내려오고 있다. 그의 적인 현우는 그 보다 500 m 위에서 벽돌을 떨어뜨리는데, 벽돌은 서 있다가 아래쪽으로 9.8 m/s^{2}로 가속되며 떨어진다. 맹구가 벽돌에 맞는 데 얼마나 걸리는가?

(a) 지면을 기준으로 답을 구하라. (위의 숫자는 모두 지면에 대한 값이다.)

(b) 맹구의 관점에서 같은 문제를 풀어라. 낱낱의 측정값(위치 및 속도)이 전혀 다르지만 시간을 구하는 방정식은 같다.

(c) 왜 벽돌의 관점에서 문제를 풀라고 하지는 않을까?

21. 시속 60 km의 차에 탄 소녀를 기억하는가? 그녀의 아빠가 긴급 상황을 발견했다. 2 km 앞에서 트럭이 20 km/h의 속도로 굴러온다. 아빠가 제동기를 밟는다! 그의 차가 트럭와 충돌하지 않으려면 얼마로 감속해야 할까? 먼저 도로 기준틀에서 이 문제를 풀자.

(a) 아빠가 제동기를 밟을 때의 차의 위치를 $x = 0$으로 두자. 차의 위치와 트럭의 위치를 나타내는 식을 각각 시간의 함수로 써라. 충돌 순간은 두 차의 위치가 같다. 그 결과로 얻는 방정식에는 두 미지수(t와 a)가 들어있어야 한다.
방정식을 풀어 a를 구하려면 t에 대한 이차 방정식의 실수해가 없을 조건, 즉 충돌하지 않을 조건에서 a에 대한 부등식을 얻어야 한다. 그러나 다른 방식을 쓸 수도 있다.

(b) 다시 시작하여 트럭의 기준틀에서 문제를 풀자. 이 일을 제대로 하면 셈이 훨씬 더 쉽다. **실마리:** 시간을 쓸 필요가 없다.

22. **[이 문제는 문제 21의 결과를 쓴다.]** 차의 기준틀에서 문제 21의 셈을 마쳐라. 트럭의 기준틀에서 얻은 답과 같은지 확인하라.

23. 3쪽의 예에서 배의 기준틀을 써서 배에 있는 공이 어떻게 될지 알아냈다. 이제 바다의 기준틀에서 그 셈을 다시 하라. x축을 배의 진행 방향으로 잡는다.

(a) 배의 기준틀에서 공의 속도의 x- 및 y-성분을 구하라.

(b) 바다의 기준틀에서 공의 속도의 x- 및 y-성분을 구하라. (나머지 문제는 바다의 기준틀을 쓴다.)

(c) 공의 위치 $x_{공}(t)$ 및 $y_{공}(t)$에 대한 방정식을 써라. 초기 위치는 (0, 0)으로 잡는다.

(d) 반대쪽 구석의 위치 $x_{구석}(t)$ 및 $y_{구석}(t)$에 대한 방정식을 써라.

(e) $y_{공}(t) = y_{구석}(t)$인 시각을 구하라.

(f) $x_{공}(t) = x_{구석}(t)$인 시각을 구하라. 두 시각이 같으면 공이 구석을 치고, 그렇지 않으면 벽을 친다. 답이 예제에서 얻은 것과 다르면 되돌아가서 실수를 찾아 바로 잡아라.

24. 질량이 m_a 및 m_b인 두 입자가 초기 속도 v_{a0} 및 v_{b0}로 충돌한 뒤 속도 v_{af} 및 v_{bf}로 흩어진다. 모든 운동은 x방향이며 속도는 실험실 기준틀에서의 값이다. 실험실 기준틀에서 운동량이 보존되면 실험실에 대해 x방향으로 속도 u로 가는 모든 관성 기준틀에서 운동량이 보존됨을 보여라.

25. **비관성 기준틀**

갈릴레이의 상대성은 모든 관성 기준틀이 똑같이 타당하다고 한다. 비관성 기준틀에서도 x방향의 위치 및 속도와 같은 것을 셈할 수 있지만, 우리에게 익숙한 물리 법칙이 통하지 않는다. 그 이유를 알아보려면 아무런 힘도 받지 않고 우주 공간에 서 있는 우주선을 타고 있다고 가정하자. 윤희는 옆에서 쉬고 있다. 시각 $t = 0$에 그녀는 x방향으로 가속도 a_C로 가속되기 시작한다.

(a) 윤희의 기준틀에서 본 당신의 위치, 속도 및 가속도를 써라.

(b) 위의 답에서 그녀의 기준틀에서 뉴턴 법칙이 맞지 않음을 어떻게 알 수 있는지 설명하라.

1.2 아인슈타인 가설과 시간 팽창

뉴턴 물리학은 멋지다. 흔들이와 파도와 같은 잘 아는 물체의 거동에 대해 모형을 꾸며 예측할 수 있다. 팽이가 점점 느리게 돌 때 흔들리는 것과 같은 드문 현상도 눈여겨 본 다음 설명할 수도 있다. 뉴턴 물리학은 주위의 세계가 우리가 이해할 수 있는 규칙을 따른다는 느낌을 준다.

현대 물리학은 전혀 다른 방식으로 멋지다. 왜냐하면 그 효과는 나날이 보는 법칙을 따르지 않기 때문이다. 특수 상대성에서는 시간이 사람마다 다르게 흐른다. 물체가 움직이면 길이가 달라진다. 일이 벌어진 순서를 사람마다 다르게 볼 수 있는데, 나름대로 다 옳다! (현대 물리학 이론에서는 그것조차도 가장 덜 헷갈리는 부분이다.)

그래서 현대 물리학을 배우면 우주가 생각보다 더 괴상하고 더 복잡하다는 것을 알게 된다. 지금까지 익혀온 직관을 제쳐두고 새로운 직관을 천천히 키워가야 한다. 이제 아인슈타인의 특수상대론(Special Theory of Relativity)에서 시작하자.

1.2.1 발견 연습: 아인슈타인 가설과 시간 팽창

광속은 보통 c로 나타내며, 얼추 3×10^8 m/s이다.

우주인 홍길동이 우주 공간에서 가만히 떠 있는데, 우주선이 $c/3$의 속력으로 지나간다. 우주선이 바로 옆을 지나갈 때 홍길동은 같은 방향으로 섬광을 보낸다. 그 섬광은 홍길동의 기준틀에서 광속 c로 나아간다.

1. 1초 뒤에 그 섬광은 홍길동 앞쪽으로 얼마나 갔을까?
2. 1초 뒤에 그 우주선은 홍길동 앞쪽으로 얼마나 갔을까?
3. 1초 뒤에 그 섬광은 우주선 앞쪽으로 얼마나 갔을까?
4. 3번의 답을 바탕으로 다음 물음에 답하라: 우주선의 기준틀에서 섬광의 속력은 얼마인가?

1.2.2 설명: 아인슈타인 가설과 시간 팽창

현대(20세기) 물리학의 모든 이야기는 시작이 똑같다: "19세기 물리학은 잘 맞았지만, 사소한 문제가 있었다…."

19세기 물리학의 요점 중의 하나는 맥스웰 전자기 이론이었다. 전기력과 자기력에 관해 알려진 모든 것을 네 개의 우아한 방정식에 담았다. 맥스웰의 1861년 논문 "물리적 역선에 관하여(On Physical Lines of Force)"는 전자기력을 지배하는 기본 상수(ϵ_0, μ_0)와 광속(c)을 연결시켰다:

$$c = \frac{1}{\sqrt{\epsilon_0 \mu_0}} \approx 3 \times 10^8 \text{ m/s}. \tag{1.2}$$

여러분도 (1.2)를 맥스웰 방정식에서 곧바로 끌어낼 수 있다. 그 값은 1848년에 정확히 잰 광속과 같다. 이론과 실험값이 같다는 것에서 빛의 본성이 전기장과 자기장의 파동임을 짐작할 수 있다. 19세기 물리학은 잘 맞았다.

그러나, 맥스웰 이론은 수 세기 동안 기본 원리로 받아들였던 갈릴레이 상대성과 문제가 생겼다. 무엇이 문제인지 짐작하겠는가?

광속이 한 기준틀에서 c라면, 식 (1.1)은 다른 기준틀에서는 $c - u$여야 한다. 그러나 맥스웰 방정식은 모든 기준틀에서 광속이 $1/\sqrt{\epsilon_0 \mu_0}$라고 예측한다. 어떤 기준틀이 맥스웰 방정식이 기술하는 "정확한" 기준틀일까? 그리고 다른 기준틀에서는 어떻게 될까?

19세기 물리학자들은 광속에 대한 이 물음의 답을 소리에 대한 같은 물음의 답에서 유추했다 (우리도 그렇다). 소리는 기압의 진동이 퍼져가는 것이다 공기(또는 다른 매질)가 없으면 소리도 없다. 음속은 대기에 대해 얼추 343 m/s이다. 이로부터 유추하면 전자기 파동도 어떤 매질의 흔들림일 것이고, 그 매질에 대해 3×10^8 m/s의 속력으로 퍼져간다. 별빛이 우리에게 오므로 우주 공간은 그 매질로 차 있어야 한다. 그 매질을 "에테르(aether 또는 ether)"라고 불렀다.

에테르 가설의 멋진 점은 그 예측을 실험으로 검증할 수 있는 점이다.

바람이 세게 불 때 나팔을 분다고 하자. 그 소리는 사방으로 공기에 대해 같은 속력으로 퍼져간다. 따라서 지면에 대한 소리의 속력은 바람의 방향으로는 유난히 빠르고, 수직 방향으로는 그보다 느리며, 바람의 반대 방향으로는 가장 느리다.

지구는 (태양 주위를 돌면서) 우주 공간을 약 30 km/s의 속력으로 간다. 물리학자들은 그렇게 빠른 "에테르 바람" 속에서는 광속이 방향에 따라 다를 것이라고 추론했다. 1887년 마이컬슨과 몰리는 속력 30 km/s 정도의 변화를 충분히 감지할 수 있는 장치를 꾸며 여러 방향에서 광속을 쟀다. 결과는 놀랍게도 검출할만한 차이가 없었다. 지구의 운동 방향으로 가는 빛은 반대쪽으로 가는 빛 그리고 수직 방향으로 가는 빛과 속력이 같았다 모든 방향의 속력이 정확히 c였다.

그 실험을 2.3에서 더 깊이 살펴보겠지만, 현재의 주요 관심사는 그 결과이다: 이론가들은 마이컬슨-몰리 실험 결과를 에테르의 존재와 맞추려고 애를 썼다. 그 노력은, 아인슈타인이 에테르는 없으며 맥스웰 방정식은 모든 물리 법칙처럼 모든 관성 기준틀에서 똑같다고 제안하면서 끝났다.

아인슈타인 가설

아인슈타인의 1905년 논문 "움직이는 매질의 전기동역학에 관해"는 다음 두 가지 가설을 바탕으로 뉴턴 물리학에서 급진적으로 벗어난, 완전한, 자체—일관성이 있는 새로운 체제를 전개했다.

특수 상대성의 두 가설

1. 물리 법칙은 모든 관성 기준틀에서 똑같다.
2. 진공에서의 광속($c \approx 3\times10^8$ m/s)은 모든 관성 기준틀에서 똑같다.

첫 가설은 갈릴레이 상대성을 재확인한 것이다. 둘째 가설은 상식은 물론 갈릴레이 상대성[식 (1.1)]에서도 크게 벗어난다. 아인슈타인도 자신이 탐색한 역설을 무시하지 않고, 둘째 가설이 "겉보기에 첫째 가설과 어긋나는 것처럼 보일 뿐"이라고 약속했다. 그의 발길을 따라가며 겉보기 모순을 탐색하면서 그의 "특수상대론"을 전개하자.

위의 두 가설에서 앞으로 끌어낼 결과 몇 가지를 미리 보이면 다음과 같다:

- 시계가 움직이면 시계 바늘이 더 느리게 돈다. (시간이 더 느리게 간다.)
- 물체가 움직이면 길이가 더 짧아진다.
- 두 사건이 일어난 순서가 보는 사람에 따라 다를 수 있는데, 모두가 옳다!

아인슈타인의 가설은 또한 마이컬슨-몰리 실험 결과를 완전히 설명한다. 그것이 그가 이론을 만든 주요 이유는 아니지만, 그 이론이 널리 수용된 주요 이유임에는 틀림없다.

둘째 가설의 역설

그림 1.4는 앞으로 특수 상대성의 개념과 식을 뽑아내면서 자주 할 "생각 실험"을 보여준다.

- 산 A와 B가 있다. 두 봉우리(점으로 본다)의 거리는 L이다. 두 산은 서로에 대해 서 있고, 따

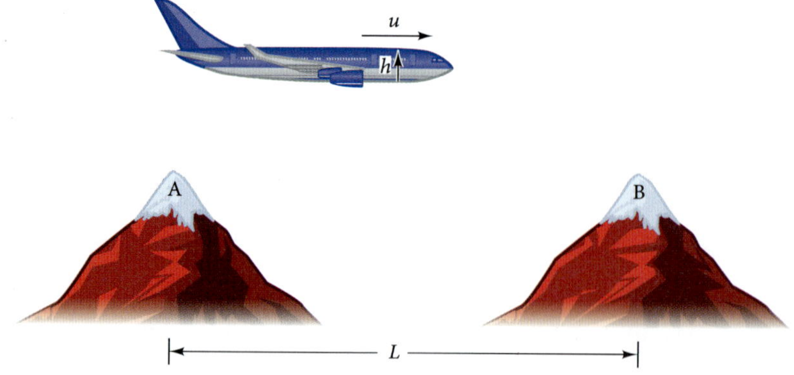

그림 1.4 산의 기준틀에서 본, 산과 지나가는 비행기. 상대성을 다루는 장에서는 정지 물체는 빨간색, 운동 물체는 파란색으로 나타낸다.

라서 관성 기준틀이 같다.

- 비행기가 일정한 속력 u로 날아 지나가며, 자체의 관성 기준틀이 있다.
- 비행기가 산 A를 지날 때, 탑승객 한 사람이 객실 바닥에서 천장으로 섬광을 보낸다. 다른 승객은 그 빛이 위로 수직하게 간다고 묘사한다.
- 비행기가 산 B를 지날 때, 앞에서 위로 보낸 섬광이 객실 바닥에 대해 높이 h인 천장에 닿는다.

이제 용어를 도입하자. 상대성에서 "사건"은 시간의 어느 한 때에 공간의 어느 한 곳이다. 따라서 "산 A에서 산 B로 가는 비행기"는 사건이 아니다. 왜냐하면 그것은 공간과 시간의 한 점이 아니라 어떤 구간에 걸쳐 있기 때문이다. 흥미로운 사건은 (산 A에서) "바닥에서 나가는 섬광"과 (산 B에서) "천장에 닿는 섬광"이다. 두 기준틀의 관찰자가 이 두 사건을 본다.

능동 읽기 연습: 비행기와 산, 1부

위의 비행기-산 각본을 조금 바꾸자: 바닥에서 천장으로 섬광 대신 총알이 일정한 속력으로 간다고 하자. (어떤 일이 생길지는 생각하지 말자.) 총알도 섬광처럼 비행기가 산 B를 지날 때 천장에 닿는다고 하자. 그 동안 총알이 받는 중력은 무시할 수 있다고 하자.

1. 총알의 경로를 두 번 그려라: 먼저 비행기의 기준틀에서, 그 다음에는 산의 기준틀에서 그려라. (둘이 달라야 한다!)
2. 비행기의 기준틀에서 보면 총알이 간 거리는 얼마인가?
3. 산의 기준틀에서 보면 총알이 간 거리는 얼마인가?
4. 두 관찰자가 순수 뉴턴/갈릴레이 가설을 바탕으로 총알의 속력을 셈하면 결과가 다르다. 누가 구한 총알 속력이 더 빠른가? 간단히 설명하라.

답을 모두 적어 놓은 다음 나아가라! 답이 틀려도 좋으니, (아래의) 정답을 읽기 전에 잘 생각해서 답하라.

비행기 기준틀에서는 총알이 수직 위로 거리 h만큼 간다.

산 기준틀에서는 총알이 거리 L에 걸쳐 높이 h인 사선을 따라 가므로 총 거리는 $\sqrt{h^2+L^2}$이다. 이 틀에서 보면 총알이 같은 시간에 비스듬히 가므로 비행기 기준틀에서 보다 더 빨라야 한다. (속도 벡터를 따져도 결론은 같다. 두 관찰자가 본 수직 속도는 같지만, 수평 속도는 산 관찰자에게만 보이고 비행기 관찰자에게는 보이지 않는다.)

어떤 방법을 쓰든, 산에서 잰 총알 속도는 비행기에서 잰 것보다 빠르다고 확신할 것이고, 따라서 섬광의 속력도 산 기준틀에서 잰 값이 비행기 기준틀에서 잰 값보다 빠르다는 결론을 얻을 것이다. 그러나 이 결론은 아인슈타인의 둘째 가설과 어긋난다.

그러면 상대성을 버려야할까? 논리를 쪼개보자.

- 섬광이 간 거리는 비행기 기준틀보다 산 기준틀에서 더 길다.
- 섬광이 가는데 걸린 시간은 비행기 기준틀과 산 기준틀에서 같다.
- 속력은 거리를 시간으로 나눈 값으로 정의되므로 광속은 산 기준틀에서 더 빠르다.

마지막 단계는 단순히 "속력"의 정의이다. 첫 단계는 기초 기하학이다: 앞으로 거리 L, 위로 거리 h인 곳은 위로 h인 곳보다 더 멀다. 그래서 아인슈타인은 두 가설이 맞으려면 중간 단계가 참이 아니어야 한다고 결론지었다. **이 두 사건의 시간차는 두 기준틀에서 다르다.**

능동 읽기 연습: 비행기와 산, 2부

산 시계로 잰 두 사건(섬광이 바닥에서 나갈 때와 천장에 닿을 때) 사이의 시간이 1초라고 하자. 비행기 시계로 잰 시간은 그 보다 더 길까, 더 짧을까?

답만 그저 적지 말고, 두 틀에서의 광속이 같은 값이 나오게 하는 방법을 한 두 문장으로 설명하라!

섬광이 간 거리를 걸린 시간으로 나눈 값이 두 기준틀에서 같아야 하고, 비행기 기준틀에서 본 섬광은 더 짧은 거리를 가므로 그 기준틀에서 잰 시간이 더 짧아야 한다. 이 결과인 "시간 팽창(time dilation)"을 흔히 다음과 같이 요약한다: "움직이는 시계는 더 느리게 간다(Moving clocks runs slowly)."

얼마나 더 느리게 갈까? 그 물음에 대한 답을 얻는데 필요한 모든 것을 이미 알고 있다: 역설을 풀려면 비행기 시계가 산 시계보다 더 느리게 가고, 그 비율은 $\sqrt{h^2+L^2}$이어야 한다. 문제 31에서 이 공식을 시간 팽창에 관한 일반 공식으로 바꿀 것이다 (이 공식에는 이 각본에 따라 L과 h가 들어 있다). 여러분이 얻는 결과는 다음과 같다:

시간 팽창

관성 기준틀 R′에 대해 속력 u로 가는 또 다른 관성 기준틀 R에서 시계가 서 있다. (예를 들어, 시계가 비행기에 걸려 있다면 R은 비행기 기준틀, R′은 산 기준틀로 볼 수 있다.) 기준틀 R에서 "시각이 t"인 사건과 "시각이 $t+\Delta t$"인 사건 사이에 흐른 시간은 Δt이다. (이것은

뻔하다.) 틀 R′에서 그 동안 흐른 시간 $\Delta t'$은 다음과 같다:

$$\Delta t' = \frac{1}{\sqrt{1-(u/c)^2}}\Delta t \qquad \text{시간 팽창: 첫 식} \quad (1.3)$$

인자 $1/\sqrt{1-(u/c)^2}$는 상대성의 수식에서 자주 나오므로 그리스 문자 γ로 나타낸다. 이것을 쓰면 식이 더 간결해진다:

$$\Delta t' = \gamma\Delta t \qquad \text{시간 팽창: 둘째 식}$$

말로 하면 다음과 같다:

움직이는 시계는 인자 γ 만큼 더 느리게 간다 　　시간 팽창: 셋째 식

비행기-산 각본에서 비행기 시계는 산 기준틀 R′에 대해 움직이므로, 산에 있는 관찰자는 비행기 시계가 γ배 더 느리게 간다고 말한다. 눈여겨 볼 것은 γ는 늘 1 보다 크거나 같다는 것이다 (γ의 정의에서 왜 그런지 알겠는가?). 따라서 두 사건의 시계 눈금 차이가 Δ이면 시계의 관성 기준틀이 아닌 다른 모든 관성 기준틀의 관찰자가 잰 시간은 Δt 보다 길다.

(1.3) 및 상대성의 다른 중요한 공식은 부록 B에 있다.

비행기가 산을 지나 날아가는 것을 보여주는 동영상을 다음 웹사이트에서 볼 수 있다: www.cambridge.org/felder-modernphysics/animations

동영상을 볼 때 산과 비행기 기준틀에 있는 시계 바늘이 도는 속력이 다른 것을 눈여겨보라. 이 장을 읽다 보면 그 동영상을 다시 보고 싶을 수 있다. 왜냐하면 뒤에 살펴볼 여러 상대론적 현상이 그 동영상에 들어 있기 때문이다.

예: 시간 팽창

우주 기지에서 3 광일(light-day: 빛이 하루에 가는 거리) 떨어진 행성에 구급약을 보내야 한다. 가장 빠른 우주선은 0.9c 로 갈 수 있지만, 구급약 사용기한은 겨우 2일이다. 그 구급약을 사용기한 안에 그 행성에 보낼 수 있을까?

답: 우주선의 속력을 0.9광일/일로 쓸 수 있으므로 그 우주선이 행성에 가는데 걸리는 시간은 다음과 같다: $t = d/v = 3.333$일. (광속으로 가면 3일 걸리므로, 그보다 느리게 가면 더 오래 걸린다.)

이 상황이 절망적인 것 같지만, 우주선 시계는 다음 인자만큼 느리게 간다는 것을 상기하라: $\gamma = 1/\sqrt{1-0.9^2}$. 따라서 행성 틀에서는 3.333일이 지나지만, 우주선 시계는 3.333일/2.294 = 1.45일 지난다. 그 구급약은 여행기간 동안 약 1.5일이 지나므로 그 행성에 전달될 때 유효기한이 남아 있다.

이 문제가 상기시키는 요점은 "움직이는 시계는 더 느리게 간다"는 말이 시계에만 적용되는 것이 아니라, 시간 및 시간에 따라 변하는 모든 것에 적용된다는 것이다.

시간 팽창에 관한 예에서 쓴 단위에 관해 설명할 필요가 있다. 아마도 여러분은 모든 것을 국제 단위로 바꾸고 싶을 것이다: 3광일은 7.771×10^{13} m, 등등. 문제 24에서 그렇게 할 것이고, 최종적으로 얻는 답은 이미 얻은 것과 같을 것이다(구급약은 1.5일 지난다). 하지만 그 과정에는 셈품이 많이 든다.

그래서 때로는 "상대론적 단위"를 쓸 것을 권고한다. 시간 단위로 초를 쓴다면, 거리의 단위로는 광-초를 써라. 그러면 광속은 늘 $c = 1$이 된다: 예를 들면 "1 광초/초"가 된다. 다른 속력도 c로 나타내면 다루기 쉽다: 예를 들어 $c/2$는 1/2 광초/초이다. 때로는 시간의 단위로 시간, 일, 또는 년을 쓰는 것이 편리할 수도 있는데, 그 때는 거리의 단위도 그에 대응되는 단위(광시, 광일, 광년)를 쓰면 셈이 간단해진다.

시간 팽창[식 (1.3)]을 쓸 수 있을 때와 없을 때

시간 팽창의 정의 뒤에 미묘함이 숨어있다. 시계의 기준틀(R)에서 두 사건 "시계가 $t = 0$을 가리킨다"와 "시계가 $t = 1$을 가리킨다"의 시간 차 Δt를 생각하자. 그러면 $\Delta t'$은 다른 기준틀 R′에서 잰, 그 두 사건의 시간차이다. 그러나 식 (1.3)이 모든 시간차에 적용되지는 않는다: 그것은 R에서 같은 곳에서 일어난 두 사건에만 적용된다. 우주선에 실은 구급약처럼 같은 시계로 잰 두 시각은 멋진 예이다. 두 기준틀 모두 다른 곳에서 일어난 두 사건의 시간차를 다루려면 더 일반적인 공식을 써야한다(§ 1.4).

따라서, 한 기준틀(R)에서 두 사건이 같은 곳에서 생기면, 다른 기준틀(R′)에서의 시간차를 구할 때는 식 (1.3)을 쓸 수 있다. 그 식에서 새 시간차는 늘 옛 시간차보다 더 길다는 것을 알 수 있다.

> 두 사건이 같은 곳에서 생기는 관성 기준틀에서 잰 두 사건의 시간차는 다른 모든 관성 기준틀에서 잰 시간차보다 더 짧다.

이것이 그저 "움직이는 시계는 더 느리게 간다"는 말보다 더 정밀하다. 위에서 예로 든 구급약 각본에서 중요한 두 사건은 "우주선이 행성 1을 떠난다"와 "그 우주선이 행성 2에 도착한다"이다. 우주선 자체가 이 두 사건이 일어나는 같은 곳이다. 그러므로, 행성 틀 또는 다른 어떤 관성 기준틀에서도 이 두 사건의 시간차를 재면 1.45일 이상이 될 것을 보증할 수 있다.

애초의 비행기-산 각본을 돌이켜 보면 다음과 같이 반박할 수도 있다: 섬광이 떠난 곳은 바닥이고 닿은 곳은 천장으로 같은 비행기 기준틀 안이지만 다른 곳인데 왜 식 (1.3)을 적용하는가? 똑똑한 학생의 멋진 물음이다! 좋다! 비행기 기준틀 안에서 두 곳은 수직 방향으로는 다른 곳이지만, 수평 방향으로는 같은 곳이다. 그리고 두 기준틀의 상대 운동 방향은 수평 방향이므로 그 방향만이 문제가 된다. 섬광이 비행기 꼬리에서 앞의 조종석으로 간다면 식 (1.3)을 쓸 수 없다.

쌍둥이 역설

이 절을 마무리하기 전에 겉보기 역설을 하나 더 기술하자(그리고 풀어내자). 이것은 상대성에서 가장 많이 쓰이는 생각 실험이고, 그 이론의 여러 측면을 보이고자 거듭 다룰 것이다.

능동 읽기 연습: 쌍둥이 역설

주희는 거의 광속으로 가는 우주선을 타고 긴 여행을 한다. 그녀는 목적지로 곧바로 가서, 바로 방향을 돌려 지구로 돌아온다. 쌍둥이 언니 영희는 그 동안 내내 전주에서 그녀를 기다린다.

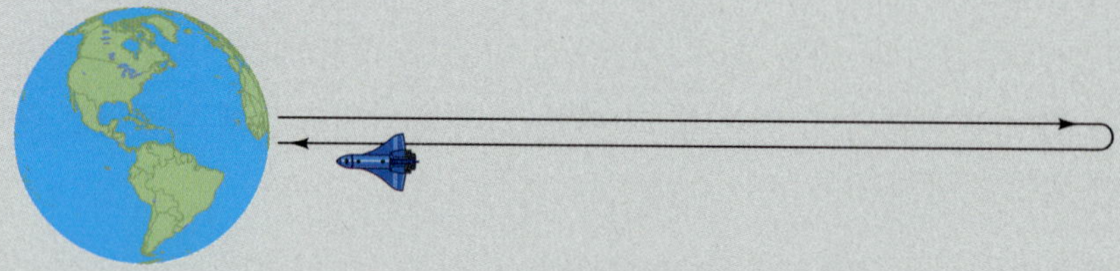

주희가 우주선에서 나오기 직전에 영희는 이렇게 생각한다: "주희는 내내 움직였으므로 걔 시계는 더 느리게 갔다. 따라서 걔는 나보다 나이를 덜 먹었을 거야." 한편, 주희는 이렇게 생각한다: "내가 보기에는 언니가 움직였으므로 언니 시계가 더 느리게 갔다. 집에 가서 언니를 만나보면 나보다 나이를 덜 먹었을 거야."

물음: 누가 옳은가? 잘못된 생각에서는 무엇이 문제인가?

이 문제를 찬찬히 생각해본 뒤에 앞으로 나아가라. 결국 두 쌍둥이 자매가 나란히 서면, 누가 나이를 더 먹었는지 확실해질 것이다. 이 역설이 아인슈타인의 이론이 논리적 결함이 있음을 증명하는가?

실마리: 시간 팽창은 아인슈타인의 두 가설의 결과이다. 11쪽을 다시 읽어보라. 답이 거기에 있다!

쌍둥이가 재회할 때, 주희가 영희보다 젊다. 지구에서는 50년이 흘렀는데, 우주선에서는 겨우 몇 년이 흐른 것을 상상할 수 있다. (정확한 햇수는 우주선의 속력과 거리가 결정하는데, 그 값은 정하지 않았다.) 영희는 허리가 굽고 머리가 반백이 되었는데, 주희는 거의 나이가 들지 않았다.

그 답은 영희의 관점에서 보면 완벽하다: 여행기간 내내 그녀의 시계는 정상적으로 갔고, 주희의 시계는 더 느리게 갔다. 그러나 왜 같은 논리를 뒤집은 주희의 논리는 맞지 않는가?

그 답은 "관성"이라는 말에 있다. 영희는 여행기간 내내 관성(가속이 없는) 기준틀에 있었다.[2] 주희가 탄 우주선은 목적지에 도착할 때 감속하여 선 다음 방향을 바꾸어 가속했다. 곧, 그녀는 가속되었다. "주희의 관성 기준틀"은 없으므로 이 각본을 그 기준틀에서 분석할 수가 없다.

상대성은 가속 물체를 기술하는데도 잘 맞는데, 다만 그 분석을 관성 물체의 기준틀에서 해야 한다. 따라서 주희의 시계가 느리게 간다는 영희의 진술은 맞고, 주희의 진술은 맞지 않다.

"주희가 가속된다"는 진술은 기준틀과는 무관함을 기억하라(갈릴레이 상대성 또는 아인슈타인 상대성 모두). 그것은 그녀의 운동의 고유한 사실이다. 그녀가 밖을 보지 못하게 타고 있는 우주선 창을 가려도 우주선이 가속될 때는 그녀도 알 수 있다.

---

2 지구는 자전과 공전을 하므로 가속된다고 반박할 수도 있다. 그 말도 맞지만, 그 효과가 미미해서 여기에서는 무시할 수 있다.

이 상황을 수학적으로 분석하려면 이 각본에는 세 가지 다른 관성틀이 관련됨을 알아야 한다: 영희와 지구의 틀, 주희가 떠날 때 탄 우주선 틀, 주희가 돌아올 때 탄 우주선 틀. 이 계산을 할 기회를 두 가지 주겠다: 첫째는 동시성의 상대성을 쓰는 것(§ 1.3, 문제 25), 둘째는 속도 변환을 쓰는 것이다 (1.5, 문제 19). 이 문제는 상대성이 겉보기에 역설적이지만, 궁극적으로 일관성 있는 체계임을 보여주는 최고의 예이다; 모든 기준틀이 쌍둥이가 재회할 때 영희가 주희보다 나이를 더 먹음을 보여준다.

따라서 모든 것이 논리적으로는 맞는데, 참인가? 현재의 기술로는 광속 추진 우주선이 없지만, 1971년 하펠레(Joseph Hafele)와 키팅(Richard Keating)은 쌍둥이 실험을 다른 방식으로 했다. 그들은 여러 대의 비행기에 아주 정밀한 원자시계를 실어 세계 일주 비행을 시키고, 다른 원자시계는 지상에 세워 두었다. 그 시계들을 재회시켜 비교하자 비행기에 실었던 시계가 지상 시계보다 상대론이 예측한 시간만큼 더 느리게 갔음이 확인되었다(문제 26).

좌표 시간 및 고유 시간

쌍둥이 역설에서 영희는 한 관성 기준틀—지구—에 내내 남아 있다. 그러나 주희는 두 가지 다른 관성 기준틀—떠나는 것과 돌아오는 것—을 넘나들고, 그래서 이야기가 복잡하다(그리고 재미있다).

그 상황에서 어떤 관성 기준틀에서 재는 시간인 "좌표 시간(coordinate time)"과 특정 사람 또는 우주선 또는 가장 쉬운 예로서 손목시계로 재는 시간인 "고유 시간(proper time)"을 구별하자. 흔히 좌표 시간은 Δt로, 고유 시간은 $\Delta\tau$로 나타낸다.

두 사건 "주희가 지구를 떠난다"와 "주희가 지구로 돌아 온다"에 대한 세 가지 다른 서술을 살펴보자:

- 영희가 잰 시간은 좌표 시간 Δt(지구 기준틀에서의 두 사건의 시간차)이자 고유 시간 $\Delta\tau$(주희가 찬 시계로 잰, 따라서 그녀가 먹은 나이)이다.[3]
- 지구를 떠나는 기준틀에서 잰 두 사건의 시간차는 좌표 시간 Δt이다. 그것은 고유 시간이 아니다. 왜냐하면 그 기준틀에서는 두 사건이 한 곳에서 일어나지 않기 때문이다.
- 주희가 여행 내내 먹는 나이는 그녀의 고유 시간 $\Delta\tau$이다. 그것은 좌표 시간이 아니다. 왜냐하면 그것에는 두 관성 기준틀이 관여하기 때문이다.

중요한 것은 영희의 기준틀이 두 사건 사이의 좌표 시간과 고유 시간을 모두 잴 수 있는 유일한 기준틀, 곧, 그 기준틀은 두 사건 모두에 같은 시계가 있는 유일한 관성틀이다.

3 "손목시계(로 재는) 시간"이라는 말은 혼동을 줄 수 있다. 고유시간은 질량이 있는 물체의 정지틀에서 잰 시간으로 로런츠 변환에 대해 불변이다. 쌍둥이 역설에 대한 예제를 보면 영희의 기준틀에서는 주희의 시간이 고유시간이고, 주희의 기준틀에서는 영희의 시간이 고유시간이며 그 크기는 두 기준틀에서 같은 양, 즉 로런츠 불변량이다–옮긴이.

능동 읽기 연습: 좌표 시간, 고유 시간

비행기가 산 A를 지난 다음 산 B를 지난다.

1. 비행기에 걸린 시계로 잰 이 두 사건의 시간차는 고유 시간인가, 좌표 시간인가, 둘 다인가?
2. 두 산 꼭대기에 동기화된 시계가 있고, 그것으로 잰 두 사건의 시간차는 고유 시간인가, 좌표 시간인가, 둘 다인가?

최선의 답을 적은 다음 우리의 답을 보라 이 각본에서 비행기 기준틀의 중요성을 간단히 토론하라: www.cambridge.org/felder-modernphysics/activereadingsoutions

돌아보기

이 절의 시작은 광속이 모든 관성 기준틀에서 같다는 믿음에 대한 이론적 이유(맥스웰 방정식)와 실험적 증거(마이컬슨-몰리 실험)였다. 이 규칙은 겉보기에 모순이 있으며, 그것을 해결하려면 시간 팽창을 도입해야 함을 알았다.

따라서 관찰자마다 시간의 흐름이 다르다면, 왜 그것을 진작 알아채지 못했을까? 왜 긴 왕복 비행에서 돌아온 친구가 나보다 더 젊어 보이지 않을까?

그 답은 다음 식에 있다: $\gamma = 1/\sqrt{1 - u^2/c^2}$. 총알의 속력($c$/400,000)이나 지구의 공전 속력($c$/10,000) 또는 현재의 가장 빠른 우주선의 속력(c/4,000)과 같은 보통의 속력에서는 $\gamma \approx 1$이고 상대성 효과는 실질적으로 나타나지 않는다.

따라서 일상적인 세계는 본질적으로 뉴턴 역학이 지배한다. 상대성을 전혀 몰라도 대학교의 기계 공학과를 졸업하여 공학사가 될 수 있다. 그래서 현대 물리학의 개념을 만날 때 우리의 물리적 직관과 잘 맞지 않는다. 우리가 외계인의 세계에서 c/4로 도망가는 먹이와 함께 진화했다면 시간 팽창이 갈릴레이 상대 속도처럼 자연스럽게 보였을 것이다.

1.2.3 물음과 문제: 아인슈타인 가설과 시간 팽창

개념 물음 및 개념시험

1. 다음 용어를 정의하라:
   (a) 시간 팽창
   (b) 좌표 시간
   (c) 고유 시간
2. 이 절의 중심 개념을 한 문장으로 나타낼 수 있다: "광속이 모든 관성 기준틀에서 같다는 것을 받아들이면, 시간 팽창을 필연적 결과로서 받아들어야 한다." 그 이유를 설명하라.
3. 아주 긴 열차가 속력 c/2로 역을 지나간다. 이 열차가 역을 지나가는데 걸린 시간을 열차에 탄 사람과 역에 선 사람이 잰다. 아래의 설명 중 맞는 것을 고르고, 그 이유를 설명하라.
   A. 열차 시계로 잰 시간이 역 시계로 잰 시간보다 길다.

B. 열차 시계로 잰 시간이 역 시계로 잰 시간보다 짧다.

C. 두 시간이 같다.

4. 이 책에서 시간 팽창을 나타내는 식은 다음과 같다: $\Delta t' = \gamma \Delta t$. 다른 책에서는 같은 식을 다음과 같이 쓸 수 있다: $\Delta t = \gamma \Delta t'$. 이 두 식은 다르다 (왜냐하면 γ가 1이 아니기 때문이다). 이 두 식은 Δt와 $\Delta t'$의 정의가 다르다. 그 정의가 어떻게 다른지 명확히 설명하라.

5. 우주선이 거의 광속으로 우주 기지 A에서 다른 우주 기지 B로 간다. 두 기지는 상대적으로 서 있다. 우주선에 탄 영희가 자리에서 일어나 우주선 앞쪽으로 걸어가는데 걸린 시간이 우주선 시계로 Δt, 우주 기지 시계로 $\Delta t'$이다. 이 두 시간이 (1.3)으로 연결되지 않는 까닭을 설명하라.

6. 호그와트(Hogwarts)행 급행열차가 $0.87c$로 달린다. 열차 맨 앞에서 헤르미온(Hermione)이 일어서고, (열차 틀에서) 1초 뒤에 론(Ron)이 맨 뒤에서 일어선다. 해리(Harry)는 상대성을 공부했노라고 자랑하면서 $\gamma = 2$이므로 지구 틀 시계로는 헤르미온이 론 보다 2초 전에 일어섰다고 말한다. 헤르미온은 그를 째려보면서 그가 상대성을 제대로 알지 못한다고 타박한다. 해리가 무엇을 잘못했는가?

7. 유명한 "쌍둥이 역설"(17쪽)의 해결책은 주희가 방향을 바꾸는 가속하는 동안이 핵심이다. 이제 영희는 (앞서처럼) 집에 머물고 주희는 속력을 올리거나 내리지 않고 등속으로 큰 원을 따라 돌아온다고 하자. 주희가 돌아와 영희를 만날 때는 어떨까? 답을 하나 고르고, 그 까닭을 간단히 설명하라:

A. 주희는 영희보다 나이가 덜 들었다.

B. 주희는 영희보다 나이가 더 들었다.

C. 둘이 어느 쪽이 더 젊은지 의견이 다르다.

D. 둘 다 나이가 같이 들었다.

8. 식 (1.3)은 두 물체의 상대 속력 u에 상한이 있음을 시사한다. 그 상한이 무엇인지, 그리고 왜 그런지 설명하라.

9. 본문에서 $\gamma \geq 1$이라고 했다. 어떤 상황에서 1이 되고 어떤 극한에서 ∞에 접근하는가?

10. 당신은 가속도가 느껴지지 않는 우주선 안에서 평소처럼 8시간을 잔다. 잠자는 시간 기록에 관한 아래의 각 물음에 답하고, 그 까닭을 간단히 설명하라.

(a) 8시간 이상인 관성 기준틀이 있는가?

(b) 8시간인 다른 관성 기준틀이 있는가?

(c) 8시간 이하인 관성 기준틀이 있는가?

11. 심청이 (자신의 관성 기준틀에서) 그녀의 손목시계로 한 시간 동안 쉰다. 그 시작과 끝을 사건 A와 B라고 하자. 다른 관성틀에서는 이 두 사건의 시간차가 1시간 이상이다. 이 두 사건에 참석한 다른 관찰자는 두 사건의 고유 시간차를 1시간 이하로 경험할 것이다. 이 두 가지 (올바른) 진술을 어떻게 설명하겠는가?

12. 암스트롱(Neil Armstrong)이 1969년에 달에 갔다 왔을 때 지구에 있던 사람들보다 덜 늙어 보이지 않은 까닭은?

심층 토론

13. 우주선이 속력 $0.9c$로 행성을 지난다. 우주선에 탄 유림이가 공을 앞쪽(우주선이 가는 쪽)으로 속력 20 m/s로 던진다 (우주선 틀에서 잰, 우주선에 대한 속력). 행성 틀에서 본 공의 속력은 아래 어느 것인지 고르고, 그 이유를 설명하라:

(a) $v_{공} < 20\text{ m/s} + 0.9c$

(b) $v_{공} = 20\text{ m/s} + 0.9c$

(c) $v_{공} > 20\text{ m/s} + 0.9c$

14. 아인슈타인이 애초에 특수 상대론을 전개한 주요 동기는 전자기 이론에서 왔다. 나란한 두 도선에 같은 전류 I가 같은 쪽으로 흐른다고 하자. 도선을 따라 움직이는 전하는 자기장을 만들고, 다른 도선 속의 전하가 만드는 자기장에 반응하여 두 도선은 서로 당긴다. (오른손 손가락을 말아쥐고 엄지를 세워 그것을 확인하라.) 그러나, 같은 상황을 전류와 같이 움직이는 기준틀에서 보자. 그 틀에서는 전자가 (평균적으로) 서 있으므로, 알짜 자기장을 만들지 않는다. 이

상황에서도 두 도선이 서로 당길까? 그 이유를 설명하라.

15. 빛다발의 기준틀에서 일련의 사건을 묘사할 수 있는가? 그 이유는?

16. 두 관성 기준틀의 맥락에서 공식 $\Delta t' = \gamma \Delta t$를 끌어냈다. 그리고 쌍둥이 역설에서 영희의 시간을 $\Delta t'$로, 주희의 시간을 Δt로 써야 한다고 했는데, 그 까닭은 영희만이 관성 기준틀에 있기 때문이다. 그것은 R′은 관성틀이지만 R은 그렇지 않음을 뜻하는가? 설명하라.

문제

17. 그림 1.4는 비행기가 두 산을 지나가는 것을 보여준다. 비행기 속력은 0.8c , 두 산의 거리는 6×10^8 m이다. (이것은 생각 실험이다!) 두 산 꼭대기에는 동기화된 시계가 걸려 있다. 비행기가 산 A를 지날 때 비행기 승객과 산 A에 있는 사람 모두 시계를 보니 $t = 0$이었다.

(a) 비행기가 산 B를 지날 때 그 곳의 시계 눈금은 얼마일까?

(b) 비행기가 산 B를 지날 때 비행기 시계의 눈금은 얼마일까?

18. 우주선 모험호는 속력 $(9/10)c$로 은하를 탐험한다. 우주선 시계로 5년 뒤, 지구로 돌아왔다. 지구에서는 몇 년이 지났을까?

19. 속력이 $0.5c$인 우주선을 타고 지구를 떠나 4.37 광년 떨어진 알파 센타우리에 도착하면 나이를 얼마 더 먹는가?

20. Ender's Game이라는 책에서 지구 정부는 군사령관 라캄(Marr Rackham)을 거의 광속으로 왕복 여행시켜 그가 미래의 전쟁에서 지구의 군대를 이끌 수 있을 만큼 충분히 젊음을 유지할 수 있게 한다. 그가 돌아올 때 지구에서 80년이 흘렀지만 그는 겨우 8세였다. 그가 탄 우주선은 얼마나 빨리 날았는가?

21. 록 그룹 퀸(Queen)의 노래 "39"에서 한 여행자가 집으로 돌아와 말한다: "지구는 낡고 잿빛이다…. 나이는 1살이지만." 이 노래는 지구에서 시간이 얼마나 흘렀는지를 구체적으로 말하지 않지만 몇 세대가 지난 것은 분명하니 100년이라고 하자. 100−대−1의 시간 팽창을 만들려면 여행자는 얼마나 빨라야 하는가?

22. 은하의 중심은 지구에서 약 30,000 광년 떨어져 있다. 우주선을 타고 출발하여 10년 뒤에 은하계의 중심에 도착하려면 얼마나 빨리 가야 할까?

23. 매우 긴 기차가 $c/2$의 속력으로 역을 지난다. 물론 기차에서 보면 기차역은 $c/2$의 속도로 기차를 지난다. 기차 기준틀에서 역이 기차를 지나는 데 10초가 걸린다. 역 기준틀에서 기차가 지나가는 데 얼마나 걸리는가?

24. 15쪽에서 우주 의약품 선적을 예로 들었다. 모든 단위를 미터와 초로 바꿔 시작하여 이 문제를 다시 풀어라. 그러면 다음과 같은 답을 얻을 것이다(약은 1.45일 지난다). 그러나 상대론적 단위를 쓰면 시간이 덜 든다는 것도 확신할 것이다!

25. GPS

GPS(Global Positioning System: 전지구 위치 결정 체계)는 각 위성이 현재 위치와 시각을 알려주는 신호를 보내어 작동한다. 지면의 수신기는 여러 위성의 신호를 동시에 받아, 그 신호를 분석하여 자신의 위치를 알 수 있다. 이것이 작동하려면 위성에 아주 정확한 시계가 있어야한다. 하지만 위성은 지구 주위를 약 14,000 km/h로 돌고 있으므로 시간 팽창의 영향을 고려해야 한다. GPS 위성은 지면의 시계에 대해 매일 얼마나 많은 시간을 잃는가? (시계에서 이를 보정해야 GPS 체계가 작동한다.) (참고: GPS 시계에 대한 특수 상대론의 효과를 계산하는 것뿐이다. 아인슈타인의 일반 상대론에서 오는 또 다른 강력한 효과가 있다. GPS가 작동하려면 두 효과를 모두 고려해야 한다.)

26. 상대론의 가장 유명한 검증 중 하나는 1971년에 했던 하펠레-키팅 실험이다(그 뒤에 여러 번 반복되었다). 하펠레와 키팅은 전 세계를 다니는 여객기에 여러 대의 세슘 원자 시계를 싣고 그 시계로 잰 시간을 미 해군 천문대에 있던 다른 시계와 비교했다.

(a) 그 비행기가 3일 만에 지구를 한 바퀴 돌았다. 지구 반경을 6400 km로 잡으면 그 비행기의 속력은 얼마인가?

(b) 움직이는 시계와 서 있는 시계의 시차는 얼마인가?

실제 계산은 두 가지 이유로 더 복잡하다. 첫째, 지구의 자전을 고려해야 한다. 둘째, 고도가 높은 시계는 아인슈타인의 일반 상대론이 예측한 중력 효과 때문에 또 다른 시차를 낳는다. 그러나 모든 것을 적절히 넣은 최종 결과는 예상 값에 매우 가까웠다.

27. 뮤온(muon)은 고에너지 우주선(cosmic ray)이 대기 상층의 기체 분자와 충돌하여 계속 생겨난다. 뮤온이 대기 상층에서 지면의 검출기까지 100,000 m를 광속의 99.999%로 온다고 하자.

(a) 실험실에 서 있는 뮤온은 일반적으로 2.2×10^{-6}초 뒤 붕괴된다. 비상대론적 계산에 따르면 뮤온이 검출기에 도달하지 않음을 보여라.

(b) 그러나 사실 그 높이에서 생긴 뮤온은 대부분 지면에 이른다. 상대론적 계산으로 그 이유를 설명하라.

이것은 흔히 하는 상대성 검증 실험이다.

28. Δt에 관한 식 (1.3)을 풀어라. 그 식에 정해진 $\Delta t'$의 값을 넣어 얻는 Δt의 값은 더 클까, 더 작을까? 이것이 어떤 기준틀에서도 "움직이는 시계는 더 빨리 간다"는 결론으로 이어지지 않는 이유를 설명하라.

29. 현대물리학은 일반적으로 일상생활에서는 고전물리학으로 환원된다. 당구공, 팽이, 고층건물, 우주선은 모두 실제의 목적에서는 뉴턴 법칙을 따른다. 예를 들어 윤희가 상대론적 시간 팽창에 대해 (1.3)을 쓰고, 석우는 실수로 갈릴레이 상대성의 대응식 $\Delta t' = \Delta t'$를 쓴다고 하자.

(a) 대충 음속의 세배 정도인 $u = 1000$ m/s에 대한 결과의 백분율 차이를 구하라.

(b) 사람이 만든 가장 빠른 거대 물체인 NASA의 Juno 우주선의 속력 $u = 75{,}000$ m/s에 대한 결과의 백분율 차이를 셈하라.

30. 석우와 윤희의 계산이 0.1% 차이가 나려면 얼마나 빨라야 하는가?

(a) LHC(Large Hadron Collider)는 양성자를 0.99999999c ("9"가 8개)까지 가속한다. 이제 석우의 오차는 얼마인가?

31. 에테르 모형에 따르면, 지면에서의 광속은 지구의 운동 방향에서는 그 수직 방향에서보다 더 느리다. 그 차이를 백분율로 나타내면 얼마인가? (마이컬슨이 그 차이를 잴 수 있다고 아주 합리적으로 예상한 것은 마이컬슨 간섭계의 정확성을 입증하는 증거이다!)

32. 시간 팽창 공식 유도

이 문제의 배경은 13쪽에 보인 비행기-산 각본이다. 첫째 사건에서 비행기는 산 A를 지나면서 섬광을 낸다. 둘째 사건에서 비행기는 B 산을 지나면서 그 섬광이 천장에 닿는다.

비행기 기준틀(P)에서 이 두 사건의 시간차를 Δt라고 하자. 그 동안 빛은 속력 c로 거리 h를 가고 비행기는 서 있다. (산은 속도 u로 뒤로 가지만 이 문제에서는 중요하지 않다.)

산 기준틀(M)에서 두 사건의 시간차를 $\Delta t'$라고 하자. 그 동안 비행기는 속도 u로 거리 L을 가고 빛은 속력 c로 거리 $\sqrt{h^2 + L^2}$을 간다.

(a) 거리는 속력과 시간의 곱이라는 것과 두 틀에서 빛의 속력은 똑같이 c라는 것을 써서 $\Delta t'/\Delta t$를 L과 h로 나타내는 식을 구하라. 이 식을 고쳐 L/h로 나타내라.

(b) 구하려는 것은 $\Delta t'/\Delta t$이지만 이 상황의 세부와는 무관한 식을 원하므로 L과 h를 소거하려고 한다. h를 Δt로 나타내는 식과 L을 $\Delta t'$과 u로 나타내는 식을 구하라. (이것도 거리가 속력과 시간의 곱임을 나타낸다.)

(c) (b)에서 얻는 L과 h에 대한 식을 (a)에서 얻은 식에 넣는다. 그 결과는 한 쪽은 $\Delta t'/\Delta t$이고 다른 쪽에는 Δt, $\Delta t'$, u 그리고 c가 들어있는 식이다.

(d) 식을 정리하여 $\Delta t'/\Delta t$를 u와 c로 나타내는 식으로 고친다. 시간 팽창에 대한 식을 얻지 못했다면 되돌아가서 실수를 찾아라.

1.3 길이 수축과 동시성

1.2에서 시작한 문제를 생각 실험과 겉보기 역설을 써서 계속 살펴보아 아인슈타인의 두 가설의 결과를 끌어낸다. 또한 비행기-산 각본을 더 살펴보아 담겨있는 내용을 더 짜내자.

1.3.1 설명: 길이 수축과 동시성

1.2에서 살펴본 생각 실험을 간단히 되새기자(그림 1.5):

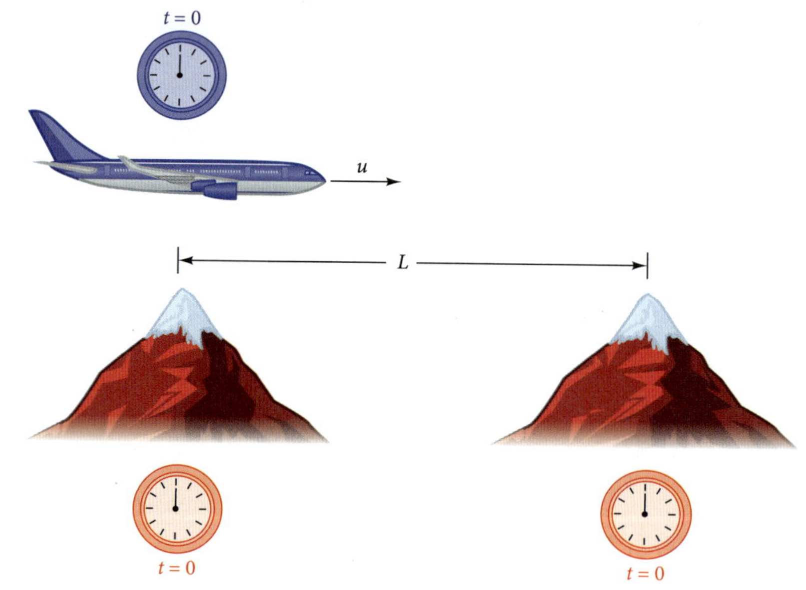

그림 1.5 산 기준틀에서 본 첫 사건 (비행기가 산 A를 지난다). 그 순간 세 시계 모두 동기화되어 $t = 0$이다.

- 두 산의 거리는 산 기준틀에서 L이다.
- 비행기는 오른쪽으로 속력 u로 날아 지나간다. 흥미로운 두 사건은 "비행기가 산 A를 지난다"와 "비행기가 산 B를 지난다"이다. (섬광은 이제 필요 없다.)
- 두 사건의 시간차는, (두 봉우리에 걸린) 산 시계로 재면 L/u이다. 이것은 바로 속력의 정의임을 상기하자.
- 두 사건의 시간차는, 비행기 시계로 재면 L/u보다 작아, "움직이는 시계는 느리게 간다"는 것을 보여준다.

위의 서술은 산 기준틀에서 한 것이다. 그러나 비행기 기준틀에서 같은 각본을 서술하면 또 다른 역설이 나온다.

- 비행기는 서 있다.
- 두 사건은 "산 A가 왼쪽으로 속력 u로 와서 비행기를 지난다"와 "산 B가 왼쪽으로 속력 u로 와서 비행기를 지난다"이다.

- 비행기가 서 있으므로 비행기 시계는 아주 정상적으로 가고 있다. (산 시계는 꺼 두었다. 하지만, 뒤에 다시 볼 것이다.)
- 이 기준틀에서 두 사건의 시간차를 비행기 시계로 재면 L/u 보다 작은 것을 어떻게 설명해야 할까? 앞으로 나아가기 전에 잘 생각해보라.

이 절의 제목을 바탕으로 답을 짐작할 수도 있겠다: 비행기에서 보면 두 산의 거리는 L 이 아니다. 속력은 같은데, 시간이 다르니 거리도 달라야 한다.

능동 읽기 연습: 길이 수축

산 A와 B의 거리는 산 틀에서는 L이다. 비행기 틀에서는 그 거리가 L보다 더 길까, 더 짧을까?

산 틀에서는 비행기가 오른쪽으로 가고, 비행기 틀에서는 두 산이 왼쪽으로 가지만, 상대 속력은 똑같이 u이다. "거리 = 속력 × 시간"이다. 두 틀에서 속력이 같고, 비행기 틀에서 잰 시간이 더 짧으므로, 거리도 더 짧아야 한다. 더 구체적으로, 비행기 틀에서 잰 시간이 $1/\gamma$을 곱한 만큼 짧아지므로, 거리도 $1/\gamma$을 곱한 만큼 짧아져야 한다.

(산 A에서 B까지의) 산맥을 한 물체로 보면 이 결론을 다음과 같이 일반화할 수 있다: "움직이는 물체는 더 짧아 보인다." 산 틀에서 보면 그 산맥은 서 있고 길이는 L이다. 그것을 "고유 길이(proper length)"라고 한다. 비행기 틀에서는 산맥이 속력 u로 움직이고, 거리는 L/γ이다.

길이 수축

눈금자가 관성 기준틀 R에 대해 서 있고, 또 다른 관성 기준틀 R′에 대해 속력 u로 길이 방향으로 움직인다. 정지 틀 R에서는 그 눈금자의 길이가 L이면, R′에서는 그 길이가 다음과 같다:

$$L' = \frac{L}{\gamma} \quad \text{길이 수축} \tag{1.4}$$

말로 하면, "움직이는 물체는 인자 γ만큼 짧아진다." $\gamma = 1/\sqrt{1-(u/c)^2}$임을 상기하자.

산 틀과 비행기 틀에서 본 산맥의 높이와 깊이(종이면 속으로 들어가는 거리는 같다; 길이 수축은 물체의 속도 방향에서만 나타난다. 물체가 한 방향(운동 방향)으로만 수축되고, 다른 두 방향으로는 변하지 않으므로 그 모양이 변한다. 그 예는 아래의 예: "길이 수축"에서 볼 수 있다.

비행기-산 각본을 써서 시간 팽창을 소개할 때, 비행기 틀을 R로 잡았다. 같은 각본을 써서 길이 수축을 소개할 때는 산 틀을 R로 잡았다. 그렇게 바꾼 것을 알아챘는가? 핵심으로 들어가, 그 이유를 알겠는가?

시간 팽창 공식 (1.3)은 두 사건이 같은 곳에서 생기는 틀을 R로 정의한다. 두 사건은 비행기가-산-A를-지남과 비행기가-산-B를-지남이었다. 그래서 비행기 틀을 R로 잡았다. 길이 수축 공식 (1.4)는 물체가 서 있는 틀을 R로 정의한다. 여기에서 "물체"는 두 산맥이고, 그것이 서 있는 산 틀이 R이다.

길이 수축에 있는 미묘함을 알아야 한다. 눈금자가 서 있는 틀에서 길이를 잴 때는 양 끝의 위치를 다른 시각에 재도 된다. 그렇지만, 다른 틀에서 물체의 길이를 재려며 양 끝의 위치를 동시에 알아야 한다. 비행기-산 각본에서 산 틀에서는 산 A와 B의 거리 L은 언제, 어떻게 재도 똑같다. 그렇지만, 비행기 틀에서는 두 산 봉우리의 위치를 같은 시각에 재야하고, 그 값은 L/γ이다.

예: 길이 수축

우주선이 0.9c의 속력으로 지구로 온다. 우주선 틀에서는 지구가 어떤 모양일까?

답: 길이 수축이 운동 방향으로만 나타나므로 지구의 반경은 운동 방향과 수직 방향으로는 고유길이 (약 6,400 km)이다. 그러나 운동 방향으로는 더 짧아 보인다:

$$r' = \frac{r}{\gamma} = (4000\ \text{km})\sqrt{1 - 0.9^2} \approx 1700\ \text{km}.$$

따라서 다음과 같이 보인다.

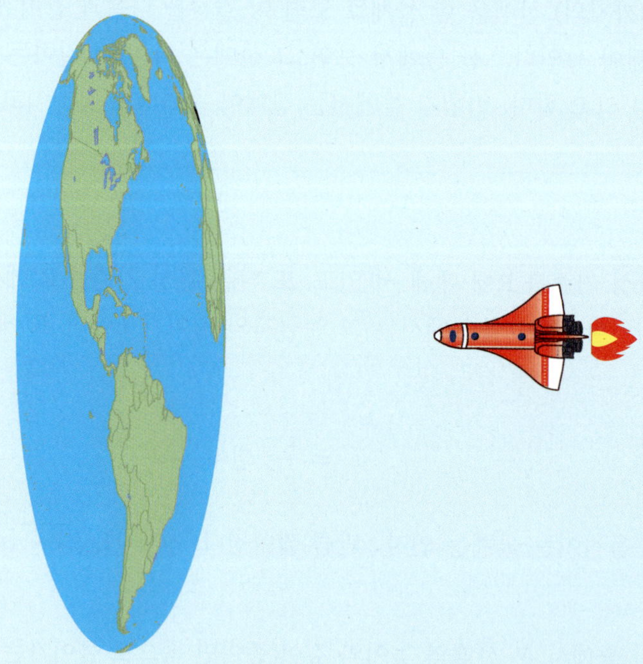

위의 문제는 우주선 틀에서의 지구의 모양에 대한 것이었다. 그것은 다음 물음과는 조금 다르다: "우주선에 탄 사람이 본 지구는 어떤 모양일까?" 왜냐하면 이 물음에 답하려면 빛이 지구의 각 부분에서 우주선에탄 사람의 눈까지 오는 시간을 따져야하기 때문이다. 문제 22를 보라.

이제, 산 시계에 관해

앞의 길이 수축에 관한 설명에서 산 시계는 전혀 필요 없었다; 산은 그저 왔다 갔고 비행기 시계만 썼다. 그러나, 이제 산 틀에서 서 있는 두 시계로 돌아가자.

능동 읽기 연습: 비행기에서 돌아본다

비행기 승무원이 비행기 시계를 보면, 완벽하게 잘 가고 있다. 등산객이 산에 걸린 시계를 보아도 완벽하게 잘 가고 있다.

그러나 등산객이 비행기 시계를 보면 너무 느리게 간다. 그가 보기에는 1초 동안에 비행기 시계는 1초를 채 못간다.

물음: 비행기 승무원이 산 시계를 보면 어떻게 보일까? 너무 느리게? 너무 빠르게? 아니면 정상적으로 갈까?

늘 그렇듯이, 더 나아가기 전에 답을 적고, 그 이유를 간단히 설명하라.

산 관찰자가 보기에 비행기 시계가 느리게 한다면, 비행기 관찰자가 보기에 산 시계는 너무 빨리 가야한다. 그러나 그것도 옳지 않으며, 그것을 네 마디 말로 증명할 수 있다:

움직이는 시계는 느리게 간다!

비행기 관찰자가 보기에는 산 시계가 움직인다. 상황의 대칭성—물리 법칙은 모든 관성 기준틀에서 같다는 원리—에 따라 비행기 관찰자가 보기에 산 시계도 느리게 가야 한다.

그러나 상식이 반기를 든다. 두 관찰자가 서로 상대에게 "당신 시계가 내 시계보다 느리다"고 주장한다고? 틀림없이 모순이 숨어 있어, 그대로 두면 전 체계가 무너질 것이다.

이제 그것을 찾아내어 풀어내자. 구체적인 값으로 시작하자. 비행기가 $u = (\sqrt{3}/2)$로 간다고 하자. 그러면 $\gamma = 2$이다. (두 기준틀에 있는 관찰자는 서로 상대가 움직인다고 주장하겠지만, $|u|$에 대해서는 동의할 것이고, 따라서 γ도 마찬가지다.) 두 산 봉우리의 정지 거리는 충분히 멀어서, 산 틀에서 잰, 비행기가 산 A에서 B까지 가는데 걸리는 시간이 1초라고 하자. 산 틀에서 본 이 실험 결과는 다음과 같다:

- 비행기가 산 A를 지날 때, 세 시계(각 산 봉우리에 걸린 것과 비행기에 걸린 것) 모두 동기화하여 $t = 0$에 맞췄다.
- 비행기가 산 B를 지날 때, 산 시계는 $t = 1$을 가리킨다.
- 그러므로, 비행기가 산 B를 지날 때 느리게 가는 비행기 시계는 $t = 1/2$를 가리킨다.

그림 1.6은 이 모든 시각을 보여준다.

"비행기가 산 B를 지날 때 비행기 시계는 $t = 1/2$을 가리킨다"와 같은 진술은 모든 기준틀이 동의해야 한다. 산 B의 관찰자와 비행기의 관찰자 둘 다 그것을 증명하기 위해 사진을 찍었을 것이다. 비행기 틀에서는 어떻게 보일까?

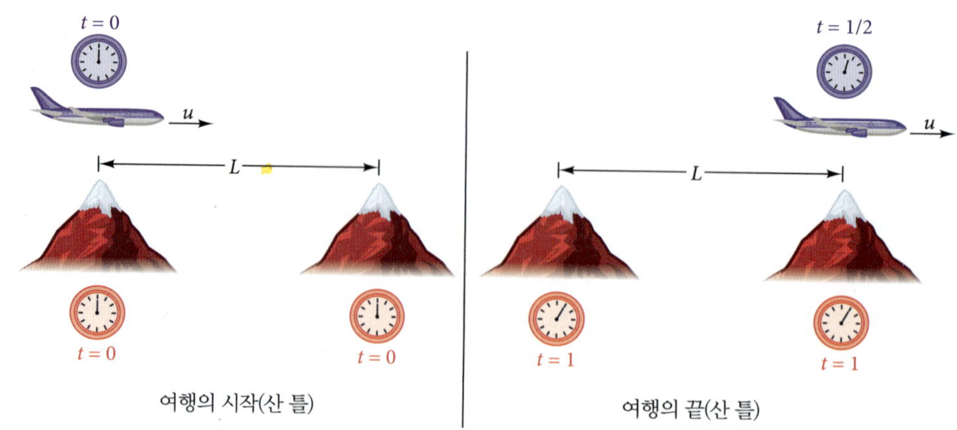

그림 1.6 산 틀에서는 두 산 시계가 동기화되어 있고, 1초 눈금을 가리킬 때 비행기 시계는 1/2초를 가리킨다.

- 비행기 시계는 비행기가 산 A를 지날 때 $t = 0$, 산 B를 지날 때 $t = 1/2$을 가리킨다. 이미 이러한 두 가지 사실을 틀과 무관한 방식으로 확립했다. 따라서 이 여행에는 0.5초가 걸렸다. (어쨌든 두 산의 거리가 1/2로 줄었기 때문에 그것을 알고 있었다.)
- 비행기가 산 A를 지날 때 산 A에 있는 시계는 $t = 0$을 가리키고, 산 B를 지날 때 산 B에 있는 시계는 $t = 1$을 가리킨다. 이러한 사실은 틀과 무관하며 논쟁의 여지가 없다.
- 그러나 산 시계가 2배 느리게 가고 전체 여행은 1/2초 걸렸으므로 산 시계는 이 여행에서 1/4초만 갔다.

이 값이 이해되는가? 방금 산 시계는 $t = 0$에서 시작하여, 1/4초 갔고, 어떻게 해서 $t = 1$을 갔다고 결론지었다. 역설을 찾아보자: 해볼 가치가 있다!

해결책은 이것이다. 산 B의 시계는 1/4초 여행의 끝에서 $t = 1$을 가리킨다. 따라서 여행을 시작하여 비행기가 산 A를 지날 때 산 B의 시계는 $t = 3/4$를 가리켰을 것이다.

"말도 안돼!" 산에 있는 관찰자들이 소리친다. "두 산의 시계를 동기화했다!" 그러나 비행기 관찰자들은 동의하지 않는다(그림 1.7).

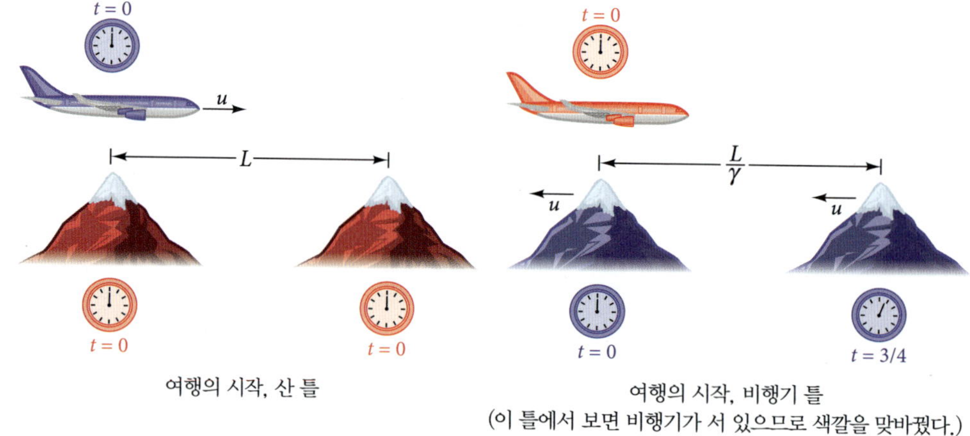

그림 1.7 비행기 틀에서는 두 산 시계가 일치하지 않고 산 B의 시계가 산 A의 시계보다 3/4초 앞선다.

잠깐 쉬면서 새겨보자. 산에 있는 관찰자들은 실험 초기에 두 시계를 동기화했다. 즉, "산 A의 시계 바늘을 0에 둠"과 "산 B 시계 바늘을 0에 둠"의 두 사건이 일어나 두 산의 관찰자가 동시라고 선언했다. 그러나 비행기에 탄 관찰자가 보기에 이 두 사건은 동시에 일어나지 않았다. 그러므로 두 시계는 결코 제대로 동기화되지 않았다.

능동 읽기 연습: 다른 시계

비행기가 산 B를 지날 때 산 A의 시계 바늘은 비행기의 기준틀에서 몇 시를 가리켰는가? 간단한 설명과 함께 답을 적어라.

이 연습의 답은 다음을 보라: www.cambridge.org/felder-modernphysics/activereadingsolutions

동시성에 대해 의견이 엇갈리면 차례로 일어나는 두 사건의 순서가 다른 기준틀에서는 바뀔 수 있다는 결론을 내리는 것은 큰 문제가 아니다. 명훈이가 산 B에 있다가 손목 시계가 0.5초를 가리킬 때 재채기를 한다고 하자. 다음 두 사건 중 어떤 것이 먼저 일어날까? "명훈이가 산 B에서 재채기를 한다"와 "비행기가 산 A를 지난다." 답이 기준틀에 따라 달라진다는 것을 알겠는가?

어떤 사건이 동시에 일어나는지에 대해 틀마다 의견이 다른 것이 "동시성의 상대성"이다. 다음 공식을 문제 18에서 끌어낼 수 있다.

동시성의 상대성

짧은 버전:

한 기준틀에서 동시에 일어나는 사건은 다른 기준틀에서 동시에 일어나지 않을 수 있다.

긴 버전:

틀 R에서 모두 동기화된 일련의 시계를 생각하자. 즉, 그 기준틀에서 이 모든 시계는 동시에 $t = 0$을 가리킨다.

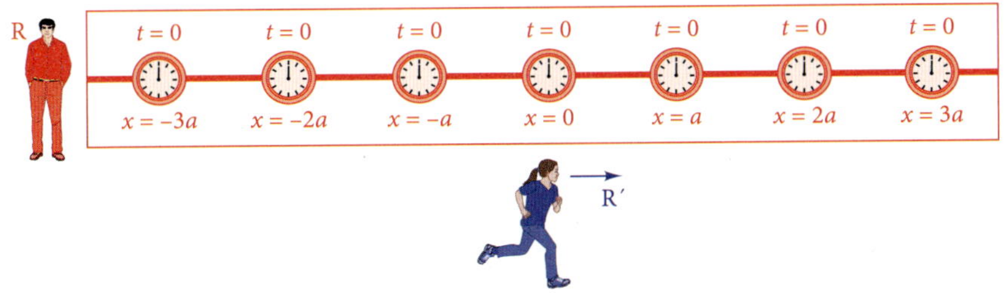

틀 R에서는, 어느 두 시계에서 $t = 0$인 사건은 동시에 일어난다.

이제 틀 R′이 틀 R에 대해 (오른쪽으로) 속력 u로 가는 것을 생각하자. 틀 R′에서 보면 틀 R의 $x = 0$인 시계가 $t = 0$인 순간 틀 R의 $x = a$에 있는 시계 바늘이 가리키는 시각은 다음과 같다:

$$t = \frac{ua}{c^2}. \tag{1.5}$$

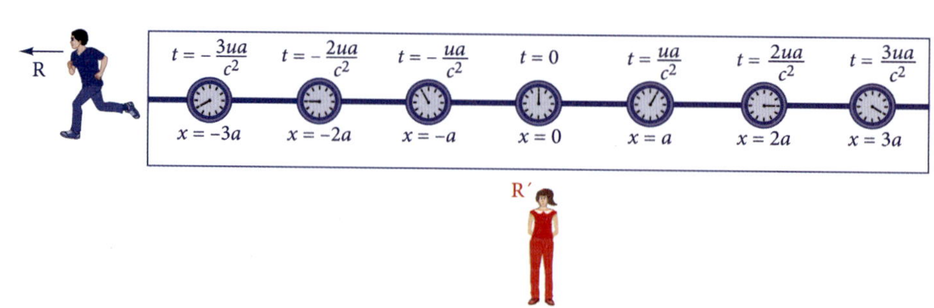

틀 R′에서 보면, 순간 $t' = 0$에 R의 시계마다 가리키는 시각이 다르다. (여느 때처럼 그림의 색깔을 바꿔 두 그림 모두 빨간 것은 서 있는 기준틀이고, 파란 것은 그에 대해 움직인다.)

동시성 관계의 표현 방식은 갖가지다. 위의 설명은 t'-값(붓점 기준틀에서 다른 시각)이나 x'-값(붓점 기준틀에서 다른 위치)을 기준으로 삼지 않는다. (붓점 없는) x-값이 다른 시계의 (붓점 없는) t-값을 보고 있으며, 그 모두가 붓점 기준틀에서 한 순간에 동시에 일어난다. 모든 곳에서 그 순간은 $t' = 0$이라고 할 수 있다.

이 설명은 비행기와 산 각본에 쉽게 적용할 수 있는 장점이 있다. 초기 동기화 사건은 "비행기가 산 A를 지난다"로, 두 틀 모두 $x = t = 0$으로 잡는 데 동의한다. (1.5)는 "그 순간에 비행기 기준틀에서 본 산 B의 시계 눈금은 무엇인가?"라는 물음에 답하도록 꾸몄다. 답은 ua/c^2이다. 여기서 u는 비행기의 속도이고 a는 산 틀에서 잰 두 산의 거리이다.

이를 셈할 때 거리는 광초 단위로 재고 광속은 초당 1광초로 표현한다. 산-비행기 예에서 $u = (\sqrt{3}/2)c$를 골랐음을 상기하자. 또한 비행기가 산 틀에서 여행하는 데 1초가 걸린다고 했다. 따라서 $a = \sqrt{3}/2$ 광초이다. 산 B 시계의 눈금은 다음과 같다는 결론이 나온다.

$$t = \frac{ua}{c^2} = \frac{(\sqrt{3}/2\,\text{ls/s})\,(\sqrt{3}/2\,\text{ls})}{(1\,\text{ls/s})^2} = \frac{3}{4}\text{초}$$

이것은 앞서 (1.5) 없이 얻은 것과 같다.

예: 동시성

외계인 산타 클로스 우주선 두 대가 $(1/2)c$로 4600 km 간격으로 북쪽으로 날아가다가 동시에 우주선의 기준틀에서! 그 중 한 대는 에콰도르의 키토(Quito)에, 다른 한 대는 뉴욕시에 선물을 떨어뜨린다.[4] 그 순간이 키토의 시계로 정오라면, 뉴욕의 시계로는 몇 시일까?

답: (1.5)에 따르면 우주선 틀의 그 순간에 뉴욕 시계는 $t_{NY} = ua/c^2 = a/(2c)$이다. 광속을 초당 1광초로 표현하면 셈이 쉬워진다. 상수 a는 지구 틀에서 두 도시의 거리로 약 4600 km 또는 약 0.0153 광초이다.

4 참고로 뉴욕과 키토의 직선거리는 약 4526 km이고 위도와 경도는 다음과 같다: 뉴욕 40°42′46″ N 74°0′22″ W, 키토 00°13′12″ S 78°30′45″ W—옮긴이.

$$t_{\mathrm{NY}} = \frac{0.0153\,\mathrm{ls}}{2(1\,\mathrm{ls/s})} = 0.008\ \mathrm{s}.$$

이 셈이 말해주는 것을 확인하라! 우주선 기준틀에서는 키토 시계의 $t = 0$과 뉴욕 시계의 $t = 0.008$은 동시 사건이다. 선물은 우주선 기준틀에서 동시에 투하했으므로 지구 틀에서는 0.008초 간격으로 투하되었다.

이 예의 교훈 중 하나는 동시성의 상대성 효과를 확인하려면 매우 빠른 속력과 매우 먼 거리가 모두 필요하다는 것이다.

인과율과 상대성

당신이 돌을 던지면, 그 돌이 떨어져 얼마 뒤 땅에 박힌다. 이 두 사건은 "인과 관계"가 있다. 즉, 첫째 사건이 둘째 사건으로 이어졌다. 누구나 당신이 돌을 던지지 않았다면 그 돌이 땅에 박히지 않았을 것이라는데 동의할 것이다. 따라서 다른 관찰자도 첫째 사건이 둘째 사건보다 먼저 일어났다는 데 동의해야 한다! 마찬가지로 모든 사람이 비행기가 산 B를 지나기 전에 산 A를 지난다는 데 동의한다.

그러나 두 사건 "비행기가 산 A를 지남"과 "하마의 하품"은 인과관계가 없다. 관찰자에 따라서는 이 두 사건의 순서가 다를 있으며, 어느 순서도 결과가 원인에 앞선다는 불가능한 결론을 내지 않는다.

뭐가 다른가? 상대론의 핵심 원리는 어떤 정보도 빛보다 빨리 갈 수 없다는 것이다. 이 원리를 표현하는 또 다른 방법은 어떤 인과적 영향도 빛보다 빨리 갈 수 없다는 것이다. 예를 들어, 태양이 폭발한다면 그 결과가 지구까지 오는 8분 동안은 지구에서는 그것을 모를 것이다. 열의 차이, 빛의 차이, 중력의 변화를 느끼지 못할 것이다. "태양이 폭발했다"는 사건은 8분이 지나기 전에는 지구에서 어떤 사건도 일으킬 수 없다.

따라서 상대론에서는 한 쌍의 사건을 그 간격의 특성에 따라 "시간꼴"과, "공간꼴"로 나누어 기술한다. 이 두 유형을 가르는 기준은 광속이다.

시간꼴 간격	공간꼴 간격
$\Delta x < c\Delta t$	$\Delta x > c\Delta t$
예: 태양에서 20분 전에 일어난 사건과 지구에서 지금 일어나는 사건	**예:** 태양에서 2분 전에 일어난 사건과 지구에서 지금 일어나는 사건
두 사건은 인과적일 수도, 아닐 수도 있다	두 사건은 인과적일 수 없다
두 사건의 순서는 모든 관찰자에게 같다	두 사건의 순서는 관찰자에 따라 달라진다
두 사건이 같은 곳에서 일어난 것으로 보이는 기준틀이 있다.	두 사건이 같은 때에 일어난 것으로 보이는 기준틀이 있다.

이 용어 집합을 완성하려면 두 사건의 거리와 시차가 정확히 빛으로 연결되는 "빛꼴" 간격을 넣

어야 한다. 간격이 빛꼴인 두 사건의 거리와 시차는 관찰자마다 다를 수 있지만, 거리는 시차에 c를 곱한 값이다.

1.3.2 물음과 문제: 길이 수축과 동시성

개념 물음 및 개념시험

1. Trantor는 지구에서 20,000광년 떨어진 곳에 서 있다. 속력 $(4/5)c$인 우주선을 타고 Trantor까지 가는데 지구 틀에서는 25,000년이 걸리지만, 우주선 틀에서는 25,000년이 채 걸리지 않는다. 왜?
   (a) 지구/Trantor 기준틀에서 답하라.
   (b) 이제 우주선 기준틀에서 답하라.

2. 22세기의 지구–관통 총알 열차는 하와이에서 보츠와나까지 지구를 직선으로 관통한다. 기차가 출발할 때 하와이 시계에 맞춘 시계는 보츠와나에 도착하면 (시간대를 고려한 뒤에도) 보츠와나 시계에 뒤쳐진다.
   (a) 지구 기준틀에서 이러한 불일치를 설명하라.
   (b) 기차 기준틀에서 이와 같은 불일치를 설명하라.

3. 기차가 부산에서 신의주까지 직선 경로를 따라 거의 광속으로 간다. 기차와 땅은 각각 기준틀을 정의한다. 다음 각 측정값이 "두 기준틀에서 같음"이면 ○. "두 기준틀이 다를 수 있음"이면 ×로 표시하라.
   (a) 기차와 땅의 상대 속도
   (b) 여행에 걸리는 시간
   (c) 기차가 부산을 떠날 때 부산 시계의 설정
   (d) 기차가 부산을 떠날 때 기차 시계의 설정
   (e) 기차가 부산을 떠날 때 신의주 시계의 설정
   (f) 두 사건("기차 부산 출발" 및 "기차 신의주 도착")의 간격이 공간꼴인지, 시간꼴인지 또는 빛꼴인지 여부.

4. 많은 SF—심지어 현대 물리학에 주의를 기울여 쓴 것에도—서로 다른 태양계에 있는 사람들이 서로 실시간 대화를 할 수 있는 일종의 전화가 나온다. 특수상대론이 그러한 기술을 확실히 금지하는 이유를 설명하라. **그저 빛보다 빠른 것은 없다고 말하는 것은 답이 아니다; 역설이 생길 수 있는 이유를 설명하라.**

5. 26쪽에 산의 틀과 비행기 틀에서 본 비행기 여행의 시작 사진을 보였다. 비행기가 산 B를 지날 때에 대해 유사한 그림을 그려라. 두 기준틀에서 세 시계의 시각을 기록하라(총 6번).

6. 비행기와 산의 각본을 고쳐 비행기의 정지 길이가 두 산의 간격 L과 같은 상황을 살펴보자. 이 비행기가 서 있다면 두 산 봉우리에 완벽하게 맞을 것이다. 그러나 비행기가 날아가면 길이는 축소된다.
   (a) 비행기의 길이가 두 산 봉우리 사이에 딱 맞는가? 답을 두 번 하라: 산의 기준틀에서 한 번, 비행기 기준틀에서 한 번. 두 관찰자가 얻는 결과가 같아야 하는가, 달라도 되는가?

   이 물음은 다음 두 사건으로 나누어 생각할 수 있다: "비행기 머리가 산 B를 지남"과 "비행기 꼬리가 산 A를 지남"
   (b) 비행기의 길이가 산 간격보다 짧으면 위의 두 사건 중 어떤 것이 먼저 일어나는가?
   (c) 비행기의 길이가 산 간격보다 길면 위의 두 사건 중 어느 것이 먼저 일어나는가?
   (d) 위의 답을 모으면 각 기준틀에서 두 사건 중 어느 것이 먼저 일어나는가?

7. 우주선이 거의 광속으로 갈 때 그 우주선의 각 원자는 이동 방향으로 수축된다. 그러면 원자의 기하학, 특히 전자와 핵의 평균 거리가 바뀐다. 그런데 왜 원자의 거동은 바뀌지 않을까?

8. 비행기가 광속에 가깝게 산맥을 지난다고 하자. 먼저 산 A를 지난 뒤 산 B를 지나는 식이다. 산마다 그 산의 틀에 따라 동기화된 시계가 있다. 비행기가 산 B를 지날 때 그 산의 시계는 정오를 가리킨다.
   (a) 그 순간 비행기 틀에서 본 산 C의 시계의 시각은

정오 이전, 정오, 이후 어느 것인가?

(b) 그 순간 비행기 틀에서 본 산 A의 시계의 시각은 정오 이전, 정오, 이후 어느 것인가?

9. 비행기 편대가 등간격을 유지하며 줄지어 거의 광속으로 산을 지나고 있다. 첫 비행기 A가 지난 다음 비행기 B가 지나는 식이다. 비행기 마다 자신의 틀에 맞춘 시계를 싣고 있다. 비행기 B의 시계로 정오에 B가 산을 지난다.

(a) 산 틀에서 본, 그 순간의 비행기 C의 시계의 시각은 정오 이전, 정오, 이후 어느 것인가?

(b) 산 틀에서 본, 그 순간의 비행기 A의 시계의 시각은 정오 이전, 정오, 이후 어느 것인가?

10. 두 사건의 간격이 시간꼴, 공간꼴, 빛꼴인 예를 하나씩 들어라. 물론 이들 중 어느 것도 앞에 나온 예가 아니어야 한다.

11. 선희와 성우는 각각 정지 길이 1 m인 막대를 가지고 있다. 선희의 막대는 양쪽 끝에 날카로운 칼날이 있다. 성우가 어느 다음과 같은 것을 보았다. 선희의 미터 막대가 갑자기 다가와 양 끝의 칼날이 성우의 막대를 토막냈다. 선희의 자가 짧아졌기 때문에 성우의 막대는 1/3 및 2/3 미터 표시에서 완벽하게 잘렸다(그림 1.8). 그는 그녀에게 세 토막난 막대기 사진을 보내어, 선희의 막대가 자기 막대보다 짧았다고 주장한다. 선희는 이것을 그녀의 기준틀에서 어떻게 설명할까?

그림 1.8

심층 토론

12. 상대론에서 유명한 역설 중 하나는 작은 헛간에 긴 막대를 맞추려는 두 농부에 대한 것이다. 막대의 길이가 헛간의 깊이의 두 배라고 하자(둘 다 서 있을 때). 놀부는 상대성이론을 배웠기 때문에 헛간 틀에서 막대가 1/3로 수축되어 잘 들어가도록 막대를 아주 빨리 헛간에 넣기로 했다. 그는 흥부에게 헛간 문에 서서 막대가 헛간 속으로 완전히 들어가는 순간 문을 쾅 닫으라고 한다. 막대가 헛간에 들어갈까? 어떤 방식으로 대답하든 두 기준틀 모두에서 설명하라. **참고:** 막대와 헛간 둘 다 부러지거나 굽지 않는다.

문제

13. 길이 100야드인 축구장이 있다. 다음 각 기준틀에서의 길이를 셈하라. (모든 비행은 축구장의 긴 쪽으로 간다.)

(a) 75,000 m/s로 나는 우주선

(b) $c/10$으로 가는 외계 우주선

(c) $0.9c$로 가는 수퍼맨

14. 길이를 5분의 1로 줄이려면 얼마나 빨리 가야 하는가?

(a) (1.4)에서 $u = 0$이면 L'은 얼마인가? 셈을 하지 않고도 이 결과를 예측할 수 있는 까닭을 간단히 설명하라.

(b) (1.4)에서 $\lim_{u\to c} L'$은 얼마인가?

(c) (1.4)에서 $u = 2c$이면 어떻게 되는가? 그 답은 상대론에 대해 무엇을 말하는가?

(d) (1.4)에서 물체의 고유 길이는 늘 다른 기준 틀에서 보는 길이와 같거나 더 길다는 결론이 나오는 까닭을 설명하라.

16. 15쪽의 예는 $0.9c$의 우주선으로 3 광일의 여행을 살펴보았다. 우주선의 "시계"는 느리게 가므로 우주선에 실린, 유효 기한이 2일인 약을 온전히 행성에 전해 그 행성을 구했다. 이제 우주선의 틀에서 같은 각본을 살펴보자. 우주선은 서 있고 약은 정상적인 속도로 약효가 끝난다.

(a) 행성은 우주선을 향해 얼마나 빨리 오고 있는가?

(b) 우주선의 기준틀에서 행성은 얼마나 멀리 있는가?

(c) 행성이 우주선에 오는 데 얼마나 걸리는가?

(d) 행성과 우주선 기준틀 모두에서 약은 약효가 끝나기 전에 행성에 전달된다. 그러나 한 틀에서는 이 결과가 시간 팽창 덕분이고, 다른 틀에서는 길

이 수축 덕분이다. 행성에 전달하는 약의 유효기간이 남았는지에 대해 두 기준틀의 판단이 다른 각본을 꾸밀 수 있는가?

17. 1.2.2 문제 27에서는 대기 상층에서 생겨 99.999c 로 지면까지 100,000 m를 오는 뮤온을 살펴보았다. 뮤온의 평균 수명이 2.2×10^{-6}초 밖에 안되지만 시계가 느리게 가므로 긴 여행에서 살아남는다고 설명했다. 이제 뮤온의 틀에서 같은 각본을 살펴보자. 뮤온은 서 있고 시계는 정상적으로 가는 데 지구가 뮤온을 향해 돌진한다. 셈을 하여 뮤온이 붕괴되기 전에 지면이 오는 이유를 보여라.

18. 동시성의 상대성

비행기와 산 각본에서 비행기 시계와 산 A의 시계가 모두 0을 가리키는 순간 비행기가 속도 u로 산 A를 지난다. 이 문제에서는 그 순간 비행기 틀에서 본 산 B의 시계가 가리키는 시각을 셈한다. 즉, (1.5)를 끌어낸다. 산 A와 B의 시계는 산 틀에 동기화되어 있다.

(a) 산 틀에서 두 산의 거리는 L이다. 비행기가 산 B를 지날 때 그 산의 시계는 몇 시를 가리키는가?

(b) 비행기가 산 B를 지날 때 비행기 시계는 몇 시를 가리키는가? **실마리:** 가장 쉬운 방법은 운동 분석을 계속 산 틀에서 하는 것이다.

(c) 비행기 틀에서 보면, 비행기가 두 산 사이를 나는 동안 산 B의 시계의 경과 시간은 얼마인가?

(d) (a)와 (c)에서 얻은 답을 모으면, 비행기가 산 A를 지날 때 산 B의 시계는 몇 시를 가리키는가? 답변을 최대한 단순화하라. (1.5)을 확인할 수 있어야 한다.

19. 23쪽에서 시작하는 설명은 속력 $(\sqrt{3}/2)c$인 비행기에 대해 비행기-산 각본에 따라서 얻은 것이다. 그 때는 $\gamma = 2$였다. 이 문제에서는 $\gamma = 3$으로 전체 각본을 살펴본다. 비행기가 산 A를 지날 때 비행기 시계와 산 A의 시계가 모두 $t = 0$이라고 하자.

(a) $\gamma = 3$이면 비행기의 속력은 얼마인가?

(b) 비행기가 산 A에서 산 B로 가는 데 걸리는 시간을 산의 틀에서 재면 1초라면, 두 산의 고유 거리는 얼마인가?

(c) 비행기 틀에서 잰 두 산의 거리는 얼마인가?

(d) 비행기가 "산 A를 지날 때"와 "산 B를 지날 때"의 시간차를 비행기 시계로 재면 얼마인가?

(e) 비행기 기준틀에서 보면 산 시계에서 이 두 사건의 시간차는 얼마인가?

(f) 산 틀에서 두 대의 산 시계는 완벽하게 동기화된다. 즉, 비행기가 산 A를 지날 때 산 B의 시계는 $t = 0$을 가리킨다. 비행기 틀에서 보면, 비행기가 산 A를 지날 때 산 B의 시계가 가리키는 시각이 얼마로 보이겠는가?

20. 먼 미래에 인류는 은하계를 식민지화하고 은하에 펴져 있는 시계를 동기화한다. 우주선이 0.9c 로 지구를 지나갈 때 지구 시계가 0을 가리킨다.

(a) 그 우주선이 지구에서 30,000 광년 떨어진 은하의 중심을 향해 간다면, 우주선이 지구를 지나갈 때 우주선 틀에서 은하 중심의 시계는 몇 시를 가리키는가?

(b) 그 우주선이 은하 중심에 도착할 때 우주선 틀에서 지구 시계는 몇 시를 가리키는가?

(c) 그 우주선이 은하 중심에 도착할 때 지구 틀에서 지구 시계는 몇 시를 가리키는가?

(d) 지구 시계가 0을 가리킬 때 다른 우주선이 0.9c 로 은하 중심을 떠난다. 그 우주선 틀에서 은하 중심의 시계는 그 순간 몇 시를 가리키는가?

21. 별 Alpha Centauri는 약 4광년 떨어져 있다. 지구-별 기준틀에서 Rebo라는 만담가의 농담에 1주일 뒤 Alpha Centauri의 외계인이 웃는다.

(a) 우주선의 기준틀에서 보기에 농담과 동시에 외계인이 웃으려면 우주선이 얼마나 빨리 가야 하는가?

(b) 외계인이 그 농담에 웃었는지 어떻게 아는가?

22. 겉보기 길이

이 문제에서는 매우 간단한 예를 통해 기준틀에서 보는 크기와 실제 보는 크기가 다름을 보여준다. 그 차이는 빛의 여행시간 때문에 생긴다.

당신은 원점에 서 있고 고유 길이 L인 막대가 x축을 따라 $-x$ 방향으로 속력 u로 다가 온다. 그림 1.9를 보라.

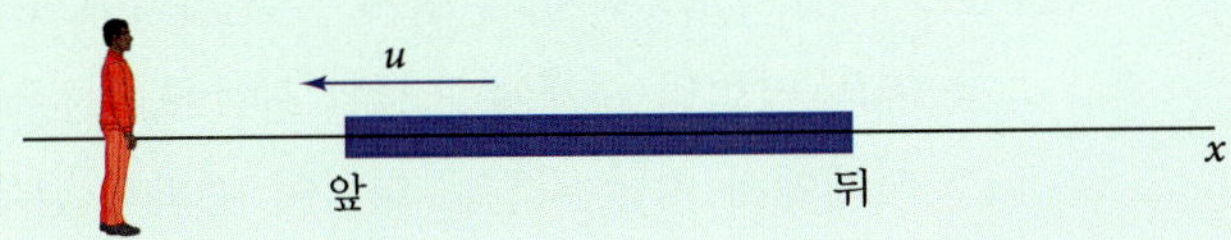

그림 1.9

이 문제의 모든 셈은 당신의 기준틀에서 한다. 막대의 앞에 관해 말할 때 그 끝이 당신에게 더 가까우므로 어느 순간이든 앞의 x-값은 뒤의 x-값보다 작다.

(a) 당신의 기준틀에서는 막대의 길이가 얼마인가?

(b) 막대의 앞이 시각 $t = 0$에 당신(원점)을 지난다고 할 때 막대의 뒤의 위치의 함수 $x_{뒤}(t)$로 구하라.

(c) $x = 0$에 있는 것을 뺀 다른 것은 늘 과거의 모양을 본다는 것을 기억하라. 사건의 위치가 $x(>0)$, 시각이 t이면, 그 사건이 보이는 시각은 언제인가?

문제는 이것이다: 당신이 실제로 보는 막대의 길이는 얼마인가? 그 길이 $L_{겉}$을 막대의 "겉보기 길이"라고 한다. $t = 0$에 막대의 앞이 당신을 지난다는 것을 기억하라. 따라서 $L_{겉}$을 구하려면 그 순간 막대의 뒤가 어디에 있는 것으로 보이는지를 알아야 한다.

(d) (b)와 (c)에서 얻은 답을 써서 다음 물음에 답하라. t = 0에 당신이 보는 빛이 막대의 뒤에서 나오는 시각은 언제인가?

(e) (d)에서 셈한 순간의 막대의 뒤의 위치를 찾아 $L_{겉}$을 구한다. 답을 최대한 단순화하라.

막대의 겉보기 길이가 고유 길이 또는 당신 틀에서의 길이와 다르게 나와야 한다. 2차원과 삼차원에서 비슷한 셈을 할 수 있고 길이 수축뿐만 아니라 빛의 이동 시간 때문에 모양이 바뀌고 회전한 것처럼 보임을 알 수 있다(문제 24 참조).

23. [이 문제는 문제 22의 결과를 쓴다.]

(a) 문제 22에서 속력 u로 당신에게 오는 막대의 겉보기 길이를 셈했다. 같은 막대가 속력 u로 당신에게서 멀어질 때의 겉보기 길이를 구하라.

(b) 어떤 막대의 (고유) 중간점이 당신을 지날 때 그 물체가 어떻게 보일지 설명하라.

24. [이 문제는 문제 22의 결과를 쓴다.] 고유 길이 L인 수직 막대가 수평 방향으로 속력 u로 다가온다. 그림 1.10을 보라.

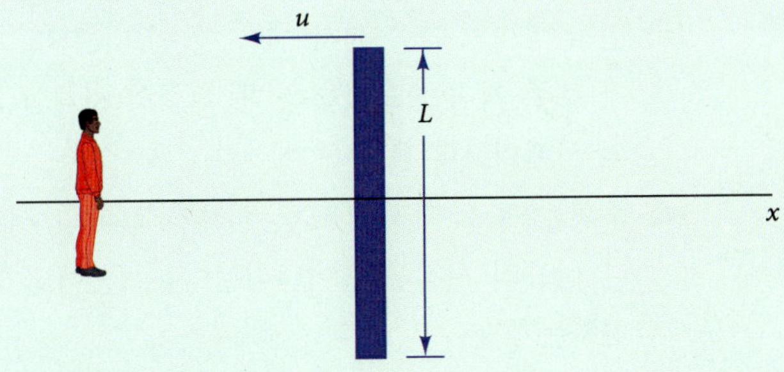

그림 1.10

이 막대의 중심이 원점(당신)에 대해 거리 x인 곳에 있을 때 위와 아래는 더 멀리 있으므로 양 끝에서 나온 빛이 눈에 올 때까지 더 먼 거리를 지나온다.

(a) 어느 순간 t에 위치 x_C에 있는 막대의 중심에서 나온 빛을 본다. 그 순간 보이는 막대의 위와 아래에서 나온 빛은 막대의 위치 x가 얼마일 때 나왔는가?

(b) 여러 x_C 값에서 당신이 본 물체의 겉보기 모양을 그려라.

25. 쌍둥이 역설 재음미

17쪽에서 본 쌍둥이 영희와 주희가 재회할 때는 나이가 매우 달랐었다. 이제는 주희의 관점에서 이 각본를 분석할 수 있다. 구체적으로 주희가 지구(및 영희)의 기준 틀에서 정확히 10년 동안 $0.9c$ 속력으로 지구를 떠나 여행한다고 가정하자. 그녀가 지구 기준 틀에서 서 있는 우주 기지에 도착하면 바로(거의 순간적으로) 돌아서서 같은 속도로 되돌아온다.

각본 전체를 영희의 기준틀에서 분석하자.

(a) 주희의 여행은 얼마나 걸리는가? (이것은 "주희의 여정 동안 영희는 나이를 얼마나 먹었는가?"와 같은 물음이다.)

(b) 주희가 도착했던 우주 기지는 얼마나 멀리 있는가?

(c) 여행하는 동안 주희의 시계로는 시간이 얼마나

갔는가? (이것은 "주희는 나이를 얼마나 먹었는가?"와 같은 물음이다.)

"이제 주희의 관점에서 분석해 보자."라고 말하고 싶을 것이다. 하지만 주희의 관성 기준틀은 하나가 아니라 둘이다: 가는 틀과 오는 틀이다.

(d) 먼저 영희의 틀을 써서 셈을 한 번 더 한다. 주희가 우주 기지에 도착했을 때 주희의 시계와 기지의 시계의 시각을 구하라.

(e) 주희는 우주 기지의 느린 시계가 그녀의 시계보다 나중의 시각을 보여준다는 사실을 어떻게 설명하는가?

(f) 우주 기지에 도착하기 직전에 주희는 가는 기준틀과 함께 움직이고 있었다. 그 틀에 따르면 주희가 우주 기지에 도착하는 순간 영희의 시계로는 몇 시일까?

(g) 주희는 우주 기지에 도착하자 바로 오는 틀로 바꾼다. 그 틀에 따르면 주희가 우주 기지에 도착하는 순간 영희의 시계로는 몇 시일까?

(h) 돌아오는 여정 동안 주희의 시계는 몇 시간이 지나는가?

(i) 주희가 지구로 돌아왔을 때 그녀의 시계로는 몇 시인가?

(j) 오는 틀에 따르면, 주희가 돌아오는 동안 영희의 시계로는 몇 시간이 지나는가?

(k) 오는 틀의 값을 써서, 주희가 우주 기지에 도착했을 때의 영희의 시계에 표시된 시각에, 가는 동안 그 시계에서 지난 시간에 더하여 주희가 집에 돌아왔을 때의 시계에 표시된 시각을 구하라.

(l) 영희의 관점에서 주희는 내내 느리게 가는 "신체시계"를 가지고 우주 기지로 날아간 다음 내내 느리게 가는 신체시계를 가지고 지구로 돌아왔다. 그녀는 영희보다 어렸다. 주희의 관점에서 볼 때, 그녀가 우주 기지로 가는 내내 그녀의 신체시계는 정상이었고, 영희의 신체시계는 느렸다. 이 문제에서 셈한 내용을 바탕으로 주희는 자신의 관점에서 영희가 자신보다 나이가 많다는 것을 어떻게 설명하는가?

많은 셈이 필요하지만 마지막에 차분히 모든 요점을 점검하라. 지구 시계(영희)와 우주선 시계(주희)는 여정을 시작할 때는 $t = 0$으로 같다 (두 쌍둥이는 동갑이다). 그들은 여행 중에 일어나는 거의 모든 일에 대해 동의하지 않지만 결국 쌍둥이가 재회하면 두 쌍둥이는 다시 동의한다. 영희 나이가 더 많다.

1.4 로런츠 변환

이제 상대론적 운동학의 근본 문제를 완전히 일반화하자. 한 기준틀에서 사건의 위치와 시각이 정해지면 다른 틀에서의 위치와 시각을 어떻게 아는가?

1.4.1 설명: 로런츠 변환

위에서 얻은 식이 중요하지만 특수한 경우에 대한 것이다. 시간 팽창 공식은 한 기준틀에서 같은 곳에서 일어나는 두 사건의 시간 간격에 적용된다. 길이 수축 공식은 한 기준틀에서 물체가 서 있어야 한다 (그래야 양쪽 끝의 위치를 동시에 잴 수 있다). 모든 예제는 이러한 기준에 맞게 꾸몄다.

"로런츠 변환"은 이러한 규칙을 일반화한 것이다: 시공간 좌표를 한 관성 기준틀에서 다른 관성 기준틀로 바꾼다.

로런츠 변환

틀 R에 대해 상대 속도 u로 x 방향으로 가는 관성 기준틀 R′을 생각하자. 이 두 틀은 좌표축이 나란하고, 시각을 다음과 같이 맞추었다: $x = 0$, $y = 0$, $z = 0$인 원점이 $x' = 0$, $y' = 0$, $z' = 0$인 원점과 겹치는 시각을 $t = 0$과 $t' = 0$으로 잡는다.

틀 R에서 일어난 사건의 좌표가 (x, y, z, t)이면, 틀 R′에서 그 사건의 좌표는 다음과 같다.

$$\left.\begin{aligned} t' &= \gamma\left(t - \frac{ux}{c^2}\right) \\ x' &= \gamma\,(x - ut) \\ y' &= y \\ z' &= z \end{aligned}\right\} \tag{1.6}$$

(1.6)은 다른 많은 중요한 상대성의 공식과 함께 부록 B에 정리되어 있다.

앞으로 살펴볼 예제의 답을 구할 때는 앞서 배운 시간 팽창 및 길이 수축 공식을 곧바로 쓸 수 없음을 확인하게 될 것이다.

예: 로런츠 변환

당신은 우주 기지 알파에 있는데 도둑맞은 우주선이 $c/2$로 지나가는 것을 본다. 당신은 3×10^{10} m 떨어진 우주 기지 베타에 빛 신호로 알린다. 당신 틀에서 그들은 100초 뒤에 신호를 받는다. 우주선의 틀에서는 그들이 언제 어디서 신호를 받는가?

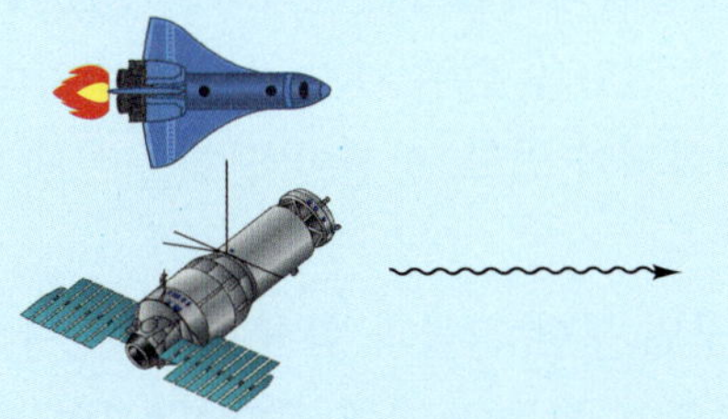
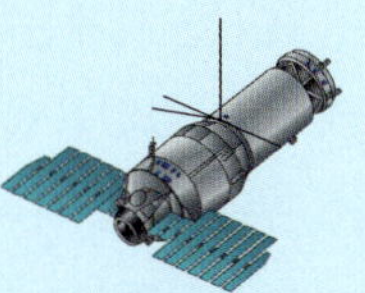

답: 평소와 같이 상대론적 단위를 쓰면 일이 더 쉬워지므로 두 기지의 거리를 100 광초라고 하자.

당신과 우주선의 기준틀을 각각 R과 R′이라 하자. 우주선이 당신을 지날 때 $x = x' = 0$, $t = 0$, $t' = 0$으로 정의하자. 틀 R에서 "신호가 우주 기지 베타에 도달"하는 사건은 $x = 100$ 광초 및 $t = 100$초에 일어난다. $u = c/2$인 로런츠 변환을 써서 이를 우주선 틀의 값으로 바꾸자.

$$\gamma = \frac{1}{\sqrt{1 - (1/2)^2}} = \frac{2}{\sqrt{3}}$$

$$t' = \gamma\left(t - \frac{ux}{c^2}\right) = 58\text{초}$$

$$x' = \gamma(x - ut) = 58\text{광초}$$

국제 단위로는 $x' = 1.7 \times 10^{10}$ m로 쉽게 바꿀 수 있다. 그러나 우리가 쓴 (훨씬 좋은) 단위에서는 t'과 x'의 값은 똑같다. 이 특정 각본에서 왜 그렇게 되는지 알겠는가?

예제 끝에서 던진 물음에 대한 답에서 t'(초)은 x'(광초)과 값이 같다. 왜냐하면 기지 틀과 마찬가지로 우주선 틀에서도 신호는 정확히 광속으로 갔기 때문이다.

까다로운 측정 문제

측정 문제는 이 장에서 제시한 거의 모든 예에 숨어 있다. 비행기-산 각본에서 비행기는 어떤 순간에 산 A를 지났다. 비행기 속의 관찰자와 산 A의 관찰자 모두 그 때 $t = 0$으로 시계를 맞췄다. 이는 두 시계가 말한 내용에 모두 동의할 수 있음을 의미한다. 그러나 그 때 산 B의 시계도 $t = 0$으로 맞출지는 합의하지 않았다. 왜 그저 산 B의 시계만 보면 되는 일이 아니었을까?

대답은—이것은 너무 세세하게 따지는 것처럼 느낄 수도 있지만 상대론의 핵심 문제이다—당신이 보는 멀리 있는 물체는 과거의 모습이라는 것이다. 어떤 정보도 빛보다 빨리 갈 수는 없다. 우리가 보는 태양도 8분 전의 모습이고 가까운 별도 몇 년 전의 모습이다. 따라서 서로 다른 기준틀에 있는 두 관찰자는 같은 곳에 있을 때만 시계를 동기화할 수 있다.

이로 인해 우주 기지 각본에 의문이 생길 수 있다. 우주선 틀에서 볼 때 당신이 보낸 신호를 우주 기지 베타가 받은 시각을 구했다. 그러나 그 우주선의 선장은 그 사건이 일어날 때 우주 기지 베타에 있지 않았으므로 그 시각을 직접 잴 수 없었다.

상대론에서 이 문제에 대해 생각할 때 쓰는 일반적인 방법은 기준틀로 꾸민 무한 그물을 상상하는데, 기준틀마다 동기화된 시계 및 눈금자를 갖춘다. (이것은 41쪽 그림 1.11에 보였다.) 자의 길이는 각각 1광초이고 각 자의 끝에 우주 기지 알파에서 0으로 시작하는 번호가 붙어 있다면 100번 자에 붙은 시계가 100초를 가리킬 때 "당신의 전언을 우주 기지 베타가 받았다"는 사건을 기록한 것이다. (이들 시계는 모두 당신의 틀과 동기화되어 있고, 당신이 신호를 보낼 때 당신의 시계는 0을 가리키고 있었음을 기억하라.)

한편, 우주선은 자체의 시계와 눈금자로 꾸민 무한 그물과 함께 가는데, 당신이 보기에는 자의 길이는 수축되었고, 시계는 동기화되지 않았으며, 모두 느리게 간다. 당신의 전언이 우주 기지 베타에 도달하는 사건은 우주선 틀의 58광초 눈금자 바로 옆에서 그 시계가 58초를 가리킬 때 일어나므로 그것이 우주선 틀에서의 사건의 좌표를 정의한다.

측정의 문제는 상대성에서의 사실을 "틀-독립"인 것과 "틀-종속"인 것으로 나눈다. 아무 기준틀 속의 모든 사람은 특정 사건에서 일어나는 일에 동의해야 한다. (당신은 사건의 사진을 찍을 수 있고, 사진 속의 내용에 모두가 동의한다.) 예를 들어, "우주선이 우주 기지 알파를 지나는" 사건에 대해 모든 사람이 동의한다. 우주선 시계와 기지 시계는 모두 0으로 표시된다. 이는 "틀 독립적" 진술이다.

그러나 두 사건을 비교하는 것과 관련된 어떤 것도 직접 잴 수 없다. 우주선이 기지 알파를 지날 때 기지 베타의 시계는 몇 시를 가리켰는가? 우주선이 기지 알파에서 기지 베타까지 가는 데 얼마나 걸리는가? 우주선은 얼마나 긴가? 이들은 기준 틀이 정해져야만 답할 수 있는 "틀-종속"

문제이다.

시공간 간격

모든 좌표 변환에서 가장 중요한 속성 중 하나는 변환을 해도 값이 바뀌지 않는 "불변량"이다. 예를 들어 z축을 중심으로 x축과 y축을 회전하면 모든 점의 x와 y 좌표가 바뀌지만 두 점의 거리 $\sqrt{\Delta x^2 + \Delta y^2}$은 새 좌표계에서든 옛 좌표계에서든 같다. 따라서 거리는 좌표계의 회전에 대해 불변이다.

상대론에서 기준틀을 바꿀 때 거리도 변하고 시간도 변함을 알고 있다. 그러나 문제 22에서는 다음 양이 로런츠 변환에서 불변임을 보여준다.

$$s = \sqrt{c^2\Delta t^2 - \Delta x^2 - \Delta y^2 - \Delta z^2} \quad \text{시공간 간격} \tag{1.7}$$

잠깐 쉬면서 두 사건이 시간꼴이면 s가 양의 실수, 공간꼴이면 s가 허수, 빛꼴이면 s가 0임을 확인하라.[5]

좌표 시간, 고유 시간, 시공간 간격

시공간 간격이 중요한 까닭은 모든 불변량이 문제 풀이에 수학적으로 큰 도움이 될 수 있기 때문이다. (예를 들어 문제 11을 보라.) 그러나 (1.7)은 몇 가지 중요한 물리적 해석도 시사한다.

간격이 시간꼴인 두 사건 A와 B를 살펴보자. 두 사건이 같은 곳에서 일어나는 기준틀(R이라고 하자)이 있어야 한다. R에서 물체 O가 서 있는 곳에서 두 사건이 일어나고, 시간차가 T라고 하자.

- T는 틀 R에서 잰 두 사건의 좌표 시간 Δt이다. 다른 모든 관성 틀에서 잰 좌표 시간은 그 보다 길다.
- T는 틀 R에서 잰 두 사건의 고유 시간 $\Delta\tau$이다. 다른 관찰자가 두 사건이 일어난 곳에 모두 있으려면 가속해야 하며 그가 겪는 두 사건 사이의 고유 시간은 더 짧다.

예를 들어 쌍둥이 역설에 대해 (여느 때처럼) 생각할 수 있다. 주희가-지구를-떠남과 주희가-돌아옴이라는 두 사건의 간격은 시간꼴이다. 이 두 사건에 대한 "특별한" 기준틀은 영희(일명 지구) 기준틀이다. 그 틀에서는 두 사건이 같은 곳에서 일어나기 때문이다. (다시 말하지만 이것은 생각하기 전까지는 분명하지 않다. 모든 시간꼴 사건 쌍에 대해서는 그러한 틀이 단 하나이다.) 그 틀에서는 이 두 사건의 고유 시간이 좌표 시간이기도 하다. 방금 말한 것은 다른 모든 관성 기준틀이 재는 좌표 시간은 더 길고(움직이는 시계가 느리게 감) 두 사건에 오는 모든 비관성 관찰자가 재는 고유 시간은 더 짧다는 것이다 (주희는 결국 영희보다 젊음).

그러나 시공간 간격은 어떨까? 영희의 틀에서는 $\Delta x = 0$이므로 $s = c\Delta\tau$이다. 그것은 중요한 해석을 시사한다.

---

5 교재에 따라 $s = \sqrt{-c^2\Delta t + \Delta x^2 + \Delta y^2 + \Delta z^2}$로 정의하기도 하며, 이 경우 시간꼴 및 공간꼴 간격에 관한 설명이 반대가 된다.

> 시간꼴 두 사건의 시공간 간격은 두 사건이 같은 곳에서 일어나는 관성 기준틀에서 잰 시간 차에 c를 곱한 값이다.

그 특별한 기준틀에 있지 않은 관찰자에게는 그것이 무엇을 뜻하는가? 그런 관찰자를 당분간 "주희"라고 부르자. 그녀와 영희가 두 사건 사이에 겪는 고유 시간은 서로 다르지만, 시공간 간격은 같다. 주희, 영희 및 다른 모든 사람들에게 간격은 똑같이 $s = c\Delta\tau_{\text{영희}}$이다. 여기서 "영희"는 두 사건이 같은 곳에서 일어나는 관성틀의 관찰자를 나타낸다.

로런츠 변환 유도

기준틀의 시공간 좌표의 일반 변환식 (1.6)으로 이 절을 시작했다. 그 식으로 이 장을 열고 그 것을 바탕으로 모든 상대론을 꾸몄어야 한다고 생각할 수도 있다. 그러나 아인슈타인은 갈릴레이의 상대론과 광속 불변성의 두 가정으로 시작했다. 이 두 가정은 필연적으로 앞 절의 시간 팽창 및 길이 수축 공식으로 이어졌다. 이제 그로부터 로런츠 변환을 어떻게 끌어낼 수 있는지 살펴보자.

다시 기준틀 R′이 틀 R에 대해 상대 속력 u로 $+x$ 방향으로 간다고 가정하고 위에서 설명한 눈금자와 시계를 무한 배열한 기준틀 그물을 상상하자.[6] 교차점의 시계 밑에 거리 번호를 붙인다. 두 기준틀에서 어떤 사건의 시공간 좌표는 그 사건이 일어난 곳의 시계 밑에 붙은 번호와 시계의 시각이다. 두 틀의 원점이 시각 0에 겹친다고 가정한다. 그러면 그 사건은 $x = x' = 0$, $t = t' = 0$이다(그림 1.11).

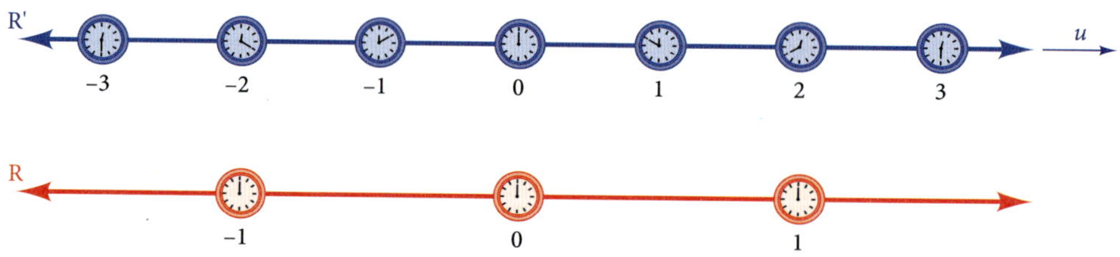

그림 1.11 기준틀 R에서 $t = 0$에 본 두 기준틀. R 그물 "위"에 R′ 그물을 그렸지만 실제로는 둘이 겹쳐 있다.

틀 R에서 볼 때 모든 빨간 시계는 똑같이 간다. 파란 시계는 $t = 0$에 저마다 다른 시각으로 시작하고 모두 (시간 팽창 때문에) 느리게 간다. 사건이 x-번 빨간 교차점에서 그곳 시계로 시각 t에 일어난다고 하자. 할 일은 그 사건이 일어나는 파란 교차점의 번호(x')와 그 곳의 시계의 시각(t')을 구하는 것이다.

능동 읽기 연습: 위치

x'을 R 좌표 x 및 t인 사건의 파란 교차점이라고 하자. 아래의 각 물음의 답을 쉽게 구하려면 틀 R에서 본 파란(R′) 눈금자의 거동을 생각하라:

1. 교차점 x'은 $t = 0$에서 시각 t의 사건까지 얼마나 멀리 가는가?

---

6 운동 방향을 $+x$ 방향으로 가정해도 일반성은 유지 된다. 두 기준틀이 정해지면 상대 속도 방향으로 x축을 잡으면 된다.

2. 시각 t에서 교차점 x'이 위치 x에 갔다는 것을 안다면 시각 0에는 어디에 있었는가?
3. 이제 $t = 0$에 어디에 있었는지 알았으니 $x' = 0$과 그 교차점 사이에 눈금자가 몇 개 있는가?

이 세 물음 대해 구한 답을 다음 웹사이트에 올린 우리의 답과 비교하라: www.cambridge.org/felder-modernphysics/activereadingsolutions

그 답은 로런츠 변환의 x'에 대한 부분과 같아야 한다. t'에 대한 부분은 문제 21에서 고를 수 있다.

1.4.2 물음과 문제: 로런츠 변환

개념 물음 및 개념시험

1. 어떤 상황에서 이 장의 앞부분에 제시한 시간 팽창 및 길이 수축 공식 대신 이 절에서 제시한 로런츠 변환을 써야 하는가?

2. 석우와 윤희는 둘 다 손목 시계를 차고 있다. 어떤 상황에서 두 사람 모두 시계가 동기화된다는 데 동의할까? (모든 답을 잘 읽은 다음 하나를 골라라.)
   A. 같은 기준틀에 있으면 시계를 동기화할 수 있다.
   B. 같은 곳에 있으면 순간적으로 시계를 동기화할 수 있다.
   C. A와 B. 즉, 같은 기준틀에서 같은 곳에 있을 때만 시계를 동기화할 수 있다.
   D. A 또는 B. 즉, 같은 기준틀에 있거나 순간적으로 같은 곳에 있으면 시계를 동기화할 수 있다.

3. $t = 0$에 두 사건 $x = 0$ 및 $x = L$은 기준틀 R에서 시각 0에 x축 위에 놓인 길이 L인 물체의 양 끝을 나타낸다. R′이 x축을 따라 속도 u로 갈 경우, 로런츠 변환을 하면 이 두 사건은 $x' = 0$ 및 $x' = \gamma L$이다. 이는 틀 R′에서 이 물체의 길이가 틀 R에서의 길이인 L보다 더 길다고 말하는 것 같다. ($\gamma > 1$.) 그렇지만, 길이 수축은 R′에서는 이 물체의 길이가 L보다 짧아야 한다고 말한다. 앞의 논리에서 무엇이 오류인가?

4. 40쪽에서 s는 다음과 같이 해석한다: "시간꼴 두 사건의 시공간 간격은 두 사건이 같은 곳에서 일어나는 관성 기준틀에서 잰 고유시간에 c를 곱한 값이다."
   (a) "공간꼴 두 사건의 시공간 간격은…"으로 시작하는 유사한 문장을 써라.
   (b) 일반화를 보여주는 예를 들되, 다음 구절로 시작하라: "예를 들어 소파의 길이를 잰다고 하자."
   (c) 빛꼴 두 사건의 시공간 간격에 대해 무어라고 말하겠는가?

5. 두 사건의 고유 시간은 관성 틀이 잴 수 있는 가장 짧은 시간임을 시공간 간격의 불변성을 써서 보여라.

6. 한 사건에서 다른 사건까지의 고유 시간은 모든 관성 기준틀에서 잰 두 사건의 시간차 중에서 가장 짧다고 했다. 또한 그 고유 시간이 아무 관찰자가 두 사건 사이에서 겪는 가장 긴 시간이라고 말했다. 겉보기에 상반되는 이 두 주장을 어떻게 조화시켜야 할까?

7. **시간 간격의 세 가지 정의**
   이제 시간꼴 두 사건의 시간 간격을 기술하는 세 가지 방법을 알고 있다. 하나는 관성 틀에서 잰 좌표 시간, 다른 하나는 두 사건에 모두 있는 관찰자가 잰 고유 시간, 그리고 또 다른 것은 시공간 간격(c로 나눈 값)이다. 이들이 같은 상황과 다른 상황을 설명하라.

심층 토론

8. 관성틀 R에 고정된 시계와 눈금자의 무한 그물이 있

다고 하자. 시계가 동기화되었는지 확인하는 방법은? 왜 그 방법을 다른 기준틀의 시계에는 쓸 수 없는가?

문제

9. 나는 소행성에 앉아 있고, 당신은 $(3/4)c$로 지나간다. 그 때 두 시계 모두 정확히 정오를 가리킨다. 소행성에서 20광분 거리에 있는 다른 소행성에 친구 엉뚱이가 (나와 그의 기준틀에서) 완벽하게 동기화된 시계를 들고 있다. 그 시계로 12시 10분에 엉뚱이가 전화기를 떨어뜨린다. 당신의 틀에서 본 그 사건의 위치와 시각을 구하라.

10. 당신이 지키는 우주 관문을 고유 길이 1/10 광초인 우주선이 속력 $(2/3)c$로 지난다(그림 1.12).

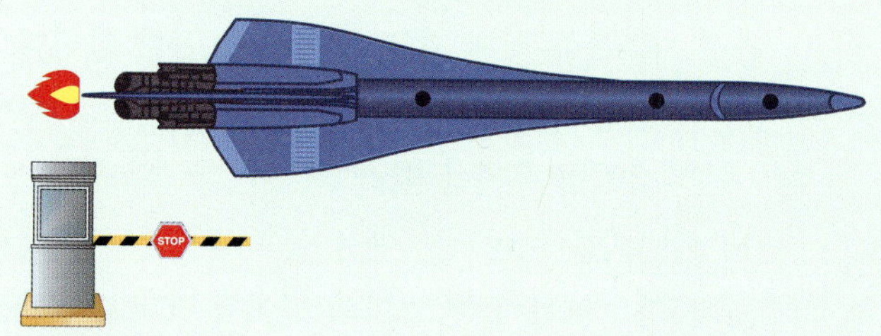

그림 1.12

당신은 졸다가 우주선 꼬리가 지나갈 때 정신 차리고, (우주선 앞에 탄) 선장에게 "야, 너! 돌아와 통과세를 내고 가!"라는 신호를 보낸다. 그 신호를 보내는 사건이 두 틀 모두 시각 0, 위치 0이라고 하자.

(a) 선장이 신호를 받는 곳과 때를 우주선 틀에서 구하라. **실마리:** 셈할 필요가 거의 없다.

(b) 선장이 신호를 받는 곳과 때를 관문 틀에서 구하라. **실마리:** 부호에 주의하라.

11. 행성 A와 B는 10광년 떨어져 있다. 매우 빠른 우주선이 한 곳에서 다른 곳으로 35년(행성 틀에서 잰 값)에 날아간다.

(a) 우주선의 속력을 셈하여 γ를 구하고 시간 팽창을 써서 우주선 틀에서 경과한 시간을 구하라.

(b) 방금 셈한 값은 이 운항에서 우주선의 고유 시간이다. 그런데, 같은 양을 시공간 간격을 써서 셈하면 더 쉽다. 그런 식으로 같은 문제를 풀어라 (답이 같은지 확인하라!).

12. 길이 100 m인 우주선이 입자 가속기를 꼬리에 싣고 어린 왕자가 있는 소행성을 지나 $0.9c$로 가고 있다(가속기의 크기는 무시한다). 우주선 꼬리가 그 소행성을 지날 때, 입자를 우주선에 대해 상대 속력 $0.9c$로 앞쪽으로 쏜다. 우주선과 왕자의 기준 틀 모두 입자 발사 사건의 위치와 시각을 0으로 잡는다.

(a) 우주선 기준틀에서 입자가 우주선의 머리에 닿는 순간은 언제인가?

(b) 왕자 기준틀에서는 입자가 언제 어디에서 우주선의 머리에 닿는가?

(c) 왕자가 보기에 입자의 속력이 얼마인가? (c가 나오면 되돌아가서 유효숫자를 늘려서 다시 풀어 보라.)

(d) 갈릴레이 상대론에서는 왕자 틀에서 입자의 속력이 얼마인가?

13. (1.6)은 기준틀 R에서 R′로 사건의 시공간 좌표를 변환한다. 좌표를 R′에서 R로 변환하는 방정식을 써라.

14. (1.6)은 기준 틀 R과 R′의 좌표 원점이 겹칠 때 $x = x' = 0,\ t = t' = 0$으로 잡아 사건의 시공간 좌표를 변환한다. R의 $x = 0,\ t = 0$을 R′에서 $x' = X$, $t' = T$로 잡을 때 x와 t의 변환식을 고쳐써라. (y 및 z의 변환식은 신경 쓰지 마라.)

15. (1.6)은 기준틀 R에 대해 x 방향으로 가는 다른 틀 R′로 사건의 시공간 좌표를 변환한다. 기준 좌표계 R에서 $+y$ 방향으로 속력 u로 가는 다른 틀 R′으로 바꾸는 식을 써라.

16. 석우와 윤희는 지구에서 반대 방향으로 떠난다. 둘 다 떠날 때 $x = 0,\ t = 0$이다. 석우는 $-x$ 방향으로 $(1/2)c$로 가고 윤희는 $+x$ 방향으로 $(3/4)c$로 간다. 10시간 후 윤희는 명왕성에 이른다. (이 문제에서 속력과 시간은 모두 서 있다고 보는 지구에서 잰 값이다.)

(a) 윤희의 기준틀에서 그녀가 명왕성에 닿는 시각과 위치를 구하라.

(b) 석우의 기준틀에서 윤희의 t 및 x좌표를 구하라.

(c) 석우에 대해 윤희는 얼마나 빨리 가고 갔는가?

17. 시간 팽창 공식(부록 B 참조)은 두 사건이 같은 곳에

서 일어나는 특수한 기준틀에 적용된다. 이 식이 로런츠 변환의 특수한 경우임을 보여라.

18. 길이 수축 공식(부록 B 참조)은 두 사건이 동시에 일어나는 특수한 기준틀에 적용된다. 이 식이 로런츠 변환의 특수한 경우임을 보여라.

19. 로런츠 변환을 써서 광속이 모든 기준틀에서 같음을 보여라. (로런츠 변환을 끌어낼 때 이 가정을 썼으므로 이것은 순환 논리이지만 일관성 검증에 좋다.)

20. 사건 A와 사건 B의 위치와 시각은 각각 x_A와 t_A 그리고 x_B와 $t_B(>t_A)$이다. 사건 A에서 나간 빛이 t_B보다 빠른 시각에 x_B에 갈 수 있다면 두 사건은 시간꼴이고, 사건 A가 사건 B의 원인일 수 있다.

(a) 로런츠 변환을 써서 두 사건의 간격이 한 틀에서 시간꼴이면, 모든 틀에서 시간꼴임을 보여라.
실마리: x_A와 t_A가 두 기준틀 모두에서 0이고 $x_B > 0$이라고 가정하면(일반성을 잃지 않고) 수식 전개가 좀 더 쉽다.

(b) 로런츠 변환을 써서 두 사건이 한 틀에서 시간꼴이면 모든 틀에서 $t_B > t_A$임을 보여라.

21. **t' 변환 유도**
41쪽 능동 읽기 연습에서 x'에 대한 로런츠 변환 공식을 유도했다. 이제 그 공식을 써서 t' 변환 공식을 끌어내자. 관성 기준틀 R과 그에 대해 속력 u로 $+x$ 방향으로 가는 관성 기준틀 R′을 고려하고, 두 틀의 원점이 겹칠 때($x = x' = 0$) $t = t' = 0$로 잡는다.

(a) R에서 위치 x, 시각 t인 사건은 R′에서는 그 위치가 어디인가? (이것은 이미 끌어낸 위치에 대한 로런츠 변환식을 묻는 것이다.)

(b) 이제 상황을 뒤집자. R′에서 위치 x', 시각 t'인 사건은 R에서는 그 위치가 어디인가? (속도를 생각해보라.)

(c) 두 방정식에서 x'을 소거하여 t'을 t와 x의 함수로 나타내라. 변환식의 t' 부분 (1.6)을 유도하면 된다.

22. **시공간 간격**
사건 1과 2의 시공간 간격은 다음과 같이 정의된다.

$$s = \sqrt{c^2(t_2-t_1)^2-(x_2-x_1)^2-(y_2-y_1)^2-(z_2-z_1)^2}.$$

로런츠 변환을 써서 이 간격이 어느 기준틀에서나 같음을 보여라. **실마리:** s^2이 같음을 보이면 되고, 더 쉽다. 또한 첫째 사건을 원점으로 삼으면 식이 훨씬 더 단순해진다(일반성을 잃지 않음): $t_1 = x_1 = y_1 = z_1 = 0$.

1.5 속도 변환과 도플러 효과

상대론적 속력에서 속도와 빛의 진동수가 어떻게 바뀌는지 살펴보는 것으로 상대론적 운동학에 대한 설명을 마친다.

1.5.1 발견 연습: 속도 변환

우주선이 당신에 대해 $+x$ 방향으로 속력 $(3/4)c$으로 간다.

1. 우주선 안에 선장의 의자가 고정되어 있다. 당신에 대한 이 의자의 속력은 얼마인가?
2. 선장은 손전등으로 앞($+x$ 방향)을 비춘다. 우주선 기준 틀에서 광속은 얼마인가? 당신의 기준틀에서 광속은 얼마인가?

이제 우주선 뒤쪽에 있던 승무원이 작은 미사일을 우주선 앞쪽으로 속력 (3/4)c 로 쏜다. (이유는 묻지 마라.)

물음: 당신의 기준틀에서 미사일의 속력은 얼마인가?

3. 갈릴레이 상대론에 따르면 위의 물음에 대한 대답은 무엇인가?
4. 그 답이 옳지 않은 까닭은?
5. 셈을 하지 않아도 정답의 하한과 상한을 알 수 있다.

1.5.2 설명: 속도 변환과 도플러 효과

갈릴레이 변환 (1.1)과 로런츠 변환 (1.6)을 비교하면 뭔가 빠진 듯한 느낌이 든다. 갈릴레이 상대론에서는 속도가 어떻게 바뀌는지 살펴보았지만 아인슈타인 상대론에서는 아직 이 문제를 살펴보지 않았다.

갈릴레이 변환식 $v' = v - u$는 옳지 않다. 왜냐하면 어떤 기준틀에서는 물체가 빛보다 빨리 갈 수 있기 때문이다. 물체 A가 물체 B에 대해 $0.9c$로 가고, 물체 B는 물체 C에 대해 $0.9c$로 가고, 이러한 상대 운동을 23번 더 거듭해도 물체 A는 물체 Z에 대한 속력이 c보다 작아야 한다.

따라서 갈릴레이 변환은 옳지 않으며, 올바른 변환식은 다음과 같다.

로런츠 속도 변환

관성 기준틀 R에 대해 $+x$ 방향으로 상대 속도 u로 가는 관성 기준틀 R′을 살펴보자.

어떤 물체가 틀 R에서 속도 $\vec{v} = \langle v_x, v_y, v_z \rangle$로 간다면, 틀 R′에서의 속도는 다음과 같다.

$$\left.\begin{aligned} v'_x &= (v_x - u)\,\frac{1}{1 - v_x u/c^2} \\ v'_y &= \frac{v_y}{\gamma}\,\frac{1}{1 - v_x u/c^2} \\ v'_z &= \frac{v_z}{\gamma}\,\frac{1}{1 - v_x u/c^2} \end{aligned}\right\} \tag{1.8}$$

이 식은 다른 많은 중요한 상대성 방정식과 함께 부록 B에 나열되어 있다.

v_y와 v_z도 달라진다는 것에 놀랄 수도 있다. 상대 속도 u가 x 방향이면 두 틀에서 사건의 y 및 z 좌표가 같지 않은가? 그렇다—그러나 두 사건의 시간차는 다르므로 dy/dt 또는 dz/dt는 다르다.

더 일반적으로, 속도 변환식은 위치와 시간의 변환식에서 바로 나온다. 문제 16과 17에서 (1.8)을 끌어낸다.

예: 속도 변환

입자 충돌기(Collider)는 두 입자를 충돌시킨다. 실험실 틀에서 입자 A는 $0.9c$로, 입자 B는 $-0.95c$로 간다. 다음 두 상황에서 충돌의 유효 속도, 즉, 입자 A의 기준 틀에서 입자 B의 속도를 구하라.

1. 정면충돌한다.
2. 두 입자가 직각으로 충돌한다.

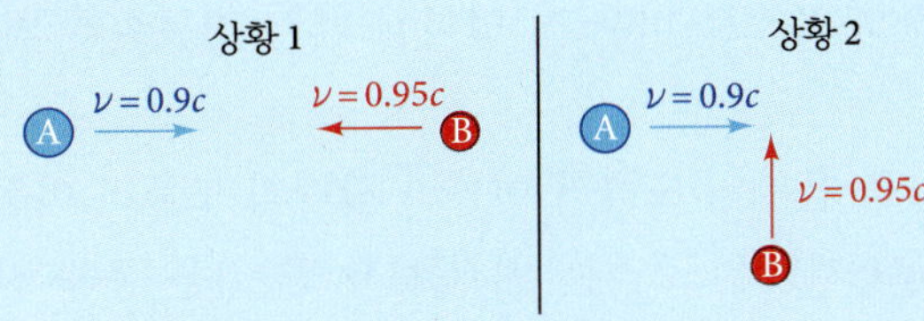

답: 실험실 틀에서 입자 A의 운동 방향을 $+x$ 방향으로 잡는다.

1. 첫째 각본에서는 입자 B가 충돌 전에는 $-x$ 방향으로 움직인다.

$$v'_x = (v_x - u)\frac{1}{1 - v_x u/c^2} = (-0.95c - 0.9c)\frac{1}{1 - (-0.95c)(0.9c)/c^2} = -0.997c$$

$$|\vec{v}| = 0.997c$$

2. 둘째 각본에서는 실험실 틀에서의 입자 B의 속도는 $(0, 0.95c, 0)$이다. γ는 두 기준 틀(입자 A의 틀과 실험실 틀)의 상대 속도를 바탕으로 한다는 점을 기억하라:

$$\gamma = \frac{1}{\sqrt{1 - (0.9)^2}} = 2.294$$

$$v'_x = (v_x - u)\frac{1}{1 - v_x u/c^2} = (0 - 0.9c)\frac{1}{1 - 0} = -0.9c$$

$$v'_y = \frac{v_y}{\gamma}\frac{1}{1 - v_x u/c^2} = \frac{0.95c}{2.294}\frac{1}{1 - 0} = 0.414c$$

$$|\vec{v}| = \sqrt{(0.9c)^2 + (0.414c)^2} = 0.991c$$

이러한 답변을 실제로 확인할 수 있는 방법이 몇 가지 있다. 둘째 각본에서 v'_x가 $-0.9c$가 되는 것은 수학 없이도 완벽하게 예측할 수 있다. 이유를 아는가? 두 답 모두 c보다 작게 나왔지만 입자의 개별 속도보다 빠른 것은 이치에 맞다. 그리고 첫째 답이 둘째 답보다 빠르게 나온 것도 이치에 맞다.

도플러 효과

귀에 들리는 소리를 살펴보자. 소리의 높이는 진동수, 즉 1초 동안 고막을 흔드는 횟수에 따라 정해진다.

음원 쪽으로 다가가면 1초 동안 고막을 흔드는 횟수가 늘어날 것은 뻔하다. 소리가 다가와 흔드는 것에 더해 음원 쪽으로 가면서 흔들림을 더 받으므로 서 있을 때보다 1초 동안 고막을 흔드는 횟수가 더 늘어나 진동수가 더 높아지고, 그것은 더 높은 소리로 인식된다. 음원에서 멀어지면 고막을 흔드는 횟수가 줄어들어, 소리가 낮아진다.

다음 동영상은 이 효과를 더 확실히 보여준다: www.cambridge.org/felder-modernphysics/ animations

도플러 효과(Doppler effect)는 파원 및/또는 관찰자의 운동으로 생기는 진동수의 변화이다. 그래서 구급차가 올 때는 경적 소리가 더 높아지고, 갈 때는 더 낮아진다.

위의 설명에서 소리(음파)를 빛(광파)로 바꿀 수 있으며 광원 쪽으로 다가갈 때는 진동수가 더 높아지므로 색이 파란색 쪽으로 바뀌고, 멀어질 때는 진동수가 더 낮아지므로 빨간색 쪽으로 바뀐다.

그러나 이 두 현상, 즉 음파의 도플러 이동과 광파의 도플러 이동은 비슷하게 설명할 수 있지만 사실 엄연히 다르다. 그 까닭은 소리는 매질(보통 공기)을 통해 진행하기 때문이다. 공기 속에서 관찰자가 음원 쪽으로 가는 것과, 음원이 관찰자 쪽으로 가는 것은 전혀 다르다 (둘 다 진동수가 높아지기는 하지만 그 방식이 다르다.)

반면에 빛의 진행에는 매체가 따로 없다. 아인슈타인의 첫째 가설은 관찰자가 광원 쪽으로 가는 것과 광원이 관찰자 쪽으로 가는 것을 구별할 수 없다는 엄숙한 약속이다.

이러한 물리학의 차이는 수학의 차이로 이어진다. 소리의 도플러-이동에 관한 식에는 두 가지 속도가 들어간다: 음원의 속도(공기에 대한 상대 속도)와 수신자의 속도(공기에 대한 상대 속도)이다. 도플러 이동한 빛에 대한 식에는 광원과 관찰자의 상대 속도인 u만 들어간다. 이것이 아래에 제시하는 식이다:

빛의 도플러 이동

상대 속도 u로 움직이는 두 물체를 살펴보자. 한 물체가 진동수 f로 빛을 내면 다른 물체의 기준틀에서 본 그 빛의 진동수는 다음과 같다:

$$\nu' = \nu\sqrt{\frac{1 \pm |u|/c}{1 \mp |u|/c}}. \tag{1.9}$$

부호는 광원과 관찰자가 가까워지면 위쪽(분모에 +, 분모에 −), 멀어지면 아래쪽을 쓴다.

(1.9)는 이미 본 로런츠 변환에서 바로 나온다(문제 18). (파동의 기본 특성인 진동수와 파장의 정의 및 관계는 부록 F를 보라.)

예: 빛의 도플러 이동

천문학자들은 수소 구름이 내는 진동수 $f = 1.42$ GHz인 빛(극초단파)을 자주 잰다. (이 빛의 진동수는 초당 14억 2천만 또는 나노초당 1.420이다.) 이 빛이 지구로부터 $0.1c$로 멀어지는 먼 은하에서 나온다면, 지구에서 재는 진동수는 얼마인가?

답: 광원과 관찰자가 멀어질 때는 (1.9)의 아래쪽 부호를 쓴다는 점을 기억하자:

$$\nu' = (1.42\,\text{GHz})\sqrt{\frac{1-0.1}{1+0.1}} = 1.28\,\text{GHz}.$$

예상대로 진동수가 애초의 값보다 낮다. (이것이 명확하지 않다면 나노초당 1.42개의 파동을 내면서 빠르게 멀어지는 별을 상상하라. 왜 우리가 받는 빛의 진동수가 나노초당 1.42보다 낮은지 알겠는가?)

1.5.3 물음과 문제: 속도 변환과 도플러 효과

개념 물음 및 개념시험

1. 두 관찰자가 x 방향으로만 상대 운동을 하면 모든 물체의 y좌표는 같을 것이다. 그렇다면 왜 v_y는 같지 않을까?

2. 확성기가 내는 소리가 구면파로 퍼져간다. (하지만 그림에서는 원으로 나타낸다.) 확성기가 서 있으면 원은 동심원을 이룬다(그림 1.13). 더 작은 원은 더 나중에 낸 소리다. 확성기가 오른쪽으로 일정 속력으로 갈 때에 대해 이 그림을 다시 그려라. 각 원의 중심은 소리를 낸 곳이어야 하므로 더 큰 원의 중심은 더 작은 원의 중심보다 왼쪽에 있어야 한다. (확성기의 속력이 음속보다 더 느리면 원이 겹치지 않는다.) 그림을 바탕으로 확성기의 오른쪽과 왼쪽의 도플러 효과가 어떻게 다른는지 설명하라.

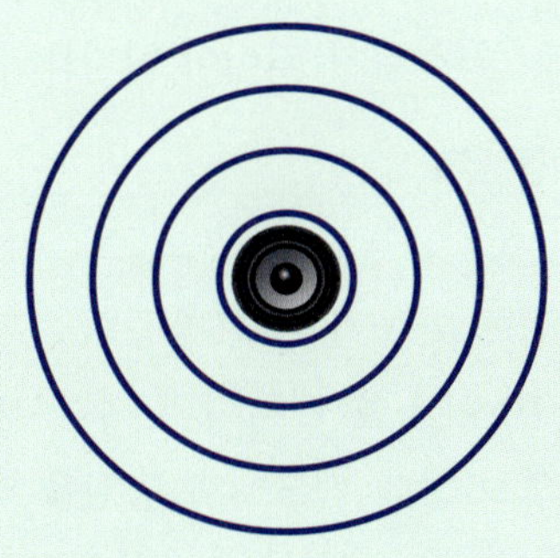

그림 1.13

3. 42쪽의 (1.8)을 보고 부호의 결과를 살펴보자:

(a) 어떤 상황에서 v'_x가 양수가 되는가?

(b) 어떤 상황에서 v'_y가 양수가 되는가?

(c) 이 답은 갈릴레이 상대론에서 기대하는 답과 같은가, 다른가?

4. 두 물체가 실험실 틀에서 속력 v로 x축을 따라 마주보며 다가간다. $v \to c$일 때의 두 물체의 상대 속력은?

(a) 갈릴레이 상대성?

(b) 아인슈타인 상대성?

5. 슬리퍼(Vesto Slipher)는 1915년부터 1917년까지 25개 은하[우리 은하(The Milky Way galaxy)는 제외]에서 나오는 빛을 쟀고 그 중 21개에서 진동수가 은하의 기체가 일반적으로 내는 것보다 낮다는 것을 발견했다. 그는 그 결과에서 무엇을 알아냈을까?

심층 토론

6. 당신은 지면에 서 있고, 물체 A는 $0.5c$로 다가오면서 빛을 내고, 물체 B는 음속의 반으로 다가오면서 소리를 낸다. 어느 것의 도플러 이동이 더 큰가? 식만 찾지 말고, 그 차이가 생기는 까닭을 설명하라.

문제

7. 우주인 번개돌이가 $0.4c$로 과속으로 가고, 우주 순찰선이 $0.9c$로 그를 쫓아간다.

(a) 갈릴레이 상대성에 따르면 번개돌이의 기준틀에

서 순찰선이 얼마나 빨리 다가가는가?

(b) 특수상대성에 따르면 번개돌이의 기준틀에서 순찰선이 얼마나 빨리 다가가는가?

(c) 순찰선는 650 THz의 파란 빛을 보낸다. 번개돌이가 보는 빛의 진동수는 얼마인가?

8. 입자 A는 $0.99c$로 $+x$ 방향(오른쪽)으로 가고, 입자 B는 x축에 대해 $-120°$ 방향(왼쪽 아래)으로 $0.95c$로 간다. 두 입자의 상대 속도는 얼마인가?

9. **(a)** 광원에서 나오는 빨간 빛(400THz)이 녹색 빛(600 THz)으로 보이려면 얼마나 빨리 가야 하는가?

(b) 가는 방향은 광원 쪽인가, 반대 쪽인가?

(c) 녹색 빛이 빨간 빛으로 나타나려면 반대 방향으로 얼마나 빨리 가야 하는가?

10. 현재 우주에서 가장 멀리 있다고 알려진 물체는 은하 GN-Z11이다. 이 은하의 수소 기체가 내는 빛의 진동수를 재니 모두 고유 진동수의 1/21배였다. GN-Z11이 그 빛을 낼 때 우리에 대해 얼마나 빨리 멀어지고 있었을까?

11. 안드로메다 은하는 $(1/1000)c$로 다가오고 있다. 안드로메다의 수소 기체가 진동수 1.420405 GHz인 빛을 내면 우리가 받을 때는 진동수가 얼마일까?

12. 상대론적 식은 $c \to \infty$의 극한에서 늘 뉴턴 물리학의 식에 접근한다. (1.8)이 그러함을 보여라.

13. 틀 R′은 틀 R에 대해 $+x$ 방향으로 속력 u로 간다. 광자가 틀 R에서 $+x$ 방향으로 속력 c로 가면 틀 R′에서도 +x 방향으로 속력 c로 감을 보여라. (늘 그렇지 않는가?)

14. 광자가 어떤 관성 기준틀에서 속력 c 로 간다면 모든 관성 기준틀에서 속력 c로 감을 보여라. (이것은 개념적으로 문제 13과 비슷하지만 일차원이 아닌 삼차원에서 다루면 수식이 더 복잡해진다.)

15. 속도 덧셈

우주선이 $+x$ 방향으로 속력 u_1으로 당신 옆을 지나간다. 그 때 그 승객들은 $+x$ 방향으로 속력 u_2로 지나가는 다른 우주선을 본다.

(a) 둘째 우주선은 당신의 기준틀에서 얼마나 빨리 가는가? 이 식이 속도 덧셈 공식이다. (1.8)의 v_x 부분과 똑같지는 않지만 그것에서 바로 얻을 수 있다.

(b) 첫째 우주선이 당신의 기준틀에서 $c/2$로 가고, 둘째 우주선이 첫째 우주선의 틀에서 $c/2$로 간다면 둘째 우주선은 당신의 기준틀에서는 얼마나 빨리 가는가?

16. v_x 변환식 유도

관성 기준틀 R′은 틀 R에 대해 $+x$ 방향으로 상대 속도 u로 간다. 틀 R에서 물체가 속도 v_x로 x축을 따라 간다. 물체가 출발하는 곳과 때는 다음과 같다: $x = x' = 0$; $t = t' = 0$. 그 물체는 틀 R에서 그 뒤 시각 t에 위치 $x = v_x t$에 이른다. 틀 R′에서의 이 사건의 시각 t'과 위치 x'을 구하고, 그로부터 $v'_x = x'/t'$을 구하라. [물론 (1.8)을 써서 셈하면 안 된다. 오히려 셈의 결과가 그 중 하나가 되어야 한다!]

17. v_y 변환식 유도

관성 기준틀 R′은 틀 R에 대해 $+x$ 방향으로 상대 속도 u로 간다. 틀 R에서 물체가 속도 $\vec{v} = v_x\hat{i} + v_y\hat{j} + v_z\hat{k}$로 간다. 물체가 출발하는 곳과 때는 다음과 같다: $x = x' = 0$; $y = y' = 0$; $z = z' = 0$; $t = t' = 0$. 그 물체는 틀 R에서 그 뒤 시각 t에 위치 $(v_x t,\ v_y t,\ v_z t)$에 이른다. 틀 R′에서의 이 사건의 시각 t'과 위치 y'을 구하고, 그로부터 $v'_y = y'/t'$을 구하라. [물론 (1.8)을 써서 셈하면 안 된다. 오히려 셈의 결과가 그 중 하나가 되어야 한다!]

18. 도플러 이동 유도

파동의 진동수 f는 주기 T의 역수이다: $f = 1/T$. 주기는 한 점에 파동의 마루(파동의 가장 높은 곳)가 온 뒤, 다음 마루가 올 때까지의 시간이다. 어떤 물체가 $+x$ 방향으로 상대 속도 u로 당신을 지나가면서 당신 쪽으로 빛을 낸다. 그 물체의 틀을 R, 당신의 틀을 R′이라고 하자. 물체는 당신을 지날 때 파동 마루를 내고, 당신은 그 마루를 바로 받는다.

(a) 물체의 틀 R에서 파동의 한 주기가 지난 시각

$t = T$에 다음 파동 마루를 낸다. 당신의 틀 R'에서는 그 시각이 언제인가?

(b) 당신의 틀 R′에서는 둘째 마루를 낸 곳이 어디인가?

(c) 당신이 첫째 마루와 둘째 마루를 받는 시각의 시간차는 얼마인가?

(d) 이제 주기 T'과 T의 관계를 알고 있다. $f = 1/T$의 관계를 써서 f와 f'의 관계로 고쳐 써라. 그 답을 (1.9)와 비교하여 이 각본에서는 물체가 멀어지고 있음을 상기하라.

19. 쌍둥이의 역설—재음미

16쪽에서 쌍둥이 영희와 주희가 다시 만날 때 나이가 매우 달랐다. 주희가 지구(및 영희)의 기준 틀에서 정확히 10년 동안 $0.9c$로 지구를 떠나 여행한다고 하자. 그녀가 우주 기지에 이르면 바로 돌아서서 같은 속력으로 되돌아온다. (§ 1.3의 문제 25를 이미 풀었다면 이 문제의 첫 부분을 잘 알 것이고 그 뒤부터는 다른 방식으로 상황을 분석하게 된다.) 영희의 기준틀에서 전체 각본를 분석하는 것으로 시작한다.

(a) 주희의 여행은 얼마나 걸렸는가? (“주희가 여행하는 동안 영희는 나이를 얼마나 먹었는가?”와 똑같은 물음이다.)

(b) 주희가 돌아섰던 우주 기지는 얼마나 멀리 있는가?

(c) 주희가 이동하는 동안 그녀의 시계로는 시간이 얼마나 흘렀는가? (“주희는 나이를 얼마나 먹었는가?”와 똑같은 물음이다.)

“이제 주희의 관점에서 분석해 보는” 부분이다. 그러나 주희에게는 관성 기준틀이 하나가 아니라 둘이다! 주희가 나갈 때의 틀인, 0.9c 로 지구에서 멀어지는 틀에서 각본를 분석하자. (돌아올 때의 기준틀에서의 분석 과정도 비슷하다.)

(d) 여정의 첫 부분에서는 주희의 우주선은 서 있고, 지구는 멀어지고 우주 기지가 다가온다. 둘 다 속력은 $0.9c$이다. 이 두 물체의 거리는 얼마인가?

(e) 우주 기지가 그녀에게 오는 데 얼마나 걸리는가? (영희의 틀에서 얻은 결과를 쓰지 말고 주희가 나가는 틀에서 셈하라.)

(f) 여행중에 영희의 시계로는 얼마의 시간이 흐르는가?

(g) 여정의 둘째 부분에서 지구와 우주 기지는 여전히 $0.9c$로 뒤로 간다. 그러나 주희는 이제 훨씬 더 빠르게 뒤로 간다. 얼마나 빨리 가는가? 주희가 나갈 때의 틀임을 상기하라!

(h) 돌아오는 여정에서 지구에 대한 주희의 속도는 얼마인가? 가는 틀에서 셈하고 있음을 기억하라.

(i) 주희가 지구로 돌아가는 데 얼마나 걸리는가?

(j) 둘째 기간 동안 영희의 느린 시계로는 얼마의 시간이 흐르는가? 주희의 더 느린 시계로는 얼마의 시간이 흐르는가?

(k) 가는 기준틀에서는 주희가 지구로 돌아올 때 각 쌍둥이의 나이는 모두 몇 살인가?

1장 요약

아인슈타인의 특수 상대론은 1장과 2장에서 설명한다.

두 장에 나오는 식은 부록 B에 모아 두었으므로 이 요약을 보면서 필요하면 들춰보라.

“기준틀 탐색” 동영상은 비행기, 산, 그리고 새를 써서 시간 팽창, 길이 수축, 동시성의 상대성, 그리고 시공간 도표를 보여준다: www.cambridge.org/felder-modernphysics/animations

1.1 갈릴레이 상대성

갈릴레이 상대성은 "물리 법칙은 모든 관성틀에서 같다"는 것이다.

- 등속 60 m/s 또는 1,000 km/s로 가는 우주선을 타고 있다면, 그 안에서의 운동 법칙은 서 있는 우주선 속에서와 구별할 수 없다. 그러므로, 모든 셈을 서 있는 우주선이 있는 "관성 기준틀"에서 하는 것과 똑같이 한다.
- 우주선이 속력을 높이거나, 낮추거나, 또는 방향을 바꾸면 그 우주선은 더 이상 관성 기준틀이 아니다. 이것은 임의의 정의가 아니다: 기준틀이 가속하면 물체와 측정 장치가 우주선 속에 갇혀 있어도 물체의 물리적 거동이 바뀐다.
- 6쪽의 (1.1)은 두 기준틀의 위치, 시간, 속도 가속도를 다른 기준틀의 해당 물리량으로 바꾸는 식이다.

1.2 아인슈타인 가설과 시간 팽창

특수 상대성은 다음 두 가설에서 출발한다:

1. 물리 법칙은 모든 관성 기준틀에서 같다 (갈릴레이 상대성의 가설과 같다).
2. 광속은 모든 관성 기준틀에서 같다.

이 두 가설에서 "시간 팽창"이 나오는데, 다음과 같이 표현한다: "움직이는 시계는 느리게 간다." 그 인자는 γ이다 (정의식은 부록 B를 보라.)

- 시간 팽창 공식 $\Delta t' = \gamma \Delta t$는 기준틀 R의 같은 곳에서 생기는 두 사건에 적용된다 (예: R에서 서 있는 시계)
- 이 공식은 R′이 관성틀일 때 적용되며, R은 관성틀이 아니어도 된다.
- 아무 관성틀에서 잰 두 사건의 시간차를 "좌표 시간"이라고 한다. 아무 관찰자(관성 관찰자가 아니어도)가 잰 시간을 "고유 시간"이라고 한다.

1.3 길이 수축과 동시성

아인슈타인의 가설에서 나오는 또 다른 결과 두 가지가 있다: 하나는 "길이 수축"으로 길이 방향으로 움직이는 막대의 길이는 인자 γ 만큼 짧아진다는 것이다. 다른 하나는 "동시성의 상대성"으로 두 사건이 동시에 일어났는가의 판단이 기준틀에 따라 다를 수 있다는 것이다.

- 길이 수축 공식 $\Delta x' = \Delta x/\gamma$는 틀 R에서 서 있는 막대에 대해 적용된다. R에 대해 움직이는 틀 R′에서 막대의 길이를 재려면 양 끝의 위치를 같은 시각 t'에 재야 한다.
- 길이 수축은 운동 방향에서만 나타난다; 그와 수직인 방향은 영향을 받지 않는다. 따라서 물체의 모양은 그것을 보는 기준틀에 따라 달라진다.
- "공간꼴로 분리된" ($\Delta x > c\Delta t$) 두 사건은 어떤 관성틀에서도 동시에 일어나지 않는다. 이 경우 두 사건이 어떤 정보도 전할 수 없으므로 인과 관계가 생기지 않는다. "시간꼴로 분리된" ($\Delta x < c\Delta t$) 두 사건은 인과 관계가 있을 수도 있다.

1.4 로런츠 변환

로런츠 변환은 한 관성 기준틀에서의 시각과 위치를 다른 관성 기준틀에서의 시각과 위치로 바꾸는 상대론적 관계식이다.

- 시간 팽창, 길이 수축, 동시성 관계식은 모두 이 변환의 특수한 경우이다.
- 두 사건의 "시공간 간격"은 불변량으로, 모든 기준틀에서 값이 같다.

1.5 속도 변환과 도플러 효과

- 속도의 로런츠 변환은 한 기준틀에서의 속도를 다른 기준틀에서의 속도로 바꾸는 상대론적 변환식이다.
- 빛의 도플러 효과는 두 기준틀에서의 빛의 진동수의 상대론적 변환의 결과이다.

2 상대성 II: 역학

Relativity II: Dynamics

앞서 1장에서 특수 상대론을 살펴보았는데 식 $E = mc^2$은 아직 나오지 않았다. 이상한가?

1장은 시간, 공간, 운동과 같은 상대론적 "운동학"에 초점을 맞췄다. 여기에서 상대성 공부를 중단하면 상대성의 핵심 개념과 그것이 아인슈타인의 두 가정에서 어떻게 나오는지는 확실히 알게 된다.

그러나 이 장을 계속 공부한다면 많은 뉴턴의 개념을 상대론적 틀로 확장하는 방법을 배울 것이다. § 2.1에서는 시공간의 상호 작용을 시각적으로 보여주는 방법, § 2.4에서는 스칼라 및 벡터 개념을 4-차원 시공간으로 확장하는 방법을 볼 수 있다. § 2.2과 § 2.3에서는 질량, 에너지, 운동량 보존 법칙이 상대론에서 어떻게 재정의되는지, 특히 아인슈타인의 유명한 질량과 에너지 관계를 설명한다. 마지막으로 § 2.5에서는 § 1.2에서 소개한 마이컬슨-몰리 실험을 다시 살펴보고 물리학계가 아인슈타인의 급진적 개념을 받아들이도록 설득하는 데 핵심 역할을 한 이 실험의 세부 사항을 알아본다.

2.1 시공간 도표

우리 두뇌는 진화하여 엄청난 시각 정보를 처리할 능력을 가지게 되었다.[1] 따라서 종종 정보를 시각적 용어로 변환하여 타고난 강점을 활용한다. 함수를 나타내는 곡선, 자료를 표시하는 막대 도표 및 파이 차트, 심지어 정치 만화까지 모두 추상적 정보를 이해하기 위해 시각적 처리 능력을 활용하는 멋진 기법이다. ("이 함수는 도함수가 0인 국소 최대값에 이른다"는 말을 들으면 수치적 차이와 극한이 생각나는가, 아니면 언덕 꼭대기가 떠오르는가?)

고전역학에서 운동에 대한 직관을 개발하기 위해 위치, 속도 및 가속도 도표를 쓴다. 이 절에서는 상대론에서 시간 대 위치의 도표를 만들 것이다. 목표는 다른 시각화 기법과 마찬가지로 이론을 이해하는 데 유용한 도구를 제공하는 것이다.

1 일부 증거에 따르면 시각 장애인은 뇌의 시각 중추를 다른 유형의 자료 처리에 쓰도록 바꿀 수 있다. 예를 들어 점자를 읽을 때 촉각의 미묘한 차이를 감지한다.

2.1.1 발견 연습: 시공간 도표

"시공간 도표"는 세로축에 시간, 가로축에 공간이 있는 도표이다. 이것은 $x(t)$의 도표를 그릴 때 익숙한 방식과 반대라는 점에 유의하자! 그림 2.1은 움직이는 두 물체의 예를 보여준다.

1. 두 물체가 동시에 시작하는가, 같은 곳에서 시작하는가, 아니면 동시에 같은 곳에서 시작하는가?
2. 파란색과 녹색 중 어떤 물체가 더 빨리 가는가? 어떻게 아는가?
3. 도표를 복사하라. (선의 색깔은 신경 쓰지 마라.) 도표에 빛의 경로를 그려라. 시간을 초 단위로, 거리를 광초 단위로 재는 상대론적 단위를 쓴다고 하자.

그림 2.1 움직이는 두 물체의 시공간 도표.

2.1.2 설명: 시공간 도표

고전역학에서는 $x(t)$의 도표를 그릴 때 시간을 가로축, 위치를 세로축으로 잡는다. 상대론에서는 시간을 세로축으로 잡아 도표를 그리는 것이 표준이다. 이러한 도표를 "시공간 도표"라고 한다. 시공간 도표에서 물체의 경로를 "세계선"이라고 한다.

능동 읽기 연습: 시공간 도표

시공간 도표에 다음 세 물체의 세계선을 그려라. 세 물체 모두 시각 0에 $x = 1$에서 출발한다.

1. 서 있는 물체.
2. $-x$ 방향으로 등속으로 가는 물체.
3. $+x$ 방향으로 가되 점점 느려지는 물체.

더 읽기 전에 세 도표를 모두 그려라!

이 중 어느 것도 아직은 상대론과 무관하다, 맞는가? 시간을 수직축에 표시하는 데 익숙해지고 있다. 서 있는 물체는 수직선을 그린다. $-x$ 방향으로 가는 물체는 위로(시간 증가) 왼쪽(위치 감소)으로 가는 선을 따라간다. 셋째 세계선은 위로 그리고 오른쪽으로 올라가지만 위로 굽어 서 있는 물체를 나타내는 수직선에 접근한다. 세 물체의 도표를 다음 웹사이트에서 볼 수 있다: www.cambridge.org/felder-modernphysics/activereadingsolutions

시공간 도표는 상대론적 단위(예: 초 및 광초 또는 연도 및 광년)로 그린다. 이러한 단위 $c = 1$에서 광선은 45° 각도로 왼쪽과 오른쪽으로 이동한다. 세계선의 기울기는 속도의 역수인 $\Delta t/\Delta x$이므로 빛보다 느린 것은 45°보다 더 가파른 선이 된다.

다음 예는 이러한 도표를 써서 복잡한 상황을 시각화하는 방법을 보여준다.

예: 신호 보내기

16쪽에서 쌍둥이 영희와 주희를 만났다: 영희는 지구에 머물고 주희는 등속으로 여행을 갔다가 등속으로 돌아온다. 이 예에서는 그녀가 $c/2$로 가고 목적지가 5광일 떨어져 있다고 가정한다. 그래서 그녀의 여행은 영희의 기준틀에서 각 방향으로 10일이 걸린다. 영희는 이틀에 한 번씩 여동생에게 라디오 신호를 보낸다. 주희는 나가는 길에 얼마나 많은 신호를 받고 오는 길에 얼마나 많은 신호를 받는가?

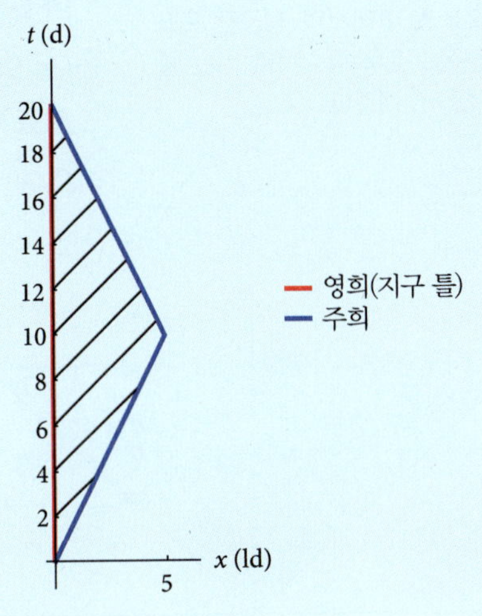

답: 확실히 대수적으로 풀 수 있지만 시공간 도표에서 직관적인 방법으로 볼 수 있다. 주희의 속도는 하루 1/2광일이므로 세계선의 기울기는 ±2이다. (속력은 기울기의 역수임을 기억하라.) 라디오 신호의 기울기는 모두 1이다. 이 그림에서 빨간색과 파란색 선은 각각 영희와 주희의 세계선이다.

답은 그냥 세기만 하면 나온다. 주희가 신호를 받는 횟수는 나가면서 2번, 오면서 7번이다.

이 도표는 도플러 이동을 시각화하는 또 다른 방법이 된다. 영희는 일정한 간격으로 신호(펄스)를 보내지만 주희가 받는 신호를 받는 간격은 나갈 때는 벌어지고 돌아올 때는 좁아진다.

위의 설명과 그림은 영희의 관점에서 본 것이다. x축은 그가 $t = 0$이라고 할 때의 (일차원) 세계를 보여준다. t축에는 그가 자신의 위치인 $x = 0$에서 일어난다고 생각하는 모든 사건이 있다.

물론 상대론은 대부분 다른 관점에서 사건을 보는 것에 관한 것이다. 주희가 나갈 때의 기준틀의 좌표를 x'과 t'로 나타내자. 아래에서 시각화의 첫 단계인 좌표축을 그리자.

능동 읽기 연습: 시공간 도표의 좌표 축

1. 시공간 도표의 축을 그려라. 좌표 x와 t는 물론 어떤 기준틀 R에서 정의된다.

이제 R에 대해 오른쪽으로 속력 $c/2$로 가는 틀 R′을 살펴보자.

2. 틀 R의 시공간 도표에 t' 축, 즉, $x' = 0$인 모든 점을 그려라.

3. 같은 도표에 x′축을 더 그린다.

축이 수평인가, 아니면 수직인가? 서로 직교할까? 이에 대한 어떤 대답도 명확하지 않다. 시각적 사고 방식(위의 쌍둥이 이야기를 생각해 보라)과 수학적 사고 방식(로런츠 변환은 부록 B에 있음)의 두 가지 사고 방식을 번갈아 써라.

이 예에서 맨 먼저 눈여겨 볼 것은 R′은 주희가 나갈 때의 관성 기준틀로서 오른쪽으로 $c/2$로 간

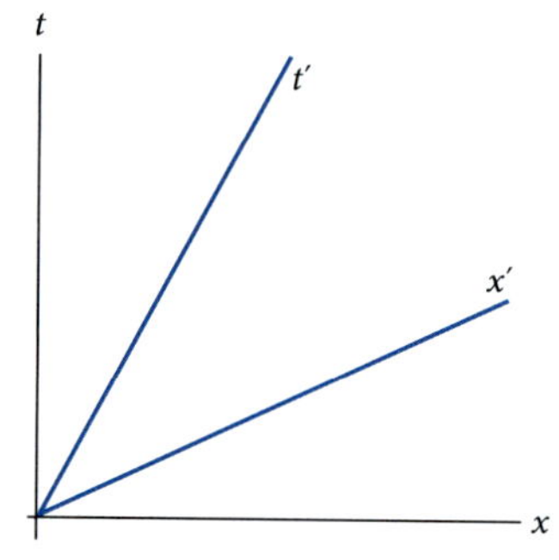

그림 2.2 틀 R에서의 시공간 도표에 오른쪽으로 속력 $c/2$로 가는 틀 R′의 축을 보여준다.

다는 것이다. 주희가 나가는 세계선은 예제의 도표에서 아래쪽 파란 선이다. R′에서는 그녀는 그 기간 동안 서 있다. 즉, 그녀가 떠날 때부터 기지에 도착할 때까지 $x' = 0$이다. 이것이 위의 능동 읽기 연습에서 요구하는 첫째 축인 나가는 주희의 기준틀의 t'축이다.

수학적으로 로런츠 변환에서 $c = 1$ 및 $u = 1/2$(상대론적 단위)을 써서 $x' = 0$을 설정할 수 있다. 그러면 바로 $t = 2x$를 얻으며, 이것은 t'축이 기울기 2인 직선임을 나타내며, 위에서 얻은 결론과 같다.

아주 유사한 논리로 로런츠 변환에서 $t' = 0$으로 두면 $t = (1/2)x$가 바로 나온다. 이는 x'축이 기울기가 1/2인 직선임을 알려준다(그림 2.2).

도표의 수평 및 수직 축을 영희의 틀을 써서 정의하고 있으므로 이것은 주희의 관점이 아니다. 문제 17을 보라.

빛 원뿔과 인과율

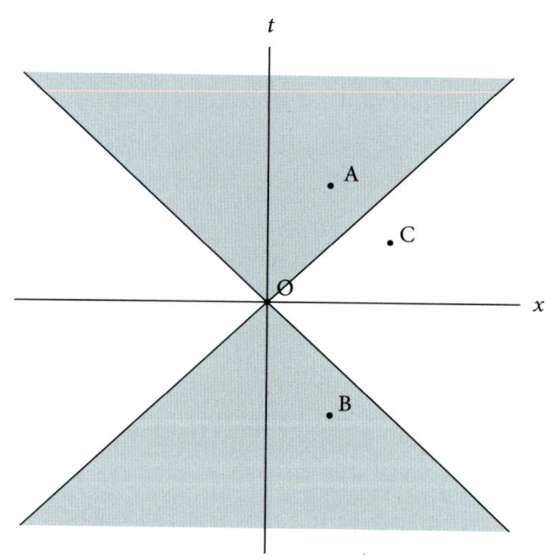

그림 2.3 사건 O의 과거 및 미래 빛 원뿔. 사건 A와 B는 각각 O에서 시간꼴로 떨어져 있고 O와 C는 공간꼴로 떨어져 있다.

상대론에서 "사건"은 어떤 곳에서 어떤 때에 일어나는 것임을 기억하라. 따라서 시공간 도표의 모든 점은 사건을 나타낸다. 그림 2.3은 $x = t = 0$을 나타내는 사건 O를 포함한 4개의 사건에 이름을 붙인다. 대각선은 사건 O로 들어오고 나가는 빛을 나타낸다.

두 가닥의 나가는 빛다발(그림의 위쪽 절반)은 사건 O의 "미래 빛 원뿔"을 이룬다. 미래 빛 원뿔 속의 영역은 때때로 사건 O의 "절대 미래"라고 한다. 사건 A는 사건 O와 시간꼴로 떨어져 있다. 모든 기준틀의 관찰자는 사건 O가 사건 A보다 앞선다는 데 동의할 것이다. 사건 O가 사건 A에 영향을 주었을 수 있다.

마찬가지로 들어오는 빛은 사건의 "절대 과거"를 정의하는 사건 O의 "과거 빛 원뿔"을 이룬다. 따라서 사건 B는 사건 O에 영향을 주었을 수 있다. 사건 C와 같이 빛 원뿔 밖의 사건은 사건 O와 공간꼴로 떨어져 있다. 그들은 사건 O에 영향을 주거나 받을 수 없다.

("빛 원뿔"이라는 말은 x, y, t로 이루어진 삼차원 시공간 도표에서 나왔다. 이러한 도표에서는 미래와 과거의 빛 원뿔은 문자 그대로 원뿔을 이룬다. 물론 x, y, z, t로 이루어진 실제 시공간은 4차원이어서 삼차원 공간에 그릴 수 없다.)

물체가 아닌 사건에 대해 이야기하고 있음을 기억하자. 지구의 북극과 남극은 온갖 방식으로 서로 영향을 줄 수 있다. 그러나 한쪽 극에서 일어나는 사건과 나노초 후에 다른 극(지구 기준틀에서)에서 일어나는 사건은 공간꼴로 떨어져 있다. 이들 사건은 어느 틀에서도 서로 영향을 줄 수 없다.

세계선, 시공간 간격, 고유 시간

고유 시간은 한 사람 또는 시계가 경험하는 정해진 두 사건 사이의 기간이다. 고유 시간은 단지 두 사건의 함수가 아니다; 그것은 또한 두 사건을 잇는 시공간의 경로에 따라 다르다. 예를 들어 쌍둥이 역설에서 영희와 주희는 같은 두 사건(주희가 갔다가 돌아옴)에서 시작하고 끝났다. 그러나 그들은 이 두 사건에서 서로 다른 세계선을 따라갔고, 그래서 그들은 서로 다른 고유 시간을 경험했다 (영희가 주희보다 나이를 더 먹었다).

이에 반해, 두 사건의 시공간 간격은 다음을 셈한다: $s = \sqrt{c^2 \Delta t^2 - \Delta x^2}$; 이 값은 두 사건 사이의 경로와는 무관하다.

그렇지만, 이 두 양은 중요한 방식으로 관련되어 있다.

> 시작과 끝을 잇는 직선 세계선의 길이가 시공간 간격이며, 세계선을 따라 잰 고유 시간의 c배이다.

이미 37쪽에서 같은 점을 지적했는데, 그 때는 직선 세계선을 따라가는 물체 대신 관성 기준 틀에서 서 있는 물체에 대해 이야기했다. 둘이 같다는 것을 알 수 있는가?

전체 여정이 직선이 아니면 어떻게 될까? 이 경우 시작점과 끝점의 시공간 간격만으로는 고유 시간을 셈할 수 없다. 그러나 여정이 직선 토막이 이어진 것이면 토막 별로 셈할 수 있다.

- 여정의 직선 토막마다, 양 끝점에 대한 시공간 간격을 셈한 다음 c 로 나누어 해당 토막의 고유 시간을 구한다.
- 여행의 총 고유 시간은 모든 토막의 고유 시간을 더한 값이다.

영희와 주희로 돌아가자. 그림 2.4에서 그들의 세계선을 보라.

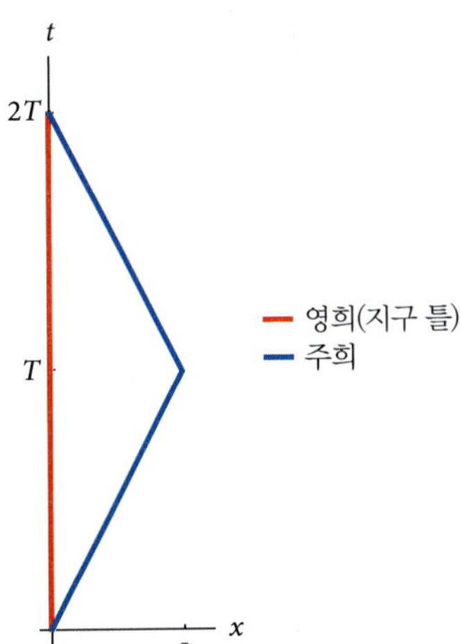

그림 2.4 주희(파란 세계선)는 거리 L인 우주 기지로 갔다가 돌아온다. 그녀의 쌍둥이 영희(빨간 세계선)는 지구에 남아 있다. 여행에 걸리는 시간은 영희의 틀에서 $2T$이다.

영희의 세계선은 직선이다. 전체 여행에 대한 고유 시간 ($2T$)에 c를 곱한 값이 시공간 간격 ($\sqrt{c^2(2T)^2 - 0^2}$)임을 쉽게 확인할 수 있다.[2]

2 지구에 그냥 가만히 남아있는 영희의 기준틀에서 영희의 세계선에 대해서는 고유 시간과 좌표 시간이 같다. 영희의 기준틀에서 주희의 여행이라는 "다른" 세계선에 대해서는 고유 시간이 다르다는 점을 유념하자—옮긴이

주희의 세계선은 두 개의 직선 토막이다. 토막마다 같은 방식으로 고유 시간을 셈할 수 있고, 그것을 더하면 나이를 얼마나 먹었는지 알 수 있다.

능동 읽기 연습: 고유 시간과 시공간 간격

그림 2.4는 주희(파란색)와 영희(빨간색)의 세계선을 보여준다. 아래의 5개 항목은 각각 셈하는 데 30초 미만이 걸린다. 그보다 더 복잡하면 다른 방식을 써보라.

1. 주희 여행의 첫째 (가는) 구간의 시공간 간격을 적어라. 답은 상수 T와 L의 함수이다.
2. 같은 여행 구간에 대한 주희의 고유 시간을 적어라.
3. 여행의 둘째 (오는) 구간에 대한 주희의 고유 시간을 적어라.
4. 전체 여정에 대한 주희의 고유 시간을 적어라.
5. 최종 결과는 영희의 고유 시간 $2T$보다 긴가, 짧은가?

위의 능동 읽기 연습은 1장에서 같은 각본에 대해 했던 셈보다 훨씬 쉽다. 고유 시간과 시공간 간격의 관계를 제대로 이해하면 많은 수식을 건너 뛸 수 있다.

결국 주희의 여행의 고유 시간은 $2\sqrt{T^2 - (L/c)^2}$으로 $2T$보다 짧음을 알 수 있으며, 따라서 주희가 상대적으로 더 젊게 된다는 또 다른 증거가 된다. 이 결과는 일반화할 수 있다.

> 시간꼴로 떨어진 두 사건을 잇는 세계선이 직선일 때 고유 시간이 가장 길다.

주희-영희 계산에서 무슨 일이 일어났는지 보면 이것이 일반적으로 성립하는 이유를 알 수 있다. 직선에서 벗어나 다시 돌아오는 모든 세계선은 Δx가 추가되어 여정의 고유 시간을 줄인다.

2.1.3 물음과 문제: 시공간 도표

개념 물음 및 개념시험

1. 1초 동안 $+x$ 방향으로 $(1/2)c$로 가다가, 갑자기 선 다음, 2초 뒤에 (몇 초간 가속하여) $-x$ 방향으로 $(1/2)c$로 가는 물체의 세계선을 그려라.

2. 물체 A는 관성 기준틀에서 갔지만 물체 B는 그렇지 않았다. 이 사실이 이 둘의 세계선에 어떻게 반영되는가?

3. A와 B는 서로 다른 두 사건인데, 이들의 시공간 간격은 0이다.
   (a) 이 두 사건은 어떤 관계인가?
   (b) 이 두 사건의 시공간 도표는 무엇을 알려 주는가?
   (c) 사건 A가 사건 B를 일으킬 수 있는가? 추론을 간략하게 설명하라.

4. 두 물체 중 하나가 다른 것을 유발할 수 있다면 (실제로는 그렇지 않더라도) 인과적으로 연결되어 있다고 말했다.
   (a) 사건 A와 B가 인과적으로 단절되고, B와 C가 인과적으로 단절되는데, A와 C가 인과적으로 연결

될 수 있는가? 그렇다면 시공간 도표에 예를 보이고, 그렇지 않다면 이유를 설명하라.

(b) 사건 A와 B가 인과적으로 연결되고, B와 C가 인과적으로 연결되는데, A와 C가 인과적으로 단절될 수 있는가? 그렇다면 시공간 도표에 예를 보이고, 그렇지 않다면 이유를 설명하라.

5. 틀 R의 시공간 도표를 그리고 오른쪽으로 $(4/5)c$로 가는 틀 R'의 시공간 도표에서 x' 및 t'축이 어떻게 보이는지 아래의 두 상대론을 써서 보여라 (둘 다 상대론적 단위를 써라):

(a) 아인슈타인의 상대론,

(b) 갈릴레이의 상대론.

6. 물체가 원점을 중심으로 등속 원운동을 한다면 그 물체의 세계선은 어떤 모양이 될까? (2차원 운동이므로 시공간 도표는 삼차원이 된다.)

7. 공간 차원이 하나이면 시공간 도표는 2차원이며 미래의 빛 원뿔은 한 순간에는 두 점처럼 보인다. 마찬가지로 삼차원 공간에서 사건의 미래 빛 원뿔을 본다면 한 순간에 어떤 모양이 될까?

8. 그림 2.3은 사건 O의 절대 미래를 나타내는 회색 영역을 보여준다. O에서 시작하여 해당 영역 밖으로 나가는 모든 세계선은 물리적으로 불가능하다. 그 회색 영역 안에 있지만 물리적으로 불가능한 세계선이 있을 수 있는가? 그렇다면 예를 들고, 그렇지 않다면 이유를 설명하라.

9. 그림 2.5의 세계선(왼쪽에서 오른쪽으로, 빨간색, 주황색, 녹색, 파란색)에서 고유 시간이 가장 짧은 것부터 차례대로 늘어놓아라. (일부는 같을 수도 있다.)

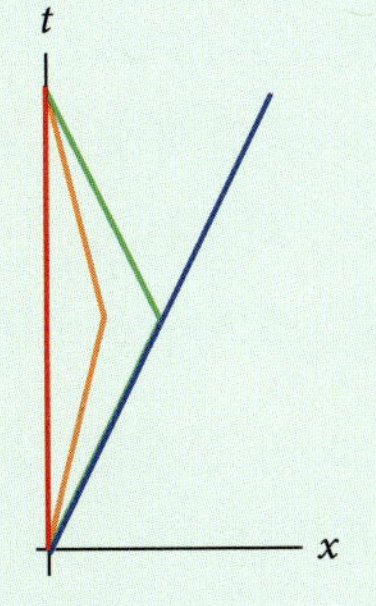

그림 2.5

10. 시간꼴로 떨어진 두 사건이 있다. 이들 사이를 가장 긴 고유 시간에 여행한다면 직선 세계선을 따라 갈 것이다. 즉, 두 사건이 같은 곳에서 일어나는 기준틀을 고른다. (정확히 한 사건에서 출발하여 정확히 다른 사건에 도착하는 기차에 탄다고 상상하라.) 그러나 두 사건 사이에 경험할 수 있는 **가장 짧은** 고유 시간은 없다. 왜?

11. 55쪽에 영희가 지구에 있는 동안 주희가 여행을 떠났다가 다시 돌아온 쌍둥이 역설의 시공간 도표를 그렸다. 그 아래에서는 그 도표에서 주희가 가는 기준틀의 x' 및 t'축을 그렸지만 여전히 영희의 틀 안에 그렸다. 즉, 그의 x 및 t축은 수평 및 수직이었다. 주희가 가는 틀(해당 틀의 x' 및 t'축이 수평 및 수직)에 시공간 도표를 그리고 그 위에 영희의 x 및 t축을 그려라. (계속해서 문제 17을 풀지 않는다면) 그 도표에 다른 어떤 것도 넣을 필요가 없다.

(a) 시공간 도표를 그리고 두 점에 이름을 붙인다: A는 $x = t = 0$, B는 $x = t = 1$이다.

(b) 관심거리는 속성이 다음과 같은 모든 점이다: 이 점과 A의 시공간 간격은 A와 B의 시공간 간격과 같다. (점 B 자체는 분명히 그러한 점이지만, 유일하지는 않다.) 그러한 점을 모두 그려라. 그것은 어떤 모양인가?

13. 시공간 도표를 써서 동시성의 상대성을 설명하라. 즉, 두 사건이 다른 관성 기준틀에서는 선후가 어떻게 바뀔 수 있는지 보여라.

심층 토론

14. 수학자들은 "거리 함수" d를 집합(예: 공간의 점)의 원소 쌍 A와 B의 함수로서 다음 세 가지 조건에 맞는 것으로 정의한다.

(a) $A = B$이면 $d(A, B) = 0$. $A \neq B$이면 $d(A, B) > 0$.

(b) $d(A, B) = d(B, A)$

(c) "삼각 부등식": $d(A, C) \leq d(A, B) + d(B, C)$

시간꼴로 떨어져 있는 두 사건의 시공간 간격이 두 사건의 거리 함수인가? 왜?

문제

15. 시공간 도표(제1사분면만)를 그리고 다음과 같이 세 점에 이름을 붙인다.

A: $x = 1$ 광초, $t = 3$초;

B: $x = 2$ 광초, $t = 6$초;

C: $x = 4$ 광초, $t = 4$초.

각 사건 쌍(A-B, B-C 및 A-C)에 대해:

(a) 분리의 속성이 시간꼴, 공간꼴 또는 빛꼴인지 구별하라.

(b) 시공간 간격을 셈하라.

(c) 분리가 시간꼴이면 직선 경로를 따라 한 곳에서 다른 곳으로 갈 때 걸리는 고유 시간을 셈하라.

16. 시공간 도표(제1사분면만)를 그리고 다음과 같이 세 점에 이름을 붙인다.

A: $x = 1$ 광초, $t = 3$초;

B: $x = 2$ 광초, $t = 6$초;

C: $x = 3$ 광초, $t = 8$초.

A에서 B로, 그리고 B에서 C로 직선 세계선을 따라 간다고 하자.

(a) 여행의 첫째 구간과 둘째 구간의 고유 시간을 차례대로 셈하라.

(b) 이 두 고유 시간을 더하면 전체 여행의 고유 시간을 얻는가? 그 이유는?

(c) 사건 A와 B 그리고 B와 C의 시공간 간격을 차례대로 셈하라.

(d) A와 C의 시공간 간격을 셈하라. 위에서 셈한 두 시공간 간격의 합과 같은가? 다르다면 어느 것이 더 큰가?

17. 55쪽에 다음 각본에 대한 세계선을 그렸다. 영희는 20광일 동안 제자리에 있고, 주희는 $(1/2)c$로 오른쪽으로 5광일 떨어진 곳까지 간 다음 같은 속력으로 집으로 돌아온다. 그 그림은 영희의 기준틀에서 그린 것이다. 주희가 가는 기준틀에서 전체 각본을 다시 그려라.

18. 틀 R에서 사건 A는 $x = 0$, $t = 1$년에 일어난다.

(a) (틀 R에서) 사건 A를 보여주는 시공간 도표를 그려라.

(b) 틀 R′은 R에 대해 $-(3/5)c$의 속도로 움직인다. 틀 R′에서 x' 및 t'축을 수평 및 수직으로 잡아 시공간 도표를 그리고, 사건 A를 표시하라.

(c) 틀 R″은 R에 대해 $-(4/5)c$의 속도로 움직인다. 틀 R″에서 x'' 및 t''축을 수평 및 수직으로 잡아 시공간 도표를 그리고, 사건 A를 표시하라.

(d) 도표마다 A의 위치가 다르지만 그 모든 위치가 쌍곡선 $t^2 - x^2 = 1$에 있음을 발견했어야 한다. 이를 확인하려면 도표에 그 쌍곡선을 그린 다음 A가 모두 그 곡선에 있는 것이 이치에 맞는 이유를 설명하라.

19. 두 사건 A와 B의 시공간 간격이 $s = 5$광초라는 것 말고는 두 사건에 관해 아무것도 모른다.

(a) 이 두 사건의 분리가 시간꼴임을 어떻게 알 수 있는지 설명하라.

(b) 당신이 A에서 B까지 직선 세계선을 따라 간다면, 당신의 시계로 얼마의 시간이 걸리는가?

(c) A에서 B까지 다른 세계선을 따라 간다면 그 결과로 나타나는 시공간 간격은 5광초보다 긴가, 같은가, 짧은가?

(d) 또 다른 경로를 따라 갈 때, 걸리는 시간이 (b)에서 셈한 시간과 같은가, 더 짧은가, 더 긴가?

20. **틀 R′축**

(a) 기준틀 R을 나타내는 빈 시공간 도표를 그려라. 모눈종이를 쓰거나 눈금자를 쓸 수 있다.

(b) $x = t = 0$에서 시작하여 $(3/5)c$로 오른쪽으로 가는 물체의 세계선을 그려라.

(c) 방금 그린 세계선의 물체는 관성 기준틀 R′을 나타낸다. 그 세계선이 그 물체의 기준틀에 대한 t'축인 이유를 설명하라.

(d) $c = 1$ 및 $u = (3/5)c$인 로런츠 변환(부록 B)을 써서 R의 시공간 도표에서의 t'축의 위치에 대해 같은 결론이 나오는지 보라.

(e) 이제 로런츠 변환을 써서 x'축을 찾아 그려라.

21. [이 문제는 20번 문제를 일반화한 것이다. 이 문제가 어렵다면 20번 문제를 먼저 푸는 것이 좋다.] 틀 R′은 틀 R에 대해 속력 u로 오른쪽으로 간다.

(a) 빈 시공간 도표(첫째 사분면만)를 그려라. x축은 "$t = 0$인 모든 사건의 집합"을, t축은 "$x = 0$인 모든 사건의 집합"을 나타낸다.

(b) t'축은 "$x' = 0$인 모든 사건의 집합"을 나타낸다. 이 선에 대한 식을 로런츠 변환을 써서 구하라. 답을 함수 $t(x)$로 나타내라. (답에는 상대 속도 u가 들어가지만 붓점 변수는 들어가지 않는다. $c = 1$인 단위를 쓰므로 c도 들어가지 않는다.)

(c) x'축은 "$t' = 0$인 모든 사건의 집합"을 나타낸다. 이 선의 식을 구하여, 함수 t (x) 로 나타내라.

(d) 시공간 도표에서 $u = 1/10$, $1/2$ 및 $9/10$일 때의 t' 및 x'축을 그리고 이름을 붙여라. 정확도는 신경 쓰지 말고 서로에 대한 이 6개 직선의 상대적 기울기에 신경 써라.

(e) u가 $0 < u < 1$이면 t' 및 x'축의 기울기에 대해 무엇을 말할 수 있는가?

(f) 이 선 위의 점은 원점에 대해 공간꼴인가, 시간꼴인가? 그 답에 대한 이유를 간략하게 설명하라(방금 셈한 결과가 아니라 인과 관계 측면에서).

22. 그림 2.6은 틀 R에서 그린 시공간 도표로서, R에 대해 속도$(4/5)c$로 가는 틀 R$'$의 t' 및 x'축을 보여준다. 거리의 단위는 광년, 시간은 년이다.

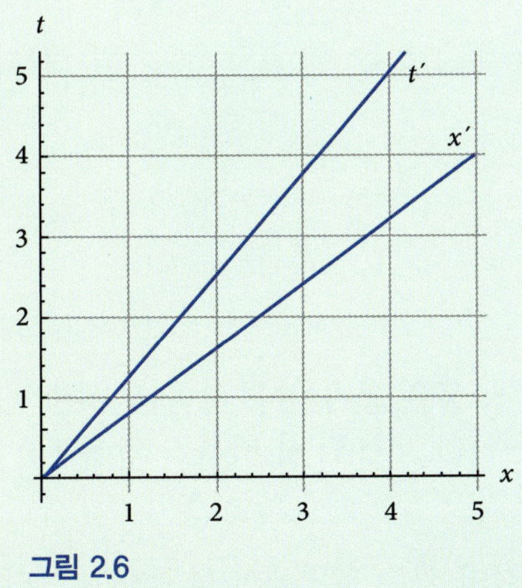

그림 2.6

틀 R$'$에서 잰 시간의 연 단위를 t'축에 표시하라. 틀 R 도표에서는 그 표지 간격이 얼마인가?

23. 시간 팽창과 동시성

당신은 행성 Narn(틀 R)에 서 있고, 친구 홍부는 $(3/5)c$로 Centauri Prime으로 날아간다. 틀 R에서 Centauri Prime은 3광년 떨어져 있고 홍부의 여행은 5년이 걸린다. 여느 때처럼 여정을 떠날 때 당신의 시계와 홍부의 시계를 모두 0으로 맞춘다고 가정한다.

(a) 홍부가 Centauri Prime에 도착할 때 그의 시계로는 몇 시인가?

(b) 당신 틀의 시공간 도표에 홍부의 여행의 세계선, x' 및 t'축을 보여주는 그려라. **실마리:** 셋 중 둘은 같다. 도표에 사건 "홍부가 Centauri Prime에 도달"을 "E"를 표시하라.

(c) 틀 R에서 사건 E와 동시에 일어나는 모든 사건을 보여주는 선을 도표에 표시하라. 틀 R$'$에서 사건 E와 동시 일어나는 모든 사건을 보여주는 선도 표시하라. 두 선을 명확히 구분하라.

(d) Narn의 시계(t 축)로 위에서 그린 두 선 각각의 시각은 얼마인가?

(e) 다음 물음에 대한 답을 두 기준틀에서 각각 구하라: 홍부가 Centauri Prime에 도착할 때, 그의 시계는 당신의 시계보다 앞서는가, 뒤지는가? 그리고 왜 그런가? 답은 이미 위에서 한 답에서 나와야 한다.

i. 당신의 기준틀(R)에서.

ii. 홍부의 기준틀(R$'$)에서.

24. 길이 수축

어떤 틀에서 물체의 길이는 그 물체의 양 끝의 위치를 동시에 재어 얻은 값이다.

(a) 어떤 틀에서든 물체의 길이가 당신이 재는 순간에 양 끝의 시공간 간격의 크기와 같은 이유를 설명하라. (그 문장에 "크기"라는 단어가 왜 필요한가? s는 정의에 따라 음수가 될 수 없지만 허수일 수는 있다.)

(b) 틀 R에서 길이 L인 막대가 $x = 0$ 및 $x = L$ 사이에 서 있다. 시공간 도표를 그리고 막대가 있는 (2차원) 영역을 음영으로 표시하라.

(c) 틀 R$'$은 틀 R에 대해 $c/2$로 오른쪽으로 간다. 틀 R$'$에서 막대 길이를 재는 데 쓸 수 있는 두 점을 시공간 도표에 표시하라.

(d) (c)에서 표시한 곳과 R′에서 잰 길이가 이 두 사건의 시공간 간격이라는 사실을 써서 R′의 길이가 L 보다 긴지 짧은지 설명하라. 로런츠 변환 또는 "길이 수축"이라는 문구를 써라.

2.2 운동량과 에너지

앞서 운동을 서술하는 운동학을 설명했다. 이제 여러 상황에서 물체가 실제로 어떻게 움직이는지를 결정하는 법칙인 동역학을 살펴보자. 특수 상대론에서 가장 중요한 동역학 원리는 운동량 보존과 에너지 보존이다.

2.2.1 발견 연습: 운동량과 에너지

다음 각본을 살펴보자. 물체는 서 있는 상태에서 시작하여 $+x$ 방향으로 일정한 힘을 받는다.

1. 뉴턴 역학에서는 $\vec{F} = m\vec{a} = m(d\vec{v}/dt)$이다. 이 방정식을 바탕으로 이 물체의 속도를 시간의 함수로 빠르게 그린 다음 물음에 답하라: $\lim_{t\to\infty} v$의 값을 구하라.
2. 상대론에서는 속력이 c에 이르거나 넘을 수 없다. 첫 도표를 베끼고, $v \ll c$이지만 결국 이 보편적 속력 제한을 지키는 둘째 도표를 그려라.
3. 물체를 계속 가속하면 그 운동 에너지는 한 없이 커진다(고전 물리학처럼). 이를 생각하여 운동 에너지에 대한 고전 공식 $K = (1/2)mv^2$이 상대론에서는 맞지 않은 이유를 설명하라.

덤으로 이 극한에서도 맞게 함수 $K(v)$를 고치는 방법을 생각해 볼 수 있다. 답을 알 필요는 없지만 올바른 함수를 찾을 수 있을지 생각해 보라.

2.2.2 설명: 운동량과 에너지

고전역학에는 운동 법칙을 표현하는 방법이 두 가지인데, 둘은 등가이다. 하나는 뉴턴 법칙이다: 물체가 힘을 받으면 그 물체의 가속도가 정해진다. 다른 하나는 보존 법칙이다: 고립계의 총 운동량과 총 에너지는 보존된다.[3]

한 방식이 다른 방식보다 더 유용한 상황이 있다. 마찰이 있는 평면에서 물체가 미끄러지는 것은 뉴턴 법칙을 쓰면 분석하기 쉽지만 운동량과 에너지 보존은 (물체가 위쪽으로 당기는) 지구의 운동량 그리고 미끄러질 때 마찰에서 에너지를 얻는 접촉면과 주변 공기의 분자를 포함한 모든 물체의 에너지를 다 넣어야 하므로 유용하지 않다. 반대로 자동차 충돌은 분명히 뉴턴 제2법

3 각운동량도 보존된다. 그러나 우리가 다루는 상대론에서는 각운동량에 대해서 말하지 않는다.

칙을 따르지만 힘은 복잡하고 알 수 없다. 운동량 보존은 무슨 일이 일어날지 알아내는 실용적인 방법이다.

뉴턴 법칙이나 보존 법칙은 어떤 정해진 상황에서 물체가 어떻게 움직일지 예측하기에 **원리적으로** 충분하다. 둘 중 하나의 법칙에서 시작하여 다른 법칙을 끌어낼 수 있다. 그것은 상대론에서도 참이다. 힘에 대한 가정 (뉴턴 제2 법칙과 동일) 또는 운동량과 에너지 보존에 관한 가정으로 시작할 수 있다. 그러나 상대론에서는 보존법칙이 대체로 더 쓰기 쉽다.

운동량과 에너지의 정의

뉴턴 운동량과 운동 에너지는 각각 $\vec{p} = m\vec{v}$와 $K = (1/2)mv^2$로 정의된다. 이로부터 $K = p^2/(2m)$이라는 결론이 바로 나온다. (여느 때처럼 화살표 없이 p 또는 v라고 쓰면 크기를 나타낸다.)

갈릴레이 변환을 써서 기준틀을 바꾸면 운동량과 운동 에너지가 모두 바뀐다. 그러나 이러한 양이 하나의 기준틀에서 보존되면 다른 모든 틀에서도 보존됨을 수학적으로 보일 수 있다. 문제 16에서 뉴턴 운동량과 운동 에너지가 특수 상대론에서 보존되지 않음을 보일 수 있다. 하나의 기준틀에서 보존될 경우 로런츠 변환을 한 다른 틀에서는 보존되지 않는다. 따라서 특수 상대론이 에너지와 운동량의 보존을 유지하려면 이러한 양을 새로 정의해야 한다.

이러한 정의는 최소한 다음 두 가지 조건이 맞아야 한다.

- 운동량이나 에너지가 한 관성 기준틀에서 보존된다면 모든 관성 기준틀에서 보존되어야 한다.
- $v \ll c$인 극한에서는 정의가 뉴턴 값으로 환원되어야 한다.

그리고 이론적 구성보다 더 중요한 셋째 조건이 있다: 이러한 양이 보존된다면 실험에서도 확인되어야 한다. 상대론적 속도에서의 충돌은 입자 가속기에서 흔한 사건이다. 보존법칙을 바탕으로 예측한 결과가 실험 결과와 맞지 않다면 그 보존법칙은 옳지 않다.

다음은 운동량과 에너지의 상대론적 정의이다. 이러한 정의를 "유도"하지 않을 것이다. (실제로 정의를 유도하지는 않는다.) 그러나 위의 세 조건에 맞다. § 2.4에서는 고전적 운동량과 에너지의 유일하게 합리적인 상대론적 일반화로서 이러한 식에 대한 추가 논리를 제시하겠다.

상대론적 운동량과 에너지

속도 $\vec{v}$(속력 v)인 입자의 운동량과 에너지는 다음과 같다.

$$\vec{p} = \gamma m\vec{v} = \frac{m\vec{v}}{\sqrt{1-(v/c)^2}} \tag{2.1}$$

$$E = \gamma mc^2 = \frac{mc^2}{\sqrt{1-(v/c)^2}} \tag{2.2}$$

이 정의에서 다음 관계식이 나온다.

$$E = \sqrt{p^2c^2 + m^2c^4}. \tag{2.3}$$

운동량 식은 고전적 정의에 대한 합리적인 상대론적 일반화로 보이며, $v \ll c$일 때 $\vec{p} = m\vec{v}$로 환원되고, 그래야 한다. 에너지 식은 고전적 극한과 명확하게 관련되지 않는다. 또한 고전 물리학에는 갖가지 에너지가 있는데 이 공식에는 어떤 것이 들어가는가? 이 절과 다음 절에서는 이러한 문제를 다룬다.

그러나 먼저—이러한 정의를 했으니—운동량과 에너지의 상대론적 보존 법칙을 설명할 준비가 되었다.

> 고립계에서는 상대론적 운동량과 에너지가 보존된다.

"고립"이라는 말은 어떤 입자도 계에 드나들지 않고 계가 외부 힘을 받지 않음을 뜻한다. 그 법칙은 에너지와 운동량의 세 성분 모두 보존된다고 말하므로 실제로는 네 개의 방정식이다. 일차원에서는 4개 중 2개만 필요하다.

방정식에 담긴 내용을 더 깊이 알아보기 전에 보존 법칙을 쓰는 방법의 예를 살펴보겠다.

예: 탄성 충돌

서 있는 질량 m인 공에 질량 $3m$인 공이 $(4/5)c$로 와서 탄성 충돌한다.

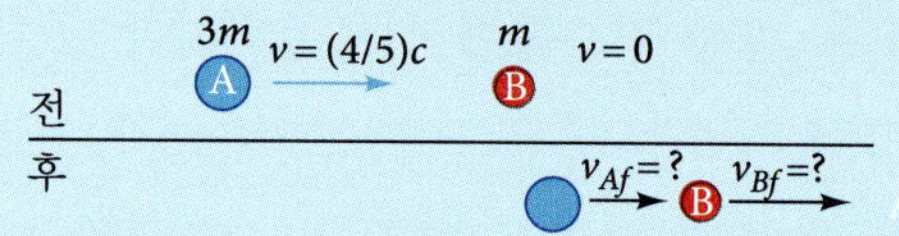

1. 충돌 후 속도는?
2. 1에 대한 답을 써서 질량 $3m$인 공이 애초에 서 있는 틀에서도 운동량이 보존됨을 보여라.

답:

1. 뉴턴 물리학에서 했던 것처럼 운동량과 에너지를 충돌 전, 후에 똑같다고 하고, 이제 상대론적 공식을 쓴다.

$$p_0 = \frac{3m(4/5)c}{\sqrt{1-(4/5)^2}} = 4mc$$

$$p_f = \frac{3mv_{Af}}{\sqrt{1-(v_{Af}/c)^2}} + \frac{mv_{Bf}}{\sqrt{1-(v_{Bf}/c)^2}}$$

$$E_0 = \frac{3mc^2}{\sqrt{1-(4/5)^2}} + mc^2 = 6mc^2$$

$$E_f = \frac{3mc^2}{\sqrt{1-(v_{Af}/c)^2}} + \frac{mc^2}{\sqrt{1-(v_{Bf}/c)^2}}$$

$p_0 = p_f$ 및 $E_0 = E_f$로 두면 미지수가 둘인 두 개의 방정식이 나온다. 식은 복잡하지만 컴퓨터를 쓰면 $v_{Af} = (8/1)c$, $v_{Bf} = (12/3)c$를 얻을 수 있다. 이것을 위의 식에 넣으면 최종 운동량과 에너지는 $4mc$와 $6mc^2$이 나온다.

2. 애초의 틀에서 이러한 결과를 끌어낼 때 에너지와 운동량의 보존을 가정했으므로 이제 질량이 $3m$인 물체의 정지 틀에서도 운동량과 에너지가 보존되는지 보자. 이 틀에서는 $v_{A0} = 0$ 및

$v_{B0} = -(4/5)c$이다. 최종 속도를 찾으려면 u(이전 틀에 대한 새 틀의 속도)가 $(4/5)c$인 속도 변환 규칙을 쓴다.

$$v_{Af} = \frac{(8/17)c - (4/5)c}{1 - (8/17)(4/5)} = -\frac{28}{53}c$$

$$v_{Bf} = \frac{(12/13)c - (4/5)c}{1 - (12/13)(4/5)} = \frac{8}{17}c$$

초기 속도와 최종 속도를 넣으면 $p_0 = p_f = -(4/3)mc$ 및 $E_0 = E_f = (14/3)mc^2$을 얻는다. 따라서 이 틀에서는 총 운동량과 에너지의 값이 다르지만 여전히 보존된다.

§ 2.3에서 "탄성"이라는 용어의 상대론적 정의를 살펴볼 것이다. 이는 고전적 의미와는 다르지만 상대론에서 탄성 충돌을 분석하는 방법은 뉴턴 역학에서와 같다: 운동량과 에너지가 충돌 전, 후에 같게 둔다. 상대론에서는 $\vec{p}$와 E에 관한 공식이 더 복잡하다.

상대성에서 운동량과 에너지는 무엇인가?

새 방정식, 특히 복잡한 방정식을 보면 잠시 시간을 내어 살펴보고 수식의 내용을 확인해야 한다. 운동량과 에너지에 대한 식 (2.1)과 (2.2)는 무엇을 뜻하는가?

둘 중 쉬운 것부터 살펴보자. 식 (2.1)은 잘 아는 바와 같이 운동량이 질량과 속도에 비례하여 커진다고 말한다. $v \ll c$이면 그것이 거의 전부다; 늘 그렇듯이, 상대론적 공식은 저속에서는 고전적 공식으로 환원된다. 이것이 그림 2.7의 두 v에 대한 p의 곡선이 왼쪽에서 비슷해 보이는 이유이다.

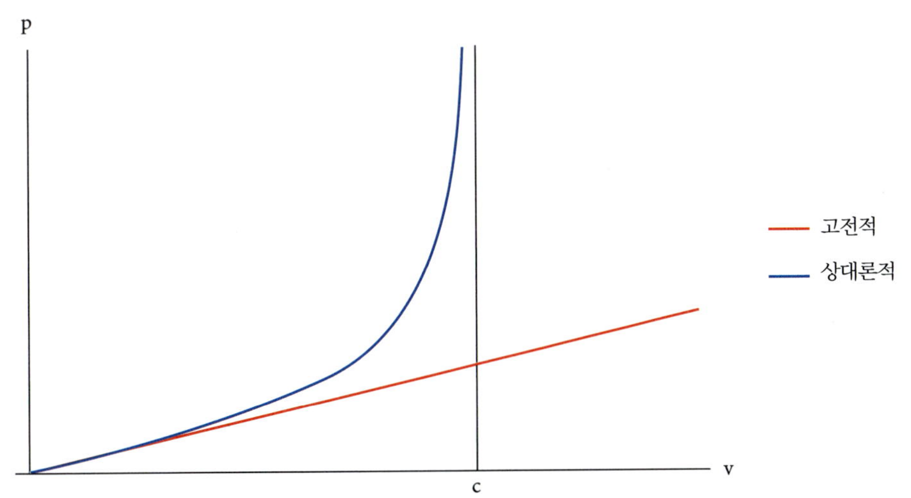

그림 2.7 속도에 대한 운동량의 변화. 고전적, 상대론적

그러나 고속에서는 새 인자 γ가 큰 차이를 만든다: **속도는 제한되지만** 운동량은 한 없이 커질 수 있다. 그래서 그림 2.7에서 상대론적 곡선은 $v = c$에서 수직선에 점근한다.

그 운동량의 점근선에 맞추어 상대론에서의 뉴턴 제2법칙을 정식화할 수 있다. $\vec{F} = m\vec{a}$는 맞지 않다. 왜냐하면 속력이 c보다 더 커질 수 있기 때문이다. 그러나 $\vec{F} = d\vec{p}/dt$는 참일 수 있다(참이다). 문제 18을 보라.

에너지에 대한 식 (2.2)도 $v \to c$이면 무한대로 발산한다. 이것은 계에 에너지를 한없이 더하면 계가 광속에 접근은 하지만 결코 도달하지는 못함을 알려준다(그림 2.8). 그러나 $E = \gamma mc^2$은 어떤 종류의 에너지인가? 운동 에너지인가, 위치 에너지인가? 열 또는 화학 에너지인가? 고전적 유사성이 없는 어떤 새로운 상대론적 에너지인가?

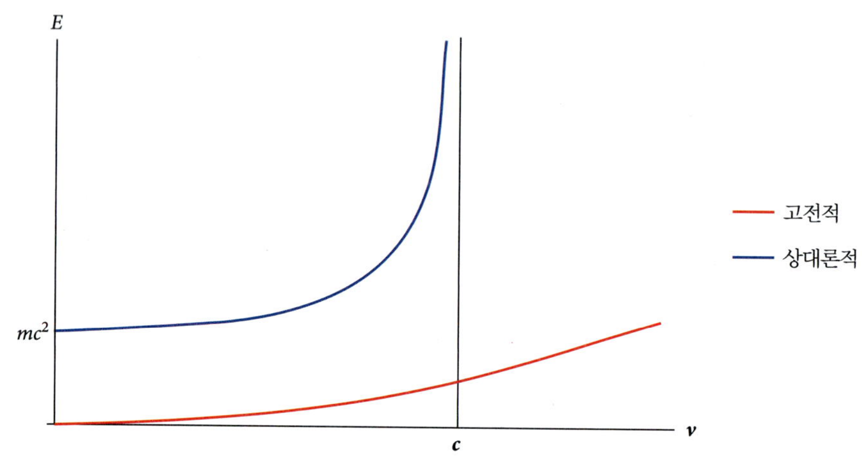

그림 2.8 속도에 대한 에너지의 변화. 고전적, 상대론적

답은 위의 모든 것이다. (2.2)는 물체의 총 에너지를 나타낸다.

맥로우린(Maclaurin) 전개식(문제 17)을 쓰면 상대론적 에너지 공식을 다음과 같이 전개할 수 있다.

$$E = \gamma mc^2 = mc^2 + \frac{1}{2}mv^2 + \frac{v}{c}\text{의 고차 항} \tag{2.4}$$

둘째 항 이후의 항은 물체의 운동 에너지이며 간단히 다음과 같이 정의된다.

$$\text{운동 에너지} = \gamma mc^2 - mc^2$$

그것은 뉴턴 운동 에너지와 마찬가지로 물체의 운동에 따라 변하는 에너지이다. 상대론적 운동 에너지는 속도가 느릴 때는 뉴턴 공식으로 환원되지만 $v \to c$이면 한없이 커진다.

mc^2항은 물체의 "정지 에너지(rest energy)"라고 하며, 고전적인 유사항이 없다. 그것은 질량이 큰 모든 입자는 그저 질량이 있는 것만으로도 막대한 에너지를 가지고 있음을 나타낸다. 그러나 그것은 그 이상이다. 이미 식 (2.2)가 물체의 총 에너지를 나타낸다고 했다. 따라서 정지 에너지에는 운동 에너지를 뺀 모든 형태의 에너지가 들어간다.

예를 들어 부젓가락을 불 속에 넣었다고 하자. 쇠가 가열되면 내부 에너지가 증가한다. 그 내부 에너지의 일부는 부젓가락에 있는 분자의 운동 에너지 꼴이지만 (2.4)의 v는 물체 전체의 알짜 속도를 나타내며 부젓가락은 제 자리에 가만히 있다. 따라서 (2.4)에서 $v = 0$이고 부젓가락 전체의 운동 에너지는 여전히 0임을 뜻한다. 따라서 내부 에너지의 증가는 부젓가락의 정지 에너지인 mc^2에 반영된다.

또 다른 예로, 풀려 있는 용수철을 늘리는 것을 살펴보자. 탄성 상수가 k인 용수철을 길이 x만큼 늘리면 위치 에너지가 $(1/2)kx^2$ 증가한다. 상대론에서 다시 또 mc^2의 증가에 반영된다.

그런데 c가 상수인데, 어떻게 mc^2가 커질 수 있을까? 유일하게 가능한 대답은 부젓가락 또는 용수철의 질량인 m이 증가하는 것이다. 이것은 상대론에서 가장 중요하고 비뉴턴적인 개념의 하나로 이어진다.

> 물체의 내부 에너지(열 에너지, 화학 에너지 등)가 늘어날 때마다 그 질량이 늘어난다.

얼마나 많이? $E = mc^2$이 정지 에너지이므로 $\Delta m = \Delta E/c^2$이 질량 증가를 나타낸다.[4]

그것은 장부 상의 속임수처럼 보일 수 있다: 그러한 에너지 증가를 운동 에너지로 넣고 싶지 않으므로 "정지 에너지" 원장에 적어 넣고 질량이 증가했다고 우길 수 있다. 그러나 그러한 변화로 물체의 질량이 실제로 제법 변한다. 질량 개념은 § 2.3에서 더 자세히 살펴본다.

그런데 상대론에서 늘 캐물어야 할 물음이 하나 더 있다.

물음: 같은 물체를 다른 기준틀에서 보면 이 모든 에너지는 어떻게 되는가?

답: 운동 에너지가 다르다. (그것은 고전적으로도 참이다.) 그러나 정지 에너지는 같다. (2.4)는 총 에너지를 "기준틀에 따라 달라지는 부분"과 "그렇지 않은 부분"으로 나눈 것으로 볼 수 있다.

사실, 다음 절에서 살펴보겠지만 질량의 상대론적 정의는 틀과 무관함을 보장하기 위해 신중하게 했다. 이미 강조했듯이 믿을 수 있는 불변량이 몇 가지 있으면 셈이 훨씬 수월해진다.

계의 정의 (또는 "위치 에너지를 넣어야 하는가?")

돌멩이를 주워 탁자에 올려놓는다고 상상하자. 초급 역학 강좌에서는 돌멩이의 위치 에너지 mgh가 늘었다고 말한다. 그러나 그것의 질량은 변하지 않았고 (돌멩이에 관한 어떤 것도 다르지 않음) 그것의 속도 v도 변하지 않았다 (여전히 0). 이것은 γmc^2이 총 에너지를 나타낸다는 규칙의 예외인가?

그 규칙에 예외는 없지만 계를 정의할 때 조심해야 한다. 돌멩이 자체의 에너지는 처음 시작할 때와 같고, 지구도 마찬가지이다. 그러나 지구–돌멩이 계는 에너지를 얻었고 따라서 계의 질량이 늘었다. (신중한 뉴턴식 분석에서도 그 추가 에너지는 실제로 돌멩이에 있지 않다. 하지만 종종 셈할 때 그 미묘함을 무시한다.)

그렇다면 γmc^2에 위치 에너지가 들어가는가, 들어가지 않는가? 답은 물체 내부의 모든 위치 에너지가 들어간다는 것이다. 여기에는 분자 결합과 원자와 핵 속의 위치 에너지가 포함된다. 거시적 수준에서 그것은 지구–돌멩이 계의 중력 위치 에너지 또는 늘어난 용수철의 탄성 위치 에너지가 들어간다. 고려 대상 이외의 것과 관련된 위치 에너지는 들어가지 않는다.[5]

돌멩이에 대한 마지막 생각: 돌멩이를 탁자 위로 올릴 때 돌멩이을 들어 올리는 에너지는 근육에 저장된 화학 에너지에서 나온다. 따라서 지구와 그 위에 있는 모든 것의 에너지와 질량은 똑같이 유지되며, 고립계이니 당연히 그래야한다.

---

4 아인슈타인의 1905년 논문 "Does the lnertia of a Body Depend Upon its Energy Content?"에는 식 $E = mc^2$은 들어있지 않았다. 그는 "만약 물체가 에너지 L을 빛으로 내보낸다면, 그 질량이 L/c^2만큼 줄어든다."고 썼다.

5 특수 상대론은 크기가 0인 이상적인 자유 입자에 관한 이론이다. 위의 설명은 정지에너지에 관한 이해를 돕기 위한 것인데, 입자의 위치에너지까지 다루려면 장(field) 또는 시공간의 계량(metric)의 개념이 필요하다–옮긴이.

비상대론적 입자, 초상대론적 입자, 질량 없는 입자

물체가 광속보다 훨씬 느리게 움직일 때는 운동량과 운동 에너지에 대한 뉴턴 공식을 쓸 수 있다. 그러한 물체를 "비상대론적"이라고 한다. 그들은 여전히 상대론의 방정식을 따르지만, 그 식은 더 단순한 뉴턴 방정식에 아주 작은 수정 항만 붙기 때문이다.

다른 극단에서, 거의 광속으로 움직이는 물체를 "초상대론적(ultra-relativistic)"이라고 한다. 이 경우 $E^2 = p^2c^2 + m^2c^4$을 단순히 $E = pc$로 어림할 수 있다.

입자가 비상대론적인지 초상대론적인지를 가르는 속도의 정확한 정의는 없지만 대략적인 지침으로 물체의 속도가 c의 몇 퍼센트 미만이면 대체로 뉴턴 방정식을 쓸 수 있고, c와의 상대차이가 몇 퍼센트 이내이면 $E = pc$를 쓸 수 있다. 속도가 그 사이에 있어 $v = c/2$와 같은 경우 완전한 상대론적 공식을 써야 한다. 물체의 운동 에너지를 알면 속도를 셈하지 않고도 어떤 범주에 속하는지 알 수 있다: 비상대론적 입자는 $K \ll mc^2$, 초상대론적 입자는 $K \gg mc^2$이다(문제 14).

극단적인 초상대론적 물체는 질량이 0인 입자이다. 그러한 입자의 운동량과 에너지는 식 (2.1)과 (2.2)에서 각각 0이다. 그러나 빛은 운동량과 에너지를 전달하는 "광자"라는 질량이 없는 입자로 구성된다(3장 참조). 이러한 정의를 자세히 살펴보면 $m = 0$이고 결과가 0이 되지 않는 유일한 방법은 $v = c$이다. 이 경우 운동량과 에너지 공식은 둘 다 0/0으로 부정형이 된다. 따라서 질량이 없는 입자는 늘 정확히 $v = c$이며 에너지와 운동량은 식 (2.1)과 (2.2)로 정해지지 않는다. (3장에서 에너지와 운동량이 실제로 빛의 진동수와 관련되어 있음을 볼 것이다.)

그러나 에너지와 운동량의 관계식 (2.3)은 여전히 유지되며 $m = 0$일 때 정확히 $E = pc$로 환원된다. 뒤에 양자역학을 다루면서 빛의 성질을 더 자세히 살펴볼 때 그 식을 쓸 것이다.

2.2.3 물음과 문제: 운동량과 에너지

개념 물음 및 개념시험

1. 계의 에너지와 운동량은 어떤 상황에서 보존되는가?

2. 뉴턴 물리학에서 물체가 일정한 힘을 받으면 속력이 시간에 비례하여 빨라진다. 상대론에서는 이것이 보편적으로 참일 수 없는 이유를 설명하라.

3. 입자 가속기는 시각 $t = 0$에 서 있는 아원자 입자를 가속하여 시각 $t = T_f$에 거의 광속으로 올린다. 그림 2.8을 보면서 이 입자의 에너지가 여정의 처음부터 끝까지 어떻게 커지는지 서술하라.

(a) 고전적으로

(b) 상대론적으로

(c) 이 가속에는 어떤 방식이 더 많은 에너지를 요구하는가?

(d) 어떤 서술이 올바른가?

4. 질량이 없는 입자가 정확히 c로 가야 하는 까닭을 설명하라.

5. 공상과학 소설에는 빛보다 빨리 가는 입자 "타키온(tachyon)"이 나오는데, 그러한 입자가 있을 수 없는 이유를 몇 가지 제시하라.

6. 두 물체가 우주 공간에서 상대를 중심으로 궤도 운동을 한다. 당신이 로켓을 타고 날아가 그들을 더 멀리 떼어 놓은 다음 그대로 둔다. (두 물체의 속도는 떼어 놓기 전과 같다고 가정한다.) 두 물체로 된 계의 질량은 어떻게 될까? 아래에서 고르고 간단히 설명하라:

A. 감소.

B. 증가.

C. 불변.

7. 태양 깊은 곳에서 양성자 4개가 융합하여 헬륨 핵을 이루고 그 과정에서 빛을 낸다. 참고: 이 물음에 답할 때 양성자나 헬륨 핵에 관해 인터넷을 뒤질 필요는 없다. 핵융합이 일어난다는 사실만으로 충분하다:
   (a) 핵융합은 4입자 계의 위치 에너지에 어떤 영향을 주는가? (아래에서 하나를 고르고 설명하라.)
      A. 위치 에너지가 증가한다.
      B. 위치 에너지가 불변이다.
      C. 위치 에너지가 감소한다.
   (b) 생겨난 헬륨 핵의 질량을 핵융합 이전의 양성자 4개의 질량의 합과 비교하면 어떤가? (아래에서 하나를 고르고 설명하라.)
      A. 헬륨 핵의 질량이 양성자 4의 개의 질량의 합보다 더 많다.
      B. 헬륨 핵의 질량이 양성자 4의 개의 질량의 합과 같다
      C. 헬륨 핵의 질량이 양성자 4의 개의 질량의 합보다 더 적다

8. 다음 중 질량이 0이 아닌 입자에 맞는 식을 골라라(맞는 것을 모두 골라라.)
   A. $p = \gamma mv$
   B. $E = \gamma mc^2$
   C. $E^2 = p^2c^2 + m^2c^4$
   D. $E = pc$

9. 광자(빛의 입자)에 $p = \gamma mv$를 적용한다면, 이 식에 대한 다음 설명 중 참인 것은? (하나를 골라라.)
   A. 광자의 운동량을 찾는 방법을 정확하게 알려준다.
   B. 광자의 운동량을 알려 주지만 답이 맞지 않다.
   C. 0/0이 되어, 아무 내용도 없다.

문제

10. 2018년에 (대략) 600 kg의 파커 태양 탐사선(Parker Solar Probe)이 시속 67,000 m/s를 넘어 태양에 대해 가장 빠른 인공 물체가 되었다. (언론 보도는 그랬다. 그들은 입자 가속기는 생각하지 않은 것 같다.)
   (a) 고전 공식과 상대론 공식을 모두 써서 탐사선의 운동량을 셈하라. 그런 다음 고전 공식을 써서 상대론적 운동량을 추정할 때의 백분율 오차를 셈하라.
   (b) 마찬가지로 고전 공식을 써서 운동 에너지를 추정할 때의 백분율 오차를 셈하라.

11. (a) 물체의 질량을 1 mg 늘리려면 물체에 에너지를 얼마나 더해야 하는가? (kg이 아니라 mg이다.)
   (b) 휘발유 1갤런을 태워 얻는 에너지는 약 10^8 J이다. (a)에서 셈한 양의 에너지를 내려면 휘발유를 얼마나 태워야하는가?

12. LHC(Large Hadron Collider)는 양성자를 최대 6×10^{12} eV까지 가속할 수 있다. 이 양성자는 얼마나 빨리 가는가?

13. 지구상에서 가장 빠른 입자는 대기권 상층부를 때리는 우주선이다. 여기에는 에너지가 최대 10^{20} eV인 양성자가 포함된다.
   (a) 에너지가 같은, 서 있는 물체는 질량이 얼마인가?
   (b) 양성자를 에너지가 10^{20} eV가 될 때까지 가속한다. 대부분의 계산기로 이 양성자의 속도를 계산하면 반올림 오차 때문에 $v = c$라는 명백히 잘못된 결론이 나올 수 있다. 따라서 v 대신 그 양성자의 γ를 구하라.
   (c) 그 양성자가 우리 은하(약 100,000광년)를 가로지르는 데 걸리는 시간을 그 양성자 틀에서 재면 얼마인가?

14. 입자의 운동 에너지 K는 총 에너지에서 정지 에너지를 뺀 값으로 정의된다. 운동 에너지가 정지 에너지와 같아지려면 입자가 얼마나 빨라야 하는가?

15. 입자 A의 질량은 $3m$이고 초기에 $+x$ 방향으로 $(1/2)c$로 간다. 입자 B는 질량이 m이고 초기에 $-x$ 방향으로 $(1/2)c$로 간다. 두 입자가 탄성 충돌할 때 최종 속도를 구하라. 컴퓨터를 써서 풀어도 된다.

16. **$p = mv$가 옳지 않은 이유**
   이 문제에서는 운동량에 대한 뉴턴 공식이 상대론적

변환과 양립할 수 없음을 증명한다. 따라서 순전히 뉴턴식 셈을 하여 이 계의 최종 속도를 구한다. 그러나 다른 기준틀로 바꿀 때는 로런츠 속도 변환식을 써라!

사례는 간단한 비탄성 충돌이다. 질량이 m인 물체 A가 속도 $(3/5)c$로 가서 역시 질량이 m인 서 있는 물체 B를 때린다. 충돌 후 두 물체는 한 몸이 되어 간다(그림 2.9).

충돌 전 m A $v' = (3/5)c$ m B $v' = 0$
충돌 후 $v'_f = ?$

그림 2.9

(a) 운동량 보존을 써서 물체의 최종 속도를 구하라. 초급 물리학 과정에서 했던 것과 똑같이 뉴턴 식만 쓴다.

초기 상황에 대한 설명은 물체 B의 초기 기준틀에서 했다 (물체 B가 처음에 서 있다고 했기 때문이다). 그것을 틀 R이라고 하고, 틀 R′은 물체 A의 초기 틀로 정의하자. 틀 R′에서 물체 A는 처음에 서 있고 물체 B는 처음에 $v'_{B0} = -(3/5)c$로 간다(그림 2.10).

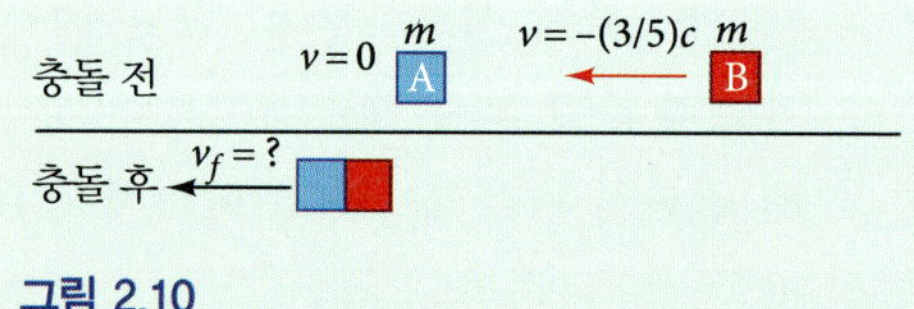

그림 2.10

틀 R′은 틀 R에 대해 속도 $u = (3/5)c$로 간다.

(b) 틀 R′에서 전체 계의 초기 뉴턴 운동량은 얼마인가?

(c) 앞서 틀 R에서 한 몸이 된 물체의 최종 속도를 구했다. 속도의 로런츠 변환식(운동량 보존이 아니다!)을 써서 그 최종 속도를 틀 R′에서의 값으로 바꾸어라.

(d) 전체 계의 최종 뉴턴 운동량은 얼마인가?

(e) 틀 R′에서 뉴턴 운동량은 보존되었는가?

17. 속력 v로 움직이는 입자의 운동량은 $\vec{p} = \gamma m\vec{v}$, 에너지는 $E = \gamma mc^2$이다. 입자의 속력이 느릴 때의 이들 공식의 어림식을 아래의 이항 근사식를 써서 구하려 한다:

$$(1+x)^n \approx 1 + nx + \frac{n(n-1)}{2}x^2 \qquad x \ll 1.$$

(이 어림식은 테일러 급수로 쉽게 끌어낼 수 있다.) x가 작을수록 고차 항은 더 빨리 작아지므로 처음 몇 항만 써도 잘 맞는다.

(a) $v \ll c$에서 유효한 γ의 이항 근사식을 써라. (위의 공식을 쓰면 답은 v의 4차 다항식이된다.)

(b) $\vec{p}$의 전개식의 첫째 항만 써서 느린 속도에서의 어림식을 구하라.

(c) 이 어림식의 다음 차수 수정 항은 무엇인가?

(d) γ의 전개식의 처음 두 항을 써서 느린 속도에서 E의 어림식을 구하라.

(e) 이 어림식의 다음 차수 수정 항은 무엇인가? 그 수정 항을 넣은 상대론적 에너지는 $mc^2 + (1/2)mv^2$ 보다 v에 대한 차수가 더 높은가, 낮은가?

18. 입자가 받는 힘을 $d\vec{p}/dt$로 정의할 수 있다. 처음에 서 있던 질량 m인 물체가 x 방향으로 일정한 힘 F_0를 받는다. $v(t)$를 구하고, 도표를 그려라.

19. 일-에너지 정리에서 운동에너지 유도

고전 물리학에서는 일-에너지 정리와 운동량의 정의식에서 운동 에너지 공식을 유도할 수 있다.

$$K = \int F\,dx = \int \frac{dp}{dt}dx = \int \frac{dx}{dt}dp = \int v\,d(mv)$$

$$= m\int v\,dv = \frac{1}{2}mv^2 + C.$$

$v = 0$일 때 $K = 0$으로 잡으면 $C = 0$이므로, $K = (1/2)mv^2$이다.

상대론에서는 운동량의 정의를 상대론적으로 바꾸면 정확히 똑같은 과정을 거칠 수 있다. K에 대한 올바른 답을 얻으면 제대로 한 것이다. **실마리:** $K(0) = 0$으로 두면 이번에는 적분 상수가 0이 되지 않는다.

20. 2차원 충돌

$+x$ 방향으로 속력 v_0로 가는 질량 m인 입자가 처음에 서 있던, 질량 m인 입자와 탄성 충돌한다. 두 입자는 충돌 후에 그림 2.11과 같이 같은 각도 θ로, 서로

반대쪽으로 간다.

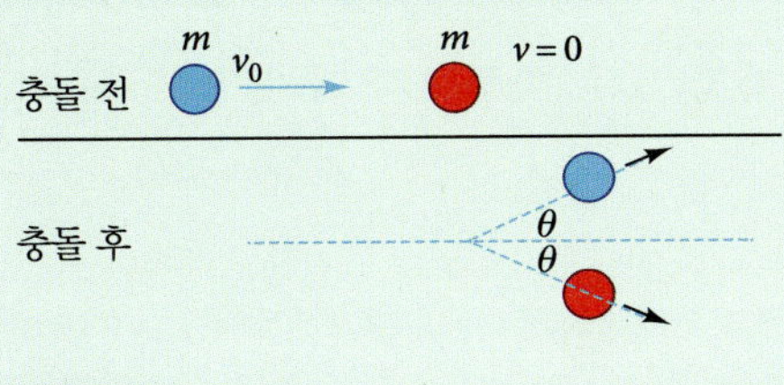

그림 2.11

(a) 뉴턴 물리학에서 $\theta = 45°$임을 증명하라. (더 일반적으로, 뉴턴 물리학에서 두 물체의 사이각은 애초의 방향에 대해 대칭이 아니어도 늘 90°이다. 당구공으로 이를 검증할 수 있다.)

(b) $v_0 \to c$인 극한에서는 각도 θ가 0에 접근함을 증명하라.

2.3 질량과 에너지 (그리고 광속의 제곱)

앞 절과 이 절은 하나의 큰 주제에 대한 것으로, 특수 상대론에서 운동량, 에너지 및 질량을 섞어서 살펴본다. § 2.2는 주제를 거의 독자적으로 소개했다. 질량과 에너지의 상호 작용, 특히 전설적인 공식 $E = mc^2$을 더 깊이 알고 싶으면 이 절을 계속 읽어보라.

2.3.1 발견 연습: 질량

"질량"이 무엇인가? 물리학을 배우기 시작한 학생들에게 이것을 물으면—많이 해봤고 재미있는 연습이다—가장 일반적인 대답은 질량은 물체에 분자(또는 원자 또는 기본 입자)가 얼마나 많이 있는지를 나타내는 지표라는 것이다. 그 (부적절한) 대답을 극복하게 하려면 아래와 같이 더 구체적으로 묻는다.

사실: 양성자의 질량은 전자의 약 2000배이다.

물음: 그 사실을 검증하거나 질량비를 더 정확히 재려면 어떤 실험을 해야 할까?

이것은 상대성에 관한 물음이 아니므로 순수한 고전적 답변을 마음대로 해도 된다. 또한 실제 상황을 따질 필요도 없다. 돈과 기술 둘 다 무한하다고 가정하라. 목표는 그 참된 사실이 뜻하는 바를 잴 수 있는 방식으로 표현하는 것이다. (양성자가 전자 2000개 묶음이라는 뜻은 아니다!) 이 물음에 대해 좋은 답을 짧은 한 두 문장으로 완벽하게 할 수 있다.

2.3.2 설명: 질량과 에너지 (그리고 광속의 제곱)

§ 2.2에서 운동량과 에너지의 정의를 제시하고 이를 써서 탄성충돌을 분석했다. 정의가 뉴턴의 대응물보다 더 복잡했지만 절차는 본질적으로 같았다.

그렇지만 이 예는 비탄성 충돌을 분석하여 알 수 있는 몇 가지 중요한 미묘함을 숨긴다.

능동 읽기 연습: 비탄성 충돌

실험실 틀에서 질량이 각각 m인 두 공이 속력은 $(4/5)c$으로 마주보며 다가간다. 충돌 뒤에는 한 몸이 된다.

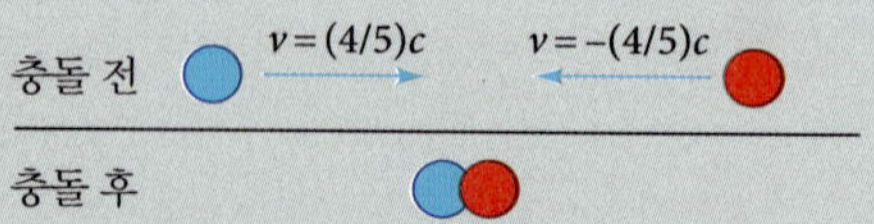

1. 한 몸이 된 공은 어떻게 움직일까? (이것은 함정이 아니다. 명확히 답하라.)
2. (2.2)을 써서 충돌 전후의 에너지를 셈하라. 결과가 같은가?

두 공의 초기 운동량은 분명히 크기가 같고 방향이 반대이므로 합은 0이다. 따라서 운동량 보존은 한 몸이 된 뒤에는 서야 함을 시사한다. (아마 짐작했을 것이다.)

이제 충돌 전후의 총 에너지를 살펴보자. 한 몸이 된 공의 질량을 M이라 하면

$$E_0 = 2\frac{mc^2}{\sqrt{1-(4/5)^2}} = \frac{10}{3}mc^2$$

$$E_f = \frac{Mc^2}{\sqrt{1-(v_f/c)^2}} = Mc^2$$

비탄성 충돌에서는 에너지 보존을 쓸 수 없다고 배웠을지 모르지만 상대론에서는 고립계에서는 늘 운동량과 에너지가 모두 보존된다. 따라서 E_0는 E_f와 같아야 한다. 이 식에서 한 몸이 된 공의 질량은 $M = (10/3)m$이어야 한다는 결론이 나온다.

질량이 각각 m 인 두 공이 한 몸이 된다고 어떻게 질량이 $2m$보다 더 커질 수 있을까? 비탄성 충돌과 § 2.2에서 살펴본 질량에 대해 생각해 보면 그 물음에 대한 답이 나올 것이다. 이제 에너지를 주의 깊게 추적하자: 먼저 충돌 후(서 있는 한 몸), 그 다음에는 충돌 전(움직이는 두 공).

충돌 후의 에너지

애초의 두 공에는 운동 에너지가 있다. 충돌하여 한 몸이 되면 그 에너지는 어디로 갈까?

미시적 수준에서 두 공의 운동 에너지는 한 몸 속에서 흔들리는 분자의 내부 운동 및 위치 에너지가 된다. (이것은 “끈적한” 비탄성 충돌에서 발생한다. 일부 에너지는 주변 공기와 표면으로 들어갈 수도 있다—예를 들어 소리와 같이 그러나 처음에는 주로 공 자체로 들어간다고 가정한다. 어쨌든 최종 한 몸은 애초의 두 공보다 **더 뜨겁다**.

뉴턴식 분석은 두 공의 운동 에너지가 열 에너지가 되었다고 할 것이다. 그래서 고전역학에서는 비탄성 충돌을 해석할 때 에너지 보존을 쓰지 않는다.

그러나 상대론에서는 § 2.2에서 설명한 것처럼 이러한 내부 변화는 물체의 정지 에너지의 일부이다. 차이 $(10/3)mc^2 - 2mc^2$는 충돌 전 두 공의 애초의 운동 에너지와 같으며, 한 몸에서는 이것이 열 에너지가 된다. 잠시 기다리면 한 몸이 상온으로 식으면서 그 에너지를 모두 방출하고 질량

은 $2m$으로 줄어든다.

충돌 전의 에너지

§ 2.2에서 살펴보는 계를 명확하게 정의하는 것이 중요함을 설명했다. 충돌 전에 각 공을 독립적인 계로 보면 각 공은 질량 m, 속력 v 및 총 에너지 γmc^2이다. 그래서 처음에 충돌 전 계의 총 에너지가 $(10/3)mc^2$이라고 결론을 내렸다.

하지만 충돌 전 두 공을 묶어 하나의 계로 본다면 어떨까? 그 계의 속도는 0이다(총 운동량이 0이므로). 그것은 모든 에너지가 정지 에너지인 $M_{계}c^2$임을 뜻한다. 그러나 총 에너지는 어떻게 보든 $(10/3)mc^2$이어야 한다.

그래서 다음 결론이 필연적이다: 두 공 각각의 질량은 m이지만 두 공으로 된 계의 질량은 **충돌 전에도** $(10/3)mc^2$이다!

충돌-후 한 몸이 된 공의 질량에 분자 운동이 들어간 것처럼 공의 운동은 충돌 전 계의 질량에 기여한다. 운동은 각 공을 자체적인 계로 볼 경우 외부 운동(운동 에너지에 기여)이지만 두 공을 묶어 하나의 계로 보면 내부 운동(질량에 기여)이다.

'이 예에서 상대론의 질량을 두 가지로 일반화할 수 있다.

- 질량이 보존된다. 계의 총 질량은 충돌 전, 후 모두 $(10/3)m$이다. 질량은 뉴턴 역학에서 늘 보존되며 상대론에서도 늘 보존된다.[6]
- 복합계의 질량은 대체로 부분의 질량의 합과 같지 않다. 이것은 물론 고전역학과는 상당히 다르다! 위에서 예로 든 두 공의 충돌(이전 또는 이후)에서 각 공의 질량은 m이지만 총 질량은 계의 내부 운동 에너지 때문에 $(10/3)m$이다.

이 모든 것의 실질적인 결론 중 하나는 상대론에서 비탄성 충돌을 분석할 때는 대체로 최종 질량을 미지수로 둔다는 것이다. 다음 예제에서 이를 보여준다.

6 일부 옛날 교재에서는 상대론에서는 질량과 에너지가 더 이상 따로 보존되지 않는다고 한다. 그것은 질량과 에너지의 구식 정의에서 비롯된다. 현대적 정의를 쓰면 각각은 모든 고립계에서 보존된다.

예: 비탄성 충돌

서 있는 질량 m인 입자를 질량 $2m$인 입자가 속도 $(4/5)c$로 가서 부딪쳐 한 몸이 된다. 결합된 입자의 최종 질량과 속도를 구하라.

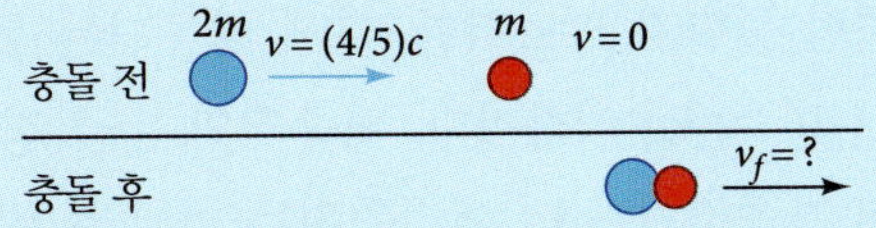

답: 뉴턴 물리학에서는 미지수 하나(최종 속도)에 대한 방정식 하나(운동량 보존 법칙)가 나온다. 상대론에는 미지수 둘(최종 질량 및 속도)에 대한 방정식 둘(운동량 보존 및 에너지 보존)이 나온다.

$$\frac{2m(4/5)c}{\sqrt{1-(4/5)^2}} = \frac{Mv_f}{\sqrt{1-(v_f/c)^2}}$$

$$\frac{2mc^2}{\sqrt{1-(4/5)^2}} + mc^2 = \frac{Mc^2}{\sqrt{1-(v_f/c)^2}}$$

첫째 방정식을 둘째 방정식으로 나누면 v_f에 관한 식을 얻을 수 있고, 이것을 써서 M을 구하면 $v_f = (8/13)c$ 및 $M = \sqrt{35/3}\,m$이다.

§ 2.2에서 운동 에너지가 아닌 이 모든 에너지(계의 내부 위치 에너지, 계의 내부 운동 등)를 "질량"으로 셈하는 것이 단지 장부상의 문제가 아니라고 했다. 위의 예는 상대론적 에너지 보존 법칙을 이해하려면 질량의 개념을 넓혀야 함을 깨닫게 해준다. 그러나 이 새로운 양은 고전적 질량과 어떤 관계일까? 그리고 그 문제는…

질량이 도대체 뭐야?

물리학에서 "질량"은 무엇인가? 고전역학에서 양성자의 질량이 전자 질량의 약 2000배라는 말은 무엇을 뜻할까? 이 물음에 대한 두 가지 매우 다른 답변이 있다.

- 질량은 방정식 $F = ma$에 들어가는 관성이다. 양성자와 전자를 가까이 두면 끌어당기는데, 각각 주고받는 힘은 크기가 같고 방향이 반대이다. 그러나 그 힘 때문에 생기는 가속도는 전자가 양성자보다 약 2000배 더 크다. 따라서 "큰 질량"은 "가속하기(속도를 바꾸기) 어려움"을 뜻한다.
- 질량은 물체가 중력을 주고 이에 반응하는 방식을 결정한다. 목성은 지구보다 훨씬 더 세게 물체를 끌어당기며 바위와 깃털이 받는 지구의 중력은 다르다.

따라서 물체의 내부 에너지가 질량에 기여한다고 말할 때 구체적이고 검증 가능한 예측을 하고 있는 것이다.

> 물체를 데우면 질량이 증가하여 가속하기가 더 어려워지고 주고받는 중력이 더 세진다.

그것이 참이라면(그렇다), 어떻게 수백 년 동안 사람들이 알아채지 못했을까? 상대론에서는 그 대답이 늘 똑같다: "c가 너무 커서." 이 경우 $E = mc^2$은 아주 작은 질량에 해당하는 에너지의 양이 너무 많다. 예를 들어 물 1리터의 질량은 1 kg이다. 섭씨 10°로 데우면 에너지가 약 42,000 J 증가한다. 이 양이 많은 것처럼 들릴지 모르지만, 그에 대응되는 물의 질량 증가분은 그 에너지를 c^2으로 나눈 값인 1조분의 1(10^{-12}) kg 이하이다. 체중계의 눈금 정도로는 전혀 눈치 채지 못할 것이다.

물체의 온도를 높이면 가속하기가 더 어려워지는 까닭은 무엇일까? 그것을 헤아리는 방법이 있다. 물체에 일정한 힘을 일정 시간 주어 그 물체의 속도를 $v = 0$에서 $v = 0.1c$로 가속시킨다고 하자. 이제 이미 $v = 0.95c$로 가고 있는 물체에 같은 시간 동안 같은 힘을 준다. 분명히 이번에는 속도를 $0.1c$ 더 늘릴 수 없다! 따라서 같은 힘이 주는 가속도 dv/dt가 줄었고, 이것은 그 물체의 관성이 늘었음을 뜻한다.

이런 식의 추론에서 "더 빠른 속력"이 "더 큰 질량"을 뜻한다는 결론이 나온다. 실제로 매우 오래된 교재에서 상대성을 그런 식으로 설명한 것을 볼 수 있다. 그러나 그 정의는 물체의 질량을 기준틀마다 다르게 만든다. 질량은 기준틀과 무관한 불변량으로 정의하는 것이 더 좋다. 따라서 물체의 질량을 정지 틀에서 잰 관성(힘을 가속도로 나눈 값; 단위 가속도를 얻는데 필요한 힘)으로 정의한다. "지구의 정지 틀에서의 관성은 얼마인가?"라는 물음에 대해 모든 기준틀의 답이 같을 것이다.

예를 들어, 이 절에서 시작한 비탄성 충돌을 살펴보자. 두 공 중 하나의 기준틀(즉, 정지 틀)에서 그 질량은 받은 힘에 대해 $F/a = m$이고, (정지 기준틀에 있는) 다른 공도 마찬가지다. 그러나 문제가 제시된 틀인 두-공 계의 기준틀에서는 두 공이 모두 움직이고 있으므로 가속하기가 더 어렵다. 그래서 결합 계의 질량이 개별 구성원의 정지 질량의 합보다 더 크다. 유사한 논리가 한 몸이 된 계에도 적용되는데, 정지 틀에서 빨리 움직이는 분자로 가득 차 있어 가속하기 어렵기 때문이다.

이 설명은 복합 물체의 질량에 내부 위치 에너지가 기여하는 이유는 설명하지는 않지만(물음 12 참조) 내부 에너지와 질량이 어떻게 관련되는지는 설명한다.

질량과 에너지의 변환

$E = mc^2$을 종종 질량을 에너지로 또는 그 반대로 변환할 수 있음을 나타낸다고 설명한다. 그러나 질량과 에너지가 따로 보존된다는 것은 무엇을 뜻하는가? 핵융합의 예를 통해 이것을 설명할 수 있다.

두 양성자와 두 중성자가 충분히 가까워지면 강한 핵력에 끌린다. (충분히 가까운 거리에서) 핵력은 그들을 밀어내는 전기력보다 훨씬 더 세므로 이들은 결합하여 헬륨 핵을 이룬다. 서로 끌어당기는 물체는 가까워질수록 위치 에너지가 줄기 때문에 전체 계의 위치 에너지는 결합되기 전 멀리 있을 때 보다 결합된 뒤 가까이 있을 때 더 낮다.

위치 에너지 변화의 다른 예로 용수철이 늘어나거나 돌을 들어 올리는 것을 들었다. 그 경우 위치 에너지가 늘어나므로 밖에서 계에 에너지를 공급해야 한다. 핵융합에서 위치 에너지가 줄면 그 에너지는 어디로 가는가? 답은 빛으로 나온다는 것이다. 이것이 태양에 에너지를 공급하는 반응이다.

그 어느 것에도 상대성은 필요하지 않다. 고전적 계는 위치 에너지를 확실히 잃고 그 차이를 빛으로 내보낼 수 있다. 그러나 상대론에서는 내부 에너지의 모든 변화가 질량의 변화로 나타난다. 헬륨 핵은 네 개의 개별 입자보다 가속하기 쉽고 다른 물체를 당기는 중력이 더 약하다. 이러한 예측은 상대론 고유의 것이며 실험으로 입증된 진실이다.

전체 계 — 양성자, 중성자 및 방출된 빛 — 의 질량은 애초의 네 입자의 질량의 합과 같다. 그러나 눈 앞에 있는 네 입자와 헬륨 핵만을 보면 질량이 줄고 그 차이(c^2을 곱한 값)는 빛으로 나간다.

이와 같은 핵 반응은 질량 변화가 따르지만 무언가를 태우거나 물에 소금을 녹이는 것과 같은 화학 반응은 그렇지 않다고 생각하는 것은 흔히 보는 실수이다. 실제로 두 과정 모두 계의 에너지와 질량이 바뀐다. 차이점은 핵 반응은 강한 핵력이 지배하지만 화학 반응은 전자기력이 지배한다는 것이다. 강한 핵력은 짐작하듯이 훨씬 더 세다. 따라서 산소와 수소가 결합하여 물을 만들 때 이들의 위치 에너지와 운동 에너지의 변화로 생기는 질량의 상대적 변화는 10억분의 1 미만이다. 그러나 핵 반응으로 생기는 질량 변화는 1% 정도일 수 있다. 매시간 물방울 질량의 1%를 에너지로 바꾸어 쓸 수 있다면 상당한 크기의 도시의 전력 수요를 맞출 수 있다.

입자 생성과 소멸

질량과 에너지의 등가성은 뉴턴 물리학에서 생기지 않는 유형의 상호작용, 즉 입자의 생성과 소멸로 이어진다.

예: 쌍 생성

광자가 서 있는 전자를 때린다. 광자는 소멸되고 두 개의 새로운 입자, 즉 새 전자와 "양전자"(전자와 질량이 같은 반물질 입자)가 생긴다. 충돌 후 세 입자가 같은 속도로 움직이되, 서로의 위치 에너지를 무시할 수 있을 만큼 충분히 멀리 있다고 하자:

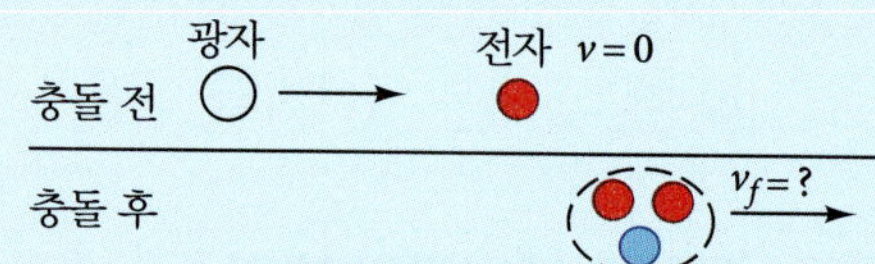

1. 최종 속도는 얼마인가?
2. 광자의 초기 에너지는 얼마였을까?

답: 광자의 에너지와 운동량은 $E_{빛} = p_{빛}c$의 관계가 있다. 전자는 처음에 운동량이 0, 에너지가 $m_e c^2$이다. 따라서 초기 운동량과 에너지를 최종 운동량과 에너지와 같게 두면

$$p_{빛} = \frac{3m_e v_f}{\sqrt{1-(v_f/c)^2}}$$

$$p_{빛}c + m_e c^2 = \frac{3m_e c^2}{\sqrt{1-(v_f/c)^2}}$$

이것은 쉽게 풀 수 있고, 결과는 다음과 같다: $v_f = (4/5)c$, $E_{빛} = 4m_e c^2$.

이 "쌍 생성" 문제는 이미 풀었던 충돌 문제와 유사하다. 충돌 전, 후의 운동량과 에너지를 같게 두어 방정식을 얻고, 그것을 풀어 두 미지수를 구했다. 그러나 이 문제에는 새로운 특징이 몇 가지 있다:

- 나오는 입자는 들어오는 입자와 다르다.
- 광자는 질량이 없는 입자이므로 $E = pc$이다.
- 이것은 탄성 충돌이 아니지만 최종 질량을 미지수로 보지 않았다. 그 까닭은 전자는 기본 입자이기 때문이다. 의자는 내부 원자의 운동 상태에 따라 질량이 달라질 수 있지만 전자는 기본 입자로서 질량이 늘 같다.

탄성 및 비탄성 충돌

입자가 충돌할 때 운동량과 에너지 보존만으로는 충돌 결과를 결정하기에 충분하지 않다. 두 입자의 완전 탄성 충돌이라면 그 결과를 풀 수 있다. 완전 비탄성 충돌(한 몸이 됨)이어도 그 결과를 풀 수 있다. 중간 사례의 경우 또는 충돌이 탄성인지 아닌지 모르면 정보가 더 필요하다. 그리고 거시적 수준에서는 "완전 탄성"은 늘 기껏해야 어림값이다.

앞의 단락은 뉴턴 물리학과 상대론 물리학 모두에 완벽하게 적용된다. 그러나 두 체계는 "탄성"의 정의가 다르다.

뉴턴 물리학에서 탄성 충돌은 역학적 에너지(위치 + 운동)가 보존되는 충돌이다. 비탄성 충돌에서 그 에너지의 일부는 열, 소리, 또는 기타 꼴로 바뀐다. 그러나 상대론에서 에너지는 고립된 계에서는 늘 보존된다. 열 및 기타 형태의 에너지가 총 질량에 포함된다.

그렇지만, 상대론에는 여전히 중요한 차이점이 있다. 즉, 탄성 충돌 전, 후의 입자는 똑같다. 충돌 과정에서 입자가 생기거나 파괴되지 않으며 질량도 바뀌지 않는다. 62쪽에서 탄성 충돌 문제를 풀 때 충돌 전, 후의 물체의 질량을 똑같이 두어 이러한 가정을 슬쩍 썼다.

전자, 양성자 또는 광자와 같은 입자가 충돌할 때는 충돌 후에도 질량이 같다고 가정할 수 있으므로 입자 충돌은 거시적 충돌보다는 분석하기가 다소 쉽다.

요약: 운동량, 에너지, 질량

운동량, 에너지 및 질량에 대한 상대론적 개념은 고전적 개념과 아주 유사하다. 운동량은 물체의 질량과 속도를 바탕으로 정의되며 모든 고립계에서 보존된다. 에너지도 보존되지만 다른 형태로 바뀔 수 있다. 질량은 물체 고유의 속성으로서 가속이 어려운 정도를 나타내며, 기준틀과는 무관한 양이다.

그러나 공식이 다르면 결과가 다르며 새로운 개념으로 이어진다. 상대론에서 운동량과 에너지는 둘 다 극한 $v \to c$에서 무한대로 발산한다. 정지 상태의 복합 계의 에너지 mc^2에는 성분의 모든 정지 에너지와 내부 운동 에너지 및 위치 에너지가 포함된다. 전체 계가 움직일 때 질량은 같지만 에너지에는 이제 새로운 운동 에너지 항도 포함된다.

건물 위에 있는 벽돌의 에너지와 같은 "위치 에너지"는 벽돌의 에너지 $E = \gamma mc^2$에 들어있지 않다. 그 에너지는 지구-벽돌 계에 속하지만 어떤 물체에 따로 속하지는 않는다. (그렇다면 그 에너지는 어디에 있는가?에 대한 답은 "중력장에 있다"이다. 중력장 또는 전기장의 에너지 밀도에 대한 식을 쓴 다음 적분하면 그 총 에너지를 구할 수 있다.)

표 2.1에 이러한 물리량의 주요 특성 중 일부를 요약했다. 표를 읽을 때 다음 정의를 생각하라.

표 2.1 계의 변수의 핵심 속성

	불변량	보존량	가법적
입자의 수	○	×	○
질량	○	○	×
운동량	×	○	○
에너지	×	○	○

- "불변량"은 모든 기준틀에서 값이 같은 양이다. 표 2.1의 입자(원자)의 수는 변하지 않는다; 모든 관찰자에게 그것은 똑같다. 물체의 속도는 그렇지 않다.
- (고립계에서) "보존량"은 상호작용 중에 값이 바뀌지 않는다.
- 전체의 물리량이 부분의 물리량의 합이면 그 양은 "가법적(additive)"[7] 양이다. 방에 있는 의자의 수는 가법적이다. 방마다 의자가 10개 있고, 온도가 25°C이면, 두 방의 의자는 20개이지만, 온도는 50°C가 아니다.

표 2.1의 오른쪽 아래 부분을 강조하자. 계의 운동량과 에너지는 가법적이다. 전체 운동량과 에너지는 각 부분의 값을 그냥 더하면 된다. 질량은 그렇지 않다. 그러나 총 질량, 운동량 및 에너지는 모두 상호 작용할 때 보존된다.

---

7 열역학에서는 "가법적"이라는 말 대신 "양적(extensive)"이라고 한다.

2.3.3 물음과 문제: 질량과 에너지(그리고 광속의 제곱)

개념 물음 및 개념시험

1. (a) 어떤 상황에서 복합 물체의 질량이 그 성분의 질량의 합과 같은가?
   (b) 어떤 상황에서 복합 물체의 질량이 그 성분의 질량의 합과 개별 운동 에너지와 위치 에너지의 합과 같은가?
2. 상대론은 비탄성 충돌에도 에너지 보존 법칙을 쓸 수 있지만 최종 질량은 미지수로 보아야 한다고 말했다. 왜 뉴턴 물리학에서 하듯이 두 가지를 모두 무시하고 운동량 보존만을 써서 최종 속도를 구할 수 없는가?
3. 핵폭탄은 종종 일정량의 질량을 에너지로 변환하는 것으로 묘사된다. 그러나 위에서는 질량이 보존된다고 말했다. 이에 관해 설명하라.
4. 옛 교재에서는 다음과 같은 질량의 정의 식을 볼 수 있다: $m = \gamma m_0$. 즉, 물체의 질량은 속력이 빨라질수록 커진다. (빠른 물체는 느린 물체보다 가속하기 더 어렵기 때문에 왜 그렇게 했는지 알 수 있다.) 그러나 오늘날은 계의 질량을 그 계의 정지 기준틀에서 계의 구성 입자들의 속력을 이용해서 정의한다. 이렇게 복잡한 정의의 장점은 무엇인가?
5. 두 공이 충돌하여 한 몸이 될 때 뉴턴식 역학적 에너지[$K = (1/2)mv^2$]는 보존되지 않지만 상대론적 에너지($E = \gamma mc^2$)는 보존된다. 뉴턴 물리학이 특수 상대론의 저속 한계일 때 그것이 어떻게 참일 수 있을까?
6. 77쪽의 예에서 광자가 서 있는 전자와 충돌하여 전자와 양전자를 새로 생성하려면 $4m_ec^2$의 에너지가 필요함을 보였다. 새로 생긴 것은 입자 두 개 뿐인데 왜 필요한 광자 에너지는 $2m_ec^2$가 아니라 $4m_ec^2$일까?
7. P1과 P2는 질량 m인 기본 입자이고 L은 광자이다.
   (a) P1 및 P2가 있는 계의 질량이 $2m$보다 클 수 있을까?
   (b) P1 및 P2가 있는 계의 질량이 $2m$보다 작을 수 있을까?
   (c) P1 및 L이 있는 계의 질량이 m이 아닌 다른 값이 될 수 있을까?
8. 물체가 빛(광자)을 흡수한다.
   (a) 물체의 질량이 증가하는가?
   (b) 계의 총 질량(물체와 광자)이 증가하는가?
9. 원자가 고에너지 상태에서 저에너지 상태로 전이하면서 광자 두 개를 낸다. 두 광자는 에너지가 같고, 서로 반대쪽으로 간다. 원자의 애초의 정지 틀에서 이

각본을 분석한다.

(a) 이 이야기의 끝에서 원자가 여전히 (같은 틀에서) 서 있다는 것을 어떻게 알 수 있는지 설명하라.

(b) 원자가 광자를 낸 뒤 원자의 총 질량은 이전보다 클까, 같을까, 작을까? 어떻게 아는지 간단히 설명하라.

(c) 원자가 광자를 낸 뒤 원자와 광자 계의 총 질량은 원자의 애초의 질량보다 클까, 같을까, 작을까? 어떻게 아는지 간단히 설명하라.

10. 두 공이 충돌하는 예에서 계의 최종 질량은 초기 질량과 같아야 했다. 그러나 입자가 핵으로 융합되는 예에서 융합된 핵의 최종 질량은 입자의 초기 질량의 합보다 작다. 한 경우에는 총 질량이 바뀌지만 다른 경우에는 바뀌지 않는 이 두 예의 차이는 왜 생기는가?

심층 토론

11. 광자는 질량이 0이므로 중력 위치 에너지 공식 $PE = mgh$에 따르면 위치 에너지가 0이다. 이제 지면 근처에서 양전자와 전자가 쌍소멸하여 두 개의 광자를 낸다고 하자. 그 광자가 대기 상층부로 올라가 쌍소멸하여 전자–자유전자 쌍을 생성한다. 그렇지만, 이제는 두 입자가 높은 곳에 있으므로 해수면까지 떨어뜨려 위치 에너지의 차이를 운동 에너지로 바꿔 모터를 돌린다. 이렇게 하여 무에서 에너지를 만들어냈는가? 그렇다면, 빨리 창업하여 세계의 에너지 문제를 풀어라! 그렇지 않다면, 이 논리의 허점을 설명하라.

12. 75쪽에서 물체의 속력이 광속을 넘을 수 없는 것을 바탕으로 물체의 내부 운동 에너지가 질량에 기여해야 한다는 논리를 폈다. 그러나 이 논리는 물체의 내부 **위치** 에너지에는 적용되지 않는다. 이 문제에서 내부 운동 에너지는 질량에 기여하지만 내부 위치 에너지는 기여하지 않을 경우 모순이 있음을 보여준다.

앞뒤로 진동하는 용수철로 연결된 두 개의 무거운 공이 든 가벼운 통으로 된 계를 상상하자.

(a) 전체 계의 질량이 공의 위치 에너지가 아니라 운동 에너지에 의존할 때 계의 질량의 시간-변화를 보여주는 도표를 그려라.

(b) 계를 들어 올렸다 떨어뜨리기를 반복하여 무한한 에너지를 얻는 방법을 설명하라.

이 모든 것의 결론은 내부 운동 에너지가 계의 질량에 기여한다면(그래야 한다고 주장했다) 내부 위치 에너지도 마찬가지라는 것이다.

13. 지구–돌 계의 질량이 두 질량의 합에 둘 사이의 위치 에너지를 c^2으로 나눈 값을 더한 것과 같다고 했다. 그러나 위치 에너지의 정의는 자의적이다. 기준을 어느 곳이든 둘 수 있다. 그러나 관성 질량은 자의적이지 아니다. 계에 힘을 주고 가속도를 재어 확인할 수 있다. 그렇다면 계의 실제 질량은 무엇이 결정할까?

문제

14. 질량이 각각 m인 두 찰떡이 $(3/5)c$에서 마주보고 와서 부딪쳐 한 몸이 된다(그림 2.12).

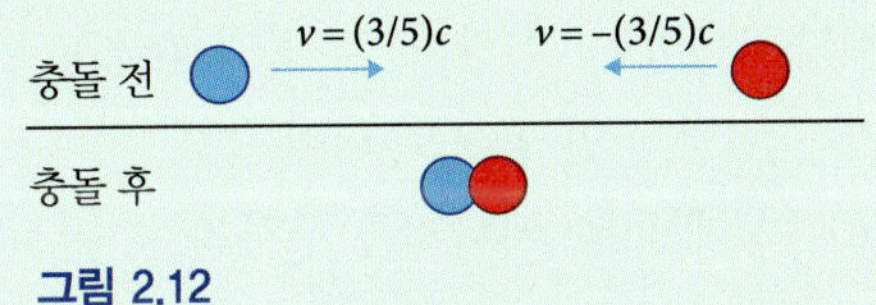

그림 2.12

(a) 한 몸이 된 뒤 서야 한다는 결론이 어떻게 나오는지 수식을 써서 설명하라.

(b) 움직이는 찰떡 중 하나의 초기 총 에너지를 셈하라.

(c) (b)에서 얻은 답의 두 배를 충돌 전 계의 총 에너지로 두어라.

(d) 충돌 후 계의 총 에너지에 대한 공식을 써라. 한 몸이 된 찰떡의 질량은 M 으로 나타내라.

(e) 에너지 보존 법칙을 써서 질량 M을 각 공의 애초의 질량 m으로 나타내라.

(f) 충돌 전 두–찰떡 계의 애초의 질량은 얼마인가?

15. **[이 문제는 문제 14의 결과를 쓴다.]** 이 문제에서는 애초의 틀에 대해 $(3/5)c$로 오른쪽으로 가는 기준틀에서 문제 14의 충돌을 다시 살펴본다. 이 기준틀에서는 두 찰떡 중 하나는 서서 시작한다. 질량은 불변량임을 기억하라!

(a) 이 기준 틀에서 다른 찰떡의 초기 속도를 셈하라.
(b) 각 찰떡의 에너지를 셈한 다음 이를 더하여 충돌 전 계의 총 에너지를 셈하라.
(c) 이 기준틀에서 한 몸이 된 찰떡은 얼마나 빨리 가는가? (이 셈은 쉬워서 빨리 할 수 있다.)
(d) (알고 있는) 질량과 (알고 있는) 속도를 기준으로 충돌 후 이 계의 총 에너지를 셈하라.
(e) 이 기준틀에서 계의 에너지는 보존되는가?
(f) 이 기준틀에서 충돌 전 두-찰떡 계의 애초의 질량은 얼마인가?

16. 질량이 각각 m인 세 공으로 된 계가 있다. 공 1은 서 있고, 2는 $(1/2)c$로 왼쪽으로, 3은 $(1/2)c$로 오른쪽으로 멀어진다.
(a) 이 계의 총 질량을 셈하라.
(b) 역시 서 있는, 질량 m인 넷째 공을 더하면 총 질량은 얼마인가?

17. 계가 서 있는, 질량 m인 공과 $(4/5)c$로 오른쪽으로 가는 질량 m인 공으로 되어 있다.
(a) 이 계의 총 에너지를 구하라.
(b) 이 계의 총 운동량을 구하라.
(c) (a)와 (b)에 대한 답을 써서 전체 계의 총 질량 M과 속도 V를 구하라.

18. **[이 문제는 문제 17의 결과를 쓴다.]** R′은 문제 17의 두-공 계가 서 있는($V' = 0$) 기준 틀이다. R′에서의 두 공의 속도를 구하고, 그 답이 타당한 이유를 설명하라.

19. 중성자가 우라늄 235 핵과 충돌하면 핵이 깨질 수 있다. 이 반응의 산물은 여러 가능성이 있는데, 전형적인 예는 다음과 같다:

$$n + {}^{235}\text{U} \rightarrow 3n + {}^{141}\text{Ba} + {}^{92}\text{Kr}.$$

질량은 $m_n = 1.00867$ amu(원자 질량 단위), $m_{\text{U}} = 235.0439$ amu, $m_{\text{Ba}} = 140.9144$ amu, $m_{\text{Kr}} = 91.9262$ amu이다. ^{235}U 1 kg이 이 반응으로 완전히 핵분열되다면(현실적인 가정이 아님) 얼마나 많은 에너지가 생길까 [단위는 J]? **실마리:** 이 문제를 풀 때 원자 질량을 kg으로 바꿀 필요는 없다.

20. 태양은 초당 약 4×10^{26} J의 에너지를 낸다. 이것은 주로 4개의 양성자가 융합하여 헬륨 핵이 되면서 2개의 양전자와 2개의 중성미자를 내는 수소 융합 반응에서 비롯된다. (이 과정에는 중성자, 기타 핵 및 기타 입자를 포함하는 많은 중간 단계가 있다. 설명(§ 2.3.2)에서 중성자 두 개와 양성자 두 개로 시작했다고 말하여 이를 단순화했지만 이것이 더 정확하다.) 헬륨 핵의 질량은 6.64648×10^{-27} kg이다. 양전자와 중성미자의 질량을 무시할 수 있다. 양성자는 수소 원자의 핵이므로 일반적으로 수소가 융합되어 헬륨이 되는 것으로 설명한다. 태양은 1초에 몇 kg의 수소를 융합하는가? (질량의 변화만 찾지 말고 핵융합 반응 이전의 애초의 수소의 질량을 구하라.)

21. 질량 m인 입자가 $v = (1/2)c$에서 $v = (4/5)c$로 가속된다. (입자는 분명히 고립계가 아니다.) 입자 운동량, 에너지 및 질량의 변화를 구하라.

22. 3 kg 물체가 $v = (1/2)c$로 가고 2 kg 물체가 $v = -(3/4)c$로 간다.
(a) 이 계의 총 에너지 E를 구하라.
(b) 두 입자 계의 총 질량 M을 구하라. **실마리:** (2.3)을 써라.
(c) $E = Mc^2$인가? 답이 타당한 이유를 설명하라.

23. 질량이 각각 1000 kg과 2000 kg인 두 자동차가 각각 30 m/s로 마주 보며 가서 (그림 2.13) 부딪쳐 한 몸이 된다(다행히 아무도 다치지 않았다.)

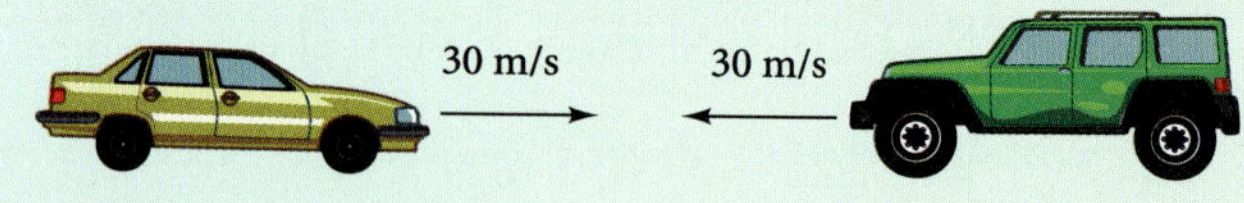

그림 2.13

(a) 충돌 후 한 몸이 된 차의 속도는 얼마인가? 뉴턴식 셈으로 답을 구하는 것이 합리적인 이유를 설명하라.
(b) 한 몸이 된 차의 운동 에너지는 얼마인가? (다시 말하지만, 뉴턴식 셈도 괜찮을 것이다.)
(c) 충돌 전 두 차의 운동 에너지의 합은 얼마인가?
(d) 충돌 후 한 몸이 된 차의 질량은 3000 kg 이상인가? **실마리:** γ를 셈하지 않고도 답을 구할 수 있다.

(e) (a)에서 뉴턴식 셈을 하라고 했으므로 최종 질량이 3000 kg이라고 가정했을 것이다. 합리적인 근사치였을까?

(f) 충돌 후 시간이 가면 한 몸이 된 차의 질량은 어게 되는가?

24. 물체 A는 질량이 $3m$이고 초기에 $+x$ 방향으로 $(1/2)c$로 간다. 물체 B는 질량이 m이고 초기에 $-x$ 방향으로 $(1/2)c$로 간다. 둘이 충돌하여 한 몸이 된다면 최종 속도는 얼마인가?

25. 정지 질량 m_0인 원자가 에너지 $E_{빛}$인 광자를 흡수한다. 원자의 최종 속도를 구하라.

26. 움직이는 양성자가 서 있는 양성자와 충돌하여 양성자-반양성자 쌍을 생성한 다음(반양성자는 양성자와 질량이 같은 또 다른 입자이다.) 4개(원래 2개와 새로운 2개)의 입자가 함께 움직인다. 입자 끼리의 위치 에너지는 무시하라.

(a) 움직이는 양성자의 초기 속도는 얼마였을까? (방정식을 세운 뒤에는 컴퓨터로 풀 수 있다. 직접 할 수 있지만 수식이 복잡하다.)

(b) 초기에 에너지가 더 작은 양성자를 쓰면 4개의 최종 입자를 모두 서 있게 할 수 있을까? 그 이유는?

27. 우주 공간에 서 있는 10,000 kg의 로켓에 타고 있다. 선장의 명령에 따라 1 kg의 물질을 완전히 소멸시켜 빛(광자)으로 바꿔 로켓 뒤쪽으로 내보낸다. 로켓은 얼마의 속력을 얻는가?

28. 질량 m인 입자가 $(15/17)c$로 가서 서 있는 질량 m인 입자와 충돌한다.

(a) 계의 총 에너지는 얼마인가?

(b) 그 모든 에너지를 써서 질량 m인 새 입자를 만든다면, 몇 개를 만들 수 있을까?

(c) 계의 질량 중심 틀(총 운동량이 0인 틀)에서 초기 속도를 셈하라.

(d) 질량 중심 틀에서 초기 에너지는 얼마이며 이론적으로 질량 m인 입자를 몇 개나 새로 만들 수 있을까?

(e) 새 입자 생성에 대한 두 가지 결론 중 올바른 것은 무엇인가? 해당 기준틀의 관점에서 다른 기준틀의 결론이 잘못된 이유를 설명하라.

29. 쌍 소멸

$+x$ 방향으로 $v = (4/5)c$로 가는 전자는 서 있는 양전자(전자와 질량이 같음)와 충돌한다. 둘은 쌍소멸하여 두 개의 광자를 생성한다. 하나가 애초의 전자의 운동 방향과 수직방향으로 간다면 다른 하나는 어떤 방향으로 가는가?

30. § 2.2 문제 16에서 한 기준틀에서 뉴턴 운동량 보존 문제를 제시했으며 결과가 다른 기준틀에서 운동량 보존과 호환되지 않음을 보였다. 이 문제에서는 상대론적 운동량과 에너지를 써서 같은 셈을 할 것이고 그것이 맞음을 보일 것이다. (이 문제를 풀고자 앞서의 문제를 풀 필요는 없다.)

단순한 충돌을 살펴보자. 질량 m인 A가 속도 $(3/5)c$로 오른쪽으로 가서 질량 m인, 서 있는 B를 친다. 충돌 후 둘은 붙어 한 몸으로 움직인다(그림 2.14).

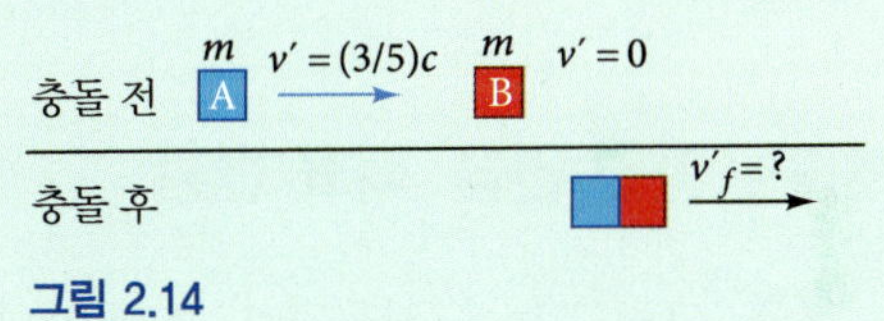

그림 2.14

(a) 운동량과 에너지 보존 법칙을 써서 계의 최종 질량과 속도를 구하라.

초기 상황을 설명할 때는 B의 기준틀을 썼다(B가 서 있다고 했다). 이를 틀 R이라고 하고 틀 R′을 A의 기준틀로 정의한다. 틀 R′에서는 처음에 A가 서 있고 B는 $v_0 = -(3/5)c$로 온다(그림 2.15).

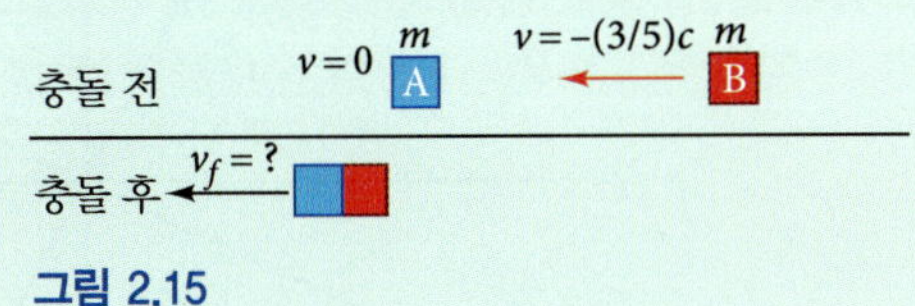

그림 2.15

틀 R′은 틀 R에 대해 상대 속도 $u = (3/5)c$로 간다.

(b) 틀 R′에서 전체 계의 초기 운동량은 얼마인가?

(c) 앞서 틀 R에서 한 몸이 된 계의 속도를 구했다.

속도의 로런츠 변환(운동량 보존 아님!)을 써서 틀 R′에서의 최종 속도를 구하라.

(d) 틀 R′에서 전체 계의 최종 운동량은 얼마인가?

(e) 틀 R′에서 운동량은 보존되는가?

2.4 4차원 벡터

§ 2.1의 시공간 도표의 핵심 내용은 상대론에서 공간과 시간을 묶어 4차원 "시공간"으로 생각하는 것이 좋다는 것이다. 로런츠 변환에서는 공간과 시간 좌표가 섞인다. 따라서 특수 상대성의 개념을 쉽게 이해하려면 4개의 시공간 좌표가 있는 사건 단위로 보는 것이 좋다. 시공간 도표는 사건이 기준틀에 따라 어떻게 다른지 보여준다.

이 절에서는 특수 상대론을 4차원 시공간의 스칼라 및 벡터를 써서 정식화한다. § 2.2에서 했던 운동량과 에너지의 정의를 이 4차원 벡터 개념을 써서 정당화한다.

4차원 벡터의 속성을 간단히 소개하겠지만 선형 대수, 군론, 표현 이론을 포함한 엄밀한 수학적 개념에 대해서는 다루지 않는다.

그렇지만, 이 절은 길고 어렵다. 모두 건너뛰어도 된다. 이 책의 다른 부분은 어떤 식으로든 이 내용을 쓰지 않으며, 그래도 특수 상대론에 대한 튼튼한 배경 지식을 얻게 된다. 전반부만 배워 4차원 운동량을 소개하기 전에 끝낼 수도 있다. 끝으로, 4차원 운동량도 배우지만 거기서 끝내, 그 뒤에 있는, 이 장에서 가장 추상적인 "4차원 운동량과 시공간"은 건너 뛸 수도 있다.

2.4.1 발견 연습: 좌표 변환

그림 2.16은 시공간 도표가 아니다. 사실, 이 연습의 어떤 것도 상대론과 직접 관련되지 않는다.

당신은 x축과 y축을 잡아 공간을 나타냈다. 당신의 친구는 딱하게도 자신의 x'과 y'축을 당신의 축에서 각도 θ(90° 미만)만큼 돌려 잡았다.

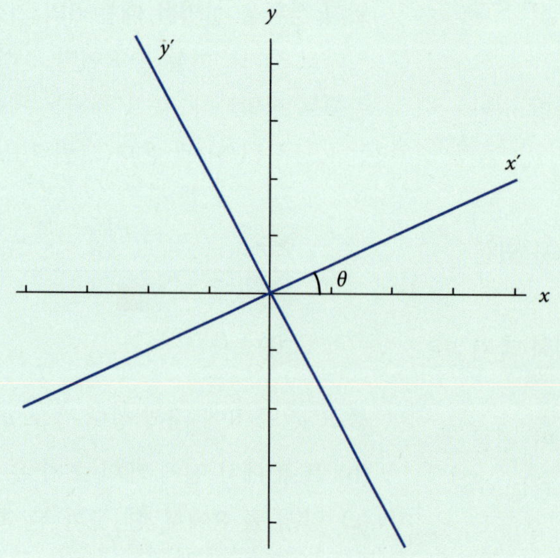

그림 2.16 서로에 대해 돌아간 두 좌표 축.

다음 식을 써서 붓점 없는 좌표계에서 붓점 좌표계로 모든 점을 변환할 수 있다.

$$\left.\begin{aligned} x' &= x\cos\theta + y\sin\theta \\ y' &= -x\sin\theta + y\cos\theta \end{aligned}\right\} \tag{2.5}$$

1. 그림에서 $x = 1$, $y = 0$인 점을 보라. 도표를 보고 답하라. x' 좌표는 양수인가, 음수인가? y' 좌표는 양수인가, 음수인가?
2. (2.5)가 1의 시각적 예측과 맞는지 확인하라.
3. 자전거가 종이 면을 지나가고, 어느 순간 이 자전거의 모든 것을 붓점 없는 좌표로 잰다. 아래의 각 양에 대해 (2.5)을 써서 값을 붓점 좌표로 바꿔야 하는지 또는 값이 붓점 좌표에서도 같은지를 표시하라. 예를 들어, 자전거의 위치를 (2.5)을 써서 변환한다고 할 수 있고, 자전거의 높이에 대해 물으면 두 좌표계에서 값이 같다고 할 수 있다; 변환이 불필요하다.
   (a) 자전거의 속도
   (b) 자전거의 속력
   www.cambridge.org/felder-modernphysics/checkyourself의 Check Yourself #3을 보라.
   (c) 자전거의 질량
   (d) 자전거의 가속도

2.4.2 설명: 4차원 벡터

그림 2.17은 두 좌표축이 있는 마을과 놀부가 그의 집에서 뱉은 수박씨의 경로를 나타내는 벡터 $\vec{d}$를 보여준다.

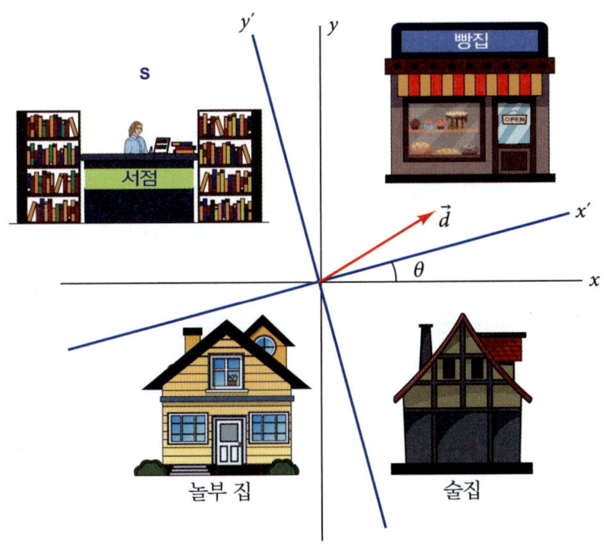

그림 2.17 단일 벡터 $\vec{d}$는 xy 좌표계 또는 $x'y'$ 좌표계로 기술할 수 있다.

벡터 $\vec{d}$는 축과 무관하다. 모든 사람이 그 길이는 3.6 m이고 놀부의 집에서 빵집 쪽을 가리킨다고 본다. 그러나 서로 다른 두 좌표축을 쓰는 사람들은 $\vec{d}$의 성분에 대해서는 의견이 다를 것이다. 성분 x와 y를 알면 다음을 써서 붓점 성분을 알 수 있다.

$$\left.\begin{aligned} x' &= x\cos\theta + y\sin\theta \\ y' &= -x\sin\theta + y\cos\theta \end{aligned}\right\} \tag{2.6}$$

이 회전한-좌표계에 대해 다음 세 가지를 강조한다.

- 붓점 없는 좌표계에서 $\vec{d}$의 성분을 나타내면 (2.6)은 붓점 좌표계의 성분으로 바꾼다. 이 예에서는 $\vec{d}$가 변위이지만 속도, 운동량, 전기장 또는 기타 벡터의 성분 변환에도 같은 식을 쓴다. 사실—이것이 요점이다—"벡터"라는 말은 종종 한 좌표계의 성분을 회전한 다른 좌표계로 변환할 때 (2.6)을 쓰는 물리량의 집합으로 정의된다.[8]
- 반면에 질량, 온도 또는 "수박씨의 수"와 같은 스칼라 양을 붓점 없는 좌표계에서 잴 경우 그 값은 붓점 좌표계에서도 그대로 유지된다. "스칼라"를 좌표 회전에 대한 불변량으로 정의할 수 있다.
- 비록 붓점 좌표계와 붓점 없는 좌표계에서의 벡터 $\vec{d}$의 x 성분과 y 성분은 다르지만 그 크기는 같다:

  $$\sqrt{x^2 + y^2} = \sqrt{x'^2 + y'^2}$$

  즉, 모든 벡터의 크기는 스칼라, 즉 불변량이다. 예를 들어 속도는 벡터이지만 속력은 스칼라이다.

아마 "벡터"가 크기와 방향이 있는 양임을 알고 있을 것이다. 여기서는 그것을 좌표계의 회전에 대한 변환을 통해 또 다른 방식으로 정의한다. 이 정의는 좀 더 정확하고 상대론으로 일반화하기가 더 쉽지만 본질적으로 크기 및 방향 정의와 같다. 여기의 예에서 (2.6)은 $\vec{d}$의 크기 및 방향에 대한 두 관찰자의 해석이 일치하고 특히 $\vec{d}$의 방향이 놀부 집에서 빵집을 향한다는 물리적 내용에 동의할 것임을 보장한다.

이러한 "벡터"의 정의는 이미 익숙한 개념을 낯선 언어로 표현한 것일 수 있지만, "스칼라"의 이러한 정의는 새로운 개념일 가능성이 높다. 많은 물리학과 신입생들은 "스칼라"가 "숫자"를 뜻하는 멋진 단어라고 생각하기 쉽지만, 실제로는 불변량을 나타낸다. 예를 들어, 벡터의 크기는 스칼라이다. 다른 좌표계를 써도 그 값은 같다. 그러나 벡터의 x 성분은 좌표계 회전에 따라 변하므로 스칼라가 아니다.

위의 어느 것도 상대론과 관련이 없지만 벡터와 스칼라에 대한 이 논의는 상대론에서 쓰는 다양한 유형의 벡터를 정하는 데 도움이 된다.

---

8 수학자들은 "벡터"와 "스칼라"를 더 추상적인 방법으로 정의한다. 그러나 물리학에서는 보통 여기서 제시한 벡터의 정의를 쓴다.

4차원 벡터

상대론에서는 공간과 시간을 더 이상 따로 다루지 않고, 그 대신 4차원 시공간에서 일어나는 사건으로 이야기한다. 따라서 우리가 정의하는 벡터량의 성분은 넷이다. 이를 뉴턴 물리학에서 쓰는 벡터와 구별하여 4차원 벡터(four-vector)라고 한다.

이 절에서는 4차원 벡터는 **V**와 같이 굵은 대문자로 나타내고 3차원-벡터(three-vector)는 $\vec{d}$와 같이 화살표를 붙인 소문자로 나타낸다. 4차원 벡터의 성분은 대문자이지만 굵게 쓰지는 않는다 (V_t).

삼차원 벡터를 공간에 화살표로 나타내듯이 4차원 벡터는 시공간 도표에 화살표로 나타낼 수 있다. 늘 그렇듯이 그림에 보여주는 공간 차원은 삼차원이 아닌 일차원 뿐이다! 성분이 둘(x와 t) 뿐일 때도 "4차원 벡터"라고 하겠다.

첫 4차원 벡터는 "위치 4차원 벡터" $\mathbf{R} = (ct, x, y, z)$ (때때로 "시공간 4차원 벡터"라고도 함)이다. 시간 성분의 c는 시간 성분의 단위를 맞춰준다. 시공간 도표에서 늘 $c = 1$인 단위를 쓰므로 c를 덧붙여도 도표는 달라지지 않는다.

시공간에서의 물체의 변위는 삼차원 공간에서 했던 것처럼 두 위치 4차원 벡터의 차이로 나타낼 수 있다. 이 셈은 벡터 뺄셈에서 배운 대로 두 벡터의 꼭지를 잇는 선을 그려 할 수도 있다.

능동 읽기 연습: 4차원 변위

오른쪽 그림은 4차원 벡터 $\mathbf{R}_1$로 나타낸 사건에서 4차원 벡터 $\mathbf{R}_2$로 나타낸 사건까지의 물체의 여정을 보여준다.

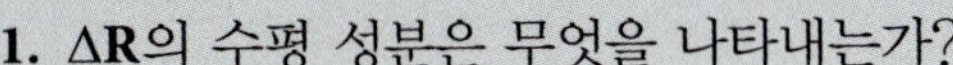
1. Δ**R**의 수평 성분은 무엇을 나타내는가?

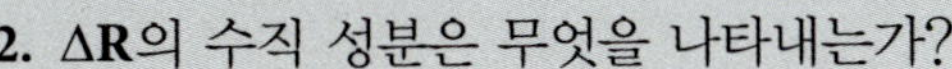
2. Δ**R**의 수직 성분은 무엇을 나타내는가?

3. Δ**R**의 기울기는 무엇을 나타내는가?

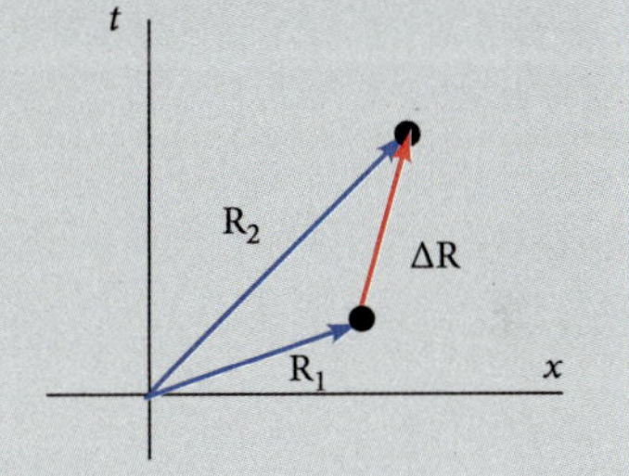

답은 다음을 보라: www.cambridge.org/felder-modernphysics/activereadingsolutions

벡터의 길이가 무엇을 나타내는지 물어볼 것으로 예상했을 수도 있지만, 그 길이 $\sqrt{c^2\Delta t^2 + \Delta x^2}$은 별 뜻이 없다. 앞으로 보겠지만, 4차원 벡터의 "크기" 개념은 의미가 있지만 정의가 다르다.

이 능동 읽기 연습의 답 중 어느 것도 여정의 방향을 언급하지 않았다. 변위 4차원 벡터가 그것을 말해주는가? 하지만 여기서는 공간 차원이 하나 뿐임을 상기하자. 따라서 방향에 대해 말할 수 있는 것은 여정이 $+x$ 방향이라는 것이다. y 및 z 성분도 쓴다면, x, y, z 성분의 비율은 3차원 벡터처럼 여행의 공간 방향을 알려준다.

정의: 4차원 벡터와 스칼라

이 설명 절의 첫 부분에서 "벡터"("3차원 벡터")와 "스칼라"를 정의했는데, 그 기준은 좌표축이 회전할 때 변환되는 방식이었다.

특수 상대론에서 '4차원 벡터' 및 '스칼라'의 정의는 양이 어떤 관성 기준틀에서 다른 관성 기준틀로 변환되는 방식을 바탕으로 한다.

위에 제시한 좌표계의 회전을 바탕으로 한 정의와 매우 유사하지만 똑같지는 않다. 예를 들어, 에너지는 좌표계 회전에 대해 스칼라이다: 물체의 총 에너지는 방향의 기준을 어떻게 잡든 똑같다. 그러나 물체의 운동 에너지(따라서 총 에너지)는 관성 기준틀마다 다르므로 아래의 용어를 쓸 때는 에너지가 스칼라가 아니다.

능동 읽기 연습: 4차원 벡터와 스칼라

81쪽에서 좌표축의 회전에 대해 세 가지 요점을 말했다. 벡터 변환은 (2.6)을 따르고, 스칼라는 불변이며, 벡터의 크기($\sqrt{x^2+y^2}$으로 정의됨)는 불변량(스칼라)이다.

더 나아가기 전에 4차원 벡터 및 관성 기준틀에 대해서도 비슷한 세 가지 요점을 알 수 있을까? (ct, x, y, z)와 같은 4차원 벡터를 다른 관성 기준틀로 변환할 때 쓰는 식은 무엇일까? 그러한 4차원 벡터의 성분이 들어간 공식 중에 어떤 것이 변환에 대해 불변일까?

능동 읽기 연습에 대한 답을 스스로 찾아 본 뒤에 아래 답을 보라!

4차원 벡터와 스칼라

4차원 벡터는 네 성분 (V_t, V_x, V_y, V_z)로 구성되며 한 관성 기준틀에서 ($+x$ 방향으로 상대 속도 u로 가는) 다른 관성 기준틀로 바뀔 때 그 성분이 다음과 같은 로런츠 변환을 따른다.

$$\left.\begin{aligned} V_t' &= \gamma\,(V_t - uV_x/c) \\ V_x' &= \gamma\,(V_x - uV_t/c) \\ V_y' &= V_y \\ V_z' &= V_z \end{aligned}\right\} \tag{2.7}$$

스칼라는 단일 불변량으로 값이 모든 관성 기준틀에서 똑같다.

4차원 벡터의 크기는 다음과 같이 정의되며, 스칼라이다: $\sqrt{V_t^2 - V_x^2 - V_y^2 - V_z^2}$

이 변환이 부록 B의 로런츠 변환과 조금 다름을 눈치챘을 것이다. 그 까닭은 위치 4차원 벡터를 (ct, x, y, z) 로 정의했기 때문이다. V_t를 ct로 바꾸고 (V_x, V_y, V_z) 를 (x, y, z) 로 바꾸면 익숙한 로런츠 변환이 된다. "크기"의 정의는 시공간 간격이 된다.

능동 읽기 연습: 스칼라란 무엇인가?

스칼라는 모든 관성 기준틀에서 값이 똑같은 양으로 정의한다. 간단한 예는 물건의 수이다. 가게에 가서 구슬 한 통을 사서, 그 속의 구슬을 세면 누구나 20개임을 알 것이다. 또 다른 스칼라는 물체의 온도이다.

스칼라 양을 숫자와 온도 외에 적어도 두 개, 스칼라가 아닌 양을 적어도 두 개 말해보라.

위의 능동 읽기 연습에 대한 답은 많지만 이미 살펴본 스칼라는 다음과 같다.

- **두 사건의 시공간 간격.** 똑같은 옛 것을 다른 언어로 말하고 있다는 것을 눈여겨 보라. 앞서 이 간격이 "불변량"이라고 했는데 이제는 "스칼라"라고 한다. 뜻은 같다. 또한 때때로 "4차원 변위 벡터의 크기"라고도 할 텐데, 이 새 단어는 똑같은 양 $s = \sqrt{c^2\Delta t^2 - \Delta x^2 - \Delta y^2 - \Delta z^2}$ 을 나타낸다.
- **물체의 질량.** 질량은 물체의 정지 틀에서의 관성 질량(힘을 가속도로 나눈 값)으로 정의되므로 모두가 동의한다.
- **여행의 고유 시간.** 쌍둥이 역설에서 두 쌍둥이가 먹은 나이는 서로 달랐다. 그러나 모든 기준틀의 모든 사람은 영희가 먹은 나이에 대해 같은 값을 얻으므로 그의 처음부터 끝까지의 고유 시간은 스칼라이다. 같은 두 사건 사이의 주희의 고유 시간은 다른 스칼라이다.

스칼라가 아닌 양의 예로는 물체의 속력, 에너지, 길이, 두 사건의 좌표 시간 및 빛의 진동수가 있다.

4차원 운동량: 그릇된 정의

물체가 시간 Δt에 일정한 속도로 위치 (x_1, y_1, z_1) 에서 (x_2, y_2, z_2) 로 간다. 뉴턴 물리학에서 물체의 속도와 운동량은 다음과 같다:

$$\vec{v} = \left(\frac{\Delta x}{\Delta t}, \frac{\Delta y}{\Delta t}, \frac{\Delta z}{\Delta t}\right) \qquad \text{뉴턴 속도}$$

$$\vec{p} = \left(m\frac{\Delta x}{\Delta t}, m\frac{\Delta y}{\Delta t}, m\frac{\Delta z}{\Delta t}\right) \qquad \text{뉴턴 운동량}$$

위치 4차원 벡터에서 시작하여 같은 방식으로 상대론적 운동량을 정의한다고 하자:

$$\mathbf{P} = \left(m\frac{c\Delta t}{\Delta t}, m\frac{\Delta x}{\Delta t}, m\frac{\Delta y}{\Delta t}, m\frac{\Delta z}{\Delta t}\right) \qquad \text{잘못된 정의!} \tag{2.8}$$

4차원 벡터는 한 관성 기준틀에서 다른 관성 기준틀로 변환될 때 로런츠 변환을 따르는 것으로 정의됨을 상기하면, (2.8)은 분명히 그 속성이 없다. 왜 그런지 알겠는가?

분자 Δt, Δx 등은 모두 기준틀이 바뀌면 로런츠 변환에 따라 변환된다. 네 성분 모두 스칼라 m을 곱하면 같은 변환이 계속 적용된다. (그 까닭은 수학 용어로 말하면 로런츠 변환이 "선형"이기 때문이다.) 그러나 (2.8)은 성분을 Δt로 나누는데, 이 연산은 틀마다 다르게 나타난다. 따라서 이러한 분수는 기준틀이 바뀌면 더 복잡하게 변환되며, 따라서 (2.8)은 4차원 벡터의 정의에 맞지 않다.

§ 2.2에서 운동량의 정의로서 (2.8)에 대해 또 다른 논거를 만들었다. 그 절의 문제 16에서 $p = mv$가 한 기준틀에서 보존되면 다른 기준틀에서는 보존되지 않음을 보였다. 4차원 벡터에는 그런 문제가 없다. 4차원 벡터가 하나의 관성 기준틀에서 보존되면 모든 기준틀에서 보존된다. (이 절의 문제 21에서 이를 보여준다.)

그래서—그럴듯한 운동량 4차원 벡터로 이어지는 위치 4차원 벡터에 대해 어떤 연산을 할 수 있을까? 답은 아직 분명하지 않지만 필요한 것은 모두 있다.

4차원 운동량: 올바른 정의

(2.8)에서 잘못한 것은 **좌표 시간**으로 나눈 것이다. 스칼라인 고유 시간으로 나누어야 한다.

둘의 차이를 기억하는지 확인하라. 좌표 시간 Δt는 특정 기준틀에서 잰 두 사건 사이의 시간이다. 고유 시간 $\Delta\tau$는 특정 관찰자(또는 물체 또는 시계)가 잰 두 사건 사이의 시간이다.

따라서 특정 물체의 운동량을 재려면 다음 처방을 쓸 수 있다.

1. 물체가 움직이는 기간을 고른다. 이 기간 동안 속도가 일정하다고 가정한다. (그 가정을 곧 다시 살펴볼 것이다.)
2. 그 기간 동안의 물체의 변위를 계산한다. 물론 자신의 기준틀에서 센다. 이것은 4차원 벡터이다.
3. 그 변위를 물체의 고유 시간, 자체 기준틀에서 잰 시간으로 나눈다. $\Delta\tau$는 스칼라(모든 관찰자가에게 같은 값)이므로 이 나눗셈의 결과는 여전히 4차원 벡터이다.
4. 물체의 질량을 곱한다. 그것은 또 다른 스칼라이므로 연산 결과는 4차원 벡터이다.

$$\mathbf{P} = \left(m\frac{c\Delta t}{\Delta\tau}, m\frac{\Delta x}{\Delta\tau}, m\frac{\Delta y}{\Delta\tau}, m\frac{\Delta z}{\Delta\tau}\right) \quad \text{정확한 정의, 그러나 아직 끝이 아니다!} \tag{2.9}$$

다른 관찰자들도 이 결과에 동의할까? 아니다! 예를 들어 물체 자체의 틀에서는 (2.9)의 뒤 세 성분이 늘 0이지만 다른 관찰자는 그렇지 않다. 그러나 (2.9)를 써서 하나의 관성 틀에서 4차원 운동량을 셈하면 (2.7)을 써서 다른 관성 틀의 값으로 바꿀 수 있다. 따라서 이렇게 정의한 4차원 운동량은 4차원 벡터이다.

그러나 이 정의는 어색하다. 이를 계산하려면 기준틀에서 시간과 거리를 재야하고 물체 자체의 기준틀에서 시간을 재야한다. 다행히도 이들이 어떻게 관련되어 있는지 알고 있다.

능동 읽기 연습: Δt와 $\Delta\tau$

당신의 기준틀에서 물체가 시간 Δt 동안 일정한 속도로 가고, 그 시간에 물체 자체의 시계에서는 시간 $\Delta\tau$가 흐른다. 두 시간의 관계식을 적어라.

이 능동 읽기 연습은 좋은 구식 시간 팽창 문제이다. 당신은 물체의 시계가 느리게 가므로 $\Delta t = \gamma\Delta\tau$라고 말한다. (왜 $\Delta\tau$에 γ를 곱하는지 알겠는가?) 이것을 (2.9)에 넣으면 물체의 운동량을 당신의 틀에서 잴 수 있는 양으로 표현할 수 있다.

$$\mathbf{P} = \left(\gamma mc, \gamma m\frac{\Delta x}{\Delta t}, \gamma m\frac{\Delta y}{\Delta t}, \gamma m\frac{\Delta z}{\Delta t}\right) \quad \text{정확하지만 아직 끝나지 않았다.}$$

한 걸음 더! 위에서 이러한 이 식은 속도가 일정하다는 생각에 바탕을 둔다고 했다. 속도가 변한다면 충분히 짧은 시간 동안만 상수로 볼 수 있다. $\Delta t \to 0$의 극한에서 이 근사는 정확해지고 분수 $\Delta x/\Delta t$는 도함수 dx/dt 또는 v_x가 된다. 이로써 이 4차원 벡터의 최종 꼴이 나온다:

$$\mathbf{P} = (\gamma mc, \gamma mv_x, \gamma mv_y, \gamma mv_z) \quad \text{4차원 운동량.} \tag{2.10}$$

위치 벡터를 (t, x, y, z) 가 아니라 (ct, x, y, z) 로 정의했기 때문에 네 성분 모두 단위가 같음을 상기하라. 부록 B의 운동량 및 에너지 방정식에 맞추어 (2.10)을 다음과 같이 고쳐 쓸 수 있다.

$$\mathbf{P} = \left(\frac{E}{c}, p_x, p_y, p_z\right).$$

시공간 4차원 벡터가 위치와 시각을 모두 나타내는 것처럼 운동량 4차원 벡터는 에너지와 운동량을 모두 나타낸다(단위를 맞추고자 인수 c를 씀). 이 양이 보존된다고 주장할 때 운동량과 에너지 보존을 식 하나로 표현한다. (이 4차원 벡터는 때때로 "에너지-운동량 4차원 벡터"라고 한다.)

그런데, 이것이 보존되는가? 이것이 아인슈타인의 애초의 두 가설에서 나왔음 증명할 수는 없다. $\mathbf{P}$의 보존은 뉴턴 역학의 $F = ma$에 해당하는 동역학적 가설이다. (뉴턴 역학은 운동량과 에너지 보존을 가정하는 것으로 시작하여 꾸밀 수도 있음을 상기하라.) 그것의 근거는 실험 결과와 맞는 것이라고 주장한다. 위에서 증명한 것은 이렇게 정의한 운동량이 4차원 벡터라는 것이다. 즉, 하나의 관성 기준틀에서 보존되면 다른 모든 기준틀에서도 보존된다.

이제 모든 4차원 벡터의 "크기" $\sqrt{V_t^2 - V_x^2 - V_y^2 - V_z^2}$가 불변량임을 상기하라. (2.10)의 크기는 전혀 새로운 불변량인가? 사실은 오래된 것이다. 문제 19에서 $\mathbf{P}$의 크기는 물체의 질량 m에 상수를 곱한 값임을 볼 것이다.

간단한 요약

이 절의 내용은 유난히 추상적이고, 이 책에서 가장 길며, 많은 자료가 들어있다. 따라서 지금까지 다룬 내용을 개괄하는 것이 유용할 것이다.

1. "벡터"와 "스칼라"를 매우 다른 두 가지 방식으로 정의하는 것으로 시작했다.
   - **(a)** 일반 벡터(여기서는 "3-벡터"라고 함)는 좌표축의 회전에 대해 특정 방식[(2.6)]으로 변환되는 물리량으로 정의된다. 스칼라는 그 회전 변환에 대해 불변이다.
   - **(b)** 특수 상대론에서 4차원 벡터는 관성 기준틀 사이에서 특정 방식으로 변환되는 물리량으로 정의된다. 스칼라는 해당 변환에 대해 불변이다.
   - **(c)** 스칼라의 상대론적 정의는 더 제한적이다. 상대론의 스칼라는 모든 기준틀과 좌표축의 방향에 대해 불변이다. 따라서 상대론적 스칼라는 옛 의미의 스칼라이지만 그 반대는 늘 참은 아니다. 예를 들어 "속력"은 첫째 정의에서는 스칼라이지만 둘째 정의에서는 아니다. 스칼라는 "지금 말하는 모든 변환에 대해 불변"임을 뜻한다. 따라서 문맥에 따라 해석해야 한다.
2. 4차원 벡터의 속성은 다음과 같다:
   - **(a)** 한 관성 기준틀에서 다른 관성 기준틀로 갈 때 로런츠 변환을 따른다. [변환식 (2.7)은 시간에 붙인 인수 c 때문에 부록 B의 변환과 조금 다르다.]
   - **(b)** 그 크기 $\sqrt{V_t^2 - V_x^2 - V_y^2 - V_z^2}$는 모든 관성 기준틀에서 같다: 스칼라이다.
   - **(c)** 4차원 벡터가 한 관성 기준틀에서 보존되면 모든 관성 기준틀에서 보존된다.
3. "위치 4차원 벡터" 또는 "시공간 4차원 벡터" $\mathbf{R} = (ct, x, y, z)$ 는 사건의 시각과 위치를 나타낸다. 그것의 크기는 그 사건과 시공간의 원점의 시공간 간격이다.

4. "운동량 4차원 벡터" $\mathbf{P} = (\gamma mc, \gamma m\, v_x, \gamma m v_y, \gamma m v_z)$는 물체의 운동량과 에너지를 나타내며 보존량이다. 그 크기는 물체의 질량에 비례한다. (상대론적 질량은 고전적 질량과 다르고 여러 내부 에너지를 포함하지만 불변량임을 기억하라.)

4차원 운동량과 시공간

여기에서 읽기를 마치면 에너지와 운동량의 상대론적 정의와 이러한 정의에 대한 몇 가지 동기를 포함하여 특수 상대론에 대한 확실한 소개를 마친 것이다. 아래에서는 **P**의 정의의 마지막 동기인 기하학적 논리를 제시한다. 이 논리는 이 책의 뒷 부분을 읽고 이해하는데 필요하지는 않다; 상대론적 역학을 더 추상적이고 시각적으로 제시하고 일반 상대론의 바탕을 깔아둔다.

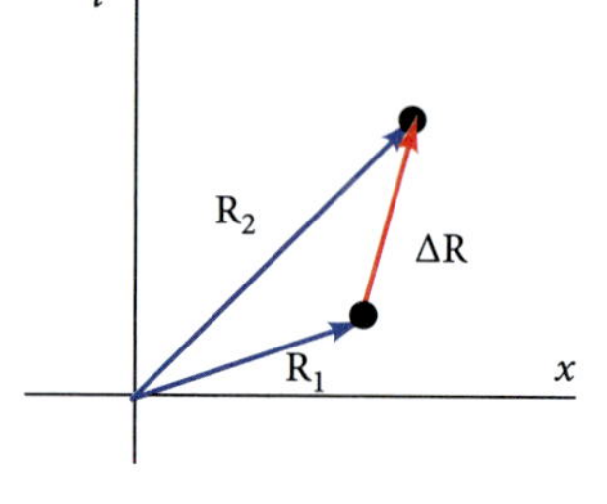

그림 2.18 $\Delta\mathrm{R} = (c\Delta t, \Delta x)$.

3-벡터가 공간에서 방향이 있듯이 4차원 벡터는 4-차원 시공간에서 방향이 있다. 예를 들어, 이 절에서 그린 첫째 4차원 벡터를 살펴보자. 그것은 등속 여행을 나타낸다(그림 2.18).

시공간 도표에서 빨간 화살표의 방향은 여행의 공간적 방향과 속력을 모두 알려준다.

> **능동 읽기 연습: 4차원 운동량의 방향**
>
> 그림 2.18의 시공간 도표에 물체의 4차원 운동량을 그린다면 어디를 가리킬까? **ΔR**과 나란할까? 위 또는 아래를 가리킬까?

P의 공식을 구할 때 **ΔR**의 공식으로 시작했음을 상기하자. 그것을 스칼라 $\Delta\tau$로 나누고 다른 스칼라 m을 곱했다. 벡터에 스칼라를 곱해도 방향은 바뀌지 않으므로 두 4차원 벡터는 방향이 같다.

물체의 운동량 4벡터는 물체의 세계선과 방향이 같다.

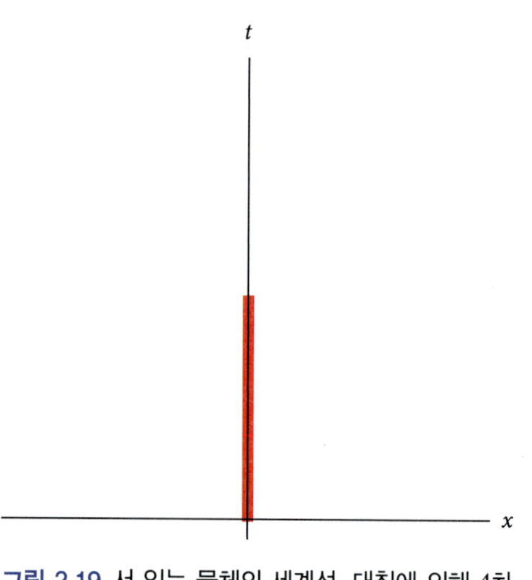

그림 2.19 서 있는 물체의 세계선. 대칭에 의해 4차원 운동량도 똑바로 위를 향한다.

이 말은 물체가 가속된다면 **P**가 세계선에 접함을 뜻한다.

4차원 운동량이 물체의 세계선과 평행하다는 결론은 **P**를 정의한 방식의 결과이다. **P**를 다른 방식으로 정의하면 다른 결과를 얻었을까? 아니다.

그 이유를 알아보려면 서 있는 물체를 생각해 보자. 그 세계선은 시공간 도표에 수직 선분으로 나타나는데, 그것은 Δt는 있지만 $\Delta x = 0$인 것을 반영한다(그림 2.19). 그것의 운동량 4차원 벡터도 수직선분인데, $E \neq 0$이지만 $p = 0$인 사실을 반영한 것이다. 따라서 다시 물을 수 있다. 누군가가 4차원 운동량을 다른 방향으로 정의할 수 있는가? 그렇다면 $+x$ 또는 $-x$ 방향을 가리켜야 한다. $+x$ 방향은 마음대로 잡을 수 있으므로 어느 하나만 물리적으로 맞다고 할 수는 없다.

이 논리가 서 있는 물체에만 적용되는가? 모든 물체는 어느 순간에 어떤 관성 기준틀에서는 서 있다. 어떤 관성 기준틀에서 $\Delta\mathbf{R}$과 $\mathbf{P}$가 평행해야 한다는 결론이 나오면 4차원 벡터의 정의에 따라 모든 관성 기준틀에서 평행해야 한다. 따라서 대칭성은 물체의 4차원 운동량은 그 물체의 세계선에 접할 것을 요구한다.

이 결론을 얻는 또 다른 방법은 벡터의 방향(3-벡터 또는 4차원 벡터)이 물리적으로 뜻이 있다는 것이다. § 2.4.2의 첫 예에서 모든 관찰자는 놀부가 빵집 쪽으로 침을 뱉었다고 동의했고 그들이 벡터 $\vec{v}$에 정해준 성분은 이를 반영했다. 마찬가지로 모든 사람은 $\mathbf{P}$가 그 물체의 세계선과 평행하다는 것에 동의한다. 왜냐하면 그 방향 말고는 물리적으로 골라낼 수 있는 다른 방향이 없기 때문이다.

이 주장의 결론은 물리적으로 뜻이 있는 4차원 운동량의 정의는 앞서 정의한 것과 시공간에서의 방향이 같아야 한다는 것이다. 물음 12에서는 두 가지로 정의된 4차원 운동량의 크기도 같아야 하는 이유를 살펴볼 것이다. 4차원 벡터는 방향과 크기를 모두 묘사하면 유일하게 정해진다.

2.4.3 물음과 문제: 4차원 벡터

개념 물음 및 개념시험

1. $\mathbf{V_A}$와 $\mathbf{V_B}$는 4차원 벡터, S는 스칼라이다. 다음 중 어느 것이 4차원 벡터인가? (맞는 것을 모두 골라라.)
   - **A.** $\mathbf{V_A} + \mathbf{V_B}$
   - **B.** $S\mathbf{V_A}$
   - **C.** $V_{Bt}\mathbf{V_A}$
   - **D.** $d\mathbf{V_A}/dt$

2. 그림 2.20의 4차원 벡터를 크기가 가장 큰 것부터 순서대로 늘어놓아라. (도표에서의 길이는 모두 같지만 크기는 다르다.) 어떻게 아는지 설명하라.

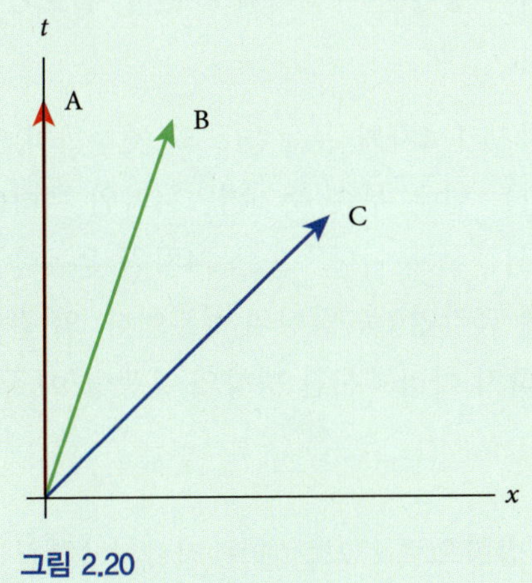

그림 2.20

3. 시공간 도표에 그린 4차원 벡터의 크기가 허수라면 무엇을 뜻하는가? (하나를 골라라.)
   - **A.** 그 벡터는 아래쪽, 즉 음의 시간 방향을 가리킨다.
   - **B.** 그 벡터의 각도는 45° 미만으로 공간꼴 방향을 가리킨다.
   - **C.** 그 벡터의 각도는 45° 이상으로 시간꼴 방향을 가리킨다.
   - **D.** 이것은 수학적으로 불가능하다.

4. 서 있는, 질량 m인 입자의 4차원 운동량을 구하라.

5. 일반 시공간 도표는 시간과 하나의 공간 차원을 보여준다. 이제 시간과 세 공간 차원을 모두 보여주는 도표를 상상하자. (지면에 그릴 수 없으므로 상상해야 한다.) 같은 점에서 시작하는 두 물체의 세계선이 있다. 그 중 하나는 (ct_1, x_1, y_1, z_1) 에서 끝나고 다른 하나는 (ct_2, x_1, y_1, z_1)에서 끝난다: 공간 좌표는 같지만 시각은 다르다. 이 세계선으로 묘사되는 여정은 무엇이 같고, 무엇이 다른가?

6. 입자 가속기 속에서 전자가 서 있다가 가속되어 속력 $0.9c$에 이른다.
   (a) 이 전자의 세계선을 그려라. 순전히 정성적이어

도 좋은데, 모양이 정확해야 한다.

(b) 그림의 시작, 중간, 끝에 3개의 그럴듯한 4차원 운동량 벡터를 그려라.

(c) 그림을 바탕으로 이 여정에서 전자의 에너지 대 운동량의 비가 어떻게 변하는지 간단히 설명하라.

7. $d\mathbf{R}/d\tau$는 4차원 벡터이고 $d\mathbf{R}/dt$는 그렇지 않다는 것을 어떻게 알 수 있는지 설명하라.

8. 다음은 82쪽 그림 2.17의 각본에 대한 일련의 설명이다: 한 벡터를 두 좌표계에서 나타낸 것이다. 각각에 대한 두 관성 기준틀의 4차원 벡터 표현에 대해 등가인 설명을 제시하라. (단순하게 4차원 벡터에 y 또는 z 성분은 없다고 가정하라.) 아래의 예는 무엇을 요구하는지 명확하게 보여주려는 것이다.

3D 설명의 예: 붓점 좌표계 및 붓점 없는 좌표계는 벡터 $\vec{d}$를 나타내는 수평 및 수직 성분이 다르다.

응답의 예: 두 기준틀은 4차원 벡터 **D**를 나타내는 시간 및 공간 성분이 다르다.

(a) 벡터 $\vec{d}$는 변위나 운동량처럼 다른 것을 나타낼 수 있다.

(b) 붓점 좌표계 및 붓점 없는 좌표계 모두 벡터 $\vec{d}$의 크기는 같다: $|\vec{d}| = \sqrt{d_x^2 + d_y^2}$.

(c) (2.6)을 써서 $\vec{d}$의 성분을 한 좌표계에서 다른 좌표계로 변환한다.

(d) $\vec{d}$가 물체의 변위를 나타낼 때 붓점 좌표계 및 붓점 없는 좌표계는 운동의 시작 점과 끝 점의 위치가 같다 (예: "놀부의 집 모퉁이" 및 "수박씨 떨어진 곳").

(e) 물체가 직선을 따라 가고 $\vec{d}$가 그 변위를 나타낸다면, 물체 운동량은 $\vec{d}$와 방향이 같다.

(f) $\vec{d}$의 방향을 나타내는 좌표는 좌표계마다 달라도 그 방향은 모든 기준틀에서 같다.

9. $d\mathbf{P}/dm$은 4차원 벡터인가? 어떻게 아는지 간단히 설명하라.

10. § 2.4.2의 "스칼라"에 관한 설명에서 두 가지 다른 정의를 살펴보았다. 전통적인 스칼라(또는 3-스칼라)는 좌표축의 회전에 대해 불변이다; 상대론적 스칼라(또는 4-스칼라)는 기준틀을 바꿔도 불변이다.

(a) 입자의 질량은 두 정의 모두에서 스칼라이다. 유사한 다른 물리량을 대라.

(b) 입자의 에너지는 좌표축의 회전에 대해 불변이지만 기준틀 변환에 대해서는 불변이 아니다. 유사한 다른 물리량을 대라.

11. (1 kg ls/s, 2 kg ls/s, 0, 0)이 입자의 4차원 운동량이 될 수 없는 이유를 설명하라.

12. 4차원 운동량 P의 공식을 정당화하는 방법 하나는 그 방향과 크기를 따로 살피는 것이다. 설명에서는 **P**의 방향이 움직이는 물체의 세계선과 같아야 한다고 했다. 일단 그렇게 되면 크기는 바꿀 수 있다—모든 성분에 똑같은 스칼라를 곱하면—여전히 유효한 4차원 벡터이고 여전히 올바른 방향을 가리킨다. 따라서 논리를 마무리하기 위해 **P**의 공식에 스칼라(그것이 무차원 수라고 해도)를 곱하면 그것이 운동량 4차원 벡터의 좋은 후보가 될 수 없는 이유를 설명하라 (실험적 증거와 맞는지의 여부와는 무관함). **실마리:** § 2.2에서 상대론적 운동량을 정의하기 위해 나열한 조건을 생각해 보라.

심층 토론

13. 물체의 운동량 4차원 벡터는 세계선에 접한다. 어떤 물체가 등속으로 가고 있다면 시공간 도표에서 세계선이 수직선인 기준 좌표계가 늘 있고, 옆으로 기울어진 기준 좌표계도 있다. 그런데, 시공간에서 4차원 벡터의 방향은 유일하다고 했다. 겉보기 모순을 설명하라.

14. 에너지가 4차원 운동량(c 의 계수까지)의 시간 성분이라는 말은 무슨 뜻인가? "4차원 벡터의 첫째 성분은 시간 성분이다." 또는 "4차원 운동량을 시공간 도표에 그리면 t축 방향의 성분이다."와 같이 시시한 말만 하지 마라. "시간 방향의 운동량"이 무슨 뜻인가?

문제

15. $+x$ 방향으로 $c/2$로 가는 전자의 4차원 운동량을 셈하라.

16. 돌쇠는 10,000 kg 로켓을 타고 (3/5)c로 $+x$ 방향으로 5광년 떨어진 행성으로 날아간다.

(a) 여정의 변위 4차원 벡터 ($c\Delta t$, Δx, Δy, Δz)를 셈하라.

(b) 여정의 고유 시간 $\Delta\tau$를 셈하라.

(c) (2.9)를 써서 그의 4차원 운동량을 셈하라. (필요한 것은 모두 알고 있다.)

(d) (2.1)과 (2.2)를 써서 그의 운동량과 에너지를 셈하라.

17. 질량이 m인 두 물체 A와 B가 각각 왼쪽에서 (3/5)c로, 오른쪽에서 (4/5)c로 다가온다(그림 2.21 참조). 이 문제에서는 물체 A의 기준틀에서 물체 B를 서술한다. 이 일을 두 번 하는데, 처음에는 4차원 벡터, 그 다음에는 4차원 벡터를 써서한다.

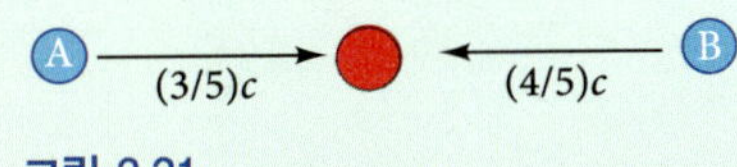

그림 2.21

(a) 부록 B의 속도 변환 공식을 써서 물체 A의 기준 틀에서 물체 B의 속도를 셈하라. [(7/5)c가 아니다.]

(b) 부록 B의 질량 및 운동량에 대한 식을 써서 방금 구한 속도를 바탕으로 물체 A의 기준 틀에서 물체 B의 에너지 및 운동량에 대한 식을 적어라.

(c) 이제 다시 해 보자. 당신의 기준틀에서 물체 B의 4차원 운동량을 적어라.

(d) (2.7)을 써서 4차원 운동량을 물체 A의 기준 틀로 변환하라.

(e) 답이 맞는지 확인하라. (4차원 운동량의 첫째 성분은 E가 아니라 E/c임을 기억하라.)

18. 틀 R에서 어떤 입자의 4차원 운동량이 (2 kg ls/s, 1 kg ls/s, 0, 0)이다.

(a) 이 입자의 질량은 얼마인가?

(b) 이 입자의 속도는 얼마인가?

(c) R에 대해 $+x$ 방향으로 속력 $c/2$로 가는 틀에서 4차원 운동량의 성분는 무엇인가?

19. (2.10)의 정의를 써서 4차원 운동량의 크기를 셈하고 답을 최대한 단순화하라. **실마리:** γ의 정의를 쓰는 것을 잊지 마라.

20. 물체의 위치가 4차원 벡터 **R**이라면 속도 4차원 벡터는 $\mathbf{V} = d\mathbf{R}/d\tau$로 정의할 수 있다.

(a) 물체가 $+x$ 방향으로 얼마나 빨리 움직여야 V_x가 c 보다 더 커지는가?

(b) 이것이 어떤 물체도 빛보다 더 빨리 갈 수는 없다는 규칙에 어긋나지 않는 이유는 무엇인가?

21. 틀 R′은 틀 R에 대해 $+x$ 방향으로 속력 u로 간다.

(a) 틀 R에서 R′로 E와 p_x를 변환하는 식을 써라. (인자 c에 주의하라.)

(b) 입자 A와 B가 충돌하고 틀 R에서 운동량과 에너지가 보존된다. $E_{A0} + E_{B0} = E_{Af} + E_{Bf}$ 및 $p_{xA0} + p_{xB0} = p_{xAf} + p_{xBf}$. (a)에서 얻은 변환식을 써서 틀 R′에서도 운동량과 에너지가 보존됨을 보여라.

(c) 틀 R에서 운동량은 보존되지만 에너지는 보존되지 않는다면 틀 R′에서도 운동량이 보존될까?

여기에서는 운동량 4차원 벡터에 대해 셈했지만 보존되는 4차원 벡터에 같은 결과가 적용된다. 한 관성 기준틀에서 보존되는 양은 모든 관성 기준틀에서 보존된다.

22. 세 벡터의 크기는 삼각 부등식을 따른다: $|\vec{a} + \vec{b}| \leq |\vec{a}| + |\vec{b}|$. 4차원 벡터에 대해서도 같은 부등식이 성립하는가? 그렇다면 증명하고, 아니면 반례를 들어라. **실마리:** 시공간 도표에 4차원 벡터를 그리면 도움이 될 것이다.

23. 두 4차원 벡터 A와 B의 내적은 $A_tB_t - A_xB_x - A_yB_y - A_zB_z$로 정의된다. 이 것이 스칼라임을 증명하라.

24. 이 문제에서 3-벡터의 크기는 회전 변환에 대해 보존되고 4차원 벡터의 크기는 로런츠 변환에 대해 보존됨을 보여준다.

(a) (2.6)을 써서 $x'^2 + y'^2 = x^2 + y^2$임을 보여라.

(b) (2.7)을 써서 $V_t'^2 - V_x'^2 = V_t^2 - V_x^2$임을 보여라. ($y$ 및 z 성분을 넣는 것은 양쪽에 같은 양을 넣는 셈이다.)

25. 4차원 운동량을 써서 속도 변환식을 유도할 수 있다. 간단히 공간 차원을 하나로 잡아 x 방향으로 속력 v

로 가는 질량 m인 입자를 살펴보자. **경고:** 이 문제에는 여러 가지 "γ"가 나올텐데, 그것들을 제대로 나타내려면 아래 글자를 붙이거나 γ를 쓰는 대신 그 정의를 쓸 수 있다.

(a) 입자의 4차원 운동량을 구하라.

(b) 4차원 운동량을 R에 대해 $+x$ 방향으로 속력 u로 가는 틀 R′의 값으로 변환하라.

(c) (b)에서 v와 u의 함수인 P_t'에 대한 식이 있어야 한다. 그것이 나타내는 바를 상기하라: 그것은 E'/c인데, E'은 붓점 기준 틀에서의 입자의 에너지이다. 그래서 그것을 $mc/\sqrt{1-(v'/c)^2}$으로 두어 R′에서의 입자의 속도 v'에 대해 풀어라.

26. 3-벡터 덧셈법인 머리-꼬리-잇기와 같은 방식으로 4차원 벡터를 덧셈을 도표로 할 수 있다. 예를 들어, $+x$ 방향으로 $c/2$로 가는 2 kg의 입자가 1 kg의 서 있는 물체와 충돌하여 한 몸이 된다고 하자.

(a) 두 입자의 초기 4차원 운동량을 그려라.

(b) 머리-꼬리-잇기로 최종 한 몸의 4차원 운동량을 구하라.

(c) 최종 4차원 운동량의 기울기를 추정하여 최종 속도를 구하라.

27. 4차원 힘

4차원 힘 벡터를 $\mathbf{F}=d\mathbf{P}/d\tau$로 정의할 수 있다.

(a) 이것이 4차원 벡터임을 어떻게 아는지 설명하라.

(b) F의 공간 성분은 $\vec{F}=d\vec{p}/dt$로 정의되는 삼차원 힘 벡터와 어떤 관련이 있는가?

2.5 마이컬슨-몰리 실험 추가 분석

1887년에 마이컬슨(Albert Michelson)과 몰리(Edward Morley)는 지금은 "마이컬슨-몰리 실험"이라고 부르는 물리학사상 가장 유명한 실험 중 하나를 했다. 미국 클리블랜드의 동쪽 변두리에서 한 이 실험은 두 가지 이유로 주의 깊게 연구할 가치가 있다. 첫째, 마이컬슨은 고속으로 가는 파동의 작은 변화를 잴 수 있는 놀라운 장치를 발명했다. 이 장치는 지금도 쓰인다. 둘째, 마이컬슨과 몰리는 이 장치를 써서 서로 다른 빛다발의 작은 속력 차이를 찾고자 했다—그리고 놀랍게도 그러한 차이를 찾을 수 없었다 그 전설적인 실패는 현대 물리학으로 가는 길에서 가장 중요한 단계 중 하나였다.

이 절은 보강 및 소멸 간섭으로 이어지는 위상 이동의 개념을 쓴다. 이 개념은 § 3.1에서 검토한다. 이전에 파동의 간섭을 배운 적이 없다면 아직 양자역학을 공부하지 않더라도 이 절을 시작하기 전에 해당 절을 먼저 살펴볼 것을 권장한다.

2.5.1 발견 연습: 마이컬슨-몰리 실험

돌쇠와 순희는 둘 다 잔잔한 물에서 속력 v로 헤엄칠 수 있다. 폭이 L인 개울에서 물이 오른쪽으로 일정한 속력 u(v보다 느림)로 흐른다.

순희는 시냇물을 가로질러 몸을 바로 겨누어 반대편으로 헤엄친 다음 다시 헤엄쳐 돌아온다. 그녀의 수영 속도 v는 물 흐름을 가로질러 향한다. 그녀는 또한 속력 u로 하류로 흘러가고 있지만 상관하지 않는다.

반면에 돌쇠는 거리 L 만큼 하류로 헤엄친 다음 같은 거리를 다시 상류쪽으로 헤엄쳐 온다.

그림 2.22는 두 경로 모두 보여준다. 이 문제의 모든 속도는 광속보다 훨씬 느리므로 상대론적 효과는 무시한다.

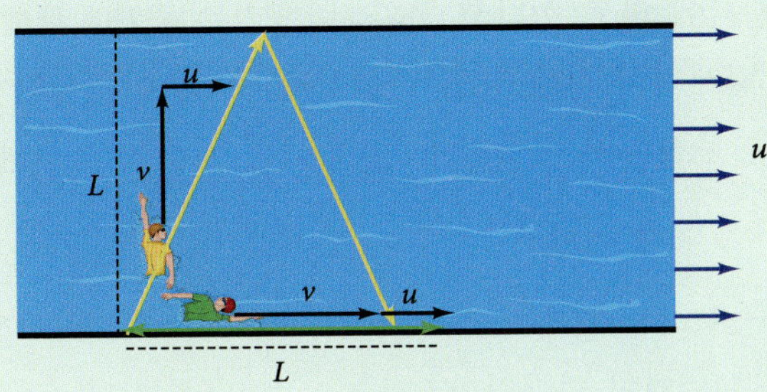

그림 2.22 두 사람이 개울에서 다른 경로를 따라 헤엄친다.

1. 순희가 개울을 건너갔다 돌아오는 데 시간이 얼마나 걸리는가? **실마리:** 물의 흐름은 이 물음과 무관하다.
2. 돌쇠가 하류로 갈 때의 속력은 $v + u$이다. 거리 L을 가는데 얼마나 걸리는가?
3. 돌쇠가 상류로 갈 때의 속력은 얼마이며 출발점으로 돌아가는 데는 얼마나 걸리는가?
4. 돌쇠의 총 시간과 순희의 총 시간의 비를 구하라. 최대한 단순화하라.

이 예제에서는 간섭계의 기본 개념을 소개한다. [순희가 하류로 떠내려가는 대신(문제 8) 직접 헤엄쳐 건너간다면 더 정확한 비유가 되겠지만, 이것은 약간 더 간단한 수학으로 기본 개념을 전달한다.]

2.5.2 설명: 마이컬슨-몰리 실험

우주 공간이 비어 있지 않다고 상상하자. 지금 주위가 "공기"로 가득 차 있는 것처럼 우주 전체가 "빛나는 에테르"(또는 그냥 "에테르")로 차 있다고 상상하자. 소리가 실제로 공기의 진동인 것처럼 (이 각본에서는) 빛은 에테르의 진동이라고 하자. 에테르는 궁극적인 서 있는 기준틀, 모든 운동을 재는 기준인 정지 점을 제공한다. 지구는 30,000 m/s가 넘는 속력으로 이 서 있는 에테르를 지나고 있으므로 계속 강한 "에테르 바람" 속에 있게 된다.

잠깐 쉬면서, 앞 단락의 어떤 것도 참이 아님을 상기하자. 그러나 에테르 가설은 수백 년 동안 물리학계를 지배했으며 보일(Robert Boyle), 하위헌스(Christiaan Huygens), 뉴턴(Isaac Newton), 코시(Augustin L. Cauchy), 스토크스(George G. Stokes), 맥스웰(James C. Maxwell) 등의 저술에서 볼 수 있다. 빛은 파동이므로 그들은 뭔가가 흔들려야 한다고 가정했다. 어떤 물질이 조화 진동을 하며 파동을 만들 것이고 그것이 바로 마이컬슨과 몰리가 재려 한 것이다. 그들의 추론을 따를 때는 갈릴레이에게서 배운 것을 따르고 아인슈타인에게서 배운 것은 모든 제쳐두어야 한다.

그렇다면 에테르 바람은 어떻게 잴까? 자전거를 타고 달리면 바람이 스쳐가는 것을 느낄 수 있지만, 우리를 스쳐가는 이 에테르는 느낄 수 없다. 하지만 다른 방법이 있다. 소리의 속도는 **그것을 전달하는 공기에 대해** 343 m/s이다. 공기에 대해 상대 운동을 하면 그 방향과 속력에 따라 재는 음속이 달라진다. 비유하면 광속 c는 우리가 에테르에 대해 서 있을 때의 값이다. 에테르를 통해 특정 방향으로 가는 지구에 있는 실험실은 방향과 속력에 따라 재는 광속이 달라야 한다.

능동 읽기 연습: 음속

공기에 대해 100 m/s로 나는 비행기에 타고 있다고 하자. 비행기는 **공기에 대해** 300 m/s로 사방으로 퍼지는 소리를 낸다. 갈릴레이의 상대론(또는 상식)을 쓰고 아인슈타인의 상대론(어쨌든 이 속도와 관련이 없음)을 무시하여 비행기에 탄 승객의 관점에서 다음 물음에 답하라.

1. 앞으로 가는 소리, 즉 비행기가 나는 방향으로 가는 소리의 속력을 재면 얼마일까?

2. 반대쪽으로 가는 소리의 속력을 재면 얼마일까?

위의 문제의 답을 갈릴레이 상대론을 써서 구하거나 다음과 같이 생각할 수 있다. 공기는 비행기에 대해 뒤로 속력 100 m/s로 가고, 소리는 공기 속에서 300 m/s로 퍼지므로 비행기 승객이 재는 소리의 속력은, 앞 쪽으로 가는 것은 200 m/s이고, 같은 논리로 뒤 쪽으로 가는 것은 400 m/s이다. 옆 쪽으로 가는 소리의 속력은 이 두 값 사이의 어떤 값이다. (정확히 300 m/s가 아닌 이유를 알 수 있겠는가?

1887년에 마이컬슨과 몰리는 지구가 에테르를 지날 때의 광속의 변화를 재기 시작했다. 기본 착상은 방금 설명한 비행기-승객이 재는 음속 측정 각본과 비슷하다. 어려운 부분은 초당 삼십만 킬로를 가는 것을 어떻게 재는가였다. 마이컬슨의 천재적인 대책은 지금 “마이컬슨 간섭계”라고 부르는 장치였다.

마이컬슨 간섭계

마이컬슨 간섭계의 얼개는 그림 2.23과 같다. 단일 광원에서 나오는 빛다발이 반거울에서 두 가닥으로 갈라져 서로 직각 방향으로 나아간다. 두 빛다발은 각각 거울에서 반사되어 반거울로 되돌아와 겹쳐져 접안렌즈로 들어온다.

두 가닥의 빛다발이 눈에 들어올 때 위상이 같은 지—그러면 보강 간섭한다—살펴보자. 빛(파동)의 마루를 따라가는 것을 상상하자. 반거울에서 빛다발이 두 가닥으로 갈라지면서 마루도 둘로 갈라져 다른 경로를 거쳐 눈으로 들어온다.

- 두 경로의 길이가 같고 두 빛다발이 같은 속력으로 가면 두 마루가 동시에 눈에 들어온다. 모든 마루가 마찬가지이므로 두 빛다발의 위상은 같고 보강 간섭을 한다.
- 두 경로의 길이가 다르면 두 마루가 여정을 마치는 데 걸리는 시간이 다르다. 따라서 두 빛다발은 위상이 다를 수 있다.
- 두 경로의 길이가 같지만 속력이 다르면 다시 또 두 마루가 여정을 마치는 데 걸리는 시간이 다르고, 따라서 두 빛다발은 위상이 다를 수 있다.

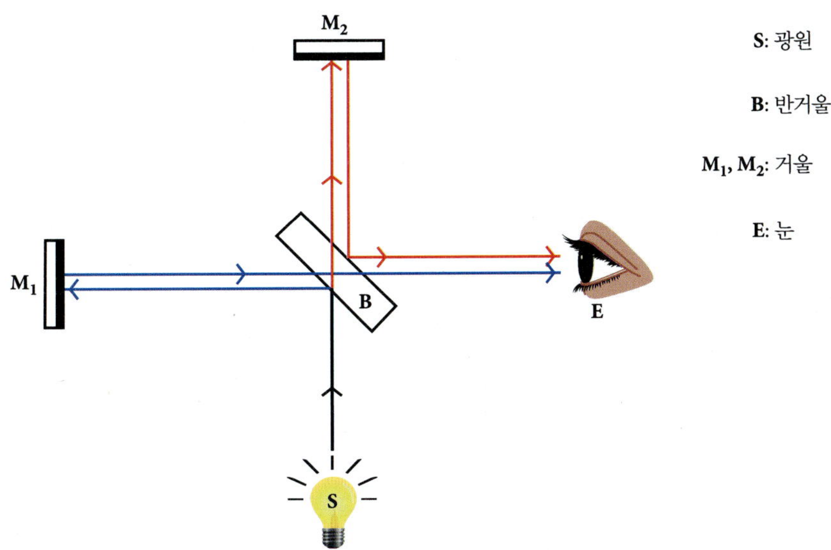

그림 2.23 마이컬슨 간섭계의 얼개. 단일 광원 S에서 나간 빛다발은 반거울 B에서 두 가닥(빨산 선과 파란 선)으로 갈라져 각각 거울 M_1과 M_2까지 갔다가 반사되어 B로 되돌아와 겹쳐서 눈 E로 들어온다. 그림에서는 갈라진 두 가닥의 빛다발이 파란색과 빨간색으로 표시하여 구별할 수 있지만 실제 실험에서는 색깔이 똑같아 구별할 수 없다.

그림 2.24는 도착할 때 위상이 다른 두 빛다발을 보여준다.

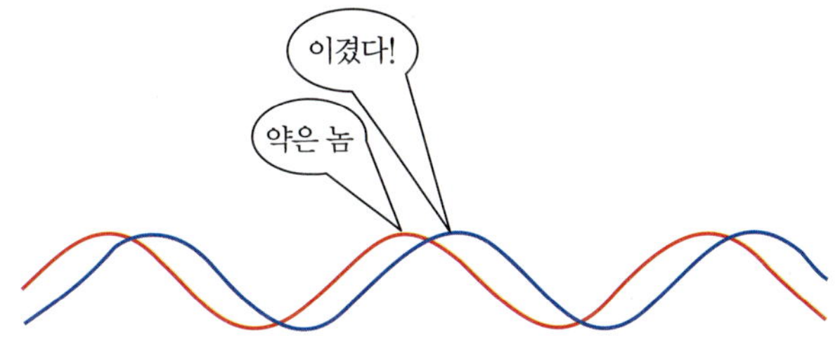

그림 2.24 간섭계를 지나는 여정의 마지막 구간에서 두 빛다발은 겹쳐져서 같은 속력으로 같은 경로를 따라 간다. 그러나 지나온 경로의 길이나 속력이 달랐기 때문에 마루의 순간 위치가 어긋난다.

이제 지구가 $\mathbf{M_1}$에서 **B**까지 수평축을 따라 간다고 하자. 파란색 빛다발은 먼저 지구의 운동과 반대쪽으로 간 다음 거울에서 반사되어 같이 가지만 빨간색 빛다발은 늘 해당 운동에 수직하게 간다. (반거울에서 거울까지의 경로만 살피고 있다. 그 전후의 경로는 두 빛다발이 같으므로 간섭 무늬에 영향을 주지 않는다.)

에테르 모형은 여행의 일부에서 파란색 빛다발이 더 빠르게 가고 일부 여행에서 빨간색 빛다발이 더 빠르게 갈 것을 예측한다. 그러나 이 두 효과는 완전히 상쇄되지 않으므로 두 경로를 지나는 시간이 조금 다르다(문제 8 참조). 따라서 두 경로의 길이가 같아도 빛다발이 겹칠 때는 위상이 서로 다르다. (그림에 보인 두 경로를 구별하고자 빛다발을 "파란색"과 "빨간색"으로 나타냈지만 실제로는 두 빛다발이 같은 색깔임을 상기하자.)

이 착상이 얼마나 멋진지 알겠는가? 광원 **S**를 켜면 그 결과를—두 경로의 전체 결과를—**E**에서 (모든 실제적인 목적에 비추어) 바로 볼 수 있다. 그러나 **E**에서 보는 보강 간섭 또는 소멸 간섭은 두 경로가 얼마의 시간차를 주는지에 따라 정해진다. 직접 잴 수 없을 만큼 작은 시간차가 생겨도 화면에 나타나 볼 수 있다.

마이컬슨의 장치는 매우 민감해서 130년 후에는 본질적으로 같은 장치를 써서 양성자 크기의 약 1/10,000인, 약 10^{-19} m의 공간 왜곡을 재어 중력파 검출에 성공했다(문제 9).

간섭계 돌리기

위에서 두 빛다발의 경로의 길이가 다르거나 속도가 다르면 눈에 들어올 때 위상이 다를 수 있다고 했다. 마이컬슨과 몰리는 속력의 차이를 찾고 있었지만 두 경로의 길이가 필요한 정확도 수준만큼 똑같다고 확신할 수 없었다. (가시광의 파장은 10^{-6} m 미만이다.) 그래서 그들은 경로의 길이 차이의 효과를 제거하고 속력의 차이만 남기는 멋진 요령을 찾아냈다.

간섭 무늬를 관찰하여 간섭 무늬의 위치를 살펴본 뒤, 장치 전체를 90° 돌렸다. 그렇게 돌려도 실험 장치는 바뀌지 않는다. 경로 길이의 차이에서 오는 위상 변화도 얼마이든 앞서와 똑같다. 그러나 에테르 바람에 대한 방향이 달라 생기는 속도의 차이에서 오는 위상 변화는 달라진다.

따라서 실험의 목적은 두 빛다발이 겹쳐 화면에 만드는 간섭 무늬의 속성이 보강인지 소멸인지를 확인하는 것이 아니었다. 그러한 간섭 무늬를 만드는 원인은 여러 가지이기 때문이다. 그들은 장치를 90° 돌린 다음 간섭 무늬가 어떻게 바뀌는지 살펴보았다. 그러한 변화는 에테르 바람 때문에 빛의 방향에 따라 속력이 달라진 결과이기 때문이다.

결과

마이컬슨과 몰리는 과학자들이 늘 그렇듯이 실험을 할 때 어떤 결과를 얻을지 기본적으로 알고 있었다. 하지만 실험 결과가 예상을 벗어나자 크게 놀랐다.

그들은 실험 결과에서 두 빛다발의 속력이 서로 다르다는 증거를 전혀 볼 수 없었다. 마이컬슨은 편지에서 결과가 "확실히 부정적"이라고 썼다. 그의 실험은 측정 오류를 허용해도 "[지구와 에테르의] 상대 속도가 지구 속도의 1/6 미만"임을 보여주는 것 같았다.

그때나 지금이나 지구가 태양계에서 얼마나 빨리 가는지에 대해서는 의심의 여지가 없다. 그러나 마이컬슨-몰리 실험은 이 운동이 지구의 기준틀에서 광속에 영향을 주지 않음을 보여주는 것 같았다. 지금은 그것을 참으로 받아들이고 예상하지만, 그 때는 최고의 지성을 사로잡은 심오한 이론적 문제가 되었다. 마이컬슨은 1887년 논문에서 다음과 같이 썼다.

> 스토크스는 지면의 에테르가 지면에 대해 서 있고 상대 속도의 함수인 전위가 있다고 가정하여 광행차 이론을 제시했다. 그러나 로런츠는 이 두 조건이 양립할 수 없음을 보여준 다음 스토크스와 프레넬의 일부 착상을 결합하여 프레넬 계수와 함께 전위의 존재를 가정하는 수정안을 제시한다. 우리의 연구에서 에테르가 지면에 대해 서 있다는 결론을 내리는 것이 맞다면 로런츠에 따르면 속도의 함수인 전위는 없으며 그의 이론도 맞지 않다.

아인슈타인은 단번에 그 모든 착상을 쓸모없게 만들었다. 사람들은 종종 그의 급진적인 착상을 "공간과 시간은 기준틀에 따라 달라진다" 또는 "질량은 에너지의 한 형태"라고 생각한다. 그러나 그의 이론을 요약하면 "에테르는 없다"는 것이다. 빛은 소리와는 달리 아무런 매체도 없이도 퍼져

갈 수 있다.[9]

아인슈타인은 맥스웰의 방정식이 물리학의 기본 법칙이며 모든 관성 기준틀에서 성립해야 한다고 믿었고, 그래서 빛에 대한 기본 기준틀에서 에테르를 제거한 결과를 따르게 되었다. 아인슈타인이 마이컬슨–몰리 결과의 영향을 받았는지는 논쟁의 여지가 있다. 그는 그것을 들어 본 것 같지만 때때로 그것이 그의 생각에 큰 영향을 주지 않았다고 말했다. 그렇지만, 그는 나중에 사람들이 그의 이론을 받아들이게 된 중요한 이유라고 언급했다.

실험에 관한 자세한 내용(또는 "과학은 어려워")

왜 19세기 물리학자들이 지구가 "에테르 바람" 속에서 움직이고 있다고 믿었는지, 왜 그 바람 때문에 빛의 진행 방향에 따라 광속이 달라지는지를 이해하기 바란다. 그리고 거의 순간적인 운동의 작은 변화를 그 때문에 생기는 간섭 무늬의 위상 이동을 통해 재는 방법도 이해하기 바란다. 이 역사적인 실험의 결과는 특수 상대론의 가설을 정당화한다.

그것은 이론이다. 실험은 어떨까? 그림 2.23의 간단한 얼개와 실제로 꾸민 실험 장치는 전혀 다르다. 손을 더럽히면서 마이컬슨과 몰리가 따져 봐야 했던 몇 가지 문제를 살펴보자.

큰 것부터 시작하자: 눈은 점이 아니라 빛을 받는 유한한 영역이다. 이 영역에서 두 가닥의 빛다발의 경로 차가 파장의 정수 배인 곳은 위상이 같으므로 보강 간섭을 하여 밝게 보인다. 경로 차가 파장의 반홀수 배인 곳은 위상이 완전히 어긋나 소멸 간섭을 하여 어둡게 보인다. 그 결과 "간섭 무늬"가 생긴다. 밝고 어두운 띠가 번갈아 생긴다. (왜 그렇게 되는지 잘 모르겠으면 생각을 거기서 멈추어라. § 3.2에서 자세히 설명한다.) 빛다발이 어떤 경로로 왔든 간섭 무늬를 볼 수 있다. 그 자체로는 아무 것도 알려주지 않지만 위에서 설명한 이유로 장치를 90° 돌리면 간섭 무늬가 이동해야 했지만 실제로는 그렇지 않았다.

여기에 몇 가지 문제가 더 있다. 이론적 중요성 때문이 아니라 실험의 엄밀함을 엿볼 수 있도록 아래에 제시한다.

- 간섭계는 가만히 있을 때도 진동에 아주 민감했다. 그리고 기억하라: 장치 전체를 아무 것도 건드리지 않으면서 돌려야 했다! 왜곡을 최소화하고자 마이컬슨과 몰리는 무거운 석조 기숙사 지하실의 밀폐된 방에서 실험했으며 큰 돌판 위에 장치를 꾸며 수은 웅덩이에 띄웠다. 그들이 돌판을 밀면 부드럽게 돌아 에테르 바람에 대한 각도에 따라 간섭 무늬가 바뀐다면(또는 바뀌지 않는다면) 그것을 관찰할 수 있게 했다
- 그러나 지하 실험실은 좁았다. 경로가 길수록 위상차를 검출하기가 더 쉬운데, 실험 장치를 키울 수 없었다. 그래서 그들은 그림에서는 하나 씩만 보여준 거울 위치에 4장의 거울을 두어 빛다발이 거울에서 반사되어 여러 번 오가게 했다. 이렇게 하여 전체 경로 길이를 11 m로 늘렸다.
- 그들은 실험 장치를 정렬할 때는 노란 빛을 썼는데, 그 까닭은 진동수(파장)가 일정하게 유지되기 때문이었다. 그러나 실제 실험에는 흰 빛을 썼는데, 그 이유는 결과로 나타나는 간섭

9 일부 저자는 마이컬슨–몰리 실험이 에테르의 존재를 배제하지 않음을 보였다. 갈릴레이 변환 대신 로런츠 변환을 써서 관성 기준틀 간에 변환하는 경우 여전히 하나의 특정 기준틀을 "에테르 틀"로 정의하고 빛이 그 틀에서 서 있는 매질의 파동이라고 말할 수 있다. 그러나 물리학은 모든 관성 기준틀에서 똑같이 나타나므로 어떤 기준틀이 에테르 틀인지 확인할 길이 없다.

무늬의 색상 변화를 눈으로 감지하기가 더 쉽기 때문이다.

- 끝으로, 장치를 돌려도 간섭 무늬에 아무런 변화가 보이지 않자 설명을 찾기 시작했다. 그들의 가설 중 하나는 특히 흥미로우므로 여기에 마이컬슨과 몰리의 원본 논문을 인용한다.

> 앞의 내용에서는 지구의 궤도 운동만 고려했다. 이것을 확실히 알려진 것이 거의 없는 태양계의 운동과 결합한다면 그 결과는 바뀌야 할 것이다. 그리고 관측 당시의 속도가 작았을 가능성이 있지만 확률은 작다. 그러므로 실험은 3개월 간격으로 반복할 것이고, 그러면 모든 불확실성을 피할 수 있을 것이다.

실험의 마지막 조각이 있다. 6달 뒤 전체 실험을 반복했다. 예상대로 결과는 다르지 않았다.

이 마지막 요점은 과학 발전의 매우 일반적인 규칙을 증언한다. 실험이 이론과 맞지 않으면 실험을 바꾸거나 이론을 고친다. 다른 모든 것이 실패할 때만 기본 원리를 버리거나 고쳐 쓴다.

2.5.3 물음과 문제: 마이컬슨-몰리 실험

개념 물음 및 개념시험

1. 북쪽으로 가는 기차에 타고 있다(시속 100 km 미만). 기차 밖에는 고속도로가 있고, 자동차 4대가 시속 100 km로 각각 동, 서, 남, 북쪽으로 간다.

(a) 기차의 기준 틀에서 잰 자동차 네 대의 속도를 가장 빠른 것부터 순서대로 나열하고, 같은 것은 표시하라.

(b) 이 물음이 광속에 대한 마이컬슨 및 몰리의 기대와 어떤 관련이 있는지 간단히(그러나 구체적으로) 설명하라.

2. 92쪽의 발견 연습은 y 방향으로 등속 v로 거리를 $2L$을 간 순희와 속도 $v + u$로 거리 L을 간 다음 속도 $v - u$로 거리 L을 간 돌쇠와 비교했다. 당신의 결론은 돌쇠가 한 때는 순희보다 빠르고 한 때는 느렸지만, 두 선수가 걸린 시간이 다르다는 것이다. 이 결과가 마이컬슨이 실험하면서 기대했던 바와 어떤 관계가 있는지 설명하라.

3. 소리가 공기의 진동이 퍼져가는 것이듯이 빛이 에테르의 진동이 퍼져가는 것이라면 에테르가 지구 대기에만 있는 것이 아니라 은하 전체, 심지어 은하 사이에도 있어야 함을 어떻게 알 수 있을까?

4. 마이컬슨과 몰리는 유효 경로 길이를 늘이고자 거울을 여러 장 썼다. 그것이 왜 도움이 되는가?

5. 마이컬슨-몰리가 실험을 6달 뒤에 반복했던 까닭은 무엇인가? (가장 좋은 답변을 골라라.)

A. 좋은 실험은 오류를 줄이려면 늘 반복해야 한다.

B. 6달 뒤 지구가 다른 방향을 가리키므로 장치가 실질적으로 회전한다.

C. 그들은 있음직한 에테르의 시간-변화를 넣고자 했다.

D. 그들은 우주에서의 태양계의 운동 효과를 넣고자 했다.

E. 마이컬슨은 더 많은 보조금이 필요했다.

6. 마이컬슨이 발견한 놀라운 결과는 무엇인가? 특수 상대론의 틀에서 그 결과를 완벽하게 예측할 수 있는 이유는 무엇인가?

심층 토론

7. 마이컬슨의 실험 결과에 대한 한 가지 설명은 지구가 에테르 속을 지나갈 때 주변의 에테르를 끌고 가므로, 늘 지구의 운동과 반대쪽으로 부는 바람을 느끼

지 않는 것처럼 에테르 바람을 경험하지 않는다는 것이다. 그 이론을 어떻게 검증하겠는가? 어떤 문제가 있는가?

문제

8. 위상 이동 계산

이 문제에서는 광속 c가 에테르에 대한 상대 속도라고 가정하여 마이컬슨 간섭계를 분석한다: 아인슈타인 이전의 분석. 실제 실험보다 약간 더 간단한 모양을 쓰지만 중요한 것은 다르지 않다.

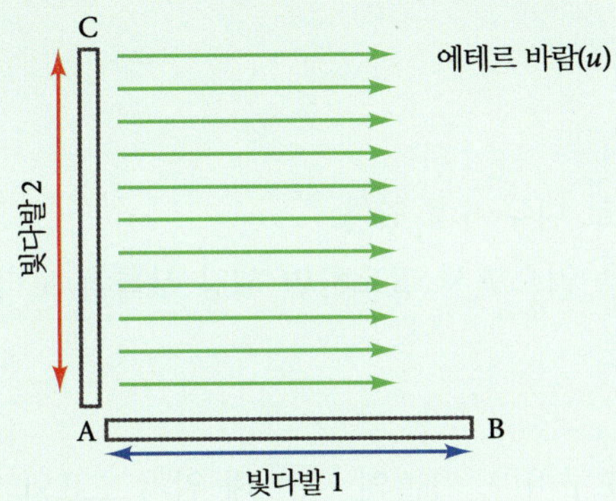

그림 2.25

장치 꾸밈은 그림 2.25와 같다. A에서 빛다발 두 가닥이 나간다. 에테르 바람은 속도 u로 오른쪽(A에서 B로)으로 흐른다. 빛다발 1은 B로 간 다음 다시 A로 온다. 빛다발 2는 에테르 바람에 수직으로 C까지 갔다가 돌아온다. 거리 AB와 AC는 각각 L과 같다. 당신(관찰자)은 늘 A에 있다.

(a) 빛다발 1이 A에서 B로 갈 때 당신에 대한 속력은 얼마인가?

(b) 빛다발 1이 돌아올 때의 속력은 얼마인가?

(c) 빛다발 1이 갔다 오는데 걸린 시간은 총 얼마인가?

(d) 빛다발 2의 당신에 대한 속력은 얼마인가?[10] **실마리:** c가 아니다. 돌아올 때는 속력은 같지만 방향은 아래쪽이다.

(e) 빛다발 2가 갔다 오는데 걸린 시간은 총 얼마인가?

(f) 이제 숫자를 넣어 보자. $c = 3 \times 10^8$ m/s, $u = 3 \times 10^4$ m/s 및 $L = 11$ m로 잡고, 두 경로의 시간차를 셈하라.

(g) 끝으로 빛의 진동 주기를 5.1×10^{14} Hz로 가정하자. 두 경로의 위상차를 셈하라.

(h) 그림 2.23에 보인 마이컬슨 간섭계는 실제로는 이 문제에서 제시한 것보다 모양은 더 복잡하지만 내용은 같다. 그림 2.23에서 에테르 바람이 M_1에서 접안 렌즈 쪽으로 수평 방향으로 분다고 하자. 그 도표의 어느 곳이 그림 2.25의 A, B, C에 해당하며, 그림 2.23에서 세 점으로 된 L에 포함되지 않은 경로 부분을 무시해도 되는 이유는 무엇인가?

9. LIGO

LIGO(Laser Interferometer Gravitational-Wave Observatory: 레이저 간섭계 중력파 관측소)는 아인슈타인의 일반 상대론이 예측한 중력파를 검출하고자 꾸몄다. 그 이론은 우주의 특정 사건이 공간 왜곡의 잔물결을 일으킨다고 예측한다. LIGO는 2015년 13억 광년 떨어진 한 쌍의 블랙홀이 충돌할 때 생긴 중력파를 검출하여 세계적인 뉴스가 되었고 그 뒤로 더 많은 중력파를 검출했다.

LIGO의 기본 구조는 마이컬슨의 장치와 비슷하다(그림 2.26). 레이저 빛은 두 수직 팔을 따라 가서 그 끝에 있는 거울에서 반사되어 다시 겹쳐진다. (마이컬슨의 장치와 마찬가지로 LIGO는 경로 길이를 늘리고자 빛을 앞뒤로 여러 번 반사시킨다. 그러나 규모

그림 2.26 출처: Caltech/MIT/LIGO Lab © 2008.

10 마이컬슨은 애초에 간섭계 실험을 분석할 때 수직 속도를 c 로 잡았다. 로런츠가 오류를 지적했고 마이컬슨은 후속 논문에서 이를 고쳤다.

는 전혀 다르다. LIGO는 길이 4 km인 팔을 따라 400번 반사된다!) 물론 두 경로에서 광속은 같다. LIGO는 거리의 변화를 검출한다. 중력파는 한 팔을 늘리고 다른 팔을 줄여 두 빛다발의 간섭 무늬를 바꾼다. LIGO에 쓰는 레이저 빛의 진동수는 2.8×10^{14} Hz이다.

(a) 한 주기의 10%에 해당하는 위상차가 생기려면 두 팔의 길이차가 얼마여야 하는가? (각 팔의 유효 길이는 실제 길이의 400배이며, 팔 하나가 조금 길어지면 유효 길이의 변화는 그것의 400배이다.)

(b) 이제까지 검출한 최초의 중력파에서 간섭계 팔은 약 2×10^{-17} m 늘어났다가 줄어들었다. 간섭 무늬에 생기는 위상 변화는 얼마인가? LIGO의 측정 장치는 마이컬슨과 몰리가 눈으로 감지할 수 있었던 것보다 훨씬 더 작은 변화를 검출할 수 있음을 발견해야 한다.

2장 요약

아인슈타인의 특수 상대론에 대한 탐사는 1장과 2장으로 나누어져 있다.

두 장의 식은 부록 B에 정리되어 있으므로, 이 요약을 읽으면서 필요하면 해당 부록을 보라.

2.1 시공간 도표

"시공간 도표"는 상대론적 사건을 시각화하는 중요한 도구이다. 기존의 시간 대 위치 도표와 달리 세로 축에 시간을, 가로 축에 위치를 나타낸다.

- 이 도표는 전통적으로 $c = 1$인 단위를 써서 그리며, 그러면 빛의 세계선은 ±45°의 직선이 된다. 도표의 한 점(사건)으로 들어오고 나가는 빛은 그 사건의 "과거 빛 원뿔"과 "미래 빛 원뿔"을 이룬다.
- 어떤 사건 E의 과거 또는 미래 빛 원뿔 속의 사건은 E와 "시간꼴"로 떨어져 있다. E의 빛 원뿔 위의 사건은 E와 "빛꼴"로 떨어져 있다. E의 빛 원뿔 위 또는 속의 사건은 E에 영향을 주거나 받을 수 있다.
- E의 빛 원뿔 밖의 사건은 E와 "공간꼴"로 분리되며 어떤 인과 관계도 없다.

2.2 운동량과 에너지

운동량과 에너지의 상대론적 정의(부록 B)는 모든 관성 기준틀의 아무 고립계에서나 보존된다.

- $\vec{p}$와 E에 대한 상대론적 공식은 $v \ll c$에서는 뉴턴 값으로 환원된다. 둘 다 극한 $v \to c^-$에서는 ∞에 접근한다.
- 상대론적 에너지는 "정지 에너지" mc^2과 운동 에너지 $K = E - mc^2$으로 나눌 수 있다. 정지 에너지는 열 에너지 또는 압축 용수철의 위치 에너지와 같은 모든 형태의 내부 에너지를 포함한다. 따라서 그러한 형태의 에너지 증가는 물체의 질량을 키운다.
- 물체의 운동이 c보다 훨씬 느리거나 c에 매우 가까우면 셈을 단순화할 수 있다.
  - "비상대론적" 입자($v \ll c$, $K \ll mc^2$): 운동량과 에너지에 대한 뉴턴 공식을 쓸 수 있다.

– "초상대론적" 입자($v \approx c$, $K \gg mc^2$): 어림식 $E \approx pc$를 쓸 수 있다. 질량이 0인 입자는 늘 초상대론적이며 $v = c$ 및 $E = pc$이다.

2.3 질량과 에너지 (그리고 광속의 제곱)

- 고전역학에서와 마찬가지로 질량은 물체의 관성을 결정한다. 같은 힘을 받으면 물체의 질량이 작을수록 가속도가 더 크다.
- 고전역학에서와 마찬가지로 질량은 시간에 대해 불변이며 모든 기준틀에서 같다(불변량).
- 고전역학과 달리 질량은 "가법적 물리량"이 아니다. 두 계 A와 B가 모여 만든 계 A + B의 질량은 계 A의 질량과 계 B의 질량을 더한 값과 꼭 같지는 않다. 그 까닭은 낱낱의 계에서 위치 에너지와 운동 에너지였던 양이 결합된 계에서는 질량 에너지가 될 수 있기 때문이다.
- 모든 충돌에서 에너지는 보존된다. "탄성 충돌"은 충돌 전과 후의 입자가 똑같고 질량도 바뀌지 않는다. 비탄성 충돌에서는서 입자가 생성 또는 소멸되거나 질량이 바뀐다.

2.4 4차원 벡터

"4차원 벡터"에는 시간 성분과 세 개의 공간 성분이 있다. 위치 4차원 벡터(또는 "시공간 4차원 벡터")는 (ct, x, y, z)로 정의된다.

- 4차원 벡터는 좌표가 로런츠 변환을 통해 하나의 관성 기준틀에서 다른 기준틀로 바뀐다는 사실을 통해 정의된다(시간 t에 c를 곱하여 네 성분의 단위를 맞춤).
- 이 문맥에서 "스칼라"는 불변량을 뜻한다. 즉, 모든 관성 기준틀에서 같이 똑같다.
- 4차원 벡터의 크기는 $\sqrt{V_t^2 - V_x^2 - V_y^2 - V_z^2}$로 정의하며 스칼라이다.
- "운동량 4차원 벡터"는 물체의 에너지와 운동량으로 구성된다: $\mathbf{P} = (E/c, p_x, p_y, p_z)$

2.5 마이컬슨-몰리 실험 추가 분석

19세기 물리학자들은 우주가 "에테르"로 차 있고, 빛의 본질은 에테르의 진동이 퍼져가는 것이라고 믿었다. 마이컬슨과 몰리는 지구의 공전으로 생기는 "에테르 흐름"을 재고자 실험했다.

- 에테르 가설이 맞다면 광속은 에테르 흐름의 방향으로는 빨라지고 반대 방향으로는 느려질 것이다.
- 그들은 빛살을 두 가닥으로 나누어 한 가닥은 지구의 운동과 수직인 경로로 보내어 반사시키고, 다른 가닥은 평행한 경로로 보내어 반사시켜 다시 모아 두 빛살을 간섭시키는 장치(간섭계)를 꾸며, 간섭 무늬를 쟀다. 그들은 간섭계를 90° 돌려 간섭 무늬가 어떻게 바뀌는지 살펴보았다.
- 그들은 실험이 실패였다고 판단했다. 왜냐하면 서로 수직인 두 방향에서 광속의 차이가 검출되지 않았기 때문이었다. 뒤에 아인슈타인은 과학계가 자신의 이론을 받아들이게 된 주된 이유 중 하나가 이 결과라고 서술했다.

3
양자 혁명 I: 광파에서 광자로
The Quantum Revolution I: From Light Waves to Photons

상대론에 따르면 뉴턴의 법칙은 광속보다 훨씬 느린 물체에서만 맞다. 그렇다고 해서 빠른 물체와 느린 물체에 적용되는 법칙이 다른 것은 아니다; 상대론의 방정식은 모든 속력에서 맞다. 그러나 아인슈타인 방정식과 뉴턴 법칙은 느린 물체에 대한 예측은 본질적으로 같고, 빠른 물체에 대한 예측은 상당히 다르다. 20세기 초 물리학자들은 광속에 가깝게 가는 물체를 잴 수 있었고, 그러한 물체는 뉴턴 법칙이 아닌 아인슈타인 방정식을 따름을 확인했다.

그 때에, 아주 작은 물체를 재면서 고전적 예측이 맞지 않는 또 다른 영역이 드러났다. 이제는 뉴턴 물리학을 일반적인 속도와 **크기**의 물체에 대해 맞는 근사치로 본다. 빠른 물체에 상대론이 필요한 것처럼 원자처럼 작은 물체에는 양자역학이 필요하다.

특수 상대론은 1905년 아인슈타인의 머리에서 완전히 정리되어 나왔지만,[1] 양자역학은 많은 물리학자들이 수십 년에 걸쳐 발전시켰다. 이러한 실험과 이론의 연속은 흥미로운 이야기이지만 이 책의 주요 주제는 아니다. 따라서 발전 과정을 역사적 순서가 아니라 개념을 가장 명확하게 이해할 수 있는 순서로 제시하겠다. 부록 A는 양자 물리학이 역사적으로 어떻게 나왔는지 더 잘 알 수 있게 결과를 시간 순서로 요약했다.

입자를 동시에 두 곳 이상에서 발견할 수 있다고 믿는 이유, 측정이 계를 어떻게 바꾸는지, 양자역학의 다른 핵심 개념들을 가장 명확하게 보여주는 "영의 겹-실틈 실험(Young double-slit experiment)"부터 설명하겠다. 하지만 이를 설명하려면 먼저 몇 가지 배경 지식이 필요하다. § 3.1에서는 파동의 중요한 특성인 "간섭"을 설명한다. 이 부분은 앞서 배운 물리학 강좌를 되새기는 것이지만, 다음 절에 중요한 배경 지식이 되므로 건너뛰지 말기 바란다. § 3.2에서는 19세기에 영의 겹-실틈 실험이 빛의 파동 특성을 규명하는 데 어떻게 쓰였는지 설명한다. § 3.3에서는 같은 실험이 20세기에 어떻게 변형되어 빛에 입자성도 있음을 증명하는지 보여준다. 이 두 절을 다 읽고 나면 "빛은 입자와 파동의 성질을 모두 가지고 있다"는 말이 무슨 뜻인지 알게 될 것이다(지금은 그다지 놀라운 계시처럼 들리지 않을 수도 있다). 이 이중적인 성질 때문에 물리학자들이 실체의 본질에 대한 근본 가정을 다시 생각하게 된 이유를 알게 될 것이다.

1 물론 이는 과장된 말이다. 그 전에 다른 사람들이 몇 가지 핵심 개념을 발전시켰다.

3.1 수학 간주곡: 간섭

19세기와 20세기 물리학에 큰 영향을 끼친 영의 겹-실틈 실험을 통해 양자역학의 핵심 개념을 소개하겠다. 하지만 실험을 제대로 소개하기 전에 "간섭"의 수학과 물리학을 먼저 알아볼 필요가 있다.

3.1.1 설명: 간섭

영희와 철수는 긴 밧줄이 거의 수평이 되게 양 끝을 잡아 당긴다. 이들이 할 수 있는 간단한 실험 세 가지를 설명하겠다. (집에서도 해 볼 수 있다!)

- **영희가 밧줄을 한 번 빠르게 흔든다.**
  그 결과 영희 쪽에서 돌기가 생겨 밧줄을 따라 철수 쪽으로 간다.
- **영희와 철수가 동시에 밧줄을 빠르게 흔든다.**
  그 결과, 그림 3.1에서 보듯이 두 사람 쪽에서 돌기가 생겨 상대 쪽으로 간다. 두 돌기가 밧줄 가운데에서 만나면—관심이 있는 부분이다—하나의 큰 돌기가 된다. 그런 다음 두 돌기가 서로를 지나 마치 다른 돌기가 전혀 없었던 것처럼 계속 나아간다.

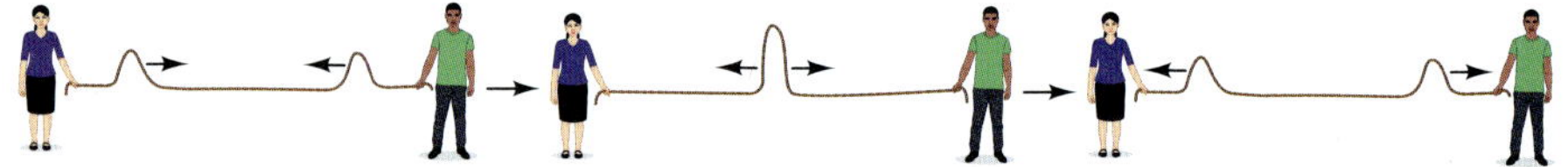

그림 3.1 영희와 철수가 각각 밧줄의 한쪽 끝을 흔든다.

능동 읽기 연습: 제3의 "영희 밧줄" 각본

영희와 철수가 만든 돌기가 부딪치면 어떻게 되는지 잘 아는가? 이야기를 조금 바꿔서 알아 보자.

- 영희가 밧줄을 위로 흔들어 위쪽 돌기를 만들 때, 철수는 밧줄을 아래로 흔들어 아래쪽 돌기를 만들어, 그것이 영희 쪽으로 간다.

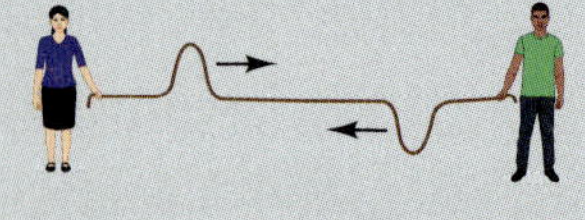

1. 두 돌기가 밧줄 가운데에서 만나면 어떻게 되는지 그리거나 설명하라.
2. 그 뒤 1~2초 후에 밧줄이 어떻게 생겼을지 그리거나 설명하라.

두 가지 추측을 모두 적은 다음 계속 읽어라!

답은 다음과 같다: 영희의 위쪽 돌기와 철수의 아래쪽 돌기가 만나면 서로 상쇄되어 밧줄은 평평해진다. 잠시 후 두 돌기가 다시 생겨 위쪽 돌기는 오른쪽으로, 아래쪽 돌기는 왼쪽으로 계속 간다.

이 모든 밧줄 흔들림의 요점은 두 파동의 상호작용인 "간섭"을 설명하기 위한 것이다. 간섭은 물리적으로 이해하기 어렵지 않지만, 기본 수학적 원리를 이해하는 것도 중요하다.

영희와 철수의 밧줄: 수학

여기서는 밧줄이 위아래로만 움직인다고 가정하자. (지면에 수직 방향으로는 움직이지 않는다.) 이 가정을 따르더라도 수학적으로 온전히 다루려면 밧줄의 높이를 수평 위치와 시간의 함수로 나타내는 "다변수 함수" $y(x, t)$가 필요하다. 앞으로 몇 장에 걸쳐 이러한 함수를 많이 쓸 것이다.

하지만 시간 변수는 잠시 생략한다. **어떤 순간의** 밧줄의 모양은 단일 변수 함수 $y(x)$로 기술할 수 있다. 독립 변수 x는 밧줄을 따라 잰 위치, 즉 영희를 기준으로 철수 쪽으로 잰 수평 거리이다. 종속 변수 y는 수평선을 기준으로 잰 밧줄의 높이다. 밧줄의 평형 위치는 모든 곳에서 함수 $y(x) = 0$으로 기술된다.

영희만 밧줄을 흔든다고 하자. 몇 초 뒤 어느 순간에 밧줄은 위의 세 예에서와 같은 어떤 모양(예: 돌기)이 될 것이며, 이를 $y_{영}(x)$로 기술한다. 같은 순간에 철수만 밧줄을 흔들 때의 밧줄 모양은 $y_{철}(x)$라는 다른 함수이다. 여기서 관심사는 둘 다 밧줄을 흔들면 어떻게 될까이다. 대부분의 경우 답은 두 함수를 더한 꼴이 된다는 것이다. 이를 "선형 중첩 원리(principle of linear superposition)"라고 한다.

선형 중첩 원리

두 원천이 만든 파동이 겹쳐서 생긴 파동이 각 원천이 만든 파동의 합이면 그 파동 계는 "선형 중첩 원리"를 따른다고 한다.

예를 들어, 어떤 순간에 영희가 밧줄을 흔들어 $y_{영}(x)$ 모양이 되게 하고 철수가 $y_{철}(x)$ 모양이 되게 하면, 그 순간에 밧줄의 실제 위치는 다음과 같다:

$$y_{밧줄}(x) = y_{영}(x) + y_{철}(x)$$

영희와 철수가 함께 밧줄을 위로 흔들면, 양수인 y 값이 더해져 더 큰 y 값이 된다. 이 현상(위쪽 돌기 더하기 위쪽 돌기는 더 높은 위쪽 돌기와 같음)이 **보강 간섭**이다.

철수가 밧줄을 아래로 흔들면, 그가 만든 음수인 y 값은 영희가 만든 y 값을 상쇄한다. 이 현상(위쪽 돌기 더하기 아래쪽 돌기는 평평한 밧줄과 같음)이 **소멸 간섭**이다.

선형 중첩을 "당연하다"고 생각하고 싶겠지만, 이는 당연하지 않다. 영희와 철수가 모두 밧줄을 크게 흔들면 밧줄이 $y_{영}(x) + y_{철}(x)$까지 굽지 않는다. 결국 밧줄이 늘어나는 데는 한계가 있기 때문이다! 따라서 선형 중첩 원리는 자연의 보편 법칙이 아니라 특정 계(예: 밧줄의 작은 파동)와 그렇지 않은 계(예: 밧줄의 큰 파동)를 구분하는 특징이다.

어떤 계가 이 원리를 따르는가? 몇 가지 중요한 예를 들면 진공에서 전자기파는 이 원리를 따르고, 밧줄이나 물과 같은 역학계는 파동의 진폭이 너무 크지 않으면 매우 근사하게 이 원리를 따른다. 미분 방정식을 배웠다면, 계를 기술하는 미분 방정식이 "선형"이고 "제차"이면 그 계가 이 원리를 따른다고 할 수 있다. [만약 $y_{영}(x)$와 $y_{철}(x)$가 모두 그러한 방정식의 해, 즉 계의 유효한 상태이면 $y_{영}(x) + y_{철}(x)$도 해이다.] 진공에서 전자기파 방정식은 선형, 제차이지만 밧줄과 수면파 방정식은 진폭이 작을 때 선형 제차 방정식으로 근사할 수 있다. 미분 방정식을 배우지 않았다면 지금은 이 예제만으로도 충분하다.

사인파의 중첩

지금까지는 진행하는 돌기를 살펴봤지만, 많은 물리적 현상은 사인 파동 꼴로 나타낼 수 있다. 이러한 파동을 더한 결과는 매우 복잡한 꼴이 될 수 있다. [다음 함수의 도표를 그려보라: $\sin(5x) + \sin(6x) + \sin(7x)$; 그 결과는 거의 무작위로 보인다.) 하지만 진동수가 다른 사인 함수를 더하면 결과는 영희의 밧줄을 연상시키는 모양이 될수 있다.

$y_1(x) = \sin x$와 $y_2(x) = \sin x$를 살펴보자. (밧줄 위의 파동을 나타낼 수 있다.) $y_1(x) + y_2(x)$는 어떤 꼴일까? 물론 $2\sin x$이지만 시각적으로 생각해 보라. 두 파동은 봉우리에도 똑같이 도달하고 (결과적으로 더 높은 봉우리), 골짜기에도 똑같이 도달한다(결과적으로 더 깊은 골짜기). 이것이 그림 3.2의 왼쪽에 보인 보강 간섭이다.

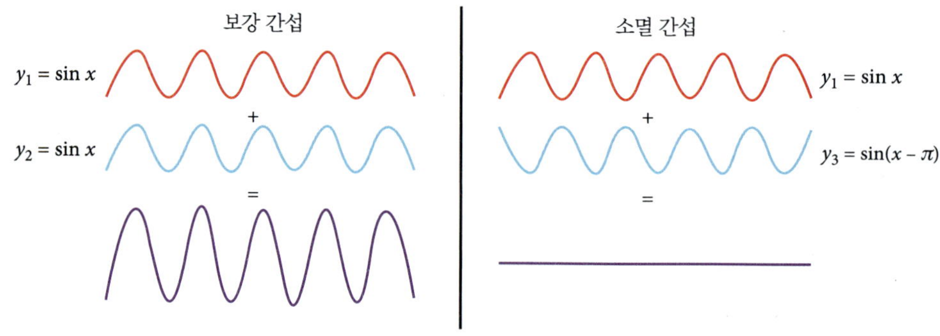

그림 3.2 두 사인파를 더하면 보강 또는 소멸 간섭을 할 수 있다. 보강 간섭 소멸 간섭

이제 $y_3(x) = \sin(x - \pi)$를 살펴보자. $y_1(x) + y_3(x)$는 어떤 꼴일까? 수학적인 답은 명확하지 않지만 그림 3.2의 오른쪽에서 쉽게 알 수 있다. 이것이 소멸 간섭의 고전적인 예이다: y_1의 봉우리가 y_3의 골짜기를 상쇄하고 그 반대의 경우도 마찬가지이다. $y_1(x) + y_3(x) = 0$이다.

하지만 이런 결과가 어떻게 나왔는지 살펴보는 것이 중요하다. 사인파의 진폭이나 진동수를 바꾸거나 -1을 곱하지 않았다. 단지 주기의 다른 곳에서 시작했을 뿐인데, 이것이 모든 차이를 만들었다. $y_1(x)$와 $y_2(x)$는 "위상 맞음(in phase)", $y_1(x)$와 $y_3(x)$는 "위상 어긋남(out of phase)"이라고 말한다.

사인파의 중첩

진동수가 같은 두 사인파가 만나 생기는 간섭은 위상 차에 따라 달라진다. 두 파동의 "위상이 맞으면"(봉우리/골짜기가 겹치면) 보강 간섭한다. 정확히 반주기만큼 "위상이 어긋나면" 소멸 간섭한다.

두 파동의 위상이 완벽하게 맞거나 어긋나지 않으면 어떤 곳에서는 진폭이 조금 더 커지고, 다른 곳에서는 조금 더 작아진다. 문제 16을 보라.

다른 원천에서 나온 두 파동이 한 곳에서 만날 때는 위에서 설명한 수학이 물리적으로 중요해진다.

능동 읽기 연습: 마이크는 무엇을 듣는가?

스피커 두 대가 사인파 음파를 내는데, 진폭, 진동수, 위상 등 모든 면에서 똑같다고 하자. 그 근처에 마이크를 두자.

그 마이크의 위치가 아래와 같으면 어떤 신호를 낼까?

1. 마이크에 대한 두 스피커의 거리가 똑같을 때?

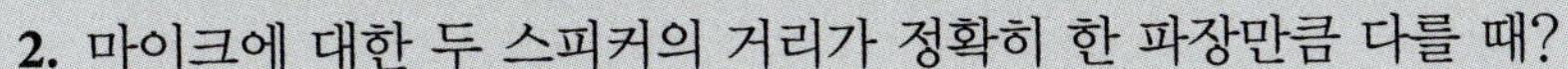

2. 마이크에 대한 두 스피커의 거리가 정확히 한 파장만큼 다를 때?
3. 마이크에 대한 두 스피커의 거리가 정확히 반 파장만큼 다를 때?

계속 읽기 전에 세 물음에 대한 답을 모두 적어라.

처음 두 경우에 대한 답은 같다. 두 스피커에서 마이크로 오는 음파의 위상이 같으므로 보강간섭을 하여 마이크에서 큰 신호가 나온다.

셋째 경우에는 두 음파의 위상이 완전히 어긋나므로 소멸간섭을 하여 마이크에서 신호가 나오지 않는다. 그러한 곳(그림 3.3의 오른쪽에 표시함)을 "마디(node)"라고 한다.

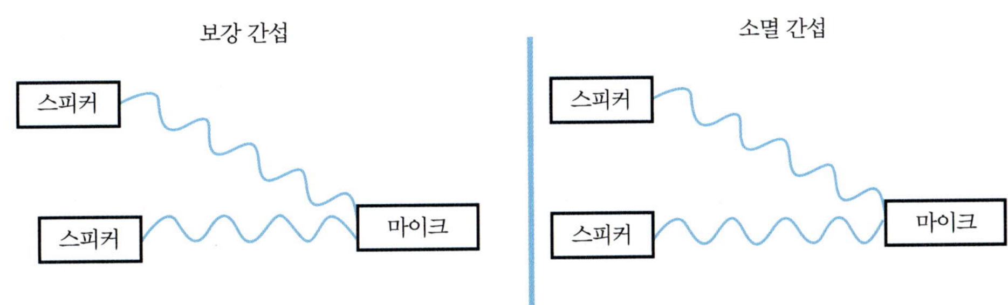

그림 3.3 한 순간에 스피커에서 마이크로 가는 음파의 순간 사진. 왼쪽: 마이크에 오는 두 파동의 위상이 같다(골짜기가 만난다). 오른쪽: 두 파동의 위상이 어긋난다(위쪽 파동의 골짜기와 아래쪽 파동의 봉우리가 만난다).

영희의 밧줄에서는 양쪽에서 오는 돌기가 서로를 지나가며 순간적으로 (보강이든 소멸이든) 간섭한 뒤 계속 나아갔다. 사인파를 계속 내는 스피커는 더 일반적이고 중요한 상황을 나타낸다. 어떤 곳에는 두 음원이 내는 음파의 마루가 늘 함께 오고 골도 늘 함께 오므로 두 파동이 늘 보강간섭을 한다. 따라서 그 곳에서 받는 파동은 진폭이 크다. 다른 곳에는 오는 두 파동이 늘 소멸 간섭한다. 한쪽 파동의 마루가 올 때는 늘 다른 쪽의 파동의 골이 오므로 전체 파동은 진폭이 늘 0이 된다.

예를 들어, 그림 3.3의 오른쪽에서 수신기는 위쪽 파동의 골과 아래쪽 파동의 마루를 동시에 받는다. 반 주기 뒤에는 위쪽 파동의 마루와 아래쪽 파동의 골을 동시에 받는다. 위, 아래에서 오는 두 파동은 늘 상쇄되므로 수신기는 어떠한 신호도 기록하지 않는다.

실제로 방 안에서 스피커 두 대를 켜고 자리를 이리저리 바꾸면서 들어도 소리가 큰 곳과 작은 곳을 구별하기 어렵다. 그 까닭은 소리의 일부는 스피커에서 곧바로 오는 것이고 일부는 다른 면에서 반사되어 오므로 진폭과 위상이 다른 여러 소리가 뒤섞여 들리기 때문이다. 다음 절에서 설명하겠지만 과학자들이 간섭실험을 할 때는 이러한 모든 변수를 신중하게 제어한다.

예: 두 물길

아래 그림은 물을 채운 두 개의 좁은 물길, 즉 A에서 B까지의 직선 경로와 C까지 갔다가 오는 굽은 경로를 보여준다. A에서 물을 반복하여 두드려 파장 0.1 m인 파동을 만들어 두 물길을 따라 가게 한다. B에서 물결이 어떤 모양이 될지 설명하라. (물길 벽면에서 반사되는 물결은 없고, 물결이 크게 변하지 않고 C의 모퉁이를 돌아간다고 하자.)

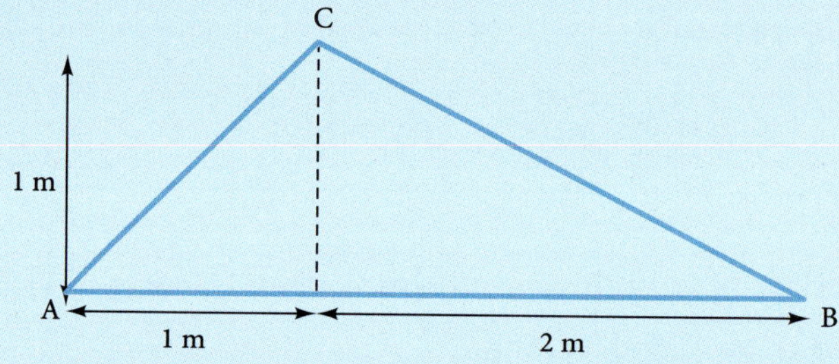

답: 두 물길을 따라 가는 물결이 떠날 때는 위상이 완벽하게 같다. 물결이 곧은 물길을 따라 가는 가는 거리는 $D_1 = 3$ m이고, 굽은 물길을 따라 가는 거리는 다음과 같다:

$$D_2 = \sqrt{(1\,\text{m})^2 + (1\,\text{m})^2} + \sqrt{(1\,\text{m})^2 + (2\,\text{m})^2} \approx 3.65\,\text{m}.$$

두 물길의 거리 차는 거의 정확히 6.5 파장이다. 이것이 정수라면 두 물결은 위상이 완벽하게 맞아 보강 간섭할 것이다. 그러나 두 정수의 중간이므로 두 물결은 거의 완벽하게 위상이 어긋나고 소멸 간섭한다: 한 물결이 올라갈 때 다른 물결은 내려간다.

B의 물은 가만히 있다.

파동의 시간 변화와 공간 변화

영희의 밧줄은 공간과 시간 모두에서 변화한다. 위에 보인 공간 함수 $y(x)$는 한 순간에 찍은(시각 t를 고정한) 모습이다. 반대로 할 수도 있다: x-값을 고정하고 밧줄이 시간에 따라 위아래로 움직이는 것을 볼 수도 있다. 그 곳의 높이는 시간의 함수인 $y(t)$가 된다.

따라서 사인파 진동의 시간 변화를 기술하는 데 쓰는 용어와 공간에서의 사인파 진동을 기술하는 데 쓰는 상당히 다른 용어를 간단히 살펴보는 것으로 이 절을 마무리한다. 이러한 용어와 그 관계는 부록 F에 요약했다. § 6.1에서는 공간과 시간 모두에서 진동하는 계를 기술하는 더 일반적인 방정식을 살펴본다.

먼저 그림 3.4의 사인파 시간 진동에서 시작하자. 이것은 용수철에 달린 추의 위치, 수면에서 위아래로 흔들리는 코르크의 높이 또는 빛이 지나갈 때 한 곳의 전기장을 나타낼 수 있다.

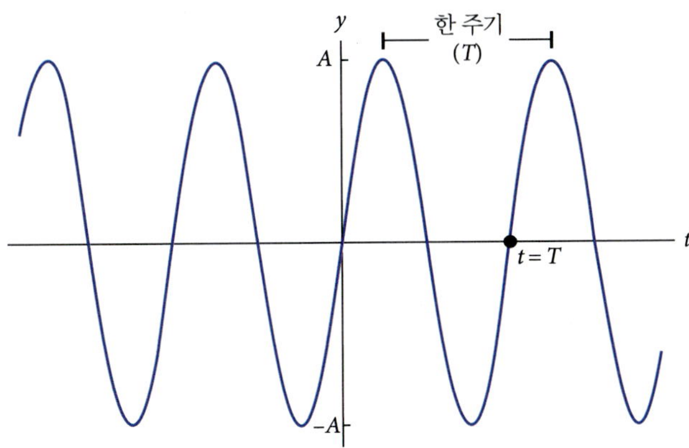

그림 3.4 사인파 시간 함수.

- "진폭"(A)은 함수가 중간 값에서 최대(또는 최소) 값까지 변화하는 범위이다. 도표에서 이것은 중간선에서 마루까지의 수직 거리이다.
- "주기"(T)는 진동을 한 번 하는데 걸리는 시간이다. 도표에서 이것은 한 마루에서 다음 마루까지의 시간이다. (이 도표에서는 수평 거리가 주기이다.)
- "진동수"(ν)는 단위 시간에 진동하는 횟수이다. 도표에서 이것은 수평축의 단위 구간 속의 파동의 수이다.
- "각진동수"(ω)는 진동수를 라디안 단위의 회전각으로 환산한 값이다. 한 바퀴 회전각이 2π 라디안이므로 이는 진동수의 2π배이다.

주기, 진동수 및 각진동수는 같은 정보를 서로 다른 방식으로 나타내는 것임을 이해하는 것이 중요하다. 이 점을 설명하고자 사인파에 대한 한 가지 사실, 즉 하나의 진술을 세 가지 동등한 방식으로 설명하겠다:

- $T = (1/30)$ 초: 파동은 1/30초 동안 한 번 반복한다.
- $\nu = 30$ Hz: 파동은 초당 30번 진동한다. [단위 "헤르츠"(Hz)는 초당 진동 횟수이다.]
- $\omega = 2\pi(30)$ rad/s: 파동을 회전운동으로 환산하면 회전각이 매초 60π 라디안이다.

그림 3.5는 "고주파"와 "짧은 주기"가 같은 속성을 다른 말로 표현하는 것임을 보여준다.

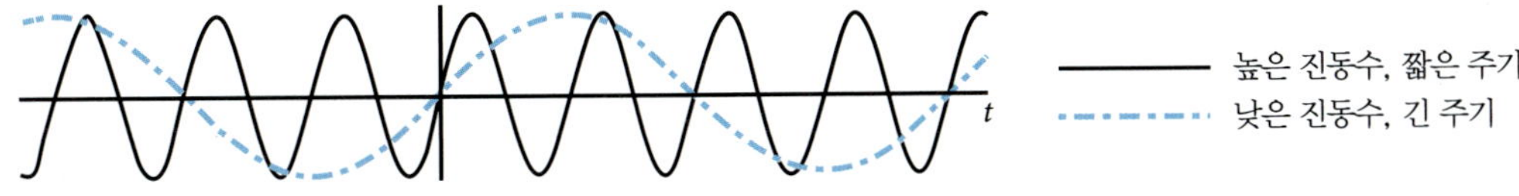

그림 3.5 두 파동.

이 세 가지 상호 교환 가능한 변수 중 실제로 함수에서 자주 보는 변수는 각진동수이다. 예를 들어 $\sin(4t)$의 각진동수는 $\omega = 4$이다. 이로부터 $\nu = \omega/(2\pi) = 2/\pi$ 및 $T = 1/\nu = \pi/2$이다.

이제 파도나 줄 파동의 사진을 상상해 보라. 또는 한 순간에 레이저 빛살을 따라 전기장 분포를 상상해 보라. 이러한 물리량은 공간의 함수로서 사인파로 진동한다. 사인파를 기술하는 수학은 독립 변수를 t라고 부르든 x라고 부르든 같지만, 일반적으로 쓰는 문자와 용어는 다르다. x에 대한

사인 함수의 경우

- 한 마루에서 다음 마루까지의 수평 거리를 "주기" 대신 "파장"(λ)이라고 한다.
- 단위 거리당 진동 횟수를 "진동수" 대신 "파수(wave number)"(f)라고 한다.
- 파수에 2π를 곱한 값을 "각진동수" 대신 "각파수(angular wave number)"(k)라고 한다.[2]

중간선에서 마루까지의 수직 거리는 여전히 "진폭"이라고 한다.

이 모든 용어와 상호 관계는 부록 F에 요약했다. 그것을 복사해 두고 문제 풀 때 필요하면 보라.

2 원서에는 wave number가 아니라 spatial frequency(공간진동수), angular wave number가 아니라 angular frequency(각진동수)로 되어 있는데, 공학의 신호처리 분야에서는 그 용어를 쓰지만, 물리학에서는 별로 쓰지 않는다—옮긴이.

3.1.2 물음과 문제: 간섭

개념 물음 및 개념시험

1. 아래의 각 용어를 간단히 설명하라.

(a) 선형 중첩

(b) 보강 간섭

(c) 소멸 간섭

(d) 마디

2. 전자기파는 진공에서는 선형 중첩 원리를 완벽하게 따르지만, 공기나 물과 같은 매질 속에서는 그렇지 않다. 그것이 뜻하는 바를 간단히 설명하라. (요점은 중첩 원리가 여기에는 적용되지만 저기에는 적용되지 않는 **이유**가 아니라, 여기에서는 참이지만 저기에서는 참이 아닌 것을 명확하게 설명하는 것이다).

3. 영희와 철수가 밧줄의 양 끝을 팽팽히 당기면서, 영희가 밧줄을 위로 한번 튕기고, 철수는 아래로 한번 튕긴다. 그러나 영희의 돌기는 철수의 돌기보다 진폭의 크기가 두 배이다. 밧줄이 여전히 선형 중첩 원리를 따른다면, 두 돌기가 만날 때 어떤 모양이 될까?

4. 영희와 철수가 밧줄의 양 끝을 팽팽히 당기면서, 영희가 밧줄을 아래로 한번 튕기고, 동시에 철수는 옆으로 한번 튕긴다. 밧줄이 여전히 선형 중첩 원리를 따른다면, 두 돌기가 만날 때 어떤 모양이 될까?

5. 두 원천이 사인파를 낸다. 이 두 파동이 완벽하게 상쇄되는 곳, 즉 아무리 오래 봐도 그 곳의 알짜 효과는 전혀 없는 완벽한 곳을 찾았다. 다음 중 합리적으로 추론할 수 있는 것을 모두 골라라:

A. 두 원천이 같은 진동수를 내야 한다.

B. 두 원천이 같은 진폭으로 내야 한다

C. 두 원천이 같은 위상으로 내야 한다.

6. 경기장의 관중은 종종 다음과 같이 파도 흉내를 내며 응원한다. 몇 명의 관중이 일어선다. 그들이 앉으면 오른쪽에 있는 사람들이 일어난다. 그 무리가 앉으면 더 오른쪽에 있는 사람들이 일어나는 식이다. 멀리서 보면 파도가 군중 사이로 퍼져가는 것처럼 보인다. 이제 경기장 맨 왼쪽의 관중이 오른쪽으로 퍼져가는 파도를 시작하고 맨 오른쪽의 관중이 왼쪽으로 가는 파도를 시작한다고 하자. 두 파도가 가운데에서 만나면 선형 중첩의 법칙을 정확히 따를까, 대략적으로 따를까, 아니면 전혀 따르지 않을까? 설명하라.

7. 그림 3.6의 스피커 두 대가 내는 소리의 파장 λ 와 초기 위상이 똑같다. 점 A는 두 스피커의 중간에 있고, 점 B는 먼 벽에 있는 점 A의 반대 쪽 점이다. 점 B에서 두 파동이 소멸 간섭할 수 있는 D_{sp}, L, λ의 조합이 있는가? 왜?

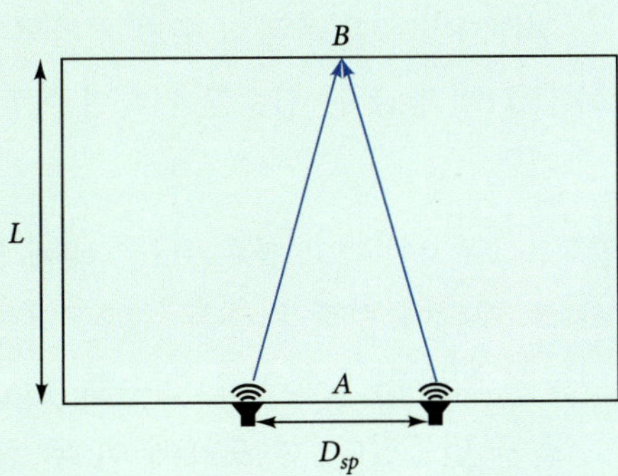

그림 3.6

8. 밧줄 양 끝의 영희와 철수가 각각 밧줄을 위로 한번 흔들어 돌기 두 개가 생겼다. 두 돌기가 x에 이르자 큰 돌기가 되었다. 하지만 두 돌기가 막 겹치기 바로 전의 밧줄 모양이 어떨지 그려보라. **실마리:** 도표 응용 프로그램을 돌려 답을 찾아도 좋지만, 도표 그리기에 좋은 함수부터 찾아야 한다!

9. 다음은 (실제의) 일반적인 기타 조율 방법이다. 똑같은 음을 내야 하는 두 현을 튕긴다. 두 줄이 내는 소리가 조금 달라 귀로 음정의 차이를 구별할 수 없어도 소리가 "우웅우웅" 하고 점점 커졌다가 작아졌다를 반복한다. (음악가들은 그 소리를 "맥놀이"라고 한다). 왜 그럴까?

10. 모든 파동은 에너지를 전달한다. 예를 들어, 연못에 돌을 던지면 물결이 일어 충격 에너지가 수면을 따라 퍼진다. 돌 두 개를 가까이 떨어뜨리면 두 물결이 소멸 간섭하여 수면이 가만히 있는 곳이 있다. 그 곳에서는 두 파동이 전달한 에너지가 어떻게 되었을까?

11. 사인파가 속력 v로 바다를 가로질러 간다. 다음 각 물리량이 나타내는 것을 간단히 설명하고 이를 재는 데 쓰는 단위를 제시하라.

(a) 진폭 A

(b) 각파수 k

(c) 진동수 ν

(d) 파장 λ

(e) 주기 T

12. 수평방향으로 당긴 실 한 가닥이 사인파 모양으로 위아래로 흔들린다. 이 파동의 파수가 크고 각진동수가 작다면 그 진동하는 실에 대해 무엇을 알 수 있는가?

13. 그림 3.7과 같이 두 공 속의 광원 A와 B가 같은 진동수의 빛을 공 밖으로 내보낸다. 그 빛을 받는 벽에 보강간섭과 소멸간섭 어느 것이 생기는가? (하나만 골라라.)

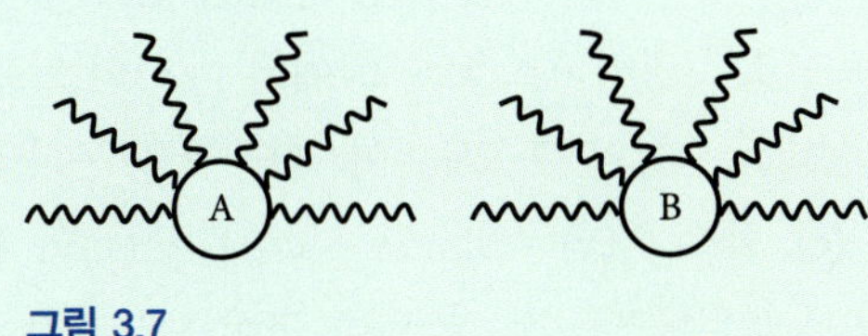

그림 3.7

A. 보강간섭(밝은 빛)만

B. 소멸 간섭만(어둡거나 빛이 없는 경우)

C. 어떤 곳에서는 보강간섭, 다른 곳에서는 소멸간섭(밝은 곳도 있고, 어두운 곳도 있음)

D. 광원의 배치와 상대적 위상에 따라 달라진다.

14. 다음 상황에서는 13번 문제의 답이 어떻게 바뀔까?

(a) 광원 A가 내는 빛의 진동수가 광원 B가 내는 빛의 진동수의 두 배일 때

(b) 광원 A가 내는 빛의 진동수가 광원 B가 내는 빛의 진동수의 π배일 때

문제

15. 이 문제에서 아래 함수의 도표를 $0 \le x \le 4\pi$ 안에 그려라.

(a) $f_1(x) = 3\ \sin x$

(b) $f_1(x) + f_1(x)$. 이것은 보강간섭과 소멸간섭 어느 것을 보여주는가?

(c) $f_2(x) = 3\sin(x - \pi)$

(d) $f_1(x) + f_2(x)$. 이것은 보강간섭과 소멸간섭 어느 것을 보여주는가?

(e) $f_3(x) = 3\sin(x - 2\pi)$

(f) $f_1(x) + f_3(x)$. 이것은 보강간섭과 소멸간섭 어느 것을 보여주는가?

16. **[이 문제는 문제 15의 결과를 쓴다.]** 문제 15에서 $3\sin x + 3\sin(x - \phi)$에 대해 $\phi = 0, \pi, 2\pi$인 경우를 살펴보았다. 이제 도표를 그리는 프로그램을 써서 여

러 ϕ값의 효과를 살펴보라. 두 파동의 위상이 점점 더 어긋날 때 중첩은 어떻게 되는가?

17. $y_1(x) = \sin(2x)$이다.

(a) 영역 $0 \le x \le 3\pi$에 $y_1(x)$의 도표를 그려라.

(b) 함수 $y_2(x) = \sin(2x + \phi_2)$ 는 $y_1(x)$와 위상이 같다. 즉, 두 함수는 같은 x값에서 마루에 이르므로 $y_1(x) + y_2(x)$는 보강 간섭을 한다.

i. 영역 $0 \le x \le 3\pi$에서 $y_2(x)$의 도표를 그려라.

ii. ϕ_2의 값으로 0이 아닌 것을 구하라.

(c) 함수 $y_3(x) = \sin(2x + \phi_3)$는 $y_1(x)$와 위상이 완전히 어긋난다. 즉, y_1이 골이 되는 x값에서 마루가 되므로 $y_1(x) + y_3(x)$는 소멸 간섭을 한다.

i. 영역 $0 \le x \le 3\pi$에서 $y_3(x)$의 도표를 그려라.

ii. ϕ_3의 값을 구하라.

18. 함수 $\sin x$와 $\sin(x + \phi)$는 수 많은 ϕ값에서 위상이 같다. 그 모든 값을 "정수 n에 대해 $\phi = 2n\pi$"라고 나타낼 수 있다. 이 두 함수의 위상이 완전히 어긋나는 모든 ϕ값을 비슷한 표기법으로 써라.

문제 19–21은 영희가 밧줄을 흔든 직후의 밧줄을 기술하는 다음 함수를 나타낸다:

$$\text{표본 봉우리: } y(x) = \begin{cases} 0 & 0 \le x \le 2\pi \\ \sin x & 2\pi < x < 3\pi \\ 0 & 3\pi \le x \le 6\pi \end{cases} \quad (3.1)$$

19. (3.1)의 함수의 도표를 그려라.

20. (3.1)은 0에서 6π까지의 수평선을 나타내는데, 2π와 3π 사이에는 "봉우리"가 있다.

(a) 0에서 6π까지의 수평선을 나타내는데, 3π와 4π 사이에 "봉우리"가 있는 함수를 써라. 이것은 (3.1)의 1초 뒤의 모양일 수 있다. 골짜기가 아닌 봉우리를 나타내는지 확인하라!

(b) 1초 뒤, 봉우리 위치가 4π에서 5π 사이에 있을 때의 밧줄을 나타내는 함수를 써라.

21. (3.1)은 0에서 6π까지의 수평선수평선을 나타내는데, 2π에서 3π 사이에는 "봉우리"가 있다.

(a) 0에서 6π까지의 수평선을 나타내는데, "골짜기"가 3π에서 4π 사이에 있는 함수를 써라. (이것은 철수가 밧줄을 흔들어 생긴 것일 수 있다.)

(b) (3.1)에 방금 쓴 함수를 더하면 어떤 간섭을 하는가?

22. 영희는 $x = 0$에 있고 철수는 $x = 10$에 있다.

(a) 두 사람이 밧줄을 흔든 직후, 영희는 $y_{영1}(x) = e^{-(x-3)^2}$꼴을 만들었고 철수는 $y_{철1}(x) = e^{-(x-7)^2}$꼴을 만들었다. 한 도표에 이 두 함수와 생겨난 밧줄의 모양 $y_{영1}(x) + y_{철1}(x)$를 그려라.

(b) 1초 뒤, 영희가 흔든 결과는 $y_{영2}(x) = e^{-(x-4)^2}$가 되었고 철수가 흔든 결과는 $y_{철2}(x) = e^{-(x-6)^2}$이 되었다. 한 도표에 이 두 함수와 밧줄의 모양 $y_{영2}(x) + y_{철2}(x)$를 그려라.

(c) (b)의 1초 뒤에 밧줄의 모양을 기술하는 함수 $y_{영3}(x)$ 및 $y_{철3}(x)$를 써라. 한 도표에 이 두 함수와 밧줄의 모양을 그려라.

(d) 1초가 더 지난 뒤의 밧줄의 모양을 기술하는 함수 $y_{영4}(x)$ 및 $y_{철4}(x)$를 써라. 한 도표에 이 두 함수와 밧줄의 모양을 그려라.

23–25번 문제는 108쪽의 예제 "두 물길"의 설정을 참조하라.

23. 파장이 0.1 m가 아니라 0.05 m라면, 점 B에서 보강 간섭을 할 까, 소멸 간섭을 할까? 설명하라.

24. 점 A와 점 C가 그 자리에 그대로 있다고 하자. 그 곳에서 완벽한 보강간섭을 보려면 B를 오른쪽으로 얼마나 옮겨야 할까?

25. 점 A와 점 C는 그 자리에 그대로 있지만 점 B가 약간 위로 간다고 하자 (따라서 점 A에서 점 B까지의 경로는 여전히 직선이지만 더 이상 수평이 아님). 점 B를 얼마나 위로 옮겨야 그 곳에서의 간섭이 완벽한 보강 간섭이 될까?

문제 26–28은 그림 3.8을 참조한다. 스피커 두 대가 방의 앞 벽에 거리 D_{sp}로 놓여 있다. 뒷벽까지의 거리는 L이다. 두 스피커는 파장 λ인, 위상이 같은 소리를 낸다.

26. $D_{sp} = 1.0$ m, $L = 5.0$ m, $\lambda = 1.0$ m일 때, 뒷벽에서 두 파동이 보강간섭하는 곳과 소멸간섭하는 곳을 하나 이상 찾아라.

27. 점 P가 뒷 벽에서 한 쪽 스피커를 마주보는 점이라고 하자. $D_{sp} = 1.0$ m, $L = 5.0$ m이다.

(a) P에서 보강 간섭을 하는 소리의 λ값을 구하라.

(b) P에서 소멸 간섭을 하는 소리의 λ값을 구하라.

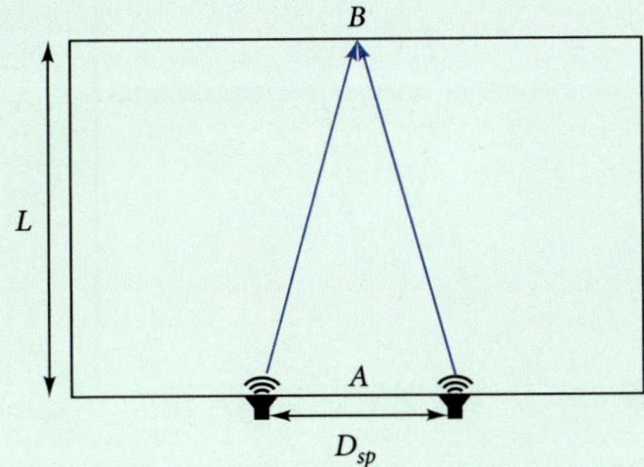

그림 3.8

28. D_{sp}와 L의 값을 정했다고 하자. 뒷 벽에서 한 쪽 스피커를 마주보는 점이 마디(완벽한 소멸 간섭 점)가 될 수 있는 파장 λ를 구하라. 이러한 파장은 아주 많으므로 일반적인 답은 "정수 n에 대해"라는 말이 들어간다.

29. 함수 $y = (1/3)\ \sin(x/3)$에 대해

(a) 진폭, 파장, 파수를 구하라.

(b) 두 파장에 걸친 도표를 그려라.

30. 사인 함수 $f(t)$의 진폭은 5, 진동수는 2이다.

(a) $f(t)$를 그려라. 함수의 거동을 확실히 볼 수 있게 시간 범위를 충분히 잡아라.

(b) 각 진동수와 주기는 얼마인가?

31. 다음 상미분 방정식의 해는 사인파이다:

$d^2y/dx^2 = -9y$.

(a) 함수 $y = 2\sin(3x)$가 이 방정식의 해임을 보여라.

(b) 함수 $y = 4\cos(3x)$도 이 방정식의 해임을 보여라.

(c) 함수 $y = 2\sin(3x) + 4\cos(3x)$도 이 방정식의 해임을 보여라.

(d) 이 방정식이 지배하는 계에 선형 중첩 원리가 적용됨을 보여라. 즉, $y_1(x)$와 $y_2(x)$가 유효한 해라면, $y(x) = y_1(x) + y_2(x)$도 유효한 해임을 보여라.

3.2 영의 겹-실틈 실험

영의 겹-실틈 실험을 철저히 이해하면 양자역학을 깊이 이해할 수 있다. 이 절에서는 빛의 중요한 특성 중에 고전적인 것 몇 가지를 설명하는 19세기 버전의 실험에 대해 설명한 다음 § 3.3에서는 같은 실험의 20세기 변형이 양자역학의 많은 핵심 개념을 어떻게 설명하는지 설명한다.

이 절은 § 3.1에서 설명한 간섭에 대한 이해를 바탕으로 한다.

3.2.1 발견 연습: 영의 겹-실틈 실험

그림 3.9는 얕은 상자에 물을 채우고 위에서 내려다본 모양이다. 아래 그림은 작은 노로 물을 반복하여 치자 물결이 생겨 둥글게 바깥쪽으로 퍼지는 모양이다. 물결이 좁은 실틈을 지나면서 그 실틈에서 다시 둥글게 퍼져 나가므로 벽 A의 두 실틈은 각각 새로운 둥근 물결을 만든다. 이 실험의 주제는 이러한 물결이 벽 B에 닿을 때의 모양이다.

두 실틈은 노에서 등거리에 있고, 그래서 두 실틈에서 나오는 물결의 위상이 똑같다.

그림 3.10은 같은 상자인데, 뒷벽에 두 점을 표시하고, 이 두 점으로 가는 물결의 경로도 표시했다.

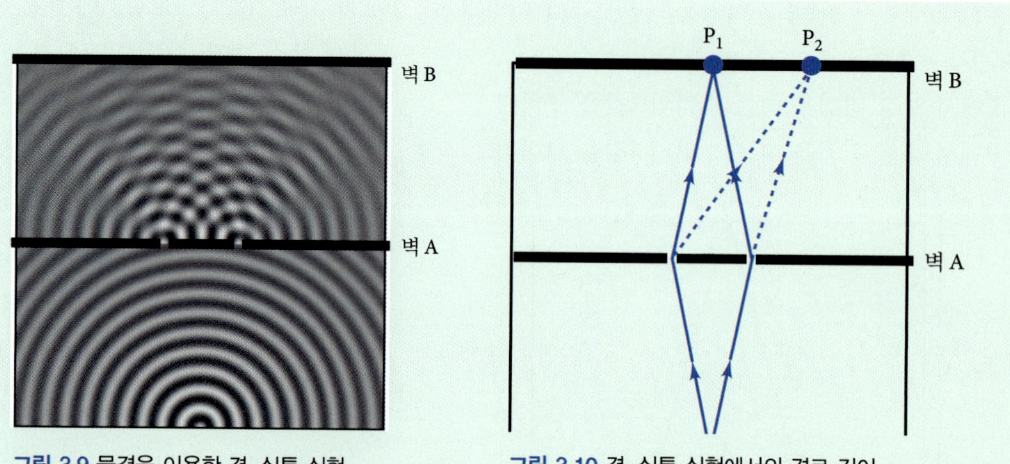

그림 3.9 물결을 이용한 겹-실틈 실험.

그림 3.10 겹-실틈 실험에서의 경로 길이.

1. 점 P_1은 벽 B의 중앙에 있으므로 두 실틈에서 등거리에 있다. 그림 3.10의 실선은 물결이 노에서 각 실틈을 지나 P_1에 오는 경로이다. 두 실틈에서 나오는 물결이 P_1에서 만날 때 위상이 같을까 (보강간섭), 아니면 어긋날까 (소멸간섭)?
2. 그림 3.10의 점선은 각 실틈에서 P_2로 가는 경로이다. 이 두 점선 경로 중 왼쪽과 오른쪽 중 어느 것이 더 긴가?
3. 두 경로의 차이가 정확히 반 파장이라고 하자. (P_1의 오른쪽 어디에선가는 확실히 그렇다.) 두 물결이 이 곳에서 만날 때 위상이 같을까, 아니면 어긋날까?
   답은 다음 웹사이트에서 확인하라:
   www.cambridge.org/felder-modernphysics/checkyourself의 Check Yourself #4
4. 점 P_2의 오른쪽에 "위상이 같은" 점이 또 있을까? 왜?

계속 읽기 전에 벽 B를 따라가며 파동의 진폭을 위치의 함수로 그리면 어떤 모습일지 생각해 보라. 다음 설명과 비교하여 답을 확인할 수 있다.

3.2.2 설명: 영의 겹-실틈 실험

뉴턴은 바람이 입자의 집합체인 것처럼 빛다발도 입자의 집합체라고 주장했다. 촛불은 그러한 입자를 사방으로 내보내고 그 입자가 눈에 들어오면 촛불을 보게 된다. 후크(Robert Hook)와 하위헌스 같은 사람들은 소리가 공기 압력의 파동인 것처럼 빛도 파동이라고 믿었다. 양쪽 모두 자신의 관점을 뒷받침하는 이론적 주장과 실험적 증거를 제시했다. 1802년 영(Thomas Young)의 겹-실틈 실험은 빛이 파동임을 결정적으로 보여주어 이 문제가 풀린 것처럼 보였다.[3]

간단한 "홑-실틈" 실험으로 시작하여 영의 겹-실틈 실험으로 넘어가겠다.

3 김 빼기: 다음 절에서는 이 결론이 그렇게 확실하지 않음을 알게 된다.

홑-실틈 실험

위에서 내려다볼 수 있는, 뚜껑 없는 상자 두 개를 생각하자. 각 상자의 가운데에는 벽 A가 있고, 그 벽의 가운데에 실틈이 하나 있다. 상자의 뒷벽은 벽 B이다.

첫째 상자(그림 3.11의 왼쪽) 앞에 있는 새총으로 벽 A에 총알을 쏜다. 새총은 흔들리므로 모든 총알이 똑같은 곳에서 나오거나 똑같은 경로를 따르지 않는다. 대부분의 총알은 벽 A에 박히지만, 몇 개는 실틈을 지나 여러 각도로 나와 벽 B에 박힌다. 이 실험의 목표는 벽 B의 어느 곳에 총알 구멍이 많이 생기는지, 몇 개가 생기는지, 전혀 생기지 않는지를 확인하는 것이다.

둘째 상자에는 물이 깊이 1 cm로 채워져 있다(그림 3.11의 오른쪽). 새총 대신 작은 판으로 수면을 일정 주기로 반복하여 두드려 물결을 만든다. 물결은 원점에서 둥글게 퍼져나가면서 점차 진폭이 줄어든다. 벽 A에는 실틈이 나 있어 물결이 그 곳을 지난 뒤에는 다시 둥글게 퍼져나가는 잔물결이 생긴다. 다시 또 벽 B에서 물결을 살펴보는데, 이번에 재는 것은 총알 구멍의 밀도 대신 물결의 높이이다.

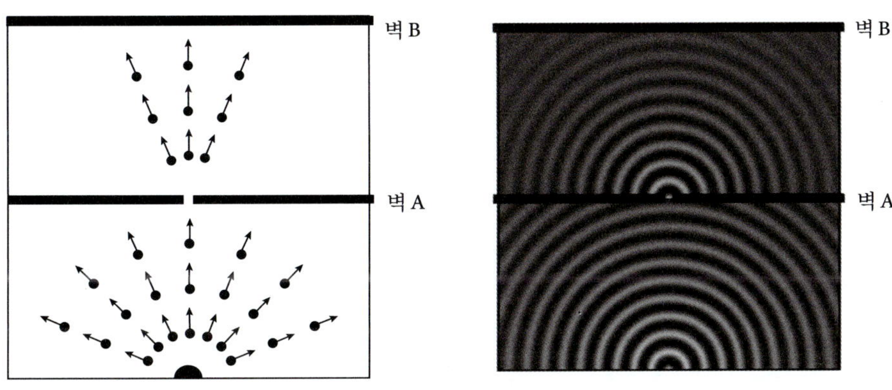

그림 3.11 입자 및 파동에 대한 홑-실틈 실험.

능동 읽기 연습: 홑-실틈 간섭 실험

도표를 두 장 그려라. 하나는 첫째 상자의 벽 B에 나는 총알 구멍 밀도 분포, 다른 것은 둘째 상자의 벽 B에 오는 물결의 높이 분포를 나타낸다. 이 도표는 정성적이지만 (값은 제공하지 않았다), 두 도표의 모양이 닮은 점과 다른 점에 특히 주의를 기울여라. 도표를 다 그린 뒤에 계속 읽어라!

답은 다음과 같다.

대부분의 총알은 실틈 바로 뒤를 맞히지만 몇 개는 한 쪽 또는 다른 쪽으로 빗나간다. 벽 B의 중앙에서 벗어날수록 총알 구멍의 밀도가 점점 줄어든다.

물결은 실틈에서 둥글게 퍼지지만 멀리 갈수록 진폭은 줄어준다. 따라서 경로가 가장 짧은 벽 B의 중앙에 오는 물결의 진폭이 가장 크고, 좌우 양쪽으로 갈수록 물결의 진폭이 작아진다.

요컨대, 두 도표는 이유는 서로 다르만 본질적으로 같은 모양이다(그림 3.12).

이제 총알이나 물결 대신 빛을 벽 A에 비추고 벽 B에서 밝기 분포를 본다. 빛이 입자(총알)이든

그림 3.12 홑-실틈 실험 결과.

파동(물결)이든 결과는 같다. 즉, 실틈 뒤의 밝기가 중앙에서 양쪽으로 멀어질수록 어두워진다. 따라서 빛이 입자인지 파동인지 알아내는 것이 목표라면 이 방식의 홑-실틈 실험은 도움이 안 된다.

겹-실틈 실험

영의 참신한 혁신은 벽 A에 겹-실틈을 내어 같은 실험을 한 것이다.

총알을 쓴 결과는 간단하다. 많은 총알이 각 실틈 뒤를 맞추고, 실틈에서 멀어질수록 그 수는 점점 줄어든다. 그림 3.13의 왼쪽은 그 실험 결과이다. 맨 위의 도표는 벽 B에서의 총알 구멍 밀도 분포를 보여준다.

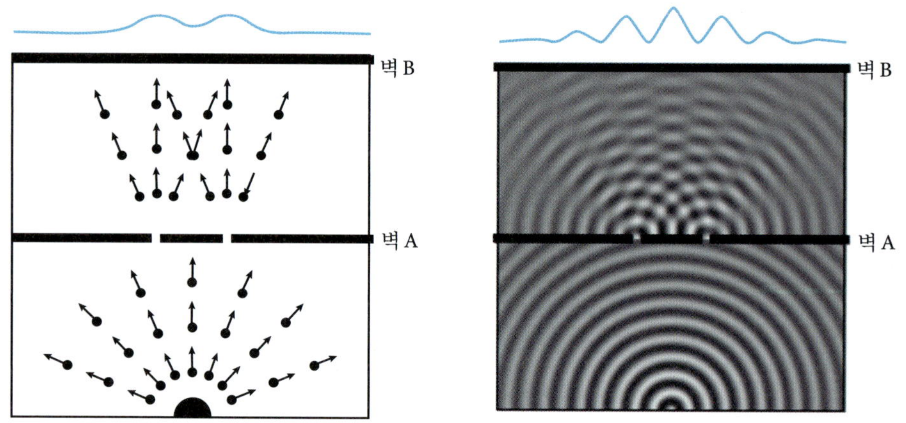

그림 3.13 겹-실틈 실험. 왼쪽: 맨 위의 도표는 벽 B에 박히는 총알의 밀도 분포이다. 오른쪽: 벽 B에 오는 물결의 높이 분포이다. 두 물결이 겹친 곳에서 간섭하여 물결의 높이 분포가 달라진다. 회색 줄은 두 물결이 소멸 간섭하여 수면이 흔들리지 않는 "마디 선"이다.

하지만 물결은 상황이 더 복잡하다. 이제 각 실틈은 둥근 물결의 원천이 된다. 이 두 물결은 진동수가 같고, 처음에는 위상이 같다(두 실틈이 아래 실틈에 대해 같은 거리에 있다고 하자). 벽 B의 중앙 점에 오는 두 물결은 같은 거리를 오므로 위상이 같다. 그 옆의 다른 점에서 두 물결의 경로가 반 파장 다르면 위상이 어긋난다. 조금 더 먼 곳에서 경로차가 파장만큼 다르면 다시 위상이 같아진다. (이것이 잘 이해되지 않으면 114쪽의 그림 3.10을 보라.) 벽 B의 중앙 점에서 옆으로 계속 가면 보강간섭과 소멸간섭이 번갈아 나타난다. 그림 3.13의 오른쪽은 이 실험을 보여주는데, 맨 위의 도표는 벽 B에서의 물결의 높이 분포이다.

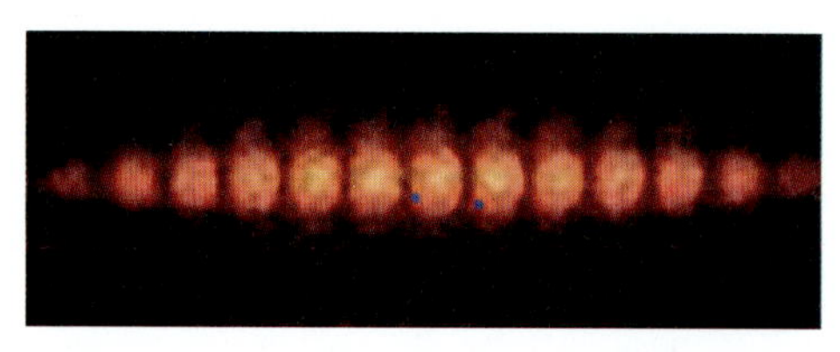

그림 3.14 영의 겹-실틈 실험의 간섭 무늬 사진. 어두운 띠는 두 실틈에서 오는 빛이 소멸 간섭하는 마디이다. 출처: Jordgette © 2010.

영은 겹-실틈 실험을 빛을 비추어 했고, 그 결과 빛이 파동이라는 결론이 나왔다. 이 실험에 대한 그의 1804년 논문에는 간섭 무늬 사진이 없었으므로(사진 기술은 22년 뒤에 발명되었다), 왼쪽 간섭 무늬 사진(그림 3.14)은 최근에 실험을 재현하여 얻은 것이다.

영이 보고 증명한 것이 무엇인지 확실히 하자. 기하학이 헷갈린다면 113쪽의 발견 연습을 살펴보라. 특히, 벽 B에 어두운 띠가 왜 생기는지 이해해야 한다. 그 곳에서는 두 실틈에서 오는 빛이 겹치지만 위상이 어긋나므로 상쇄된다. 입자는 이렇게 상쇄되는 일이 없다: "총알 몇 개"와 "총알 몇 개"를 더하면 늘 "더 많은 총알"이지 "더 적은 총알"은 아니다.

예: 겹-실틈

두 실틈의 간격이 1 mm이고 벽 A 뒤로 5 m에 벽 B가 있는 겹-실틈 실험을 살펴보자. 실틈에 초록 빛(파장 5×10^{-7} m)을 비춘다. 벽 B의 중앙에서 2.5 mm 떨어진 곳에서는 보강 간섭을 할까, 아니면 소멸 간섭을 할까?

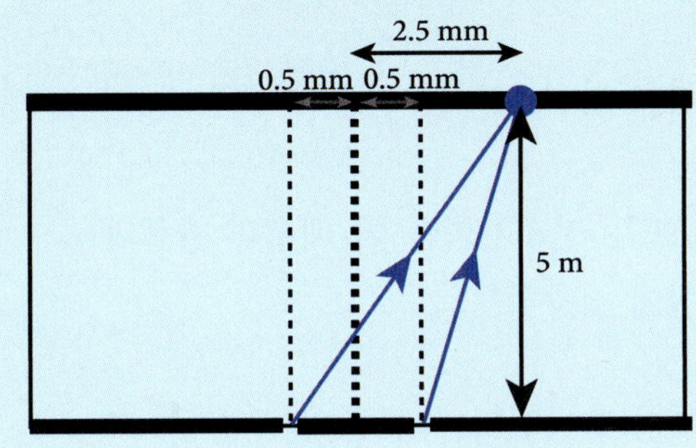

답: 그림(상하와 좌우의 축척이 다름!)은 각 실틈에서 오는 빛의 경로를 보여준다.

왼쪽과 오른쪽의 두 실틈에서 나온 빛이 가는 거리는 각각

$\sqrt{(5\,\text{m})^2 + (0.0025\,\text{m} + 0.0005\,\text{m})^2}$와

$\sqrt{(5\,\text{m})^2 + (0.0025\,\text{m} - 0.0005\,\text{m})^2}$

이다. 중요한 것은 이 거리의 차이, 즉 5×10^{-7} m이다. 두 경로차가 빛의 파장과 같으므로 그 곳에서는 보강간섭을 한다.

뒷벽까지의 거리는 대개 겹-실틈의 간격보다 훨씬 크며, 이는 다시 빛의 파장보다 훨씬 크다. 이 경우 뒷벽의 마디와 배의 위치를 구할 때 쓸 수 있는 간단한 어림식이 있다(문제 15 참조).

회절

이 절에서는 홑-실틈 실험에 대해 논의하는 것으로 시작하여 실틈을 두 개로 늘렸다. 실틈 수를 더 늘리면 어떻게 될까? 실틈을 여러 개 촘촘히 벌려둔 것이 "회절 격자"인데, 위에서 설명한 겹-실틈 간섭 무늬와 비슷한 띠를 만들지만 밝은 띠가 더 좁고 더 밝아서 그 봉우리 위치를 더 쉽게, 더 정확히 잴 수 있다. 이 효과는 1913년 브래그 부자(William Bragg와 Lawrence Bragg)가 극적으로 입증했다. 그들은 결정을 이루는 여러 겹의 원자 층이 엑스선에 대해 실틈 구실을 하여 회절을 일으킬 수 있음을 깨달았다(문제 16 참조).[4] 1915년 그들은 이 연구로 노벨상을 받아 부자가 같이 노벨상을 받은 유일한 사례가 되었고, 아들 브래그는 25세의 최연소 노벨 물리학상 수상자로 기록되었다.

간섭에 대한 지금까지 설명에서는 각 실틈을 새로운 파동을 내는 점으로 보았다. 이는 지나가는 빛의 파장보다 실틈이 훨씬 좁을 때 좋은 모형이다. 그러나 실틈의 폭이 빛의 파장과 비슷하면 그 실틈의 다른 부분을 지나는 파면끼리 간섭할 수 있다. 그 결과 밝은 띠와 어두운 띠가 번갈아 생기는, 익숙한 간섭 무늬가 보이는데, 이번에는 모두 홑-실틈에서 생긴다(문제 17 참조). 그림 3.15

4 엑스선이 결정에 반사될 때 밝은 점이 여러 개 나타나는 현상은 이미 그때 알려져 있었지만, 왜 그런 현상이 생기는지는 브래그 부자가 설명했다.

그림 3.15 홑-실틈 회절로서, 중심에서 멀어질수록 밝기가 급격히 떨어진 뒤, 어두운 띠와 밝은 띠가 번갈아 생긴다. 출처: Fordgette © 2010.

와 같이 뒷벽의 중심(실틈 바로 뒤)에서 멀어질수록 밝은 띠의 밝기가 급격히 떨어진다.

빛이 실틈을 지나면서 퍼져 밝고 어두운 띠를 만드는 것은 "회절", 간격이 좁은 두 실틈을 지나면서 밝고 어두운 띠를 만드는 것은 "간섭", 많은 실틈을 지나면서 밝고 어두운 띠를 만드는 것은 다시 "회절"이라고 한다. 그렇다면 차이점은 무엇일까? 파인만(Richard Feynman)의 설명을 들어보자.

> 간섭과 회절의 차이는 아무도 만족스럽게 정의할 수 없다. 이는 단지 용법의 문제일 뿐, 둘 사이에는 구체적이고 중요한 물리적 차이가 없다. 최선은 대충 말하자면, 원천의 수가 두 개 정도로 적을 때는 그 결과를 대체로 간섭이라고 하지만, 많으면 대개 회절이라고 한다.

실틈이 하나이면, 실틈의 각 부분을 지나가는 수많은 파동이 겹쳐 간섭 무늬를 만들기 때문에 "회절"에 해당한다.

회절과 간섭을 기술하는 많은 식이 부록 E에 있다. 광학 및/또는 전자기학을 더 배우면 간섭과 회절의 수식에 훨씬 더 익숙해진다. 하지만 여기서는 다음 사실에 집중하자.

- 파동이 매우 좁은 실틈을 지날 때는, 거기에서 사방으로 퍼져 나간다(하위헌스의 원리). 그 결과는 입자가 퍼지는 것과 구별할 수 없다.
- 따라서 파동과 입자를 구별하려면 간섭 장치를 꾸며야 한다. 왜냐하면 소멸 간섭은 파동의 특성으로서 입자에는 대응되는 특성이 없기 때문이다.
- 간섭 장치를 꾸미는 한 가지 방법은 매우 좁은 실틈을 두 개 이상 만들어 그 실틈을 지나는 파동이 간섭할 수 있게 하는 것이다.
- 간섭 장치를 꾸미는 다른 방법은 빛의 파장보다 넓은 실틈을 하나 만들어 실틈의 각 부분에서 나오는 파동이 서로 간섭하게 하는 것이다.
- 어떤 실험을 하든 그 원천에서 파동이 나온다면 밝은 띠와 어두운 띠가 번갈아 나타나는 "간섭 무늬"를 볼 수 있다. 빛은 이러한 간섭 무늬를 만들기 때문에 파동성을 지니고 있음을 안다.

3.2.3 물음과 문제: 영의 겹-실틈 실험

개념 물음 및 개념시험

1. 빛이 파동이 아니라 입자의 흐름이라면 영은 실험 장치의 뒷벽에서 무엇을 보았을까?
2. 빛의 파장 λ 보다 훨씬 더 좁은 실틈을 만들어 홑-실틈 실험을 한다. 이 실험으로는 빛이 입자인지 파동인지 알 수 없지만 겹-실틈 실험에서는 알 수 있는 이유를 자신의 말로 설명하라. 그렇다면 세겹-실틈 실험은 입자와 파동의 차이를 보여줄 수 있을까?
3. 빛으로 겹-실틈 실험을 하면 밝은 띠와 어두운 띠가 번갈아 나타난다. 실틈 중 하나를 가리면 어두운 띠가 더 밝아진다는 말이 참인가, 거짓인가? 설명하라.

4. 영의 겹-실틈 실험의 간섭 무늬는 밝은 띠와 어두운 띠가 번갈아 나타난 것이다. 그러나 더 자세히 보면 가운데 밝은 띠가 가장 밝고, 양쪽으로 멀어질수록 밝은 띠는 점점 어두워진다. 왜 그럴까?

5. 손전등 두 개를 켜서 함께 벽에 비추어도 간섭 무늬는 보이지 않는다.
   (a) 간섭 무늬를 얻으려면 두 손전등을 어떻게 바꿔야 할까? 빛의 진동수, 진폭, 위상에 대해 생각하라.
   (b) 영은 광원 하나가 내는 빛을 두 실틈에 비추어 두 광원을 만들었다. 이것이 (a)에 나열된 조건을 맞추는 데 어떻게 도움이 되었을까?

6. 소리도 빛처럼 파동이다. 스피커 두 대가 소리를 내게 하면 어떤 면에서는 겹-실틈 실험을 하는 것과 같지만, 방의 뒷벽을 따라 걸을 때 소리가 점점 더 작아지거나 커지는 것을 듣지 못한다. 왜 안 될까? (이 물음에 대한 답은 여러 가지다.)

7. 햇빛으로도 겹-실틈 실험을 할 수 있다. 해 보면 그림 3.16과 같이 간섭 무늬의 밝은 띠가 흰색이 아니라 여러 색이 무지개처럼 퍼져 있다. 왜 그런지 설명하라. **실마리:** 가운데만 밝은 띠가 흰색이다.

그림 3.16 출처: Berdniko V © 2010.

심층 토론

8. 빛을 써서 겹-실틈 실험을 하니 밝은 띠와 어두운 띠가 번갈아 나타났다고 하자. 이제 몇 가지 방법으로 실험을 바꾼다. 다음 중 각각에 대해 밝은 띠 간격이 더 좁아질지, 더 벌어질지, 아니면 같을지 설명하라.
   (a) 빛의 파장을 늘린다.
   (b) 빛의 세기(진폭)를 높인다.
   (c) 실틈 간격을 더 벌린다.
   (d) 간섭 무늬를 살펴 볼 뒷벽을 실틈에서 더 멀리 뒤로 옮긴다. **실마리:** 여기서 가장 간단히 살펴볼 곳은 뒷벽에서 두 실틈을 마주보는 곳이다.

문제

9. 한 원천이 내는 파장 3 cm인 사인파가 그림 3.17과 같이 두 경로를 통해 간다. 점 P까지의 거리가 첫째 경로는 2 m, 둘째 경로는 2 m + x이다.

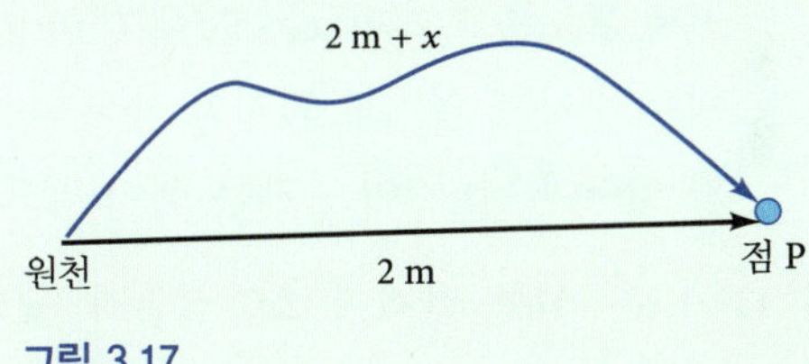

그림 3.17

   (a) 두 파동이 점 P에서 만나 보강 간섭을 할 때의 x 값을 세 가지 들어라.
   (b) 두 파동이 점 P에서 만나 소멸 간섭을 할 때의 x 값을 세 가지 들어라.

10. **겹-실틈 간섭**
   그림 3.18은 겹-실틈 실험을 보여주는데, 상하 좌우의 축척이 다르다. 두 실틈 간격은 4 cm이고, 벽 A와 벽 B의 거리는 1 m이다. 두 실틈에서 파장이 똑같이 0.2 mm(cm가 아님!)이고 위상도 같은 파동이 퍼져 간다.

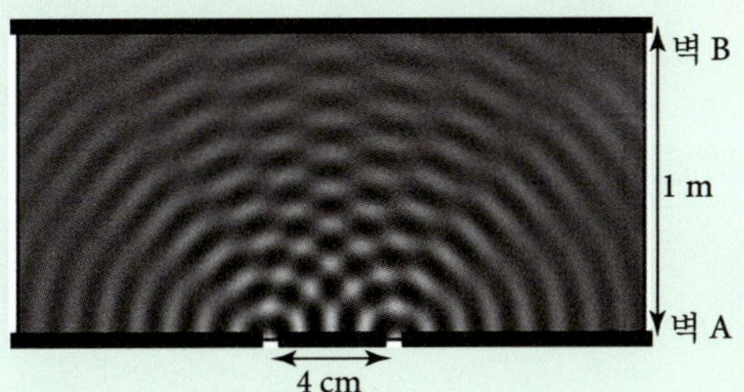

그림 3.18

   (a) 벽 B에 있는 점 P_1은 두 실틈에서 같은 거리이다. 왼쪽 실틈에서 P_1까지의 거리를 구하라.

(b) (a)의 답을 파장으로 나누어 왼쪽 실틈에서 P_1까지의 경로가 파장의 몇 배인지 구하라.

(c) 마찬가지로, 오른쪽 실틈에서 P_1까지의 경로가 파장의 몇 배인지 구하라.

(d) 그 점에서의 두 파동의 간섭이 보강 간섭인가, 소멸 간섭인가?

(e) 점 P_2는 P_1의 오른쪽으로 0.25 cm 떨어져 있다. 왼쪽 실틈과 오른쪽 실틈에서 P_2까지의 거리를 각각 파장 단위로 구하라. 그 점에서의 두 파동의 간섭이 보강 간섭인가, 소멸 간섭인가?

(f) 점 P_2에서 오른쪽으로 0.25 cm 떨어진 점 P_3에 대해서도 같은 문제에 답하라.

(g) 벽 B의 $-1\text{ cm} \le x \le 1\text{ cm}$ 구간에 대해 파동의 진폭 분포를 그려라(x는 *P1*에 대한 거리). 세로축에는 숫자가 없어도 되지만 가로 축(x)에는 숫자가 있어야 한다. 이 문제는 셈이 필요 없다.

문제 11–15는 실틈 간격이 $2d$, 실틈과 뒷벽의 거리가 L, 파동의 파장이 λ인 겹-실틈 실험에 관한 것이다(그림 3.19). 수식이 간단해지게 실틈 간격을 $2d$로 잡았으므로, 예를 들어 $d = 1$ cm라면 실틈 간격은 2 cm이다. (필요한 기하학은 직각삼각형이다. 잘 풀리지 않으면 문제 10을 먼저 푸는 것이 좋다.)

11. $d = 1$ cm, $L = 5$ m, $\lambda = 2$ mm(cm가 아님!). 벽 B의 중심에서 25 cm 떨어진 점에서의 간섭은 보강 간섭인가, 소멸 간섭인가?

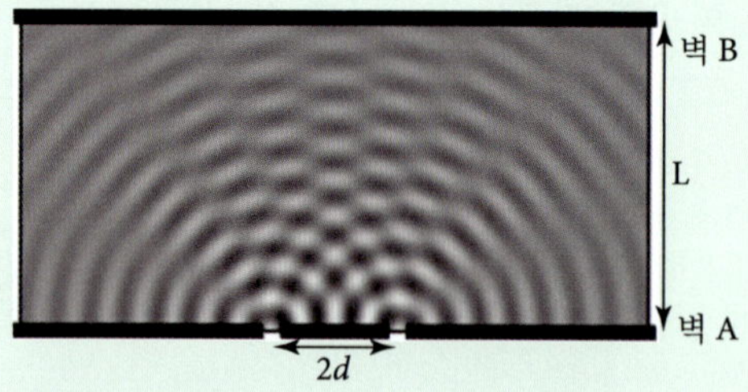

그림 3.19

12. $d = 1$ cm, $L = 50$ cm, $\lambda = 1/2$ cm. 벽 B의 중심에 가장 가까운 소멸 간섭점의 거리를 구하라.

13. $d = 1$ cm, $L = 1$ m, $\lambda = 1$ cm. 그림 3.20은 벽 B에서의 파동의 진폭 분포이다. 이 그림을 베끼고 가로축에 숫자(단위 포함)를 표시하라.

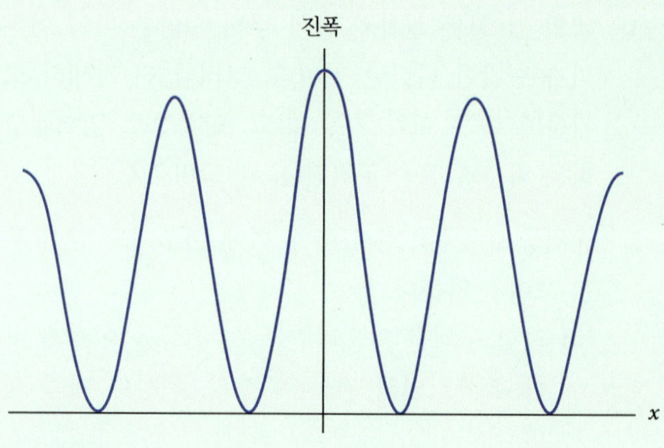

그림 3.20

14. d, L, λ는 문자로 남겨두어라. 벽 B의 중심에서 첫째 마디(소멸 간섭 점)까지의 거리를 구하라. **경고:** 수식이 조금 지저분하다.

15. **[이 문제는 문제 14의 결과를 쓴다.]** 문제 14에서 뒷벽의 중심에서 첫째 마디까지의 거리에 대한 식을 끌어냈다.

(a) $L \gg d \gg \lambda$로 가정하여, 이 식을 단순화하라. 답은 분자나 분모에 각각 문자 d, L, λ가 나타나는 항이다.

(b) (a)에 대한 답은 밝은 띠("봉우리")의 간격이나 밝은 띠와 어두운 띠("골짜기")의 간격을 알려주는가? 어떻게 아는가?

(c) 영은 원래 실험에서 실틈 간격이 "약 1/30인치"라고 했다: 그가 파장이 600 nm인 빛을 썼고 뒷벽까지의 거리가 4 m라고 가정하고, (a)의 어림값을 써서 그가 보았을 간섭무늬 간격을 추정하라.

16. 브래그 법칙

1913년 브래그 부자는 결정에 엑스선을 비추면 회절무늬가 생기는 이유를 설명했다. 그림 3.21은 대체적인 얼개이다. 두 가닥의 엑스선이 나란히 결정에 입사하며, 이 결정의 모형은 간격 d인 원자 층이 쌓인 것이다. 엑스선의 입사각 θ는 반사각이기도 하다. 두 입사 엑스선은 위상이 완벽하게 같다. 그러나 한 쪽 엑스선은 결정의 맨 위 층에서 반사되고, 다른 엑스선은 그 층을 지나 둘째 층에서 반사되어 더 먼 거리를 간다.

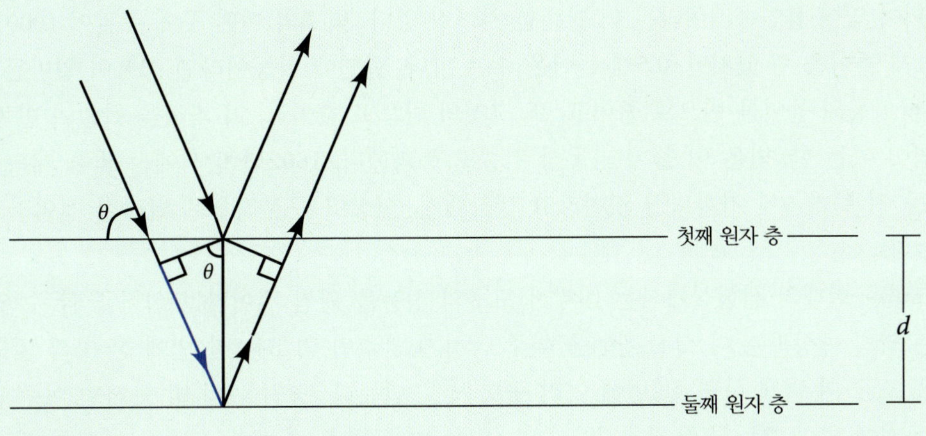

그림 3.21

(a) 두 엑스선의 거리 차이가 그림에서 파란 선분의 두 배인 이유를 설명하라.

(b) 그 차이를 셈하라. 그림에서 파란 선분의 길이의 두 배를 d와 θ의 함수로 셈하라.

(c) 이런 식으로 반사되면, 파장 λ가 어떤 값일 때 위상이 완벽하게 맞을까? (물론 답은 d와 θ의 함수이다. 무한히 많은 파장을 나열하려면 임의의 정수 n도 필요하다.)

(d) 파장 1 nm(10^{-9} m)인 엑스선을 결정에 비춘다고 하자. 밝은 회절점을 볼 수 있는 가장 작은 입사각은 다음과 같다: $\theta = 10°$. 결정의 원자층의 간격은 얼마인가? 다음으로 밝은 회절점을 볼 수 있는 가장 작은 입사각은 얼마인가?

17. 홑-실틈 회절

파장 2.0 mm인 파동이 폭 4.5 mm인 홑-실틈을 지난다. 파동이 실틈의 각 부분에 올 때 위상이 모두 같다고 하자. 실틈을 지난 파동은 1 m 떨어진 뒷벽에 이른다. 뒷벽에서 실틈을 마주 보는 점을 벽의 "중심"이라고 하자.

(a) 실틈의 맨 오른쪽 테두리에서 오는 파동과 실틈의 중심에서 오는 파동을 고려한다. 뒷벽의 중심에서 오른쪽으로 0.5 m 떨어진 점에서 이 두 파동이 보강 간섭을 하는가, 소멸 간섭을 하는가?

(b) 이제 실틈의 오른쪽 테두리에서 왼쪽으로 1 mm, 실틈의 중심에서 왼쪽으로 1 mm 떨어진 점에서 가는 두 개의 다른 파동을 고려한다. 뒷벽의 같은 곳에서 이 두 파동이 보강 간섭을 하는가, 소멸 간섭을 하는가?

(c) 뒷벽의 그 점에 오는 파동은 어떤 모양일까? 앞 문제의 답을 바탕으로 어떻게 아는지 설명하라.

3.3 광자 하나씩

영의 간섭 무늬는 빛의 파동성을 결정적으로 보여준다. 그러나 같은 실험에서 빛의 입자성도 똑같이 설득력 있게 보일 수 있다. 이 두 결과를 조화시키면 양자역학의 핵심 개념이 많이 드러난다.

3.3.1 설명: 광자 하나씩

겹-실틈 실험에서 생기는 간섭 무늬는 입자와 파동의 차이 중 하나이지만, 입자는 낱낱의 알갱이로 되어 있어 불연속적이라는 더 단순한 차이가 있다. 벽 B의 어떤 곳에 총알이 1000개, 100개, 또는 1개 들어올 수 있지만, 0.5개 들어올 수는 없다. 반면에 파동이라면 진폭이 얼마든지 작아질 수 있다. 파동의 높이를 반으로 줄이고, 또 그것의 반으로 줄이고, 이 과정을 한없이 반복할 수 있다.

영이 아는 한, 빛은 이 둘째 파동성 검증도 통과했다. 1802년 당시에는 빛을 계속 줄이면 밝기(파동 진폭)가 0에 가까워질 것이라고 생각했지, 현상이 근본적으로 달라질 것이라고 생각할 수 없었다.

그러나 현대의 실험실에서는 19세기 도구의 성능을 훨씬 뛰어넘는 실험을 할 수 있으며, 그 결과는 영의 예상과는 다르다. 광원을 아주 약하게 맞추면 벽 B는 한 번에 한 곳씩 빛을 받는다. 광원을 조금 더 밝게 하면 한 번에 여러 곳이 빛을 받는다. 광원을 더 밝게 하면 아주 많은 곳이 빛을 동시에 받아 흐릿하게 겹쳐진다—즉, 빛을 벽에 비출 때 보는 모습을 예상한 것과 같다. 하지만 그 벽에는 빛을 받아 밝은 점이 수 없이 많이 있음을 알고 있다.

이제 목표는 여전히 빛의 본질을 알아내는 것이다. 영이 설명한 빛, 즉 파동은 항상 흐릿하게 번진 간섭 무늬를 만들어낸다. 개별 점은 그 반대를 뜻한다: 즉 광원에서 나와 벽의 한 점까지 간, 쪼갤 수 없는 빛 뭉치를 뜻한다. 1926년 루이스(Gilbert N. Lewis)는 이 빛 입자를 "광자(photon)"라고 이름지었다.

이 장에서는 물리학계가 빛이 쪼갤 수 없는 뭉치로 되어 있다는 생각을 받아들이게 된 몇 가지 발전 과정을 소개하지만, 그 과정을 순서대로 설명하지는 않겠다. 플랑크(Max Planck)는 1900년에 이 착상을 제안했고(§ 3.4), 아인슈타인은 1905년에 이 이론을 더욱 발전시켰다(§ 3.5). 1909년에야 테일러(G. I. Taylor)는 겹-실틈 실험에서 간섭 무늬를 관찰하는 뒷벽에서 이산적인 반점을 처음으로 관찰했다. (테일러는 그을린 유리판을 써서 빛을 약하게 했다.) 하지만 이 실험이 상충하는 빛의 본질을 가장 명확하게 보여 준다고 믿기 때문에 테일러의 실험으로 시작하겠다.

겹-실틈 실험, 광자 하나씩

위에서 제시한 두 가지 다른 결과에서 어떤 심오한 문제가 생겼는지 알겠는가?

영은 (빛이 많은) 밝은 띠와 (빛이 없는) 어두운 띠를 보았음을 상기하자. 어두운 띠는 왜 어두울까? 왼쪽 실틈을 지난 빛과 오른쪽 실틈을 지난 빛이 그 곳을 피하기 때문이 아니다. 그 곳에는 양쪽 실틈을 지나온 빛이 모두 오지만, 두 빛의 위상이 어긋나 소멸 간섭을 하기 때문이다. 이 설명은 빛이 공간에서 퍼져가면서 두 실틈을 동시에 지난다는 사실을 바탕으로 한다.

반면에 매우 희미한 광원은 뒷벽에 한 번에 밝은 점 하나만 만든다. 이 결과는 어떤 순간에 한 곳에만 있는 입자의 속성을 분명히 보여준다.

이제 이 두 가지 결과를 일관되게 설명할 수 있는 이론이 필요하다. 따라서 광자를 하나씩 보내면서 겹-실틈 실험을 한다고 상상하자.

능동 읽기 연습: 광자 하나씩 겹-실틈 실험

광원에서 광자를 한 번에 하나씩 쏘면서 겹-실틈 실험을 한다고 상상하자. 첫째 광자를 쏘면 벽 B의 한 점이 밝아진다. 둘째 광자를 쏘면 벽 B에는 이제 또 다른 점이 밝아진다. 그리고 셋째, 넷째도 마찬가지다. 결국에는 벽 B에 밝은 점이 많아지고, 그 밀도 분포를 그릴 수 있게 된다.

물음: 그 밀도 분포는 각 실틈 바로 뒤쪽은 밀도가 높고 멀어질수록 밀도가 낮아지는 "입자 같은" 꼴일까? 아니면 파동과 연관된, 밀도가 높은 띠와 낮은 띠가 번갈아 나타나는 꼴일까?

이 물음에 대한 답과, 그 이유를 적어라. 틀릴까 봐 걱정하지 마라! 하지만 막역히 추측만 하지 말고 충분히 생각해 보라.

최선을 다해 추측하여 답을 적은 뒤 다음을 읽어라.

실험적 답은 다음과 같다: 밝은 띠와 어두운 띠가 번갈아 나타난다! 벽 B에 밝은 점 몇 개만 있을 때는 무늬를 알아볼 수 없다. 하지만 밝은 점이 계속 늘어나면 밝은 점이 많이 생기는 띠와 밝은 점이 전혀 생기지 않는 띠가 번갈아 있는 것이 보인다. 충분히 오래 기다리면 영이 본 간섭 무늬가 보인다.

아래 링크에서 광자가 하나씩 나타나는 겹-실틈 실험의 온라인 동영상을 볼 수 있다. 뒷벽의 무늬가 처음에는 무작위로 보이지만 점들이 점점 늘어나면서 어떤 영역은 자주 생기는 반면 어떤 영역은 전혀 생기지 않는 것이 분명해진다. 다음 점이 어디에 생길지 예측할 수는 없지만, 많은 점이 생기면 무늬가 분명해진다. www.cambridge.org/felder-modernphysics/animations

이 장에서 가장 중요한 순간이다. 이 결과를 충분히 깊이 생각하면 본격적인 양자역학 이론을 향해 꽤 멀리 갈 수 있다. 실험적 사실을 이해한 다음 그 사실에 맞는 이론을 꾸며 보라.

대부분의 물리학자들이 그랬고 지금도 그러는 것처럼 문제를 정의하자: "빛은 입자인가, 파동인가?" 하지만 우주의 모든 것이 이 두 가지 범주 중 어느 하나에만 속해야 할 명백한 이유는 없으므로 다음과 같이 묻고 시작하는 것이 좋다:

> 광자는 한 순간에 어느 한 곳에만 있을까, 아니면 여러 곳에 퍼져 있을까?

이 물음은 단순한 이분법적 대답을 요구하는 것 같다. 하지만 어느 쪽이든 문제가 생길 수 있다. 광자가 넓은 공간에 "번져" 있다면, 흐릿하게 번진 모양이 아니라 낱낱의 점으로 보이는 것을 어떻게 설명해야 할까? 광자가 한 순간에 한 곳에만 있다면 간섭 무늬는 어떻게 설명해야 할까? (그림 3.22 참조)

그림 3.22 겹-실틈 실험에 희미한 광원을 쓸 때 뒷벽에 생기는 무늬의 세 가지 버전. 왼쪽: 빛이 고전적인 입자라면 실틈 바로 뒤에 입자가 많이 오고 옆에는 적게 오지만 간섭무늬는 없을 것이다. 가운데: 빛이 고전적 파동이라면 밝고 어두운 띠가 생기지만 광원을 아무리 약하게 만들어도 낱낱의 점은 보이지 않을 것이다. 오른쪽: 실제 실험에서는 낱낱의 점이 모여 간섭무늬가 되는 것이 보인다.

다음 몇 장에서는 이러한 결과를 여러분이 지금까지 본 것 중 가장 이상하게 들리는, 직관에 반하는 이론으로 설명할 것이다. "누가 이런 말도 안 되는 이론을 생각해냈고, 그것을 왜 참이라고 믿었을까?"라는 의문이 계속 들 수도 있다. 그런 생각이 들 때마다 빛이 파동으로서 벽 A의 두 실틈을 지난 뒤 쪼갤 수 없는 입자로서 B 벽을 때리는 것을 떠올려 보라. 그렇다고 해서 "이제는 말이 되네"라고 생각하지는 않겠지만, "양자역학이 실험 결과에 대한 가장 단순하고 최선의 설명인 것 같다"는 결론을 내리는 데 도움이 될 수는 있다.

양자역학의 "정통" 해석

겹-실틈 실험의 뒷벽에 나타나는 간섭 무늬에 담긴 수학적 의미는 명확하다: 두 실틈에서 파동이 퍼져나와 스스로 간섭한다. 하지만 이러한 셈의 이면에는 "빛은 무엇의 파동인가?"라는 까다로운 물음이 숨어 있다. 고전적 대답은 전기장과 자기장 둘 다의 파동이며, 진폭이 크면 이 두 장이 더 세다는 것이다. 하지만 이 대답은 뒷벽의 한 점에서 관찰되는 낱낱의 밝은 점으로 이어지지는 않는다. 그래서 "해석"의 문제, 즉 물리적 의미를 수식과 연관시키는 데 문제가 생겼다.

1926년 보른(Max Born)은 파동은 **확률**을 나타낸다고 제안했다. 광자는 뒷벽의 특정 점에 부딪히는 입자이지만, 그 입자와 관련된 파동("파동 함수"라고 함)은 여러 곳에서 그 광자를 볼 확률을 결정한다. 파동의 진폭이 큰 곳은 "이 곳에서 광자를 볼 가능성이 큰" 곳이고, 진폭이 0인 곳은 "이 곳에서는 광자를 볼 수 없는" 곳이다.

5장에서 소개할 양자역학 이론은 파동 함수가 어떻게 거동하는지 기술하고 이를 쓰면 입자를 여러 곳에서 발견할 확률을 예측할 수 있다. 그 이론은 위에서 제시한 것과 같은 결과를 설명하고자 개발되었다.

모든 물리학자들은 양자역학의 예측이 성공적이라는 데 동의하지만, 일반적으로 수식이 실제로 일어나는 일에 대해 무엇을 시사하는지에 대해서는 동의하지 않는다. "정통적 해석"에 따르면 입자는 공간 전체에 파동으로서 퍼져있으며, 이를 재는 순간까지 그렇게 존재한다.[5] 입자를 재는 순간 파동은 특정한 곳에 입자가 있는 상태로 "붕괴(collapse)"된다. 이 해석에서는 측정 방법과 무관하게 측정 행위 자체가 입자의 상태를 근본적으로 바꾼다.

대다수의 물리학자들은 양자역학을 기술하고 예측할 때 편리한 방법으로서 정통 해석을 따르므로 이 책에서는 주로 이 언어를 쓴다.

광자 하나씩을 쓰는 겹-실틈 실험에 대한 정통적인 서술은 다음과 같다. 파동은 두 실틈을 동시에 지나 각각의 실틈 너머로 나아간다. 그 파동은 벽 B에 이르러 어떤 곳에서는 보강간섭을 하여 확률이 높아지고, 다른 곳에서는 소멸간섭을 하여 확률이 낮아진다(또는 0이 된다). 광자가 벽 B에서 측정 장치와 상호 작용할 때 그 상호 작용으로 인해 광자의 위치는 특정 점 하나로 붕괴된다(그림 3.23).

파동함수가 붕괴되면서 광자가 검출되는 곳은 측정 직전에 파동 함수의 진폭이 가장 컸던 곳일 가능성이 가장 크다. 많은 광자를 쏜 뒤 파동 함수의 진폭이 큰 영역에서는 광자를 많이 검출하고 작은 영역에서는 광자를 매우 적게 검출하므로 밝고 어두운 띠가 번갈아 있는 간섭 무늬를 얻는다.

5 이 해석은 종종 덴마크 물리학자 보어와 연관시켜 "코펜하겐 해석"이라고도 하지만, 실제로 보어의 견해를 얼마나 반영하는지에 대해서는 논란이 있으며, "코펜하겐 해석"이라는 말의 뜻에 대해서도 사람마다 의견이 다르므로 논란이 적은 "정통적 해석"이라는 말을 쓴다.

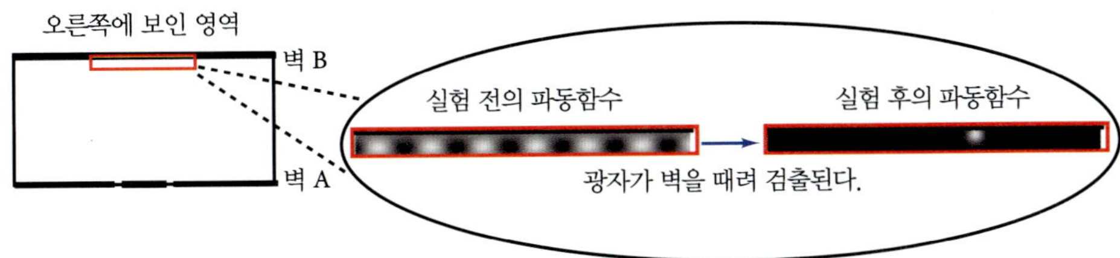

그림 3.23 겹-실틈 실험에서 뒷벽에서의 광자의 파동 함수: 광자가 뒷벽에 부딪히기 직전과 직후. 밝은 곳은 진폭이 크고 어두운 곳은 진폭이 작다. 왼쪽: 광자가 벽에 부딪히기 직전에 두 실틈을 지나온 파동의 간섭으로 파동의 진폭이 큰 곳과 작은 곳이 번갈아 나타난다. 오른쪽: 광자가 벽에 부딪힌 직후의 파동 함수의 진폭은 한 곳(광자가 검출된 곳)에서는 아주 커지고, 다른 모든 곳에서는 0이 된다.

능동 읽기 연습: 정통 해석

양자역학의 정통 해석에 대한 위의 설명을 다시 읽어보라. 이 모형이 겹-실틈 실험에서 밝고 어두운 띠가 번갈아 생기는 것을 어떻게 설명하는지 확인하라.

그런 다음 불합리한 것의 목록을 적어라. 목록은 두 가지 범주로 나누어 적는 것이 좋다: 정통 해석에 대한 의문 사항과 혹시 생각하는 이견으로 나누어라. (도움이 된다면, 스스로 아인슈타인이 되어 보어에게 격렬한 반론으로 가득 찬 긴 편지를 쓴다고 생각하라.) 파동 및 확률의 수학에 대해 생각해 보라. 입자와 측정에 대해 생각해 보라. 다른 식의 설명에 대해 생각해 보라.

> 양자 이론을 처음 접하고도 충격을 받지 않았다면 아마 그것을 이해하지 못한 탓일 것이다.
> – 보어(Niels Bohr)

다 적었다면, 이제 우리가 적은 목록을 보여주겠다. 어떤 것은 간단하고 만족스러운 답변이 있지만 그렇지 않은 것도 있다.

- **왜 광자가 어느 한 쪽 실틈만 지났다고 말할 수 없는가?**
  그러면 간섭 무늬의 어두운 띠를 설명할 수 없기 때문이다.
  간섭 무늬를 설명하려면 광자가 벽 A의 두 실틈을 동시에 지나야 하지만, 벽 B의 어느 점 하나에서만 빛이 보인다는 사실을 설명하려면 광자가 그 곳에만 있어야 한다.
- **벽 B에서의 파동 함수는 어떻게 되는가?**
  확률이 어떤 곳에서는 높고 다른 곳에서는 낮은, 복잡한 파동이, 갑자기 확률이 한 점(측정점)에서만 매우 높고 다른 곳에서는 0인 파동으로 바뀐다. 이를 "파동 함수의 붕괴"라고 하며, 측정 때문에 그렇게 된다.
- **파동 함수는 때로는 음수, 때로는 양수가 될 수 있지만 확률은 결코 음수가 될 수 없다.**
  이 점을 알아챘다니 똑똑하다! 간단한 대답은 확률은 파동함수의 **제곱**에 비례한다는 것이다. 그러나 파동 함수는 실제로는 복소수 값이므로 더 정확한 표현은 확률은 크기의 제곱에 비례한다는 것이다.

파동 함수가 늘 양수라면 소멸간섭이 없기 때문에 이 문제를 풀 수 없다는 점에 유의하라. 파동 함수는 어떤 곳에서는 양수이고 어떤 곳에서는 음수이지만 확률은 당연히 음수가 아니다.

- **둘째 광자를 쏘면 어떻게 될까?**
  그것의 파동 함수는 첫째 파동과 똑같이 진행하므로 똑같은 확률 분포로 벽 B에 이른다. 그러나 벽 B에서 파동 함수가 붕괴될 때 광자는 확률의 법칙에 따라 다른 곳에 이를 수 있다. 파동함수의 전파는 "결정론적"(같은 조건에서 늘 같은 방식으로 일어남)이지만, 붕괴는 "무작위적"(확률적으로만 예측할 수 있음)이라고 말한다.

- **"측정"은 정확히 무엇인가? 아무도 지켜보지 않아도 벽 B는 여전히 측정 장소일까?**
  둘째 물음에 대한 답은 "예"이다. 다음 능동 읽기 연습에서 설명하는 실험 결과는 아무도 지켜보지 않아도 측정이 파동 함수를 붕괴시킬 수 있음을 시사한다. 그러나 무엇이 측정을 구성하는지에 대한 더 일반적인 물음에는 정통 해석에서 명확한 답이 없다. 대부분의 물리학자들은 이 문제에 신경쓰지 않고 셈한다. (지금까지는 생각보다 잘 작동했다.) 다른 사람들은 이것이 정통 해석의 치명적인 결함이라고 생각한다.

측정 문제는 근본적이고 미묘한 문제이므로 정통 양자역학적 기술과 고전적 견해를 비교해 보겠다.

고전적 입자는 매 순간 위치가 확실하다. 그 위치를 알고 싶으면 측정을 한다. 이 측정은 입자의 위치를 알려주는 것 말고는 계를 크게 바꾸지 않을 수 있다.

반면, 정통 양자역학에서는 입자의 위치가 말 그대로 잘 정의되지 않으며, 입자가 곳곳에서 발견될 확률을 나타내는 파동 함수 또는 가능한 여러 곳에서 발견될 수 있는 상태의 '중첩'만 존재한다. 측정 행위는 계의 상태를 근본적으로 바꿔 그 중첩을 하나의 특정 위치로 축소시킨다. 겹-실틈 실험에서 벽 B는 측정 장치이며, 벽에 나타나는 개별 섬광은 광자가 이제 잘 정의된 곳에 있다는 증거이다.

측정의 중심 역할은 (빛의 입자뿐만 아니라) 모든 입자와, (위치뿐만 아니라) 모든 속성에 적용된다. 예를 들어, 전자의 운동량을 재면 그 전자의 운동량에 확실한 값을 강제한다.

이로써 다음 물음/답변이 나온다:

- **확률 파동이 무작위로 선택된 상태로 붕괴되는 것은 누군가가 쟀기 때문인가? 더 나은 설명이 있는가?**
  여러 가지 다른 설명이 있다. "양자역학의 해석"에 관한 다음 온라인 절에서 몇 가지를 설명한다: www.cambridge.org/felder-modernphysics/onlinesections

  모든 해석은 실험 결과와 수학에 대해서는 동의하지만, 실재의 근본적 본질에 대해서는 모두가 동의하지는 않는다. 정통 해석은 가장 널리 받아들이고 또 쓰는 해석이다. 다른 해석은 이 해석의 몇 가지 특징을 피하고 자신만의 해석을 도입한다. 어떤 해석도 옛날 뉴턴의 세계로 돌아갈 수는 없다.

겹-실틈 실험의 변이

이러한 결과를 명확히 하기 위해 이 실험의 세 가지 변이를 설명하겠다.

능동 읽기 연습: 겹-실틈 변이

아래의 첫째 각본을 읽고 뒷벽에 나타날 무늬를 예측하여 적어 보라. 그런 다음 온라인 답과 비교하여 확인하라. 그 뒤에 둘째와 셋째 각본에 대해서도 똑같이 하라.

1. 겹-실틈 실험에서 광자를 하나씩 보내되, 광자가 어느 쪽 실틈을 지나는지도 잴 수 있게 두 실틈에 검출기를 설치한다.
2. 위와 같지만 오른쪽 실틈에는 검출기가 없다. (검출기가 꺼지면 광자가 왼쪽 실틈을 지나간 것이다. 벽 B 어디엔가에 빛이 보이지만 검출기가 꺼지지 않았다면 광자가 오른쪽 실틈을 지나간 것이다).
3. (검출기 없이) 애초의 실험을 반복하되 빛 대신 전자를 한 번에 하나씩 보낸다.

세 실험의 결과는 다음 링크에서 확인할 수 있다: www.cambridge.org/felder-modernphysics/activereadingsolutions

마지막 물음/답변으로 마무리한다:

- **세상이 참으로 이렇게 이상한 방식으로 돌아간다면 왜 우리는 지금까지 몰랐을까?**
  물이 낱낱의 물 분자로 되어 있음을 알아내기는 매우 어렵다. 원자는 매우 작고 물 한 잔에 든 물 분자도 너무 많아서 물이 연속적인 액체가 아니라고 판단하려면 엄청난 기술이 필요하다. 마찬가지로 빛다발이 낱낱의 광자로 되어 있는지 알아내기도 매우 어렵다. 일상적인 경험에서는 빛은 그저 파동처럼 느껴진다.

3.3.2 물음과 문제: 광자 하나씩

개념 물음 및 개념시험

1. 이 문제에서는 정통 해석에 따라 광자 하나씩 보내는 겹-실틈 실험을 단계별로 진행한다. 뒷벽에 사진판을 두어, 빛이 그 벽의 어떤 점에 닿을 때마다 그때부터 볼 수 있는 흰 자국이 영구적으로 생긴다고 가정한다.
   (a) 광원이 광자 하나를 쏘는 것으로 시작한다. 파동은 바깥쪽으로 퍼져나가 결국 두 실틈을 모두 지난다. 이 파동이 무엇을 나타내는지 간략히 설명하라.
   (b) 두 실틈을 지나온 파동이 뒷벽에 부딪친다. 파동은 어떤 곳에서는 보강 간섭을, 또 다른 어떤 곳에서는 소멸 간섭을 한다. 그 이유를 간략히 설명하라. (**실마리:** 여러분의 설명은 영의 설명과 같을 것이다. 그림을 넣을 수 있다.)
   (c) 고전적 분석이라면 보강간섭 영역에는 강한 전자기장이, 소멸간섭 영역은 약한 전자기장이 있다고(또는 없다고) 설명했을 것이다. 정통 해석은 보강 간섭과 소멸 간섭 영역을 어떻게 설명하는가? (**실마리:** 답에는 전자기장이 들어가지 않는다.)
   (d) 이 때 파동 함수가 "붕괴"한다. 이것이 무엇을 뜻하는지 간략히 설명하라.
   (e) 붕괴될 때 뒷벽에 무엇이 보이는가?
   (f) 끝으로, 둘째 광자를 쏘아 보낸다. 다시 한 번 파동이 나가서 양쪽 실틈을 지나 어떤 곳에서는 보

강 간섭을, 또 다른 어떤 곳에서는 소멸 간섭을 한다. 다시 또 파동 함수가 붕괴되고 뒷벽에 무언가가 보인다. 광원과 실험 설정에 관한 모든 것이 두 번 다 똑같다고 할 때, 이 과정의 어떤 부분이 두 광자에 대해 다르게 나올 수 있을까?

2. 빛의 입자 관점이나 파동 관점만으로는 광자 하나씩 겹-실틈 실험 결과를 설명할 수 없는 이유를 자신의 말로 설명하라.

3. 입자가 x축을 따라 간다. 이 입자의 파동은 그림 3.24와 같다. 이 입자의 위치를 잴 때 점 A 근처, 점 B 근처, 점 C 근처 중 찾을 확률이 가장 큰 곳과 가장 작은 곳은 어디일까?

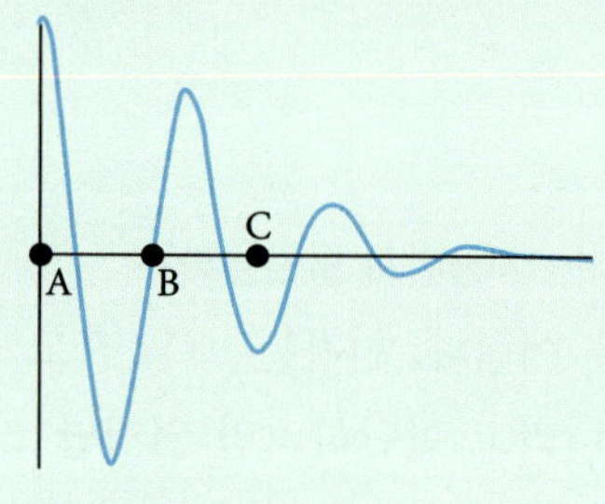

그림 3.24

4. $x = 0$ 또는 $x = 2$에 가까이 있을 확률은 같고 다른 곳에서 발견될 확률은 0인 입자의 가능한 파동 함수를 그려라.

5. 광자가 뉴턴 입자와 같은 점과 다른 점은 무엇인가?

6. 정통 해석에서 가장 큰 문제는 "파동함수의 붕괴"이다: 다음 각 부분에 대해 간략히 답하라.

(a) 파동 함수는 언제 붕괴하는가? (벽 B에서라고 하지 말고, 그 보다 더 일반적인 대답을 하라.)

(b) 붕괴 전, 후의 파동 함수는 어떻게 다른가?

(c) 입자의 파동함수는 뾰족한 봉우리가 두 곳에 있다고 하자. 입자의 위치를 잴 때 한 곳에서 발견할까, 두 곳에서 발견할까, 아니면 두 곳 이상에서 발견할까?

7. 광자가 실틈을 지날 때 재면 늘 이쪽 또는 저쪽 실틈에서 광자를 발견할 수 있다. 그러나 정통 해석에 따르면 재지 않으면 두 곳에 동시에 있다고 한다. 친구는 광자가 이쪽 실틈에 있거나 저쪽 실틈에 있지만 재지 않았기 때문에 어느 쪽에 있는지 모르는 것이라고 주장한다고 하자. 그 친구에게 어떻게 대답하겠는가?

8. 광자를 하나씩 쏘아 겹-실틈 실험을 하면 뒷벽에 광자가 전혀 오지 않는 어두운 띠가 보인다. 그런 다음 두 실틈 중 하나를 가리면 그 띠가 밝아진다. 정통 해석에서는 이것을 어떻게 설명할까? **실마리:** 이 물음에 대한 좋은 답은 "붕괴"라는 단어와 이 상황에서 그 뜻에 대한 설명을 넣는 것이다.

9. § 3.3.1의 설명의 다음 문장을 자신의 말로 간단히 해석하라: "파동 함수의 전파는 결정론적이지만 붕괴는 무작위적이다."

10. 빛에는 파동성과 입자성이 모두 있다는 사실을 강조해 왔지만, 물이나 밧줄도 마찬가지이다. 두 경우 모두 (보강 간섭할 수도 있고 또는 소멸 간섭할 수도 있는) 파동은 입자(분자)로 이루어져 있다. 입자로 이루어진 파동이라는 모형이 겹-실틈 실험에서 빛에 대한 좋은 모형이 아닌 이유를 설명하라.

심층 토론

11. 전자와 원자는 빛에서 보는 것과 똑같은 간섭 무늬를 만든다. 하지만 앞서 총알과 같은 것은 그렇지 않다고 했다. 왜 아닐까? 답을 모를 수도 있겠지만 그 이유를 추측해 보라.

12. 한쪽 실틈에 약한 검출기를 달아 광자가 그 실틈을 지날 때 10번 중 한 번씩 깜박이는 겹-실틈 실험을 한다고 하자. 뒷벽에 어떤 무늬가 보일까?

13. 많은 물리학자들이 정통 해석에 반대한다. 가장 일반적인 반대 이유 중 하나는 이 이론이 모든 "측정"을 물체의 상태를 근본적으로 바꾸는 사건으로 설명하지만, "측정"이라는 용어가 완전히 정의되지 않았다는 것이다. 수학도 같고 따라서 실험적 예측도 같지만 수학의 해석이 완전히 다른 몇 가지 대안이 제시되었다. 이 중 하나를 조사해 보라. [가장 잘 알려진 것은 "에버렛(Hugh Everett)의 다중 세계(many worlds)" 이론과 봄(David Bohm)의 "파일럿-파동

(pilot-wave)" 이론이다.] 다음 세 문제에 답하라.

(a) 정통 해석에 따르면, 빛의 "파동성"과 "입자성"의 관계는 측정을 할 때 전자가 후자로 붕괴된다는 것이다. 선택한 대안 해석에서 이 두 상태의 관계는 무엇인가?

(b) 광자 하나씩으로 하는 겹-실틈 실험에서 파동은 벽 A의 두 실틈을 동시에 지난다. 이 가설은 벽 B에서는 광자가 한 곳에서만 발견된다는 사실을 어떻게 설명할 수 있는가?

(c) 이 해석에서 생기는 개념적 어려움은 무엇인가?

3.4 흑체 복사와 자외선 파탄

1900년 플랑크(Max Planck)가 "자외선 파탄"이라는 이론적 문제에 대한 해결책을 제시하면서 고전 물리학의 벽에 처음으로 양자 틈새가 생겼다. 이 절에서는 이 문제와 플랑크의 해결책을 설명한다.

플랑크는 자신의 제안을 고전 물리학에서 급진적으로 벗어난 것으로 보지 않았으며, 오늘날까지도 물리학자들은 플랑크가 제시한 수학을 어떻게 해석했는지에 대해 논쟁을 벌이고 있다. 분명한 것은 닫힌 공간(앞으로 "통"이라고 한다) 속의 빛을 셈할 때 고전 물리학은 잘못된 결과를 내며, 빛의 진폭이 아무 값이나 될 수는 없고 불연속적인 값만 될 수 있다고 가정하면 이 문제가 풀린다는 것이다.

3.4.1 발견 연습: 흑체 복사와 자외선 파탄

통은 빛(전자기파)으로 차 있으며, 벽에서 계속 방출되고 흡수된다. 이 빛의 "스펙트럼"—진동수/파장 분포—은 파란 빛의 파장 범위에 얼마나 많은 에너지가 있는지, 빨간 빛, 적외선 등에 얼마나 많은 에너지가 있는지 알려준다.

고전 물리학에 따르면 통 속의 빛의 스펙트럼은 $8\pi k_B T\nu^2/c^3$이며, 여기서 k_B와 c는 기본 상수이고 T는 절대온도이다. 1900년 플랑크는 양자화된 에너지 준위라는 급진적인 가설을 제안하여 다음과 같은 조금 다른 공식을 이끌어 냈다: $(8\pi k_B T\nu^2/c^3)/(e^{h\nu/(k_B T)}-1)$. (새로운 보편 상수 h가 들어있음을 눈여겨보라.) 이 공식은 다음과 같이 쓸 수 있다:

$$S(\nu) = A\nu^2 \qquad \text{레일리-진스(고전적) 스펙트럼} \qquad (3.2)$$

$$S(\nu) = \frac{B}{e^{C\nu}-1}\nu^3 \qquad \text{플랑크 스펙트럼} \qquad (3.3)$$

300 K(전형적인 실온)에서 상수는 다음과 같다: $A = 3.86 \times 10^{-45}$ J/(m^{3}Hz^3), $B = 6.17 \times 10^{-58}$ J/(m^3 Hz^4), $C = 1.6 \times 10^{-13}$ s.

1. 진동수 범위를 $0 \le \nu \le 2\times 10^{12}$ s^{-1}, 스펙트럼 값의 범위를 $0 \le S \le 2\times 10^{-20}$ Js/m^{3}로 잡아 (3.2) 및 (3.3)을 같은 도표에 올린다. 두 도표는 처음에는 잘 따라가지만 진동수가 높아질수록 점점 더 벌어진다.

2. 둘째 도표에 (3.2) 및 (3.3)을 진동수 범위를 $0 \le \nu \le 6 \times 10^{13}\ s^{-1}$, 스펙트럼 값의 범위를 $0 \le S \le 3 \times 10^{-19}\ Js/m^3$로 잡아 그려라. 이러한 높은 진동수에서는 극적인 차이를 볼 수 있다.

아래 물음은 셈을 할 필요가 없으므로 방금 그린 도표를 보고 빨리 답할 수 있다.

3. 플랑크의 모형에 따르면, 대략 어떤 진동수 범위에 빛이 가장 많을 것으로 예상하는가?
4. 에너지 밀도(통 속의 총 에너지를 부피로 나눈 값)는 모든 진동수(0에서 ∞까지)에 대한 스펙트럼 함수를 적분하여 구할 수 있다. 플랑크의 모형이 총 에너지에 대해 합리적인 값을 제공할 수 있고 고전적인 모형은 그렇지 않은 이유를 설명하라.

3.4.2 설명: 흑체 복사와 자외선 파탄

모든 물체는 빛을 계속 주변으로 내보내고, 또 받는다. 이렇게 내보내는 빛의 양과 파장분포는 물체의 온도에 따라 달라진다. 찬 물체 옆에 뜨거운 물체를 두면 빛 에너지 교환이 불균등하므로 대체로 에너지는 뜨거운 물체에서 찬 물체로 흐른다. 온도가 같은 두 물체를 옆에 두면 주고받는 에너지의 양이 같은데, 이를 "열 평형"이라고 한다.

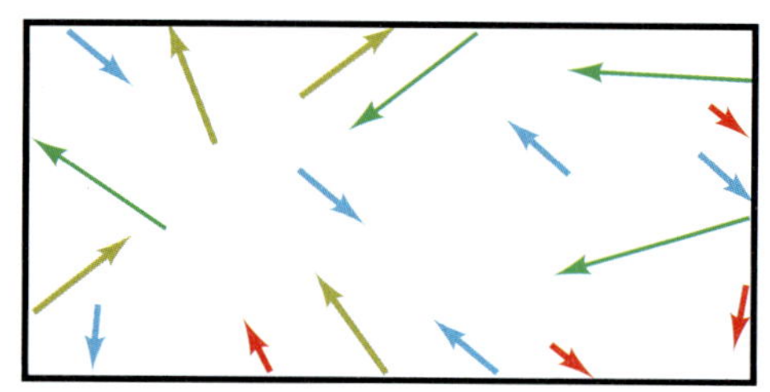

그림 3.25 열 평형 상태의 통 속은 여러 파장과 진폭의 빛으로 가득 차 있다. 벽은 빛을 흡수하는 만큼 방출하여 평형을 이룬다.

따라서 빈 통을 둘러싼 벽을 상상해 보자. 만약 이 통이 열 평형 상태에 있다면 늘 똑같은 모습일 것이다. 그렇다고 해서 아무 일도 일어나지 않는다는 뜻은 아니다! 반대로 벽은 계속 빛을 내고 또 흡수하므로 통 속은 빛으로 가득 차 있다(그림 3.25).

이 꾸며낸 각본은 사실 매우 중요하다. 왜냐하면 별을 비롯하여 우리 몸 등 모든 물체가 평형 상태의 통 속에서 그렇듯이 빛을 내고 또 거의 그만큼 흡수한다. 그러한 물체를 "흑체(blackbody)"라고 하며 그 물체가 내는 빛을 "흑체 복사(blackbody radiation)"라고 한다.

10장에서는 흑체 복사가 무엇이며, 왜 중요한지, 그 특성을 어떻게 예측하는지 등을 훨씬 더 자세히 설명한다. 여기서는 이러한 결과 중 일부는 "문제에서 풀 수 있다" 또는 "10장에서 다시 다룬다"는 범주로 남겨두겠지만, 흑체 복사에 대한 고전적 분석이 어떻게 측정과 어긋날 뿐만 아니라 이론적으로도 맞지 않는 예측으로 이어졌는지 보여주겠다. 그리고 플랑크가—적어도 이 특별한 경우에는—빛에 허용되는 에너지 준위가 양자화되어 있다고 제안함으로써 문제를 어떻게 풀었는지 살펴본다.

세 변수와 두 식

통 속의 에너지는 빛으로 존재한다. 알다시피, 이러한 빛의 특징은 진동수와 진폭, 두 가지 값으로 정해진다. 빛의 진동수는 빛의 종류(엑스선, 파란 빛, 빨간 빛 등)를, 진폭은 에너지를 결정한다.

궁금한 것은 통 속의 빛의 "스펙트럼"이다. 전체 에너지 중 파란 빛, 초록 빛, 극초단파 등에 얼마나 많은 에너지가 있는지 등이다. 아래 예제에서는 진동수 $\nu = 550$ THz인 초록 빛과 진동수 $\nu = 650$ THz인 파란 빛을 고려하며, 서로 다르지만 관련된 세 변수 E_w, S, ρ를 살펴보겠다.

- 함수 $E_w(\nu)$는 진동수 ν인 빛의 에너지를 나타내며, 단위는 에너지(예: J 또는 eV)이다.
  특정 통 속에서 $E_w(550\text{ THz}) > E_w(650\text{ THz})$라면 그 통 속에서는 초록 빛의 에너지가 파란 빛의 에너지보다 더 많음을 뜻한다. **진동수**가 다른 두 빛을 비교하여 한 빛이 다른 빛보다 **진폭**이 더 크다고 주장하고 있음에 유의하라.
- $E_w(\nu)$에서 스펙트럼 함수 $S(\nu)$를 유도한다. S의 단위는 진동수당, 단위 부피당 에너지 또는 이에 상응하는 단위 진동수당 에너지 밀도이다.
  특정 통 속에서 $S(550\text{ THz}) < S(650\text{ THz})$라면, 이는 그 통 속에서는 초록 빛이 파란 빛보다 에너지가 더 적음을 뜻한다. 이는 $E_w(550) > E_w(650)$이어도 참일 수 있다: 각 초록 빛은 각 파란 빛보다 에너지가 더 많지만 파란 빛이 더 많아서 에너지가 더 많이 더해질 것이다.
- $S(\nu)$에서 통의 총 에너지 밀도(단위 부피당 에너지)인 ρ를 구할 수 있다. 평형 상태에서는 에너지가 통 속에 고르게 퍼지므로 ρ는 일정하고 총 에너지는 ρ와 부피의 곱이다.

이 변수들은 어떤 관계가 있을까? 첫째 함수와 둘째 함수는 다음 관계가 있다:

$$S(\nu) = \frac{8\pi}{c^3}\nu^2 E_w(\nu). \tag{3.4}$$

이 식은 확실히 뻔하지 않다! 문제 39에서 이 식을 유도할 것이다. 인자 ν^2 때문에 $S(\nu)$가 $E_w(\nu)$보다 훨씬 빠르게 증가한다는 사실만 알아두면 충분하다.

에너지 밀도는 정해진 진동수 범위에서 $S(\nu)$를 적분하여 구한다. 예를 들어, $\int_{520\text{ THz}}^{610\text{ THz}} S(\nu)d\nu$는 녹색 진동수 범위의 에너지 밀도이다. 0에서 ∞까지의 적분한 값은 통 속의 총 에너지 밀도이다.

$$\rho = \int_0^\infty S(\nu)\, d\nu. \tag{3.5}$$

[(3.4) 및 (3.5)를 써서 ρ의 단위가 단위 부피당 에너지임을 확인할 수 있다. c의 단위는 m/s이고, ν와 $d\nu$의 단위는 모두 s^{-1}임을 상기하라.]

이 두 식을 쓰면, 함수 $E_w(\nu)$만 알면 흑체 복사 스펙트럼과 총 에너지 밀도를 셈할 수 있다.

예: 세 변수의 관계 찾기

진동수 ν의 빛의 에너지에 대한 모형을 함수 $E_w = a/[\nu(1 + b\nu^2)^3]$로 꾸밀 수 있다고 하자. a와 b는 양수인 상수이다. 이제 빛의 총 에너지 밀도를 셈하자.

중요 참고: 뒤에 (잘못된) 고전적 E_w 함수부터 살펴 보고, 그 다음에 (올바른) 양자역학적 E_w 함수를 살펴보겠다. 이 예는 이 둘 중 어느 것도 아니며, $E_w(\nu)$가 어떻게 $S(\nu)$ 로 이어지고 그것이 다시 ρ로 이어지는지 보여주고자 꾸민 예이다.

답: (3.4)에서 스펙트럼 함수를 구할 수 있다.

$$S(\nu) = \frac{8\pi}{c^3}\nu^2 E_w(\nu) = \frac{8\pi}{c^3}\nu^2 \frac{a}{\nu\left(1+b\nu^2\right)^3} = \frac{8\pi a}{c^3}\frac{\nu}{\left(1+b\nu^2\right)^3}.$$

모든 진동수에 대해 적분하면 총 에너지 밀도를 얻는다:

$$\rho = \int_0^\infty S(\nu)d\nu = \frac{8\pi a}{c^3}\int_0^\infty \frac{\nu}{\left(1+b\nu^2\right)^3}d\nu = \frac{2\pi a}{bc^3}.$$

이제 예제의 시작 부분에서 제시한 E_w에 대한 식을 써서 상수 a와 ν의 단위를 알아내고, 이를 써서 ρ에 대한 답에 에너지 밀도 단위가 있는지 확인한다.

자외선 파탄

지금까지 이 절의 핵심은 진동수 ν의 빛의 에너지인 $E_w(\nu)$만 알면 모든 것을 셈할 수 있다는 것이다.

19세기 물리학자들이 E_w를 어떻게 셈했는지 아래에서 간략하게 설명하겠지만, 먼저 그 결과를 살펴보겠다. 그들은 E_w가 모든 진동수에서 같아야 한다는 결론을 내렸다. 각 빛의 에너지는 "볼츠만 상수" $k_B \approx 10^{-23}$ J/K에 따라 빌광체의 온도만의 함수여야 한다:

$$\text{고전적 예측: } E_w = k_B T \tag{3.6}$$

능동 읽기 연습: 자외선 파탄

앞의 예제에서는 만든 함수 $E_w(\nu)$를 써서 스펙트럼 $S(\nu)$와 통 속의 에너지 밀도 ρ를 예측했다. 이제 고전적으로 예측한 (3.6)의 $E_w(\nu)$를 써서 같은 변수를 셈한다. (이 셈은 예제에서 했던 셈보다 쉽다.) 답을 적고 나서 예제를 살펴보라. 이 결과를 왜 "파탄"이라고 불렸는지 알겠는가?

(3.4)에서 $S(\nu) = 8\pi k_B T\nu^2/c^3$이다. 이 고전적으로 예측한 스펙트럼을 "레일리-진스(Rayleigh-Jeans) 스펙트럼"이라고 한다. 이 스펙트럼은 상수에 ν^2을 곱한 꼴이므로 0에서 ∞까지의 적분은 발산한다. 즉, 고전 이론은 평형 상태의 통 속에 든 빛 에너지 밀도가 무한대(!)라고 예측했다. 바탕 이론은 건전하고 잘 검증된 것이며 논리도 반박할 수 없었지만 최종 결론은 터무니없었다. 발산이 고주파에서 생기기 때문에 이 예측을 "자외선 파탄"이라고 했다.

실험 결과는 어떤 통 속에 든 빛 에너지도 무한하지는 않다는 것임에 놀라지 않을 것이다. 그림 3.26은 $T = 2.725$ K에서 레일리-진스 스펙트럼과 실험값을 보여준다. 통 속의 총 에너지 밀도를 나타내는 곡선 아래 영역이 실험 결과에서는 수렴하지만 고전적 예측에서는 분명히 발산함을 알 수 있다.

그러나 또 한 가지 눈여겨 볼 점은 도표의 맨 왼쪽에서는 고전적 예측이 실험값과 상당히 잘 맞는다는 것이다. 따라서 19세기 후반 물리학자들이 직면한 과제는 낮은 진동수에서는 예측한 에너

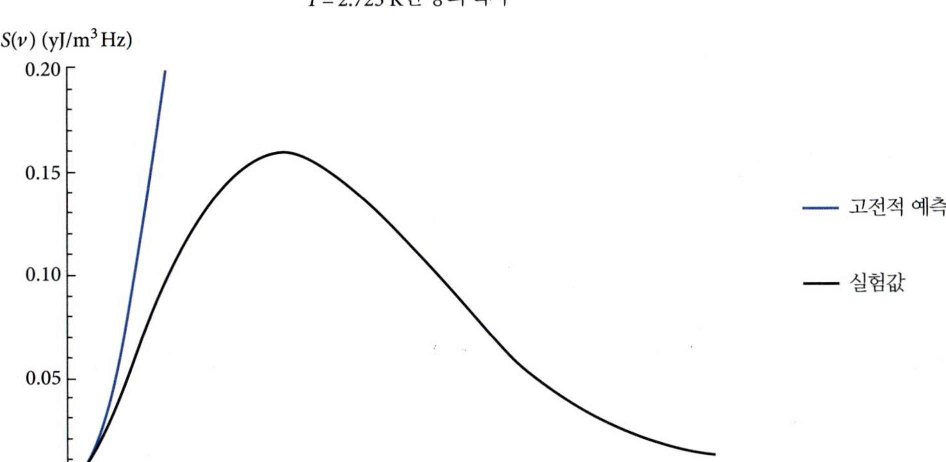

그림 3.26 세로축은 통 속의 빛 에너지 밀도의 스펙트럼(단위 진동수당 에너지 밀도)이다. 이를 적분하면 에너지 밀도가 나온다. 여기서 에너지 측정 단위는 yJ(yoctojoules, 1 yJ = 10^{-24} J)이고 진동수 단위는 GHz(gigahertz, 1 GHz = 10^9 Hz)이다.

지를 크게 바꾸지 않으면서 진동수가 높아질 때 0을 향하도록 강제로 낮추는 방식으로 이론을 바꾸는 것이었다.

"$E_w = k_B T$는 어디에서 왔지?" 1부: 확률 분포

플랑크가 파탄에 이르는 식 (3.6)의 대안을 어떻게 찾았는지 살펴보기 전에, 먼저 $E_w = k_B T$가 어디에서 왔는지 살펴봐야 한다.

그러려면 지금까지 무시했던 세부 사항을 살펴봐야 하는데, 바로 통 속의 빛 에너지가 진동수마다 다르다는 것이다. (금속 벽에서 돌아다니는 전자가 빛을 내므로 시시각각 변한다). 우리가 구하려는 E_w는 진동수 ν인 빛의 정확한 "에너지"가 아니라 그 빛의 시간 평균 에너지이다.

이 평균값을 예측하려면 현재로서는 증명 없이 제시한 중요한 규칙을 불러 쓴다.

볼츠만 분포

열 평형 상태의 통 속에서 정해진 빛의 에너지가 E일 확률은 $e^{-E/(k_B T)}$에 비례한다:

$$P(E) \propto e^{-E/(k_B T)}. \tag{3.7}$$

이 확률 분포를 "볼츠만 분포"라고 한다. 이 분포가 어떻게 나오는지는 10장에서 살펴보는데, 통 속의 빛을 포함한 여러 상황에 널리 적용됨을 알 수 있다. 여기서는 이 분포가 이 상황에서 무엇을 뜻하는지 이해하고 그 결과가 무엇인 봐야 한다.

플랑크는 (3.7)을 고쳐 자외선 파탄을 풀고자 시도할 수도 있었겠지만, 그러면 통계 역학의 기본 원칙이 무너질 수 있었다. 대신 그는 다음 단계, 즉 특정 에너지의 확률인 (3.7)에서 빛의 시간 평균 에너지인 $E_w(\nu)$를 어떻게 구할 수 있을지에 집중했다.

답은 어떤 에너지를 살펴보는가에 따라 달라진다.

예: 단 두 경우만 있을 때의 평균 에너지 셈

통 속의 빛이 두 가지 에너지만 가질 수 있다고 가정하자: $E = 0$과 $E = 2k_BT$이다. 빛 에너지를 여러 번 재어 평균을 낸다면 값이 얼마일까?

앞의 예와 마찬가지로, 이 "허용된 에너지가 둘 뿐인" 각본은 전적으로 가상적이다. 하지만 이 예제의 확률 작업을 따를 수 있다면 플랑크의 많은 셈을 복제할 수 있다.

답: 평균값이 k_BT(가능한 두 측정값의 평균)라고 가정할 수 있지만, 이는 확률을 따지지 않은 것이다. (3.7)에 따르면 낮은 에너지 준위가 높은 에너지 준위보다 확률이 더 크므로 측정값이 0인 경우가 $2k_BT$인 경우보다 훨씬 더 많을 것이다. 평균은 여전히 0과 $2k_BT$ 사이에 있겠지만 k_BT 보다 훨씬 작게 나와야 한다.

이제 이를 정량화하자. 방정식 (3.7)은 비례 관계를 제시한다. 비례 상수 C를 도입하여 이 관계를 식으로 표현할 수 있다. 따라서 가능한 유일한 두 측정값의 확률은 다음과 같다:

$$P(0) = Ce^{-0/(k_BT)} = C$$
$$P(2\,k_BT) = Ce^{-(2\,k_BT)/(k_BT)} = Ce^{-2}$$

이제 이 빛 에너지를 잰 횟수가 정확히 $C + Ce^{-2}$번이라고 하자. 그러면 측정값이 C번은 0이고, Ce^{-2}번은 $2k_BT$일 것으로 예상할 수 있다. ($C + Ce^{-2}$가 정수여야 한다고 주장할 수 있다. 하지만, 다음 셈에서는 상관없다). 측정한 에너지의 평균값은 모든 에너지의 총합을 측정 횟수로 나눈 값이다:

$$E_w = \frac{(0)(C) + (Ce^{-2})(2k_BT)}{C + Ce^{-2}} \approx 0.24k_BT.$$

이 값이 확률 분포를 바탕으로 얻은 "기댓값"이다.

방금 얻은 평균 에너지 $0.24k_BT$는 예로 보여준 것일 뿐이다: 허용된 빛 에너지가 0과 $2k_BT$ 뿐일 때의 평균 에너지이다.

이 예제의 셈을 이해했는지 확인하는 것이 좋다. 이해했다면 이 절의 나머지 부분이 이해가 될 것이고, 그렇지 않다면 플랑크가 자외선 파탄을 풀고자 했던 일을 이해할 수 없을 것이다.

플랑크가 이해한 핵심은 에너지의 평균값은 허용된 에너지가 무엇인가에 따라 달라진다는 것이다.

"$E_w = k_BT$는 어디에서 왔지?" 2부: 허용된 에너지

앞의 예를 따랐다면, 허용된 에너지 준위의 유한한 집합이 정해지면 (3.7)에서 E_w를 구하는 방법을 이해했을 것이다. 이제 0과 $2k_BT$ 뿐만 아니라 k_BT, $6k_BT$, $8k_BT$ 등 더 많은 에너지 준위가 허용된다고 가정하면 다음과 같이 셈할 수 있다:

$$E_w = \frac{(0)(C) + (Ce^{-2})(2k_BT) + (Ce^{-4})(4k_BT) + (Ce^{-6})(6k_BT) + (Ce^{-8})(8k_BT)}{C + Ce^{-2} + Ce^{-4} + Ce^{-6} + Ce^{-8}} \approx 0.31k_BT. \quad (3.8)$$

여기서 계속 진행하여 $10k_BT$, $12k_BT$ 및 얼마든지 더 많은 준위를 추가할 수 있지만 평균 에너지는 $0.31k_BT$로 유지된다. 그러한 높은 에너지는 확률이 너무 작아서 평균값을 눈에 띄게 바꾸지 못한다.

차이를 만드는 것은 에너지를 "토막내는" 방식이다. (3.8)은 간격이 $\Delta E = 2k_BT$인 이산 에너지 준위를 썼다. 간격을 바꿔 셈을 되풀이하면 답이 어떻게 바뀌는지 확인할 수 있다. 표 3.1은 우리가 얻은 몇 가지 결과를 보여준다. (문제 17–25에서도 이와 유사한 셈을 할 수 있다.)

표 3.1 빛 에너지의 평균값. 이산 에너지 준위의 "간격"에 대한 변화

ΔE	허용된 에너지 준위	셈한 E_w
$5k_BT$	$0,\ 5k_BT\ ,\ 10k_BT,\ \cdots$	$0.034k_BT$
$2k_BT$	$0,\ 2k_BT,\ 4k_BT,\ \cdots$	$0.31k_BT$
k_BT	$0,\ k_BT,\ 2k_BT,\ \cdots$	$0.58k_BT$
$\frac{1}{2}k_BT$	$0,\ \frac{1}{2}k_BT,\ k_BT,\ \cdots$	$0.77k_BT$
$\frac{1}{10}k_BT$	$0,\ \frac{1}{10}k_BT,\ \frac{2}{10}k_BT,\ \cdots$	$0.95k_BT$

표 3.1의 모든 행은 간격이 고른 무한한 에너지 준위 집합에 대해 같은 확률 공식(볼츠만 분포)을 써서 같은 셈(기댓값)을 한 결과이다. 그러나 아래로 갈수록 에너지 준위의 간격이 좁아져 더 촘촘하게 채워진다. 두 가지 추세를 명확하게 볼 수 있다:

- ΔE가 0에 가까워지면 (행 아래로 이동) E_w는 k_BT를 향해 올라간다.
- ΔE가 ∞에 가까워지면 (행 아래로 이동) E_w는 0으로 떨어진다.

두 추세 모두 $P = Ce^{-E/(k_BT)}$를 바탕으로 의미가 있다. $E = 0$이 모든 측정 결과에서 가장 확률이 크며, 에너지가 커지면 확률이 급격히 작아짐을 알 수 있다. 이를 염두에 두고 위의 두 가지 극한에 대해 생각해 보자.

- 먼저 ΔE가 작으면, 낮은 에너지 범위 안에는 확률이 큰 에너지 준위가 많다. 높은 에너지 준위도 많지만 그 확률은 빠르게 줄어든다.

  대충이라도 정량적 셈을 위해 $\mathrm{E} = 5k_BT$ 이상의 에너지 준위는 기댓값에 크게 기여하지 않는다고 하자. ($E = 5k_BT$일 확률은 $E = 0$일 확률의 1% 미만이다.) 에너지 범위가 $E = 0$에서 $E = 5k_BT$ 안에는 여러 빛이 있지만 그 범위의 아래쪽에 많이 모여 있으면 평균은 분명히 0보다 훨씬 크고 $2.5k_BT$ 보다 훨씬 작을 것이다. 문제 23과 24에서 $\Delta E \to 0$의 극한에서 평균 에너지가 $E = k_BT$에 접근하는 것을 볼 수 있으며, 정확한 값은 뻔하지 않지만 그럴듯하다고 확신했기 바란다.
- 다른 극한은 어떨까? ΔE가 매우 크면 일반적으로 0 이상의 에너지 준위에 이를 수 있는 에

너지가 충분하지 않다. 높이 6 m인 계단을 올라간다고 상상해 보라.

예를 들어 $\Delta E = 10k_BT$라고 가정하자. 그러면 $E = 0$인 에너지 준위의 확률은 C이고 다음으로 허용된 준위 $E = 10k_BT$에서 발견될 확률은 Ce^{-10}이다. 에너지를 재면 측정값 0을 20,000번 얻을 때마다 $10k_BT$을 한 번 얻는다. 따라서 거의 모든 측정 결과가 $E = 0$이 나오므로 많은 전자의 평균 에너지는 거의 정확히 0이 될 것이다. 문제 22에서 이를 살펴볼 수 있다.

19세기 물리학자들에게 다음 단계는 뻔했다. 에너지는 어떤 양수라도 될 수 있으므로 올바른 E_w는 $\Delta E \to 0$의 극한 값이다. 다시 말해, 정확한 셈은 문제 24의 적분이며 그 결과는 (3.6)의 자외선 파탄인 $E_w = k_BT$이다.

그래서 플랑크는 다음과 같이 생각했다: 그 극한을 취하지 **않는다면** 어떨까? 적분 대신 이산 합을 하면 어떨까? 본 바와 같이 그 차이는 ΔE로 어떤 값을 고르는가에 따라 달라진다.

능동 읽기 연습: $\Delta \boldsymbol{E}$ 비틀기

E_w의 전통적인 셈은 적분이며, 표 3.1의 극한은 $\Delta E \to 0$이다. 플랑크는 그 대신 합산을 하기로 결정했다.

1. 플랑크의 목표가 E_w 값을 매우 작게 만드는 것이라고 하자. 그는 ΔE의 값을 크게 잡아야 할까, 작게 잡아야 할까? 그는 E_w의 값을 얼마나 낮출 수 있을까?
2. 플랑크의 목표가 E_w 값을 매우 크게 만드는 것이라고 하자. 그는 ΔE의 값을 크게 잡아야 할까, 작게 잡아야 할까? 그는 E_w의 값을 얼마나 키울 수 있을까?
3. 플랑크의 실제 목표는 무엇이라고 (앞에서) 말했었는가?

이에 대한 답은 다음과 같다.

1. ΔE의 값을 아주 크게 잡으면 플랑크는 E_w를 0에 접근시킬 수 있었다.
2. ΔE의 값을 아주 작게 잡으면 플랑크는 E_w를 고전적인 값 $E_w = k_BT$에 접근시킬 수 있었다.
3. 그림 3.26을 상기하자. 플랑크의 목표는 저주파에서는 고전적인 예측과 거의 맞지만, 고주파에서는 E_w를 0에 접근시키는 것이었다.

이제 플랑크가 저주파에서는 작은 ΔE를, 고주파에서는 큰 ΔE를 원했음을 분명히 알았기 바란다. 그는 간단히 이 목표를 도달했다. 그는 ΔE를 진동수에 비례하게 만들면서 현재 "플랑크 상수"라고 부르는 비례 상수를 도입했다:

$$\Delta E = h\nu \tag{3.9}$$

(3.9)는 중요한 점에서 고전적 추론의 사슬을 끊었다. 플랑크는 연속적인 에너지 값에 대해 적분하는 대신 불연속적인 값에 대해 합산했다. 그 결과 다른 $E_w(\nu)$ 함수가 나왔고, 이는 다시 다른 $S(\nu)$ 함수로 이어졌다. 문제 38에서 플랑크의 이러한 셈을 해볼 수 있다.

지금까지 한 것

거의 다 끝났지만 마지막 단계로 넘어가기 전에 여기까지 오게 된 일련의 추론 과정을 되새길 필요가 있다.

1. 이 모든 것은 정해진 빛의 에너지가 E일 확률인 식 (3.7)에서 시작된다. 이 식을 어떤 식으로든 증명하거나 정당화하지는 않았지만(10장에서 설명하겠다), 플랑크도 이의를 제기하지 않을 정도로 그 유래는 확고하다.
2. 이 확률 분포로부터 정해진 빛이 합리적으로 긴 시간에 대한 평균 에너지인 $E_w(\nu)$를 셈할 수 있다. 이것이 플랑크의 연구로 올라간 단계이다. 이전에 모두가 가정했던 것처럼 빛 에너지는 어떤 값이든 허용된다고 가정하면 파탄으로 끝난다. 플랑크는 빛 에너지가 어떤 최소값의 정수 배만 될 수 있다고 가정하고 그 최소값을 신중하게 맞춰 필요한 최종 결과를 얻었다.
3. 플랑크가 필요로 했던 실험 자료인 스펙트럼 함수 $S(\nu)$와 총 에너지 밀도 ρ를 셈할 수 있는 평균 $E_w(\nu)$를 얻었다.

결과는 다음과 같다.

	고전적	플랑크
에너지가 E일 확률	$P(E) \propto e^{-E/(k_B T)}$ (10장)	고전적 결과와 같음
$E_w(\nu)$	$k_B T$ (문제 24)	$\dfrac{h\nu}{e^{h\nu/(k_B T)} - 1}$ (문제 38)
$S(\nu)$	$\dfrac{8\pi \nu^2 k_B T}{c^3}$ [식 (3.4)]	$\dfrac{8\pi h\nu^3}{c^3 \left(e^{h\nu/(k_B T)} - 1\right)}$ [식 (3.4)]
ρ	발산 [식 (3.5)]	수렴 [식 (3.5)]

플랑크 흑체 스펙트럼

이 절 전체(그리고 실제로 이 장의 대부분)를 빨리 요약해야 한다면 (3.9)를 인용하는 것이 가장 좋을 것이다. 이 식을 알면 양자역학을 이해하는 데 큰 도움이 된다.

처음에 말했듯이, 통 속의 모든 빛의 특성은 진동수(빛의 종류를 결정)와 진폭(에너지를 결정)으로 정해진다. 이 두 매개변수는 대체로 서로 독립적이며 에너지는 어떤 양수도 될 수 있다. 실제로 § 3.3에서는 빛의 핵심 속성 중 하나로 에너지를 1/2, 2/3 또는 원하는 다른 수로 곱하면 빛이 그만큼 약해질 수 있다고 했다.

플랑크는 그렇지 않다고 했다. 특정 에너지 준위는 허용되지만 그 사이의 준위는 허용되지 않는다. 이러한 제한은 당시 알려진 물리적 또는 수학적 규칙에서는 나오지 않았다. 그러나 플랑크는 이러한 제한을 두면 이론을 실험 결과와 맞출 수 있다고 판단했다.

플랑크는 어떤 빛의 에너지가 1 μJ, 2 μJ, 3 μJ여야 하지만 분수는 안 된다고 말할 수도 있었다. 이는 단순한 양자화이다. 하지만 플랑크의 해법이 효과적이었던 이유는 에너지(또는 진폭)의 양자화를 진동수와 연결한 방식 때문이다:

- 진동수가 15 THz인 적외선은 에너지가 10^{-20} J이거나 2×10^{-20} J 또는 10^{-20} J의 다른 정수배가 될 수 있지만, 그 사이는 어떤 값도 안 된다.
- 진동수가 1500 THz인 자외선은 10^{-18} J, 2×10^{-18} J 등만 가질 수 있다. 허용되는 에너지는 적외선의 100배로 벌어져 있다.

앞의 설명에서 이 규칙이 빛의 평균 에너지에 대한 저주파 예측은 그대로 남겨두고, 고주파 예측은 실험 결과에 따라 0으로 낮춤을 보였다. 문제 38에서는 플랑크의 이 가설을 써서 $E_w(\nu)$를 셈하고, 이로부터 $S(\nu)$를 셈하여 다음 결과를 얻을 수 있다.

플랑크 흑체 스펙트럼

평형 상태의 통 속의 빛의 스펙트럼은 다음과 같다.

$$S(\nu) = \frac{8\pi h\nu^3}{c^3} \frac{1}{e^{h\nu/(k_B T)} - 1}. \tag{3.10}$$

이 스펙트럼을 두 진동수 사이의 구간에서 적분한 값이 그 진동수 범위의 빛의 에너지 밀도이다. $\nu = 0$에서 ∞까지 적분하면 통 속의 빛의 총 에너지 밀도를 알 수 있다.

플랑크는 h("플랑크 상수")의 값을 신중하게 골라 예측 결과를 실험값에 아주 가깝게 맞출 수 있었다. 그림 3.27은 우주에서 가장 완벽한 흑체 복사인 "우주 배경 복사(cosmic microwave background: CMB)" 측정값인데, 이를 생생하게 확인해준다. (우주 배경 복사에 대한 자세한 설명은 14장을 보라.)

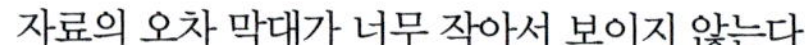

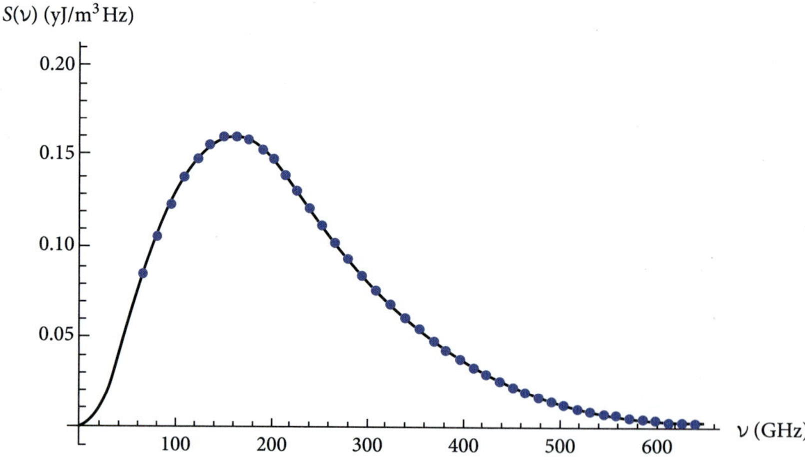

그림 3.27 흑체 복사의 측정값과 플랑크 스펙트럼의 예측값.

예: 닫힌 방

$T = 300$ K(일반적인 실온)인 닫힌 방을 잠시 비워 두었다.

1. 방 속의 빛의 총 에너지 밀도를 구하라.
2. 이 에너지 중 진동수가 10^{13} Hz에서 10^{14} Hz(적외선 범위) 사이에 있는 빛 에너지의 양은 얼마인가?

답: 두 답 모두 플랑크 스펙트럼을 적분한 결과이다. 해석적 결과는 괴상한 함수의 복잡한 조합이므로(컴퓨터로 정리해보라) 적분값을 컴퓨터를 써서 수치 근사했다.

1. 에너지 밀도는 플랑크 스펙트럼을 모든 진동수에 대해 적분한 것이다:

$$\rho = \int_0^\infty \frac{8\pi h\nu^3}{c^3} \frac{d\nu}{e^{h\nu/(k_B T)} - 1}$$
$$= \int_0^\infty \frac{6.17 \times 10^{-58}\ \mathrm{J\,s^4/m^3}}{e^{(1.6\times10^{-13}\ \mathrm{s})\nu} - 1} \nu^3 d\nu = 6.1 \times 10^{-6}\ \mathrm{J/m^3}.$$

2. 정해진 진동수 범위에서 이 에너지 밀도의 일부를 구하려면 그 진동수 범위에 대해서 적분한다:

$$\rho = \int_{10^{13}\ \mathrm{Hz}}^{10^{14}\ \mathrm{Hz}} \frac{8\pi h\nu^3}{c^3} \frac{d\nu}{e^{h\nu/(k_B T)} - 1}$$
$$= \int_{10^{13}\ \mathrm{Hz}}^{10^{14}\ \mathrm{Hz}} \frac{6.17 \times 10^{-58}\ \mathrm{J\,s^4/m^3}}{e^{(1.6\times10^{-13}\ \mathrm{s})\nu} - 1} \nu^3 d\nu = 5.4 \times 10^{-6}\ \mathrm{J/m^3}.$$

실온의 열 복사의 약 88%가 이 적외선 진동수 범위 안에 있다.

숨 돌리기

지금까지 $\Delta E = h\nu$의 규칙을 세우는 과정은 플랑크의 과정을 완벽하게 따르지는 않았지만, 한 가지 중요한 면에서 그의 생각을 따랐다: 양자화를 수학적 요령으로 제시했다. 이것은 1900년에 플랑크가 생각한 방식과 거의 비슷하다. 플랑크는 에너지의 본질(그리고 궁극적으로 물질의 본질)을 새롭게 정의하지 않았다. 그는 단지 다른 사람들이 따르던 극한을 꾀바르게 피하면 자료에 맞는 이론을 꾸밀 수 있음을 알아챘을 뿐이다.

5년 뒤 아인슈타인은 양자화된 빛이 광전 효과도 설명할 수 있음을 보였다(§ 3.5). 그로부터 4년 뒤, 겹-실틈 실험에서는 광원이 내는 빛을 약하게 줄이면 화면에 낱낱의 밝은 점이 나타남을 보였다. 이 실험과 다른 실험에 대한 지식을 통해 플랑크의 공헌이 당시보다 훨씬 더 중요했음을 알 수 있다. 빛의 기본 속성은 각각 에너지 $h\nu$인 알갱이 단위로 오는 것이다. 빈 통 속에는 청색 광자가 하나, 둘, 또는 셋이 있을 수 있지만 2.5개는 있을 수 없다.

플랑크 상수 h의 값은 약 7×10^{-34} Js로 매우 작다. 그래서 영은 빛이 연속적인 양이라고 생각했다; 20세기 기술만이 에너지 $h\nu$인 광자를 낱낱이 볼 수 있을 정도로 희미한 빛을 만들고 잴 수 있었다. 그러나 플랑크는 낱낱의 광자를 관찰할 수 없었어도 불연속적인 빛의 알갱이가 자외선 파탄 문제를 풀 수 있음을 보여줄 수 있었다. 이 깨달음은 양자 혁명의 첫째 단계였다.

3.4.3 물음과 문제: 흑체 복사와 자외선 파탄

개념 물음 및 개념시험

1. 아래의 각 물리량이 무엇을 나타내는지 간략히 설명하고, 측정에 쓸 수 있는 단위를 제시하라.

(a) $E_w(\nu)$

(b) $S(\nu)$

(c) ρ

(d) e^{-E/k_BT}

2. 위에서 두 가지 흑체 스펙트럼, 즉 고전적으로 예측한 (그리고 틀린) 레일리-진즈 스펙트럼과 (실험적으로 정확한) 플랑크 스펙트럼을 설명했다. 아래의 각각에 해당되는 것이 다음 셋 중 어느 것인지 밝혀라: (A) 고전적 스펙트럼, (B) 플랑크 스펙트럼, (C) 둘 다 (적어도 하나에는 해당된다.)

(a) $\nu \to 0$의 극한에서 0이 된다.

(b) $\nu \to \infty$의 극한에서 0이 된다.

(c) 최대값이 있다.

(d) 진동수가 높은 빛이 낮은 빛보다 에너지가 늘 더 많다고 예측한다.

(e) 진동수당 단위 부피당의 에너지 단위가 있다.

3. 에너지 분포가 정해진 빈 통에 대해 (3.5)의 적분을 한 결과, $\rho = 0.00001$ J/m^{3}이 나왔다고 하자. 이 값이 빈 통에 대해 무엇을 알려주는지 간단히 설명하라.

4. 어떤 셈도 하지 않고, 실험 결과를 보지 않고도 스펙트럼에 대한 고전적인 결과[(3.2)]가 옳지 않다는 것을 어떻게 알 수 있는가?

5. 자외선 파탄에 대한 해결책을 이끌어낸 플랑크의 가설이 무엇인지 한 문장으로 설명하라.

6. 닫힌 공간 속의 복사 스펙트럼이 그림 3.28과 같다고 하자. 그 속을 들여다보면 빛이 어떻게 보일까? (부록 D에서 스펙트럼을 찾아보면 도움이 될 수 있다.)

7. 어떤 빛 통 속에서 S(550 THz) > S(100 THz)라면, 그 속에 진동수 100 THz 근처의 빛이 550 THz 근처의 빛보다 에너지가 더 많음을 뜻한다. 하지만 스펙트럼의 초록 빛 부분의 총 에너지가 적외선보다 더 많다는 뜻은 아니다. 왜일까? (부록 D를 보면 도움이 될 수 있다; 어떤 책에서 가장 많이 쓰는 다섯 글자가 a, e, i, o, u라면 모음의 수가 자음보다 많다는 뜻일까? 이 물음을 생각해 보는 것도 도움이 될 수 있다.)

8. (3.7)은 평형 상태의 빈 통 속의 빛의 에너지가 특정 값 E 일 확률은 빛의 진동수와 무관하다고 말한다. 그렇다면 플랑크는 빛의 평균 에너지가 진동수에 따라 다르다는 것을 어떻게 셈했을까? 셈의 어느 점에서 진동수가 들어왔을까?

9. 아래의 각 가상의 양자화 방식이 자외선 파탄을 피할 수 있는지, 없는지 그리고 그 이유를 간단히 말하라. (물론 파탄을 피할 뿐만 아니라 실험값과 정확하게 맞는 것은 플랑크의 식이 유일하다). 각 경우에 h

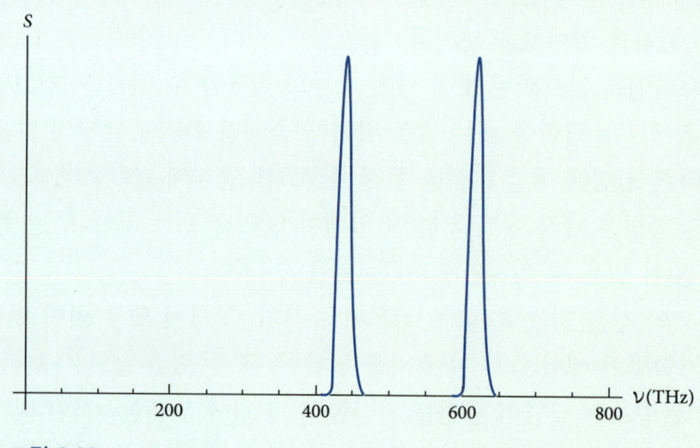

그림 3.28

가 해당 체계에 맞는 단위의 상수라고 가정한다.

(a) $\Delta E = 1$ J

(b) $\Delta E = k_B T$

(c) $\Delta E = h\nu^2$

(d) $\Delta E = h/\nu$

문제

10. 300 K의 통 속의 진동수 60 THz인 빛의 평균 에너지를 셈하라. **실마리:** $k_B T$가 아니다.

11. LED 등이 5 W의 빨간 빛을 낸다. 등이 매 초 내는 광자의 수를 추정하라.

12. 플랑크의 흑체 스펙트럼 (3.10)을 진동수 ν에 대해 적분한 결과의 단위는 무엇인가? (풀이 과정을 보여라.) 스펙트럼 $S(\nu)$의 물리적 내용를 살펴 이것이 왜 맞는지 설명하라. **이 문제에서는 적분을 할 필요가 없다.**

13. 진동수 $\nu = 300$ THz인 빛은 적외선, 진동수 $\nu = 650$ THz인 빛은 파란 빛이다. 전자기파가 전달하는 에너지는 진폭의 제곱에 비례한다.

(a) 통 속에 진폭 A인 300 THz의 빛, 진폭 $2A$인 650 THz의 빛만 있다고 하자. 이 통 속의 총 에너지 중 파란 빛의 에너지의 비율은 몇 퍼센트인가?

(b) 통 속에 진폭 A인 300 THz의 빛, 진폭 $2A$인 650 THz의 빛만 있다고 하자. 이 통 속의 총 에너지 중 파란 빛의 에너지의 비율은 몇 퍼센트인가?

14. 성인 여성의 키를 재는 연구를 한다. 그 결과는 그림 3.29와 같다.

(a) 연구에 참여한 여성들의 평균 키를 셈하라.

(b) 키 h의 빈도를 F(h)라 하자. 예를 들어, $F(59) = 11$이다. (a)에서 한 셈의 공식을 써라. 수식에는 함수 $F(h)$가 들어가야 하지만 특정 값은 넣지 말아야 한다. 즉, 예를 들어 성인 남성의 키에 대해 다른 측정값 집합을 받으면 그 값을 공식에 넣어 평균값을 구할 수 있어야 한다. **실마리:** 답에는 합산 기호 Σ를 쓰는 합계가 들어가야 한다.

15. 빛 에너지 $E_w(\nu)$로부터 스펙트럼 함수 $S(\nu)$와 총 에너지 밀도 ρ를 셈할 수 있다. 설명(§ 3.4.2)에서 고전적으로 예측한 $E_w(\nu)$가 어떻게 파탄으로 이어졌고, 플랑크의 $E_w(\nu)$는 실험과 완벽하게 맞는지 살펴보았다. 하지만 또한 131쪽에서 방정식이 어떻게 거동하는지 보려고 완전히 가상의 함수 $E_w(\nu)$를 썼다. 이제 여러분도 똑같이 해보라. 양수 a와 b에 대해 $E_w = ae^{-b\nu}$인 가상의 우주에서 에너지 밀도 ρ를 셈하라. 결과가 합리적인가, 아니면 파국적인가?

16. 통계 역학에 따르면 빛이 에너지 E일 확률은 $e^{-E/k_B T}$에 비례하며, 여기서 k_B는 1.4×10^{-23} J/K이고 T는 절대온도이다. 이 식은 무엇을 말해주는가? $T = 300$ K(일반적인 실온)라고 하자.

(a) 에너지 0과 10^{-22} J의 상대적인 확률을 셈하라.

(b) $E = 10^{-21}$ J에 대해 (a)를 반복한다. 상대 확률이 $E = 0$보다 100배 작아질 때까지 E에 10을 계속 곱하라.

(c) 설명(§ 3.4.2)에서 E_w의 기댓값을 셈할 때 매우 높은 에너지는 무시하는 것이 합리적이라고 주장했다. 상대 확률이 $E = 0$의 1%이하인 낮은 에너지를 무시한다면, 얼마나 높은 에너지를 무시해야 할까? 답은 (b)에 대한 답의 마지막 두 값 사이 어딘가에 있어야 한다.

(3.7)은 빛이 특정 에너지 E를 가질 상대적 확률이다. 이 확률로부터 빛의 시간 평균 에너지 E_w를 셈할 수 있다. 이 셈은 플랑크가 전체 셈에서 고친 부분이므로 이 절에서 가장 중요하다.

134쪽에서는 허용되는 에너지가 둘 뿐인 간단한 가상의 우주에서 이 셈을 했다. 17–25번 문제에서는 다양한 각본에 따라 비슷한 셈을 한다.

키(인치 단위)	59	60	61	62	63	64	65	66	67	68	69	70	71
사람 수	11	21	31	32	53	50	54	75	49	32	22	13	11

그림 3.29

17. 에너지가 k_BT의 자연수 배인 우주를 살펴보자.

(a) E-값이 클수록 확률은 작아진다. 어떤 E-값에서 확률이 $E=0$일 확률의 1% 미만으로 떨어지는가? (답에는 T가 들어간다.)

(b) E_w의 기댓값을 셈하라. (a)에서 구한 값보다 큰 값은 모두 무시해도 된다. 셈은 (3.8)에서 한 것과 비슷할 것이다.

18. 허용된 에너지가 다음의 셋 뿐인 우주를 살펴보: $3k_BT$, $4k_BT$, $5k_BT$.

(a) 이 세 값의 산술 평균은 분명히 $4k_BT$이다. 셈을 하기 전에, E_w의 기댓값이 $4k_BT$보다 작은 이유를 설명하라.

(b) E_w의 기댓값을 셈하라.

19. 에너지가 $3k_BT$의 자연수 배인 우주를 살펴보자.

(a) 먼저 허용되는 에너지 값이 0, $3k_BT$, $6k_BT$, $9k_BT$ (더 높은 값은 없음)일 때 E_w의 기댓값을 셈하라.

(b) 이제 목록에 $12k_BT$, $15k_BT$, $18k_BT$, $21k_BT$를 추가하고(총 8개의 값) E_w를 다시 셈하라.

(c) 두 답이 거의 같음을 알 수 있을 것이다. 이 네 가지 허용 에너지 값을 추가해도 기댓값이 왜 별 영향을 받지 않는가?

20. $T=300$ K인 방을 살펴보자.

(a) 1 THz 파동에 대해 허용되는 에너지가 다음 둘일 때 E_w를 셈하라: 0과 $h\nu$. 답을 k_BT의 배수로 표현하라.

(b) 허용되는 에너지가 다음 셋일 때 E_w를 셈하라: 0, $h\nu$, $2h\nu$. 에너지 준위를 추가하면 얼마나 큰 차이가 생기는가?

(c) 30 THz 파에 대해 (a)와 (b)를 반복하라.

(d) 셋째 에너지를 추가할 때 왜 한쪽 빛에는 큰 차이가 있고 다른 쪽 빛에는 실질적으로 차이가 없는가? (답을 찾지 못했다면 돌아가서 무엇을 잘못했는지 찾아보라.)

21. 에너지가 0 또는 $(1/5)k_BT$의 자연수 배일 때 E_w를 셈하라. **실마리:** 여기에는 허용된 에너지 준위가 한없이 많다. 그러나 문제 17 또는 19에서 보았듯이 특정 값을 지나면 무시할 수 있다.

22. $\Delta E = 10k_BT$이다.

(a) 허용된 에너지가 다음 셋일 때의 기댓값을 셈하라: $E=0$, $E=10k_BT$, $E=20k_BT$.

(b) 방금 한 셈을 살펴보라: 최종 답뿐만 아니라 세 가지 에너지 준위 각각의 기여도를 살펴보라. 이를 써서 ΔE가 충분히 크면 E_w가 0에 가까워지는 이유를 설명하라.

23. 고전적으로는 빛 에너지는 음수가 아닌 모든 실수 값일 수 있다. 이 상황도 문제 19–21처럼 다룰 수 있지만, ΔE가 $3k_BT$ 또는 k_BT 또는 $k_BT/5$가 아니라 0에 가까워진다는 점이 다르다. 컴퓨터를 써서 ΔE를 점점 작게 할 때의 E_w를 추정하여 $\lim_{\Delta E\to 0} E_w$를 구하라.

24. 고전적 흑체 스펙트럼 유도

고전적으로 E는 음이 아닌 모든 실수 값일 수 있다. 문제 23에서는 극한을 $\Delta E \to 0$으로 잡아 고전적인 E_w를 구했다. 이 극한에서 합은 해석적으로 구할 수 있는 적분이 된다:

$$E_1 \le E \le E_2\text{일 확률} = \int_{E_1}^{E_2} Ce^{-E/(k_BT)}\,dE.$$

(a) $\int_0^\infty Ce^{-E/(k_BT)}dE$가 왜 1이어야 하는가?

(b) (a)의 조건을 써서 C를 구하라. (이 과정을 확률 분포 "규격화"라고 한다. C는 적분 상수가 아니다.)

(c) 확률 분포에 에너지를 곱한 뒤 적분하여 에너지의 평균값 E_w를 구하라: $E_w = \int_0^\infty Ce^{-E/(k_BT)}dE$). (이것이 뻔하지는 않지만 이것은 에너지 준위가 이산적일 때 합산을 연속적인 준위에 대해 고쳐 쓴 것임을 알 수 있다.) 앞서 구한 C 값을 써서 이 적분을 셈하여 E_w에 대한 고전적인 예측을 구하라.

25. 고전적인 흑체 스펙트럼 수정

문제 24에서 빛의 평균 에너지 E_w를 다음 적분으로 셈할 수 있음을 알았다:

$$E_w = \frac{1}{k_BT}\int_0^\infty Ee^{-E/(k_BT)}dE.$$

이 적분을 해석적으로 구하면 고전적 결과인 파탄에

이른다. (24번 문제를 풀지 않았다면 이 결과를 그대로 믿어라.)

알다시피 플랑크는 이 적분을 이산 합으로 대체하여 파탄을 피했다. 이 문제에서는 그 합을 리만 합을 써서 시각적으로 살펴본다. 피적분 함수의 도표 두 장이 필요하다. 도표는 프로그램을 돌려 인쇄할 수 있는데, 다음 값을 쓴다: $k_B = 1.4 \times 10^{-23}$ J/K 및 $T = 300$ K. x축의 범위는 다음과 같다: [0, 2.5×10^{-25} J] 및 [0, 0.4 J], 다음 웹사이트의 상을 인쇄하라:

www.cambridge.org/felder-modernphysics/figures

이 문제에서는 왼쪽 또는 오른쪽 리만 합 어느 것을 써도 된다.

(a) $\Delta E = 10^{-21}$ J를 써서 리만 합을 그려라. 결과의 값을 셈할 필요는 없지만, 그린 것을 바탕으로 이 문제에 답하라: 리만 합이 곡선 아래의 실제 면적보다 훨씬 작을까, 매우 가까울까, 아니면 훨씬 클까?

(b) $\Delta E = 2.5 \times 10^{-20}$ J을 써서 둘째 리만 합을 그리고 이를 써서 같은 문제에 답하라.

(c) 리만 합을 바탕으로, 적분을 합으로 바꿈으로써 플랑크가 자신의 이론을 실험 자료에 맞출 수 있었던 이유를 설명하라. 플랑크의 공식 $\Delta E = h\nu$를 쓰고, 고주파와 저주파 양쪽에서 플랑크가 무엇을 성취해야 했는지 상기하라.

26. $T = 300$ K인 빈 통을 살펴보자. 참고: 아래의 적분을 구할 때, 해석적으로 하거나 수치 적분 프로그램을 돌린다. (우리도 어렵게 알아냈다.)

(a) $0 \le \nu \le 10^8$ Hz 범위의 에너지 밀도를 고전적 흑체 스펙트럼을 써서 한 번, 플랑크 스펙트럼을 써서 다시 한 번, 두 번 셈한다.

(b) (a)를 다음 범위에서 반복한다. 10^8 Hz $\le \nu \le 10^{13}$ Hz.

(c) (a)를 다음 범위에서 반복한다. 10^{13} Hz $\le \nu \le 10^{15}$ Hz.

(d) 플랑크 스펙트럼을 써서 얻은 값이 고전적인 값에 매우 가까울 때와, 매우 다를 때는 언제인가?

(e) 플랑크 스펙트럼을 써서 빈 통의 총 에너지 밀도를 구하라.

(f) 왜 고전적 스펙트럼을 써서는 빈 통의 총 에너지 밀도를 구할 수 없는가?

27. 태양의 핵은 약 2백만 K의 통으로 볼 수 있다.

(a) 태양의 핵에서의 빛의 총 에너지 밀도를 구하라.

(b) 태양의 총 에너지 밀도에서 가시광의 비율을 구하라. (부록 D 참조).

(c) 태양 표면은 약 6,000 K이다. 위의 셈을 반복하라.

28. 방이 $T = 300$ K에서 열 평형 상태에 있다. 모든 등이 꺼져 있고 문과 창문이 닫혀 있다.

(a) 방 안의 복사 에너지 밀도에서 가시광의 비율을 구하라.

(b) 방 안의 복사 에너지 밀도에서 적외선의 비율을 구하라.

(c) 왜 등을 끈, 닫힌 방에서 벽이 빛나는 것을 볼 수 없는가?

29. 온도 20 K인 빈 통의 스펙트럼 $S(\nu)$를 그려라. 가로축과 세로축 모두에 단위가 있는 숫자를 표시하라. **실마리:** 봉우리는 약 $\nu = 2.82 k_B T/h$에 있다.

30. 온도 T에서 빛 에너지가 E일 확률은 $e^{-E/k_B T}$에 비례한다. $T = 300$ K일 때 빛 에너지가 10^{-19} J일 확률이 사실상 0으로 떨어지는 것을 빨리 확인할 수 있으므로 (문제 16에서 확인했듯이), 여기서는 0과 그 준위 사이의 에너지만 살펴본다.

(a) 라디오파는 진동수가 매우 낮다. 일반적인 라디오파의 진동수는 $\nu = 3 \times 10^8$ Hz 정도 이다. 플랑크의 체계에서 라디오파에 허용된 에너지 준위 중 0이 아닌 것 처음 세 개를 나열하라.

(b) 일반적인 적외선의 진동수는 3×10^{13} Hz 정도이다. 플랑크의 체계에서 이 적외선에 허용된 에너지 준위 중 0이 아닌 것 처음 세 개를 나열하라.

(c) 0에서 10^{-19} J 사이에는 $\nu = 3 \times 10^8$ Hz인 라디오파에 허용된 에너지 준위가 몇 개 있는가?

(d) 0에서 10^{-19} J 사이에는 $\nu = 3 \times 10^{13}$ Hz의 적외선에 허용된 에너지 준위가 몇 개 있는가?

그림 3.27은 플랑크의 흑체 스펙트럼을 보여준다. 이 스

펙트럼은 빈 통 복사의 스펙트럼일 뿐만 아니라 상수를 곱하면 대부분의 물체가 내는 열 복사의 스펙트럼을 대충 기술할 수 있다. (3.10)에서 $\nu \to 0$ 및 $\nu \to \infty$이면 $S(\nu) \to 0$이므로, 그 중간 어딘가에서 S의 봉우리가 있음을 확인할 수 있다. 봉우리의 위치를 $S'(\nu) = 0$을 써서 찾는 것이 아주 쉽지는 않다. 방정식을 대수적으로 풀 수는 없지만 봉우리의 위치는 다음 "빈 법칙"에 따라 정해진다: $\nu_{최대} \approx 2.82 k_B T/h$. 문제 31–34는 빈 법칙을 쓴다. 이 중 일부는 부록 D에서 전자기 스펙트럼을 찾아야 한다.

31. 우리 손의 온도는 대개 약 293 K(또는 86°F)이다. 손이 내는 열 복사의 봉우리 진동수는 얼마인가? 이 진동수는 어떤 빛의 파장대역(자외선, 가시광선, 적외선 등)에 있는가?

32. 태양 표면은 약 5800 K이다. 태양이 내는 열 복사의 봉우리 진동수는 얼마인가? 이 진동수는 어떤 빛의 파장대역(자외선, 가시광선, 적외선 등)에 있는가?

33. 백열 전구(20세기의 거의 모든 전구를 말함)는 열 복사로 빛을 낸다. 전구의 필라멘트는 빛이 날 때까지 가열된다. 눈에 띄게 가시광을 내려면 봉우리 진동수가 가시광 범위에 가까워야 하며, 그 진동수는 대략 1.7×10^{14} Hz이다.

- **(a)** 이 사실을 바탕으로 백열전구의 필라멘트의 온도를 추정하라. 켈빈과 섭씨 눈금으로 답을 내라.
- **(b)** 전구의 효율은 가시광으로 나오는 빛 에너지의 분율이다. 백열 전구의 효율을 추정하라. 조명등을 형광등을 거쳐 LED로 바꾼 것은 그럴 만한 이유가 있음을 알 수 있다.

34. 우주는 대폭발 이후 수십만 년 동안 열 복사를 내는 고밀도 플라즈마(이온화된 기체)로 가득 차 있었다. 오늘날에도 그 빛은 모든 우주를 채우고 있으며, 이를 "우주 배경 복사"라고 한다. 그림 3.27은 COBE(우주 배경 탐사선) 위성이 잰 그 빛의 스펙트럼이다. 이 그림을 써서 CMB의 온도를 추정하라. (열 복사의 온도를 묻는 것은 빈 통을 그 복사로 채워 평형 상태를 유지할 때의 온도를 묻는 것과 같다).

35. 플랑크의 흑체 스펙트럼의 극한 $h \to 0$을 구하라. 왜 이 결과가 합당한지 설명하라.

36. 슈테판–볼츠만 법칙

평형 상태의 빈 통 속의 에너지 밀도는 $\nu = 0$에서 ∞까지 ν에 대한 식 (3.10)의 적분이다.

- **(a)** $u = h\nu/k_B T$로 변수를 바꾸어 적분을 단순화하라.
- **(b)** 모든 상수를 적분 기호 앞으로 꺼내, 적분 기호 속에는 적분 변수와 피적분 함수만 남긴다. 이 적분의 값을 I라 하고 에너지 밀도에 대한 식을 써라. 답은 $\rho = QT^p$꼴이어야 한다. 여기서 Q와 p는 상수이다. (상수 Q에는 적분 I가 들어간다.) 지수 p는 얼마인가?
- **(c)** 빈 통의 온도를 두 배로 올리면 에너지 밀도는 몇 배 커지는가?
- **(d)** 상수 Q를 구하라. 여기에는 컴퓨터나 계산기를 써서 적분 I를 구하고 다른 상수의 값을 찾는 것이 포함된다.

방금 끌어낸 법칙이 "슈테판–볼츠만 법칙"이다. 여기서는 에너지 밀도로 표현하지만, 더 일반적으로는 흑체가 내는 일률로 나타낸다. 10장에서 이 법칙을 이 꼴로 끌어내는 방법을 배운다.

37. 파장 스펙트럼

평형 상태의 빈 통 속 에너지 밀도는 (3.10)를 $\nu = 0$에서 ∞까지 ν에 대해 적분한 값이다. 빛의 파장은 진동수와 다음 관계가 있다: $\lambda = c/\nu$. 변수를 바꾸어 에너지 밀도를 진동수 대신 파장에 대한 적분으로 고쳐라.

38. 탐구: 플랑크 흑체 스펙트럼 유도

이 문제에서는 플랑크의 가설, 즉 진동수 ν인 빛의 에너지는 $nh\nu$라는 가설을 바탕으로 평균 에너지 $E_w(\nu)$와 흑체 스펙트럼 $S(\nu)$ 를 유도한다. 여기서 n은 0, 1, 2, … 등의 값만 될 수 있다.

- **(a)** 어떤 순간 진동수 ν인 빛을 재어 에너지 E를 얻을 확률은 $e^{-E/k_B T}$에 비례한다. 비례 상수를 C라 하면 측정값이 $E = nh\nu$일 확률은 $Ce^{-n\,h\nu/k_B T}$라고 할 수 있다. 다음 식이 왜 참인지 간단히 설명하라:

$$\sum_{n=0}^{\infty} Ce^{-nh\nu/(k_BT)} = 1.$$

(b) (a)의 식을 써서 상수 C를 구하라. (이를 확률 분포의 "규격화"라고 한다.) 첫째 항이 a_1이고 공비 $r < 1$인 무한 급수의 합은 다음과 같다: $a_1/(1-r)$.

(c) 평균값은 허용된 에너지에 확률을 곱한 값을 모두 더한다:

$$E_w = \sum_{n=0}^{\infty}(nh\nu)Ce^{-nh\nu/(k_BT)}$$

(이 셈이 본문의 셈과 같음을 확인해 보라). (b)에서 찾은 C의 값을 넣어 평균값을 구하라.

(d) E_w에 대해 얻은 결과를 (3.4)에 넣어 플랑크 스펙트럼을 구하라.

39. 탐구: 삼차원 빈 통 속의 스펙트럼

[이 문제에는 다변수 미적분의 주제인 다중 적분과 구면 좌표가 필요하다.] 세 방향 모두 0에서 L까지인 삼차원 빈 통을 살펴보자. 벽이 도체라고 가정하면, 벽에서는 $\mathcal{E} = 0$이다. ($\mathcal{E}$는 전기장의 진폭으로, 에너지와 헷갈리지 않게 기호를 골랐다.) 이 빈 통 속의 빛의 전기장은 다음과 같은 꼴이다:

$$\mathcal{E} = A\sin(px)\sin(ky)\sin(qz)$$
$$\nu = \frac{c}{2\pi}\sqrt{p^2 + k^2 + q^2}.$$

(a) $x = L$에서 $\mathcal{E} = 0$인 조건을 주면, p에 허용되는 값은 무엇인가? 수식에는 1에서 ∞까지 허용되는 정수 a가 들어간다.

(b) k와 q에 허용되는 값에 대해 정수 b와 d를 써서 비슷한 식을 써라.

(c) 빛의 진동수 ν를 a, b, d의 함수로 써라.

빈 통 속의 총 에너지는 빛 에너지의 총합이다. 이 (a, b, d에 대한) 세 겹 합산을 적분으로 근사할 수 있다. a, b, d의 각 조합은 실제로는 두 편광에 대응되므로 앞에 2를 곱해야 한다:

$$E_{총} = 2\sum_{a=1}^{\infty}\sum_{b=1}^{\infty}\sum_{d=1}^{\infty} E_w$$
$$\approx 2\int_0^{\infty}\int_0^{\infty}\int_0^{\infty} E_w(a,b,d)\,da\,db\,dd.$$

$E_{총}$은 진동수 ν인 빛의 평균 에너지를 뜻한다. 셈한 것처럼 ν는 a, b, d의 함수이다.

이 적분을 a, b, d의 공간에서의 직각좌표 적분으로 보아 구 좌표로 바꿀 수 있다. $r = \sqrt{a^2+b^2+d^2}$, $\tan\theta = \sqrt{a^2+b^2}/d$.

(d) $E_{총}$의 적분을 구 좌표로 고쳐라. 야코비안 $r^2\sin\theta$를 꼭 넣어야 한다. 적분 구간을 쓸 때 애초의 적분 구간이 공간 전체가 아니라 a, b, d의 양의 값에 대한 것임을 기억하라.

(e) 변수 θ과 ϕ는 통 속의 빛의 진행 방향과 관련이 있다. 대칭성에 의해, E_w는 그 방향과 무관하다. 따라서 θ과 ϕ와 무관하다. 이 점을 감안하여 θ과 ϕ에 대한 적분을 바로 할 수 있다. 최종 결과는 변수 r에 대한 적분으로 나타난다.

(f) r과 ν를 연관시키는 식을 써라. 변수 변환을 하여 $E_{총}$을 ν에 대한 적분으로 고쳐라.

(g) 끝으로, $E_{총}$을 L^3으로 나눠 에너지 밀도 ρ에 대한 식을 구하라. (3.4)와 비교하여 답을 확인할 수 있다.

이 문제에서는 정육면체를 썼지만, 어떤 모양에도 쓸 수 있음을 보여줄 수 있다. 여기에서 쓴 근사법는 합을 적분으로 바꾸는 것이었다. 이 근사치는 L이 클 때 더 정확해지므로 (3.4)는 큰 통에서 유효하다.

3.5 광전 효과

"광전 효과"는 겹-실틈 실험에서 광자 하나씩을 쓰기 훨씬 전에 빛의 파동 모형에 문제가 있음을 드러냈다. 이러한 문제에 대한 아인슈타인의 해결책은 빛을 알갱이로 본 것이며 양자역학 발전의 핵심 단계이다.

3.5.1 발견 연습: 광전 효과

이 발견 연습은 광전 효과에 대한 고전적 분석의 일부이다. 앞으로 살펴보겠지만, 양자역학적 해석은 상당히 다르다.

포타슘(K)을 입힌 판에 레이저 빔을 세기 10 W/m^{2}로 비춘다. [1와트(W)는 초당 1줄(J)을 뜻한다.] 포타슘 원자에 결합된 전자를 원자에서 떼어내려면 약 2.3 eV(3.7×10^{-19} J)의 에너지가 필요하다.

1. 원자의 단면이 반지름 10^{-10}m인 원이라면, 원자가 받는 빛의 일률은 얼마인가? 와트 단위로 답하라.
   다음을 보라:
   www.cambridge.org/felder-modernphysics/checkyourself, Check Yourself #5
2. 원자가 받는 모든 레이저 빔의 에너지를 전자가 흡수한다고 하자. 전자가 충분한 에너지를 흡수하여 방출될 때까지 걸리는 시간을 구하라.

3.5.2 설명: 광전 효과

그림 3.30은 진공 속의 두 금속판을 보여준다. 판 B는 크고 굽어 판 A를 둘러싼다. 전지(또는 다른 전원)는 $V_A > V_B$가 되도록 전위차를 유지한다.

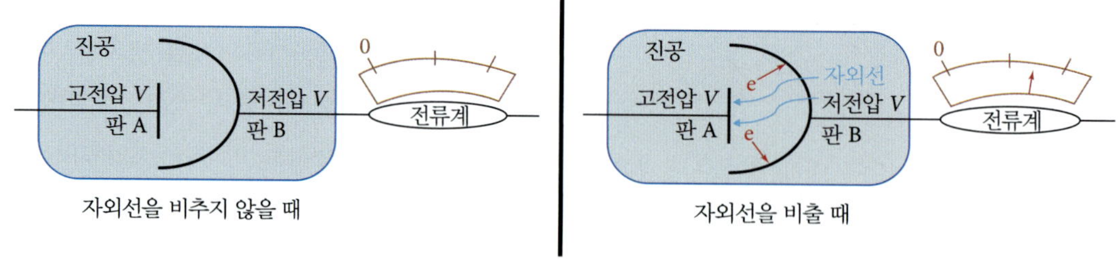

그림 3.30 (왼쪽) 판 B의 전자는 두 판에 걸린 전위차에 의해 판 A쪽으로 끌리지만 간극을 넘지는 못한다. (오른쪽) 자외선을 판 A에 비추면 충분한 에너지를 받은 일부 전자가 전기장을 거슬러 간극을 가로질러 판 B에 이른다. 판 B에 과잉 전자가 있으면 도선에 전류가 흐르고, 전류계는 그것을 기록한다.

음전하를 띤 전자는 전위가 낮은 곳에서 높은 곳으로 가려는 경향이 있음을 기억하자. 이 회로를 닫으면 판 B의 전자는 판 A로 바로 달려가겠지만, 연결된 도선이 없으므로 판 B의 전자는 갇혀서 간극 너머를 애타게 바라볼 뿐이다. 물론 반대편에 있는 판 A의 전자는 누군가가 강하게 차주지 않는 한 도선이 없는 틈을 건너 전기력을 거슬러 판 B로 뛰어오르지 않을 것이다.

이제 전자에 추진력을 준다.

"추진력"은 자외선을 판 A에 비추어 공급한다. 이러한 빛은 금속의 전자에 에너지를 줄 수 있으며, 충분한 에너지를 받은 전자는 금속에서 완전히 빠져나간다. 이렇게 빠져나간 전자에 남은 에너지는 진공 속에서 나아가는 운동 에너지가 된다. 이 에너지가 충분히 크면 전자는 실제로 전기장을 통과하여 판 B에 부딪쳐 출력 도선으로 나갈 수 있다.[6] 그 도선이 연결된 전류계는 전류를 재어 얼마나 많은 전자가 충분한 에너지를 가지고 판 A를 떠나 판 B에 왔는지를 결정한다.

설정이 끝나면 이제 실험을 할 수 있다. 자외선의 세기를 바꾸면 어떻게 될까? 진동수를 바꾸면 어떻게 될까? 두 판의 전위차를 바꾸면 어떻게 될까? 고전 전자기 이론과 원자의 간단한 모형을 쓰면 이러한 물음에 답할 수 있다—물음에 대한 답이 모두 맞지 않을 수도 있다. 따라서 이 실험은 고전적 관점과 양자적 관점의 차이를 가장 확실히 보여준다.

에너지 따지기

전자가 전류계를 지나려면 빛 에너지를 흡수하고, 그 에너지의 일부를 써서 판 A를 벗어나야 하며, 그 때의 운동 에너지가 두 판에 걸린 전위차를 이겨내어 판 B에 갈 수 있을만큼 충분해야 한다.

전자가 처음에 판 A를 벗어나는 데 드는 에너지는 그 전자가 원자에 얼마나 세게 묶여 있는지, 그리고 표면에 얼마나 가까이 있는지에 따라 달라진다(전자가 판 속에서 움직일 때 이온과 충돌하여 에너지를 더 잃으므로). 그 탈출 에너지를 w로 나타내는데, 그 값은 전자마다 조금씩 다르다.

반면에 둘째 단계는 늘 같다. 전하 e가 전위차 V를 넘어가는 데 필요한 운동 에너지는 Ve 이다. 이를 더한 값이 전자가 판 A를 벗어나 판 B에 오는 데 필요한 총 에너지이다:

$$w + Ve$$

판 A를 벗어난 전자의 운동에너지 K는 저마다 다르다. $K \geq Ve$인 전자만 판 B에 도달한다. 판 A를 벗어난 전자의 운동 에너지의 최대값이 Ve보다 작으면 전류는 전혀 흐르지 않는다. 따라서 모든 전류를 멈추는 전위차, 즉 "차단 전위(stopping potential)" V_0를 찾을 때까지 전위차를 키우면 전자가 판 A를 떠나는 최대 운동 에너지를 셈할 수 있다:

$$K_{\text{최대}} = V_0 e \quad \text{판 A를 떠나는 전자의 운동 에너지의 최대값}$$

고전적 분석

고전적인 빛은 진동하는 전기장과 자기장의 파동이다. 그 에너지는 (진동수가 아닌) 진폭의 함수이다. 그리고 그 에너지는 공간에 퍼져 있다. 작은 면적 dA가 받는 에너지가 dE라면, 그 면적의 반이 받는 에너지는 $dE/2$이다.

즉, 판 A의 각 원자가 받는 빛 에너지의 아주 작다. 그 원자의 전자가 그 에너지를 흡수함에 따라 탈출에 필요한 에너지에 가까워진다. 빛이 희미하면, 첫째 전자가 판 A를 빠져나가는데 걸리는 시간 지연을 잴 수 있어야한다 [이 시간 지연은 발견 연습(152쪽)에서 한 가지 구체적인 예에 대해 셈한 바 있다]. 그 뒤로 전류는 빛을 계속 비추는 동안 일정한 값까지 증가해야 한다.

---

6 판 A에 연결된 도선은 사라진 전자 대신 새로운 전자를 계속 공급한다.

능동 읽기 연습: 고전 모형에서의 광전 효과 예측

위 단락의 고전적인 빛의 모형을 써서 광전 효과를 분석하고 판 B에서 나오는 전자의 전류를 잰다고 하자.

1. 빛의 파장을 일정하게 유지하면서 세기(또는 진폭)를 키우면 시간 지연, 최종 전류 및 방출된 전자의 최대 운동 에너지가 어떻게 바뀔까?
2. 빛의 진폭을 일정하게 유지하면서 파장을 늘리면 시간 지연, 최종 전류 및 방출된 전자의 최대 운동 에너지가 어떻게 바뀔까?

짧아도 좋은데, 답을 적은 뒤에 다음을 읽어라!

위의 물음에 대한 답이 다음과 같았기 바란다:

1. 더 밝은 빛은 더 많은 에너지를 전달한다. 즉, 시간 지연이 더 짧아질 것이고 최종 전류가 더 많아야 하며 $K_{최대}$가 더 커야 한다.
2. 빛 에너지는 진폭의 함수이므로 빛의 파장을 바꿔도 아무런 영향이 없어야 한다.

고전적 모형이 왜 이러한 예측으로 이어지는지 명확하게 확인하여 이러한 예측의 실패가 왜 양자 혁명으로 이어졌는지 이해할 수 있도록 하라!

실제의 결과

고전적 예측 중 일부는 정확하다. 특히 빛의 밝기를 높이면 전류가 커진다는 것이 가장 주목할 만하다. 그러나 고전 모형과 어긋나는 세 가지 결과가 있다. 이 글을 읽으면서 $K_{최대}$는 전자가 판 A를 떠나면서 갖는 운동 에너지의 최대값을 나타냄을 기억하라.

고전적 예측	실험 결과
$K_{최대}$는 빛이 밝을수록 커야 한다.	$K_{최대}$는 빛의 밝기와 무관하다.
$K_{최대}$는 빛의 파장과 무관해야 한다. 진폭이 같은 적색, 파란 빛 및 자외선이 전자에 전달하는 에너지는 모두 같아야 한다. (빛의 파장이 원자의 공진 파장과 같으면 흥미로운 현상이 나타날 것으로 추측한 고전 이론가들을 상상할 수 있다. 그러나 파장의 효과는 그보다 훨씬 더 단순한 것으로 실험적으로 드러났다.)	$K_{최대}$는 빛의 파장의 함수이다. 파장이 짧은 빛(예: 자외선)을 받아 나온 전자는 파장이 긴 빛(예: 가시광)을 받아 나온 전자보다 운동 에너지가 더 많다. 또한 파장이 “차단 파장” 보다 긴 빛은 아무리 밝게 비추어도 전자가 나오지 않는다. 또는 극판의 전위차와 무관하게 전자가 나오지 않는다.
약한 빛은 전자가 튀어나가는데 충분한 에너지를 전달하는 데 시간이 걸리므로 전류를 감지할 때까지 시간 지연이 있어야 하고, 경우에 따라 몇 초까지 지연될 수 있다.	빛을 아무리 약하게 해도 시간 지연이 생기지 않는다. 약한 빛을 비추면 전류가 더 작아지기는 해도 바로 흐른다 (측정 능력 범위 안에서 10^{-9}초 이하이다).

더 읽기 전에 이 장에서 이미 설명한 빛의 광자 모형이 이 모든 결과를 어떻게 설명할 수 있는지 생각해 보라.

아인슈타인이 광자를 써서 설명한 광전 효과

이론적 예측과 어긋나는 실험 결과를 보면 과학자의 본능이 자극을 받는다. 실험을 조금 달리 해 보고, 이론을 테두리에 맞춰 본다. 과학자는 절박한 상황에 몰려야만 여러 분야에서 성공적임이 입증된 이론의 근본 요소를 뒤집는다.

따라서 아인슈타인의 1905년 논문 "빛의 생성과 변환에 관한 추론(On a Heuristic Viewpoint Concerning the Production and Transformation of Light)"은 절박함에서 나온 행위로 볼 수 있다. 이 논문에서 아인슈타인은 광전 효과 문제에 직접 대응하고자 빛이 알갱이로 되어 있다는 급진적인 새 관점을 제시했다. 각 알갱이의 에너지는 진동수만이 결정한다($E = h\nu$). 빛의 세기는 광자의 밀도를 재는 지표이다.[7]

이 모형에서 빛에 실린 총 일률은 그 세기에 비례한다는 것은 여전히 참이다. 이 사실은 광전 효과를 포함한 실험을 통해 잘 확인되었다. 측정된 전류는 빛의 세기에 비례한다는 것을 기억하자! 따라서 고전 모형과 양자 모형은 밝기가 같은 빨간 빛과 파란 빛에 실린 일률이 같다는 데 동의해야 한다. 그러나 광자 모형에서는 파란 빛 광자는 빨간 빛 광자보다 에너지가 더 크고, 두 빛의 일률이 같다면 파란 빛 광자 수가 더 적다.

고전 모형에서 전자는 빛으로부터 에너지를 차근차근 흡수하여 에너지가 충분히 커지면 극판을 벗어난다. 광자 모형에서는 특정 광자가 전자와 충돌하여 즉시 에너지 $h\nu$를 전달하거나 전자를 놓쳐서 에너지를 전혀 전달하지 않는다. 만약 에너지 $h\nu$가 $w + Ve$보다 크면 전자는 판 A를 벗어나 판 B에 이르고, 그렇지 않으면 판 A를 벗어나지 못하거나 판 A를 벗어났지만 두 판에 걸린 전위차에 밀려 다시 판 A로 되돌아간다.

판 A를 벗어나는 데 필요한 에너지인 w는 전자마다 다르다는 것을 기억하자. 표면에 가장 가깝고 원자에 가장 약하게 묶인 전자의 w는 가능한 최소값이다. 이 값 w_0가 판 A에 있는 물질의 "일함수"이다. 판 A를 벗어나기 가장 쉬운 전자가 판 B에 이르는데 필요한 총 에너지는 $w_0 + Ve$이다.

이를 생각하면서 아인슈타인의 광자 가설이 실험 결과를 어떻게 설명하는지 살펴보자.

- $h\nu$가 $w_0 + Ve$보다 작으면 아무리 많은 광자를 던져도(빛이 아무리 밝아도) 간극을 넘어 판 B에 이르는 전자가 없다. 이것은 실험에서 볼 수 있지만 고전적으로는 설명할 수 없는 "차단 파장"을 설명한다. 다시 말해, $K_{최대}$는 밝기(광자의 밀도)가 아니라 파장(광자의 에너지)에 따라 달라진다.
- 빛 에너지가 고전 모형처럼 금속 표면 전체에 고르게 퍼지는 대신, 어떤 전자는 광자와 부딪혀 즉시 에너지 $h\nu$를 받지만, 광자와 부딪히지 않는 전자는 받는 에너지가 없다. 따라서 시간 지연이 없으며 광자가 판 A에 충돌하자마자 전자가 방출된다.

고전 모형과 광자 모형 모두 빛이 밝을수록 전류가 커진다는 것은 같지만, 광자 모형에서는 더 밝은 빛은 초당 더 많은 광자를 보내므로 더 많은 전자가 방출되기 때문이다.

---

7 "광자"라는 말은 나중에야 나왔으며, 아인슈타인의 제안과 플랑크의 초기 제안에 소급 적용되었다.

예: 광전 효과

진동수 4.5×10^{15} Hz인 빛을 판 A에 비춘다. 판 A가 전자를 방출하는 데 필요한 최소 에너지인 "일함수"는 7×10^{-19} J이다. "차단 전위" V_0를 셈하고, 이 전위 아래 및 위에서의 계의 거동을 설명하라.

답: 이 빛의 광자에 실린 에너지는 $h\nu = 3.0 \times 10^{-18}$ J이다. 따라서 가장 쉽게 풀려난 전자가 판 A를 벗어나 날아갈 때의 에너지는 $3.0 \times 10^{-18} - 7 \times 10^{-19} = 2.3 \times 10^{-18}$ J이다 (이 값이 $K_{최대}$이다.) 차단 전위는 $V_0 e$가 이 에너지를 넘는 값이므로 V_0는 $K_{최대}$를 전자 전하 e로 나눈 값, 즉 약 14 V이다.

따라서 판 A와 판 B의 전위차가 14 V를 넘으면 전류가 흐르지 않는다. 전위차가 그보다 작으면 전류가 흐른다. 전위차를 줄이거나 빛을 더 밝게 하면 전류가 증가한다.

숨 돌리기

광전 효과의 이론과 실험의 어긋남은 고전 이론에서 큰 문제였다. 겹-실틈 실험과 흑체 복사에 대해 설명했으니, 당대의 물리학자들이 왜 뻔한 광자 해법을 떠올리지 않았는지 궁금할 것이다. 잠시 숨을 돌리며 역사의 흐름을 살펴보자.

겹-실틈 실험은 당시에도 빛의 파동성을 입증하는 위대한 실험으로 여겼다. 광자(또는 전자) 하나씩으로 이 실험을 하는 기술은 몇 년 뒤에 나타났기 때문이다.

자외선 파탄에 대한 플랑크의 해결책은 1900년에 나왔다. 그러나 그의 양자화 가설은 빈 통 속의 빛의 특성으로 간주되었다. 1905년 아인슈타인의 제안은 그 착상을 모든 빛의 기본 속성으로 일반화했다. 플랑크 자신은 이러한 급진적인 변화를 받아들이기를 꺼렸고, 1914년에 아인슈타인이 "광자 가설에서 … 표적을 빗나갔다"고 썼다. 이 글을 쓴 지 불과 7년 만에 광자의 존재는 논란의 여지가 없어졌고, 아인슈타인은 광전 효과에 대한 설명으로 1921년 노벨상을 받는다.

플랑크의 흑체 복사 논문은 빛의 방출에서 양자화를 제안했고, 아인슈타인의 광전 효과는 빛의 흡수에서 양자화를 제안했다. 두 착상 모두 관계식 $E = h\nu$를 썼으며 실험을 통해 h를 잴 수 있었다. 두 과정 모두 이 새 기본 상수에 대해 거의 같은 값을 낸다는 사실은 양자 가설의 가장 설득력 있는 초기 증명 중 하나였다.

3.5.3 물음과 문제: 광전 효과

개념 물음 및 개념시험

1. 아래의 각 물리량의 단위와 광전 효과에서 무엇을 나타내는지 간단히 설명하라. 무엇을 묻는 것인지 확실히 알 수 있게 첫째 물음에 대한 답은 보였다.

예: V. **답:** 판 A와 판 B의 전위차: $V = V_A - V_B$. 전위차의 단위는 볼트이다.

(a) w **(b)** w_0

(c) e **(d)** $K_{최대}$

(e) V_0 **(f)** ν

2. 5 W 빨간 LED 전구와 5 W 파란 LED 전구 중 어느 것이 초당 더 많은 광자를 내는가?

A. 빨간 LED

B. 파란 LED

C. 같다.

3. 파장과 진폭이 완벽하게 일정한 빛을 비추어도 방출된 전자의 에너지가 모두 $K_{최대}$가 아닌 이유를 설명하라.

4. 광자가 판 A의 원자에 부딪히면 그 원자에 있는 전자 하나의 에너지가 커진다. 이 전자는 다음과 같은 경우 어떻게 될지 간략히 설명하라.
   (a) 광자 에너지가 해당 전자의 값인 w보다 작다 ($h\nu < w$).
   (b) 광자 에너지 $h\nu$가 w보다는 크지만, $w + Ve$보다는 작다.
   (c) 광자 에너지 $h\nu$가 $w + Ve$보다 크다.

5. 빛에 대한 광자 모형이 광전 효과의 다음 결과를 어떻게 설명하는지 간략히 설명하라.
   (a) 판 A에서 방출된 전자의 최대 운동 에너지는 비추는 빛의 파장에 따라 달라지지만, 밝기와는 무관하다.
   (b) 빛의 파장이 충분히 짧아 광전류가 흐르면, 밝기를 두 배로 늘리면 광전류도 두 배가 된다.

6. 빛에 대한 고전적 관점에서는 판 A를 비추는 빛과 전류계에 흐르는 전류 사이에 시간 지연이 있을 것으로 예측하는 이유를 간략히 설명하라. 그런 다음 광자 모형에서는 시간 지연이 없다고 예측하는 이유를 간략히 설명하라.

7. 밝기가 같은 빨간 빛($\nu = 474$ THz)과 파란 빛($\nu = 638$ THz)을 살펴보자.
   (a) 이 두 빛에 대한 고전적 설명에서 두 사인파를 간략히 설명하라. 무엇이 비슷하고 무엇이 다른가?
   (b) 이 두 빛에 대한 양자적 설명에서 광자 집합을 간략히 설명하라. 이 두 빛은 무엇이 비슷하고 무엇이 다른가?

8. 빛의 파동 모형에서, 한 점광원에서 나오는 빛의 밝기는 $1/r^2$에 비례하여 줄어든다 (여기서 r은 광원까지의 거리이다). 광자 모형에서도 마찬가지일까? 왜 또는 왜 그렇지 않을까?

9. 광전 실험을 위해 빛의 파장의 함수로서 $K_{최대}$의 도표를 그려라. 도표에 숫자를 넣는 데 필요한 모든 세부 사항을 알려주지는 않지만 올바른 꼴이어야 하며 도표가 원점 및/또는 두 축 중 하나와 교차하는지 여부를 제대로 보여줘야 한다.

10. 그림 3.31은 광전 효과 실험의 광전류를 두 판의 전위차의 함수로 보여준다. 대략 (완벽하지는 않지만) 선형이다. 이 도표를 베낀 다음 같은 실험에 대해 빛의 밝기를 두 배로 높일 때의 전류를 보여주는 둘째 도표를 그려라. 두 가지 도표를 명확하게 구별하여 표시해야 한다.

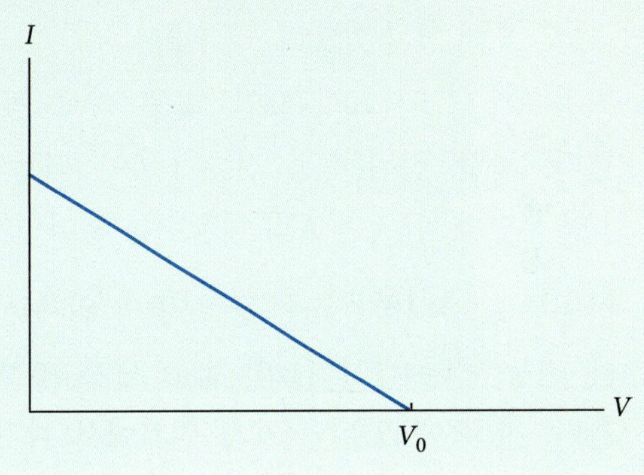

그림 3.31

심층 토론

11. 많은 경우에 $h \to 0$의 극한을 취하면 양자 물리학에서 고전 물리학을 복원할 수 있다.
   (a) 광자 가설을 써서 $K_{최대}$, ν, w_0의 관계를 나타내는 식을 써라.
   (b) $h \to 0$의 극한에서, 이 식이 고전적으로 기대할 수 있는 것을 재현하는가? 그 이유도 설명하라.

문제

12. 극판 속의 전자의 탈출 에너지는 저마다 다르다는 것을 기억하자. 판 A에 있는 모든 전자의 가장 작은 탈출 에너지, 즉 일함수가 w라고 하자.
   (a) 풀려난 모든 전자의 운동에너지의 최대값 $K_{최대}$가 $h\nu - w_0$인 이유를 간략히 설명하라.
   (b) 모든 전류가 끊기는 전위차 V_0가 $K_{최대}/e$인 이유를 간략히 설명하라.
   (c) 1915년 밀리칸(Robert Millikan)은 V_0와 ν의 관계를 정밀하게 쟀다(밀리칸 자신은 빛이 파동이

라고 확신했고, 실험 결과 아인슈타인의 예측이 매우 잘 맞는다는 것을 발견하고는 실망했다). 광전 효과에 관한 식을 써서 밀리칸이 발견했어야 하는 $V_0(\nu)$ 선의 기울기를 셈하라.

13. 광전 효과 실험을 한다고 하자.

(a) 판 A와 판 B의 전위차를 높이면 전류계에 흐르는 전류가 줄어든다. 결국 $V_0 = 1$ V의 전위차에서 전류가 완전히 끊기는 것을 발견한다. 방출된 전자의 최대 운동 에너지 $K_{최대}$를 셈하라.

(b) 금속의 일함수가 3.7×10^{-19} J일 때 비추는 빛의 파장을 셈하라.

14. 진동수가 1.5×10^{15} Hz인 빛을 써서 광전 실험을 한다. 차단 전위(측정 전류가 0이 되는 전위차)가 3.86 V였다. 금속판 A의 일함수는 얼마인가?

15. 반지름 2.5×10^{-10} m인 공 모양의 원자로 채워진 판에 진동수 $\nu = 10^{10}$ Hz인 빛을 세기 10 W/m^{2}로 비춘다. 판 속에 있는 전자가 원자에서 빠져나와 판을 떠나려면 5×10^{-19} J의 에너지가 필요하다.

(a) 고전적으로, 빛은 판에 고르게 퍼져 원자가 차근차근 흡수한다. 원자 한 개의 에너지 흡수율(W)은 얼마인가? 원자가 흡수한 에너지가 모두 전자로 간다면, 전자가 에너지를 충분히 흡수하여 판에서 튀어나가는 데 얼마나 걸리는가?

(b) 양자역학적으로, 각 광자가 가진 에너지는 얼마인가? 그 정도면 전자가 원자에서 풀려나 판에서 방출될 수 있는가? 그렇다면, 방출된 전자의 운동 에너지는 얼마인가?

16. 진동수 2×10^{15} Hz인 빛을 써서 광전 효과 실험을 하여 잰 차단 전위가 3.3 V이다. 진동수 4×10^{15} Hz인 빛으로 실험을 반복하면 차단 전위가 얼마일까? **실마리:** 답은 6.6 V가 아니다.

17. 표면적 0.02 m^{2}에서 60 W의 빛을 내는 전구를 상상하자. 일반 전구는 여러 진동수의 빛을 내지만, 이 모든 것을 평균하여 이 전구가 $\nu = 6 \times 10^{14}$ Hz의 빛을 낸다고 하자.

(a) 이 진동수의 광자 하나의 에너지는 얼마인가?

(b) 이 전구는 초당 몇 개의 광자를 내는가?

(c) 이 전구의 표면 1 m^{2}에서 매초 몇 개의 광자가 나올까?

(d) 19세기 물리학자들은 빛은 파동이지, 입자가 아니라고 결론지었다. 위의 답을 바탕으로 지금은 틀렸다고 생각하는 이 견해가 그들의 실험에서 왜 그렇게 잘 맞았는지 설명하라.

18. 광전 효과 실험에서 면적 0.1 m^{2}인 전극판 A에 밝기 100 W/m^2, 진동수 10^{15} Hz인 레이저 빛다발을 비춘다. 판 B에서 재는 실제 전류는 판 A에 대한 전위차에 따라 달라지지만, 판 A에 가는 모든 광자가 전자를 튕겨내어 판 B에 이르는 극한에서 가능한 최대 전류를 암페어 단위로 구하라.

19. 납의 일함수는 4.25 eV이다.

(a) 납 표본이 전자를 내는데 필요한 빛의 최소 진동수는 얼마인가?

(b) 납의 차단 전위의 진동수에 대한 변화를 도표로 그려라.

(c) 납 표본에 2×10^{15} Hz의 빛을 비추면, 튕겨 나오는 전자의 최대 운동 에너지는 얼마인가?

20. 진동수 1.2×10^{15} Hz인 빛을 써서 광전 실험을 한다. 다음 각 재료에 대해 일함수를 찾아본 다음, 차단 전위를 구하라. **참고:** 이 중 한 가지의 답은 V에 관계없이 전류가 보이지 않는다는 것이다.

(a) 포타슘

(b) 코발트

(c) 토륨

21. 1916년 밀리칸은 "대담한, 무모하지는 않은, 에너지 $h\nu$인 빛 알갱이 가설"을 검증하는 논문을 발표했다. 그는 광전 효과를 재어 진동수 대 차단 전위 도표의 기울기가 $(4.124 \sim 4.131) \times 10^{-15}$ V/Hz 안에 있음을 발견했다. 이에 대응되는 h의 범위를 구하라. 그의 자료가 현재 가장 좋은 h의 측정값과 맞는가?

3.6 또 다른 광자 현상

광자 하나씩 겹-실틈, 흑체 복사, 광전 효과 등 광자의 존재를 증명하는 세 가지 실험을 설명했다. 이 절에서는 광자의 속성에 대해 이야기하고 그 결과 몇 가지를 더 살펴본다.

3.6.1 설명: 또 다른 광자 현상

다음은 앞에서 살펴본 광자의 속성이다.

- 광자는 한 곳에서 발견된다.
- 낱낱의 광자의 에너지는 $h\nu$로 잘 정의된 값이다.
- 광자의 수는 0, 1, 2 또는 10^{29}개와 같은 정수이지, 2.4개와 같은 분수는 결코 아니다.
- 광자는 생기거나(예: 흑체 복사) 흡수될(예: 광전 효과) 수 있다. 광자를 내거나 흡수하는 물체는 광자에 실린 에너지를 잃거나 얻는다.
- 전형적인 빛다발은 에너지가 매우 작은 광자들의 아주 많은 흐름이다. 따라서 물(아주 작은 물 분자가 아주 많이 모인 것)을 연속체로 느끼듯이 빛을 연속체로 느낀다.

이 장에서 말하지 않은 속성이 몇 가지 더 있는데, 아래의 처음 두 가지는 상대론에서 설명했었다:

- 광자는 광속으로 간다. (물론 광자는 빛이다.)
- 광자는 질량이 0이다(문제 33 참조).
- 광자의 운동량은 $p = h\nu/c$이다.

운동량에 대한 이 공식은 광자가 질량이 0이라는 사실에서 바로 나온다. 상대론에서 입자의 에너지는 $E^2 = p^2c^2 + m^2c^4$이다. 따라서 질량이 없는 입자는 $E = pc$이며, 이로부터 바로 $p = E/c = h\nu/c$가 나온다.

이러한 입자의 특성 때문에 빛을 고전적 입자의 집합으로 볼 수도 있다. 그러나 그러면 겹-실틈 실험을 설명할 수 없다: 고전적 입자는 결코 하지 않는 간섭과 회절과 같은 거동을 한다. "파동-입자" 논쟁에 대한 해답은 빛을 완전히 설명하려면 두 모형 모두 필요하다는 것이다. $E = h\nu$는 광자 하나의 에너지를 파동의 진동수로 나타내므로 두 모형의 중요한 연결 고리이다.[8]

겹-실틈 실험에서 빛은 겹-실틈이 있는 벽을 지날 때는 파동으로, 뒷벽 검출기에 부딪칠 때는 입자 집합으로 거동하는 것처럼 보인다. 이 관찰을 대략적인 지침으로 일반화할 수 있다. 빛은 공간에서 퍼져갈 때 파동처럼 거동하고, 물질과 상호 작용할 때는 대체로 불연속적이다.

이 절의 나머지 부분에서는 빛이 입자처럼 물질과 상호 작용하는 또 다른 세 가지 중요한 현상을 설명한다. 앞으로 몇 장에 걸쳐 이 놀라운 혼합 현상을 설명하는 데 쓰는 수학적 틀을 살펴보겠다.

---

8 $E = pc$는 두 모형 모두에서 성립한다. 방금 입자 모형에서는 이것이 왜 참인지 설명했다. 맥스웰 이론에서는 전자기파의 에너지 밀도와 운동량 밀도를 셈하여 이 둘의 관계를 끌어낼 수 있다.

컴프턴 산란

§ 3.5에서는 빛이 고체에서 결합된 전자를 어떻게 풀어내는지를 설명했다. 이제 진동수 ν인 빛이 자유 전자에 부딪히는 것을 살펴보자. 고전 전자기 이론에서 진동하는 전자기장은 전자를 진동시킨다. 이 진동하는 전자는 전자기파를 사방으로 내보낸다. 이러한 모든 진동(애초의 빛, 전자의 운동, 새로 나가는 빛)은 진동수 ν가 같다. 결과적으로 들어오는 빛 에너지 일부는 사방으로 나가는 같은 진동수의 새로운 빛으로 전달된다.

양자역학적 그림에서는 에너지와 운동량이 명확한 광자가 전자와 충돌한다.

능동 읽기 연습: 광자-전자 충돌

진동수 ν인 광자가 서 있는 자유 전자와 충돌한다. 대부분의 충돌처럼, 충돌 후 전자와 광자는 서로 다른 방향으로 나아간다. 충돌 후 광자의 진동수는 충돌 전보다 낮아질까, 같을까, 높아질까? 계속 읽기 전에 답과 그 근거를 적어 보라.

전자가 애초에 서 있다고 했다. 충돌로 전자가 운동 에너지를 조금 얻었으므로 광자는 에너지를 잃는다. 따라서 ($E = h\nu$이므로) 광자는 충돌 후 진동수가 더 낮아지고, 따라서 파장은 더 길어진다(그림 3.32).

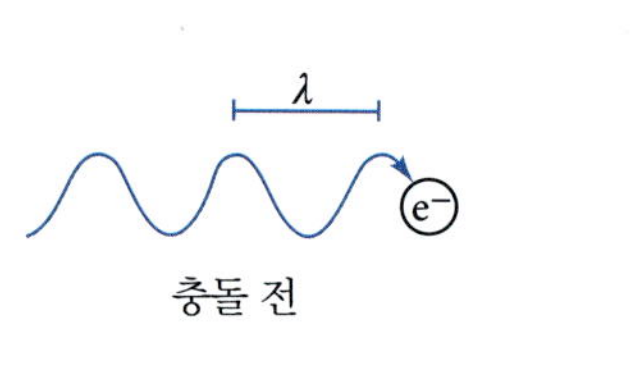

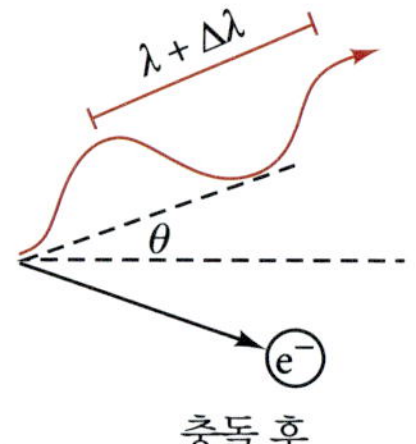

그림 3.32 콤프턴 이동.

이야기는 고전 전자기 이론의 예측과 광자 모형의 예측이 다른 점을 드러낸 다음 실험을 통해 광자 모형이 맞다는 것을 확인한다. 1923년 콤프턴은 탄소 뭉치에 엑스선을 비췄다. (엑스선 광자를 완전한 자유 전자에 비춘 것은 아니지만, 그렇게 어림할 수 있다. 이에 대해서는 잠시 후에 다시 설명한다.) 콤프턴은 산란된 엑스선의 파장이 대부분 애초에 비춘 엑스선보다 길며, 그 파장 변화는 광자 모형이 예측한 바와 딱 맞음을 발견했다.

문제 34에서 이 셈을 재현할 수 있다. 이 셈은 초급 역학에서 충돌을 분석할 때 쓴 것과 같은 유형이며, 에너지와 운동량 보존 법칙을 써서 충돌 전후의 양을 비교한다. 결국 풀어야 할 미지수가 너무 많아서 최종 에너지와 운동량은 산란각의 함수로 나온다. 이 문제가 초급 역학 문제보다 조금 더 복잡한 까닭은 광자는 광속으로 가고 전자의 속력도 대체로 광속에 매우 가까워서 에너지와 운동량에 대해 상대론적 공식을 써야 하기 때문이다.

이제 답을 바로 찾아보자(대개 진동수가 아닌 파장으로 표기함).

컴프턴 이동

파장 λ인의 광자가 서 있던 자유 전자와 충돌 후 산란되어 초기 경로에 대해 각도 θ로 나오면 광자의 파장은 애초의 값에 비해 다음만큼 길어진다:

$$\Delta\lambda = \frac{h}{m_e c}(1 - \cos\theta). \tag{3.11}$$

$h/m_e c$는 전자의 "콤프턴 파장(Compton wavelength)"이다.

광자를 분류할 때 대체로 진동수 ν를 쓰지만, 여기서는 (3.11)을 광자의 파장 λ로 나타내는 일반 관행을 따른다. 진동수, 파장, 파동 속도 사이의 관계는 부록 F에 요약했고, 이 절에서 필요한 핵심 관계는 $\lambda\nu = c$이다. 문제 35에서 콤프턴 이동을 진동수로 나타낼 것이다.

예: 컴프턴 산란

콤프턴이 실험에 쓴 엑스선의 파장은 0.0709 nm였다.

1. 각도 135°로 산란된 엑스선의 파장을 재면 파장 이동이 얼마로 나올까?

답: 먼저 파장의 변화를 구한다:

$$\Delta\lambda = \frac{h}{m_e c}(1 - \cos\theta)$$

$$= \frac{6.63 \times 10^{-34}\,\text{kg m}^2/\text{s}}{(9.11 \times 10^{-31}\,\text{kg})\,(3.00 \times 10^8\,\text{m/s})}\left(1 - \cos 135^\circ\right) = 4.14 \times 10^{-12}\,\text{m}.$$

파장 이동의 백분율은 변화량을 애초의 값으로 나눈 값이다(백분율로 만들기 위해 100 곱하기):

$$100 \times \frac{\Delta\lambda}{\lambda_0} = 100 \times \frac{4.14 \times 10^{-12}\,\text{m}}{7.09 \times 10^{-11}\,\text{m}} = 5.8\%.$$

2. 광자의 에너지 손실은 얼마인가?

답:

입사 광자의 에너지: $\nu = \dfrac{c}{\lambda} = 4.23 \times 10^{18}\,\text{Hz}, \qquad E = h\nu = 2.80 \times 10^{-15}\,\text{J}.$

산란 광자의 에너지: $\nu = \dfrac{c}{\lambda} = 4.00 \times 10^{18}\,\text{Hz}, \qquad E = h\nu = 2.65 \times 10^{-15}\,\text{J}.$

따라서 에너지 손실은 약 1.5×10^{-16} J 또는 1000 eV이다.

앞서 말했듯이 탄소 뭉치 속의 전자는 자유롭지도 않고(결합됨) 서 있지도 않다. 바깥 전자의 일반적인 결합 에너지와 운동 에너지가 엑스선 광자의 에너지보다 훨씬 작기 때문에 콤프턴의 어림셈이 맞았다.

그렇지만, 많은 광자는 훨씬 더 세게 결합된 전자와 충돌한다. 이 때는 충돌 전, 후에 전자가 원자에 결합된 상태이므로 탄소 원자 전체가 충돌 과정에 참여하고, 따라서 에너지와 운동량을 따질 때도 탄소 원자 전체를 넣어야 한다. 이 때도 (3.11)이 적용되지만 전자의 질량 대신 원자의 총질량을 써야 하며 파장의 변화는 일반적으로 관찰하기에는 너무 작다(문제 36 참조).

이는 그림 3.33의 컴프턴의 실험 자료에서 확인할 수 있다. 각 산란각에서 파장이 변하지 않은 마루와 파장이 변한 마루가 하나씩 보인다. 파장이 변한 마루는 콤프턴 산란을 나타낸다. 단단히 결합된 전자에서 산란되어 산란 광자의 파장이 크게 바뀌지 않는 것이 "레일리 산란(Rayleigh scattering)"이다. 두 가지 유형의 산란은 콤프턴 이동이 0에 가까워지는 극한 $\theta \to 0$에서 사라진다.

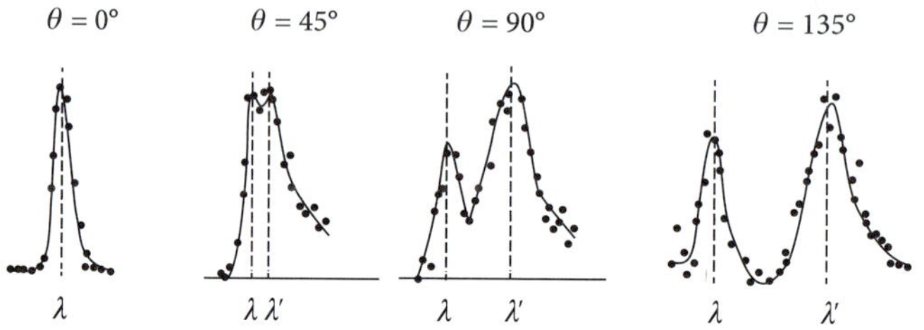

그림 3.33 산란된 광자의 파장은 산란각에 따라 달라진다. $\theta = 0°$에서는 기본적으로 모든 광자가 원래의 파장 λ에서 관찰된다. 다른 각도에서는 일부는 파장 λ에서 관찰되고, 나머지는 다른 파장 λ'에서 관찰된다.
출처: Compton © 1923.

에너지가 매우 작은 빛(예: 가시광 또는 적외선)의 경우 원자의 거의 모든 전자가 실질적으로 세게 결합되어 있으므로 레일리 산란만 나타난다. 고에너지 감마선의 경우, 모든 전자는 사실상 자유 전자이므로 콤프턴 산란만 나타난다.

제동 방사

고에너지 전자가 서 있는 원자 근처를 지나가는 것을 상상하자. 원자는 하전 입자로 되어 있으므로 전자는 원자와 상호 작용하여 경로가 굽는다. 경로가 굽을 때는 가속되며, 고전적인 그림에서 가속되는 전자는 빛을 낸다. 양자역학에서도 가속된 하전 입자가 빛을 내는 것은 참이지만 그 빛은 양자화된다. 따라서 전자가 원자와 상호 작용하여 광자를 낸다고 말할 수 있다. (광자를 하나 이상 낼 수도 있지만 확률이 낮다.)

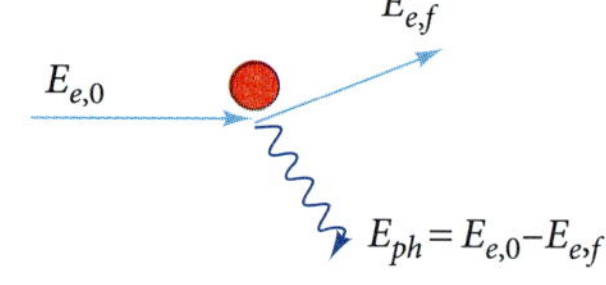

그림 3.34

광자, 전자, 원자의 최종 에너지의 합은 전자의 초기 에너지와 같아야 한다. 그러나 원자는 질량이 상대적으로 너무 커서 반동 에너지는 무시할 수 있으므로 광자의 에너지는 전자의 손실 에너지와 같다고 할 수 있다(그림 3.34).

이 모든 것을 생각하여 고속 전자살이 표적의 원자와 충돌한다고 하자. 각 전자는 초기 에너지의 대부분을 잃을 때까지 원자와 충돌을 거듭하면서 그 때마다 빛을 낸다. 전자가 들어올 때의 에너지는 모두 같다고 가정하지만, 모든 충돌이 똑같다고 보지는 않는다. 대부분의 전자는 에너지의 작은 비율만 잃어 저주파 광자를 내고, 일부는 더 많이 잃어 더 높은 진동수의 광자를 낸다. 이 실험에서 낼 수 있는 광자의 최대 에너지는 전자가 한 번의 충돌로 모든 운동 에너지를 잃은 결과이다.

그림 3.35는 텅스텐에 전자를 충돌시킨 실험에서 얻은 빛의 파장 분포이다. 곡선마다 전자의 가속 전위, 곧 전자가 표적에 부딪칠 때의 운동 에너지가 다르다. 각 에너지의 전자살마다 방출된

빛의 최대 진동수 $\nu_{최대}$(도표에서는 최소 파장 $\lambda_{최소}$)가 있다.

전자(또는 다른 하전 입자)가 물질 속에서 충돌로 에너지를 잃을 때 내는 빛 또는 그 과정을 "제동 방사(braking radiation)"라고 한다. 제동 방사는 광전 효과의 반대라고 보면 된다. 광전 효과에서는 전자에 빛을 비추어 물질을 벗어나는 데 충분한 에너지를 준다. 제동 방사에서는 물질에 들어간 전자가 감속되거나 서면서 잃는 운동 에너지가 빛으로 바뀐다.

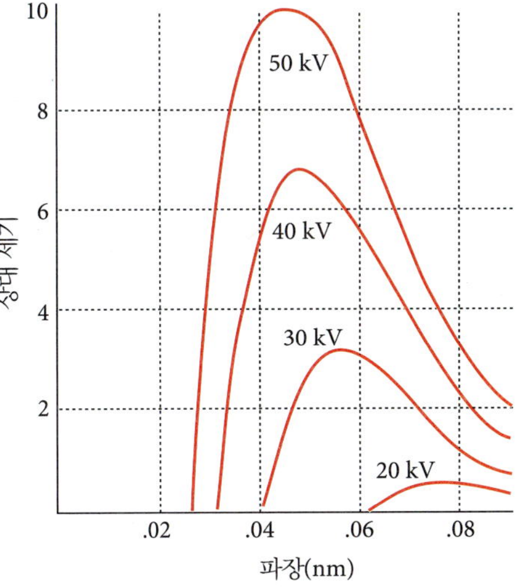

그림 3.35 텅스텐에 전자를 쏠 때 나오는 빛의 파장별 세기. 곡선마다 입사 전자의 운동 에너지가 다르다. 출처: Springer nature © 2017.

쌍 생성과 쌍 소멸

광자와 물질의 마지막 상호작용을 소개하기 위해 먼저 반물질 개념을 소개할 필요가 있다. 여기서는 짧게 말하지만, 더 자세한 설명은 다음을 보라: www.cambridge.org/felder-modern-physics/onlinesections

모든 유형의 입자에는 질량이 같고 전하가 반대인, "반입자"가 대응된다. 예를 들어, 전자의 반입자는 "양전자"라는 양전하를 띤 입자이다. 하전 입자와 반입자가 충돌하면 소멸하여 빛을 낸다.

반물질[9]의 발견으로 엑스선이 물질을 지날 때 에너지 손실률의 예측값과 측정값의 불일치를 해결할 수 있었다. 광전 효과와 레일리 및 콤프턴 산란을 넣은 이론적 셈의 에너지 손실률 예측값은 너무 작았다. (레일리 산란은 엑스선의 총 에너지를 줄이지는 않지만, 일부를 다른 방향으로 흩어 보내므로 입사 방향의 엑스선의 에너지는 줄어든다.) 이러한 불일치는 셈에 과정을 하나 추가하자 바로잡혔다.

새로운 과정은 다음과 같다.

1. 위에서 전자와 양전자가 충돌하면 소멸하여 빛이 생길 수 있다고 말했다. 이 과정의 반대는 "쌍 생성"으로, 광자가 저절로 전자-양전자 쌍으로 바뀌는 것이다. 광자의 초기 에너지는 새로운 입자의 정지 에너지와 운동 에너지의 합으로 변환된다(그림 3.36). 새 입자의 운동 에너지가 0인 극한에서도 입자를 생성하려면 광자의 에너지가 최소 $E_{최소} = 2m_ec^2$은 되어야 한다.

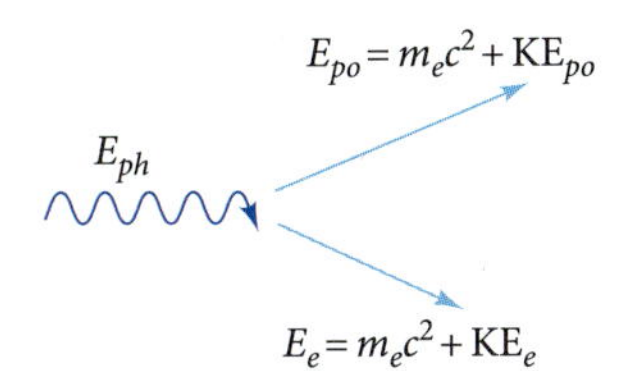

그림 3.36 쌍 생성.

2. 물질 속에서 새로 생긴 양전자는 앞의 제동 방사에서 설명한 것처럼 충돌로 에너지를 잃는다.
3. 양전자가 운동 에너지를 충분히 잃으면 결국 전자와 전기적으로 결합된다. 이렇게 결합된 쌍이 "양전자 원자(positronium)"이며, 약 10^{-10}초 동안 지속된다.
4. 전자와 양전자가 쌍소멸되면서 새로운 빛을 낸다. 위의 항목 2에 설명한 양전자 충돌로 인해 이 빛의 에너지는 대체로 쌍 생성을 일으킨 애초의 광자보다 적다.

9 반물질은 1928년 디랙(Paul Dirac)이 이론적으로 예측했고 1932년 앤더슨(Carl Anderson)이 관측했다.

결국, 계에는 양전자가 없고 처음과 같은 수의 전자가 남지만, 초기 광자의 에너지는 갖가지 방출 광자와 일부 산란 입자의 운동 에너지로 흩어진다.

전자-양전자 쌍 소멸에서는 늘 적어도 두 개의 광자를 낸다. 왜냐하면 운동량 보존 때문에 광자 하나만 낼 수는 없기 때문이다(문제 9 참조), 쌍 생성으로 생기는 초과 운동량을 흡수할 원자가 근처에 있다면 단일 광자가 전자-양전자 쌍으로 바뀔 수는 있다(원자가 흡수하는 에너지는 무시할 수 있는 정도다.)

종합: 물질을 지나는 빛다발

빛은 물질을 지나면서 에너지를 잃는다. 가시광이 유리나 물을 지날 때는 손실이 비교적 적지만, 나무나 금속과 같이 불투명한 물질을 지나면 거의 바로 에너지를 모두 잃는다. 엑스선은 나무나 피부는 거의 손실 없이 지날 수 있지만 금속이나 뼈는 거의 투과하지 못하며 실제로 유리는 그다지 효율적으로 투과하지 못한다. 물질 속에서 빛의 에너지를 손실률은 빛과 물질의 특성에 따라 복잡하게 달라진다.

빛이 물질을 지날 때 에너지를 잃는 세 가지 메커니즘인 광전 효과, 산란(레일리 및 콤프턴), 쌍 생성을 살펴보았다. 대체로 광자 에너지가 작을 때는 광전 효과가, 중간에서는 산란이, 클 때는 쌍 생성이 지배적이다. 산란 자체는 광자 에너지가 작을 때는 대부분 레일리, 에너지가 클 때는 콤프턴 산란이다. 이러한 모든 차단이 생기는 값은 원자의 세부 구조에 따라 다르기 때문에 재료마다 다르다. 그러나 물질에 관계없이 $h\nu < 2m_ec^2$이면 쌍 생성이 안 된다는 점을 기억하라. (특정 공진 진동수에서의 원자와 분자에 의한 빛의 흡수는 설명하지 않았다; 이는 4장에서 다룬다.)

3.6.2 물음과 문제: 또 다른 광자 현상

개념 물음 및 개념시험

1. 각 양이 나타내는 것을 간략하게 설명하고 측정 단위를 제시하라.
(a) $\Delta\lambda$(콤프턴 산란)
(b) $\lambda_{최소}$(제동 방사)
(c) $E_{최소}$(쌍 생성)

2. 콤프턴 산란광의 파장이 입사광의 파장보다 긴 이유를 설명하라.

3. 왜 콤프턴은 산란각이 0이 아닌 광자에서는 두 개의 마루를 보았을까? 왜 $\theta = 0$에서는 마루가 하나만 보였을까?

4. 광전 효과를 보려면 어떤 빛(라디오파, 극초단파, 적외선 등)을 써야 하는가? 이를 바탕으로, 콤프턴의 엑스선 산란 실험에서 가장 느슨하게 결합된 전자를 서 있는 자유 전자로 보는 것이 왜 합당한지 셈하지 말고 설명하라.

5. 자유 전자가 에너지와 운동량을 모두 보존하면서 광자를 흡수할 수는 없다. 그렇다면 자유 전자는 어떻게 엑스선 광자를 콤프턴 산란시킬 수 있는가?

6. 전자살을 고체 표적에 비출 때 나오는 빛에는 왜 최단 파장이 있는가?

7. 그림 3.35는 제동 방사의 파장 분포 곡선이다. 왜 모든 곡선이 $\lambda \to \infty$의 극한에서 0에 접근하는가?

8. 쌍 생성의 어떤 특징이 빛의 (고전 모형이 아니라) 광자 모형을 지지하는가?

9. 진공에서 전자-양전자 쌍이 소멸하여 하나의 광자를 생성하면 왜 운동량 보존을 법칙에 어긋나는지 설명하라. **실마리:** 초기 입자 쌍의 질량 중심 틀을 써라.

10. 쌍 생성을 발견하기 전에 사람들은 엑스선이 물질을 지날 때의 에너지 손실율이 다른 과정으로 설명할 수 있는 것보다 크다는 점에 주목했다. 가시광이 투명한 물질을 지날 때는 왜 그러한 손실이 관찰되지 않을까?

11. 이 장에서 배운 내용을 바탕으로, 빛의 입자성을 시사하는 독립적인 증거를 세 가지 이상 대라.

12. 이 장에서 배운 내용을 바탕으로, h의 값을 잴 수 있는 독립적인 방법을 세 가지 이상 설명하라.

13. 흑체 복사로 알루미늄 시료를 비추어 표면에서 전자가 튀어나올 정도가 되려면 흑체를 얼마나 뜨겁게 달구어야 할까?

심층 토론

14. 빛에 대한 고전 모형에서는 빛을 전자에 비추어 산란된 빛은 나오는 각도는 다르지만 파장은 늘 같다. 광자 모형에서는 전자가 에너지를 얻으면 광자가 에너지를 그만큼 잃어야 하므로 파장이 바뀌지 않으면 에너지 보존 법칙에 어긋난다. 고전적 각본이 왜 에너지 보존에 어긋나지 않는가?

15. 쌍 생성은 원자가 있을 때만 일어나며, 이 과정에서 과잉 운동량을 원자가 흡수해야 한다고 했다. 그러나 반대인 쌍 소멸의 경우, 광자가 두 개 이상 생기므로 운동량이 보존될 수 있다. 쌍 소멸은 그렇게 일어나는데, 그 반대 과정인 쌍 생성은 왜 두 개 이상의 광자에 의해서는 거의 일어나지 않을까?

16. 어떤 영화 감독이 새 공상 과학 영화의 과학 자문을 부탁했다. 이 영화는 우리 우주와 법칙이 같은 대체 우주에서 벌어지는데, 플랑크 상수의 크기가 10^{-34} Js가 아니라 1 J이다. 그러한 우주는 어떤 어떤 모습일지 간략히 설명하라.

17. 광자가 전자-양전자 쌍 생성을 하려면 에너지가 두 입자의 정지 에너지 보다 더 커야 한다고 했다. 그러나 다른 기준틀에서는 그 광자는 진동수가 도플러 이동되어 에너지가 훨씬 더 낮아질 수 있다. 그렇다면 그 기준틀의 관찰자는 쌍 생성을 어떻게 설명할까? **실마리:** 진공에서는 광자만으로는 쌍 생성을 할 수 없다.

문제

18. **(a)** 파장 20 nm인 광자의 에너지와 운동량을 구하라. **(b)** 파장 10 nm인 광자의 에너지와 운동량을 바로 구하라.

19. 콤프턴이 실험에 쓴 엑스선의 파장은 0.0709 nm이다. 콤프턴이 0°, 45°, 90°에서 잰 산란광의 파장의 백분율 변화를 셈하라.

20. 콤프턴 산란 실험을 하여 90°에서 잰 파장 변화가 10^{-11} m라면 180°에서 잰 값은 얼마일까?

21. 한 파장의 빛을 물체에 비추고, 비추는 방향과 수직인 방향으로 산란된 빛의 파장을 재니 두 가지 다른 값이 나온다. 하나는 더 긴 파장으로 0.0612 nm이다. 같은 실험에서 150°로 산란된 빛의 파장을 재니 역시 두 가지 다른 값이 나온다. 그 값은 얼마일까?

22. 156쪽의 그림 3.33의 세째 그림은 90°로 산란된 빛의 두 마루를 보여준다. 왼쪽 마루는 $\lambda = 0.0709$ nm, 오른쪽 마루는 0.0731 nm에 있다. 이 두 파장 중 더 긴 파장의 광자에 대응되는, 산란된 전자의 운동 에너지와 산란각을 구하라.

23. 감마선 광자가 자유 전자와 충돌하여 애초에 왔던 방향으로 되돌아온다고 하자. 후방 산란된 이 광자의 에너지를 구하라. **실마리:** 에너지에 관계없이 모든 감마선에 대해 답이 본질적으로 같다.

24. 자유 전자에 의해 산란된 광자의 파장 변화를 0°에서 180°까지의 산란각의 함수로 그려라.

25. 파장이 0.12 nm인 광자가 전자에 의해 산란된 뒤 원자와 충돌하여 새 광자를 생성한다. 새 광자의 가능한 최소 파장을 구하라. **실마리:** 0.12 nm가 아니다.

26. 운동 에너지 100 keV인 전자선 다발을 고체 표적에

쏜다. 나오는 빛의 최소 파장을 구하라. 이 파장은 어떤 종류의 빛에 해당하는가?

27. 전자선 다발이 표적에 부딪혀 최소 파장이 0.1 nm인 빛을 낸다. 전자의 운동 에너지는? 전자가 표적에 부딪히기 전의 운동 에너지는?

28. 운동 에너지를 무시할 수 있는 전자 뭉치를 전위차로 가속하여 표적에 쏜다. 전자가 표적에 부딪칠 때 엑스선을 내려면 전위차가 얼마나 커야 하는가?

29. 30 keV 전자가 탄소 원자에 부딪쳐 15 keV 광자를 낸다고 하자. 전자와 광자가 모두 전자의 애초의 경로에서 180°로 나올 때 탄소 원자가 가장 큰 에너지를 얻는다. 이 때의 탄소 원자의 최종 운동 에너지를 운동량과 에너지 보존 법칙을 써서 구하라. 답을 광자 에너지에 대한 비로 나타내라. (전자와 탄소 원자는 비상대론적으로 다루어도 된다.) 제동 방사를 셈할 때 원자의 반동 에너지는 왜 따지지 않는가? **실마리:** 전자의 산란 방향이 앞쪽이 아니라 뒤쪽이다.

30. 쌍 생성을 할 수 있는 광자의 최소 에너지는 얼마인가? 답을 eV로 나타내고, 또한 빛이 어떤 종류인지 말하라.

31. 파장이 10^{-13} m인 광자가 전자와 양전자를 생성한다. 두 입자가 같은 운동 에너지로 서로 반대 쪽으로 나아갈 때, 이들의 최종 속도를 구하라. (속도가 광속과 비슷하다면 에너지에 대한 상대론적 식을 써야 한다.)

32. 다음을 파장이 가장 짧은 것부터 차례로 늘어 놓아라:

A. 니켈에서 전자를 풀어낼 수 있는, 파장이 가장 긴 (에너지가 가장 낮은) 광자.

B. 전자와 양전자를 쌍으로 생성할 수 있는, 파장이 가장 긴 (에너지가 가장 낮은) 광자.

C. 180° 콤프턴 산란(즉, 후방산란)에서 생기는, 파장이 가장 긴 (에너지가 가장 낮은) 광자.

33–36번 문제에서는 § 3.6.1의 설명에서 빠진 단계를 채운다.

33. 광자의 질량

(a) 질량 m, 속력 v인 상대론적 입자의 총 에너지를 써라. 부록 B를 자료로 써라.

(b) $v \to c$의 극한에서는 총 에너지가 어떻게 되는가?

(c) 광자는 속력 c, 에너지 $h\nu$이며, 이는 (b)에 대한 답과 모순이다. 이 모순을 풀려면 광자의 질량이 어떻게 되어야 하는가? 그 답이 이 문제를 어떻게 푸는지 설명하라.

34. 콤프턴 이동

콤프턴 산란에서 운동량 p_0, 에너지 E_0인 광자가 서 있는 전자와 충돌한다. 광자는 각도 θ 방향으로 운동량 p_f, 에너지 E_f로 떠나고, 전자는 각도 ϕ 방향으로 운동량 p_e, 에너지 E_e로 떠난다(그림 3.37). 충돌 초기의 총 에너지는 $m_ec^2 + E_0$이고 최종 에너지는 $E_f + E_e$이다.

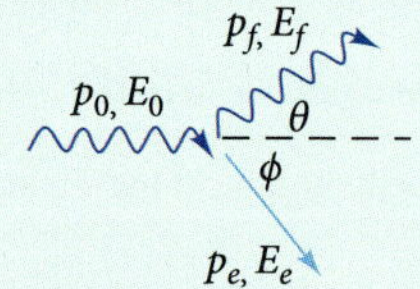

그림 3.37

(a) 초기 에너지를 최종 에너지와 같게 두는 식을 써라. 전자의 최종 에너지 E_e를 상대론적 식 $\sqrt{p_e^2c^2 + m_e^2c^4}$으로 바꾸어 p_e^2에 대해 푼다.

(b) 초기 운동량을 최종 운동량과 같게 두는 식을 x-성분과 y-성분 각각에 대해 써라. (광자가 처음에 x-방향으로 온다고 가정하라.) $p_e \sin\phi$에 대한 방정식과 $p_e \cos\phi$에 대한 방정식을 풀고 두 양을 제곱하고 더하여 p_e^2에 대한 식을 구하라.

(c) 이제 p_e^2에 대한 식이 두 개 생겼는데, 두 식은 같아야 한다. 한 쪽에는 E_0와 E_f가 있고 다른 쪽에는 p_0와 p_f가 있다.

(d) 광자는 $E = hc/\lambda$, $p = h/\lambda$이다. (c)에서 얻은 식을 λ_0와 λ_f로 고쳐 쓰고, $\Delta\lambda = \lambda_f - \lambda_0$를 구한다. 최종 해는 h, m_e, c, θ만의 함수가 되어야 한다.

35. (3.11)은 자유 전자에 의해 산란된 광자의 파장 변화를 나타낸다. 그 식을 고쳐 광자의 최종 진동수를 초기 진동수의 함수로 나타내라. [파장의 경우, (3.11)은 최종 파장이 단지 초기 파장에 파장과 무관한 이동을 더한 것임을 보여준다. 최종 진동수는 다소 복잡한

방식으로 초기 진동수에 따라 달라진다. 그래서 콤프턴 이동을 파장으로 나타낸다.]

36. 레일리 산란

레일리 산란에서는 들어오는 빛이 실질적으로 전자가 아닌 원자 전체에 의해 산란된다.

(a) 탄소 원자에서 산란된 빛(레일리 산란)의 콤프턴 이동은 단일 전자에서 산란된 빛(콤프턴 산란)보다 몇 배나 작을까?

(b) 파장 0.0709 nm인 입사광에 대해, 135°로 산란된 레일리 산란광의 파장 변화의 백분율을 셈하라.

37. 탐구: 다중산란

광자가 납 표적 속의 자유 전자와 충돌하여 45° 각도로 산란된다. 전자는 반동하여 원자로 들어가 새로운 광자를 낸다. 이 광자는 납 표면(일함수 4 eV)에서 전자를 방출하고, 그 전자는 진공관을 가로질러 탄소 표적을 때려 또 다른 광자를 낸다. 이 광자가 소멸되면서 전자-양전자 쌍이 생긴다. 초기 광자의 최소 진동수를 구하라.

3장 요약

이 장에서는 빛은 고전적 파동의 여러 속성도 있지만, 쪼갤 수 없는 불연속적인 에너지 뭉치로 존재한다는 결론을 시사하는 여러 실험을 소개했다. 이 현상을 가장 명확하게 보인 실험은 (역사적으로 최초의 실험은 아니지만) 영의 겹-실틈 실험을 광자 하나씩으로 하는 것이다.

이 장에서 가장 중요한 식은 부록 C(양자역학 방정식), 부록 D(전자기 스펙트럼), 부록 E(간섭과 회절), 부록 F(파동의 속성)에 있다. 양자역학의 주요 발전 연대표는 부록 A에 있다.

3.1 수학 간주곡: 간섭

진동수가 같은 두 파동이 공간의 어떤 곳에 이를 때 전체 파동의 진폭은 위상이 같으면 두 진폭의 합이고("보강 간섭"), 위상이 180° 어긋나면 두 진폭의 차가 된다("소멸 간섭").

- 진동수가 같고, 같은 위상으로 시작한 두 파동이 다른 경로를 거쳐 한 곳에서 만날 때 경로차가 파장의 정수 배이면 보강간섭을, 파장의 반홀수 배이면 소멸간섭을 한다.
- 공간과 시간에서 파동의 특성을 나타낼 때 쓰는 단어와 문자는 부록 F에 요약했다.

3.2 영의 겹-실틈 실험

영의 겹-실틈 실험에서는 단일 광원 에서 나온 빛이 앞 벽에 낸 겹-실틈을 지나 그 뒤의 뒷벽에 비치는 것을 잰다.

- 영의 1804년 논문은 뒷벽에 보강간섭 띠와 소멸간섭 띠가 번갈아 나타난 무늬를 관찰한 것을 기술하여 빛의 파동 특성을 결정적으로 보였다.
- 겹-실틈 실험과 기타 간섭 및 회절 실험에 대한 기술과 방정식은 부록 E에 요약했다.

3.3 광자 하나씩

오늘날에는 흐릿한 후광이나 밝고 어두운 띠가 번갈아 나타나는 것이 아니라, 빛을 희미하게 만

들어 뒷벽에 한 번에 한 곳에 섬광 하나가 나타나게 할 수 있다. 이것은 빛의 입자인 광자의 존재를 보여준다.

영이 썼던 것과 같은 겹-실틈 장치에 이러한 광원을 쓰면 이러한 낱낱의 섬광 무늬가 모여 간섭무늬를 만든다. 소멸 간섭을 하는 곳에는 어떤 광자도 오지 않는다.

- 빛은 (벽에서 낱낱의 섬광을 보듯이) 한 번에 한 곳에만 있는 것처럼 보이지만, (소멸 간섭 영역에서 알 수 있듯이) 스스로 간섭하는 것처럼 보인다.
- 가장 흔한 현대적 설명은 빛이 확률 파동—"양자역학적 파동 함수"—으로 퍼져 파동과 간섭에 대한 전통적인 수학을 따른다는 것이다. 그러나 (뒷벽에서) 입자의 위치를 재면 파동 함수는 하나의 확정된 곳(섬광 점)으로 "붕괴"된다.

3.4 흑체 복사와 자외선 파탄

역사적으로, 빛의 양자화 가설이 처음 나온 것은 빈 통 속의 에너지 밀도에 대한 고전적 셈의 결과가 무한대로 나온 "자외선 파탄'"에 대한 대응이었다. 플랑크는 1900년에 빈 통 속의 빛 에너지가 이산적인 값이라고 가정하면 셈 결과를 실험 결과(유한한 값으로 나타났다)에 맞출 수 있음을 보였다.

- 플랑크 이론은 진동수 ν인 빛의 에너지는 $h\nu$ 의 정수 배인 $nh\nu$(n은 정수)라고 가정하여 실험 자료에 맞출 수 있었다. 그는 이것을 수학적 요령으로 생각했던 것 같지만, 돌이켜 보면 빛이 에너지 $h\nu$인, 더 이상 쪼갤 수 없는 광자로 되어 있다는 증거이다.

오늘날은 빛의 본성이 "파동/입자 이중성"이라고 한다. 두 모형에서의 진동수와 에너지의 관계를 생각해 보자.

- 고전적(맥스웰) 서술에서 빛 에너지는 진폭의 함수이다. 진동수를 그대로 두고 에너지를 바꿀 수 있고, 그 반대도 가능하다.
- 입자론적 서술에서 광자의 에너지는 진동수에 비례한다. 그러나 빛의 에너지는 진동수와 광자의 수에 따라 달라진다. 따라서 진동수와 에너지를 따로 바꿀 수 있지만 $E = nh\nu$의 제한을 따른다.

플랑크는 이 양자화 가설과 "볼츠만 분포"를 써서 빈 통 속의 빛의 정확한 스펙트럼—빛 에너지의 분광 밀도—을 끌어낼 수 있었다. (이 절에서는 볼츠만 분포를 근거없이 제시했는데, 10장에서 이를 끌어낸다.)

3.5 광전 효과

광전 효과는 금속에 빛을 비추면 금속 표면에서 전자가 튀어 나오는 현상이다. 아인슈타인은 튀어나온 전자마다 에너지 $h\nu$인 광자 하나를 흡수한다고 가정하여 이러한 실험 결과를 예측할 수 있음을 보였다.

- 빛의 진동수가 너무 낮으면 진폭이 얼마이든 전자가 튀어 나오지 않는다.

- 빛을 비추면 전자가 바로 튀어 나온다(시간 지연 없음).
- 이 두 결과는 고전적인 빛의 파동 이론으로는 설명할 수 없다.

3.6 또 다른 광자 현상

- 콤프턴 산란에서는 엑스선 광자가 거의 자유로운 전자를 때린다. 엑스선 광자는 양자 셈의 예측대로 에너지를 잃는다 (파장이 길어진다).
- 제동 방사에서는 전자살이 표적의 원자를 때린다. 전자는 충돌에서 에너지의 일부를 잃으며 광자를 생성할 수 있다. 방출된 빛의 파장은 양자 셈과 정확하게 일치한다.
- 쌍 생성에서 광자는 전자와 "양전자"(양전하를 띤 전자와 같은 반물질)로 바뀐다. 양전자는 충돌로 에너지를 잃은 뒤 전자와 쌍소멸되면서 광자를 내는데, 그 광자의 에너지는 쌍 생성 광자보다 작다.

4

양자 혁명 II: 물질과 파동함수

The Quantum Revolution II: Matter and Wavefunctions

3장에서는 고전 물리학에 심각한 변화를 요구한 일련의 실험을 소개했다. 이 실험들은 전자기파의 입자성—양자화—을 시사했다.

이 장은 또 다른 실험인 수소 원자가 내고 흡수하는 빛의 파장 분포로 시작한다. 흑체 복사, 광전 효과 및 기타 현상과 마찬가지로 수소 원자의 분광선은 에너지 준위가 양자화되어 있음을 시사한다. 다른 문제와 마찬가지로 이 문제도 실험 자료에 맞는 임시 가설을 세워 풀기는 했지만, 더 큰 의문은 풀리지 않은 채 남았다. 보어의 이 가설은 고전 모형과 양자 모형의 중간점인 원자에 대한 "보어 모형"을 만든다.

드 브로이(Louis de Broglie)가 "파동이 입자처럼 거동한다면, 입자도 파동처럼 거동할 수 있지 않은가?"는 또 다른 임시 가설을 제안하면서 더 광범위한 이론에 대한 첫째 실마리가 나왔다. 물질 파동에 대한 착상은 결국 입자의 상태를 기술하는 파동 함수에 관한 완전한 이론으로 발전했다.

따라서 이 장의 대부분에서는 입자의 위치, 운동량 및 기타 속성을 기술하는 파동함수 개념을 탐구한다. 5장에서는 갖가지 상황에서 입자의 파동 함수를 셈하는 수학을 다룬다. 7장에서는 수소 원자로 돌아가서 파동 함수가 보어의 원래 그림을 어떻게 설명하고 고치는지 살펴본다.

4.1 원자 분광선과 보어 모형

20세기 초의 원자 모형에는 두 가지 큰 어려움이 생겼다. 이 절에서는 그 어려움이 무엇인지, 그리고 보어가 제안한 원자 모형이 그 어려움을 어떻게 풀었는지 설명한다. 끝으로 보어 모형이 풀지 못한 몇 가지 문제를 설명하면서 실제 양자역학 이론에 대한 실마리를 얻는다.

4.1.1 설명: 원자 분광선과 보어 모형

1897년 톰슨(J. J. Thomson)은 원자 속에 원자 자체보다 훨씬 작고 가벼운, 음전하를 띤 입자인 전자가 들어 있음을 보여주었다. 원자는 전기적으로 중성이므로 음전하를 상쇄하고 원자 질량의 대부분을 설명할 수 있는 무언가가 있어야 했다. 1904년 톰슨은 원자는 양전하가 고르게 퍼져 있는 공 속에 전자가 들어있는 것이라고 제안했다. 이 묘사는 원자 속에 전자가 퍼져 있다고 상상한 모양이 "콩떡(plum pudding)" 속에 퍼진 콩(raisin)과 닮았기 때문에 원자의 "콩떡" 모형이라

고 한다.[1]

이 콩떡 모형은 1911년 가이거(Hans Geiger)와 마스덴(Ernest Marsden)이 러더퍼드(Ernest Ruthereford)의 지시에 따라 고에너지 알파 입자(이중 이온화된 헬륨 원자)를 얇은 금박에 쏘아 산란시킨 실험에서 결정적으로 반증되었다. 러더퍼드의 실험에 대해서는 12장에서 더 자세히 설명한다. 여기서는 이 실험의 가장 중요한 결과에 초점을 맞춘다.

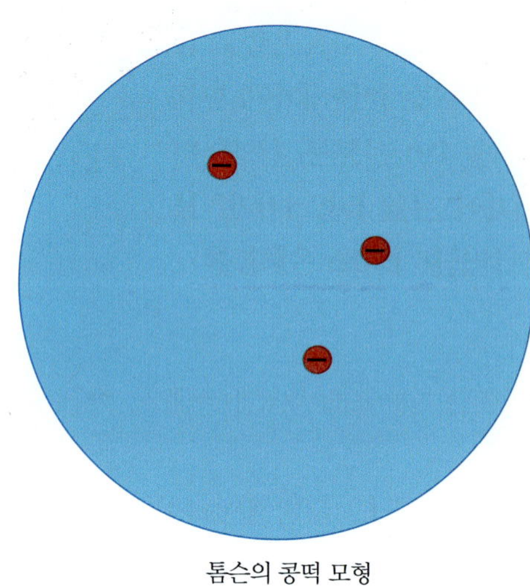

톰슨의 콩떡 모형

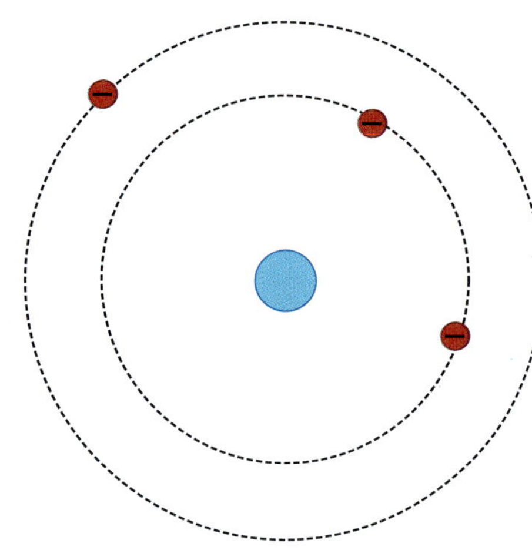

러더퍼드 원자(축척이 고르지 않음)

그림 4.1

전자는 너무 가벼워서 알파 입자를 크게 편향시키기 어렵다. 따라서 관찰된 알파 입자의 편향은 모두 알파 입자가 원자의 양전하와의 상호 작용하여 생긴 것이다. 톰슨의 콩떡 모형처럼 양전하가 고르게 퍼져 있다면 편향이 매우 작을 것이고, 러더퍼드가 관찰한 대부분의 편향은 바로 그렇게 설명할 수 있다. 그러나 일부 알파 입자의 편향각은 90°도 이상으로 컸는데, 이는 톰슨의 모형에서는 실질적으로 불가능하다. 러더퍼드는 "마치 15인치 포탄을 얇은 종이에 쏘았는데, 그것이 튕겨져 나와 나를 때리는 것처럼 믿기 어려웠다"고 썼다.

러더퍼드는 양전하가 퍼져있는 매질에 전자가 묻혀 있는 대신 작은 양전하 공인 "핵" 주위를 전자가 돌아야 한다는 결론을 내렸다(그림 4.1). 알파 입자가 이 작고 밀도가 높은 핵과 거의 정면충돌하면 큰 힘을 받아 큰 각도로 되튈 수 있다.

러더퍼드의 실험에서는 알파 입자의 편향각이 90°보다 클 확률은 1만 개 중 약 1개에 불과했지만, 콩떡 모형에서는 알파 입자가 그렇게 될 확률이 약 10^{3000}개 중 1이었다! 러더퍼드의 셈은 산란된 알파 입자의 각도 분포를 정확하게 재현하여 그의 원자 모형의 타당성을 뒷받침했다.

그러나 러더퍼드 모형은 두 가지 중요한 문제에 직면했다. 첫째는 매우 빨리 설명할 수 있지만 둘째 문제는 더 오래 걸린다.

첫째 문제는 안정성이다. 원궤도를 도는 물체는 구심 가속도가 있다. 전자기 이론에 따르면 가속 전하는 전자기파를 내면서 에너지를 잃기 때문에 원궤도를 도는 전자는 에너지를 잃어 궤도 반지름이 점점 줄어 핵으로 떨어져야 한다. 실제로 맥스웰 방정식에 따르면 러더퍼드 모형의 수소 원자가 유지되는 시간은 겨우 10^{-12}초 정도이다. 이는 과학계에서 널리 받아들인 "물질은 늘 존재한다"는 관찰 결과에 어긋난다.

둘째 문제는 원자 분광선이다. 이것이 무엇인지 설명한 다음 러더퍼드 원자에 대해 제기한 문제로 돌아가겠다.

1 재료와 이름을 영미식에서 한국식으로 바꿨다.–옮긴이.

원자 분광선

기체를 채운 유리관 속에 큰 전류를 흘리면 그 전류가 해당 기체 원자에 에너지를 전달하고, 그러면 원자는 그 에너지를 빛으로 낸다. 이 빛을 프리즘을 지나게 하면 여러 파장 성분이 분리되어, 특정 파장의 빛이 가느다란 띠를 이루고, 그 사이의 파장에는 아무런 빛도 없다. 이러한 선이 "발광선(emission lines)"이다. 원소마다 "발광선의 파장 분포(emission spectrum)"가 다르므로 고유한 특성이 된다.

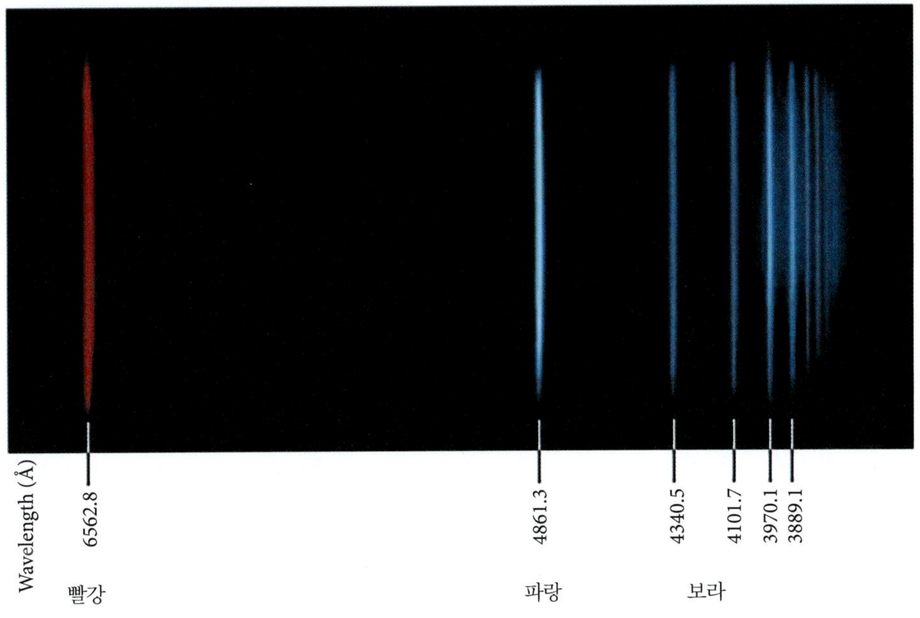

그림 4.2 수소가 내는 발머 계열 발광선의 파장 분포. 출처:

그림 4.2는 수소의 발광선 중에서 가시광 범위에 있는 것을 보여준다.[2] 이 특정 분광선은 그 파장에 대한 경험식을 발견한 발머(Johan Balmer)의 이름을 따서 "발머 계열(Balmer series)"이라고 한다. 1888년 리드베뤼(Johannes Rydberg)는 발머 분광선에 대한 일반 공식을 발견하여 가시광 범위를 넘어서는 다른 많은 분광선을 예측하는 길을 열었다..

아래 상자의 공식을 읽을 때 몇 가지 정의를 기억해 두어라. 파동의 "진동수" ν는 진동 주기의 역수이다. "파수(wave number)" f는 파장의 역수이다. 이러한 용어와 그 관계에 대해서는 § 4.2에서 설명하겠다.

수소 발광선에 대한 뤼드베리 공식

수소 발광선의 파수는 다음과 같다:

$$f = \frac{1}{\lambda} = R_H \left(\frac{1}{n_1^2} - \frac{1}{n_2^2} \right). \tag{4.1}$$

2 처음 4개를 뺀 모든 파장은 기술적으로 "자외선"으로 간주되지만, 그 이상의 파장은 실제로 눈으로 볼 수 있을 정도로 경계에 가깝다.

여기서 n_1은 임의의 양의 정수, n_2는 n_1 보다 큰 정수이다.

$R_H = 1.10 \times 10^7\ \mathrm{m}^{-1}$은 "뤼드베리 상수(Rydberg constant)"[또는 "수소에 대한 뤼드베리 상수"]이다.

각 분광선의 진동수(진동 주기의 역수)는 $\nu = cf$이다.

발머 계열은 $n_1 = 2$인 분광선이다.

1908년 파셴(Friedrich Paschen)은 적외선에서 수소 분광선을 재어 $n_1 = 3$인 뤼드베리 공식으로 예측한 진동수를 정확하게 찾아냈다. 1906년부터 1914년까지 라이먼(Theodore Lyman)은 자외선에서 $n_1 = 1$ 계열을 쟀다. 그림 4.3에서 이 세 계열을 볼 수 있다.

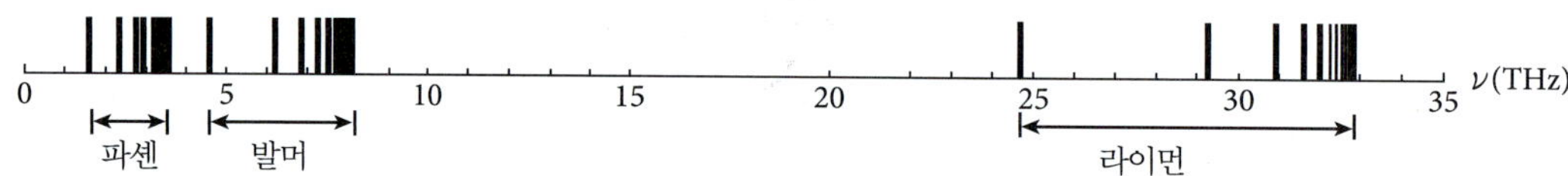

그림 4.3 수소의 발광선.

분광선을 볼 수 있는 또 다른 방법이 있다. 수소 기체를 채운 유리관에 흰 빛을 비추면 대부분은 그대로 투과하지만 특정 파장의 빛은 사라진다. 이 사라진 빛이 "흡수선(absorption lines)"이며, 이는 발광선의 일부와 파장이 같다. 예를 들어 상온의 수소는 라이먼 계열의 모든 빛을 흡수하지만 다른 계열에서는 아무것도 흡수하지 않는다.

러더퍼드 원자의 두 가지 문제를 설명하겠다고 약속한 것을 기억하는가? 첫째 문제는 위에서 설명한 안정성이고, 둘째 문제는 분광선이다. 톰슨의 콩떡 원자는 한 가지 고유 파장의 빛을 낸다(문제 22 참조). 러더퍼드의 전자는 짧은 죽음의 나선 운동을 하면서 빛을 낼 것이다. 그러나 두 모형 모두 원자가 왜 이러한 특정 파장의 빛만 내거나 흡수하는지를 설명하지 못한다.

보어 모형

1913년 (러더퍼드의 연구실에서 일하던) 보어는 위에서 설명한 두 문제를 모두 풀 수 있는 모형을 개발했다. 보어 모형은 핵을 중심으로 원궤도를 도는 전자를 기술했는데, 이는 행성이 항성 주위를 도는 것과 비슷하지만 중력이 아닌 쿨롱 힘에 의한 것이다. (원궤도가 셈은 더 쉽지만 타원 궤도도 보어 모형의 핵심 특징을 재현할 수 있다.) 그러나 보어는 또한 전자 궤도는 행성 궤도와 달리 양자화되어 있다고 가정했다. 구체적으로는 다음과 같다:

- 전자는 각운동량이 $nh/(2\pi)$인 궤도만 돌 수 있다(n은 음이 아닌 정수).
- 전자는 도약하여 허용된 궤도를 옮겨 다닐 수 있다. 이 때 광자를 내거나 흡수하는데, 그 광자의 에너지는 두 궤도의 에너지 차이와 같다.

궤도를 도는 고전적 전자는 나선형으로 돌면서 모든 중간 궤도를 지나 핵에 떨어질 때까지 빛을 낼 것이다. 보어는 맥스웰의 방정식과 달리 허용된 이산 궤도에 있는 전자는 빛을 내지 않는다고 가정했다. 이로써 안정성 문제가 풀렸다.

그러나 보어 모형의 가장 큰 성과는 분광선에 관한 뤼드베리 공식을 재현한 것이다. 이런 결과를 어떻게 얻었는지 알아보려면 보어의 가설에 담긴 몇 가지 함의를 살펴봐야 한다.

능동 읽기 연습: 보어 모형의 양자화

보어 모형은 전자 궤도의 각운동량이 양자화되어 있다고 명확하게 말한다. 이 가정은 궤도의 다른 특성도 양자화되어야 함을 시사한다. 다른 두 속성을 들고, 각운동량의 양자화(원궤도의 경우)가 어떻게 그것도 양자화되어야 함을 뜻하는지 설명하라.

답을 적어도 둘 이상 적은 뒤에 다음을 읽어라.

간단히 말해서 원궤도의 각운동량을 정하면 반경, 속도, 운동 에너지 및 위치 에너지 등 궤도에 대한 거의 모든 것을 알 수 있으므로 궤도에 관한 거의 모든 것이 양자화되어야 한다는 것이다. 셈할 수 없는 유일한 것은 궤도면과 위상(특정 순간에 전자가 궤도에 있는 위치를 알려주는 것) 뿐이다.

이러한 통찰을 수식으로 바꾸기 전에 표기법을 생각할 필요가 있다. 플랑크 상수는 보어의 가설에서 $h/2\pi$의 조합으로 나타나며, 셈 전반에 늘 이 조합을 쓰게 된다. 사실 이 상수는 양자역학 전반에 걸쳐 너무 많이 쓰이므로 작은 선을 그은 $\hbar$를 정의한다:

$$\hbar \equiv \frac{h}{2\pi} \quad \text{환산 플랑크 상수(“h-bar”로 발음)}$$

자, 다시 물리학으로 돌아가자. 문제 23에서 각운동량에 대한 보어의 가설이 허용된 궤도의 에너지와 반지름에 대한 다음 공식으로 이어짐을 보일 수 있다:

$$E = -\frac{m_e e^4}{2(4\pi\epsilon_0)^2\hbar^2}\frac{1}{n^2} = -\frac{1\,\text{Ry}}{n^2} \tag{4.2}$$

$$r = \frac{4\pi\epsilon_0\hbar^2}{e^2 m_e}n^2 = a_0 n^2 \tag{4.3}$$

에너지 단위[3] “뤼드베리”(Ry)는 대략 13.6 eV이다. “보어 반경” a_0는 약 0.5 옹스트롬(Å) 또는 5×10^{-11} m이다. 따라서 이 모형이 예측하는, 에너지가 최소인 상태의 수소는 각운동량이 $\hbar$, 에너지 13.6 eV, 반경 약 0.5 Å이다. [양자역학에서는 계에 허용된 최저 에너지 준위를 “바닥상태(ground state)”라고 한다.]

잠시 숨을 돌리고 에너지가 음수인 까닭을 헤아려보라. [위치 에너지 공식의 부호가 (−)이기 때문이라고 말하는 것은 충분한 설명이 아니다. 그것이 물리적으로 말해주는 것을 설명하라.]

답은 다음과 같다: 에너지가 음수인 까닭은 바로 위치 에너지 때문이다. 어떤 계의 위치 에너지를 원하는 곳에서 0으로 정의한 다음, 그 곳을 기준으로 다른 모든 곳에서 재면 된다. 쿨롱 법칙의 경우(뉴턴의 중력 법칙과 마찬가지로) 전자가 원자핵에서 한없이 멀리 있을 때의 위치 에너지를 0

3 에너지 단위인 “뤼드베리”를 거리의 역수의 단위인 뤼드베리 상수 R_H와 헷갈리지 마라. 뤼드베리(Johannes Robert Rydberg,1854~1919)는 저명한 과학자였다.

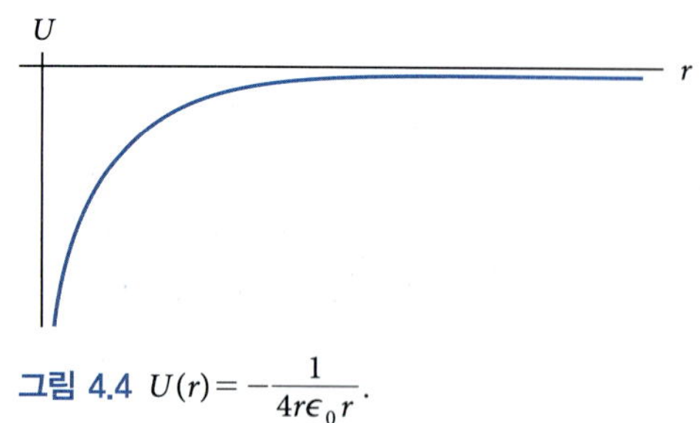

그림 4.4 $U(r) = -\frac{1}{4r\epsilon_0 r}$.

으로 정한다. 위치 에너지는 지구에서 위로 올라갈 때와 마찬가지로 원자핵에서 멀수록 커지므로 모든 유한한 거리에서는 위치 에너지가 음수이다. 그림 4.4는 원자핵에 끌리는 전자의 위치 에너지 "우물"을 보여준다.

운동 에너지는 정의에 따라 당연히 양수이다. 총 에너지 $E = U + K$가 양수이면 전자는 에너지가 충분하여 원자를 완전히 벗어날 수 있으므로, 궤도를 도는 전자의 경우 E는 음수이다. $n = 1$ 상태는 에너지가 가장 작으며 (절댓값이 가장 큰 음수), 에너지 준위의 n값이 클수록 에너지가 점점 커진다 (음수의 절댓값이 작아진다).

보어 모형과 원자 분광선

보어 모형에 따르면 전자는 에너지를 서서히 잃지 않고, 한 준위에서 다른 준위로 불연속적으로 도약해야 한다. 발광선은 두 준위의 에너지 차이를 나타낸다. 문제 25에서 전자가 준위 n_2에서 준위 n_1으로 떨어질 때 내는 광자의 파장은 뤼드베리 공식이 예측한 값임을 보일 수 있다. 라이먼 계열은 전자가 더 높은 준위에서 바닥상태로 떨어질 때 내는 빛이고, 발머 계열은 더 높은 준위에서 $n = 2$로 떨어질 때 내는 빛에 해당한다.

이는 또한 흡수 분광선이 라이먼 계열과는 맞지만 다른 계열과는 맞지 않는 이유를 설명한다. 상온에서 기본적으로 모든 수소 원자는 바닥상태에 있다. 따라서 수소에 빛을 비추면 원자는 $n = 1$에서 더 높은 n까지의 전이에 맞는 에너지를 가진 모든 광자를 흡수하는데, 이것이 바로 라이먼 계열이다.

1913년 보어가 모형을 공식화할 때는 발머, 파셴, 라이먼 계열의 일부만 측정되었다는 점을 눈여겨 볼 필요가 있다. 이후 1914년 라이먼 계열이 완성되고 1922년 브라켓($n_1 = 4$) 계열과 1924년 푼트($n_1 = 5$) 계열의 측정은 모두 뤼드베리의 공식 및 보어의 물리적 모형과 일치했다.

다른 수소-같은 원자

보어 모형은 다른 "수소-같은" 원자, 즉 양성자나 중성자 수는 많아도 전자는 하나 뿐인 원자에 적용할 수 있다. 여기에는 전자를 하나만 남기고 모두 떼어낸 다른 원소의 이온(예: 1가 헬륨 이온 또는 2가 리튬 이온)이 포함된다. 또한 수소와 이러한 다른 이온의 동위원소, 즉 핵에 평소보다 중성자가 많거나 적은 것도 포함된다.

보어 모형에서 수소와 다른 원자의 유일한 차이는 양성자가 더 많으면 쿨롱 인력이 더 센 것이다. 양성자가 Z개인 수소-같은 원자의 경우, 보어 모형이 예측하는 n번째 궤도의 에너지는 $E = (-1\text{Ry})Z^2/n^2$이다. 예를 들어, 헬륨($Z = 2$) 이온의 분광선은 수소 분광선보다 에너지가 정확히 4배 더 커야 한다.

실제 헬륨 이온의 분광선을 잰 결과 에너지가 수소보다 4.0016배 더 컸으며, 이는 이 모형이 실제와 비슷하지만 완벽하지는 않음을 시사한다. 보어는 모형을 발표한 직후 핵의 운동을 포함하도록 고쳤다. 비유를 들어 태양 둘레를 도는 지구를 생각해 보자. 대체로 태양은 서 있고 지구는 그 둘레를 돈다고 생각하는데, 이는 태양의 질량이 지구의 질량보다 훨씬 크므로 좋은 근사이다. 하지만 실제로는 두 행성 모두 태양 속 깊은 곳에 있는 질량 중심에 대해 공전한다.

고전역학에서는 두 물체의 정확한 궤도는 "환산 질량" $\mu = m_1 m_2/(m_1 + m_2)$인 단일 물체의 궤도 운동을 다루면 된다고 알려져 있다. $m_2 \gg m_1$이면 이는 대략 m_1과 같으므로 원자의 경우 전자 질량을 쓴다. 하지만 이 값은 비슷하지만 똑같지는 않다. 보어는 전자/핵 계의 환산 질량을 써서 모형을 고쳐 헬륨과 수소의 분광선의 파장의 비율을 포함한 측정값을 완벽하게 재현했다(문제 24 참조).

프랑크-헤르츠 실험

1914년 프랑크(James Frank)와 헤르츠(Gustav Hertz)는 원자 에너지 준위의 양자화를 검증하는 실험을 했다. 그들은 수은 기체를 채운 방전관에 고전압을 걸어 전자를 가속시켰다. 방전관의 반대 쪽 끝 근처에 지연 전위를 걸어 전자를 조금 감속시킨 다음 양극판에 모으고 전류계를 달아 전자가 판에 도달하는 비율을 쟀다(그림 4.5).

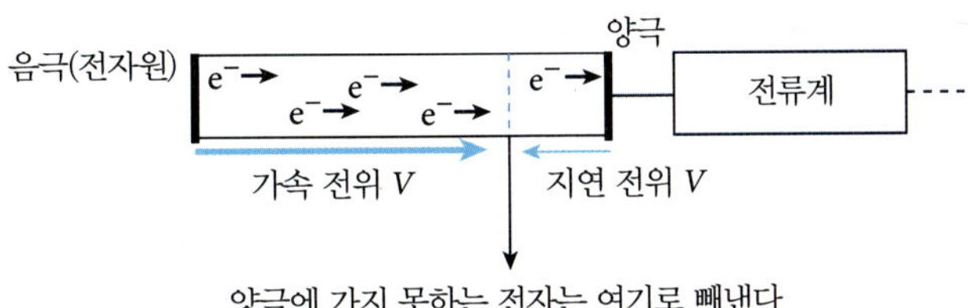

그림 4.5 프랑크-헤르츠 실험 장치의 얼개

끝에 있는 작은 지연 전위의 중요성은 전자가 오는 도중에 수은 원자와 충돌하여 대부분의 에너지를 잃으면 지연 전위를 통과하지 못하여 전류계에서 전류가 측정되지 않는 것이다. 중요한 것은 어떤 상황에서 이런 일이 생기는지 재는 것이었다.

가속 전위를 높임에 따라 전자가 방전관을 더 빨리 지나 전류가 증가했다. 그러나 전위가 4.9 V를 넘어가자 전류가 갑자기 급격히 떨어졌다(그림 4.6). 4.9 V의 중요성은 무엇일까? 4.9 V 전위로 가속된 전자는 4.9 eV의 에너지를 얻는데, 이는 발광선에서 잰 수은의 두 에너지 준위 차이에 해당한다 . 따라서 전자의 에너지가 4.9 eV보다 낮으면 수은 원자를 들띄울 수 없지만, 그 정도의

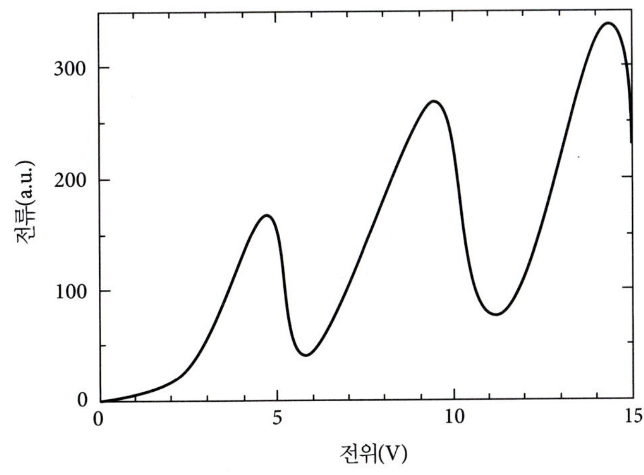

그림 4.6 프랑크-헤르츠 실험에서 잰 전류의 가속 전위에 대한 변화.
출처: Ahellwig 2006.

에너지가 생기면 수은 원자와 충돌하여 모든 에너지를 수은 원자에 전달하므로 전류계에 이르지 못한다.

그러면 들뜬 수은 원자는 바닥상태로 떨어지면서 빛을 내야 한다. 물론 후속 실험에서 전압이 4.9 V일 때 전자가 수은 원자와 충돌하는 방전관의 맨 오른쪽에서 자외선이 나오는 것으로 나타났다.

전위를 더 올리자 전류가 다시 증가하기 시작했다. 전자는 여전히 수은 원자와 충돌하여 에너지를 모두 잃고 있었고, 이는 자외선 방출로 감지할 수 있었다. 그러나 이제는 자외선이 나오는 곳은 방전관의 중앙에 더 가까운 곳으로, 전자의 운동 에너지가 4.9 eV에 이르는 곳이었다. 거기서부터 전자는 다시 가속되어 전류에 기여할 수 있다.

전위를 9.8 V로 올리자 전류가 다시 떨어졌다. 이번에는 방전관의 중앙과 맨 오른쪽, 두 곳에서 자외선이 나왔다. 이것은 각 전자가 4.9 eV로 가속하여 수은 원자에 그 에너지를 모두 주고 다시 4.9 eV로 가속된 다음 둘째 충돌로 모든 에너지를 잃음을 시사한다.

이 실험의 결론은 전자는 수은 원자에 정확히 4.9 eV의 에너지를 줄 수 있지만 그보다 더 적은 양을 줄 수는 없다는 것이다. 프랑크-헤르츠 실험은 전자 궤도의 에너지 준위가 양자화된 것을 극적으로 보여주는 또 다른 증거이다.

아인슈타인은 이 결과에 대해 “너무 멋져 눈물이 난다”고 말했다고 하며, 프랑크와 헤르츠는 이 연구로 1925년 노벨 물리학상을 받았다. 오늘날 분광선과 프랑크-헤르츠 실험은 원자의 에너지 준위를 따로 검증하는 데 쓴다.

대응 원리

우주의 근본 속성은 반직관적이고 상대론적이며 양자화되어 있지만, 일상 경험은 분명 뉴턴적이다. 모래 알갱이, 당구공, 행성계는 모두 $F = ma$를 따르는 것처럼 보인다.

상대론에서는 일상생활의 뉴턴적 특성을 $\gamma = 1/\sqrt{1 - v^2/c^2}$을 통해 설명할 수 있다. 수학적으로 $v \ll c$이면, 이 공식이 1이 되어 아인슈타인 방정식이 뉴턴 방정식으로 바뀐다는 것은 명백하다.

보어는 급진적인 새 사고방식(paradigm)을 제안하면서도 고전 물리학이 잘 맞는 모든 경우를 넣어야 함을 알고 있었다. 따라서 그는 고전 물리학이 실험적으로 잘 맞는 상황에서는 양자 예측이 고전 이론의 예측으로 환원되어야 한다는 “대응 원리”를 제안했다. 예를 들어, 빛에 대한 플랑크의 양자화 가설은 보통의 빛다발에는 광자가 아주 많이 들어있어 양자화를 검출할 수 없으므로 알려진 관측 결과와 일치한다.

보어는 고전적 한계를 n의 값이 큰 것으로 정했다. 플랑크의 법칙과 보어의 법칙을 포함한 모든 양자화 규칙은 고전 물리학에서 연속적인 어떤 양이 어떤 정수 n으로 명패가 붙은 이산 값으로 나타난다고 시사한다. 이러한 정수를 이제 “양자수(quantum number)”라고 한다: 보어의 제안은 양자수가 크면 양자 예측과 고전 예측이 같아야 한다는 것이었다. 문제 26에서는 매우 높은 에너지 준위에서 낮은 준위로 붕괴하는 수소 원자가 내는 빛은 고전적인 전자가 핵을 향해 나선형으로 떨어질 때 내는 빛과 파장 분포가 거의 같음을 보일 수 있다. n이 1에 가까워지면 이 근사치는 더 이상 유효하지 않다.

보어 모형의 한계

보어 모형은 러더퍼드 원자의 안정성 문제를 풀고 수소 및 기타 수소—같은 원자의 발광 및 흡수 분광선을 설명했다. 이산 에너지 준위는 프랑크-헤르츠 실험에서 확인되었다. 그렇지만, 이 모형에는 발표 당시 알려진 여러 가지 한계가 있다.

- 이 모형은 원자 전이에서 내는 광자의 에너지를 정확하게 예측하지만, 원자가 들뜬 상태로 얼마나 오래 유지될지 또는 붕괴할 때 어떤 낮은 상태로 갈 확률이 가장 클지는 예측하지 못한다. 이러한 값은 여러 분광선의 밝기를 통해 잴 수 있지만 보어 모형에 이에 대한 설명이 없다.
- 분광선을 세밀하게 재면 각 선이 파장이 거의 같은 여러 선으로 미세하게 갈라져 있음을 알 수 있다. 이는 보어 모형의 각 에너지 준위가 실제로는 매우 가까이 있는 여러 에너지 준위임을 시사한다. 보어 모형은 이러한 분광선의 미세구조를 설명할 수 없다.
- 보어 모형은 전자 간 상호 작용을 설명하지 않으므로 단일 전자 원자에 대해서만 작동한다. 전자 중 하나를 뺀 나머지 전자가 핵에 단단히 결합되어 있고 단일 전자가 더 느슨하게 결합되어 있는 일부 원자로 대략적으로 확장할 수 있지만, 대부분의 원자에는 맞지 않다.
- 끝으로, 보어 모형은 당시의 다른 많은 양자 가설과 마찬가지로 전자(및 기타 입자)의 작동 방식에 대한 완전한 이론이라기보다는 특정 문제에 대한 임시방편적 해결책이었다.

플랑크의 가설은 자외선 파탄을 해결했고, 아인슈타인이 확장한 가설은 광전 효과를 설명했으며, 보어는 원자 분광선을 설명했고, 드 브로이의 모형(§ 4.2에서 설명)은 전자 회절을 예측했지만, 이러한 모형 중 어느 것도 모든 상황에서 모든 입자에 이러한 새로운 규칙을 적용하는 방법에 대한 전반적인 설명을 하지 못했다. 1926년 슈뢰딩거(Erwin Schroedinger)는 이전의 모든 가설을 하나의 큰 틀에 묶는 이론을 발표했는데, 이것이 지금의 “양자역학(quantum mechanics)”이다. 이 이론은 이 장의 뒷부분에서 살펴본다.

4.1.2 물음과 문제: 보어 모형

개념 물음 및 개념시험

1. 왜 러더퍼드 원자 모형에서는 큰 각도로 산란이 일어나는데 콩떡 모형에서는 일어나지 않을 것으로 예상하는가?

2. 보어 모형에서 왜 n이 0이 될 수 없는가?

3. 1908년 리츠(Walter Ritz)는 “리츠 조합 원리(Ritz combination principle)”를 정식화했는데, 이는 어떤 원소의 많은 발광선의 진동수는 같은 원소의 다른 두 발광선의 진동수의 합과 같다는 것이다. 보어 모형은 이 원리를 어떻게 설명할까?

4. 실온에서 수소의 흡수 분광선은 라이먼 계열과 일치한다. 아주 뜨거운 수소가 발머 계열의 색에서 빛을 흡수하는 이유는 무엇인가?

5. 빛을 수소 방전관에 비추고 투과된 빛을 살펴보면 라이먼 분광선에 해당하는 빛이 없다. 그러나 방전관 주위에 검출기를 두면 그 속의 수소가 빛을 사방으로 내고 있음을 알 수 있다. 그 빛의 진동수는 무엇일 것으로 예상하는가? 라이먼 계열의 진동수만? 수소의 모든 발광선? 모든 진동수? 설명하라.

6. 다음 중 수소의 분광선에 해당하는 것은 어느 것인가? (맞는 것을 모두 골라라.)
   A. 무한히 많다.
   B. 수소가 낼 수 있는 가장 높은 진동수가 있다.
   C. 수소가 낼 수 있는 가장 낮은 진동수가 있다.
   D. 흡수선의 모든 진동수는 발광선의 진동수이기도 하다.

7. **(a)** 두 혜성이 태양을 지난다. 혜성 A의 총 에너지(운동 에너지와 위치 에너지를 더한 값으로, 평소와 같이 한없이 먼 곳의 위치 에너지를 0으로 잡는다)는 양수, 혜성 B의 총 에너지는 음수이다. 이 두 혜성의 장기적인 거동의 차이를 간략히 서술하라.
   (b) 보어 모형에서 허용 궤도의 에너지는 음수이다. 이 사실이 그러한 궤도에서 전자의 장기적인 거동에 대해 무엇을 뜻하는지 간략히 서술하라.

8. 수소 분광선을 세밀하게 재면, 각 계열에는 그 계열에서 진동수가 가장 높은 분광선보다 더 높은 진동수에 희미한 연속 분광선도 있음을 알 수 있다. 왜 그런 현상이 생기는지 설명하라.

9. 왜 네온과 같은 무거운 원소의 분광선은 뤼드베리의 공식이 맞지 않을까?

10. 어떤 원소의 기체에 대해 프랑크-헤르츠 실험을 하여 전류를 전압의 함수로서 잰 결과가 그림 4.7과 같다고 하자. 다음 결론 중 어떤 것을 고르겠는가? (하나를 고르고 설명하라.)

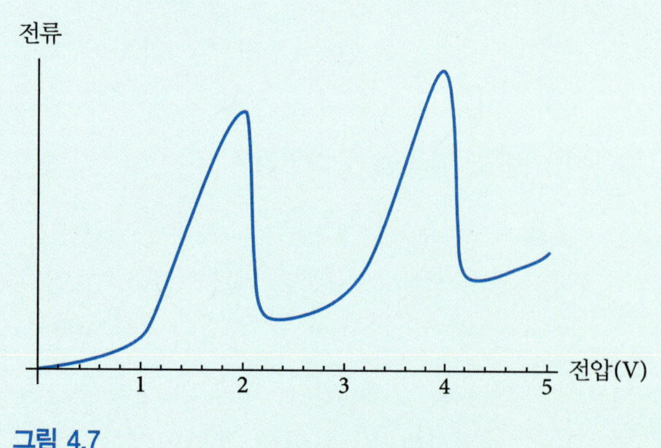

그림 4.7

   A. 그 원소의 전이 에너지는 2 eV이다 (즉, 두 전자 상태의 에너지 차가 2 eV이다).
   B. 그 원소는 4 eV 전이를 한다.
   C. 그 원소는 2 eV 전이와 4 eV 전이가 모두 있다.
   D. 그 원소가 이 두 가지 전이 중 하나만 한다고 단정할 수 없다.

심층 토론

11. 러더퍼드의 실험 결과 중 하나는 매우 큰 각도로 산란된 입자의 수가 금박의 두께 t에 비례한다는 것이다. 러더퍼드 원자 모형에서 이것을 예상할 수 있는 이유를 설명하라. 그런 다음 톰슨 모형에서 t에 대한 변화가 달라질 수 있는 좋은 이유를 한 가지 이상 제시하라.

12. 러더퍼드 원자 모형에서는 전자의 궤도 반지름이 점점 줄어 결국 원자핵으로 떨어져야 한다. 그 결과는 콩떡 원자와 비슷하지만 훨씬 더 작아진다. 원자가 핵 크기의 톰슨과 같은 콩떡이라면 러더퍼드가 본 것과 같은 큰 각도의 반동을 기대할 수 있을까? 왜?

13. 보어는 원궤도만을 고려했다. 같은 양자화 규칙으로 타원 궤도도 허용한다면 그의 모형은 어떻게 바뀔까?

14. 3장에서 열평형 상태의 빈 통 속의 빛의 파장분포는 벽의 재료와 무관하다고 했다. 이 절에서는 원소를 가열하면 저마다 고유의 분광선을 낸다고 했다. 열평형 상태의 빈 통이 둘 있는데 그 벽이 하나는 납, 다른 하나는 주석이라고 하자. 납 통 속의 빛은 납의 분광선으로 채워지고 주석 통 속의 빛은 주석 분광선으로 채워지지 않는 이유는?

문제

15. 발머 계열의 파수의 극한 값(발머 분광선이 점근적으로 접근하는 파수)을 구하라.

16. "푼트 계열"은 전자가 $n > 5$인 에너지 준위에서 $n = 5$ 준위로 떨어질 때 내는 일련의 분광선이다. 수소의 푼트 계열에서 가장 긴 두 파장을 구하라.

17. 10장에서는 다음 결과를 증명 한다(지금은 그저 믿

어라): 바닥상태와 첫째 들뜬 상태의 에너지 간극이 k_BT와 비슷하거나 더 작으면 상당수의 원자가 바닥 상태 위의 상태에 있다. 이 공식에서 k_B는 기본 상수 ("볼츠만 상수")이고 T는 켈빈 단위의 온도이다. 이 사실을 바탕으로 수소의 흡수 분광선에서 발머 계열이 나타날 것으로 예상되는 온도를 추정하라(일부 별의 외부 대기를 지나온 빛을 잴 때 관찰된다).

18. "뮤온"은 전자와 매우 비슷하지만 질량이 약 200배나 더 큰 기본 입자이다. 양성자 둘레를 도는 뮤온으로 구성된 원자의 "라이먼 계열"($n = 1$로 떨어지는 원자의 경우)에서 가장 긴 파장은 무엇인가? 이 계열은 어떤 종류의 빛(적외선, 가시광선, …)에 속할까?

19. 삼중수소는 수소의 동위원소로 핵에 양성자 하나와 중성자 두 개가 있다. 삼중수소의 분광선의 진동수는 일반 수소의 진동수와 몇 퍼센트나 다를까? (양성자와 중성자의 질량은 전자 질량의 약 2000배이고 같다고 가정할 수 있다.)

20. 보어 모형은 원자가 내는 빛의 에너지를 알려주며, 진동수는 $E = h\nu$에서, 파장은 $\lambda = c/\nu$에서 셈할 수 있다. 그러나 유리에서의 광속은 진공에서의 광속의 약 2/3이다. 진공과 유리에서의 발머 계열에서 가장 짧은 파장(전자가 $n = 2$로 떨어뜨림)을 구하라.

21. 수소 방전관으로 프랑크-헤르츠 실험을 하고 전압을 1 V에서 11 V로 천천히 높인다고 하자. 예상되는 전류-전압 곡선을 그려라. **실마리:** 프랑크와 헤르츠는 수은으로 실험을 했으므로 수소를 쓰는 실험 결과는 정성적으로 비슷하지만 값은 다르다.

22–26번 문제에서는 § 4.1.1의 설명에서 빠진 과정을 채운다.

22. 톰슨 모형은 실험적으로 잰 발광선을 설명할 수 없다고 했다. 이 모형이 예측하는 발광선은 어떤 유형인가? 양성자의 양전하가 고르게 퍼진 공 속에 전자 하나가 든 콩떡 모양의 수소 원자를 생각해 보자. 전자와 양성자 전하의 크기는 e, 전자 질량은 m_e, 원자의 반지름은 R, 원자의 중심에서 전자까지의 거리는 r로 나타내자.

(a) "콩떡"이 전자에 주는 힘을 r의 함수로서 구하라. **실마리:** 가우스의 법칙에 따르면 반지름이 r 보다 큰 양전하는 전자에 힘을 주지 않는다.

(b) 위에서 얻은 결과가 간단한 조화 진동자의 힘 법칙인 $F = -kr$꼴일 것이다. 구하 k값을 써서 원자의 중심에 대한 전자의 진동수를 구하라.

전자를 둘러싼 매질이 충분히 큰 감쇠력을 주면 전자는 서 있게 되어 빛을 내지 않는다. 그렇지 않으면 전자는 진동하여 방금 구한 진동수의 빛을 낸다. 두 경우 모두 측정된 수소 분광선을 설명하지 못한다.

23. 보어의 원자 모형은 전자 궤도의 각운동량을 명시하는 양자화 규칙을 제시했다. 그러나 그는 원궤도를 가정했기 때문에 이 규칙을 써서 전자의 다른 속성이 어떻게 양자화되는지 보여줄 수 있다. 양성자를 중심으로 반지름 r인 고전적 원궤도를 도는 전자를 살펴보자. 양성자는 서 있다고 본다. 전자 전하와 양성자 전하를 각각 $+e$와 $-e$로, 전자의 질량을 m_e로 나타낸다.

(a) 전자의 궤도에 유지하는 데 필요한 구심력이 쿨롱 힘이라고 보고, 전자의 속도 v를 구하라.

(b) 각운동량 L을 구하라.

(c) 구한 각운동량을 보어의 가정에 따라 $n\hbar$라고 하고, r, v 운동 에너지를 $\hbar$로 나타내라.

(d) 쿨롱 힘을 받는 입자의 위치 에너지는 $-q_1q_2/4\pi\epsilon_0 r$이다. 반지름과 운동 에너지에 대해 찾은 값을 써서 총 에너지(운동 에너지와 위치 에너지)를 $\hbar$로 나타내라.

§ 4.1.1의 설명에서 제시한 답을 얻지 못했다면, 되돌아가서 틀린 부분을 찾아라.

24. **[이 문제는 23번 문제의 결과를 쓴다.]** 양성자 두 개, 중성자 두 개가 든 핵 주위를 전자 한 개가 도는 헬륨 1가 이온을 살펴보자.

(a) 보어 모형은 이 헬륨 이온의 발광선의 진동수가 수소 발광선의 진동수의 4배라고 예측하는 이유를 설명하라. (문제 23에서 했던 모든 셈을 다시 할 수도 있지만, 그 셈을 살펴보고 어떻게 바뀔지

확인하는 것이 더 쉽다.)

(b) 수소 원자의 환산 질량과 헬륨 원자의 환산 질량을 구하라. 전자의 질량은 m_e, 양성자 또는 중성자의 질량은 m_p로 나타낸다.

(c) m_e 대신 환산 질량을 써서 헬륨 분광선과 수소 분광선의 비율을 다시 셈하라. 다음 관계를 써서 그 비를 추정하라: $m_p = 2000m_e$.

25. 이 문제는 수소 원자의 에너지 준위를 써서 뤼드베리 상수를 셈한다.

(a) 보어 모형에서 수소 원자가 n_2 준위에서 n_1 준위로 이동할 때 잃는 에너지를 (4.2)를 써서 구하라. 답은 m_e, $\hbar$ 및 다른 상수로 나타내라.

(b) 그 에너지의 광자가 나온다면, 그 파수는 얼마일까? **실마리:** 먼저 진동수 ν를 구한 다음 $1/\lambda = \nu/c$를 써서 파수를 구한다.

(c) 그 답을 뤼드베리 공식 (4.1)과 비교하여, 뤼드베리 상수 R_H의 값에 대한 식을 써라.

(방금 구한 식은 실제로는 핵이 한없이 무거운 극한에서만 맞고, 때때로 R_∞로 쓰기도 한다—질량이 유한한 핵에 대해 고치는 방법은 문제 24를 보라).

26. 대응 원리

(a) 보어 모형에서 궤도는 늘 완벽한 원이다. 수소 원자의 전자가 쿨롱 힘을 구심력으로 하여 원궤도를 돌 때, 이 궤도의 속도와 주기를 구하라. 보어 모형에서 n번째 준위의 궤도 반지름에 대한 식 (4.3)을 써서 전자 전하 e, 전자 질량 m_e, 에너지 준위 n 및 기본 상수의 함수로 주기를 나타내라.

(b) 원궤도를 도는 고전 전자는 진동수가 주기의 역수인 빛을 낸다. 수소 원자의 n번째 보어 궤도에 있는 전자가 고전적인 빛을 낼 수 있다면, 이 전자가 낼 것으로 예상되는 진동수를 셈하라.

(c) 보어 모형에 있는 전자가 n번째 준위에서 $(n-1)$번째 준위로 떨어질 때 내는 광자의 진동수를 셈하라. 답은 다시 한 번 e, m_e, n 및 기본 상수로 나타내야 한다.

(d) (b)의 고전적 예측과 (c)의 보어 예측의 비를 구하고 $n \to \infty$에서의 극한값을 구하라.

(e) 그 결과에서 n이 아주 큰 수소 원자는 고전적 분광선을 낸다는 것을 설명하라. 이 결론을 얻으려면 붕괴에 대해 어떤 가정을 해야 하는가?

27. 윌슨–좀머펠트 양자화 규칙

1915–16년에 윌슨(William Wilson)과 좀머펠트(Arnold Sommerfeld)는 진동계에 대한 일반적인 양자화 규칙을 따로 제안했다. 윌슨–좀머펠트 규칙은 역사적으로는 플랑크와 보어의 잠정적 제안과 슈뢰딩거의 일반계 사이의 중간 단계이다.

시간의 주기 함수인 좌표 q로 기술되는 계를 살펴보자. 이 좌표와 관련된 "켤레 운동량" p_q가 있다.[4] 가장 일반적인 좌표는 위치 및 각도이며, 켤레 운동량은 운동량과 각운동량이다. 윌슨–좀머펠트 규칙은 다음과 같다.

$$\oint p_q dq = nh.$$

여기서 $\oint$는 운동의 한 주기에 걸친 적분을 뜻한다.

(a) 원자핵 주위의 원궤도를 도는 전자를 상상하자. 전자의 각 좌표 ϕ는 시간의 주기 함수이다. 윌슨–좀머펠트 규칙을 전자의 각운동량에 쓰면 보어의 양자역학 법칙을 재현할 수 있음을 보여라.

(b) 단순 조화 진동자에서는 $x = A\cos(\omega t + \phi)$였다. 윌슨–좀머펠트 규칙에 따르면 단순 조화 진동자의 허용 에너지는 얼마인가? (p와 x를 t의 함수로 쓰면 적분을 쉽게 할 수 있다.)

(c) 공동 속의 전자기파는 단순 조화 진동자이다. 답을 플랑크의 $E = nh\nu$로 쓸 수 있음을 보여라.

4 라그랑주 역학을 배웠다면 켤레 운동량은 $\partial L/\partial \dot{q}$이다. 배우지 않았다면, 신경쓰지 마라.

4.2 물질파

광자 하나 씩 겹-실틈 실험, 플랑크가 제안한 흑체 복사의 양자화, 아인슈타인의 광전 효과에 대한 설명 등… 이 모든 것의 공통점은 (고전적으로 입자의 속성이라고 본) 양자화를 (고전적으로 파동으로 본) 빛에 귀속시킨다는 것이다. 보어의 원자 모형은 다른 주제처럼 보인다: 이것도 양자화를 하지만, 고전적으로 입자로 본 전자를 다룬다.

이 모든 것이 결국 양자역학으로 귀결된다. 슈뢰딩거 등이 개발한 양자역학은 세상을 "입자"와 "파동"으로 나누지 않고, 파동 함수를 수학적으로 분석하여 실험 결과를 예측한다.

지금까지 살펴본 모든 개별 결과에서 현대의 양자 이론으로 넘어가는 중요한 디딤돌 중 하나는 1924년 드 브로이가 고전 물리학에서 입자로 본 물체에 파동성도 있다고 제안한 것이다.

4.2.1 설명: 물질파

1920년대 초에는 고전 물리학에서 파동으로 보던 빛도 입자처럼 거동한다는 것이 분명해졌다. 빛의 진동수와 파장(파동의 특성)은 단일 광자(쪼갤 수 없는 입자)의 에너지 및 운동량과 관련되어 있다: $E = h\nu$ 및 $p = h/\lambda$.

1924년 드 브로이는 전자나 양성자처럼 고전적으로 입자로 보던 물질도 파동처럼 거동할 수 있다고 제안하는 박사 학위 논문을 제출했다. 그는 입자의 파장이 광자와 같은 방식으로 입자의 운동량와 관련이 있다고 가정했다.

드 브로이 관계식

모든 입자에는 파장 $\lambda = h/p$인 "물질파(matter wave)"가 있다.

물질파의 개념에는 대칭성의 매력이 있다: (빛과 같은) 파동이 때때로 입자처럼 거동한다면, (전자 같은) 입자도 때때로 파동처럼 거동할 수 있다. 이론적인 매력도 있다: 드 브로이 관계식에 따르면, 전자가 핵 주위에 정상파를 가질 수 있는 유일한 궤도는 보어 모형에 있는 궤도뿐임을 보일 수 있다(문제 26).

그렇다면 파동을 입자와 "연관"시킨다는 것이 무슨 뜻일까?

능동 읽기 연습: 물질파

지금까지 광자에 대해 배운 것을 바탕으로, 드 브로이의 물질파에 대한 가설을 검증하는 실험을 어떻게 설계하겠는가? 계속 읽기 전에 답을 하나 이상 적어 보라.

매우 일반적인 대답은 광자의 파동성을 보여주는 실험이 전자 양성자에도 적용되어야 한다는 것이다. 예를 들어 겹-실틈에 전자살을 보낼 수 있다. 1961년 욘손(Claus Jönssson)이 바로 그 실험

그림 4.8 1961년 욘손의 전자 겹-실틈 실험에서 본 뒷 벽의 전자살의 세기 분포. 출처: Springer Nature © 1961.

을 했다. 그림 4.8은 그의 장치 뒷벽에서 본 전자살의 세기 분포이다.

겹-실틈 간섭은 전자, 양성자, 원자, "버키 볼(Bucky balls)" — 각각 탄소 원자 60개로 된 공모양의 분자— 을 포함한 많은 입자에서 관찰되었다. 물질 입자는 또한 홑-실틈 및 여러-실틈 회절 무늬도 만드는 것으로 드러났다. 그러나 이러한 실험은 드 브로이가 연구한 지 수년 뒤에 수행되었으며, 드 브로이의 가설이 처음으로 확인된 것은 훨씬 더 빨랐다. 전자 겹-실틈 실험을 하기 훨씬 전인 1926년, 데이비슨(Clinto Davisson)과 거머(Lester Germer)는 전자를 써서 회절 무늬를 얻었다. 얼마 지나지 않아 톰슨(G. P. Thomson)도 같은 결과를 따로 얻었다.[5]

예: 데이비슨-거머 실험

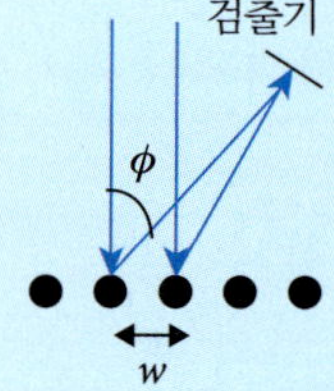

데이비슨과 거머는 드 브로이의 물질파에 대한 가설을 처음으로 명확하게 검증했다. 그들은 54 V 전위차로 전자살을 가속한 다음 니켈 결정에 비추었다. 전자는 결정 표면의 원자에서 산란되어 회절 격자의 실틈처럼 새로운 전자살의 원천 역할을 했다.

니켈 원자의 배치 간격은 약 $w = 0.215$ nm였다. 데이비슨과 게머는 여러 방향에서 전자살의 세기를 잰 결과, $\phi = 50°$에서 높은 마루를 발견했다.

1. 실틈 간격이 w인 회절 격자에서 마루가 생기는, 0이 아닌 가장 작은 각도는 $w\sin\phi = \lambda$로 정해진다(문제 25 참조). 이 공식을 써서 전자의 파장을 추정하라.
2. 그 결과가 예측한 드 브로이 파장과 일치하는가?

답:

1. 측정값 = $(0.215 \times 9\ \text{m})\ \sin(50°) = 1.65 \times 10^{-10}$ m
2. 전자가 가속 전위에서 얻는 에너지는 54 eV = 8.65×10^{-18} J이므로 전자의 속도는 $v = \sqrt{2E/m_e} = 4.36 \times 10^6$ m/s이다. (이는 광속의 1.5% 정도이므로 비상대론적 식을 쓰는 것이 합리적이다.)

$$\lambda_{\text{예측}} = \frac{h}{p} = \frac{h}{m_e v} = \frac{6.63 \times 10^{-34}\ \text{m}^2\ \text{kg/s}}{(9.11 \times 10^{-31}\ \text{kg})(4.36 \times 10^6\ \text{m/s})} = 1.67 \times 10^{-10}\ \text{m}.$$

두 값은 실험의 측정 오차 안에서 일치한다.

1965년 파인만은 전자를 하나씩 보내어 겹-실틈 실험을 하자는 발상을 제시했다. 3장을 떠올리고 그 결과가 어떨지 예측해 보라.

---

5 1937년 노벨 물리학상은 데이비슨과 톰슨이 같이 받았는데, 거머가 왜 빠졌는지는 수수께끼다. 데이비슨과 톰슨이 상을 받던 해, 노벨상 위원회는 전자 회절에 대해 4건의 추천을 받았는데, 모두 데이비슨과 거머에게 상을 나눠줄 것을 권고했다.

파인만이 예측한 답은 3장에서 광자에 대한 설명과 똑같다. 전자마다 뒷벽에 밝은 점을 하나씩 만든다. 시간이 가면서 밝은 점이 쌓여 겹-실틈 간섭 무늬를 이루는데, 많은 전자가 "밝은 띠" 주변을 때리고 "어두운 띠" 주변을 때리는 전자는 거의 없다. 밝은 점이 하나씩 나타나 간섭 무늬를 만드는 이 결과는 전자마다 파동으로서 두 실틈을 지나지만 뒷벽에서는 입자로 측정됨을 보여준다.

이 실험은 1974년 멀리(Merli) 미씨롤리(Missiroli), 포찌(Pozzi)가 처음 수행했다. 2002년 Physics World 독자 대상의 설문조사에서 전자 하나씩 겹-실틈 실험은 역대 "물리학에서 가장 멋진 실험"으로 뽑혔다.

다음 웹사이트의 멋진 동영상은 전자 하나씩 실험 과정을 실제로 보여준다:

www.cambridge.org/feldermodernphysics/animations

다른 드 브로이 관계식

때때로 사람들은 앞서 말한 $\lambda = h/p$와 입자의 상대론적 에너지를 진동수와 관련시키는 식 $E = h\nu$를 묶어 "드 브로이 관계식들"이라고 복수형으로 쓰기도 한다. (첫째는 공간의 파장, 둘째는 시간의 진동수에 관한 것이다). 광자의 경우 이 두 식은 같다. 광속으로 가는 파동은 $\nu\lambda. = c$이고, 질량이 없는 입자는 $E = pc$이다. 이 두 식만 있으면 다른 식으로부터 이 두 식 중 하나를 쉽게 끌어낼 수 있다.

그러나 물질파는 속력 c로 가지 않으며, 질량이 큰 입자는 $E = pc$를 따르지 않으므로 물질의 경우 이 두 식은 서로 독립적인 두 가지 가설이다. 앞의 겹-실틈 예시에서와 같이 파장은 잴 수 있는 양이므로 우리(그리고 다른 많은 사람들)는 파장에 초점을 맞춘다.

전자 현미경

현미경에서는 회절 때문에 확대상의 각 점은 번져 작은 원반 꼴이 된다. 아주 가까이 있는 것은 상이 겹쳐 보이므로 해상도가 실질적으로 제한된다. 현미경으로 식별할 수 있는 가장 작은 모양은 상을 얻는데 쓴 빛의 파장과 거의 비슷하므로 일반 현미경으로 식별할 수 있는 모양은 수백 nm 정도가 한계이다. 이는 예를 들어 여러 가지 세포를 관찰하기에는 충분하다. 더 작은 물체를 보려면 파장이 더 짧은 것을 써야 한다.

1931년 루스카(Ernst Ruska)와 놀(Max Knoll)은 빛 대신 전자살을 쓰는 "전자 현미경"을 최초로 개발했다. 전자살은 얇은 표본을 지나 전자석에 의해 퍼지고 형광화면(구식 텔레비전 화면과 유사)에 잡힌다. 전자 현미경의 해상도는 여전히 회절이 제한하지만 전자살은 파장이 가시광보다 훨씬 짧아서 훨씬 더 세밀한 모양을 볼 수 있다. 문제 22 및 23을 보라.

루스카와 놀의 애초의 모형은 "투과 전자 현미경(TEM: transmission electron microscope)"이었다. 이 현미경은 오늘날에도 쓰이며, 다른 유형으로는 시료 표면에서 튀어나가는 전자를 모아 상을 얻는 "주사 전자 현미경(SEM: scanning electron microscope)"과 아주 가는 탐침 끝으로 시료 표면을 훑으면서 시료로 흐르는 전류를 기록하여 상을 얻는 "주사 터널링 현미경(STM: scanning tunneling microscope)"도 있다.

숨 돌리기: 물질파는 무엇인가?

드 브로이의 연구에 대해 이야기할 때 대체로 "물질파"라는 말을 쓰지만[6], 양자역학에서는 이 파동을 "파동 함수"라고 부른다. 아래는 대부분 합의한 몇 가지 사실이다:

- 모든 입자에는 수학적 파동이 연관되고, 그것을 그 입자의 "파동 함수"라고 한다. 이 파동 함수는 간섭 및 회절과 같은, 측정할 수 있는 파동 현상을 보여준다.
- 파동 함수를 통해 알 수 있는 것은 입자의 위치나 운동량 등, 입자의 상태를 잴 때 나올 다양한 결과에 대한 확률이다. 하지만 대체로 측정할 때 어떤 값을 얻을지를 확실히 예측할 수는 없다.
- 슈뢰딩거 방정식은 이러한 측정의 순간 사이에 파동 함수가 어떻게 진화하는지를 알려준다.

입자의 파동 함수를 구한 다음 그 파동 함수를 써서 입자의 특성을 셈하면 갖가지 실험의 결과에 대한 확률을 알 수 있다. 양자역학은 효과적인 예측 도구이다.

그러나 실재성의 본질에 대한 서술 방식으로서는 양자역학은 실험적으로 답할 수 없어 보이는 물음을 제기한다. 파동함수에서 흔들리는 것은 무엇인가 (파동함수 자체가 무엇인가)? 이 수학적 함수가 입자와 "연관"되어 있다는 것은 무슨 뜻인가? 입자는 정말로 재기 전에 특정 위치가 있는가, 아니면 그 위치는 알 수 없는 것일까? 이러한 물음에 대한 답을 대체로 양자역학의 "해석"이라고 한다. 다음은 세 가지 해석에 대한 간략한 요약이다.

정통 해석("코펜하겐 해석"이라고도 함)은 입자를 어떤 순간에 특정 위치와 운동량을 가진 작은 당구공으로 보는 개념을 완전히 포기한다. 오직 파동함수만 있을 뿐이다. 겹-실틈 실험 장치에서 전자를 쏘면 파동은 공간으로 퍼져나가 두 실틈을 동시에 지난 뒤에 간섭한다. 뒷벽에서 그 위치를 재면 그 파동은 붕괴된다. 따라서 전자를 잴 때 "전자의 위치를 알아냈다"고 부주의하게 말할 수 있지만, 측정 전에는 전자가 특정 위치에 있지 않았기 때문에 측정이 전자의 위치를 정해주었다고 말하는 것이 더 정확할 것이다.

비판가들은 정통 해석이 "측정"이 파동 함수를 근본적으로 바꾼다고 가정하지만, "측정"이 무엇인지를 만족스럽게 정의하지 못함을 지적한다. 다음 두 가지 해석은 중요한 면에서 다르지만 측정 행위에 특별한 뜻을 두지 않는다는 특징은 공통이다.

파일럿-파동 해석["봄 역학(Bohmian mechanics)"이라고도 함]에서 입자와 파동은 상호작용하는 별개의 두 실체이다. 입자는 작은 당구공과 매우 유사하며, 특정 순간에 명확한 위치와 운동량을 갖지만 그 위치와 운동량이 정확히 무엇인지는 알 수 없다. 파동 함수는 입자를 밀어내어 고전적 궤도에서 벗어나게 한다. 겹-실틈에서 많은 "똑같은" 입자를 쏘면, 처음에 입자에 대해 알 수 있는 모든 것이 똑같았는데도 입자의 위치 및/또는 운동량이 다르기 때문에 결국 다른 위치에 가게 된다.

여러-세계(many-worlds) 해석에서는 두 가지 이상의 결과가 생길 수 있는 모든 양자 사건(예: 전자가 두 개의 실틈 중 하나를 지날 수 있는 경우)은 우주를 분열시킨다. 이것은 붕괴가 없는 정통 해석이라고 보면 된다: 파동 함수는 한 번에 여러 경로를 따라가서 벽의 여러 곳에 동시에 부딪히므로 모든 곳에서 동시에 재면 된다. 즉, 한 버전(한 우주)의 "당신"은 어느 한 점에서 재고, 다

6 드 브로이 자신은 "위상파(phase wave)"라고 했다.

른 버전의 "당신"은 다른 곳에서 잰다, 등등.

이러한 모든 해석의 실험적 예측은 똑같다. 입자의 파동 함수를 셈하고 이를 써서 다양한 측정의 확률을 셈할 수 있으며, 이러한 예측은 그 뒤에 어떤 현실이 있다고 믿든 상관없이 실험 결과와 일치한다. 그래서 많은 물리학자들은 이러한 해석 문제는 풀 수 없는 문제이며 따라서 비과학적이라고 생각한다. 이러한 태도를 물리학계에서는 흔히 "닥치고 셈이나 해"[7]라고 말한다.

저자들은 해석 문제가 흥미롭고 중요하다고 생각하지만, 여기에서 그 논쟁을 해결하려 들지는 않겠다. 우리는 물리학에서 대체로 쓰는 정통 해석의 언어를 써 왔고 앞으로도 쓸 것이다. 해석의 문제에 대해서는 온라인 절 "양자역학의 해석"에서 더 자세히 살펴볼 수 있다:

www.cambridge.org/felder-modernphysics/onlinesections

---

7 해석의 문제가 비과학적이라는 생각도 "코펜하겐 해석"이라고 하며, 그래서 이 말을 대개 피한다. 이 견해는 아마도 정통 해석이라기 보다는 보어의 견해에 더 가깝다고 할 수 있다. 그는 한 때 다음과 같이 말했다: "물리학의 과제는 자연은 어떠한가(how the nature is)를 찾는 것이라는 생각은 틀렸다. 물리학은 우리가 자연에 대해 무엇을 말할 수 있는가(what we can say about nature)를 따진다."

4.2.2 물음과 문제: 물질파

개념 물음 및 개념시험

1. 겹-실틈에 총알을 쏘면 왜 뒤쪽 벽에 박히는 총알이 간섭무늬를 만들지 않는가? **실마리:** 총알은 파동이 아니라 입자이기 때문이 아니다. 이제는 모든 입자에는 연관된 파동 함수가 있다고 믿는다.

2. 운동 에너지가 같은 전자와 양성자가 있다. 이들에 대한 다음 설명 중 옳은 것을 고르고, 왜 그런지 설명하라.
   A. 전자의 드 브로이 파장이 더 길다.
   B. 양성자의 드 브로이 파장이 더 길다.
   C. 둘 다 드 브로이 파장이 같다.

3. 전자의 드 브로이 파장과 콤프턴 파장을 비교하라: 하나가 다른 것보다 늘 더 긴가, 아니면 속도에 따라 달라지는가? 답을 간단히 설명하라.

4. 양성자로 겹-실틈 실험을 하는 것이 전자로 하는 것보다 왜 더 어려운가?

5. 3장에서는 광전 효과, 콤프턴 산란, 제동 방사, 쌍 생성 및 소멸 등 전자와 광자의 몇 가지 상호작용을 설명했다. 이 중 어떤 것이 전자가 물질파와 관련된다는 증거를 제시하는가? 왜?

6. 어떤 입자의 드 브로이 파장이 10^{-10} m라는 말은 그 입자에 대해 무엇을 뜻하는가? 그 규모에서 어떤 현상을 관찰할 수 있는가?

7. 전자의 드 브로이 파장은 $v \to c$의 극한에서 어떻게 되는가?

8. 물질파에서 $E = h\nu$ 대신 $p = h/\lambda$에 집중하는 한 가지 이유는 "에너지"가 운동량과는 달리 애매하기 때문이다. 운동 에너지인가? 운동 에너지와 위치 에너지의 합? 총 상대론적 에너지? 하지만 광자에서도 이 공식을 썼는데, 그 때는 왜 이 애매함이 문제가 되지 않았을까?

9. 많은 경우 고전 물리학을 양자 물리학의 $h \to 0$의 극한으로 볼 수 있다. 이 극한에서 드 브로이 파장은 어떻게 되며 입자의 거동에 대해 무엇을 뜻하는가?

심층 토론

10. 지금까지 빛과 전자는 각각 본질적으로 똑같이 파동성과 입자성이 있다고 말했다. 그렇다면 고전 물리학에서 빛을 파동으로, 전자를 입자로 보는 이유는 무

것인가?

11. 수면파와 음파도 빛과 같은 방식으로 입자성을 드러낼까? 그렇다면 왜 그것을 관찰할 수 없으며, 그렇지 않다면 왜 그런가?

문제

이 절의 문제는 대부분 비상대론적으로 풀 수 있지만, 속도와 에너지를 확인하라. 물체의 속력이 c보다 훨씬 작거나 (이에 상응하게) 운동 에너지가 mc^2보다 훨씬 작다면 비상대론적 셈을 해도 괜찮다. 속력과 에너지가 이 한계와 비슷하거나 더 크면 상대론적 방정식을 써서 셈을 다시 하라.

12. 속력 500 m/s인 전자의 드 브로이 파장을 셈하라.
 (a) 전자의 드 브로이 파장이 대략 원자의 너비인 10^{-10} m이 되려면 속력이 얼마여야 하는가?
 (b) 전자가 처음에 서 있었다면, (a)에서 구한 속력을 주려면 얼마의 전위차로 가속시켜야 할까?

14. 열평형 상태에서 자유 입자의 평균 운동 에너지는 $(3/2)k_BT$이다. 상온에서 열평형 상태인 전자의 드 브로이 파장을 추정하라. 중성자에 대해서도 똑같이 하라.

15. 투수가 던진 야구공의 드 브로이 파장을 추정하라.

16. 전자의 드 브로이 파장이 10^{-3} m가 되려면 운동 에너지가 얼마나 되어야 할까? 파장이 같은 광자의 에너지는 얼마인가?

17. 겹-실틈 실험에서 실틈 뒤 2 m에 뒷벽을 둔다. 눈에 띄는 효과를 보려면 밝은 띠와 어두운 띠의 간격이 1 mm는 되어야 한다. (필요한 공식은 부록 E에서 찾을 수 있다.)
 (a) 에너지가 100 eV인 광자를 실틈에 쏘면 실틈 간격을 얼마로 해야 할까?
 (b) 에너지 100 eV인 전자를 실틈에 쏜다면, 실틈 간격을 얼마로 해야 할까?

18. 전자살을 100 V 전위로 가속하여, 겹-실틈을 지나게 한 뒤, 실틈 뒤 2 m에 있는 벽에서 전자를 잰다.
 (a) 첫째 어두운 띠가 뒷벽의 중심에서 0.01 mm인 곳에 생기게 하려면 실틈 간격을 얼마로 해야 하는가? 부록 E의 겹-실틈에 대한 작은 각도 근사법을 써라.
 (b) 이 때 작은 각도 근사법이 잘 맞는가? 어떻게 알 수 있는가?

19. 전자살을 1 MV 전위차로 가속하여, 겹-실틈을 지나게 한 뒤, 실틈 뒤 2 m에 있는 벽에서 전자를 잰다. 첫째 어두운 띠가 뒷벽의 중심에서 1 mm인 곳에 생기게 하려면 실틈 간격을 얼마로 해야 하는가? **실마리:** 문제 18과 거의 같아 보이지만 더 어렵다.

20. 질량 1 g, 속도 500 m/s인 총알을 계속 쏘아 실틈 간격이 1 cm인 겹-실틈을 통과시킨다. 중앙 밝은 띠와 첫째 어두운 띠의 간격이 1 cm가 되려면 뒷벽을 대략 얼마나 멀리 두어야 하는가?

21. 178쪽의 예제에 설명한 데이비슨-거머 실험은 드 브로이 관계식을 검증하는 것으로 볼 수 있다. 마찬가지로, 드 브로이 관계식이 맞다면 플랑크 상수를 재는 방법으로 볼 수 있다. 실제로 그들의 자료는 50°에서 55° 사이 어딘가에서 마루가 생기는 것처럼 보인다고 말할 수 있을 정도로만 정확했다. 이 결과가 시사하는 h의 값의 범위는 얼마이며, 현재 가장 잘 잰 h와 일치하는가?

22. 전자 현미경에 1 V 전위로 가속한 전자살을 쓴다고 하자.
 (a) 이 현미경의 분해능을 추정하라.
 (b) 이 현미경이 200 nm 세포의 상을 만들 수 있을까? 4 nm 세포막은? 0.1 nm 수소 원자는?

23. 입자가속기는 대형 전자 현미경으로 볼 수 있으며, 종종 핵 구조를 살펴볼 때 쓴다. 얼마의 전위차로 전자살을 가속시켜야 크기 10^{-14} m인 원자핵을 분해할 수 있는가?

24. 상자 속의 일차원 입자

전자가 x축을 따라 $x = 0$과 $x = L$ 사이에서 움직이게 제한하면, 전자의 파동은 양 끝에서 진폭이 0이 되는 정상파를 만든다.

(a) 이 정상파의 가장 긴 파장은 얼마인가? **실마리:** L보다 크고 ∞보다 작다. 막막하다면 영역의 양쪽 끝에서 0이 되는 가장 긴 파동의 그림을 그려 보라.

(b) 전자가 가질 수 있는 운동량의 최소 크기는 얼마인가?

(c) 전자가 비상대론적이라고 가정하고($v \ll c$), (b)에 대한 답을 써서 전자가 가질 수 있는 최소 운동 에너지를 구하라.

25. 탐구: 데이비슨–거머 실험

178쪽의 예제에서 설명한 데이비슨–거머 실험을 살펴보자. 왼쪽 원자와 오른쪽 원자라고 부르는 두 개의 이웃은 원자에 초점을 맞춘다.

(a) 검출기의 위치가 원자 위로 높이 h, 두 원자 사이의 중간점에서 오른쪽으로 거리 x라 하자. 왼쪽 원자와 오른쪽 원자에서 검출기까지의 경로차에 대한 공식을 써라. 답은 h, x, w로만 나타내라.

(b) 실제로 원자 간격 w는 거리 x와 h보다 훨씬 작다. 이것을 생각하여 (a)의 답에 대한 선형 근사값을 구하라.

(c) $\sin\phi \approx x/\sqrt{x^2+h^2}$을 써서 답을 w와 ϕ로 고쳐 써라.

(d) 0이 아닌 첫째 봉우리는 경로차가 λ와 같을 때 생긴다. 이 사실을 써서 예제에서 쓴 공식이 재현되는지 확인하라.

26. 보어 모형의 드 브로이 해석

드 브로이는 원자 속의 전자를 원자핵을 감싼 전자의 정상파로 해석했다.

파장과 운동량에 관한 드 브로이 관계식을 써서, 이러한 정상파를 만드는 유일한 원궤도는 보어 모형의 궤도임을 보여라.

4.3 파동함수와 위치 확률

영의 겹-실틈 실험에서 광자가 파동으로 퍼져나가 스스로 간섭하며, 측정할 때는 특정 점에서 입자로 나타남을 보았다. § 4.2에서는 전자와 같은 입자도 같은 거동을 함을 보았다.

파동을 수학적으로 해석하여 여러 측정 결과의 확률을 결정할 때 이러한 조각들이 모이기 시작한다.

4.3.1 발견 연습: 파동함수와 위치 확률

미터자가 바닥에 놓여 있다. 바늘을 떨어뜨리되 이 자의 어딘가에 떨어지게 한다. 미터자의 어느 곳이든 바늘이 떨어질 확률은 똑같다.

1. 미터 자에 간격 1 cm인 가는 금을 새겨 번호를 매긴다: 1, 2, 3, ⋯, 100. 바늘을 던져 떨어진 곳이 37에 가까울 확률을 구하라. (이 문제는 시시하다.)
2. 이제 미터자의 눈금 간격을 0.5 cm로 줄였다고 하자: 0.5, 1, 1.5, 2, ⋯, 100. 이제 바늘을 던져 떨어진 곳이 37에 가까울 확률을 구하라.
3. 이제 눈금은 잊어라. 바늘을 던져 떨어진 곳이 정확히 37일 확률은 얼마인가? (바늘은 한없이 작다고 가정한다; 이것은 생각 실험이다.)

4.3.2 설명: 파동함수와 위치 확률

(광자든 물질 입자든) 입자 하나씩 겹-실틈 실험은 세 가지 중요한 결론이 나온다:

- 입자가 공간을 이동할 때는 파동으로서 영역 전체에 동시에 퍼져간다.
- 이 파동을 기술하는 정확한 함수("입자의 파동 함수")를 안다고 해서 일반적으로 입자의 측정 결과를 확실히 예측할 수 있는 것은 아니다. 대신 다양한 측정 결과의 확률을 예측할 수 있다.
- 입자의 위치를 잴 때 파동함수의 진폭이 가장 큰 곳에서 입자를 찾을 확률이 가장 크다.

파동 함수는 일반적으로 그리스 문자 ψ로 나타낸다. 여기서는 일 차원에서만 움직이는 입자만 살펴보므로 $\psi(x)$로 나타낸다. 파동 함수는 복소수이므로 특정 점에서의 값은 $1-\pi$, $3+i$ 또는 다른 복소수일 수 있다. 이 장에서는 대부분 실수 값의 파동 함수를 다룬다.

이산 우주

세 점 $x=1$, $x=2$, $x=3$만 있는 매우 단순한 우주를 살펴보자. 이 단순한 우주에는 입자가 하나 있고, 그 입자의 위치를 재면 정확히 그 세 점 중 어느 하나에 있다. 따라서 ψ은 각 점에서만 값이 있는 세 숫자이다,

$$\psi(x)=\begin{cases} 1/3 & x=1 \\ 2/3 & x=2 \\ -2/3 & x=3 \end{cases}$$

이산 우주에 대한 규칙은 다음과 같다: 각 점에서 $|\psi|^2$은 그 곳에 입자가 있을 확률이다. (ψ는 복소수이므로 ψ^2 대신 $|\psi|^2$을 쓴다; 파동 함수가 실수이면 이 둘은 같다.) 따라서 입자가 $x=1$에서 발견될 확률은 1/9, $x=2$에서 발견될 확률은 4/9, $x=3$에서 발견될 확률은 역시 4/9이다.

능동 읽기 연습: 세 확률

간단한 3점 우주에서 왜 입자의 파동 함수가 $\psi(1)=\psi(2)=\psi(3)=1/2$이 될 수 없을까?

위 연습의 문제는 ψ-값에 따르면 입자가 각 점에서 발견될 확률이 1/4이라는 것이다. 이 값들을 모두 더하면 입자가 어딘가에서 발견될 확률은 3/4일 뿐인데, 총 확률은 늘 1이어야 한다.

시시하게 들릴지 모르지만, 이는 "규격화"라는 기본 원리이며, 앞으로 여러 번 다시 말할 것이다.

규격화

모든 확률을 더한 값이 1이 되는 분포를 "규격화되었다"고 한다. 모든 유효한 확률 분포는 규격화되어야 한다.

나중에 파동 함수를 셈할 때 일반적으로 그 앞에 임의의 상수가 있음을 알게 되는데, 파동 함수가 규격화되도록 이 상수의 값을 고른다.

연속 우주

이제 여전히 일차원이고 입자 하나만 있지만 파동함수의 값이 실수 전체인 더 큰 우주로 가자. 그러면 파동 함수 $\psi(x)$는 모든 실수 x 값에 대해 정의된다. 예를 들어 사인파의 한 파장을 보자(그림 4.9).

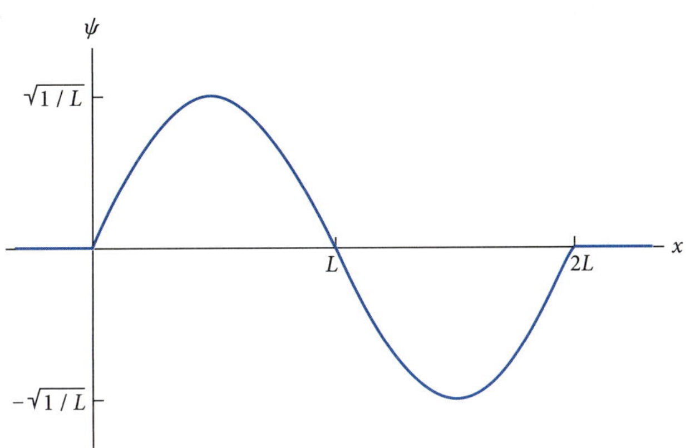

그림 4.9 파동 함수 $0 \le x \le 2L$에서는 $\psi(x) = \sqrt{1/L}\sin(\pi x/L)$, 그 밖에서는 $\psi(x) = 0$.

ψ는 어떤 점에서든 값이 있다. 예: $\psi(L/2) = \sqrt{1/L}$. 앞서와 유사하게, 이 값의 제곱 $(1/L)$이 $x = L/2$에 입자가 있을 확률이라고 생각할 것이다.

그러나 이는 참이 아니다. 왜냐하면 $x = L/2$는 점이며, 범위 $0 < x < 2L$ 속의 한없이 많은 점 중 하나이기 때문이다. 그런데 이것이 183쪽의 발견 연습의 요점이다: 가능한 측정값이 많아질수록 그 측정값의 확률이 줄어든다. 가능한 값의 연속체의 극한에서는 입자를 $x = L/2$ 또는 다른 점에서 찾을 확률은 0이다.

따라서 연속 분포에 대한 ψ가 나타내는 것은 확률이 아니라 "확률 밀도"이다. 확률 밀도를 해석하는 규칙은 다음과 같다.

> 어느 두 점 사이의 $|\psi|^2$의 적분은 두 점 사이에 입자가 있을 확률이다.

예를 들어, $\int_0^L |\psi|^2 dx$은 $x = 0$과 $x = L$ 사이에 입자가 있을 확률이다.

확률 밀도를 써 본 적이 없다면 연습을 조금하여 익혀라. 초보자라면, 다음 사항이 모두 수학적으로 적분의 기본 속성에서 나오며, 위치 확률에 대해서도 물리적으로 타당함을 확인하라:

- ψ가 균일하게 0인 모든 곳에는 입자가 있을 확률이 0이다.
- ψ가 큰 곳에서는 확률이 커지는 경향이 있다.
- 어떤 점에 입자가 있을 확률은 0이다. 왜냐하면 유한한 함수를 점에 대해 적분한 값은 늘 0이기 때문이다.
- 확률은 자연스럽게 더해진다. 즉, $x = 10$과 $x = 13$ 사이에 입자가 있을 확률과 $x = 13$과 $x = 20$ 사이에 입자가 있을 확률을 더하면 $x = 10$과 $x = 20$ 사이에 입자가 있을 확률이 된다.

- ψ는 음수 또는 심지어 복소수일 수도 있지만 셈한 확률은 늘 실수이고 양수이다. 그림 4.9에서 파동의 오른쪽 반은 왼쪽 반과 확률이 똑같다.

이산적인 경우와 비슷한 규격화 조건이 있다. 규격화 조건은 적분 $\int_{-\infty}^{\infty} |\psi|^2 dx$는 입자가 어디엔가 있을 확률을 나타내므로 1이라는 것이다. (그림 4.9에서 함수를 규격화하는 올바른 진폭이 $\sqrt{1/L}$임을 적분하여 확인할 수 있다).

확률은 단위가 없으므로, $\int |\psi|^2 dx$가 확률이라면 ψ의 단위는 $1/\sqrt{x}$이다. (dx도 x와 마찬가지로 단위가 위치이다.) 이를 써서 파동 함수를 셈할 때 단위를 확인하여 답을 점검할 수 있다. 7장에서는 일차원에서 삼차원으로 바뀌면 ψ의 단위가 바뀐다는 것을 볼 것이다.

예: 파동 함수

어떤 입자의 파동 함수가 $x = 0$에서 $x = L$까지는 $\psi(x) = A\sin(\pi x/L)$, 그 밖에서는 $\psi = 0$이다.

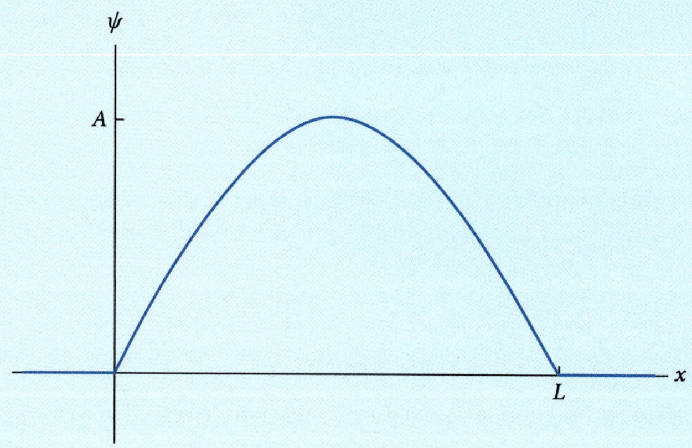

1. A를 셈하라.
2. 입자를 $x = 0$과 $x = L/4$ 사이에서 발견할 확률을 구하라.

답: 아래 적분 값은 삼각함수를 쓰거나 컴퓨터를 쓰거나 $\sin^2 x$의 적분을 찾아 구할 수 있다. 여기서는 결과만 보인다.

1. 파동함수 앞의 상수의 값은 규격화를 하여 구한다:

$$\int_{-\infty}^{\infty} |\psi|^2 dx = \int_0^L A^2 \sin^2\left(\frac{\pi}{L}x\right) dx = A^2 \frac{L}{2}.$$

이 값을 1로 두면 $A = \sqrt{2/L}$이다.

2. 구한 A값을 써서 적분하여 확률을 구할 수 있다. 하지만 먼저 도표를 보고 대략 추정해보자. 구간 $0 < x < L/4$는 $\psi \neq 0$인 영역의 1/4이지만, 이 구간에서의 ψ 값은 나머지 영역의 평균보다 작다. 따라서 확률도 1/4보다 작아야 한다:

$$P\left(0 < x < \frac{L}{4}\right) = \int_0^{L/4} |\psi|^2 dx = \int_0^{L/4} \frac{2}{L} \sin^2\left(\frac{\pi}{L}x\right) dx = \frac{\pi - 2}{4\pi} \approx 0.1.$$

예상대로 1/4보다 작다. 또 다른 검증으로, L과 dx 모두 단위가 길이이므로 적분은 확률처럼 단위가 없다.

앞의 예제에서 ψ에는 임의의 상수 A가 있었고, 그 값은 규격화를 통해 정했다. 이것은 매우 일반적인 패턴이다.

반면에 파동 함수 $\psi(x) = Ax^2$로 시작하여 같은 물음을 했다면 어떻게 되었을까? 규격화는 다음 조건을 맞춰야 한다: $\int_{-\infty}^{\infty} dx A^2x^4 = 1$, 상수 A가 없으면 맞출 수 없다. 파동 함수 x^2은 "규격화할 수 없다"고 하는데, 그 뜻은 실제로는 다음과 같다. 어떤 입자도 실제의 파동 함수가 실수축 전체에 그렇게 퍼져 있을 수 없다. (하지만, 제한된 영역에서는 실제 파동 함수를 $\psi = Ax^2$로 어림할 수 있다.)

간단히 확인해보면, $x \to \pm\infty$에서 0에 가까워지지 않는 함수는 규격화할 수 없다. 그러나 명제의 역은 참이 아니다: $x \to \pm\infty$에서 0에 가까워지는 함수라도 적분은 발산할 수 있다.

반복 측정

입자의 위치를 두 번 재면 어떻게 되는가?

능동 읽기 연습: 반복 측정

입자의 파동 함수가 186쪽의 예제에 보인 것과 같다. 입자의 위치를 잰 결과 $x = 3L/4$에 매우 가까운 곳에 있음을 알았다. 그 다음 바로 입자의 위치를 다시 재면 그 점 근처에 입자가 있을 확률이 첫째 측정보다 높을까, 낮을까, 아니면 같을까?

둘째 측정을 바로 하면 $x = 3L/4$ 근처에서 입자를 다시 볼 수 있다. 첫째 측정을 했을 때 $x = 0$에서 $x = L$까지 고르게 퍼져 있던 입자의 파동 함수가 붕괴하여 입자를 발견한 점 근처에 좁고 뾰족한 봉우리로 바뀌기 때문이다(그림 4.10). (이 파동함수 붕괴는 양자역학의 "정통 해석"에서 겹-실틈 실험의 뒷벽에 나타나는 낱낱의 밝은 점을 설명하는 방식이다. 뒷벽 자체가 위치를 좁은 점으로 강제하는 측정 장치라는 점을 기억하라).

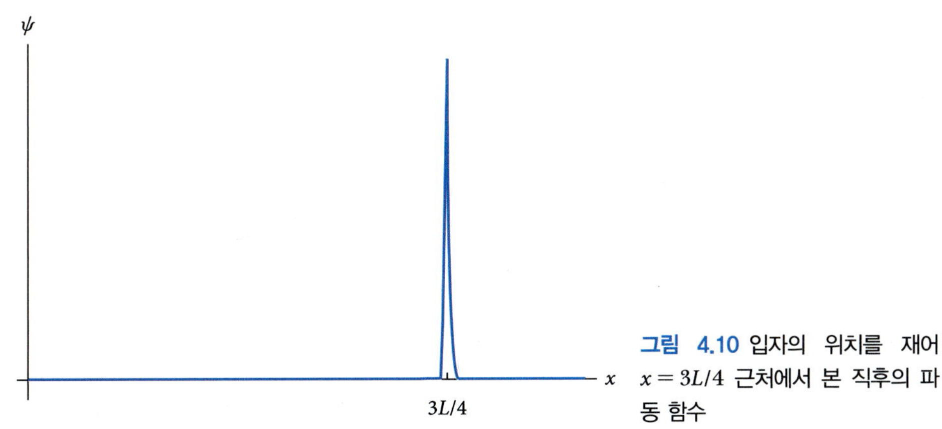

그림 4.10 입자의 위치를 재어 $x = 3L/4$ 근처에서 본 직후의 파동 함수

그 뒤의 파동 함수는 5장과 6장에서 설명할 방식으로 변하므로 위치 확률은 나중에 다시 또 더 복잡한 방식으로 퍼진다.

기댓값

파동 함수가 똑같은 입자 백만 개를 준비한 다음 그 위치를 하나씩 잰다고 하자. 매번 같은 결과가 나오지는 않는다: 파동 함수가 "이 근처에 있다"에서 "바로 여기에 있다"로 붕괴되는 과정은 무작위이기 때문이다. 하지만 수백만 개의 측정값의 평균을 내면 그 파동 함수가 나타내는 평균 위치를 얻는다.

통계학에서는 같은 것을 여러 번 재어 얻을 것으로 예상되는 평균을 해당 측정의 "기댓값"이라고 한다. 따라서 이 경우 위치의 기댓값을 말하고 있으며, 흔히 $\langle x \rangle$로 나타낸다.

$\langle x \rangle$를 셈하는 방법을 알아보려면 잠시 이산 세계로 돌아가자.

능동 읽기 연습: 이산 기댓값

앞서 $x = 1$에서 발견될 확률이 1/9, $x = 2$에서 발견될 확률이 4/9, $x = 3$에서 발견될 확률이 4/9인 입자를 살펴보았다. 이러한 입자 9개를 가져와 각각의 위치를 잰 다음 그 결과의 평균을 냈다고 하자. 어떤 값을 기대하는가?

먼저 셈을 해 보고, 그것을 일반화하여 공식을 만들 수 있는지 살펴본 뒤, 다음을 읽어라.

앞의 예제에서 $x = 1$이 한 번, $x = 2$가 네 번, $x = 3$이 네 번 나타날 것으로 예상할 수 있다. 따라서 평균 위치는 다음과 같다.

$$\frac{1+2+2+2+2+3+3+3+3}{9} = \frac{21}{9} \tag{4.4}$$

측정 횟수가 9번이 아니라 18번이라면 분자와 분모가 두 배가 되고 결과는 똑같을 것이다. 따라서 여러 번 재면 대략 2.3의 평균값이 나올 것으로 예상할 수 있다. 물론 낱낱 측정에서 얻는 값은 이 값이 아니다: 2와 3이 거의 같게 나오고 가끔 1이 섞여 나오는데 평균값은 2.3쯤 된다.

이 셈을 다음과 같이 다시 정리할 수 있다.

$$1 \times \frac{1}{9} + 2 \times \frac{4}{9} + 3 \times \frac{4}{9}$$

이는 (4.4)와 같지만(꼭 확인하라!) 일반 공식에 적합한 꼴이다(23번 문제에서 이 식을 끌어낼 수 있다):

$$\langle x \rangle = \sum_x xP(x) \tag{4.5}$$

(4.5)는 모든 규격화된 이산 확률 분포 $P(x)$에 적용되며, 특히 양자역학적 위치에 대해 말할 때 $P = |\psi|^2$이다. 연속적인 세계에서는 식이 비슷하지만 합산이 모든 위치에 대한 적분으로 바뀐다:

$$\langle x \rangle = \int_{-\infty}^{\infty} x|\psi|^2 dx.$$

예: 기댓값

입자의 파동함수가 $x > 0$이면 $\psi(x) = (2x/L^{3/2})e^{-x/L}$, $x \leq 0$이면 $\psi(x) = 0$이다. $\langle x \rangle$를 구하라.

답: 기댓값에 대한 공식을 쓰면 된다. 부분 적분을 하거나 컴퓨터를 써서 적분할 수 있다:

$$\langle x \rangle = \int_{-\infty}^{\infty} x|\psi|^2 dx = \frac{4}{L^3}\int_0^{\infty} x^3 e^{-2x/L} dx = \frac{3}{2}L.$$

위치의 기댓값의 단위가 위치라는 것이 위안이 된다. (ψ에 관한 식에서 L의 단위가 위치여야 한다는 것을 어떻게 알 수 있는가?)

점검을 위해 이 파동함수의 확률 분포 $|\psi|^2$을 그려보자. 평균적으로 위치 측정값이 L과 $2L$ 사이에 있을 것 같지 않은가?

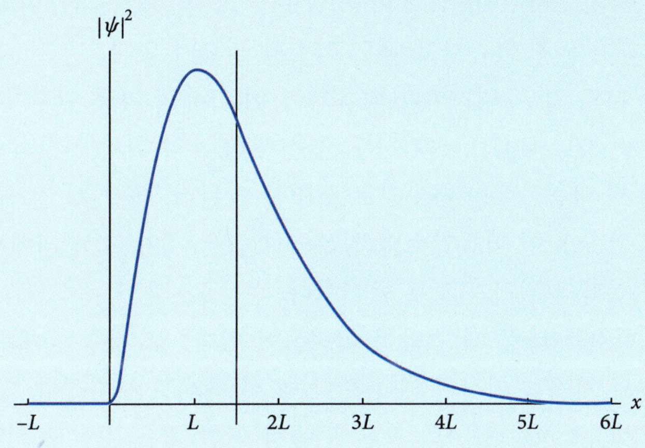

요약: 이산 및 연속 확률

이 절에서는 확률 분포의 변수가 이산적일 때와 연속적일 때를 설명했다. 위치 확률을 파동 함수를 써서 구한다면 그것은 연속 분포이다. 이산 분포의 사례는 몇 가지 개념을 설명하기 위한 예비 작업일 뿐이다. 하지만 확률 분포가 실제로 이산적인 양도 있다. 거시적 수준에서는 주사위를 굴릴 때 각 결과가 나올 확률이 1/6이라고 기술한다. 미시적 수준에서는 입자의 에너지가 어떤 상황에서는 이산적 준위(예: 수소 원자)에 있음을 알고 있으며, 곧 이러한 이산적 에너지 준위에서 발견될 확률을 양자역학을 써서 셈할 수 있음을 알게 될 것이다.

다음은 이산 확률과 연속 확률의 기본 속성을 요약한 것이다. 여기서는 재려는 양(위치, 에너지, 주사위 굴림의 결과 등)이 무엇이든 x로 나타낸다. 위치 확률의 경우 오른쪽 열의 $P(x)$를 $|\psi(x)|^2$로 바꿀 수 있다.

	이산 확률 분포	연속 확률 분포
해석	$P(x)$는 측정 결과가 x일 확률이다.	$P(x)$는 측정 결과가 x일 확률 밀도이다.
예	측정 결과가 $x = 70$일 확률은 $P(70)$이다.	$\int_{70}^{72} P(x)dx$는 측정 결과 x가 70과 72 사이에서 발견될 확률이다.

	이산 확률 분포	연속 확률 분포
규격화	$\sum_x P(x) = 1$	$\int_{-\infty}^{\infty} P(x)dx = 1$
기댓값	$\langle x \rangle = \sum_x xP(x)$	$\langle x \rangle = \int_{-\infty}^{\infty} xP(x)dx$

여러 입자 파동 함수

이산적이든 연속적이든, 이 절에서 그리고 앞으로 몇 장에 걸쳐 셈을 할 때 입자마다 파동 함수를 하나씩 연관시킨다. 이 절의 마무리는 여러 입자계의 파동 함수에 관한 설명으로 한다. 이것은 중요하고 흥미로운 주제이지만 이 책에서는 다시 다루지 않는다. (여러 전자 원자와 같은 일부 여러 입자계에 대한 모형을 다루지만, 그 파동 함수를 쓰지는 않는다). 따라서 다음 두 단락을 지금 읽어서 완전히 이해가 되지 않는다고 해도 걱정할 필요가 없다.

세 입자로 된 계의 경우, 입자마다 다음과 같이 고유의 파동 함수가 있다고 가정하는 것이 합리적이다: $\psi_1(\vec{r}_1)$, $\psi_2(\vec{r}_2)$, $\psi_3(\vec{r}_3)$. 여기서 $\vec{r}_1$은 첫째 입자의 위치(일반적으로 3-벡터) 등이다. 하지만 계를 살펴볼 때 세 파동함수를 따로따로 쓰지는 않는다. 대신 계 전체의 상태를 파동 함수 하나로 기술한다: $\psi(\vec{r}_1, \vec{r}_2, \vec{r}_3)$. 이 파동함수의 진폭의 제곱은 계가 그 상태에서 발견될 확률 밀도이며, 계의 상태에는 세 입자의 위치가 모두 들어간다.

이러한 파동 함수를 다룰 때 수학적 어려움이 있다: 그 함수는 대체로 명확한 꼴로 구할 수 없으므로, 수치 근사 기법을 써서 구해야 한다. 또한 해석도 까다롭다. 많은 물리학자들은 파동 함수를 전기장이나 자기장처럼 공간의 모든 곳에서 어떤 값을 갖는 물리량이라고 말한다. 하지만 이러한 관점은 일반적으로 $3N$개의 독립 변수의 함수인 N-입자계의 파동함수에는 적용되지 않는다! 이러한 파동 함수의 값은 공간의 각 점에서 값이 정의되는 것이 아니라 우주를 이루는 모든 것의 각각의 배치에 따라 정의된다. 이는 양자역학 방정식으로 기술하는 물리적 우주를 이해하려는 시도에서 중요한 도전적 과제이다.

4.3.3 물음과 문제: 파동함수와 위치 확률

개념 물음 및 개념시험

1. 아래의 상황에서 $\psi(x)$의 단위를 말하고, 그것을 어떻게 아는지 간단히 설명하라.

(a) x가 이산적인 값의 집합의 하나만 될 수 있는 일차원 우주.

(b) x가 어떤 실수 값도 될 수 있는 일차원 우주.

2. 파동 함수가 "규격화되지 않았다"는 것은 무슨 뜻인가?

3. 입자의 파동함수가 왜 어떤 상수 A에 대해 $\psi(x) = Ax$가 될 수 없는가?

4. 입자의 파동 함수가 $x \to \infty$의 극한에서 0에 접근하지 않을 수 있는가? 그렇다면 예를 들고, 그렇지 않다면, 그 이유를 설명하라.

5. 입자의 파동 함수가 $0 \le x \le L$에서 $\psi(x) = A\sin(\pi x/L)$이다. 입자를 $0 < x < L/2$에서 발견할 확률과

$L/2 < x < L$에서 발견할 확률을 비교하고 다음 중 하나를 골라라. 셈을 할 필요는 없지만, 추론을 간단히 설명해야 한다.

A. $0 < x < L/2$에서 발견할 확률이 더 크다.

B. $L/2 < x < L$에서 발견할 확률이 더 크다.

C. 두 확률이 같다.

6. 그림 4.11은 어떤 입자의 파동 함수 $\psi(x)$이다.

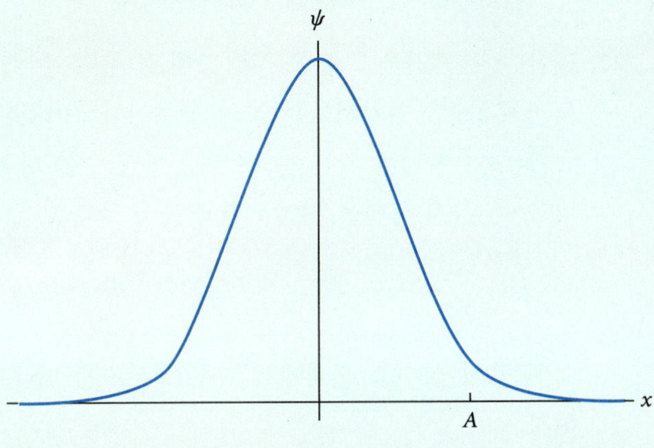

그림 4.11

(a) 입자를 $x = 0$과 $x = A$ 사이에서 발견할 확률을 추정하라

(b) 입자를 정확히 $x = A$에서 발견할 확률을 추정하라.

7. 186쪽의 예제에서 파동 함수를 규격화하여 $A^2(L/2)$이 1이 되어야 함을 알았으므로 $A = \sqrt{2/L}$로 정했다. 대신 $A = -\sqrt{2/L}$로 정해도 되었을까? 그랬으면 예측이 달라졌을까? 왜?

8. (4.4)는 특정 입자의 위치의 기댓값을 21/9로 구했다. 입자의 위치 측정값은 $x = 1$, $x = 2$, 또는 $x = 3$이어야 하는데, 기댓값은 21/9로 정수가 아닌 것은 무엇을 뜻하는가?

9. $\int_a^b |\psi(x)|^2 dx$은 입자가 어디에서 발견될 확률인가? (하나를 고르고 답을 설명하라)

A. $a < x < b$

B. $a \le x \le b$

C. 위의 둘 다 같으므로, 둘 다.

D. 어느 것도 아니다. (이것을 고른다면, 대신 무엇을 셈하는지 말하라!)

심층 토론

10. 이 장에서 "입자가 이 곳에 있을 확률"이라는 말을 피하고 대신 조심해서 "입자를 이 곳에서 발견할 확률"이라고 했는데, 나중의 표현이 왜 더 정확할까?

문제

11. 입자가 세 곳에만 있을 수 있고 그 중 어디에서나 발견될 확률은 같다면, 각 위치에서 파동 함수의 값은 얼마인가? 간단히 ψ는 모든 곳에서 실수이고 양수라고 가정하라.

12. 입자는 세 곳에만 있을 수 있고, 그 세 곳에서의 파동함수는 $\psi(1) = 2C$, $\psi(2) = 3C$, $\psi(3) = 5C$이며, C는 상수이다.

(a) C가 실수이고 양수라면, C의 값은 얼마인가?

(b) 입자를 위치 2에서 발견할 확률은 얼마인가?

13. 가능한 위치가 셋 뿐인 이산 우주에서, $\psi(1) = i/2$, $\psi(2) = -1/3$이다.

(a) $\psi(3)$의 가능한 실수 값을 구하라.

(b) $\psi(3)$의 가능한 값으로 실수가 아닌 것을 구하라.

(c) 입자를 $x = 3$에서 발견할 확률은 얼마인가?

14. 다음 각 함수에 대해, 입자의 파동함수가 될 수 있다면 상수 A를 구하고, 입자의 파동함수가 될 수 없다면, 그 이유를 설명하라. (k는 상수이다.)

(a) $\psi_1(x) = Ax$

(b) $x > 0$일 때 $\psi_2(x) = A/x$

(c) $x > 1$일 때 $\psi_3(x) = A/x$

(d) $\psi_4(x) = A\sin(kx)$

(e) $0 \le x \le \pi/k$일 때 $\psi_5(x) = A\sin(kx)$, 그 밖의 모든 곳에서는 0

15. 다음 두 파동 함수에 대해, 규격화할 수 있으면 상수 A의 값을 구하고, 규격화할 수 없으면 그것을 증명하라. (k는 양의 상수이다.)

(a) $\psi_1(x) = Ae^{-kx}$

(b) $\psi_2(x) = \begin{cases} Ae^{kx} & x \le 0 \\ Ae^{-kx} & x > 0 \end{cases}$

16. 입자의 파동 함수가 다음과 같다: $0 \le x \le L$에 대해

$\psi = Ax(x - L)$, 그 밖의 모든 곳에서는 $\psi = 0$.

(a) A의 값을 구하라.

(b) 영역 $0 < x < L/2$에서 입자를 찾을 확률은 얼마인가? (셈을 할 수도 있지만 셈하지 않고도 도표를 그려 알아낼 수 있다.)

(c) 영역 $0 < x < L/4$에서 입자를 찾을 확률은 얼마인가? (이 문제는 셈을 해야 하지만 도표를 그리면 맞는지 확인할 수 있다.)

17. 입자의 파동 함수가 다음과 같다: $-L \leq x \leq L$에 대해 $\psi = A\cos(\pi x/2L)$, 그 밖의 모든 곳에서는 $\psi = 0$. A의 값을 구하라(답에 L이 들어간다.)

18. 입자의 파동 함수가 다음과 같다: $0 \leq x \leq L$에 대해 $\psi = Ax(x - L)(x - 2L)$, 그 밖의 모든 곳에서는 $\psi = 0$.

(a) A의 값을 구하라.

(b) 영역 $0 < x < L/2$에서 입자를 찾을 확률은 얼마인가?

(c) 영역 $0 < x < 2L$에서 입자를 찾을 확률은 얼마인가?

(d) $\langle x \rangle$를 구하라.

19. 입자의 파동 함수가 다음과 같다: $0 \leq x \leq \pi/k$에 대해 $\psi = Ae^{kx}$, 그 밖의 모든 곳에서는 $\psi = 0$. 이 파동함수의 규격화 상수 A 를 구하라.

20. 입자의 파동 함수가 다음과 같다: $0 \leq x \leq L$에 대해 $\psi = Ax(x - L)(x + iL)$, 그 밖의 모든 곳에서는 $\psi = 0$. 참고: 이 문제를 풀 때 적분을 하는데, 모두 직관적이지만 지루하다. 컴퓨터를 써서 할 수도 있다.

(a) A의 값을 구하라.

(b) 영역 $0 \leq x \leq L$에서 입자를 찾을 확률은 얼마인가?

(c) $\langle x \rangle$를 구하라.

21. 확률 분포가 $x \geq 1$에 대해 $P(x) = k/x^3$이고, $x < 1$이면 0인 양이 있다. k는 양의 상수이다. (이것은 실제로는 파동 함수의 제곱이 아닌 다른 확률 분포일 수 있다.)

(a) 이 분포를 규격화하는 상수 k를 구하라.

(b) 이 양을 $1 \leq x \leq 2$에서 발견할 확률은 얼마인가?

(c) $x > 5$에서 발견할 확률은 얼마인가?

(d) 이 양을 상관관계가 없는 많은 표본을 뽑은 다음 모든 결과의 평균을 구하면, 무엇을 얻는가?

(e) 확률 분포 $P(x) = k/x^3$은 $x > 0$ 영역에서 적절하게 규격화될 수 없음을 보여라.

22. 많은 양은 "가우스 분포"[8]로 모형을 꾸밀 수 있다: $P(x) = ke^{-x^2}$. 여기서 k는 양의 상수이다. (이것은 파동 함수가 아니라 확률 분포이다.) 이 함수를 다룰 때 다음 두 가지 사실을 알아두면 도움이 된다:

$$\int_{-\infty}^{\infty} e^{-x^2}\,dx = \sqrt{\pi} \quad \text{와} \quad \int_0^1 e^{-x^2}\,dx \approx 0.747.$$

어떤 양이 실수축 전체에서 가우스 분포를 따른다고 하자.

(a) 이 분포의 규격화 상수 k를 구하라.

(b) 이 양을 0과 1 사이에서 발견할 확률을 구하라. **실마리:** 0.747이 아니다.

(c) 이 양을 -1과 1 사이에서 발견할 확률을 구하라.

(d) 이 양이 1보다 클 확률을 구하라. **실마리:** 계산기를 쓰지 않고도 답을 구할 수 있는 충분한 정보가 위의 문제의 답에 들어있다.

23. 이산 분포의 기댓값 공식

세 곳 x_1, x_2, x_3에서 발견될 확률이 P_1, P_2, P_3인 입자를 살펴보자.

(a) 이 상태의 입자 백만 개를 준비하여 위치를 모두 재면, x_1에서 몇 개를 발견할 수 있을까?

(b) 평균을 셈하려면 모든 결과를 더해야 한다. 백만 개의 입자가 있고 모두 x_1, x_2 또는 x_3가 될 것이므로 결과는 x_1을 얻은 횟수의 x_1배, x_2를 얻은 횟수의 x_2배, x_3를 얻은 횟수의 x_3배를 더한 뒤 측정 횟수(이 경우 백만 번)로 나눠야 한다. 그 평균을 셈하라. [(4.5)로 시작하지 말고 유도하라!]

8 "정규 분포"라고도 한다.

4.4 하이젠베르크 불확정성 원리

하이젠베르크 불확정성 원리는 입자에 대한 우리의 지식을 엄격하게 제한한다.

4.4.1 설명: 하이젠베르크 불확정성 원리

1927년 하이젠베르크(Werner Heisenberg)는 입자의 특성을 잴 때 불확정성이—어떤 양만큼—남는다고 제안했다. 그러나, 불확정성을 어떻게 정량화할 수 있을까?

먼저 정성적인 측면부터 살펴보자. 그림 4.12의 두 파동 함수를 보자. (위치의 단위는 원자 물리학의 옹스트롬이다: $1\text{Å} = 10^{-10}$ m).

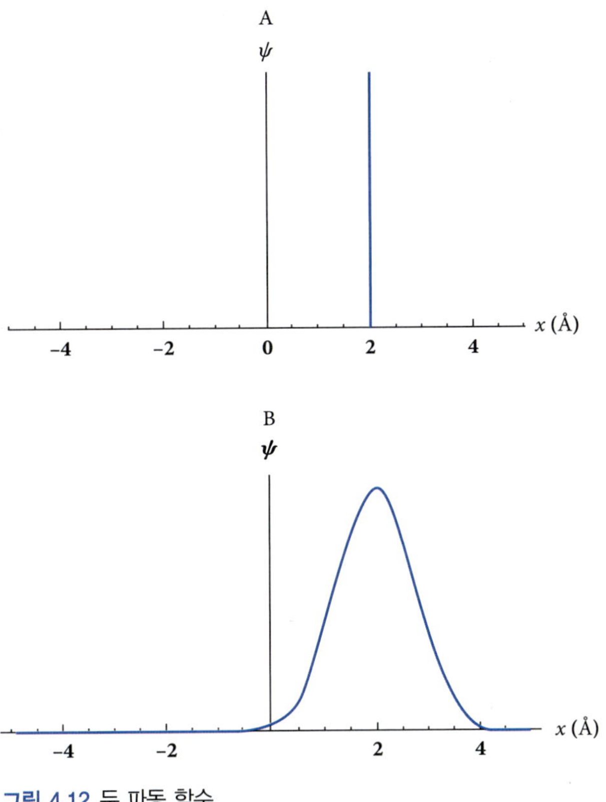

그림 4.12 두 파동 함수.

- 파동 함수 A는 봉우리 폭이 좁고 뾰족하다. 이 입자의 위치를 재면 $x = 2$ Å 또는 이에 매우 가깝게 나오므로 입자의 위치 불확정성 Δx는 0에 가깝다.
- 파동 함수 B는 봉우리가 더 많이 퍼져 있다. 이러한 입자를 많이 준비하여 위치를 재면 대부분의 결과가 $x = (2 \pm 1)$Å 범위 안에 들어가므로 불확정성은 $\Delta x \approx 1$ Å로 추정한다.

이와 같은 예를 바탕으로 비공식적인 정의를 내릴 수 있다.

위치 불확정성: 첫째 (비공식) 정의

파동 함수가 모두 똑같이 $\psi(x)$인 많은 입자를 생각해 보자. 이 모든 입자의 위치를 재면 결과는 갖가지로 나온다. 이 모든 측정값의 평균을 기호 $\langle x \rangle$로 나타낸다. (이것은 § 4.3에서 설명한 대로 x의 기댓값이다.)

이러한 측정값의 약 2/3가 $\langle x \rangle - \Delta x$와 $\langle x \rangle + \Delta x$ 사이에 든다고 하자. 그러면 Δx를 그 파동 함수와 관련된 "위치 불확정성"이라고 한다.

아래에서 운동량과 같은 다른 물리량도 유사한 정의를 쓸 수 있음을 볼 것이다. 이 절의 마지막에서는 "표준 편차"라는 통계적 개념을 써서 불확정성을 더 엄격하게 정의한다.

능동 읽기 연습: 위치 불확정성

파동 함수가 $\langle x \rangle = 20$ Å, $\Delta x = 3$ Å임을 안다면 어떤 결론을 내릴 수 있을까?

입자의 위치를 재면 약 67%의 확률로 그 값이 $x = 17$ Å과 $x = 23$ Å 사이에 들어있을 것이다.

운동량 불확정성

운동량도 위치와 마찬가지로 입자의 파동 함수에 따라 확률적으로 명시되며, Δp의 정의도 Δx의 정의와 같은 방식이다. 파동 함수가 같은 입자를 많이 준비하고, 입자의 운동량을 잰 다음 개별 측정값이 평균 $\langle p \rangle$에서 얼마나 벗어나는지 확인한다.

운동량 확률을 셈하는 방법은 6장에서 보여준다. 지금은 다음 사실만 기억하면 된다:

파동 함수의 봉우리가 뾰족할수록 운동량 측정의 불확정성이 커진다.

그림 4.12의 파동 함수 A는 $\Delta x \approx 0$이므로 Δp는 거의 무한대에 가깝다. 파동 함수 B는 Δx가 더 크고, 따라서 Δp가 더 작다.

능동 읽기 연습: 조금 고친 불확정성

그림 4.12의 파동 함수 B와 매우 비슷하지만 위치 불확정성 Δx가 조금 더 작은 파동 함수를 그려보라. 이 변화가 운동량 불확정성 Δp에 어떤 영향을 준다고 생각하는가?

먼저 그리고 답을 적은 다음 계속 읽어라. 먼저 불확정성 원리를 제시한 뒤에 답을 제시하겠다.

불확정성 원리

봉우리가 뾰족하여 Δx가 작고 Δp가 큰 파동 함수와 봉우리가 펑퍼짐하여 Δx가 크고 Δp가 작은 파동 함수를 보았다. 더 중요한 것은 위치 분포가 좁으면 운동량 분포는 넓어진다는 일반적인 규칙을 확인한 것이다.

위치 불확정성과 운동량 불확정성의 일반적 관계는 푸리에 변환을 써서 끌어낼 수 있다. 여기서는 이러한 유도 과정을 거치지 않고, 가장 중요한 결과를 아래에 제시한다.

하이젠베르크 불확정성 원리

$$\Delta x \Delta p \geq \frac{\hbar}{2} \tag{4.6}$$

이 공식의 부등호 ≥는 두 불확정성을 동시에 얼마든지는 크게 만들 수는 있어도 동시에 임의로 작게 만들 수는 없음을 일러준다.

"가우스" 파동 함수 $\psi(x) = Ae^{-k(x-x_0)^2}$은 하이젠베르크가 허용하는 최소값 $\Delta x \Delta p = \hbar/2$이 된다. (문제 23 참조). 다른 파동 함수는 $\Delta x \Delta p$의 값이 더 크며, 많은 단순한 파동 함수는 $\Delta x \Delta p$의 크기 정도가 하한값과 같다.

예: 불확정성

그림 4.12의 파동 함수 B는 가우스 함수이다. 운동량을 재면 $p = 0$을 중심으로 퍼진다. 이 파동 함수의 입자를 많이 마련한 다음 운동량을 잰 결과의 대부분이 어떤 범위에 있을까?

답: 위에서 도표에서 $\Delta x \approx 1$ Å로 볼 수 있다고 했다. 이것은 가우스 함수이므로 불확정성이 하한값임을 알 수 있다:

$$\Delta p = \frac{\hbar}{2\Delta x} = \frac{1.05 \times 10^{-34}\,\text{kg m}^2/\text{s}}{2 \times 10^{-10}\,\text{m}} = 5.3 \times 10^{-25}\,\text{kg m/s}.$$

이는 운동량 측정값이 대부분 5×10^{-25} kg m/s 안에 들어감을 뜻한다.

지금까지는 일차원만 다루었다. 삼차원에서는 각 방향마다 고유한 불확정성 관계가 있다: $\Delta y \Delta p_y \geq \hbar/2$ 등이다.

불확정성 원리는 양자역학의 가장 급진적인 결론 중 하나이다. 이 원리는 입자의 위치나 운동량과 같은 고전적 특성을 잴 때 정확성에 근본적인 한계가 있으며, 그것은 기술 발전으로도 극복할 수 없음을 알려준다. 정통 해석에서는 더 나아가, 입자 자체의 위치와 운동량은 결코 정확하게 정의되지 않는다고 한다. (전부는 아니지만) 많은 물리학자들이 객관적 실재성(objective reality)이라는 개념이나 "이 방정식은 실험 결과를 성공적으로 예측한다"는 것보다 더 강력한 진술을 완전히 포기한 이유를 알 수 있을 것이다.

불확정성 원리를 제시했으므로 이제 194쪽의 능동 읽기 연습에 답할 수 있다. 파동함수의 퍼짐을 좁히면 Δx가 줄어든다. 문제의 파동 함수는 가우스 꼴이므로 이미 불확정성이 최소인 상태이므로 Δp는 커져야 한다.

시간-에너지 불확정성 원리

상황을 명시하지 않고 "불확정성 원리"에 대해 이야기할 때는 대체로 위치 및 운동량의 불확정성과 관련된 식 (4.6)을 뜻한다. 그러나 양자역학에는 그러한 관계식이 많다. 예를 들어, 궤도를 도는 물체는 각좌표와 각운동량의 불확정성과 관련된 불확정성 원리가 있다.

여기서는 다른 관계와는 질적으로 다른 또 하나의 관계를 살펴보겠다.

시간-에너지 불확정성 원리

$$\Delta t \Delta E \geq \frac{\hbar}{2} \tag{4.7}$$

위치-운동량 불확정성 원리와 매우 비슷해 보이지만 왜 이렇게 다른지 알겠는가? 파동 함수가 같은 입자를 여러 개 마련하여 에너지를 잰 다음 결과가 평균과 얼마나 다른지 확인하면 된다. 하지만 t는 입자의 특성이 아니다.

물음: "저 전자의 시간은 얼마야?"

답: "뭐라고?"

대충 말하면, Δt는 계의 어떤 속성이 눈에 띄게 바뀌는 데 걸리는 시간이다. 계가 진동한다면, Δt는 진동 주기와 거의 같다. 계의 일부 속성이 지수함수꼴로 감소(또는 증가)한다면 Δt는 대략 그 값이 반(또는 두 배)으로 변하하는 데 걸리는 시간이다.

더 정확히 말하면, Δt는 계의 어떤 속성이 그 속성의 불확정성과 같은 양만큼 바뀌는 데 걸리는 시간이다.

입자의 위치가 진동하고 운동량이 지수함수꼴로 커진다면 어떻게 될까? 어떤 속성을 쓸까? 답은 모두 (4.7)을 따라야 하므로 가장 빨리 바뀌는 것이 에너지의 최소 불확정성을 정한다는 것이다.

시간-에너지 불확정성 원리의 한 가지 결과는 에너지가 확실한 상태는 어떤 식으로든 변할 수 없으며, 이를 "정상 상태"라고 부른다는 것이다. 5장에서 이 사실의 몇 가지 함의를 설명한다.

예: 선폭

수소의 $n = 2$ 상태의 전자가 $n = 1$ 상태로 붕괴하는 데 평균 1.6 ns가 걸린다.[9] 이러한 원자를 많이 마련하여 나오는 광자의 에너지를 재면 에너지의 퍼짐은 대략 얼마일까?

답: 보어 모형에서 에너지의 평균 기댓값을 구할 수 있다:

$$E_{\text{광자}} = (13.6\,\text{eV})\left(\frac{1}{1^2} - \frac{1}{2^2}\right) = 10.2\,\text{eV}.$$

보어 모형은 모든 광자가 똑같은 에너지로 나올 것이라고 예측한다. 그러나 이 들뜬 상태가 1.6 ns 정도 지나면 자발 붕괴된다는 사실은 그 상태의 에너지가 정확히 정의되지 않음을 뜻하며, 이는 결국

9 7장에서 수소에는 $n = 2$인 상태가 여럿이고, 이것은 $2p$ 상태임을 배운다. 그러니 지금은 신경쓰지 마라.

여러 에너지의 광자가 나옴을 뜻한다:

$$\Delta E \approx \frac{\hbar}{2\Delta t} = 2.1 \times 10^{-7}\ \text{eV}.$$

따라서 광자 에너지의 퍼짐은 약 10.2 eV를 중심으로 $\pm 2 \times 10^{-7}$ eV이다.

이 효과는 발광 분광선의 선폭 퍼짐으로 나타난다. 방출선의 "선폭"은 원자의 들뜬 상태의 수명을 재는 지표이다.

이 예제에서 방금 설명한 효과가 전이의 "자연 선폭"이다. 측정된 선폭을 넓힐 수 있는 다른 효과도 있지만, 시간-에너지 불확정성 원리에 따라 요구되는 최소값보다 작을 수는 없다.

여기에 작지만 유용한 요령이 있다. 이제 불확정성 원리를 알았으니 $\hbar$(또는 h)의 단위를 쉽게 기억할 수 있다. 위치 곱하기 운동량, 또는 이에 상응하는 에너지 곱하기 시간이다. 예를 들어, 국제 단위계에서 $\hbar$의 단위는 kg m^2/s라는 결론이 바로 나온다.

표준 편차

숫자 집합의 평균은 해당 숫자의 "전형적인" 값을 나타내는 한 가지 방법이다. 예를 들어 2학년 학생의 평균 키가 1.20 m라면 그보다 훨씬 큰 학생은 키가 크고 그보다 훨씬 작은 학생은 키가 작다고 생각하는 경향이 있다.

그러나 평균을 안다고 해도 숫자가 얼마나 퍼져있는지는 알 수 없다. 어떤 반은 모든 학생의 키가 1.18 m와 1.22 m 사이에 있고, 다른 반은 0.90 m에서 1.50 m 사이에 있을 수도 있다. 이 두 반의 평균은 같지만 "표준 편차"가 다르므로 예를 통해 개념을 설명하겠다.

박 좋은 선생님이 한 해의 성적표를 정리했다. 표 4.1의 성적을 보면 학생들의 평균 성적이 $\langle G \rangle = 75$이다.

이제 박 선생님은 이 평균을 중심으로 점수가 얼마나 퍼져 있는지 살펴보려고 한다.

표 4.1 박 좋은 선생님 반 학생의 성적

학생	김 착한	이 명랑	박 똑똑	황 힘센	오 고운
성적(G)	70	80	60	90	75

능동 읽기 연습: 평균에서 벗어남

이 모든 문제는 위의 성적표를 참조한다.

1. 각 학생의 점수에서 반 평균을 뺀 ΔG를 셈한다.

2. ΔG의 평균값을 구한다.

3. 왜 ΔG의 평균이 점수가 얼마나 퍼져 있는지를 보여주는 좋은 지표가 아닌가?

김 착한은 $\Delta G = -5$, 이 명랑은 5, 박 똑똑은 15, 황 힘센은 15, 오 고운은 0이다. ΔG의 평균을 구하면 0이다. 어떤 숫자 집합에서도 이것이 늘 참이라는 것을 스스로 확신할 수 있어야 한다 (문제 18 참조). 문제는 ΔG 중 일부는 음수이고 일부는 양수이지만, 참으로 신경 써야 할 것은 평균에서 얼마나 멀리 있는가이다.

해결책은 ΔG의 제곱의 평균을 구한 다음 그 값의 제곱근을 구하면 된다:

$$\sigma_G = \sqrt{\frac{\sum_n (\Delta G)^2}{n}}. \tag{4.8}$$

(4.8)이 어떤 결과를 내는지 확인하라. 2학년의 예로 돌아가서 평균이 1.2 m이고 표준 편차가 0.02 m라면 거의 모든 아이들의 크기는 1.2 m에 매우 가깝다는 뜻이다. 그러나 평균이 같고 표준 편차가 0.3 m인 반은 키의 범위가 훨씬 더 넓을 것이다. 전자의 경우 마구 고른 학생의 키를 후자의 경우보다 훨씬 더 확실히 예측할 수 있다.

다시 하이젠베르크로 돌아가자.

양자 불확정성: 둘째 (더 엄격한) 정의

파동 함수가 모두 똑같이 $\psi(x)$인 많은 입자를 생각하자. 이 모든 입자에 대해 물리량 Q를 잰다. 불확정성 ΔQ는 이 측정값의 표준 편차로 정의된다(때때로 σ_Q로 쓰기도 함).

문제 17에서는 $\psi(x)$로부터 위치 불확정성을 셈하는 공식을 쓸 것이다. 이 책에서는 이 공식을 많이 쓰지 않지만, 이 중요한 물리량에 대해 세 가지 사실을 기억해 두는 것이 좋다:

- 표준편차가 크다는 것은 낱낱의 측정값이 (평균보다 크든 작든) 평균값에서 매우 멀리 퍼져 있는 경향이 있음을 뜻하며, 표준 편차가 작다는 것은 낱낱의 측정값이 평균 주위에 모여 있음을 뜻한다.
- 파동함수의 위치 불확정성 Δx는 파동함수가 똑같은 입자를 많이 마련하여 모두 위치를 잴 때 얻는 값의 표준 편차이다. 불확정성이 작다는 것은 측정 결과를 자신 있게 예측할 수 있음을 뜻한다. 다른 측정량에 대해서도 불확정성을 비슷하게 정의할 수 있다.
- 가우스 분포의 경우, 측정값의 약 2/3가 평균을 중심으로 표준편차 안에 있다.

4.4.2 물음과 문제: 하이젠베르크 불확정성 원리

개념 물음 및 개념시험

1. 위치와 운동량의 불확정성 관계를 자신의 말로 설명하라 (일차원).

2. 두 가지 입자 뭉치를 마련했다. 이들의 파동 함수는 모두 중심이 $x = 10$ m이다. 즉, 이 입자들의 위치를 잰 결과의 평균은 $\langle x \rangle = 10$m이다.

(a) 첫째 입자 뭉치의 불확정성은 $\Delta x = 1/4$ m이다.

대부분의 입자를 발견할 수 있는 x-값의 범위를 말하라.

(b) 둘째 입자 뭉치의 불확정성은 $\Delta x = 14$ m이다. 대부분의 입자를 발견할 수 있는 x-값의 범위를 말하라.

3. 다음 중 주사위 굴림의 불확정성을 가장 잘 추정하는 것을 하나 고르고 답을 설명하라.
   A. 0
   B. 1.5
   C. 6
   D. ∞

4. 물체의 위치 불확정성이 음수가 될 수 있는가? 설명하라.

5. 어떤 입자의 위치를 매우 정확하게 쟀다고 하자.
   (a) 그 측정은 그 입자의 Δx에 어떤 영향을 주는가? (하나를 고르고 설명하라.)
   A. 커진다.
   B. 변하지 않는다.
   C. 작아진다.
   (b) 그 측정이 그 입자의 Δp에 어떤 영향을 주는가? (하나를 고르고 설명하라.)
   A. 커진다.
   B. 변하지 않는다.
   C. 작아진다.

6. 입자의 위치를 매우 정확하게 잰 다음, 그 입자의 운동량을 잴 때 그 정확도를 높여 $\hbar/2$를 앞서 잰 위치 측정의 정확도로 나눈 값보다 더 작게 만들 수 있다. 이것이 왜 불확정성 원리에 어긋나지 않는가?

7. 발광선의 선폭은 들뜬 상태 에너지의 불확정성과 관련된다고 했다. 왜 바닥상태의 에너지의 불확정성과는 무관할까? **실마리:** 바닥상태가 얼마나 오래 지속되는지, 그리고 그것이 바닥상태의 에너지에 대해 무엇을 알려주는지 생각해 보라.

8. 대응 원리는 (대략적으로) 뉴턴이 쟀을 법한 종류의 것에 접근하면 뉴턴 물리학의 거동에 접근한다는 것이다. 왜 그 극한에서는 불확정성 원리가 사라지는가?

9. 입자의 위치 측정의 불확정성이 0에 가까운 극한에서, 입자의 속도에 대한 지식은 어떻게 되는가? (하나를 고르고 설명하라.)
   A. $\Delta x \to 0$이면, Δv는 무한대에 가까워진다. 이것은 때때로 '이 입자는 빛보다 빠를 수 있다'라고 말해야 할 수도 있음을 뜻한다. (이것을 고른다면 상대론에서 왜 이것이 허용되는지 설명하라.)
   B. v는 늘 $-c$와 c 사이에 있어야 하므로, 불확정성 Δv는 기껏해야 c에 근접할 수 있다. 이것은 위치 측정 정확도를 근본적으로 제한한다.
   C. v는 늘 $-c$와 c 사이에 있어야 하므로, 불확정성 Δv는 기껏해야 c에 근접할 수 있다. 그러나 이것이 위치 측정의 정확도를 제한하지는 않는다. (이것을 고른다면 불확정성 원리에 어긋나지 않는 이유를 설명하라.)

심층 토론

10. 불확정성 원리는 입자의 위치와 운동량을 정확히 알 수 없다거나, 입자가 확실한 위치와 운동량을 가질 수 없음을 말하는가? 설명하라.

11. 불확정성 원리는 실험적으로 어떻게 검증할 수 있는가?

문제

12. 원자핵 속의 양성자는 폭이 대략 10^{-15} m인 영역에 갇혀 있다. 그 운동량의 불확정성을 추정하라.

13. 가우스 파동 함수는 $\psi(x) = Ae^{-k(x-x_0)^2}$이다. A와 k는 양의 상수, x_0은 실수 상수(양수 또는 음수)이다.
   (a) x 값이 얼마일 때 이 함수의 값이 최대인가? **실마리:** 가장 쉬운 해법은 도함수를 구하는 것이 아니라 이 함수의 특성을 살피는 것이다.
   (b) 이 함수의 $x \to \pm\infty$에서의 극한값은 얼마인까?
   (c) 상수 A의 값을 어떻게 잡겠는가? (여기서 값을 말하지 말고 간단히 설명하라.)
   (d) 상수 k의 단위는 무엇인가?
   (e) 종이 한 장에 다음과 같은 가우스 파동 함수 두 개를 그려라: $\psi_1(x) = A_1e^{-k_1x^2}$, $\psi_2(x) = A_2e^{-2k_1x^2}$.

(f) 어느 곡선의 Δx가 더 클까? 어느 곡선의 Δp가 더 클까?

14. 탄소-14 핵은 질소-14 핵으로 붕괴하면서 전자와 중성미자를 낸다. 이에 대해 종종 전자가 애초부터 핵 속에 있었는지, 아니면 변환 과정에서 생긴 것인지 묻는다. 답은 전자는 핵 속에 있을 수 없다는 것인데, 이는 불확정성 원리에 어긋나기 때문이다. 다음 사실을 써서 그것을 증명하라: 탄소 14의 핵의 반지름이 2.5×10^{-15} m이고 전자는 대체로 약 50 keV의 에너지로 나온다.

15. 어떤 입자가 x-축을 따라 $0 < x < L$인 영역 안에서 움직일 수 있고, 그 영역 어디에나 있을 확률이 같다고 하자.

(a) 입자의 운동량 불확정성을 추정하라. (Δp는 하이젠베르크가 허용하는 최소값에 가깝다고 가정하라.)

(b) 운동량이 $-\Delta p$에서 Δp 사이의 어떤 값도 될 확률이 같다면, 운동량의 평균 크기는 얼마인가?

(c) 관련된 운동 에너지는 얼마인가?

(d) (c)의 답은 이 영역에 갇힌 입자의 운동 에너지의 평균값을 알려주는가? 최소값은? 최대값은? 다른 값은? 어떻게 아는가?

16. 다음 실험을 생각해 보자: 6-면 주사위를 굴려, 윗면의 값을 적는다. 이 일을 여러 번 반복한다.

(a) 이 실험의 기댓값 $\langle x \rangle$는 얼마인가?

(b) 이 실험의 표준 편차 σ_x는 얼마인가? **실마리:** 1.5가 가깝지만 정확하지는 않다.

(c) 이제 다른 실험을 생각하자. 주사위를 20개 굴려서 결과를 평균하고 그 값을 적는다. 다른 주사위 20개를 더 굴려 평균을 낸 다음 값을 적는 식으로 여러 번 반복한다. 이 숫자의 기댓값은 원래의 (한 번에 하나씩 굴린) 실험보다 더 클까, 더 작을까, 아니면 같을까? 표준 편차는 어떨까?

17. (4.8)은 이산 수량 G의 표준 편차(또는 불확정성)에 대한 공식이다.

(a) § 4.3에서 이산 및 연속 확률 분포에 대해 배운 것을 상기하여 $\psi(x)$에서 Δx를 셈하는 공식을 적어라.

(b) 입자가 $-L$과 L 사이의 모든 곳에서 발견될 확률은 같고, 다른 곳에서 발견될 확률은 0이라고 하자. Δx를 셈하라.

18. N개의 숫자 c_1, c_2, $\cdots$, c_N이 있다. $\Delta c_i = c_i - \langle c \rangle$이면, Δc_i의 평균값은 0임을 보여라.

19. 수소 원자의 크기와 에너지

불확정성 원리를 써서 전자가 원자핵 속에 갇히지 않는 이유를 이해하고 수소의 바닥상태의 에너지와 크기를 추정할 수 있다.

(a) 고전적으로, 전자의 상태로 에너지가 가장 낮은 것은 원자핵 바로 위에 서 있는 상태이다. 양자역학에서는 왜 이것이 불가능한가? (답을 길게 할 필요가 없다.)

(b) 전자가 핵을 중심으로 반지름 $2R$인 공 속에 있다고 가정하자. 여기서 R은 아직 결정되지 않은 거리이다. $r = R$을 합리적인 평균값으로 가정할 때, 이 상태의 원자의 위치 에너지는 얼마인가?

(c) 방금 설명한 상태는 위치 불확정성이 $\Delta x \approx R$이다. 운동량 불확정성 Δp_x의 최소값은 얼마인가?

(d) x 운동량의 크기는 평균적으로 Δp_x의 반 정도이다. 왜 그런지 간단히 설명한 다음, 이를 써서 Δp_x의 평균 크기를 셈하라.

(e) p_y와 p_z가 p_x와 같다고 가정하고, 방금 찾은 $|\vec{p}|$의 평균값과 관련된 운동 에너지를 구하라. 답은 처음에 시작한 미지의 반지름인 R로 나타내야 한다.

(f) 총 에너지(운동 에너지와 위치 에너지의 합)이 최소인 R 값을 구하고 관련된 에너지를 구하라. 그 답을 보어 모형의 바닥상태 에너지와 비교하라.

20. 불확정성과 홑-실틈 회절

전자 하나가 실틈이 있는 벽에 일정한 속도 v_y로 다가간다. 전자가 벽에 이르기 전에는 x의 범위가 넓고 x-속도 $v_x = 0$으로 거의 완벽하게 결정되어 있다. 전자가 벽에 이르면 실틈을 지나면서 갑자기 x-위치의 범

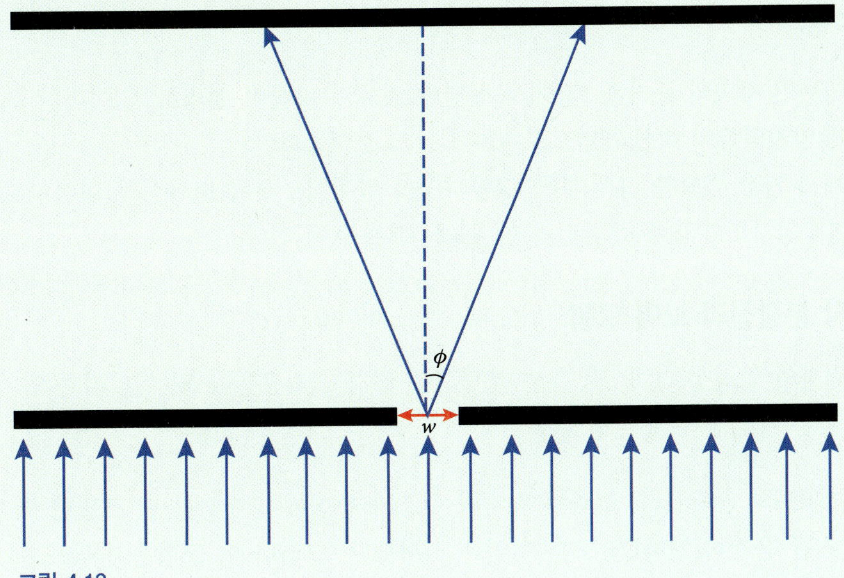

그림 4.13

위가 실틈의 너비 w가 된다(그림 4.13). 전자가 실틈에서 나올 때 각도 범위는 얼마일까?

답을 드 브로이 관계식을 써서 w와 λ(전자의 파동 함수의 파장)로 나타내라. 간단히 y-속도가 충분히 커서 $|\vec{v}| \approx v_y$라고 할 수 있다.

21. 수소의 $n = 3$ 상태 중 하나를 $3p$라고 하며, 이 상태는 약 0.164 ns 동안 지속된 뒤 바닥상태로 간다.

(a) 방출된 광자의 에너지 퍼짐을 추정하라.

(b) 발광선의 진동수 선폭을 추정하라.

22. "W 보손"은 입자 물리학의 표준 모형의 기본 입자 중 하나이다. 실험실에서 만들 수 있지만 약 3×10^{-25}초 뒤에 저절로 붕괴하여 다른 입자가 된다. 즉, W 보손은 질량이 잘 정의되어 있지 않다. W 보손의 질량에 대해 보고된 값은 정확도가 매우 높지만, 이는 여러 번 재어 얻은 평균값이다.

(a) W 보손의 정지 에너지의 불확정성을 추정하라.

(b) W 보손의 질량 불확정성을 추정하라.

(c) W 보손의 질량 측정값의 불확정성은 약 4×10^{27} kg이다. 이 결과는 시간-에너지 불확정성 원리와 일치하는가?

(d) "W 보손 질량의 불확정성"이라는 말이 뜻하는 바를 설명하라.

(e) 우주의 모든 전자의 질량이 같다고 믿는다. 이것은 전자의 안정성에 대해 무엇을 뜻하는가?

23. 탐구: 가우스 분포의 불확정성

가우스 함수는 $Ae^{-k(x-x_0)^2}$꼴이다($k > 0$). 간단히 $\psi(x) = Ae^{-kx^2}$를 살펴보자. ($x_0 = 0$으로 두면 가우스 함수의 중심이 0이 된다.)

(a) 함수의 중심이 $x = 0$에 있으면 위치 불확정성은 다음과 같다:

$$\Delta x = \sqrt{\int_{-\infty}^{\infty} x^2 |\psi(x)|^2 \, dx}.$$

Δx를 셈하라. **실마리 1:** $u = x$로 두어 부분 적분을 할 수 있다. **실마리 2:** 규격화를 생각하면 A를 셈하지 않고도 이를 셈할 수 있다.

(b) 이 파동 함수의 운동량의 확률 분포는 $|\hat{\psi}(p)|^2 = B^2 e^{-p^2/(2k\hbar^2)}$이다. (이것은 위치의 확률 분포 $|\psi(x)|^2$와 비슷하다. 6장에서는 $\psi(x)$에서 $\hat{\psi}(p)$를 셈하는 방법을 설명한다.) 운동량 불확정성을 셈하라.

(c) 곱 $\Delta x \Delta p$를 셈하라.

4장 요약

이 장에서는 양자화의 증거를 3장에서 설명한 것에 추가하여 설명하고, 이러한 초기 실험과 이론이 어떻게 양자역학의 핵심 개념으로 이어졌는지 보여준다.

이 장에서 가장 중요한 식은 부록 C(양자역학 방정식), 부록 E(간섭과 회절), 부록 F(파동의 특성)에 있다. 양자역학의 주요 발전의 연대표는 부록 A에 있다.

4.1 원자 분광선과 보어 모형

보어는 원자의 안정성, 발광 및 흡수 분광선을 전자가 각운동량 및 에너지가 양자화된 궤도만을 돌 수 있다는 가정을 통해 설명했다.

- 러더퍼드의 금박 실험 결과는 원자의 구조가 중심에 양전하를 띤 조밀한 핵이 있고 그 둘레를 작은 음전하(전자)가 도는 것임을 시사했다. 그러나 이 모형은 원궤도를 도는 전자가 에너지를 방출하면서 핵으로 떨어지지 않는 것과, 원소마다 특정 파장의 빛만 내고 흡수하는 것을 설명하지 못한다.
- 보어는 전자가 각운동량이 $n\hbar$(n은 정수)인 원궤도만 돌 수 있다고 제안했다. 이는 반경, 에너지 및 기타 속성의 양자화를 뜻한다.
- 보어 모형에서 전자는 허용된 궤도 사이를 불연속적으로 도약할 때만 빛을 흡수하거나 낼 수 있다. 그 빛의 파장은 관측된 분광선과 일치한다.
- 프랑크-헤르츠 실험은 원자가 충돌할 때도 광자를 흡수하는 에너지 준위에서만 에너지를 흡수할 수 있음을 보여 보어 모형을 더욱 뒷받침했다.
- 보어 모형에서 정수 n은 '양자수'로서 불연속적인 값만 취할 수 있으며, 계의 물리적 특성이다. 보어는 "대응 원리"를 제시했다: 이는 저속에서는 상대론적 거동이 고전 물리학적 예측에 접근해야 하는 것처럼 양자 거동도 양자수가 큰 극한에서는 고전 물리학적 예측에 접근해야 한다는 것이다.

4.2 물질파

드 브로이는 모든 입자에는 "물질파"가 연관되며, 그 파장은 $\lambda = h/p$라고 제안했다.

- 이 모형에서는 또한 물질파의 진동수가 $\nu = E/h$로 빛에 대한 플랑크의 가설과 같다.
- 1926년 데이비슨-거머 실험은 드 브로이의 가설을 최초로 확실히 검증했다. 훨씬 뒤인 1961년에 전자로 영의 겹-실틈 실험을 재현하여 드 브로이의 착상을 재확인했다.

4.3 파동함수와 위치 확률

드 브로이의 제안에 따라, 모든 입자에 "파동 함수" $\psi(x)$를 연관시킨다.

- 각 점에서의 $\psi(x)$의 값은 대개 복소수이다.
- 함수 $|\psi(x)|^2$은 "확률 밀도"로서, 어떤 영역에 대한 적분은 그 곳에서 입자를 찾을 확률을 나타낸다.

- 파동 함수는 "규격화"되어야 한다. 즉, 모든 공간에 대한 $|\psi(x)|^2$의 적분은 1이어야 한다.
- 어떤 물리량의 "기댓값"은 똑같이 준비된 계에서 해당 물리량을 여러 번 반복하여 잴 때 얻는 평균값이다.
- 189−190쪽의 표에는 이 절에서 필요한 모든 식이 정리되어 있다. 파동 함수에 대한 위치 확률과 기댓값을 셈하는 규칙("연속" 열)을 제시할 뿐만 아니라 다른 많은 양자역학적 특성에 유용한 이산 확률 분포에 대한 해당 공식을 보여준다.

4.4 하이젠베르크 불확정성 원리

입자의 파동 함수는 측정 결과에 대해 확실한 값이 아닌 확률을 예측한다. 값의 "불확정성"은 측정 결과가 얼마나 퍼져 있는지 알려준다. "하이젠베르크 불확정성 원리"에 따르면 입자의 위치 불확정성에 운동량 불확정성을 곱한 값은 최소 $\hbar/2$여야 한다.

- 속성의 불확정성은 확률 분포의 "표준 편차"로 정의된다. 같은 입자에 대한 일련의 여러 측정에서 각 측정값이 평균적으로 기댓값에서 얼마나 떨어져 있을까? 예를 들어, 파동 함수가 똑같은 입자의 위치 x를 N번 잰다면, 그 표준 편차 Δx는 다음과 같다:

$$\Delta x = \sqrt{\frac{1}{N}\sum_N \left(\langle x\rangle - x_N\right)^2}.$$

- 곱 $\Delta x \Delta p$는 얼마든지 클 수 있지만, $\hbar/2$보다 작을 수는 없다. 따라서 파동함수가 좁은 곳에 뾰족한 봉우리를 이루면(Δx가 작으면), 운동량 불확정성이 커진다.
- "에너지-시간 불확정성 원리"에 따르면 입자 에너지의 불확정성이 작을수록 입자의 속성이 바뀌는 데 더 오래 걸린다. 따라서 에너지가 확실한 상태는 "정상 상태"이며, 이는 변하지 않는다는 뜻이다.

5 슈뢰딩거 방정식
The Schrödinger Equation

입자 하나씩 겹-실틈 실험을 비롯한 20세기 초의 많은 실험을 통해 광자 또는 전자가 "파동함수"와 연관되어 있음을 알았다. 이 함수는 파동의 수학(보강간섭 및 소멸간섭 포함)을 따르며 입자의 위치 및 기타 속성을 확률적으로 알려준다.

입자의 파동함수는 어떻게 구할까? 그 파동함수는 시간이 가면서 어떻게 진화할까? 그 파동함수를 써서 다른 측정의 확률을 어떻게 예측할 수 있을까? 이 모든 물음에 대한 답은 양자역학 이론에서 나온다.

이 장의 처음 몇 절에서는 기본 모형을 소개하고 이를 써서 다양한 상황에서 입자의 거동을 셈한다. 이 장의 나머지 부분과 다음 장에서는 이 모형을 갖가지 간단한 사례에 적용한다.

이 장과 그 다음 장은 입자의 일차원 운동을 다룬다. 7장에서 수소 원자를 다룰 때는 그 이론을 삼차원으로 확장한다.

5.1 힘과 위치 에너지

많은 물리 현상을 설명할 때 힘 또는 위치 에너지의 개념을 쓸 수 있는데, 이 둘은 등가이다. 양자역학에서는 거의 위치 에너지의 개념만 쓰므로 이것을 시간을 들여 살펴볼 가치가 있다.

5.1.1 설명: 힘과 위치 에너지

뉴턴 역학의 일반 문제는 물체가 받는 힘을 명시하는 것으로 시작한다. 예를 들면 "지면 근처에서는 모든 물체는 아래 쪽으로 일정한 힘 $F = -mg$를 받는다" 또는 "이상적인 용수철에 매달린 추는 복원력 $F = -kx$를 받는다" 등이다. 이러한 힘을 뉴턴 제2법칙 $F = ma$에 넣고 방정식을 풀면 운동을 예측할 수 있다.

힘 대신 위치 에너지로 시작해도 완벽하게 동등한 식을 얻을 수 있다. 지면 근처에 있는 물체는 위로 올라갈수록 위치 에너지가 높이에 비례하여 커진다: $U = mgh$. 용수철에 매달린 추의 위치 에너지는 용수철이 풀려 있을 때 가장 작고, 압축되거나 늘어나면 위치 에너지가 더 커진다: $U = (1/2)kx^2$. 모든 계는 위치 에너지가 작은 쪽으로 가속되는 경향이 있음에 주목하여 위치 에너지를 써서 물체의 운동을 예측할 수 있다.

이것은 "괴상한 현대 물리학"이 아니다. 고전역학에서도 힘(벡터)보다는 위치 에너지(스칼라)를 쓰면 셈품을 엄청나게 줄일 수 있다. 회로를 연구했다면 배터리, 저항기, 유도기 및 축전기를 수학적으로 기술할 때 위치 에너지 함수를 쓴다는 것을 상기할 수 있을 것이다.[1] 물론 이러한 회로 소자는 전자에 힘을 주지만 회로 분석을 할 때 이러한 힘을 일일이 셈하는 것은 끔찍하게 비현실적이다.

여기에서 이것을 언급하는 이유는 회로 이론과 마찬가지로 양자역학에서도 "힘"이라는 말을 거의 쓰지 않기 때문이다. 문제는 위치 에너지 함수를 명시하는 것으로 시작된다. "전자가 원점을 향해 크기 $|\vec{F}| = kQq/r^2$인 힘으로 끌린다"고 말하는 대신 "전자가 위치 에너지 $U = -kQq/r$인 공간에 있다"고 말한다.

위치 에너지 도표

전형적인 고전역학 문제는 그림 5.1에 보인 위치 에너지 장 분석과 관련될 수 있다.

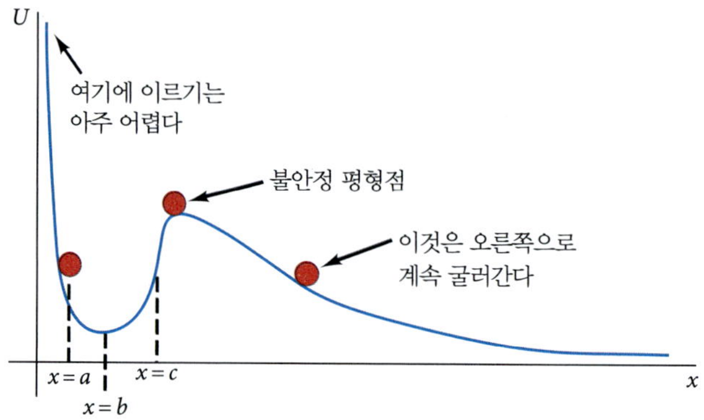

그림 5.1 위치 에너지 도표. 위치에 대한 변화를 보여준다. 그림의 설명은 표시한 곳에 서 있는 물체에 대한 것이다.

그림 5.1은 일차원적 상황을 보여준다. 위치 에너지는 어떤 x값에서는 높고 다른 값에서는 낮으며, 이 공간에 있는 물체는 그에 따라 왼쪽 또는 오른쪽으로 간다. 도표에서 물체가 "위로" 간다(위치 에너지 증가)는 말은 비유일 뿐 물체가 실제로 위, 아래로 가지는 않는다—왼쪽 또는 오른쪽으로만 간다.

그림 5.1은 이 위치 에너지 장의 세 곳에 서 있는 상태로 시작하는 세 물체를 보여준다.

- 가운데 물체는 "불안정 평형 상태"에 있다. 그 물체는 좌우 어느 쪽으로도 힘을 받지 않는다. 따라서 그대로 두면 계속 서 있겠지만, 위치가 어느 쪽으로든 조금만 밀려도 그 쪽으로 굴러가기 시작한다.
- 오른쪽 물체는 오른쪽으로 힘을 받는다. 오른쪽으로 가면서 초기 위치 에너지가 점점 더 많이 운동 에너지로 바뀐다. 따라서 오른쪽으로 계속 더 빨리 갈 것이다.

왼쪽 물체가 가장 흥미롭다.

1 회로를 분석할 때는 위치 에너지보다는 단위 전하의 위치 에너지인 "전위(potential)"를 쓴다.

능동 읽기 연습: 위치 에너지 우물 속의 운동

그림 5.1의 왼쪽 물체는 $x = a$로 표시한 곳에 서 있었다. 처음에 어떻게 움직일까? 장기적으로 어떻게 움직일까? 운동을 기술할 때 운동 에너지와 위치 에너지의 시간 변화를 기술하라.

답은 다음을 보라: www.cambridge.org/felder-modernphysics/activereadingsolutions

이러한 위치 에너지 장은 종종 언덕을 오르내리는 공을 써서 기술하며, 그것이 단지 비유일 뿐이라는 점만 기억하면 훌륭한 비유이다. 실제로 위치 에너지 장은 중력, 전기 및 기타 힘에 의해 발생할 수 있으며 실제의 언덕을 넣을 필요는 없다.

여기서 설명한 위치 에너지는 "보존력"(역학적 에너지를 보존하는 힘)에만 적용된다는 점을 기억하자. 위치 에너지는 중력, 정전기력, 용수철의 힘 등과 연관시킬 수 있다. 마찰이나 공기 저항과 같은 힘은 위치 에너지를 연관시킬 수 없다. 미시적 수준에서는 모든 힘이 보존적이므로 이 제한이 문제가 되지 않는다.

위치 에너지의 수학

그림 5.1에서 $x = a$에 있는 물체는 오른쪽으로 힘을 받는다. $x = b$에 있는 물체는 받는 힘이 0이다. $x = c$에 있는 물체는 왼쪽으로 힘을 받는다. 이 세 가지 진술은 모두 힘의 방향은 위치 에너지가 높은 곳에서 낮은 곳을 향한다는 핵심 개념에서 비롯된다. 그 개념을 나타내는 수식은 다음과 같다:

$$F = -\frac{dU}{dx}. \tag{5.1}$$

즉, 기울기가 양수인 위치 에너지 곡선에서는 힘의 방향이 음성이다. 힘을 기본 속성으로 생각하면 (5.1)을 위치 에너지의 정의로 쓸 수 있다: $U = -\int F(x)dx$.

그러나 어떤 양을 적분 식을 써서 정의하면 이상한 일이 생긴다. 그러한 양에는 늘 적분 상수가 붙는데, 그 값이 미정이다. 즉, $U = mgy$ 및 $U = mgy + c$는 똑같은 힘 법칙 $F = -mg$로 이어지며, 따라서 똑같은 물리적 거동을 나타낸다. 도표로도 똑같은 결론을 얻을 수 있다. 그림 5.1의 곡선을 위, 아래로 옮겨도 물체의 거동은 바뀌지 않는다.

이 적분 상수에 담긴 뜻은 어떤 곳이든 그 곳의 위치 에너지를 0으로 정할 수 있다는 것이다: $U = 0$. 건물 옥상에서 공을 던진다면 그곳에서 $U = 0$이라고 할 수 있다. 또는 지면에서 $U = 0$이라고 할 수도 있다. 셈은 다르게 보일 수 있지만 공의 거동에 대한 예측은 똑같다.

5.1.2 물음과 문제: 힘과 위치 에너지

개념 물음 및 개념시험

1. 어떤 물체가 x축을 따라 가는데, 그 위치 에너지는 다음과 같은 상수 함수이다: $U(x) = -3J$. 이 물체의 운동의 시간 변화를 기술하라. **실마리:** "물체가 가만히 있을 것이다."라고 말하고 싶다면, 더 깊이 생각하라.

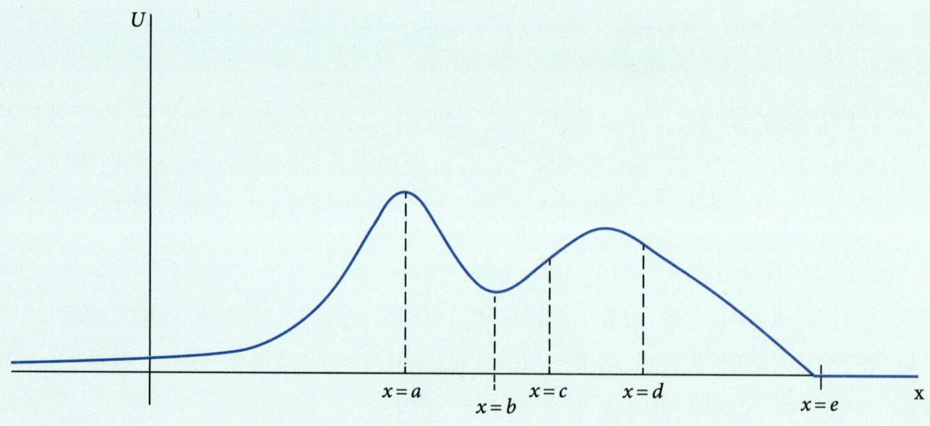

그림 5.2

2. 그림 5.2는 위치 에너지 $U(x)$ 도표이다: 왼쪽에서는 0에 접근하고 $x \geq e$에서는 정확히 0이다. 아래의 각 부분에서 초기 조건에 맞는 물체의 운동을 간단히 거술하라: 바로 뒤의 운동이 아니라 운동의 전반적인 특성을 서술하라.

(a) 처음에 $x = a$에 서 있다.

(b) 처음에 $x = b$에 서 있다.

(c) 처음에 $x = c$에 서 있다.

(d) 처음에 $x = d$에 서 있다.

(e) 처음에 $x = c$에서 오른쪽으로 빨리 간다.

(f) 처음에 $x = d$에서 오른쪽으로 빨리 간다.

3. 그림 5.3은 전위 $U(x)$의 도표이다. 위치 에너지는 왼쪽과 오른쪽에서 0에 접근한다. 도표에 보인 네 곳(a, b, c, d) 각각에 처음에 서 있던 입자의 장기적인 운동을 서술하라.

4. "강력"은 원자핵 속의 여러 입자를 한 덩어리로 묶는다. 다음은 두 중성자 사이의 힘에 대한 대략적인 서술이다. 간격이 1/2 fm(1 fm = 10^{-15} m)보다 작으면 서로 밀어내고, 1/2 fm과 2 fm 사이이면 서로 끌어당기며, 2 fm 이상이면 힘을 주고받지 않는다.

(a) 두 중성자가 주고받는 힘을 두 중성자의 거리의 함수로 정성적으로 그려라.

(b) 두 중성자 계의 위치 에너지를 두 중성자의 거리의 함수로 정성적으로 그려라.

5. 그림 5.2에서 $x = a$를 "불안정 평형", $x = b$를 "안정 평형"이라고 하는 이유를 설명하라.

6. 아래의 각 설명에 맞는 위치 에너지 함수를 도표로 그려라.

(a) 물체가 $+x$ 방향으로 일정한 힘으로 밀린다.

(b) 물체가 $+x$ 방향으로 일정한 힘으로 밀리지만 오른쪽($+x$ 방향)으로 갈수록 힘이 약해진다.

(c) 물체가 $x = 2$의 양쪽으로 밀려난다.

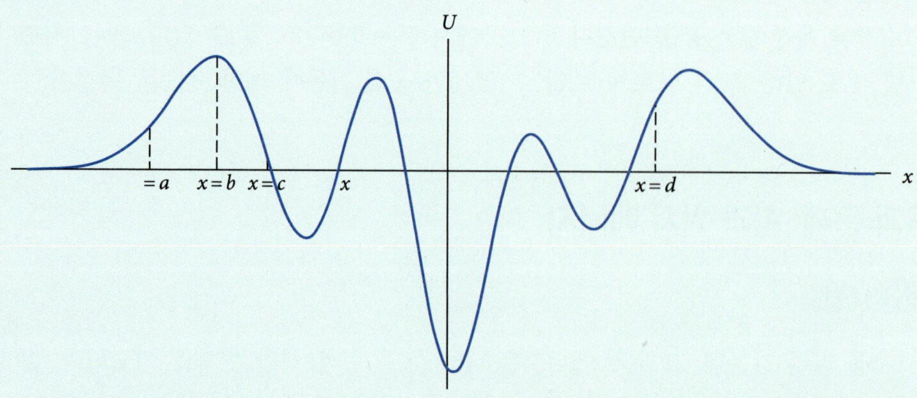

그림 5.3

7. "이 물체의 위치 에너지는 $x = 10$에서 음수이다"라면 물체의 거동에 대해 어떤 결론을 내릴 수 있는가? (하나를 골라라.)
   A. 물체는 $x = 10$을 향해 가는 경향이 있다.
   B. 물체는 $x = 10$에서 멀어지는 경향이 있다.
   C. 물체는 물리적으로 $x = 10$에 있을 수 없다.
   D. 위치 에너지는 음수가 될 수 없으므로 그렇게 말하면 안된다.
   E. 위치 에너지는 음수가 될 수 있지만 물리적으로 알려주는 것이 없다.

심층 토론

8. 토막이 초기 속도 v_0로 바닥에서 미끄러지다 결국 선다. 전형적으로 이 계의 초기 에너지는 $(1/2)mv_0^2$이고 최종 에너지는 0이며 마찰력이 비보존력이므로 에너지를 잃었다고 말한다. 그러나 원자와 분자 수준에서는 에너지는 결코 사라지지 않는다. 어디로 갔을까?

문제

9. 태양은 주위에 중력장을 만들어 모든 물체를 끌어당긴다. 태양까지의 거리가 r인 물체의 위치 에너지는 $U(r) = -GM_{태양}m_{물체}/r$이다. 여기서 G는 양의 상수이고 r은 태양 중심까지의 거리이다. (이 문제에서는 r을 유일한 차원으로 다룬다. 일반적으로 맞지는 않지만 예를 들어 물체가 처음에 서 있었다면 맞다.)
   (a) $U(r)$을 대충 빨리 그려보라. r은 양수 값만 넣는다.
   (b) 이 위치 에너지 장 속에서 처음에 서 있던 물체의 운동을 서술하라.
   (c) 이 위치 에너지 장 속에서 태양에서 멀어지기 시작하는 물체의 운동을 서술하라. **실마리:** 좋은 대답은 "초기 속력이 얼마나 빠른가에 따라 다르다."로 시작해야 한다.
   (d) 태양이 물체를 끄는 힘 $F(r)$을 적어라.
   (e) $r \to 0$이면 이 함수는 힘과 운동 에너지가 한없이 커진다고 예측한다. 그것은 실제로 일어나지 않는다. 왜?

10. 물체가 x축을 따라 가고 있으며 위치 에너지 함수는 $U(x) = kx$이다. k는 양의 상수이다.
   (a) $U(x)$의 단위가 J이고 x의 단위가 m일 때 상수 k의 단위는 무엇인가?
   (b) 이 물체가 받는 힘 $F(x)$의 식를 적어라.
   (c) 힘이 음수인 곳은 어디인가? 양수인 곳은?
   (d) $U(x)$ 도표를 그리고 이 곡선에서 얻는 결론이 힘의 법칙을 바탕으로 얻은 결론과 같은지 간단히 설명하라.
   (e) 처음에 물체가 x가 양수인 곳에 서 있을 때 단기 및 장기 거동을 정성적으로 서술하라.
   (f) 이 식은 어떤 물체를 서술하는가?

11. **[이 문제는 문제 10의 결과를 쓴다.]**
   (a) 뉴턴 제2법칙 $F = ma$를 써서 문제 10의 힘 법칙을 $x(t)$에 대한 2계 미분 방정식으로 바꾸어라.
   (b) 미분 방정식을 풀어 $x(t)$를 구하라. 그 해에는 적분 상수가 두 개 들어가야 한다.
   (c) 초기 조건 $x(0) = x_0$, $x'(0) = 0$에 맞는 특수해를 구하라.

12. 물체가 위치 에너지 장 $U(x) = ax^2e^{bx}$에서 움직인다. 여기서 a와 b는 양의 상수이다.
   (a) 모든 평형점의 x 좌표를 찾고 안정점과 불안정점을 구분하라.
   (b) 이 장 속에서 아래의 위치에서 처음에 서 있던 물체의 장기 거동을 설명하라.
      i. $x = -3/b$
      ii. $x = -2/b$
      iii. $x = 0.1/b$
      iv. $x = 3/b$
   (c) 6장에서는 "왼쪽에서 들어오는" 즉, 초기 조건이 왼쪽 끝에서 오른쪽으로 오는 것이었다. 이 위치 에너지 장에서 그 입자의 거동을 설명하라.

13. **단순 조화 진동자**
   물체가 위치 에너지 장 $U(x) = (1/2)kx^2$ 속에서 x축을 따라 간다. k는 양의 상수이다.
   (a) $U(x)$의 단위가 J이고 x의 단위가 m일 때 상수 k의 단위는 무엇인가?
   (b) 이 물체가 받는 힘에 대한 식 $F(x)$를 적어라.
   (c) 힘이 음수인 곳은 어디인가? 양수인 곳은?

(d) 물체가 서서 평형 상태를 유지할 수 있는 곳의 x-값을 구하라.

(e) $U(x)$ 도표를 그리고 이 곡선이 힘의 법칙을 바탕으로 얻은 결론과 같은 결론을 얻게 되는지 간단히 설명하라.

(f) 처음에 물체가 x가 양수인 곳에 서 있을 때 단기 및 장기 거동을 정성적으로 서술하라.

(g) 이 식은 어떤 물체를 서술하는가?

14. 단순 조화 진동자 해

[이 문제는 문제 13의 해를 쓴다.]

(a) 뉴턴 제2법칙 $F = ma$를 써서 문제 13의 힘 법칙을 $x(t)$에 대한 2계 미분 방정식으로 바꾸어라.

(b) 다음 함수가 위의 미분 방정식의 해임을 보여라.

$$x(t) = A\sin\left(\sqrt{\frac{k}{m}}\,t\right) + B\cos\left(\sqrt{\frac{k}{m}}\,t\right)$$

(c) 임의 상수 A와 B의 단위는 무엇인가?

(d) 초기 조건 $x(0) = x_0$, $x'(0) = 0$에 맞는 특수해를 구하라.

5.2 에너지 고유상태와 시간-불변 슈뢰딩거 방정식

물음: 고전(뉴턴) 역학 문제에서 물체가 받는 힘을 안다. 그러면 물체의 위치를 어떻게 아는가?

대답: 알 수 없다. 그 힘을 받는 물체의 위치와 속도는 온갖 값이 될 수 있다.

왜? 초기 조건도 알아야 하기 때문이다. 뉴턴 제2법칙에 힘을 넣으면 물체의 "가속도"를 구할 수 있다. 그것과 초기 조건(특정 시각의 물체의 위치 및 속도)을 알아야 물체의 위치를 알 수 있다.

위의 내용은 이미 다 알고 있을 것이다. 그러나 고전역학을 되새기는 까닭은 중요한 양자적 유사성이 있기 때문이다.

물음: 양자역학 문제에서 입자 주변의 위치 에너지 장이 정해진다. (이것은 힘을 명시하는 또 다른 방법일 뿐임을 기억하라.) 그러면 입자의 파동함수는 어떻게 구하는가?

대답: 이미 짐작했을 것이다 — 구할 수 없다! 그 조건에 맞는 파동함수는 아주 많다.

그래서 무엇을 해야 할까? 입자의 "에너지 고유상태"를 셈하려면 위치 에너지 함수를 슈뢰딩거 방정식에 넣는다. 이들과 초기 조건(특정 시각의 파동함수의 값)을 알아야 파동함수를 구할 수 있다.

따라서 양자역학에 대한 연구는 에너지 고유상태에서 시작한다 — 즉 고유상태가 무엇인지, 어떻게 셈할지, 그것을 알고 나면 무엇을 해야 하는지.

5.2.1 에너지 고유상태와 시간-불변 슈뢰딩거 방정식

어느 순간의 입자의 상태는 파동함수로 나타낸다.[2] 파동함수는 대체로 입자의 위치, 운동량 또는 에너지를 알려 줄 수는 없지만 이들 중 하나를 잴 때 얻을 수 있는 모든 값과 그 값을 얻을 확률은 알려줄 수 있다. § 4.3에서는 정해진 파동함수로부터 위치 측정에 대한 확률을 셈하는 방법을 설명

2 그리고 또 다른 변수 "스핀"도 들어가는데, 이것은 7장에서 설명한다.

했다. 이제는 에너지 측정에 대해 같은 문제를 풀 준비가 되었다.

에너지 고유상태

에너지 측정값의 확률을 찾는 열쇠는 "에너지 고유상태"라는 특수 함수 집합이다.

> **정의: 에너지 고유상태**
>
> 어떤 입자의 파동함수 ψ가 "에너지 고유상태"("에너지 고유함수"라고도 함)이면 그 입자의 에너지는 명확한 값이 된다. 즉, 에너지가 특정 값이 될 확률은 100%이고 다른 값이 될 확률은 0이다.
>
> 그 특정 에너지는 그 "고유상태"의 "고유값"이라고 한다.

예를 들어, 그 입자의 현재 파동함수가 $\psi_1(x)$이고 그것이 고유값이 10 J인 에너지 고유상태라 하자. 그러면 그 입자의 에너지를 재면 그 결과는 확실히 10 J이다.

한편, 그 입자의 현재 파동함수가 $\psi_2(x)$로 에너지 고유상태가 아니라고 하자. 그러면 에너지 측정 결과의 확률은 예측할 수 있지만(방법은 뒤에 나온다) 결과는 확실히 예측할 수 없다.

모든 파동함수는 수학적 함수일 뿐임을 기억하자. 그렇다면 어떤 수학적 함수가 "에너지 고유상태"라는 놀라운 속성을 가질까? 대답은 그 입자가 있는 위치 에너지 장에 따라 정해진다는 것이다. 예를 들어 7장에서는 수소 원자 속의 전자를 기술하는 위치 에너지 함수로 시작하여 수학적으로 그 전자의 에너지 고유상태를 찾는다. 그것이 어떻게 보어 원자 모형의 일부 예측을 재현하고 새로운 예측을 몇 가지 하는지 볼 것이다.

이 절의 나머지 부분에서는 계의 에너지 고유상태를 알 때 에너지 확률을 구하는 방법과 그러한 에너지 고유상태를 구하는 방법을 설명한다. 이 장의 나머지 부분에서는 이러한 기술을 갖가지 간단한 계에 적용한다.

에너지 확률

> **능동 읽기 연습: 에너지 고유상태**
>
> 어떤 계를 분석하여 다음과 같은 에너지 고유상태와 고유값 둘을 구했다:
>
> $$\psi_1(x) = Ae^{-kx^2}, \text{ 에너지 고유값 } E_0$$
> $$\psi_2(x) = Be^{-2kx^2}, \text{ 에너지 고유값 } 4E_0$$
>
> **1.** 계의 상태가 $\psi(x) = Ae^{-kx^2}$라면, 에너지를 재면 어떤 값이 나올까?
>
> **2.** 계의 상태가 $\psi(x) = (1/2)Ae^{-kx^2} + (\sqrt{3}/2)Be^{-2kx^2}$라면, 에너지를 재면 어떤 값이 어떤 확률로 나올까? (이에 대한 답을 구하는 방법은 알려주지 않았지만 먼저 힘껏 추측해 보라. 적어도 일부는 추측할 수 있을 것이다.)

첫째 경우 계는 에너지 고유상태에 있으며, 에너지를 재면 고유값 $E = E_0$를 얻는다. 둘째 경우는 파동함수가 두 에너지 고유상태의 중첩이므로 에너지를 재면 두 고유값 중 하나를 얻을 것으로 추측할 수 있다. 또한 ψ_2 앞의 계수가 더 크므로 그 에너지 고유값을 잴 확률이 더 높다고 추측할 수 있다.

구체적으로, 각 에너지 고유값을 얻을 확률은 앞에 있는 계수의 제곱이다.

에너지 확률

계의 에너지 고유상태가 ψ_1, ψ_2, …이고 연관된 고유값이 E_1, E_2, …라 하자. 계의 파동함수가 다음과 같다면,

$$\psi(x) = c_1\psi_1 + c_2\psi_2 + \cdots$$

에너지 측정값이 E_n일 확률은 $|c_n|^2$이다.

이것은 앞의 능동 읽기 연습에서는 에너지 측정값이 E_0일 확률은 1/4, $4E_0$일 확률은 3/4임을 뜻한다. 파동함수가 규격화되려면 에너지 고유상태 앞의 계수의 제곱의 합이 1이 되어야 한다.

이제 파동함수가 에너지 고유상태일 때(연관된 고유값을 잴 수 있음) 또는 에너지 고유상태의 중첩일 때(확률 $|c_n|^2$로 연관된 고유값을 얻을 수 있음) 에너지 측정값을 예측하는 방법을 알았다. 그런데, 파동함수가 에너지 고유상태의 중첩이 아니면 어떻게 해야할까? 답은 놀라운 수학적 사실인데, 증명은 하지 않는다.

> 계의 에너지 고유상태를 구하면 (원리적으로) 파동함수 $\psi(x)$를 늘 그 고유상태의 선형 결합으로 고쳐 쓸 수 있다.

그것은 적어도 원리적으로 위에서 준 규칙이 에너지 확률을 찾는 데 필요한 전부임을 뜻한다. 이에 필요한 수학적 기법은 대부분 이 책의 범위를 벗어나지만 몇 가지 간단한 예를 보여주겠다.

하지만 큰 물음 하나가 남는다: 위치 에너지 함수가 정해지면 에너지 고유상태를 어떻게 찾는가? 슈뢰딩거 방정식을 푼다.

시간-불변 슈뢰딩거 방정식

슈뢰딩거 방정식은 두 가지이다. "시간-변화 슈뢰딩거 방정식"은 파동함수의 시간 변화를 알려준다. "시간-불변 슈뢰딩거 방정식"은 정해진 계의 에너지 고유상태를 알려준다. 이 두 가지 문제는 서로 관련이 있다. § 6.6에서는 시간-불변 슈뢰딩거 방정식이 시간-변화 슈뢰딩거 방정식애서 나올 수 있다는 것과 (결과적으로) 먼저 에너지 고유상태를 구한다음 파동함수의 시간 변화를 셈한다는 것을 볼 것이다.

지금은 시간-불변 슈뢰딩거 방정식에 집중한다. (둘 다 간단히 "슈뢰딩거 방정식"이라고 부르는데, 어떤 것을 뜻하는지는 문맥에서 파악하라.)

시간-불변 슈뢰딩거 방정식

위치 에너지 장 $U(x)$에 있는 질량 m인 입자의 에너지 고유상태는 다음 시간-불변 슈뢰딩거 방정식의 해이다.

$$-\frac{\hbar^2}{2m}\frac{d^2\psi}{dx^2} + U(x)\psi(x) = E\psi(x) \tag{5.2}$$

이 방정식의 해 $\psi(x)$는 하나가 아니다: 상수 E의 여러 값마다 대응되는 함수가 다르다. 이러한 각각의 해가 에너지 E(고유값)인 계의 상태를 나타내는 고유 함수이다.

(5.2)을 풀려면 대부분의 위치 에너지 함수에 대해 고급 수학적 기법 또는 수치 근사법이 필요하다. 이 책에서는 에너지 고유상태를 직접 풀 수 있는 몇 가지 간단한 위치 에너지 함수를 다루고 몇 가지 더 복잡한 함수의 해와 기본 속성을 설명한다. 해를 찾는 것이 아니라 단순히 방정식의 예시로서 해를 제시하고 확인하는 것으로 시작한다.

예: 슈뢰딩거 방정식

물음: 어떤 입자의 위치 에너지가 $U(x) = (1/2)kx^2$이다. k는 양의 상수이다. $\psi(x) = Ae^{-\sqrt{mk}\,x^2/(2\hbar)}$가 에너지 고유상태임을 보이고 관련 고유값을 찾아라.

답: $\psi''(x)$를 셈한 다음 $\psi(x)$, $\psi''(x)$ 및 $U(x)$를 슈뢰딩거 방정식에 넣는다.

$$-\frac{\hbar^2}{2m}\left(-\frac{\sqrt{mk}}{\hbar} + \frac{mk}{\hbar^2}x^2\right)Ae^{-\sqrt{mk}\,x^2/(2\hbar)} + \frac{k}{2}x^2Ae^{-\sqrt{mk}\,x^2/(2\hbar)} = EAe^{-\sqrt{mk}\,x^2/(2\hbar)}$$

매우 복잡한 식이지만 모든 항에 $Ae^{-\sqrt{mk}\,x^2/(2\hbar)}$이 공통이므로 지울 수 있다. 그렇게 한 다음 정리하면 다음 결과를 얻는다:

$$\frac{\hbar\sqrt{k}}{2\sqrt{m}} - \frac{k}{2}x^2 + \frac{k}{2}x^2 = E.$$

위의 식은 "E = 상수" 꼴이므로 $\psi(x)$는 에너지 고유상태이다.

결론: 계의 파동함수가 $\psi(x) = Ae^{-\sqrt{mk}\,x^2/(2\hbar)}$이면 에너지 측정값은 $E = \hbar\sqrt{k}/(2\sqrt{m})$이다.

이 예에서는 E가 상수이므로 $\psi(x)$가 고유상태이다. E가 x의 함수로 나왔다면 $\psi(x)$는 고유상태가 아니다. 그러한 예는 문제 16에서 볼 수 있다.

물론 어떤 상태가 고유상태인지 아닌지 확인하는 것이 고유상태를 찾는 일보다 쉽다! § 5.3부터는 갖가지 위치 에너지 함수에 대해 슈뢰딩거 방정식을 풀어 고유상태를 찾는다.

숨돌리기: 에너지 고유상태 및 다른 파동함수

많은 학생들이 흔히 파동함수가 무엇인지를 슈뢰딩거 방정식이 알려준다고 오해한다. 사실 어떤 함수도 다음 세 조건에 맞으면 파동함수가 될 수 있다.[3]

- 어디에서나 연속이다.
- 어디에서나 미분가능하다.
- 적절하게 규격화된다.

이 조건에 맞는 모든 함수는 원리적으로 입자의 파동함수가 될 수 있다. 시간-불변 슈뢰딩거 방정식이 알려주는 것은 온갖 파동함수 중 어느 것이 에너지 고유상태인지이다. 이러한 에너지 고유상태를 찾는 것은 양자역학계를 분석하고 그 거동을 예측할 때 가장 중요한 단계임이 드러났다.

왜? 에너지 고유상태가 왜 그렇게 중요한가? 이 물음에 대한 답은 다음과 같다:

- 첫째 대답은 위에서 강조한 것이다: 입자가 에너지 고유상태에 있을 때는 그 에너지가 얼마인지 정확히 알 수 있다. 그리고 입자가 에너지 고유상태에 있지 않을 때는 파동함수를 에너지 고유상태로 표현하면 에너지 측정 결과의 확률을 구할 수 있다.
- 에너지 고유상태를 알면, 에너지가 가장 낮은 상태를 "바닥상태"라고 부른다. 많은 계가 대부분의 시간을 바닥상태에서 보낸다. 예를 들어 주변 물체를 이루는 대부분의 원자는 저마다 바닥상태에 있다. 그래서 화학에서는 대체로 원자가 바닥상태에서 상호 작용하는 방식을 연구한다.
- 계가 한 에너지 고유상태에서 다른 에너지 고유상태로 전이할 때 종종 광자를 내거나 흡수한다. 그 광자의 에너지는 이 두 상태의 에너지 차이이다. 따라서 계의 에너지 고유상태를 알면 그 계가 내거나 흡수하는 빛의 진동수(파장) 분포를 예측할 수 있다. (예를 들어, § 4.1의 보어 모형의 분광선 파장 분포를 생각해 보라.)
- 파동함수는 시간이 가면서 진화한다. 장치가 전자를 방출하면 그 전자의 파동함수는 장치의 출구 주변에 뾰족한 봉우리가 있게 된다. 잠시 후 그 파동함수의 봉우리는 장치에서 멀리 있는 점 주변에 이를 것이다.

  그러나 입자가 에너지 고유상태에 있으면 위치 에너지 장 자체가 바뀌지 않는 한 그 상태를 유지한다. 에너지 고유상태를 계의 "정상 상태(stationary state)"라고 한다. (이 사실은 시간-에너지 불확정성 원리가 시사한다.)

마지막 두 항목은 서로 모순되는 것처럼 보일 수 있다. 에너지 고유상태의 계가 진화하지 않는다면 원자와 같은 계가 어떻게 한 에너지 고유상태에서 다른 에너지 고유상태로 전이할 수 있을까? 답은 실제로 모든 계가 주변의 변화하는 전자기장과 상호 작용한다는 것이다. 따라서 원자(또는 실제 세계의 다른 계)의 에너지 고유상태는 실제로는 완벽한 에너지 고유상태가 아니므로 시간이 가면서 다른 고유상태로 진화할 수 있다(문제 20).

또한 입자의 에너지를 재는 순간 파동함수는 에너지 고유상태로 붕괴된다는 점에 유의하자! 즉,

3 "미분 가능"은 "연속"을 뜻하므로 기술적으로는 첫째 조건을 생략할 수 있다. 그러나 실제로는 파동함수가 연속일 조건에서 방정식이 하나 나오고, 그것의 도함수가 연속일 조건에서 방정식이 또 하나 나온다.

에너지가 특정 고유값이 되도록 강제된다. 입자의 새로운 상태는 "정상" 상태이므로 후속 측정에서는 똑같은 에너지 값이 나온다(계가 고립된 경우).

5.2.2 물음과 문제: 에너지 고유상태와 시간-불변 슈뢰딩거 방정식

개념 물음 및 개념시험

1. 파동함수가 똑같은 입자 1,000개가 저마다 다른 상자에 있다. 그 파동함수가 에너지 고유상태인지 아닌지를 실험적으로 어떻게 결정하겠는가?

2. "각운동량 고유상태"라는 말은 이 절에서 전혀 쓰지 않았지만 무엇을 뜻하는지 짐작할 것이다. 파동함수가 각운동량 고유상태인 입자의 측정에 대해 무엇을 말할 수 있는가? (답 어딘가에 "그 고유상태에 대응되는 고유값"이라는 말이 있어야 한다.)

3. 어떤 입자의 에너지를 잰 값이 0에서 ∞까지의 어느 값이든 될 확률이 똑같은 상태에 있을 수 있는가? 왜?

4. 두 고유상태 ψ_1과 ψ_2에 대응되는 고유값이 똑같으면 "겹친다(degenerate)"고 한다. 상태가 $A\psi_1 + B\psi_2$인 입자에 대해 무엇을 말할 수 있는가?

5. 에너지 고유값이 음수일 수 있는가? 왜?

6. 어떤 상황에서 특정 고유값 E에 대응되는 함수 $\psi(x)$는 슈뢰딩거 방정식의 해이지만, 규격화할 수는 없다. 입자의 에너지가 그 값이 될 확률에 대해 어떤 결론을 내리겠는가?

7. 고전적 물체가 받는 힘을 모두 알면 뉴턴 제2법칙을 써서 그 물체의 가속도를 알 수 있다. 슈뢰딩거 방정식을 서술하는 문장을 비슷하게 적어라: "…을 알면 시간–불변 슈뢰딩거 방정식을 …"

8. 물체 주위의 위치 에너지 함수 $U(x)$가 정해졌고 그에 맞는 슈뢰딩거 방정식의 해 $\psi(x)$를 구했다. 또한 $\int_{-\infty}^{\infty} dx|\psi(x)|^2 = 9$이다. 결론은 무엇인가? (하나를 골라라.)

- **A.** 함수 $\psi(x)$를 3으로 나눈 것은 규격화된 슈뢰딩거 방정식의 해로서 에너지 고유상태를 나타낸다.
- **B.** 이것은 타당한 해가 아니다. 슈뢰딩거 방정식으로 다시 풀어 전혀 다른 파동함수를 구해야 한다.
- **C.** 함수 $\psi(x)$ 그대로 좋다.

9. 계의 에너지 고유상태를 알면 해당 이들 상태가 전이할 때 내거나 흡수하는 분광선을 예측할 수 있다고 했다. 그러나 또한 에너지 고유상태는 정상상태라고 했는데, 그러한 전이가 어떻게 일어날 수 있는가?

심층 토론

10. "위치 고유상태"는 위치가 명확한 값(그 고유값)인 함수 $\psi(x)$를 뜻한다. 그것은 도대체 어떤 함수인가? (이 함수는 어쩌면 들어본 적이 없어서 이름을 댈 수 없지만 잘 생각하면 꽤 정확하게 설명하거나 그릴 수 있다!)

문제

11. 어떤 입자의 고유상태가 고유값 E_1인 $A_1\psi_1(x)$, 고유값 E_2인 $A_2\psi_2(x)$, 등이다. 상수 A_n은 고유상태의 규격화 계수이다.

(a) 입자가 상태 $A_4\psi_4(x)$이 있는데, 에너지를 잰다면 어떤 결과를 얻을까?

(b) 입자가 다음 상태에 있다고 하자:

$$\sqrt{\frac{1}{10}}A_1\psi_1(x) + \sqrt{\frac{3}{10}}A_2\psi_2(x) + \sqrt{\frac{3}{5}}A_4\psi_4(x)$$

i. 에너지 측정값이 E_2일 확률은 얼마인가?

ii. 에너지 측정값이 E_3일 확률은 얼마인가?

(c) 상수 A_5의 값을 정하는 규격화 조건식을 적어라.

(d) 파동함수가 다음과 같을 때 상수 c_n을 정하는 규격화 조건식을 적어라:

$$\psi(x) = c_1A_1\psi_1(x) + c_2A_2\psi_2(x) + c_3A_3\psi_3(x) + c_4A_4\psi_4(x) + c_5A_5\psi_5(x)$$

(e) 입자가 상태 $A_2\psi_2(x) + A_3\psi_3(x)$에 있을 수 없는 이유를 설명하라.

12. 어떤 계의 모든 에너지 고유상태 및 관련 에너지 고유값이 다음과 같다고 하자. 계수는 규격화 상수이다. 예를 들어 $\int_{-\infty}^{\infty} Ae^{-k_1x^2}dx = 1$이다.

에너지 고유값 E_0인 파동함수 $\psi_1(x) = Ae^{-k_1x^2}$
에너지 고유값 $4E_0$인 파동함수 $\psi_2(x) = Be^{-k_2x^4}$
에너지 고유값 $9E_0$인 파동함수 $\psi_3(x) = Ce^{-k_3x^6}$

계의 파동함수가 아래와 같을 때 에너지 측정 결과와 그 확률을 구하라:

(a) $\psi(x) = Be^{-k_2x^2}$

(b) $\psi(x) = (1/5)Ae^{-k_1x^2} + (\sqrt{24}/5)Be^{-k_2x^2}$

(c) $\psi(x) = (1/5)Ae^{-k_1x^2} + (2/5)Be^{-k_2x^2} + c_3Ce^{-k_3x^2}$: c_3의 값은 몰라도 답에 c_3가 들어가면 안된다.

13. 어떤 계의 3개의 규격화된 에너지 고유상태가 다음과 같다: 고유값 E_1인 고유상태 $\psi_1(x)$; 고유값 E_2인 고유상태 $\psi_2(x)$; 고유값 E_3인 고유상태 $\psi_3(x)$. 다음 두 파동함수는 이들 고유상태의 두 가지 선형 결합이다:

$$\psi_a(x) = A[\psi_1(x) + 2\psi_2(x)]$$
$$\psi_b(x) = B[\psi_1(x) + \psi_2(x) + \psi_3(x)]$$

(a) A를 구하고, $\psi_a(x)$에서 에너지를 잰 값이 E_1일 확률을 구하라.

(b) B를 구하고, $\psi_b(x)$에서 에너지를 잰 값이 E_1일 확률을 구하라.

(c) $\psi_3(x)$가 $\psi_2(x)$와 같다면 $\psi_a(x)$와 $\psi_b(x)$는 똑같아지는데, 앞서 구한 규격화 상수와 에너지를 잰 값의 확률은 두 경우에서 달랐다. 어느 것이 맞고 무엇이 잘못된 것인지 설명하라.

14. 일차원에서 움직이는 입자가 일정한 힘 $F = k$를 받는다.

(a) 관련 위치 에너지 함수 $U(x)$를 구하라.

(b) 이 입자에 대한 시간-불변 슈뢰딩거 방정식을 써라 (풀 필요는 없다).

15. "단순 조화 진동자"는 물체가 받는 힘이 $F = -kx$인 계이다. k는 양의 상수이다. 용수철에 달린 추가 그 예이다.

(a) 단순 조화 진동자의 에너지 함수 $U(x)$를 구하라.

(b) 단순 조화 진동자에 대한 슈뢰딩거 방정식을 써라 (풀 필요는 없다).

16. 213쪽의 예에서 위치 에너지가 $U(x) = (1/2)kx^2$인 입자를 살펴보았고 에너지 고유상태 하나가 다음과 같음을 보였다: $\psi(x) = Ae^{-\sqrt{km}x^2/(2\hbar)}$. 시간-불변 뢰딩거 방정식에 $\psi(x) = A\sin\left(-\sqrt{km}x^2/(2\hbar)\right)$을 넣어 E가 상수가 되지 않음을 보여 이 함수가 에너지 고유상태가 아님을 보여라라. (규격화할 수 없는 것은 걱정 마라.)

17. 213쪽의 예에서 단순 조화 진동자의 위치 에너지 장 $U(x) = (1/2)kx^2$에 대해 에너지 고유값이 $E = (\hbar/2)\sqrt{k/m}$인 고유상태가 다음과 같음을 보였다: $\psi(x) = Ae^{-\sqrt{mk}\,x^2/(2\hbar)}$. (셈을 직접 할 수도 있지만, 지루한 일은 컴퓨터를 시키는 것이 좋다.)

(a) $\psi(x) = Bxe^{-\sqrt{mk}\,x^2/(2\hbar)}$도 에너지 고유상태임을 보이고 에너지 고유값을 구하라.

(b) 상수 B를 구하는 데 쓸 적분방정식을 써라. 풀지 않아도 된다.

(c) 다음 파동함수에서 입자에 허용된 에너지와 그 확률을 구하라. (상수 A와 B는 각각의 파동함수의 규격화 상수이다.)

$$\psi(x) = \sqrt{\frac{2}{7}}\,Ae^{-\sqrt{mk}\,x^2/(2\hbar)} + \sqrt{\frac{5}{7}}\,Bxe^{-\sqrt{km}\,x^2/(2\hbar)}$$

(d) 다음 함수가 에너지 고유상태가 아님을 보여라: $\psi(x) = Cx^2e^{-\sqrt{km}\,x^2/(2\hbar)}$.

18. 어떤 영역에서 입자의 위치 에너지가 다음과 같다: $U(x) = (\hbar^2k/m)\,[\cot(kx)]/x$. k는 양의 상수이고 m은 입자의 질량이다. 다음 각각이 이 입자의 에너지 고유상태인지, 그렇다면 에너지 고유값을 구하라.

(a) $\psi(x) = Ax(k - x)$

(b) $\psi(x) = B\sin(kx)$

(c) $\psi(x) = Cx\sin(kx)$

19. 어떤 영역에서 입자의 위치 에너지가 다음과 같다: $U(x) = U_0 + \dfrac{\hbar^2}{m(x^2 - Lx)}$. 여기서 L은 상수, m은 입자의 질량이다. 다음 각각이 이 입자의 에너지 고유상태인지 보고, 고유상태라면 고유값을 구하라.

(a) $\psi(x) = Ax(k - x)$

(b) $\psi(x) = B\sin(kx)$

(c) $\psi(x) = Cx\sin(kx)$

20. 수소 원자에는 들뜬 상태 "2p"가 있다. 2p 상태의 수소 원자는 바닥상태로 가기 전에 평균 약 1.6×10^{-9} 초 동안 머문다.

(a) 시간-에너지 불확정성 원리를 써서 2p 상태의 에너지 불확정성을 추정하라.

(b) 바닥상태의 불확실성이 0이어야 함을 어떻게 아는가?

(c) 2p 수소 원자가 붕괴할 때 내는 광자의 평균 에너지가 10.2 eV이다. 이 때 나오는 빛의 파장의 범위를 구하라.

5.3 무한 사각 우물

§ 5.2에서는 양자역학 계를 분석하는 기본 과정을 설명했다: 시간-불변 슈뢰딩거 방정식에 위치 에너지 함수 $U(x)$를 넣은 다음 그것을 풀어 에너지 고유상태를 찾는다.

이 절에서는 이 과정을 가장 간단한 양자역학 계, 즉 유한한 일차원 영역에 갇혀 그 안에서눈 힘을 받지 않고 자유롭게 오가는 입자에 적용한다. 이 간단한 예는 에너지 고유상태를 찾는 일반적인 과정을 설명하고 많은 계에서 나타나는 몇 가지 특징을 보여준다. 아마도 가장 중요한 것은 플랑크, 아인슈타인 및 다른 사람들이 실험을 바탕으로 이미 얻은 결론을 슈뢰딩거의 방정식이 수학적으로 어떻게 내는지 보게 된다: 에너지 준위가 양자화된다.

5.3.1 발견 연습: 단순 조화 진동자 방정식

다음 미분 방정식은 "단순 조화 진동자"의 운동 방정식이다.

$$\frac{d^2y}{dx^2} = -y \tag{5.3}$$

(5.3)은 다음과 같이 읽을 수 있다: "미지의 함수 y의 2계 도함수는 애초의 함수와 같지만 부호가 반대이다.

1. 함수 $y = 0$이 (5.3)의 해임을 보여라.
2. 함수 $y = e^{-x}$가 (5.3)의 해가 아님을 보여라,
3. 함수 $y = \sin x$가 (5.3)의 해임을 보여라.
4. 다른 해를 찾아라. [$y = 0$ 또는 $y = \sin x$ 이외의 (5.3)의 해를 구하라. 그러나 해인지 확인하면 되고, 적을 필요는 없다!)
5. 끝으로 다음 미분 방정식의 해로서 0이 아닌 것을 구하라:

$$\frac{d^2y}{dx^2} = -y$$

(5.3)과 같은 방정식을 써서 고전적인 단순 조화 진동자의 모형을 꾸밀 수 있다. § 5.4에서 양자 조화 진동자에 대한 방정식이 더 복잡함을 볼 것이다. 그러나 이 절에서는 (5.3)과 같은 꼴의 방정식을 양자역학의 "무한 사각 우물"에 적용하는 방법을 볼 것이다.

5.3.2 설명: 무한 사각 우물

방 안에서는 자유롭게 오갈 수 있지만 밖으로 나갈 수는 없는 기체 분자를 상상하자. 핵 속에 갇혀 그 안에서만 자유롭게 움직일 수 있는 양성자를 상상하자. 길이가 짧은 도선 속에서 움직이는 전자를 상상하자. 이 모든 것이 "상자 속의 입자"의 예이다. 특정 영역 안에서는 거의 힘을 받지 않고 오가지만 그 영역을 벗어날 수 없는 계이다. 힘을 받지 않는 것과 벗어날 수 없음은 근사법일 뿐이지만 위의 경우를 비롯한 많은 경우에 대해 꽤 잘 맞는다. 이것은 자주 볼 수 있고 가장 간단한 양자 계이므로 계의 에너지 고유상태를 찾는 방법을 보여주는 첫째 예로 들겠다.

먼저 위치 에너지 함수를 정해야 한다.

위치 에너지 함수

능동 읽기 연습: 일차원 상자 속의 입자

입자는 영역 $0 < x < L$에서는 힘을 받지 않고 자유로이 오가지만 그 영역 밖으로는 나갈 수 없다.

1. 입자가 힘을 받지 않는다면 그 영역의 위치 에너지는 어떻다는 것인가?
2. 입자가 그 영역 밖으로 나가지 못하게 하려면 경계에서 위치 에너지가 어떻다는 것인가?
3. 고전 입자가 $x = L/2$에서 출발하여 오른쪽으로 간다면 그 운동은 시간에 따라 어떻게 진행되는가?

처음 두 물음에 대한 답변은 아래에 있고, 셋째 물음에 대한 답변은 다음을 보라:

www.cambridge.org/felder-modernphysics/activereadingsolutions

입자는 이 영역 안에서 힘을 받지 않으므로 위치 에너지는 일정한데, 간단히 0으로 잡을 수 있다. 이 영역에 입자를 가두려면 위치 에너지가 경계에서 가파르게 올라가야 한다. 모든 입자의 탈출이 물리적으로 불가능한 극한에서는 영역 밖의 위치 에너지가 한없이 높다.

위치 에너지 함수는 그림 5.4와 같다. 이러한 입자는 종종 "상자 속의 입자"라고 하고 위치 에너지 장은 "무한 사각 우물"이라고 한다.

$U = \infty$인 $x < 0$ 및 $x > L$ 영역에서는 슈뢰딩거 방정식에 대한 유일한 해는 $\psi(x) = 0$이다. (슈

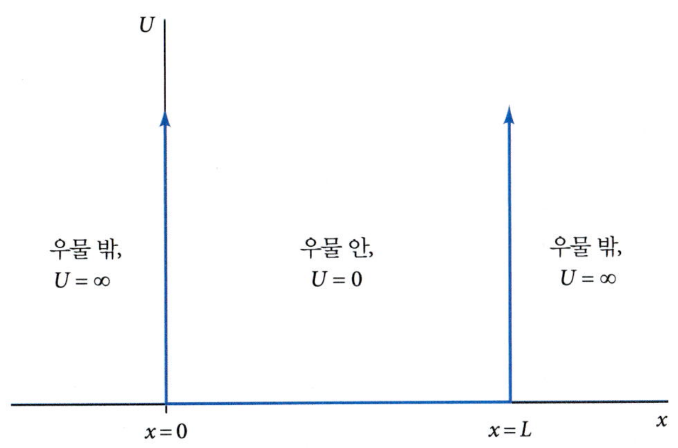

그림 5.4 "무한 사각 우물"의 대한 위치 에너지 $U(x)$

뢰딩거 방정식을 보고, $U \to \infty$의 극한에서 ψ가 0에 접근함을 확인하라.) 입자의 위치 확률 분포가 $|\psi|^2$이므로 $\psi = 0$은 "입자가 없음"을 뜻한다. 따라서 우물 밖에서는 수식에서도 이미 알고 있는 결론이 나온다.

영역 $0 < x < L$에서는 $U = 0$이므로 슈뢰딩거 방정식을 쓴 다음 정리하면 다음과 같다:

$$-\frac{\hbar^2}{2m}\frac{d^2\psi}{dx^2} + 0 = E\psi \quad \to \quad \frac{d^2\psi}{dx^2} = -\frac{2mE}{\hbar^2}\psi. \tag{5.4}$$

(5.4)는 가장 흔히 보는 미분 방정식 중 하나이다. "$\psi(x)$의 2계 도함수는 $-\psi(x)$이다." 문제 16에서 다음이 일반해임을 보일 것이다:

$$\psi(x) = A\sin\left(\frac{\sqrt{2mE}}{\hbar}x\right) + B\cos\left(\frac{\sqrt{2mE}}{\hbar}x\right) \qquad (0 < x < L). \tag{5.5}$$

이것은 우물 속의 슈뢰딩거 방정식의 해이지만 아직 끝나지 않았다.

연속성 및 경계 조건

§ 5.2에서는 입자의 위치 에너지 함수가 무엇이든 파동함수는 거의 모든 것이 될 수 있다고 말했다. "거의"의 다른 측면에는 세 가지 조건이 있다. 파동함수는 연속이어야 하고 미분 가능해야 하며 규격화되어야 한다.

무한 사각 우물 속의 입자의 파동함수는 경계에서 미분할 수 없으므로 이 조건 중 하나를 어긴다. 이는 경계에서 위치 에너지 변화가 불연속적이기 때문인데, 실제 상황에서는 절대 생길 수 없다.

그렇지만, 파동함수는 여전히 연속적이어야 한다.[4] 이것이 수학적으로 뜻하는 바는 무엇인가? 위에서 설명한 함수는 영역 $x < 0$ 및 $x > L$에서는 연속이며 (늘 0이므로) 영역 $0 < x < L$에서도 연속이다 (사인 및 코사인 함수). 그러나 ψ는 이러한 함수가 만나는 곳에서도 연속이어야 하며 그 사실이 경계 조건이 된다. (5.5)는 $x = 0$ 및 $x = L$ 모두에서 0이 되어야 한다.

첫째 경계 조건은 간단하다. $\psi(0) = 0$을 (5.5)에 넣으면 바로 $B = 0$이 된다. 따라서 우물 속에서

4 이 극한에서 미분 가능성은 사라지지만 연속성은 유지해야 하는지에 대한 설명은 예를 들어, 다음을 보라: 양자역학 3판, D. Griffiths와 D. Schroeder 저, 최준곤 옮김, 텍스트북스(2019).

의 해는 다음과 같다: $\psi(x) = A\sin(\sqrt{2mE}\,x/\hbar)$.

둘째 조건은 생각을 더 해야한다. $\psi(L) = 0$이면

$$A\sin\left(\frac{\sqrt{2mE}}{\hbar}L\right) = 0. \tag{5.6}$$

한 가지 확실한 해는 $A = 0$이다: 그러면 모든 확률이 0이므로 입자는 어디에도 없다. 따라서 그것은 옳지 않다. 그런데 $A \neq 0$이면 무엇이 남는가? m(입자의 질량), $\hbar$(보편 상수) 또는 L(우물의 폭)을 바꿀 수 없다. 따라서 E 값을 제한해야만 이 경계 조건을 맞출 수 있다.

능동 읽기 연습: 무한 사각 우물 속에 허용된 에너지

(5.6)에 맞는 상수 E의 값은 무엇일까? 이것은 수학 문제이며 답은 무한히 많다. 문제가 풀리지 않으면 0이 E 값으로 조건에 맞는 것 하나를 찾아 적는 것에서 시작하라. 그런 다음 일반 공식이 있는지 찾아 보라.

사인 함수는 인수가 $\pm\pi$, $\pm 2\pi$, 등일 때 값이 0이다:

$$\frac{\sqrt{2mE}}{\hbar}L = n\pi \quad \rightarrow \quad E = \frac{\hbar^2\pi^2}{2mL^2}n^2 \quad n\text{은 양의 정수} \tag{5.7}$$

(5.6)에서 (5.7)이 어떻게 나오는지 알겠는가? 마찬가지로 중요한 것은 (5.7)에 담긴 내용이다. 입자의 에너지는 정확히 $\hbar^2\pi^2/2mL^2$ 일 수 있고, 그 값의 4배 또는 9배 등등이 될 수 있다. 그러나 그 사이의 어떤 값도 에너지로 허용되지 않는다.

> 에너지 양자화는, 애초에 플랑크, 아인슈타인, 보어의 임시방편적 가설이었지만, 이제는 슈뢰딩거 이론의 수학에서 나온다.

파동함수를 도표로 그려보면 E는 사인파동의 파장을 결정하며 $\psi = 0$인 $x = 0$에서 다시 또 $\psi = 0$인 $x = L$까지의 거리가 반파장의 정수 배이다(그림 5.5).

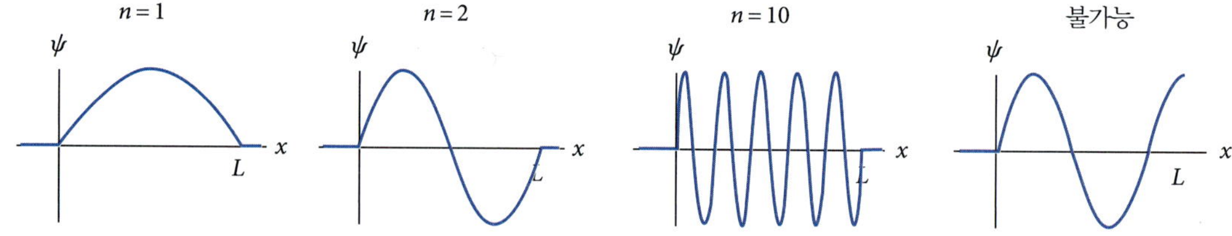

그림 5.5 네 도표 모두 우물 속의 슈뢰딩거 방정식의 해이지만 맨 오른쪽의 도표는 오른쪽 테두리에서 연속성 조건에 어긋난다.

모두 꾸려 넣기

상수 m, L 및 $\hbar$는 계의 특성이 결정한다. 이제 B와 E의 허용된 값을 찾았다. 이를 넣으면 $\psi(x) = A\sin(n\pi x/L)$이 된다. 문제 17에서 규격화를 하려면 $A = \sqrt{2/L}$이어야 함을 보일 수 있다. 모든 것을 모아 정리하면 다음과 같다:

$$\psi(x) = \begin{cases} 0 & x \le 0 \\ \sqrt{\frac{2}{L}}\sin\left(\frac{n\pi}{L}x\right) & 0 < x < L \\ 0 & x \ge L \end{cases} \quad \text{무한 사각 우물 속의 에너지 고유상태} \tag{5.8}$$

여기서 n은 양의 정수이며 에너지는 $E = \frac{\hbar^2\pi^2}{2mL^2}n^2$이다.

숨돌리기 1: 지금까지 한 일?

무한 사각 우물 문제 풀이는 많은 양자역학 계의 풀이의 모형이므로 지금까지 한 일을 되새길 가치가 있다. 출발은 폭 L인 일차원 영역에 갇힌 질량 m인 입자의 에너지 고유상태를 찾는 것이었다.

1. 입자가 받는 힘을 서술하는 위치 에너지 함수를 써서 슈뢰딩거 방정식을 꾸몄다. 이 경우 위치 에너지는 우물 속은 0, 밖은 ∞로 정의했다.
2. 각 영역에서 슈뢰딩거 방정식의 일반해를 구했다. 우물 밖에서는 $\psi = 0$이고, 속에서는 두 개의 상수 A와 B 그리고 슈뢰딩거 방정식의 상수 E가 있다.
3. ψ가 $x = 0$에서 연속일 조건에서 $B = 0$으로 정해졌다.
4. ψ가 $x = L$에서 연속일 조건에서 E에 허용된 값이 정해졌다.
5. 끝으로 A의 값은 규격화 조건에서 정해졌다.

이 과정에서 강조하는 것은 에너지의 양자화가 미분 방정식을 푸는 과정에서 나온 것이 아니라, 경계 조건을 적용할 때 생겼다는 것이다. 에너지 양자화는 모든 "속박 상태(bound state)" — 에너지 때문에 입자에 허용된 공간이 제한된 상태 — 에 대해 똑같은 방식으로 나타난다.

이 과정의 결과는 한없이 많은 에너지 고유상태 및 고유값 집합이며, 저마다 양의 정수 n으로 표시된다. 이처럼 고유상태를 식별하는 숫자를 "양자수(quantum number)"라고 한다.

숨돌리기 2: 지금까지 발견한 것?

양자역학을 처음 배우는 학생들이 가장 흔히 하는 오해는 시간-불변 슈뢰딩거 방정식을 풀면 파동함수를 알게 된다고 믿는 것이다. 바로 그 오해 때문에 파동함수는 세 가지 조건에 맞아야 한다고 거듭 반복한다.

(5.8)은 사각 우물 속에 있는 입자의 파동함수가 무엇인지, 무엇이어야 하는지 또는 무엇이 될 수 있는지 말해주지 않는다. 그것은 에너지 고유상태를 알려줄 뿐이다. 다음 능동 읽기 연습에 답할 때 이 점을 기억해 두자.

능동 읽기 연습: 지금까지 발견한 것?

(5.8)은 무한 사각 우물 속에 있는 입자의 에너지 고유상태를 알려준다. 그것을 바탕으로 다음 물음에 답하라:

1. 입자의 상태가 다음과 같다면 그 에너지는 얼마인가?

$$\psi_A(x) = \sqrt{\frac{2}{L}} \sin\left(\frac{4\pi}{L}x\right)$$

2. 입자의 상태가 다음과 같다면 그 에너지를 잰 결과는 어떤 값이 어떤 확률로 나오는가?

$$\psi_B(x) = \sqrt{\frac{1}{8}}\left[\sqrt{\frac{2}{L}} \sin\left(\frac{4\pi}{L}x\right)\right] + \sqrt{\frac{7}{8}}\left[\sqrt{\frac{2}{L}} \sin\left(\frac{5\pi}{L}x\right)\right] \tag{5.9}$$

이 연습의 목적은 구한 상태에 담긴 내용을 확실히 기억하도록 돕는 것이다. $\psi(x) = \psi_A(x)$이면 입자는 $n = 4$인 에너지 고유상태에 있어, 에너지 측정값은 틀림 없이 $16\hbar^2\pi^2/2mL^2$이다. $\psi(x) = \psi_B(x)$이면 에너지 측정값이 $16\hbar^2\pi^2/2mL^2$일 확률은 1/8, $25\hbar^2\pi^2/2mL^2$일 확률은 7/8이다.

5.3.3 물음과 문제: 무한 사각 우물

개념 물음 및 개념시험

1. 파동함수는 연속이어야 하므로 $\psi(L) = 0$이고, 이로부터 $\sqrt{2mE}\,L/\hbar$라는 결과가 나왔다. 아래의 물음마다 답이 다르고, 그 이유가 다르다. 그래서 특정 n 값이 들어있지 않다.
   - **(a)** 해에 든 n 값이 왜 정수여야 하는가?
   - **(b)** 왜 $n = 0$은 들어가지 않는가?
   - **(c)** 왜 n 값에 음수(정수)는 넣지 않는가?

2. (5.5)에는 사인과 코사인이 모두 있지만 본문의 다음 식에는 사인만 남아 있다. 코사인은 어디로 갔는가?

3. 무한 사각 우물(그림 5.4)을 살펴보는데, 한 가지가 다르다: 영역 $0 < x < L$에서 위치 에너지가 $U = 0$이 아니라 $U = U_0$(상수)이다. 이 장에서 입자의 거동(파동함수가 아님)을 어떻게 바뀌는가? **실마리:** 문제 12에서 이 문제를 수학적으로 다루지만 여기에서는 수학을 쓰지 않고도 그 거동에 미치는 영향을 설명할 수 있다.

4. 입자 100개로 실험한다. 입자마다 자체 무한 사각형 우물에 있다. 이 입자 중 50개는 같은 상태에 있는데, 단일 에너지 고유상태이다. 다른 50개의 입자도 같은 상태에 있는데, 여러 에너지 고유상태의 중첩이다. 입자가 어떤 무리에 있는지 실험적으로 어떻게 결정하겠는가?

5. 똑같은 상자가 1000개 있고, 상자마다 무한 사각 우물 속에 입자가 하나씩 들어 있다. 처음 500개의 상자에는 이름표 A를 붙이고, 다음 500개 상자에는 이름표 B를 붙인다. $t = 0$에서 모든 A 상자를 열고 입자의 위치를 잰다. $t = 1$(1시간 후)에 모든 B 상자에 똑같은 측정을 한다. 아래의 각 경우에서 A 무리와 B 무리의 위치 분포가 똑같을까? 어떻게 아는가?
   - **(a)** 처음에는 모든 입자가 바닥상태에 있었다.
   - **(b)** 처음에 모든 입자는 상태$(1/\sqrt{2})(\psi_1 + \psi_2)$에 있었다. 여기서 ψ_1은 바닥상태, ψ_2는 첫째 들뜬 상태이다.

6. 무한 사각 우물 속의 입자의 n번째 에너지 고유상태를 ψ_n 나타내자. 예를 들어 $\psi_2 = (\sqrt{2/L})$이다. 다음중 이 입자에 허용된 파동함수는 어떤 것인가? (해당하는 것을 모두 골라라.)

A. ψ_1

B. ψ_2

C. $\psi_1 + \psi_2$

D. $(1/\sqrt{2})(\psi_1 + \psi_2)$

E. $(1/\sqrt{2})(\psi_1 - \psi_2)$

F. $Ax(L-x)$ (가능한 A 값이 있으면 이것을 골라라.)

7. 무한 사각 우물 속의 입자의 n 번째 에너지 고유상태를 ψ_n 나타내자. 예를 들어 $\psi_2 = \sqrt{2/L}\sin(2\pi x/L)$이다. 다음 파동함수를 우물 중앙 근처의 작은 영역에서 입자를 발견할 확률이 작은 것부터 차례로 나열하라. (일부는 순위가 같을 수 있다.)

A. ψ_1

B. ψ_2

C. $(1/\sqrt{2})(\psi_1 + \psi_2)$

심층 토론

8. 시간-불변 슈뢰딩거 방정식은 "선형 제차 미분 방정식"으로서, 두 해의 합도 해가 된다. 그러나 무한 사각 우물의 경우 $\sin(2\pi x/L)$ 과 $\sin(3\pi x/L)$ 은 둘 다 에너지 고유상태(시간-불변 슈뢰딩거 방정식의 해)이지만 $\sin(2\pi x/L) + \sin(3\pi x/L)$은 에너지 고유상태가 아니다. 이상하게 들리지만, 왜 참인가?

9. 무한 사각 우물의 에너지 고유상태는 우물의 경계에서 미분 가능 조건이 깨진다. 그 경계에서 위치에너지가 불연속적으로 변하므로 해가 허용된다고 했지만, 불연속은 경계에서의 위치에너지 변화가 한없이 가파르게 접근하는 물리적으로 허용된 계의 극한이라고 했다. 어떻게 미분할 수 없는 해가 미분할 수 있는 해의 극한이 될 수 있는가?

문제

10. (5.7)과 (5.8)은 길이가 L인 무한 사각 우물 속의 슈뢰딩거 방정식의 해를 나타낸다. 길이가 1인 무한사각 우물을 살펴보자.

(a) 영역 $0 < x < 1$에서 처음 세 고유 함수 $\psi(x)$ 및 관련 고유 에너지를 써라.

(b) 이 세 함수를 그려라.

(c) 그 다음 고유 함수를 식을 보지 않고 그릴 수 있는가?

(d) $n = 1.5$인 함수 $\psi(x)$를 쓰고, 그려보라. 이 함수는 $U(x) = 0$인 슈뢰딩거 방정식의 유효한 해이다. 도표를 바탕으로 이 함수가 우물 속의 입자에 맞는 상태가 아닌 이유를 설명하라.

11. (5.7)과 (5.8)은 길이가 L인 무한 사각 우물 속의 슈뢰딩거 방정식의 해를 나타낸다. 길이 $2L$인 무한사각 우물에 대한 해를 적어라. **실마리:** 30초 이상 걸리면 너무 열심히 하는 것이다.

12. 무한 사각 우물(그림 5.4)에서 한 가지가 바뀐다: 영역 $0 < x < 1$에서 위치 에너지가 $U = 0$이 아니라 $U = U_0$(상수)이다. (물음 3에서 이것을 정성적으로 분석했다. 이제 셈을 해보자.)

(a) 영역 $0 < x < L$에서 이 우물 속의 입자에 대한 슈뢰딩거 방정식을 적어라.

(b) 해를 정리하고 두 새로운 상수 A와 B가 든 일반해를 적어라. [이 방정식을 푸는 "기법"을 일러주지는 않았지만 방정식은 앞서 푼 것과 아주 비슷하므로 스스로 풀 수 있어야 한다. 풀어낸 함수 $\psi(x)$가 미분 방정식의 해임을 확인하라!]

(c) 경계 조건 $\psi(0) = 0$은 임의 상수 중 하나의 값을 즉시 알려준다. 그것을 써서 더 간단한 함수 $\psi(x)$를 써라.

(d) 이제 경계 조건 $\psi(L) = 0$을 써서 상수 E의 허용된 값을 제한하라. U_0가 상수임을 기억하라!

(e) 구한 해를 $U = 0$에 대한 해와 비교하라. 결과의 중요성을 간단히 설명하라.

13. 무한 사각 우물 속의 한 입자의 상태가 다음과 같다:

$$\psi(x) = \sqrt{\frac{1}{2L}}\sin(\pi x/L) + \sqrt{\frac{1}{L}}\sin(2\pi x/L) + \sqrt{\frac{1}{2L}}\sin(3\pi x/L)$$

(a) (7.13)과 유사하게 계수와 고유 함수의 곱 꼴로 이것을 고쳐 써라. 각 고유함수에는 인자 $\sqrt{2/L}$가 있으므로 예를 들어 첫째 계수는 $\sqrt{2/L}$이 아님을

기억하라. (n번째 에너지 고유상태를 ψ_n으로 나타낸다.)

(b) 이 입자의 에너지를 잴 때 얻는 값과 그 확률을 구하라. **실마리:** 확률에 어떤 단위가 붙으면 뭔가 잘못된 것이다. 확률의 합이 1이 아니면 뭔가 잘못된 것이다

(c) 그런 다음 같은 입자의 에너지를 다시 재면 그 결과가 어떻게 나올까?

14. (5.8)은 일차원 무한 사각 우물 속에 있는 입자의 파동함수 및 관련된 에너지를 제시한다.

(a) 입자의 에너지는 운동 에너지와 위치 에너지의 합이다. (5.8)의 에너지가 운동 에너지만을 나타내는 이유를 설명하라.

(b) (5.8)의 사인파의 파장 λ는 얼마인가?

(c) 입자의 운동 에너지 E와 운동량 p의 관계는 $E = p^2/2m$이다. (이 형식에 낯설다면 고전적인 식 $E = (1/2)mv^2$ 및 $p = mv$를 써서 얻을 수 있다.) 이 식을 써서 입자의 운동량을 (5.7)에 주어진 에너지로 나타내라.

(d) 이제 구한 상자 속의 입자의 운동량과 파장이 드브로이 관계식(4.2 절)를 따름을 보여라.

15. 범위가 $-L < x < L$인 무한 사각 우물 속의 입자 에너지 고유상태와 고유값을 구하라.

문제 16과 17은 본문(§ 5.3.2)의 해에 관한 설명에서 빠진 단계를 채운다.

16. (5.5)가 상수 A와 B의 모든 값에 대해 (5.4)의 유효한 해임을 보여라.

17. 영역 $0 < x < L$에서 $\psi(x) = A\sin(n\pi x/L)$를 규격화하여 A를 구하라.

18. 탐색: 섭동 이론

무한 사각 우물 중간에 혹이 있다: 영역 $0 < x < 0.4L$에서는 $U(x) = 0$, $0.4L < x < 0.6L$에서는 $U(x) = U_0$, $0.6L < x < L$에서는 $U(x) = 0$, 우물 밖에서는 $U(x) = \infty$이다.

(a) 이 위치 에너지 함수를 그려라.

이 위치 에너지에 대한 슈뢰딩거 방정식을 푸는 것은 복잡하지만 U_0가 충분히 작다면 이 계는 보통의 무한 사각 우물에 매우 가깝고 물리학자들은 바닥상태 에너지를 어림할 때 "섭동 이론"이라는 기법을 쓴다. 이 기법은 이 계의 바닥상태 파동함수가 무한 사각 우물에 대한 것과 같다고 가정한다. (실제로는 다르지만 U_0이 작으면 잘 맞는 어림값이다.)

(a) 바닥상태의 운동 에너지는 혹이 없는 우물의 바닥상태의 운동 에너지와 같다 (파동함수가 같다고 가정하므로). 그 운동 에너지는 얼마인가?

(b) 영역 $0.4L < x < 0.6L$에서 입자를 찾을 확률은 얼마인가?

(c) 위치 에너지를 재면 (b)에서 셈한 확률로 U_0를 얻거나 그렇지 않으면 0을 얻는다. 위치 에너지의 평균값은 얼마인가?

(d) 운동 에너지와 위치 에너지를 더한, 이 계의 바닥상태 에너지는 얼마인가?

(e) 방금 구한 에너지는 이 위치 에너지를 가진 이 파동함수에 대한 총 에너지의 정확한 기댓값이다. 그 값은 이 계의 실제 바닥상태 에너지보다 높을까 낮을까? 어떻게 아는가? (셈 없이도 답할 수 있다.)

(f) 이 근사치가 U_0이 작을 때만 잘 맞는다고 했다. 무엇에 비해 작을까?

5.4 다른 속박 상태

"속박 상태"는 그 에너지가 물체가 아주 먼 곳에 있을 때의 위치 에너지보다 작은 상태이다. 예를 들어, 단순 조화 진동자의 위치 에너지($U \propto x^2$) 속의 입자는 $\lim_{x\to\pm\infty} U(x)$가 무한하므로 늘 속박된다. 반면에 핵에 끌리는 전자는 에너지가 얼마나 큰가에 따라 속박되거나 풀려날 수 있다.

§ 5.3에서 살펴본 무한 사각 우물의 고유상태는 모두 속박 상태이다. 이 절에서는 해당 계의 어떤 측면이 모든 속박 상태에 적용되고, 적용되지 않는지 살펴본다. 6장에서는 속박되지 않는 상태를 살펴본다.

5.4.1 발견 연습: 유한 사각 우물

"유한 사각 우물"은 위치 에너지 U가 $0 < x < L$에서는 $U = 0$, 그 영역 밖에서는 $U = U_0$이다 (그림 5.6). 이 위치 에너지 장 속의 입자는 $0 < E < U_0$이면 "속박된다"—우물 속에 갇힌다.

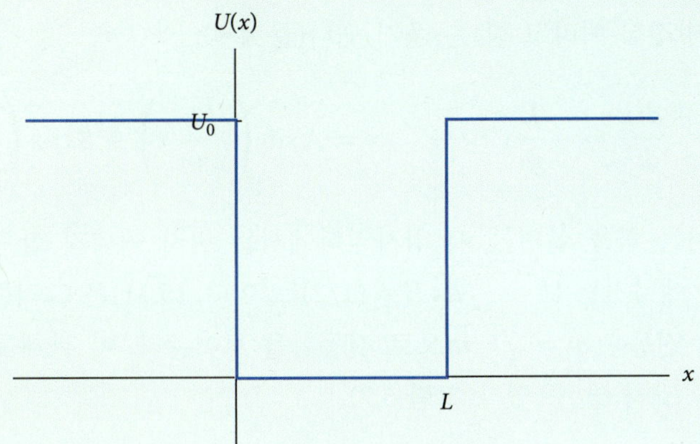

그림 5.6 유한 사각 우물.

영역 $x > L$에서 슈뢰딩거 방정식은 다음과 같다.

$$\frac{d^2\psi}{dx^2} = \frac{2m(U_0 - E)}{\hbar^2}\psi \tag{5.10}$$

해를 나타내는 식에서는 $\sqrt{E - U_0}$(허수) 대신 $\sqrt{U_0 - E}$(실수)를 쓸 것이다.

1. 다음 함수 중 둘은 (5.10)의 유효한 해이고 다른 둘은 아니다. 유효한 해를 골라라 (짐작만 하지 말고, 확인해 보라!)
   A. $\psi(x) = e^{\left(\sqrt{2m(U_0-E)}/\hbar\right)x}$
   B. $\psi(x) = e^{-\left(\sqrt{2m(U_0-E)}/\hbar\right)x}$
   C. $\psi(x) = \sin\left(\frac{\sqrt{2m(U_0 - E)}}{\hbar}x\right)$
   D. $\psi(x) = \sin\left(\frac{\sqrt{2m(U_0 - E)}}{\hbar}x\right)$
2. 유효한 해 둘 중 하나는 $x > L$에서 허용되는 파동함수가 아니다. 어떤 것이고, 왜 그런가?

5.4.2 설명: 다른 속박 상태

§ 5.3에서는 무한사각 우물 속의 입자는 불연속적인 에너지만 가질 수 있음을 알았고, 그 에너지 및 관련된 고유상태를 구했다. 이 절에서는 "속박 상태", 즉 $E < \lim_{x\to\pm\infty} U(x)$인 상태가 있는 두 가

지 다른 계를 살펴본다. 두 계는 위치 에너지 함수가 다르고 따라서 해도 다르지만 경계 조건에서 양자화된 에너지 준위가 정해진다는 사실 등 무한 사각 우물과 공통점이 많다.

단순 조화 진동자

초급 물리학 강좌에서 용수철에 달린 추의 운동을 배웠을 것이다. 그 것을 배운 것은 좋은 일인데, 그 까닭은 똑같은 방정식이 다른 여러 계를 지배하기 때문이다. 이러한 계를 "단순 조화 진동자"라고 한다. 분자가 신축을 거듭하거나 결정 속의 이온이 평형 위치를 중심으로 진동하는 것을 상상해 보라.

용수철-추 계의 고전적 분석은 후크의 법칙 $F=-kx$로 시작하며, 이로부터 얻는 미분 방정식(종종 "단순 조화 진동자 방정식"이라고 함)은 풀기 쉽다(문제 9).

$$F=-kx \quad \rightarrow \quad \frac{d^2x}{dt^2}=-\frac{k}{m}x \quad \rightarrow \quad x=A\sin\left(\sqrt{\frac{k}{m}}\,t\right)+B\cos\left(\sqrt{\frac{k}{m}}\,t\right) \tag{5.11}$$

늘 그렇듯이 고전역학에서는 힘을 살펴볼 때 양자역학에서는 위치 에너지 함수를 살펴본다. 힘 $F=-kx$에 대응되는 위치 에너지는 $U=-\int dx\,F=(1/2)kx^2$이다. (5.11)은 그러한 위치 에너지 장 속의 모든 고전적 계는 각 진동수 $\omega=\sqrt{k/m}$으로 진동함을 보여준다. 이 관계를 써서 위치 에너지를 $U=(1/2)m\omega^2x^2$으로 고쳐 쓸 수 있다(그림 5.7).

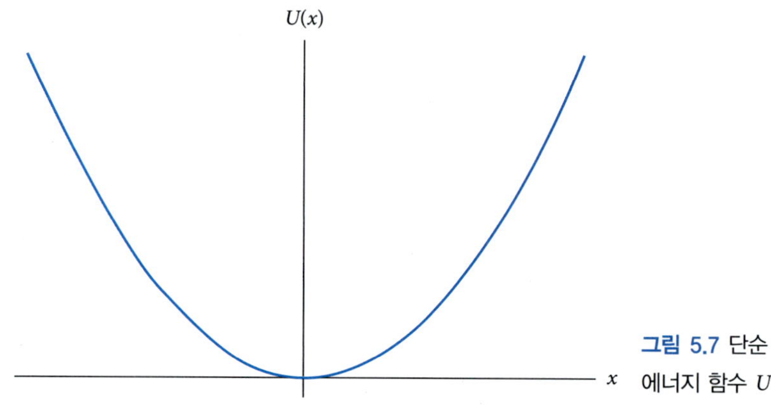

그림 5.7 단순 조화 진동자의 위치 에너지 함수 $U=\frac{1}{2}m\omega^2x^2$

그 논리를 뒤집으면, 단순 조화 진동자를 위치 에너지 함수 $U=(1/2)m\omega^2x^2$인 계로 정의할 수 있다. 그 위치 에너지를 슈뢰딩거 방정식에 넣어 에너지 고유상태를 찾는다:

$$-\frac{\hbar^2}{2m}\frac{d^2\psi}{dx^2}+\frac{1}{2}m\omega^2x^2\psi=E\psi. \tag{5.12}$$

(5.12)은 풀 수는 있지만 시시하지는 않다. 그 풀이법은 어느 양자역학 교재에나 있지만 (중요한 부분은 문제 20에서 다룬다) 관련된 기법은 이 책의 범위 밖이다. 그래서 컴퓨터를 써서 수치해를 찾는다.

컴퓨터가 있든 없든 결과는 에너지 E의 값으로 넣는 상수에 따라 달라진다. 문제의 여러 상수 중에서 단위가 에너지인 것은 $\hbar\omega$ 뿐이다. 그래서 (5.12)를 $E=\hbar\omega$로 컴퓨터에 넣었고, 그 결과가 그림 5.8의 도표이다.[5]

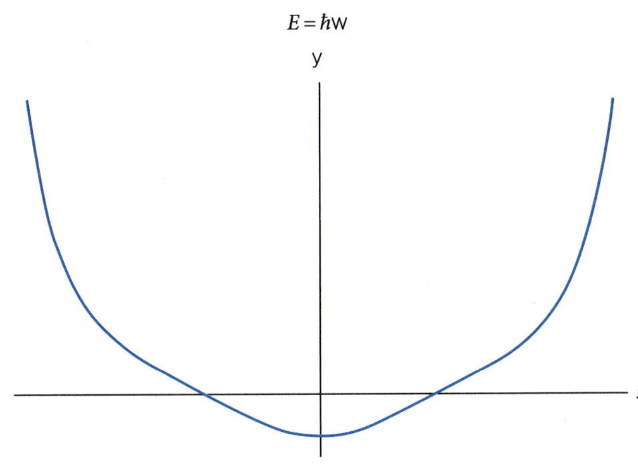

그림 5.8 단순 조화 진동자에 대한 시간-불변 슈뢰딩거 방정식의 해 $\psi(x)$: $E = \hbar\omega$.

그리고 여기에서 문제를 만난다.

능동 읽기 연습: 단순 조화 진동자 해

1. 그림 5.8의 파동함수가 왜 물리적으로 맞지 않는가?
2. 단순 조화 진동자의 에너지 고유상태에 대해 무엇을 알 수 있는가?

이 파동함수는 $|x| \to \infty$에서 ∞로 발산하므로 규격화할 수 없다. 이것을 증명하지는 못했다—짐작으로 도표를 그렸을 뿐이다. (5.12)에서 $E = \hbar\omega$인 어떤 해도 규격화할 수 없음은 증명할 수 있다. 그것은 단순한 조화 진동자 위치 에너지 장 속의 입자는 그 에너지를 가질 수 없음을 뜻한다. 특정 에너지만 가능하다.

그것들이 무엇인지 보려면 에너지 값을 바꿔 볼 수 있다. 문제 11에서 그렇게 하면 $0 < E < \hbar\omega$ 범위에서 규격화 되는 유일한 파동함수는 $E = \hbar\omega/2$로 나온다. 고유상태를 해석적으로 풀면 허용되는 에너지는 $E = (n + 1/2)\hbar\omega$임을 알 수 있다. 여기에서 n은 0 또는 양의 정수이다.

그림 5.9는 처음 몇 개의 에너지 고유상태의 도표이다. 이 도표는 대체로 무한 사각 우물에서 처음 본 모양을 닮았고, 속박 상태는 대체로 이런 꼴이다. 에너지가 클수록 진동을 더 많이 한다.

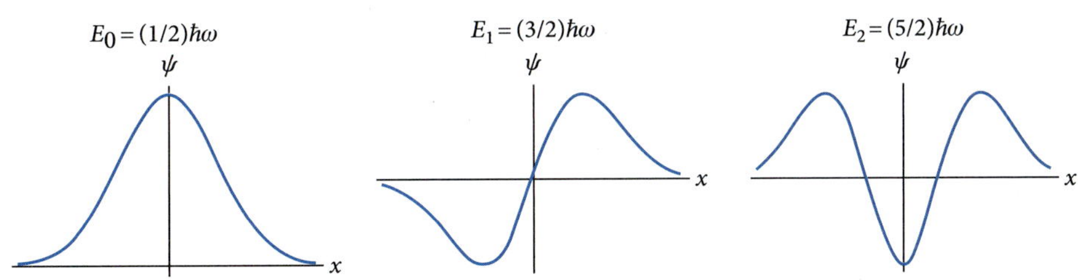

그림 5.9 단순 조화 진동자의 처음 세 에너지 고유상태.

앞서 말했듯이 단순 조화 진동자의 위치 에너지 함수는 여러 중요한 계의 모형이 될 수 있다. 이

5 2계 미방의 일반해에는 임의 상수가 두 개 있으므로 이 도표를 그리려면 두 x-값에서 ψ의 값을 정해준다. 이 선택은 결론에 영향을 주지 않는다.

책의 뒷부분에서 이러한 계를 보게 되면—꽤 자주 나온다—다음 사실을 기억하라.

- 계에 허용된 에너지가 가장 낮은 바닥상태에서는 $E = (1/2)\hbar\omega$이다. (이러한 계에서 $E = 0$은 허용되지 않는다.)
- 다른 모든 에너지 준위는 그 위에 고른 간격으로 배치된다. 따라서 어떤 진동 상태에서 다음 낮은 상태로 떨어질 때는 에너지 $\hbar\omega$인 광자를 낸다.

부록 C에는 이 정보를 요약했고, 고유상태에 대한 일반 공식도 찾을 수 있다. 그것은 앞으로 유용하겠지만, 이 책에서는 그러한 함수를 쓰지 않는다.

유한 사각 우물

§ 5.3에서는 무한 사각 우물을 살펴보았다. 그 속의 입자는 에너지가 아무리 많아도 그 영역을 벗어날 수 없다. 실제로는 갇힌 입자는 충분한 에너지를 받으면 모든 영역에서 빠져나올 수 있으므로[6] 더 정확한 모형은 유한 사각 우물이다: $0 < x < L$이면 $U = 0$이고 그 영역 밖에서는 $U = U_0$이다(그림 5.10).

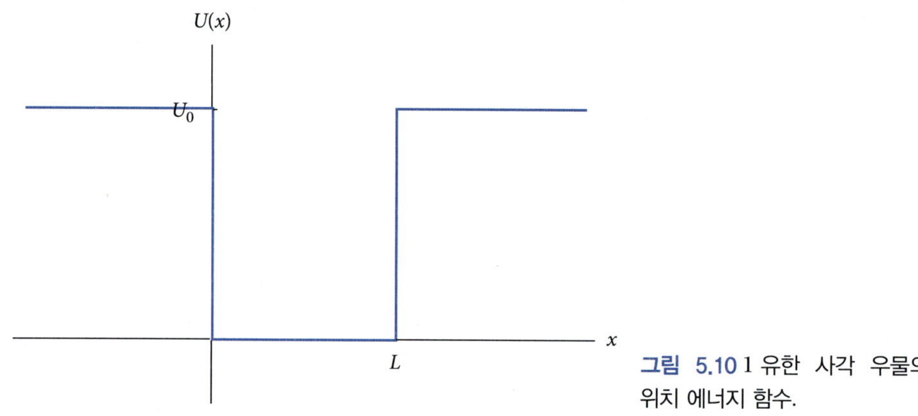

그림 5.10 I 유한 사각 우물의 위치 에너지 함수.

우물 속의 슈뢰딩거 방정식과 해는 무한 사각 우물과 똑같다(위치 에너지가 똑같다).

$$\frac{d^2\psi}{dx^2} = -\frac{2mE}{\hbar^2}\psi \quad \rightarrow \quad \psi(x) = A\sin\left(\frac{\sqrt{2mE}}{\hbar}x\right) + B\cos\left(\frac{\sqrt{2mE}}{\hbar}x\right), \quad 0 < x < L. \tag{5.13}$$

우물 밖의 슈뢰딩거의 방정식은 거의 똑같아 보이지만 E가 $E - U_0$로 대체된다.

$$\frac{d^2\psi}{dx^2} = -\frac{2m(E - U_0)}{\hbar^2}\psi, \quad x \le 0, x \ge L. \tag{5.14}$$

잠시 쉬면서 (5.14)를 살펴보자. (5.13)과 비교하면서 해를 짐작하겠는가?

새로운 해를 구할 때 본능적으로 첫째 해의 E를 $E - U_0$로 바꾸어 보고 싶을 것이다. 그것은 상수를 바꾸는 것일 뿐이다. 맞을까? 그렇다. 하지만 이제 $\sqrt{E - U_0}$ 때문에 $E - U_0$의 부호에 따라

6 블랙홀은 빼고.

복잡해진다. $E > U_0$라면 문제가 없다: 사인과 코사인 함수이다. $E < U_0$라고 해도 복소수 해를 쓰는 점을 빼고는 문제가 되지 않는다.

그러나 $E < U_0$일 때도 실수 해를 구할 수 있다. (5.14)는 읽으면 다음과 같다: "이 함수의 2계 도함수는 함수에 양의 상수를 곱한 것과 같다." 사인과 코사인은 맞지 않지만 지수 함수는 맞으므로 결론은 다음과 같다.

$$\psi(x) = Ce^{x\sqrt{2m(U_0-E)}/\hbar} + De^{-x\sqrt{2m(U_0-E)}/\hbar} \quad x \geq L$$

단순 조화 진동자에서 그랬던 것처럼 발산하는 해는 버려야 한다. $x \to \infty$에서는 e^x는 발산하지만, e^{-x}는 발산하지 않는다. 따라서 영역 $x \geq L$에서는 $C = 0$으로 잡아야 한다. 왼쪽 영역에서는 그 반대이다.

이제 $E < U_0$인 유한 사각 우물 속의 입자에 대한 실수 해를 구했다.

$$\psi(x) = \begin{cases} Fe^{x\sqrt{2m(U_0-E)}/\hbar} & x \leq 0 \\ A\sin\left(\frac{\sqrt{2mE}}{\hbar}x\right) + B\cos\left(\frac{\sqrt{2mE}}{\hbar}x\right) & 0 < x < L \\ De^{-x\sqrt{2m(U_0-E)}/\hbar} & x \geq L \end{cases} \tag{5.15}$$

이러한 수식을 보면 겁이 날 수 있지만 도표를 그려보면 상당히 간단하다. 파동함수는 우물 안에서는 사인파로 진동하고, 우물 밖에서는 (총 에너지가 위치 에너지보다 작을 때) 지수적으로 감소한다(그림 5.11). 고전적으로는 $E < U_0$인 입자는 우물 밖에서는 볼 수 없다. 양자역학적으로는 불가능하지는 않지만, 고전적으로 금지된 영역으로 가면서 확률이 빨리 줄어든다.

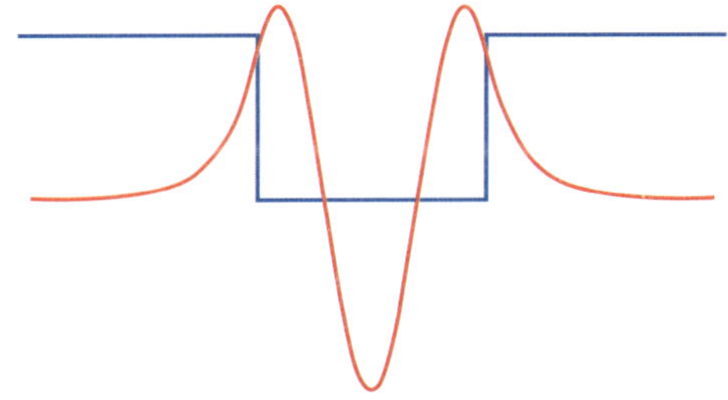

그림 5.11 유한 사각 우물(파란선)에 갇힌 입자의 에너지 고유상태 (빨간선)

능동 읽기 연습: 유한 사각 우물

1. (5.15)에서 미지 상수를 결정할 때 어떤 물리적 조건을 쓰는가?
2. 이러한 조건을 써서 상수 A, B, D, F 및 E(에너지)에 관한 네 개의 방정식을 써라. 일부 방정식에는 L이 들어가야 하지만 변수 x는 들어가지 않는다.

첫째 답—상수를 결정하는 물리적 조건—은 파동함수가 연속이고 미분 가능해야 한다는 것이다. (규격화도 말했다면 만점. 그러면 마지막 상수를 결정할 수 있는 다섯째 방정식이 나온다.) 그 방정식은 다음을 보라: www.cambridge.org/felder-modernphysics/activereadingsolutions

이들 경계 조건 중 3개를 풀면 임의 상수 3개를 지워 모든 해 앞에 상수 A만 남길 수 있다. 나머지 방정식은 E의 특정 값에 대해서만 풀 수 있다. 따라서 무한 사각 우물과 마찬가지로 에너지 양자화는 경계 조건에서 생긴다.

문제 13에서 (5.15)을 고쳐 써서 임의 상수 하나만 남길 수 있다. 딱하게도 E 값을 결정하는 방정식은 해석적으로 풀 수 없다. 문제 14에서 유한 사각 우물에서 방정식을 수치셈으로 풀어 허용되는 에너지를 찾을 수 있다.

에너지 고유상태와 고유값을 알면 규격화하여 마지막 임의 상수 A를 구할 수 있다.

숨돌리기: 속박 상태

단순 조화 진동자와 유한 사각 우물이 여러 쓰임새에 나오지만 목표는 이들 중 하나를 자세히 탐구하는 것이 아니고, 이 두 계를 써서 모든 속박 상태에 적용되는 다음 특징을 설명하는 것이다.

1. 슈뢰딩거 방정식을 풀면 임의 상수가 든 일반해를 얻을 수 있다.
2. 다음 경계 조건 중 하나 또는 모두를 써서 임의 상수를 구할 수 있다.
   (a) $x \to \pm\infty$일 때 ψ는 0에 접근해야 한다. (이 조건에 맞지만 규격화할 수 없는 함수도 있겠지만, 대개는 이것으로 충분하다.)
   (b) 조각 연속 위치 에너지 함수의 경우 영역의 경계마다 연속이고 미분 가능해야 한다.
   이들 경계 조건 중 하나를 뺀 모두를 써서 임의 상수 중 하나를 뺀 모든 것을 구한다.
3. 마지막 경계 조건을 써서 구하는 것은 남은 임의 상수가 아니라 허용되는 에너지 값의 집합이다.
4. 이제 허용된 에너지 고유상태와 고유값을 정수 양자수를 붙여 나열할 수 있다. (때때로 해석적 해는구할 수 없어도 수치해는 구할 수 있다.)
5. 끝으로 파동함수를 규격화하여 마지막 임의 상수를 결정한다. (이것은 앞 단계에서 정한 규격화 조건과는 별개이다.)

슈뢰딩거가 양자역학 방정식을 개발하기 전에는 플랑크와 보어 같은 물리학자들은 에너지 양자화를 특정 계에 대한 임시 가설로서 도입했다. 양자역학에서 양자화는 가정이 아니라 에너지 고유상태를 풀어낸 결과이다. 하지만 슈뢰딩거 방정식에서 나오는 것이 아니라 슈뢰딩거 방정식을 푼 뒤에 적용하는 경계 조건에서 나온다.

6장에서는 속박되지 않은 상태는 에너지가 양자화 되지 않음을 볼 것이다.

5.4.3 물음과 문제: 다른 속박 상태

개념 물음 및 개념시험

1. 그림 5.12의 위치 에너지 장에 갇힌 양자역학 계를 나타내는 조건은 무엇인가? (하나를 골라라.)
   A. 없다.
   B. $E < U_2$이고 계가 두 봉우리 사이에 있을 때
   C. $E < U_1$이고 계가 두 봉우리 사이에 있을 때
   D. 늘.
2. "속박 상태"를 자신의 말로 정의하라.
3. "양자수"를 자신의 말로 정의하라.
4. 계의 바닥상태 에너지가 위치 에너지 함수의 최소값

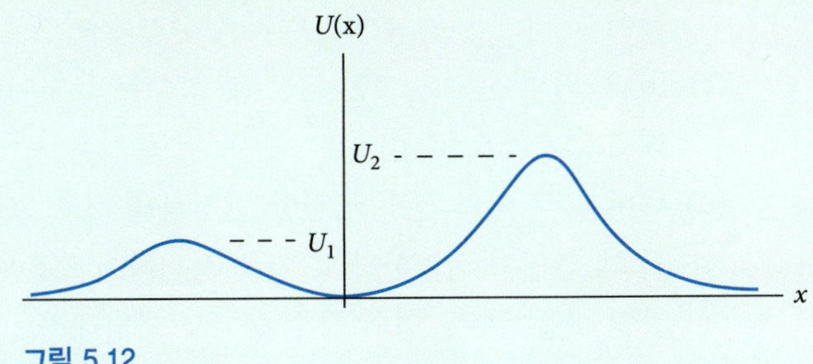

그림 5.12

보다 낮을 수 있는가? 왜?

5. 그림 5.13에 보인 단순 조화 진동자의 4번째 및 10번째 에너지 고유상태를 각각 가려내고, 그 근거를 설명하라. (도표를 보고 무엇을 나타내는지 생각하라.)

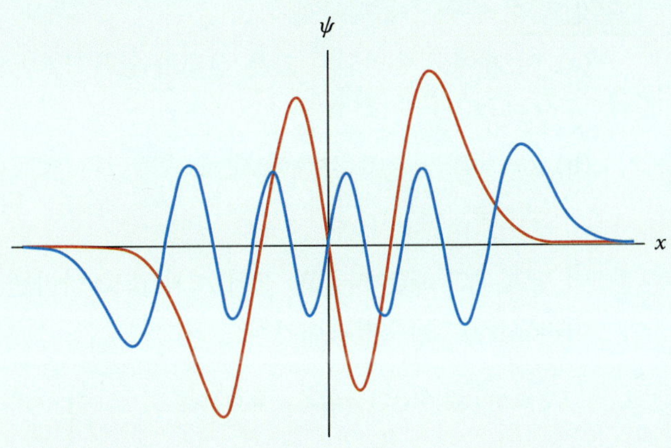

그림 5.13

6. 단순 조화 진동자를 고전적으로 분석할 때 $x(t) = 0$도 완벽하게 유효한 해이다. 물체는 안정 평형점에서 가만히 있다. 양자역학은 왜 그 해를 배제하는가?

7. E가 커짐에 따라 유한 사각 우물에 갇힌 입자의 에너지 고유상태의 모양이 어떻게 바뀔까? ($E \to U_0$의 아래쪽 극한을 묻는다.)

8. 유한 사각 우물 속의 입자가 $E < U_0$인 에너지 고유상태에 있다. 그 입자의 위치를 재면 $U = U_0$인 영역에서 볼 수 있을까? 설명하라.

문제

9. (5.11)에서 빠진 단계를 채워라. (이 방정식은 순수하게 고전적이다.)

(a) 먼저 힘의 법칙이 어떻게 미분 방정식으로 이어지는지 보여라.

(b) 정해진 해가 그 미분 방정식의 해임을 보여라.

10. 수소 분자의 바닥상태의 진동 에너지는 대략 0.27 eV이다. 분자를 단순 조화 진동자(아주 좋은 근사치)로 다룰 때 그 다음 두 에너지 고유값은 무엇인가?

11. 그림 5.8은 $E = \hbar\omega$인 단순 조화 진동자에 대한 슈뢰딩거 방정식의 해의 후보인 함수를 보여주지만 유효한 해는 아니다. 이 문제에서는 유효한 해로 이어지는 에너지를 찾고자 실험한다.

(a) 단순한 셈을 위해 $\hbar = \omega = m = 1$로 잡을 수 있다. (즉, 특이하지만 유용한 단위 집합을 고른다.) 이 값을 써서 단순 조화 진동자에 대한 슈뢰딩거 방정식을 적어라.

(b) $E = 0.1$, $E = 0.3$, $E = 0.5$, $E = 0.7$에 대해 $\psi(1) = \psi(-1) = 1$의 조건을 써서 (a)에서 적은 방정식을 컴퓨터로 푼다. $E = 0.9$. 영역 $-3 < x < 3$에서 각각에 대한 해를 그리고 그 거동을 설명하라.

(c) 이 에너지 범위 안에 있는 에너지 고유값은 $E = 0.5$ 뿐이다. 다른 곡선에는 어떤 문제가 있는가?

12. 이 문제는 특정 속박 상태에 관한 것이 아니라 핵심 수학적 개념을 보여준다.

(a) 미분방정식 $df/dx = 2kxf$의 일반해를 구하라. (짐작해도 되고, 변수 분리법을 써도 된다.)

(b) 구한 함수 $f(x)$는 어떤 k 값에 대해서는 파동함수가 될 수 있고, 다른 k 값에 대해서는 그렇지 않을 수 있다. 어떤 k 값에 대해 $\psi(x) = f(x)$가 파동함수가 될 수 있는가? 왜?

13. (5.15)는 유한 사각 우물의 에너지 고유상태이다.

(a) 연속성 및 미분 가능성의 조건을 써서 이 해에 들어가는 여러 함수에 관한 네 방정식을 적어라. 방정식에는 L이 들어가지만 x는 들어가지 않는다.

(b) 네 방정식 중 셋을 풀어 F, B, D를 A로 나타내라.

14. **[이 문제는 문제 13의 결과를 쓴다.]** 문제 13에서 4개의 방정식을 적었고 그 중 3개를 풀어 다른 모든 임의 상수를 A로 나타냈다.

(a) 그것을 모두 마지막 방정식에 넣어 A에 관한 방정식을 만들어라. A는 상쇄되고 미지의 상수 E에

관한 방정식이 남는다. 식을 정리하면 $f(E) = 0$ 꼴이 된다.

(b) $\hbar = m = L = U_0 = 1$로 두어 방정식을 최대한 단순하게 고쳐라. 그러면 E가 식의 유일한 문자가 된다.

(c) 근의 갯수를 확인하고 그 값을 추정할 수 있을 만큼 충분히 큰 영역에 대해 함수 $f(E)$의 도표를 그려라.

(d) (c)의 결과는 이 유한 사각 우물에 대해 무엇을 말해주는거?

(e) $\hbar = m = L = 1$, $U_0 = 30$으로 두터 (b)와 (c)를 반복한다. 결과가 어떻게 다른가?

15. 230쪽에서 슈뢰딩거 방정식을 풀어 속박 상태를 구하는 단계를 나열했다. 무한 사각 우물에 대한 해의 각 단계를 식별하라. 이 때 무한 사각 우물에서는 쓰지 않는 단계를 구별하고 그 이유를 설명하라.

16. 입자의 위치 에너지 함수가 $x \le 0$에서 $U(x) = U_0$, $0 < x < L$에서 $U(x) = 0$, $x \ge L$에서 $U(x) = 2U_0$이다 ($U_0 > 0$).

(a) 이 세 영역 각각의 슈뢰딩거 방정식을 적아라.

(b) $0 < E < U_0$로 가정하고 각 영역에서 슈뢰딩거 방정식에 대한 일반해를 적어라. 답에는 총 6개의 임의 상수가 들어간다. 실수만 쓰므로 제곱근은 모두 양수이다.

(c) 임의 상수 중 0이 되는 두 상수는 무엇이며 왜 그런가?

(d) 그림 5.11은 대칭 유한 사각 우물의 에너지 고유상태를 보여준다. 이 문제의 비대칭 우물의 고유상태는 어떻게 다르며, 그 차이는 입자의 위치에 대한 확률 분포를 어떻게 바꾸는가?

17. 반-유한 우물

입자의 위치 에너지 함수가 $x \le 0$에서 $U(x) = \infty$, $0 < x < L$에서 $U(x) = 0$, $x \ge L$에서 $U(x) = 2U_0$이다($U_0 > 0$).

(a) 영역 $x \le 0$에서 $\psi(x)$는 무엇인가?

(b) $0 < E < U_0$로 가정하고 나머지 두 영역 각각에서 슈뢰딩거 방정식의 일반해를 실함수를 써서 적어라. 답에는 총 4개의 임의 상수가 들어간다.

(c) (b)의 임의 상수 중 0이 되는 두 상수는 무엇이며 왜 그런가?

(d) 나머지 두 임의 상수에 관한 방정식을 적고 그것이 왜 참인지 설명하라. 그것을 정리하여 모든 공간의 파동함수를 임의 상수 하나로 나타내라.

(e) 에너지 고유값 E에 관한 방정식을 적어라. 방정식에는 m, L, U_0 및 $\hbar$가 들어가지만 임의 상수는 없어야 한다. (이 방정식을 풀 필요는 없다.)

18. 탐색: 절댓값 위치 에너지 함수

위치 에너지 함수 $U(x) = k|x|$(k는 양의 상수) 속의 입자의 속박 상태를 구하자.

(a) 이 계에도 속박되지 않은 상태가 있을까? 어떻게 아는가?

(b) $x < 0$과 $x > 0$ 각각에 대해 슈뢰딩거 방정식을 적어라.

이 방정식의 해는 다음과 같이 Ai와 Bi로 나타낸 "에어리(Airy) 함수"가 들어간다:

$$\left.\begin{aligned} \psi(x) &= A\,Ai\left(-q(E+kx)\right) \\ &\quad + B\,Bi\left(-q(E+kx)\right) \quad x<0 \\ \psi(x) &= C\,Ai\left(-q(E-kx)\right) \\ &\quad + D\,Bi\left(-q(E-kx)\right) \quad x>0 \end{aligned}\right\} \tag{5.16}$$

여기서 $q = (2m)^{1/3}/(\hbar k)^{2/3}$이고, q는 양수이다. 에어리 함수는 처음 본다고 해도 걱정마라. 이 문제를 푸는 데 필요한 모든 정보는 다음 웹사이트에 있다:
www.cambridge.org/felder-modernphysics/figures

(c) 방정식을 더 쓰지 않고도 (5.16)의 임의 상수 4개 중 2개가 0이어야 한다고 주장할 수 있다. 어느 것이고, 왜 그런가? 그 상수를 0으로 두어 (두 영역 모두에서) $\psi(x)$을 다시 써라.

(d) $\psi(x)$가 $x = 0$에서 연속일 조건식을 적어라. 이 식을 써서 남은 두 상수의 관계식을 최대한 단순하게 적어라. 이 관계식을 써서 두 영역 모두에 대해 임의 상수가 하나만 있는 $\psi(x)$를 다시 적어라.

(e) $\psi(x)$가 $x = 0$에서 미분 가능할 조건식을 적어라.

에어리 함수의 도함수는 복잡하므로 $Ai'(\cdots)$ 나 $Bi'(\cdots)$로 나타내되, 미분할 때 사슬 규칙을 써야 한다는 것을 잊지 마라. 이 방정식을 써도 마지막 임의 상수를 구할 수 없는 이유는 무엇인가?

(f) 대신, (e)의 방정식을 써서 계에 허용된 에너지에 대한 식을 적어라. 답에는 $Ai'(x)$의 n번째 근을 나타내는 α'_n이 들어가야 한다.

(g) $k = 10$ eV/nm인 절댓값 전위 속의 전자의 바닥 상태 에너지를 구하라.

19. [**이 문제는 문제 18의 결과를 쓴다.**] 문제 18의 과정은 허용된 에너지의 반만 구했다.

(a) 다른 허용 값 집합을 찾으려면 셈을 달리 할 수 있었던 곳을 찾아내라.

(b) 첫째 들뜬 상태의 에너지는 이 새로운 집합에서 나온다. 문제 18의 (e)에서 전자에 대해 그 에너지를 구하라.

20. 탐색: 귀납법으로 에너지 고유값 찾기

단순 조화 진동자의 위치 에너지는 $U = (1/2)m\omega^2x^2$이다. 이 문제에서는 하나의 에너지 고유상태를 써서 무한히 더 많은 것을 찾을 수 있는 방법을 살펴본다. 에너지 고유값 E_n인 n번째 에너지 고유상태가 ψ_n이라 하고, $\psi_{n+1}(x) = -\hbar\psi_n'(x) + m\omega x\psi_n(x)$로 정한다. ψ_{n+1}도 에너지 고유상태임을 증명하고 그 에너지 고유값을 구한다.

(a) 위에서 정의한 ψ_{n+1}을 써서 $\psi'_{n+1}(x)$ 및 $\psi''_{n+1}(x)$을 셈하라. 답을 ψ_n에서 ψ_n'''까지의 도함수로 나타내라.

(b) ψ_n에 대한 슈뢰딩거 방정식을 적고, 그것을 풀어 $\psi_n''(x)$에 관한 식를 구하라.

(c) (b)에서 얻은 식을 미분하여 $\psi_n'''(x)$를 $\psi_n(x)$와 $\psi'_n\ (x)$로 나타내라.

(d) 이제 ψ_{n+1}이 에너지 고유상태임을 보여줄 준비가 되었다. 다음을 셈하라: $-\hbar^2/2m\psi''_{n+1}(x) + U(x)\ \psi_{n+1}(x)$. 지금까지 셈한 것을 모아 이것이 $\psi_{n+1}(x)$와 같음을 보여라.

(e) ψ_{n+1}의 에너지 고유값은 얼마인가? (답에는 ψ_n의 에너지 고유값 E_n이 들어가야 한다.)

(f) 단순 조화 진동자의 바닥상태는 다음과 같고, 에너지 고유값은 $E_0 = (1.2)\hbar\omega$이다.

$$\psi_0(x) = \left(\frac{m\omega}{\pi\hbar}\right)^{1/4} e^{-x^2m\omega/(2\hbar)}$$

방금 유도한 방법을 써서 ψ_1과 E_1을 구하라. (규격화는 신경 꺼라.)

위에서 보인 것은 바닥상태에서 시작하여 에너지 고유상태의 무한 수열을 끌어낼 수 있다는 것이다. 또한 이 수열에 모든 단순 조화 진동자 에너지 고유상태가 들어있음도 증명할 수 있다. "상태에 $m\omega x$를 곱한 다음 상태의 도함수에 $\hbar$를 곱한 값을 빼는" 수학적 과정을 "사다리 연산자"라고 한다. 이를 통해 하나의 고유상태에서 시작하여 사다리의 다음 단계를 오르는 것처럼 더 높은 상태를 모두 만들 수 있다.

5.5 수학 간주곡: 복소수

이 수준의 물리학을 배우는 학생들은 대부분 오래 전에 복소수를 조금 배웠을 것이다. 아마도 $i^2 = -1$은 기억할 것이고 파인만이 가장 좋아한 식 $e^{i\pi} + 1 = 0$이 현란한 마술처럼 제시되는 것도 보았을 것이다. 그러나 복소수 평면, 크기 및 위상, 복소 지수 함수의 진동 특성은 익숙하지 않을 수 있다.

양자역학적 파동함수의 시간 진화, 자유 입자의 에너지 고유상태, 고급 주제를 더 탐구하려면, 복소수—특히 복소 지수 함수의 거동—를 꼭 알아야 한다.

이 절의 앞 부분에서는 기본 정의 및 속성을 되새긴다. 뒷 부분은 특히 복소 지수 함수에 중점을 둔다. 앞부분의 되새김이 필요 없어도 뒷부분은 유용할 수 있다.

5.5.1 발견 연습: 복소 지수 함수

가장 간단한 "단순 조화 진동자(SHO: simple harmonic oscillator) 방정식"은 다음과 같다.

$$\frac{d^2y}{dx^2} = -y \tag{5.17}$$

1. $y = A\sin x + B\cos x$가 (5.17)의 해임을 보여라.
2. $y = Ce^{ix}$도 (5.17)의 해임을 보여라.

이 미분 방정식은 전혀 다르게 보이는 두 해를 통해 복소 지수 함수와 실함수 사인 및 코사인의 기본적인 관계를 시사한다.

5.5.2 설명: 복소수

물리학에서 재는 양(길이, 시간, 에너지, 운동량, 힘 등)의 값은 실수이다. 물리량에 관해 물을 때는 실수값의 답변을 기대한다. 그러나 회로 분석, 입자 물리학 및 양자역학을 포함한 물리학의 많은 영역에서 이러한 실수 물리량에 관한 물음에 대한 답을 구하는 계산 과정에서는 복소수를 종종 쓴다.

간단한 소개: 허수 및 복소수

정의로 시작하자: $i \equiv \sqrt{-1}$ 또는 $i^2 = -1$이다. 이 정의와 기본 셈의 규칙에 따라 $(-i)^2 = -1$, $(3i)^2 = -9$, $(1 + i)^2 = 2i$ 등을 확인할 수 있다.

- "실수"는 -5, $\sqrt{2}$ 또는 $\pi/6$과 같이 i가 들어있지 않는 숫자이다.
- "허수"는 i를 곱한 실수이다.
- "복소수"는 실수에 허수를 더한 것이다.

$$z = a + bi \quad a\text{와 } b\text{는 실수이다.}$$

이 식에서 a는 숫자의 "실수부"[때로는 $Re(z)$로 표기함], b는 "허수부"[$Im(z)$]라고 한다.

값이 실수인 모든 함수(제곱근, 지수, 삼각 함수 등)는 값이 복소수인 함수로 확장할 수 있다. 따라서 $2 - i$ 및 $\sin(3 + 2i)$와 같은 표현은 항상 약간의 작업을 통해 실수 a 및 b와 함께 $a + bi$ 꼴로 쓸 수 있다.

예: 실수부와 허수부

숫자 $z = \dfrac{2-i}{3+4i}$의 실수부와 허수부를 구하라.

해: 숫자의 실수부와 허수부를 구하려면 $a + bi$꼴로 고쳐 써야 한다. 이 경우 요령은 분자와 분모에 $3 - 4i$를 곱하는 것이다.

$$\frac{2-i}{3+4i}\,\frac{3-4i}{3-4i} = \frac{6-11i+4i^2}{9-(16i^2)} = \frac{2-11i}{25} = \frac{2}{25} - \frac{11}{25}i$$

$Re(z) = 2/25$ 및 $Im(z) = -11/25$이다.

앞의 예에서는 중요한 요령을 썼다. 분자와 분모에 분모의 "켤레 복소수"를 곱하여 분수를 고쳐 썼다.

켤레 복소수

숫자 $z = a + bi$의 "켤레 복소수"는 $z^* = a - bi$이다. 실수 부분은 같고, 허수 부분은 부호가 바뀐다.

대개는 모든 i를 $-i$로 바꾸면 복소수의 켤레 복소수가 된다. 예를 들어, $i\sin(ix)$의 켤레 복소수는 $-i\sin(-ix)$이다.

크기; 위상, 복소수 평면

수 직선(Number line)은 모든 실수를 나타내는 선이다. 여기에는 양수와 음수, 정수와 분수, 유리수와 무리수가 포함된다. 그러나 i는 어디에도 없다. 일차원 축에는 모든 복소수를 나타낼 수 없다.

그렇지만, 2차원 평면에는 모든 복소수를 나타낼 수 있다(그림 5.14). "복소수 평면"의 각 점은 실수 부분을 가로 축 방향의 좌표, 허수 부분을 세로 축 방향의 좌표로 써서 하나의 복소수를 나타낸다.

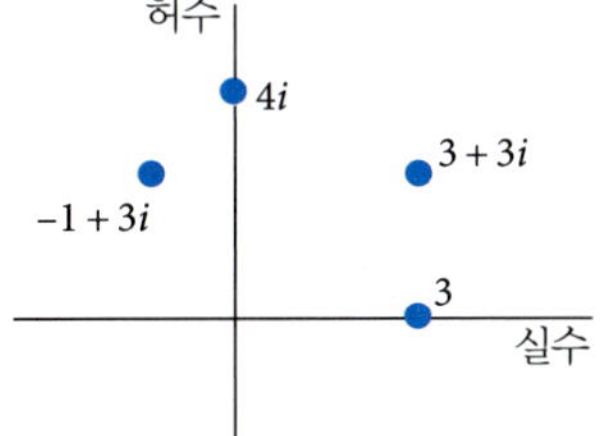

그림 5.14 복소수 평면.

전통적인(실수) xy 평면에서 각 점은 두 개의 숫자를 나타낸다. 예를 들어 함수를 도표로 나타낼 때 도표의 각 점은 함수에 넣은 숫자(x)와 함수의 값(y)를 나타낸다. 그러나 복소수 평면에서 모든 점은 하나의 숫자를 나타낸다.

실수부과 허수부를 제시하여 복소수를 서술할 때 복소수 평면에서의 위치를 직각 좌표로 명시한다. 실수부는 x 좌표, 허수부는 y 좌표이다. 복소수에 대한 똑같은 정보를 다른 꼴로 제공하는 극 좌표로 그 위치를 지정할 수도 있다.

- 복소수 z를 나타내는 점에서 원점까지의 거리를 그 복소수의 "크기(modulus)"라고 한다 — 교재에 따라 "절댓값(absolute value)"이라고도 한다. 복소수 z의 크기는 절댓값 기호로 나타낸다: $|z|$.

- 양의 실수 축에 대한 복소수 z를 나타내는 점의 각도를 z의 "위상(phase)"이라고 한다. 보편적 기호는 없지만 대체로 z의 위상을 ϕ_z로 나타낸다.

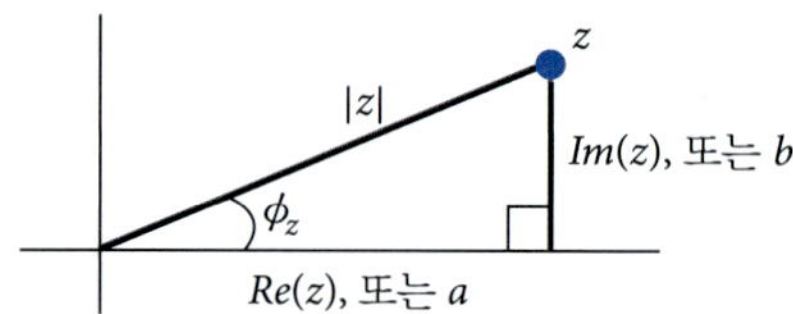

그림 5.15 복소수 z의 위상(ϕ_z), 크기($|z|$), 실수부 $Re(z)$ 및 허수부 $Im(z)$

복소수를 묘사할 때 쓰는 네 개의 숫자(실수부 a, 허수부 b, 위상 ϕ_z 및 크기 $|z|$)는 모두 반드시 실수이다! 처음 두 개는 임의의 실수일 수 있다. 위상도 어떤 실수값이든 될 수 있지만 $0 \le \phi < 2\pi$를 벗어난 값은 중복된다: $\phi = \pi$와 $\phi = 3\pi$는 같은 위상을 나타낸다. 크기는 정의에 따라 음수가 될 수 없다. 그림 5.15는 이 네 변수의 관계를 보여준다.

$$a = |z| \cos \phi_z, \quad b = |z| \sin \phi_z, \quad a^2 + b^2 = |z|^2, \quad \tan \phi_z = \frac{b}{a}$$

복소 파동함수를 살펴볼 때 다음 사실을 많이 쓸 것이다.

크기에 관한 중요한 사실

복소수에 켤레 복소수를 곱하면 크기의 제곱이 된다.

$$zz^* = |z|^2$$

두 복소수를 곱하면 크기도 곱해진다.

$$|z_1 z_2| = |z_1|\ |z_2|$$

두 복소수의 합의 크기는 크기의 합과 다르다.

$$|z_1 + z_2| \neq |z_1| + |z_2|$$

아래는 첫째 규칙의 증명인데, 단지 개념을 전하려는 것이다. (다른 둘은 문제 17에서 증명한다.)

$$zz^* = (a + bi)(a - bi) = a^2 - (bi)^2 = a^2 + b^2 = |z|^2$$

복소 지수 함수

임의의 복소수는 $a + bi$ 꼴로 쓸 수 있다. 여기서 a와 b는 실수이다. 위에서 숫자 $(2 - i)/(3 + 4i)$를 그러한 꼴로 고쳐 쓰는 방법을 보였는데, 켤레 복소수를 쓰는 복잡한 방법이다. 다음은 몇 가지 예이다.

- i^7은 $-i$로 쓸 수 있다(따라서 $a = 0$ 및 $b = -1$). i 자체를 7번 곱하여 확인할 수 있다.
- $\sqrt{i}$는 $(1/\sqrt{2}) + (1/\sqrt{2})i$로 쓸 수 있다. 문제 12에서 이를 확인할 수 있다.
- 2^{3i-4}, $\ln(i - 2)$, $\sin(3i + \pi/6)$, ⋯ 이들 모두 $a + bi$ 꼴로 고쳐 쓸 수 있다.

특히 흥미로운 것은 지수함수이다. 함수 e^{ix}를 $a + bi$ 꼴로 고쳐 쓰려면 어떻게 해야 할까? 발견 연습(244쪽)은 복소 지수함수와 실수값 사인 및 코사인 함수의 관계를 통해 답을 제시한다.

복소 지수에 관한 오일러 공식

$$e^{ix} = \cos x + i \sin x \tag{5.18}$$

x가 실수이면 (5.18)은 복소 지수 함수를 실수부($\cos x$)와 허수부($\sin x$)로 가른다. [x가 실수가 아니면 (5.18)은 여전히 참이지만 $\cos x$는 더 이상 실수부를 나타내지 않는다!]

예를 들어, $e^{i\pi/6}$는 $\sqrt{3}/2 + (1/2)i$로 쓸 수 있다.

문제 22에서는 간단한 조화 진동자 방정식을 써서 오일러 공식을 증명하는 방법을 보여주고 문제 23에서 테일러 급수를 써서 같은 규칙을 증명한다. 다른 문제에서는 다음 규칙을 증명할 것이다. 이 모든 규칙은 중요하다.

오일러 공식의 중요한 따름 정리

- 임의의 실수 ρ와 α에 대해 복소수 $z = \rho e^{i\alpha}$는 크기 $|z| = \rho$, 위상 $\phi = \alpha$이다(문제 18).
- 특히, α가 실수이면 복소수 $e^{i\alpha}$는 크기가 1이다. 따라서 복소수에 $e^{i\alpha}$를 곱하면 숫자는 바뀌지만 크기는 그대로다.
- $e^{-ix} = \cos x - i \sin x$(문제 21).

5.5.3 물음과 문제: 복소수

개념 물음 및 개념시험

1. 그림 5.16은 복소수 평면에서 두 숫자 z_1과 z_2를 보여준다.

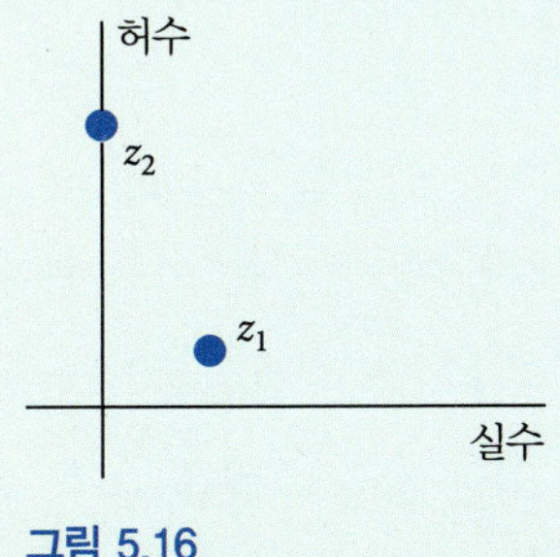

그림 5.16

(a) ϕ_{z_1}을 추정하고 ϕ_{z_2}를 정확히 구하라.

(b) $|z_1|$ 과 $|z_2|$ 어느 것이 더 큰가?

(c) $|z_1/z_2|$를 추정하라

2. 복소수 평면을 그려 다음을 표시하라.

(a) 허수부가 −2보다 큰 모든 숫자의 집합

(b) 크기가 2보다 큰 모든 숫자의 집합

(c) 위상이 $\pi/2 < \phi < 2\pi/3$인 모든 숫자 집합.

3. 복소수 평면을 그리고 다음을 하라.

(a) e^{i0}를 표시하고 z_1로 나타내라.

(b) $e^{i\pi/2}$를 표시하고 z_2로 나타내라.

(c) $e^{i\pi}$를 표시하고 z_3로 나타내라.

(d) $e^{i3\pi/2}$를 표시하고 z_4로 나타내라.

(e) 복소수 평면 위에서 시각 t의 위치가 복소수 $z = e^{it} (t \geq 0)$인 점의 궤적을 그리고 설명하라.

4. 함수 $z(t) = e^{it}$는 무엇을 나타내는가? (하나를 고르고 간단히 설명하라)

A. 증가 함수.

B. 감소 함수.
C. 주기 함수.
D. 상수 함수.
E. 해당 없음.

5. 다음 중 복소수 평면에 있는 $z = 5e^{i\alpha}$ 꼴의 모든 점을 나타내는 것을 골라라. 여기서 α는 임의의 실수이다. (하나를 골라라.)
A. 직선
B. 반직선
C. 원
D. 쐐기
E. 해당 없음(고를 때 정확한 모양을 그려라.)

6. $z_1(t) = e^{i3t}$ 및 $z_2(t) = e^{(2+i3)t}$이다. 다음 중 크기 $|z_1(t)|$ 및 $|z_2(t)|$에 대해 참인 것을 골라라 (하나를 고르고 간단히 설명하라.)
A. $|z_1(t)| > |z_2(t)|$
B. $|z_1(t)| > |z_2(t)|$
C. $|z_1(t)| = |z_2(t)|$
D. 시각 t마다 다르다.

7. 복소수 z에 e^{2i}를 곱하면 어떻게 되는가? (하나를 골라라.)
A. 크기가 커진다.
B. 크기가 줄어든다.
C. 크기가 변하지 않는다.
D. z에 따라 다르다.

심층 토론

8. 허수는 다음 착상으로 시작한다: "음수의 제곱근을 실제로 구할 수는 없지만, 구할 수 있다면 어떨까? i를 $\sqrt{-1}$로 정의하자." 비슷한 논리로 다음과 착상도 있다: "0으로 나눌 수 없지만, 나눌 수 있다면 어떨까? j를 1/0로 정의하자." 그러한 숫자는 일관된 수학 체계에 들일 수 없음을 보여라.

문제

9. $1/i = -i$임을 보여라.

10. i^5를 구하라.

11. $\sqrt{-8}$을 실수 a와 b에 대해 $a + ib$꼴로 써라.

12. $\sqrt{i} = (1/\sqrt{2}) + (1/\sqrt{2})i$임을 보여라. **실마리:** $\sqrt{49} = 7$임을 보여라고 하면 어떻게 하겠는가?

13. 숫자 $z = (4 + 7i)/(2 - 3i)$의 크기를 두 가지 방법으로 찾을 수 있다.
(a) z를 $a + ib$꼴로 고쳐 쓴다. **실마리:** 분자와 분모에 분모의 켤레 복소수를 곱하여 시작하라.
(b) 공식 $|z|^2 = a^2 + b^2$을 써서 $|z|$를 구한다.
다른 방식이 있다.
(c) i를 모두 $-i$로 바꿔 z^*를 구한다.
(d) zz^*를 곱하고 식을 정리한다.
(e) 공식 $|z|^2 = zz^*$를 써서 $|z|$를 구한다. (b)에 대한 답과 다르다면 어딘가 잘못된 것이다!

14. 이 문제는 복소 지수 함수와 크기에 대한 약간의 연습이자, 파동함수의 시간 진화에 대한 연구의 중심이 될 내용이다. (당분간은 그냥 받아들여라.) t는 실수라고 가정한다.
(a) $|e^{i2t}|$를 구하라.
(b) $|e^{i3t}|$를 구하라.
(c) $|e^{i2t}| + |e^{i3t}|$를 구하라.
(d) t가 시간을 나타낸다면 위의 답에서 어떤 것이 시간에 따라 변하고, 어떤 것이 불변하는가?

15. $z_1 = 4 + 3i$ 및 $z_2 = 1+ i$이다.
(a) $p = z_1z_2$를 $a + ib$꼴로 써라.
(b) $|z_1|$, $|z_2|$, $|p|$를 구하라. 이들은 어떤 관계가 있는가?
(c) 세 수의 위상을 ϕ_{z_1}, ϕ_{z_2}, ϕ_p를 구하여 값으로 나타내라. 이 세 값은 어떤 관계가 있는가?

16. (a) $z_1 = 3 + 6i$의 위상을 구하려 한다. $\phi_{z_1} = \tan^{-1}2$가 되는 것을 그림을 그려 보여라.
(b) 이제 $z_2 = -3 + 6i$의 위상을 구하려 한다. 공식 $\phi_{z_2} = \tan^{-1}(-2)$에 따라 답이 넷째 사분면 $(-\pi/2 < \phi < 0)$에 있음을 보여라. 이렇게 구한 위상이 잘못된 것인지 어떻게 알 수 있는가?
(c) 그래서 z_2의 위상은 얼마인가?

17. 이 문제에서는 복소수를 곱하면 크기가 어떻게 되는

지 살펴본다.

(a) 임의의 두 복소수에 대해 $|z_1 z_2| = |z_1||z_2|$임을 증명하라.

(b) 대체로 $|z_1 + z_2| = |z_1| + |z_2|$가 아님을 증명하라. **실마리:** 참이 아님을 증명하는 가장 쉬운 방법은 반증을 찾는 것이다.

(c) $|z_1 + z_2| = |z_1| + |z_2|$인 경우가 있는가?

18. 임의의 실수 ρ와 ϕ에 대해 복소수 $z = \rho e^{i\phi}$가 크기 $|z| = \rho$이고 위상은 ϕ임 증명하라.

19. 어떤 수에 다음 연산을 한 결과는 무엇인가?

(a) 3을 곱한다.

(b) -3을 곱한다.

(c) $3i$를 곱한다.

(d) e^{i3t}를 곱한다. t는 실수이다.

20. $f(t) = e^{(2+i3)t}$이다. $|f(t)|^2$의 도표를 시간의 함수로 그려라.

21. $e^{-ix} = \cos x - i \sin x$임을 증명하라. **실마리:** 코사인 함수는 대칭 함수[$\cos(-x) = \cos x$]이고 사인 함수는 반대칭 함수[$\sin(-x) = -\sin x$]임을 기억하라.

22. 234쪽의 발견 연습은 오일러의 공식을 증명하는 한 가지 방법을 제시했다. 함수 $A\cos x + B\sin x$는 (5.17)의 일반해이다. 다른 해도 등가이다. e^{ix}도 해이므로 상수 A와 B가 있어야 한다. 그러면 다음 꼴이 된다:

$$e^{ix} = A\cos x + B\sin x \tag{5.19}$$

(a) (5.19)의 양변에 $x = 0$을 넣어 상수 중 하나를 구하라.

(b) (5.19)의 양쪽을 미분한 다음 결과 식의 양쪽에 $x = 0$을 넣어 오일러 공식의 증명을 마쳐라.

23. 다음 세 가지 맥로린(Maclaurin) 급수 전개식($x = 0$ 주변의 테일러 급수)은 알아둘 가치가 있다.

$$e^x = \sum_{n=0}^{\infty} \frac{x^n}{n!} = 1 + x + \frac{x^2}{2!} + \frac{x^3}{3!} + \frac{x^4}{4!} + \cdots$$

$$\sin x = \sum_{n=0}^{\infty} (-1)^n \frac{x^{2n+1}}{(2n+1)!} = x - \frac{x^3}{3!} + \frac{x^5}{5!} - \frac{x^7}{7!} + \cdots$$

$$\cos x = \sum_{n=0}^{\infty} (-1)^n \frac{x^{2n}}{(2n)!} = 1 - \frac{x^2}{2!} + \frac{x^4}{4!} - \frac{x^6}{6!} + \cdots$$

이 급수 전개식을 써서 오일러의 공식 $e^{ix} = \cos x + i\sin x$를 증명하라. **실마리:** 다섯째 차수까지 모든 항에 대해 맞다는 것을 보이면 그 때부터 믿을 것이다.

5.6 파동함수의 시간 진화

§ 5.2의 첫 부분에서 소개한 고전역학과 양자역학의 비유로 돌아가자.

- 고전역학의 근본 문제는 다음과 같다: "물체의 초기 위치와 속도 그리고 그 물체가 받는 일련의 힘을 안다. 그 물체의 위치와 속도의 변화를 어떻게 알 수 있는가?" 이 근본 문제에 답하려면 두 가지 솜씨가 필요하다. 뉴턴 제2법칙을 써서 가속도를 구하고, 그 가속도를 써서 물체 속도와 위치의 시간 변화를 예측한다.
- 양자역학에서 이에 상응하는 문제는 다음과 같다: "입자의 초기 파동함수와 위치 에너지 함수를 안다. 그 파동함수의 시간 변화를 어떻게 알 수 있는가?"

파동함수가 어떻게 진화할지 예측하려면 그 계의 에너지 고유상태를 알아야 한다(파동함수 자체가 에너지 고유상태가 아니어도). 따라서 양자역학에서는 슈뢰딩거 방정식을 써서 에너지 고유상태를 구하고, 에너지 고유상태를 써서 파동함수의 시간 진화를 예측하는 두 가지 솜씨가 필요하다.

이 두 솜씨를 기억하면 이 장에서 지금 하는 일과 앞으로 할 일을 알 수 있다. § 5.2(및 이 장의 나머지 대부분)에서는 정해진 위치 에너지 함수와 관련된 에너지 고유상태를 찾는 데 시간-불변 슈뢰딩거 방정식을 쓴다. 이 절에서는 에너지 고유상태를 알고 있을 때 파동함수의 시간 변화를 예측하는 데 쓰는 일반 규칙을 제시한다. 6장에서는 양자역학의 기본 공리인 시간-변화 슈뢰딩거 방정식을 제시하고 그것이 어떻게 시간 진화 법칙으로 이어지는지 보여준다.

이 절은 § 5.5의 수학을 쓴다. 복소수, 계수, 켤레 복소수, 복소 지수 및 오일러의 공식에 익숙해야 내용에 담긴 재미를 제대로 느낄 수 있다.

5.6.1 발견 연습: 파동함수의 시간 진화

아래의 문제는 제시한 복소수의 크기의 제곱을 셈하는 것이다. x는 실수로 가정하고 최대한 간단히 답하라. 답은 모두 실수(i 없음)로 작성할 수 있어야 한다.

1. $z_1 = e^{ix}$, $|z_1|^2 =$
2. $z_2 = e^{i2x}$, $|z_2|^2 =$
3. $z_3 = z_1 + z_2 = e^{ix} + e^{i2x}$, $|z_1 + z_2|^2 =$

   실마리: 답은 앞의 두 답의 합 $|z_1|^2 + |z_2|^2$이 아니다.

5.6.2 설명: 파동함수의 시간 진화

위치 에너지 장과 그 속의 입자의 파동함수를 안다. 그 파동함수는 시간이 가면서 어떻게 진화할까?

이 절에서는 점점 더 복잡해지는 세 가지 각본을 통해 이 물음의 답을 구하는 과정을 정립한다. 하지만 먼저 표기법을 몇 가지 도입해야 한다.

표기법

양자역학에서는 대체로 특정 시각의 파동함수를 $\psi(x)$로 쓰고 모든 시각의 파동함수를 $\Psi(x, t)$로 쓴다. (이 기호는 그리스 문자 psi의 소문자 ψ와 대문자 Ψ이다.) 따라서 입자의 파동함수가 "$\psi(x)$는 어떤 함수와 같다"고 시작하고 그 뒤의 시각에 그것이 어떻게 되는가를 묻는다면, 대답은 "$\Psi(x, t) = \cdots$"의 꼴이 된다. 예를 들어 "초기 파동함수는 $\psi(x) = Ae^{-kx^2}$이다"라고 말하는 것은 "$\psi(x, 0) = Ae^{-kx^2}$"이라고 하는 것과 같다.

이 절 전체에서는 에너지 고유값 E_1, E_2, $\cdots$에 대응되는 고유상태가 ψ_1, ψ_2, $\cdots$인 계를 살펴본다. 따라서 ψ에 숫자로 아랫 글자를 붙이면 에너지 고유상태를 나타낸다.

각본 1: 에너지 고유상태

입자가 에너지 고유상태에 있으면 그 진화는 매우 간단하다.

에너지 고유상태의 시간 진화

시각 $t = 0$에 입자의 에너지가 고유값 E_n인 에너지 고유상태 $\psi_n(x)$에 있다고 하자. 곧,

$$\psi\ (\mathrm{x},\ 0) = \psi_n(x)$$

이다. 위치 에너지 장이 변하지 않는다면, 입자의 파동함수는 나중에 시각 t에는 다음과 같다:

$$\psi(x,\ t) = \psi^n(x)e^{-iE_nt/\hbar} \tag{5.20}$$

(5.20)을 3장과 4장의 초기 양자 개념과 연관시킬 수 있다. 오일러의 공식은 $e^{-iE_nt/\hbar}$가 각진동수 $\omega = E/\hbar$로 진동하므로 진동수 $\nu = E/2\pi\hbar = E/h$이다. 따라서 양자역학적 시간-진화 규칙은 플랑크와 아인슈타인이 광자에 대해 제안하고 드 브로이가 다른 입자로 확장한 $E = h\nu$ 관계를 재현한다.

6장에서는 양자역학의 기본 가정에서 이 규칙을 끌어내는 방법을 보이겠지만 여기서는 그 결과 중 일부를 살펴본다.

능동 읽기 연습: 에너지 고유상태의 시간 진화

무한 사각 우물 속의 입자를 살펴보자. 이 입자의 초기 파동함수가 다음과 같은 에너지 고유상태이다:

$$\Psi(x, 0) = \psi_3(x) = \sqrt{\frac{2}{L}}\sin\left(\frac{3\pi}{L}x\right), \qquad E_3 = \frac{9\hbar^2\pi^2}{2mL^2}.$$

1. 시각 $t = 0$의 위치 확률을 결정하는 $|\Psi(x,\ 0)|^2$을 적어라.
2. (5.20)을 바탕으로 시각 $t = \pi/3$의 파동함수 $\Psi(x,\ \pi/3)$를 적어라.
3. 시각 $t = \pi/3$의 위치 확률을 결정하는 $|\Psi(x,\ \pi/3)|^2$을 적어라. 답을 단순화하라.
4. 이 두 시각 사이에 위치 확률이 어떻게 변했는가?

이 연습에 대한 답은 다음을 보라: www.cambridge.org/felder-modernphysics/activereadingsolutions

이 결과의 결론은 위치 확률이 이 두 시각 사이에 바뀌지 않았다는 것이다. 이 결과는 임의의 실수 x에 대해 $|e^{ix}|^2 = 1$이라는 수학적 관계식에서 나온다.

그 결과가 일반적인가? 특정 값 $t = \pi/3$와는 무관하다. 특정 고유상태 $\psi_3(x)$ 또는 무한 사각 우물과도 무관하다. 그러나 다른 한편으로 “어떤 파동함수에 대해서도 위치 확률은 불변이다”를 뜻

하지도 않는다. (그렇다면 우주가 어떻게 될지 잠깐 생각해보라.) 그 대신 다음과 같이 일반화할 수 있다:

입자가 어떤 에너지 고유상태에 있으면 위치 확률은 시간 불변이다.

파동함수는 변한다—앞으로 보겠지만 그것은 중요하다!—그러나 위치 확률은 그렇지 않다. 현재의 목표는 (5.20)에서 일반화가 어떻게 나오는지 볼 수 있는 것이다. 그러나 § 5.2에서 에너지 고유상태는 "정상 상태"라는 주장을 바꿔 말하고 있음을 알아야 한다. 입자가 이러한 상태 중 하나에 있으면 시간이 흘러도 잴 수 있는 변화가 없다 (물음 1 참조). 시간-에너지 불확정성 원리와 어떻게 연결되는지 볼 수도 있다.

각본 2: 에너지 고유상태의 합

이제 파동함수가 두 에너지 고유상태의 합인 입자를 살펴보자: $\psi(x) = A\psi_m(x) + B\psi_n(x)$. 위에서 설명한 에너지 고유상태의 진화 방식을 바탕으로 시간이 가면 이 상태가 어떻게 될지 짐작해 보라.

답은 (5.20)과 같이 낱낱의 고유상태에 $e^{-iEt/\hbar}$를 곱하는 것이다. 그러나 그 식의 E는 해당 고유상태의 고유값이므로 항마다 곱하는 지수 함수가 다르다!

$$\Psi(x,0) = A\psi_m(x) + B\psi_n(x) \quad \rightarrow \quad \Psi(x,t) = A\psi_m(x)e^{-iE_m t/\hbar} + B\psi_n(x)e^{-iE_n t/\hbar}.$$

능동 읽기 연습: 두 고유상태의 합의 시간 진화

두-고유상태 규칙의 예로서 입자가 $t = 0$에 두 개의 실수값 에너지 고유상태 ψ_1 및 ψ_2의 합으로 시작한다고 하자.

$$\psi(x) = A[\psi_1(x) + \psi_2(x)] \tag{5.21}$$

$\psi(x, t)$에 대한 위치 확률 함수가 시간이 가면서 바뀔까? 시각 $t > 0$의 위치 확률 분포를 셈하고 단일 고유상태에 대한 결과가 여전히 유효한지 확인하라.

연습에 대한 답은 다음을 보라: www.cambridge.org/felder-modernphysics/activereadingsolutions

이 파동함수의 시각 t의 위치 확률 분포는 그 웹사이트에 다음과 같이 나온다:

$$|\Psi(x,t)|^2 = A^2\left[\psi_1^2 + \psi_2^2 + 2\psi_1\psi_2\cos\left(\frac{E_2 - E_1}{\hbar}t\right)\right]$$

$$[\Psi(x,0) = A(\psi_1 + \psi_2)\text{는 실수라고 가정}]. \tag{5.22}$$

두 항에 같은 복소 지수함수를 곱했다면 위치 확률은 바뀌지 않았을 것이다. 그러나 한 항에는 $e^{-iE_1t/\hbar}$를 곱하고 다른 항에 $e^{-iE_2t/\hbar}$를 곱하자 모든 것이 바뀌었다. 이 경우 (5.22)은 에너지 고유상태와는 달리 위치 확률 자체가 시간의 함수임을 보여준다.

"(5.20)은 각 에너지 고유상태마다 따로 적용된다"라는 규칙이 모든 것을 말해준다. 이 규칙은 입자가 에너지 고유상태에 있으면 위치 확률이 불변임을 뜻한다. 그리고 같은 규칙이 입자가 고유상태의 중첩에 있으면 위치 확률이 시간이 지남에 따라 변함을 뜻한다.

예: 무한 사각 우물 속의 입자의 시간 진화

무한 사각 우물 속의 입자의 파동함수가 시각 $t = 0$에 다음과 같다:

$$\Psi(x,0) = \frac{1}{\sqrt{L}}\left[\sin\left(\frac{\pi}{L}x\right) + \sin\left(\frac{2\pi}{L}x\right)\right] \qquad (0 < x < L).$$

확률 분포의 시간 변화를 보여주는 일련의 도표를 그려라.

답: § 5.3을 다시 살펴보면 이것은 무한 사각 우물의 바닥상태와 첫째 들뜬 상태의 합이다. 바닥상태의 에너지는 $E_0 = \hbar^2\pi^2/(2mL^2)$이고 첫째 들뜬 상태의 에너지는 $E_1 = 4E_0$이다. 따라서 이후의 파동함수는 다음과 같다.

$$\Psi(x,t) = \frac{1}{\sqrt{L}}\left[\sin\left(\frac{\pi}{L}x\right)e^{-iE_0t/\hbar} + \sin\left(\frac{2\pi}{L}x\right)e^{-4iE_0t/\hbar}\right]$$

이 식에서 확률 분포를 직접 셈할 수 있다. 그러나 이것은 두 개의 실함수 고유상태의 합이므로 셈은 (5.22)에서 이미 했다.

$$|\Psi(x,t)|^2 = \frac{1}{L}\left[\sin^2\left(\frac{\pi}{L}x\right) + \sin^2\left(\frac{2\pi}{L}x\right) + 2\sin\left(\frac{\pi}{L}x\right)\sin\left(\frac{2\pi}{L}x\right)\cos\left(\frac{3E_0}{\hbar}t\right)\right]$$

유일한 시간 변화는 코사인 함수에 있다: 전체 함수는 시간 $T = 2\pi\hbar/3E_0$ 뒤에 처음 모양으로 돌아오므로 아래 그림은 0과 해당 시간 사이의 대표적인 시각의 단계적 변화를 보여준다.

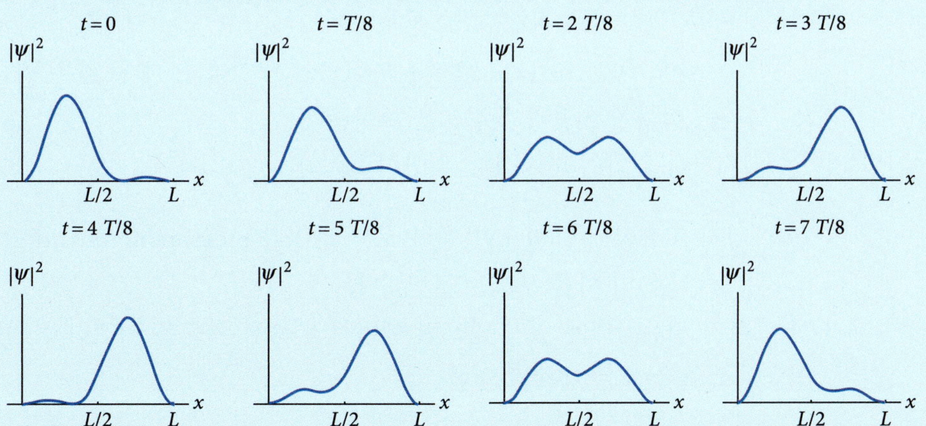

처음에는 확률이 거의 전적으로 우물 왼쪽에 모여 있다가, 시간이 가면서 오른쪽으로 간 다음 다시 반사되어 왼쪽으로 간다. 확률은 영원히 그렇게 좌우로 오갈 것이다. (고전역학의 마찰이 없는 우물 속의 입자의 운동과 비교하라.)

아래의 웹사이트는 무한 사각 우물 속의 입자의 파동함수의 동영상을 보여준다. 초기 조건을 처음 5개의 고유상태 조합으로 정할 수 있다. 앞의 예제를 복제하려면 처음 두 고유상태를 같게 두고 나머지 세 고유상태를 0으로 둔다: www.cambridge.org/felder-modernphysics/animations

각본 3: 임의의 파동함수

에너지 고유상태의 시간 진화와 에너지 고유상태의 선형 결합인 파동함수를 살펴보았다. 에너지 고유상태의 합이 아닌 파동함수는 어떨까?

§ 5.2을 기억한다면 이 물음은 낯익을 것이고 대답은 같다. 에너지 고유상태의 선형 결합이 아닌 파동함수와 같은 것은 없다. 연속이고 미분 가능하며 규격화 가능한 모든 함수는 에너지 고유상태의 합으로 쓸 수 있다. 따라서 초기 파동함수 $\psi(x)$가 무엇이든 다음 꼴로 쓸 수 있다: $\psi(x) = A\psi_1(x) + B\psi_2(x) + \cdots$. 이 함수의 시간 진화는 다음과 같다: $\psi(x,\ t) = A\psi_1(x)e^{-iE_1t/\hbar} + B\psi_2(x)e^{-iE_2t/\hbar} + \cdots$.

에너지 확률

ψ의 시간 진화 규칙을 제시했고 위치 확률에 대한 그 규칙의 뜻을 설명했다. (짧은 설명: 단일 에너지 고유상태의 경우 위치 확률은 불변이며 다른 모든 경우에는 대체로 변한다.) 그러나 에너지 확률은 어떨까?

능동 읽기 연습: 에너지 확률

§ 5.2에서 어떤 입자의 상태가 $\psi(x) = A\psi_1(x) + B\psi_2(x)$이면, 그 입자의 에너지를 재면 E_1을 얻을 확률이 $|A|^2$, E_2를 얻을 확률이 $|B|^2$이라고 했다. 입자를 버려두어 시각 t까지 진화하게 둔 다음 그 에너지를 다시 재면 E_1을 얻을 확률은 얼마일까?

시각 t의 파동함수는 $\psi(x,\,t) = A\psi_1(x)e^{-iE_1t/\hbar} + B\psi_2(x)ee^{-iE_2t/\hbar}$이다. 매우 짧은 셈을 해 보면(문제 10)은 E_1과 E_2를 얻을 확률이 처음과 똑같음을 보여준다.

그런 면은 에너지가 유일함이 밝혀졌다. 일반적으로:

- 계가 한 에너지 고유상태에 있으면 계의 모든 측정량(measurable quantity) (위치, 운동량, 에너지, 각운동량 등)의 확률 분포는 불변이다.
- 계가 한 에너지 고유상태에 있지 않으면 에너지의 측정 확률은 여전히 불변이지만 다른 모든 측정량의 확률 분포는 대체로 변한다.

이 결과는 보존력을 받는 고전 입자에 대한 에너지 보존과 어떤 면에서 비슷하다. 위치, 운동량, 운동 에너지 및 기타 속성은 시간이 가면서 변할 수 있지만 총 에너지는 불변이다.

시간 진화 및 측정

여기서 제시한 규칙은 계의 파동함수가 시간이 가면서 매끄럽고 예측 가능하게 진화하는 방식을 서술한다.

그러나 양자역학의 정통 해석에서 측정은 파동함수가 슈뢰딩거 방정식으로 설명되지 않는 방식으로 붕괴되는, 근본적으로 다른 과정이다.

다른 해석에서는 측정은 항상 슈뢰딩거 방정식을 따르는 계와 측정 장치 간의 복잡한 상호 작용일 뿐이다. 그러나 결과는 여전히 확률로만 예측할 수 있다.

5.6.3 물음과 문제: 파동함수의 시간 진화

개념 물음 및 개념시험

1. 에너지 고유상태에 있는 입자의 상태는 변하지 않는데, 파동함수의 진화가 왜 중요한가?

2. 243쪽의 예는 무한 사각 우물 속의 입자의 확률 분포의 진화를 보여주었다. 거기에 나타난 시간 진화가 우물 속의 고전 입자(마찰 없음)와 유사한 점과 다른 점을 각각 하나 이상 말하라. (그저 "고전 입자는 확률 분포를 하지 않는다"고 말하지 말고, 시간 진화에 대해 말하라.)

3. 무한 사각 우물($0 < x < L$) 속의 입자가 에너지 고유상태에 있지 않다. 아래 각 물음에 "예", "아니오" 또는 "정보가 부족함"으로 답하고, 간단히 설명하라.

(a) 위치의 기댓값 $\langle x \rangle$는 시간이 가면 변하는가?

(b) $\langle x \rangle$의 값을 긴 시간에 대해 평균하면 $L/2$가 될까?

(c) 오래 기다리면 $\langle x \rangle$는 결국 $L/2$에 안착해서 거기에 머물까?

4. 두 입자가 각각 다음 상태에 있다고 하자: $\psi(x) = Ae^{-k(x-x_0)^2}$(중심이 $x = x_0$에 있는 봉우리). 한 입자는 위치 에너지가 어디나 0(힘을 받지 않음)인 곳에 있고, 다른 하나는 단순 조화 진동자의 위치 에너지 우물 속에 있다. 조금 뒤, 두 입자의 파동함수는 같을까, 다를까? 답을 이 절에서 제시한 시간 진화 규칙에 따라 설명하라.

5. 단순 조화 진동자 위치 에너지 속의 입자는 시각 $t = 0$에 에너지 준위 E_1(확률 P_1) 또는 E_2(확률 P_2)에 있다. 몇 초 뒤의 이 입자를 가장 잘 설명하는 것은 다음 중 어느 것인가?

A. 여전히 두 에너지 준위에 같은 확률로 남아 있다.

B. 여전히 두 에너지 준위에 남아 있지만 확률은 다르다.

C. 이 두 가지 이외의 다른 에너지 준위에도 있을 수 있다.

6. 계의 고유값이 같은 고유상태가 둘 이상이면 고유상태가 "겹친다"고 한다. 계의 현재 상태가 두 개의 겹친 고유상태의 중첩이면 시간이 가면 위치 확률이 바뀌는가? 설명하라.

7. 유한 사각 우물 속에 있는 입자의 파동함수를 알면, 그것을 원리적으로 단순 조화 진동자의 에너지 고유상태의 선형 결합으로 쓸 수 있는가? 어떻게 아는가?

심층 토론

8. "계가 에너지 고유상태에 있지 않으면 에너지의 확률 분포는 시간 불변이지만 다른 모든 측정량의 확률 분포는 일반적으로 시간에 따라 변한다"고 했다. 그것을 고전적 에너지 보존 법칙의 양자역학적 버전으로 볼 수 있다. 왜 운동량은 임의의 파동함수에서 유사하게 보존되지 않을까?

문제

9. 이 절에서 가장 중요한 결과 중 하나는 다음과 같다: "계가 에너지 고유상태에 있으면 계의 파동함수는 시간에 따라 변하지만 위치 확률 분포 함수는 변하지 않는다." 본문에서는 특정 사례에 대해 이 결과를 보였다. 이제 일반적으로 증명하라. (필요한 수식은 간단하다.)

10. 초기 파동함수가 $\psi(x) = A\psi_1(x) + B\psi_2(x)$인 입자를 살펴보자. $\Psi(x, t)$를 쓰고 $E = E_1$을 잴 확률이 초기와 같음을 보여라.

11. 무한 사각 우물에 있는 입자의 고유상태와 고유값이 부록 C에 있다. (이 문제에서 영역 $0 < x < L$ 밖에서는 파동함수가 0이라고 가정할 수 있으므로 그것을 적지 않아도 된다.)

먼저 초기 상태가 $\psi(x, 0) = \psi(x)$인 입자를 살펴보자.

(a) 이 입자에 대해 $\Psi(x, t)$를 써라. (답에 ψ나 E가 들어가면 안된다.)

(b) 이 입자의 위치 확률 분포 함수 $|\Psi(x, t)|^2$를 적어라. 최대한 단순화하라.

(c) 시각 t에 이 입자의 에너지를 재면 어떤 결과를 얻을까?

이제 초기 상태가 다음과 같은 입자를 살펴보자: $\Psi(x, 0) = (1/2)\psi_2(x) + (\sqrt{3}/2)\psi_5(x)$

(a) 이 입자에 대해 $\Psi(x, t)$를 써라.

(b) 이 입자의 위치 확률 분포 함수 $|\Psi(x, t)|^2$를 적어라. 최대한 단순화하라. **실마리:** (5.22)를 쓸 수 없다.

(c) $|\Psi(x, t)|^2$이 $t = 0$일 때와 똑같아지는 시각 T는 언제인가?

(d) 시각 t(꼭 T일 필요는 없음)에 이 입자의 에너지를 재면 어떤 결과를 얻을까?

12. **[문제 11의 결과를 쓴다.]**
위치의 기댓값 $\langle x \rangle$는 $\int_{-\infty}^{\infty} x|\psi(x)|^2 dx$임을 상기하라.

(a) 문제 11의 첫째 입자의 위치의 기댓값 $\langle x \rangle$를 셈하라.

(b) 이 무한 사각 우물의 에너지 고유상태 ψ_5에 있는 입자의 위치의 기댓값 $\langle x \rangle$를 셈하라. **실마리:** 셈하지 않고도 답을 구할 수 있다.

(c) 문제 11의 둘째 입자의 위치의 기댓값 $\langle x \rangle$를 셈하라.

(d) 처음 두 문제의 답에서 셋째 문제의 답을 구할 수 있는가? 있다면 어떻게? 없다면 왜?

13. **[이 문제는 문제 11에서 설명한 파동함수 중 하나를 가리킨다. 그 문제를 풀었다면 거기서부터 셈을 할 수 있지만, 풀지 못했다면 컴퓨터를 써서 풀 수 있다.]** 무한 사각 우물 속의 입자의 초기 파동함수가 $\Psi(x, 0) = (1/2)\psi_2(x) + (\sqrt{3}/2)\psi_5(x)$이다. 이 입자의 $|\Psi(x, t)|^2$를 그려라. $t = 0$부터 원래 상태로 돌아갈 때까지 여러 시각의 도표를 그려라. 243쪽의 도표와 비슷한 점과 다른 점이 무엇인가?

14. 단순 조화 진동자의 고유상태와 고유값이 부록 C에 있다. 이 문제에서는 $m = \omega = \hbar = 1$로 잡는다. (단위의 선택일 뿐이다.)

(a) 파동함수가 처음에 ψ_0라 하자. $|\Psi(x, 0)|^2$를 그리고 t의 값을 바꾸면 도표가 어떻게 바뀌는지 설명하라.

이제 파동함수가 처음에 $\psi = (1/\sqrt{2})(\psi_0 + \psi_1)$이라고 하자.

(b) $\Psi(x, t)$는 무엇인가? 답에는 x, t 및 숫자만 들어가야 한다.

(c) $|\Psi(x, t)|^2$를 셈하라.

(d) $|\Psi(x, t)|^2$가 정확히 $t = 0$일 때의 상태로 돌아가는 시각 T를 구하라.

(e) $t = 0$과 $t = T$[(d)에서 구한 시각]사이의 여러 시각의 $|\Psi(x, t)|^2$를 그리고, 그 거동을 서술하라.

15. 입자의 초기 상태가 두 에너지 고유상태의 차로서 다음과 같다: $\psi(x) = A[\psi_1(x) - \psi_2(x)]$. $|\Psi(x, t)|^2$를 셈하고, 최대한 단순화하라. 답은 두 에너지 고유상태의 합인 (5.22)과 비슷하지만 다르다. **실마리:** 오일러 공식을 써서 단순화하라.

16. 고전적 단순 조화 진동자는 $2\pi/\omega$ 시간 뒤에 처음 상태로 돌아간다. 두 고유상태의 합으로 시작하는 양자 단순 조화 진동자의 위치 확률도 마찬가지임을 증명하라: $\Psi(x, 0) = A(\psi_m + \psi_n)$.

17. 고전적 단순 조화 진동자는 $2\pi/\omega$ 시간 뒤에 처음 상태로 돌아간다. 양자 단순 조화 진동자의 위치 확률도 초기 파동함수가 무엇이든 마찬가지임을 증명하라. (막히면 한 가지 특정 사례에 대해 내용이 같은 문제 16을 먼저 풀어보라.)

5장 요약

5장과 6장에서는 일차원 양자역학적 파동함수에 대한 개요를 제공했다: 그 파동함수를 찾는 방법, 시간 진화, 그리고 가장 중요한 해석 방법 등. 따라서 이 두 장은 양자 세계를 분석하는데 쓰는 기본적인 수학적 틀을 제공한다.

두 장의 식은 부록 C에 정리되어 있다. 이 요약을 읽으면서 필요하면 해당 부록을 보라.

5.1 힘과 위치 에너지

입자가 받는 힘을 알고 $F = ma$를 써서 거동을 예측하는 대신, 입자 주변의 위치 에너지 장을 알면 입자가 위치 에너지가 더 낮은 쪽으로 가므로 거동을 예측할 수 있다.

- 고전역학에서는 모든 힘이 보존적이면 두 방식이 같다.
- 양자역학에서 힘은 늘 보존적이며, 늘 힘 대신 에너지 방식을 쓴다.

5.2 에너지 고유상태와 시간-불변 슈뢰딩거 방정식

에너지가 명확한 파동함수를 "에너지 고유상태"(또는 "에너지 고유함수")라고 한다. 에너지 고유상태와 관련된 에너지 값을 "에너지 고유값"이라고 한다.

정해진 위치 에너지 장에서 입자의 에너지 고유상태를 알려면 그 위치 에너지 함수에 대한 "시간-불변 슈뢰딩거 방정식"을 풀면 된다.

- 입자의 파동함수가 에너지 고유상태가 아니면 그 파동함수를 에너지 고유함수의 선형 결합으로 쓸 수 있다. 그 합에서 각 에너지 고유상태 앞의 계수의 제곱은 에너지를 잰 결과가 그 고유 에너지일 확률을 알려준다.
- 초보자는 흔히 시간-불변 슈뢰딩거 방정식의 해가 "입자의 가능한 파동함수"라고 믿는데, 그렇지 않다. 해는 에너지 고유상태이다. 그러나 입자의 파동함수가 에너지 고유상태의 선형 결합이면, 입자의 에너지 측정 결과를 예측할 수 있고, 파동함수가 시간이 가면서 어떻게 진화할지도 예측할 수 있다(§ 5.6).

5.3 무한 사각 우물

"무한 사각 우물"은 유한 영역 안에서 위치 에너지가 0이고 그 밖에서는 ∞인 계이다. 이 절에서는 그 계를 예로 들어 슈뢰딩거 방정식을 푸는 과정을 설명한다.

1. 위치 에너지 함수를 슈뢰딩거 방정식에 넣는다.
2. 임의 상수가 든 일반해를 구한다.
3. 경계 조건 적용: 파동함수는 모든 곳에서 연속이며 대체로 모든 곳에서 미분 가능하다. (이 둘째 조건은 위치 에너지의 불연속 점에서는 맞출 수 없다.) 이 단계에서는 종종 임의 상수 중 하나를 뺀 모든 것을 결정할 뿐 아니라 양자화된 에너지 준위도 결정한다.
4. 파동함수를 규격화한다. 그러면 임의 상수가 모두 정해져 계의 고유함수와 고유값이 결정된다.

5.4 다른 속박 상태

다른 계의 에너지 고유상태와 고유값을 찾는 과정도 무한 사각 우물의 과정과 비슷하다. 속박 입자($\pm\infty$의 위치 에너지보다 에너지가 작은 입자)의 경우 결과는 늘 양자화된 에너지 준위이다.

- 단순 조화 진동자는 위치 에너지가 $U = (1/2)kx^2 = (1/2)m\omega^2x^2$인 진동자이다. 이 위치 에너지의 슈뢰딩거 방정식의 해를 구하는 것은 이 책의 범위를 벗어나지만 몇 가지 단계는 따라갈 수 있다. 결국은 간격이 고른 에너지 준위로 끝난다.
- 유한 사각 우물 속에 든 입자의 경우 에너지가 위치 에너지 장벽보다 낮으면 입자의 파동함수는 고전적으로 금지된 영역에서는 0이 아니지만 0을 향해 빠르게 감쇠된다는 놀라운 결론에 이른다.
- 살펴본 세 가지 속박계 모두의 에너지 고유상태 및 고유값은 부록 C에 있다.

5.5 수학 간주곡: 복소수

- 오일러의 공식은 복소 지수함수를 실수부와 허수부로 나눈다.

$$e^{ix} = \cos x + i\sin x$$

- 복소 지수 함수 $z = \rho e^{i\omega t}$는 크기가 ρ로 일정하고, 위상은 주기 $2\pi/\omega$로 진동한다.

5.6 파동함수의 시간 진화

입자의 파동함수가 고유값 E_n인 에너지 고유상태 $\psi_n(x)$에서 시작하면 그 파동함수는 시간이 가면서 다음과 같이 진화한다.

$$\Psi(x,\ t) = \psi_n(x)e^{-iE_nt/\hbar}$$

- 파동함수에 $e^{-iE_nt/\hbar}$를 곱하면 시간이 가면서 위상은 바뀌어도 크기는 불변이다. 따라서 입자가 에너지 고유상태에 있으면 측정 가능한 특성이 시간에 대해 불변이다. 이러한 이유로 에너지 고유상태를 계의 "정상 상태"라고 한다.
- 입자의 파동함수가 에너지 고유상태가 아니면 파동함수를 에너지 고유상태의 선형 결합으로 쓸 수 있다. 파동함수는 각각의 에너지 고유상태 항에 $e^{-iE_nt/\hbar}$를 곱한 꼴이 된다.
- 에너지 고유상태가 아닌 파동함수에 대한 결과는 에너지의 확률 분포는 불변이지만 위치 및 운동량과 같은 다른 양의 확률 분포는 대체로 시간에 따라 변한다는 것이다. 그 거동은 6장에서 더 자세히 살펴본다.

6 비속박 상태
Unbound States

이 장과 5장은 함께 일차원 슈뢰딩거 방정식을 소개한다.

5장에서는 "속박" 입자, 즉 에너지가 충분하지 않아 어느 방향으로든 아주 멀리 가지 못하는 입자를 살펴보았다. 이 장에서는 에너지가 충분하여 벗어날 수 있는 "비속박" 입자를 살펴본다. 앞에서 살펴본 계에서는 경계 조건에서 불연속 에너지 준위가 나왔는데, 이 장에서 살펴보는 비속박 입자는 에너지 준위가 양자화되지 않는다.

이제 수학이 많이 나온다. 그 중 일부는 되새김이고 (정상파 및 진행파, 편도함수), 일부는 새 것이다 (푸리에 변환, 편미분 방정식). 이 모든 것을 양자 계와 관련하여 제시한다. 한없이 많은 연속적인 복소수 파동함수가 어떻게 고전적인 입자와 유사한 "파동 뭉치(wave packet)"를 이루는지, 그리고 그 뭉치가 때로는 명확히 비고전적인 방식으로 작용하는 것을 볼 것이다.

"시간-변화 슈뢰딩거 방정식"을 살펴보고 이 방정식이 어떻게 5장에서 공리적이라고 제시한 몇 가지 결과로 이어지는지 살펴보며 장을 마무리한다.

6.1 수학 간주곡: 정상파, 진행파, 편도함수

함수 $y = \sin x$와 그 변화를 잘 안다고 가정한다. 그러나 "정상파"와 "진행파"; 시간과 공간 모두에서 진동하는 것은 익숙하지 않을 수 있다. 이 절에서는 이러한 파동을 기술하는 방정식을 설명하고, 부록 F에는 내용을 요약했다.

6.1.1 발견 연습: 진행파

함수 $y(x, t) = 3\sin(2x + \pi t)$를 살펴보자:

1. 시각 $t = 0$에 이것은 x축을 따라 펴져 있는 파동 $y(x)$를 나타낸다. 파장은?
2. 위치 $x = 0$에서 이것은 시간에 따라 위아래로 움직이는 진동 $y(t)$를 나타낸다. 주기는?

6.1.2 설명: 정상파, 진행파, 편도함수

§ 3.1에서는 t(시간)가 독립 변수인 사인 함수와 x(위치)가 독립 변수인 사인 함수에 대해 설명했다. 이 두 파동은 수학적으로는 같지만 대체로 서로 다른 문자와 단어를 써서 설명한다. 예를 들어, $\sin(\omega t)$는 "주기"(마루 사이의 시간)가 $2\pi/\omega$이고, $\sin(kx)$는 "파장"(마루 사이의 거리)이 $2\pi/k$이다.

이 절에서는 "정상파"와 "진행파"라는 두 가지 다른 파동을 살펴본다. 시간과 공간에 대해 변하는 파동은 주기와 파장이 모두 있으며, 이 둘의 내용은 다르다.

이 절의 정보는 부록 F에 요약되어 있다.

정상파

그림 6.1은 변수 x인 사인파 함수를 보여준다. 진폭은 시간이 가면서 잦아든다; 즉, 모든 점이 x축에 더 가까워진다. (0인 곳은 고정되어 있다.)

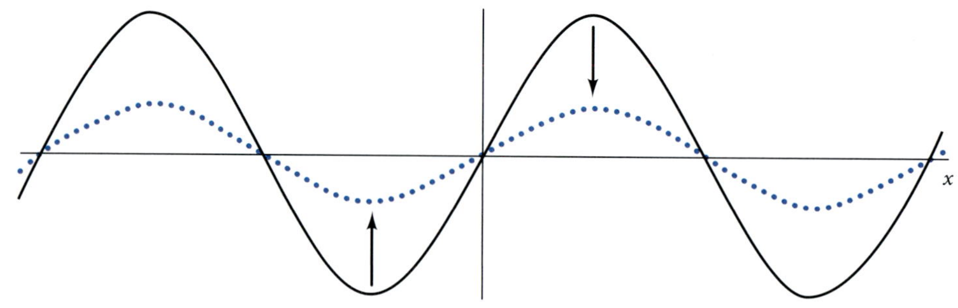

그림 6.1 A $\sin(kx)$는 조금 뒤에 $\frac{1}{3}A\sin(kx)$이 된다.

이제 진폭이 계속 줄어 수평선과 겹친다고 상상하자. 그런 다음 사인파는 반대쪽에서 열려 원래 형태의 완벽한 거울상이 된 다음 진폭이 다시 줄기 시작한다. 그렇게 계속하여 애초의 모양으로 돌아오면 전체 주기가 다시 시작된다.

이러한 "정상파"는 진동하는 기타 줄을 기술할 수 있다. 또한 § 3.4에서 살펴 볼 빈 통 속의 열복사를 기술할 수도 있다.

능동 읽기 연습: 정상파의 파장과 주기

처음에 함수 $y = 10\sin(4x)$로 기술되는 파동은 위에서 설명한 것처럼 진동한다. 진폭이 x축에 이를 때까지 잦아들고 x축을 지나 반대 쪽에서 애초의 진폭에 이를 때까지 커진 다음, 다시 진동하여 같은 과정을 되풀이한다.

경고: 세 가지를 묻는데, 하나는 함정이다!

1. 아무 장소 또는 시각에 도달한 가장 큰 y값은 얼마인가?
2. "파장"은 한 마루에서 다음 마루까지 x축을 따라 잰 거리이다. 이 파동의 파장은 얼마인가?
3. "주기"는 마루가 골로 완전히 내려간 다음 다시 마루로 돌아오는 데 걸리는 시간이다. 이 진동의 주기는 얼마인가?

세 물음에 대한 답을 모두 적은 다음 앞으로 나아가자. 이제 과감하게 한 걸음 더 나아가고 싶으면 이 진동하는 끈을 공간과 시간의 함수로 서술하는 수식을 써보라. (아직 값을 모르는 새 상수를 도입해야 한다.)

위의 처음 두 물음에 대한 답은 y의 가장 큰 값이 10이고 파장이 $\lambda = \pi/2$라는 것이다. (사인파의 파장을 찾는 것이 익숙하지 않으면 부록 F를 봐도 된다.) 셋째 물음에 대한 답은 다음과 같다. 제시한 수식과 설명에는 주기에 관한 정보가 없다! 그 주기는 3초 또는 1.5나노초 또는 10년이 걸릴 수 있다.

요점은 이것이다: 사인파 함수를 도표로 나타내면 "파장"과 "주기"는 도표의 같은 특징인 마루의 간격을 나타낸다. 공간의 함수이면 "파장", 시간의 함수이면 "주기"라고 한다. 그러나 지금은 시공간적으로 변화하는 파동을 말하고 있다. 파장은 거리이고 주기는 시간이며 그 중 하나를 알아도 다른 것에 대해 전혀 알 수 없다.

"파수"(공간)와 "진동수"(시간)를 논의하거나 "파수"(공간)와 "각 진동수"(시간)를 살펴보아 똑같은 요점을 만들 수 있다. 정상파를 완전히 기술하려면 최대 진폭, 파수(또는 파장) 및 진동수(또는 주기)를 명시해야 한다.

그러면 위의 마지막 물음이 나온다. 정상파을 기술하는 식은 다음과 같다.

$$y = A\sin(kx)\sin(\omega t) = A\sin\left(\frac{2\pi}{\lambda}x\right)\sin\left(\frac{2\pi}{T}t\right) \tag{6.1}$$

(6.1)과 같은 "다변수 함수"를 시각화하는 보편적인 방법은 없지만 독립 변수를 한 번에 하나씩 살펴보는 것이 종종 도움이 된다.

능동 읽기 연습: 정상파 방정식

식 (6.1)은 "정상파"를 나타낸다. 그것이 진동하는 실의 높이를 기술한다고 하자.

1. 이 진동하는 실의 사진을 $t = T/4\pi$에 찍는다면, 그 사진은 x에 대한 사인 파동이 된다. 그 파동의 진폭과 파장을 구하라.
2. x = $\lambda/8$에서 y-값의 시간 변화를 살펴본다고 하자. 그 점의 운동은 t에 대한 사인 파동이 된다. 그 파동의 진폭과 주기를 구하라.
3. 위의 내용을 묶어 정상파의 운동을 상상해볼 수 있겠는가?

처음 두 물음에 대한 답과 운동의 동영상은 다음을 보라: www.cambridge.org/felder-modern-physics/activereadingsolutions

진행파

그림 6.2는 거리 ϕ 만큼 오른쪽으로 가는 사인파를 보여준다. 진폭과 진동수는 바뀌지 않는다. 이

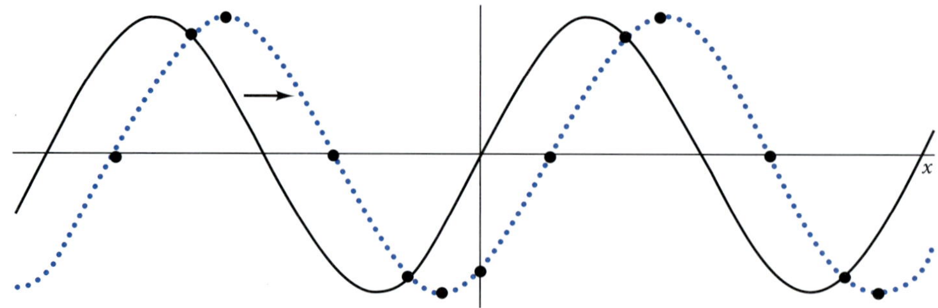

그림 6.2 $A\sin(kx)$는 $A\sin([k(x-\phi)]$가 된다.

러한 변환을 "위상 이동"이라고 한다.

이제 파동이 속도 v로 오른쪽으로 점점 더 멀리 간다고 하자. 이러한 "진행파"는 영희가 당긴 밧줄을 위아래로 계속 흔들 때의 밧줄의 운동을 기술할 수 있다.[1] 그것은 또한 소리(음파)나 빛(광파)을 기술할 수도 있다.

능동 읽기 연습: 진행파

처음에 $y = 5\sin(\pi x)$인 파동이 속력 6으로 오른쪽으로 간다고 하자.

1. 이 파동의 순간 사진을 찍으면 즉, 특정 t-값에서 함수 $y(x)$를 보면 사인파가 보인다. 진폭과 파장은 얼마인가?
2. 특정 x-값에 서서 y-값의 시간 변화를 보면 함수 $y(t)$로 기술할 수 있는 사인파 진동을 볼 수 있다. 진폭과 주기는 얼마인가? (262쪽의 능동 읽기 연습과는 달리 이번에는 주기에 관한 정보가 있다.)
3. 이 진행파를 기술하는 함수 $y(x, t)$는 무엇인가?

세 답을 모두 적은 다음 앞으로 나아가자!

첫째 답이 가장 쉽다. $y = 5\sin(\pi x)$가 $\Delta x = vt$만큼 오른쪽으로 간 것을 볼 수 있다. 이 운동에서 파동의 진폭이나 파장이 바뀌지 않으므로 늘 $A = 5$ 및 $\lambda = 2$이다.

둘째 물음에 답하려면 파동이 정확히 한 파장, 즉 $\Delta x = 2$만큼 오른쪽으로 간 뒤 처음($t = 0$)과 똑같이 보인다고 생각하라. 속력이 6이므로 가는데 걸리는 시간은 $\Delta t = 1/3$이다. 이 점을 확실히 파악하자: $t = 0$, $t = 1/3$ 및 $t = 2/3$에서 찍은 이 파동의 사진은 모두 똑같아 보이므로 파동의 모든 점은 진폭 $A = 5$ 및 주기 $T = 1/3$인 사인파로 진동한다(그림 6.3).

이 예에서 함수는 $y(x, t) = 5\sin(\pi x - 6\pi t)$이다. 다음 쪽의 "진행파" 상자에서는 더 일반적인 진행파 함수와 각 부분의 관계를 제시한다. 이 상자의 식이 이미 설명한 관계를 기술하는지 확인하라.

1 영희를 기억하는가? 3장에서 나왔다.

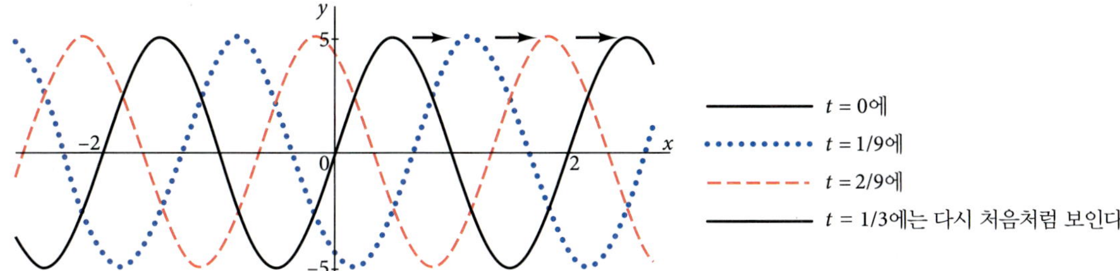

그림 6.3 여러 시각에 본 진행파.

진행파

(부록 F에서 이에 관한 정보를 볼 수 있다.)

진행하는 사인파의 일반적인 꼴은 다음과 같다.

$$y(x, t) = A\sin(kx - \omega t) \tag{6.2}$$

상수 k와 ω의 부호가 같으면 파동은 오른쪽으로 간다. 파동의 속력은 파수 k에 대한 각 진동수 ω의 비이다: $v = |\omega/k|$.

다음은 진행파와 식 (6.2)의 몇 가지 요점이다.

- $\omega = 2\pi\nu$ 및 $k = 2\pi/\lambda$이므로 관계 $v = \omega/k$는 $v = \lambda\nu$로 쓸 수도 있다. (빛의 경우 3장에서 쓴 $c = \lambda\nu$가 된다.)
- 양자역학에서는 대체로 진행파를 복소 지수 함수로 나타낸다. § 5.5에서 배운 것을 상기하면 함수 $Ae^{i(kx-\omega t)}$의 실수부와 허수부가 모두 진행파임을 스스로 확인하라(문제 24).
- 정상파는 서로 반대쪽으로 가는 두 진행파의 합으로 기술할 수 있다(문제 25).

몇 가지 셈

(6.1) 및 (6.2)는 "다변수 함수"의 예이다. 하나의 종속 변수에 독립 변수가 여럿이다. 이 상황에서 미분은 무엇을 뜻할까?

일 변수 함수의 미분의 뜻을 상기하자. dy/dx("x에 대한 y 의 도함수")는 x가 변할 때 y가 얼마나 변하는지 알려준다. $dy/dx = 3$이면 x에 0.01을 더하면 y는 대략 0.03만큼 커진다고 말할 수 있다.

다변수 함수에서는 **다른 변수는 모두 일정하게 두고** 독립 변수 중 하나만 변할 때 종속 변수가 얼마나 변하는지 묻는다. 실제로 이것은 도함수를 구할 때 독립 변수 중 하나를 뺀 모든 것을 실제로 상수로 봄을 뜻한다. 그 결과가 "편도함수"이며 상도함수의 d 대신 기호 ∂로 나타낸다.

위의 $y(x, t)$는 변수가 x와 t이다. 따라서 편도함수는 두 가지이고 뜻이 매우 다르다.

- $\partial y/\partial x$("x에 대한 y의 편도함수")는 고정된 한 순간에 x축을 따라 갈 때 y가 어떻게 변하는지를 묻는다. 한마디로 곡선의 **기울기**를 알려준다.

- $\partial y/\partial t$는 특정(일정한) x값에서 y가 시간에 따라 어떻게 변하는지를 묻는다. 그것은 곡선의 **수직 속도**를 알려준다.

이 양은 모두 대체로 x와 t의 함수이다. 즉, 어떤 순간에 어떤 점에서의 곡선의 기울기 및/또는 수직 속도를 알 수 있다. 위치와 시각이 달라지면 답이 다를 수 있다.

예: 편도함수

다음 식으로 기술하는 진행파를 살펴보자:

$$y(x,\ t) = 5\sin(\pi x - 6\pi t).$$

점 $x = 1/3$, $t = 0$에 y와 두 편도함수의 값을 구하고 각각의 의미를 간단히 서술하라.

답: 두 숫자를 넣는다: $y(1/3,\ 0) = \sqrt{3}/4$. 이것은 특정 x-값과 순간에서의 함수의 높이다.

t를 상수로 보고 x에 대한 도함수를 구한다. 도함수를 구한 뒤 x와 t의 값을 넣는다(도함수를 구하기 **전**에 값을 넣으면 왜 안되는가?).

$$\frac{\partial y}{\partial x} = \frac{\pi}{2}\cos(\pi x - 6\pi t) \quad \rightarrow \quad \frac{\partial y}{\partial x}\left(\frac{1}{3}, 0\right) = \frac{\pi}{4}$$

시각 $t = 0$에 함수의 사진을 찍을 경우 $x = 1/3$에서의 곡선의 기울기는 $\pi/4$이다.

이제 x를 상수로 보고 t에 대한 도함수를 구한 다음 x와 t의 값을 넣는다.

$$\frac{\partial y}{\partial t} = -3\pi\cos(\pi x - 6\pi t) \quad \rightarrow \quad \frac{\partial y}{\partial t}\left(\frac{1}{3}, 0\right) = -\frac{3}{2}\pi$$

우리가 개미가 되어 $x = 1/3$인 점에 앉아 함수가 진동할 때 위아래로 움직인다면 시각 $t = 0$에는 $3\pi/2$의 속력으로 **아래로** 갈 것이다.

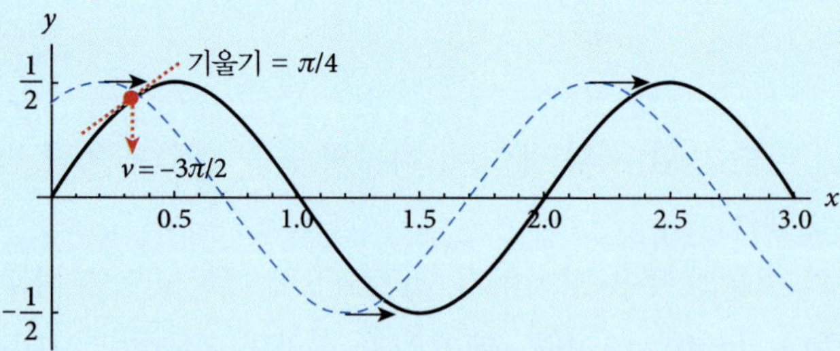

다변수 미적분학을 이미 배웠다면 훨씬 더 깊이 배운 주제를 간단히 되새긴 셈이고, 아직 배우지 않았다면 이 중요한 개념에 익숙해지는데 시간이 조금 걸릴 것이다. 편도함수를 구하는 것은 쉽지만 (변수 하나만 빼고 나머지는 상수로 본다), 그 내용을 따라가는 것은 더 어렵다. 미적분 강좌를 듣고 나면 어려움이 사라질 것이다!

어떤 상황이든, 이 절은 건너뛰면 안 된다. 진행파, 정상파 및 편도함수는 양자역학에서도 나타난다.

6.1.3 물음과 문제: 정상파, 진행파, 편도함수

개념 물음 및 개념시험

1. 파장이 매우 길고 주기가 매우 짧은 정상파를 (말과 그림으로) 서술하라.

2. 파장이 매우 길고 주기가 매우 짧은 진행파(정상파가 아님)를 (말과 그림으로) 서술하라. **실마리:** 이것이 파동의 속도 v에 대해 무엇을 뜻하는지 생각해 보라.

3. 정상파 A와 B는 파장이 같지만 진동수는 A가 B보다 높다. 이 둘을 보면 무엇이 다른가?

4. 정상파의 예로 튕겨서 진동시킨 기타 줄을 들 수 있다. 예를 한 두 가지 더 들어라.

5. 진행파의 예로 태양에서 지구로 오는 전자기파(곧, 빛)를 들 수 있다. (전자기파가 아닌) 예를 한 두 가지 더 들어라.

6. 진행파에서 식 $\lambda = vT$가 성립해야 하는 이유를 그림과 함께 설명하라.

7. 다음 함수의 주기를 아래에서 고르고 왜 그러한지 설명하라: $f(t) = 2\sin(4t) + 3\sin(2t)$.

A. 2

B. 4

C. $\pi/2$

D. π

E. 이 함수는 주기가 없다.

8. (6.2)는 속력 v로 오른쪽으로 가는 사인파를 나타낸다. 속력 v로 왼쪽으로 가는 사인파의 식을 써라.

9. 앞에서 오른쪽으로 가는 사인파에 대한 식을 구했지만, 모양이 사인파와 다른 파동도 많다. 속력 v로 오른쪽으로 가는, 모양이 $y = f(x)$인 파동을 기술하는 식을 써라.

10. 함수 $f(x, t)$는 다음 두 가지 특성이 있다.

- 한 순간의 전체 함수는 x에 대한 사인 함수이다.
- 어떤 x에서 이 함수는 t에 대해 사인파로 진동한다.

아래에서 이 함수에 대해 맞는 설명 하나를 골라라:

A. 이 함수는 정상파, 진행파 어느 것도 아니다.

B. 이 함수는 정상파일 수는 있지만 진행파는 아니다.

C. 이 함수는 진행파일 수는 있지만 정상파는 아니다.

D. 이 함수는 진행파일 수도, 정상파일 수도 있다.

E. 이 함수는 진행파와 정상파 모두 될 수 있다. 왜냐하면 같은 운동을 표현하는 이 두 가지 수학적 형식이기 때문이다.

11. 함수 $y(x, t)$가 진동하는 줄의 각 점의 높이를 나타낸다고 하자;

(a) 도함수 $\partial y/\partial x$는 정해진 점에서 곡선의 기울기를 나타낸다. 2계 도함수 $\partial^2 y/\partial x^2$가 무엇을 나타내는지 한 단어로 설명하라.

(b) 함수 $\partial y/\partial t$는 정해진 점에서 곡선의 수직 속도를 나타낸다. 2계 도함수 $\partial^2 y/\partial t^2$가 무엇을 나타내는지 두 단어로 설명하라.

12. 곡선은 시간에 따라 변하므로 높이는 함수 $y(x, t)$로 기술한다. 편도함수 $\partial^2 y/\partial t^2$는 대체로 다음의 무엇인가 (하나 선택).

A. 상수

B. t가 아닌 x의 함수

C. x가 아닌 t의 함수

D. x와 t의 함수.

13. 막대를 따라 온도 $u(x, t)$ 를 재니 점 $x = 2$, $t = 1$에서 편도함수 $\partial u/\partial x$가 10임을 발견했다고 하자. 이것을 $x = 2$에서 $x = 2.01$로 가면 온도가 약 0.1(= 도함수 x이동거리) 올라간다고 해석할 수 있다. 왜 이 값이 근사값인가? **타당한 답은 둘 이상이다.**

심층 토론

14. 함수 $A\sin(kx - \omega t)$는 일정 속력으로 오른쪽으로 가는 사인파를 나타낸다. $-\infty < t < \infty$에서 오른쪽으로 가지만 늘 점점 더 빨리 가는 사인파를 나타내는 함수를 써라.

(a) 학생들이 가장 많이 내는 답은 $A\sin(kx - \omega t^2)$이다. 이것이 왜 맞지 않을까?

(b) 더 나은 답을 찾아보라.

문제

15. 다음 함수를 살펴보자: $y(x, t) = 5\sin(\pi x/3)\sin(2\pi t)$.

(a) $x = 3/2$만 본다고 하자. 그 곳에서 y 값의 시간 변화를 기술하는 함수 $y(t)$를 쓰고, 간단히 말로 설명하라.

(b) 이제 위치를 $x = 3/4$로 바꾼다고 하자. 이 곳의 함수가 $x = 3/2$인 함수와 같은 점과 다른 점을 말로 간단히 설명하라.

(c) $x = 0$에서의 운동은 어떤 꼴인가?

(d) 끝으로 $x = -3/2$를 살펴보자. 이 점과 (a)의 운동을 비교하여 같은 점과 다른 점을 설명하라.

(e) x-값이 고정된 곳에서 값의 시간 변화를 살펴보았다. 이제 그 반대로 하자. 시각 $t = 0$, $t = 1/8$, $t = 1/4$에 $y(x)$의 모양을 그려라. 이제 $y(x)$가 이 세 도표 이후에 어떻게 계속 진화할지 간단히 설명하라. (거동을 명확하게 보려면 x 및 y 값의 범위를 생각해야 한다.)

(f) 이 파동의 파장, 주기, 파수, 진동수는 얼마인가?

16. 다음 함수를 살펴보자: $y(x, t) = 5\sin(\pi x/3 - 2\pi t/3)$.

(a) $x = 0$만 본다고 하자. 그 곳에서 y 값의 시간 변화를 기술하는 함수 $y(t)$를 쓰고, 간단히 말로 설명하라.

(b) 이제 위치를 $x = 3/4$로 바꾼다고 하자. 이 곳의 함수가 $x = 0$인 함수와 같은 점과 다른 점을 말로 간단히 설명하라.

(c) x-값이 고정된 곳에서 값의 시간 변화를 살펴보았다. 이제 그 반대로 하자. 시각 $t = 0$, $t = 3/8$, $t = 3/4$에 $y(x)$의 모양을 그려라. 이제 $y(x)$가 이 세 도표 이후에 어떻게 계속 진화할지 간단히 설명하라. (거동을 명확하게 보려면 x 및 y 값의 범위를 생각해야 한다.)

(d) 이 파동의 파장, 주기, 속력은 얼마인가?

17. $f(x, t) = x^2\sin(2t)$. $x = 2$, $t = \pi/4$에서 다음 도함수의 값을 구하라.

(a) $\partial f/\partial x$

(b) $\partial f/\partial t$

(c) $\partial^2 f/\partial x^2$

(d) $\partial^2 f/\partial t^2$

문제 18–20을 풀 때는 그림 6.4를 참조하라. 이 사인파의 수직 방향 진동 범위는 $y = -15$에서 $y = 15$까지이고 파장은 0.5이다. 일부 문제는 P로 표시한 점을 참조하라.

18. 그림 6.4를 살펴보라.

(a) 진폭, 파장 및 파수를 구하라.

(b) 각진동수는 왜 물어 볼 수 없는가?

(c) 식 $y(x)$를 써라.

19. 그림 6.4가 정상파의 순간 사진으로 진폭이 최대일 때라 하자. 진동 주기는 10이다.

(a) 파장, 파수 및 진동수를 구하라.

(b) P에서 $\partial f/\partial x$는 양수인가, 음수인가, 아니면 0인가? 어떻게 아는지 간단히 설명하라(셈 없이).

(c) P에서 $\partial f/\partial t$는 양수인가, 음수인가, 아니면 0인

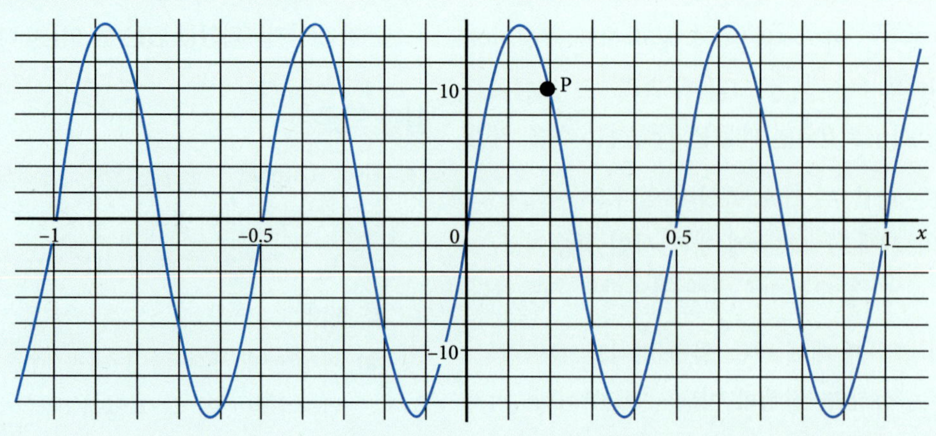

그림 6.4

가? 어떻게 아는지 간단히 설명하라(셈 없이).

(d) 이 정상파를 나타내는 식 $y(x, t)$를 써라.

20. 그림 6.4가 속력 10으로 오른쪽으로 가는 진행파의 순간 사진이라고 하자.

(a) 파장, 파수, 주기, 진동수를 구하라.

(b) P에서 $\partial f/\partial x$는 양수인가, 음수인가, 아니면 0인가? 어떻게 아는지 간단히 설명하라(셈 없이).

(c) P에서 $\partial f/\partial t$는 양수인가, 음수인가, 아니면 0인가? 어떻게 아는지 간단히 설명하라(셈 없이).

(d) 이 진행파를 나타내는 식 $y(x, t)$를 써라.

(e) 속력 10으로 왼쪽으로 가는 똑같은 파동을 나타내는 식 $y(x, t)$를 써라.

21. "라"음(A4)의 진동수는 440 Hz이며 공기 중에서 속력 343 m/s로 퍼진다. 이 소리(음파)의 파장을 셈하라.

22. 파장 600 nm인 주황색 빛이 속력 c로 진공에서 나아간다. 진동수를 Hz 단위로 셈하라.

23. 함수 $y(x, t) = 10\sin(2\pi x)e^{-t}$를 $t \geq 0$에서 살펴보자.

(a) $t = 0$, $t = 1$, $t = 2$ 및 $t = 3$에서 $y(x, t)$의 도표를 그려라.

(b) 이 함수가 $t \to \infty$일 때 어떻게 될지 설명하라.

24. 복소 지수 함수로 나타낸 진행파 함수 $y(x, t) = Ae^{i(kx - \omega t)}$를 살펴보자. 여기서 A, k 및 ω는 양의 실수이다.

(a) 이 함수를 실수부와 허수부로 나누어라. (필요하면 § 5.5을 보라.)

(b) 이 함수의 실수부는 진행파이다. 진폭, 각속도, 파수는 얼마인가? 가는 방향은 오른쪽인가, 왼쪽인가? 얼마나 빨리 가는가?

(c) 이 함수의 허수부도 진행파이다. (b)에서 얻은 실수부의 속성 중 허수부가 다른 것이 있는가? 있다면 무엇이, 어떻게 다른가?

(d) 반대 쪽으로 가는 똑같은 파동을 나타내는 함수를 복소 지수 함수로 써라.

25. 진행파로 정상파 만들기

(a) 오른쪽으로 가는 진폭 A, 파수 k 및 각진동수 ω인 진행 사인파 $y_R(x, t)$에 대한 일반식을 써라.

(b) 왼쪽으로 가는 것 말고는 y_R과 똑같은 파동 $y_L(x, t)$에 대한 일반식을 써라.

(c) $y_R + y_L$을 삼각 항등식을 써서 단순화하여 정상파임을 보여라.

(d) 그 정상파의 마디는 어디에 있는가?

26. 구간 $0 \leq x \leq 10$에서 사인파 $y(x, t)$를 살펴보자. 경계 조건은 $x = 0$ 및 $x = 10$에서 $y = 0$이다 (예: 양 끝이 묶인 줄).

(a) 이 파동에 허용되는 가장 긴 파장은 20이다. 그 파동의 모양을 그려 보라.

(b) 그 다음으로 짧은 세 파장은 무엇인가?

(c) 이제 가능한 모든 파장을 나타내는 식을 써라.

(d) 이제 가능한 모든 파수를 써라.

27. 탐색: 파동 방정식

"편미분 방정식(partial differential equation: PDE)"은 편도함수가 든 미분 방정식이다. § 6.6에서는 양자역학의 핵심 PDE인 "시간-변화 슈뢰딩거 방정식"을 소개한다. 이 문제에서는 다른 중요한 PDE인 아래의 "파동 방정식"을 살펴본다:

$$\frac{\partial^2 y}{\partial x^2} = \frac{1}{v^2}\frac{\partial^2 y}{\partial t^2} \quad (v\text{는 상수})$$

(a) 진행파 $y = A\sin(kx - kvt)$가 모든 상수 k와 A에 대해 이 방정식의 유효한 해임을 보여라.

(b) 정상파 $y = A\sin(kx)\cos(kvt)$가 모든 상수 k와 A에 대해 이 방정식의 유효한 해임을 보여라.

앞서 상미분 방정식에는 "초기 조건" 혹은 "경계 조건"을 줄 수 있음을 보았다. 편미분 방정식에서는 초기 조건과 경계 조건은 각각 시간과 공간에 대해 적용된다. 예를 들어, 진동하는 기타 줄을 기술하는 파동 방정식을 상상하자. 경계 조건은 줄이 $x = 0$ 및 $x = L$에서 고정되어 있음을 나타낸다. 초기 조건은 끈이 자유 진동하도록 풀어주기 전의 모양이며 어떤 모양이든 될 수 있다.

(c) 경계 조건 $y(0, t) = 0$을 살펴보자. 첫째(진행파) 해는 이 경계 조건을 맞추려면 y가 모든 곳에서 0이어야 함을 보여라. 이제 둘째(정상파) 해는 이

경계 조건을 맞춤을 보여라.

따라서 이 문제의 나머지 부분에서는 정상파에 초점을 맞춘다.

(d) v와 A가 0이 아닐 때 다른 경계 조건 $y(L, t) = 0$에 맞는 해의 모든 k 값을 구하라.

(e) 이 방정식이 지배하는 모든 계에 선형 중첩의 원리가 적용됨을 보여라. 즉, $y_1(x, t)$ 및 $y_2(x, t)$가 유효한 해이면 $y(x, t) = y_1(x, t) + y_2(x, t)$도 유효한 해임을 보여라.

(f) 이 PDE, 경계 조건($x = 0$ 및 $x = L$에서 y가 0) 및 초기 조건 $y(x, 0) = a\sin(2\pi x/L) + b\sin(7\pi x/L)$에 맞는 해 $y(x, t)$를 써라. **실마리:** 셈을 새로 할 필요가 없다. 지금까지 찾은 해에서 이조건에 맞는 선형 중첩을 찾아라.

6.2 자유 입자와 푸리에 변환

가장 간단한 예인 힘을 받지 않는 입자를 통해 비속박 상태의 일반적인 속성을 보이겠다. 그 과정에서 중요한 수학적 기법인 "푸리에 변환"을 소개한다.

6.2.1 발견 연습: 자유 입자와 푸리에 변환

힘을 받지 않는 입자는 위치 에너지 함수 $U(x) = 0$으로 기술할 수 있으며, 시간-불변 슈뢰딩거 방정식은 다음과 같다: $-\frac{\hbar^2}{2m}\psi''(x) = E\psi(x)$.

1. 이 슈뢰딩거 방정식의 일반해를 사인과 코사인 함수로 써보라.
   결과를 확인하라: www.cambridge.org/felder-modernphysics/checkyourself의 Check Yourself #6
2. 이 함수가 이 계의 에너지 고유상태이면 어떤 문제가 생기는가?
3. 이 슈뢰딩거 방정식의 일반해를 복소 지수 함수를 써서 다시 써보라.
4. 복소 지수 형식에서도 2에서 본 문제가 나타나는가? 왜?

6.2.2 설명: 자유 입자와 푸리에 변환

힘을 받지 않는 입자를 "자유 입자"라고 한다. 이것은 고전역학에서 뉴턴 제1법칙으로 기술되는 계이며, 이 입자는 등속으로 계속 움직인다. 속박 상태의 기본형으로 무한 사각 우물 속의 입자를 썼던 것처럼 자유 입자를 써서 모든 비속박 상태의 속성을 소개한다.

자유 입자의 에너지 고유상태

입자가 받는 힘이 0인 것은 위치 에너지가 일정한 것이고, 그 값을 $U(x) = 0$으로 정의해도 일반성을 잃지 않는다. 따라서 자유 입자의 시간-불변 슈뢰딩거 방정식은 다음과 같다: $-\frac{\hbar^2}{2m}\psi''(x) = E\psi(x)$.

능동 읽기 연습: 자유 입자

아직도 해보지 않았다면 발견 연습 6.2.1의 1, 2를 해 보라.

자유 입자의 슈뢰딩거 방정식은 사각 우물(무한 또는 유한) 속의 입자에 대한 것과 똑같고, 일반해도 똑같다.

$$\psi(x) = A\sin\left(\frac{\sqrt{2mE}}{\hbar}x\right) + B\cos\left(\frac{\sqrt{2mE}}{\hbar}x\right) \quad \text{자유 입자의 에너지 고유상태, 첫 버전.} \tag{6.3}$$

속박 상태에서 이것을 어떻게 했는지 기억하겠는가? 다음 단계에서는 규격화 할 수 없는 해는 모두 버리고 경계 조건에 맞추어 양자화된 에너지 준위와 일부 상수의 값을 정했다. 마지막 단계는 파동함수를 규격화하여 남은 상수를 결정했다.

자유 입자에는 그 어느 것도 적용되지 않는다. 경계 조건이 없다. 식 (6.3)은 A, B, E가 얼마이든 연속적이고 미분 가능하다. 가장 큰 문제는 함수 A와 B의 값을 어떻게 잡아도 $\psi(x)$를 규격화할 수 없다는 것이다. (잠시 시간을 내어 확인해보라.)

모든 비속박 상태에 대해 다음 두 가지 결론이 나온다.

- 비속박 상태의 에너지는 양자화되지 않는다.
- 비속박 에너지 고유상태는 규격화되지 않으므로 계는 에너지가 명확한 상태에 있을 수 없다.

이러한 고유상태의 시간 진화를 살펴본 뒤 규격화 문제로 돌아가겠다. 그러나 그 전에 에너지 고유상태를 다른 꼴로 나타내면 도움이 될 것이다. 잠시 시간을 내어 다음 함수가 자유 입자 슈뢰딩거 방정식 $-(\hbar^2/2m)\psi''(x) = E\psi(x)$에 대한 유효한 해임을 확인하라. (즉, 2계 도함수를 구하여 결과를 확인하라.)

$$\psi(x) = Ae^{i\sqrt{2mE}\,x/\hbar} + Be^{-i\sqrt{2mE}\,x/\hbar} \quad \text{자유 입자의 에너지 고유상태, 둘째 버전.}$$

이것은 새로운 해가 아니라 (6.3)의 다른 — 더 나은 — 꼴이다. 상수 $\pm\sqrt{2mE}/\hbar$를 k로 나타내면 최종 버전을 얻는다.

자유 입자의 에너지 고유상태(최종 버전)

자유 입자의 에너지 고유상태는 $\psi(x) = Ce^{ikx}$이고 고유값은 $E = \dfrac{k^2\hbar^2}{2m}$이다.

- 에너지 준위는 양자화되지 않는다. k는 모든 실수 값이 될 수 있으므로 E는 음이 아닌 어떤 값도 될 수 있다.
- e^{3ix}와 e^{-3ix}는 에너지는 같지만, 다른 파동함수이다.

자유 입자의 에너지 고유상태의 시간 진화

이제 시간 진화를 살펴볼 준비가 되었다. 모든 에너지 고유상태에 $e^{-iEt/\hbar}$를 곱하면 다음 결과를 얻는다.

$$\Psi(x,t) = Ce^{\pm i\sqrt{2mE}x/\hbar}e^{-iEt/\hbar} \quad (\text{와!})$$

앞으로는 이런 식으로 쓰지 않는다. 앞서 상수 k를 새로 정의하여 고유상태를 더 간결하게 썼다. 이제는 또 다른 상수 ω를 정의하면 파동 함수를 다음과 같이 쓸 수 있다.

$$\Psi(x,t) = Ce^{i(kx-\omega t)}, \quad \omega = \frac{E}{\hbar} = \frac{\hbar k^2}{2m} \tag{6.4}$$

k는 앞서 본 이산 양자수(종종 n이라고 함)에 대응되는 연속 양자수로 볼 수 있으며, ω는 에너지 또는 시간 진화를 한 글자로 나타낸 것으로 볼 수 있다. 그러나 식 (6.4)가 시사하는 더 중요한 것은 해석(및 특정 문자를 고른 이유)이다.

- 자유 입자의 에너지 고유상태는 진행파이다.
- 각속도는 ω, 각파수는 k이고 속도는 ω/k이다.
- 파동이 가는 방향은 k가 양수이면 오른쪽, 음수이면 왼쪽이다.

이 모든 것을 (6.4)에서 읽어낼 수 없다면 § 6.1을 다시 보라. 진행파의 수학을 강조한 이유가 이것이다.

결국 자유 입자의 에너지 고유상태는 영원히 같은 방향으로 등속으로 가는 파동을 묘사한다는 결론이 나온다. 적어도 고전 물리학의 일부 측면이 양자 세계와 유사하다는 것이 위안이 될 수 있다.[2]

자유 입자의 에너지 고유상태의 중첩

이제 자유 입자의 에너지 고유상태를 알고 있다: $\psi(x) = Ce^{ikx}$ 및 $\Psi(x, t) = Ce^{i(kx-\omega t)}$. 파동함수가 이러한 상태 중 하나이면 에너지가 일정하다. 여러 상태의 중첩일 때는 각 고유상태 앞의 계수는 해당 에너지를 잴 확률을 알려준다. 모두 익숙한 내용 아닌가?

문제가 있다. 위에서 말했듯이 자유 입자 고유상태는 규격화할 수 없으므로 입자가 이러한 상태 중 하나에만 있을 수는 없다. 또한 이러한 상태 중 2개 또는 3개 또는 17개의 중첩도 규격화할 수 없다(문제 12). 그것들의 무한 중첩도 규격화할 수 없다. 이러한 불가능한 상태로 물리적으로 가능한 파동함수를 서술할 수 있을까?

또 다른 문제가 있다. 파동함수를 이러한 고유상태의 합으로 나타낼 수 있다고 하자:

$$\psi(x) = \sum_{k=-\infty}^{k=\infty} C_k e^{ikx} \quad (\text{쓸 수 없음}) \tag{6.5}$$

여기에는 $k = 0$ 및 $k = 3$ 및 $k = -3$ 상태가 들어가지만 $k = 2.5$ 및 $k = n$은 어떨까? k는 임의의

2 경고: § 6.4에서 이 유사성이 겉보기보다 복잡함을 알게 된다.

실수일 수 있음을 상기하자. 아무리 많이 넣어 더해도, k가 정수가 아닌 것은 모두 빠진다!

이 두 문제의 해결책은 같다. 파동함수를 자유 입자 고유상태의 **합**이 아니라 **적분**으로 나타낸다. x의 임의의 함수를 e^{ikx}의 k에 대한 적분으로 정확하게 나타내는 수학적 기법은 19세기에 개발되었으며 양자역학이 필요할 때 준비되어 있었다. 이 기법이 "푸리에 변환(Fourier transform)"이다.

푸리에 변환

임의의 규격화된 파동함수 $\psi(x)$에 대해 다음 식이 모두 성립하는 함수 $\hat{\psi}(k)$를 구할 수 있다.

$$\psi(x) = \frac{1}{\sqrt{2\pi}} \int_{-\infty}^{\infty} \hat{\psi}(k) e^{ikx} dk \tag{6.6}$$

$$\hat{\psi}(k) = \frac{1}{\sqrt{2\pi}} \int_{-\infty}^{\infty} \psi(x) e^{-ikx} dx \tag{6.7}$$

함수 $\psi(k)$는 $\psi(x)$의 "푸리에 변환", 함수 $\psi(x)$는 $\hat{\psi}(k)$의 "역 푸리에 변환(inverse Fourier transform)"이다.

이러한 함수를 해석하기 전에 함수에 대한 몇 가지 수학적 사실을 확인하자.

- 이 두 식은 각각 함수를 입력으로 받아 전혀 다른 함수를 내 놓는다. 그 두 함수의 기호가 겉보기에 비슷하다는 사실(ψ와 $\hat{\psi}$)에 속지 마라. 독립 변수가 다르고(x및 k), 단위가 다르며, 도표의 모양이 전혀 다를 수 있고, 쓰는 목적도 다르다.
- 독립 변수에 대해 말하자면, 피적분 함수에는 x와 k가 모두 있다. 그러나 (6.6)의 적분은 k에 대한 정적분이므로 적분 결과는 x의 함수이다. 마찬가지로 (6.7)의 적분 결과는 k의 함수이다.

그러면 k의 함수는 무엇을 말할까? 모든 적분은 합(리만 합)의 극한이므로 (6.6)을 이해하려면 (6.5)과 비교한다. (6.6)은 파동함수 $\psi(x)$를 e^{ikx} 꼴의 함수, 즉 자유 입자 에너지 고유상태의 합으로 고쳐 썼음을 보여준다. 고유함수마다 이 중첩에 그 에너지 고유상태의 상대적 비율이 얼마나 큰 지 알려주는 "계수" $\hat{\psi}(k)$가 붙어있다. 이렇게 보면 (6.7)은 이러한 계수를 구하는 공식이다.

그것은 $|\hat{\psi}(k)|^2$가 에너지 확률임을 뜻한다. 그러나 § 4.3에서 살펴본 것처럼 k가 연속적이므로 $|\hat{\psi}(k)|^2$는 확률 밀도 함수이다.

자유 입자의 에너지 확률

자유 입자의 파동함수가 $\psi(x)$이고 그것의 푸리에 변환[(6.7)을 써서 셈함]이 $\hat{\psi}(k)$이면 그 입자의 에너지를 잰 값이 정해진 범위 안에 있을 확률은 다음과 같다.

$$P\left(\frac{\hbar^2 k_1^2}{2m} < E < \frac{\hbar^2 k_2^2}{2m}\right) = \int_{-k_2}^{-k_1} |\hat{\psi}(k)|^2 dk + \int_{k_1}^{k_2} |\hat{\psi}(k)|^2 dk \tag{6.8}$$

왜 두 적분을 더하느냐고? $-k_2 < k < -k_1$과 $k_1 < k < k_2$의 고유함수는 에너지의 범위는 **같지만** 유형이 **다르기** 때문이다. 이 밖에도 근본 개념을 알아야 한다: 변수가 연속적이므로 (확률을 더하지 않고) 확률 밀도를 적분한다.

파동 뭉치와 규격화

고유값이 연속인 고유상태는 이산적으로 더하는 대신 연속 적분을 하면 가능한 모든 k-값(모든 정수가 아니라 모든 실수)을 넣을 수 있음을 보았다. 적분은 규격화 문제도 해결한다. 자유 입자의 에너지 고유상태의 이산 합은 규격화할 수 없지만 푸리에 변환은 규격화할 수 있다.

규격화할 수 없는 진행파에 대한 적분을 규격화될 수 있다는 사실은 놀라운 수학적 결과이다. 그 증명은 여기서 하지 않지만, § 6.4에서 그 결과를 좀 더 깊이 살펴볼 것이다. 정해진 순간에 입자의 파동함수는 한없이 많은 고유상태에 대한 적분이다. 각 고유상태는 규격화할 수 없는 파동으로, 일정한 진폭을 유지한 채 $+x$ 방향과 $-x$ 방향으로 무한히 연장된다. 그러나 이러한 고유상태의 결합은 어떤 특정 x값 근처에서 보강 간섭하여 그 x값에서 멀어지면 빨리 0으로 떨어져 양방향으로 영원히 0에 가깝게 유지된다!

그렇게 얻은 규격화 되는 함수가 "파동 뭉치"이며 실제 입자의 파동함수에서 찾을 것으로 예상되는 것을 정확히 알려준다. 입자의 위치는 이 특정 x값 주변이고 약간의 불확정성이 있지만 멀리 있을 가능성은 거의 없다.

(6.7) 앞의 상수는 파동함수 $\psi(x)$가 규격화되면 푸리에 변환 $\hat{\psi}(k)$도 저절로 규격화되도록 정한다: $\int_{-\infty}^{\infty} |\hat{\psi}(k)|^2 dk = 1$.

예: 자유 입자의 에너지 고유상태의 중첩

자유 입자의 파동함수는 $\psi(x) = [2/(\pi L^2)]^{1/4} e^{-(x/L)^2}$이다. (이 적절히 규격화된 "파동 뭉치"는 입자가 $x = 0$ 근처에서 발견될 것을 보장한다.) 다음 그림은 위치 확률 분포 $|\psi(x)|^2$을 보여준다.

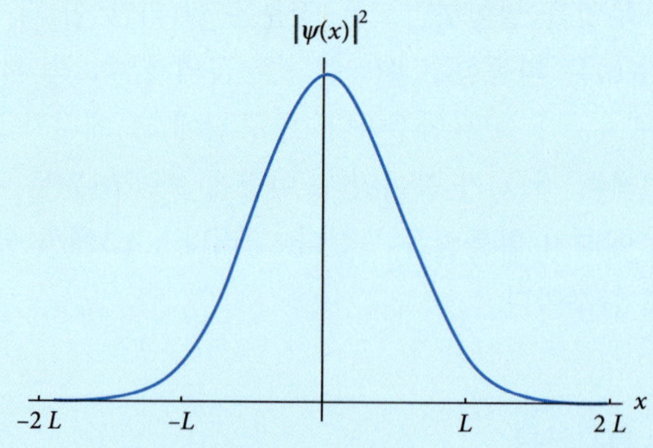

1. 이 입자에 대해 $|\hat{\psi}(k)|^2$의 도표를 그려라.
2. 그 도표를 보고 입자의 에너지를 잴 때 얻을 값의 범위를 추정하라.
3. 에너지가 $\hbar^2/(mL^2)$보다 클 확률은 얼마인가?

답:

1. 식 (6.7)을 써서 $\hat{\psi}(k)$를 구하고, 적분은 컴퓨터를 써서 구한다.

$$\hat{\psi}(k) = \frac{1}{\sqrt{2\pi}} \int_{-\infty}^{\infty} \left(\frac{2}{\pi L^2}\right)^{1/4} e^{-(x/L)^2} e^{-ikx} dx = \left(\frac{L^2}{2\pi}\right)^{1/4} e^{-L^2k^2/4}$$

이로부터 $|\hat{\psi}(k)|^2 = (L/\sqrt{2\pi})e^{-L^2k^2/2}$이다. 도표는 아래와 같다. 짙은 영역은 3에서 물어본, 에너지가 $\hbar^2/(mL^2)$보다 클 확률을 나타낸다.

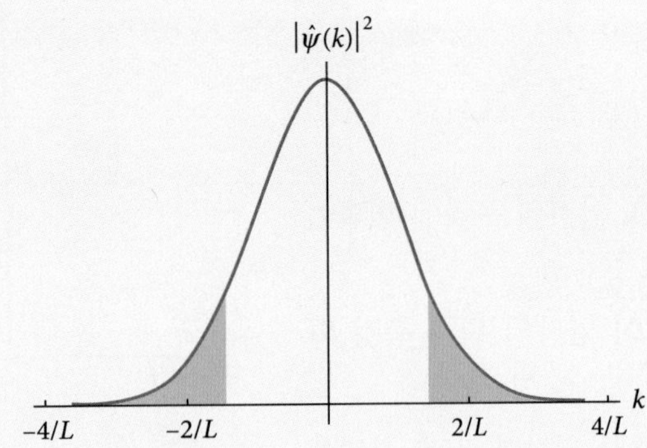

2. k를 잰 값은 $-2/L$와 $2/L$ 사이에 있을 가능성이 매우 큼을 알 수 있다. 이는 E를 잰 값이 0과 $2\hbar^2/mL^2$ 사이에 있을 가능성이 가장 큼을 뜻한다.
3. E가 $\hbar^2/mL^2$보다 크려면 $k^2 > 2/L^2$이어야 하고, 이는 $k < -\sqrt{2}/L$ 또는 $k > \sqrt{2}/L$임을 뜻한다. 그 확률은 다음과 같은데 적분은 컴퓨터를 써서 하는 것이 좋다:

$$P\left(E > \frac{\hbar^2}{mL^2}\right) = \int_{-\infty}^{-\sqrt{2}/L} |\hat{\psi}(k)|^2 dk + \int_{\sqrt{2}/L}^{\infty} |\hat{\psi}(k)|^2 dk.$$

컴퓨터로 적분하면 0.16이 나오므로 E를 잰 값이 $\hbar^2/mL^2$보다 클 확률은 16%이다. (위 그림에서 진한 영역의 면적이 곡선 아래 전체 면적의 약 16%쯤 되는 것을 눈대중으로 확인할 수 있다.)

앞의 예에는 이 절에서 배워야 할 많은 내용이 담겨 있으므로 차근차근 읽어보라. 그러다 보면 $|\psi(x)|^2$와 $|\hat{\psi}(k)|^2$의 도표 모양이 매우 비슷하다는 생각이 들 수도 있다. 그것은 보편적 규칙은 아니지만 우연도 아니다.

대체로 위에서 강조했듯이 $\psi(x)$와 $\hat{\psi}(k)$는 전혀 다른 함수이다. 매우 중요한 몇 가지 경우(예: 문제 15와 16)에는 모양이 전혀 다르다.

그러나 가우스 곡선 e^{-x^2}은 여러 면에서 특별하며, 그 특별한 속성 중 하나는 가우스 곡선의 푸리에 변환이 또 다른 가우스 곡선이라는 것이다. 그래서 예제의 두 곡선의 모양이 같다.

그렇지만, 이 경우에도 $\psi(x)$와 $\hat{\psi}(k)$는 중요한 점에서 다르며, 그 차이점은 § 6.3에서 자세히 살펴본다.

6.2.3 물음과 문제: 자유 입자와 푸리에 변환

개념 물음 및 개념시험

1. 이 절에서 쓴 다음 기호를 각각 간단히 정의하고 단위를 명시하라.

(a) k

(b) $|\hat{\psi}(k)|^2$

(c) ω

2. 자유 입자의 파동함수가 $\psi(x)$, 이것의 푸리에 변환이 $\hat{\psi}(k)$이다.

(a) $|\psi(x_1)|^2 > |\psi(x_2)|^2$이면, 이 입자의 위치 측정 확률에 대해 어떤 결론을 내릴 수 있는가?

(b) 입자의 에너지를 잰 결과가 E_2보다 E_1에 가까울 가능성이 더 크다는 결론을 내리려면 $\hat{\psi}(k)$의 값이 어때야 하는가?

3. 에너지가 속박 상태에서는 양자화되고 비속박 상태에서는 양자화되지 않는다는 결론을 얻게 된 이유는 무엇인가? (자유 입자는 지금까지 살펴본 유일한 비속박 상태이므로 이에 집중할 수 있다.)

4. 함수 $e^{i(kx-\omega t)}$는 늘 진행파를 나타내지만 진행 방향은 k와 ω의 부호에 따라 달라진다. 자유 입자의 에너지 고유상태에 대해 $k > 0$이면 늘 오른쪽으로 가고, $k < 0$이면 왼쪽으로 간다는 결론을 내리게 된 이유는 무엇인가?

5. 274쪽의 예에서 에너지를 잰 값이 정확히 $2\hbar^2/mL^2$이 나올 확률은 얼마인가?

6. 자유 입자의 슈뢰딩거 방정식의 해는 (무한 또는 유한) 사각 우물 속의 입자에 대한 해와 같다. 자유 입자의 경우 이 해를 규격화할 수 없다고 했는데, 사각 우물 속에 있는 입자에 대해서는 왜 문제가 되지 않는가?

7. 파동함수 $\psi(x)$로 시작하여 푸리에 변환을 한 결과가 그림 6.5와 같다. L은 길이 단위의 매개변수이다. 도표는 $\hat{\psi}(k)$가 아니라 $|\hat{\psi}(k)|^2$를 보여준다.

이 파동함수를 가진 자유 입자 100개를 준비하여 각각 에너지를 재면, 어떤 결과를 얻을까?

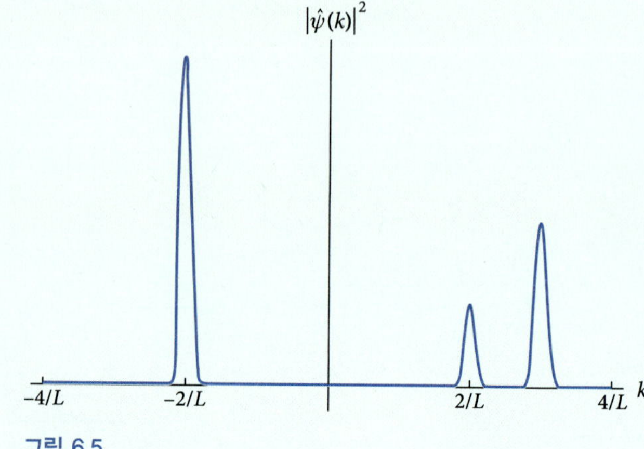

그림 6.5

8. 많은 물리적 맥락에서 입자의 총 에너지 E가 음수인 것은 완벽하게 합리적이다. 이 절 전체에서 자유 입자는 $E \geq 0$이라고 가정하는 이유는 무엇인가?

9. 파동함수 $\psi(x)$는 대체로 에너지가 다르면 확률도 다르게 나온다. 에너지가 일정한 자유 입자의 $\psi(x)$는 파수가 다음과 같이 일정하다: $\psi(x) = Ae^{ikx}$.

(a) 파동함수가 그러한 꼴이 될 수 없는 이유를 설명하라.

(b) 이것은 자유 입자의 에너지가 어떻다는 것을 뜻하는가?

10. 함수 $e^{i(kx-\omega t)}$의 시간 변화를 살펴보면 ⋯ (하나를 고르고 그 이유를 간단히 설명하라.)

A. 정해진 x에서 함수는 복소수 평면에서 원을 그린다.

B. 전체 함수는 모양을 유지하지만 x축을 따라 일정한 속력으로 간다.

C. A와 B 모두 맞다: 이 둘은 이 경우에 말하는 내용이 같다.

D. A도 B도 맞지 않다.

심층 토론

11. 속박 상태의 에너지 고유상태를 구할 때 규격화할 수 없는 해는 모두 버렸고, 그 결과 에너지가 양자화된

다는 결론이 나왔다. 비속박 상태의 경우 모든 에너지 고유상태는 규격화할 수 없으므로 이들의 중첩으로 물리적 상태를 만들어야 한다는 결론이 나왔다. 왜 이 두 가지 상태를 달리 다루는가? 특히, 속박 상태에서 에너지 고유상태를 만드는 한 규격화할 수 없는 에너지 고유상태를 중첩시켜도 좋다는 결론을 낼 수 없는 이유는 무엇인가?

문제

12. 자유 입자와 앞서 다룬 속박 상태의 큰 차이 중 하나는 자유 입자의 고유상태는 규격화할 수 없다는 것이다.

(a) 함수 $A\sin(kx)$를 규격화할 수 없음을 보여라.

(b) 합 $Be^{ik_1x} + Ce^{ik_2x}$를 규격화할 수 없음을 보여라.

(c) 간단히 답하라: 자유 입자를 분석할 때 이러한 규격화할 수 없는 파동함수를 어떻게 쓰는가?

13. (6.7)[또는 (6.6) 어느 것이든]에서 시작하여 $\int |\hat{\psi}(k)|^2 dk$의 단위가 확률과 맞음을 보여라

14. 자유 입자에 대한 파동함수 $\psi(x)$가 정해졌다고 하자.

(a) 푸리에 변환 $\hat{\psi}(k)$을 구하는 적분식을 써라.

(b) 에너지를 잰 값이 E_1과 E_2 사이에 있을 확률을 구하는 적분식을 써라 ($E_1 < E_2$).

15. 자유 입자의 파동함수가 다음과 같다:

$$\psi(x) = \begin{cases} A & -L \le x \le L \\ 0 & x \le -L \text{ 또는 } L \le x \end{cases}$$

(파동함수는 실제로는 연속이지만 구간의 경계에서는 0에서 A로 매우 빨리 증가한다고 상상하자.)

(a) A를 구하라.

(b) $\psi(x)$의 푸리에 변환 $\hat{\psi}(k)$를 구하라.

(c) (b)에 대한 답을 간단히 정리하라.

(d) $|\psi(x)|^2$의 도표를 그려 거동을 보여라. 이 도표에서 이 입자의 측정 결과에 대해 무엇을 추론할 수 있는가?

(e) $|\hat{\psi}(k)|^2$의 도표를 그려 거동을 보여라. 이 도표에서 이 입자의 측정 결과에 대해 무엇을 추론할 수 있는가?

(f) 입자의 에너지를 잰 값이 0과 $2\hbar^2/mL^2$ 사이에 있을 확률을 구하는 적분을 써라.

(g) 위의 적분을 하여 확률을 구하라. 이 적분을 컴퓨터로 해도 되는데, 답은 숫자로 내라. 변수를 $u = Lk$로 바꾸면 적분 식이 단순해진다.

16. 자유 입자의 파동함수가 다음과 같다:

$$\psi(x) = \begin{cases} A\sin(\pi x/L) & -L \le x \le L \\ 0 & x \le -L \text{ 또는 } L \le x \end{cases}$$

(a) 이것이 물리적으로 가능한 파동함수가 아닌 이유를 설명하라. (그렇지만 근사치로 보아 다둘 수 있다.)

(b) 상수 A를 구하라.

(c) $|\psi(x)|^2$의 도표를 그려라. 이 도표에서 이 입자의 측정 결과에 대해 무엇을 추론할 수 있는가?

(d) $\psi(x)$의 푸리에 변환 적분식을 써라.

위의 적분을 하면 다음 결과를 얻는다: $\hat{\psi}(k) = i\dfrac{\sqrt{2\pi L}}{k^2L^2 - \pi^2}\sin(kL)$ (적분을 컴퓨터로 해도 된다).

(e) $|\hat{\psi}(k)|^2$의 도표를 그려 거동을 보여라. 이 도표에서 이 입자의 측정 결과에 대해 무엇을 추론할 수 있는가?

(f) 입자의 에너지를 잰 값이 $2\hbar^2/mL^2$보다 클 확률은 얼마인가?

17. 자유 입자의 처음 상태가 $\Psi(x, 0) = \psi(x)$일 때, 그 뒤의 상태를 $\Psi(x, t)$로 써라. **실마리:** 생각보다 복잡할 것이다.

18. 입자 1의 파동함수가 $\psi_1(x)$이고 입자 2의 파동함수는 $\psi_2(x) = \psi_1(x - x_0)$이다. 즉, 입자 2는 입자 1에 대해 단순히 오른쪽으로 x_0 만큼 간 것이다.

(a) 다음을 보여라: $\hat{\psi}_2(k) = e^{-ikx_0}\hat{\psi}_1(k)$.

(b) 이 두 파동함수가 자유 입자를 나타낸다면, (a)는 그들의 에너지 확률에 대해 무엇을 뜻하는가?

6.3 운동량 고유상태

이 책과 같은 수준의 여러 교재는 에너지의 고유상태만 다룬다. 그러나 초급 과정에서 더 나아가야 할 몇 가지 논리가 있다. 첫째, 고유상태의 두 가지 유형인 에너지와 운동량을 살펴보면 양자역학의 전반적인 수학적 틀을 더 깊이 이해할 수 있다—파동함수를 표현하는 기저(basis)를 측정량에 맞게 바꾸면 그 측정량에 대한 정보를 쉽게 얻을 수 있다. 둘째, 특히 운동량 고유상태는 불확정성 원리의 수학적 근거를 제공한다.

6.3.1 설명: 운동량 고유상태

양자역학의 파동함수는 입자의 상태를 나타내는 수학적 함수이다. 이 함수를 써서 입자의 위치와 에너지에 대한 확률 정보를 알아내는 방법은 이제 배워 알고 있다. 그 함수에는 운동량, 각운동량 및 운동 에너지와 같은 입자의 여러 측정량에 대한 정보가 들어 있다.

이 절에서는 특히 운동량을 살펴본다. 다른 측정량은 대부분 고급 양자역학 과정을 위해 남겨둔다. 그렇지만, 모든 물리량 중에서 에너지는 특별하다. 파동함수의 시간 전개를 결정하는 것은 바로 에너지 고유상태이기 때문이다.

파동함수에 대해 지금까지 배운 것: 짧은 요약

지금까지 이 장의 많은 내용을 모아 놓은 예제로 이 절을 시작하겠다. 이 예제를 푸는 과정에서 건너뛰는 지저분한 수식은 걱정하지 마라. (필요하면 Mathematica 등을 써라.) 입자의 파동함수 하나에서 세 가지 매우 다른 물음에 답하는 방법에 초점을 맞추어라. 이 파동함수를 세 가지 다른(그러나 수학적으로 동등한) 형태로 표현한다.

예: 파동함수에서 위치와 에너지 구하기

입자의 파동함수가 다음과 같다.

$$\psi(x) = \frac{1}{5\pi^{1/4}}\left(3 + 4\sqrt{2}\,x\right)e^{-x^2/2}$$

(이 예에서는 m 및 $\hbar$와 같은 상수를 1로 두어 식을 단순하게 만들었다.)

1. 입자의 위치를 잰 결과가 1과 3 사이에 있을 확률을 구하라.
2. 입자가 단순 조화 우물 $U(x) = (1/2)x^2$ 속에 있으면 에너지를 잰 값의 확률 분포가 어떠할까? (조화 진동자의 ω도 1로 두었음을 눈여겨보라.)
3. 이 입자가 $U(x) = 0$인 자유 입자일 때 에너지의 확률 밀도 함수를 구하라.

답: 여기서는 수식을 다루는 부분은 대체로 건너뛰고 과정에 집중한다.

1. $|\psi(x)|^2$을 1에서 3까지 적분하라. (컴퓨터로 하면 답이 0.35가 된다.)

2. 단순 조화 진동자의 에너지 고유상태를 찾아, 수식을 조금 정리하면 다음 결과를 얻는다.

$$\psi(x) = \frac{3}{5}\psi_0 + \frac{4}{5}\psi_1$$

따라서 $E = E_0 = 1/2$를 잴 확률은 9/25, $E = E_1 = 3/2$을 잴 확률은 16/25이다.

3. 푸리에 변환 식을 쓰면 이 $\psi(x)$는 다음과 같이 표현할 수 있다.

$$\psi(x) = \frac{1}{\sqrt{2\pi}} \int_{-\infty}^{\infty} \left(\frac{3 - 4\sqrt{2}ik}{5\pi^{1/4}} e^{-k^2/2} \right) e^{ikx} dk$$

괄호 속이 $\hat{\psi}(k)$이고 그것의 절대값의 제곱이 에너지 확률 밀도이다.

다음은 위의 예에서 설명한 규칙의 간략한 요약이다.

- ψ를 x의 함수로 쓰면 그 함수의 절댓값의 제곱은 위치 측정에 대한 확률 밀도 함수가 된다.
- 계가 불연속 에너지 준위(속박 상태)에 있으면 ψ를 에너지 고유상태의 합으로 표현할 수 있다. 그 합의 절댓값의 제곱은 가능한 모든 에너지 측정의 확률을 제공한다.
- 계가 연속 에너지 준위(비속박 상태)에 있으면 ψ를 에너지 고유상태에 대한 적분으로 표현할 수 있다. 그 함수의 절댓값의 제곱은 에너지 측정의 확률 밀도 함수이다.

여기서 핵심은 이러한 규칙이 적용되는 세 가지 파동함수가 서로 다른 것이 아니라는 것이다. 그들은 같은 입자에 대해 다른 정보를 제공하도록 꾸민 동일한 파동함수의 세 가지 다른 꼴이다.

이러한 검토를 염두에 두고 이 절에서 첫째 새로운 정보를 제공할 준비가 되었다. 운동량, 운동에너지 및 각운동량과 같은 다른 물리량에 대해서도 과정은 에너지와 같다.

1. 해당 물리량의 고유상태를 구한다. (측정량에 따라 다를 수 있다.)
2. 파동함수를 고유상태의 합 또는 적분으로 표현한다. (멋진 수학이 이것이 늘 가능함을 증명했다.)
3. 파동함수를 그런 식으로 다시 표현하면 계수의 절댓값의 제곱이 확률 분포를 제공한다.

고급 양자역학에서는 측정량의 고유상태를 찾는 방법을 배운다. 여기서는 운동량에 초점을 맞춘다.

운동량 고유상태

운동량 고유상태를 설명하고 그들의 속성을 살펴보자. 그 다음 그것이 어디에서 왔는지 설명하겠다.

운동량 고유상태

양자역학에서 운동량 고유값이 $p = \hbar k$인 고유상태는 $\psi(x) = Ce^{ikx}$이다.

"에너지 고유상태와 같네!"라고 생각한다면 반은 맞다. 이것은 § 6.2에서 살펴본 자유 입자의 에너지 고유상태이다. 그러나 에너지 고유상태는 입자가 받는 힘, 즉 위치 에너지 함수에 따라 달라진다. [$U(x) = 0$으로 슈뢰딩거 방정식을 풀면 자유 입자의 고유상태가 나타난다.] 이와 대조적으로 운동량 고유상태와 고유값은 $U(x)$가 무엇이든 늘 같다.

모든 입자의 운동량 고유상태는 자유 입자의 에너지 고유상태와 같으므로 에너지 고유상태에 대해 얻은 많은 결론은 운동량에도 적용된다.

- 운동량 고유상태는 규격화할 수 없으므로 입자는 명확한 운동량을 가질 수 없다. (불확정성 원리에 대해 생각하면 같은 결론을 얻는다.) 사실 운동량 고유상태의 이산 합은 유효한 (규격화되는) 파동함수가 아니다.
- 운동량은 연속 변수이며 확률 분포는 불연속 값에 대한 확률의 합이 아니라 연속적인 값에 대한 확률 밀도 분포를 한다.
- 운동량 확률 분포를 구하려면 푸리에 변환을 써서 $\psi(x)$를 고쳐 쓴다. 규칙은 다음과 같다.

$$P\left(k_1\hbar < p < k_2\hbar\right) = \int_{k_1}^{k_2} \left|\hat{\psi}(k)\right|^2 dk \tag{6.9}$$

또한 운동량($p = \hbar k$)과 에너지($E = \hbar^2 k^2/2m$) 사이의 큰 차이점 중 하나는 부호를 다루는 방식이다. 함수 e^{i5x} 및 e^{-i5x}는 운동량의 고유상태이며 자유 입자의 에너지 고유상태이기도 한다. 그러나 이 두 상태의 운동량 값은 서로 다르지만(하나는 양수, 하나는 음수), 에너지 값은 같다. 그래서 (6.9)는 적분이 하나인데, 에너지 등가식[261쪽의 (6.8)]에는 적분이 두 개이다. (이 결과는 그리 놀랍지 않다. 고전적으로 2 kg 입자가 3 m/s로 오른쪽으로 갈 때와 왼쪽으로 갈 때의 운동 에너지는 같지만 운동량은 다르다.)

예: 운동량 확률

262쪽의 예에서 $\psi(x) = [2/(\pi L^2)]^{1/4} e^{-(x/L)^2}$인 입자를 살펴보았고, $\hat{\psi}(k) = (L^2/2\pi)^{1/4} e^{-L^2k^2/4}$임을 알았다. $|\psi(x)|^2$ 및 $|\hat{\psi}(k)|^2$의 도표를 아래에 재현했는데, 그 다음의 확률에 대한 문제를 반영하여 둘째 도표에 진한 영역을 보였다.

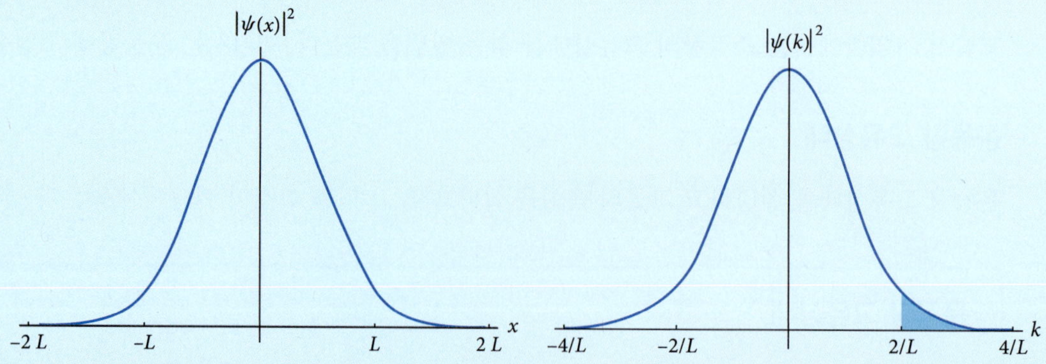

1. $|\hat{\psi}(k)|^2$의 도표를 보고 이 입자의 운동량을 잴 때 얻을 수 있는 값의 범위를 추정하라.
2. 이 입자의 운동량이 $2\hbar/L$보다 클 확률을 셈하라.

답:

1. 이 입자의 운동량을 잰 결과가 다음 범위 안에 있을 가능성이 매우 높다: $-2\hbar/L < p < 2\hbar/L$. 값의 크기가 $2\hbar/L$를 넘을 확률은 거의 없다.
2. 답을 구하려면 아래의 정적분을 해야 하는데, 컴퓨터를 쓰는 것이 가장 좋다.

$$P\left(p > \frac{2\hbar}{L}\right) = \int_{2/L}^{\infty} |\hat{\psi}(k)|^2 dk \approx 0.02$$

따라서 $p > 2\hbar/L$를 잴 확률은 2%이다.

운동량 고유상태는 어디에서 왔나?

운동량 $p = \hbar k$인 고유상태가 Ce^{ikx}라는 주장을 정당화하는 또 다른 방법을 두 가지를 제시할 수 있다. 첫째는 드 브로이 관계식이다.

능동 읽기 연습: 코사인 함수의 운동량

입자의 파동함수가 $\psi(x) = A\cos(kx)$라 하자. 여기에서 A와 k는 상수이다.

잠시 이 장에서 말한 고유상태, 규격화 가능성 등을 모두 무시하고, 대신 드 브로이 관계식 $\lambda = h/p$로 돌아가자. 드 브로이 관계식은 이 입자의 운동량에 대해 무엇을 말하는가?

능동 읽기 연습에서 입자의 파장은 $\lambda = 2\pi/k$이다. (이러한 변환이 익숙하지 않으면 부록 F를 보라.) 드 브로이 관계식은 운동량 크기가 $|p| = h/\lambda = hk/2\pi = \hbar k$임을 알려준다. 드 브로이 관계식은 $\psi(x) = B\sin(kx)$인 입자 또는 $e^{ikx} = \cos(kx) + i\sin(kx)$를 포함하여 이러한 사인과 코사인의 선형 결합에 대해 똑같은 것을 알려준다.

§ 6.2의 자유 입자를 생각해 보면 비슷한 결론을 얻는다. 운동 에너지와 운동량은 **고전적으로** $\text{KE} = p^2/2m$ 관계가 있다. 자유 입자의 경우 총 에너지는 운동 에너지이다. 따라서 에너지가 일정한 상태는 운동 에너지가 일정한 상태이기도 하며, 이는 일정한 운동량의 크기가 일정한 상태이기도 하다.

$$\psi(x) = Ce^{ikx}\text{이면,}\quad E = \text{KE} = \frac{\hbar^2 k^2}{2m} \quad \rightarrow \quad |p| = \hbar|k|$$

이 두 가지 논리 모두 운동량의 크기는 정해주지만 부호는 정해주지 않는다. 문제를 풀려면 시간 변화를 살펴봐야 한다. 자유 입자의 경우(다시 § 6.2) 에너지 고유상태 $\Psi(x) = Ce^{ikx}$는 $\psi(x, t) = Ce^{i(kx-\omega t)}$로 시간에 따라 진화한다. k가 양수이면 파동이 오른쪽으로 가고, 음수이면 왼쪽으로 가므로 절댓값 기호를 버리고 $p = \hbar k$로 쓸 수 있다.[3]

§ 6.2에서 상수 k와 ω를 에너지 E를 써서 정의했음을 상기하자. 이제 상수 k와 ω를 운동량 p와 관련시켰으므로 이러한 고유상태를 다른 식으로도 쓸 수 있다.

3 "파동이 오른쪽으로 간다"와 "입자가 오른쪽으로 간다"는 조금 다르다. 이에 대해서는 § 6.4에서 설명한다.

$$\Psi(x,\ t) = Ce^{i(px - Et)/\hbar} \qquad p\text{와 }E\text{로 나타낸 자유 입자 에너지 고유상태} \qquad (6.10)$$

$p = \hbar k$ 및 $E = \hbar\,\omega$이므로 식 (6.10)은 앞서 쓴 $\Psi(x,\ t) = Ce^{i(kx - \omega t)}$와 수학적으로 같음을 바로 확인할 수 있다. 그러나 이 새로운 꼴은 정해진 고유상태와 관련된 에너지와 운동량을 바로 보여주며 § 6.4에서 몇 가지 중요한 통찰을 얻게 해준다.

좁은 분포와 넓은 분포

281쪽의 예는 운동량 확률을 찾는 전 과정을 설명한다. 파동함수가 정해졌을 때 (6.7)을 써서 $\hat{\psi}(k)$를 구한 다음 정해진 운동량 범위에 대해 $|\hat{\psi}(k)|^2$를 적분하여 확률을 구한다.

그러나 그 예는 또한 운동량 확률의 중요한 속성을 보여준다.

능동 읽기 연습: 좁은 봉우리와 넓은 봉우리

268쪽의 예는 중심이 $x = 0$에 있는 산 모양의 파동함수와 푸리에 변환(운동량 확률 분포에 비례함)을 보여준다. 파동함수 봉우리를 두 배로 넓히면 운동량 확률이 어떻게 바뀔까?
실마리: $\psi(x)$와 $\hat{\psi}(k)$의 가로축에 L이 어떻게 나타나는지 살펴보라.

실마리에서 제시한 대로 답은 L에 있다. ψ를 그릴 때 L의 값을 명시하지 않은 채 대부분의 위치 확률이 $-L < x < L$ 속에 들어가게 했다. 운동량 확률의 범위는 $-2\hbar/L < p < 2\hbar\ /L$였다.

L이 두 배가 되면 어떻게 될까? 위치 범위가 두 배로 넓어지고, 운동량의 범위는 반으로 좁아진다. 다음은 매우 일반적인 규칙의 구체적인 예이다.

함수 $\psi(x)$를 더 넓히면 푸리에 변환 $\hat{\psi}(k)$는 더 좁아진다.

그림 6.6은 이 규칙을 보여준다.

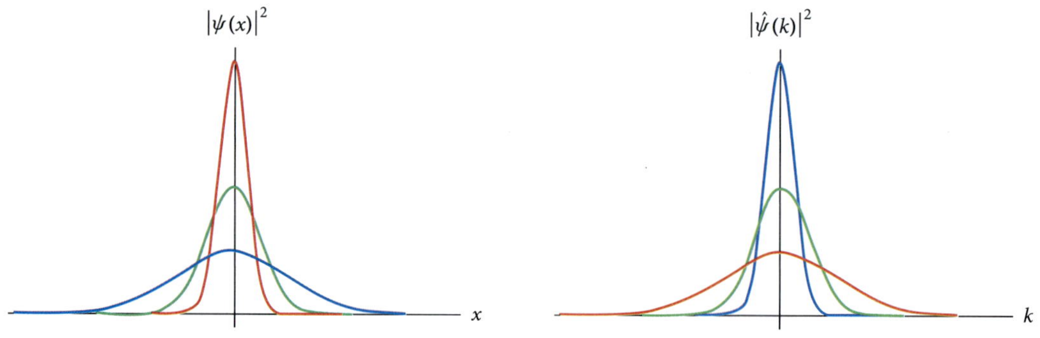

그림 6.6 오른쪽의 빨간색, 녹색 및 파란색 함수는 각각 왼쪽의 빨간색, 녹색 및 파란색 위치 확률 분포의 푸리에 변환의 크기 제곱이다. $\psi(x)$가 넓어질수록 $\hat{\psi}(k)$는 좁아진다.

핵심은 순전히 수학적 사실이다: 좁은 함수는 푸리에 변환이 넓다. 더 공식적으로, 함수의 표준 편차가 작으면 푸리에 변환의 표준 편차는 크다.

그러나 왜 이 뻔한 수학적으로 사소한 부분을 강조하는지 알기를 바란다. 그 관계는 위치-운동량 불확정성 원리의 기초가 된다! 봉우리가 뾰족한 $\psi(x)$는 위치 불확정성이 매우 작고, 푸리에 변환은 넓어 운동량의 불확정성이 크다.

결론적으로 하이젠베르크의 불확정성 원리는 양자역학의 공리 중 하나가 아니다. 오히려 위치와 운동량의 확률 분포를 셈하기 위해 단일 파동함수를 쓰는 방식의 수학적으로 필연적인 결과이다.

6.3.2 물음과 문제: 운동량 고유상태

개념 물음 및 개념시험

1. 파동함수가 다음과 같은 자유 입자가 있다: $\hat{\psi}(-5) > \hat{\psi}(-2)$.

(a) 이 입자의 운동량 측정에 대해 이 부등식은 무엇을 말하는가?

(b) 왜 이 입자의 에너지 측정에 대해서는 이 부등식에서 어떤 결론을 끌어낼 수 없는가?

2. 파동함수 $\psi(x)$에 대해 대체로 운동량 값마다 확률이 다르게 나온다. 운동량이 확실한 $\psi(x)$는 유일하게 $\psi(x) = Ae^{ikx}$처럼 파수가 일정한 경우이다.

(a) 실제 입자의 파동함수는 그렇한 꼴이 될 수 없는 이유를 설명하라.

(b) 그 불가능성이 실제 입자의 운동량에 대해 뜻하는 바는 무엇인가?

3. 파동함수 $\psi(x)$의 푸리에 변환을 구한 결과가 그림 6.7과 같다.

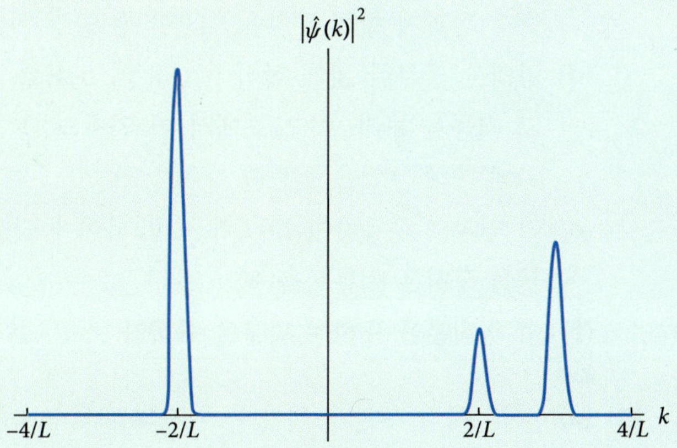

그림 6.7

파동함수가 정확히 그러한 입자를 100개 준비하여 모두 운동량을 잰다면 어떤 결과를 얻을지 정량적으로 추정하라.

4. 입자 1의 파동함수는 $\psi_1(x) = Ae^{-c^2x^2}$이고 입자 2의 파동함수는 $\psi_2(x) = Be^{-2c^2x^2}$이다. 다음 설명에서 이들의 운동량 확률과 맞는 것을 골라라? (하나를 고르고 간단히 설명하라.)

A. 입자 1은 입자 2보다 운동량 $0 < p < \hbar c$에서 발견될 확률이 크다.

B. 입자 2는 입자 1보다 운동량 $0 < p < \hbar c$에서 발견될 확률이 크다.

C. 그들은 운동량 $0 < p < \hbar c$에서 발견될 확률이 같다.

D. 어떤 것의 확률이 더 큰지 판단할 정보가 충분하지 않다.

5. 입자 1의 파동함수는 $\psi_1(x) = Ae^{-(x/L)^2}$이고, 운동량을 잰 결과가 범위 $-\hbar/L < p_1 < \hbar/L$에 있을 확률은 68%이다. 입자 2의 파동함수는 $\psi_2(x) = Be^{-(4x/L)^2}$이다(그림 6.8은 ψ_1을 파란색으로, ψ_2를 빨간색으로 나타낸다.) 다음 중 입자 2의 운동량 확률에 대해 참인 것은 무인가? (하나를 고르고 설명하라.)

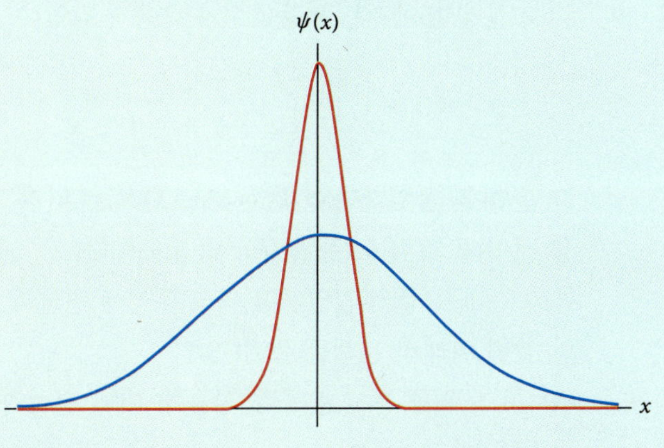

그림 6.8

A. $-\hbar/L < p_2 < \hbar/L$일 확률은 17%이다.

B. $-4\hbar/L < p_2 < 4\hbar/L$일 확률은 68%이다.

C. A와 B 모두.

D. A도 B도 아니다.

6. 262쪽의 예는 자유 입자의 파동함수를 명시했고 그 입자의 에너지를 잰 결과가 $\hbar^2/mL^2$ 보다 클 확률이 16%임을 보였다. 그 입자의 운동량을 잰 결과가 $-\sqrt{2}\,\hbar/L$과 $\sqrt{2}\,\hbar/L$ 사이에 있을 확률은 얼마인가? 적분하지 않고 답을 얻는 방법을 설명하라.

A. 16%

B. 8%

C. 32%

D. 84%

E. 42%

심층 토론

7. 입자의 위치와 운동량 확률은 독립적인가? 즉, 입자의 파동함수는 "여기에서 발견되면 운동량이 이 값일 가능성이 크지만 저기에서 발견되면 운동량이 다를 가능성이 크다"와 같은 상태를 기술할 수 있는가?

8. 지금까지 위치는 다른 모든 측정량과 달리 다루었지만 위치 확률 규칙은 여느 방식으로 표현할 수 있다: 파동함수를 위치 고유상태의 합으로 쓰면 계수의 절댓값의 제곱이 확률 분포가 된다. 위치 고유상태는 어떤 모양일까?

문제

9. § 6.2 문제 15에서는 파동함수가 다음과 같았다:

$$\psi(x)=\begin{cases} A & -L \le x \le L \\ 0 & x \le -L \text{ 또는 } L \le x \end{cases}$$

그 문제를 풀었다면 $\hat{\psi}(k) = \sin(kL)/\sqrt{\pi L k^2}$을 구했을 것이다. 그림 6.9는 $|\hat{\psi}(k)|^2$의 도표이다.

그 문제를 풀지 않았다면 위의 푸리에 변환과 도표만 알면 아래의 문제를 풀 수 있다.

(a) 이 도표를 보고 운동량 확률에 대해 정성적으로 설명하라.

(b) 도표에서 진한 영역의 면적은 얼추 0.9이다. 이것이 입자의 운동량에 대해 무엇을 뜻하는가?

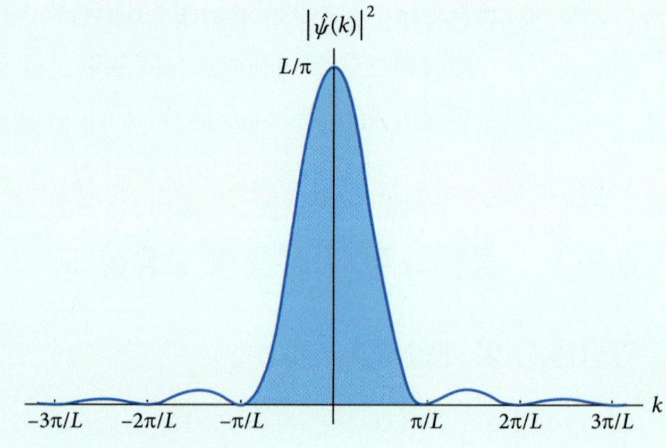

그림 6.9

(c) 이 경우 운동량 불확정성이 $\hbar/(2\Delta x)$가 아니고 무한대임을 보여라. 이것이 왜 불확정성 원리에 어긋나지 않는가? **실마리:** Δk를 셈한 뒤 $\hbar$를 곱하여 Δp를 구할 수 있으므로, Δk가 무한대임을 보이면 된다.

10. 어떤 입자의 파동함수가 $x = 0$에서 $x = L$까지는 $\psi(x) = A$, 나머지 모든 곳에서는 0이다. (실제 파동함수는 연속적이고 미분 가능하지만 이것을 그에 대한 좋은 근사치로 볼 수 있다.)

(a) A를 구하라.

(b) $\psi(x)$의 푸리에 변환 $\hat{\psi}(k)$를 구하고, 최대한 단순화하라.

(c) $|\psi(x)|^2$의 도표를 그려라. 이 도표에서 이 입자의 측정 결과에 대해 무엇을 추론할 수 있는가?

(d) 영역을 충분한 넓게 잡아 $|\hat{\psi}(k)|^2$의 도표를 그려 그 거동을 보라. 이 도표에서 이 입자의 측정 결과에 대해 무엇을 추론할 수 있는가?

(e) 이 입자의 운동량이 $2\hbar/L$과 $3\hbar/L$ 사이에 있을 확률을 구하는 적분식을 써라.

(f) 이 정적분을 구하여 확률을 구하라.

11. **(a)** 무한 사각 우물 속에 있는 입자의 바닥상태를 운동량 고유상태의 합으로 써라.

(b) 위의 답이 입자의 운동량에 대해 무엇을 말하는가?

(c) 위의 답이 입자의 운동량 불확정성에 대해 무엇을 말하는가?

(d) 위의 답이 입자의 운동 에너지에 대해 무엇을 말하는가? **실마리:** 운동량과 운동 에너지가 고전적으로 어떻게 관련되어 있는지 생각해 보라!

12. k, ω, p 및 E의 관계를 써서 자유 입자 에너지 고유상태가 드 브로이 관계식 $p = h/\lambda$ 및 $E = h\nu$를 따름을 보여라.

13. 281쪽의 예에서 $\psi(x) = [2/(\pi L^2)]^{1/4} e^{-(x/L)^2}$에 대해 $P(p > 2\hbar/L) \backsimeq 0.02$임을 발견했다.

(a) $e^{-(x/L)^2}$와 매우 비슷하지만 더 좁은 함수를 써라. 즉, 봉우리는 $x = 0$에 있지만, 높이가 반이 되는 점은 0에 더 가깝다.

(b) 파동함수가 $\psi(x) = [2/(\pi L^2)]^{1/4} e^{-(x/L)^2}$인 입자를 100개 준비하여 모두 위치를 재면 평균값은 0이 될 것이다. 위의 새 파동함수도 그 속성이 있어야 한다. 두 파동함수의 위치의 확률 분포를 비교하여 설명하라.

(c) 새 파동함수의 규격화 상수를 구하라.

(d) 위의 규격화 상수가 $[2/(\pi L^2)]^{1/4}$보다 큰가, 작은가? 셈을 하지 않고 예측하는 방법을 설명하라.

(e) 애초의 파동함수에 대한 $\hat{\psi}(k)$를 구하라.

(f) 두 파동함수의 $|\hat{\psi}(k)|^2$의 도표를 하나의 도표에 겹쳐 그리고, 가로축과 세로축 방향 모두의 모양을 비교하라. 이것이 두 파동함수와 관련된 운동량 분포에 대해 무엇을 뜻하는가?

(g) 운동량이 $2\hbar/L$보다 클 확률을 구하라. 2%보다 큰가, 작은가?

14. 탐색: 운동 에너지 분포

이 문제에서는 파동함수가 $\psi(x)$인 입자의 운동 에너지의 확률 분포를 유도한다.

(a) 입자의 운동 에너지가 K_1과 $K_2(K_1 < K_2)$ 사이에 있으려면 운동량은 어떤 범위에 있어야 하는가? (운동량과 운동 에너지와 관계를 알아야 한다. 운동량의 방향은 반대가 될 수 있다.)

(b) 운동량을 잰 값이 그 범위 안에 있을 확률을 구하는 식을 $\psi(x)$를 써서 나타내라. (답은 적분 변수가 k인 적분이다.)

(c) 관계식 $k = \sqrt{2mK}/\hbar$를 써서 변수를 바꿔 식을 (파수) k 대한 (운동 에너지) K로 나타내라.

(d) 운동 에너지에 대한 확률 분포가 $f(K)$이면 정의에 따라 운동 에너지가 K_1과 K_2 사이에 있을 확률이 $\int_{K_1}^{K_2} f(K)dK$이다. $f(K)$를 구하라.

6.4 위상속도와 군속도

실험실의 입자의 파동함수는 대체로 "국소화"된다. 즉, 그 위치와 운동량 모두 필연적으로 다소 불확실하지만 아주 불확실하지는 않다. 입자는 공간의 작은 영역에 있음을 알고 있으며 다소 정해진 속도로 움직인다. 물론 더 큰 물체는 위치와 운동량이 절대적으로 명시된 고전적 한계에 접근한다.

합리적으로 국소화된 파동함수를 자유 입자의 에너지 고유상태와 같은 한없이 많은 비국소화된 함수에 대한 적분으로 꾸밀 수 있다는 것은 놀라운 수학적 사실이다. 이러한 구성물이 "파동 뭉치"다.

입자의 고유상태를 중첩시켜 국소적 파동함수를 만드는 수학적 방법을 살펴보면 개별 고유상태의 운동이 어떻게 파동 뭉치의 운동으로 이어지는지, 즉 물리적 입자가 실제로 움직이는 방식을 통찰할 수 있다.

6.4.1 발견 연습: 자유 입자 에너지 고유상태의 속력

자유 입자 에너지 고유상태를 운동량과 에너지를 써서 나타내면 다음 꼴이 된다.

$$\Psi(x, t) = Ce^{i(px - Et)/\hbar} \tag{6.11}$$

§ 6.2에서 보았듯이 (6.11)은 진행파이다.

1. 이 파동의 속도 $v_{\text{파동}}$을 E와 p로 표현하라. (진행파의 속도에 대한 식이 필요하면 부록 F를 보라.)
2. 자유 입자는 위치 에너지가 0이므로 에너지는 모두 운동 에너지이다: $E = (1/2)mv^2$. 이 식과 $p = mv$를 써서 $v_{\text{파동}}$을 입자 속도 v의 함수로 다시 표현하라.

다음 웹사이트에서 결과를 확인하라:
www.cambridge.org/felder-modernphysics/checkyourself의 Check Yourself #7.

방금 진행파의 속도와 입자의 속도의 관계를 구했다. 그러나 그 입자의 상태(위치 포함)는 전적으로 그 파동이 기술한다는 점을 기억하자! 둘 다 움직이지만 속도가 다르다는 사실은 양자역학에서 계가 어떻게 변하는지 이해하는 데 중요한 실마리이다.

6.4.2 설명: 위상속도와 군속도

양성자가 선형 가속기의 터널을 따라 가는 것을 이론 박사와 실험 박사가 지켜보고 있다. 그들에게 몇 가지를 묻는다.

양성자에 대해 말해 주세요.

이론 박사: "양성자의 파동함수는 늘 그렇듯이 에너지 고유상태의 중첩이다. 이 양성자는 본질적으로 자유 입자이므로 각 고유상태는 두 방향으로 무한히 퍼지는 복소 지수 함수이다. 계수의 크기는 절대로 변하지 않는다."

실험 박사: "어!, 양성자는 터널 속 어딘가에 있다."

시간이 가면 무엇이 변하지요?

이론 박사: "개별 고유상태는 그 에너지 E에 따라 $e^{-iEt/\hbar}$가 곱해진다. 그것이 유일한 변화이다."

실험 박사: "양성자는 광속의 99%로 터널을 따라 가고 있다."

양자역학은 정확하게 적용된다. 왜냐하면 이론 박사의 설명이 실험 박사가 말한 바를 정확하게 만들어내기 때문이다. 두 사람의 설명을 연결하는 핵심 수학인 푸리에 변환을 이미 알고 있다. 이 절에서는 그러한 적분이 어떻게 고전 입자를 합리적으로 근사할 수 있는지, 그리고 어떻게 시간 진화 규칙이 그 입자를 움직이게 하는지 살펴본다.

두 파동

그림 6.10은 파장이 조금 다른 두 코사인파 $\cos(nx)$와 $\cos(1.1nx)$의 중첩을 보여준다. x축을 따라 가면 위상이 같아 보강 간섭하는 영역(배)과 위상이 어긋나 소멸 간섭하는 영역(마디)이 있다.

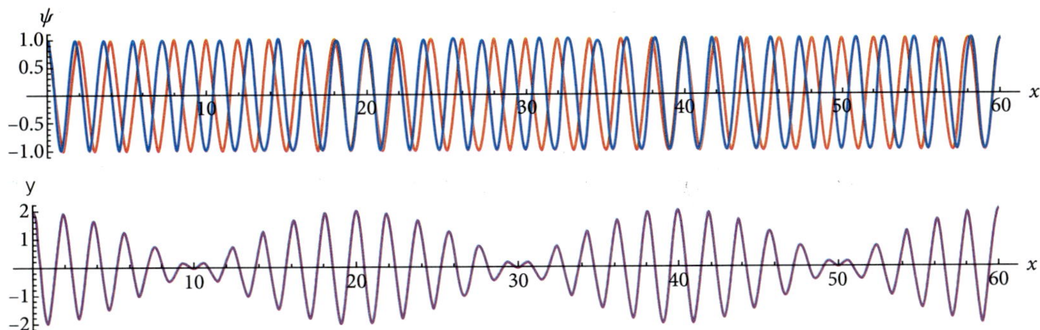

그림 6.10 위: 두 코사인파를 다른 색으로 보여준다. 아래: 두 파의 합을 보여준다.

그림 6.10의 아래 그림은 파장 ≈ 2인 고주파 파동으로 기술할 수 있는데, 그 진폭은 파장 ≈ 40인 저주파 "싸개(envelope)" 안에서 진동하여 커졌다 작아졌다 한다.

시간 진화를 넣으면 재미있게 된다. 자유 입자의 에너지 고유상태 e^{ikx}는 $e^{i(kx-\omega t)}$로 진화하는데, 여기에서 $\omega = k^2\hbar/2m$이므로 속력 $\omega/k = k\hbar/2m$으로 간다. 그림 6.10에서는 어떻게 보일까? 붉은 파동은 그 모양 그대로 속력 $v = k\hbar/2m$로 오른쪽으로 간다. 파란 파동도 비슷하지만 k-값이 다르다. 두 파동이 서로 다른 속도로 간다는 사실은 두 파동의 위상이 같은 곳과 어긋난 곳을 다른 곳으로 이동시킨다.

이 현상, 즉 성분 파동의 속력이 다른 결과로 나타나는 전체 모양의 변화가 이 절과 다음 절에서 기술할 파동함수 거동의 핵심이다. 따라서 아래의 웹사이트에서 만화를 찬찬히 살펴보라:

www.cambridge.org/felder-modernphysics/animations

- "파동 뭉치 꾸미기(Building a Wave Packet)"는 진동수가 약간 다른 여러 파동을 더한 결과를 보여준다. 여기에 눈여겨 볼 요점이 있다. 파동을 더 많이 더할수록 결과가 하나의 국소적인 산처럼 보인다. 그 산을 "파동 뭉치"라고 한다.
- "군속도 대 위상속도"는 그러한 파동 둘의 합만 보여주지만, 시간의 흐름에 따라 진화시킨다. 여기에 눈여겨 볼 큰 것이 있다. 두 파동이 가는 속력은 거의 같지만 조금 다르다. 개별 파동의 속도가 "위상속도"이다. 그러나 파동 뭉치 자체가 가는 속도는 전혀 다르다. (위에서 말했듯이) 마디와 배의 위치가 시간에 따라 이동하기 때문이다. 파동 뭉치 전체의 속도는 "군속도"라고 한다.

이제 이 모든 코사인 함수의 합이 입자의 파동함수를 나타낸다고 가정하고[4] 이 모든 수학의 물리적 의미를 살펴보자. 입자의 위치(또는 다른 측정량)의 확률 분포를 결정하는 것은 그림 6.10의 빨간색 또는 파란색 파동이 아니라 이들의 합이다. 따라서 입자의 이동 속도를 결정하는 것은 위상속도가 아니라 싸개 함수의 속도인 군속도이다.

4 이것은 실제로 규격화할 수 없다. 이 문제는 유한한 수의 코사인 함수의 합 대신 한없이 많은 코사인 함수의 적분에서 다룬다.

단일 진행파 $\cos(kx - \omega t)$의 속도가 ω/k임은 알고 있다. 문제 14에서 두 파동의 중첩에 대해 위상속도(고주파 파동의 속도)는 $\omega_{평균}/k_{평균}$이고 군속도(싸개 함수의 속도)는 $\Delta\omega/\Delta k$임을 보인다.

파동 뭉치

"파동 뭉치 꾸미기" 만화에서 코사인 함수의 수를 늘리면 봉우리는 더 좁아지고 빈 공간이 더 넓어져 더 국소적인 파동함수가 나타남을 확인했다. 한없이 많은 코사인 함수의 극한에서 국소화된 입자를 나타내는 단일 파동 뭉치에 접근한다.

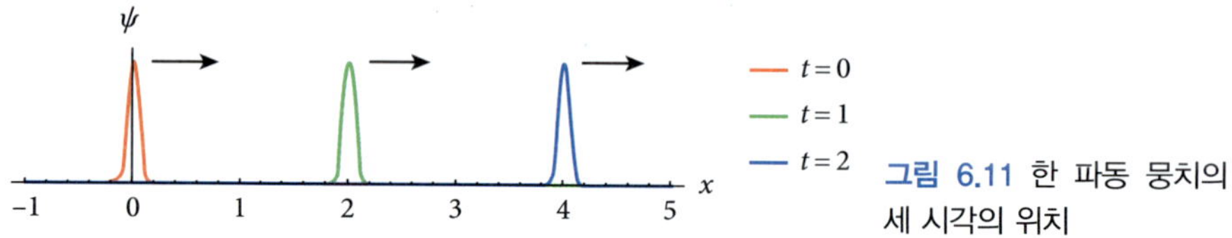

그림 6.11 한 파동 뭉치의 세 시각의 위치

이를 염두에 두고 그림 6.11에 보인 움직이는 입자를 살펴보자. 그림 6.10은 한 순간에 공간 전체로 퍼진 주기 함수를 보여주었지만, 이것은 한 파동 뭉치의 세 시각에서의 위치를 보여준다. 함수 $\Psi(x, 1)$은 봉우리가 $x = 2$에 있고 모든 $x < 1.8$ 및 모든 $x > 2.2$에서는 사실상 0이다. 즉, 시각 $t = 1$에 재면 $x = 2$ 근처에서 입자를 볼 것이 거의 보장된다.

1초 뒤에 재면 $x = 4$ 근처에서 이 입자를 볼 것이다. 따라서 이 입자는 2 단위/초로 오른쪽으로 간다. 물론 그 값에도 약간의 불확실성이 있다! 그러나 § 6.2을 상기하면 가우스 함수의 푸리에 변환은 또 다른 가우스 함수이다. 따라서 위치와 운동량은 상대적으로 불확실성이 거의 없는 뾰족한 봉우리의 곡선이다.

그림에서 볼 수 없는 것은 $\Psi(x, 1)$ 이 k 값이 저마다 다른, 한없이 많은 e^{ikx} 파동의 중첩이라는 것이다. 한없이 많은 복소 지수 함수를 그리는 것은 어렵다. 그래서 더 간단한 실수 값 코사인 함수 둘의 중첩으로 시작했다. 이제 더 간단한 예를 통해 실제 파동 뭉치에서 무엇을 배울 수 있는지 살펴보자.

- 그림 6.10의 전체 모양은 일부 영역(예: $x = 20$)에서는 보강 간섭하고 다른 영역(예: $x = 30$)에서는 소멸 간섭하는 두 코사인 함수의 합이다. 비슷한 방식으로 파동 $\Psi(x, 1)$은 어떤 곳($x = 2$ 근처)에서는 보강 간섭하고 다른 곳(다른 모든 곳)에서는 소멸 간섭하는 성분 파동의 중첩의 결과이다.
- 그림 6.10의 전체 모양은 성분 파동이 서로 다른 속도로 가기 때문에 보강 및 소멸 간섭 영역이 바뀐다는 사실을 바탕으로 "군속도"로 오른쪽으로 갔다. 마찬가지로 입자의 이동 속도 2 단위/초는 개별 고유상태의 위상속도가 아니라 파동 뭉치의 군속도이다.
- 마지막으로 그림 6.10의 합은 주기적이며 규격화할 수 없다. 앞서 강조했듯이 주기 함수의 이산 합은 규격화할 수 없다. 그림 6.11의 각 파동 뭉치는 주기 함수의 연속 적분이며 규격화할 수 있다.

개별 고유상태를 다시 살펴보자. 저마다 파수 k가 다르고 각 진동수 ω도 다르다. 그러나 k와 ω는 서로 독립이 아니다. 이들은 고유상태의 수학적 형태에 따르는 함수 $\omega(k)$에 따라 관련된다. 전체 뭉치의 군속도는 이 함수의 도함수임을 알 수 있다.

$$v_{군} = \frac{d\omega}{dk} \tag{6.12}$$

이 것의 증명은 이 책의 범위를 벗어나지만 이 공식을 두 코사인 함수가 중첩될 때의 결과 $v_{군} = \Delta\omega/\Delta k$의 합리적인 연장으로 볼 수 있다. 기본 논리는 두 경우 모두 같다. 고주파가 저주파보다 더 빨리 가면 보강 및 소멸 간섭 영역이 빠르게 이동한다.

사인 파동의 합에 대한 자세한 내용은 다음 웹사이트의 파동 뭉치" 절을 보라:

www.cambridge.org/felder-modernphysics/onlinesections

여기서부터는 웹사이트를 찾아볼 필요가 없다. 사인 함수를 점점 더 많이 더함에 따라 합이 하나의 봉우리에 가까워질 수 있음을 알아야 한다. 두 사인 파동의 중첩의 군속도가 $\Delta\omega/\Delta k$이고 그러한 파동이 많이 중첩된 것의 군속도가 $d\omega/dk$에 접근함을 알아야 한다. 온라인 절에서는 왜 그러한가를 살펴보는데, 그것까지는 몰라도 된다.

물론 실제 세계에서 실제 입자의 움직임에 대해 수학이 알려주는 모든 것을 알아야 한다! 다음 예제에서 이를 보여준다.

예: 자유 입자의 군속도

자유 입자가 비교적 잘 정의된 속도 v로 움직이고 있다(Δp가 작다).

1. 고유상태의 위상속도를 셈하라.
2. 파동 뭉치의 군속도를 셈하라.

답: 자유 입자의 시간 변화 고유상태는 $\Psi = e^{i(px-Et)/\hbar}$로 기술할 수 있다. 이를 진행파의 일반꼴(복소수) $e^{i(kx-\omega t)}$와 비교하면 $k = p/\hbar$ 및 $\omega = E/\hbar$임을 알 수 있다.

1. 고유상태는 저마다 위상속도가 다르지만 이 문제에서는 Δp가 작으므로 모두 운동량, 에너지 및 위상속도가 거의 같다.

   진행파의 위상속도는 ω/k이다.

   $$v_{위상} = \frac{\omega}{k} = \frac{E}{p} = \frac{(1/2)mv^2}{mv} = \frac{v}{2}$$

   이로부터 속도 v인 자유 입자를 나타내는 파동 뭉치를 속도가 모두 $v/2$에 가까운 에너지 고유상태로 만들 수 있다는 놀라운 결론이 나온다.

   그러나 입자의 운동은 군속도로 표현된다. 약간 다른 속도로 가는 두 코사인 파를 더했을 때 생기는 보강 및 소멸 간섭 영역이 이동하는 군속도는 개별 위상속도보다 훨씬 빨랐음을 상기하라.
2. 군속도를 셈하려면 $d\omega/dk$가 필요하므로 ω를 k의 함수로 써야 한다.

   $$\omega = \frac{E}{\hbar} = \frac{(1/2)mv^2}{\hbar} = \frac{p^2}{2m\hbar} = \frac{\hbar k^2}{2m}$$

이제 $v_{군}$을 셈한 다음 그것을 입자 속도 v로 쓸 수 있다.

$$v_{군} = \frac{d\omega}{dk} = \frac{\hbar k}{m} = \frac{p}{m} = v$$

즉, 속도 v로 가는 입자를 나타내는 파동 뭉치가 실제로 움직이는 속도는 v이다.

운동량이 늘 불확실한 세계에서는 "입자의 속도"가 명확히 정의되지 않는 개념이라는 반박도 매우 합리적이다. 그 반박도 맞지만 위에서 말했듯이 입자를 기술하는 파동함수의 운동량 퍼짐이 충분히 작으면 종종 그 속도에 대해 의미 있게 말할 수 있다. p의 확률 분포가 특정 값 주위에 모여 있는 극한에서는 입자의 파동 뭉치가 가는 속도는 그 운동량 값을 m으로 나눈 값과 같다. 더 일반적으로, 위치와 운동량의 기댓값의 관계는 고전역학에서 기대하는 것과 같다(물음 9 참조).

$$\langle p \rangle = m\frac{d\langle x \rangle}{dt}$$

한 걸음 더

§ 6.5에서는 입자의 운동을 양자역학적으로 살펴본다. 각본은 단순하다: 단순한 일차원 전위 속에서의 입자 하나의 운동이다. 그러나 익숙하지 않은 수학이 나올 것이고 운동은 때로는 고전적인 것과 크게 다를 것이다.

이러한 각본을 잘 따라가려면 다음 두 결과를 계속 기억해야 한다.

1. 함수 e^{ikx}(k는 양수)는 오른쪽으로 가는 파동을 나타낸다.
   왜? 그것은 시간에 대해 $e^{i(kx-\omega t)}$ 로 진화하므로 속도 ω/k로 오른쪽으로 가기 때문이다.
2. 양수인 k 값이 다른 여러 함수 e^{ikx}가 중첩된 자유 입자 파동 뭉치는 오른쪽으로 가는 입자를 나타낸다.
   왜? 군속도는 $v_{군} = d\omega/dk$(이 절)이고 자유 입자의 경우 $\omega = \hbar k^2/2m$이기 때문이다(§ 6.2). $v_{군} = \hbar k/m$은 k가 양수(파동이 오른쪽으로 감)이면 군속도가 양수(입자가 오른쪽으로 감)가 되고 그 반대도 마찬가지임을 알려준다.

이 절의 이 두 사실에 익숙해지면 산란 및 터널링에 대해 배울 때 그것을 적용할 수 있다.

6.4.3 물음과 문제: 위상속도와 군속도

개념 물음 및 개념시험

1. 다음을 각각 정의하라.

(a) 파동 뭉치

(b) 위상속도

(c) 군속도

2. 그림 6.12는 진폭이 변하는 진동을 보여준다. 싸개 함수의 파장을 추정하라.

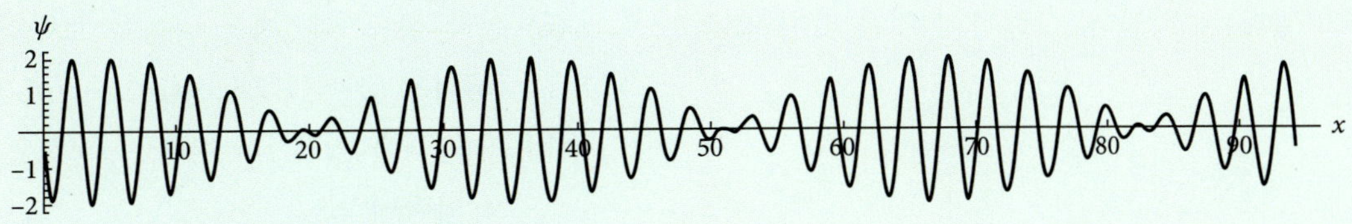

그림 6.12

3. “마디”는 소멸 간섭을 하는 곳임을 상기하자.
   (a) 그림 6.10을 보고 두 마디의 x 위치를 찾아라.
   (b) 시간이 가면서 두 마디가 오른쪽으로 간다. 그 속도는? (하나를 골라라.)
   A. 개별 파동의 위상속도
   B. 결합파의 군속도
   C. 두 마디는 서로 다른 속도로 간다.

4. 그림 6.13은 파장이 조금 다른 두 파동의 중첩을 보여준다. 그 합을 그릴 때 진폭이 0인 점은 마디, 진폭이 최대인 점은 배가 된다.
   (a) 배 하나의 위치를 추정하라.
   (b) 두 파동 모두 오른쪽으로 간다고 하자. 찾아낸 배의 바로 왼쪽에 있는 빨간 파동이 파란 파동보다 앞에 있을까, 아니면 뒤에 있을까? 그 배 바로 오른쪽은 어떨까?
   (c) 빨간 파동과 파란 파동 모두 자유입자 에너지 고유상태라면 어느 쪽이 더 빨리 움직일까? 어떻게 아는가?
   (d) 답을 모두 더하면 배가 오른쪽과 왼쪽 어느 쪽으로 움직일까? 어떻게 아는가?

5. 진동수가 조금 다른 두 음을 내면 소리가 커졌다 작아지기를 되풀이하는 “맥놀이”를 들을 수 있다. 왜 그런가? **실마리:** 그림 6.10을 보라.

6. 두 코사인 파동의 합에 대해 다음 중 어느 것이 참인가? (하나를 골라라.)
   A. 군속도는 늘 위상속도보다 빠르다.
   B. 군속도는 늘 위상속도와 같다.
   C. 군속도는 늘 위상속도보다 느리다.
   D. 군속도는 위상속도보다 빠를 수도, 느릴 수도 있다.

7. 274쪽에서 양성자의 운동에 관한 두 가지 물음에 대한 이론 박사와 실험 박사의 토론을 보았는데, 겉보기에는 두 사람의 답변이 관련이 없다. 이론 박사의 답변에서 실험 박사의 답변이 어떻게 나오는지 설명하라.

심층 토론

8. 순희와 영희가 에너지 고유상태의 시간 진화에 대해 논쟁한다. 순희는 다음과 같이 말한다. “에너지 고유상태에 $e^{-iEt/\hbar}$을 곱하면 위상은 바뀌지만 크기는 바뀌지 않는다. 따라서 복소수 평면의 한 점 주위를 돌 뿐이다.” 영희는 다음과 같이 반박한다. “그러나 자유 입자 고유상태는 오른쪽 또는 왼쪽으로 가는 진행파이다.” 순희와 영희 누가 맞는가, 아니면 둘 다 맞거나 둘 다 틀렸는가? 설명하라.

9. “에렌페스트(Ehrenfest) 정리”는 $md\langle x\rangle dt = \langle p\rangle$ 및 $d\langle p\rangle/dt = -\langle U'\rangle$라고 말한다. 여기서 꺾쇠괄호 $\langle\cdots\rangle$는 기댓값을 나타낸다. 힘은 위치 에너지와 관련됨을 상기하자: $F = -U'(x)$. 따라서 그 정리는 운동량의 고전적 정의와 뉴턴 제2법칙처럼 보인다. 에렌페스트 정리는 양자역학적 기댓값 $\langle x\rangle$와 $\langle p\rangle$가 적어도 잴 때까지는 고전적인 값 x와 p와 똑같이 진

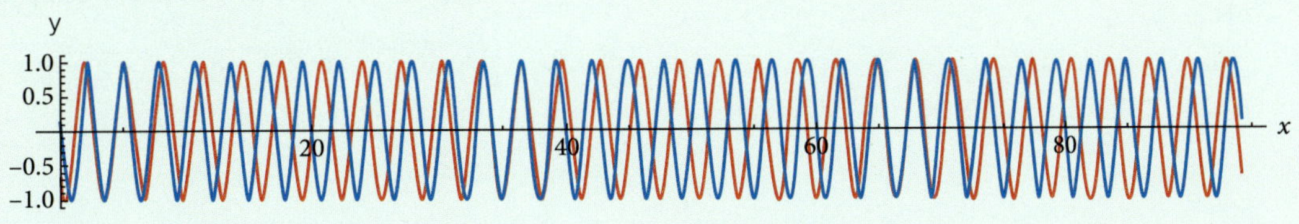

그림 6.13

화한다고 말하는 것 같다. 그런데, 그것은 맞지 않다. 왜?

문제

10. 파수 k가 다른 진행파 무리가 오른쪽으로 가는 것을 상상하자. 양의 상수 c에 대해 $\omega = c/k$이다.

(a) 군속도를 셈하라.

(b) 이 파동 뭉치가 가는 방향은 왼쪽인가, 오른쪽인가, 아니면 가만히 있는가? 어떻게 아는가?

(c) 진행파가 자유 입자의 에너지 고유상태와 비슷할 때는 군속도 $v_{군}$의 방향이 왜 진행파와 같은가?

11. 어떤 심해파의 위상속도는 $v_{위상} = \sqrt{g\lambda/2\pi}$이다. 여기에서 λ는 파장이다.

(a) 이 파동으로 구성된 파동 뭉치의 군속도를 구하라.

(b) 군속도가 위상속도보다 큰가, 작은가? (답이 물질파에 대한 답과 같은가, 다른가?)

12. 중심 진동수 ν에 가까운 진동수의 광파로 구성된 파동 뭉치로 된 빛다발이 있다. 이 파동 뭉치의 위상속도 및 군속도를 셈하라. (답을 내려면 빛의 몇 가지 특성을 기억해야 한다.)

13. 자유 입자 고유상태 $\psi_1(x) = e^{i\pi x}$ 및 $\psi_2(x) = e^{1.1i\pi x}$를 살펴보자.

(a) $|\psi_1|^2$과 $|\psi_2|^2$을 구하라.

(b) $\psi = \psi_1 + \psi_2$라 하자. $|\psi|^2$를 셈하고, 최대한 단순화하라.

(c) $|\psi|^2$를 그려라. 이 합을 복소 지수 함수 대신 코사인 함수로 표시한 그림 6.10의 아래 그림과 비슷한 점과 다른 점을 설명하라

14. 다음 두 코사인 함수의 중첩을 살펴보자: $f(x, t) = \cos(k_1x - \omega_1t) + \cos(k_2x - \omega_2t)$. 이것은 앞서 본 것처럼 진폭이 싸개 함수로 변조되는 고주파 파동처럼 보인다. 이 문제에서는 고주파 파동의 진동수와 싸개 함수를 구한다.

(a) 삼각 항등식을 써서 다음을 보여라: $\cos(a + b)\cos(a - b) = (1/2)[\cos(2a) + \cos(2b)]$

(b) 이 결과를 써서 $f(x, t)$를 두 코사인 함수의 곱으로 나타내라.

(c) 두 코사인 함수 중 어느 것이 고주파이고 어느 것이 싸개 함수인가? 어떻게 아는가?

(d) $f(x, t)$에 대한 고주파 파동의 속도와 군속도(싸개 함수의 속도)를 구하라.

15. 자유 입자 파동함수 $\Psi = e^{i(px - Et)/\hbar}$에서 시작하여 개별 고유상태의 위상속도($v_{위상} = v/2$)와 파동 뭉치의 군속도($v_{군} = v$)를 구했다.

(a) 운동량과 운동 에너지의 상대론적 정의를 써서 $v_{위상}$과 $v_{군}$을 다시 구하라. **실마리:** p, E의 상대론적 관계식은 부록 B에 있다.

(b) $v_{위상}$이 늘 c보다 크다는 것을 발견했을 것이다. 이것이 왜 인과율에 어긋나지 않는가?

16. 탐색: 파동 뭉치의 진화

운동량이 p_0를 중심으로 퍼져있는 입자는 다음 파동함수로 기술할 수 있다: $\hat{\psi}(k) = Ae^{-c(k-k_0)^2}$. 여기서 $k_0 = p_0/\hbar$이다.

(a) c가 큰 입자와 작은 입자는 (물리적으로) 무엇이 다른가?

(b) A를 구하라 (1이 아니다.).

(c) $\psi(x)$를 구하라.

(d) 이제 이 $\psi(x)$가 자유 입자의 초기 파동함수라고 하자. $\Psi(x, t)$를 구하라.

실마리: 각 고유상태 $\hat{\psi}(k)$의 시간 진화를 살펴본 다음 해당 시간 변화 함수를 써서 임의의 시각 t의 $\Psi(x, t)$를 구한다. 답이 맞는지 확인하려면 $t = 0$에 초기 파동함수 $\psi(x)$를 재현하는지 본다.

(e) $m = \hbar = c = k_0 = 1$로 두고 여러 시각에서 $|\Psi(x, t)|^2$을 그려라. 시간이 가면서 어떻게 진화하는지 설명하라. (움직일 뿐 아니라 모양도 변하고 있음을 보아야 한다.)

6.5 산란 및 터널링

"산란"은 입자의 운동이 상호 작용의 결과로 바뀌는 것이다. 그 예로는 전자와 충돌한 후 방향이 바뀌는 광자(콤프턴 산란), 핵과 충돌한 후 속도와 방향이 바뀌는 알파 입자(러더퍼드 산란)가 있다. 이 절에서는 움직이는 입자가 위치 에너지의 급격한 변화를 만날 때 생기는 일차원 산란을 살펴본다. 어떤 경우에는 입자가 되튀는 것을 보게 된다. 또한 고전적으로는 넘어가지 못하는 장벽을 입자가 스며 넘는 "터널링(tunneling)"도 보게 된다.

6.5.1 발견 연습: 산란 및 터널링

아래의 각 물음에서는 위치 에너지 함수를 제공한다. 각각의 경우 입자는 왼쪽($x < 0$)에서 에너지 E로 들어 온다($v > 0$). 모든 힘이 보존적일 때 입자가 고전적으로 어떻게 거동하는지 간단히 설명하라. 이 연습에는 양자역학이 없다.

1. $x < 0$이면 $U(x) = 0$, $x \geq 0$이면 $U(x) = U_0$이다. $E < U_0$로 가정한다. 다음을 보라: www.cambridge.org/felder-modernphysics/checkyourself의 Check Yourself #8
2. 위치 에너지 함수는 1과 같지만 이번에는 $E > U_0$이다.
3. $x < 0$ 및 $x > L$이면 $U(x) = 0$, $0 \leq x \leq L$이면 $U(x) = U_0$이다. $E < U_0$로 가정한다.

첫째 물음에 대한 대답은 양자역학에서도 거의 같지만 다른 두 각본에서는 고전적인 기대와 매우 다르게 나온다.

6.5.2 설명: 산란 및 터널링

이 절의 모든 예제는 입자가 $-\infty$에서 오며, 이는 살펴보는 모든 상태가 비속박 상태임을 뜻한다. 그러한 입자가 세 가지 전위 장벽에 어떻게 반응하는지 보자.

$E < U_0$인 전위 계단

처음 두 예는 "전위 계단"에 대한 것이다(그림 6.14).

$$U(x) = \begin{cases} 0 & x < 0 \\ U_0 & x \geq 0 \end{cases} \qquad U_0 > 0$$

그림 6.14 전위 계단

입자가 총 에너지 E로 $-\infty$에서 온다면 어떻게 될까? 고전적 해답은 시시하다. (고전적 일차원 산란 문제는 시시한 경향이 있다.) $E < U_0$이면 입자가 속력을 유지한 채 튕겨나서 왼쪽으로 가기 시작한다. $E > U_0$이면 입자는 줄어든 속력으로 오른쪽으로 계속 간다. (여기에서 살펴보는 모든 힘은 보존력이므로 입자의 총 에너지는 일정하게 유지됨을 상기하자.)

양자역학적 그림은 더 복잡하다. 이 두 각본을 하나씩 살펴보는데, $E < U_0$에서 시작하자.

$x < 0$인 영역에서는 $U(x) = 0$인 슈뢰딩거 방정식을 푼다. 실수 값 사인과 코사인 함수(무한 사각 우물 속의 입자) 또는 복소 지수 함수(자유 입자)를 써서 여러 번 풀었다. 여기에서는 입자가 처음에 왼쪽의 $-\infty$에서 오는 자유 입자이므로 후자의 형태를 고른다.

그러나 $x > 0$인 영역에서의 슈뢰딩거 방정식은 다음과 같다.

$$-\frac{\hbar^2}{2m}\frac{d^2\psi}{dx^2} + U_0\psi(x) = E\psi(x) \quad \rightarrow \quad \frac{d^2\psi}{dx^2} = \frac{2m(U_0 - E)}{\hbar^2}\psi \tag{6.13}$$

ψ의 2계 도함수는 ψ에 비례하며, 이는 여러 번 보았다. 그러나 반전은 비례 상수가 이제 양수라는 것이다. (지금은 $E < U_0$임을 상기하자.) 그 부호 변화가 큰 차이를 만든다!

능동 읽기 연습: 자유 입자 $y''(x) = k^2y(x)$

1. 미분 방정식을 만족하는 0이 아닌 실함수 찾기

$$\frac{d^2y}{dx^2} = y.$$

여기서 해법을 쓰거나 수식을 다루려 들지 마라; 그저 스스로가 2계 도함수인 실함수를 생각해 보라. **실마리:** 해에 i를 허용하지 않으므로 사인 또는 코사인 함수는 아니다.

2. 첫째 해의 배수가 아니고, 0도 아닌 **다른** 실수해를 구하라.
3. 다음 미분 방정식의 일반 해를 두 임의 상수를 써서 적어라.

$$\frac{d^2y}{dx^2} = 9y$$

어디까지 왔는가? 위의 미분 방정식을 처음 본다면 답의 일부는 얻었지만 온전한 최종 답은 얻지 못했을 수 있다. 그렇다면 잠시 시간을 내어 함수 $y = Ce^{-3x} + De^{3x}$가 조건에 맞는지 보라. 이제 방정식 (6.13)에 같은 논리를 써서 다음 해를 얻을 수 있는지 보라.

$$\psi(x) = Ce^{\left(-\sqrt{2m(U_0-E)}/\hbar\right)x} + De^{\left(\sqrt{2m(U_0-E)}/\hbar\right)x} \tag{6.14}$$

이것이 $x > 0$ 영역의 파동함수의 꼴인가? 이것은 방정식의 해이지만 문제가 바로 나타난다. 둘째 항은 $x \to \infty$에서 발산한다. (첫째 항은 $x \to -\infty$에서 발산하지만 이 파동함수는 $x > 0$ 영역의 해이므로 문제되지 않는다.) 이 파동함수를 해로 쓰려면 $D = 0$으로 두어야 한다. (§ 6.5.3의 물음 8 참조)

모두 모아 정리하면 다음 결과가 된다:

$$\psi(x) = \begin{cases} Ae^{i\left(\sqrt{2mE}/\hbar\right)x} + Be^{-i\left(\sqrt{2mE}/\hbar\right)x} & x < 0 \\ Ce^{-\left(\sqrt{2m(U_0-E)}/\hbar\right)x} & x \geq 0 \end{cases} \tag{6.15}$$

(6.15)는 입자의 파동함수를 나타내지 않는다. 그것은 이 계에서 에너지 고유값이 E인 고유상태를 나타내는 함수($-\infty$에서 ∞까지의 모든 x에서 한 순간의 ψ의 값)이다. 실제의 파동함수가 시간에 따라 어떻게 진화할지 알고 싶다면 그 파동함수를 (6.15)와 같은 각 고유상태마다 $e^{-iEt/\hbar}$를 곱한 다음 여러 E 값에 대해 적분하면 된다.

그 변환의 효과를 이해하려면 $e^{-iEt/\hbar}$가 고유상태의 세 부분 각각에 대해 어떻게 작용하는지 살펴보자.

1. 첫 부분은 $x < 0$에서 오른쪽으로 가는 진행파인 $Ae^{(x\sqrt{2mE}/\hbar - Et/\hbar)}$로, "입사파"이다.
2. 마찬가지로, 계수 B인 둘째 부분은 $x < 0$에서 왼쪽으로 가는 진행파로, "반사파"이다.

이러한 파동함수를 설명할 때 대체로 양수 k에 대해, 오른쪽으로 가는 파동은 e^{ikx}로, 왼쪽으로 가는 파동은 e^{-ikx}로 기술한다. 위에서 한 것처럼 시간 변화 인자를 붙이면 그 방식은 의미가 있다.

3. 셋째 부분인 $x \geq 0$ 영역의 함수는 진행파가 아니다. (이유를 알겠는가?) 이것은 고전적으로 금지된 영역 $x > 0$에 있는 입자를 나타내며, 계단 속으로 더 깊이 갈수록 지수적으로 줄어든다.

이 세 부분을 시간순으로 A, C, B로 멋대로 배열하면 거의 고전적인 이야기가 될 수 있다: 입자가 왼쪽에서 와서 계단 속으로 조금 들어갔다 튕겨나와 $-\infty$로 간다. 그러나 이것은 양자역학의 작동 방식이 아니다: 공간 전체에 퍼져 세 부분 모두에 늘 있다. 그것을 어떻게 해석할 수 있까?

해석은 파동 뭉치에서 나온다. (다시 말하지만, "파동 뭉치"는 규격화할 수 없는 에너지 고유상태의 적분으로 구성된 국소적 파동함수를 나타낸다.) 정해진 순간에 입자의 위치는 상당히 잘 정의되어 특정 x-값 주위에 작은 불확실성 Δx로 있다.

그림 6.15에 보인 특정 순간의 파동 뭉치를 구성하는 고유상태는 거의 모든 x 값에서 서로 상쇄되지만 입사 파동은 하나의 작은 영역, 즉 입자의 위치에서 보강 간섭한다. 조금 뒤에는 계단에 더 가까운 다른 작은 영역을 뺀 모든 곳에서 상쇄된다: 입자가 이동했다. 더 나중에 하나의 작은 영역에서 반사파를 뺀 모든 것이 상쇄되고 뭉치가 왼쪽으로 간다. 알짜 효과는 위에서 제안한 "거의 고전적인 이야기"에 매우 가깝지만 한없이 많은 고유상태의 간섭으로 인해 생긴다.

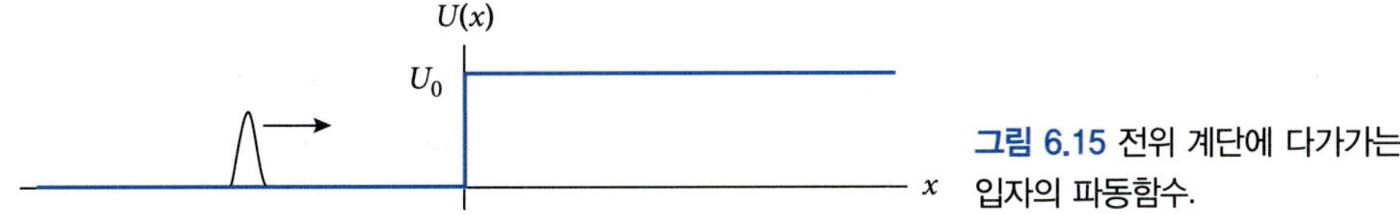

그림 6.15 전위 계단에 다가가는 입자의 파동함수.

이것은 모두 많이 들어본 이야기일 것이다. 자유 입자의 에너지 고유상태를 해석할 때 자유 입자 에너지 고유상태는 모든 곳에서 진폭이 같다는 점에 주목했다. 움직이는 입자를 어떻게 나타낼 수 있을까? § 6.4에서는 파동 뭉치를 이루는 모든 개별 고유상태의 움직임이 그 파동 뭉치의 군속도로 이어지기 때문에 그렇게 된다는 결론을 얻었다. 이것이 입자의 운동이다. 현재의 각본에도 똑같은 논리가 적용되지만 이번에는 에너지 고유상태마다 세 가지 다른 부분이 있어서 운동이 시시각각 달라 보인다.

그림 6.16은 전위 계단에서 반사되는 파동 뭉치를 보여준다. 이 그림 및 다른 산란 그림의 동영

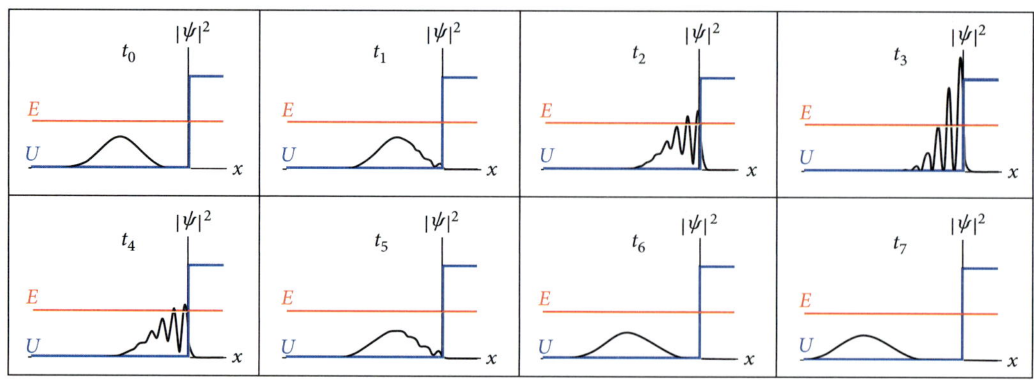

그림 6.16 $E < U_0$일 때 전위 계단에 입사하는 파동 뭉치의 진화. 뭉치가 계단과 부딪치는 잠깐 동안에는 $x > 0$에 작은 꼬리가 있다.

상 버전을 다음 웹사이트에서 볼 수 있다:

www.cambridge.org/felder-modernphysics/animations.

여기에 보이는 파동함수는 그 역할을 상상하여 손으로 그린 것이 아니다. 이 책의 방정식을 써서 오른쪽으로 가는 파동 뭉치에 해당하는 초기 조건을 얻고 모든 것을 Mathematica에 넣어 결과를 확인했다. 그 과정은 이러한 방정식이 실제로 수학적으로 이러한 결과로 냄을 확인해준다. 고유상태의 중첩에서 국소화된 파동 뭉치가 생기고, 그 파동 뭉치가 움직이고 변형되고 반사되는데, 이 모든 것이 슈뢰딩거 방정식에서 나온다.

이제 남은 것은 그 결과가 무엇을 말해주는지를 알아보는 것이다. 여러 면에서 그것은 고전적인 기대와 일치한다(입자가 오른쪽으로 가고 계단에서 튕겨 나와 같은 속력으로 다시 왼쪽으로 감). 다른 면에서는 그렇지 않다 (입자의 에너지가 U_0보다 작아도 상호작용 중에 계단 오른쪽에서 감지될 확률이 0이 아님).

$E > U_0$인 전위 계단

이제 같은 계단에 에너지가 U_0보다 큰 입자를 보내자. 대체로 오른쪽으로 계속 간다. 양자역학적으로는 에너지 고유상태에서 그 거동을 찾아야 한다. 에너지 고유상태는 $x < 0$에서는 바뀌지 않지만 $x \geq 0$에서는 매우 다르게 보인다.

능동 읽기 연습: $E > U_0$인 전위 계단

1. $E > U_0$인 입자에 대해 $x \geq 0$에서 에너지 고유상태를 써라.
2. 위의 문제에 대한 답은 두 부분으로 되어 있다. 두 부분 각각은 입자에 대해 무엇을 나타내는가?
3. 이 두 부분 중 어느 것도 $x \to \infty$에서 발산하지 않지만 어쨌든 둘 중 하나는 0이 되어야 한다. 어느 것인지 물리적으로 추측할 수 있는가?

$x > 0$에 대한 해는 이제 복소 지수 함수로 구성되며, 하나는 오른쪽으로, 다른 하나는 왼쪽으로 간다. 오른쪽으로 가는 것이 "투과 파동"이며, 그것은 입자가 계단을 지나 계속 갈 확률을 나타낸

다. 왼쪽으로 가는 것은 $+\infty$에서 오는 입자를 나타내며 이 각본에서는 물리적으로 생길 수 없다.[5]

그래서 다음과 같다:

$$\psi(x) = \begin{cases} Ae^{i(\sqrt{2mE}/\hbar)x} + Be^{-i(\sqrt{2mE}/\hbar)x} & x < 0 \\ Ce^{i(\sqrt{2m(E-U_0)}/\hbar)x} & x \geq 0 \end{cases} \tag{6.16}$$

반사파와 투과파는 규격화 때문에 입사파보다 작아야 한다. 그림 6.17에서 투과 파동은 반사 파동보다 크다. 이러한 그림을 만들 때 쓴 매개변수의 경우, 이 전위 계단에 도달한 입자는 반사되기 보다는 계속 가는 경향이 있다. (상상할 수 있듯이 E를 U_0쪽으로 낮추면 반사 확률이 커진다.)

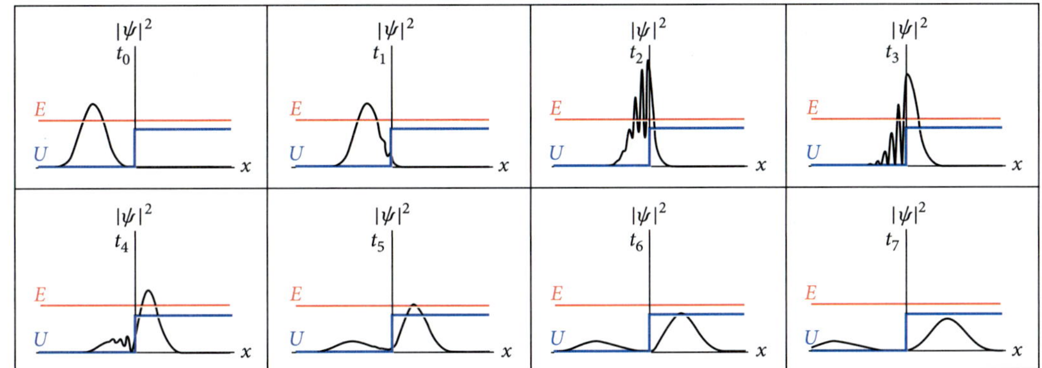

그림 6.17 $E > U_0$일 때 전위 계단에 입사하는 파동 뭉치의 진화. 뭉치가 계단과 부딪친 뒤 반사 파동과 투과 파동이 생긴다.

입사파와 반사파의 크기를 비교하여 확률을 셈할 수 있다. 반사 확률은 $|B/A|^2$이다. 이 것은 그럴듯하지만 확실하지는 않다. $|C/A|^2$가 투과 확률이 아니라는 점을 생각하라! 문제 24에서 반사와 투과 모두에 대한 확률 공식을 유도한다.

비율 (B/A)를 셈하려면 파동함수가 연속적이고 미분 가능해야 한다는 일반적인 경계 조건을 적용한다.

5 그것은 참으로 고전적인 논리이므로 의심스럽다. (고전적으로 반사파는 여기에도 없을 것이다.) 엄격한 방식은 왼쪽에서 계단에 접근하는 파동 뭉치로 시작하여 시간 변화 방정식을 푸는 것이다. 나중에 $x < 0$(반사됨)에서 왼쪽으로 가는 파동 뭉치와 $x > 0$(투과됨)에서 오른쪽으로 가는 파동 뭉치를 얻지만 $x > 0$에서 왼쪽으로 가지 않는다. 위의 논리는 그것의 합리성을 직관적으로 이해하는 방법이다.

예: 반사 확률

입자가 높이 U_0인 전위 계단과 부딪친다. 입자의 에너지는 $E > U_0$이다.

1. U_0/E 의 함수로 반사 확률을 구하라.
2. $E = 2U_0$일 때의 확률을 셈하라.

답:

1. (6.16)은 에너지 고유상태이다. 경계 조건은 $x = 0$에서 연속이고 미분 가능해야 한다는 것이다.

$$A + B = C$$

$$i\frac{\sqrt{2mE}}{\hbar}A - i\frac{\sqrt{2mE}}{\hbar}B = i\frac{\sqrt{2m(E-U_0)}}{\hbar}C \quad \rightarrow \quad A - B = \sqrt{(E-U_0)/E}\,C$$

입자가 반사될 확률은 $|B/A|^2$이다. 이 식은 모두 실수이므로 $(B/A)^2$이다. 수식을 조금 정리하면 다음 결과를 얻는다:

$$\left(\frac{B}{A}\right)^2 = \left(\frac{1-\sqrt{1-U_0/E}}{1+\sqrt{1-U_0/E}}\right)^2$$

따라서 확률은 U_0/E 만의 함수이다. 짐작하듯이 확률은 $(U_0/E) \rightarrow 0$이면 0에 접근하고(계단 없음, 반사 없음), $(U_0/E) \rightarrow 1$이면 1에 접근한다 (틀림 없이 반사 됨).

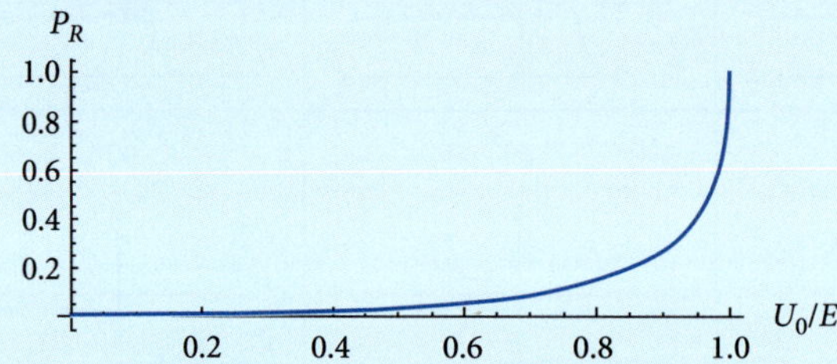

2. $U_0/E = 0.5$를 넣으면 확률이 3%가 된다. 따라서 에너지 E의 입자가 높이 $E/2$인 전위 계단을 만나면 약 97%는 계속 투과되고 3%는 반사된다.

$E < U_0$인 전위 장벽

마지막 예는 전위가 올라갔다가 다시 0으로 돌아가는 장벽이다: $0 < x < L$에서는 $U(x) = U_0$이고, 다른 곳에서는 $U(x) = 0$이다(그림 6.18). $E < U_0$으로 가정하므로 왼쪽에서 오는 고전적인 입자는 다시 튕겨 되돌아가므로 올라간 전위가 한없이 계속되는지(계단) 다시 내려가는지(장벽) 알 수 없다.

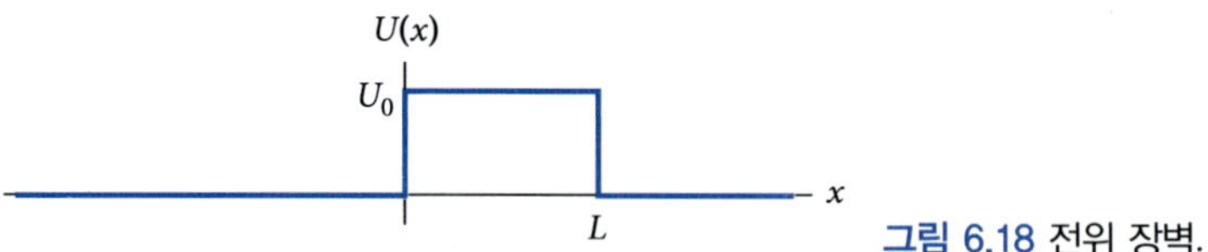

그림 6.18 전위 장벽.

이제 해가 세 영역 마다 따로 있다. $x > L$ 에서는 이러한 해 중 하나는 오른쪽에서 오는 파동을 나타내며, 그 파동은 버린다(임의의 상수에 E는 쓸 수 없으므로 D에서 F로 넘어간다).

$$\psi(x) = \begin{cases} Ae^{i(\sqrt{2mE}/\hbar)x} + Be^{-i(\sqrt{2mE}/\hbar)x} & x \le 0 \\ Ce^{(\sqrt{2m(U_0-E)}/\hbar)x} + De^{-(\sqrt{2m(U_0-E)}/\hbar)x} & 0 < x < L \\ Fe^{i(\sqrt{2mE}/\hbar)x} & x \ge L \end{cases} \tag{6.17}$$

여기서부터는 이야기가 앞서 전위 계단에서 했던 것과 매우 비슷하다. 어떤 순간의 입자의 파동함수는 한없이 많은 이러한 고유상태에 대한 적분이다. 초기에는 고유상태가 왼쪽 영역의 어떤 x-값 주위에 국소적 파동 뭉치를 만드는 입사 파동을 제외하고는 상쇄된다. 그 뭉치는 장벽과 부딪칠 때까지 오른쪽으로 간다. 파동 뭉치가 장벽과 부딪치는 동안은 고전적으로 금지된 영역(장벽 안)에 약간의 진폭이 있는, 이상하고 복잡한 상황이 된다. 그런 다음 나중에 왼쪽으로 가는 반사파와 오른쪽으로 가는 투과파가 생긴다(그림 6.19).

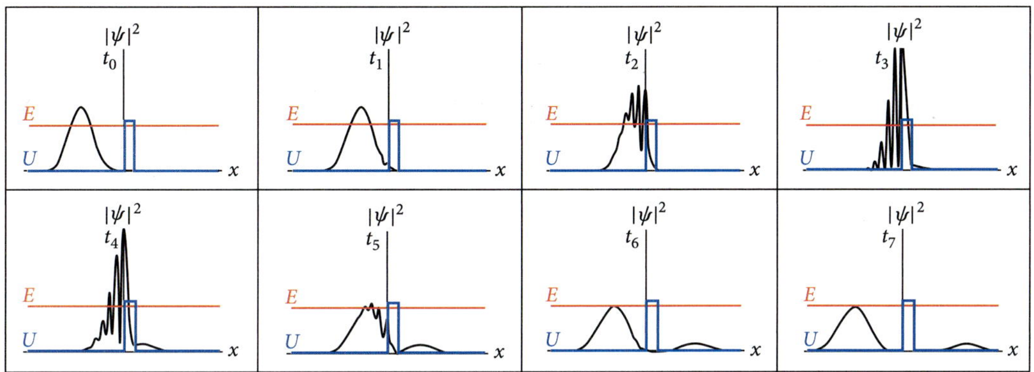

그림 6.19 $E < U_0$인 좁은 전위 장벽에 입사하는 파동 뭉치의 진화. 한참 뒤에는 입자가 장벽을 지나 투과되었을 가능성이 있다.

$x \geq L$에 투과된 파동에 주의를 기울이자. $0 < E < U_0$인 고전적 입자는 해당 영역에 있을 수는 있지만 왼쪽에서 들어갈 수는 없다. 그러나 양자역학적 입자는 통과할 수 없는 장벽 너머에 나타날 수 있으며 자주 나타난다. 이것은 입자가 어떻게든 장벽 건너편으로 스며 넘어간 것처럼 보이므로 "터널링"이라고 한다.

앞서 전위 계단에서 했던 것처럼 경계 조건에서 터널링의 확률을 셈할 수 있지만 수식이 복잡하다(문제 23). 입자가 장벽을 지나 터널링할 확률은 입자의 에너지(E/U_0)가 줄고 장벽 폭 L이 두꺼워짐에 따라 급격히 감소한다.

터널링은 복잡한 수학의 난해한 결과가 아니다: 중요한 결과를 낳는 실제 현상이다. 예를 들어, 태양에 있는 두 양성자를 생각하자. 두 양성자가 서로 가까워지면 쿨롱 반발력 때문에 2-양성자계의 위치 에너지가 커진다. 두 양성자가 충분히 가까워지면 쿨롱 반발력보다 훨씬 더 세게 당기는 핵력을 받아 서로 붙어서 위치 에너지가 크게 줄어든 헬륨 핵이 된다. 그렇지만, 중간 거리에서는 쿨롱 반발력이 높은 위치 에너지를 만들고 핵력은 아직 약하여 두 양성자를 융합할 수 없다. 이것은 대체로 양성자의 에너지보다 더 높은 위치 에너지 장벽을 만든다. 태양은 그 양성자가 위치 에너지 장벽을 통과하여 융합하여 헬륨 핵이 될 수 있어서 빛을 낸다.

똑같은 원리가 현대의 일부 전자 부품에 적용된다: 절연체 간극을 두는데, 전자가 고전적으로 통과하기에는 에너지가 부족하지만 터널링을 하므로 전류가 흐른다.

숨 돌리기: 에너지 고유상태와 확률

아래 물음에 대한 최선의 답을 쓴 다음 제시한 답과 비교하라. 예에는 $E > U_0$인 전위 계단를 쓰지만 설명하는 개념은 더 일반적인 산란 문제에 적용된다.

능동 읽기 연습: 전위 계단의 해의 해석

에너지가 $E > U_0$인 입자가 높이 U_0인 전위 계단에 입사한다. 아래에 에너지 고유상태에 대한 공식과 파동 뭉치가 장벽에 부딪치고 난 뒤의 파동함수의 그림이 있다. 파동함수에서 계수 A, B 및 C인 부분은 각각 입사파, 반사파 및 투과파를 나타낸다.

$$\psi(x) = \begin{cases} Ae^{i(\sqrt{2mE}/\hbar)x} + Be^{-i(\sqrt{2mE}/\hbar)x} & x < 0 \\ Ce^{i(\sqrt{2m(E-U_0)}/\hbar)x} & x \geq 0 \end{cases}$$

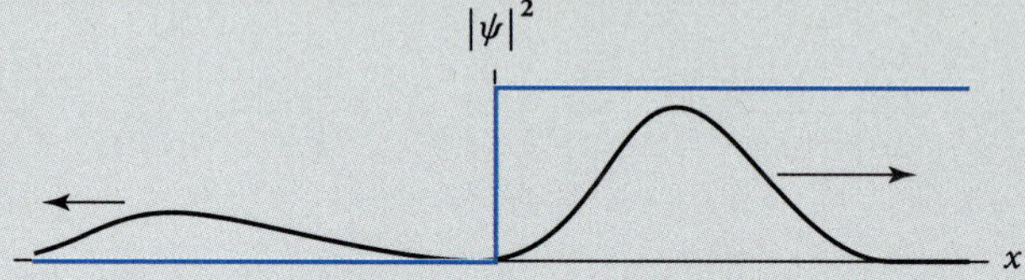

1. 입자의 파동함수가 에너지가 다른 수 많은 고유상태에 대한 적분인데 어떻게 "입자의 에너지"에 대해 계속 이야기하고 "$E > U_0$"과 같은 것을 쓸 수 있는가? 비속박 입자는 결코 에너지가 일정한 상태에 있을 수 없다!
2. $|B/A|$가 모든 고유상태에 대해 똑같은가?
3. 파동이 시간에 따라 진화할 때 $|B/A|$는 변하지 않는가?

1. "에너지 E인 입자"라고 말할 때 ΔE가 작은 입자를 뜻한다. 즉, 파동 뭉치는 거의 전적으로 E-값 분포가 상당히 좁은 고유상태로 이루어진다. 에너지가 E에서 먼 다른 모든 고유상태는 진폭(A, B 및 C의 값)이 매우 작다. 그러나 에너지 준위는 이산적이 아님을 상기하자. 좁은 대역 안에도 한없이 많은 고유상태가 있다!
2. 정확히는 아니다. 285쪽의 예에서 $|B/A|$를 구했다. 그것은 E의 함수였고 고유상태마다 고유값 E가 다르므로 $|B/A|$도 저마다 다르다.

   그러나 위에서 말했듯이 파동 뭉치는 에너지가 거의 비슷한 고유상태로 구성된다. 따라서 $|B/A|$는 그들 모두 거의 같을 것이고, 따라서 입자에 대해 그 비율이 얼마인지 묻는 것이 뜻이 있다.
3. 그렇다. 어떤 함수에 주어진 $e^{-iEt/\hbar}$를 곱해도 크기는 바뀌지 않으므로 시간이 지나면서 전체 고유상태가 진화해도 그 비율은 바뀌지 않는다.

   파동이 오른쪽으로 갈 때 A가 크고 다른 두 계수가 작다고 가정하는 것은 매우 자연스럽다. 파동이 계단을 떠난 뒤에는 A는 작고 다른 두 계수는 크다. 그러나 실제로 각 개별 고유상태에 대해 A는 충돌 후에도 충돌 전과 마찬가지로 크다. 시간이 가면서 변하는 것은 간섭 효과이다.

6.5.3 물음과 문제: 산란 및 터널링

개념 물음 및 개념시험

1. 285쪽의 그림 6.17의 마지막 틀은 왼쪽으로 가는 "반사된" 봉우리와 오른쪽으로 가는 "투과된" 봉우리, 두 봉우리로 된 파동함수를 보여준다. [도표가 보여주는 것은 $\psi(x)$가 아니라 $|\psi(x)|^2$이다!] 이제 왼쪽 봉우리 아래의 적분 값이 0.2라고 하자.

(a) 이 값은 입자에 대해 무엇을 말하는가?

(b) 오른쪽 봉우리 아래의 적분 값은 얼마이며 입자에 대해 무엇을 말하는가?

2. 그림 6.20은 전위 계단에서 튕겨 나온 입자의 파동함수 $\psi(x)$를 보여준다. 이 파동함수는 이 계의 에너지 고유상태에 대한 적분으로 표현할 수 있다. 그러한 에너지 고유상태는 (6.15)과 같은데 E 값이 저마다 다르다.

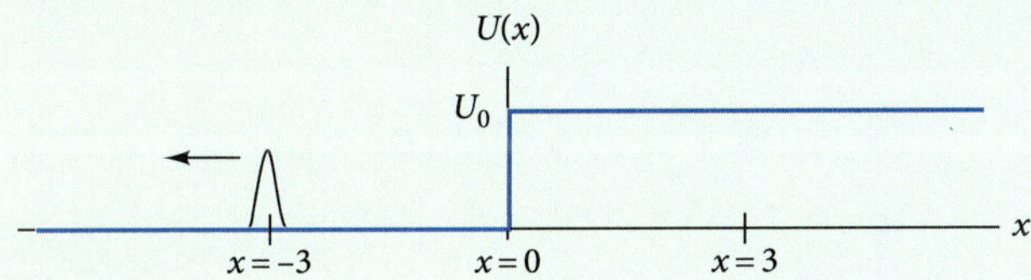

그림 6.20

그림에 보인 순간에 $x = -3$에서 한 고유상태의 "입사" 부분은 무엇이든 될 수 있지만, 모든 고유상태의 입사 부분을 합하면 0에 매우 가까운 값이 된다.

(a) (6.15)의 세 부분 중에서 $x = 3$과 관련된 것은 무엇인가? 그림에 보인 순간에 그 부분을 모든 고유상태에 대해 더하면 값이 $x = 3$에서 0에 가깝게 되는가? 답을 간단히 설명하라.

(b) 그림에 보인 순간에 모든 반사파의 합은 $x = -3$에서 거의 0에 가까운가, 아닌가? 답을 간단히 설명하라.

(c) 그림에 보인 순간에 모든 반사파의 합은 $x = -5$에서 거의 0에 가까운가, 아닌가? 답을 간단히 설명하라.

(d) 몇 초가 지나면 위의 답이 어떻게 바뀌는가?

3. (6.15)에서 상수 A는 … (답을 하나 고르고 간단히 설명하라):

A. 경계 조건에 따라 결정되지만 정해진 어떤 입자에 대해서도 상수이다.

B. x마다 값이 다를 수 있다.

C. t마다 값이 다를 수 있다.

D. E의 값마다 값이 다를 수 있다.

4. (6.15)는 $E < U_0$인 전위 계단이 있을 때의 에너지 고유상태로서 세 부분의 계수가 A, B 및 C이다. 에너지 고유상태이므로 전체 함수의 시간 진화를 보려면 $e^{-iEt/\hbar}$를 곱해주면 된다. 이 곱셈이 A, B 부분은 진행파로 바꾸지만 C 부분은 그렇지 않은 이유를 설명하라. (여기에서는 물리학에 관한 설명을 찾는 것이 아니니 공식에 초점을 맞추어라.)

5. 286쪽의 예에서 전위 계단에 입사하는 입자의 반사 확률의 도표를 그렸다. 해당 도표의 왼쪽 및 오른쪽 극한은 물리적으로 무엇을 알려주는가.?

6. 286쪽의 예에서 에너지 E인 입자가 높이 U_0인 전위 계단에서 반사될 확률을 셈했다. 그러나 비속박 입자는 명확한 에너지를 가질 수 없다. 그렇다면 셈한 공식은 무엇을 뜻하는가?

7. "터널링"을 자신의 말로 정의하라.

(a) § 6.2은 자유 입자의 에너지 고유상태인 Ce^{ikx}는 규격화할 수 없으므로 결코 입자의 파동함수가 될 수 없음을 설명했다. 그러한 파동함수로 실제 입자의 거동을 묘사하는 것이 왜 타당한지 간단히 설명하라.

(b) 그러나 (6.14)에서 상수 D는 규격화할 수 없는 함수의 계수이므로 버렸다. 왜 여기에서는 위의 논리가 적용되지 않는가?

9. 고전 입자가 $E > U_0$인 전위 장벽에 부딪치면 입자는 애초의 속력보다 더 느리게 오른쪽으로 계속 간다. 그것이 같은 상황에서 양자역학적 파동함수의 거동에 대해 시사하는 바는 무엇인가? (아래에서 하나

을 고르고 간단히 설명하라.)

A. 장벽 오른쪽에서 진행파를 나타내는 고유상태는 장벽 왼쪽의 고유상태보다 더 느리게 간다.

B. 개별 고유상태는 더 느리게 가지 않지만 군속도는 더 느려진다.

C. 둘 다 꼭 참은 아니다.

10. 입자가 전위 장벽 U_0에 부딪친다. 입자의 에너지 E는 U_0보다 잴 수 있는 정도로 조금 더 크다. 실험실에서 어떤 거동을 기대할 수 있는가? …

(a) 고전적으로?

(b) 양자역학적으로?

11. 그림 6.21에 보인 전위 함수에서 고전 입자가 $x = 0$에 서 있다면, 그것을 "속박 상태"라고 부른다. 왜냐하면 그 입자는 전위 우물을 벗어날 수 있을 만큼 에너지가 크지 않기 때문이다. 양자역학에서는 이 계에는 비속박 상태만 있다고 한다. 왜?

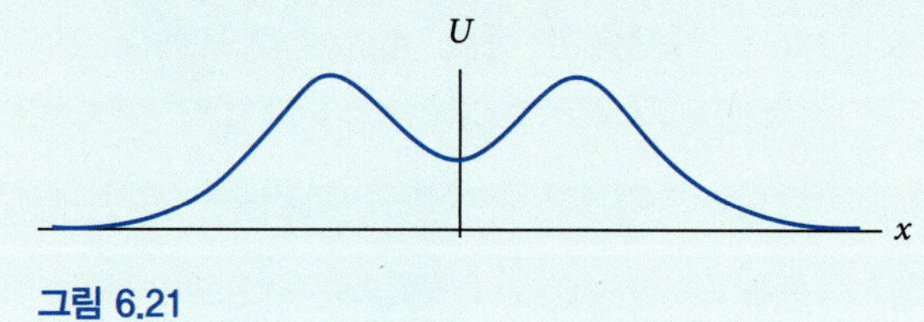

그림 6.21

12. 그림 6.16은 전위 계단에서 반사되는 입자의 파동함수를 보여준다. 그 그림은 또한 입자의 총 에너지를 보여준다. 어떻게 파동함수가 때때로 총 에너지보다 훨씬 더 높아질 수 있는가? **실마리:** 이것은 함정이다! 답하려면 이것이 왜 함정인지 알아야 한다.

심층 토론

13. 그림 6.16은 전위 계단에서 반사되는 입자의 파동함수를 보여준다. 잘 보면 반사파 뭉치가 입사파 뭉치보다 낮고 넓다. 왜?

14. 286쪽의 예에서 반사 확률을 $|B/A|^2$으로 셈했다. 투과 확률은 물론 1에서 반사 확률을 뺀 값이다. 합리적으로 생각하면 그것이 $|C/A|^2$일 것이라고 짐작하겠지만 그렇지 않음을 확인할 수 있다. 왜 아닌가?

15. "양자역학은 미시적 규모에만 적용된다"라는 말을 비판하라.

문제

16. (6.15)는 $E < U_0$인 전위 계단이 있을 때의 에너지 고유상태를 나타낸다. 비속박 상태와 마찬가지로 입자의 파동함수는 단일 에너지 고유상태가 될 수 없다. 그러나 이 경우는 앞서 본 다른 예와는 달리 규격화 때문이 아니다.

(a) (6.15)를 규격화하려면 $A = B = 0$으로 잡아야 하는 이유를 설명하라.

(b) 그 결과 얻는 함수를 적절하게 규격화하는 C 값을 구하라.

(c) 그 고유함수가 여전히 입자의 파동함수가 아닌 이유를 설명하라.

17. (6.15)는 $E < U_0$인 전위 계단이 있을 때의 에너지 고유상태를 나타낸다.

(a) $x = 0$에서 이 고유상태에 적용되는 두 가지 경계 조건은 무엇인가?

(b) 그 경계 조건을 써서 $|B| = |A|$임을 증명하라.

(c) 이것은 전위 계단에 입사하는 입자의 거동에 대해 무엇을 뜻하는가?

18. 에너지 E인 입자가 아래의 전위 장벽에 입사한다:

$$U(x) = \begin{cases} 0 & x < 0 \\ \infty & x \geq 0 \end{cases}$$

(a) 영역 $x \geq 0$에서 $\psi(x)$는 무엇인가? 어떻게 아는가?

(b) 이 계의 에너지 고유상태를 써라. 답에는 임의의 상수가 2개 들어간다.

(c) 그 함수에 적용되는 경계 조건 하나를 적어라. 왜 하나뿐인가?

(d) 그 경계 조건을 써서 임의 상수의 관계식을 구하라. 그 관계식은 입자의 거동에 대해 무엇을 예측하는가?

19. 에너지 E인 입자가 $-\infty$ 쪽에서 아래의 전위 계단에 온다:

$$U(x) = \begin{cases} U_0 & x < 0 \\ 0 & x \geq 0 \end{cases} \qquad (U_0 > 0)$$

(a) $U(x)$를 그려라.

(b) E가 U_0보다 커야 한다는 것을 어떻게 아는가?

(c) 이 계의 에너지 고유상태를 적어라. 답에는 임의의 상수가 4개 들어간다.

(d) 네 임의의 상수 중 어느 것이 0이어야 하며 왜 그런가?

(e) 그 함수에 적용되는 경계 조건을 적어라.

(f) 그 경계 조건을 써서 입자가 $x = 0$에서 반사될 확률을 구하라. 답은 U_0/E의 함수여야 한다.

(g) $E \to \infty$의 극한에서 그 확률을 구하라. 그 답은 무엇을 말해주는가?

(h) $E \to (U_0)^+$의 극한에서 그 확률을 구하라. 물리적 상황을 설명하라. 그 상황에서 고전 입자의 거동을 설명하라.

20. 에너지 E인 입자가 $-\infty$쪽에서 아래의 전위 장벽에 온다:

$$U(x) = \begin{cases} U_0 & x < -L \\ 0 & -L \le x \le 0 \\ \infty & 0 < x \end{cases} \qquad (U_0 < E)$$

(a) $U(x)$를 그려라.

(b) 각 영역의 에너지 고유상태의 식을 적어라. $-L \le x \le 0$의 경우 사인과 코사인 함수를 써라.

(c) 이 고유상태에 대한 경계 조건을 적어라 (적용하지는 마라). 경계 조건 하나가 이 임의의 상수 중 하나를 0으로 만든다는 것을 수식을 쓰지 않고 보여라.

(d) 이 방정식을 풀지 말고 반사 확률을 구하라. 어떻게 아는가?

21. 유한 우물의 비속박 상태

에너지 E인 입자가 $-\infty$ 쪽에서 아래의 전위 우물에 온다:

$$U(x) = \begin{cases} U_0 & x < -L \\ 0 & -L \le x \le 0 \\ U_0 & 0 < x \end{cases} \qquad (U_0 < E)$$

(a) $U(x)$를 그려라.

(b) 세 영역 각각에서 에너지 고유상태의 식을 적어라.

(c) 그렇게 얻은 6개의 식 중 어느 것이 0이며, 왜 그런가?

(d) 이 고유상태에 대한 4 가지 경계 조건을 적어라(적용하지는 마라).

(e) 이 입자가 $-\infty$ 쪽으로 반사될 확률을 구하려면 그 방정식에서 무엇을 풀어야 하는가?

22. [이 문제는 문제 21를 따라간다.]

(a) 반사 확률을 구하라.

(b) $m = \hbar = U_0 = L = 1$일 때 $1 < E < 20$에 대한 반사 확률을 도표로 그려라. 그런 다음 $L = 2$에 대해 같은 일을 하라.

(c) $m = \hbar = U_0 = 1$ 및 $E = 2$일 때 $0 < L < 5$에 대한 반사 확률을 도표로 그리고, 그것이 무엇을 보여주는지 설명하라.

23. 터널링 확률

(6.17)은 위치 에너지 $U(x)$가 $0 < x < L$에서 $U_0(> E)$이고 다른 곳에서는 0인 전위 장벽에 에너지 E인 입자가 $-\infty$에서 오는 상황의 에너지 고유상태를 나타낸다. (이 문제는 직접 풀 수도 있지만 컴퓨터를 써서 하는 것을 권한다.)

(a) 이 고유함수에 적용되는 네 가지 경계 조건을 적어라.

(b) 문제를 풀어 터널링 확률을 구하라.

(c) $m = \hbar = U_0 = L = 1$일 때 $0 < E < 1$에 대한 터널링 확률을 도표로 그려라. 그런 다음 $L = 2$에 대해 같은 일을 하라.

(d) $m = \hbar = U_0 = 1$ 및 $E = 0.5$일 때 $0 < L < 5$에 대한 터널링 확률을 도표로 그리고, 그것이 무엇을 보여주는지 설명하라.

24. 탐색: 반사 및 투과 계수[6]

(6.16)은 $E > U_0$인 전위 계단에 입사하는 파동 뭉치의 에너지 고유상태를 제공한다. 나중에 입자의 위치를 잴 때 반사된 것을 발견할 확률은 파동함수에서 계수가 B인 부분으로 구성된 반사 파동 뭉치의 $|\psi|^2$ 곡선 아래의 면적에 비례한다. 적분에 신경쓰지 않고

6 이 유도 과정을 보여준 Travis Norsen에게 고마움을 전한다.

상수 $|B|^2$를 두 배로 하면 파동 뭉치의 높이가 두 배가 되고 따라서 면적도 두 배가 될 것을 합리적으로 추론할 수 있다. 파동 뭉치의 폭 w_B를 두 배로 해도 면적이 두 배가 된다. 따라서 다음 결론이 나온다:

$$\text{면적}_{\text{반사}} = q|B|^2 w_B$$

여기서 q는 파동 뭉치의 세부 모양과 너비 w_B의 정의 방법에 따라 달라지는 비례 상수이다. 입자가 투과될 확률은 같은 상수 q가 들어가는 $q|C|^2 w_C$이다.

(a) 입사파의 $|\psi|^2$ 곡선 아래의 면적은 $q|A|^2 w_A$이다. 그 면적의 값은 얼마이고, 어떻게 아는가? (답은 숫자로 내라.)

(b) § 6.4에서는 파동 뭉치 $\psi = e^{ikx}$가 군속도 $v_{\text{군}} = \hbar k/m$으로 감을 보였다. 이 사실을 써서 투과파와 입사파의 군속도 비 $v_{\text{군}C}/v_{\text{군}A}$를 구하라.

(c) 입사 파동 뭉치의 머리가 계단에 닿을 때 반사파 및 투과파의 머리가 생긴다. 그들의 꼬리는 입사파의 꼬리가 계단에 닿을 때 생긴다. 그 사실과 (b)에서 얻은 답을 써서 투과파와 입사파의 폭의 비 w_C/w_A를 구하라.

(d) 반사파와 입사파의 폭의 비 w_B/w_A를 구하라.

(e) 반사 확률은 $|\psi|^2$ 곡선의 반사 부분 아래의 면적을 입사 부분의 면적으로 나눈 값이다. 이 문제에서 결과를 써서 반사 확률이 $|B/A|^2$임을 보여라.

(f) 입자가 투과될 확률을 구하라. 답에 B가 들어가면 안 된다.

(g) 286쪽의 예에서 다음 경계 조건을 유도했다: $A + B = C$ 및 $\sqrt{(E - U_0)/E}/E = (A - B)/C$. 이 경계 조건을 써서 (f)에서 구한 답에서 C를 소거하여 반사 확률 + 투과 확률이 1임을 증명하여 답을 확인하라. (A, B, C 모두 실수로 가정하면 셈이 단순해진다.)

6.6 시간-변화 슈뢰딩거 방정식

양자역학에서 시간-변화 슈뢰딩거 방정식은 고전역학의 $F = ma$에 해당한다. 이것은 핵심 가정으로서 나머지 모든 것이 파생된다.

그것은 또한 $F = ma$처럼 2계 미분 방정식이다. 그러나 슈뢰딩거 방정식은 편도함수가 들어있는 2계 편미분 방정식(편미방)이다.

§ 6.1에서 편도함수를 소개했지만 편미분 방정식을 처음 볼 수도 있다. 따라서 이 절은 양자역학의 핵심으로 안내할 뿐만 아니라 새로운 수학적 기법이 필요한 새로운 유형의 수학 문제를 소개할 것이다.

6.6.1 발견 연습: 편미분 방정식

"편미분 방정식"은 다변수 함수의 편도함수가 들어간 방정식이다. 예를 들어,

$$\frac{\partial f}{\partial x} = \frac{\partial f}{\partial t} \tag{6.18}$$

함수 $f(x, t) = 2x + 2t$는 이 방정식의 해이다. 왜냐하면 $\partial f/\partial x$ 및 $\partial f/\partial t$ 둘 다 2이기 때문이다. 함수 $f(x, t) = xt$는 해가 아니다. 왜냐하면 $\partial f/\partial x = t$이고 $\partial f/\partial x = x$여서 다르기 때문이다.

아래의 어느 것이 방정식 (6.18)의 해인가? (모두 골라라.)

1. $f(x, t) = 5$
2. $f(x, t) = x - t$
3. $f(x, t) = x^2 + t^2$
4. $f(x, t) = x^2 + 2xt + t^2$

6.6.2 설명: 시간-변화 슈뢰딩거 방정식

에너지 고유상태에 대해 다음 두 가지 사실을 알고 있다.

- 위치 에너지 장 $U(x)$ 안에 있는 입자의 에너지 고유상태는 다음 "시간–불변 슈뢰딩거 방정식"의 해이다: $-[\hbar^2/2m]\psi'' + U\psi = E\psi$.
- 각 에너지 고유상태의 시간 진화는 다음과 같다: $\Psi(x, t) = \Psi(x, 0)e^{-iEt/\hbar}$.

지금까지 제시한 것처럼 이 두 사실은 계와는 무관한 가정이다. 그러나 둘 다 더 근본적인 원천인 "시간–변화 슈뢰딩거 방정식"에서 나온다. 그 방정식은 실제로는 가설이다: 무엇인가 더 근본적인 것에서 끌어내지 않을 것이다. 그 정당화는 그것이 양자역학으로 이어진다는 것이고, 양자역학은 실험 결과와 잘 맞는다.

이 새로운 가설을 제시하기 전에 두 가지 유형의 방정식을 구별해야 한다.

- "상미분 방정식" 또는 상미방은 종속 변수와 독립 변수가 각각 하나씩이므로 상도함수가 들어있다.
- "편미분 방정식" 또는 편미방은 독립 변수가 여럿인 종속 변수 하나가 들어있다. 따라서 편도함수가 들어있다. 편미분을 배우지 않았다면 여기에서 더 나아가기 전에 적어도 § 6.1의 소개를 찬찬히 읽어보라.

일차원 시간–불변 슈뢰딩거 방정식(앞의 두 장에서 풀었던 방정식)은 함수 $\psi(x)$에 대한 상미방이다. 삼차원에서는 함수 $\psi(x, y, z)$에 대한 편미방이 된다. 그러나 이 절에서 소개하는 시간–변화 슈뢰딩거 방정식은 공간 변수와 시간이 모두 들어가므로 여러 차원의 편미방이다. 편미방을 풀려면 상미방과는 다른 수학적 기법이 필요하므로 이러한 구분이 중요하다. 이 절의 대부분은 이러한 기법 중 하나를 다룬다.

일차원 시간–변화 슈뢰딩거 방정식

$$-\frac{\hbar^2}{2m}\frac{\partial^2\Psi}{\partial x^2} + U(x)\Psi = i\hbar\frac{\partial\Psi}{\partial t} \tag{6.19}$$

오랜 친구인 시간–불변 슈뢰딩거 방정식은 "전위 함수를 주면 에너지 고유상태를 주겠다."라고 말한다. 그리고 새 방정식은 "전위 함수와 **초기 파동함수** — 그것은 어느 것이든 될 수 있다 — 를 주면 그 파동함수의 시간진화를 알려주겠다"고 말한다. 따라서 초기 조건으로 파동함수 $\Psi(x, 0)$는 제공해야 하며, 해는 다변수 함수 $\Psi(x, t)$이다.

시간-변화 슈뢰딩거 방정식 풀기: 변수 분리법

시간-변화 슈뢰딩거 방정식의 해를 구할 때 "변수 분리" 기법을 쓸 것이다. (1계 상미방을 풀 때도 "변수 분리" 기법을 썼을 수 있다. 하지만, 그것은 이름은 같지만 전혀 다른 기술이다.)

이 방법은 해가 "분리 가능 함수"라는 특수한 꼴이라고 가정하고 시작한다: x의 함수와 t의 함수의 곱이다. 이 두 함수의 이름은 특별히 중요하지 않지만 (앞서 공간 파동함수라고 불렀으므로) 공간 함수는 $\psi(x)$로 나타내고 시간 함수—이것에 이름을 붙여야 한다—는 $T(t)$로 나타내자:

$$\psi(x, t) = \psi(x)T(t). \tag{6.20}$$

모든 또는 대부분의 함수가 (6.20)의 꼴은 아니다. 예를 들어, $(\sin x)(\cos t)$는 분리할 수 있지만 $\sin(x + t)$는 분리할 수 없다. $\psi(x, t)$가 모든 파동함수를 나타낸다면 해를 왜 그렇게 특별한 경우로 제한하는가?

결국 제한되지 않는 것으로 밝혀졌다. (6.20)과 같은 해를 찾은 뒤에는 임의의 계수를 곱하여 모두 더한다. 문제 11에서 그러한 해의 합이 여전히 해임을 보일 것이다. 증명하지 않을 것은 시간-변화 슈뢰딩거 방정식의 모든 가능한 해가 분리 가능한 해의 선형 결합으로 나타낼 수 있다는 것이다. 따라서 여기서 찾은 해의 선형 결합이 일반해가 된다.

능동 읽기 연습: 변수 분리 해 넣기

$\psi(x)$가 x(t는 아님)의 함수이고 $T(t)$가 t(x는 아님)의 함수이면,

1. $\dfrac{\partial}{\partial t}[\psi(x)T(t)]$는 무엇인가?
2. $\dfrac{\partial^2}{\partial x^2}[\psi(x)T(t)]$는 무엇인가?
3. 위에서 얻은 답을 생각하며 (6.20)의 추측을 편미방 (6.19)에 넣어라.

이 연습의 핵심은 t에 대한 편도함수를 구할 때 x(따라서 x의 함수 전체)를 상수로 보고, 그 반대의 경우도 마찬가지라는 것이다.

1. $(\partial/\partial t)[\psi(x)T(t)] = \psi(x)T'(t)$. 예를 들어, $(\ln x \sin t)$의 t에 대한 도함수는 $(\ln x \cos t)$이다.
2. 유사하게, $\psi(x)\,T(t)$의 x에 대한 2계 도함수는 $\psi''(x)\,T(t)$이다.
3. 이를 알면 짐작한 해를 슈뢰딩거 방정식에 넣을 수 있다.

$$-\frac{\hbar^2}{2m}\frac{\partial^2}{\partial x^2}[\psi(x)T(t)] + U(x)[\psi(x)T(t)] = i\hbar\frac{\partial}{\partial t}[\psi(x)T(t)]$$
$$-\frac{\hbar^2}{2m}\psi''(x)T(t) + U(x)\psi(x)T(t) = i\hbar\psi(x)T'(t)$$

이제 "변수 분리"라는 이름에 맞는 단계가 온다. 방정식의 한 쪽에 모든 x-함수를 가져오고 다른 쪽에 모든 t-함수를 가져온다. 이 경우(그리고 대부분의 경우) 양쪽을 $\psi(x)T(t)$로 나누어 다음 식을 얻는다:

$$-\frac{\hbar^2}{2m}\frac{\psi''(x)}{\psi(x)} + U(x) = i\hbar\frac{T'(t)}{T(t)} \tag{6.21}$$

(6.21)의 왼쪽은 시간 변수 t가 없으므로 시간 불변이다. 양변이 같을 수 있는 유일한 방법은 오른쪽도 시간 불변인 것이다. $T(t)$는 시간의 함수일 수 있지만 (6.21)은 $i\hbar T'(t)/T(t)$가 시간 불변임을 뜻한다.

한편, (6.21)의 우변에는 변수 x가 없으므로 위치 불변이다. 두 변이 모든 곳에서 같으려면 좌변도 x-불변이어야 한다. 이 두 결과를 모으면 방정식 (6.21)이 충족될 수 있는 유일한 방법은 양쪽이 상수인 것이다.

그 점은 미묘하지만 이 기법의 핵심이므로 잠시 쉬면서 틀림 없는지 확인하는 것이 좋다. $f(x) = g(t)$라면 f는 x만의 함수이고 g는 t만의 함수이므로 둘 다 상수가 되어야 한다: $f(x) = g(t) = C$.

이 논리를 방금 얻은 방정식에 적용하여 양쪽을 상수로 둔다. 이 상수에도 이름이 필요하다—이것을 어디에 쓸지 볼 것이다—그것을 E라고 부르자:

$$-\frac{\hbar^2}{2m}\frac{\psi''(x)}{\psi(x)} + U(x) = i\hbar\frac{T'(t)}{T(t)} \tag{6.22}$$

$$i\hbar\frac{T'(t)}{T(t)} = E \tag{6.23}$$

변수 분리 기법의 요점은 편미분 방정식을 풀기가 훨씬 쉬운 여러 개의 상미분 방정식으로 바꾸는 것이다. 그 일은 끝났다. 그리고 얻은 것을 보라!

- (6.22)는 잘 아는 것이다. 아직 잘 모르겠다면 양변에 $\psi(x)$를 곱하라. 처음에 약속한 것처럼, 시간-불변 슈뢰딩거 방정식이 시간 변화 방정식으로부터 유도될 수 있음을 보았다.
- (6.23)은 어떤가? 당장은 낯설 수도 있지만 쉽게 풀 수 있다.

능동 읽기 연습: 시간 방정식

방정식 (6.23)은 다음과 같이 고쳐 쓸 수 있다.

$$\frac{dT}{dt} = -\frac{iE}{\hbar}T(t)$$

(평소와 마찬가지로 우변에서 $1/i$를 $-i$로 바꿨다.)

1. 방정식을 풀어라. 변수 분리법(방금 배운 편미방 풀이 기법이 아니라 앞서 배웠을 수 있는 상미방 기법)을 써서 풀 수 있다. 생각만 잘 해도 풀 수 있다.
2. (6.22)는 친숙한 시간-불변 슈뢰딩거 방정식이 되었다. (6.23)에서는 어떤 친숙한 결론이 나오는가?

(6.23)에 대한 일반해는 $T(t) = Ce^{-iEt/\hbar}$이다. (이해가 안된다면 지금 잠시 시간을 내어 해가 맞는지 확인하라.) 약속한 둘째 결과인 에너지 고유상태의 시간 진화 공식을 끌어냈다.

그래서 뭘 구했는데?

시간-변화 슈뢰딩거 방정식에 대한 해가 완성되었다. 분리 가능 해는 모두 다음 꼴이다:

$$\Psi(x, t) = \psi(x)e^{-iEt/\hbar} \qquad \text{여기서 } \psi(x)\text{는 시간 불변 방정식의 해이다.}$$

약속대로 시간-변화 방정식을 써서 시간-불변 방정식과 해의 시간 진화 규칙을 끌어낼 수 있었다.

일반 해는 이러한 모든 분리 가능 해의 선형 결합임을 기억하라. 따라서 위치 에너지 함수가 정해지면, 풀이 과정은 다음과 같이 진행된다.

1. 시간-불변 슈뢰딩거 방정식을 풀어 고유값이 E인 에너지 고유상태를 구한다.
2. 초기 파동함수 $\psi(x, 0)$를 이러한 고유상태의 선형 결합으로 나타내라. (이것은 결합 고유상태의 이산 합이거나 비속박 고유상태에 대한 적분일 수 있다.)
3. 고유상태(고유값 E)마다 $e^{-iEt/\hbar}$를 곱하면 전체 파동함수 $\psi(x, t)$가 된다.

이 모든 과정을 이미 알고 있었다. 이제 단일 방정식인 시간-변화 슈뢰딩거 방정식에 대한 해를 기반으로 전체 과정을 정당화할 수 있음을 알고 있다.

그 과정에서 했던 몇 가지 가정을 추적하는 것이 중요하다.

- 시간-변화 슈뢰딩거 방정식은 어떤 다른 것에서 유도된 것이 아니라 양자역학의 근본 가설이다.
- 구한 함수 $\psi(x)$가 에너지 고유상태임을 증명하지 않았다. 이 책의 범위를 벗어나는 양자역학의 다른 가설에서 그 사실을 끌어낼 수 있음을 알고 있으므로 분리 상수를 E로 나타냈다.
- 모든 해 $\psi(x, t)$를 분리 가능 해의 합으로 나타낼 수 있다고 주장했지만 증명하지는 않았다.

또한 미분 방정식을 소개할 때 하지 않은 말이 있다: 대부분은 풀 수 없다. 적어도 대부분은 "해석적으로" 익숙한 방식으로 풀 수 없다: 방정식에 맞는 함수를 찾은 다음 초기 조건에 따라 임의의 상수를 결정한다. 해석적 방식으로 해를 구하지 못해도 "수치적" 방식을 써서 짐작할 수 있다. 문제 12에서는 시간-불변 슈뢰딩거 방정식의 에너지 고유상태를 해석적으로 풀 수 없는 위치 에너지 함수에 대해 시간-변화 슈뢰딩거 방정식을 수치적으로 풀어 파동 함수의 시간 변화를 예측한다.

마지막으로, 기억할 것은 시간-불변 슈뢰딩거 방정식은 파동함수에 대한 한 가지 유형의 시간 진화를 설명한다는 것이다. 정통 해석에는 이 방정식으로 예측할 수 없는 또 다른 형태의 시간 진화가 있으며 (측정을 할 때 파동함수가 붕괴됨), 이는 예측 가능한 과정에 다른 방식으로 임의성 요소를 도입한다. 정통 해석에서 파동함수의 붕괴는 별도의 공리로서 슈뢰딩거 방정식과 함께 넣어야 한다.

두 방정식 이야기

요약하자면, 서로 다른 두 슈뢰딩거 방정식을 다음과 같이 나란히 비교하자.

시간-불변 슈뢰딩거 방정식	시간-변화 슈뢰딩거 방정식
$-\frac{\hbar^2}{2m}\frac{d^2\psi}{dx^2}+U(x)\psi=E\psi$	$-\frac{\hbar^2}{2m}\frac{\partial^2\Psi}{\partial x^2}+U(x)\Psi=i\hbar\frac{\partial\Psi}{\partial t}$
전위 함수 $U(x)$를 정해준다	전위 함수 $U(x)$를 정해준다
해는 다음 물음에 대한 답이다: "이 계의 에너지 고유상태가 무엇인가"	해는 다음 물음에 대한 답이다: 정해준 초기의 파동함수가, "시간이 가면 어떻게 진화하는가?"
그 답은 공간 파동함수 $\psi(x)$이다.	그 답은 시공간 파동함수 $\psi(x, t)$이다.
일차원에서는 "상미분방정식"이다: 해가 일변수의 함수이므로 (2계) 상도함수가 들어 있다.	"편미분 방정식"이다: 해가 다변수 함수이므로 편도함수가 들어있다.

이 두 방정식을 헷갈리기 쉽다. 이름도 비슷하고 방정식 자체도 비슷해 보인다. 그러나 이들은 다른 물음에 대한 다른 방정식이므로 잠시 시간을 내어 위의 표를 찬찬히 보면서 어떻게 다른지 확인하라.

6.6.3 물음과 문제: 시간-변화 슈뢰딩거 방정식

개념 물음 및 개념시험

1. 두 슈뢰딩거 방정식의 해가 입자에 대해 알려주는 것을 자신의 말로 설명하라.

2. 이 절에서는 시간-변화 슈뢰딩거 방정식을 공리로 시작하였다. 이를 써서 얻은 두 가지 결과가 무엇인가?

3. 다음 진술은 참인가 거짓인가? 시간-변화 슈뢰딩거 방정식의 모든 해는 분리 가능하다.

4. 흥부가 말했다: "내가 다루는 전위 함수에 대한 시간-불변 슈뢰딩거 방정식을 드디어 풀었다. 해는 $Ae^{-x^2}e^{-3it}$이다." 놀부는 코웃음 치며 흥부의 대답이 비논리적이라고 말한다. 흥부가 틀렸음을 그는 어떻게 알까?

5. 아래에서 분리 가능 함수를 모두 고르고 간단히 설명하라(약간의 수식 정리가 필요할 수 있음).

A. $f_1(x, y) = (x+y)^2 - (x - y)^2$

B. $f_2(x, y) = e^{2x+3y}$

C. $f_3(x, y) = (e^{2x})^{3y}$

D. $f_4(x, y) = \ln(xy)$

E. $f_5(x, y) = \sin(x+y)$

심층 토론

6. 다변수 함수의 가장 단순하고 중요한 예 중 하나는 위아래로 진동하는 (2차원 운동) 줄이므로 높이 y는 수평 위치 x와 시간 t의 함수이다. 어떤 진동하는 줄을 보고 있다고 하자. 그것의 수학적 함수에 대해 들어보지 못했지만, 진동하는 줄의 순간 사진을 여러 장 보게 된다. 그 사진에서 높이 함수 $y(x, t)$가 분리 가능 함수 $X(x)T(t)$인지 아닌지를 어떻게 알 수 있는가? (답에는 수식이 없어도 된다. 말로 하고 그림을 넣어도 된다.)

문제

7. 무한 사각 우물의 바닥상태에 있는 입자의 $\psi(x, t)$를 적어라. 이제 그것을 시간-변화 슈뢰딩거 방정식에 넣어 해임을 증명하라.

8. 이 문제에서는 다음 편미분 방정식의 모든 분리 가능 해를 구한다.

$$\frac{\partial f}{\partial x} = k\frac{\partial f}{\partial t}$$

(a) 먼저 상수 k의 단위는 무엇인가? **실마리:** f의 단위는 중요하지 않으므로 말하지 않았다.

(b) 분리 가능 해 $f(x, t) = X(x)T(t)$를 가정하자. 미분 방정식의 양쪽에 넣어라.

(c) 모든 x 함수를 한쪽에 모으고, 모든 t 함수를 다른 쪽에 모아 변수를 분리한다.

(d) 방금 쓴 방정식의 양쪽 변이 왜 상수여야 하는지 간단히 설명하라.

(e) 양쪽 변을 상수 C로 두어 두 개의 상미분 방정식을 얻는다.

(f) 두 상미분방정식을 풀어 $X(x)$와 $T(t)$를 구하라.

(g) 이 두 함수를 곱하여 분리 가능 해 $f(x, t)$를 얻는다.

(h) 최종 답이 애초의 미분 방정식의 해임을 보여라.

9. 다음 편미방의 분리 가능 해를 모두 구하라. 여기서 β는 양의 상수이다.

$$\frac{\partial^2 f}{\partial x^2} = \beta\frac{\partial^2 f}{\partial t^2}$$

분리 상수를 도입할 때 음수임을 나타내려면 $-k^2$으로 쓴다. 진행 과정을 잘 모른다면 문제 8의 예를 참조할 수 있다.

10. 다음 편미분 방정식의 해 $f(x, y)$를 변수 분리법을 써서 구하자:

$$3\frac{\partial f}{\partial x} + 4y\frac{\partial f}{\partial y} = 5f$$

최종 해에는 임의 상수가 두 개 들어간다: k는 변수를 분리하여 상미분 방정식을 만들 때 들어가고 A는 그 방정식을 풀 때 들어간다. 구한 해를 미분방정식에 넣어 맞는지 확인하라. 진행 과정을 잘 모른다면 문제 8의 예를 살펴보라.

11. **선형성**

함수 $\Psi_1(x, t)$ 및 $\Psi_2(x, t)$ 둘 다 정해진 전위 함수 $U(x)$에 대한 시간-변화 슈뢰딩거 방정식의 해라고 하자. 다음 함수를 살펴보자: $\Psi_{합}(x, t) = A\Psi_1(x, t) + B\Psi_2(x, t)$. A와 B는 상수이다.

(a) $\Psi_{합}(x, t)$이 똑같은 함수 $U(x)$에 대한 방정식 (5.2)의 해임을 보여라.

(b) 이 결과는 입자와 그 파동함수에 대해 무엇을 뜻하는가?

12. **시간-변화 슈뢰딩거 방정식을 수치 셈으로 풀기**

원리적으로 파동함수를 에너지 고유상태의 합으로 꾸미고 각각의 고유상태에 $e^{-iEt/\hbar}$를 곱하면 그 파동함수가 어떻게 진화하는지 알 수 있다. 실제로 많은 전위 함수의 경우 에너지 고유상태를 해석적으로 찾을 수 없다. 그러나 시간-변화 슈뢰딩거 방정식을 수치 셈으로 직접 풀면 진화를 확인할 수 있다. 이 문제에서는 수치 셈이 더 쉽게 $m = \hbar = 1$로 두고 모든 것에 단위가 없는 순수한 숫자를 쓴다.

가우스 전위 함수 $U(x) = e^{-x^2}$을 살펴보자. 에너지 고유상태를 해석적 방법으로는 구할 수 없다. (해보라!) 그 전위 속의 입자의 초기 상태가 다음과 같다고 하자:

$$\Psi(x, 0) = \frac{1}{(50\pi)^{1/4}}e^{-(x/10)^2}$$

이 초기 조건에서 시간-변화 슈뢰딩거 방정식을 수치 셈으로 풀고 $t = 0$에서 $t = 6$까지의 여러 시각의 $|\psi(x)|^2$의 도표를 그려라. 파동함수가 어떻게 변하는지 설명하라. **실마리:** 수치 해를 구하려면 x의 범위를 유한하게 잡아야 할 수도 있다. 범위를 $-60 < x < 60$으로 잡으면 경계에서 $\Psi = 0$로 두어도 정확도 손실이 별로 없다. 하지만 범위를 좀 더 좁게 잡아 최종 결과를 그려야 한다.

6장 요약

5장과 6장은 일차원에서 양자역학 파동함수에 대한 개요를 제공한다: 파동함수를 구하는 방법, 시간 진화, 그리고 가장 중요한 파동함수 해석 방법. 따라서 이 두 장에서는 양자 세계를 분석하는데 필요한 기본 수학적 틀을 제공했다.

두 장의 수식은 부록 C에 정리되어 있다. 이 요약을 읽으면서 그 부록을 볼 수 있다.

6.1 수학 간주곡: 정상파, 진행파, 편도함수

정상파 또는 진행파의 한 순간 사진을 찍으면 x축을 따라 뻗어 있는 사인파를 볼 수 있다. 그러나 이 둘은 시간이 가면서 매우 다르게 진화한다.

- "정상파"에서는 마디는 고정된 상태를 유지하고 나머지 부분에서는 파동의 진폭이 커졌다 작아졌다를 반복한다. 즉, 진동수와 위상은 절대 변하지 않지만 진폭은 진동한다. 그림 6.1을 보라.
- "진행파"에서는 전체 사인파는 일정한 속도로 오른쪽 또는 왼쪽으로 간다. 즉, 진동수와 진폭은 절대 변하지 않지만 위상은 변한다. 그림 6.2를 보라.
- 정상파와 진행파에 대한 식은 부록 F에 있다. 또한 이 파동을 정의하는 모든 상수의 정의와 관계를 볼 수 있다.
- 정상파와 진행파 모두 "다변수 함수"의 예이다. 이 경우 y는 x와 t에 따라 달라진다. 다변수 함수를 미분하면 "편도함수"가 된다.
- 기호 $\partial y/\partial x$가 뜻하는 바는 "t를 상수로 보고 y를 x에 대해 미분함"이다. 특정 장소와 시각에 곡선의 기울기를 제공한다.
- 기호 $\partial y/\partial t$가 뜻하는 바는 "x를 상수로 보고 y를 t에 대해 미분함"이다. 특정 장소와 시각에 곡선의 수직 속도를 제공한다.

6.2 자유 입자와 푸리에 변환

"자유 입자"는 힘을 받지 않는 입자이다. 즉, $U(x)$가 상수(대개 0으로 둠)이다.

자유 입자의 에너지 고유상태는 고유값을 갖는 $\psi(x) = Ce^{ikx}$ 꼴이고, 고유값은 $E = \hbar^2k^2/2m$이다.

- 시간 진화는 $\psi(x, t) = Ce^{i(kx - \omega t)}$이다. 여기서 $\omega = E/\hbar = \hbar k^2/2m$이다. 이것은 $k > 0$이면 오른쪽으로, $k < 0$이면 왼쪽으로 가는, 속도 ω/k인 복소수 값 진행파이다.
- 에너지 준위는 양자화되지 않는다. k는 모든 실수 값이 될 수 있으므로 E는 음수가 아닌 모든 값이 될 수 있다. (5장의 유한한 계의 경우 경계 조건의 결과로 에너지가 양자화되었음을 기억하라.)
- 비속박 에너지 상태는 규격화할 수 없으므로 비속박 상태의 계는 명확한 에너지를 가질 수 없다.
- 자유 입자의 파동함수는 에너지 고유상태의 이산 합이 아니라 가능한 모든 에너지 고유상태에 대한 적분으로 표현한다: "푸리에 변환" 관련 수식은 부록 C에 있다.

6.3 운동량 고유상태

“에너지 고유상태”가 에너지가 일정한 입자의 파동함수를 뜻하는 것처럼, “운동량 고유상태”는 운동량이 일정한 입자의 파동함수를 뜻한다.

- 운동량 고유상태는 모든 입자에 대해 같다: $\psi(x) = Ce^{ikx}$ 꼴이고, 고유값은 $p = \hbar k$. 이와 대조적으로 에너지 고유상태는 (슈뢰딩거 방정식을 통해) 전위 장에 따라 달라진다.
- 그것은 자유 입자의 에너지 고유상태와 같다. 똑같이 적용되는 고려 사항이 많다: 입자의 파동함수는 순수한 운동량 고유상태가 될 수 없지만 푸리에 변환을 통해 운동량 고유상태에 대한 적분으로 나타낼 수 있다.
- 매우 좁게 퍼진 함수의 푸리에 변환은 넓게 퍼진다 (광범위한 k-값의 중요한 기여를 함을 뜻함). 그것은 순전히 수학적 규칙이지만 하이젠베르크의 불확정성 원리에 대한 정당성을 제공한다.

6.4 파동 뭉치와 운동하는 입자

정해진 순간에 자유 입자의 위치는 한없이 많은 에너지 고유상태 e^{ikx}에 대한 적분으로 나타낼 수 있다. 그러나 그 적분은 하나의 x-값에 중심을 둔 봉우리가 될 수 있다. (꼭 그럴 필요는 없지만 물리적으로 일반적인 상황이다.)

봉우리에서 멀어지면 ψ는 0으로 빠르게 줄어든다. 개별 고유 함수의 값이 0이 되기 때문이 아니라 소멸 간섭을 하기 때문이다. 이렇게 생긴 “파동 뭉치”는 위치가 (정확하지는 않지만) 상당히 잘 정의된 물리적 입자를 나타낸다.

- 낱낱의 고유함수의 시간 진화를 보려면 $e^{-i\omega t}$를 곱한다. 그 인자는 위상은 바꾸지만 진폭은 바꾸지 않는다. 이러한 모든 위상 변화의 결과 파동 뭉치(보강 간섭 영역)가 x-축을 따라 가서 입자가 이동한다.
- 개별 진행파의 속도는 ω/k이며 “위상속도”라고 한다. 파동 뭉치의 속도는 $d\omega/dk$이며 “군속도”라고 한다. 운동량 퍼짐이 상당히 좁은 입자의 경우 군속도는 입자의 실제 속도와 같다.
- 다음 사실을 기억하라: 양수 k에 대한 함수 e^{ikx}로 구성된 자유 입자 파동 뭉치는 오른쪽으로 가는 입자를 나타낸다. (k는 운동량에 비례하므로 사리에 맞다.)

6.5 산란 및 터널링

이 절에서는 전위 변화에 대한 입사 입자의 거동을 다룬다. 아래 예에서는 입자가 처음에 왼쪽(음수 x)에서 온다고 가정한다.

- 입자가 $\lim_{x\to\infty} U(x) > E$인 전위 계단를 만나면 입자의 파동 뭉치가 완전히 반사된다. 이것은 양자 세계가 고전 세계와 일치하는 한 가지 방식이다.
- 입자가 $\lim_{x\to\infty} U(x) < E$와 같은 전위 계단 또는 장벽을 만나면 파동함수는 반사된 파동 뭉치와 투과된 파동 뭉치로 갈라진다. 이 두 파동 뭉치의 상대적 크기는 반사 및 투과 확률을 알려준다.

- 전위 장벽이 $U > E$이어도 입자는 장벽 건너편이 $U < E$인 한 투과될 수 있다. 이것이 "터널링"이라는 순수한 양자 현상이다.
- 이 모든 결과는 입자의 에너지 고유상태를 고려하고 전위 변화에 맞는 경계 조건을 적용하여 끌어낼 수 있다. 입자의 파동함수는 $U < E$인 영역에서는 진동하고, $U > E$인 영역에서는 지수적으로 감쇠된다 (고전적으로 예상하는 것처럼 균일하게 0이 아님).

6.6 시간-변화 슈뢰딩거 방정식

시간-변화 슈뢰딩거 방정식은 양자역학의 출발 공리 중 하나이다. 5장에서 제시한 두 결과인 시간-불변 슈뢰딩거 방정식과 파동함수의 시간 진화는 이 출발점에서 나온다.

수학적으로 이 절에서는 "편미분 방정식"(편도함수가 있는 미분 방정식)과 "변수 분리" 기법을 소개했다. 이 기법은 이러한 방정식을 풀 때 가장 일반적으로 쓴다. (이는 미적분학 입문에서 상미분 방정식을 풀 때 쓴 "변수 분리"와 무관하다.)

1. 변수 분리는 "분리 가능 해" $\psi(x, t) = \psi(x)T(t)$를 편미분 방정식에 넣는 것으로 시작한다. 그 다음 모든 x 함수를 한 쪽에 모으고 t 함수는 다른 쪽에 모으면 양 변을 상수로 둘 수 있다. 결과는 함수 $\psi(x)$ 및 $T(t)$에 대한 두 상미분 방정식이고, 그것을 풀면 된다.
2. 편미분 방정식에 대한 일반해는 이러한 분리 가능 해의 선형 결합으로 꾸밀 수 있다.
3. 시간-변화 슈뢰딩거 방정식의 경우 결과는 $\psi(x)$가 시간-불변 슈뢰딩거 방정식의 해이고, $T(t) = e^{-iEt/\hbar}$이어야 한다는 것이다. 간단히 말해서, 에너지 고유상태인 시간-변화 슈뢰딩거 방정식의 해의 시간 변화 특성은 5장에서 기술한 바와 같다. (정해진 전위 함수에 대한) 시간-변화 슈뢰딩거 방정식의 일반해는 이러한 에너지 고유상태들의 선형 결합이다.

297쪽의 표는 비슷하지만 다른 두 슈뢰딩거 방정식을 헷갈리지 않고 명확히 이해할 수 있도록 간략하게 요약했다.

7 수소 원자
The Hydrogen Atom

지금까지의 원자 이야기는 세 부분으로 나뉜다.

1. 1911년: 러더퍼드는 원자의 구조는 태양계에서 행성이 태양 주위를 도는 것처럼, 양전하를 띤 커다란 핵 주위를 음전하를 띤 작은 전자가 돈다고 기술한다. 러더퍼드 모형은 그의 금박 산란 실험 결과를 설명하지만 원자 속에서 그렇게 가속 운동하는 전자가 빛을 내어 에너지를 잃고 바로 핵으로 떨어지지 않는 이유는 설명하지 못했으며 원자의 발광 또는 흡수 분광선의 이산적 파장 분포도 설명하지 못했다.
2. 1913년: 보어는 궤도를 도는 전자의 각운동량이 특정 값만 될 수 있고 이러한 값 사이에서만 전자가 도약할 수 있다고 제안하여 위의 두 문제를 모두 풀었다. 자외선 파탄에 대한 플랑크의 해석과 광전 효과에 대한 아인슈타인의 설명처럼 이것도 자료와는 맞지만 근본 원리를 제시하지는 않았다.
3. 1926년: 슈뢰딩거는 파동 방정식을 발표했다. 결국 구식 양자 이론의 모든 임시 가설은 슈뢰딩거의 파동 역학의 결과로 밝혀졌다.

이 장에서는 슈뢰딩거 방정식과 5장에서 개발한 도구가 어떻게 보어 모형의 많은 결론에 대한 근거를 제공하는지 살펴본다. 여기서는 수소 원자에 집중한다. 8장에서는 이 결론을 일반화하여 다전자 원자에 적용한다: 이 경우에는 슈뢰딩거 방정식을 해석적으로 풀 수 없지만 그것을 써서 정확한 예측은 할 수 있다.

7.1 수소 원자의 양자수

핵 주위의 궤도를 도는 전자는 속박 상태에 있다. 여러 면에서 이 계는 5장에서 본 속박 계와 비슷한 또 다른 문제일 뿐이다. 하지만 5장에서 본 것은 모두 일차원 문제이므로 각 계의 특성은 대체로 양자수 n 하나로 정해졌다. 수소 원자는 삼차원 계이므로 고유상태의 특성을 정하는 양자수는 셋이다.

이 절에서는 이 세 양자수와 그것을 써서 수소 원자의 고유상태를 이해하는 방법을 설명한다. 이 절을 진행하면서 이러한 고유상태가 보어 모형이 기술하는 준위와 같은 점과 다른 점을 생각해 보라. § 7.4는 슈뢰딩거 방정식에서 고유상태를 끌어내는 과정을 대략 설명한다. 그 사이의 두 절은 그 유도 과정의 수학적 배경을 제공한다.

7.1.1 설명: 수소 원자의 양자수

무한 사각 우물(길이 L) 속에 입자(질량 m)가 있다고 하자. 입자의 에너지를 쟀으므로 그 입자는 이제 에너지 고유상태에 있다. 동료가 "어떤 상태에 있지?" 하고 묻는다. "$n = 2$"라고 완전한 답을 줄 수 있다. § 5.3에 따라 동료는 이제 그 입자가 파동함수 $\psi_2(x) = \sqrt{2/L}\sin(2\pi x/L)$인 상태($x = 0$에서 L까지)에 있고, 에너지는 $E_2 = 2\pi^2\hbar^2/mL^2$임을 안다. 양자수 $n = 2$를 알려줌으로써 입자의 정확한 에너지, 입자 위치의 확률 분포, 그리고 다른 측정량의 값 또는 확률 분포를 전달했다.

그러나 동료가 § 5.3을 읽은 적이 없고 무한 사각 우물 속에서 입자가 어떻게 거동하는지 알고자 한다고 하자. 가장 좋은 양자역학적 대답은 에너지 고유상태에 대한 설명일 것이다: $n = 1$(바닥상태)일 때 계의 거동은 이러하고, $n = 2$일 때 바뀌는 사항은 저러하다, 등등. 각 상태는 양자수 n이 붙고, 그 양자수와 관련된 파동함수 및 에너지로 기술된다.

물론, 여러분과 동료는 정해진 순간의 실제 파동함수는 거의 어느 것이든 될 수 있음을 명심해야 한다! 그러나 임의의 파동함수를 에너지 고유상태의 합으로 쪼개어 분석하므로 이러한 고유상태는 여전히 계를 이해하는 핵심이다 (시간 진화를 예측하는 것은 말할 것도 없다).

이 모든 것을 염두에 두고 수소 원자를 살펴보자. 입자는 전자이고 위치 에너지는 핵이 주는 전기력에서 나온다:[1] $U = -k/r$, 여기서 k는 양의 상수이고 r은 핵까지의 거리이다.

§ 7.2에서 삼차원 계의 에너지 고유상태의 특성이 세 가지 양자수로 정해지는 것을 볼 것이다. 수소 원자의 경우 이 숫자는 대체로 n, l 및 m_l이라고 한다.[2] 이 절에서는 고유상태 ψ_{nlm_l}에서 이들 양자수 각각이 뜻하는 바를 설명한다. § 7.4에서는 이러한 상태의 수학적 세부 사항을 설명하고 슈뢰딩거 방정식에서 어떻게 나오는지 살펴볼 것이며 8장에서는 분석을 전자가 둘 이상인 원자로 확장한다.

이 절의 많은 정보는 부록 G에 요약되어 있다.

"주 양자수" n

양자수 n은 양의 정수이다.

"주 양자수(principal quantum number)"라는 말은 n이 에너지를 결정한다는 것을 뜻한다. 각 고유상태 ψ_{nlm_l}의 에너지는 $E_n = -(1/n^2)\text{Ry}$이며, 여기서 $1\ \text{Ry} \approx 13.6\ \text{eV}$는 "뤼드베리(rydberg)"라는 에너지 단위이다. 따라서 수소의 바닥상태 에너지는 $-1\ \text{Ry} \approx -13.6\ \text{eV}$이고, 첫째 들뜬 상태 에너지는 $-(1/4)\ \text{Ry} \approx -3.4\ \text{eV}$이다.

§ 4.1에서 설명했듯이 값이 음수인 위치 에너지의 절댓값이 양수인 운동 에너지보다 더 크므로 총 에너지는 음수이며, 이것은 전자가 원자에 묶여 있음을 뜻한다. 에너지 차이는 전자를 낮은 에너지 상태에서 높은 에너지 상태로 올리는 데 에너지가 얼마나 많이 필요한지 또는 전자가 그 반대로 갈 때 에너지가 얼마나 많이 나오는지를 알려준다. 수소 원자를 바닥상태에서 첫째 들뜬 상

---

1 이 절에서 제시하는 많은 개념이 더 큰 원자로 확장되므로 "양성자" 대신 "핵"이라고 부른다.

2 일부 문헌은 셋째 양자수를 아래 글자 없이 m으로 쓰기도 하지만 여기에서는 m_l을 써서 전자 질량 m_e와 § 7.5에서 소개할 다른 양자수 m_s와 구별한다.

태로 올리는 데 필요한 에너지는 약 10 eV이지만, 거기에서 둘째 들뜬 상태로 높이는 필요한 에너지는 약 2 eV이다. 바닥상태의 수소 원자로 시작하면 전자를 완전히 떼어내어 원자를 이온화하는 데 필요한 에너지는 약 13.6 eV이다.

수소 원자의 에너지 고유상태 ψ_{nlm_l}의 특성은 세 가지 양자수가 결정하지만 그 상태의 실제 에너지 E_n은 단지 n만의 함수이다. 에너지가 같은 다른 상태(이 경우 n은 같지만 다른 양자수의 값은 다름)를 "겹친(degenerate)" 상태라고 한다.

"각운동량 양자수" l

양자수 l은 정수로서 0부터 $n-1$까지 될 수 있다. 바닥상태($n=1$)에서 유일한 선택은 $l=0$이다. n이 하나씩 커질 때마다 l의 값의 범위가 하나 더 커진다.

이름에서 짐작하듯이 l은 상태의 각운동량을 제어한다. 구체적으로, 핵에 대한 전자의 총각운동량의 크기는 $L=\sqrt{l(l+1)}\hbar$이다.

양자역학적 상태의 각운동량에 대한 설명은 지금 처음으로 하는데 (마지막은 아님) 이것이 고전적인 설명과 어떻게 다른지 잘 따져봐야 한다.

고전 입자의 각운동량은 $\vec{L}=\vec{r}\times\vec{p}$이다. 따라서 정해진 축에 대한 각운동량은 그 축에 대한 위치 $\vec{r}$과 운동량 $\vec{p}$를 써서 구할 수 있다. 물론 이 두 벡터는 잘 정의된다. 물체는 (움직일 때도) 각운동량이 0일 수 있지만 궤도를 도는 물체는 궤도 중심에 대한 각운동량이 0이 아니다.

이제 양자역학적 에너지 고유상태 ψ_{nlm_l}에 있는 전자를 살펴보자. 이 전자의 일부 특성은 확률 분포로만 기술할 수 있다. 예를 들어 전자의 위치, 운동량, 운동 에너지 또는 위치 에너지는 값이 특정되지 않는다. 그러나 다른 특성은 양을 특정할 수 있다. 이 전자의 총 에너지와 각운동량의 크기는 명확히 정의된다: 총 에너지는 양자수 n에 따라, 각운동량의 크기는 양자수 l에 따라 값이 정해진다. 달리 말하면 상태 $\psi_{3,1,0}$인 수소 원자 100개를 재면 에너지와 각운동량 크기는 모두 똑같다.

또한 정해진 원자의 상태가 고유상태의 중첩일 수도 있음을 기억하자. 이 경우 중첩된 고유상태의 계수는 에너지와 각운동량 측정값이 각 고유상태의 값이 나올 확률을 알려준다.

끝으로 [$l=\sqrt{l(l+1)}\hbar$에서] $l=0$ 상태에는 각운동량이 0이라는 점을 눈여겨 볼 필요가 있다. 전자를 고전적 궤도를 도는 입자로 본다면 이것은 말이 안된다. 그러나 전자를 불변의 확률 구름으로 보면 어떤 구름은 각운동량이 있고 다른 구름은 그렇지 않다는 것이 그리 놀라운 일은 아니다.

"자기 양자수" m_l

양자수 m_l의 값은 $-l$에서 l까지의 정수가 될 수 있다.

l은 각운동량 벡터의 크기를 결정하지만, m_l은 방향을 결정한다. 구체적으로, 각운동량의 z성분은 $L_z=m_l\hbar$이다. 하전 입자의 각운동량의 특정 성분을 재는 가장 간단한 방법은 그것이 만드는 자기장을 재는 것이라는 사실에서 이름이 붙었다.

이것은 원자가 에너지 고유상태 ψ_{nlm_l}에 있다면 각운동량의 크기와 z-성분은 명확히 정의됨을 뜻한다. (임의의 3-벡터는) $|\vec{L}|^2=L_x^2+L_y^2+L_z^2$이므로 $L_x^2+L_y^2$의 정확한 값은 셈할 수 있다. 그러나 그러한 상태에서는 L_x와 L_y가 완전히 결정되지 않는다는 불확정성 원리가 있다. (한 가지 예외

는 $l = m_l = 0$인 상태이며 이 때는 $\vec{L}$의 모든 성분이 확실히 0이다.)

예를 들어 $l = m_l = 1$이면 $L = \sqrt{2}\hbar$ 및 $L_z = \hbar$이다. 이제 $\vec{L}$이 그림 7.1의 원뿔의 빗면 어딘가에 있음을 알고 있다. L_z는 정확히 알고 있지만 L_x와 L_y는 불확실하다.

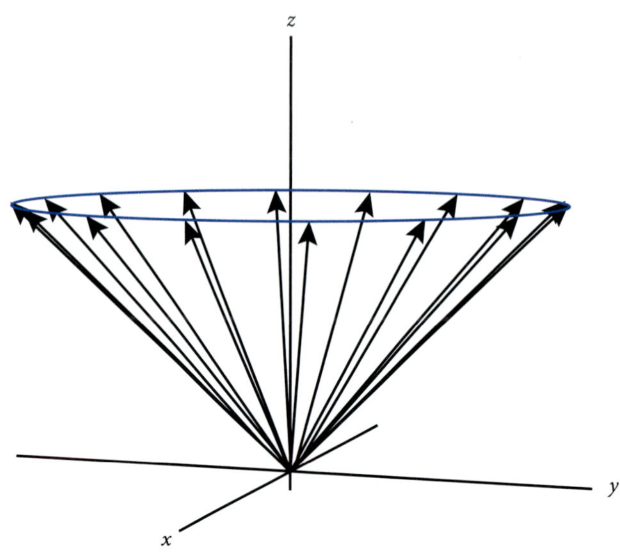

그림 7.1 $l = m_l = 1$인 수소 고유상태의 각운동량 $\vec{L}$

무엇이 "z축"을 정의할지 궁금할 수도 있다. 대답은 늘 그렇듯이 어느 방향이든 "z축"으로 잡을 수 있다는 것이다. 그 선택은 원자에 영향을 주지 않지만 원자를 기술하는 식에는 영향을 준다.

고전적으로 생각해보자. 크기가 5이고 어떤 방향을 가리키는 각운동량을 잰다. 이를 $+z$ 방향으로 정하면 각운동량 벡터는 $5\hat{k}$이다. z축을 달리 잡으면 같은 벡터를 예를 들어 $4\hat{j} + 3\hat{k}$로 기술할 수 있다. 같은 원자이지만, 기술 방식이 다르다.

따라서 양자역학적으로 에너지, 각운동량의 크기, 각운동량의 특정 성분을 모두 동시에 잰다고 하자. 해당 성분을 z 성분으로 잡으면 원자가 고유상태 ψ_{nlm_l} 중 하나에 있는 것으로 기술한다. 축을 달리 잡은 사람은 같은 원자를 E와 $|\vec{L}|$은 같지만 L_z는 다른 여러 고유상태의 중첩으로 기술할 것이고, 따라서 L_z는 명확한 값이 아니다. 같은 원자이지만, 기술 방식이 다르다.

그래서 수소 원자의 고유상태는 뭘까?

고유상태의 의미와 고유상태 간의 상호 작용에 대해 추상적인 설명을 듣다 보면 고유상태가 단지 수학적 함수라는 사실을 잊고 헤매기 쉽다. 예를 들어, 무한 사각 우물 속의 입자의 에너지 고유상태는 사인 함수다. 그래서, 여러분은 계속 나오는 수소 원자의 고유상태가 실제로 무엇인지 궁금할 것이다.

글쎄, 그것은 다음과 같다:

$$\psi_{nlm_l}(r, \theta, \phi) = \sqrt{\left(\frac{2}{na_0}\right)^3 \frac{(n-l-1!}{2n(n+l)!}}\, e^{-r/na_0}\left(\frac{2r}{na_0}\right)^l L_{n-l-1}^{2l+1}\left(\frac{2r}{na_0}\right) Y_l^{m_l}(\theta, \phi),$$

$$a_0 \equiv \frac{4\pi\epsilon_0\hbar^2}{m_e e^2}$$

겁내지 마라! § 7.3에서 괴상한 독립 변수를 소개한 다음 § 7.4에서 이 공식을 쪼개어 살펴볼 것이다. 그러면 수소 원자의 거동에 중요한 영향을 주는 인자와 사소한 인자를 구별할 수 있게 된다. 또한 슈뢰딩거 방정식을 풀어서 위의 식을 얻는 과정을 대강 알게 된다.

보정 및 일반화

수소 원자에 대한 양자역학적 기술은 아주 성공적이었다. 보어 모형은 에너지 준위를 나열하여 수소의 분광선을 예측할 수 있었지만 보어의 양자화는 이론적 근거가 없었다. 슈뢰딩거 방정식을 쓰면 이러한 에너지 E_n을 얻어 분광선의 특성을 정확하게 예측할 수 있다. 양자역학은 분광선 갈라짐(§ 7.7)과 들뜬 상태의 수명(고급 양자역학 강좌에서 다룸)과 같이 보어 모형이 설명할 수 없는 수소의 여러 속성을 보여준다. 그렇지만, 지금까지 설명한 대로 모형에 대한 몇 가지 제한 사항을 눈여겨봐야 한다.

첫 번째는 간단하고 고치기 쉽다. § 4.1에서 보어가 애초의 모형에서 전자 질량을 "환산 질량"으로 바꿔 실험 결과에 맞추었음을 상기하자:

$$\mu = \frac{m_e M}{m_e + M} \tag{7.1}$$

이 개념은 고전역학에서 나온 것으로, 전자(질량 m_e)와 핵(질량 M)이 모두 질량 중심에 대해 돈다는 점을 고려한 것이다. 핵은 질량이 전자의 수천 배이므로 핵의 운동을 무시하는 것은 합리적 어림법이다. [(7.1)은 $M \gg m_e$이므로 $\mu = m_e$로 두어도 정확하다.] 그러나 μ를 쓰면 방정식이 조금 더 정확해진다(문제 12 참조).

다른 제한사항은 훨씬 더 심각하다. 이 절의 모든 내용은 양성자 하나와 전자 하나로 된 수소 원자에 적용된다. 그렇다면 다른 원자는?

핵에 중성자를 더 넣어도 에너지 고유상태에는 영향이 거의 없다. 양성자를 더 넣어도 너무 많이 바뀌지는 않는다. 이온화된 헬륨 원자 또는 이중 이온화된 리튬 원자는 "수소-같은(hydrogen-like)" 원자의 예이다: 양성자 Z개와 전자 하나. 위의 파동함수에서 e^2을 Ze^2으로 바꾸면 된다. 그런 다음 에너지에 Z^2을 곱한다.

$$E = -\frac{Z^2}{n^2}\,\text{Ry}$$

하지만, 전자를 더 넣으면 상황이 매우 복잡해진다. 왜냐하면 전자는 핵뿐만 아니라 다른 전자와도 상호 작용하기 때문이다. 8장에서는 이러한 상호작용이 어떻게 주기율표의 풍부함을 만들어내는지 살펴본다.

7.1.2 물음과 문제: 수소 원자의 양자수

개념 물음 및 개념시험

1. 각 물리량이 나타내는 내용과 그것을 잴 때 쓰는 단위를 간단히 설명하라.

(a) l

(b) L_z

(c) ψ_{nlm_l}

2. $|\vec{L}|$와 L_z의 공식과 함께 제시한 값의 범위 $-l \le m_l \le l$은 각운동량 벡터의 크기와 z성분의 관계를 기술한다.
   (a) 어떤 벡터의 z성분이 그 벡터의 크기보다 더 크면 고약하다. (그렇지 않은가?) 설명에 제시한 식을 바탕으로 이 고약한 상황은 결코 생기지 않음을 보여라.
   (b) 위의 규칙은 L_z가 $|\vec{L}|$과 똑같은 것을 허용한다. l과 m_l이 얼마일 때 그러한 상황이 되며, 이 때 L_x와 L_y는 어떻게 되는가?

3. 수소 원자가 상태 $\psi_{3,2,1}$에 있다고 하자. L_z를 잰 다음 L_x를 재고, 다시 L_z를 잰다. 두 번 잰 L_z 값이 같을까? 왜?

4. 함수 $(1/2)\psi_{4,3,1} + (\sqrt{3}/2)\psi_{4,1,0}$은 에너지의 고유상태이지만 각운동량 크기의 고유상태는 아니다. 각운동량의 크기의 고유상태이지만 에너지의 고유상태는 아닌 상태가 있는가? 그렇다면 하나를 써 보고, 그렇지 않다면 이유를 대라.

심층 토론

5. 상태 $\psi_{3,2,1}$인 수소 원자의 각운동량의 x성분을 잰다고 하자. 그 뒤에도 그 수소 원자가 에너지 고유상태에 있을까?

6. 수소 원자에 대한 양자역학적 이해와 보어 모형이 일치하는 점과 다른 점을 목록으로 정리하라. 각 목록에 적어도 두 항목은 넣어라. 다른 점 목록에는 개념적 차이와 정량 차이를 적어도 하나씩은 넣어라.

문제

7. 상태 $\psi_{4,3,-3}$에 있는 수소 원자를 살펴보자.
   (a) 에너지를 재면 어떤 값이 나올까?
   (b) 각운동량의 크기를 재면 어떤 값이 나올까?
   (c) 각운동량의 z성분을 재면 어떤 값이 나올까?
   (d) 전자가 $n = 2$인 상태로 떨어지면 에너지가 얼마나 나올까?

8. 다음 상태의 수소 원자를 살펴보자. C는 상수이다:

$$\frac{1}{\sqrt{5}}\,\psi_{10,5,0} + \sqrt{\frac{2}{5}}\,\psi_{4,3,2} + C\,\psi_{4,2,1}$$

   (a) 상수 C를 구하라.
   (b) 에너지를 재어 얻을 수 있는 값과 확률을 구하라.

9. 다음 상태의 수소 원자를 살펴보자: $\psi(x, y, z) = \psi_{7,5,3}$.
   (a) 각운동량 벡터의 크기와 z 성분은 얼마인가?
   (b) L_x와 L_y는 모르지만 $L_x{}^2 + L_y{}^2$은 알 수 있다. 얼마인가?

10. z 축에 대한 각운동량 벡터의 각도를 θ_L로 나타내자. 임의의 수소 원자 고유상태에 대해 θ_L을 구하라.

11. 에너지 준위의 "겹침(degeneracy)"은 에너지가 같은 양자 상태의 수를 나타낸다.
   (a) 수소 원자의 바닥상태($n = 1$)에 에너지는 같지만 다른 상태 ψ_{nlm_l}가 얼마나 많은가?
   (b) $n = 2$, $n = 3$ 및 $n = 4$인 에너지 준위에 대해 (a)를 반복하라.
   (c) 수소 원자의 n번째 에너지 준위의 겹침에 대한 일반식을 써라. (수학적 증명이 아니라 경향성을 찾아라.)

12. 지구는 실제로는 태양 주위를 공전하지 않는다. 두 물체는 질량 중심에 대해 궤도 운동을 한다. 태양은 질량이 지구보다 훨씬 커서 질량 중심이 태양의 중심에 매우 가까우므로 얼추 태양은 질량중심에 서 있고 지구는 그 둘레를 돌고 있다고 할 수 있다. 그러나 근사하는 대신 "환산 질량" $\mu = m_1 m_2/(m_1 + m_2)$을 써서 두 물체 쌍을 단일 입자로 다루어 운동을 풀 수 있다. 양자역학에서도 같은 요령을 써서 전자-양성자 쌍을 환산 질량을 가진 단일 입자 계로 다룰 수 있다.
   (a) 수소 원자의 환산 질량을 구하라. (이것에 풀려면 몇 가지 상수를 찾아봐야 하고, μ와 m_e의 차이를 구하려면 소수점 아래 유효 숫자를 꽤 많이 남겨야 한다.)
   (b) 고유상태 ψ_{nlm_l}의 에너지는 풀려는 입자의 질량 m에 비례한다. 더 정확한 환산 질량 대신 전자 질량을 써서 생기는 오차의 백분율을 구하라.

7.2 삼차원 슈뢰딩거 방정식

일차원 문제는 양자역학 기법 개발에 좋은 훈련장이며 몇 가지 중요한 쓰임새도 있지만 실제 세상은 삼차원이다.[3] 이 절에서는 상자 속의 입자를 예로 들어 삼차원 양자역학을 소개한다. 이 절과 § 7.3 모두 수소 원자에 대한 슈뢰딩거 방정식의 해를 설명하는 § 7.4의 수학적 배경이 된다.

7.2.1 발견 연습: 2차원 무한 사각 우물

무한 사각 우물의 2차원 사례는 한 변의 길이가 L인 정사각형 상자이다. 입자는 그 속에서는 자유롭게 움직여 어디에나 있을 수 있지만 상자를 벗어날 수는 없다(그림 7.2).

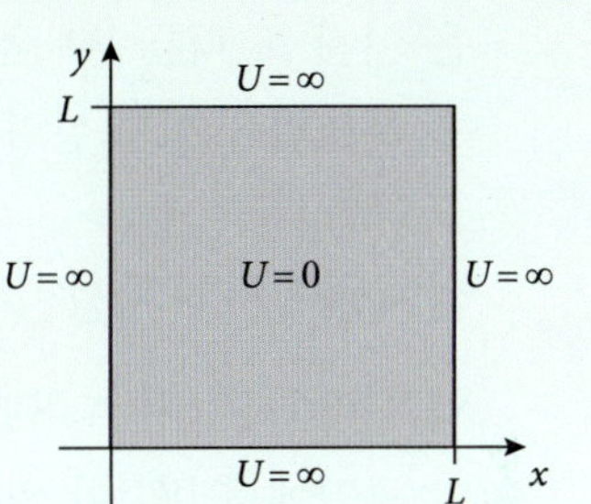

그림 7.2 2차원 상자 속의 입자의 위치 에너지는 다음과 같다: $0 \le x,\ y \le L$이면 $U = 0$; 그 영역 밖에서는 $U = \infty$

2차원 시간-불변 슈뢰딩거 방정식은 일차원 방정식과 같은 꼴인데, y에 대한 편도함수가 더 들어간다. 상자 속($U = 0$)에서는 다음과 같다:

$$-\frac{\hbar^2}{2m}\left(\frac{\partial^2\psi}{\partial x^2}+\frac{\partial^2\psi}{\partial y^2}\right)=E\psi \tag{7.2}$$

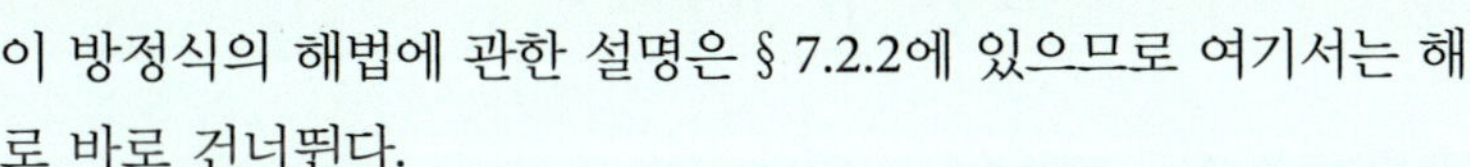

이 방정식의 해법에 관한 설명은 § 7.2.2에 있으므로 여기서는 해로 바로 건너뛴다.

$$\psi(x,y)=A\sin\left(\frac{a\pi}{L}x\right)\sin\left(\frac{b\pi}{L}y\right) \tag{7.3}$$

위치 에너지가 갑자기 뛰는 곳에서는 ψ는 미분 불가능할 수 있지만 여전히 연속이어야 한다. 상자 밖에서 $\psi(x, y) = 0$이어야 하므로 연속성에서 나오는 경계 조건은 4개인데, 그 중에서 둘은 다음과 같다: "$x = 0$에서 $\psi(x, y) = 0$" 및 "$y = 0$에서 $\psi(x, y) = 0$." [두 가지 조건은 이미 (7.3)에 넣었다. 확인해보라.]

1. 처음 두 조건과 유사하게 나머지 두 경계 조건을 써라.
2. (7.3)이 1에서 쓴 경계 조건에 맞으려면 a와 b는 어떤 값이 되어야 하는가?
3. 해[(7.3)]를 미분 방정식 (7.2)에 넣는다. 결과식을 풀어 에너지 E를 양자수 a와 b로 나타내라. 답에 x나 y가 들어가지 않는다.
   다음을 보라:
   www.cambridge.org/felder-modernphysics/checkyourself의 Check Yourself #9.
4. 2와 3의 답을 바탕으로 얻는, 이 입자에 허용된 최저 에너지는 $\pi^2\hbar^2/mL^2$이다. 그 다음 두 에너지 준위는 무엇인가?

3 끈 이론(String theory)에서는 차원이 더 많다고 본다.

7.2.2 설명: 삼차원 슈뢰딩거 방정식

일차원 문제에서는 시간-변화 파동함수 $\Psi(x,\ t)$는 2변수 함수이다. 시간-변화 슈뢰딩거 방정식에서 변수를 분리하면 시간-변화에 대한 일반 공식과 공간 파동함수 $\psi(x)$ 에 대한 상미분 방정식인 시간-불변 슈뢰딩거 방정식이 나온다.

삼차원에서는 파동함수가 $\Psi(x,\ y,\ z,\ t)$ 꼴이 되고, 시간-변화 슈뢰딩거 방정식에 변수 분리법을 쓰는 과정은 6장의 일차원의 사례와 매우 비슷하다. 그 결과로 얻는 함수 $T(t)$는 앞서와 같고, 다시 한 번 각 에너지 고유상태에 $e^{-iEt/\hbar}$가 붙음을 보여준다. 그러나 이제 공간 방정식에는 세 개의 독립적인 공간 변수 x, y, z가 들어간다. 따라서 일차원의 경우와 달리 시간-불변 슈뢰딩거 방정식은 이제 또 다른 편미분 방정식이다. 일부 위치 에너지 함수의 경우 세 공간 변수 모두에 대해 변수 분리법을 써서 상미분 방정식을 얻을 수 있다.

삼차원에서의 파동함수의 확률 해석

일차원에서 $|\psi|^2$은 어떤 영역에서 입자를 찾을 단위 길이당 확률을 나타낸다. 길이 L인 어떤 유한한 구간에서 $|\psi|^2$이 일정하다면, 그 구간에서 입자를 발견할 확률은 $|\psi|^2L$이다. 파동함수가 일정하지 않으면 곱셈 대신 적분을 한다.

$$P(x_1 \le x \le x_2) = \int_{x_1}^{x_2} |\psi|^2 dx$$

적절하게 규격화된 파동함수의 경우 $\int_{-\infty}^{\infty} |\psi|^2 dx = 1$이다.

삼차원에서는 $|\psi|^2$은 단위 부피당 확률이다. (이는 삼차원에서는 ψ의 단위가 일차원의 ψ와 다름을 뜻한다.) 따라서 $|\psi|^2$가 부피 V인 영역에서 일정하면, 그 영역에서 입자를 찾을 확률은 $|\psi|^2V$이다. 파동함수가 일정하지 않으면, 곱셈 대신 삼중 적분을 한다.

$$P(x_1 \le x \le x_2, y_1 \le y \le y_2, z_1 \le z \le z_2) = \int_{z_1}^{z_2} \int_{y_1}^{y_2} \int_{x_1}^{x_2} |\psi|^2\, dx\, dy\, dz$$

파동함수 ψ는 공간 전체에 대한 $|\psi|^2$의 적분이 1이 되도록 규격화한다.

이 절의 끝에 있는 문제 중 일부는 풀려면 다중 적분을 해야 한다. 이러한 문제는 분명히 표시되어 있다. 다중 적분을 할 줄 몰라도 이 절의 나머지 부분을 읽을 수 있다.

삼차원에서의 시간-변화 및 시간-불변 슈뢰딩거 방정식

삼차원 슈뢰딩거 방정식은 일차원 방정식과 거의 같아 보이지만 x 외에도 y 및 z에 대한 편도함수가 들어 있다.

$$-\frac{\hbar^2}{2m}\left(\frac{\partial^2 \Psi}{\partial x^2} + \frac{\partial^2 \Psi}{\partial y^2} + \frac{\partial^2 \Psi}{\partial z^2}\right) + U\Psi = i\hbar\frac{\partial \Psi}{\partial t} \quad \text{삼차원 시간-변화 슈뢰딩거 방정식.} \quad (7.4)$$

일차원에서 했던 것처럼 $\Psi(x,\ y,\ z,\ t) = \psi(x,\ y,\ z)T(t)$로 둔다. 문제 21에서 이것이 $T(t) = e^{-iEt/\hbar}$ (일차원에서와 똑같음)과 삼차원 시간-불변 슈뢰딩거 방정식으로 이어짐을 보여준다.

삼차원 시간-불변 슈뢰딩거 방정식 (직각 좌표계)

위치 에너지 함수 $U(x, y, z)$의 영향을 받는 입자의 에너지 고유상태가 다음과 같다.

$$\Psi(x, y, z, t) = \psi(x, y, z)e^{-iEt/\hbar}$$

여기서 공간 함수 $\psi(x, y, z)$는 시간-불변 슈뢰딩거 방정식의 해이다:

$$-\frac{\hbar^2}{2m}\left(\frac{\partial^2\psi}{\partial x^2} + \frac{\partial^2\psi}{\partial y^2} + \frac{\partial^2\psi}{\partial z^2}\right) + U\psi = E\psi \tag{7.5}$$

§ 7.4는 수소 원자의 시간-불변 슈뢰딩거 방정식을 풀어 에너지 고유상태를 찾는 과정을 설명한다. 이 절에서는 더 간단한 (그러나 여전히 중요한) 삼차원 문제를 푸는 과정을 설명한다.

삼차원 상자 속의 입자

일차원에서 했던 것처럼 무한 위치 에너지 우물로 시작하자. 입자는 너비가 L인 정육면체 상자 안에서 자유롭게 움직일 수 있다. 그 입자는 그 상자를 벗어날 수 없지만 벽과 (탄성) 충돌할 때를 빼면 상자 안에서 아무 힘도 받지 않는다. 그 상황을 상자 안에서는 $U = 0$, 상자 밖에서는 $U = \infty$으로 기술할 수 있다(그림 7.3).

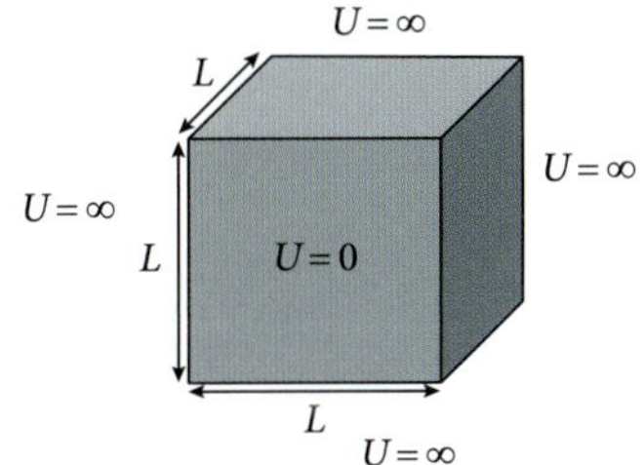

그림 7.3 삼차원 상자 속의 입자. 위치 에너지는 다음과 같다: $0 \le x, y, z \le L$이면 $U = 0$; 그 영역 밖에서는 $U = \infty$

$U = \infty$이면 $\psi = 0$이다 (문제 22). 이것은 입자가 상자 밖으로 나갈 수 없음을 알려준다. (어쨌든 그것을 알고 있었기를 바란다.)

상자 속에서는 (7.5)는 다음과 같다:

$$-\frac{\hbar^2}{2m}\left(\frac{\partial^2\psi}{\partial x^2} + \frac{\partial^2\psi}{\partial y^2} + \frac{\partial^2\psi}{\partial z^2}\right) = E\psi \tag{7.6}$$

변수 분리법을 써서 $\Psi(x, y, z, t) = \psi(x, y, z)\ T(t)$로 두어 시간-변화 슈뢰딩거 방정식을 시간-불변 방정식으로 바꿨다. 이제 다시 또 변수 분리법을 쓴다. $\psi(x, y, z) = X(x)\ Y(y)\ Z(z)$를 (7.6)에 넣고 양쪽을 ψ로 나누어 x를 다른 두 변수와 분리한다. 문제 23에서 이러한 과정을 진행하면 다음 식을 얻는다.

$$-\frac{X''(x)}{X(x)} = \frac{Y''(y)}{Y(y)} + \frac{Z''(z)}{Z(z)} + \frac{2mE}{\hbar^2} \tag{7.7}$$

이 방정식에서는 에너지 E를 상수로 본다는 점을 기억하라. (시간-불변 슈뢰딩거 방정식을 끌어낼 때 분리 상수로 도입했다.)

다음 단계는 (7.5)를 얻으면서 쓴 것과 같은 착상을 따른다. (7.7)의 왼쪽은 x만의 함수이고 오른쪽은 y와 z의 함수이므로 양쪽이 똑같은 상수가 되어야 한다. 문제 24에서 이 상수가 양수임을 보이고, 그것을 k^2으로 둘 것이다.

(7.7)의 왼쪽을 새 상수와 같게 두면 $X(x)$를 풀 수 있다.

$$-\left(\frac{X''(x)}{X(x)}\right) = k^2 \quad \rightarrow \quad X''(x) = -k^2 X(x) \tag{7.8}$$

이것은 일차원 무한 사각 우물에서 $\psi(x)$에 대해 풀었던 것과 똑같은 방정식이며 경계 조건도 같다. (유일한 차이점은 상수의 이름이다.) 문제 25에서 $X(x)$는 다음과 같다:

$$X(x) = A \sin\left(\frac{a\pi}{L}x\right) \quad a\text{는 정수} \tag{7.9}$$

이것이 일차원 문제와 다른 점은 이것이 전체 에너지 고유상태가 아니라는 것이다. $Y(y)$와 $Z(z)$도 구해야 한다.

그러려면 (7.7)로 돌아간다. 식의 좌변이 k^2이면 우변도 그래야 한다.

$$\frac{Y''(y)}{Y(y)} + \frac{Z''(z)}{Z(z)} + \frac{2mE}{\hbar^2} = k^2 \tag{7.10}$$

능동 읽기 연습: Y와 Z에 대한 방정식

변수 분리법을 써서 (7.10)을 두 개의 상미분 방정식으로 바꾸어라. 하나는 $Y(y)$에 대한 것이고 다른 하나는 $Z(z)$에 대한 것이다. 두 방정식 모두 위에서 k^2을 도입했듯이 새 상수 p^2을 도입한다. (방정식 중 하나에는 여전히 k^2이 남아 있다.)

Y 방정식은 $Y'' = -p^2 Y$이고 해는 $Y(y) = C\sin(py)$이다. 여기서 $p = b\pi/L$이고 b는 정수이다.

Z 방정식은 다음과 같다.

$$Z''(z) = -\left(\frac{2mE}{\hbar^2} - k^2 - p^2\right) Z(z)$$

이것이 겉보기에는 X 및 Y 방정식보다 더 복잡해 보이지만 실제로는 같다. 그것처럼, Z''는 Z에 음수를 곱한 것과 같다. 그 상수를 새로 정의하면 식이 더 간단해진다: $q^2 = 2mE/\hbar^2 - k^2 - p^2$. 이제 Z에 관한 방정식은 X 및 Y에 관한 방정식과 똑같은 꼴이고, 해는 $Z(z) = F\sin(qz)$이다. 여기서 $q = c\pi/L$이고 c는 정수이다.

이제 이 계의 에너지 고유상태를 다음과 같이 꾸밀 수 있다: $\psi(x, y, z) = X(x)\ Y(y)\ Z(z)$. 임의의 상수는 규격화에 따라 결정된다. 문제 26 참조. 또한 각 고유상태의 에너지 E는 식 $q^2 = 2mE/\hbar^2 - k^2 - p^2$을 풀어 구할 수 있다. 두 경우 모두 최종 답은 k, p, q가 아닌 양자수 a, b, c로 나타낸다.

삼차원 정육면체 상자 속의 입자의 고유상태

범위가 세 방향 모두 0에서 L까지인 정육면체 속에 갇혀 힘을 받지 않는 입자의 에너지 고유상태는 다음과 같다.

$$\psi_{abc}(x,y,z) = \sqrt{\frac{8}{L^3}} \sin\left(\frac{a\pi}{L}x\right) \sin\left(\frac{b\pi}{L}y\right) \sin\left(\frac{c\pi}{L}z\right) \tag{7.11}$$

$$E_{abc} = \frac{\pi^2\hbar^2}{2mL^2}\left(a^2+b^2+c^2\right) \tag{7.12}$$

정수 a, b, c의 각 조합이 저마다 다른 에너지 고유상태에 해당함을 나타내고자 ψ 및 E에 아래 글자를 달았다.

예: 삼차원 정육면체 상자 속의 입자의 고유상태

위에서 설명한 상자 속의 어떤 입자의 상태가 다음과 같다:

$$\psi(x,y,z) = \frac{1}{\sqrt{3}}\sqrt{\frac{8}{L^3}} \sin\left(\frac{\pi}{L}x\right) \sin\left(\frac{2\pi}{L}y\right) \sin\left(\frac{\pi}{L}z\right) + \sqrt{\frac{2}{3}}\sqrt{\frac{8}{L^3}} \sin\left(\frac{2\pi}{L}x\right) \sin\left(\frac{\pi}{L}y\right) \sin\left(\frac{3\pi}{L}z\right)$$

1. 이 입자의 에너지를 재면 어떤 결과를 얻는가?
   답: 이 파동함수는 $(1/\sqrt{3})\psi_{1,2,1} + \sqrt{2/3}\psi_{2,1,3}$이다. 따라서 에너지를 재면 $E = (1^2 + 2^2 + 1^2)\hbar^2\pi^2/2mL^2 = 3\hbar^2\pi^2/2mL^2$ 를 얻을 확률이 1/3이고, $E = (2^2 + 1^2 + 3^2)\hbar^2\pi^2/2mL^2 = 7\hbar^2\pi^2/mL^2$를 얻을 확률이 2/3이다
2. 이 입자의 에너지를 다시 또 재면 어떤 결과를 얻는가?
   답변: 첫째 측정에서 파동함수가 하나의 고유상태로 붕괴되었으므로 다시 또 재면 처음에 잰 값과 똑같은 결과를 얻는다.

상자 속의 입자, 숨 돌리기 1: 무엇을 했지?

위에서 해를 얻는 과정에서 수식이 복잡하고 길어 나무는 보았지만, 숲은 못 보았을 수 있다. 따라서 앞서 했던 일을 되새기자.

1. 늘 그렇듯이 문제의 위치 에너지 함수를 시간-불변 슈뢰딩거 방정식에 넣었다. 이 경우 $U = 0$을 넣은 결과가 (7.6)이다.

지금까지는 일차원 문제와 같다. 그러나 (7.6)은 세 변수에 대한 편미분 방정식이고, 한 번에 하나씩 분리해야 한다.

2. 변수 분리 해 $\psi(x, y, z) = X(x)\ Y(y)\ Z(z)$ 를 (7.6)에 넣었다.
3. 모든 x 함수를 한쪽에, y와 z 함수를 다른 쪽에 모으고 양쪽을 상수로 정했다. 그 결과 두 개의 방정식으로 분리되었다: 하나는 $X(x)$에 관한 것이고 다른 하나는 $Y(y)$ 및 $Z(z)$에 관한 것이다.
4. $X(x)$에 관한 상미분 방정식을 풀고 경계 조건을 적용했다. 그 결과 정수 양자수 a가 도입되었다.

5. 그 다음 Y와 Z에 관한 편미분 방정식을 살펴보았다. 이것도 변수를 분리하면 Y와 Z에 관한 상미분 방정식이 되었다.
6. 끝으로 Y와 Z에 관한 방정식을 풀었다. 각 해는 또 다른 양자수의 도입으로 이어졌다. 세 양자수는 완전히 독립적이 아니다. 그들은 애초의 미분 방정식의 상수 E와 관련이 있다.

최종 결과는 식 (7.11)과 (7.12)이다.

§ 7.4에서 수소 원자의 에너지 고유상태를 풀 때 수식이 다소 복잡해지고 모든 방정식을 손으로 풀 수는 없지만 그래도 위에서 설명한 것과 똑같은 단계를 거쳐야 한다.

상자 속의 입자, 숨 돌리기 2: 무엇을 얻었지?

흔히 하는 실수는 위에서 구한 슈뢰딩거 방정식의 해를 다음과 같이 해석하는 것이다: "입자가 가질 수 있는 파동함수"(틀림) 또는 "입자가 갖도록 허용되는 모든 파동함수"(더 정교하지만 여전히 틀림). 위의 삼차원 상자 속 입자의 파동함수는 다음 조건만 모두 맞으면 어떤 함수든 될 수 있다: 어디에서나 연속이고, 무한 우물의 경계에서 불연속을 제외하면 미분 가능하고, 규격화되는 것.

위에서 구한 것은 이 상자 속에 있는 입자의 (파동함수가 아니라) 에너지 고유상태이다. 그것이 무엇을 뜻하는지 잘 살펴보자.

- 어떤 양의 정수 a, b, c에 대한 입자의 파동함수가 (7.11)과 같다면 그 입자는 일정한 에너지 고유상태에 있다. 그 에너지는 (7.12)와 같다.
- 에너지 고유상태는 또한 "정상 상태"이다. 입자가 이러한 상태 중 하나에 있으면 위치 및 운동량과 같은 측정량에 대한 확률 분포는 시간 불변이다.
- 입자가 에너지 고유상태에 있지 않다면 그 파동함수는 이들 고유상태의 선형 결합으로 쓸 수 있다.

$$\psi(x, y, z)=\sum_{a,b,c=1}^{\infty} c_{abc}\psi_{abc}(x, y, z) \tag{7.13}$$

  각 에너지 고유상태에 대해 $|c_{abc}|^2$은 입자의 에너지를 잰 결과가 E_{abc}일 확률이다. 확률 $|c_{abc}|^2$의 합은 1이어야 한다. (에너지를 잴 때 어떤 결과든 확률의 합은 1이 되어야 한다.)
- 끝으로 에너지 고유상태는 시간 변화를 예측하는 핵심이다. 파동함수를 에너지 고유상태의 합으로 쓴 다음 (방금 논의한 대로) 고윳값이 E인 각 개별 고유상태에 $e^{-iEt/\hbar}$를 곱한다.

입자에 허용된 최저 에너지는 $3\pi^2\hbar^2/2mL^2$이며 입자가 "바닥상태" $\psi_{1,1,1}$에 있을 때의 에너지다.

다음 준위는 "첫째 들뜬 상태" $\psi_{2,1,1}$이고, 에너지는 $3\pi^2\hbar^2/mL^2$이다. 그런데, 상태 $\psi_{1,2,1}$ 및 $\psi_{1,1,2}$도 에너지는 같다. 그래서 이 입자의 첫째 들뜬 상태는 에너지가 똑같은 상태가 셋이므로 "겹침"이 3이다. 이러한 겹친 상태는, 입자에 허용된 에너지는 같지만, 어떤 속성이 다른 상태가 있음을 보여준다. 예를 들어 각 상태는 입자의 위치에 대한 확률 분포가 서로 다르다(문제 16). 그러나 입자가 이들 상태 중 하나에 있든 또는 이들 상태의 선형 결합에 있든 그 입자의 에너지는 값이 명확하다. 문제 18에서 이 상자에 대한 다양한 에너지 준위의 겹침을 살펴본다.

7.2.3 물음과 문제: 삼차원 슈뢰딩거 방정식

개념 물음 및 개념시험

1. 아래의 각 물리량의 단위와 이 절에서 설명한 내용을 간단히 설명하라.

(a) $\psi(x, y, z)$

(b) $X(x)$ (이것은 단위가 없다.)

(c) ψ_{abc}

(d) E_{abc}

(e) c_{abc}

2. 방정식 $f(x, y) = g(x, t)$에 대해 내릴 수 있는 결론을 다음 중 어떤 것인가? (하나를 골라라.)

A. 이 방정식은 어떤 함수에도 성립하지 않는다.

B. 양측은 x의 함수일 수 있지만 y나 t의 함수는 아니다.

C. 양측은 y와 t의 함수일 수 있지만 x의 함수는 아니다.

D. 양변이 상수여야 한다.

E. 해당 없음.

3. 모양이 같은 상자 A와 B가 있는데, 상자 A에는 상태가 $\psi_{1,2,1}$인 입자가, 상자 B에는 상태가 $\psi_{1,3,1}$인 입자가 들어있다. 어느 상자에서 $y = L/2$ 근처에서 입자를 찾을 확률이 더 큰가?

4. 왜 상자 안에 있는 입자의 에너지 고유상태는 상자의 경계에서 값이 0이어야 하는가?

5. 두 정육면체 상자 A와 B 각각에 든 입자가 바닥상태에 있다. 한 변의 길이가 A는 1 m, B는 2 m이다. 어느 상자의 중심에서의 $|\psi|^2$이 더 큰가? (하나를 골라라.)

A. 상자 A

B. 상자 B

C. $|\psi|^2$의 값은 같다.

6. 위치 에너지 함수가 $U(w, x, y, z)$인 4차원 공간이 있다고 하자.

(a) 시간-변화 슈뢰딩거 방정식을 풀려면 변수 분리를 몇 번 해야 하는가?

(b) 시간-불변 슈뢰딩거 방정식을 풀려면 변수 분리를 몇 번 해야 하는가?

(c) 다섯 함수 $W(w)$, $X(x)$, $Y(y)$, $Z(z)$, $T(t)$ 중에서 지금 아는 것은 어떤 것이고, 어떤 꼴인가?

7. 다음 중 한 변의 길이가 L인 삼차원 정육면체 상자에 든 입자에 허용된 파동함수는 무엇인가? (해당되는 것을 모두 골라라. 상수 A와 B는 규격화 상수이다.)

A. $\psi(x, y, z) = A\sin(\pi x/L)\sin(\pi y/L)\sin(\pi z/L)$

B. $\psi(x, y, z) = A\sin(\pi x/L)\sin(\pi y/L)\sin(\pi z/L) + B\sin(\pi x/L)\sin(2\pi y/L)\sin(\pi z/L)$

C. $\psi(x, y, z) = A\sin(\pi x/L)\sin(\pi y/L)\cos(\pi z/L)$

D. $\psi(x, y, z) = A\sin(\pi x/L)\sin(\pi y/L)z(z - L)$

심층 토론

8. 함수 $\psi_{1,1,1}$은 상자 안에 있는 입자의 유일한 바닥상태를 나타낸다. 즉, 에너지가 $3\pi^2\hbar^2/2mL^2$인 입자에 허용된 유일한 파동함수이다. 그 다음 에너지 준위는 겹침이 3으로, 상태 $\psi_{2,1,1}$, $\psi_{1,2,1}$, $\psi_{1,1,2}$ 모두 에너지는 똑같이 $3\pi^2\hbar^2/mL^2$ 이다. 에너지가 같은 그 입자의 다른 상태를 써라. 에너지가 $3\pi^2\hbar^2/mL^2$인 다른 상태는 몇 개나 되는가? **실마리:** a, b 및 c의 값의 조합이 다르면 에너지도 다르다.

9. 상자 속에서 $U = 0$이 아니라 $U = U_0$(상수)가 되면 (7.11)과 (7.12)는 어떻게 바뀌는가?

10. 무한히 긴 정사각형 관($0 \le x,\ y \le L,\ 0\ \le z \le \infty$에서 $U = 0$) 속에 든 입자의 에너지 고유상태는 무엇인가?

문제

11. 2차원 영역에 갇힌 입자의 파동함수 $\psi(x, y)$를 구했다고 하자. 대부분의 함수와 마찬가지로 이 파동함수는 충분히 작은 영역 안에서는 일정하다고 볼 수 있다.

(a) 한 변의 길이가 0.01m인 정사각형에서 $\psi \backsimeq 4\ \text{m}^{-1}$ 임을 알았다. 그 사각형에서 입자를 찾을 확률을 추정하라.

(b) 한 변의 길이가 0.01 m인 다른 정사각형에서 $\psi \approx -4\ \text{m}^{-1}$임을 알았다. 그 사각형에서 입자를 찾을 확률을 추정하라.

(c) 반지름이 0.01 m인 원에서 $\psi \approx (3 + 4i)\ \text{m}^{-1}$임을 알았다. 그 원에서 입자를 찾을 확률을 추정하라.

12. 어떤 삼차원 영역에 있는 입자의 파동함수 $\psi(x, y, z)$를 구했다고 하자. 대부분의 함수와 마찬가지로 이 파동함수는 충분히 작은 영역 안에서는 일정하다고 볼 수 있다.

(a) 한 변의 길이가 0.01m인 정육면체에서 $\psi \approx 2\ \text{m}^{-3/2}$임을 알았다. 그 육면체에서 입자를 찾을 확률을 추정하라.

(b) 한 변의 길이가 0.01 m인 다른 정육면체에서 $\psi \approx -2\ \text{m}^{-3/2}$임을 알았다. 그 육면체에서 입자를 찾을 확률을 추정하라.

(c) 반지름이 0.01 m인 원에서 $\psi \approx (5 - 12i)\ \text{m}^{-3/2}$임을 알았다. 그 원에서 입자를 찾을 확률을 추정하라. (공식을 Google에서 찾아야 할 수도 있다.)

13. 그림 7.4는 2차원 입자의 파동함수를 보여준다.

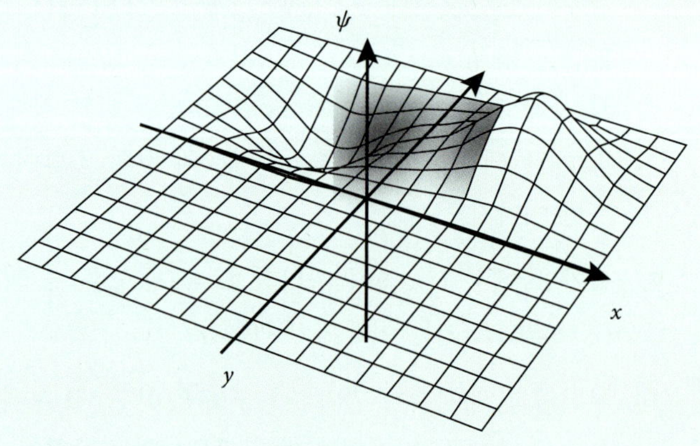

그림 7.4

(a) 영역 $x < 0$ 또는 $x > 0$ 어디에서 입자를 찾을 확률이 더 높을까, 아니면 두 영역이 같을까?

(b) 영역 $y < 0$ 또는 $y > 0$ 어디에서 입자를 찾을 확률이 더 높을까, 아니면 두 영역이 같을까?

(c) 친구 영희에게 입자의 위치를 재고 y의 부호만 알려달라고 했다. 그녀는 돌아와서 $+y$에서 입자를 찾았다고 전한다. 그렇다면 그녀가 영역 $x < 0$ 또는 $x > 0$ 어디에서 그것을 찾았을 확률이 더 높겠는가, 아니면 두 영역의 확률이 같겠는가?

14. 그림 7.5는 이차원 입자의 파동함수를 보여준다. 그림에는 왼쪽 아래에서 오른쪽 위로 가는 깊고 좁은 구덩이가 있다.

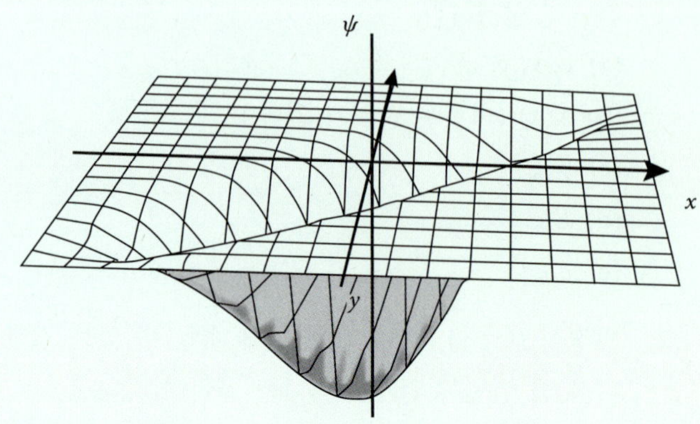

그림 7.5

(a) 영역 $x < 0$ 또는 $x > 0$ 어디에서 입자를 찾을 확률이 더 높을까, 아니면 두 영역이 같을까?

(b) 영역 $y < 0$ 또는 $y > 0$ 어디에서 입자를 찾을 확률이 더 높을까, 아니면 두 영역이 같을까?

(c) 친구 철수에게 입자의 위치를 재고 y의 부호만 알려달라고 했다. 그는 돌아와서 $+y$에서 입자를 찾았다고 전한다. 그렇다면 그가 영역 $x < 0$ 또는 $x > 0$ 어디에서 그것을 찾았을 확률이 더 높겠는가, 아니면 두 영역의 확률이 같겠는가?

15. 너비 L인 정육면체 속에 바닥상태인 입자가 있다. 이 문제에서는 $L = \hbar = 1$로 두어, 숫자를 단순하게 유지한다.

(a) $z = 0$, 1/4, 1/2, 3/4 및 1에서 x 및 y의 함수로 $\psi(x, y, z)$를 그려 다섯 개의 도표를 보여라.

(b) 입자를 찾을 확률이 가장 큰 z 값은 어디인가?

(c) 5개의 도표를 바탕으로 상자의 어떤 곳에서 입자를 찾을 확률이 가장 큰가?

(d) 입자가 $\psi_{2,1,1}$ 상태에 있으면 답이 바뀌는가? 이것은 도표를 새로 그려서 답할 수도 있지만, 함수를 보고서도 답할 수 있다. 어느 쪽이든 답의 근거를 말해야 한다. 바뀐다면, 이 새 상태에서 입자를 찾을 확률이 가장 높은 곳은 어디인가?

16. 설명에서 살펴본 삼차원 상자 속의 입자의 상태 $\psi_{1,2,1}$

및 $\psi_{1,1,2}$를 생각하자.

(a) 각 상태의 파동함수를 적어라.

(b) 각 상태의 에너지를 셈하라.

(c) 상자 A에는 상태 $\psi_{1,2,1}$인 입자가, 상자 B에는 상태 $\psi_{1,1,2}$인 입자가 들어있다. $y = L/2$ 근처에서 입자를 찾을 확률이 더 큰 상자는 어느 것인가?

17. 삼차원 정육면체 상자 속의 입자의 상태가 다음과 같다:

$$\psi(x,y,z) = \sqrt{\frac{2}{L^3}}\sin(3\pi x/L)\sin(\pi y/L)\sin(4\pi z/L) + \sqrt{\frac{4}{L^3}}\sin(2\pi x/L)\sin(\pi y/L)\sin(2\pi z/L) + \sqrt{\frac{2}{L^3}}\sin(\pi x/L)\sin(4\pi y/L)\sin(3\pi z/L)$$

(a) (7.13)과 유사하게 계수와 고유 함수의 곱 꼴로 고쳐 써라. 각 고유함수에는 인자 $\sqrt{8/L^3}$이 붙어야 하므로, 첫째 계수는 $\sqrt{2/L^3}$가 아니다

(b) 이 입자의 에너지를 잴 때 얻을 수 있는 값과 확률을 구하라. **실마리:** 확률에 단위가 붙어 나온다면, 뭔가 잘못된 것이다.

(c) 에너지를 또 재면 어떤 값을 얻을까?

18. (7.12)는 무한 사각 우물 속의 입자의 고유상태 ψ_{abc}의 에너지이다.

(a) 상태 $\psi_{2,1,1}$의 에너지는 $3\pi^2\hbar^2/mL^2$이다. 에너지가 같은, 다른 고유상태를 두 개 써라.

(b) $\psi_{2,1,1}$과 에너지가 같은, 다른 고유상태가 둘 더 있으므로 이들 상태는 "겹침"이 3이다. $\psi_{2,2,1}$의 겹침은 몇인가?

(c) 겹침이 $\psi_{2,2,1}$ 보다 더 많은 에너지 준위를 구하라. 그 에너지가 있는 고유상태를 나열하여 답이 맞음을 보여라.

19. 다음 파동함수를 살펴보자:

$$\psi(x,y,z) = \sqrt{\frac{8}{L^3}}\sin\left(\frac{2\pi}{L}x\right)\sin\left(\frac{3\pi}{L}y\right)\cos\left(\frac{4\pi}{L}z\right)$$

(a) 이 함수가 삼차원 상자 속의 입자의 슈뢰딩거 방정식 (7.6)의 해임을 보여라.

(b) 이것이 삼차원 상자 속에 있는 입자에 맞는 파동함수가 아닌 이유를 설명하라. ["해는 (7.11)이고 이것은 그것과 다르기 때문"이라고 하지 마라. 묻는 바는 (7.11)을 얻을 때 코사인 함수를 버린 이유이다.]

20. (7.11)은 삼차원 상자에 속의 입자의 에너지 고유상태 ψ_{abc}이다.

(a) 상태 $\psi_{1,1,1}$를 써라.

(b) (a)의 상태에서 ψ가 최대인 곳은 어디인가?

(c) 이 입자의 위치를 여러 번 잴 때 자주 발견할 수 있는 곳은 가운데와 테두리 어느 곳인가?

(d) 상태 $\psi_{2,2,2}$를 써라. 이 상태의 입자가 상자 중앙에 있을 확률은 상태 $\psi_{1,1,1}$에 있을 때 보다 더 큰가, 더 작은가?

(e) 입자를 $\psi_{1,1,1}$에서 $\psi_{2,2,2}$로 올리는데 필요한 에너지는 얼마인가?

문제 21–26에서는 § 7.2.2의 설명에서 빠진 단계를 채운다.

21. 이 문제에서는 변수 분리법을 써서 삼차원 에너지 고유상태의 시간 및 공간 변화를 구한다.

(a) 변수 분리해 $\Psi(x, y, z, t) = \psi(x, y, z)T(t)$를 (7.4)에 넣어라.

(b) 다음 단계는 한쪽에는 모든 공간 함수를, 다른 쪽에는 모든 시간 함수를 모으는 것이다. 방정식의 양변을 $\psi(x, y, z)T(t)$로 나누어 그 결과를 써라.

(c) 방정식의 양변이 왜 상수여야 하는지 설명하라.

(d) 양변을 상수 E로 둔다. 결과 방정식 중 하나는 (7.5)가 되어야 한다. 아니면 지금까지의 수식을 다시 살펴보라.

(e) 다른 쪽은 $T(t)$에 대한 상미분 방정식이어야 한다. 방정식을 풀어 $T(t)$를 구하라.

22. $U \to \infty$인 영역에서 (7.5)는 $\psi \to 0$일 때만 충족될 수 있는 이유를 설명하라. 물리적 논리가 아닌 수식을 써서 답해야 한다.

23. (7.6)에서 (7.7)으로 가는 데 필요한 단계를 채워라.

24. (7.8)에서는 변수 분리할 때 생기는 상수를 써서 $X(x)$에 대한 상미분 방정식을 정한다. 그 상수를 k^2으로 두어 양수임을 나타냈다. 그 반대로 $-k^2$으로 두어 음수라 하자 (이 문제 전체에서 파동함수, 변수, k와 같

은 상수 등 모든 것이 실수로 가정한다.)

(a) $X(x)$에 대한 상미분 방정식을 써라. (이것은 앞서 쓴 방정식과 거의 같게 보인다.)

(b) 일반해를 써라. (이것은 앞서 구한 해와는 달리 보인다. 실제로 사인이나 코사인이 들어가지 않는다.)

(c) 이 해가 $x = 0$ 및 $x = W$에서 0인 경계 조건에 왜 맞지 않는지 설명하라. 이것이 양의 상수를 주장한 이유이다!

25. (7.8)의 일반해를 써라. (2계 방정식이므로 임의 상수는 두 개이다.) 그런 다음 $X(x)$에 대한 경계 조건을 쓰고 (7.9)로 이어지는 과정을 보여라. k와 양자수 a의 관계를 확인하고 a가 정수임을 수학적으로 보여라. **실마리:** ψ가 늘 0인 x 값에서 $X(x)$도 0이어야 한다.

26. **[이 문제는 다변수 미적분학의 주제인 다중 적분이 필요하다.]** 상자에 있는 입자의 에너지 고유상태는 $\psi_{abc} = A_{abc}\sin(a\pi x/L)\sin(b\pi y/L)\sin(c\pi z/L)$이다. 여기서 a, b 및 c는 양의 정수; A_{abc}는 임의 상수이다. "임의"라는 뜻은 A_{abc}의 모든 값이 슈뢰딩거 방정식과 경계 조건을 만족시키는 A_{abc} 중 아무 값이라는 뜻이다. 그러나 사실 A_{abc} 중 한 값만이 규격화 조건에 맞으며, 이 문제에서는 그 값을 구한다.

(a) 임의의 영역에 대한 $|\psi|^2$의 적분은 그 영역에서 입자를 찾을 확률이다. 입자가 에너지 고유상태 $\psi_{1,1,1}$에 있다고 하자. 상자 속 어디에서든 입자를 찾을 확률을 나타내는 삼중 적분 식을 꾸미고 그 값을 구하라. 답에는 상수 $A_{1,1,1}$이 들어간다.

(b) 육면체 속에서 입자를 발견할 총 확률은 1이어야 한다. (a)의 답을 1로 두어 $A_{1,1,1}$을 구하라.

(c) $\psi_{1,1,2}$에 대해 (a)와 (b)를 반복하여 앞의 상수 $A_{1,1,2}$를 구하라.

27. 다음 미분 방정식에 대한 모든 분리해를 구하라:

$$\frac{\partial^2 f}{\partial x^2} + \frac{\partial f}{\partial y} + z\frac{\partial f}{\partial z} = 0$$

독립 변수가 셋이므로 변수 분리를 두 번 해야 한다.

28. **이차원 상자 속의 입자**

§ 7.2.2의 설명에서는 정육면체에 갇힌 입자의 에너지 고유상태를 구했다. 사각형 상자에 갇힌 입자에 대해 같은 일을 반복하라. 즉, 0 x, $y \le L$에서는 $U = 0$이고, 다른 곳에서는 $U = \infty$이다. 에너지 고유상태 $\psi_{ab}(x, y)$ 및 관련 에너지 E_{ab}를 구하라.

29. **직육면체 상자 속의 입자**

§ 7.2.2의 설명에서는 정육면체에 갇힌 입자의 에너지 고유상태를 구했다. 직육면체 상자에 갇힌 입자에 대해 같은 일를 반복하라. 즉, $0 \le x \le L$, $0 \le y \le W$, $0 \le z \le H$에서는 $U = 0$이고, 다른 곳에서는 $U = \infty$이다. 에너지 고유상태 ψ_{abc} 및 관련 에너지 E_{abc}를 구하라.

30. § 7.2.2의 설명과 같이 입자가 정육면체 상자에 갇혀 있다. 단, 이번에는 위치 에너지 함수는 $U = mgz$이다(mg는 상수). (정육면체 밖에서 $U = \infty$이다.) 시간-불변 슈뢰딩거 방정식을 쓰고 변수 분리법을 써서 $X(x)$, $Y(y)$, $Z(z)$ 에 대한 상미분 방정식을 구하라. 이 방정식을 풀 필요는 없다.

7.3 수학 간주곡: 구 좌표

2차원 문제의 일부는 더 친숙한 x와 y의 직각좌표 대신 극 좌표를 쓰면 더 편리함을 알았다. 삼차원 구대칭 문제는 "구 좌표"를 쓰면 가장 편리하다. 따라서 수소 원자를 살펴보기 전에 이 낯선 좌표계를 설명하고자 잠시 쉰다.

7.3.1 발견 연습: 극 좌표

평면에서 점의 위치를 정할 때 "직각 좌표" x와 y를 쓰거나, "극 좌표" ρ와 ϕ를 쓸 수 있다: ρ는 원점까지의 거리, ϕ는 $+x$축에 대한 각도이다(그림 7.6).[4]

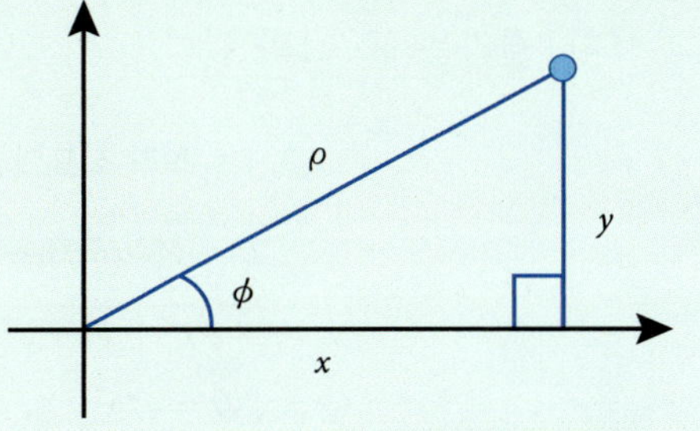

그림 7.6 평면의 한 점의 직각 좌표와 극 좌표

1. ρ와 ϕ를 알 때 x와 y를 구하는 함수를 써라. (그림에서 이러한 함수를 빠르게 볼 수 있어야 한다.)
2. x와 y를 알 때 ρ와 ϕ를 구하는 함수를 써라.
   다음을 보라:
   www.cambridge.org/felder-modernphysics/checkyourself, Check Yourself #10.
3. 다음 조건에 맞는 점의 영역을 그려라: $2 \le \rho \le 3$
4. 다음 조건에 맞는 점의 영역을 그려라: $0 \le \phi \le \pi/2$
5. 극 좌표계에서는 $(5, \pi/2)$와 $(5, 9\pi/2)$가 같다. 같은 점을 나타내는 또 다른 (ρ, ϕ) 좌표값을 제시하라.

7.3.2 설명: 구 좌표

직각 좌표 x, y 및 z는 삼차원 공간 속의 점을 찾는데 가장 흔히 쓰는 방법이지만 다른 좌표계도 쓸 수 있다. 수소 원자에 가장 유용한 좌표계는 "구 좌표계"이다.

- r(반지름): 원점까지의 거리
- θ(극각): $+z$축으로부터의 각도
- ϕ(방위각): xy 평면에서 $+x$축에서 시작하여 $+y$축으로 가는 각도(위에서 보아 반시계 방향)

그림 7.7은 직각 좌표와 구 좌표가 표시된 점 (r, θ, ϕ)를 보여준다. 또한 그 점을 xy 평면에 투영

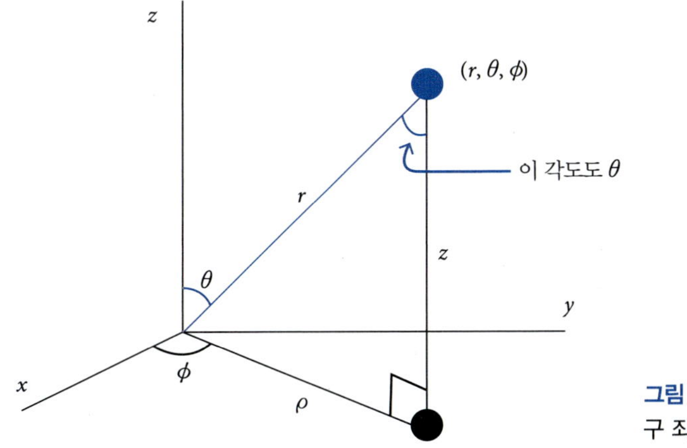

그림 7.7 직각 좌표와 구 좌표의 관계

4 극 좌표로 ρ와 ϕ 대신 r과 θ로 배웠을 수 있다. 어떤 문자로 나타내든 중요하지 않다. 뜻은 같다.

한 점에서 원점까지의 거리를 ρ로 나타냈다. ρ는 다른 좌표계인 원통 좌표계의 일부이지만 직각 좌표와 구 좌표 사이의 변환을 구하는 데 디딤돌로 유용하다. 이 변환의 일부는 문제 9에서 다룬다. 결과는 표 7.1과 같다.

표 7.1 직각 좌표와 구 좌표의 변환

직각 좌표 → 구 좌표	구 좌표 → 직각 좌표
$r = \sqrt{x^2 + y^2 + z^2}$	$x = r\sin\theta\cos\phi$
$\cos\theta = z/r$	$y = r\sin\theta\sin\phi$
$\tan\phi = y/x$	$z = r\cos\theta$

ϕ와 θ를 각각 경도와 위도로 보면 도움이 된다. (경도와 위도를 잘 모른다면, 이 단락을 무시하라.) 유일한 차이는 위도는 적도에서 0이고 극에서 $\pi/2$(또는 ±90°)라는 것이다. 구 좌표계에서의 θ는 북극($+z$축)에서 0, 남극($-z$축)에서 π로 정의된다.

능동 읽기 연습: 구 좌표로 전 공간을 덮기

직각 좌표계에서는 x, y 및 z의 범위를 $-\infty$에서 ∞까지 잡아 모든 공간을 덮는다. r, θ 및 ϕ는 값의 범위를 어떻게 잡아야 모든 공간을 덮을까? 계속 읽기 전에 스스로 답을 찾아야 하는데, 세 변수 어느 것도 $-\infty$에서 ∞까지 잡을 필요는 없다.

답은 여러 가지이지만 가장 간단한 것은 r은 0에서 ∞까지, θ는 0에서 π까지, ϕ는 0에서 2π까지 잡는 것이다. r은 거리로 정의하므로 음수는 쓰지 않는 것이 좋다. θ의 경우 0은 $+z$축이고 거기에서 아래로 가면 $-z$축에서 가장 큰 값 $\theta = \pi$에 이른다. ϕ의 경우 0에서 2π로 가면 z축을 중심으로 한 바퀴 돈다.

예: 구 좌표

점 $x = -1$, $y = -1$ 및 $z = 0$의 구 좌표를 구하라.

답: 이러한 문제를 풀 때는 그림을 그리는 것이 좋다. 여기에서는 2개를 그린다: 하나는 삼차원, 다른 하나는 xy 평면이다.

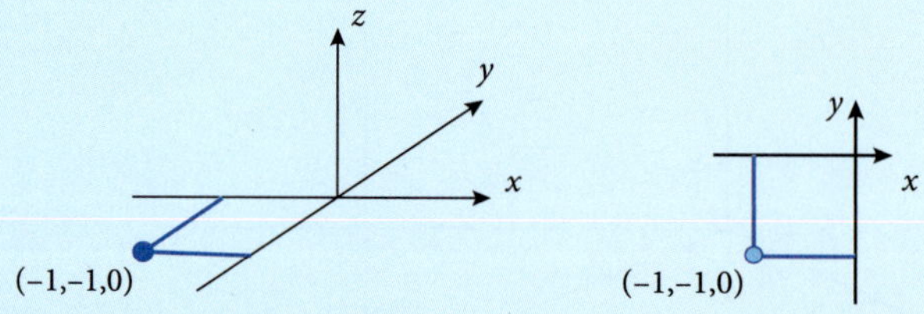

그 점은 xy 평면에 있으므로 z축에 대한 각도는 아래쪽으로 $\pi/2$이다. 따라서 $\theta = \pi/2$이다. 각도 z는 $+x$축에서 시작하여 반시계 방향으로 돌아 $-x$축을 지나 $5r/4$이다. 끝으로 r은 원점까지의 거리로

$\sqrt{1^2+1^2+0^2}=\sqrt{2}$이다:

$$(r, \theta, \phi)=\left(\sqrt{2}, \frac{\pi}{2}, \frac{5\pi}{4}\right)$$

위의 변환식을 써서 이 답이 맞는지 확인할 수 있다. 예를 들어, $\tan(5\pi/4) = 1$로 y/x와 같다. 그러나 이러한 변환을 아무 생각 없이 쓰고 ϕ에 대해 $\tan^{-1}(y/x)$를 넣으면 각도가 하나 이상 나오므로 틀린 답을 얻을 수도 있다. (해 보고 이 문제에 대한 자세한 설명은 문제 10을 보라.) 좌표가 뜻하는 바를 이해하고 늘 답이 맞는지 확인해야 한다.

이 절의 목표는 이 수학적 주제를 철저히 다루는 것이 아니라 수소 원자를 다루기 전에 필요한 정보를 요약하는 것이다. 위의 기본 정보 말고도 세 가지 다른 물음에 대해 답해야 한다:

1. 직각 좌표 대신 구 좌표를 쓰는 것이 언제 도움이 되는가?
2. 목표가 수소 원자를 양자역학적으로 분석하는 것이라면 슈뢰딩거 방정식을 구 좌표계에서는 어떻게 표현하는가?
3. 전에 직각 좌표계가 아닌 좌표계를 본 적이 있는데 이상하게 생긴 글자를 쓴다. 왜 그런가?

답은 차례로 다음과 같다.

1. 구 좌표계는 대체로 구 대칭인 물리적 상황, 즉 한 점에서 사방으로 고르게 퍼져가는 현상을 기술할 때 좋다. 태양의 밀도를 생각할 수 있다. 더 중요한 것은 수소 원자핵의 위치 에너지이다. 이것이 직각 좌표계에서는 x, y 및 z의 함수이지만 구 좌표계에서는 r만의 함수이다.
2. 삼차원 직각 좌표계에서 시간-불변 슈뢰딩거 방정식은 다음과 같다.

$$-\frac{\hbar^2}{2m}\left(\frac{\partial^2\psi}{\partial x^2}+\frac{\partial^2\psi}{\partial y^2}+\frac{\partial^2\psi}{\partial z^2}\right)+U\psi=E\psi \tag{7.14}$$

직각 좌표는 괄호 안에 있으므로 구 좌표계로 바꾸면 이 부분이 바뀐다. 하지만 $\partial^2\psi/\partial x^2$을 $\partial^2\psi/\partial r^2$ 등으로 바꿀 수는 없다. 대신 x, y 및 z에 대한 도함수를 r, θ 및 ϕ에 대한 도함수로 바꾸려면 다변수 사슬 규칙과 함께 위의 변환식을 써야 한다. 좋은 소식은 계속 그럴 필요는 없다는 것이다. 한 번 하면, 그걸로 끝이다. 결과를 식에 넣으면 슈뢰딩거 방정식은 다음과 같이 바뀐다.

$$-\frac{\hbar^2}{2m}\left(\frac{\partial^2\psi}{\partial r^2}+\frac{2}{r}\frac{\partial\psi}{\partial r}+\frac{1}{r^2}\frac{\partial^2\psi}{\partial\theta^2}+\frac{\cos\theta}{r^2\sin\theta}\frac{\partial\psi}{\partial\theta}+\frac{1}{r^2\sin^2\theta}\frac{\partial^2\psi}{\partial\phi^2}\right)+U\psi=E\psi \tag{7.15}$$

정해진 함수 ψ에 대해 (7.14) 및 (7.15)의 괄호 속의 항은 문제 11의 한 예에서 보듯이 같은 결과를 낸다. 따라서 새로운 표기법을 도입하여 슈뢰딩거 방정식을 좌표와 무관하게 다음과 같이 쓸 수 있다.

$$-\frac{\hbar^2}{2m}\nabla^2\psi+U\psi=E\psi$$

$\nabla^2\psi$는 아마도 낯설 텐데, ∇^2은 라플라스 연산자(Laplace operator)이며, $\nabla^2\psi$은 ψ의 "라플라시안(Laplacian)"이라고 한다. 이것은 앞의 방정식에서 괄호 속의 항을 나타낸다.

3. 구 좌표를 배운 적이 있다면 같은 변수를 다른 글자로 나타냈을 수도 있다(r 대신 ρ, θ 대신 ϕ 등). 여기에서는 물리학계에서 대체로 쓰는 것을 보였으며 그림 7.7에 보인 대로 계속 쓸 것이다. 헷갈린다면 미안하다. (또한 문자 phi는 φ와 ϕ의 두 가지 꼴이 있다. 여기에서는 늘 ϕ를 쓴다.)

7.3.3 물음과 문제: 구 좌표

개념 물음 및 개념시험

1. 설명에는 구 좌표를 쓰면 가장 쉽게 표현되는 두 가지 계를 나열했다: 태양의 밀도와 수소 원자 주변의 위치 에너지이다. 두 개를 더 들어라.

2. 구 좌표 식 $r = 10$이 묘사하는 모양을 그리고 간단히 설명하라.

3. 구 좌표 식 $\theta = \pi/6$이 묘사하는 모양을 그리고 간단히 설명하라.

4. 구 좌표 식 $\phi = \pi/6$이 묘사하는 모양을 그리고 간단히 설명하라.

5. 원점을 중심으로 반지름이 2인 구면의 아래쪽 반(xy 평면 아래)—속이 찬 반구가 아니라 반구면—을 묘사하는 식을 구 좌표로 써라.

6. "태양의 중력은 태양까지의 거리의 제곱에 반비례한다." 좌표계의 원점에 태양이 있는 구 좌표계를 써서 이 문장을 나타내는 식을 써라.

문제

7. 아래의 두 점의 직각 좌표 (x, y, z)를 구 좌표 (r, θ, ϕ)로 나타내라. 공식에 그저 넣는 것으로 끝내지 말고 각 점의 위치를 그림으로 보여라.
   (a) $(3, 3, 0)$
   (b) $(1, 0, 1)$

8. 아래의 두 점의 구 좌표 (r, θ, ϕ)를 직각 좌표 (x, y, z)로 나타내라. 공식에 그저 넣는 것으로 끝내지 말고 각 점의 위치를 그림으로 보여라.
   (a) $(\sqrt{2}, \pi/2, 3\pi/4)$
   (b) $(5, 3\pi/4, \pi)$

9. 직각 좌표와 구 좌표의 변환은 두 개의 직각 삼각형에서 나온다.
   (a) xy 평면에 점을 그리고 x 및 y 좌표를 나타내는 직각 삼각형을 그린다. 삼각형의 빗변을 ρ로, 각도를 ϕ로 나타낸다.
   (b) 직각삼각형을 그리고 각도에 이름을 붙일 때마다 사인, 코사인, 탄젠트, 피타고라스 정리의 네 가지 관계를 바로 적어라. (a)에서 그린 삼각형을 바탕으로 x, y, ρ 및 ϕ 사이의 네 가지 관계를 적어라.
   (c) 둘째 직각 삼각형은 333쪽의 그림 7.7에 있다. 이 삼각형을 써서 ρ z, r 및 θ 사이의 네 가지 관계를 적어라.
   (d) 이제 적어둔 관계를 써서 x, y, z를 r, θ, ϕ로 나타내라. 최종 답변에 ρ가 들어가면 안된다.

10. 구 좌표를 직각 좌표로 바꿀 때 이 절에 나온 공식에 넣으면 된다. 반대로 바꾸는 공식은 $r = \sqrt{x^2+y^2+z^2}$, $\theta = \cos^{-1}(z/r)$ 및 $\phi = \tan^{-1}(y/x)$이다. 딱하게도 마지막 공식은 때때로 잘못된 결과를 낼 수 있다. 답이 맞는지 확인하려면 그 점의 위치를 잘 따져봐야 한다.
    (a) 점 $(x,y, z) = (1,1,0)$이 있다. 공식에 넣어 r, θ, ϕ를 구하라.
    (b) 점 $(x, y, z) = (-1, -1, 0)$에 대해 같은 일을 하라.
    (c) 위에서 얻은 답 중 어느 것이 틀렸는가? 그 점의 올바른 구 좌표는 무엇인가?

11. 식 (7.14)와 (7.15)는 모두 슈뢰딩거 방정식이다. 공간 도함수가 각각의 좌표계에서 "라플라시안" $\nabla^2\psi$를 나타내므로 이 둘은 같다. 이 둘이 일반적으로 같다는 것을 증명하지는 않겠지만, 이 문제에서는 간단한 예로서 함수 $f(r) = r^4$에 대해 둘 다 같은 답을 낸다는 것을 보이자.

(a) 라플라시안에 대한 구 좌표 공식을 써서 $\nabla^2 f$를 셈하라. 이것은 (7.15)의 괄호 속의 부분인데, ψ 대신 f에 작용한다.

(b) 함수 $f(r) = r^4$을 x, y, z의 함수로 고쳐 써라.

(c) 직각 좌표계에서 $\nabla^2 f$를 셈하라. 이번에는 (7.14)의 괄호 속의 부분이다.

(d) 구 좌표계에서 얻은 답과 직각 좌표계에서 얻은 답이 같음을 보여라. (다르면 수식을 다시 살펴보라!)

7.4 슈뢰딩거 방정식과 수소 원자

수소 원자에서 전자의 파동함수는 고유상태 ψ_{nlm_l}의 선형 결합으로 기술할 수 있다. 이러한 각 고유상태는 각각 양자수 n, l 및 m_l로 명시되는 에너지, 각운동량의 크기 및 각운동량의 z 성분이 명확한 상태이다. § 7.1에서 이러한 양자수와 그 의미를 설명했다. 이 절에서는 이러한 고유상태의 실제 파동함수를 살펴보고 그 유도과정을 대략 설명한다.

7.4.1 발견 연습: 슈뢰딩거 방정식과 수소 원자

핵 주위를 도는 전자의 위치 에너지는 $U = -k/r$이다.

1. 전자에 대한 시간-불변 슈뢰딩거 방정식을 구 좌표계로 써라. [335쪽의 (7.15) 참조.]
2. $\psi(r, \theta, \phi) = R(r)\Theta(\theta)\Phi(\phi)$로 짐작하여 변수 분리법을 써서 $R(r)$에 대한 상미분 방정식을 끌어내라.

7.4.2 설명: 슈뢰딩거 방정식과 수소 원자

모든 계의 에너지 고유상태는 계의 위치 에너지가 들어간 시간-불변 슈뢰딩거 방정식의 해이다. 수소 원자의 위치 에너지는 $U = -k/r$이며, 여기서 r은 핵까지의 거리이고 $k = e^2/4\pi\epsilon_0$는 쿨롱의 법칙에 따른 상수이다. 좌표계의 원점에 핵을 두는 것은 r이 구 좌표계의 반지름 변수임을 뜻한다. § 7.3에서 보았듯이 그 좌표계에서의 시간-불변 슈뢰딩거 방정식은 다음과 같다.

$$-\frac{\hbar^2}{2m_e}\left(\frac{\partial^2\psi}{\partial r^2} + \frac{2}{r}\frac{\partial\psi}{\partial r} + \frac{1}{r^2}\frac{\partial^2\psi}{\partial\theta^2} + \frac{\cos\theta}{r^2\sin\theta}\frac{\partial\psi}{\partial\theta} + \frac{1}{r^2\sin^2\theta}\frac{\partial^2\psi}{\partial\phi^2}\right) - \frac{k}{r}\psi = E\psi \quad (7.16)$$

여느 때처럼 이 편미분 방정식의 풀이법은 변수 분리법이다: $\psi(r, \theta, \phi) = R(r)\Theta(\theta)\Phi(\phi)$을 방정식에 넣고 정리하여 r에 관한 식을 한 쪽에 모으고, 다른 쪽에는 θ와 ϕ에 관한 식을 모아, 양쪽 다 상수로 둔다. 자세한 내용은 문제 16에서 살펴본다. 결과 방정식은 다음과 같다.

$$r^2\frac{R''}{R}+2r\frac{R'}{R}+\frac{2m_e}{\hbar^2}(Er^2+kr)=l(l+1) \tag{7.17}$$

$$\frac{\Theta''}{\Theta}+\frac{\cos\theta}{\sin\theta}\frac{\Theta'}{\Theta}+\frac{1}{\sin^2\theta}\frac{\Phi''}{\Phi}=-l(l+1) \tag{7.18}$$

첫째 방정식은 에너지 고유상태의 반지름에 대한 변화, 둘째 방정식은 각도에 대한 변화를 제시한다. 이 방정식을 푸는 것은 이 책의 범위를 벗어나지만 아래에서 해의 수학적 특징 중 일부를 설명한다.

반지름 함수 $R(r)$

(7.17)의 온전한 해는 부록 G에 있는데, 다항식, 분수, 제곱근, 한 두 개의 계승 함수(factorial), 감쇠 지수 함수가 든 굉장한 식이다. 다음은 다소 간단히 줄인 버전이다.

$$R_{nl}(r)=A_{nl}r^l e^{-r/(a_0 n)}\times\left(\frac{r}{a_0 n}\text{의 } n-l-1\text{차 다항식}\right) \tag{7.19}$$

상수 a_0는 "보어 반지름(Bohr radius)"이며, 값은 대략 0.5291Å이고, 앞의 A_{nl}는 규격화 인자로 그 값은 부록 G에 보였다.

감쇠 지수 함수 $e^{-r/(na_0)}$는 반지름이 큰 곳에서 $R\to 0$을 보장한다. 그렇지 않으면 ψ를 규격화할 수 없다. 끝에 있는 다항식은 r이 커지면 파동함수가 진동하게 만든다. 즉, 원점에서 멀어지면서 상대적으로 전자가 발견될 확률이 큰 곳과 작은 곳이 번갈아 나타난다. 진동 횟수는 l에 따라 다르다. l이 (n에 비해) 작을수록 확률이 더 많이 진동한다. $l=n-1$이면 다항식은 "0차"인 상수이며 ($n=1$ 제외) 반지름 파동함수는 단순히 봉우리까지 오른 다음 단조롭게 떨어진다.

(7.17)과 (7.19)를 비교하면 방정식에는 있지만 해에는 없는 상수들이 있다. 상수 m_e, k 및 $\hbar$는 $\hbar^2/m_e k$로 정의되는 a_0에 흡수된다. 그러나 더 눈에 띄는 것은 미분 방정식에는 E가 있으나 해 R에는 없다는 것이다. 잠시 숨을 돌리며, 방정식을 보고 앞서 수소 원자에 대해 배운 내용을 되새기자. 특정 $R_{nl}(r)$ 상태와 관련된 에너지를 정할 방법이 보이는가?

(7.19)에는 미분 방정식에 없는 n이 있음을 알아챘다면 축하한다. 경계 조건을 적용하면 에너지의 값이 $E=-m_e k^2/2\hbar^2 n^2$ 만 될 수 있음을 보일 수 있다. 여기서 n은 양의 정수이다. (7.19)는 편의상 E 대신 n으로 나타냈지만 여전히 각 상태에 특정 에너지를 대응시킨다. (§ 7.1에서 $E=-\text{Ry}/n^2$으로 쓴 것을 상기하자. 이제 $1\ \text{Ry}=m_e k^2/2\hbar^2\backsimeq 13.6\ \text{eV}$임을 알 수 있다.)

여기서 많이 건너뛰었다. 나중에 "연관 라게르(associated Laguerre) 다항식" 및 기타 특수 함수를 끌어내고, 그것을 써서 이러한 간격을 채우는 방법을 배울 수 있다. 그러나 무한 사각 우물(일차원과 삼차원 모두에서)과 같은 더 간단한 문제를 자세히 살펴보았다. 각각의 경우에 에너지 E는 시간-불변 슈뢰딩거 방정식에서 상수로 나타났다. 그런 다음 경계 조건은 E를 이산 값의 무한 집합으로 제한했으며 그 값은 양자수(종종 n으로 나타냄)를 도입하여 표현했다. 대략적인 꼴에서 수소 원자와 다른 모든 속박계에 대한 해는 위치 에너지 함수가 더 복잡해짐에 따라 특정 미분 방정식이 더 복잡해질지언정 기본 패턴은 앞서의 문제들과 똑같다.

각 함수 $\Theta(\theta)$ 및 $\Phi(\phi)$

§ 7.2의 내용을 되새기면 다음은 (7.18)로 가서 오른쪽의 변수를 다시 분리하는 것이다. 문제 16에서 변수 분리법을 써서 $\Theta(\theta)$와 $\Phi(\phi)$에 대한 상미분 방정식을 얻는다. $\Phi(\phi)$에 대한 방정식은 다음과 같다:

$$\Phi''(\phi) = -m_l^2\Phi(\phi) \tag{7.20}$$

(여기에서 문자 m_l은 새로운 변수 분리 상수이다.) 이것을 단순 조화 진동자 방정식이다. 사인과 코사인 함수로 해를 꾸밀 수 있지만 복소 지수 함수를 쓰는 것이 더 편리하다.[5]

$$\Phi(\phi) = e^{im_l\phi} \tag{7.21}$$

위에서 말했듯이 속박계는 양자화된 해로 이어진다. 문제 18에서 Φ에 대한 경계 조건이 (7.21)의 m_l을 정수로 제한함을 보인다.

$\Theta(\theta)$ 방정식은 풀기가 더 어렵지만 답은 결국 $\sin\theta$ 및 $\cos\theta$의 다항식이 된다. 문제 16과 17에서 그 중 몇 가지를 볼 것이다.

대체로 $\Theta(\theta)$ 와 $\Phi(\phi)$를 따로 쓰는 일은 드물다. 둘을 곱한 함수는 아주 자주 나오므로 특별한 이름과 기호를 쓴다:[6]

$$\Theta(\theta)\Phi(\phi) = \Theta(\theta)e^{im_l\phi} = Y_l^{m_l}(\theta,\phi) \qquad \text{구 조화함수(spherical harmonics)}$$

예를 들어, $Y_3^{-1} = (\sqrt{21}/8\sqrt{\pi})\sin\theta(5\cos^2\theta - 1)e^{-i\phi}$. 부록 G에는 구 조화함수의 일반 공식과 처음 몇 개를 나열했다. 각각은 $\sin\theta$ 및 $\cos\theta$의 l차 다항식과 $e^{im_l\phi}$의 곱이다.

구 조화함수가 왜 중요한지는 다음을 생각하면 알 수 있다: 변수 분리할 때 위치 에너지 함수는 방정식의 r쪽으로 갔다. $U = -k/r$을 r의 다른 함수로 바꾸면 $R(r)$에 대한 미분 방정식은 바뀌지만 $\Theta(\theta)$ 와 $\Phi(\phi)$에 대한 미분 방정식은 바뀌지 않는다—따라서 해는 같다. 그러므로 구 조화함수는 수소 원자뿐 아니라 위치 에너지 함수가 구대칭인 다른 모든 $U(r)$, 즉, 위치 에너지 함수가 구대칭인 모든 물리적 상황에 대한 에너지 고유상태의 각도 부분이다.

전자의 확률 분포

양자역학에서는 전자가 태양 주위를 도는 행성처럼 핵 주위를 도는 물체가 아니라 파동함수로 기술되는 확률 구름이라고 했다. 이제 파동함수의 모든 부분에 대해 이야기했다.

$$\psi_{nlm_l}(r,\theta,\phi) = R_{nl}(r)\Theta_{lm_l}(\theta)\Phi_{m_l}(\phi) = R_{nl}(r)Y_l^{m_l}(\theta,\phi)$$

이 꼴을 쓰면 확률 분포를 변수 하나 하나에 대해 분석할 수 있다.

- $R(r)$은 극한 $r \to \infty$에서 0이 되지만 그 값에 이르는 동안 다항식의 거동을 한다. 따라서 핵

5 $e^{-im_l\phi}$도 넣어야 할까? m_l을 양수로 제한하지 않았으므로 위에서 쓴 것으로 충분하다.

6 위에서 R_{nl}을 쓴 것처럼 Y_{lm_l}로 쓸 수도 있지만 구 조화함수의 규약은 m_l을 윗글자로 쓴다.

에서 멀어짐에 따라 ψ는 유한한 횟수의 진동을 하면서 감쇠된다.

- $\Theta(\theta)$는 사인과 코사인 함수로 이루어진 다항식이다. 그 결과 ψ는 $+z$축에서 $-z$축으로 갈 때 진동한다.
- 끝으로 $\Phi(\phi) = e^{im_l\phi}$이다. 그것이 뜻하는 바를 살펴보자.

능동 읽기 연습: ϕ 확률 분포

변수 m_l 및 ϕ의 모든 값에 대해 늘 $|\Phi(\phi)| = |e^{im_l\phi}| = 1$이다.

1. 위의 사실은 고유상태에 있는 전자의 위치 확률의 ϕ-변화가 어떻다는 것인가?
2. 전자의 상태가 여러 고유상태의 중첩이면 전자의 위치 확률의 ϕ-변화는 어떻게 되는가?

답은 다음을 보라: www.cambridge.org/felder-modernphysics/activereadingsolutions

이 물음은 문제 19에서 더 자세히 살펴볼 것이다. 여기서는 ϕ에서 r로 주의를 돌리자. 많은 경우 핵까지의 어떤 거리에서 단위 반지름 구간당 전자를 찾을 확률을 알아야 한다.

전자는 얼마나 멀리 있는가?

공식 $r^2R^2(r)$은 핵까지의 거리 r인 곳의 단위 r 구간에서 전자를 찾을 확률이다. 따라서 r_1과 r_2 사이에서 전자를 찾을 확률은 다음과 같은 적분이다.

$$P(r_1 \le r \le r_2) = \int_{r_1}^{r_2} r^2R^2(r)dr \tag{7.22}$$

(7.22)는 보통 예상하듯이 확률이 $R^2(r)$에 비례하지 않음을 나타낸다. 그 이유는 $|\psi|^2$은 확률 밀도, 곧 단위 부피당 확률이고, 1과 $1 + dr$ 사이의 공간보다 (예를 들어) 5와 $5 + dr$ 사이의 공간의 부피가 훨씬 더 크기 때문이다. 이 논리는 문제 20에서 공식화한다.

수소 원자에는 잘 정의된 "크기"가 없다는 점에 유의하라. 전자를 발견할 확률은 핵에서 멀어지면 점점 0에 접근하지만 0은 아니다. 수소 원자의 크기는 r의 기댓값을 바탕으로 대략적으로 정의할 수 있다. 이 크기는 대체로 n이 커질수록 더 커진다(문제 8-11 참조).

예: 전자의 확률

수소 원자가 $\psi_{3,2,2}$ 상태에 있다. $r > 15a_0$ 영역에서 전자를 찾을 확률은 얼마인가?

답: 부록 G에서 관련 파동함수 정보를 찾아본 다음 컴퓨터를 써서 $r^2R^2(r)$을 적분했다.

$$R_{3,2}(r) = \frac{4}{81\sqrt{30}} a_0^{-3/2} \left(\frac{r}{a_0}\right)^2 e^{-r/(3a_0)}$$

$$P(r > 15a_0) = \int_{15a_0}^{\infty} r^2R^2dr = 0.13 = 13\%$$

고유상태가 나타내는 확률을 도표로 그리면 서로 다른 고유상태에 대한 직관을 얻을 수 있다. 먼저 바닥상태 $\psi_{1,0,0}$를 살펴보자. $l = m_l = 0$인 모든 상태에서 구 조화함수 Y_0^0는 상수이고 $n = 1$이면 반지름 파동함수는 상수 곱하기 e^{-r/a_0}이다. 따라서 확률 밀도 $|\psi|^2$은 원점에서 가장 크고 원점에서 멀어지면 0을 향해 계속 떨어지는 구대칭 함수이다. 반지름 확률 분포 $|\psi|^2$은 $r = 0$에서 0이고 그림 7.8에서 보듯이 0에 수렴하기 전에 봉우리를 지난다(물음 5 참조).

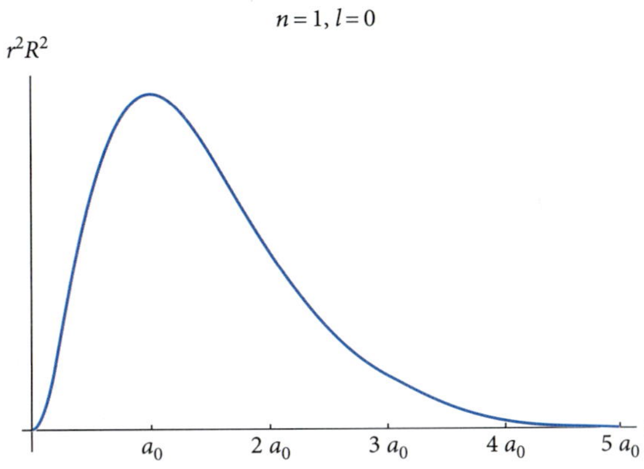

그림 7.8 수소 원자의 바닥상태 $\psi_{1,0,0}$에서 정해진 반지름 r의 단위 구간에서 전자를 찾을 확률.

에너지가 더 높은 상태는 더 복잡한 경향이 있으며 $l \neq 0$인 상태는 대체로 구대칭이 아니다. 그러나 모든 고유상태 ψe_{im_l}는 z축에 대해 회전대칭이므로 단면을 보면 확률 분포를 알 수 있다. 그림 7.9의 왼쪽 그림은 상태 $\psi_{4,2,0}$의 확률을 xz 평면에서 본 등고선 분포을 보여준다.

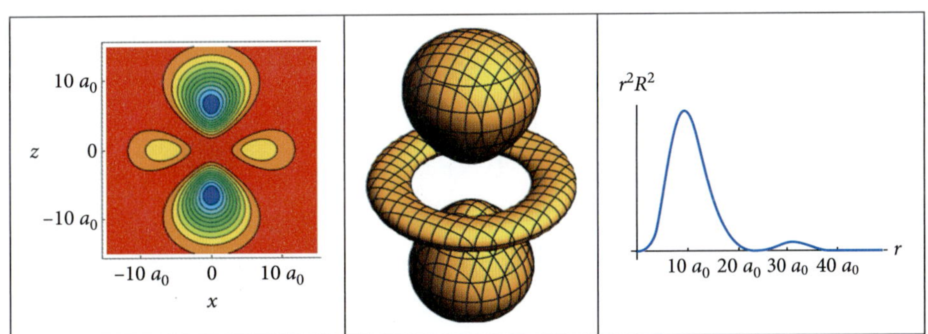

그림 7.9 상태 $\psi_{4,2,0}$의 확률 분포. 왼쪽: xz 평면에서 본 확률의 등고선 분포. 중간: 삼차원 윤곽선. 오른쪽: 반지름 확률 분포. (더 잘 보이게 둘째 봉우리를 부풀렸다.)

각 곡선은 확률이 같은 선이며 색상은 확률의 변화를 가장 큰 파란색에서 가장 작은 빨간색까지 보여준다. 이것은 2차원 단면이므로 전체 삼차원 분포를 얻으려면 이러한 모든 윤곽선과 영역을 세로 축을 중심으로 돌린 것을 상상해야 한다. 바닥상태에서는 전자를 찾을 확률이 가장 큰 곳이 원점이지만, 이 상태에서는 z축에서는 원점보다 조금 위 또는 아래, xy 평면에서는 원점에서 다소 떨어져 있는 곳이다. 중간 그림은 이러한 윤곽선을 보여준다. 끝으로 오른쪽 그림은 반지름 확률 분포를 보여준다. r이 커지면 몇 번 오르내린 뒤 0에 접근한다(문제 13 참조).

7.4.3 물음과 문제: 슈뢰딩거 방정식과 수소 원자

개념 물음 및 개념시험

1. 파동함수가 $\psi(r, \theta, \phi) = R(r)\Theta(\theta)\Phi(\phi)$인 입자를 살펴보자. 다음의 각 가상 함수가 이 입자에 대해 무엇을 말해주는지 간단히 설명하라. [예를 들어 직각 좌표계에서 $\psi(x, y, z) = X(x)\ Y(y)\ Z(z)$이고 및 $X(x) = e^{-x^2}$이라면 이 입자를 찾을 확률은 yz 평면에서 멀어짐에 따라 빨리 줄어든다.]

(a) $R(r) = e^{-r}$

(b) $R(r) = \sin r/r$

(c) $R(r) = k$(즉, 함수는 r에 대해 일정함)

(d) $\Phi(\phi) = \begin{cases} 0 & 0 \le \phi \le \pi \\ 1 & \pi < \phi < 2\pi \end{cases}$

(e) $\Theta(\theta) = \cos^2\theta$

2. 전자는 핵 주위를 떠도는 확률 구름이며, 그 확률은 핵에서 아무리 멀리 가도 완전히 0은 아니다. 그러나 바닥상태에 있는 수소 원자의 지름이 약 1Å(10^{-10} m)이라는 진술을 자주 본다. 그게 무슨 뜻인가?

3. (7.18)과 그 해 $Y_l^{m_l}(\theta, \phi)$는 구대칭 위치 에너지 함수 $U(r)$에 대한 에너지 고유상태의 각도 변화를 기술한다고 했다. (7.18)에는 위치 에너지가 전혀 나타나지 않기 때문에 이것이 모든 위치 에너지 함수에 유효하다고 생각할 수 있다. 왜 이 말이 옳지 않은가? U가 θ 및/또는 ϕ에 따라 변할 때 이 방정식의 유도 과정의 어떤 단계가 달라질지 생각해 보라.

4. $e^{im_l\phi}$는 크기가 늘 1이므로 확률 분포는 ϕ와 무관하다고 했다. 이것이 $e^{im_l\phi}$ 인자는 중요하지 않다는 뜻인가? 왜 방정식에서 완전히 빼낼 수 없는가?

5. 수소 원자의 바닥상태에서 확률 분포 $|\psi|^2$의 값이 가장 큰 곳은 $r = 0$이다. 즉, 전자를 찾을 확률이 가장 높은 곳은 핵이다. 그러나 반지름 확률 분포 r^2R^2는 그 곳에서 0이고 봉우리가 $r = a_0$에 있다. 이는 전자를 찾을 확률이 가장 높은 반지름임을 뜻한다. 이 명백한 모순을 어떻게 해결하겠는가?

6. 고유상태 ψ_{nlm_l} 중 하나에 있는 수소 원자에 대해 다음 각각을 “가능” 또는 “불가능”으로 답하라. 진술이 참인 고유상태가 하나라도 있으면 “가능”이라고 답해야 한다.

(a) 확률 분포는 시간과 무관하다.

(b) 확률 분포는 ϕ와 무관하다.

(c) 확률 분포는 ϕ에 따라 다르다.

(d) 전자는 $+x$에 있을 확률이 $-x$에 있을 확률보다 더 크다.

(e) 정해진 범위의 반지름에서 단위 반지름 구간당 전자를 발견할 확률은 r = 0에서 가장 크다.

7. **[이 문제는 문제 6의 답을 쓴다.]** 물음 6에 대한 답 중 순수한 상태 외에 상태 ψ_{nlm_l}의 중첩을 고려한다면 어떤 것이 바뀌는가? 물론 가능이라고 답한 모든 진술은 여전히 가능할 것이다. 그러나 불가능이라고 답한 진술에 대해 중첩을 포함할 때 그것이 여전히 참이거나 그렇지 않은 이유를 설명하라.

문제

8. 상태 $\psi_{2,1,1}$에 있는 수소 원자를 살펴보자. 어떤 반지름에서 전자를 찾을 단위 반지름 구간당 확률은 $P(r) = r^2R^2(r)$임을 기억하라.

(a) $P(r)$이 최대인 r-값, 즉 전자를 찾을 확률이 가장 큰 곳에서 핵까지의 거리를 구하라.

(b) 전자와 핵의 거리를 여러 번 재어 평균값을 내면 기댓값 $\langle r \rangle = \int_0^\infty rP(r)dr$이 된다. 이것을 셈하라.

(c) 두 답이 같은 r-값을 내는가? 그것은 무엇을 뜻하는가?

9. 수소 원자의 “크기”는 a_0n^2에 비례하여 커진다. $l = 0$으로 두고 $1 \le n \le 5$에 대한 반지름 확률 분포 $r^2R^2(r)$을 그려라. 각 n에 대해 확률이 거의 0이 되는 반지름을 추정하라. (여기서 셈을 할 필요는 없다. 확률 분포가 거의 수평축에 이를 때는 도표를 보고 추정하라.) 답을 a_0n^2의 배수로 나타내라. 예를 들어, $n = 1$인 경우 확률은 약 $r \approx 5a_0n^2$에서 무시할 수 있

다고 추정한다. **실마리:** 반지름 파동함수를 셈하고 그릴 때 직접 하면 따분하니 컴퓨터를 쓰는 것이 좋다. 도표는 $a_0 = 1$로 두어 수치셈으로 그리면 쉽다.

10. 수소 원자의 크기를 정의하는 한 가지 방법은 반지름의 기댓값으로 정의하는 것이다: $\langle r \rangle = \int_0^{\infty} rP(r)dr$. 1에서 10까지 n의 모든 값에 대해 $l = 0$일 때 이 기댓값을 셈하라. 이 크기는 n이 커지면 어떻게 증가하는가?

11. 대충 말하자면, 수소 원자의 크기는 약 $a_0 n^2$이다. 수소 원자를 1미터 너비로 만들려면 얼마나 많은 에너지를 수소 원자에 주어야 할까? 왜 그렇게 큰 원자를 보지 못할까? **실마리:** 수소 원자를 이온화하는 데 필요한 에너지를 생각해보라.

12. 수소 원자의 바닥상태에서 확률 분포 $|\psi|^2$이 원점에서 가장 크다고 했다. 물론 핵 속이다! 그러나 핵의 반지름은 대략 10^{-15} m로 매우 작다. 수소 원자가 바닥상태에 있을 때 핵 속에서 전자를 발견할 확률은 얼마인가?

13. 그림 7.9는 상태 $\psi_{4,2,0}$의 확률 분포를 여러 가지 방법으로 표시하여 반지름이 더 큰 곳으로 가면 반지름 확률 분포 r^2R^2가 어떻게 커지고 작아지는지 보여준다.

(a) 이 상태에 대한 반지름 확률 분포를 써라. 부록 G에 있는 일반 공식에서 시작하여 손으로 또는 컴퓨터로 $R_{4,2}(r)$을 셈해야 한다.

(b) 이 분포가 0이 되는 r-값은 몇 개인가?

14. 1에서 4까지의 n에 대해 l의 가능한 모든 값에서 반지름 확률 분포 r^2R^2를 보여주는 도표를 그려라. 곡선이 첫째 도표에는 하나, 둘째 도표에는 둘 있다. 도표마다 곡선에 해당 l 값을 분명히 표시하라. 도표를 써서 n과 l이 각각 반지름 확률 분포에 어떻게 영향을 주는지 설명하라.

15. 반지름 해 $R(r)$

부록 G에서 $R(r)$의 정의를 찾아 $n = l$, $l = 0$에 대한 $R(r)$을 써라. 그런 다음 같은 부록을 써서 답을 확인하라.

문제 16–20은 설명에서 빠진 단계를 채운다.

16. 각도 방정식 분리

(a) 분리 해 $\psi(r, \theta, \phi) = R(r)\Theta(\theta)\Phi(\phi)$를 (7.16)에 넣고 변수를 분리하여 (7.17) 및 (7.18)을 얻는다. 분리 상수를 도입할 때 본문의 설명에 맞추어 이를 $l(l + 1)$로 두어야 한다. (그냥 p로 둘 수도 있지만 앞의 설명대로 해야 각도 방정식의 해가 더 단순해진다.)

(b) (7.18)에서 변수를 분리하여 한 쪽에는 모든 θ 함수를, 다른 쪽에는 ϕ 함수를 모은다. 양쪽을 상수로 두고 $\Theta(\theta)$에 대한 미분 방정식을 써라. (풀 필요는 없다.)

17. [이 문제는 문제 16의 결과를 쓴다.] 문제 16에서 각도 방정식을 분리하고 $\Phi(\theta)$에 대한 미분 방정식을 구했다. 부록 G에서 구 조화함수를 찾아보라. 각 함수는 위의 미분 방정식의 해에 $e^{im_l\phi}$를 곱한 것이다. 그 목록을 써서 $l = 2$, $m_l = 0$에 대한 $\Phi(\theta)$를 적고 그것이 미분 방정식의 해임을 보여라.

18. $\Phi(\phi)$에 대한 경계 조건

$\Phi(\phi)$에 대한 방정식 (7.20)의 해는 $e^{im_l\phi}$ 꼴임을 본문에서 보였다. 다음으로 m_l에 허용되는 값을 찾으려면 경계 조건을 써야 한다. 그러나 ϕ에는 경계가 없다. z축 주위를 계속 돌 수 있다. 경계 조건은 함수 $\Phi(\phi)$가 주기적이어야 한다는 것이다. 즉, ϕ와 $\phi + 2\pi$는 같은 곳을 나타내는 두 가지 방법이므로 $\Phi(\phi) = \Phi(\phi + 2\pi)$여야 한다.

(a) $\Phi(\phi)$의 주기를 2π 로 만드는 m_l의 값을 구하라. **실마리:** $e^{ix} = \cos x + i \sin x$이므로 e^{ix}의 주기는 $\cos x$ 및 $\sin x$와 같다.

(b) (a)에서 구한 m_l의 값을 써서 $\Phi(\pi/3)$ 및 $\Phi(\pi/3 + 2\pi)$를 구하여 값이 같은지 확인하라. 그렇지 않으면 (a)로 돌아가서 실수를 찾아 고쳐라.

(c) $\Phi(\phi)$의 주기가 π가 되는 m_l의 값을 구하라.

(d) (c)에서 구한 m_l의 값을 써서 $\Phi(\pi/3)$ 및 $\Phi(\pi/3 + 2\pi)$를 구하여 값이 같은지 확인하라.

(e) $\Phi(\phi)$의 주기가 4π가 되는 m_l의 값을 구하고 그 값을 써서 $\Phi(\pi/3)$ 및 $\Phi(\pi/3 + 2\pi)$를 구하라.

(f) 방금 찾은 세 m_l 값 중 $\Phi(\phi)$에 대한 경계 조건에 맞는 것은 무엇인가? (둘 이상일 수도 있다.)

(g) m_l이 음수 값이 될 수 있는가? 왜?

(h) 경계 조건 $\Phi(\phi) = \Phi(\phi + 2\pi)$에 맞는 m_l의 값은 무엇인가?

19. ϕ가 중요할 때

수소 원자의 에너지 고유상태는 $R(r)\,\Theta(\theta)\,\Phi(\phi)$로 나타낼 수 있다. 처음 두 함수는 복잡하지만 셋째 함수는 정수 m_l에 대해 $\Phi(\phi) = e^{im_l\phi}$이다. 이 문제에서는 그것이 뜻하는 바를 살펴본다.

(a) $e^{im_l\phi}$의 크기를 구하라. (복소수 z의 크기 $|z|$는 $\sqrt{zz^*}$이며 여기서 z^*는 켤레 복소수이다.)

(b) (a)의 답은 수소 원자가 에너지의 고유상태에 있을 때 확률 밀도가 ϕ와 무관함을 알려준다. 그것이 뜻하는 대칭의 종류를 시각적으로 설명하라.

(c) $e^{i\phi} + e^{i2\phi}$의 크기를 구하라. [참고: 고유상태를 규격화하려면 $R(r)$과 $\Theta(\theta)$를 알아야 하지만 여기서는 중요하지 않다.]

(d) (c)의 답은 ϕ의 함수이다. 그 사실은 수소 원자에 대해 무엇을 말하는가?

20. 반지름 확률 분포

이 문제에서는 반지름 r과 $r + dr$ 사이에서 입자를 찾을 확률을 셈한다 [(7.22)].

(a) r과 $r + dr$ 사이의 공간의 부피를 구하라.

(b) (a)에 대한 답을 다음 꼴로 쓸 수 있어야 한다:

$$\langle 무엇1\rangle dr + \langle 무엇2\rangle dr^2 + \langle 무엇3\rangle dr^3$$

$dr \to 0$의 극한에서 맨 끝의 두 항은 첫 항보다 얼마든지 작아지므로 버릴 수 있다. 따라서 그 부피는 다음 꼴로 쓸 수 있다: $\langle 무엇1\rangle dr$

(c) 전자가 그 영역에 있을 확률은 부피 곱하기 $|\psi|^2$ 또는 동등하게 부피 곱하기 $R^2(r)Y^2(\theta,\ \phi)$이다. (b)의 결과를 써서 r과 $r + dr$ 사이에서 전자를 찾을 확률이 $|\psi|^2$이 아니라 $r^2|\psi|^2$에 비례하는 이유를 설명하라!

(d) 확률이 r^2R^2에 비례한다고 확신한다면 비례 상수는 무엇인가? 답은 다음과 같다. 함수 $R(r)$ 앞의 상수는 1이 되도록 신중하게 골라 (7.22)이 나온다. 예를 들어 바닥상태 함수 $R_{1,0}(r)$은 적절히 규격화되었음을 보여라. (즉, 핵으로부터 어느 정도 떨어진 거리 안에서 전자를 찾을 확률은 1이다.)

문제 21–25는 서로 다른 에너지 고유상태에 있는 수소 원자의 확률에 관한 것이다. 파동함수에 관해 필요한 모든 정보는 부록 G에서 찾을 수 있다. 이 문제 중 일부는 적분이 필요하다. 적분을 직접 할 수도 있지만 일부는 꽤 따분하다. 적분은 컴퓨터를 시켜도 좋은데, 무엇을 적분하는지(및 그 이유), 그리고 적분한 결과를 명확하게 보여라.

21. 바닥상태에 있는 수소 원자를 살펴보자.

(a) 핵을 중심으로 반지름이 a_0인 공 안에서 전자를 발견할 확률을 구하라.

(b) $z > 0$인 곳에서 전자를 찾을 확률은 얼마인가? **실마리:** 적분할 필요는 없다.

22. [이 문제는 다변수 미적분학의 주제인 다중 적분이 필요하다.] $\psi_{2,1,1}$ 상태에 있는 수소 원자를 살펴보자.

(a) 다음 영역에서 전자를 찾을 확률을 구하라: $0 < r < a_0,\ 0 < \theta < \pi/4\ ,\ 0 < \phi < \pi/2.$

(b) 다음 영역에서 전자를 찾을 확률을 구하라: $0 < \theta < \pi/4,\ 0 < \phi < \pi/2.$ 이것은 앞 부분보다 쉽다.

23. $\psi_{2,1,1}$ 상태에 있는 수소 원자를 살펴보자. 다음 물음에 적분을 하지 말고 답하라.

(a) $z > 0$인 영역에서 전자를 찾을 확률을 구하라.

(b) $x > 0$인 영역에서 전자를 찾을 확률을 구하라.

(c) $+z$ 축에서 $r = a_0$ 주변의 작은 영역과 $+x$축에서 $r = a_0$ 주변의 작은 영역 어디에서 전자를 찾을 확률이 더 큰가?

24. 수소 원자가 $n = 2,\ l = 1$인 상태에 있다. $+z$축 근처에서 발견될 확률이 가장 높은 m_l 값은 무엇인가? 그 이유도 설명하라.

25. [이 문제는 다변수 미적분학의 주제인 다중 적분이 필요하다.] 다른 계와 마찬가지로 수소 원자가 어느 한 에너지 고유상태가 아닌 적절한 선형 결합에도 있을 수

있다. 아래의 각 파동함수에 대해 $0 < \phi < \pi/4$ 영역에서 전자를 찾을 확률을 구하라.

(a) $\psi_{2,1,1}$ (**실마리:** 적분을 할 필요는 없다.)

(b) $\psi_{2,1,0}$ (이것도 마찬가지다.)

(c) $(1/2)\psi_{2,1,1} + (\sqrt{3}/2)\psi_{2,1,0}$

(d) $(i/2)\psi_{2,1,1} + (\sqrt{3}/2)\psi_{2,1,0}$

26. 탐색: 무한 구형 우물

§ 7.2에서는 "상자 속의 입자"라고도 하는 삼차원 무한 사각 우물의 에너지 고유상태를 풀었다. 이 문제에서는 일정한 반지름 L에 대해 $r < L$인 구형 우물 속의 입자를 살펴본다. 위치 에너지는 공 속에서는 0, 밖에서는 무한대이다.

(a) 영역 $r < L$ 속의 입자에 대한 삼차원 시간-불변 슈뢰딩거 방정식을 구 좌표에 대해 써라.

(b) 해가 $\psi(r, \theta, \phi) = R(r)\,\Theta(\theta)\,\Phi(\phi)$라고 짐작하여 방정식에 넣는다고 하자. 분리되는 각도에 대한 해 $\Theta(\theta)\,\Phi(\phi)$는 무엇일까? **실마리:** 셈하지 않고 답을 쓸 수 있어야 한다.

(c) 반지름 함수 $R(r)$에 대한 미분 방정식은 무엇인가? [본문을 다시 읽어서 구할 수 있지만 방법을 모른다면 해를 방정식에 넣고 변수 분리를 하라. 수소 원자의 에너지 고유상태를 풀 때처럼 변수 분리 상수를 $l(l+1)$로 잡아라.]

(d) 위에서 구한 미분 방정식의 일반해를 컴퓨터를 써서 구하라. 이것은 2계 미분 방정식이므로 해는 두 개의 독립해의 선형 결합 꼴이므로 임의 상수가 두 개 들어간다. 해에 처음 보는 함수가 들어있어도 걱정마라.

(e) 두 독립 해에 $r = 0$을 넣는다. 둘 중 하나는 값이 무한대가 될 것이다. 그 해는 버린다 [즉, 그 앞의 임의 상수는 0으로 둔다]. 이제 $R(r)$의 해를 써라. 이제 임의 상수가 하나만 남아 있다. 그 상수 외에도 함수에는 에너지 E와 양자수 l, 상수 m(질량) 및 $\hbar$가 있다.

(f) 왜 $R(L) = 0$이어야 하는가?

풀이를 마무리하려면 경계 조건 $R(L) = 0$을 써서 계의 바닥상태 에너지를 구하라. 일차원 무한 사각 우물의 예를 들어 이것이 어떻게 작동하는지 보여주겠다. 셈의 이 시점에서 파동함수가 $\psi(x) = A\sin(x\sqrt{2mE}/\hbar)$이고 경계 조건이 $\psi(L) = 0$임을 알았을 것이다. 물론 $\sin(\alpha) = 0$인 α의 첫째 양수 값이 π이지만, 그것을 모른다면 컴퓨터로 $\sin(\alpha)$를 그리고 첫째 0을 지나는 점이 $\alpha \approx 3.1$임을 추정할 수 있다. 경계 조건에 맞는 가장 낮은 에너지는 $L\sqrt{2mE}/\hbar \approx 3.1$에 맞는 값이며, 그러면 일차원 무한 사각 우물의 바닥상태 에너지를 $(3.1)^2\hbar^2/2mL^2$으로 추정할 수 있다.

(g) 해 $R(r)$에서 $l = 0$으로 둔 다음 무한 구형 우물의 바닥상태 에너지를 추정하는데 방금 설명한 논리를 쓴다. (앞서 설명한 대로 함수의 첫째 0점 교차값을 도표에서 찾거나 함수의 속성을 살펴보고 정확한 값을 찾을 수도 있다.)

7.5 스핀

위에서 슈뢰딩거 방정식을 바탕으로 한 설명은 수소 및 기타 원자에서 관찰된 많은 특징을 설명한다. 그러나 1920년대에 실험적 증거와 이론적인 논증 모두 지금까지 설명한 것이 아닌 또 다른 자유도, 즉 또 다른 양자수를 제시하기 시작했다.

7.5.1 설명: 스핀

원래 보어 모형은 각운동량의 크기가 양자화 된다고 예측했다. 나중에 좀머펠트가 모형을 확장하여 각운동량의 z 성분도 양자화 된다고 예측했다. 1922년 슈테른(Otto Stern)과 게를라흐(Walter

Gerlach)는 그 양자화를 확인하는 실험을 했다. (슈테른은 회의론자였으며 양자화 개념이 틀렸음을 증명하려고 했다.)

슈테른-게를라흐 실험

슈테른-게를라흐(Stern-Gerlach) 실험은 원자살(beam)이 자기장을 지나게 하는 것이었다. 낱낱의 전자를 전류 고리로 볼 수 있다.[7] 고전 전자기 이론의 결과는 다음과 같다. (처음 두 개는 문제 7에서 보인다.)

- 고른 자기장 속에서는 전류 고리가 회전력은 받지만 알짜 힘은 없다.
- 불균일한 자기장 속에서는 전류 고리가 회전력도 받고, 알짜 힘도 받는다.
- 그 알짜 힘은 전류 고리 속 하전 입자의 각운동량에 비례한다.

슈테른과 게를라흐는 은(Ag) 원자살이 불균일하고 센 자기장을 통과하게 하였다. $\partial B/\partial z > 0$으로 가정하면 전자의 알짜 각운동량의 방향이 위쪽인 원자는 아래로, 아래쪽인 원자는 위로 편향된다. (전자가 음전하를 띠므로 방향이 반대가 된다.) 그림 7.10을 참조하라.

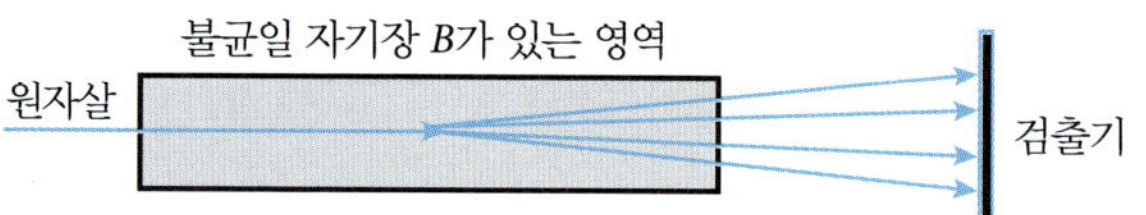

그림 7.10 슈테른-게를라흐 실험 장치. 원자는 불균일 자기장 영역을 지나면서 전자의 각운동량 z 성분에 비례하여 위 또는 아래로 편향된다.

능동 읽기 연습: 슈테른-게를라흐 실험

수소 원자를 쓰는 슈테른-게를라흐 실험을 상상하자. 각 원자는 전자의 각운동량의 z 성분에 비례하는 각도만큼 위나 아래로 굽는다. 그런 다음 각 원자는 장치의 다른 쪽에 있는 검출기를 때려 그 곳에 흔적을 남긴다. 다음 각 경우에서 검출기에 어떤 무늬가 보일지 예상하여 그려라:

1. 각 원자의 전자가 임의의 방향으로 궤도를 도는 고전적 모형.
2. 각 원자의 전자가 $L_z = \pm\hbar$만 가질 수 있는 보어-좀머펠트 모형.
3. 바닥상태의 양자역학적 수소 원자.

고전적으로 보면 각 원자의 L_z 값은 $-|\vec{L}|$에서 $|\vec{L}|$까지의 임의의 값이 되므로 검출기에 남는 흔적은 일정 범위 안에 연속적으로 퍼져 있어야 한다. (슈테른의 예상이다.) 보어-좀머펠트 모형에서는 검출기의 두 높이에 흔적이 남고, 그 사이는 비어 있어야 한다. § 7.1과 § 7.4에 제시한 양자역학 모

7 고전적으로 궤도를 도는 입자는 매 순간 "전류"가 한 점에만 있으므로 전류 고리가 아니다. 그러나 궤도를 충분히 빨리 돌면 궤도 전체에 대해 평균을 낸 전류 고리처럼 거동한다. 양자역학적으로 전자는 핵 주위에 퍼져 있으므로 이 모형이 더 정확하다.

형에서 바닥상태의 수소 원자는 각운동량이 0이므로 모든 원자는 검출기의 한 가운데 작은 점에 흔적을 남겨야 한다.

슈테른-게를라흐 실험의 결과는 게를라흐가 보어에게 보낸 엽서인 그림 7.11에 나와 있다.

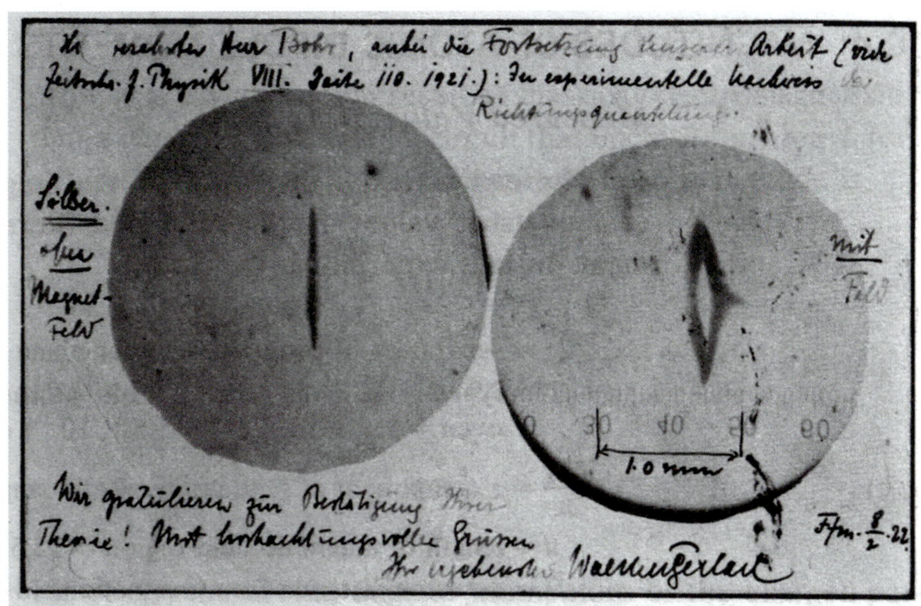

그림 7.11 슈테른-게를라흐 실험 결과. 왼쪽 영상: 자기장이 약할 때의 결과로 원자살의 갈라짐이 보이지 않는다. 오른쪽 영상: 자기장을 세게 하면 원자살은 L_z의 양자화 값에 따라 두 가닥으로 갈라진다. (이 사진에서 수평 방향이 z축 방향이다.) 출처: Alamy © 2005.

슈테른-게를라흐 실험은 L_z가 양자화 됨을 분명히 보여주었다. 1927년 핍스(T. E. Phipps)와 테일러(J. B. Taylor)는 복잡한 은 원자 대신 수소 원자를 써서 이 실험을 재현했고 같은 결과를 얻었다. 이 결과는 고전적 모형은 배제하고 보어-좀머펠트 모형에 맞았지만 지금까지 제시된 수소 원자의 양자 그림과는 맞지 않았다. 어떻게든 궤도 각운동량이 0인 상태의 전자가 자기장 속에서 편향되었다.

조금 뒤 슈테른-게를라흐 실험을 다시 살펴보겠다.

새 양자수

슈테른과 게를라흐가 실험한 지 몇 년 뒤 파울리(Wolfgang Pauli)는 겉보기에 무관한 이론적 문제에 대해 해법을 제시했다.

수소의 각 에너지 고유상태는 세 양자수 n, l 및 m_l이 결정하며, $0 \le l < n$, $-l \le m_l \le l$이다. 에너지는 n만이 결정하며, 각 에너지 준위가 l 및 m_l의 범위 안에서 n^2개씩 겹쳐 있음을 알 수 있다. 그렇지만, 그 겹침은 제이만(Zeeman) 효과(§ 7.7에서 설명함)와 주기율표의 구조(8장)를 써서 잴 수 있으며, 이 두 가지 방법 모두, 실제로는 각 에너지 준위 n의 겹침이 $2n^2$임을 보여준다.

1924년 파울리는 원자의 각 전자에 넷째 양자수가 있고, 그 값은 둘 뿐이라고 제안했다. 이 새 양자수가 있다면 n, l 및 m_l의 각 조합마다 새 양자수에 해당하는 두 가지 상태가 있으므로 겹침은 n^2이 아닌 $2n^2$이 된다.

파울리는 이 새로운 전자 속성에 대해 물리적 설명은 하지 않고, “고전적으로 설명할 수 없는, 값이 둘 뿐인 물리량"이라고 했다. 1925년 두 대학원생 울렌벡(George Uhlenbeck)과 구스밑(Samuel Goudsmitt)은 파울리의 새 양자수를 전자의 자전으로 설명할 수 있다고 제안했다.[8] 그러면 파울리의 새 양자수는 전자의 자전 각운동량과 관련될 것이고, 지금은 그것을 그냥 "스핀(spin)"이라고 부른다.

따라서 모든 전자의 각운동량은 원천이 두 가지(궤도 운동과 스핀)이며 두 원천은 여러 면에서 수학적으로 비슷하다. 둘을 비교하면 아래와 같다:

		궤도 각운동량	스핀 각운동량
각운동량	크기	$\sqrt{l(l+1)}\,\hbar$	$\sqrt{s(s+1)}\,\hbar$
	값의 범위	$l = 0, 1, \cdots, n-1$	$s = 1/2$
z 성분	크기	$m_l\hbar$	$m_s\hbar$
	값의 범위	$-l \le m_l \le l$	$-s \le m_s \le s$

아주 비슷하지 않은가? 그러나 중요한 차이가 있다. 원자에 있는 전자의 l은 0에서 $n-1$까지의 정수이다. 전자의 경우 s는 늘 1/2이다. 잠시 시간을 내어 위의 표 오른쪽에 스핀 각운동양의 양자수의 값 $s = 1/2$를 넣어보면 다음 결과가 나올 것이다...

- 전자의 스핀의 크기는 늘 $\sqrt{s(s+1)} = \sqrt{3/4}\,\hbar$이다.
- 양자수 m_s는 $-1/2$ 또는 $+1/2$ 뿐이다.
- 따라서 스핀의 z 성분은 $\pm(1/2)\hbar$이다.

그러므로 원자 속의 전자를 완전히 기술하려면 4개의 양자수가 필요하다: 슈뢰딩거 방정식을 풀 때 생기는 양자수 3개와 완전히 다른 양자수 m_s이다. m_s로 나타내는 두 상태는 종종 "위쪽 스핀(spin-up)"($m_s = 1/2$) 및 "아래쪽 스핀(spin-down)"($m_s = -1/2$)이라고 한다.

정리: 스핀과 슈테른-게를라흐 실험

파울리의 1924년 제안이 슈테른과 게를라흐의 1922년 결과를 어떻게 설명하는지 알겠는가? 수소(또는 은)의 바닥상태는 궤도 각운동량이 0이다. 그들이 실제로 잰 것은 스핀이었다.

수소 원자의 바닥상태는 두 상태가 겹쳐 있다: 두 상태 모두 $n = 1$, $l = 0$및 $m_l = 0$이고, m_s가 $+1/2$인지 $-1/2$인지로 구별된다. 이러한 원자가 슈테른-게를라흐 장치를 지나면 스핀이 위쪽인 원자와 아래쪽인 원자가 물리적으로 분리된다.

슈테른과 게를라흐는 원래 은($Z = 47$)을 썼는데, 은 원자에는 전자가 47개 있다. 그들의 결과를 더 완벽하게 분석하려면 8장에서 설명할 다전자 원자에 대한 정보가 조금 필요하지만 여기에 짧은 버전이 있다. 처음 46개의 전자는 궤도 각운동량과 스핀이 완벽하게 상쇄되어 총 $L_z = 0$이다. 맨 바깥 전자는 $l = 0$인 상태에 있으며, 이는 궤도 각운동량이 없음을 뜻한다. 그래서 슈테른과 게

8 울렌벡은 논문을 쓴 직후 그 내용을 로런츠에게 말하자 그는 그 착상을 비판했고 울렌벡은 지도교수인 에렌페스트(Paul Ehrenfest)에게 그 논문을 내지 않겠다고 했다. 에렌페스트는 이미 그 논문을 제출했으며 2주 후에 나올 것이라고 대답했다. 역사는 그렇게 진행되었다.

를라흐는 상쇄되지 않는 유일한 각운동량, 스핀 방향이 위 또는 아래일 확률이 같은 47번째 전자의 스핀을 쟀다. (그들은 운 좋게 은을 골랐다. 보어 모형은 바닥상태의 은에 궤도 각운동량이 있어야 한다고 예측했지만 지금은 그렇지 않다는 것을 알고 있다. 그 때는 몰랐다.)

그래서, 스핀이 뭐야?

전자를 자전하는 작은 공으로 상상하면 많은 목적에 유용하다. 보어 모형과 마찬가지로 이 고전적인 심상은 스핀의 주요 특징 중 일부를 설명한다: 이 경우 스핀은 전자의 궤도 운동에서 예측할 수 없는 각운동량과 자기장 모두를 모든 전자와 연관시킨다. 또한 보어 모형과 마찬가지로 이 그림은 실제로 부정확하다. (문자 그대로 참이라면 전자 표면은 광속보다 빠르게 움직일 것이다. 문제 8 참조) "실제" 전자는 궤도 및 스핀 각운동량을 모두 포함하는 속성에 대한 확률의 양자역학적 집합체이다.[9]

스핀은 입자의 여타 특성과 다르다: 입자의 스핀 각운동량은 크기가 늘 같고, 거시적 물체에서는 스핀이 거의 모두 상쇄되기 때문이다. 양자역학에서 말하는 에너지, 운동량 또는 궤도 각운동량은 모두 고전 물리학에도 나오는 양으로서 잘 알려져 있다. 그러나, 스핀은 거시적 규모로는 나타나지 않는, 본질적인 양자 현상이다. (물론 자전하는 공에는 각운동량이 있지만 실제로는 회전축을 중심으로 도는 공의 모든 부분의 궤도 각운동량의 합이다.)

이제 스핀은 양자역학에서 새로운 가설로서 도입된다. 슈뢰딩거 방정식에서 추론하거나 파동함수에서 유도할 수 없으므로 전자 상태에 대한 완전한 설명에는 스핀의 파동함수와 방향을 넣어야 한다. 1928년 디랙(Paul Dirac)은 상대론적 양자역학을 개발했고 스핀이 새로운 가설이 아니라 그 이론의 필연적 결과임을 보였다. 또한 스핀은 입자의 거동에 대한 가장 완전하고 정확한 이론인 양자장 이론에서는 저절로 생겨난다.

기술적 사항: 자기회전비

불균일 자기장 속에 있는 자석은 $F_z = \mu_z(\partial B_z/\partial z)$의 힘을 받는다. 여기서 $\vec{\mu}$는 자석의 "자기 모멘트"이다. 각운동량 $\vec{L}$로 궤도를 도는 하전 입자는 자기 모멘트 $\vec{\mu} = q\vec{L}/2m$가 있다. $S_z = (1/2)\hbar$ 및 $q = e$를 넣으면 전자의 μ_z는 $-e\hbar/4m$이 나오지만 슈테른-게를라흐 실험에서 얻은 값은 $-e\hbar/2m$로, 지금은 "보어 마그네톤(Bohr magneton)"이라고 알려진 값이다. 이것은 스핀의 자기 모멘트 $\vec{\mu}$는 $\vec{L}/m$으로 궤도 각운동량에 대한 값의 두 배임을 시사한다. (이것은 전자의 스핀이 고전적으로 자전하는 공의 각운동량과 또 다른 점이다. 자전하는 공의 자기 모멘트는 궤도 각운동량의 경우와 같다.)

이 모든 것을 요약하면 다음 공식이 된다: $\vec{\mu} = gq\vec{L}/2m$. 여기에서 g는 "자기회전비(gyromagnetic ratio)"이다.[10] 실험값으로는 궤도 각운동량은 $g = 1$, 스핀은 $g \backsimeq 2$이다. 이론은 스핀의 g 측정값과 얼마나 잘 맞는가?

- 비상대론적 양자역학은 스핀을 예측하지 않는다. 스핀은 새로운 가설로 도입했으므로 이론은 단순히 g의 측정값으로 정의할 수 있다.

---

9 적어도 정통 해석에서는 그렇다. 양자역학에서는 전자를 고전적으로 자전하는 공으로 해석하지 않는다

10 일부 문헌에서는 "자기회전비"를 μ/L로 정의하고 이것을 "g-인자"라고 한다.

- 디랙의 상대론적 양자역학에서 스핀은 그 자체가 새로운 가설이 아니라 기본 가설의 결과이다. 디랙 방정식이 예측한 스핀은 $g = 2$로 그의 이론이 올바른 방향임을 시사한다. 그러나 정밀한 현대 측정값은 $g = 2.0023$로 디랙의 이론으로는 설명할 수 없는 작은 차이가 있다.
- 양자장 이론은 측정값을 소수점 이하 10자리 이상까지 정확하게 예측한다.

7.5.2 물음과 문제: 스핀

개념 물음 및 개념시험

1. 만일 슈테른과 게를라흐가 쟀던 방향과 수직인 방향(예: x 또는 y 방향)에서 각운동량의 성분을 쟀다면 무엇을 발견했을까?

2. 헬륨의 바닥상태에 있는 두 전자 각각의 상태의 네 가지 양자수 값을 모두 나열하라.

3. 슈테른과 게를라흐가 은 대신 헬륨 원자를 썼다면 어떤 결과를 얻었을까?

4. 양성자의 전하는 전자의 전하와 크기는 같고 부호가 반대이며 스핀은 전자와 같다 ($s = 1/2$). 그렇다면 핵의 양성자는 왜 슈테른-게를라흐 결과에 크게 기여하지 않는가? **실마리:** 335쪽의 기술적 사항의 내용을 보라.

심층 토론

5. 스핀 양자수만 다른 두 상태 $(n, l, m_l, m_s) = (2, 1, 1, 1/2)$ 및 $(2, 1, 1, -1/2)$는 에너지가 거의 같지만, 실제로는 하나가 다른 것보다 에너지가 조금 더 높다. 어느 것이고, 왜 그런가?

문제

6. 어떤 원자에서 $n = 1$ 및 $n = 2$인 전자 상태가 모두 차 있다.

(a) 이 원자에는 전자가 몇 개 있을까?

(b) 이 유형의 원자로 슈테른-게를라흐 실험을 하면 무엇을 볼 수 있을까? 설명하라.

7. **[이것은 순수한 고전 전자기 문제이다. 목적은 슈테른-게를라흐 결과가 원자에 대해 뜻하는 바를 입증하는 것이다.]** 전류가 흐르는 도선 고리를 생각하자. 자기장을 걸면 전류의 각 전자는 자기력 $q\vec{v} \times \vec{B}$를 받는다. (이 문제 전체에서 전자의 경우 $q < 0$임을 상기하라.) 그림 7.12는 세 가지 각본을 보여준다. 각각에서 전류 고리를 옆에서 본 모습이므로 보이는 고리 오른쪽에서는 전자가 지면 속으로 들어가고, 왼쪽에서는 지면 밖으로 나온다.

이 그림 중 하나를 복사해서 써야 하는 문제에서는 고리의 선과 자기장의 화살표만 복사하면 된다.

(a) 고리에 수직인 고른 자기장을 보여주는 그림 1을 복사하라. 그림의 왼쪽과 오른쪽 테두리에서 움직이는 전자가 받는 자기력의 방향을 나타내는 힘 벡터를 그려라. 고리가 받는 알짜 힘이 0인 이유를 설명하라.

(b) 고리가 기울어진 그림 2를 복사하라. 그림의 오른쪽과 왼쪽 테두리에서 움직이는 전자가 받는 자기력의 방향을 나타내는 힘 벡터를 그려라.

i. 전류 고리의 알짜 힘이 여전히 0인 이유를 설

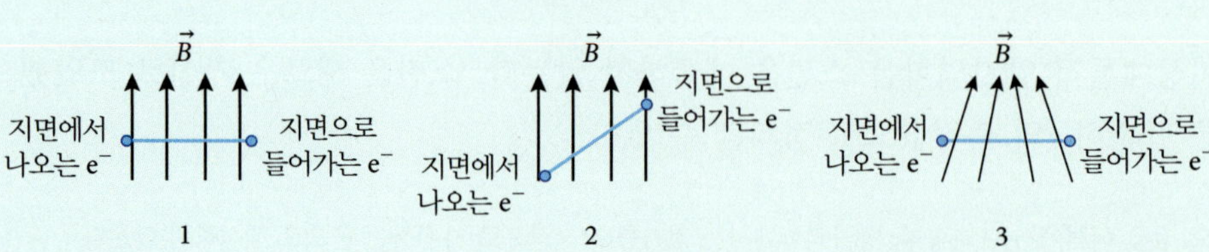

그림 7.12

명하라.

ii. 이 전류 고리가 받는 알짜 회전력은 0이 아니다. 이 고리가 도는 방향은 시계 방향, 반시계 방향 어느쪽일까?

(c) 장선의 개념을 써서 $(\partial B_z/\partial z) \neq 0$인 장이 모든 곳에서 z 방향을 가리킬 수 없는 이유를 설명하라.

(d) 그림 3을 복사하라. 이 고리는 다시 수평이지만 자기장은 이제 균일하지 않다. 그림의 오른쪽과 왼쪽 테두리에서 움직이는 전자가 받는 자기력의 방향을 나타내는 힘 벡터를 그려라. 고리가 받는 알짜 힘의 방향은 어느 쪽인가?

8. 양자장 이론에서 전자를 크기가 0인 점 입자로 본다. 고 에너지 충돌 실험은 전자 크기에 상한선을 주었다. 한없이 작지 않다면 반지름은 10^{-16} m보다 작다.

(a) 크기와 질량이 전자와 같은 균일한 공이 각운동량 $\sqrt{3/4}\,\hbar$로 돌고 있다고 하자. 공에서 가장 빠른 곳의 속력을 셈하라. 그 속력과 광속의 비를 구하라.

(b) 전자 반지름의 상한이 10^{-16} m임을 기억하라. 반지름이 그보다 작으면 앞에서 구한 속력은 어떻게 되는가?

요점을 기억하라. 전자는 여러 면에서 자전하는 공처럼 작용한다. 전자의 자전은 예상대로 전자에 각운동량과 자기 모멘트를 모두 제공하지만 실제로는 자전하는 공이 아니다.

7.6 스핀과 측정 문제

양자역학의 정통 해석에 따르면 입자를 재면 상태가 바로 바뀌는데, 그 방식은 슈뢰딩거 방정식으로 기술되지 않는다.

$$\psi(x) = c_1\psi_1(x) + c_2\psi_2(x) \rightarrow \text{에너지를 잰 값이 } E = E_2\text{라면} \rightarrow \psi(x) = \psi_2(x)$$

위치, 운동량 및 에너지와 같은 물리량을 제대로 다루려면 측정에 관해서 구체적으로 설명해야 하고, 그 설명에는 대수학이 들어간다. 반면 스핀 측정에 관한 설명은 다변수 복소 함수를 쓰지 않고도 할 수 있다.

따라서 이 절에서는 슈테른-게를라흐 실험을 다시 살펴보고 스핀을 더 자세히 알아본다. 그러나 이 절에서 얻는 교훈은 위치, 운동량 및 에너지와 같은 더 복잡한 속성에도 똑같이 잘 적용된다. 진짜 주제는 양자 세계에서의 측정에 관한 것이다.

이 절 전체에서 측정을 설명할 때 양자역학의 정통 해석을 따른다. 측정은 입자의 상태를 확률의 혼합체에서 하나의 특정 값으로 붕괴시킨다. 이 과정에 관한 설명은 해석마다 다르지만 예측하는 실험 결과는 같다.

7.6.1 설명: 스핀과 측정 문제

전자처럼 $s = 1/2$인 입자만 살펴보며, 그러한 입자를 “스핀-1/2 입자”라고 한다. 어떤 방향의 스핀-1/2 입자의 스핀 값을 재면 늘 $\pm(1/2)\hbar$이다. $S_z = (1/2)\hbar$인 입자를 “위쪽 스핀”이라고 하고 그 상태를 ↑로 나타내고, $S_z = -(1/2)\hbar$인 입자는 “아래쪽 스핀”이라고 하고 그 상태를 ↓로 나타낸다. S_x가 양수 및 음수인 상태도 비슷하게 →와 ←로 나타낸다.

바닥상태에 있는 은 원자와 같은 복합계는 맨 바깥 전자의 스핀을 뺀 모든 스핀이 상쇄되므로 스핀-1/2 입자처럼 거동할 수 있다. 슈테른-게를라흐 실험으로 돌아가자. 그 장치는 은 원자의 맨 바깥 전자의 스핀을 바탕으로 은 원자의 흐름을 특정 방향—z축—에서 두 가닥으로 갈랐다. 그러면 그 실험 장치를 다음과 같이 기술할 수 있다.

- 입력: 스핀 방향이 제멋대로인 원자의 흐름
- 출력: ↑ 원자의 흐름과 ↓ 원자의 흐름

반복된 스핀 측정

간단한 각본으로 시작하여 양자역학에 대한 더 흥미롭고 아마도 놀라운 예측으로 나아간다.

능동 읽기 연습: 스핀 측정 반복-같은 방향

y 방향으로 가는 은 원자의 흐름이 슈테른-게를라흐 장치를 지나면서 ↑ 흐름과 ↓ 흐름으로 갈라진다. 초기 흐름의 스핀 방향은 제멋대로였으므로 원자가 두 가닥의 흐름으로 갈라지는 비율은 대략 50/50이다.

이제 ↑ 흐름을 첫째 장치와 똑같은 둘째 장치를 지나게 한다. 그것은 원자의 흐름을 S_z 값의 부호에 따라 가른다.

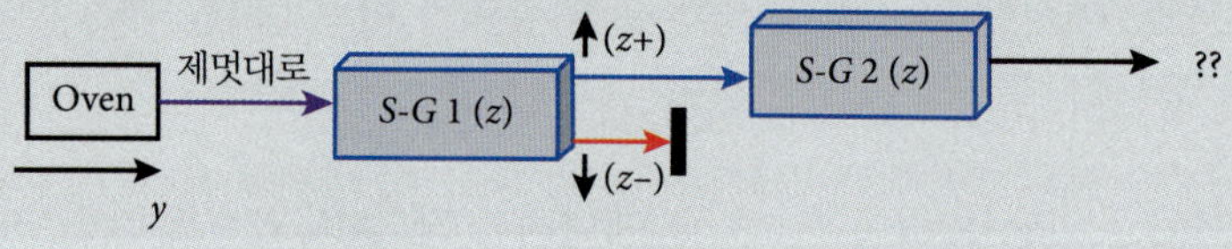

둘째 장치에서는 무엇이 나올까?

대답은 둘째 장치에서는 한 가지 흐름만 나온다는 것이다. 그 장치로 들어오는 모든 원자는 S_z가 양성 이므로 들어온 그대로 나온다. 그 뒤로 똑같은 속성을 수 천 번 반복해서 재도 똑같은 결과를 낼 것이다.

이제 둘째 장치를 90° 돌리자.

능동 읽기 연습: 스핀 측정 반복-수직 방향

S_z를 바탕으로 원자의 흐름을 두 가닥으로 가르는 장치로 다시 시작하는데, 이번에는 ↑ 흐름이 스핀의 x 성분인 S_x에 따라 원자의 방향을 바꾸는 장치로 들어간다.

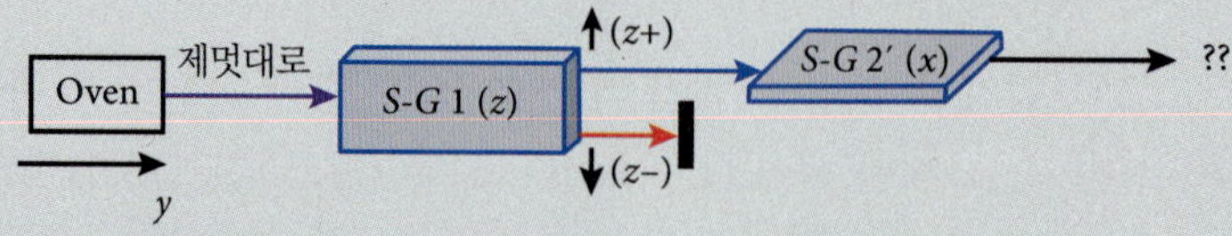

둘째 장치에서는 무엇이 나올까? (이것은 함정 물음이 아니다.)

에에 대한 대답은 나오는 흐름이 50/50으로 갈라진다는 것이다. 스핀의 x 성분은 모르므로 원자는 S_x가 음수일 확률과 양수일 확률이 같다.

이제 둘째 z-가르개를 다시 가져오면 상황이 더욱 흥미로워진다.

능동 읽기 연습: 스핀을 번갈아 세 번 재기

S_z를 기준으로 원자의 흐름을 두 가닥으로 가른 다음, ↑ 흐름을 앞서와 같이 S_x-가르개에 넣으면 50/50으로 갈라져 나온다.

그러나 이제는 둘째 장치에서 나오는 두 흐름 중 하나에 집중한다. 이 흐름의 모든 원자는 이제 두 번 정렬되었다. 먼저 S_z를 기준으로 가른 다음 S_x를 기준으로 갈랐다. 이 흐름을 셋째 슈테른-게를라흐 장치에 넣는다. 이것은 첫째와 마찬가지로 S_z를 기준으로 흐름을 가른다.

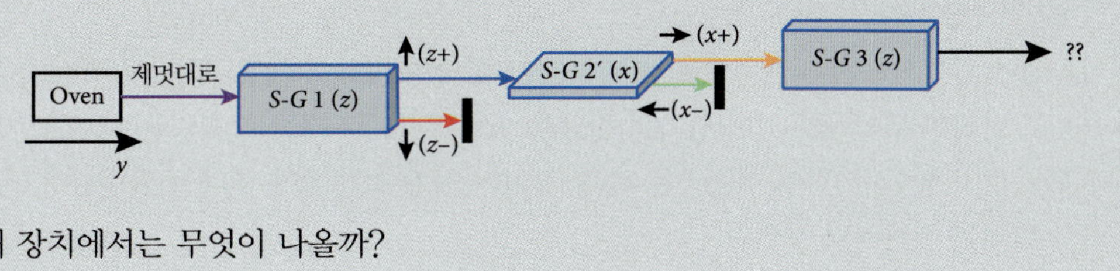

셋째 장치에서는 무엇이 나올까?

장치 2′에서 나오는 흐름은 S_z와 S_x의 값이 모두 명확하다고 결론짓기 쉽다. 그러나 양자역학에서의 측정 결과는 그렇지 않다. 입자는 상태 ↑ 또는 상태 → 어느 하나일 수는 있지만 둘 다일 수는 없다. S_x를 잴 때 원자의 상태를 ↑에서 → 또는 ←로 바꿨다. 이 두 흐름 중 하나를 골라 S_z를 재면 ↑ 및 ↓가 각각 반/반으로 나온다. 따라서 장치 3은 원자 흐름을 50/50으로 가른다.

반복 측정의 양자 해석

마지막 실험의 결과는 불확정성 원리의 스핀-관련 버전을 보여준다. 위치를 정확하게 재면 운동량이 불확실한 상태가 되고 그 반대도 마찬가지임을 알고 있다. 마찬가지로 원자를 명확한 S_x 상태로 만들면 S_y 및 S_z의 불확정성이 최대가 된다.

그러나 친구 똑똑쇠가 이 모든 양자적 기이함과 불확정성을 믿지 않는다고 하자. 그의 주장은 이렇다: "입자마다 스핀의 특정 값이 있다. 너의 측정은 그 스핀을 알아내는 것일 뿐, 본질적으로 상태를 바꿔야 하는 측정 과정과는 무관하다."

똑똑쇠가 위에서 설명한 z-x-z 측정값을 보면 뭐라고 말할까? 중간에 S_x의 측정은 원자의 S_z 상태를 깨끗이 지우지 않았는가? 그의 반응을 잠시 생각해 보라.

한 가지 대답은 장치 2′(S_x-측정 장치)가 원자를 흔들어 S_z 값을 예측할 수 없는 방식으로 바꿨다는 것이다. 똑똑쇠는 S_x를 재는 행위가 본질적으로 S_z 정보를 지울 필요가 없다고 주장한다. 그것을 엉망으로 만든 것은 바로 이 특정 S_x-측정 장치였다. 충분히 똑똑하다면 S_z는 그대로 두고 S_x를 재는 더 나은 장치 2′를 설계할 수 있다. 다음 달에 누군가 그런 장치를 내놓을 수 있을까?

양자역학이 맞다면 대답은 '아니오'이다. 입자의 x 방향의 스핀을 관찰하면 어떻게 재든 z 방향의 스핀은 흐트러진다.

요약하면 양자역학의 정통 해석이 전자의 스핀을 서술하는 방법은 다음과 같다.

- 전자의 스핀 각운동량을 특정 방향에서 잰 결과는 늘 $\pm\hbar/2$이다.
- 어느 순간에, 전자마다 스핀 측정 값이 $\hbar/2$인 방향이 하나 있고, 그 반대 방향에서 재면 측정 값이 $-\hbar/2$이다. 다른 어떤 축을 따라 스핀을 재도 그 결과가 양수 또는 음수가 될 확률은 0이 아니다.
- 스핀 방향에 수직인 축을 따라 스핀을 재면 양수 또는 음수 결과를 얻을 확률이 같다. (문제 6은 수직이 아닌 방향의 스핀 측정을 살펴본다.)
- 측정을 마치면 이제 전자의 스핀은 측정한 방향을 향한다. 그 뒤로 그 방향으로 재면 같은 결과를 얻고, 애초의 방향으로 다시 재면 확률이 50/50으로 갈라진다.

흐름 재결합과 양자 지우개

여기에서 똑똑쇠의 주장에 공감할지도 모르겠다. 양자역학의 정통 해석은 하나의 양을 재는 행위에는 본질적인 무언가가 있어 입자의 상태를 변화시키므로 다른 물리량은 더 이상 명확한 값을 갖지 않는다고 말한다. 한편 똑똑쇠는 측정 장치의 설계에 문제가 있다고 말한다. 그게 더 합리적이고 직관적인 결론처럼 보인다.

그러나 그것은 조리있는 설명이 아니다. 입자의 모든 물리량의 값이 명확한 상태가 있고, 단순히 측정을 하여 그 값을 얻는다는 고전적 견해를 결정적으로 배제하는 세 가지 실험을 살펴보겠다.

첫째 실험: 입자 하나씩 겹-실틈 실험: 앞에서 설명한 첫째 양자 실험을 기억하는가? 겹 실틈에 입자를 하나씩 보내면 뒷벽에 간섭 무늬가 생기는데, 이는 입자가 두 실틈을 동시에 지나왔어야 설명할 수 있다.

한 쪽 실틈(실틈 A)에 측정 장치를 두면 간섭 무늬가 사라진다. 이것이 뜻하는 바는, 일부 입자는 실틈 B를 지난 다음 실틈 A에 측정 장치를 두지 않았으면 비어 있었을 뒷벽 영역을 때린다는 것이다. 어떻든 실틈 A에 측정 장치를 두면 실틈 B를 지나는 입자는 그 장치를 결코 건드리지 않지만 다른 방법으로는 할 수 없는 일을 할 수 있다. 이는 측정 행위는 측정 장치의 어떤 특징이 아니라 입자의 상태를 두 위치의 중첩에서 단일 위치로 바꾸는 것임을 시사하는 것으로 보인다.

둘째 실험: 흐름 결합: 다음 능동 읽기 연습은 파인만 물리학 강의록(Feynman Lectures on Physics)에서 파인만이 설명한 실험을 살펴본다.

능동 읽기 연습: 흐름 재결합

슈테른-게를라흐 장치를 써서 S_z가 양수인 원자 흐름을 만든 다음 S_x가 양수인 흐름과 음수인 흐름 두 가닥으로 가른다. 이 두 흐름 중 하나에서 S_z를 재면 양수와 음수가 나올 확률이 50/50이 된다는 것을 알고 있다.

그러나 그 대신 먼저 두 흐름을 재결합한 다음 추가 측정을 한다. 재결합된 흐름에서 보는 원자가 → 흐름과 ← 흐름 중 어느 쪽에서 왔는지 알 방법은 없다.

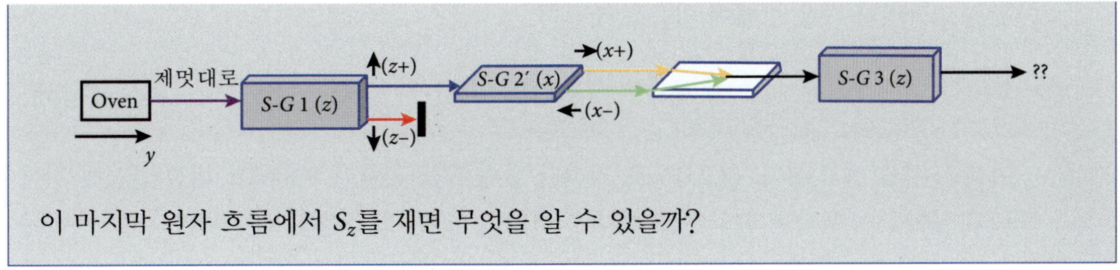

이 마지막 원자 흐름에서 S_z를 재면 무엇을 알 수 있을까?

양자역학은 이 최종 흐름의 모든 원자가 S_z-값이 양수임을 발견할 것이라고 예측한다! **S_z를 흔든 것은 장치 2′의 세부 사항이 아니었다. 오히려 S_z를 불확실하게 만든 것은 S_x를 확실히 결정한 것이었다.** 둘째 슈테른-게를라흐 장치에서 나온 낱낱의 원자의 상태를 어떻게 재도 알 수 없게 흐름을 재결합하면 x 측정은 지워지고 원자 스핀의 z 방향은 다시 명확해진다.

이 실험은 우리가 아는 한, 2023년 현재까지 아무도 하지 않았다. (원자를 건드리지 않고 흐름을 완벽하게 재결합하는 것은 기술적으로 어려운 것으로 밝혀졌다.) 그렇지만, 다른 양을 재는 많은 실험을 했고, 그 결과는 측정 장치가 어떻게든 입자를 "흔들어서" 결과를 망친다는 설명을 배제했다.

셋째 실험: 양자 지우개: 아마도 이 개념의 가장 극적인 시연은 "양자 지우개(quantum eraser)" 실험일 것이다. 여기서 그러한 실험을 설명하지는 않지만 결과에 대해서는 말하겠다.

기본 개념은 두 입자를 특별히 준비된 상태로 만든 다음 다른 방향으로 보내는 것이다. 입자 중 하나(입자 A)는 겹 실틈을 통과시킨다. 다른 방향으로 보낸, **임의로 멀리 있는** 입자 B를 재면 입자 A가 만드는 겹 실틈 간섭무늬가 생기거나 지워짐을 보일 수 있다.

이러한 실험에 대한 (초광속 통신을 허용하지 않는 이유를 포함한) 설명은 다음을 보라: www.cambridge.org/felder-modernphysics/onlinesections의 The Quantum Eraser.

파인만 사고 실험과는 달리 양자 지우개 실험은 실제로 수행되었고, 측정 장치가 어떻게든 고전적인 방식으로 입자를 흔든다는 설명은 완전히 배제하는 것 같다.

숨 돌리기: 슈뢰딩거의 고양이

미분 방정식을 푸는 방법이나 문장에서 "각운동량"이라는 구절을 쓰는 방법을 배우기 훨씬 전에 슈뢰딩거의 고양이에 대한 이야기를 들었을 것이다. 슈뢰딩거는 1935년에 이 사고 실험을 처음 기술했다. 악명 높은 고양이는 갖가지 과학적 배경을 가진 철학자들의 훌륭한 대화 주제이겠지만, 아인슈타인과 슈뢰딩거의 요점을 충분히 이해하려면 먼저 양자역학을 조금 배워야 한다.

이제 양자역학을 조금 배웠으므로, 이해할 할 수 있다.

실험은 강철 통 속에 고양이와 방사능 물질을 두는 것으로 시작한다. 방사능 붕괴는 양자역학적 무작위성의 전형적인 예이다. 어떤 원자가 반감기 동안에 붕괴할 확률은 50/50이다. 슈뢰딩거의 실험은 정확히 1시간 후에 원자가 붕괴하여 고양이를 죽이는 독약병을 깰 확률이 50%가 되도록 꾸민다.

양자역학의 논리에 따르면 원자의 상태는 다음과 같다.

$$\psi_{\text{원자}} = \frac{1}{\sqrt{2}}(\text{아직 붕괴하지 않음}) + \frac{1}{\sqrt{2}}(\text{붕괴했음})$$

이것은 고양이가 다음 상태에 있음을 뜻한다.

$$\psi_{\text{고양이}} = \frac{1}{\sqrt{2}}(\text{살아 있음}) + \frac{1}{\sqrt{2}}(\text{죽었음}) \tag{7.23}$$

이제 뚜껑을 열고 본다. (7.23)으로 기술된 상태를 볼 확률은 0%이다. 대신 간신히 피한 운명을 모르고 살아있는 행복한 고양이를 보거나, 아니면 그 반대 상황을 볼 것이다. 어느 쪽이든 고양이는 이제 고유상태 "살아 있음"에 있어 원자가 "아직 붕괴하지 않음"이거나, 고양이가 "죽었음"에 있어 원자가 "붕괴했음"임을 뜻한다. 슈뢰딩거 방정식은 고양이가 살아 있음과 죽었음, 두 상태의 중첩을 예측하지만 우리는 보는 것은 늘 둘 중 하나뿐이라는 사실은 이른바 "측정 문제"의 한 예이다.

지난 100년 동안 측정 문제에 대해 많은 의견이 나왔다.[11] 슈뢰딩거의 고양이는 문제를 단순한 영상과 구체적인 물음으로 요약한 것이어서 양자역학에서 가장 잘 알려진 상징물이다. 통을 열어 보기 전에 고양이는 어떤 상태였을까? 더 일반적으로, 무언가를 재어 알게 되는 상태는 대상이 이미 그 상태에 있었던 것일까, 아니면 측정 과정에서 그렇게 바뀌는 것일까? 다음은 세 가지 가능한 답변이다.

- **측정은 단지 상태를 드러낸다.** 이것은 고전적 해석이다 (위에서 똑똑쇠가 그렇게 말했다). 원자는 붕괴되었거나 붕괴되지 않았거나, 고양이는 살아 있거나 죽어 있다. 뚜껑을 여는 행위는 상자 안의 어떤 것도 바꾸지 않는다; 단지 상태를 알려 준다.

  이 해석의 문제는 광자 하나씩의 겹-실틈 실험으로 거슬러 올라간다. 각 광자가 왼쪽 실틈을 지나거나 (하지만 우리는 모른다), 아니면 오른쪽 실틈을 지난다면 (그러나 우리는 모른다), 뒷벽에 생기는 간섭 무늬를 설명할 수 없다. 파동함수가 한 번에 두 실틈을 모두 지나고 스스로 간섭한다고 가정해야 간섭 무늬를 설명할 수 있다. 겹-실틈을 지날 때의 광자의 상태는 다음과 같다: "이 실틈 또는 저 실틈."
- **측정은 상태를 바꾼다.** 상자를 열기 전에 원자는 "붕괴했었을 수도, 하지 않았을 수도 있다"이며, 이것은 고양이의 상태가 "살아 있을 수도, 죽었을 수도" 있음을 뜻한다. 상자를 열면, 그것이 파동함수를 붕괴시켜 어느 한 상태가 되게 한다. 이제는 고양이는 살아 있거나, 아니면 죽어 있다.

  $$\frac{1}{\sqrt{2}}(\text{살아 있음}) + \frac{1}{\sqrt{2}}(\text{죽었음}) \rightarrow \text{측정} \rightarrow 1(\text{살아 있음}) + 0(\text{죽었음})$$

  양자역학은 이 해석을 밀어붙이는 것 같다. 그러나 아인슈타인도 슈뢰딩거도 믿지 않았다; 오히려 이 결론의 명백한 부조리가 양자역학이 실재성을 완전히 기술하지 못함을 증명한다는 것이 그들의 주장이다. 아인슈타인이 슈뢰딩거에게 보낸 편지에 쓴 것처럼 "고양이의 생사가 관찰 행위와 무관하다는 것은 아무도 참으로 의심하지 않는다."

  고양이가 상태의 중첩이라는 애매한 상황에 있다는 입장을 받아들이면 그 애매함이 언제

---

11 다음 책에서 뛰어난 요약을 볼 수 있다: Norsen, Travis, Foundations of Quantum Mechanics, Springer, 2017. Norsen은 "파일럿-파동" 해석의 옹호자이지만 양자역학의 수학을 현실의 물리학과 조화시키는 문제의 개요를 제시하고 다양한 해석의 장단점을 설명한다.

끝나는가라는 물음이 나온다. 상자를 여는 행위가 고양이의 파동함수를 붕괴시켰다면, 왜 그에 앞서 고양이가 스스로 관찰하여 같은 일을 하지 못했을까? 그런 종류의 물음에서 많은 사람들이 셋째 입장을 따른다.

- **크기에 따라 다르다.** 양자역학의 가장 반직관적인 측면(내재된 임의성, 불확정성 등)이 미시적 세계에 적용되는 반면 거시적 세계는 근본적으로 고전적이라는 말을 자주 들을 것이다. 물론 원자는 이러한 이상한 중첩 상태에 있을 수 있지만 고양이는 늘 살아 있거나 죽어 있다. 슈뢰딩거의 고양이는 두 세계를 명시적으로 연결하여 이러한 작고/큰 차이가 약화되도록 꾸민 것이다. 원자가 중첩 상태에 있고 고양이의 상태가 원자의 상태와 연결되어 있다면 고양이는 살아 있으면서 죽은 상태여야 한다.

  그러나 많은 현대 물리학자들은 파동함수의 붕괴가 관찰의 결과가 아니라 거시적 상호작용의 결과라고 말한다. 슈뢰딩거의 원자는 붕괴와 비붕괴의 중첩 상태에 있지만, 거시적 플라스크가 온전한 상태 또는 깨진 상태로 드러나는 때, 원자는 측정되어 중첩 상태에서 어느 한 상태로 바뀐다. 이것은 종종 정통 해석을 이해하는 방법이다. "거시적"이라는 단어는 정확하게 정의되지 않아 정확히 언제 붕괴되는지에 대한 물음은 열려 있지만 양자역학의 정통 해석 지지자들은 여전히 고양이는 생사의 중첩 상태에 있을 수 없다고 할 것이다.

많은 현역 물리학자들은 그러한 물음을 과학이라기보다는 철학으로 치부한다. 슈뢰딩거의 고양이의 상태에 대한 다양한 해석은 우리가 현실의 본질을 이해하는 방식에 막대한 영향을 주지만 실험 예측에는 영향을 주지 않는 것으로 알려져 있다.

그렇지만, 오늘날 많은 물리학자들은 이전의 아인슈타인과 슈뢰딩거처럼 이러한 물음이 중요하다고 생각하며 양자역학을 해석하는 올바른 방법에 대해 많은 논쟁을 한다. 이러한 논쟁에 대한 간략한 소개는 다음을 보라: www.cambridge.org/felder-modernphysics/onlinesections의 Interpretation of Quantum Mechanics.

그렇지만, 작은 뉴턴식-당구공-같은-입자가 자료와 맞지 않는다는 데 모두가 동의한다. "양자 세계" 대 "고전적 세계"를 말할 때, 참으로 뜻하는 것은 실제 세계 대 우리가 믿었던 세계이다.

7.6.2 물음과 문제: 스핀과 측정 문제

개념 물음 및 개념시험

1. 위쪽 스핀(↑)인 은 원자 백만 개가 x 방향의 슈테른-게를라흐 장치를 지난 뒤 양성인 원자들은 모두 다시 z 방향 장치를 지난다. 대략 몇 개가 아래쪽 스핀(↓)으로 나올까?

A. 백만
B. 50만
C. 25만
D. 없음

2. 은 원자의 흐름이 x 방향 슈테른-게를라흐 장치로 들어가 "오른쪽" 스핀과 "왼쪽" 스핀의 두 가닥으로 갈라져 나온다. 이제 "오른쪽" 스핀 은 원자 흐름이 z 방향 장치를 지난다. 반은 ↑로, 반은 ↓로 나온다. 고전적 분석은 다음과 같이 말한다: "원자가 둘째 장치에 들어가기 전부터 반은 ↑, 나머지 반은 ↓였다; 실험 장치는 단지 그것을 가려내는 것을 도와주었을 뿐이다."

(a) 위에 인용한 문장을 양자역학의 정통 해석에 바

탕을 둔 분석으로 바꿔라.

(b) 이제 실험을 바탕으로 양자역학적 분석은 정확하고 고전적 분석은 그렇지 않다는 논리를 펴라.

3. 고전적으로 생각하는 물리학자가 "스핀을 번갈아 세 번 재기"(339쪽)라는 제목의 능동 읽기 연습을 본다고 하자.

(a) 그 물리학자는 이 실험의 최종 결과를 불확정성 원리를 쓰지 않고 어떻게 설명할까?

(b) 누군가 "흐름 재결합"(340쪽) 실험을 할 수 있고 그 결과가 앞서 설명한 양자역학 예측과 일치한다면 위의 고전적인 설명을 어떻게 반박할까?

4. 양자역학의 핵심 원리를 설명하는 두 가지 방법으로 이 절에서 설명한 슈테른-게를라흐 실험 집합을 광자 하나씩의 겹-실틈 실험과 비교했다.

(a) 두 실험 모두에서 양자역학의 어떤 기본 개념을 끌어낼 수 있는가?

(b) 두 실험에서 보인 원리의 차이는 무엇이며 그것을 어떻게 보였는가?

심층 토론

5. 슈뢰딩거는 고양이 실험을 처음으로 기술한 1935년 논문에 다음과 같이 썼다: "흔들리거나 초점이 안맞아 흐린 사진과 구름과 안개 속의 순간 사진은 다르다." 과학은 사진기처럼 현실을 보고 그 현실의 모형을 만든다. 슈뢰딩거는 현실의 모형으로서 양자역학에 대해 어떤 점을 말하고 있는가?

문제

6. 전자의 스핀이 어떤 방향으로 있는데, 그 방향에 대해 각도 θ인 축을 따라 스핀을 재면 결과가 양수일 확률은 $\cos^2(\theta/2)$이다.

(a) 위쪽 스핀($+z$ 방향)인데 z축을 따라 잰다면 이 공식은 그 확률에 대해 무엇을 예측하는가?

(b) 위쪽 스핀($+z$ 방향)인데 x축을 따라 잰다면 이 공식은 그 확률에 대해 무엇을 예측하는가?

(c) 위쪽 스핀($+z$ 방향)인데 먼저 x축과 z축 사이의 45° 방향을 따라 잰 다음 x축을 따라 잴 경우 최종 결과가 x 축 방향의 양수가 나올 확률은 얼마인가? **실마리:** 첫째 측정에서 나올 두 가지 결과를 따로 살펴야 한다.

7. **[이 문제는 문제 6의 결과를 쓴다.]** ↑ 입자로 시작하여 그 스핀을 N번 잰다: 먼저 z축에 대해 각도 $\pi/2N$으로 재고, 그 다음에는 두 배의 각도로, 등등 계속하여 N번째는 x축과 나란히 잰다.

(a) N개의 측정값이 모두 양수로 나올 확률을 구하라.

(b) (a)의 답의 $N \to \infty$의 극한을 구하라.

(c) (b)에서 구한 극한은 실험에 해당한다. 그것이 기술하는 실험과 예측하는 결과를 설명하라.

8. **탐색: 스핀 기저 벡터**

전자(또는 스핀 1/2 입자)의 스핀 상태는 보통 "열 벡터"로 나타낸다: $\begin{pmatrix} a \\ b \end{pmatrix}$. 다음 열 벡터는 스핀이 위, 아래, 오른쪽 및 왼쪽을 가리키는 전자를 나타낸다. (이 중 어떤 것도 증명하지는 않지만 참이다.)

$$\uparrow (z+) = \begin{pmatrix} 1 \\ 0 \end{pmatrix} \qquad \downarrow (z-) = \begin{pmatrix} 0 \\ 1 \end{pmatrix}$$

$$\rightarrow (x+) = \begin{pmatrix} 1/\sqrt{2} \\ 1/\sqrt{2} \end{pmatrix} \qquad \leftarrow (x-) = \begin{pmatrix} 1/\sqrt{2} \\ -1/\sqrt{2} \end{pmatrix}$$

전자의 스핀을 x축을 따라 잴 경우 열 벡터를 다음 형식으로 써서 결과를 예측할 수 있다.

$$\begin{pmatrix} a \\ b \end{pmatrix} = c_1 \begin{pmatrix} 1/\sqrt{2} \\ 1/\sqrt{2} \end{pmatrix} + c_2 \begin{pmatrix} 1/\sqrt{2} \\ -1/\sqrt{2} \end{pmatrix}$$

그러면 $|c_1|^2$ 과 $|c_2|^2$ 은 각각 결과가 양수와 음수일 확률이다. z 성분 측정에 대한 확률도 같은 방식으로 구할 수 있다.

(a) 전자가 ↑ 상태에 있다고 하자. 열 벡터를 쓰고 위의 꼴로 고쳐 써서 x 성분의 측정 결과를 예측하라. c_1과 c_2는 무엇인가?

(b) 위에서 구한 c_1과 c_2를 써서 ↑ 전자에 대해 →와 ←를 얻을 확률을 구하라 (결과는 놀랍지 않다.)

(c) 이제 전자가 상태 $\begin{pmatrix} 1/2 \\ \sqrt{3}/2 \end{pmatrix}$에 있다고 하자. z 성분을 재면 ↑와 ↓를 얻을 확률은 얼마인가? 대신 x 성분을 재면 →와 ←를 얻을 확률은 얼마인가? (z 성분를 잰 뒤가 아니고, z 대신 x 성분을 잰다.)

7.7 분광선 갈라짐

이론과 실험은 수소 원자의 각 에너지 준위의 겹침이 $2n^2$이라는 데 동의한다. 그러나 신중하게 잰 결과는 이 겹침이 정확하지 않음을 보여준다. n값만 같은, 다른 양자 상태는 에너지가 똑같지 않다. 그 효과는 각 분광선이 여러 개로 갈라져 촘촘하게 붙어있는 것으로 나타난다.

7.7.1 발견 연습: 분광선 갈라짐

양성자 주위를 도는 전자에 대한 시간-불변 슈뢰딩거 방정식은 다음과 같다.

$$-\frac{\hbar^2}{2m}\nabla^2\psi - \frac{e^2}{4\pi\epsilon_0 r}\psi = E\psi \tag{7.24}$$

더 복잡한 계(예: 핵 주위의 궤도를 도는 두 전자)에 대한 방정식과 달리 (7.24)는 해석적으로 풀 수 있다. 그 결과는 부록 G의 고유상태와 고윳값으로 이어지며, 이들 공식의 예측값은 실험 결과와 매우 잘 맞는다.

아주 잘 맞지만… 완벽하지는 않다. 전자가 다른 준위로 떨어질 때 내는 광자 및 다른 실험적 증거는 에너지 준위 $E_n = -(1/n^2)$Ry에서 매우 작지만 일관된 편차를 보여준다.

왜? 이 장에서 썼던 근사법이나 고려하지 않은 양성자와 전자의 속성을 생각할 수 있는가? 2~3개 생각나는가?

7.7.2 설명: 분광선 갈라짐

4장에서 수소 발광선의 파수는 뤼드베리 공식 $f = 1/\lambda = R_H(1/n_1^2 - 1/n_2^2)$을 따른다는 것을 상기하자. 각 분광선은 수소 원자의 에너지 준위가 n_2에서 n_1으로 바꿀 때 내는 광자를 나타낸다. 각 준위의 에너지는 대부분 n이 결정하므로 양자수 l과 m_l은 이 공식에 나타나지 않는다.

그러나 실제로는 l과 m_l의 값에 따라 상태의 에너지를 조금 다르게 만드는 효과가 여러 가지 있다. 이것은 각각의 주요 에너지 준위(n값에 해당)를 간격이 좁지만 겹치지는 않은 여러 개의 에너지 준위로 쪼개는 것으로 볼 수 있다. 결과적으로 각 분광선이 여러 가닥으로 촘촘하게 갈라진다. 이 절에서는 이러한 메커니즘 중 가장 중요한 것과 수소 에너지 준위에 미치는 영향을 간단히 설명한다.

제이만 효과

제이만 효과는 외부 자기장에 의한 원자의 분광선 변화를 나타낸다. 이해를 돕기 위해 고전 전자기학의 몇 가지 사실을 상기하자:

- 원운동하는 전하는 운동면에 수직인 자기모멘트를 가진다. 그 방향은 오른손 법칙에 따라 정해진다.

- 자기모멘트는 자기장에 나란히 정렬되는 경향이 있다. 또는 달리 말하면 자기장 속의 자기모멘트는 자기장과 나란히 정렬할 때 위치 에너지가 낮다.
- 따라서 자기장 속에서 원운동하는 전하는 회전력을 받아 운동면이 자기장과 나란히 정렬된다.

능동 읽기 연습: 제이만 효과

$+z$ 방향의 자기장($\vec{B} = B\hat{k}$) 속에 원자 기체를 넣는다고 하자. 스핀은 무시하자.

1. 자기장이 고유상태의 에너지를 l, m_l 또는 둘 모두에 따라 바꾸는가?

2. 그 양자수가 클 때와 작을 때, 어느 때 에너지가 더 커지는가?

능동 읽기 연습의 답을 구하려면 몇 가지를 통찰해야 한다. 다음 중 전부 또는 대부분을 통찰했다면 스스로 장하게 여기자.

- l 과 m_l 모두 전자의 각운동량과 관련이 있고, 따라서 전자의 자기 모멘트와 관련이 있다. 그래서 자기장 속에서는 중요하다.
- 이 연습에서 자기장의 방향을 $+z$ 방향으로 잡으므로 전자 자기 모멘트의 z 성분은 중요하지만, x 및 y 성분은 중요하지 않다.
- l은 각운동량의 크기를 결정하고 m_l은 z 성분을 결정한다. 두 전자가 l 값은 다르지만 m_l이 같다면 L_z는 같지만 L_x 및/또는 L_y는 다르다. 따라서 그들은 자기장 $\vec{B} = B\hat{k}$에 똑같이 반응한다. 이것은 m_l은 중요하지만 l은 중요하지 않음을 뜻한다.
- 전자는 음전하를 띠므로 자기 모멘트의 방향은 각운동량과 반대이다. 따라서 m_l이 양수이면 자기 모멘트의 방향이 자기장의 방향과 반대임을 뜻한다. m_l이 음수이면 전자의 자기 모멘트가 자기장과 나란함(자기 위치 에너지가 작음)을 뜻한다.

결론은 $+z$ 방향 자기장 속의 원자는 m_l이 클수록 에너지가 크다는 것이다. 자기장이 약하면(스핀 무시) 상태의 에너지에 대한 제이만 기여도는 다음과 같다.

$$\Delta E = m_l \mu_B B \quad \mu_B = \frac{e\hbar}{2m_e} \qquad \text{약한 자기장에서의 제이만 효과.}$$

상수 μ_B가 "보어 마그네톤"이다. § 7.5에서 보았다(잊었을 수도 있다).

$n = 2$에서 $n = 1$로 전이하는 것을 살펴보자. 바닥상태 $n = 1$은 $m_l = 0$뿐이지만 $n = 2$인 상태는 $m_l = -1$, 0 또는 1이 있다. 따라서 이제 세 가지 전이가 있고, 이들이 내는 광자 에너지는 조금씩 다르다(그림 7.13): $\Delta m_l = -1$, 0 및 1. 이것은 촘촘하게 갈라진 3개의 라이먼 알파 분광선으로 관찰된다.

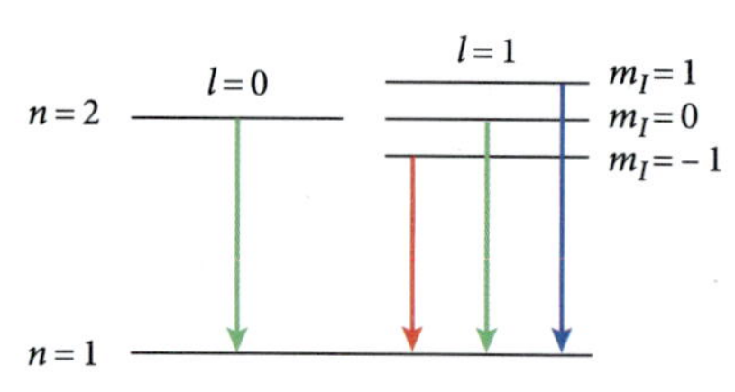

그림 7.13 제이만 효과는 분광선 하나를 3개로 벌린다.

더 센 자기장에서는 효과가 더 복잡해지고 ΔE는 B에 대해 비선형적으로 변화한다.

지금까지의 설명에서는 스핀을 무시했다. 원자 전이가 모든 전자 스핀이 상쇄되는 상태 사이에서 일어나면 스핀을 무시할 수 있다. 이 경우 자기장에 의한 분광선 갈라짐을 "정상(normal)" 제이만 효과라고 한다. 초기 또는 최종 상태에 알짜 스핀이 있으면 셈이 더 복잡해지고 그 효과를 "비정상(anomalous)" 제이만 효과라고 한다.

제이만 효과를 써서 자기장을 잴 수 있다. 예를 들어, 과학자들은 태양 대기의 분광선 갈라짐을 재어 태양 표면의 자기장 분포의 변화를 그릴 수 있다(그림 7.14 참조).

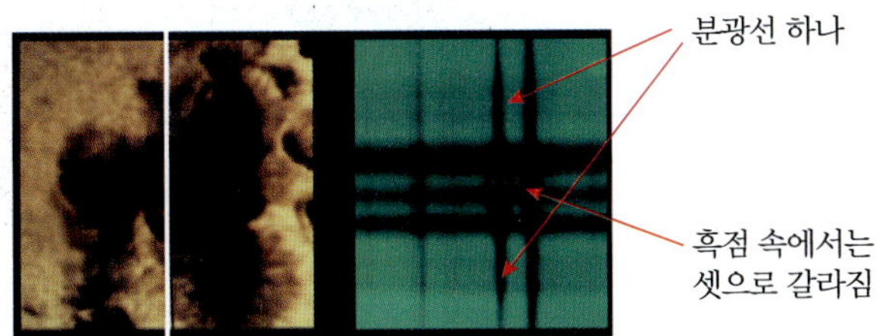

그림 7.14 왼쪽: 흑점(어두운 영역) 근처의 사진. 오른쪽: 왼쪽 사진의 중앙 흰색 선을 따라 얻은 분광선. 세로축은 위치(왼쪽과 동일)이고 가로축은 진동수이다. 흑점 속의 영역에서 제이만 효과로 하나의 분광선이 선이 세 개로 갈라진다. 출처: NSO/AURA/NSF © 2020.

미세 구조

자기장이 없으면 m_l은 전자의 에너지에 영향을 주지 않는다. 그러나 $l \neq 0$인 전자는 밖에서 자기장을 걸지 않아도 원자 속에서 자기장을 느낀다. 전자의 (비관성) 틀에서 주변을 살펴보자. 그 틀에서는 전자가 서 있고 양성자는 그 둘레를 돌며 자기장을 만든다. 그 자기장은 전자의 스핀과 상호 작용한다. 그 결과 스핀의 방향에 따라 전자의 에너지가 달라진다(문제 12). 이 효과가 "스핀-궤도 결합"이다. 이 효과는 제이만 효과와 비슷하며 에너지 준위의 겹침도 깨지만 외부 자기장이 없이 생긴다.

이 겹침을 깨는 또 다른 요인은 전자의 운동 에너지가 $p^2/2m$보다 조금 작다는 상대성 이론이다. 이것을 넣으면 모든 에너지 준위가 낮아지지만 그 효과는 l 값이 작은 상태에서 가장 크며, 그 이유는 핵 근처(속력이 더 빠른 곳)에 평균적으로 더 오래 머물기 때문이다. 이 에너지 준위의 상대론적 갈라짐은 우연히도 스핀-궤도 결합과 크기가 비슷하다(문제 13). 이 두 가지 수정을 합하여 원자의 "미세 구조(fine structure)"라고 한다. 이러한 효과로 인한 에너지 변화는 상태의 전체 에너지보다 대략 인자 α^2 만큼 작다. 여기서 α는 "미세 구조 상수(fine structure constant)"라는 무차원 수이다.

$$\alpha = \frac{e^2}{4\pi\epsilon_0\hbar c} = 0.00730 \qquad \text{미세 구조 상수}$$

선택 규칙

위에서는 외부 자기장이 있으면 정상 제이만 효과가 $n = 2$에서 $n = 1$로의 전이를 Δm_l의 값에 따라 세 개의 개별 전이로 갈라짐을 보였다. $n = 3$에서 $n = 1$로의 전이는 다섯 개로 갈라질 것을 예상할 수 있다. 왜냐하면 $n = 3$이면 $2 \leq m_l \leq 2$이기 때문이다. 그러나 실제로는 일반적인 제이만 효과는 여전히 세 개의 분광선만 보여준다. 그 이유는 전자 전이를 제한하는 "선택 규칙(selection rule)"이 있기 때문이다. 원자 전이에서 두 가지 가장 중요한 선택 규칙은 다음과 같다.

$$\Delta l = \pm 1,$$
$$\Delta m_l = -1,\ 0 \text{ 또는 } 1$$

이러한 규칙을 끌어내는 것은 복잡하지만 간단한 논리를 써서 최소한 일부는 이해할 수 있다. 광자는 스핀-1 입자이므로 각운동량 상태는 $m_s = -1, 0$ 또는 1 세 가지다. 각운동량 보존에 따라 전자의 z 각운동량은 반대의 양만큼 변해야 한다. 따라서 Δm_l에 대한 규칙이 나온다. Δl의 규칙에 대한 논리도 비슷하다(물음 10).

"선택 규칙"이라는 말은 다소 오해의 소지가 있으며 대체로 이러한 규칙에 어긋나는 전이를 가리키는 말인 "금지된 전이(forbidden transition)"는 훨씬 더 나쁘다. 이러한 전이는 둘 이상의 광자의 충돌 또는 동시 방출을 통해 일어난다. 예를 들어, 선택 규칙에 따르면 $n = 2, l = 0$인 상태는 $n = 1$인 상태로 결코 전이할 수 없다. 그러나 실제로는 그 상태는 약 0.1초의 평균 수명 뒤에 붕괴한다. 그 시간이 빨라 보일 수도 있지만 "허용된" 원자 전이는 대체로 약 1 나노초 뒤에 일어나므로 그에 비하면 상태 $n = 2, l = 0$은 평생 지속되는 것처럼 느껴질 수 있다. (원자 규모에서) 아주 오래 지속되다가 붕괴하는 상태를 "준안정(metastable)" 상태라고 한다.

준위 갈라짐

분광선에 대한 뤼드베리의 간단한 공식을 바꾸는 가장 중요한 효과 중 일부를 설명했다. 다른 작은 효과도 있다. 다음은 크기 감각을 전달하고자 고안한 목록이다.

- 위에서 말했듯이 미세 구조(스핀-궤도 결합 및 상대론적 보정)가 만드는 에너지 보정은 기본(bare) 에너지 준위의 약 1/20,000이다($\Delta E \sim \alpha^2 E$).
- "램 이동(Lamb shift)"은 양성자가 만드는 전기장을 양자역학적으로 다룰 때 생긴다. 이것이 만드는 보정항은 미세 구조의 약 1/140이다($\Delta E \sim \alpha^3 E$).
- "초미세(Hyperfine)" 갈라짐은 전자와 양성자의 스핀 자기 모멘트의 상호작용으로 생긴다. 이는 램 이동의 약 1/15이다 $[\Delta E \sim \alpha^2 (m_e/m_p)E]$.

분광 측정은 아주 정확하여 이러한 효과를 모두 검출할 수 있다.

미세구조 상수 및 다른 무차원 상수에 관한 비망록

양자역학과 수소 원자의 구조를 이해하면 앞서 제시한 미세 구조 상수 공식을 끌어낼 수 있다.

$$\alpha = \frac{e^2}{4\pi\epsilon_0 \hbar c} \approx \frac{1}{137}$$

이것은 여러 상수의 조합이고, 상수마다 단위가 있지만 최종 결과는 무차원 값이다. 다시 말해 "$\alpha \backsimeq 1/137$"은 원자의 거동에 영향을 주는 자연의 근본적인 사실인 것 같다. 모두 같은 방정식을 따르지만 α의 값이 조금씩 다른 여러 우주를 상상할 수 있다. 그러한 우주는 생명체를 유지할 수 없을 것이며, 우리가 아는 물질조차 없을 것이다.

미세 구조 상수와 같은 무차원 기본량을 물리학 이론의 "자유 매개변수"라고 한다. 다른 예를 들면 쿼크 유형의 수(6개)와 전자에 대한 양성자 질량의 비(대략 2000)가 있다.

많은 고에너지 이론 물리학자들의 목표 중 하나는 자연에서 재는 많은 무차원 상수를 예측하는 이론이다. 다른 이론가들은 이러한 "상수"가 실제로 공간과 시간에 따라 달라지며, 이 경우 α와 같은 것에 대해 우리가 보는 값은 우리 우주의 일부분의 특징일 뿐이라고 제안했다. 현재로서는 이것은 답을 모르는 열린 물음이다.

7.7.3 물음과 문제: 분광선 갈라짐

개념 물음 및 개념시험

1. 자기장을 걸면 $n = 6$에서 $n = 3$으로 전이할 때의 분광선이 몇 개로 갈라지는가? (스핀은 무시하고 하나를 골라 설명하라.)

A. 2
B. 3
C. 4
D. 5
E. >5

2. $+z$ 방향의 자기장이 있으면 라이먼 알파 분광선($n = 2$에서 $n = 1$로 전이)은 세 개로 갈라진다. 이 세 분광선 중 진동수가 가장 높은 것에 대해 $n = 2$ 상태의 세 양자수를 모두 명시하라. 그것을 어떻게 아는가?

3. 전자는 $l = 1$, $m_l = 1$, $m_s = 1/2$인 상태에 있다. 다음 중 스핀-궤도 결합이 상태에 미치는 영향은 무엇인가? 어떻게 아는가? (하나를 골라라.)

A. 상태의 에너지를 높인다.
B. 상태의 에너지를 낮춘다.
C. 상태의 에너지를 바꾸지 않는다.
D. 답은 n에 따라 다르다.

4. 자기장이 없는 상태에서 수소 원자의 에너지 준위를 약 1%의 정확도로 예측하려면 n만 고려하면 된다. 참인가 거짓인가?

5. 어느 분광선이 더 넓은가? (하나를 골라라.) **실마리:** 이 절에서는 각 분광선이 예상보다 높거나 낮을 수 있는 이유에 대해 설명했지만 폭은 말하지 않았다. 분광선의 폭이 왜 0이 아닌가?

A. $n = 2$, $l = 0$에서 $n = 1$으로 가는 전이
B. $n = 2$, $l = 1$, $m_l = 0$에서 $n = 1$으로 가는 전이
C. 이 두 분광선의 폭은 같다.

6. 미세 구조, 램 이동, 초미세 갈라짐의 상대적 크기를 나열했다. 이 목록에 왜 제이만 갈라짐을 넣을 수 없는가?

7. 다음 각각에 대해 양자수 n, l, m_l 및 m_s 중 어느 것이 에너지를 결정하는지 명시하라. 각각에 대한 답은 양자 번호 목록과 간단한 설명이 될 것이다. (스핀-궤도 결합은 더 복잡하므로 생략한다.)

(a) 보어 모형
(b) 약한 자기장에 의한 제이만 효과 (자기장이 z 방향이라고 가정하라)
(c) 상대론적 수정

심층 토론

8. 제이만 효과 공식 $\Delta E = \mu_0 B m_l$이 왜 약한 자기장에만 유효한가?

9. 핵이 서 있고 전자가 궤도를 도는 관성 기준틀에서 왜 스핀-궤도 결합이 생기는가? **실마리:** 원운동하는 전하가 자기 쌍극자를 만들 듯이 회전하는 자석은 전기 쌍극자를 만든다.

10. 본문에서는 각운동량 보존을 바탕으로 광자를 내는 전자 전이는 다음 선택 규칙을 따라야 한다고 주장했다: $\Delta m_l = -1$, 0 또는 1. $\Delta l = -1$, 0 또는 1이어야 하는 이유에 대해 비슷한 논리를 펴라. ($\Delta l = 0$이 될 수 없다는 것의 증명이 더 어렵다.)

문제

11. 지자기의 세기는 대략 45 μT이다.

(a) 제이만 효과를 바탕으로 $\Delta m_l = 1$인 전이에 대해 이 자기장의 기여도를 셈하라.

(b) 그 기여도를 미세 구조 보정과 비교하라.

12. 탐색: 스핀-궤도 결합

일련의 근사법을 써서 스핀-궤도 결합 효과의 크기 정도를 추정하자. 전자가 원점에 서 있는 기준틀을 잡는데, 그러면 양성자는 양전하를 띤, 자전하는 공으로서 전자를 중심으로 원궤도를 돈다.[12] 양성자가 만드는 자기장 속에서 전자의 스핀 자기 모멘트에 의한 에너지 이동은 $-\vec{\mu}_s \cdot \vec{B}$이다. 여기서 $\vec{\mu}_s$는 전자의 스핀과 관련된 자기 모멘트이다.

(a) 전자의 자기 모멘트 $\vec{\mu}_s$의 z성분을 구하라. 답을 양자수 m_s로 나타내라. **실마리:** § 7.5의 자기회전비에 대한 설명을 보라.

(b) 양성자를 xy 평면의 둥근 전류 고리로 다루면 자기장은 $\vec{B} = \mu_0 I/2r\hat{k}$이다. 여기서 전류 I는 e(양성자 전하)를 주기 T로 나눈 값과 같다. 다음을 B_z를 양성자의 반지름과 속도(주기 T 없이)로 나타내라.

(c) 이 비관성 틀에서 양성자의 속력은 일반적인 (양성자 중심) 틀에서의 전자의 속도와 같다. 그 속도를 전자의 각운동량의 z 성분인 L_z로 나타내라. 이를 써서 B_z를 L_z와 r로 나타내라.

(d) 보어 모형의 반지름을 r값에 넣는다. (그러면 B_z를 양자수 n으로 나타내는 공식이 된다.)

(e) L_z를 양자수 m_l로 나타내고, 지금까지 한 것을 모두 모아 ΔE를 n, m_l 및 m_s의 함수로 나타내는 식을 써라.

(f) 그 식을 써서 수소의 고유상태 $\psi_{2,1,1}$의 두 스핀 상태의 갈라짐의 값을 추정하라. 답을 eV 단위로 구하고, 그 상태의 보정되지 않은 에너지에 대한 비율로도 나타내라.

(g) 이 문제의 첫 부분에서는 전자가 서 있는 틀을 관성틀처럼 다루는 것이 근사법이라고 했다. 이 셈에서 쓴 다른 근사법을 두 개 이상 찾아내라.

13. 탐색: 상대론적 보정

수소의 바닥상태 에너지에 대한 상대론적 보정을 추정하자.

(a) 운동 에너지에 대한 상대론적 표현

$$\mathrm{KE} = \sqrt{p^2c^2 + m^2c^4} - mc^2$$

을 써서 KE에 대한 맥로우린(Maclaurin) 급수 전개식의 0이 아닌 처음 두 항을 구하라. 첫 항은 고전적인 $\mathrm{KE} = p^2/2\mathrm{m}$이고, 둘째 항은 상대론적 1차 보정이다. 이항 전개를 잘 안다면 수식을 줄일 수 있다.

전자 에너지의 보정값을 추정하려면 p를 추정해야 하며 그러려면 상대론적 보정 전에 KE 값을 추정해야 한다. 고전역학의 "비리얼 정리(virial theorem)"에 따르면 궤도를 도는 입자의 경우 운동 에너지의 시간 평균이 위치 에너지의 시간 평균의 $-(1/2)$배이다. 양자역학에서도 같은 공식이 궤도에 있는 전자의 기댓값에 적용된다.

(b) 비리얼 정리를 쓰면 상대론적 보정이 없는 수소의 바닥상태에 대한 운동 에너지의 기댓값은 얼마인가?

(c) 그 기댓값을 써서 전자 운동량의 크기를 추정하라. (비상대론적 식을 써서 추정해도 잘 맞는다.) 그런 다음 그 결과를 써서 전자의 운동 에너지에 대한 상대론적 보정을 추정하라. 답은 바닥상태 에너지의 약 1/10,000이다.

---

12 비관성 기준틀을 마치 관성 기준틀인 것처럼 보는 것도 근사법이다. 주의 깊게 다루면 인자 2의 오류가 생김을 알 수 있다. 얼추 같은 크기의 다른 오류도 있다.

7장 요약

이 장에서는 수소 원자의 양자역학적 그림, 즉 양자수의 물리적 의미, 슈뢰딩거 방정식에서 고유상태의 유도, 전자의 파동함수로 표현되지 않는 "스핀"이라는 양자역학적 특성을 설명했다.

이 정보는 부록 G에 간단히 정리했다. 이 요약을 읽으면서 해당 부록을 보라.

7.1 수소 원자의 양자수

핵 주위의 궤도에 있는 단일 전자의 에너지 고유함수는 ψ_{nlm_l}로 명시한다. 예를 들어, $\psi_{3,2,0}$은 $n = 3$, $l = 2$, $m_l = 0$인 고유함수이다. 수소 원자를 양자역학적으로 살펴볼 때는 다음 세 "양자수"에 집중한다.

- 주 양자수 n은 값이 양의 정수이며, 주로 전자 에너지를 결정한다.
- 각운동량 양자수 l은 값이 0에서 $n-1$까지의 정수이며, 전자의 각운동량의 크기를 결정한다.
- 자기 양자수 m_l의 값은 $-l$에서 l까지의 정수이며, 전자 각운동량의 z 성분을 결정한다.

7.2 삼차원 슈뢰딩거 방정식

이 절과 다음 절은 수소 원자를 분석하는 데 필요한 물리적 및 수학적 도구를 준비한다. 이 절에서는 삼차원에서 파동함수와 슈뢰딩거 방정식을 살펴보았다.

- $|\psi|^2$은 연속적인 일차원 위치에 대해서는 단위 길이 속에 입자가 있을 확률이고, 연속적인 삼차원 위치에 대해서는 단위 부피 속에 입자가 있을 확률이다.
- 일차원에서는 시간-불변 슈뢰딩거 방정식은 상미분 방정식이지만, 시간-변화 슈뢰딩거 방정식은 편미분 방정식이다. 둘 이상의 차원에서는 둘 다 편미분 방정식이다.
- 그러므로, 두 문제를 풀 때는 앞 장에서 제시한 변수 분리법을 쓴다.
- 그 과정의 예로 이 절에서는 삼차원 상자에 갇힌 입자의 에너지 고유상태 및 고윳값을 풀었다. 부록 C에서 결과를 볼 수 있다.

7.3 수학 간주곡: 구 좌표

구 좌표는 직각 좌표 (x, y, z)에 대한 삼차원적 대안이다 [이차원에서 극 좌표 (ρ, ϕ)가 직각 좌표 (x, y)의 대안인 것처럼]. 구 좌표는 원자핵이 만드는 위치 에너지 장과 같은 구 대칭 계를 살펴볼 때 더 편리하다.

- r은 살펴보려는 점에서 원점까지의 거리이다; θ는 $+z$ 축을 기준으로 위에서 아래로 재는 각도이다. ϕ는 z축을 중심으로 돌면서 재는 각도이다.
- 그림 7.7은 구 좌표를 보여준다. 표 7.1은 구 좌표와 직각 좌표 사이의 변환식이다.

7.4 슈뢰딩거 방정식과 수소 원자

§ 7.1에서 설명한 에너지 고유상태는 핵 주위의 궤도를 도는 전자에 대한 슈뢰딩거 방정식을 풀어 얻는다. 이 절에서는 과정을 간단히 설명할 뿐, 자세한 내용은 살펴보지 않는다.

- 구 좌표를 써서 원자핵 주변의 전자의 위치 에너지에 대한 슈뢰딩거 방정식을 쓴다.
- 변수를 분리하여 편미분 방정식을 r에 대한 상미분 방정식과 θ 및 ϕ에 대한 편미분 방정식으로 바꾼다.
- 그 결과 감쇠 진동 함수 $R(r)$에 "구 조화함수" $Y_l^{m_l}(\theta, \phi)$가 생긴다.
- 정해진 반지름에서 전자를 찾을 확률은 $r^2R^2(r)$에 비례한다. 이 확률은 $r \to 0$ 및 $r \to \infty$에서는 0에 접근하며 중간에서 최대값이 된다.

7.5 스핀

전자에는 고유상태가 둘인 "스핀"이라는 고유한 각운동량이 있다. 스핀의 방향은 두 고유상태 중 하나에서는 (측정을 위해 고른 방향을 따라) 위쪽, 다른 하나에서는 아래쪽이다.

스핀에는 자전하는 전하를 띤 공처럼 각운동량과 자기 모멘트가 있지만, 전자가 실제로 돌지는 않는다.

- 슈테른-게를라흐 실험에서 어느 방향이든 축으로 잡아 전자의 스핀을 재면 그 축 방향의 성분은 늘 $\pm(1/2)\hbar$임이 확인된다.
- 전자의 스핀 상태는 양자수 m_s로 나타내며, 그 방향이 정한 방향과 같은 1/2, 반대쪽인 −1/2만 될 수 있다.
- 원자에서 m_s는 n, l 및 m_l에 이어 전자의 상태를 명시하는 넷째 양자수이다.

7.6 스핀과 측정 문제

이 절에서는 양자역학에서 미묘하고 중요한 측정 문제를 강조하는 슈테른-게를라흐 실험의 변형을 설명한다.

- 입자의 속성을 재면 어떤 결과를 얻는다. 양자역학의 정통 해석에서는 측정이 파동함수를 슈뢰딩거 방정식으로는 예측할 수 없는 방식으로 불연속적으로 "붕괴"시킨다: 파동함수는 고유상태의 중첩에서 측정 결과 얻은 고윳값에 대응되는 고유상태로 바뀐다.
- 스핀의 다른 성분끼리는 불확정성 관계가 있다. S_x의 고유함수는 S_y의 불확정성이 최대이며 그 반대도 마찬가지이다.
- 따라서 S_x를 재면 입자가 S_x는 확실한 상태가 되지만, S_y와 S_z를 완전히 불확실해진다.
- 이 절에서는 파인만이 제시한 흐름 재결합과 관련된 사고 실험을 설명했다. 이 실험은 S_z의 모든 확실성을 지우는 것은 측정 장치의 세부 사항이 아니라 S_x를 재는 것 자체라는 견해를 강조한다.
- 유명한 슈뢰딩거의 "고양이" 사고 실험은 양자역학의 측정 문제를 생생하게 보여준다. 미시적 세계가 누군가가 관찰하기 전까지는 중첩 상태로 존재한다면 거시적 물체도 마찬가지임을 시사한다.

7.7 분광선 갈라짐

수소 원자에 있는 전자의 에너지가 $-(1/n^2)$Ry라는 부록 G의 공식은 매우 근사하지만 정확하지는 않다. 그 값의 편차는 수소 발광 분광선이 넓어지거나 갈라지는 것을 통해 잴 수 있다. 이 절에서는 이 작은 차이의 원인 중 일부를 살펴본다.

- "제이만 효과"는 원자가 자기장 속에 있을 때 나타난다. 전자의 자기 모멘트의 방향이 자기장과 나란하면 에너지가 낮아지고, 반대이면 에너지가 높아진다.
- "스핀-궤도 결합"은 전자의 궤도와 스핀의 자기 모멘트의 방향이 나란하면 에너지가 조금 낮아지고 반대이면 에너지가 조금 높아진다.
- 전자 에너지에 대한 상대론적 보정은 모든 수소 원자 상태의 총 에너지를 조금 낮추며, l 값이 작은 상태에서 가장 크다.
- 스핀-궤도 결합 및 상대론적 보정을 더한 것을 원자의 "미세 구조"라고 한다. 그들의 기여는 매우 작고 대충 비슷하다.
- "선택 규칙"은 전자 전이가 일어날 확률이 커서 자주 일어나는 것과, 작아서 훨씬 드물게 일어나는 것을 가려낸다. 대체로 전자 전이는 $\Delta l = \pm 1$ 및 $\Delta m_l = -1$, 0 또는 1을 따른다.
- 이 절에서는 또한 (전기장의 양자화로 인한) "램 이동" 및 (전자와 양성자의 자기 모멘트의 결합으로 인한) "초미세 갈라짐", 이 두 가지 다른 보정을 간단히 설명했다. 두 효과 모두 미세 구조 효과보다 훨씬 작다.

8 원자

Atoms

1869년 멘델레예프(Dmitri Mendeleev)는 러시아 화학회에서 주기율표 및 현대 화학의 토대가 된 일련의 법칙을 발표했다. 멘델레예프는 원소들을 완벽하지는 않지만 대체로 원자량의 순서로 늘어놓을 수 있으며, 이 순서를 써서 원소들의 성질을 분류하고 예측할 수 있음을 보였다. 심지어 갈륨과 게르마늄과 같이 그 때는 아직 발견되지 않은 원소의 존재와 성질을 예측할 수 있었다.

이러한 규칙성의 메커니즘을 밝히는 데는 반세기가 더 걸렸다. 이 장이 끝나면 양자역학의 기본 원리를 바탕으로 주기율표가 왜 그런 모양인지, 그리고 그 모양이 원소의 기본 성질을 어떻게 설명하는지 알게 될 것이다.

하지만 슈뢰딩거 방정식을 수소 외에 다른 원소에 대해 적용하여 해를 구하는 방식으로는 목표를 이룰 수 없다. 고전역학에서 다중 행성 태양계에 대한 운동 방정식의 해석적 해를 구할 수 없는 것처럼, 양자역학에서도 다전자 원자에 대한 해석적 해를 구할 수 없다. 다만 수치 계산, 정성적 논증, 수학적 근사법를 통해 매우 성공적인 예측을 하고 주기율표를 설명할 수 있을 뿐이다.

8.1 파울리 배타원리

1925년, 파울리(Wolfgang Pauli)는 스핀 양자수의 도입과 함께 "배타 원리"를 제시했다. 이 원리는 양자역학과 화학을 잇는 중요한 연결고리가 된다.

8.1.1 설명: 파울리 배타원리

다전자 원자의 구조를 알아보기 전에 양자역학에 대한 서술에 새로운 가정을 도입할 필요가 있다. "파울리 배타 원리"는 두 전자가 같은 양자 상태에 있을 수 없다는 것이다. 예를 들어, 17개의 전자를 무한 정사각형 우물에 넣으면 모두 바닥상태에 있을 수 없고, 서로 다른 상태에 있어야 한다.

이 원리가 중요한 이유는 계는 에너지가 가장 낮은 상태에서 안정되는 경향이 있기 때문이다. 만약 상온에서 80개의 수소 원자를 보면 거의 모든 원자가 바닥상태($n = 1$인 상태)에 있음을 알 수 있다. 파울리 배타 원리가 없다면 수은 원자 하나를 보면 80개의 전자가 모두 $n = 1$ 상태에 있는 것을 발견할 것이다. 그러나 이는 양자역학에서 금지되므로 다전자 원자에서는 전자가 여러 다른 에너지 준위를 (아래쪽부터) 채운다. 그 결과 속성이 다른 여러 유형의 원자가 있게 된다.

이 원리가 원자에 미치는 영향을 말하기 전에, 세 가지를 명확히 해야 한다.

1. **양자 상태란 정확히 무엇인가?**
   이 경우 "양자 상태"는 양자수의 집합을 뜻한다. 그러나 § 7.1에서 설명한 세 가지 양자수 (n, l, m_l) 외에도 넷째 스핀 양자수 m_s도 있음을 기억하라. 따라서 다전자 원자는 바닥상태 ($n = 1$, $l = 0$, $m_l = 0$)에 두 전자가 있을 수 있는데, 하나는 스핀이 위쪽, 다른 하나는 아랫쪽이다. 그러나 세 번째 전자는 n, l, 및/또는 m_l의 값이 달라야 한다.
2. **배타 원리는 전자에만 적용되는가, 아니면 모든 입자에 적용되는가?**
   전자외에 다른 입자에도 적용되지만 모든 입자에 적용되지는 않는다.

   입자는 파울리 배타 원리를 따르는 "페르미온(fermion)"이거나 따르지 않는 "보손(boson)"이다. 페르미온에는 전자, 양성자, 중성자가 포함되며, 보손에는 광자 및 "글루온(gluon)"과 "힉스 입자(Higgs)"와 같은 입자가 포함된다.

   입자가 페르미온인지 보손인지는 스핀에 따라 정해진다: 스핀이 반홀수이면 페르미온 (전자, 양성자, 중성자는 모두 스핀이 1/2이다), 정수이면 보손이다(광자는 스핀이 1이다).

   복합 입자는 총 스핀에 따라 페르미온 또는 보손이 된다. 예를 들어, ^{4}He 원자(전자 2개, 양성자 2개, 중성자 2개)는 보손이다.[1] 따라서 ^{4}He 원자 속에서 두 전자는 다른 상태에 있어야 하지만, 이러한 원자를 같은 상태에 얼마든지 많이 둘 수 있다 (^{4}He 원자는 보손이므로).
3. **이 원리는 어디에서 왔는가?**
   파울리 배타 원리를 양자역학의 추가 가정이라고 기술했지만, 이는 진실이 아니다. 다입자 계의 파동함수(이 책의 범위를 벗어난 주제)를 구하면 특정 입자의 파동함수의 속성에서 배타 원리가 나오는 것을 보일 수 있지만 어떤 입자인지는 알 수 없다. (자세한 내용은 문제 6을 보라.) 입자의 스핀에 따라 페르미온 또는 보손이 된다는 결과는 양자장 이론(이 책의 범위를 벗어난 주제)에서 끌어낼 수 있다. 여기서는 단순히 배타 원리를 새로운 가정으로서 다룬다.

---

1 ^{4}He의 "4"는 양성자와 중성자의 수를 더한 총 수를 나타낸다.

예: 무한 사각 우물 속의 여러 입자

너비 L인 무한 정사각형 우물 속에 질량 m인 입자가 세 개 있고, 서로 힘을 주고받지 않는다고 하자. 이들의 총 바닥상태 에너지(세 입자 계 전체의 가장 낮은 에너지)를 구하라.

1. 스핀 1인 보손일 때,
2. 스핀 1/2인 페르미온일 때.

답: 무한 정사각형 우물 속에 있는 입자의 에너지는 $n^2\pi^2\hbar^2/2mL^2$이다(§ 5.3).

1. 보손이면 셋 다 $n = 1$인 상태가 될 수 있으므로 $E_T = 3\pi^2\hbar^2/2mL^2$.
2. 페르미온이면 $n = 1$인 상태에 하나는 스핀 위, 다른 하나는 스핀 아래 상태로 들어갈 수 있다. 셋째는 $n = 2$인 상태가 되므로 총 에너지는 $E_T = (1 + 1 + 4)\pi^2\hbar^2/2mL^2 = 6\pi^2\hbar^2/2mL^2$이다.

(보손은 모두 같은 상태에 들어갈 수 있으므로 스핀을 따질 필요가 없다.)

앞의 예를 확장하여 같은 정사각형 우물에 양성자 세 개와 전자 세 개가 있다면 어떨까? 답은 다른 입자들에 대해서는 배타 원리가 적용되지 않는다는 것이다. 따라서 양성자 중 두 개와 전자 중 두 개는 바닥상태로 가라앉고, 각각의 $n = 2$ 상태에 한 개씩 들어간다. 또한 100개의 보손을 같은 우물에 던져도 배타 원리는 이들에게 적용되지 않는다. 금지되는 것은 같은 유형의 페르미온이 둘 이상 같은 상태에 들어가는 것이다.

8.1.2 물음과 문제: 파울리 배타원리

개념 물음 및 개념시험

1. 원자의 $n = 2$ 상태에 몇 개의 전자가 들어갈 수 있는가?

2. 똑똑쇠는 전자는 음전하를 띠고 서로 밀어내므로 두 전자를 똑같은 곳에 두려면 무한한 에너지가 필요하고, 그래서 파울리 배타 원리가 완벽하게 이치에 맞다고 말한다. 그의 설명을 어떻게 비판하겠는가?

3. 다음 주장을 비판하라: 세 전자가 10 광년 너비의 무한 정사각형 우물 속에 고르게 퍼져 있다. 양쪽 끝에 있는 전자 중 하나가 바닥상태로 떨어지면 가운데 있는 전자는 적어도 5년 동안은 영향을 받지 않으므로, 그 전자도 바닥상태로 떨어져서 파울리 배타 원리를 어기는 것을 막을 수 없다.

심층토론

4. 전자의 상태가 "$n = 2$, $l = 1$, $m_l = 0$, 스핀-위쪽"일 때, 파울리 배타 원리에 따르면 같은 원자 속의 다른 전자는 그 상태에 들어갈 수 없다. 하지만 전자가 "n이 2 또는 3일 수도 있는 상태"에 있다고 하자. 파울리는 그 원자의 다른 전자들에 대해 뭐라고 말했을까?

5. **이 문제는 문제 6을 푼 뒤에 답하라.** ^{4}He 원자 백만 개가 모두 같은 양자 상태에 있다면, 그 개별 전자는 모두 같은 양자 상태에 있지 않은가? 이것이 왜 파울리 배타 원리에 어긋나지 않는가?

문제

6. **탐구: 반대칭 파동 함수와 파울리 배타 원리**
파울리 배타 원리는 사실 "두 전자가 같은 양자 상태에 있을 수 없다"보다 더 일반적이다. 이 문제에서는 더 일반적인 공식과 이 공식이 어떻게 더 간단한 결론을 유도하는지 살펴본다. 간단히 설명하고자 스핀은 무시하고 파동 함수가 전자를 온전히 기술한다고 하자.

일차원 무한 정사각형 우물 속에 있는 전자와 중성자를 생각해 보자. 이 계에는 위치가 하나가 아니라 둘, x_e와 x_n이 있다. 따라서 계의 상태는 독립 변수가 둘인 단일 파동 함수 $\psi(x_e, x_n)$이다. 이러한 함수가 경계 조건에 맞고 규격화된 경우 계의 가능한 상태를 기술한다.

정사각형 우물 속의 한 입자의 에너지 고유상태를 ψ_1, ψ_2 등으로 부르자. 전자가 바닥상태 $\psi_1(x_e)$에 있고 중성자가 첫째 들뜬 상태 $\psi_2(x_n)$에 있으면, 전체 계의 파동 함수를 이 둘의 곱으로 쓸 수 있다: $\psi(x_e, x_n) = \psi_1(x_e)\ \psi_2(x_n)$

그러나 두 전자를 같은 우물에 넣으면 선택이 훨씬 더 제한된다. 파울리 배타 원리에 따르면 두 전자를 기술하는 파동 함수 $\psi(x_1, x_2)$은 "반대칭"이어야 한다. 즉, x_1과 x_2를 바꾸면 같은 함수 값이 부호만 바뀐다.

(a) 다음 중 반대칭인 함수를 모두 골라라.

A. $f(x_1, x_2) = x_1 x_2$
B. $f(x_1, x_2) = -x_1 x_2$
C. $f(x_1, x_2) = x_1 - x_2$
D. $f(x_1, x_2) = \sin(x_1)e^{x_2} - e^{x_1}\sin(x_2)$

한 전자가 바닥상태에 있고 다른 전자가 첫째 들뜬

상태에 있을 때, $\psi(x_1, x_2) = \psi_1(x_1)\psi_2(x_2)$는 반대칭이 아니므로 파울리 배타 원리가 허용하지 않는다. 하지만 영리한 해결책이 있다:

$$\psi(x_1, x_2) = A[\psi_1(x_1)\psi_2(x_2) - \psi_1(x_2)\psi_2(x_1)] \tag{8.1}$$

이 파동함수의 첫째 항은 한 전자는 상태 ψ_1에, 다른 전자는 상태 ψ_2에 있다는 것이다. 둘째 항도 같은 것을 말한다. 모든 전자는 다른 전자와 같으므로 두 전자를 맞바꿔도 물리적 상태는 똑같다. 하지만 수학적으로는 파울리 배타 원리의 반대칭성 요건에 맞다.

(b) (8.1)에 상수 A를 왜 넣어야 하는가? **실마리:** 이 답은 반대칭성이나 파울리 배타 원리와는 무관하다.

(c) "두 전자가 모두 바닥상태에 있다"는 상태를 기술하는 반대칭 파동 함수를 써라. 이것이 왜 물리적으로 뜻있는 파동 함수가 아닌가? (답은 파울리 배타 원리가 아니다.)

(c)에서 보여야 하는 것은 반대칭 파동 함수의 요건이 어떻게 두 전자가 같은 상태에 있을 수 없다는 요건이 되는가이다. (상태 ψ_1과 ψ_2의 정의에 스핀도 넣어 스핀을 고려할 수 있다. 그러면 에너지가 같은 두 상태가 있고 각각에 전자를 하나씩 넣을 수 있다는 결론을 내릴 수 있다. 하지만 여전히 상태 하나에 두 전자를 넣을 수는 없다.)

양자역학에서는 똑같은 입자 쌍의 파동 함수는 반드시 반대칭 또는 대칭이어야 함을 보일 수 있다. 양자장 이론에서는 입자의 스핀이 반홀수이면 파동 함수가 반대칭, 정수이면 대칭임을 보일 수 있다.

(d) 광자는 스핀이 정수이므로 보손이다. "두 광자가 무한 사각 우물의 바닥상태에 있다"는 진술을 표현하는 대칭 파동 함수를 써라.

7. 탐구: 중성자별과 겹침 압력

[**이 문제 풀이에는 다변수 미적분학의 주제인 다중 적분이 필요하다.**] 태양보다 큰 별이 수명을 다하면 안으로 붕괴되어 질량이 태양보다 크고 반지름이 약 6마일인 "중성자 별"이 될 수 있다. 중력이 안으로 끌어당기는 힘은 엄청나다. 중성자끼리는 서로 밀지 않는데도, 중성자별은 왜 속으로 더 붕괴하지 않을까? 짧은 대답은 파울리 배타 원리이다. 이제 더 긴 버전의 답을 알아보자.

각 중성자는 반지름 R의 공 속에 갇혀 있다. 다루기 쉽게 한 변의 길이가 $2R$인 정육면체를 써서 근사치를 구하자. § 7.2에서 이 문제를 풀었고 ($L = 2R$일 때) 다음과 같은 에너지 준위를 얻었다: $E = (n_x^2 + n_y^2 + n_z^2)\pi^2\hbar^2/(8m\mathrm{R}^2)$.

(a) 별의 에너지를 삼중합으로 써라. 각 합은 아직 모르는 값 $n_{최대}$까지 올라간다. 스핀 때문에 각 삼중항 (n_x, n_y, n_z)는 두 개의 중성자가 들어갈 수 있음을 잊지 마라.

(b) 이 삼중합은 구하기 어렵지만 삼중 적분으로 근사할 수 있다: $\sum_{n=1}^{n_{\max}} f(n) \approx \int_0^{n_{\max}} f(n)dn$. (보통 합을 이러한 적분으로 근사할 때는 적분 속의 dx를 보정하기 위해 앞에 $1/\Delta x$를 곱해야 한다. 여기에서는 왜 그렇게 할 필요가 없었는지 알겠는가?) 삼중 적분을 하여 에너지에 관한 식을 구하라. 식에는 여전히 $n_{최대}$가 들어가야 한다.

(c) $n_{최대}$를 구하기 위해 별의 중성자 총 수 N과 $n_{최대}$를 잇는 방정식을 써라. 그 다음에, 중성자별의 질량은 중성자 질량 m_n의 N배이므로, 이를 M과 $n_{최대}$의 관계를 나타내는 식으로 바꿔라.

(d) (c)에서 $n_{최대}$에 대해 찾은 식을 (b)에서 찾은 식에 넣는다.

(e) 방금 찾은 에너지에 대한 식은 운동 에너지만 있다. (상자 안의 입자 문제는 위치 에너지가 없다고 가정한다.) 결과는 별이 클수록 운동 에너지가 작다는 것을 보여 주어야 한다. 이것이 왜 물리적으로 타당한가?

(f) 그러나 중성자별은 이 운동 에너지 외에도 중력 위치 에너지 $-3GM^2/5R$도 있다. 이 두 에너지를 더하여 총 에너지를 써라.

(g) 평형 상태에서 중성자별은 총 에너지가 최소가 되는 크기가 된다. (f)에서 얻은 총 에너지가 최소가 되는 R값을 구하라.

(h) 태양 질량의 1.5배인 총 질량을 넣어, 전형적인 중성자별의 평형 반지름을 구하라.

(i) 중성자가 보손이라면 그 평형 반지름은 어떻게 될까? **실마리:** 이 문제는 셈을 다시 해야 하지만 이번에는 훨씬 쉬우며 적분도 불필요하다.

(j) 중성자끼리는 중력만 주고받는데, 왜 중성자별이 스스로 붕괴되지 않는 지 설명하라.

8.2 에너지 준위와 원자 상태

수소의 바닥상태는 매우 간단하다. 전자 하나가 $n = 1$, $l = 0$인 상태에 있다. 전자가 더 많은 원자는 더 높은 에너지 준위를 채워야 하므로 새로운 전자는 핵과 덜 세게 결합하는 경향이 있다. 그러나 이러한 원자는 또한 양성자가 더 많아 전자를 더 세게 결합시킨다. 이 두 가지 상반된 효과의 결과로 원자에서 전자를 끌어내는 데 필요한 에너지는 원자 번호가 커짐에 따라 위아래로 진동한다. 이러한 교대 패턴은 원자가 상호 작용하는 방식에 중대한 영향을 미친다.

8.2.1 발견 연습: 에너지 준위와 원자 상태

리튬 원자에는 양성자 3개, 전자 3개가 있다. 처음 두 전자의 상태는 다음과 같다: $n = 1$, $l = 0$, 셋째 전자는 $n = 2$, $l = 0$이다.

1. 수소-같은 원자(전자가 하나 뿐인 원자)에서 고유상태의 에너지는 다음과 같다: $-(13.6\text{ eV})Z^2/n^2$. 여기서 Z는 원자핵의 양성자 수이다. $n = 2$인 전자가 리튬 원자의 유일한 전자라면, 그 전자의 에너지는 얼마일까?
2. 실제 리튬 원자에서는 $n = 2$인 전자는 핵뿐만 아니라 다른 전자로부터도 힘을 받는다. $n = 1$인 전자는 $n = 2$인 전자보다 반지름이 더 작은 구형 전하 구름처럼 작용한다(그림 8.1). 이러한 안쪽 전자의 힘을 고려할 때, $n = 2$인 전자의 실제 에너지가 1에서 구한 답보다 더 높을까, 아니면 더 낮을까? 왜?
답은 다음을 보라: www.cambridge.org/felder-modernphysics/checkyourself의 Check Yourself #11.

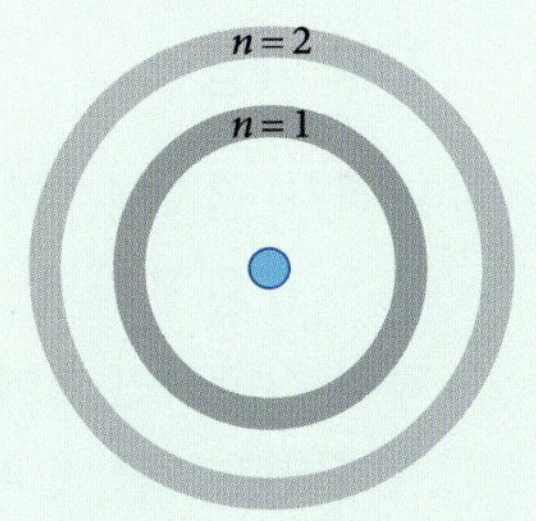

그림 8.1 리튬 에너지 준위.

8.2.2 설명: 에너지 준위와 원자 상태

각 원소의 원자는 핵 속의 양성자 수인 "원자 번호" Z로 구분된다. 원자핵에 양성자가 하나($Z = 1$)인 원자가 수소, 양성자가 둘($Z = 2$)인 원자가 헬륨이다.

핵의 중성자 수를 바꾸면 여전히 같은 원소이지만 원자 질량이 다른 "동위 원소"가 된다. 핵 둘레를 도는 전자의 수가 바뀌면 여전히 동일한 원소이지만 전하를 띤 "이온"이 된다. 여기서는 주로 중성 원자를 살펴보며(따라서 Z는 양성자 수이자 전자 수이다), 중성자에는 전혀 신경 쓰지 않는다. 관심사는 Z가 커지면 전자가 허용된 상태를 어떻게 채우는가이다.

분광학 표기법

많은 경우 상태의 에너지와 총 각운동량이 상태의 방향보다 더 중요하므로 원자 상태는 종종 n과 l 값으로 명시한다. 그러나 역사적 이유로 l의 값은 숫자가 아닌 문자로 명시한다. 처음 네 값은 s, p, d, f이다.[2] 그 다음부터는 알파벳 순이지만, j는 i와 너무 비슷하므로 건너뛴다(표 8.1).

표 8.1 l **값을 나타내는 영문자**

l-값	0	1	2	3	4	5	6	7	8	등등
문자	s	p	d	f	g	h	i	k	l	등등

예를 들어, $2p$는 $n = 2$, $l = 1$을 나타낸다. $2p$에는 여섯 가지 상태가 있다: 허용되는 m_l 값이 셋, 그리고 스핀 방향이 둘이다.

n의 각 값을 "껍질(shell)", n과 l의 각 조합을 "버금 껍질(subshell)"이라고 한다. 예를 들어, $n = 2$인 껍질은 버금 껍질 $2s$와 $2p$로 구성된다. 이 문자에는 종종 윗글자가 붙어 해당 버금 껍질에 든 전자의 수를 나타낸다. 예를 들어 질소($Z = 7$)의 바닥상태는 $1s2s^2 2p^3$으로 쓰는데, $n = 1$, $l = 0$ 상태에 전자가 2개, $n = 2$, $l = 0$ 상태에 전자가 2개, $n = 2$, $l = 1$ 상태에 전자가 3개임을 나타낸다.

껍질 자체에도 관련된 문자가 있는데, $n = 1$은 K로 시작하여 알파벳순으로 올라간다. 이 글자들은 자주 쓰지는 않지만 엑스선 분광학을 설명할 때 언급한다. 그러나 $1s$와 $3p$와 같은 표기법을 자주 쓸 것이므로 익숙해지는 것이 좋다. 이를 위해 부록 H를 잘 보관해 두어라.

전자 가림

다전자 원자에 대한 가장 간단한 근사치는 전자끼리의 힘은 무시하고 각 전자를 핵전하 $+Ze$인 수소-같은 원자의 상태를 채우는 것으로 보는 것이다. 하지만 각 전자에 대해 다른 $Z - 1$개의 전자의 집합적인 힘이 핵의 힘에 견줄 만하므로 이는 터무니없는 근사법일 수도 있다.

그러나 조금 더 복잡한 모형을 쓰면 다전자 원자에 대해 많은 통찰을 할 수 있다. 바닥상태의 리튬($Z = 3$)을 예로 들면, 리튬의 전자는 두 개가 $1s$ 버금 껍질에 있고 하나는 $2s$ 버금 껍질에 있다. 모든 전자에 대해 슈뢰딩거 방정식을 풀 수는 없으므로, 두 개의 안쪽 전자를 보어 반지름 a_0인 공 껍질에 음전하가 고르게 퍼진 것으로 보자.

고전 전자기학에 따르면, 그러한 공 껍질은 그 바깥에 있는 전하에 대해 모든 전하가 그 중심에 모인 것처럼 작용한다. 따라서 그 껍질 밖($r > a_0$)에서는 리튬 원자가 수소 원자와 같으며, 양성자 3개와 안쪽 전자 2개가 결합하여 "유효 원자 번호"는 $Z_{유효} = 1$이다. 껍질 속($r < a_0$)은 어떨까? 고른 공 껍질은 그 속의 전하에 힘을 주지 않으므로, $r < a_0$에서의 유효 전위는 양성자 셋이 있는 리튬 핵의 전위이다(그림 8.2).

---

2 이 글자는 분광선 계열의 특성에서 온 것으로 "선명한(sharp)", "주요(principal)", "퍼진(diffuse)", "기본(fundamental)"을 나타낸다. 왜 그렇게 부르는가는 묻지 마라.

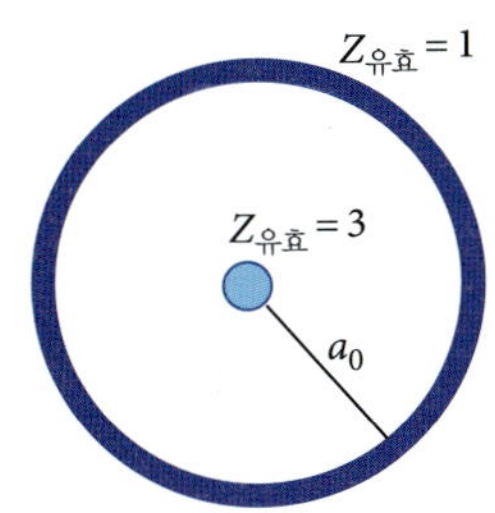

그림 8.2 리튬($Z = 3$)의 바깥 쪽 전자가 느끼는 유효 핵 전하. 두꺼운 공 껍질은 두 개의 안쪽 전자를 나타낸다. 이 껍질 안쪽의 전기장은 핵의 전기장과 같다. 껍질 바깥쪽에서는 안쪽의 두 전자가 핵 전하를 가리므로 전기장은 양전하 하나의 전기장이다.

그렇다면 리튬 원자의 셋째 전자는 무엇을 느낄까? 평균적으로 머무는 껍질의 반지름이 a_0보다 크므로, 우선 근사치로는 핵에 $+e$의 알짜 전하가 있다고 느낀다. 이것을 안쪽 전자가 핵 전하를 "가린다(screen)"고 한다.

이 모형에 따르면 리튬의 바깥 전자는 수소의 $2s$ 전자와 같아야 한다. 4장에서 수소-같은 원자(전자 하나인 원자)의 경우 n-준위 전자의 에너지는 $-(13.6\text{ eV})Z^2/n^2$이라고 했다. 따라서 이 모형에서는 리튬의 "이온화 에너지" 즉, 리튬의 맨 바깥 전자를 떼어내는 데 드는 에너지가 $(13.6\text{ eV})/2^2 = 3.4\text{ eV}$가 되어야 한다.

능동 읽기 연습: 전자 가림

계속 읽기 전에 다음 물음에 대한 답을 적어두어라. (두 물음은 서로 독립적이므로 한 물음에 대한 답이 막혀도 다른 물음에는 답을 해 보라.)

1. 위에서 전자 가림 모형이 예측하는 리튬의 이온화 에너지는 3.4 eV라고 했지만, 이 모형은 정확하지 않다. 실제 값이 이보다 클까, 작을까? 어느 쪽으로 예상하는가? 왜?
2. 전자 가림 모형은 베릴륨($Z = 4$)의 바깥쪽 전자가 느끼는 유효 전하를 얼마로 예측할까?

첫째 물음에 대한 답은 "3.4 eV 이상"이다. 왜냐하면 위에서 셋째 전자는 안쪽 전자의 껍질 밖에 있다고 말했다. 하지만 실제로는 셋째 전자의 위치 확률을 결정하는 파동 함수가 껍질 안과 밖 모두에 있다: 껍질 밖($r > a_0$, 따라서 $Z_{유효} = 1$)에 있을 확률이 높지만, 안($r < a_0$, 따라서 $Z_{유효} = 3$)에 있을 확률도 낮지만 0은 아니다! 그러므로 전자는 간단한 가림 모형이 예측하는 것보다 더 세게 결합되어 있다. 실험적으로 이온화 에너지는 5.4 eV이다. $E = -(13.6\text{ eV})Z^2/n^2$를 쓰면 $Z_{유효}$는 1.3이 된다.

베릴륨 문제에 대해서는 두 가지 통찰이 필요하다. 간단한 것은 핵 속의 양성자가 리튬보다 하나 더 많다는 것이다. 그러나 가림은 더 복잡하다. 안쪽 전자는 리튬과 마찬가지로 두 개의 바깥 전자를 잘 가리지만, 바깥 전자는 핵의 전하를 서로 얼마나 가릴까? 얼추 각 전자는 핵 전하를 약 반 정도 가린다고 할 수 있다. 그러면 각 바깥 전자는 2.5개의 전자가 가리는 양성자 4개를 느끼므로 $Z_{유효}$가 1.5라고 추정할 수 있다. 실험적으로 이온화 에너지는 9.3 eV이며, 이는 $Z_{유효} = 1.7$에 해당한다.

예: 단순한 모형으로 이온화 에너지 예측하기

질소($Z = 7$)의 바닥상태는 $1s^2 2s^2 2p^3$이다. 위에서 설명한 간단한 모형을 써서 맨 바깥 전자 중 하나가 느끼는 $Z_{유효}$와 이를 바탕으로 질소 원자의 이온화 에너지를 예측하라.

답: 질소 원자핵에 있는 양성자는 7개이다. 안쪽 전자 4개는 완전히 가리고, $2p$ 상태의 다른 두 전자는 반쯤 가린다:

$$Z_{유효} = 7 - 4 - 2(1/2) = 2$$

$$E = \frac{13.6 \times Z_{유효}^2}{n^2} = \frac{13.6 \times 2^2}{2^2} = 13.6\,\text{eV}$$

실험 값은 14.5 eV이다.

서로 다른 원자에 있는 전자의 정확한 에너지(또는 이에 상응하는 $Z_{유효}$)를 예측하려면 바깥 전자와 안쪽 전자의 반지름 분포를 모두 넣어 대규모 수치 계산을 해야 한다. (예를 들어, 안쪽 전자를 완벽한 공껍질로 보았지만 파동 함수는 반지름 방향으로 퍼져 있다). 실험적 이온화 에너지는 여기서 얻은 계산값과 상당히 다를 수 있다.[3] 특히 Z가 클 때는 더욱 그렇다. 이러한 간단한 셈은 이온화하기 쉬운 원자와 매우 어려운 원자를 정확하게 예측하며, 이러한 구분은 화학에서 원자 결합에 대해 많은 것을 예측한다.

숨 돌리기—높고 낮음의 뜻 기억하기

에너지 준위와 유효 Z를 기술할 때, 각각이 높거나 낮다는 것이 무엇을 뜻하는지 헷갈리기 쉽다. 간단히 상기시키겠다.

- 원자 속의 전자는 모두 총 에너지가 음수이다. 왜냐하면 $E = 0$은 전자가 원자를 벗어나는데 필요한 에너지로 정의되기 때문이다. 예를 들어, 전자의 에너지가 $E = -4$ eV이면, 그 전자를 원자 밖으로 떼어내려면 4 eV의 에너지가 든다.
- 에너지가 낮을수록(즉, 음수의 절댓값이 클수록) 전자는 원자에 더 세게 묶여 있다.
- 이온화 에너지는 맨 바깥 전자의 에너지의 절댓값이다. 따라서 맨 바깥 전자의 에너지가 −4 eV이면 원자의 이온화 에너지는 +4 eV이다. 이 때 특히 부호에 헷갈릴 수 있는데, 전자를 밀어 올려 더 높은 껍질로 보내면 전자의 에너지가 높아져(음수의 절댓값이 작아져) 원자의 이온화 에너지(양수)가 줄어든다.
- Z가 클수록 전자는 더 단단히 묶이고, 에너지는 더 낮아진다 (절댓값이 더 큰 음수). 안쪽 전자가 핵을 일부 가리므로 대부분의 전자가 느끼는 "유효 Z"는 원자의 실제 Z보다 작다.

---

3 이 모형에서 가장 큰 부정확성은 Z가 커질수록 안쪽 전자가 많아져 그 파동함수가 바깥쪽 전자 밖으로 퍼진 작은 부분이 더 중요해진다는 점에 있다. 수치 계산과 실험 결과는 바깥 전자의 유효 Z가 외부 껍질의 n값에 거의 비례하여 커짐을 보여준다.

어떤 에너지 준위부터 전자가 들어갈까?

바닥(또는 들뜨지 않은) 상태의 원자에서는, 전자는 가장 낮은 에너지 준위를 채운다. 기억하겠지만, 수소 원자의 에너지는 양자수 n만이 결정한다. 모든 원자가 수소와 같다면 전자는 가장 낮은 껍질(가장 작은 n-값)을 채우고 그 껍질 안에서 어떤 순서로든 상태를 채울 것이다. (정확한 것은 아니지만 꽤 좋은 근사법이다.) 그러나 다전자 원자에서는 l값도 중요한 영향을 준다.

왜 그런지 보려면 리튬을 되돌아보자. 리튬은 1s 버금 껍질에 전자가 두 개 있다. 셋째 전자는 왜 2p가 아닌 2s로 들어갈까? 그 답은 반지름 방향의 확률 분포와 관련이 있다. 부록 G의 공식을 바탕으로 수소의 이러한 버금 껍질의 반지름 방향 확률 분포를 그림 8.3에 보였다. 다전자 원자에 대한 분포는 수치계산할 수 있으며 그림 8.3의 수소 분포와 정성적으로 유사하다.

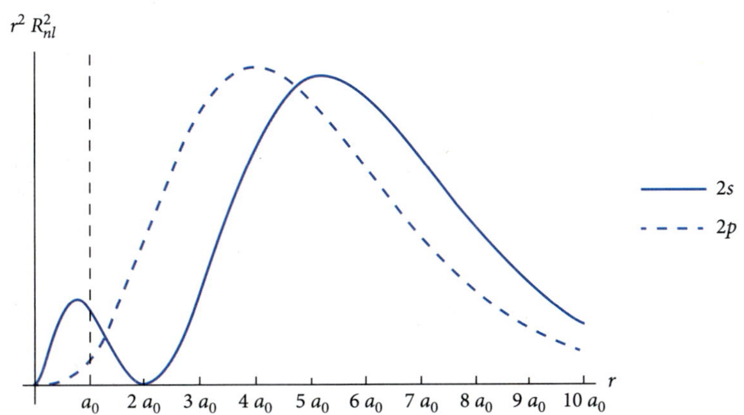

그림 8.3 수소의 2s 및 2p 버금 껍질의 반지름 방향 확률 분포. a_0의 수직선은 1s 버금 껍질의 봉우리 반지름을 나타낸다.

능동 읽기 연습: 버금 껍질 에너지

리튬 원자는 $n = 1$ 껍질이 처음 두 전자로 차 있다. 셋째 전자는 버금 껍질 2s 또는 2p에 있다.

1. 그림 8.3에 따르면, 이 두 버금 껍질 중 전자가 $r < a_0$에서 발견될 확률이 더 높은 것은 무엇인가?
2. 위에서 얻은 답을 통해 어떤 버금 껍질의 에너지가 더 낮은지 (따라서 먼저 찰지) 설명하라. **실마리:** 답에는 "가림"과 관련된 말이 들어가야 한다.

그림 8.3에서 보듯이 2p 파동 함수는 거의 전적으로 a_0 너머에 있으므로, 1s 전자는 2p 전자가 느끼는 핵 전하를 효과적으로 가린다. 셋째 전자가 2p에 있으면 유효 Z는 약 1이 된다. 그러나 2s 파동 함수는 1s 전자의 반지름 안에 있을 확률이 (작기는 해도) 훨씬 더 높다. 따라서 2s 전자가 느끼는 가림 효과는 더 작고, 따라서 $Z_{유효}$가 더 크다. $Z_{유효}$가 더 크면 결합이 더 세고 따라서 에너지가 더 낮으므로 $1s^2 2s^1$이 바닥상태이고 $1s^2 2p^1$은 들뜬 상태이다.

이 결론은 2s와 2p에만 해당되는 것은 아니다. 일반적으로 l이 작은 상태는 큰 상태보다 작은 반지름 안에서 발견될 확률이 높으므로 l이 더 큰 상태보다 가림이 적고 에너지가 낮다.

그 결과 한 껍질 안에서 버금 껍질은 l이 작은 것부터 차례로 채워진다. 전자를 계속 추가하면(따라서 가림이 더 많아지면) l의 효과가 더 뚜렷해지므로 결국 n에 따라 순서대로 진행하지 않는다. 이런 일이 처음 생기는 것은 아르곤(Ar, $Z = 18$)과 포타슘(K, $Z = 19$) 사이이다. 아르곤의 바닥상태는 $n = 1$과 2인 껍질 그리고 $3s$와 $3p$의 버금 껍질도 차 있다. 포타슘은 전자 하나가 $3d$를 채울 것으로 예상하겠지만, 대신 $4s$를 채운다. $3d$ 전자가 느끼는 추가 가림 효과는 에너지를 $4s$ 전자의 에너지보다 더 높이기에 충분하다. 다음 원소인 칼슘은 $4s$의 버금 껍질을 채우면서 이 과정을 계속하고, 그 뒤에야 $3d$를 채우기 시작한다.

그렇다면 n과 l이 모두 상태의 에너지 준위에 영향을 미치는 경우, 버금 껍질이 채워지는 순서를 어떻게 알 수 있을까? 다행히도 대부분의 경우 효과가 있는 편리한 규칙이 있다.[4]

버금 껍질 채우기 $n + l$ 규칙 (모든 원소는 아니지만 대부분의 원소에 적용됨)

두 상태 ψ_{nl}이 정해지면, 합 $n + l$이 더 작은 버금 껍질을 먼저 채운다. 같으면 n이 더 작은 상태를 먼저 채워운다.

$3p$ 상태와 $4s$ 상태는 모두 $n + l = 4$이므로 $3p$ 상태(작은 n)을 먼저 채운다. 하지만 $3d$는 $n + l = 5$이므로 $4s$ 뒤에 채운다.

훈트 규칙

양자수 n과 l이 전자의 에너지에 어떤 영향을 주는지 살펴봤는데, 이는 특정 껍질과 버금 껍질을 다른 껍질보다 먼저 채우는 이유를 설명한다. 특정 버금 껍질 안에서 전자는 여전히 에너지 준위를 최소화하는 상태로 남는다. 이 순서는 "훈트 규칙(Hund's rule)"이라는 미묘한 효과의 결과이다.

이 책에서는 다체 양자역학을 다루지 않으므로 다음 규칙을 완전히 정당화할 수는 없다. 그러나 가까이 있는 두 전자는 스핀 방향이 같은 것이 반대인 것보다 평균 거리가 더 먼 것을 보일 수 있다. 그 결과 스핀이 나란한 전자는 스핀이 반대인 전자보다 핵을 서로 덜 가리므로 스핀이 나란한 전자는 반대인 전자보다 에너지가 더 낮다.

따라서 그림 8.4와 같이 최대 6개의 전자를 채울 수 있는 버금 껍질을 살펴보자. 전자가 하나만 들어 있다면 훈트 규칙은 무의미하다. (그 전자는 스핀이 위, 아래 어느 쪽이든 될 수 있다.) 여섯 개 모두 채워도 훈트 규칙은 다시 무관하다. (스핀 위, 아래 각각 3개일 것이다). 그러나 전자 두 개나 세 개를 채울 때는 훈트 규칙에 따르면 모든 전자의 스핀 방향이 같다. 버금 껍질의 반을 채운 뒤에야 비로소 반대 방향의 스핀 상태를 채운다.

---

4 "$n + l(\times 1)$ 규칙"은 "마델룽(Madelung) 규칙", "자넷(Janet) 규칙", "클레흐코프스키(Klechkowsky) 규칙", "건축(aufbau) 근사법", "대각선(diagonal) 규칙", 그리고 — 지어낸 것이 아니라 — "위글리 아저씨(Uncle Wiggly) 경로"라고도 한다. 여기서는 "$n + l$ 규칙"을 쓴다.

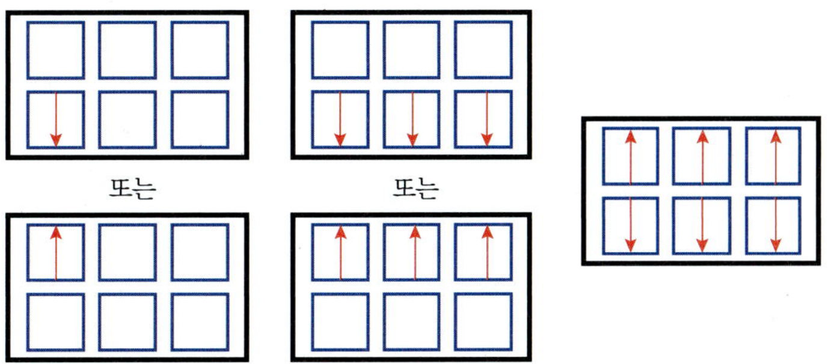

그림 8.4 훈트 규칙에 따라 버금 껍질의 최저 에너지 준위를 채우는 방식을 보여주는 세 가지 예. 전자 하나를 채울 때는 스핀이 위, 아래 어느 쪽이든 좋다. 전자가 3개이면 스핀 방향이 어느 쪽이든 모두 같다. 전자가 6개이면 모든 상태를 채운다.

숨 돌리기

수소를 연구할 때는 슈뢰딩거 방정식을 풀어서 에너지 고유상태와 그 에너지를 찾았고, 다른 모든 것은 그 해에서 나왔다. 다전자 원자에서는 그렇게 할 수 없다. 대신 갖가지 상태의 에너지에 대한 몇 가지 일반적인 규칙을 정당화하는 정성적 논증을 제시할 수 있다. 이러한 규칙은 슈뢰딩거 방정식의 수치 해를 통해, 그리고 더 중요하게는 실험을 통해 확인되었다. 이 장의 나머지 부분에서는 원소의 속성에 대한 몇 가지 결과를 끌어낸다.

일반 규칙은 다음과 같다.

- 파울리 배타 원리에 따르면 두 전자가 같은 양자 상태를 채울 수 없다. 즉, 다전자 원자의 바닥상태에서 Z개의 전자는 에너지가 가장 낮은 것부터 차례대로 Z개의 상태를 채운다.
- 전자마다 스핀 방향은 위 또는 아래가 될 수 있으므로 n, l, m_l의 조합마다 전자 두 개를 채울 수 있다. 이는 버금 껍질마다 $2(2l + 1)$개의 상태가 있음을 뜻한다. 이 버금 껍질은 $n + l$이 작은 것부터 채우며, 그 값이 같으면 n이 작은 것을 먼저 채운다.
- 버금 껍질 안에서 전자는 스핀 방향을 맞추며 채우는 경향이 있다.

$n + l$ 규칙의 예외가 주기율표 곳곳에 있다. (부록 H에서 확인할 수 있다. 첫째는 크롬으로, 크롬은 $4s$를 완전히 채우고 $3d$에 전자 4개를 채워야 하지만 대신 $4s$에 1개, $3d$에 5개의 전자를 채운다.) 그렇지만 이러한 예외를 무시하면, 위의 규칙을 써서 주기율표의 대부분의 기본 속성을 설명할 수 있다.

8.2.3 물음과 문제: 에너지 준위와 원자 상태

개념 물음 및 개념시험

1. 버금 껍질 $2d$가 있는가? 있다면 전자 몇 개를 채울 수 있는가? 없다면 어떻게 아는가?

2. 버금 껍질 $4s$를 버금 껍질 $3d$보다 먼저 채우는 까닭을 자신의 말로 설명하라. ("$n + l$이 더 작으니까"라고 하지 말고 물리적 내용을 설명하라.)

3. 그림 8.3은 $2s$ 상태가 $2p$ 상태보다는 작은 반지

름 안에 있을 확률이 더 높음을 보여 주지만, 2*s* 상태도 큰 반지름에 있을 확률이 더 높음을 보여 준다. 왜냐하면 단순히 더 넓게 퍼져 있기 때문이다. 작은 *r*과 큰 *r* 모두에서 높은 확률로 퍼져 있으면 2*s* 상태가 느끼는 유효 *Z*가 더 집중된 2*p* 상태의 유효 *Z*보다 더 큰 이유는 무엇인가?

4. 질소는 버금 껍질 1*s*와 2*s*를 모두 채우고, 버금 껍질 2*p*에는 전자 세 개를 채운다. 질소 원자가 바닥상태에 있을 때 이 세 전자의 m_l 값에 대해 훈트 규칙이 알려주는 것은 무엇인가?

5. 카드뮴 원자에 전자 하나를 더 높은 에너지 상태로 올릴 수 있을 만큼의 에너지를 주면, 그 전자는 어떤 버금 껍질을 채우는가?

6. 수소 원자의 경우, 에너지는 (아주 근사치에 가깝게) *n*만의 함수이며, *l* 및 m_l과는 무관하다. 다전자 원자에서 전자의 에너지는 *l*에 따라서도 변하는데, 왜 여전히 (대부분) m_l과는 무관할까?

7. "짝-없는" 전자 스핀은 다른 전자의 스핀으로 상쇄되지 않은 것이다. 예를 들어, 네 전자의 스핀이 위-아래-위-위라면 짝-없는 전자 두 개로 볼 수 있다. 탄소($Z = 6$)는 바닥상태에서 짝-없는 전자가 몇 개인가? (하나를 골라라.)

A. 0
B. 1
C. 2
D. 4
E. 6

8. 헬륨의 바닥상태에서는 총 스핀 각운동량이 0이다. 에너지가 더 높은 상태로 들뜨게 해도 여전히 그럴까? 간단히 설명하라.

A. 확실히 여전히 참이다.
B. 확실히 더 이상 참이 아니다.
C. 들뜬 상태에 따라 달라진다.

심층토론

9. 전자 가림에 대한 설명을 수소의 파동 함수의 반지름 확률 분포를 바탕으로 했다. 리튬의 2*s* 전자의 반지름 확률 분포가 수소의 2*s* 전자와 어떻게 왜 다를까?

10. 안쪽 전자가 핵 전하를 가려 양성자 하나의 인력을 상쇄할 만큼 바깥 전자를 바깥쪽으로 밀어낸다고 했다. 그러나 바깥 전자는 안쪽 전자를 안쪽으로 밀어내지 않는다. 이것은 뉴턴 제3법칙에 어긋나는데 어떻게 참일 수 있을까? **실마리**: 완전히 고전적인 논증을 할 수 있다. 두 동심원 공 껍질이 서로 주고받는 힘을 생각해 보라.

문제

11. 원자의 맨 바깥 전자에 대해 모든 안쪽 전자가 핵의 전하를 완전히 가리고, 같은 껍질에 있는 다른 전자들은 대략 반 정도 가리는 모형을 제시했다. 이 모형은 *Z*가 크면 부정확하지만, 실험적으로 관찰되는 이온화 에너지의 많은 패턴을 정확하게 재현한다.

(a) 예를 들어, 마그네슘($Z = 12$)에서 $n = 3$인 바깥 껍질을 살펴보자.

i. 그 껍질에는 전자가 몇 개 있는가?

ii. 그 껍질 속의 전하 하나에 대해 안쪽 전자마다 양성자 하나씩을 가리고 $n = 3$인 전자는 저마다 양성자 반 개를 가린다면, 그 전자가 느끼는 유효 *Z*는 얼마인가?

iii. 그 $Z_{유효}$를 써서 마그네슘의 이온화 에너지를 추정하라.

(b) 같은 모형을 써서, 원소 1부터 11까지 맨 바깥에 있는 전자의 이온화 에너지를 추정하라.

(c) 이 중 이온화가 가장 쉬운 원소와 가장 어려운 원소를 골라내라.

(d) 계산한 이온화 에너지가 왜 *Z*에 대해 단조 증가 또는 단조 감소하지 않고 오르내리는가?

(e) 주기율표의 어떤 열에 이온화가 가장 쉬운 원소가 들어가야 하는가? 이 문제에서 배운 내용을 바탕으로 그 이유를 간단히 써라.

12. 실리콘의 바닥상태를 분광학적 표기법으로 써라.

13. 2023년 현재 알려진 원소의 바닥상태 중 가장 높은 버금 껍질 7*p*까지 모든 버금 껍질들을 채우는 순서대로 나열하라.

14. 헬륨과 리튬 어느 것이 더 이온화하기 쉬운가? 설명

하라.

15. 소듐과 마그네슘 중 어느 것이 이온화하기 더 쉬운가? 설명하라.

16. 루비듐에는 양성자가 37개 있다.

(a) 맨 바깥의 버금 껍질은 무엇인가?

(b) 루비듐에서 맨 바깥에 있는 전자를 다른 껍질에 있는 모든 전자들이 가린다고 할 때, 그 전자의 이온화 에너지를 추정하라. (이 버금 껍질에는 다른 전자가 없으므로 걱정할 필요가 없다.)

(c) 실제 이온화 에너지는 4.2 eV이다. 추정값이 높았는가, 낮았는가? 왜 그래야 하는지 설명하라.

(d) § 8.2.2의 설명에서 리튬에 대해 이 어림 모형으로 얻은 답이 정확하지는 않지만 꽤 근접했다. 루비듐에 대해서는 답을 훨씬 덜 정확함을 알 수 있었을 것이다. 루비듐에 대한 추정값이 리튬보다 정확하지 않은 이유는?

17. 리튬의 가림

바깥 전자가 느끼는 유효 가림은 바깥 전자와 안쪽 전자 모두의 반지름 확률 분포에 따라 달라진다. 이 예제에서는 리튬에서 2*s* 및 2*p* 상태의 바깥 전자의 가림을 수치 셈으로 모사한다. 간단히 이 문제에서는 $a_0 = 1$로 둔다.

(a) 수소의 2*s* 상태의 반지름 확률 분포 $P(r) = r^2R_{nl}^2$을 써라. 에너지 고유상태는 부록 G에 있다.

(b) 그 확률 분포에서 무작위로 전자를 생성한다. 이를 위해 0에서 15 사이의 난수 *r*과 0에서 1 사이의 다른 난수 *y*를 고를 수 있다. (정수가 아닌 임의의 실수를 골라야 한다.) $y < P(r)$이면, *r*은 무작위로 고른 반지름이다. 그렇지 않으면 제대로 된 값이 나올 때까지 새로운 숫자 *r*과 *y* 쌍을 고른다. (이렇게 하면 왜 이 확률 분포를 따르는 무작위 숫자가 나오는지 생각해 보라. 상한값 15는 $r = 15a_0$를 넘으면 확률 분포를 무시할 수 있어서 골랐다.)

(c) 이 절차를 써서 2*s* 확률 분포에서 뽑은 10,000개의 무작위 반지름을 고른다. 각 반지름에 대해 *r*이 1보다 크면 $Z = 1$로 하고, *r*이 1보다 작으면 $Z = 3$으로 한다. 결과 *Z*값을 모두 더하고 10,000으로 나누어 평균인 $Z_{유효}$를 구한다(최종 평균 $Z_{유효}$가 1과 3 사이를 벗어나면 뭔가 잘못한 것이다).

(d) 2*s* 대신 2*p* 분포를 써서 전체 절차를 반복하라.

(e) 어느 것에서 더 큰 $Z_{유효}$값을 얻는가? 그것이 왜 이치에 맞는가?

(f) 구한 $Z_{유효}$는 리튬에 대해 잰 실제 $Z_{유효}$와 달라야 한다. 그 이유를 두 가지 이상 대라.

8.3 주기율표

앞 절에서는 다전자 원자에서 전자가 채우는 에너지 준위를 기술했다. 이 절에서는 이러한 에너지 준위가 여러 원소의 거동을 어떻게 결정하는지, 그리고 이러한 거동이 어떻게 주기율표의 구조로 이어지는지 설명한다.

8.3.1 발견 연습: 주기율표

§ 8.2에서 값은 정확하지 않아도 정성적 추세를 파악하는 데 좋은 간단한 모형을 제시했다. 이 모형에서 원자의 맨 바깥 전자는 다른 전자들이 "가린" 원자핵의 전기적 인력을 받는다. 맨 바깥 버금 껍질에 있는 전자는 각각 양성자 반을 가리고, 안쪽 버금 껍질에 있는 전자는 각각 양성자 하나씩을 가린다. 그 결과 맨 바깥 전자를 떼어내는 데 필요한 에너지 공식에는 "유효" 전

하가 들어간다: $E = -(1\ \mathrm{Ry})Z^2_{유효}/n^2$. 여기서 n은 해당 전자의 주 양자수이다.

이 연습에서는 이 모형을 써서 불소(바닥상태 $1s^22s^22p^5$), 네온(바닥상태 $1s^22s^22p^6$) 및 소듐(바닥상태 $1s^22s^22p^63s^1$)을 비교한다.

1. 불소, 네온, 소듐 중 어느 것이 전자를 내줄 가능성이 가장 크겠는가?

이 모형을 써서 원자가 다른 원자로부터 전자를 받을 가능성을 추정할 수도 있다. 여분의 전자의 에너지가 매우 낮다면 (절댓값이 큰 음수라면) 원자는 그 전자를 받을 가능성이 높다.

2. 불소, 네온, 소듐 중 어느 것이 전자를 하나 더 받을 가능성이 가장 크겠는가? 이 물음에 대한 답을 간단한 모형을 써서 설명하라.

8.3.2 설명: 주기율표

부록 H에는 원소 주기율표가 있다. 이 원소들의 모든 특성은 어떤 식으로든 원자(및 스핀)의 양자역학적 파동 함수에서 나온다.

이 절에서는 다른 원소의 원자가 어떻게 상호 작용하는지를 집중적으로 살펴본다. 원자끼리의 반응은 전체 계의 에너지를 최대한 낮추는 반응이다. 한 원자가 매우 느슨하게 결합된 전자(높은 에너지)를 가지고 있고, 그 전자를 다른 원자에게 주면 그 전자가 강하게 결합된 상태(낮은 에너지)로 떨어진다면 그 전달이 진행되는 경향이 있다.

이는 원자가 다른 원자와 상호 작용하는 경향이 느슨하게 결합된 바깥 전자와 강하게 결합된 허용된 상태["양공(hole)"이라고도 함]의 두 가지에 달려 있음을 시사한다. 아래에서 이러한 각 특성이 전자 배치(configuration)—각 버금 껍질에 전자가 얼마나 많이 있는지—에 따라 어떻게 달라지는지 살펴본다. 그런 다음 상호 작용의 경향성이 비슷한 원자들을 주기율표가 어떻게 묶는지 살펴본다.

이온화 에너지

§ 8.2에서는 원자에서 맨 바깥 전자를 떼어내는 데 필요한 에너지의 양인 "이온화 에너지"를 설명했다. 이온화 에너지는 $(13.6\ \mathrm{eV})Z^2_{유효}/n^2$로 나타냈다. 그리고 유효 원자번호 $Z_{유효}$의 값은 안쪽 전자의 강한 가림과 다른 바깥 전자의 약한 가림의 결과이다.

능동 읽기 연습: 이온화 에너지

바닥상태의 아르곤($Z = 18$)은 $n = 3$까지의 모든 상태가 전자로 차 있다. 포타슘($Z = 19$)은 같은 상태와 $4s$ 상태 하나가 차 있고, 칼슘($Z = 20$)은 같은 상태와 둘째 $4s$ 상태도 차 있다. 이 세 원자의 이온화 에너지가 가장 낮은 것부터 순위를 매겨라. 이 문제에서는 셈을 할 필요없다. 어떤 원자의 에너지가 더 높고 낮을 것으로 예상하는지, 그리고 그 이유를 말로 설명하면 된다.

아르곤의 맨 바깥 전자는 $n = 3$ 껍질을 7개의 다른 전자와 함께 채운다. 따라서 이들은 모두 핵을 약하게 둘러싸므로 이 전자가 느끼는 유효 원자번호 $Z_{유효}$는 매우 크고, 그 결과 이온화 에너지도 크다. 반면 포타슘은 맨 바깥 전자에 대해 안쪽 전자들이 핵전하를 매우 잘 가리므로 유효 원자번호 $Z_{유효}$가 작다. 게다가, $n = 4$이므로 $n = 3$보다 이온화 에너지가 훨씬 낮다. 이 두 가지 이유(작은 $Z_{유효}$와 큰 n)로 포타슘은 아르곤보다 이온화가 훨씬 쉽다. 포타슘에서 칼슘으로 가면 양성자가 하나 더 늘고 효과적으로 가려지지 않으므로 결합은 포타슘보다 칼슘이 조금 더 세다.

정확한 순서는 포타슘(4.3 eV), 칼슘(6.1 eV), 아르곤(15.8 eV)이다. 위의 설명에서 예상할 수 있듯이, $Z_{유효}$를 줄이고 n을 동시에 키우면 아르곤에서 포타슘으로 가면서 크게 떨어지고, n을 그대로 두고 $Z_{유효}$를 조금 키우면 포타슘에서 칼슘으로 가면서 조금 증가한다.

이 패턴은 주기율표 전체에서 반복된다. 그림 8.5는 실제(실험) 이온화 에너지를 보여준다. 약간의 흔들림(일부는 버금 껍질의 효과로 설명할 수 있음)을 빼면, 전반적인 경향은 껍질 속에 전자를 추가할 때 이온화 에너지가 커졌다가 새 껍질에 전자를 처음 넣을 때 급격히 떨어지는 것이다.

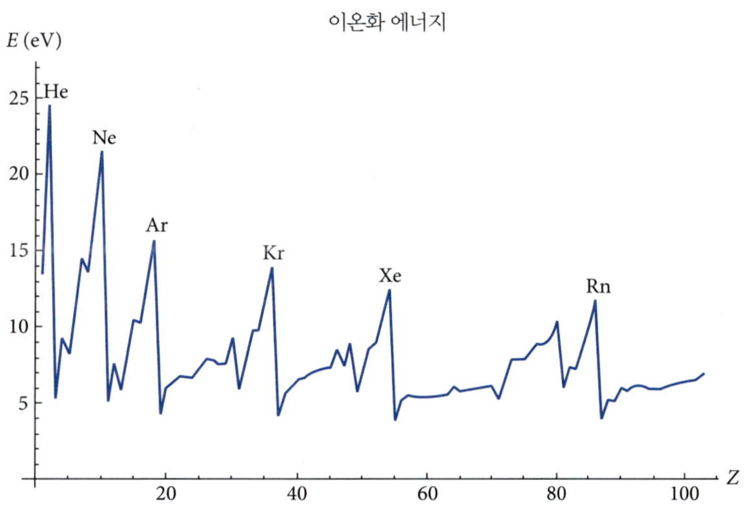

그림 8.5 원소별 이온화 에너지—맨 바깥쪽 전자를 떼어내는 데 필요한 에너지. (이 도표에서 값이 클수록 원자를 이온화하기 어렵다.) 높은 봉우리는 껍질이 채워진 불활성 기체를 나타낸다. 그 뒤에 이온화 에너지가 크게 줄어드는 것은 새로운 값 n에 전자가 하나 있는 원자, 즉 알칼리 금속을 나타낸다.

전자 친화도

방금 원자에서 전자를 떼어내는 드는 에너지에 대해 설명했다. 예를 들어, 염소 원자에 13 eV(또는 그 이상)의 광자를 쏘면 염소 원자의 전자 하나를 떼어낼 수 있다.

그 반대는 원자에 전자를 하나 추가할 때 계에서 나오는 에너지이다. 예를 들어, 염소 원자가 자유 전자를 잡으면 3.61 eV(또는 전자가 잡히기 전에 가지고 있었던 운동 에너지에 따라 그 이상)의 광자를 낼 수 있다. 속박된 전자는 속박되지 않았을 때보다 에너지가 적으므로 광자를 낸다. (이 에너지는 원자의 운동 에너지처럼 다른 꼴로 방출될 수도 있다. 요점은 염소 원자가 전자를 붙잡으면 3.61 eV의 에너지를 다른 꼴로 쓸 수 있다는 것이다.)

원자가 전자를 붙잡으면 방출할 수 있는 에너지를 그 원자의 "전자 친화도(electron affinity)"라고 한다. 그렇다면 중성 원소의 전자 친화도는 무엇이 결정할까?

능동 읽기 연습: 전자 친화도

바닥상태의 불소($Z = 9$)는 6개의 $2p$ 상태 중 5개가 차 있다. 네온($Z = 10$)은 6개의 상태가 모두 차 있다.

1. 이 두 원자에 각각 전자를 하나씩 추가한다면, 어느 원자가 더 많은 에너지를 내며 왜 그런가?
2. 그러므로, 이 두 원소 중 전자를 받아 다른 원소와 결합할 가능성이 더 높은 것은?

첫째 물음에 대한 추론은 위의 이온화 에너지에 대해 설명과 매우 비슷하다. 불소 원자에 전자를 더 주면 마지막 $2p$ 상태를 채우게 된다. $2p$ 전자는 서로를 약하게 가리므로 그 전자는 핵에 단단히 결합될 것이다. 따라서 그 전자의 에너지는 절댓값이 큰 음수이며, 붙잡힐 때 많은 에너지를 낸다. 그러나 네온에 전자를 더 주면 그 전자는 $3s$ 상태가 된다. 이 전자는 약하게 결합되고, 에너지는 절댓값이 작은 음수이며, 붙잡힐 때 에너지를 거의 내지 않는다.

일반적으로 바깥 껍질에 비어있는 상태의 수가 적은 원자는 전자 친화도가 높은 반면, 완전히 찬 원자는 전자 친화도가 매우 낮다.

이것이 원자의 거동에 대해 무엇을 알려줄까? 이는 위의 둘째 물음으로 이어진다. 계는 에너지가 낮은 쪽으로 가는 경향이 있으므로, 불소처럼 전자 친화도가 높은 원자는 네온처럼 친화도가 낮은 원자보다 전자를 받을 가능성이 훨씬 높다.

일부 원자(모든 불활성 기체 포함)의 경우 전자 친화도는 실제로 음수이다. 네온에 전자를 더 주면 그 전자의 에너지는 절댓값이 작은 음수인데, 그 전자가 핵전하를 가리는 약한 효과 때문에 다른 전자의 에너지가 더 높아져 전체적으로 네온의 에너지가 올라간다. 그래서 그 전자는 바로 다시 떨어져 나간다.

주기율표 둘러보기

§ 8.2과 이 절에서 제시한 대부분의 내용을 요약하면 두 가지 규칙이 된다:

- 원자의 맨 바깥 껍질에 전자가 하나나 둘만 있을 때, 그 바깥 전자가 느끼는 $Z_{유효}$가 작으므로 원자는 이온화 에너지가 작다. 이러한 원자는 전자를 내줄 가능성이 크다.
- 원자의 맨 바깥 껍질이 거의 차 있지만 빈 곳이 있으면, 추가된 전자가 느끼는 $Z_{유효}$는 크다. 이러한 원자는 전자 친화도가 커서 전자를 받을 가능성이 크다.

이 두 규칙은 주기율표의 서로 다른 영역이 서로 반응하는 방식을 설명한다. 이 절은 부록 H를 옆에 두고 보라. 인쇄용 버전은 다음 웹사이트에 있다: www.cambridge.org/felder-modernphysics/figures

불활성 기체족(18번 열) 주기율표의 맨 오른쪽 열에는 버금 껍질이 완전히 찬 원소가 늘어서 있다.

이러한 원소가 "불활성 기체(noble/inert gas)"이다. 위의 설명은 이 원자들이 왜 이온화 에너지가 크고(따라서 전자를 잘 내주지 않음) 전자 친화도가 작은지(따라서 전자를 잘 받지 않음) 설명한다. 그 결과 이들은 다른 원자와 거의 반응하지 않는다. 이들은 실온에서 "단원자 기체"가 된다.

기체는 분자가 서로 결합할 수 있을 만큼 온도가 낮으면 뭉쳐 액체가 된다. 불활성 기체는 결합력이 매우 약해서 절대 영도 근처에서만 액체가 된다.

알칼리족과 알칼리토류족(1열과 2열) 1열과 2열은 주기율표의 "*s* 구역"을 이룬다. 각 "알칼리" 원소(1열)는 새로운 껍질(*n*값)에 전자가 하나 있다. 이러한 전자는 이온화 에너지가 매우 낮고 전자 친화도도 낮아서 알칼리는 전자를 쉽게 내주며 반응하는 경향이 있다. "알칼리토류" 원소(2열)는 각각 바깥 껍질에 *s* 전자 두 개가 있으므로 이온화 에너지가 다소 높다. 이들은 바깥 전자를 모두 내주면서 결합하는 경향이 있다.

할로겐족(17번 원소) 주기율표의 반대편에 있는 17열 원소인 "할로겐족(halogens)"은 이온화 에너지가 높고 전자 친화도도 높다. 즉, 전자가 세게 결합되어 있고 저마다 세게 결합된 전자를 하나 더 받을 수 있는 상태가 있어서 전자를 하나 더 받아 반응하는 경향이 있다.

전이 금속(3~12열), 란탄족, 악티늄족 3~12열은 "전이 금속(transition metals)"으로 통칭되는 "*d* 구역"을 이룬다: $n + l$ 규칙(379쪽)에 따르면 4*s* 버금 껍질은 3*d*보다 먼저 차고, 5*s*는 4*d*보다 먼저 찬다. 따라서 이 구역의 각 원자는 *d* 버금 껍질을 채우고 있지만 이미 더 높은 *n*값의 *s* 버금 껍질에 전자가 있다. (많은 전이 금속이 *d*의 빈 자리를 채우고자 *s* 버금 껍질에서 전자를 "훔치기" 때문에 이러한 버금 껍질 *s*와 *d*의 에너지가 매우 가까움을 알 수 있다. $n + l$ 규칙의 예외는 부록 H에 표시되어 있다.)

s 전자의 평균 반지름은 *d* 전자보다 훨씬 더 크다. 이것은 겉보기에 역설적인 결과를 낳는다. *s* 전자는 에너지가 낮고 *Z*가 커지면 *d* 전자보다 먼저 채우지만 전이 금속이 다른 원자와 상호 작용할 때 거의 항상 *s* 전자를 내준다. 전이 금속의 화학 반응은 *s* 전자가 지배하므로 화학적 성질이 모두 매우 비슷한 경향이 있다. 알칼리 및 알칼리토류와 마찬가지로 전이금속도 대부분 전자를 내주는 식으로 반응한다.

"란탄족"과 "악티늄족"은 열 번호 없이 표의 나머지 부분 아래에 배치되는 *f* 구역을 이룬다. (이는 단순히 표를 한 쪽에 넣기 위함이다. 논리적으로는 이 두 원소 6번과 7번 행의 아래쪽, *s* 구역와 *d* 구역 사이에 14개의 열을 차지해야 한다.) 전이 금속과 마찬가지로, 이들은 *f* 전자보다 *s* 전자를 내주는 경향이 있기 때문에 화학적으로 서로 비슷하다.

13~16열, 금속에서 비금속까지 지금까지 13~16열(맨 윗줄의 붕소부터 산소까지)을 뺀 모든 주기율표에 대해 설명했다. 이 열의 왼쪽은 모두 금속이다 (수소는 제외 조금 뒤에 자세히 설명한다).[5] 이는 이러한 원소의 특성에 대해 많은 것을 의미하지만, 주로 전자를 받기보다는 내주는 방식으로 반응하는 경향이 있음을 뜻한다. 이 열의 오른쪽은 모두 비금속이다.[6] 한 열은 전자를 받는 경향이 있고 다른 열은 화학 반응을 하지 않는 경향이 있다.

---

5 천체물리학자들은 "금속"을 수소나 헬륨 이외의 모든 원소로 정의하는데, 이 용어의 사용은 화학적 성질과는 무관하다.

6 원소 117(Ts)과 118(Og)은 실험실에서 만든 인공 원소이고 수명이 짧아서 화학적 특성을 알기 어렵다.

이 네 개의 열 안에는 왼쪽 상단에서 오른쪽 하단으로 이어지는 다소 불규칙한 대각선이 있어 왼쪽 하단의 금속과 오른쪽 상단의 비금속을 구분하며, 소위 "준금속(metalloids)"이라는 여러 물질이 이 둘 사이의 애매한 곳을 채운다. 이러한 원소의 특성이나 이 이상한 구분선의 이유는 자세히 설명하지 않겠다. 다만 이온화 에너지와 전자 친화도의 중간 값을 가진 주기율표의 한 영역이기 때문에 다른 영역에 대한 간단한 설명과는 다르다는 점만 말해둔다.

생명의 구성 요소인 유기 화합물이 주로 이 열의 원소들로 이루어지는 것은 우연이 아니다. 석탄, 흑연, 금강석(diamond), 그래핀(graphene), 탄소 나노튜브(nanotube) 등 흔한 탄소의 여러 가지 형태만 생각해도 이러한 원자의 행동이 얼마나 복잡할 수 있는지 알 수 있다.

수소 양자역학적으로 가장 단순한 원자가 화학적으로 가장 복잡한 원자라는 것은 일종의 모순이다. 수소는 알칼리 금속과 함께 주기율표의 맨 왼쪽에 표시되지만, 독특하다. 어떤 주기율표에서는 탄소 위의 14번 열에, 다른 표에서는 17번 열의 할로겐과 함께, 또 다른 표에서는 여러 곳에 표시되어 있다. 수소는 바깥 껍질에 전자가 하나 있고 (알칼리), 껍질을 채우는 데 전자가 하나 부족하다(할로겐). 그러나 수소는 알칼리보다 이온화 에너지가 훨씬 높고 할로겐보다 전자 친화도가 훨씬 낮다.

수소가 어떻게 반응하는지는 9장에서 공유 결합을 말할 때 설명하겠다.

물러서기: 양자역학에서 화학으로

저자들이 화학을 배울 때는 원자 결합을 지배하는 규칙을 배웠는데, 가장 중요한 규칙은 원자가 "껍질을 완전히 채우고 싶어 한다"는 것이었다. 이 이상한 욕망의 이유는 "양자역학 때문"이다. 이제 원자가 왜 그렇게 거동하는지 이해할 수 있을 만큼 양자역학을 많이 배웠다.

껍질이 거의 찬 원자는 전자가 세게 결합할 수 있는 상태를 하나 이상 가지고 있다, 즉, 전자 친화도가 높아서 전자를 흡수하는 경향이 있다. 마지막으로 완전히 찬 껍질 너머에 전자가 한 두 개 있으면, 그 전자에게는 핵전하가 효과적으로 가려져 약하게 결합되므로 떼어내기 쉽다. 따라서 이러한 원자는 전자를 내주는 경향이 있다. 이 모든 것은 § 8.2에서 전자 가림에 대해 설명한 내용에서 비롯되며, 이 모든 것이 완전히 채운 껍질을 향한 경향으로 이어진다.

주기율표는 한 가지 버금 껍질을 채우는 모든 원자를 열로 정렬하여 이러한 경향을 반영한다. 예를 들어, 15열(질소로 시작)의 모든 원자는 바깥에 반쯤 찬 p 버금 껍질이 있다. 따라서 각 열의 원자는 화학적 성질이 비슷하다.

화학자들이 이러한 특성을 설명할 때 자주 쓰는 두 가지 용어가 있다:

- "전기 음성도(Electronegativity)"는 원자가 전자를 흡수하는 경향(높은 전기 음성도)이 있는지 또는 전자를 내주는 경향(낮은 전기 음성도)이 있는지를 잰다. 값은 여러 가지 정의에 따라 다르지만 대체로 알칼리족(1열)이 가장 낮고 할로겐족(17열)이 높다.
- "원자가(Valence)"는 대략적으로 내줄 수 있는 전자의 수라고 생각할 수 있다. 알칼리 원자의 원자가는 1이고 알칼리토류 원자의 원자가는 2이다. 불소의 원자가는 $n = 2$ 껍질에 전자가 7개 있으므로 7로 할당할 수 있지만, 종종 불소는 하나의 전자를 흡수하여 반응할 가능성이 가장 높으므로 −1로 보는 것이 더 유용하다.

지금까지 설명한 간단한 규칙과 경향이 화학의 모든 것을 설명하지는 못한다. 부록 H에는 $n + l$ 규칙에 대한 예외를 늘어 놓았다. 금속, 비금속, 준금속의 구분은 정확하지 않으며, 일부 경계 원소는 주기율표마다 다르게 나열되어 있다. 란탄족과 악티늄족에 들어가는 원소도 주기율표에 따라 다르다.[7] $Z \gtrsim 100$인 원소는 상대론적 효과가 중요해지며 간단한 설명이 일부 맞지 않다. $7p$ 열에 있는 원소들은 매우 불안정해서 합성하면 아주 짧은 순간에 붕괴하므로 화학적 성질을 말하는 것이 별 의미가 없다. 그리고 인용한 모든 이온화 에너지, 전자 친화도, 심지어 전자 배치는 자유 원자에 대한 것이며, 원자가 결합하여 고체가 되면 크게 달라질 수 있다. 원자 결합에 대해서는 9장(분자)과 11장(고체)에서 더 자세히 설명한다.

이러한 모든 주의 사항에도 불구하고 이 장에서 양자역학이 어떻게 주기율표의 어떤 원소는 전자를 쉽게 내주고 어떤 원소는 전자를 받도록(그리고 불활성 기체는 전자를 주지도 받지도 않게) 만드는지를 이유를 이해했다면 화학의 물리적 바탕을 이해하는 데 큰 진전을 이룬 것이다.

7 때로는 La 및 Ac가 빠지고 Lu와 Lr이 들어가기도 한다. 이 방식은 $n + l$ 규칙을 완벽하게 따르며 대부분의 물리학 교재에 실려 있는 주기율표와 같다.

8.3.3 물음과 문제: 주기율표

개념 물음 및 개념시험

1. 원소의 "전기 음성도"는 전자를 받아 반응할 가능성이 크면 높고, 전자를 내줄 가능성이 크면 낮다. 다음 중 전기 음성도에 대한 좋은 정의는 무엇인가? 여기서 IE와 EA는 각각 이온화 에너지와 전자 친화도를 뜻한다. (한 가지를 골라라. 정답은 때때로 정의로도 쓰인다.)

A. (IE + EA)/2

B. (IE − EA)/2

C. (−IE + EA)/2

D. (−IE − EA)/2

2. 수소 반응이 복잡하다고 말했지만, 수소도 대충 다른 알칼리족 원소처럼 전자 하나를 내주는 경향이 있다고 상상할 수 있다. 질소 원자가 몇 개의 수소 원자와 결합할 것으로 예상하는가? 왜?

3. 왜 1열과 2열을 "s 구역"이라고 부르는가? 13-18열의 구역은 무엇이라고 부를까?

4. p 버금 껍질에 전자가 하나 있는 원소를 각각 나열하라.

5. **(a)** 전자를 내줄 가능성은 높지만 받을 가능성은 낮은 원소 하나를 대라.

(b) 전자를 받을 가능성이 높지만, 전자를 내줄 가능성은 낮은 원소 하나를 대라.

(c) 전자를 내주거나 받을 것 같지 않은 원소 하나를 대라.

6. 고전역학의 많은 문제를 풀 때는 힘이나 에너지를 따진다. 불소(바닥상태 $1s^2 2s^2 2p^5$)가 전자 친화도가 큰 이유를 에너지가 아닌 힘을 살펴서 설명하라. **실마리:** 여전히 가림에 관한 것이다.

7. 란탄족은 s 전자가 버금 껍질 $6s$에 있기 때문에 주기율표의 6행에 속하는 것으로 본다. 더 많은 원소가 발견된다면 g 버금 껍질을 원소가 처음 들어가는 행의 번호를 대라. ($n + l$ 규칙을 계속 지킨다고 가정한다.)

8. 왜 전이 금속은 종종 원자가가 2인 것처럼 화학적으로 반응하는가?

9. 원소 분리하는 화학적 기법이 아주 많지만, 희토류 원소(란탄족)를 화학적으로 서로 분리하기는 매우 어

렵다. 왜?

10. 훈트 규칙과 반이 찬 껍질

전자 가림이 어떻게 원자가 완전한 껍질을 "원한다"는 일반적인 규칙으로 이어지는지 설명했다. 즉, 새로운 껍질에 전자가 하나 있는 알칼리족 원자는 그 전자를 내주는 경향이 있는 반면, 껍질이 거의 찬 할로겐족 원자는 전자를 더 받으려는 경향이 있다. 화학자들은 또한 원자가 껍질이 반쯤 채워진 구성을 "좋아한다"는 일반적인 규칙을 이야기한다. 예를 들어, $n + l$을 쓰면 크롬은 바닥상태에서 $4s^2 3d^4$가 될 것으로 예상할 수 있다, 하지만 실제로는 $4s^1 3d^5$이다. (그 아래의 버금 껍질은 생략한다.) 그 이유를 설명하라. **실마리:** $4s$와 $3d$의 에너지가 똑같다고 가정하고 훈트 규칙에 따라 $4s^1 3d^5$가 $4s^2 3d^4$보다 에너지가 낮은 상태라고 예측하는 이유를 설명하라.)

문제

11. 이온화 에너지에 대한 그림 8.5처럼 전자 친화도를 Z의 함수로 대략적으로 그려라. 도표에서 주요 전환점을 보여주는 원소를 표시하라.

12. § 8.2에서 원자의 맨 바깥 전자가 느끼는 가림에 대해 간단한 모형을 제시했다. 안쪽 껍질에 있는 전자마다 양성자 하나를 가리고, 바깥 껍질을 공유하는 전자마다 양성자 반을 가린다. 이 모형은 수치적으로 정확하지는 않지만 주기율표에서 볼 수 있는 경향을 정확하게 재현한다.

(a) 이 간단한 모형을 써서 산소의 전자 친화도를 추정하라(바닥상태 $1s^2 2s^2 2p^4$).

(b) 불소의 전자 친화도를 추정하라(바닥상태 $1s^2 2s^2 2p^5$).

(c) 네온의 전자 친화도를 추정하라(바닥상태 $1s^2 2s^2 2p^6$).

(d) 이 결과를 일반화하여 주기율표의 특정 열은 전자 친화도가 높고 다른 열은 매우 낮은 이유를 설명하라.

13. § 8.2에서 원자의 맨 바깥 전자가 느끼는 가림에 대해 간단한 모형을 제시했다. 안쪽 껍질에 있는 전자마다 양성자 하나를 가리고, 바깥 껍질을 공유하는 전자마다 양성자 반을 가린다. 이 모형을 써서 그림 8.5처럼 이온화 에너지를 Z의 함수로 그린다. 이 전산시늉 모형이 실험 값과 잘 맞지는 않지만 도표의 몇 가지 중요한 특징을 재현함을 알 수 있다. 이 모형이 정확하게 보여주는 특징은 무엇이고, 정확하지 않은 것은 무엇인가?

8.4 엑스선 분광법과 모즐리 법칙

다전자 원자의 고유한 흡수 및 방출 분광선은 수소와는 달리 복잡하다. 슈뢰딩거 방정식의 상세한 수치 해는 이러한 여러 원자의 에너지 준위와 특성 분광선을 정확하게 예측할 수 있다. 그러나 맨 안쪽 전자의 경우 간단한 해석적 모형만으로도 상당히 정확하다. 모즐리(Henry Moseley)는 이들 분광선을 재어 원자의 현대적 이해로 향하는 중요한 관문을 열었다.

8.4.1 설명: 엑스선 분광법과 모즐리 법칙

바깥 전자가 더 높은 상태로 올라가거나 다시 바닥상태로 떨어지는 원자 전이와 관련된 에너지는 수 eV 정도이므로 해당 분광선은 일반적으로 가시광 또는 자외선 영역에 있다. 이러한 과정을 흔히 "광학 전이(optical transition)"라고 한다.

그러나 가림이 거의 없는 저에너지 상태의 전자는 종종 엑스선 광자에 해당하는 keV 범위 이상의 전이를 한다. 원자에서 안쪽 전자가 튕겨나가면 더 높은 준위의 전자가 그 자리를 채우고, 그 빈자리를 다른 전자가 채우는 것을 계속하여 원자가 (중성 원자가 아닌 이온의) 바닥상태에 이르면 끝난다.

원자 기체에 고에너지 입자 또는 광자를 쏘면 그 원자는 그 원소 고유의 진동수를 가진 광자를 방출한다. 각 발광선—높은 에너지 준위에서 낮은 준위로 전이할 때 내는 빛—은 두 글자 명명 체계로 명시한다:

- 두 개의 n 준위 중 낮은 준위, 즉 전자가 떨어지는 상태에 대한 분광학적 표기로 시작한다: $n = 1$이면 K, $n = 2$이면 L 등 알파벳 순으로 표기한다. (수소 발광 분광선과 마찬가지로 이것은 특정 발광선을 정의하는 준위이다.)
- 그런 다음 전자가 몇 단계 아래 준위로 떨어졌는지를 그리스 소문자로 나타내어 아랫글자로 붙인다: 한 단계 떨어지면 α, 두 단계 떨어지면 β, 등등(표 8.2).

표 8.2 발광선 표기법

아랫준위 \ 윗준위	$n = 2$	$n = 3$	$n = 4$	$n = 5$
$n = 1$	K_α	K_β	K_γ	K_δ
$n = 2$		L_α	L_β	L_γ
$n = 3$			M_α	M_β

이러한 분광선은 에너지가 n 값만이 아니라 l 값에 따라서도 달라지므로 실제로는 촘촘할 수 있지만, 낮은 궤도에서는 이러한 효과가 바깥 전자만큼 크지 않다.

1913년 모즐리는 여러 원소가 내는 엑스선의 파장 분포를 쟀다.

이론적 예측

지금은 원자에 대해서는 모즐리보다 더 잘 아니까, 조금 요령을 부려 모즐리의 결과를 예측해 보자.

$n = 2$에서 $n = 1$로의 K_α 전이를 살펴보자. 방출된 광자의 에너지는 이 두 상태의 에너지 차이와 같다:

$$E = (13.6\text{ eV})\left(\frac{Z^2_{\text{유효},1}}{1^2} - \frac{Z^2_{\text{유효},2}}{2^2}\right)$$

$Z_{\text{유효},1}$ 및 $Z_{\text{유효},2}$는 각각 $n = 1$ 및 $n = 2$ 껍질에 있는 전자가 느끼는 유효 Z값을 나타내며, 다른 전자가 원자핵을 가리는 효과를 반영한다. 리튬과 베릴륨과 같이 Z가 작은 원자의 경우, 앞서 $n = 1$ 전자는 얼추 서로 반만 가리고 바깥 전자는 가리지 않으므로 $Z_{\text{유효},1}$은 $Z - 0.5$가 되어야 한다. Z가 낮은 원자에서도 이것은 정확하지 않으며, 다전자 원자에서는 매우 부정확하다.

그 이유는 다음과 같다. "안쪽" 전자의 파동 함수의 크기는 반지름이 매우 큰 곳에서는 작지만 0이 아니며, "바깥" 전자의 파동 함수의 크기는 핵에 매우 가까운 곳에서는 작지만 0이 아니다. 따라서 바깥 전자는 가림 효과를 어느 정도 주어 안쪽 전자가 실제로 느끼는 $Z_{\text{유효}}$를 줄인다. 이 작은 효과는 바깥 전자가 많으면 누적된다. 수치 계산과 실험 측정을 모두 바탕으로 한 최종 결과는 대부분의 원자에 대해 $Z_{유효,1} \approx Z - 2$ 및 $Z_{유효,2} \approx Z - 10$이다.

이제 중요한 근사식을 만들자: 전자 에너지는 $1/n^2$으로 변하고, 준위마다 $Z_{유효}$ 값이 다르므로 $E_{n=2}$는 $E_{n=1}$에 비해 0에 매우 가깝다. 따라서 셈에서 $E_{n=2}$는 무시하고 모즐리는 다음 식을 구했을 것이라고 추측한다.

$$E_{K_\alpha} \approx (13.6 \text{ eV})(Z-2)^2 \tag{8.2}$$

이 논리에 따라 K_α, K_β, K_γ 등은 매우 비슷한 광자를 내지만 L 계열은 에너지가 훨씬 낮을 것으로 예상한다.

모즐리 도표

모즐리의 시대에는 지금 우리가 아는 이론적 배경이 없었다. (사실 우리의 이론적 배경은 그의 실험 덕분에 구축되었다!) 하지만 그는 그해 초에 나온 보어의 원자 모형을 알고 있었다. 이 모형을 바탕으로 그는 광자의 진동수의 제곱근 대 원자 번호 Z의 도표를 만들었다.

능동 읽기 연습: K_β 도표

여러 원소(또는 여러 Z-값)를 써서 실험을 할 수 있지만 모두 K_α 전이만 한다고 하자. (8.2)를 바탕으로 Z에 대한 $\sqrt{\nu}$ 도표를 그리면 어떤 모양이 될까? 그 모양은 한 단어로 말할 수 있지만 도표의 세부 사항에 대해 여러 가지 다른 예측을 할 수 있다.

위의 연습을 푸는 한 가지 방법은 E를 $h\nu$로 바꾼 다음 (8.2)를 다음과 같이 고치는 것이다:

$$\sqrt{\nu} \approx \sqrt{\frac{13.6\,\text{eV}}{h}}\,(Z-2) = \sqrt{3.29 \times 10^{15}\,\text{Hz}}\,(Z-2)$$

따라서 도표는 직선일 것이고 그 기울기를 예측할 수 있다. 또한 이 선을 수평축($\nu = 0$)까지 연장하면, $Z = 2$에서 만날 것이다. (물론 헬륨의 K_α 광자의 진동수는 0이 아니므로 매우 작은 Z에서는 어림법이 맞지 않는다.)

이것은 K 전이에 대한 근사식이다. 다시 시작하여 L 전이(문제 7)를 셈하면 다른 식이 나오며, 이 식도 Z에 대한 $\sqrt{\nu}$ 도표가 직선이지만, 기울기와 x-절편이 다르다.

물론 모즐리는 이런 식으로 전이를 낱낱이 분리할 수 없었다. 그의 실험에서 여러 원소가 여러 진동수의 광자를 냈지만 실험 결과를 직선으로 정리할 수 있었다. 그림 8.6은 그가 얻은 도표이다. (그는 Z를 세로축, $\sqrt{\nu}$를 가로축으로 잡았으므로 K_α 기울기는 우리가 셈한 값의 역수이다.)

X선 방출 분광선에 대한 "모즐리의 법칙"은 $\sqrt{\nu} = k_1(Z - k_2)$이며, 여기서 k_1과 k_2는 상수로서 분광선 계열(K_α, L_γ 등)에 따라 달라진다. 그림 8.6과 같은 도표를 "모즐리 도표"라고 한다.

모즐리가 연구할 때는 원자 구조를 잘 몰랐었고, 주기율표는 (대부분) 원자 질량에 따라 배열되어 있었다.[8] "원자 번호"는 알려진 물리적 특성이 아니라 주기율표에서 원소의 위치를 나타낸다. 모즐리의 연구는 잴 수 있는 원자 번호의 개념을 확립했다. 그는 이 작업 중에 도표에서 빈 곳을 몇 개 발견하고 원자 번호 43, 61, 75인, 그 때까지 아직 몰랐던 세 원소의 존재를 정확하게 예측했

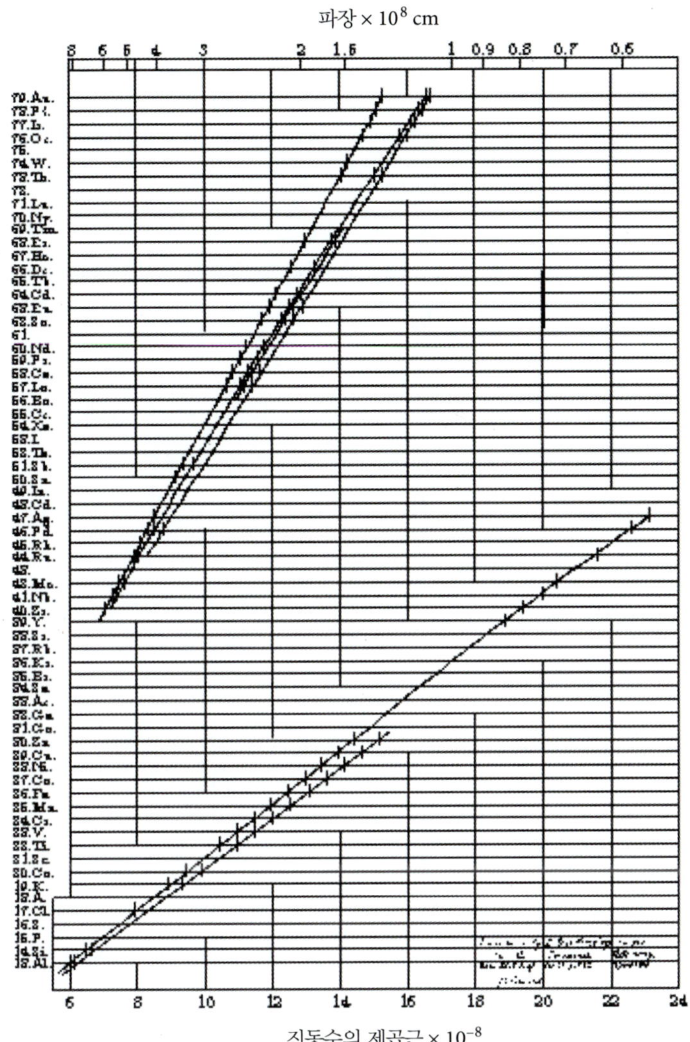

그림 8.6 모즐리의 도표 원본. 가로축은 광자 진동수의 제곱근, 세로축은 원자 번호로 잡았다. 이 도표에는 엑스선 방출의 K 계열(거의 같은 직선 무리)과 L 계열(거의 같은, 또 다른 직선 무리)이 들어 있다. 출처: H. G. J. 모즐리 1914.

다. 셋째 원소인 레늄(rhenium)은 1925년에 발견되었다. 처음 두 원소인 테크네튬(technetium)과 프로메튬(prometium)은 천연 원소가 아니며 각각 1937년과 1945년에 실험실에서 합성되었다.

8 원자 질량은 대부분 원자 번호의 순서를 따르지만 완벽하지는 않다. 멘델레예프까지만 해도 사람들은 화학적 특성이 비슷한 원소들을 함께 모으려면 측정된 질량의 순서와 달리 배열해야 한다는 것을 알고 있었다. 이것은 종종 질량 측정의 오차를 반영한다고 보았다.

8.4.2 물음과 문제: 엑스선 분광법과 모즐리 법칙

개념 물음 및 개념시험

1. 모즐리 도표의 모든 점은 특정 원소가 특정 n-준위에서 더 낮은 n-준위로 전이할 때 내는(세 개의 독립 변수) 특정 진동수의 광자(가로축의 종속 변수)를 나타낸다. 그림 8.7은 설명문은 달지 않았지만 색상이 지정된 모즐리 도표를 보여준다.

(a) 모든 빨간 점은 도표의 왼쪽 상단의 직선 위에 있다. 위에서 나열한 세 독립 변수 중 이 점들의 공통점과 다른 점은 무엇인가?

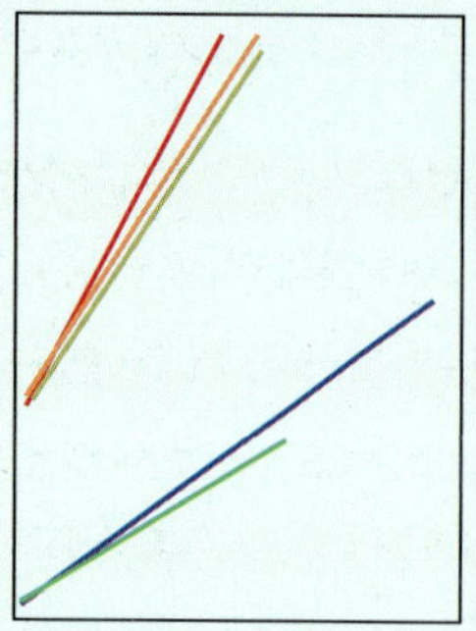

그림 8.7

(b) 주황색 점들은 빨간 선과 가깝기는 하지만 다른 직선 위에 있다. 위에서 나열한 세 독립 변수 중 빨간 선과 주황색 선을 구분하는 것은 무엇인가?

(c) 파란 선과 녹색 선은 도표의 멀리 아래쪽에 있다. 위에서 나열한 세 독립 변수 중 파란 선, 녹색 선을 빨간 선, 주황색 선, 노란 선으로부터 구분하는 것은 무엇인가?

2. 그림 8.6은 K 전이 무리와 L 전이 무리를 보여준다. 하나는 도표의 아래쪽에 가까이 있는 한 쌍의 직선이고, 다른 하나는 위쪽에 가까이 있는 세 개의 직선이다. 어떤 것이며, 어떻게 알 수 있는가?

3. § 8.2에서 제시한 간단한 모형에 따르면, 다전자 원자의 $n = 1$ 준위에서 있는 각 전자는 $Z_{유효} = Z - 0.5$를 느낀다.

(a) 같은 간단한 모형에서, 다전자 원자의 $n = 2$ 준위의 각 전자가 느끼는 $Z_{유효}$는 얼마인가? ($n = 1$ 껍질에는 전자가 2개, $n = 2$ 껍질에는 전자가 8개 있음을 기억하라).

(b) 실험 결과, 다전자 원자의 실제 $Z_{유효,\,2}$는 (a)의 답보다 훨씬 작다. 왜 그럴까?

4. K_α 선의 Z에 대한 λ 도표를 대충 그려보라. 값을 넣을 필요는 없지만 도표의 모양을 보여줘야 한다.

5. 이 절에서는 고에너지(엑스선) 전이에 대해 이야기했다. 다전자 원자가 최저 에너지 전이를 할 때 내는 광자의 Z에 대한 $\sqrt{\nu}$의 도표를 그리면 그 모양이 직선꼴일까, 아닐까? 왜?

문제

6. 니켈의 K_α 발광선의 진동수는 얼마인가?

7. § 8.4.1의 설명에서는 K_α 전이를 분석했다. 여기에서는 L_α 전이를 분석한다.

(a) L_α는 어떤 (더 높은) 에너지 준위에서 어떤 (더 낮은) 에너지 준위로 전이하는 것을 나타내는가?

(b) 전자가 전이하는 낮은 상태의 에너지는 얼마인가?

(c) 전자가 전이하는 높은 상태의 에너지는 얼마인가? $Z_{유효,\,3} \approx Z - 18$로 가정하라.

(d) 이 전이에서 나오는 광자의 에너지를 셈하라.

(e) K 전이의 경우 윗 준위의 에너지를 0으로 어림하여 광자 에너지를 구한다. $Z = 45$를 써서 L_α 전이에 대해 이 근사법을 쓸 때의 오차 백분율을 계산하라.

(f) 끝으로, 근사값을 정렬하여 L_α 전이에서의 Z에 대한 $\sqrt{\nu}$의 도표의 기울기와 x-절편을 예측하라.

8. K_α 선의 $\sqrt{\nu}$에 대한 Z의 변화를 보여주는 모즐리 도표를 그려라. 두 축에 값(적절한 단위)을 넣어야 한다.

9. L_α 선의 Z에 대한 $\sqrt{\nu}$의 변화 도표를 그린다고 하자. (모즐리 도표와는 축이 맞바뀐 점에 유의하라.)

(a) 기울기가 K_α 도표보다 클까, 작을까? 설명하라.

(b) x-절편이 K_α 도표보다 클까, 작을까? 설명하라.

10. § 8.4.1의 설명에서는 $n = 2$ 상태의 에너지를 무시하여 K_α 광자의 에너지를 추정했다.

(a) 제공한 $Z_{유효}$ 값을 써서, 위의 근사법의 오차의 백분율을 칼슘($Z = 20$)과 금($Z = 79$)에 대해 추정하라.

(b) 끌어낸 공식으로 얻는 K_α와 K_β 추정값 중 어느 것이 더 나을까? 설명하라.

11. 그림 8.8은 세슘 원자에 고에너지 입자를 충돌시켜 얻은 분광선을 시늉낸 것이다. 연속 스펙트럼은 제동 방사에 의한 것이며, 4개의 뾰족한 봉우리가 발광선이다.

(a) 네 분광선은 K_α, K_β, L_α 및 L_β이다. 그림의 대략적인 복사본을 만들고 각각의 분광선을 표시하

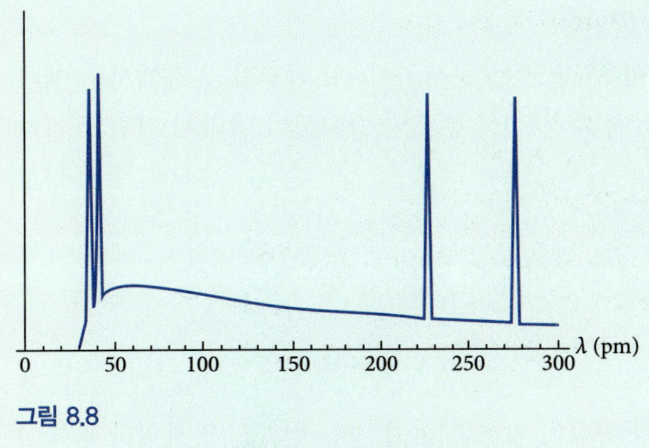

그림 8.8

고, 분석 결과를 간략히 설명하라.

(b) (8.2)를 써서 K_α 선의 파장을 추정하라. 그림에 표시한 것과 대충 맞는지 보라. (파장 단위는 pm임에 유의하라.)

12. **[이 문제는 문제 11의 결과를 쓴다.]**

(a) 그림 8.8을 써서 세슘 표적을 때린 입자의 에너지를 추정하라.

(b) 실험의 목적이 표적의 엑스선 방출선을 확인하는 것이라면, 제동 방사는 잡음이다. 이 실험에서 전자 대신 양성자나 알파 입자로 표적을 때릴 때가 많은 이유를 설명하라.

8장 요약

7장에서는 전자가 하나뿐인 원자를 다루었다. 둘 이상의 전자가 같은 원자핵 둘레를 돌면 전자가 상호작용하여 거동이 매우 복잡해진다. 이러한 원자에 대한 슈뢰딩거 방정식을 해석적으로 풀 수는 없지만, 양자역학의 원리를 써서 주기율표 구조의 많은 부분을 설명할 수 있다.

8.1 파울리 배타원리

파울리 배타 원리는 두 전자가 같은 양자 상태에 있을 수 없다는 것이다.

- 파울리 배타 원리는 스핀이 반홀수인 모든 "페르미온"에만 적용되고, 스핀이 정수인 "보손"에는 적용되지 않는다. 양성자, 중성자, 전자는 모두 페르미온이고 광자는 보손이다.
- 복합 입자도 총 스핀에 따라 같은 방식으로 분류된다. 예를 들어, ^{3}He 핵은 페르미온(같은 양자 상태에 들어갈 수 없음)이고, ^{4}He 핵은 보손(있음)이다.
- 페르미온은 한 상태로 뭉칠 수 없으므로 전자가 N_e개인 원자의 바닥상태는 N_e개의 최저 에너지 고유상태에 전자가 들어 있는 상태이다. (중성 원자의 경우, N_e는 원자 번호 Z와 같다.) 양자수(n, l, m_l)인 각 상태에는 스핀 위와 스핀 아래인 두 전자가 들어갈 수 있다.

8.2 에너지 준위와 원자 상태

전자를 원자핵에 묶어두는 에너지는 원자핵 속의 양성자 그리고 원자핵 둘레를 도는 다른 전자의 영향을 받는다. 이 두 가지 상반된 효과의 결과로, 전자를 풀어내는 데 필요한 에너지("이온화 에너지")는 원자 번호가 커짐에 따라 진동한다.

- "분광학적 표기법"에서는 n값(껍질)은 숫자로 나타내고, l값(버금 껍질)은 문자로 나타낸다. 예를 들어, 1s는 $n = 1$, $l = 0$인 상태이고 2p는 $n = 2$, $l = 1$인 상태이다. 각 버금 껍질에는 m_l과 m_s 값이 다른 상태가 하나 이상 들어있다.
- n 값이 작은 궤도를 도는 전자는 궤도가 감싸고 있는 핵 전하를 "가려" n 값이 큰 궤도를 도

는 전자가 느끼는 핵 인력을 실질적으로 줄인다.

- 수소의 경우 에너지는 n만의 함수이다 (아주 잘 맞는 근사치이다). 다전자 원자에서는 에너지가 l 값의 영향도 받는데, 그 이유는 l 값에 따라 전하 분포의 방향성이 달라서 가림 효과가 다르기 때문이다.
- 버금 껍질의 에너지는 대체로 $n + l$의 오름차순인데, 완벽하지는 않다.
- "훈트 규칙"은 버금 껍질 속의 전자는 스핀 방향이 같은 것부터 채운다는 것이다.

8.3 주기율표

이 절의 목표는 주기율표에서 보는 여러 원소의 속성이 앞 절에서 설명한 원자의 양자역학적 특성에서 어떻게 나오는지 보이는 것이다.

- § 8.2에서 설명한 가림 효과 때문에 맨 바깥 껍질이 꽉 찬 원자는 이온화 에너지가 높은 경향이 있다. (왜냐하면 맨 바깥쪽 전자에 대해 가림 효과가 약하므로). 맨 바깥 껍질에 전자가 하나나 둘만 있는 원자는 이온화 에너지가 낮은 경향이 있다(맨 바깥쪽 전자에 대해 가림 효과가 크므로).
- 원자의 "전자 친화도"는 전자를 얻으려는 경향을 반영한다. 맨 바깥 껍질이 거의 꽉 찬 원자는 전자 친화도가 높은 경향이 있는데, 그 이유는 추가된 전자에 대해서는 가림 효과가 약하기 때문이다.
- 이 두 가지 효과가 주기율표의 열을 설명한다: 어떤 원소는 전자를 내놓는 경향이 있고, 어떤 원소는 전자를 받는 경향이 있으며, 어떤 원소는 둘 다 하지 않는 경향이 있다. 간단히 말해 주기율표의 왼쪽에 가까운 원소는 전자를 잘 내놓고, 오른쪽에 가까운 원소는 전자를 잘 받으며, 맨 오른쪽 열의 원소는 반응을 전혀 하지 않는다.
- 이러한 효과가 주기율표의 구조로 어떻게 이어지는지 더 자세히 보려면 370쪽에서 시작되는 "주기율표 둘러보기"를 읽으면서 각 범주를 주기율표와 비교하라(부록 H).
- "전기 음성도"는 원자가 전자를 받는 경향(높은 전기 음성도)이 있는지 또는 전자를 내놓는 경향(낮은 전기 음성도)이 있는지를 재는 데 쓴다. 높은 이온화 에너지와 높은 전자 친화도는 모두 전기 음성도를 높인다.
- "원자가"는 원자가 내주려는 전자의 수이며, 그 값이 음수이면 전자를 받는 경향이 있다.

8.4 엑스선 분광법과 모즐리 법칙

원자의 "광학 분광선"은 바깥쪽 전자의 전이로 생기며, 원소마다 복잡하게 변화한다. "엑스선 분광선"은 안쪽 전자의 전이로 생기며 보다 예측 가능한 패턴을 따른다.

1913년 모즐리는 엑스선 분광선을 써서 원소에 규칙적인 패턴이 있음을 보여 현재 핵의 양성자 수와 연관시키는 "원자 번호"(Z)의 개념을 만들어냈다.

- 방출 엑스선은 두-글자 명명 체계로 기술된다: 두 n-준위 중 낮은 준위의 분광학적 표기법 뒤에 전자가 몇 준위까지 떨어졌는지를 나타내는 그리스 문자가 붙는다. 예를 들어, L_β는 (L은 $n = 2$를, β는 $\Delta n = 2$를 나타내므로) $n = 4$에서 $n = 2$로 전이되었음을 나타낸다.

- 모즐리는 방출된 광자의 $\sqrt{\nu}$와 원소의 Z 값이 비례하여 도표가 일련의 직선이 된다는 것을 발견했다. 이러한 각 직선은 여러 다른 원소에서의 동일한 원자 전이를 나타낸다.
- 모즐리의 연구를 통해 당시 알려진 원소들 사이에 원자 번호가 빈 칸으로 있는 여러 원소를 예측하였고 이후 발견할 수 있었다.

9 분자
Molecules

8장에서는 고립된 원자에 대해 이야기했다. 하지만 주변의 원자는 대부분 서로 결합되어 있으며, 그러면 원자의 물리적, 화학적 특성이 크게 바뀔 수 있다. 이 장에서는 결합하여 분자를 이룬 원자를 살펴본다. 11장에서는 원자 또는 분자가 결합하여 거시적인 크기가 된 응집체인 고체에 대해 설명한다.

9.1 이온 결합 및 공유 결합

"이온" 결합은 두 원자가 전자를 주고받아 이온이 되어 정전기적 인력으로 결합하는 것이고, "공유" 결합은 두 원자가 전자를 공유하는 것임을 화학 시간에 배웠을 것이다. 물리학에서는 왜 이런 전자 교환이 일어나는지, 왜 원자를 서로 결합시키는지 묻는다. 그 대답은 거의 늘 한결같이 "계의 총 에너지가 줄어들기 때문"이라는 것이다. 8장을 배경으로 에너지를 따져볼 때 이온 결합과 공유 결합이 왜, 그리고 어떤 상황에서 유리한지 생각해 볼 수 있다.

9.1.1 발견 연습: 이온 결합

한 원자가 다른 원자에게 전자를 주면 전하가 서로 반대인 이온이 되어 서로 끌어당긴다. 이러한 인력이 "이온 결합"을 만든다.

이온 결합에 관한 다음 물음에 답하면서 부록 H를 살펴보고, 왜 어떤 원소는 전자를 내주고 또 다른 원소는 전자를 받는 경향이 있는지에 대해 8장에서 배운 내용을 기억해 두자.

1. 다음 원소 쌍에서 이온 결합이 생길 가능성이 높은 것을 골라라. (해당되는 것을 모두 고르고 왜 그러한지 간단히 설명하라.)
   A. Li와 Na
   B. Li와 F
   C. F와 Cl
2. 때때로 한 원자가 다른 두 원자에 각각 전자를 하나씩 주고 두 원자 모두와 이온 결합을

한다. 다음 중 그렇게 이온 결합을 할 수 있는 분자를 하나 골라라.

A. LiS_2
B. Li_2S
C. $BeCl_2$
D. Be_2Cl

9.1.2 발견 연습: 공유 결합

간단한 모형으로서, 수소 원자를 보어 반지름의 얇은 공 껍질 모양의 음전하가 양성자를 둘러싼 것으로 생각해 보자. 옆에는 외톨이 양성자가 있다. 그림 9.1을 보라.

그림 9.1 수소 원자와 양성자

1. 외톨이 양성자가 알짜 힘을 받는가? 받는다면 어느 방향인가?
2. 수소 원자핵이 알짜 힘을 받는가? 받는다면 어느 방향인가?
3. 전자 구름이 알짜 힘을 받는가? 받는다면 어느 방향인가?
4. 조금 뒤에, 예측한 힘이 그림을 어떻게 바꿀지 그려보라.
5. 새 그림에서, 양성자가 알짜 힘을 받는다면 어느 방향인가?

9.1.3 설명: 이온 결합 및 공유 결합

결합을 소개할 때 처음에는 "이온 결합"(두 원자가 전자를 주고받아 이온이 되어 결합하는 것)과 "공유 결합"(여러 원자가 전자를 공유하는 것)을 전혀 다른 범주인 것처럼 설명한다. 그렇지만, 실제의 원자 결합은 대부분 두 극단 사이의 중간에 있다는 사실을 알게 될 것이다.

이온 결합

8장에서는 어떤 원자는 이온화 에너지가 낮아 전자를 내주는 경향이 있고, 어떤 원자는 전자 친화도가 높아 전자를 받는 경향이 있는 이유를 설명했다. 주기율표의 1열(알칼리 원소)이 이온화 에너지가 가장 낮고, 17열(할로겐)이 전자 친화도가 가장 높다. 예상하듯이 이는 알칼리 원자와 할로겐 원자가 서로 반응하는 경향이 있음을 뜻한다.

결합하여 소금이 되는 소듐(Na)과 염소(Cl)를 살펴보자. 둘 다 주기율표의 3행에 있고, 소듐은 1열에, 염소는 17열에 있다. 소듐의 이온화 에너지는 5.14 eV로 주기율표에서 가장 낮은 편에 속한다. 염소의 전자 친화도는 3.61 eV로 모든 원소 중 가장 높다.

소듐이 염소에 전자를 주면 계의 에너지가 낮아진다고 말할 것으로 예상할지 모르지만, 이 값만 보면 참이 아닌 것 같다. 주기율표에서 가장 낮은 이온화 에너지(세슘, 3.89 eV)는 여전히 가장 높은 전자 친화도보다 높으므로 허공에 두 원자를 띄워두면, 에너지를 따질 때 무언가를 하여 에너지를 낮추지 않는 한 늘 자신의 전자를 유지하는 것이 유리하다.

사실, 그 무언가를 할 수 있다. 소듐 원자가 염소 원자에 전자를 주면 소듐은 양이온이, 염소는 음이온이 된다. 이제 극성이 반대인 이온이 된 두 원자는 서로 끌어 가까워짐으로써 위치 에너지를 줄일 수 있다. 충분히 가까워지면 전체 에너지는 중성 원자로 멀리 있을 때보다 줄어든다. 이제 두 원자는 "이온 결합"으로 묶인 분자가 된다.

두 원자핵은 왜 융합하지 않을까? 핵 자체는 양전하를 띠고 있다. 이온이 너무 가까워져 전자의 파동 함수가 겹치면 핵은 덜 가려져 서로 밀어낸다. 한편 전자는 "파울리 반발(Pauli repulsion)"이라는 미묘한 효과를 겪는데, 전자 파동 함수가 겹치면서 전자의 에너지가 올라간다. 이에 대한 자세한 설명은 이 책의 범위를 벗어나지만, 두 핵이 완전히 융합되는 극한을 살펴보면 이것이 참임을 알 수 있다. 이 때는 두 원자가 한 원자로 되고, 전자는 소듐 이온의 가장 낮은 에너지 준위 10개와 염소 이온의 가장 낮은 에너지 준위 18개가 아니라 가장 낮은 에너지 준위 28 개를 채우게 된다.

따라서 각 원자의 핵은 다른 원자의 전자는 끌어당기지만, 원자의 핵끼리는 서로 밀어내고 전자 구름도 서로를 밀어낸다. 이러한 힘의 균형으로 인해 두 원자핵의 거리가 특정 값일 때 에너지가 최소화된다.

Na와 Cl의 경우 그 거리는 0.236 nm로, 두 원자가 따로 있을 때보다 총 에너지가 4.26 eV 더 낮다. 이 4.26 eV가 분자의 "결합 에너지(binding energy)"이다. 분자를 떼어낼 때 필요한 에너지이므로 "해리 에너지(dissociation energy)"라고도 한다. 그림 9.2는 Na와 Cl의 에너지를 거리 함수로 보여준다.

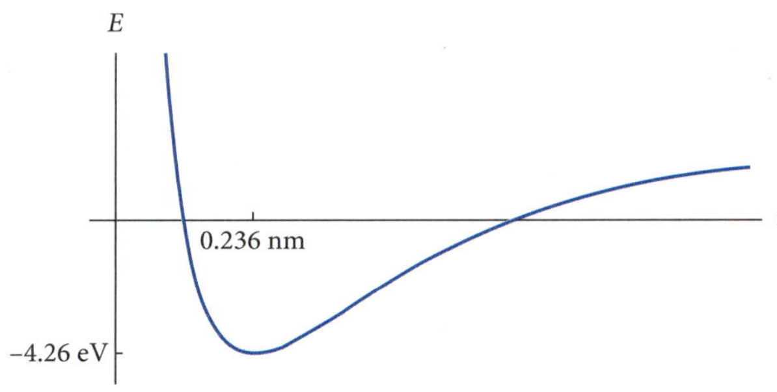

그림 9.2 NaCl 분자의 에너지의 핵간 거리에 대한 변화. (r이 커져도 에너지가 0에 접근하지 않는다: 문제 2를 보라).

NaCl과 같은 분자는 "이원자"(원자 2개) 분자이다. 어떤 경우에는 둘 이상의 원자가 이온 결합하기도 한다. 주기율표의 2열 원소(알칼리 토류)에는 이온화 에너지가 낮은 전자가 두 개 있으며, 이러한 원자 하나는 두 개의 할로겐 원자과 결합하여 $MgCl_2$와 같은 분자를 만들 수 있다. 이를 "삼원자" 분자라고 할 수 있지만, 원자 셋 이상이 만든 분자를 말할 때는 "다원자" 분자라는 용어를 자주 쓴다.

공유 결합

텅 빈 우주를 상상하자. 이 텅 빈 우주 어딘가에 외톨이 양성자가 있다. 그리고 아주 먼 다른 곳에 수소 원자가 있다. 수소 원자는 양성자와 그 둘레를 도는 바닥상태의 전자이다. 그림 9.3을 보라. 알다시피, 바닥상태의 전자의 에너지는 −13.6 eV이다. 다른 어떤 것도 변변한 에너지가 없다.

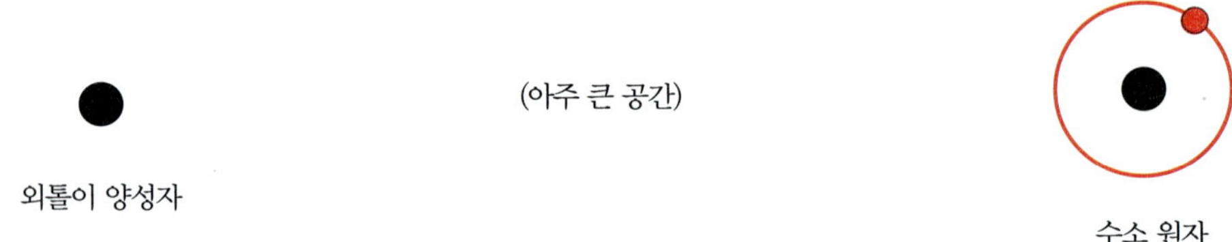

그림 9.3 양성자와 수소 원자가 멀리 떨어져 있다.

이제 이 수소 원자를 외톨이 양성자에 점점 더 가까이 두자. 그래도 한동안은 계의 에너지가 눈에 띄게 변하지 않는다. 양성자에 가까워지면 수소 원자의 전자는 에너지를 잃고, 핵(양성자)은 같은 양의 에너지를 얻는다. 다시 말해, 전기적 중성 물체를 양전하를 띤 물체에 더 가까이 가져가는데, 뭐가 달라지겠는가?

능동 읽기 연습: 양성자와 수소 원자

양성자와 수소 원자가 가까워지면(그러나 아직 외톨이 양성자가 전자 구름 속으로 들어갈 정도로 가깝지는 않음), 둘 사이에는 알짜 힘이 생긴다. 그 방향은(인력 또는 반발력)? 그리고 왜? **실마리:** 수소 원자가 양성자에 가까워질 때 수소 원자의 그림이 어떻게 바뀔지 그려 보라.

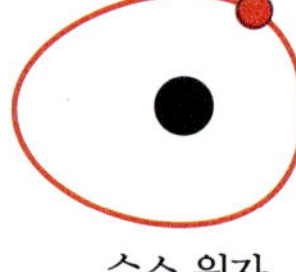

그림 9.4 양성자와 수소 원자가 접근하고 있다.

두 물체가 충분히 가까워지면 외톨이 양성자가 끄는 힘에 전자의 궤도가 변형되어 구대칭이 깨진다. 이 때는 전자의 평균 위치가 외톨이 양성자 쪽으로 끌린다. [한 마디로 수소 원자는 "편극된다(polarized)." 그림 9.4 참조] 따라서 수소 원자는 양성자에 끌린다. 다시 말해, 수소 원자는 양성자에 더 가까이 다가감으로써 에너지를 잃는다.

그림 9.5 양성자와 수소 원자가 합쳐져 분자를 이룬다.

따라서 수소 원자는 점점 더 가까이 다가간다. 그러나 결국 아주 가까워져서 전자 궤도가 두 양성자 모두를 감싸게 된다(그림 9.5). 이제 두 양성자는 더 이상 가까워지지 않는다.

어느 때에 계는 안정 평형 상태에 이른다. 두 양성자를 더 가까이 또는 더 멀리 두면 총 에너지가 커진다. 수치 계산과 실험에 따르면 이 최소 에너지는 16.3 eV이며, 양성자 간격이 0.106 nm일 때이다. 이렇게 공유 결합된 분자가 단일 이온화된 수소 분자 H_2^+이다. 결합 에너지는 2.7 eV이며, 이는 결합 상태의 에너지와, 양성자를 분리하여 그 중 하나에 전자를 남겨둔 상태의 에너지의 차이이다.

이 계산의 세부 사항 중 일부는 그림 9.6에서 볼 수 있다. 두 양성자가 맞붙어 있는 극한에는 헬륨 원자핵이 있고, 바닥상태의 전자 에너지는 −54.4 eV이다. 두 양성자가 한없이 멀리 있는 극한에서는 바닥상태의 전자 에너지는 단일 양성자에 결합된 전자의 에너지인 13.6 eV이다. 이 두 극한 사이에서 에너지는 전자 구름의 모양에 따라 복잡하게 달라지므로 해석적 식을 쓸 수는 없지만, 두 극한 중 하나에서 다른 극한으로 매끄럽게 이동함은 알고 있다. 정확한 모양은 수치 계산을 통해 결정할 수 있다. 양성자-양성자 위치 에너지는 훨씬 더 간단하다: $e^2/4\pi\epsilon_0 r$. 총 에너지는 이 둘의 합이며 0.106 nm에서 최소값이 된다.

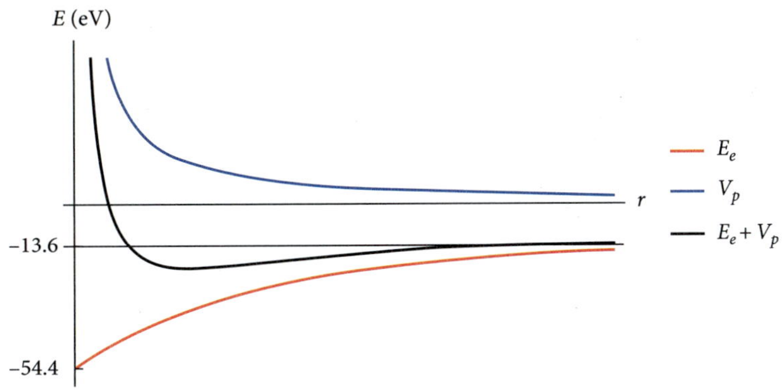

그림 9.6 두 양성자에 결합된 전자의 바닥상태 에너지의 두 양성자간 거리에 대한 변화. 총 에너지(검은 선)은 양성자-양성자 위치 에너지(파란 선)와 전자의 총 에너지(빨간 선)의 합이다.

H_2 분자

우주에서 가장 흔한 분자는 양성자 두 개와 전자 두 개로 이루어진 H_2이다. 위에서 설명한 H_2^+에 둘째 전자를 더하면 첫째 전자와 같은 바닥상태로 떨어지지만 스핀은 반대이다. 세부 사항은 더 복잡하지만 그림 9.6에 보인 기본 논리는 여전히 유효하다. 양성자가 가까워지면 전자 상태의 에너지가 줄고 양성자-양성자 반발 에너지는 커지며, 결과적으로 총 에너지가 최소인 평형 반지름이 존재하게 된다. 양성자 사이의 전자 밀도가 H_2^+ 분자보다 높기 때문에 양성자는 서로 더 효과적으로 가려지고 평형 반지름은 다음과 같이 더 짧아진다: 0.074 nm.

다른 공유 결합 분자

알칼리 원소는 방금 수소에 대해 설명한 것과 같은 방식으로 이원자 분자를 만들 수 있다. 원자마다 바깥 껍질에 s 전자 하나가 있고, 두 원자가 모이면 그 전자를 공유하여 Li_2, LiH, KNa 등을 만들 수 있다.

주기율표의 오른쪽에 있는 원자의 경우, 공유 결합을 만드는 규칙은 바깥 전자의 스핀 상태에 따라 달라진다. 바닥상태에서 바깥 껍질이 $2s^2 2p^4$인 산소를 살펴보자. 훈트 규칙에 따르면 맨 바깥 버금 껍질은 스핀 방향이 같은 전자를 먼저 채운 뒤 스핀 방향이 반대인 것을 채운다. 버금 껍질 $2p$에 있는 파동 함수 상태가 셋이므로 처음 세 전자는 스핀이 같은 것으로 채우고, 넷째 전자부터는 반대 스핀으로 채운다.

그림 9.7은 산소 원자의 맨 바깥 껍질을 나타낸다. 두 전자의 파동 함수가 같고 스핀이 반대인 것을 "짝-지은(paired)" 전자라고 한다. 따라서 산소 원자의 바깥 껍질에는 4개의 짝-지은 전자와 2개의 "짝-없는(unpaired)" 전자가 있다.

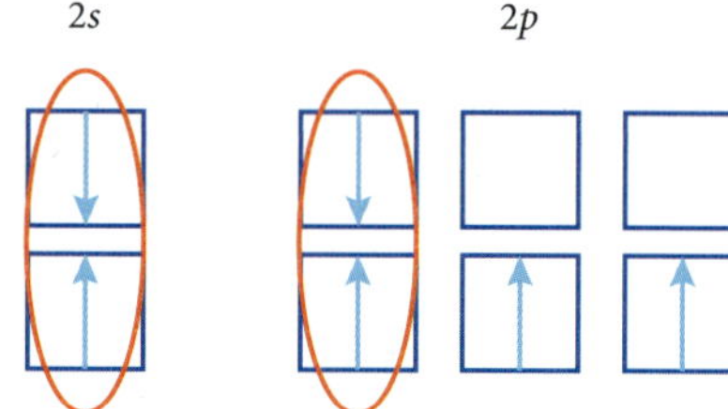

그림 9.7 산소 원자의 바깥 껍질. 8개의 상태 중 6개가 차 있다. 빨간 타원은 파동 함수가 같고 스핀이 반대인, 짝-지은 전자를 나타낸다. (2*p* 버금 껍질에 임의로 전자의 스핀 방향을 3개는 위로, 1개는 아래로 잡았다; 방향을 모두 뒤집을 수도 있다.)

원자가 만들 수 있는 공유 결합의 수를 결정하는 규칙을 이 용어를 써서 제시하면 다음과 같다:

> 짝-없는 전자만 공유 결합에 참여한다.

이 규칙은 전혀 뻔하지 않으며, 이 규칙이 어디에서 왔는지는 § 9.2에서 설명한다. 하지만 이 규칙을 따르면 공유 결합을 만들 가능성이 있는 분자의 유형을 예측할 수 있다.

예를 들어 불소와 같은 할로겐족 원소를 살펴보자. 불소의 바깥 껍질은 $2s^2 2p^5$로, 짝-지은 전자가 6개, 짝-없는 전자가 1개 있다. 따라서 공유 결합을 하나 만들 수 있다.

그림 9.8 H_2O와 O_2의 구조. 각 O원자에는 선이 두 개 달려 있는데, 이는 전자 두 개를 공유하고 있음을 나타낸다. 그러면 총 4개의 전자가 O_2 분자 주위를 맴돌게 된다. 다른 전자는 두 산소 원자의 어느 한 쪽 핵에 붙어 있는 상태를 유지한다.

산소에는 앞에서 보았듯이 짝-없는 전자가 2개 있다. 그러므로 공유 결합을 2개 만들 수 있다. 산소 원자의 짝-없는 전자마다 수소 원자 하나씩과 공유하여 가장 유명한 공유 결합 분자 H_2O를 만든다. 산소 원자는 또한 다른 산소 원자와 두 전자를 공유하여 O_2 분자를 만든다(그림 9.8 참조).

OH 분자도 생길 수 있지만(실제로 생긴다), 산소 원자는 쓸 수 있는 두 전자 중 하나만 공유한다. 따라서 이 분자는 반응성이 매우 높다. 대체로 오래 가지 않고 다른 원자와 둘째 전자를 공유하여 에너지를 더 낮춘다.

왼쪽의 질소에도 같은 논리가 계속 적용된다: 짝-없는 *p* 전자가 세 개 있으므로 공유 결합을 세 개 만들어 NH_3 및 N_2와 같은 분자를 만들 수 있다(물음 5).

탄소는 *p* 전자가 두 개 있으므로 공유 결합을 두 개 만들 것으로 생각할 것이다. 하지만 화학을 배웠다면 탄소가 4개의 공유 결합을 만든다는 것을 이미 알고 있을 것이다. 이러한 결합은 탄소 원자의 에너지를 충분히 낮추어 탄소 원자가 *s* 전자를 *p* 버금 껍질로 훔칠 수 있게 한다. 따라서 외부 껍질은 $2s^1 2p^3$이 되며, 4개의 짝-없는 전자가 CH_4 또는 C_2를 만든다. 비슷한 이유로 붕소도 세 개의 결합을 만들 수 있다(물음 6).

이는 지침이며 예외가 있지만, 이 규칙을 통해 CCl_4 , $SiHF_3$, C_6H_6와 같은 복잡한 배열을 포함한 흔히 보는 여러 분자를 이해할 수 있다. 8장에서 말했듯이, *p* 버금 껍질이 있는 원소가 생명에 필수적인 주된 이유 중 하나는 이들 원자가 만드는 분자의 풍부한 복잡성 때문이다.

이온 결합에서 공유 결합까지의 스펙트럼

지금까지 분자 결합을 이온 결합 또는 공유 결합으로 설명했다. 이는 분자 결합을 이해하는 데 유용하지만, 실제 결합은 대부분 이 둘 사이의 중간 어디에 있다. NaCl에서 공유 전자는 소듐 원자핵보다 염소 원자핵에 더 가깝지만 파동 함수는 여전히 소듐 원자핵과 그 너머까지 퍼진다. H_2O에서 공유 전자 는 대부분 수소와 산소 분자 사이에 있지만, 수소보다 산소에 더 가깝다. 완전한 이온 결합은 없으며, 유일한 완전한 공유 결합은 H_2 또는 O_2에서와 같은 대칭 결합이다. 그렇지만, 대부분의 결합은 양 극단의 한쪽 끝에 충분히 가까워서 이온 또는 공유 결합으로 잘 설명할 수 있다.

분자가 이 양 극단 사이 어디에 있는지 이해하는 방법 하나는 이온화 에너지와 전자 친화도의 평균으로 정의되는 전기 음성도를 보는 것이다. 전기 음성도가 높은 원자는 전자를 내주기 싫어하고 받기를 열망하며, 전기 음성도가 낮으면 그 반대이다. 전기 음성도가 매우 다른 두 원자의 결합은 대부분 이온 결합인 반면, 비슷한 두 원자의 결합은 대부분 공유 결합이다.

9.1.4 물음과 문제: 이온 결합 및 공유 결합

개념 물음 및 개념시험

1. NaCl 분자가 평형 거리를 유지한다. 두 원자가 가까워지는 것을 막는 힘과, 멀어지는 것을 막는 힘을 각각 한 가지 이상 말하라.

2. 그림 9.2는 NaCl 분자의 에너지가 두 핵의 거리에 따라 변하는 것를 보여준다. Na와 Cl 원자가 멀리 있을 때의 에너지는 0으로 정의한다. 그렇다면 왜 그림의 에너지가 $r \to \infty$극한에서 0에 가까워지지 않을까?

3. 바닥상태의 H_2 분자의 양성자가 H_2^+ 분자의 양성자보다 더 가까운 이유는?

4. 염소 원자($Z = 17$)는 공유 결합을 몇 개 만들 수 있는가?

5. 그림 9.8은 분자 H_2O와 O_2를 보여준다. H 원자는 한 줄(공유 전자 하나)로, O 원자는 두 줄로 연결되어 있다.

(a) 질소 원자가 공유 결합을 세 개 만들 수 있는 이유를 설명하라.

(b) NH_3와 N_2 분자의 구조를 그려라.

(c) 주위에 떠다니는 NH를 많이 볼 수 없는 이유를 설명하라.

6. (a) 붕소 원자가 바닥상태일 때의 분광학적 표기법을 써라. 에너지가 높아지는 순서대로 버금 껍질을 채우고 있다고 가정하라.

(b) 그 붕소 원자가 공유 결합에 쓸 수 있는 전자의 수는 몇 개인가?

(c) 실제의 붕소는 버금 껍질을 완벽한 순서로 채우지 않으므로 공유 결합을 세 개 만들 수 있다. 수정된 분광학적 표기법을 써서 붕소가 버금 껍질을 어떻게 채워서 세 개의 전자를 쓸 수 있게 되는지 보여라.

7. 벤젠(C_6H_6)의 원자 결합을 보여주는 도표를 그려서, 각 수소에는 1개, 각 탄소에는 4개의 결합이 있는지 확인하라. **실마리:** 탄소 6개가 고리 모양으로 배열된 것부터 그려라.

8. 물 분자는 전기적으로 중성이다. 가까이 있는 두 물 분자가 서로 끌어당기는 이유를 설명하라. (분자들이 이런 식으로 서로 붙는 것을 "수소 결합"이라고 한다.)

심층토론

9. 평형 상태의 NaCl 분자는 두 이온의 전자의 파동 함수가 상당히 겹칠 정도로 충분히 작다. 이 상황에서 Na가 전자를 잃고 Cl이 전자를 얻었다고 말하는 것은 어떤 의미일까?

10. 그림 9.6은 H_2^+ 분자의 바닥상태 에너지를 보여준다. 전자 에너지는 위치 에너지와 운동 에너지가 들어 있지만, 양성자-양성자 에너지는 왜 위치 에너지만 표시할까?

11. 그림 9.6은 양성자-양성자 반발력에 의한 양성 위치 에너지와 양성자-전자 인력에 의한 음성 위치 에너지를 더해서 수소 분자의 평형 반지름이 되는 것을 보여준다. (이 수치는 실제로 H_2^+에 대한 것이지만, H_2에 대한 것도 정성적으로 비슷하다.) 헬륨은 두 양성자가 이 평형 반지름보다 훨씬 더 가까워진 것이다.[1] 이것이 어떻게 가능할까? 다시 말해, 그림 9.6에는 그리지 않은 입자 사이의 힘의 특징은 무엇일까?

1 헬륨은 양성자 외에 중성자가 하나 이상 있어야 안정된다.

문제

12. 이온 결합에는 네 가지 에너지 원천이 있는데, 일부는 양이고 일부는 음이다. 이 문제에서는 NaCl 분자 생성에 대한 이 네 가지 에너지원의 효과를 살펴본다. 음성 에너지는 변화를 촉진하고, 양성 에너지는 변화를 억제함을 기억하라.

(a) 소듐의 이온화 에너지는 5.14 eV이다. 이것은 염화나트륨 분자 생성을 촉진하는가, 억제하는가?

(b) 염소의 전자 친화도는 3.61 eV이다. 이것은 염화나트륨 분자 생성을 촉진하는가, 억제하는가?

(c) 이온 결합된 두 원자의 평균 거리는 0.236 nm이다. 두 원자를 한없이 먼 곳에서 그 거리까지 끌어오는데 드는 정전기 에너지를 셈하라. 이 에너지는 양수인가, 음수인가?

(d) 마지막 요인은 반발력이다: 두 핵의 전기적 반발력과 전자 구름의 파울리 반발력이다. 이 마지막 요인이 주는 분자 에너지는 양수인가, 음수인가? (정성적으로) 간단히 답하라.

(e) NaCl 분자의 결합 에너지는 4.26 eV이다. 이 값과 앞서의 세 문제의 답을 바탕으로 (d)에서 살펴본 반발력과 관련된 에너지를 셈하라.

13. 리튬의 이온화 에너지는 5.39 eV이고 염소의 전자 친화도는 3.61 eV이다.

(a) 반발력을 무시하면, 리튬 이온과 염소 이온의 알짜 에너지가 중성 원자로 멀리 있을 때보다 더 낮아지려면 얼마나 가까워져야 하는가?

(b) LiCl 분자의 평형 거리는 0.2 nm이고 해리 에너지는 4.86 eV이다. 이 거리에서 핵 반발력과 파울리 반발력의 총 에너지 기여도는 얼마인가?

9.2 결합 및 반결합 상태

§ 9.1을 읽었다면 대체로 어떤 분자가 공유 결합을 할 가능성이 높은지(또는 낮은지) 예측할 수 있을 것이다. 그러나 이 절의 결론은 “짝-없는 전자만 공유 결합을 한다”는 규칙에 따른 것으로, 아직 정당화되지 않았다. 여기서는 공유 결합의 기초가 되는 양자역학적 파동 함수를 살펴보고, 이를 통해 이 규칙이 어디에서 왔는지 알아본다.

9.2.1 설명: 결합 및 반결합 상태

앞 절에서 수소 원자를 양성자에 점점 더 가까이 가져가 H_2^+ 분자를 만드는 것으로 공유 결합에 대한 설명을 시작했다. 두 양성자가 아주 멀리 있는 것에서 시작하여 그 과정을 다시 살펴보자. 전자는 첫째 양성자에 결합된 1s 상태일 수도 있고, 둘째 양성자에 결합된 1s 상태일 수도 있다. 이러한 파동 함수를 ψ_1과 ψ_2라고 하자. (그림 9.9는 두 가지 상황을 일차원으로 그린 것으로, 삼차원 파동 함수의 값을 두 핵을 잇는 선을 따라 그린 것으로 생각하면 된다.)

그림 9.9 상태 ψ_1은 전자가 한 양성자에 결합한 것을, ψ_2는 다른 양성자에 결합한 상태를 나타낸다.

ψ_1과 ψ_2는 둘 다 한-전자-두-양성자 계의 에너지 고유상태이다(물음 1). 즉, 둘 다 똑같은 시간 불변 슈뢰딩거 방정식의 해로서 고윳값도 같다($E = -13.6$ eV): $-(\hbar^2/2m)\nabla^2\psi + U(\vec{r})\psi = E\psi$. 이 슈

뢰딩거 방정식은 선형이고 동차 방정식이므로 ψ_1과 ψ_2의 선형 결합 역시 이 슈뢰딩거 방정식의 해이다. 여기서 집중적으로 살펴볼 두 결합은 $\psi_S = A(\psi_1 + \psi_2)$와 $\psi_D = B(\psi_1 - \psi_2)$이며, 여기서 상수 A와 B는 규격화 상수이다. [아래 글자 S와 D는 "합(sum)"과 "차(difference)"를 나타낸다.] 그림 9.10은 이 결합을 보여준다:

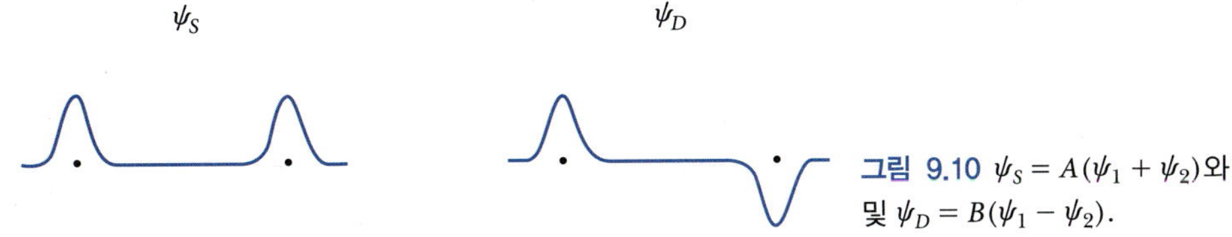

그림 9.10 $\psi_S = A(\psi_1 + \psi_2)$와 및 $\psi_D = B(\psi_1 - \psi_2)$.

수학을 쓰지 않고도 이러한 상태에 대해 두 가지 중요한 물음에 답할 수 있다:

- **전자는 어디에 있는가?** 파동 함수 ψ_S는 전자가 왼쪽 양성자에 가까이 있거나 오른쪽 양성자에 가까이 있을 확률이 같은 상태이다. ψ_D도 확률이 똑같다. 이 두 상태는 서로 다르지만 위치 확률 분포 $|\psi_S|^2$와 $|\psi_D|^2$는 같다.
- **에너지는 얼마인가?** 위에서 ψ_1과 ψ_2의 선형 결합도 똑같은 시간불변 슈뢰딩거 방정식의 해이므로 ψ_S와 ψ_D도 모두 이 계의 에너지 고유상태이며 에너지는 $E = -13.6$ eV이다.

네 상태 ψ_1, ψ_2, ψ_S 및 ψ_D는 모두 겹친 상태이다. 이들은 이 계의 바닥상태(맨 아래 에너지 준위)를 나타낸다.

또한, "전자가 왼쪽 양성자와 결합할 확률은 3/4이고 오른쪽 양성자와 결합할 확률은 1/4이다"와 같이 이 계의 다른 바닥상태를 한없이 많이 만들 수 있다. 그러한 상태는 모두 에너지가 같고, 다음 꼴로 쓸 수 있다: $F\psi_1(x) + G\psi_2(x)$. F와 G는 규격화 상수이다. 문제 8에서 이러한 모든 상태는 다음 꼴로도 쓸 수 있음을 보일 것이다: $H\psi_S(x) + J\psi_D(x)$.

이제 원자를 가져와 더 가까이 두자

이제 앞 절에서와 마찬가지로 두 양성자가 가까워지면 어떻게 되는지 살펴보자.

능동 읽기 연습: 파동함수의 합과 차

ψ_1과 ψ_2가 겹칠 정도로 두 양성자가 가까워진 상황을 살펴보자. 위에서 두 양성자가 멀리 있을 때 ψ_S와 ψ_D를 그렸던 것처럼 이 상황에서 그려보라. 두 양성자의 중간점 근처에서 전자가 발견될 가능성이 더 높은 상태는 어느 것인가?

두 원자핵 사이의 영역에서 ψ_S의 두 부분은 보강 간섭을 하지만 ψ_D의 두 부분은 소멸 간섭을 한다. 결과적으로 ψ_S 상태의 전자는 핵 사이에서 발견될 가능성이 가장 높고, ψ_D 상태의 전자는 두 핵 바깥에서 발견될 가능성이 더 높다(그림 9.11).

이 사실은 이 두 상태와 관련된 에너지에 중요한 결과를 낳는다. 두 핵 사이에 있는 전자는 두 핵의 전하를 가려 반발력을 줄이고 총 에너지를 낮춘다. 이 중간 영역 밖에 있는 전자는 이러한 가

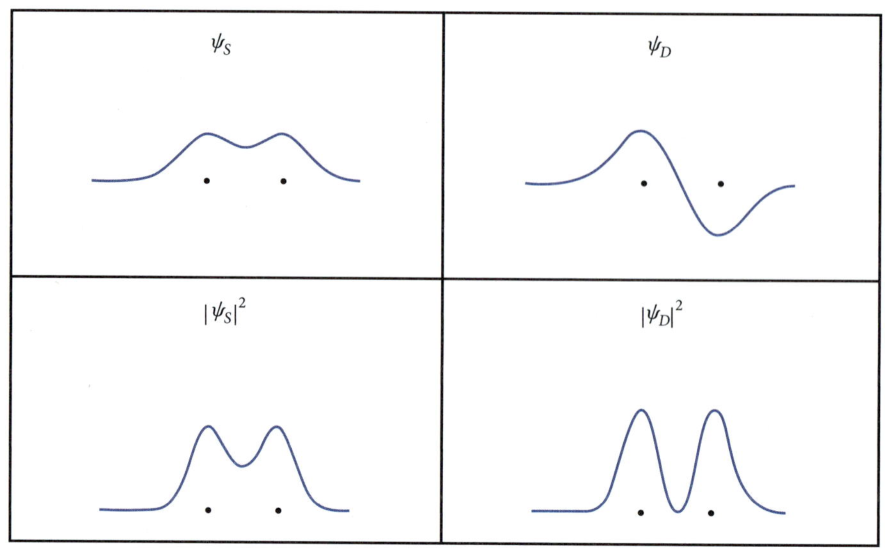

그림 9.11 두 핵 사이에서 ψ_S는 보강 간섭을 하고 ψ_D는 소멸 간섭을 한다.

림 기능이 없다. 또한, 두 핵 사이에 있는 전자는 위치 에너지가 매우 낮지만, 두 핵의 바깥에 있는 전자는 위치 에너지가 훨씬 더 높다.

따라서 ψ_S는 계의 총 에너지를 낮추어 두 원자가 결합하는 데 도움이 되는 반면, ψ_D는 그 반대의 효과가 있다(그림 9.12). 그래서 ψ_S를 "결합 상태(bonding state)", ψ_D를 "반결합 상태(antibonding state)"라고 한다.[2]

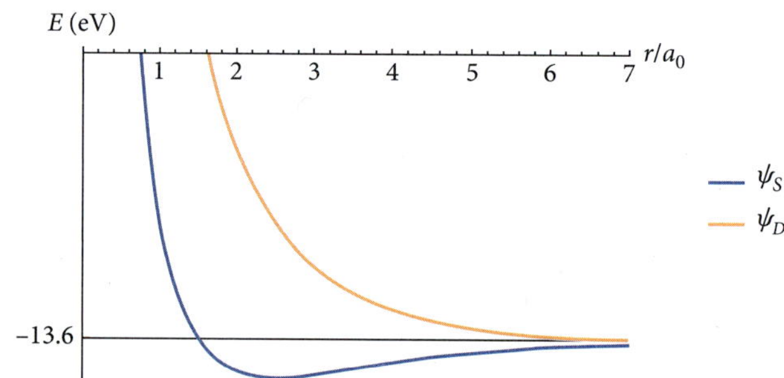

그림 9.12 H_2^+ 분자의 총 에너지(전자 에너지와 양성자 반발 에너지의 합)를 핵 간격의 함수로 보여주는 도표. 전자가 결합 상태에 있으면 에너지가 최소가 되는 평형 반지름이 있고, 반결합 상태에 있으면 핵이 멀어진다.

두 양성자가 멀리 있을 때 ψ_1과 ψ_2는 에너지가 같은 두 가지 다른 에너지 고유상태를 나타내며, 이 두 상태의 결합은 에너지가 같은 다른 고유상태를 만들 수 있음을 상기하자. ψ_S와 ψ_D도 에너지가 같은 두 가지 다른 에너지 고유상태를 나타내며, 이 두 상태를 결합해도 에너지가 같은 모든 고유상태를 만들 수 있다.

2 결합 상태 및 반결합 상태가 기술적으로 ψ_S 및 ψ_D와 똑같지는 않다. 결합 상태와 반결합 상태는 계의 에너지 고유상태로 정의되며, 이러한 상태를 찾으려면 두 핵이 생성하는 위치 에너지 함수에 대한 슈뢰딩거 방정식을 풀어야 한다. 이 해는 ψ_S와 ψ_D에 가깝지만 똑같지는 않으며, 전혀 ψ_1와 ψ_2처럼 보이지 않는다. 여기서는 정성적인 논증을 하고 있으므로 "ψ_S 및 ψ_D"를 "결합 및 반결합 상태"와 같은 뜻으로 쓰겠다.

두 핵이 가까이 있으면 그림이 매우 달라진다. 결합 상태와 반결합 상태는 에너지가 다른 두 개의 독립적인 에너지 고유상태이다:

- 결합 상태 ψ_S는 두 양성자가 멀리 있을 때의 바닥상태보다 에너지가 더 낮은 새로운 바닥상태이다.
- 반결합 상태 ψ_D는 에너지 고유상태이지만 바닥상태는 아니다. 양성자가 멀리 있을 때의 바닥상태 보다 에너지가 더 높다.
- 한 핵 또는 다른 핵에 중심을 둔 전자를 나타내는 상태인 ψ_1과 ψ_2는 더 이상 에너지 고유상태가 아니다. 이러한 상태와 관련된 에너지와 각 에너지의 확률을 찾으려면 에너지 고유상태의 조합으로 상태를 꾸밀 수 있다.

그러므로, 짐작하듯이 ψ_1과 ψ_2는 더 이상 관심거리가 아니다. 이 공유 결합계를 정확하게 분석하려면 ψ_S와 ψ_D를 살펴봐야 한다.

왜 짝-없는 전자만 결합에 기여하나?

1*s* 껍질이 채워진 두 헬륨 원자가 서로 가까이 오는 것을 생각해 보자.

두 양성자가 멀리 있을 때는 두 1*s* 상태(각 양성자 주위에 하나씩)가 있고, 각 상태에는 전자 두 개(위쪽 스핀과 아래쪽 스핀)를 채울 수 있었다. 이제 양성자가 더 가까워졌으므로 쌍둥이 양성자 주변에는 여전히 헬륨 원자의 1*s* 에너지에 가까운 두 가지 상태가 있다: 하나는 결합 상태, 다른 하나는 반결합 상태이며, 각각에는 여전히 전자 두 개를 채울 수 있다.

이 네 개의 전자는 모두 저에너지 결합 상태를 채우고 싶지만 파울리 배타 원리가 이를 막는다. 그 중 두 개(스핀이 반대인)가 그 상태를 채우고 나머지 두 개(역시 스핀이 반대인)는 반결합 상태를 채운다. 결합 상태는 계의 에너지를 낮추고, 반결합 상태는 계의 에너지를 높여, 최종 분석에서는 에너지가 달라지지 않는다. 그렇기 때문에 곧바로 He_2 분자를 볼 가능성은 거의 없다. (원자핵을 서로 더 가까이 끌어올 때 늘어난 반발 에너지를 상쇄할 수 있을 만큼 전자 에너지가 충분히 내려가야 한다는 점을 기억하라).

§ 9.1의 표현을 빌리면, 헬륨 바깥 껍질에는 짝-없는 전자가 없어 공유 결합을 할 수 없다.

반면에, 맨 바깥 껍질이 $2p^5$인 불소를 살펴보자. 멀리 있는 두 불소 원자에는 2*p* 상태가 총 6개 있다 (각 핵 주위에 3개씩). 두 원자를 가까이 두면 이 6개의 2*p* 상태가 3개의 결합 상태와 3개의 반결합 상태가 되며, 상태마다 2개의 전자를 채울 수 있다.

능동 읽기 연습: F_2

두 개의 불소 원자 사이에는 2*p* 전자가 10개 있다. 이 10개의 전자는 허용된 상태를 어떻게 채울까?

답은 전자가 에너지가 가장 낮은 상태인 결합 상태부터 차례로 채운다는 것이다. 전자가 결합 상태를 모두 채운 뒤 남은 전자가 반결합 상태를 채운다. 그림 9.13은 그 결과를 보여준다.

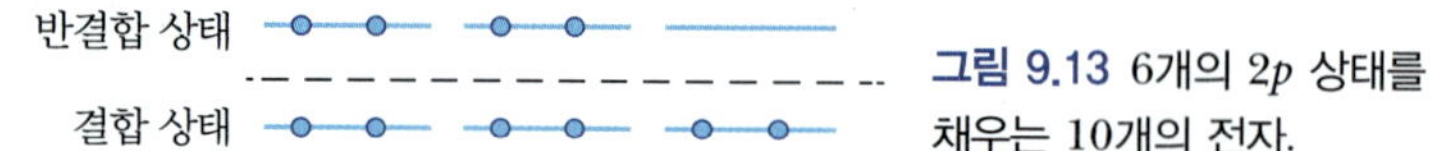

그림 9.13 6개의 $2p$ 상태를 채우는 10개의 전자.

앞서 말했듯이, 채워진 결합 상태와 채워진 반결합 상태는 서로 어느 정도 상쇄하여 전체 에너지는 별로 바뀌지 않는다. 따라서 셋째 결합 상태의 두 전자가 계의 에너지를 낮춘다. § 9.1의 말로 설명하면, 각 불소 원자의 바깥 버금 껍질에는 공유 결합을 하지 않는 짝-지은 전자 4개와 공유 결합을 하는 짝-없는 전자 1개가 있다.

9.2.2 물음과 문제: 결합 및 반결합 상태

개념 물음 및 개념시험

1. 그림 9.9는 $\psi_1(x)$ 및 $\psi_2(x)$를 보여주는데, (멀리 있는) 양성자 두 개와 전자 하나로 된 계의 두 가지 가능한 바닥상태이다.

(a) 이 상태의 에너지는 얼마인가? (값을 쓰면 된다.)

(b) $\psi_S(x) = A(\psi_1 + \psi_2)$의 상수 A가 규격화 상수일 때 에너지는 얼마인가?

2. 이 문제에서는 결합 상태가 무엇이고, 그 이름이 어떻게 해서 생겼는지 자세히 살펴본다.

(a) 비교적 가까이 있는 두 양성자를 그려라. 왼쪽 양성자에 붙어 있는 전자를 나타내는 파동 함수 $\psi_1(x)$를 그려라. 이 파동 함수의 중심은 왼쪽 양성자에 있지만 오른쪽 양성자에서 0이 되면 안 된다.

(b) 두 양성자를 다시 그리고 오른쪽 양성자에 붙어 있는 전자를 나타내는 파동함수 $\psi_2(x)$를 그려라.

(c) 함수 $\psi_S(x) = \psi_1(x) + \psi_2(x)$를 그려라.

(d) 그림을 바탕으로 $\psi_S(x)$ 상태의 전자가 두 양성자 사이에 있을 확률이 상당히 높음을 어떻게 알 수 있는가?

(e) 두 양성자 사이에 전자가 있으면 왜 전체 계의 에너지가 낮아지는 경향을 보이는가?

(f) 끝으로, 왜 $\psi_S(x)$를 "결합 상태"라고 부르는가?

3. 그림 9.9는 "이 전자는 왼쪽 양성자에 붙어 있다"고 말하는 파동 함수인 $\psi_1(x)$를 보여준다: 물론 이 그림은 전적으로 일차원적이다. $\psi_1(x, y, z)$가 삼차원에서 어떻게 보일지 설명하라 (직접 그릴 필요는 없다).

4. 멀리 있는 두 양성자와 전자 하나의 경우, ψ_1, ψ_2, ψ_S, ψ_D가 모두 계의 가능한 바닥상태를 나타냄을 보였다. 즉, 이들은 모두 에너지가 같고, 그 값은 계가 가질 수 있는 가장 낮은 에너지이다.

(a) 이 계의 바닥상태가 아닌 가능한 상태, 즉 에너지가 더 높은 상태를 기술하라. 여기서 수식을 쓸 필요는 없고 전자에 대해 말만 하면 된다.

(b) 그 상태를 ψ_1와 ψ_2의 선형 중첩으로 만들 수 있는가? 어떻게 알 수 있는가?

5. 두 아르곤 원자는 공유 결합을 할 가능성이 없다. 9.1절에서 아르곤의 $3p$ 버금 껍질에는 짝-없는 전자가 없다고 말할 때 이 결과를 예측했을 것이다. 가까이 있는 두 아르곤 원자가 $3p$ 버금 껍질에서 어떻게 결합 상태와 반결합 상태를 채우는지 보여주어 같은 결과를 설명하라.

6. F_2에 대한 그림 9.13과 유사하게 N_2와 O_2에서 $2p$ 상태가 어떻게 채워지는지를 보여주는 도표를 그려라.

심층토론

7. 그림 9.9에서는 ψ_1과 ψ_2의 그림을 보여준 다음, 그 아래에 ψ_S와 ψ_D의 중첩 그림을 보였다. ψ_S와 ψ_D는 에너지가 같은 두 고유상태의 중첩도 에너지가 같다는 일반 규칙에 따라 에너지가 같아야 한다고 했다. 그림 9.11에서는 원자들이 훨씬 더 가까이 있는 것을 보

였고, 양성자-양성자 반발의 가림 때문에 ψ_S가 ψ_D보다 에너지가 낮다고 주장했다. 왜 이것이 앞서 에너지가 같아야 한다는 결론을 내린 일반 규칙에 어긋나지 않는가?

문제

8. $\psi_S = A(\psi_1 + \psi_2)$ 및 $\psi_D = B(\psi_1 - \psi_2)$의 정의를 상기하자. 여기서 A와 B는 0이 아닌 상수이다. 여기서는 임의의 상수 F와 G에 대한 모든 결합 $F\psi_1 + G\psi_2$의 집합을 다룬다. 이러한 모든 결합은 $H\psi_S + J\psi_D$의 꼴로도 쓸 수 있음을 보여라. (멋진 표현를 원한다면, ψ_S와 ψ_D가 ψ_1과 ψ_2와 똑같은 함수 집합에 대한 "기저"임을 증명하는 것이다). **실마리:** 이것의 증명 방법은 늘 H와 J를 F와 G의 함수로 구하는 것이다.

9. **탐구: 결합 및 반결합 상태 에너지**

[이 문제에는 다변수 미적분의 주제인 다중 적분이 필요하다.] 거리 L인 두 양성자를 살펴보자. 한 수소 원자의 바닥상태가 ψ_1, 다른 원자의 바닥상태가 ψ_2라고 하자. (두 함수는 같지만 중심이 다른 곳에 있다.)

(a) 두 양성자가 있을 때 위치가 (x, y, z)인 전자의 위치 에너지 함수 $U(x, y, z)$를 써라.

(b) 파동함수 ψ_1과 ψ_2를 직교좌표의 함수로 써라. 이것은 수소 원자의 바닥상태이지만, 중심이 다른 곳에 있다. **실마리:** 부록 G를 보고 시작할 수 있다.

(c) 수치 적분을 하여 두 파동 함수의 합과 차 $\psi_S = A(\psi_1 + \psi_2)$ 및 $\psi_D = B(\psi_1 - \psi_2)$를 규격화하라. 이 문제의 뒷 부분에서는 H_2^+의 평형 거리로 $L = 0.106$ nm를 쓴다. **실마리:** 정답을 얻으려면 공간의 유한 영역에서 적분해야 한다. 그 바깥에서는 파동 함수가 무시할 수 있을 정도로 충분히 작은지 확인하라.

(d) 파동 함수가 ψ인 전자의 에너지 기댓값은 다음을 모든 공간에 대해 적분한 것이다.

$$\psi\left[-\frac{\hbar^2}{2m_e}\left(\frac{\partial^2\psi}{\partial x^2}+\frac{\partial^2\psi}{\partial y^2}+\frac{\partial^2\psi}{\partial z^2}\right)+U(x,y,z)\psi\right]$$

(이 식에서 첫째 ψ는 대개 켤레 복소함수 ψ^*이다. 여기서는 파동 함수가 실수이므로 무시해도 된다.)

컴퓨터로 수치 적분하여 ψ_S와 ψ_D 상태의 에너지 기댓값을 구하라.

(e) 이 거리에서 두 양성자의 (양성) 위치 에너지를 계산하라.

(f) (d)와 (e)에 대한 답을 써서, 전자가 결합 상태에 있다고 가정하고 H_2^+ 분자의 해리 에너지를 셈하라. 대신 반결합 상태라고 가정하면 어떤 값을 얻으며, 이는 무엇을 뜻하는가?

(g) 해리 에너지가 실험 값인 2.7 eV에 가깝지만 조금 다르게 나왔어야 한다. 수치 적분 외에, 어떤 어림법을 썼기에 다르게 나왔을까?

9.3 진동, 회전, 그리고 분자 분광선

분자는 개별 원자와 마찬가지로 발광선과 흡수선의 파장 분포가 저마다 다르다. 물체의 분광선의 파장 분포를 살펴보면 물체의 분자 구성, 존재하는 동위원소, 이온화된 분자의 비율 등을 알 수 있다. 분자 분광법은 성간 먼지 구름 연구부터 대기 오염 농도 감시에 이르는 여러 분야에 쓰인다.

9.3.1 설명: 진동, 회전, 그리고 분자 분광선

분자도 원자처럼 전자가 서로 다른 양자 상태를 오갈 때 에너지를 얻거나 잃는다. 그러나 분자는 개별 원자에는 없는 진동과 회전의 두 가지 에너지가 더 있다. 이들 각각은 핵의 운동을 반영하며,

전자 분광선 외에 고유의 미세한 분광선 구조를 더 만든다.

진동

이원자 분자를 살펴보자. (여기서는 순수 이온 결합의 예를 들겠지만, 앞서 말했듯이 대부분의 분자는 두 가지 결합의 특성을 모두 가지고 있으므로 공유 결합에도 똑같이 적용된다.) § 9.1에서 설명했듯이, 분리된 두 이온은 전하가 반대이므로 서로 끌어당긴다. 그러나 너무 가까워지면 양전하를 띤 핵과 파울리 반발력에 의해 서로 밀어낸다. 따라서 두 원자는 계의 총 에너지가 최소인 평형 거리에 안착한다.

능동 읽기 연습: 아주-평형은-아닌 거리?

완벽하게 결합된 평형 상태의 두 원자를 흔든다. 이제 두 원자의 거리는 조금 더 벌어지거나 (따라서 서로 당기거나) 조금 더 좁혀진다 (따라서 서로 밀어낸다). 이제 어떻게 될까? **실마리:** "그들은 평형 거리에 서 있다"는 멋지고 간단한 답은 에너지 보존 법칙에 어긋난다.

위의 연습에 대한 답은 두 원자가 평형 거리로 돌아오지만 거기에서 서 있지는 않는다는 것이다. 두 원자에 쌓인 운동 에너지는 그 간격을 넘어 반대쪽에서 설 때까지 두 원자를 밀고, 이후 거기서 두 원자를 다시 그 반대쪽으로 민다. 요컨대, 원자간 평형 거리를 중심으로 진동한다.

따라서 전체 계는 역학에 나오는 용수철-추 각본과 비슷하다. 거의 모든 계의 작은 진동은 탄성 복원력 $F = -kx$로 잘 근사할 수 있으며, 그 결과 각진동수 $\omega = \sqrt{k/m}$인 단순 조화 진동을 한다. 이 비유에서 "위치 x"는 두 핵의 거리 r이며, "탄성 상수 k"는 원자 사이의 (복잡한) 힘이 정한다. "질량 m"은 계의 환산 질량이다: $m_1m_2/(m_1 + m_2)$. 이러한 진동은 그림 9.14에 보인 위치 에너지에서 생긴다.

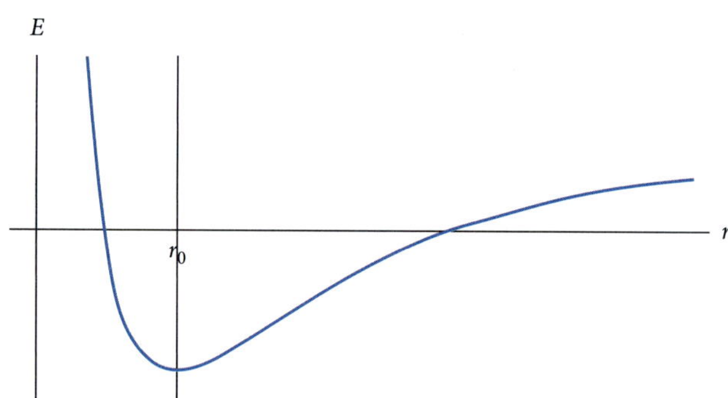

그림 9.14 이원자 분자의 두 핵의 간격은 평형 값 r_0를 중심으로 진동할 수 있다. 진폭이 작으면 위치 에너지는 수학적으로 용수철 추의 위치 에너지와 같은 꼴이다.

고전적 조화 진동자는 어떤 진폭으로도 진동할 수 있다. 마찰력을 받으면 진폭이 0이 될 때까지 점차 에너지를 잃는다. (삐걱거리는 용수철을 떠올려 보라.) 그러나 5장에서 살펴본 것처럼 양자 단순 조화 진동자의 에너지는 $E = (n + 1/2)\hbar\omega$만 될 수 있고, $n = 0, 1, 2, \cdots$은 "진동 양자수"이

다: 이러한 계는 양자수 사이에서 이산 도약("진동 전이")을 하며, 그 과정에서 광자를 내거나 흡수한다. 이러한 전이는 n을 ±1만큼만 바꾼다는 선택 규칙(증명할 수 있는 범위를 벗어남)을 따르므로, 진동 전이는 거의 늘 에너지 $\hbar\omega$인 광자가 관여한다.[3]

공식 $E = (n + 1/2)\hbar\omega$는 분자의 바닥상태 진동 에너지가 $(1/2)\hbar\omega$임을 뜻한다. 분자는 평형 상태에 그냥 있을 수 없으며 (불확정성 원리에 어긋난다), 적어도 그 정도의 에너지로 진동해야 한다. 이 바닥상태 진동은 분자를 쪼개는 데 필요한 해리 에너지를 줄이므로 잴 수 있다.

회전

분자는 평형 거리를 중심으로 진동할 뿐만 아니라 회전할 수도 있다. 7장에서 양성자를 공전하는 전자의 각운동량은 $L^2 = l(l+1)\hbar^2$으로 양자화되며, 여기서 $l = 0, 1, 2, \cdots$는 회전 양자수라고 설명했다. 분자(또는 다른 모든 것)의 회전에도 같은 규칙이 적용된다. 회전과 관련된 에너지는 $L^2/(2I)$이며, 여기서 I은 회전 관성이다. 가능한 에너지는 $\hbar^2/(2I)$에 0, 2, 6, 12, 20, …을 곱한 값이다.

여기에서도 $\Delta l = \pm1$이라는 선택 규칙이 있다. 회전 상태는 에너지 간격이 고르지 않으므로 이 선택 규칙은 모든 방출(또는 흡수) 광자의 에너지는 회전상태에 따라 다르다. $E_0 = \hbar^2/(2I)$로 정의하면 가능한 전이 에너지는 $2E_0$, $4E_0$, $6E_0$, … 등이다.

분자 분광선

허용된 회전 전이 에너지는 간격이 고르므로 방출 및 흡수 분광선은 진동수 간격이 고르다 (파장 간격은 그렇지 않다). 순수한 진동 전이는 에너지가 모두 똑같다. 일부 분자는 순수한 회전 전이 또는 순수한 진동 전이를 할 수 있지만, 많은 경우 두 양자수를 모두 1씩 바꾸는 전이만 허용된다. (부호가 같을 수도, 다를 수도 있다.)

진동 전이와 회전 전이가 동시에 일어날 때의 분광선은 에너지 $\hbar\omega + q\hbar^2/I$의 광자를 낸다. 여기서 q는 0이 아닌 정수(양수 또는 음수)이다. 그림 9.15를 보라.

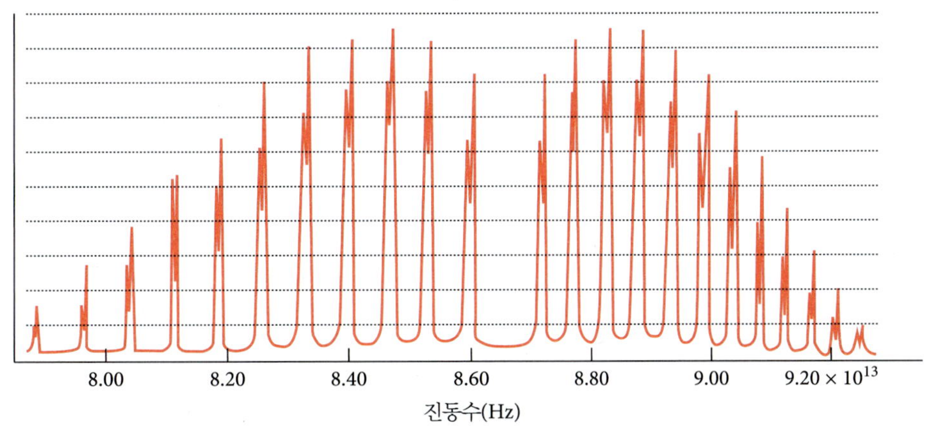

그림 9.15 HCl의 적외선 흡수 분광선. 이 분광선에는 진동 바닥상태에서 첫째 들뜬 상태로 전이하는 과정이 들어있다. 한편 각 봉우리는 서로 다른 회전 전이에 해당한다. 모든 선은 n과 l이 각각 1씩 변하는 전이를 나타낸다.

3 선택 규칙은 절대 법칙이 아니라 강력한 경향임을 기억하자.

진동 및 회전 전이에 적용되는 규칙은 아래와 같다.

	진동	회전
에너지 준위	$E=\left(n+\frac{1}{2}\right)\hbar\omega,\ \omega=\sqrt{\frac{k}{m}}$	$E=\frac{L^2}{2I},\ L^2=l(l+1)\hbar^2$
양자수	$n=0, 1, 2, \cdots$	$l=0, 1, 2, \cdots$
선택 규칙	$\Delta n=\pm1$	$\Delta l=\pm1$
분광선 간격	$\lvert\Delta E\rvert=\hbar\omega$	$\lvert\Delta E\rvert=l\hbar^2/I$ ($l-1$에서 l로의 전이)

대략적인 지침으로, 전자 전이는 대체로 수 eV(가시광에서 자외선까지),[4] 진동 전이는 0.1 eV(근적외선), 회전 전이는 0.01 eV(원적외선) 정도이다. 상온에서 분자간 충돌로 주고받는 에너지는 전자 또는 진동 전이를 일으키기에는 부족하지만 회전 전이는 일으킬 수 있으므로, 상온의 분자는 사실상 모두 전자 및 진동은 바닥상태에 있는 반면 회전 상태는 갖가지 들뜬 상태에 있다.

분광선에 관한 설명은 똑같은 두 원자로 구성된 N_2 또는 O_2와 같은 "동종(homopolar)" 분자를 제외한 모든 분자에 적용된다. 동종 분자는 완벽한 대칭이므로 전기 쌍극자 모멘트가 0이다. 즉, 전자기장과의 상호작용이 본질적으로 없으므로 빛을 흡수 또는 방출할 수 없다. 모든 분자와 마찬가지로 회전하고 진동하며, 충돌이나 다른 형태의 에너지 교환을 통해 회전 에너지와 진동 에너지의 전환을 일으킬 수는 있지만 진동 또는 회전 분광선을 내지는 않는다.

4 바깥 전자만 관련된다고 가정한다.

9.3.2 물음과 문제: 진동, 회전, 그리고 분자 분광선

개념 물음 및 개념시험

1. 이원자 분자 표본은 매우 낮은 온도에서는 모두 회전 및 진동 바닥상태에 있을 것이다. 회전과 진동이 함께 들어간 전이만 할 수 있다면, 이 분자들의 흡수 분광선에는 몇 개의 선이 있을까?

2. 분자의 회전 분광선을 잰 다음 그 분자의 무거운 동위원소(사실상 같지만 질량이 더 큰)를 조금 섞으면 분광선이 어떻게 바뀌는가? 분자 분광법을 어떻게 쓰면 시료 속의 동위원소의 비를 결정할 수 있을까?

3. 그림 9.15에서 봉우리의 간격이 고르게 벌어진 이유를 설명하라. 그 진동수의 봉우리는 어떤 전이를 나타낼까?

4. 이 문제는 그림 9.15를 바탕으로 한다.

(a) 가운데 간격의 오른쪽에 있는 첫 세 봉우리에 대한 초기 및 최종 회전 양자수를 구하라.

(b) 이 염화포타슘 시료에서 가장 많이 나타난 회전 상태는 무엇인가?

5. 중수소(D)는 수소의 동위원소로서 전자가 양성자와 중성자로 된 핵 둘레를 돈다. 중성자에는 전하가 없으므로 중수소 핵은 수소 핵과 거의 같은 힘을 주고받는다. 따라서 진동하는 D_2 분자는 탄성 상수 k가 진동하는 H_2 분자와 같다. 어느 분자가 해리(분해)가 더 쉬우며 왜 그런가? **실마리:** 바닥상태 에너지를 생각해 보라.

심층토론

6. 이원자 분자가 느끼는 유효 위치 에너지는 실제로 단순한 조화 진동자 위치 에너지가 아니라 비대칭적이어서 진동 상태에서 R의 평균값이 평형 값보다 크다. 이 사실을 바탕으로 분자가 들뜬 진동 상태에 있을 때 분자의 회전 분광선이 어떻게 바뀔 것을 예상할 수 있는가?

문제

7. 선택 규칙 $\Delta l = 1$를 따르는 회전 전이에 대한 공식 $|\Delta E| = l\hbar^2/I$을 유도하라.
8. 이원자 분자의 관성 모멘트는 mR^2이다. 여기서 $m = m_1m_2/(m_1 + m_2)$은 환산 질량, R은 두 핵의 간격이다. 그림 9.15를 보고 HCl 분자 속의 두 원자의 평형 간격을 추정하라.

9장 요약

8장에서는 일부 원자가 전자를 내주고 다른 원자가 전자를 받는 경향을 양자역학으로 설명했다. 이 장에서는 그러한 경향이 원자가 결합하여 분자가 되는 방식을 결정하는 것을 살펴보았다.

9.1 이온 결합 및 공유 결합

분자 결합은 전통적으로 "이온 결합"(한 원자가 다른 원자에게 전자를 줌) 또는 "공유 결합"(원자가 전자를 공유함)으로 분류된다. 대부분의 결합은 전자를 완전히 주거나 완전히 공유하지는 않고 그 중간 어디쯤 된다. 하지만 이 이진 모형은 원자 결합 메커니즘을 살펴볼 때 여전히 유용한 틀이다.

- 이온 결합은 한 원자가 전자를 내주고(전체 계의 에너지 증가), 다른 원자가 그 전자를 받아(전체 계의 에너지 감소), 그 결과 두 이온이 서로 접근(계의 에너지가 원래 수준 이하로 감소)할 때 생긴다.
- 두 이온은 두 핵의 반발과 "파울리 반발" 때문에 얼마 이상은 가까워지지 않는다: 두 전자 구름이 붙으면 전자는 파울리 배타 원리에 의해 더 높은 준위의 상태로 억지로 올라간다. 따라서 두 원자는 평형 반지름에 안착한다.
- 그 결과 생기는 분자의 "결합 에너지" 또는 "해리 에너지"는 분자의 총 에너지와 애초의 두 원자의 에너지의 합의 차이다.
- "공유 결합" 전자의 궤도는 여러 핵을 둘러싼다.
- "짝-없는" 전자, 즉 맨 바깥 껍질에 있는, 스핀-짝이 없는 외톨이 전자만이 공유 결합에 참여한다. 예를 들어, 산소 원자의 맨 바깥 껍질에는 6개의 전자가 있지만 짝-없는 전자는 2개뿐이므로 만들 수 있는 공유 결합은 두 개다.

9.2 결합 및 반결합 상태

이 절에서는 공유 결합을 이루는 양자역학적 파동 함수를 자세히 살펴보았다.

- 두 수소 원자가 멀리 있을 때, 전자가 쓸 수 있는 전체 계의 바닥상태는 둘이다: "이 핵 둘레를 도는 1s 궤도"와 "저 핵 둘레를 도는 1s 궤도." (스핀이 있으므로 각 상태는 두 개의 전자

가 있을 수 있음을 기억하라).

- 두 원자가 가까워지면 이 두 상태가 겹쳐진다 (선형 중첩). 그 결과로 생기는 상태 중 하나는 전자가 두 핵 사이에 있을 확률이 높은데, 그러면 계의 에너지가 낮아지므로 "결합 상태"라고 한다. 그 반대인 "반결합 상태"는 계의 에너지를 높인다.
- 전자가 반결합 상태보다 더 많은 결합 상태를 채울 수 있다면 결과적으로 전체 계의 에너지가 낮아지고, 따라서 두 원자는 결합한다. 이것은 짝-없는 전자만 공유 결합을 만든다는 앞 절에서 제시한 규칙을 설명한다.

9.3 진동, 회전, 그리고 분자 분광선

진동과 회전은 전자의 상태가 아닌 핵끼리의 상호작용에 바탕을 둔 분자의 에너지 모드를 나타낸다. 따라서 원자가 분자로 결합할 때만 나타나는 새로운 물리적 원리—그리고 새로운 분광선—을 나타낸다.

- 진동은 두 핵이 평형 거리를 중심으로 진동하는 것이다. 그 결과 생기는 운동은 양자 조화 진동자이므로 에너지 준위가 고른 간격을 유지한다.
- 분자 회전 에너지는 정수 l에 대해 $l(l + 1)$에 비례하므로 간격이 고르지 않다.
- 진동과 회전 모두 일반적으로 전이할 때 양자수가 ±1씩 변한다는 선택 규칙을 따른다. 진동 상태는 간격이 고르므로 방출 광자의 에너지가 늘 같지만, 회전 전이 에너지는 관련된 양자수에 따라 달라진다.
- 398쪽의 표는 분자 진동과 회전을 지배하는 식을 간결하게 정리한 것이다.

10 통계 역학
Statistical Mechanics

방 속의 공기의 모형을 어떻게 꾸미겠는가?

주변에 떠다니는 10^{27}개 정도의 분자의 상태를 잰 다음 그들의 거동을 예측하는 방정식을 세울 수도 있다. 그러나 뉴턴 법칙을 쓰든 슈뢰딩거 방정식을 쓰든 그러한 방식은 물리적으로나 계산상 모두 불가능하다. 가능하다고 해도 얻은 예측 값으로 무엇을 하겠는가? 관심거리는 분자끼리의 충돌 같은 것이 아니라 기압과 같은, 잴 수 있는 집단적 속성일 것이다. (그런데, 개별 분자에는 "압력", "온도" 또는 "색상"이 없다는 것을 생각해본 적이 있는가? 그것은 대규모 분자 집합체의 창발적 속성이다.)

따라서 거시적 물체에 대해서는 통계적 방법을 쓴다. 분자의 평균 속성과 이러한 속성의 분포에 대해 이야기한다. 이 장에서는 아주 많은 입자 무리를 통계적으로 분석하는 기법을 배우고 그 기법을 태양의 핵융합 반응율에서 난방 에너지에 이르는 갖가지 문제 풀이에 쓴다.

10.1 미시 상태와 거시 상태

확률과 통계는 강력한 예측 도구이지만 사건의 수가 아주 많을 때만 쓸 수 있다.

- 주사위를 두 개 굴린다면, 어떤 결과에도 놀라지 않을 것이다.
- 주사위를 100개 굴린다면 주사위의 평균 값 3에서 4 사이가 될 것으로 예상해야 한다.
- 주사위를 백만 개 공정하게 굴린다면 평균값이 거의 정확히 3.5가 될 것에 재산의 반을 걸 수 있다.

물리학에서 10^{23}개의 분자계를 다루는 것은 드물지 않으며 때로는 훨씬 더 많다. 이 정도의 숫자에서는 확률 기반 예측이 틀림없다고 보는 것이 아주 합리적이다. 그래서 물리계가 가장 낮은 수준에서는 양자 무작위성으로 가득 차 있지만, 결정론적 뉴턴 역학의 예측이 잘 맞는다.

10.1.1 발견 연습: 미시 상태와 거시 상태

주사위 두 개를 한 번에 하나씩 던져 결과를 순서대로 써라. 예를 들어 (1, 5)는 처음에 1, 다음에 5를 얻은 것을 뜻한다.

1. 결과 (1, 6)과 (6, 1)의 합은 각각 7이다. 합이 7인 조합은 몇 개인가?
2. 합이 2인 조합은 몇 개인가?
   다음을 보라: www.cambridge.org/felder-modernphysics/checkyourself, Check Yourself #12
3. 순서 쌍으로 종이 한 장이 다 차면, 합이 2인 쌍의 수와 7인 쌍의 수를 세어라. 이 두 합 중 어느 것이 얼마나 더 자주 나올 것으로 예상하는가?

10.1.2 설명: 미시 상태와 거시 상태

기체 분자 N개가 든 통을 살펴보자. (N은 얼추 10^{23}이다.) 고전적으로 기체를 완전히 기술하려면 분자 N개의 위치와 속도를 명시해야 한다. 양자역학적 기술은 모든 입자에 대한 파동함수가 될 것이다. 어느 쪽이든 계의 모든 부분을 미시적 수준에서 완전히 기술하는 "미시 상태"가 될 것이다.

방을 미시 상태의 수준으로 기술할 수는 없음은 뻔하다. 잴 수도 없고, 계산도 할 수 없고, 그러한 정보가 있어도 쓸 수 없다. 그렇다면 왜 그것을 말하는가? 통계적 수준에서 미시 상태에 대해 생각하면 중요한 결론을 얻을 수 있기 때문이다. (이것이 이 장 전체의 요약이다.)

계의 "거시 상태"는 거시적 수준에서 실제로 잴 수 있는 모든 것, 즉 질량, 밀도, 온도 등으로 구성된다. 좋은 측정 장비를 쓰면 화학 성분 및 열용량과 같은 덜 분명한 특성도 포함할 수 있다. 통의 거시 상태를 이루는 양은 기체를 이루는 분자 특성의 합 또는 평균에서 나온다.

"미시 상태"는 잘 정의된 개념이지만 "거시 상태"의 정의는 측정 장치의 감도에 따라 다르다. 통의 각 절반의 질량을 따로 재어 기체가 그들 사이에 고르게 퍼져 있는지 확인할 수 있다. 통을 100개의 작은 통으로 나누고 각각의 부피의 질량과 에너지를 잴 수 있을 것이고, 그러면 거시 상태에는 그 모든 것이 들어갈 것이다. 측정 장치가 충분히 민감하다면 낱낱의 입자를 잴 수 있고, 그러면 미시 상태와 거시 상태의 구별이 사라지겠지만, 실제로는 어떤 거시계에서도 그렇게 할 수는 없다.

간단한 예: 상자성체

상자성체는 원자마다 자기 모멘트가 있고, 그것은 저마다 위 또는 아래를 가리킬 수 있다. (상자성체와 더 낯익은 "강자성체"의 차이는 강자성체는 원자의 자기 모멘트가 이웃 원자의 방향을 따라가는 경향이 있는 것이다. 상자성체는 원자가 충분히 멀리 있어 원자마다 자기 모멘트가 따로 위 또는 아래를 가리킨다.)

여기서 살펴볼 계는 원자 N개로 된 상자성체이다. 이 계에는 밖에서 걸어준 자기장이 없다.

- 이 계의 **미시 상태**는 모든 원자(의 자기 모멘트)의 방향에 대한 완전한 목록이다.[1]
- **거시 상태** — 실제로 재는 것 — 는 전체 자기장이다. 그것은 자기 모멘트가 위를 가리키고 있

1 완전한 미시 상태는 원자의 진동 상태 및 다른 모든 것을 포함하지만 여기에서는 자기 모멘트의 방향만 살펴본다.

는 원자의 수는 알려주지만 어떤 원자의 자기 모멘트가 위를 가리키고 있는지는 알려주지 않는다. 따라서 거시 상태를 0(모두 아래)에서 N(모두 위) 까지의 정수로 나타낼 수 있다.

원자는 저마다 따로 아무 때나 갑자기 방향을 뒤집을 수 있다. 따라서 초기 조건에 관계없이 시간이 충분히 지나면 계의 상태는 완전히 무작위이다. 원자마다 따로 위를 향할 확률은 50%이다.

여기에 쉬운 물음(너무 깊게 생각하지 않는 한 제대로 이해함)과 어려운 물음(잘 이해하지 못함)이 있다.

쉬운 물음: 거시 상태 $N/2$과 N 어느 것의 확률이 더 큰가?

답: 거시 상태 $N/2$의 확률이 가장 높다.

어려운 물음: 왜?

대개는 "그게 평균값이니까"라고 대답하는데, 그러면 또 다른 물음이 나온다. 왜 평균값이 다른 결과보다 확률이 더 큰가? 계의 상태가 완전히 무작위적인데도 어떤 상태가 다른 상태보다 확률이 더 크다고 할 수 있는가?

헤아리기 쉽게 N 값을 작게 잡고 살펴보아 이 물음의 답을 구해 보자.

능동 읽기 연습: 상자성체의 미시 상태

원자 4개로 된 상자성체가 있다고 하자. 가능한 미시 상태 하나는 UUDD이다. 즉, 처음 둘은 위(U)를 향하고, 뒤의 둘은 아래(D)를 향한다.

1. 미시 상태의 종류는 몇 개인가? (멋진 방법도 있겠지만, 그냥 모두 나열해도 된다.)
2. 모든 원자가 위를 향하는 미시 상태는 몇 개인가?
3. 원자 2개가 위를 향하는 미시 상태는 몇 개인가?
4. 어떤 순간에 이 상자성체의 전체 자기장을 잰다면, 원자 4개가 모두 위를 향한 것을 발견할 확률은 얼마인가? 원자 2개가 위를 향하는 것(즉, 자기장이 0)을 발견할 확률은 얼마인가?

답을 구할 때 능동 읽기 연습을 잘 생각해보라. 왜냐하면 이제 전체 내용을 살펴보는데, 그저 읽기보다는 위에서 답을 얻은 과정을 되새기면서 보면 이해가 훨씬 더 잘 되기 때문이다.

1. 첫째 원자가 있을 수 있는 상태는 둘이다. 둘째 원자도 마찬가지이므로 처음 두 원자가 있을 수 있는 상태는 넷이다.

   2-원자가 있을 수 있는 모든 상태: UU, UD, DU, DD.

   이 네 상태 각각에 대해 셋째 원자가 있을 수 있는 상태는 둘이므로 처음 세 원자가 있을 수 있는 상태는 8가지이다. (앞서 얻은 4개의 상태 뒤에 U를 붙인 것 4개와 D를 붙인 것 4개를 만든다.) 이렇게 계속하면 4원자 계가 있을 수 있는 미시 상태는 2^4개 또는 16개라는 결론이 나온다.
2. 그 상태 중 하나인 UUUU만이 4개의 원자가 모두 위를 향한다.

3. "위"를 향하는 원자가 2개인 미시 상태가 몇 개인지 알아내는 가장 간단한 방법은 그것을 모두 나열하는 것이다. 그러한 목록을 만드는 핵심은 하나도 빠뜨리지 않았음을 쉽게 알 수 있는 방법을 꾸미는 것이다. 첫째 원자가 U인 모든 항목에서 시작하여 다른 원자 하나가 U인 모든 항목을 나열한다. 그 다음에는 둘째 원자가 첫째 U인 항목으로 넘어간다, 등등

   위-둘, 아래-둘인 상태: UUDD, UDUD, UDDU, DUUD, DUDU, DDUU.

   따라서 이러한 미시 상태는 6개이다.

4. 어떤 순간에 네 원자가 모두 위를 향할 확률은 1/16이다. 두 원자가 위를 향할 확률은 6/16 또는 3/8이다.

이제 연습 전에 제기했던 어려운 물음에 대한 답을 얻었다. 거시 상태 $N/2$이 거시 상태 N보다 확률이 더 큰 까닭은 미시 상태의 수가 더 많기 때문이다. 이 계에 대한 예측을 하려면 미시 상태의 수가 가장 많은 거시 상태에 걸어라.

그 내기에서 늘 이기지는 못할 것이다. 원자 4개로 된 계는 50/50으로 끝날 확률이 가장 높은 것은 사실이다. 그러나 "모두 위"인 상태를 포함하여 다른 결과가 나올 확률도 0은 아니므로 때때로 나타날 수 있다는 것도 사실이다. 적은 수의 입자의 거동은 통계적 추론으로 확실히 예측할 수 없다.

하지만 수가 많으면 통계적 예측이 매우 정확해진다. 문제 15에서 원자의 수가 늘어남에 따라 50%에 매우 가까운 답을 찾을 확률이 빨리 커짐을 보일 것이다. 원자가 백만 개에 이르면 위를 가리킬 백분율은 거의 틀림없이 49~51% 사이에 있다. 거시적 수의 원자 모임에서 위를 가리키는 비율은 50%에 너무 가까워서 상자성체의 알짜 자기장은 검출할 수 없을 것이다.

조합 및 2-상태 계

4-원자 상자성체는 모든 미시 상태를 나열할 수 있지만 더 큰 계에서는 확률을 셈하는 다른 방법이 필요하다. 그러한 셈에 도움이 되는 한 가지 도구를 설명하겠다: A, B, C, D, E로 표시한 타일 다섯 개가 든 가방을 살펴보자. 가방에 손을 넣어 타일 두 개를 꺼낸다. 꺼낸 타일의 조합은 몇 가지일까?

늘 그렇듯이 가능한 모든 조합을 체계적으로 나열하여 답을 얻을 수 있다. 총 10개를 얻는다:

AB, AC, AD, AE, BC, BD, BE, CD, CE, DE.

이 수학적 주제—"n개 항목 무리에서 m개 항목을 고를 수 있는 방법은 몇 가지인가?"—가 "조합(combination)"이다 ["순열(permutation)"도 비슷한 물음을 하는데 순서가 중요하다는 점이 다르다. 위의 조합 물음에서는 AB와 BA를 두 개의 다른 조합으로 세지 않았다.]

"5개의 집합에서 둘을 뽑는 방법의 수"를 나타내는 수학 기호는 $\binom{5}{2}$이며 "5에서 2 뽑기"로 읽는다. 일반 공식은 다음과 같다.

$$\binom{n}{m} = \frac{n!}{m!\,(n-m)!} \tag{10.1}$$

느낌표(!)는 계승이다. 방금 살펴본 예제에서 이를 확인할 수 있다.

$$\binom{5}{2} = \frac{5!}{2! \times 3!} = \frac{120}{2 \times 6} = 10$$

문제 18에서 (10.1)이 맞음을 보일 것이다. 이 절(그리고 이 장의 나머지 부분)의 문제에서 그 공식이 매우 유용함을 알게 될 것이다—특히 상자성체 원자처럼 상태가 둘 뿐인 "2-상태 계"에서 그렇다.

위에서는 4-원자 상자성체에서 2개의 원자가 위를 향하는 미시 상태의 수가 얼마인지 물었다. 그것은 조합 문제이다: 4개의 무리에서 2개를 뽑아낼 수 있는 경우의 수는 얼마인가? (10.1)을 쓰면 $\binom{4}{2}$는 6인데, 모두 나열한 결과와 같다.

통계 역학의 근본 가정

상자성체의 예에서 제시한 거시 상태에 있을 확률은 해당되는 미시 상태의 수에 비례했다. 이 장의 나머지에서는 확률 셈법을 써서 거시적 계에 대해 뻔하지 않은 여러 결과를 끌어내겠다. 그러나 먼저 한 걸음 뒤로 물러서서 이러한 셈에 쓴 근본 가정을 알아야 한다.

능동 읽기 연습: 가정 찾아내기

위에서 셈한 결과 4원자 상자성체에 허용되는 미시 상태는 16개이고, 그 중 6개는 자기 모멘트의 방향이 "위"쪽인 원자와 "아래"쪽인 원자의 수가 같다. 그 수로부터 위쪽과 아래쪽의 원자 수가 같은 상태에 있을 확률이 6/16이라는 결론을 얻었다.

이 두 값에서 확률에 대한 결론에 얻을 때 어떤 가정을 했을까? (숫자 16과 6을 구할 때 어떤 가정을 했는지는 묻지 않는다. 그것은 단지 수를 센 결과이다. 두 값의 비가 특정 거시 상태에 있을 확률과 같다고 할 때 어떤 가정이 숨어 있는지를 묻는다.)

숨겨진 가정은 모든 미시 상태의 확률이 같다는 것이다. 앞, 뒷면을 똑같이 깎은 동전을 네 번 던지면 앞면과 뒷면이 각각 두 번씩 나올 확률은 3/8이다. 뒷면보다 앞면이 더 자주 나오게 깎은 동전을 던지면 다른 결과를 얻는다.

모든 통계 역학은 다음 가정 하나에서 비롯된다.

통계 역학의 근본 가정

고립계는 충분히 오랜 시간이 지나면 허용되는 미시 상태마다 머무는 시간이 같다.

이 원리를 "에르고딕 가설(ergodic hypothesis)"이라고도 한다.

원자 4개로 된 상자성체의 경우 이는 UUDD 또는 UUUU와 같은 각 미시 상태가 똑같이 자주 나타남을 뜻한다. 10^{23}개의 원자가 든 거시적 상자성체의 경우 거의 대부분의 미시 상태는 전체 원자의 50. ± 0.0001%가 위쪽을 향한다.[2] 따라서 우주의 나이만큼 기다려도 위와 아래를 향하는

2 9와 0을 계속 더 쓸 수도 있지만, 지겨워서 멈췄다.

원자 수의 비가 50/50에서 벗어나는 거시 상태를 잴 수 없을 것이다.

두 핵심 단어 "고립된" 및 "허용되는"을 눈여겨보라. 첫째는 이 가정이 에너지, 입자 또는 환경과 다른 어떤 것도 교환할 수 없는 계에만 적용됨을 뜻한다. (적어도 측정할 때 심각한 일이 생기지 않는다면. 따라서 예를 들어 계가 눈에 띄게 흔들리지 않는 한 저에너지 광자를 계에 비추어 반사시켜 관찰해도 괜찮다.)

"허용되는"이라는 말은 계가 있을 수 있는 미시 상태만 셈한다는 뜻이다. 예를 들어, 고립계는 에너지가 정해져 있으므로 에너지가 그와 같은 미시 상태에만 있을 수 있다. 고립된 기체 통 속의 모든 분자가 에너지가 처음의 두 배인 상태로 진화할 가능성은 전혀 없다. 허용됨은 다른 것도 제한한다. 기체 분자 중 일부가 통 밖으로 나간 미시 상태도 상상할 수 있지만 벽이 불투과성이면 그 미시 상태는 허용되지 않는다. (기체 1 mg이 양자 터널링으로 거시적 통 벽을 빠져나가는 데 걸리는 시간은 우주의 나이보다 훨씬 더 길다.)

근본 가정은 이러한 두 가지 구속 조건과 함께 계의 작동 방식에 대한 강력한 진술이다. 그것이 참이라는 것이 분명하지 않지만 그 결과는 여러 측면에서 성공적으로 검증되었으므로 많은 물리학자들은 이를 모든 물리학에서 아마도 가장 광범위하게 적용할 수 있는 가설로 본다.

예: 4개의 진동자

0, 1, 2, 등의 에너지를 가질 수 있는 입자가 있고 하자. (양자 조화 진동자는 에너지 단위가 $\hbar\omega$이고 단순히 바닥상태 에너지는 에너지 값에서 뺀다.) 그러한 입자 4개가 한 줄로 늘어서 있다고 하자.

- 이 계의 미시 상태는 각 입자의 에너지 목록이다. 예를 들어, 허용되는 미시 상태 중 하나는 다음과 같다.

  2102

  첫째와 넷째 입자에는 각각 두 단위의 에너지가 있고 둘째에는 하나가 있고 셋째에는 없다.
- 관심을 끄는 거시 상태는 계의 각 절반(처음 두 입자와 마지막 두 입자)의 총 에너지이다. 위의 예에서 거시 상태는 "앞쪽 반에 세 단위의 에너지, 뒤쪽 반에에 두 단위의 에너지가 있다."

물음: 전체 계의 에너지가 두 단위라고 하자. 정해진 순간에 앞쪽 반에 에너지가 두 단위 있을 확률은 얼마인가?

답: 먼저 허용된 미시 상태, 즉, 에너지가 두 단위인 모든 상태의 수를 세어야 한다. 중요한 것은 하나도 빠지지 않게 체계적으로 세는 것이다. 첫째 입자의 에너지를 기준으로 목록을 세 줄로 꾸미자. "해당" 상태는 빨갛게 나타낸다.

20 00					
11 00	10 10	10 01			
02 00	01 10	01 01	00 20	00 11	00 02

허용된 미시 상태는 10개이고 그 중 3개가 앞쪽 반에 에너지 2 단위를 가지고 있으므로 확률은 3/10이다.

10.1.3 물음과 문제: 미시 상태와 거시 상태

개념 물음과 개념시험

1. 아래의 각 용어의 뜻을 자신의 말로 간단히 설명하라.

(a) 미시 상태

(b) 거시 상태

(c) 통계역학의 근본 가정

2. 아래의 어떤 상황에서 상자성체가 통계 역학의 근본 가정을 따르는가? (해당되는 것을 모두 고르고, 각각의 경우를 설명하라.)

A. 상호 작용을 전혀 하지 않는, 밀봉된 통 속에 있다.

B. 일정한 외부 자기장 속에 있지만, 그 밖에는 어느 것과도 상호 작용하지 않는다.

C. 뜨거운 방의 계산대 위에서 일정한 외부 자기장 속에 있다.

3. 방 안의 공기 분자마다 어떤 순간에 방 안 어디에서든 발견될 확률이 거의 같다. 근본 가정을 써서 모든 공기 분자가 한 구석에 뭉쳐있는 것을 결코 볼 수 없는 이유를 설명하라.

4. 고립된(외부 자기장이 없는) 상자성체는 모든 원자가 위를 향할 확률 보다는 반이 위를 향할 확률이 더 크다. 이것이 근본 가정에 어긋나지 않는 이유를 설명하라.

5. 빨간 주사위 하나와 검은 주사위 하나를 굴린다. 그림 10.1은 가능한 모든 합(거시 상태)와 각각에 해당하는 미시 상태의 수를 보여준다.

합	2	3	4	5	6	7	8	9	10	11	12
Ω (미시 상태의 수)	1	2	3	4	5	6	5	4	3	2	1

그림 10.1

예를 들어, 표는 두 주사위 숫자의 합이 10이 되는 방법이 3가지((4−6, 5−5, 6−4)임을 알려준다. 이 숫자를 거시 상태의 "다중도(multiplicity)"라고 한다. 이 다중도 표를 확률 표로 바꾸려면 어떤 수학적 연산을 해야 하는가?

6. 동전 두 닢을 던진다고 하자. 이 동전은 앞면이 나올 확률이 뒷면이 나올 확률의 두 배이다. 따라서 이 계에는 허용되는 미시 상태는 넷(HH, HT, TH 및 TT)이지만 각각의 확률이 모두 같지는 않다. 이것은 통계역학의 근본 가정에 어긋나는가? 왜?

심층 토론

7. 계는 고립되지 않으면 에너지가 가장 낮은 상태로 가는 경향이 있다. 예를 들어, 그릇 안에서 굴러다니는 공은 빠르게 그릇 바닥으로 간다. 거시적으로는 이것이 마찰 때문에 그렇다고 말하지만 미시적 수준에서 공의 원자와 그릇의 원자가 수없이 충돌하여 공의 원자가 에너지를 그릇의 원자에 주는 일이 그 반대 과정보다 훨씬 더 많이 일어남을 뜻한다. 근본 가정에 근거하여 이것이 참인 이유를 설명하라. **실마리:** 공은 고립되어 있지 않으므로 공 자체에 근본 가정을 적용할 수 없다.

문제

8. 빨간 주사위 하나와 검은 주사위 하나를 굴린다. 한 가지 결과의 미시 상태는 "빨간 주사위는 5, 검은 주사위는 1이다."

(a) 이 주사위 놀이의 미시 상태는 총 몇 개인가?

(b) "두 주사위의 합은 6"이라는 거시 상태에 해당하는 미시 상태는 몇 개인가? (위에서 제시한 미시 상태가 그 중 하나이다.)

(c) 두 주사위의 합이 6이 될 확률은?

9. 동전이 두 닢씩 든 컵 두 개를 들고 있다. 컵을 흔들어 동전을 마구 섞은 다음 각각을 들여다 본다. 두 컵에 든 동전의 앞면의 수가 같을 확률은 얼마인가?

10. 상자성체에 외부 자기장을 걸면, 그 속의 원자의 위(U), 아래(D) 상태의 에너지가 달라진다. 간단히 그 에너지를 0(아래) 및 1(위)이라고 하자. 원자 6개로

된 상자성체가 있고 상자의 각 절반(앞쪽 3개와 뒤쪽 3개)의 총 에너지를 잴 수 있다고 하자. 예를 들어, 미시 상태가 UUD DUD이면 거시 상태의 에너지는 "앞쪽이 2, 뒤쪽이 1" 또는 "앞쪽이 에너지 2 단위, 뒤쪽이 1단위"라고 할 수 있다. 이제 전체 계의 에너지가 2 단위라고 하자. 그 순간에 그 에너지가 모두 앞쪽에 있을 확률을 구하라.

11. 406쪽의 예 "4개의 진동자"는 단순 조화 진동자로 된 계를 기술하며, 각 진동자가 가질 수 있는 에너지는 0에서 계의 총 에너지까지의 정수 단위이다.

- **(a)** 진동자 3개로 된 계가 있고, 총 에너지가 2 단위라고 하자. 어느 순간에 첫째 진동자의 에너지가 2 단위일 확률은 얼마인가?
- **(b)** 진동자 4개로 된 계가 있고, 총 에너지가 2 단위라고 하자. 어느 순간에 첫째 진동자의 에너지가 1 단위일 확률은 얼마인가?
- **(c)** 진동자 4개로 된 계가 있고, 총 에너지가 2 단위라고 하자. 어느 순간에 처음 두 진동자의 총 에너지가 1 단위일 확률은 얼마인가?

문제 12–16의 답을 구할 때 (10.1)을 쓸 수 있다.

12. 403쪽의 4-원자 상자성체에서 위를 향한 원자가 2개인 상태의 수를 셈했다. 그 때 그것을 나열하여 구했다. 그 대신 (10.1)을 써서 하는 방법을 보여라.

13. 동전을 15번 던진다고 하자:

- **(a)** 허용되는 결과는 몇 가지인가? [(10.1)을 쓸 필요가 없다.]
- **(b)** 앞면이 3개 나오는 결과는 몇 개인가? [(10.1)을 쓸 수 있다.]
- **(c)** 이 실험에서 앞면이 3개 나올 확률은 얼마인가?

14. 원자 10개로 된 상자성체가 있다고 하자.

- **(a)** 어느 순간에 위를 향한 원자가 전혀 없을 확률은 얼마인가?
- **(b)** 어느 순간에 원자의 절반이 위를 향할 확률은 얼마인가?

15. 이 문제에서 N-원자 상자성체에서 40~60%의 원자가 위를 향할 확률을 셈한다.

- **(a)** $N = 10$일 때의 이 확률을 구하라. 이것은 $N_{위} = 4$, 5 및 6일 때의 확률을 구해 더해야 한다.
- **(b)** $N = 100$일 때의 이 확률을 구하라. 이것은 $N_{위} = 40$에서 60까지의 확률을 구해 더해야 한다.
- **(c)** $N = 1000$일 때의 이 확률을 구하라. (소수점 아래 값을 보려면 이 값과 1의 차이를 찾게 컴퓨터에 명령해야 할 수도 있다.)
- **(d)** 얻은 답은 실제 거시적 상자성체의 상태에 대해 무엇을 뜻하는가? 설명하라.

16. 입자 20개로 된 계가 있는데, 입자마다 에너지는 0 또는 1이 될 수 있다. (예: 외부 자기장 속에 놓인 상자성체.) 이 계의 총 에너지는 5이다. 처음 10개의 입자의 총 에너지는 0에서 5까지 될 수 있다. 이 6가지 상태 각각의 확률을 셈하라.

17. 406쪽의 예는 단순 조화 진동자로 된 계로서, 진동자마다 에너지가 0에서 계의 총 에너지까지 될 수 있다. 계가 진동자 10개로 되어 있고 총 에너지가 5이면, 모든 에너지가 처음 5개의 진동자에 있을 확률은 얼마인가?

18. 탐색: 조합의 공식

이 문제에서는 (10.1)을 증명한다. "n개의 항목에서 m개의 항목을 뽑아내는 경우의 수가 몇 개일까?" 여기서는 구체적인 예에 초점을 맞춘다: 10명이 있는 방에서 3인 위원회를 꾸미는 방법의 수는? (각 사람은 하나 이상의 위원회에 속할 수 있다.)

- **(a)** 위원회의 첫째 구성원을 골라 시작한다. 선택 안은 몇 가지인가?
- **(b)** 첫째 구성원을 뽑은 뒤 둘째 구성원을 고른다. 선택 안은 몇 가지인가?
- **(c)** 그 두 사람을 뽑은 상태에서 셋째 구성원을 고른다. 선택 안은 몇 가지인가?
- **(d)** 이 세 사람을 뽑는 방법의 수는 총 몇 가지인가?
- **(e)** (d)에 대한 답이 $(10!)/(7!)$임을 보여라. (답을 낼 때 무작정 곱하지 마라.)

아직 끝나지 않았다. 그 이유는 다음과 같다. 당신이 만든 위원회 중 하나는 돌쇠-흥부-놀부 다른 하나는 돌쇠-놀부-흥부인데, 이 둘은 같다!

(f) 돌쇠, 흥부, 놀부가 참여하는 위원회를 만들 수 있는 모든 가능한 순열을 나열하면 몇 개나 되는가?

(g) (f)에 대한 답을 (3!)로 나타낼 수 있는 이유를 설명하라. (**실마리:** 누구를 앞에 둘지에 대해 얼마나 많은 선택권이 있는가? 그리고 거기에서…)

(h) 이 모든 것이 어떻게 (10.1)으로 이어지는지 설명하라.

10.2 엔트로피와 열역학 제2법칙

엔트로피(Entropy)가 계의 "무질서(disorder)" 또는 "혼돈(chaos)"의 지표라는 말을 들었을 것이다. 이러한 용어는 어느 정도는 도움이 될 수 있지만 애매하고 오해의 소지가 있다. 이 절에서는 엔트로피라는 용어의 정확한 뜻을 살펴본다. ("무질서"와 같은 일반적인 용어에 대응시키는 방식과 그렇지 않은 방식을 생각할 수 있다.) 또한 "엔트로피는 시간이 가면 증가한다"는 열역학 제2법칙이 통계역학의 근본 가정에서 어떻게 나오는지 살펴본다.

10.2.1 발견 연습: 엔트로피와 열역학 제2법칙

방에 공기 분자가 N개 있다. 분자마다 다른 분자에 영향을 주지 않고 방의 한 쪽에서 다른 쪽으로 갈 확률이 ms(=10^{-3} s)마다 10%라고 상상하자 (합리적인 근사법). 처음에는 공기 분자가 모두 방의 왼쪽에 있다.

1. 1 ms 뒤에 방 오른쪽에 있는 분자는 몇 개인가?
2. 1 초 뒤, 방 오른쪽에 있는 분자는 몇 개인가?
   다음을 보라:
   www.cambridge.org/felder-modernphysics/checkyourself의 Check Yourself #13.
3. 오른쪽의 분자 수의 변화를 몇 시간 동안 지켜보면 어떤 모양일까?

10.2.2 설명: 엔트로피와 열역학 제2법칙

§ 10.1에서 고립계는 허용된 모든 미시 상태에 있을 확률이 같다고 했다. 즉, 대응되는 미시 상태가 많은 거시 상태에 있을 확률은 적은 거시 상태에 있을 확률보다 더 높다. 예를 들어 동전을 10번 던진다고 하자. 그러면 HHHHHHHHHH를 얻을 확률과 HTTHHTHTTH를 얻을 확률은 같다. 이 둘은 계의 여러 미시 상태의 하나씩에 해당한다. 그렇지만 "앞 면의 총 수"를 나타내는 거시 상태는 "앞면 10개"인 거시 상태에 해당하는 미시 상태는 HHHHHHHHHH 하나 뿐인데, "앞면 5개"인 거시 상태에 해당하는 미시 상태는 수 백개이다. 따라서 "앞면 5개"인 거시 상태를 얻을 확률은 "앞면 10개"인 거시 상태를 얻을 확률보다 훨씬 더 크다.

열역학 제2법칙

다중도와 엔트로피

계에 허용된 거시 상태의 "다중도" Ω는 해당 미시 상태의 수이다. 거시 상태의 "엔트로피" S를 다음과 같이 정의한다.

$$S = k_B \ln \Omega \tag{10.2}$$

여기서 k_B는 "볼츠만(Boltzmann) 상수"이며 값은 1.38×10^{-23} J/K이다.

다중도는 단위가 없는 수다. 엔트로피의 단위는 볼츠만 상수[단위 온도 당 에너지]와 같다.

이 정의에 대한 몇 가지 참고 사항은 다음과 같다:

- 여기서는 어떤 확률도 규격화하지 않았다. 특정 거시 상태가 다중도 $\Omega_1 = 10^{20}$이므로 엔트로피 $S_1 = 6 \times 10^{-22}$ J/K라고 말하면 특정 거시 상태에 있을 확률이 얼마나 되는지 또는 확률이 없는지 여전히 알 수 없다. 그러나 그 거시 상태가 $\Omega_2 = 10^{19}$인 다른 상태보다 10배 더 높다는 것을 알고 있다.
- 로그의 요점은 "양적(quantitative)" 변수를 만드는 것이다. 한 계의 엔트로피가 S_1이고 다른 계의 엔트로피가 S_2이면 결합된 계의 엔트로피는 $S_1 + S_2$이다. 문제 19에서 엔트로피는 이러한 속성이 있지만 다중도는 그렇지 않음을 보여줄 것이다.
- 오늘날 통계 역학을 처음부터 만든다면 엔트로피를 $\ln \Omega$와 같이 단위 없는 양으로 정의할 수 있다. 그러나 (10.2)는 볼츠만이 이 양이 미시 상태 및 다중도와 관련되어 있음을 알아내기 전에 개발된 역사적 사용법에 맞춘 것이다.
- 다중도(따라서 엔트로피)에 대한 이 정의는 거시 상태와 미시 상태를 이산적으로 보고 한 것이다. 이 책에서 다루는 예제는 대체로 그렇다. 그러나 변수가 연속적일 경우가 궁금하다면, 그것을 다루는 일반적인 방식은 허용되는 값의 범위를 유한한 작은 구간으로 쪼개고, 이를 써서 다중도를 정의하는 것이다. 구간 폭을 충분히 작게 쪼갠 극한에서는 구간 폭은 잴 수 있는 한계 이하가 된다.[3]

3 그러한 구간 쪼개기는 플랑크가 빈 통 복사의 에너지를 양자화할 때 썼던 방법이다. 그 때 그는 구간 크기를 무한소로 보내는 대신 유한한 값으로 잡으면 실험 자료와 맞출 수 있음을 발견했다. 그리하여 양자역학이 탄생했다.

예: 5원자 상자성체

원자 5개로 된 상자성체가 있다. 원자마다 자기 모멘트는 위 또는 아래를 향할 수 있다. "두 원자가 위를 향하는" 거시 상태의 엔트로피는 얼마인가?

답변: 다중도를 얻으려면 해당 미시 상태를 나열하고 센다:

$$UUDDD,\ UDUDD,\ UDDUD,\ UDDDU,\ DUUDD,$$
$$DUDUD,\ DUDDU,\ DDUUD,\ DDUDU,\ DDDUU.$$

또는 5개 원자 중 2개 원자를 “고를” 수 있는 방법의 수는 다음과 같다.

$$\binom{5}{2} = \frac{5!}{2!\ 3!}$$

어느 쪽이든 $\Omega = 10$이다.

$$S = k_B \ln \Omega = (1.38 \times 10^{-23}\ \text{J/K})\ (\ln 10) = 3.2 \times 10^{-23}\ \text{J/K}.$$

확률 문제는 개별 실험에 맞춰 정의된다. 그러나 여기서는 무작위성의 갑작스러운 폭발보다는 점진적인 진화에 더 관심이 있다.

능동 읽기 연습: 상자성체의 진화

앞 예제의 5-원자 상자성체에서 모든 원자가 아래를 향한다고 하자. 그러나 1 ms마다 각 원자의 상태가 무작위로 바뀔 확률이 1%이다. 5 ms 뒤에는 어떻게 되겠는가? 1년 뒤에는? (셈할 필요는 없고, 약간의 생각과 일반적인 답을 하면 된다.)

위의 능동 읽기 연습은 대규모 계의 거동에 대한 간단한 모형이다. 시간이 가면 계는 무작위 상태로 바뀐다. 5 ms 뒤에도 여전히 초기 조건(모두 아래) 또는 그와 유사한 것을 볼 수 있다. 1년 뒤 모든 원자의 상태가 여러 번 마구 바뀌면 모든 미시 상태를 다른 것과 마찬가지로 볼 수 있다. 따라서, 엔트로피가 가장 높은 거시 상태 즉, 2개 또는 3개의 원자가 위를 향하는 상태를 볼 확률이 가장 높다.

그 후 계는 때때로 우연히 엔트로피가 더 낮은 상태로 되돌아갈 수 있다. 32번 중의 한번 꼴로 이 상자성체는 “모두 아래” 상태에 있게 된다. 하지만 이러한 드문 경우를 볼 수 있는 까닭은 이 계가 너무 작아서이다. 위의 조건으로 원자 10,000개 무리에 대한 컴퓨터 시늉내기를 했다. ms 마다 뒤집힐 확률은 1%이다. 그림 10.2는 그 결과이다. “위” 원자의 수가 전체의 50%가 될 때까지 빨리 늘어난다. 그 뒤로는 위, 아래의 비가 50/50를 중심으로 조금 흔들릴 뿐이다.

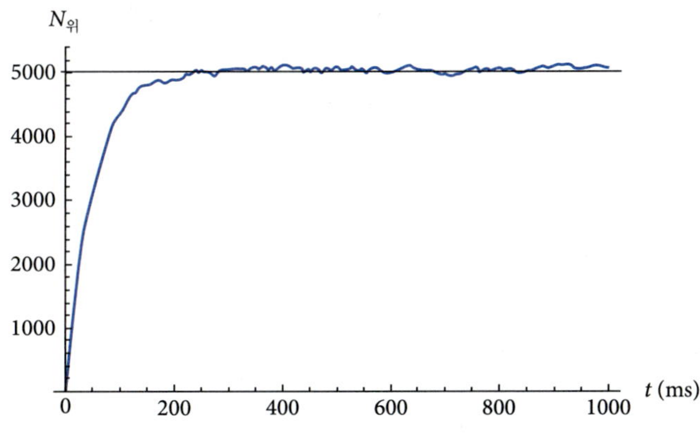

그림 10.2 원자 10,000개로 꾸민 상자성체를 모든 스핀이 아래를 향하게 두어 시작한다. ms마다 각 스핀이 뒤집힐 확률이 1%이다. 0.2초 뒤에는 전체 스핀의 약 반이 위를 향하고 그 때부터 “위”를 향한 원자의 수는 크게 변하지 않는다.

이것이 원자 10^{23}개로 된 거시적 계라면 "모두 아래" 상태는 50/50 상태로 빨리 진화하지만 50/50 상태가 50/50과 눈에 띄게 다른 상태로 저절로 진화하지는 않을 것이다. 그 까닭이 원자가 공모하여 균형을 유지하기 때문이 아니다. 미시 상태의 압도적 다수가 $50/50 \pm 0.0000001$ 안에 들어 있기 때문이다.

이 모든 것을 요약하면 가장 중요한 물리 법칙 중 하나가 된다.

열역학 제2법칙

고립된 거시계는 엔트로피가 결코 줄지 않는다.

§ 10.1의 근본 가정에 대한 설명과 마찬가지로 여기서 "고립"이라는 단어가 중요하다. 확실히 계를 엔트로피가 낮은 상태로 만들 수는 있다. 예를 들어 공기 분자가 한 쪽 반에 모여 있고 다른 쪽 반은 텅 빈 통은 공기 분자가 고르게 퍼진 통보다 엔트로피가 낮다. 따라서 그대로 두면 공기가 저절로 한쪽 반에 모이지는 않는다. 그러나 피스톤을 써서 공기를 한 쪽 반으로 밀어내고 다른 쪽 반은 비울 수 있다. 일정한 온도에서 천천히 하면 통의 엔트로피가 줄어든다. 그러나 이 때의 통은 고립되어 있지 않다. 시야를 넓혀 통, 피스톤, 당신, 당신 주변의 방으로 구성된 고립계를 정의하면 그 계의 총 엔트로피는 앞서 말한 일을 하는 동안 증가했음을 알 수 있다.

비가역 과정

당구대 안에서 돌아다니는 당구공을 전산모사한다고 하자. 이 모사에서 공은 미끄러짐이나 공기 저항 없이 바닥을 따라 완벽하게 굴러가므로 공이 움직일 때 속력이 줄지 않는다. 또한 모든 충돌은 완전 탄성이므로 공이 서로 충돌하거나 당구대 옆면과 충돌할 때 에너지를 잃지 않는다.

물음: 이 전산모사의 동영상을 보면 화면이 앞으로 가는지 반대로 가는지 알 수 있는가?

답: 알 수 없다! 각 충돌을 지배하는 법칙(에너지 보존과 운동량 보존)은 완벽하게 시간을 반대로 돌릴 수 있다. "당구대"를 삼차원 방으로 만들고 시늉내기에 중력을 추가해도 여전히 미래와 과거를 구별할 수 없다. 공은 아래로 갈 때 빨라지고 바닥에서 탄성적으로 튕겨 나온 다음 위로 갈 때 느려진다. 과거로 가는 동영상에서도 똑같다.

각본의 조건(완전 탄성 충돌, 마찰 없음, 공기 저항 없음)이 너무 꾸며낸 것이어서 비현실적으로 보이는가? 그것은 바로 미시적 세계의 조건이므로 현실적이다. 에너지는 늘 보존된다. 공기 분자가 이리저리 튕겨나면서 방 안을 돌아다니는 동영상을 볼 수 있다면, 그 영화를 제대로 보든, 거꾸로 돌리면서 보든 똑같은 물리 법칙을 묘사할 것이다.

그렇다면 시간 대칭 법칙으로 구성된 우주에서 시간 자체는 왜 그렇게 비대칭일까? 무너진 성이 저절로 다시 서지 않는 이유는 무엇일까? 참나무는 왜 도토리로 바뀌지 않을까? 휴대전화에 어제 찍은 사진은 모두 들어 있는데 내일 찍을 사진은 왜 없는가? 대답은 모든 비가역과정은 엔트로피가 증가한다는 것이다.[4]

4 기술적으로는 양자장 이론에 모호한 입자 상호 작용 중에 비가역적인 것이 있지만, 그것은 엔트로피와는 무관하고, 일상 생활에서 보는 모든 비가역적 과정은 제2법칙 때문이다.

탁자 면에서 미끄러지는 토막을 생각해 보자. 토막은 마찰 때문에 점점 느려지다가 선다. 거시적 수준에서는 토막이 비보존적 마찰력 때문에 에너지를 잃었다고 하며, 그래서 이 운동이 거꾸로는 진행되지 않는다. 그 에너지는 어디로 갔을까? 그것은 "열 에너지(thermal energy)"가 되었다. 열 에너지는 물체가 뜨거운 정도와 관련된 에너지이다. 차가운 방에서 움직이기 시작한 토막은 (조금 더) 따뜻한 방에서 서 있게 되고, 에너지는 보존된다.

그러나 같은 사건을 미시적으로 기술하면 전혀 달라 보인다. 이 수준에서는 토막의 운동 에너지가 공기 분자의 운동 에너지가 된다. 차이점은 토막의 분자는 처음에는 모두 같은 방향으로 움직이지만 이제 그 운동 에너지를 가진 공기 분자는 사방으로 제멋대로 움직인다는 것이다. 그것이 거시적 수준에서는 운동 에너지가 아닌 열 에너지를 보는 이유이다.

"토막의 모든 분자가 3 m/s로 왼쪽으로 가는" 거시 상태에 대응되는 미시 상태는 하나이다. "무작위 운동을 하는 공기 분자들에 많은 에너지가 있다"는 거시 상태에 대응되는 미시 상태는 아주 많다. 그 과정을 되돌리려면 무작위 운동을 하는 모든 공기 분자가 같은 방향으로 잇달아 토막과 충돌하여 알짜 거시적 속도를 줘야 한다. 우주의 나이만큼의 시간을 지켜보아도 그런 사건은 결코 보지 못할 것이다.[5]

여기서 두 가지 주장을 하고 있다. 한 가지는 충분히 큰 규모의 계는 내버려두면 엔트로피가 최대인 상태로 간 다음 결코 그 반대 방향으로 돌아가지 않는다는 것이다. 그 주장은 통계 역학의 근본 가정에서 바로 나온다. 미시 상태는 물론 계속 바뀌지만 대부분의 미시 상태는 엔트로피가 가장 높은 거시 상태에 해당하므로 엔트로피가 낮은 상태로 돌아가는 것을 볼 수 없다.

둘째 주장은—첫째 주장에서 자명하게 이어지지는 않지만—엔트로피가 증가하는 경향이 자연에서 볼 수 있는 모든 비가역적 시간 진화의 바탕에 깔려 있다는 것이다. 성이 무너지는 까닭은 "폐허"가 "성"보다 엔트로피가 더 높기 때문이다. 지구가 태양 둘레를 도는 운동은 엔트로피를 증가 또는 감소시키지 않으므로 동영상은 앞, 뒤 어느 쪽으로 재생해도 구별할 수 없다. 물리적으로 역과정이 결코 일어나지 않는 현상을 본다면, 열역학 제2법칙이 작용하는 현장을 보는 셈이다.

엔트로피는 힘이 아니다(하지만 힘처럼 작용한다)

제목에 있는 엔트로피와 힘의 관계를 이해하려면 유추를 하자. 도킨스(Richard Dawkins)가 1976년에 쓴 진화에 관한 책 이기적 유전자(The Selfish Gene)에 다음과 같은 내용이 있다.

> 이타적 행동과 같은 어떤 특성의 진화를 설명하려고 할 때마다 "이 특성이 유전자 풀에 있는 유전자의 빈도에 어떤 영향을 미칠까?"라고 자문하는 습관을 들이는 것이 좋다. 때때로 유전자 언어는 약간 지루해지며 간결함과 생생함을 위해 비유를 쓴다. 그러나 필요할 때 유전자 언어로 다시 번역될 수 있는지 확인하려면 늘 비유를 회의적으로 살펴야 한다.

도킨스의 말의 요점은 진화를 종종 목적론적으로 끌어 쓴다는 것이다: "어머니는 자기 유전자를 퍼뜨리려고 아기를 키운다." 이러한 말은 단지 비유일 뿐이다. 그러나 이 비유는 더 길고 정확한 설명을 줄여 말하는데 좋다: "수백만 년 동안 어머니의 자녀 양육을 촉진하는 유전자가 그러한 양

5 온도는 § 10.3에서 논의할 에너지와는 다르다. 어떤 물체가 다른 물체보다 온도가 더 높다고 해서 에너지가 늘 더 많다고 할 수는 없지만, 물체에 열 에너지(무작위 분자 운동)를 주면 그 물체는 더 뜨거워진다.

육을 방해하는 유전자보다 더 자주 유전되었다. 그 결과 오늘날에는 첫째 유형의 유전자가 더 흔하다."

엔트로피에 대한 설명에서도 종종 비슷한 줄임말을 쓴다. "엔트로피 힘"과 "엔트로피 압력"이라는 말을 들을 수 있다. 비유는 열역학 제2법칙이 계를 엔트로피가 더 큰 거시 상태로 밀어 넣는다는 것이다. 목적론적 진화 언어와 마찬가지로 이 비유는 맹목적인 통계적 경향의 줄임말임을 기억하는 한 유용하다.

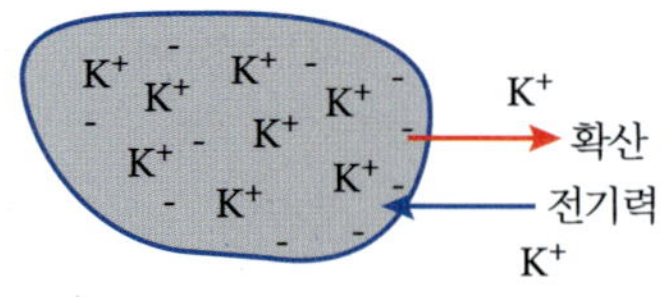

그림 10.3 평형 상태의 세포 안에는 과잉 K^+ 이온이 있다. 그 결과, 알짜 확산이 바깥쪽으로 진행되지만 전기력이 그들을 안쪽으로 끌어당긴다.

예를 들어, 사람의 세포는 종종 포타슘 이온(K^+) 농도가 바깥보다 안에서 더 높고 같은 수의 음전하 이온으로 보상된다. 포타슘은 세포막을 통과할 수 있으므로 K^+ 이온의 알짜 흐름이 밖으로 나갈 수 있다. 양전하를 띤 이온의 흐름이 전위차를 만들어 포타슘이 세포 안으로 다시 끌려온다(그림 10.3). 이 상황을 묘사하여 "이온을 세포 안으로 밀어넣는 전기력과 그것을 세포 밖으로 밀어내는 엔트로피 힘이 맞비기면 이온 흐름이 멈춘다"고 하면 엉성하기는 해도 핵심을 보여준 셈이다.

답은 이것이다. K^+ 이온은 (음전하를 띤) 세포 속을 향하는 알짜 전기력을 받는다. 그러나 그들은 또한 다른 분자와 충돌하므로 온갖 방향으로 많은 힘을 받는다. K^+ 이온은 세포 바깥보다 세포 안에 더 많으므로 K^+ 이온이 무작위 충돌로 세포 밖으로 밀려 나가는 것이 세포 안으로 밀어 들어오는 것보다 더 일반적이다. 평형 상태에서는 K^+ 이온의 그 무작위 운동으로 생기는 세포 밖을 향한 흐름과 전기력과 무작위 운동의 결합으로 생기는 세포 안을 향한 흐름이 같다.

더 정확한 묘사를 기억하는 한, 모든 것을 요약하여 "평형 상태에서는 '엔트로피 힘'과 전기력이 크기는 같고 방향은 반대"라고 말하면 편리하다.

에너지와 엔트로피

매 순간 계의 에너지와 엔트로피 모두 값이 정해져 있다. 이 둘은 다른 물리량이지만, 아래 예는 이 둘사이에 중요한 관계가 있음을 시사한다.

예: 진동자 모음의 엔트로피

에너지 준위가 $0, \epsilon, 2\epsilon, \cdots$인 단순 조화 진동자 300개 모음을 살펴보자. 예를 들어 이것은 결정 격자에서 진동하는 원자일 수 있다.

1. 총 에너지가 0인 계의 엔트로피를 셈한 다음 ϵ, 2ϵ 및 3ϵ인 계의 엔트로피를 셈하라.
2. 다음 극한값을 구하라: $\lim_{E\to\infty} S$.
3. 위의 결과를 써서 이 계의 에너지에 대한 엔트로피 도표를 그려라.

답:

1. • 총 에너지가 0이면 모든 진동자가 바닥상태에 있으므로 $\Omega = 1$, $S = 0$이다.
   • 총 에너지가 ϵ이면, 진동자 하나는 에너지 ϵ인 상태에 있다. 이는 300개의 진동자 중 하나이므로 $\Omega = 300$ 및 $S/k_B = \ln 300 = 5.7$이다.

- 총 에너지가 ϵ인 경우는 둘이다: 진동자 하나가 2ϵ인 것과 두 진동자 각각이 ϵ인 것이다. 다중도는 다음과 같다:

$$300 + \binom{300}{2} = 45{,}150$$

따라서 $S/k_B = \ln 45{,}150 = 10.7$이다.

- 총 에너지가 3ϵ인 경우는 셋이다: 진동자 하나가 3ϵ인 것, 두 진동자 각각이 2ϵ과 ϵ인 것, 그리고 세 진동자 각각이 ϵ인 것이다. 각 경우의 다중도를 구하면 차례대로 300, 300×299, $\binom{300}{3}$이다. 따라서 $\Omega = 4{,}545{,}100$ 및 $S/k_B = 15.3$.

2. 계에 임의의 많은 에너지를 분배하는 방법은 여러 가지이므로 엔트로피는 ∞에 접근한다.

3. 위의 결과에서 에너지가 증가하면 엔트로피도 증가하지만 증가율이 느려지므로 위로 볼록한 곡선이 된다. 하지만, 여전히 한없이 커진다. 정성적 분석에는 이 정도의 정보로 충분하다.

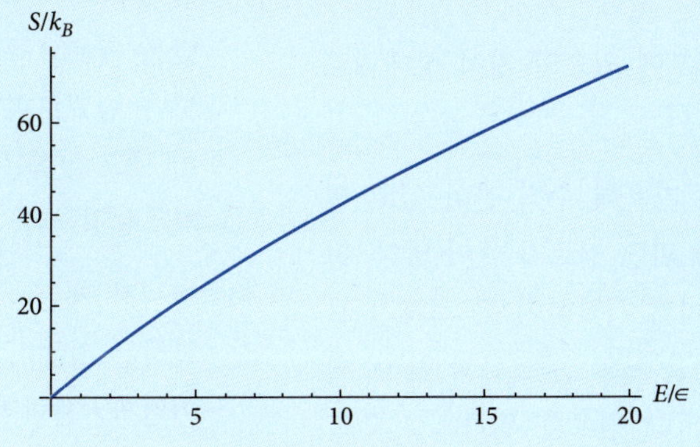

이 예는 다음 절에서 필요한 중요한 일반 사항을 보여준다.

계의 에너지를 높이면 대체로 엔트로피가 증가한다.

계의 에너지가 더 많을수록 에너지 분배 방법이 더 많아진다. 이 규칙에 예외가 있기는 하지만 거의 대부분 다음과 같은, 교재에나 있는 작은 규모의 인위적인 예이다: "4-원자로 된 상자성체를 살펴보자…". 실제의 계에서는 거의 언제나 에너지가 증가하면 S도 함께 증가한다. 문제 18을 보라.

10.2.3 물음과 문제: 엔트로피와 열역학 제2법칙

개념 물음과 개념시험

1. 계의 두 거시 상태 A와 B를 비교하는데, A의 다중도가 B의 다중도 보다 크다. 상태 B의 엔트로피가 A의 엔트로피 보다 높을 수 있는가? 설명하라.

2. 다음 각 사건에서 총 엔트로피가 증가, 감소 또는 동일하게 유지되는지 한 문장으로 설명하라.

(a) 자동차 두 대가 정면 충돌한다.

(b) 우주 비행사가 달에 공을 떨어뜨린다. (공이 떨어

지는 동안만 생각한다.)

(c) 화덕 위의 냄비 속의 물이 끓는다.

(d) 지구가 태양 주위를 돈다.

3. 거시적 계와 달리 가능한 미시 상태가 100개 뿐인 계를 살펴보자. 이 미시 상태 중 94개는 거시 상태 1에, 나머지 6개는 거시 상태 2에 대응된다. 계는 미시 상태를 매년 10번 무작위로 바꾼다. 다음 중 틀림없이 참인 것은 무엇인가? (하나를 고르고, 그 이유를 설명하라.)

    A. 계는 거시 상태 1에서 시작된다.

    B. 1000년 후 계는 거시 상태 1에 있게 된다.

    C. 1000년 동안 계는 약 94%의 시간을 거시 상태 1에 있을 것이다.

    D. 일단 계가 거시 상태 1에 있으면 거시 상태 2로 되돌아가지 않는다.

4. 물통이 있는데, 처음에는 가운데 수직 판이 있고 왼쪽에 빨간 염료, 오른쪽에 파란 염료가 들어 있다. 판을 빼내면 두 염료가 섞이기 시작하여 곧 전체가 보라색이 된다. 친구가 그것을 보고 "엔트로피 힘"이 빨간 염료를 오른쪽으로, 파란 염료를 왼쪽으로 밀고 있음을 보여준다고 말한다. 각 유형의 염료가 받는 알짜 힘이 있는가? 그렇다면 그 힘의 근원은 무엇인가? 그렇지 않다면 왜 그렇게 움직이는가?

5. 뜨거운 커피 한 잔을 탁자 위에 두면 식어 내부 에너지가 낮아진다. 에너지가 적으면 에너지 분배 방법이 줄어들어 엔트로피가 줄어든다. 이것이 왜 제2법칙에 어긋나지 않는가?

6. 비가역 과정(이미 논의한 과정 제외) 하나를 골라 이것이 어떻게 순 엔트로피의 증가와 관련되는지 설명하라.

7. 가역 과정의 예를 하나 이상 제시하라.

8. 일반적으로 계의 에너지가 증가하면 엔트로피가 증가하는 이유를 설명하라.

9. 이 절에서는 열역학 제2법칙을 설명했다. 열역학 법칙 세 가지가 더 있다: 제1, 제3 및 (역사적인 이유로) "제0법칙"이다. 이들을 찾아보고 그 내용을 간단히 기술하라.

심층 토론

10. 맥스웰의 도깨비

1867년 맥스웰(James Clerk Maxwell)은 순 엔트로피가 감소할 수 있는 방법을 보여주는 사고 실험을 제시했다. 통 속에 고르게 퍼진 기체로 시작하자. 통을 가운데 벽을 두어 두 부분으로 나누고 벽에 분자 크기의 문을 둔다. 문 옆에 재빠른 작은 도깨비가 서 있다고 상상하자. 도깨비는 왼쪽에서 빠른 분자가 오면 문을 열고 통과시키고, 오른쪽에서 느린 분자가 오면 통과시킨다. 그러면 빠른 분자는 오른쪽에 모이고 느린 분자는 왼쪽에 모여 통의 오른쪽 반은 고온, 왼쪽 반은 저온으로 분리된다. 그 상태는 잘 섞인 기체 통보다 엔트로피가 낮으므로 순 엔트로피가 줄어든다. 이 사고 실험은 열역학 제2법칙이 틀렸음을 증명하는가? 설명하라.

11. 거시적 계는 저절로 엔트로피가 더 높은 상태로 진화하는 경향이 있다. 하지만 자발적이지 않은 사건은 어떨까? 사람과 물체를 통 속에 넣으면 그 사람이 그 물체와 상호 작용하여 순 엔트로피를 낮출 수 있는가? 설명하라.

문제

12. 10원, 50원, 100원, 500원짜리 동전을 공중에 던졌다.

    (a) "앞면 네 닢"의 다중도는 얼마인가?

    (b) "앞면 네 닢"의 엔트로피는 얼마인가?

    (c) "앞면 세 닢과 뒷면 한 닢"의 다중도는 얼마인가?

    (d) "앞면 세 닢과 뒷면 한 닢"의 엔트로피는 얼마인가?

13. 50원 동전 20 닢을 공중에 던졌다.

    (a) "앞면 네 닢"의 다중도는 얼마인가? **실마리**: 공식을 적고, 그에 따라 계산기를 쓸 수 있다.

    (b) "앞면 네 닢"의 엔트로피는 얼마인가?

    (c) "앞면 열 닢"의 다중도는 얼마인가?

    (d) "앞면 열 닢"의 엔트로피는 얼마인가?

14. 계에는 물체가 4개 있고, 각 물체의 에너지는 0, 1, 2,

3 또는 4이다. 계의 총 에너지는 4이다.

(a) "한 물체가 에너지 4이다" 상태의 엔트로피를 셈하라.

(b) "물체마다 에너지가 1이다." 상태의 엔트로피를 셈하라.

(c) 계가 매 초마다 완전히 무작위로 미시 상태(총 에너지는 여전히 4)를 바꾼다. "한 물체가 에너지 4"인 상태를 보려면 얼마나 기다려야 할까?

15. 고무 판 위에 육면체 주사위 100개를 모두 숫자 1이 위를 보게 놓는다. 고무 판을 흔들어 각 주사위가 1분마다 임의의 상태로 뒤집힐 확률이 1%가 되게 한다. 이 계의 미시 상태는 각 주사위의 윗면의 수에 해당한다. 거시 상태는 모든 수의 평균값이다.

(a) 초기 거시 상태는 무엇인가?

(b) 한 시간 후에 (대략) 거시 상태는 어떻게 될까?

(c) 1년 후 거시 상태는 (대략) 어떻게 될까?

(d) 미래의 어느 순간에 거시 상태가 3.5라고 하자. 갑자기 두 주사위가 1에서 6으로 뒤집힌다. 새로운 거시 상태는 무엇인가?

(e) 거시 상태를 3.5에서 4로 바꾸려면 주사위 몇 개가 저절로 1에서 6으로 바뀌어야 하는가?

(f) 이제 주사위가 백 개가 아닌 백만 개라고 하자. 거시 상태를 3.5에서 3.6으로 바꾸려면 주사위 몇 개가 저절로 1에서 6으로 바뀌어야 하는가?

(g) 거시적 계의 거동에 대해 위에서 얻은 결론이 시사하는 바를 설명하라.

16. 문제 15의 각본에 대한 전산모사 프로그램을 짜라(주사위는 백 개). 처음 1000분 동안의 거시 상태의 변화를 보여주는 도표를 그려라. (이 문제를 풀기 위해 15번 문제를 풀 필요는 없다.)

17. 에너지가 $E = 0$ 또는 $E = 1$이 될 수 있는 입자 100개로 된 계를 생각하자.

(a) 이 계의 총 에너지가 0인 미시 상태는 몇 개인가?

(b) 이 계의 총 에너지가 1인 미시 상태는 몇 개인가?

(c) 이 계의 총 에너지가 5인 미시 상태는 몇 개인가?

(d) 이 계의 총 에너지가 20인 미시 상태는 몇 개인가?

18. 본문에서 엔트로피는 거의 늘 에너지와 함께 커진다고 했는데, 예외도 있다고 했다.

(a) 각각 에너지가 0 또는 ϵ이 될 수 있는 원자 4개로 된 상자성체를 생각하자. 0에서 4ϵ까지의 계의 에너지에 대해 S/k_B를 셈하고 결과를 도표로 보여라.

(b) 어떤 상황에서(있다면) 4-원자 상자성체 계의 에너지가 많아져도 엔트로피는 줄어드는가?

(c) 300-원자 상자성체 계의 에너지-S/k_B 도표를 그려라. **실마리:** $E = 150\epsilon$에 대해 셈하고 그 점을 도표에 넣으면 셈을 더 하지 않고도 도표의 나머지 모양을 알 수 있어야 한다.

(d) 그 도표를 414쪽의 300-진동자 계의 도표와 비교하라. 두 도표의 모양이 왜 다른가?

대체로 에너지가 매우 높은 상태에 해당하는 에너지가 최대값인 계에서는 E가 커져도 S가 줄어들 수 있다. § 10.4에서 계를 아무리 가열해도 이것이 저절로 생기지 않는 이유를 알 수 있다. 거시적 계는 $S(E)$가 단조증가함수라고 보아도 된다.

19. 로그를 쓰는 이유?

이 문제에서는 엔트로피가 양적 변수임을 보일 것이다. 즉, 두 계의 엔트로피는 각각의 엔트로피의 합이다. 동전 3 닢으로 된 단순한 계(A)를 살펴보는데, 처음에는 "동전 2 닢이 앞면"인 거시 상태에 있다.

(a) 이 거시 상태의 다중도를 구하라.

(b) 계 A가 통 속에 있고 그 옆에 있는 통 B에는 동전 3 닢이 들어 있고 "동전 두 닢이 앞면"인 거시 상태에 있다고 하자. 그 상태중 하나를 A(HTH), B(HHT)로 나열하며 시작하자.

(c) 대체로 계 A의 다중도는 Ω_A, B의 다중도는 Ω_B이면, 결합된 계의 다중도는 얼마인가? 답에서 (b)의 결과가 나오는지 확인하라.

(d) 다중도 대신 엔트로피로 (a)와 (b)를 반복하라. (찾은 다중도 결과를 쓰면 셈이 빠르다.) 답을 소수점 숫자로 써라.

(e) (c)의 답과 엔트로피의 정의를 써서 엔트로피가 양적 변수임을 보여라.

20. 깁스 역설

비상호작용 입자 N개가 든 통을 상상하자. 통을 부피가 같은 네 부분으로 나누고 각 부분에 든 입자의 목록을 미시 상태로 정의하고, 거시 상태는 각 부분에 든 입자의 수로 정의한다. N이 크면 평형 상태에서는 각 부분에 거의 정확히 $N/4$개의 입자가 있다고 할 수 있다.

(a) "상자의 각 부분에 정확히 $N/4$개의 입자가 있는" 거시 상태의 엔트로피를 구하라.

(b) 이제 칸막이를 통 가운데로 밀어 넣어 통을 왼쪽 반과 오른쪽 반으로 나눈다. 각각의 반은 입자가 $N/4$개씩 들어있던 두 부분이 합쳐진 것이다. 상자의 각 반의 엔트로피를 셈하라.

(c) 이 상황에서 계의 총 엔트로피는 얼마인가?

(d) N = 100이라면 이 상황의 엔트로피에 대한 애초의 엔트로피의 비는 얼마인가?

칸막이를 통 가운데로 밀어 넣으면 엔트로피가 줄어 제2법칙과 어긋남을 알 수 있다. 그 결과가 깁스 역설(Gibbs paradox)이다. 이를 § 10.6에서 풀어낸다.

10.3 온도

엔트로피가 낯선 사람이라면 온도는 낯익은 오랜 친구에 가깝다. 모두들 따뜻한 밥, 따뜻한 이불, 시원한 바람, 얼음처럼 찬 물의 즐거움을 알고 있다.

그러나 온도를 정의하라고 하면, 온도를 에너지의 양, 운동 에너지의 양 또는 에너지 밀도와 같다고 보는 사람이 많은데, 옳지 않다. 온도는 에너지와 밀접하게 관련되지만 같지는 않으며 차가운 물체가 뜨거운 물체보다 더 많은 에너지를 가질 수 있다는 것도 확실하다.

온도를 적절히 정의하려면 엔트로피에 대한 설명으로 돌아가야 한다.

10.3.1 발견 연습: 온도

계 S_1에는 물체 5개, S_2에는 50개 있다. 각 물체는 에너지가 0 또는 1이 될 수 있다.
이 계의 초기 거시 상태는 "S_1의 총 에너지는 1, S_2의 총 에너지는 3이다."
이제 한 단위의 에너지가 S_2에서 S_1로 흐른다.

1. S_1의 엔트로피 변화는 얼마인가?
2. S_2의 엔트로피 변화는 얼마인가?
3. 위에서 설명한 대로 에너지가 더 많은 S_2에서 더 적은 S_1으로 흐를 것으로 예상하는가? 아니면 반대로 흐를 것으로 예상하는가? **실마리:** 이 부분의 답은 다른 부분에 대한 답을 바탕으로 구해야 한다!

다음을 보라:
www.cambridge.org/felder-modernphysics/checkyourself의 Check Yourself #14

10.3.2 설명: 온도

차가운 숟가락을 뜨거운 커피에 넣으면(그림 10.4) 에너지가 커피에서 숟가락으로 흐를 것이다.

그 사실은 놀랍지 않지만 그것이 뜻하는 바를 생각해 보자. 커피의 에너지가 숟가락보다 더 많다는 뜻인가? 천만에! (에너지는 커피에서 방으로도 흐르고 있을텐데 총 에너지는 아마도 커피보다 방이 훨씬 더 많을 것이다.) 이것은 에너지의 총량에 대한 것이 아니라 두 물체의 속성에 대한 것이다. 커피는 뜨겁고 숟가락은 차갑다—그래서 에너지가 그 방향으로 흐른다.

그림 10.4 커피잔.

그 속성이 "온도"이다.

> **온도의 작업적 정의**
>
> 물체 A와 B가 닿을 때 에너지가 A에서 B로 저절로 흐르면 물체 A가 물체 B보다 더 뜨겁다고 정의한다($T_A > T_B$).

이것은 정의가 아니다. 물체에 값을 정해주지 않고 물체의 온도 순위를 정하는 방법을 알려준다. 그렇지만, 이것은 온도의 핵심 속성이다. 따라서 정량적 정의는 에너지가 뜨거운 것에서 차가운 것으로 흐른다는 결론으로 이어져야 한다.

이 절의 나머지에서는 이 개념이 엔트로피 및 열역학 제2법칙과 어떻게 관련되는지 살펴보고 보다 근본적인 온도의 정의로 들어갈 것이다.

"작업적 정의"에서 실제의 정의로

"에너지가 뜨거운 물체에서 차가운 물체로 흐름"은 비가역성의 전형적인 예이다. 숟가락과 커피를 잠시 함께 두면 결국 같은 온도가 된다. 그 뒤에는 저절로 상당히 다른 온도 상태로 되돌아가지 않는다.

§ 10.2에서는 과정이 비가역적인 유일한 이유는 그 과정에서 엔트로피가 증가하기 때문이라고 했다. 따라서 에너지가 흐르는 방향을 이해하려면 엔트로피를 따져야 한다.

계의 에너지가 증가하면 엔트로피가 증가한다는 사실을 기억하자. (계에 에너지가 많을수록 에너지를 배열하는 방법이 더 많아지기 때문이다.) 따라서 이 특정 에너지 흐름은 숟가락의 엔트로피를 늘리면서 동시에 커피의 엔트로피를 줄인다. 그러나 이 두 가지 효과는 서로를 완벽하게 상쇄할 수 없다; 상쇄되어 $\Delta S = 0$이 된다면, 그 과정은 비가역 과정이 아니다.

따라서 숟가락과 커피는 같은 에너지 변화에 대해 엔트로피 변화가 달라야 한다. 그 차이가 에너지가 한쪽으로만 흐르는 이유를 이해하고 온도를 정의하는 열쇠이다. 다음 능동 읽기 연습은 이러한 조각들을 함께 모으는 데 도움이 되도록 고안한 것이다.

능동 읽기 연습: 엔트로피 대 에너지

“계 B”와 “계 R”이 접촉하여 에너지를 교환할 수 있다. 아래 파란 곡선과 빨간 곡선은 각각 계 B와 계 R의 에너지에 대한 엔트로피 변화를 보여준다. 두 계 모두 도표에 표시한 에너지 E_0에서 시작한다.

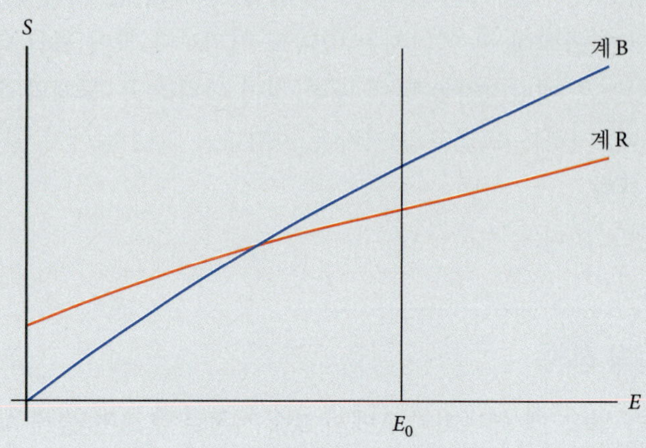

1. 에너지가 계 B에서 계 R로 흐른다고 상상해 보라. 이 곡선에서 B의 엔트로피 감소와 R의 증가 중 어느 것이 더 클까?
2. 그 에너지 흐름이 저절로 일어날까?

이 연습에서 생각하는 과정은 다음과 같다.

- B의 에너지가 조금 감소하면 엔트로피는 많이 감소한다(기울기가 가파르다).
- R의 에너지가 같이 증가해도 엔트로피는 조금만 증가한다(기울기가 덜 가파르다).
- 그 결과 총 엔트로피는 감소한다. 따라서 이는 결코 저절로 생기지 않는다.

반대로 에너지가 R에서 B로 흐르면 R의 엔트로피를 조금 줄고 B의 엔트로피는 많이 늘어나므로 저절로 그렇게 될 것이다. 에너지 흐름의 방향은 에너지(곡선 위의 점의 수평 좌표에 해당)가 어떤 계에 더 많은가 와는 무관하고, 곡선의 기울기와 관련된다.

이것이 온도의 수학적 정의를 시사함을 알겠는가? 에너지는 R에서 B로 저절로 흐른다. 이는 “R의 온도가 B보다 더 높다”라는 문장의 정의이다. B의 $S-E$ 곡선의 기울기가 R보다 더 가파르기 때문에 이것이 참임을 안다. 이것은 다음과 같은 온도의 수학적 정의로 이어진다. (식 옆의 “열 흐름”에 대한 설명은 곧 나온다.)

온도의 정량적 정의

$$T = \frac{1}{dS/dE} \qquad (10.3)$$

dE는 열 흐름으로 인한 에너지 변화를 나타낸다.

이 정의는 켈빈(kelvin) (또는 절대 영도에서 시작하는 다른 척도) 단위의 온도에 대한 것이다.

이 정의가 419쪽의 작업적 정의를 어떻게 재현하는지 확인하라. 능동 읽기 연습에서 계 R은 계 B보다 dS/dE가 작아 B에게 에너지를 양보할 가능성이 높으므로 B보다 온도가 높다고 정의한다.

늘 그렇듯이 "에너지는 엔트로피를 늘리는 쪽으로 흐른다"라는 말은 "열/에너지의 이동 방향은 경우의 수가 훨씬 더 많아지는 쪽으로 정해진다."를 줄인 말이다. 커피-속의-숟가락 예로 돌아가서, 숟가락-커피 경계에서는 양쪽 분자가 계속 충돌한다. 이 충돌의 일부에서는 알짜 에너지가 커피로, 다른 일부에서는 숟가락으로 전달된다. 그러나 전체적인 운동은 충돌의 결과 에너지가 커피 분자에서 숟가락 분자로 전달되는 양이 그 반대로 전달되는 양보다 많다. 따라서 거시적 에너지 흐름은 커피에서 숟가락으로 간다.

"열 흐름"에 대한 설명이 중요하다. 에너지 전달에는 "일"과 "열"의 두 가지가 있는데, (10.3)은 열 전달만 나타낸다.

- 피스톤으로 기체를 압축하거나, 용수철에 추를 달아 늘이거나, 당구대로 당구공을 치면 한 물체가 다른 물체에 에너지를 전달한다. 이것은 "일"의 예이다. 온도에 무관하게 에너지를 전달한다.
- 손을 뜨거운 화덕에 대거나, 냉장고를 열어 속의 공기와 방안 공기가 섞이거나, 햇빛이 지면을 비추면 한 물체가 다른 물체에 에너지를 전달한다. 그것들은 "열"의 예이다. 온도 차이로 인해 저절로 발생한다. (수성이 태양만큼 뜨거우면 에너지를 흡수한 만큼 다시 복사한다—정의에 따라)

에너지 E의 변화는 열, 일 또는 이 둘의 조합으로 생길 수 있지만 (10.3)은 열 흐름에 의한 변화에만 적용된다.

특히 계에 전달되는 열 에너지는 흔히 Q로 나타낸다. Q가 음수이면 열 에너지가 계에서 나간다.

열용량

커피로 돌아가자. 위에서 뜨거운 커피는 찬 숟가락에 에너지를 준다고 했다. 그러나 여러분이 눈치채지 못했을 수도 있는 매우 다른 주장을 끼워 넣었다. 시간이 가면서 커피와 숟가락의 에너지 수준이 바뀌면 온도도 바뀐다. 커피는 식고 숟가락은 따뜻해진다.

그 사실은 분명히 잘 알지만 앞서 말한 어떤 것에서도 분명하게 나오지는 않는다. 그림 10.5는 이 과정을 잘 보여준다. 숟가락의 에너지 E가 증가하면 엔트로피 S도 증가한다고 했다. 이제는 이

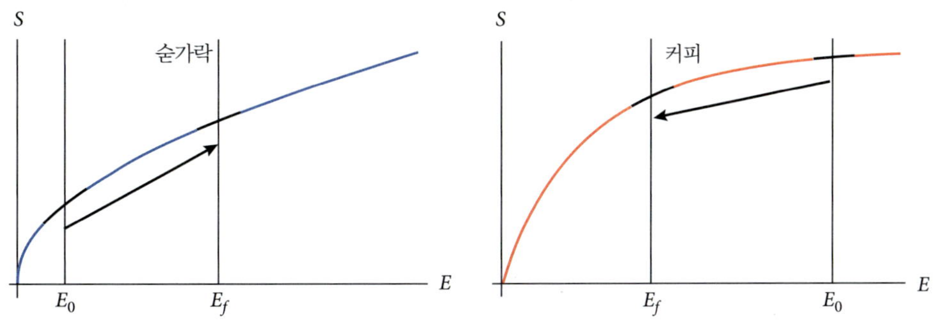

그림 10.5 처음에는 커피가 숟가락보다 더 뜨겁다 (커피 곡선이 숟가락 곡선보다 덜 가파르다). 두 곡선의 기울기가 같아질 때까지, 즉, 온도가 같아질 때까지 열이 커피에서 숟가락으로 흐른다.

변화로 인해 도함수 dS/dE는 **감소**함을 보여준다. 한편 커피의 에너지 손실은 기울기 dS/dE를 증가시킨다. 두 계의 dS/dE가 같은 점에 이르면 에너지 전달은 두 방향에서 같다: 열 평형. 그것은 이 둘의 에너지나 엔트로피가 같다는 뜻이 아니라, 그 기울기가 같다는 것이다.

이 새로운 사실에서 새로운 물음이 나온다. 커피의 에너지가 변할 때 그에 따라 온도는 **얼마나 변할까**? 이 물음에 대한 답이 "열용량(heat capacity)"이라는 양이다. 이 양은 dT/dE(단위 에너지 변화에 대한 온도 변화)로 정의할 것으로 생각할 수 있지만 달리 정의하는 것이 더 유용하다.

열용량

$$C = \frac{dE}{dT}$$

이 정의에 대한 한 가지 해석은 C를 물체의 온도를 1도 올리는 데 필요한 에너지로 보는 것이다.

§ 10.5에서는 열용량 추정을 위한 일반 지침 몇 가지를 제시하고 § 11.7에서는 갖가지 원자 운동 모형이 다양한 고체의 열용량을 어떻게 점점 더 정확하게 예측하는지 살펴볼 것이다. 더 완벽하게 다루려면 물체의 속성뿐만 아니라 열을 주는 방식도 따져야 한다. 기체의 압력을 일정하게 유지한 채(정압) 가열하면 부피가 커진다. 부피를 일정하게 유지한 채(정적) 가열하면 압력이 높아진다. 정압 조건에서는 더 많은 에너지가 필요함이 밝혀졌으므로 "정압 열용량"은 "정적 열용량"보다 크다. 이는 화학 및 물리학의 많은 영역에서 중요한 차이지만 여기에서는 신경 쓸 필요가 없다.

열용량은 물질의 양에 비례한다. 다른 조건이 모두 같다면 커피 두 잔을 데우려면 한 잔을 데우는데 필요한 에너지 두 배가 필요하다. 따라서 단위 질량당 또는 분자 수당 물체의 열용량이 종종 쓸모가 있다. 그것을 둘 다 "비열(specific heat capacity)"이라고 하며 c로 나타낸다. 비열의 기준이 단위 질량과 분자 수 어느 것인지는 문맥에서 헤아려야 한다.

엔트로피 변화

위에서 Q는 계로 흘러드는 열 에너지로 정의했고 (10.3)에서는 온도를 열 흐름에 의한 엔트로피 변화로 정의했다. 이 둘을 묶으면 열 흐름에 의한 계의 엔트로피 변화는 $\Delta S = Q/T$라고 할 수 있다. 계에 일을 해도 대체로 엔트로피는 변하지 않는다. 계의 엔트로피는 저절로 변할 수 있다. 예를 들어 물에 염료 한 방울을 넣으면 시간이 가면서 퍼지는데, 그러한 변화는 늘 엔트로피를 증가시킬 뿐 결코 줄이지는 않는다. 따라서 엔트로피 변화를 나타내는 일반 식은 다음과 같이 쓸 수 있다.

$$\Delta S \geq \frac{Q}{T}$$

역사적으로는 볼츠만이 미시 상태를 써서 엔트로피를 정의할 수 있음을 알아내기 훨씬 전부터 엔트로피를 이 식으로 정의했다. 경고: 이 식의 온도는 절대 온도이므로 섭씨 또는 화씨 온도를 쓰면 안된다.

이 식은 열 흐름의 방향을 확인하는 또 다른 방법이다. 고온 T_H의 물체에서 저온 T_C의 물체로 열이 흐르면 고온 물체는 엔트로피 Q/T_H를 잃고 저온 물체는 엔트로피 Q/T_C를 얻는다. $T_H > T_C$이므로 계 전체의 알짜 엔트로피는 증가한다. 열이 반대 쪽으로 흐르면 열역학 제2법칙에 어긋난다.

우리가 하는 모든 일은 엔트로피를 늘린다. 계에 일을 하여 에너지를 줄 때도 마찰, 항력 또는 기타 비가역 과정을 통해 엔트로피는 조금 늘지만 그 양을 얼마든지 줄일 수 있다. 두 물체를 대어 둘 사이에 열이 흐르게 하면 더 뜨거운 물체에서 더 찬 물체로 열이 흐르면서 엔트로피가 증가한다.

냉장고

냉장고는 차가운 내부에서 열을 뽑아 상대적으로 따뜻한 주방으로 그 열을 내보낸다.

물음: 그러한 에너지 전달은 결코 저절로 일어나지 않는다는 것을 어떻게 아는가?

답 1: 열은 뜨거운 물체에서 차가운 물체로 흐른다는 온도의 정의에 어긋나기 때문이다.

이 답이 맞기는 하지만 냉장고를 발명하려는 사람에게 해결책을 제시하지는 않는다. 근본 물리학으로 더 깊이 들어가면 구멍을 찾을 수 있다.

답 2: 냉장고 내부가 에너지를 잃으면 엔트로피가 줄고, 부엌이 에너지를 얻으면 엔트로피가 늘어난다. 그러나 냉장고는 온도가 낮으므로 dS/dE가 더 크다: 냉장고에서 열이 나가면 줄어드는 엔트로피의 양이 그 열을 받는 부엌의 엔트로피 증가량보다 더 커서 냉장고와 주방 계의 엔트로피가 줄어든다. 이것은 열역학 제2법칙에 어긋나므로 저절로 일어나지 않는다.

열역학 제2법칙은 열이 뜨거운 물체에서 차가운 물체로 흐른다는 규칙의 **바탕**이므로 둘째 답은 첫째 답을 좀 더 신중하게 다시 설명한 것이다. 그러나 둘째 답은 또한 이 열 전달을 강제하려면 해야 할 일을 제시한다. 냉장고에서 빼내는 열보다 더 많은 열을 주방에 줘야 한다. 그러면 전체 계의 엔트로피를 증가시킬 수 있다.

그러면 그 추가 에너지는 어디에서 올까? 냉장고에 전기적 일 에너지를 주는 콘센트에서 온다. 따라서 이 계의 에너지 균형(보존)은 다음과 같다:

콘센트가 주는 일 에너지 + 냉장고 속에서 나가는 열 에너지 = 주방 공기가 얻는 열 에너지

모든 냉장고는 이 에너지 보존 방정식을 따라야 하며 엔트로피는 증가해야 한다. 문제 25에서는 이 두 가지 사실을 써서 냉장고 효율의 한계를 끌어낼 것이다.

마찬가지로 열역학 제2법칙은 기관의 효율성도 제한한다. 기관은 일반적으로 "열기관(heat engine)"이다. 즉, 그것은 (휘발유, 석탄, 핵연료 등을 써서) 매우 뜨거운 것을 만든 다음 그것에서 흘러나오는 열을 써서 일(자동차 이동, 전기 터빈 회전 등)을 한다. 그러나 열이 흘러나오는 그것의 엔트로피는 줄고, 일은 일반적으로 엔트로피에 영향을 주지 않는다. 따라서 기관은 에너지의 일부를 열로써 다른 곳으로 전달해야 하며, 그 다른 곳은 대체로 주변 공기 또는 물 저장고이다. 문제 27에서는 그 사실을 써서 열기관의 효율의 한계를 끌어낸다.

10.3.3 물음과 문제: 온도

개념 물음과 개념시험

1. 다음 물리량이 무엇인지 간단히 설명하고, 그것을 재는 단위를 제시하라.

(a) 온도

(b) 열

(c) 열용량

2. 온도의 정량적 정의(420쪽)에서 작업적 정의(419쪽)를 얻는 방법을 설명하라.

3. 온도의 정의 $T = 1/(dS/dE)$가 절대 영도에서 시작하는 켈빈 눈금에만 유효한 이유를 설명하라. **실마리:** 이 정의에서 $T = 0$이 무엇을 뜻하는지 생각해 보라.

4. "엉터리"씨는 자신이 발명한 새 에어컨을 팔려 한다. 그는 "전기를 전혀 쓰지 않는다! 방에서 열을 밖으로 빼내므로 방이 식는다."고 말한다. 그의 주장은 무엇이 문제인가?

5. 두 물체 중 한쪽이 에너지는 더 많지만 온도는 더 낮은 예를 하나 이상 들어보라.

6. 거의 모든 계에서 $dS/dE > 0$이다. 이는 물리적으로 계에 에너지가 많아질수록 엔트로피도 더 많아짐을 뜻한다. 아마도 계의 에너지 배열 방법이 더 늘어나기 때문일 것이다.

(a) 거의 모든 계에서 $d^2S/dE^2 < 0$인 것도 참이다. 이것은 계의 속성에 대해 무엇을 말하는가? 그 답은 엔트로피와 에너지에 관한 것이어야 하며 "온도"라는 단어를 쓰면 안된다.

(b) (a)에 대한 답을 이제는 온도를 써서 재구성하자. 거의 모든 계에서 $d^2S/dE^2 < 0$인 사실은 에너지와 온도가 어떤 관계임을 말하는가?

7. 왜 냉장고 문을 열어두면 부엌이 시원해지지 않는가?

8. 고물 자동차는 대개 에어컨은 없었지만 난방기는 무료 선택이었다. 자동차 난방에 추가 에너지 비용이 거의 들지 않는 까닭은 무엇인가?

9. 그림 10.6은 에너지가 E_0인 있는 두 계의 엔트로피의 에너지에 대한 변화를 보여준다.

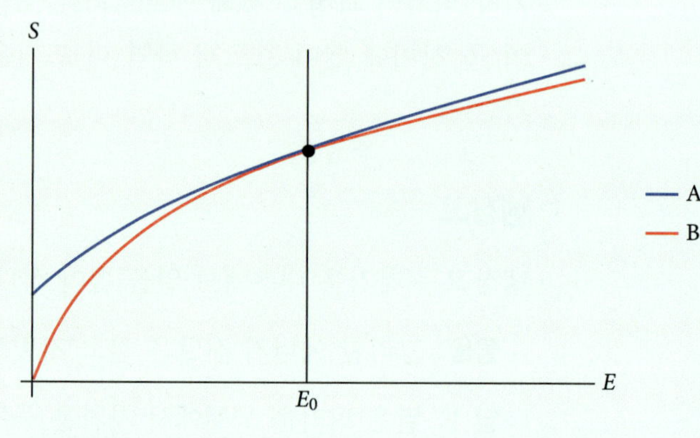

그림 10.6

(a) 어느 계의 온도가 더 높을까? (하나를 고르고 설명하라.)

A. A

B. B

C. 둘 다 같다.

D. 도표의 정보가 불충분하다.

(b) 어떤 계의 열용량이 더 큰가? (하나를 고르고 설명하라.)

A. A

B. B

C. 둘 다 같다.

D. 도표의 정보가 불충분하다.

심층 토론

10. 블랙홀의 여러 이상한 특성 중 하나는 열용량이 음수라는 것이다. 이것이 블랙홀과 환경의 상호 작용 방식에 대해 뜻하는 바를 설명하라. **실마리:** 블랙홀은 양자역학적 효과를 통해 빛을 내어 주위에 에너지를 줄 수 있다.

11. 그림 10.7은 각각 에너지 준위가 0 또는 ϵ인 원자 N개로 된 상사정체 자석의 에너지-엔트로피 곡선이다. $E = 0$ 또는 $E = N\epsilon$이면 대응되는 미시 상태는 하나뿐이고, 따라서 두 경우 모두 엔트로피는 0이다. 그

사이에서는 엔트로피가 최대인 거시 상태가 있다.

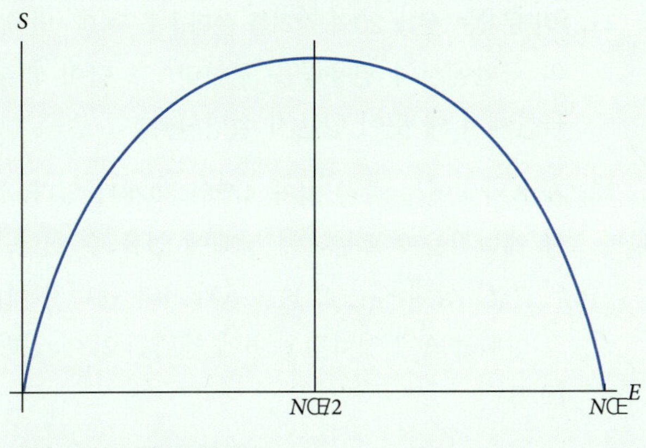

그림 10.7

(a) 이 계의 온도 곡선을 에너지의 함수로 그려라.

(10.3)에 정의된 온도는 $N\epsilon/2 < E < N\epsilon$에서 음수임을 확인해야 한다. 상자성체를 데우거나 식히는 것만으로는 음의 온도 상태를 만들 수 없다. 먼저 식혀 대부분의 상자성체를 저에너지 상태로 만든다. 그런 다음 갑자기 자기장의 방향을 뒤집어 대부분의 원자의 방향이 고에너지 방향이 되게 하여 도표의 오른쪽으로 가게 한다.

(b) 온도가 각각 음수와 양수인 두 물체가 에너지를 자유롭게 교환할 수 있다고 하자. 에너지는 온도가 양수인 물체에서 음수인 물체로 흐르는가, 아니면 그 반대인가? 계의 전체 엔트로피의 변화를 써서 답을 설명하라.

(c) 온도가 둘 다 음수인 두 물체가 에너지를 자유롭게 교환할 수 있다고 하자. 이 계에서는 에너지가 어떻게 흐를까? 계의 전체 엔트로피의 변화를 써서 답을 설명하라.

(d) 갑자기 뒤집힌 외부 자기장과 같이 매우 인위적인 상황이 아니면 온도가 음수가 되지 않는 까닭은 무엇인가?

문제

12. "사쿠어-테트로우드(Sackur-Tetrode) 방정식"은 단원자 이상 기체(예: 헬륨)의 엔트로피를 분자 수 N, 부피 V, 에너지 E 및 원자 질량 m의 함수로 나타낸다.

$$S = Nk_B\left[\ln\left(\frac{V}{N}\left(\frac{4\pi mE}{3Nh^2}\right)^{3/2}\right) + \frac{5}{2}\right]$$

온도에 관한 식를 구하라. 답을 최대한 단순화하라. (결과를 알 수 있다.)

13. 그림 10.8은 에너지가 0, ϵ, 2ϵ 등이 될 수 있는 진동자 100개로 된 계의 엔트로피를 에너지의 함수로 보여준다.

E/ϵ	100	200	300	400	500	600	700	800	900	1000
S/k_B	135	187	220	245	265	282	296	309	320	330

그림 10.8

(a) $E = 300\epsilon$ 및 $E = 600\epsilon$에서 온도의 근사값을 구하라. **실마리:** 일련의 값에서 특정 점의 도함수를 추정할 때 대체로 한쪽보다 해당 점의 양쪽에 있는 값을 쓰는 것이 더 정확하다.

(b) $E = 300\epsilon$ 및 $E = 600\epsilon$에서 열용량의 근사값을 구하라.

(c) 위의 답에 따르면, 계의 온도를 1도 올리는데 초기 상태가 300ϵ와 600ϵ 어느 것이 더 쉬운가?

14. 원자 N개로 된 상자성체가 있다. 원자마다 에너지는 0 또는 ϵ를 가질 수 있다. 이 문제에서는 이 계의 고온 한계를 해석적으로 살펴본다. 문제 15에서는 도표를 써서 같은 결과를 얻지만, 서로 독립적이다.

(a) 이 상자성체의 엔트로피를 전체 에너지 E의 함수로 나타내라.

(b) 스털링 근사식 $\ln(x!) \approx x\ln x - x$를 써서 상자성체의 온도를 에너지 E의 함수로 추정하라.

(c) 식을 뒤집어 E를 T의 함수로 구하라.

(d) $\lim_{T\to\infty} E$를 구하라. 그 극한에서 얼마나 많은 원자(평균적으로)가 들뜬 상태에 있는가?

15. N개의 원자로 된 상자성체가 있다. 원자마다 에너지는 0 또는 ϵ를 가질 수 있다. 이 문제에서는 이 계의 고온 한계를 도표를 그려 살펴본다. 문제 14에서 같은 결과를 해석적으로 얻었지만, 두 문제는서로 무관하다.

(a) 계의 에너지가 0일 때 엔트로피는 얼마인가?

(b) 계가 최대 에너지인 $E = N\epsilon$일 때는 엔트로피가 얼마인가?

(c) 엔트로피의 에너지에 대한 변화를 보여주는 곡선을 그려라. 이것은 (a) 및 (b)의 답을 바탕으로, 셈을 하지 않고도 그릴 수 있다.

(d) $\lim_{T\to\infty}$에서 곡선의 기울기를 구하라. 그 점을 곡선에 표시하라.

(e) (d)의 답을 바탕으로 $T \to \infty$쪽으로 상자성체를 계속 가열해도 모든 원자가 위를 가리키는 점에 접근하지 못하는 것을 보여라.

16. 고체가 녹을 때 에너지를 흡수하지만 온도는 변하지 않는다. 예를 들어, 0°C의 얼음을 0°C의 물로 바꾸려면 333 J/g의 에너지를 줘야한다. 10 g의 각얼음이 27°C인 방에서 다 녹는다고 하자.

(a) 각얼음의 엔트로피는 얼마나 변하는가? (부호가 맞는지 확인하라.)

(b) 방의 엔트로피는 얼마나 변하는가? (부호가 맞는지 확인하라.)

(c) 우주의 엔트로피는 얼마나 변하는가? 늘어나는가, 줄어드는가?

17. 집은 바깥 온도가 10°C일 때 방안 온도를 20°C로 유지하려면 하루에 10^7 J을 쓴다. 그 결과 우주의 엔트로피는 얼마나 증가할까?

18. 방안 온도를 1도 올리는데 드는 에너지를 추정하라. 가정이나 근사법, 참고하는 값을 설명하라.

19. 열용량을 E와 S로 나타내는 공식을 끌어내라. (도함수가 하나 이상 들어간다.) 계의 유일한 변화는 열 흐름이라고 가정하면, 일은 0이므로 $dS = dE/T$이다.

20. 구별되는 원자 N개로 된 입자 계를 살펴보자. 원자는 저마다 에너지 상태가 0, ϵ 및 2ϵ로 셋이고, 계의 총 에너지는 $E = q\epsilon$이다. 요컨대, 각 원자의 에너지 상태가 둘이 아닌 셋인 점을 빼면 이 계는 상자성체와 같다. $N \gg q \gg 1$이면 다중도는 $\Omega \approx N^q/q!$로 근사할 수 있다. 이 계의 엔트로피, 온도 및 열용량에 대한 식을 구하라. 열용량은 온도의 함수로 나타내야 한다. 이 문제에서 "스털링 근사식" $\ln(x!) \approx x\ln x - x$를 쓸 수 있다.

21. [이 문제는 문제 20의 결과를 쓴다.] $T \to 0^+$ 및 $T \to \infty$의 극한에서의 열용량을 구하라. 그 답이 $T \to \infty$의 극한에서 왜 뜻이 있는지 설명하라.

22. 계 A와 B에는 각각 물체 4개와 20개가 있다. 물체마다 에너지는 0 또는 ϵ이 상태에 있을 수 있다. 이 계의 거시 상태(재는 양)는 "A와 B의 에너지"이다. 초기 상태는 A에 에너지 ϵ, B에 에너지 2ϵ이 있다(그림 10.9).

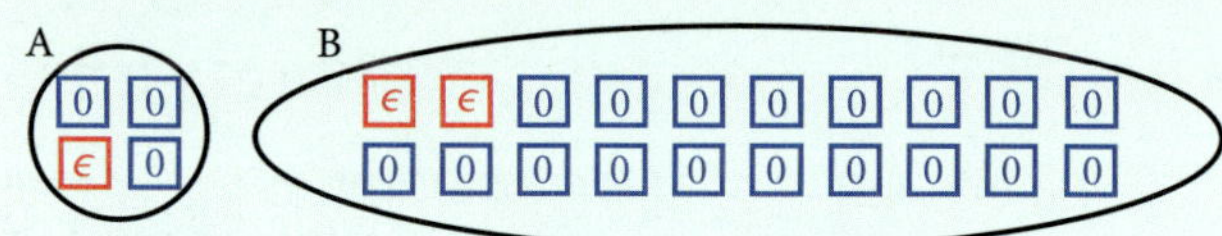

그림 10.9

이제 에너지 한 단위(ϵ)가 B에서 A로 흐른다고 하자.

(a) B의 엔트로피 변화를 셈하라.

(b) A의 엔트로피 변화를 셈하라.

(c) $\epsilon = 1$ eV일 때 B의 온도를 추정한다. 이 계의 에너지는 불연속적이므로 작은 불연속적 변화에 대해 S/E를 찾아 dS/dE를 추정한다.

(d) A의 온도를 추정하라.

(e) 이 계에서 일반적인 에너지 흐름 방향과 그 이유를 설명하라.

(f) 친구가 에너지는 늘 고에너지 계에서 저에너지 계으로 흐른다고 주장한다. 이것이 때로는 참이지만 늘 그렇지는 않은 이유를 간단히 설명하라. 설명에 "온도"라는 말은 쓰지 마라.

23. 두 계에 각각 구별되는 입자 두 개씩 들어있다. 계 A의 입자는 각각 에너지가 0 또는 ϵ인 두 상태 중 하나에 있을 수 있다. (이는 매우 작은 상자성체 또는 다른 두 준위 계일 수 있다.) 계 B의 입자는 각각 에너지가 0, ϵ, 2ϵ, 3ϵ 또는 4ϵ인 5가지 상태 중 하나에 있을 수 있다(그림 10.10).

(a) 두 계는 처음에는 각각 에너지 2ϵ를 가지고 떨어져 있다. 두 계의 엔트로피 S_A와 S_B를 구하라.

(b) 이제 두 계를 붙이고 기다려 에너지를 교환할 수 있게 한다. 이들이 총 에너지 4ϵ를 배분할 확률이

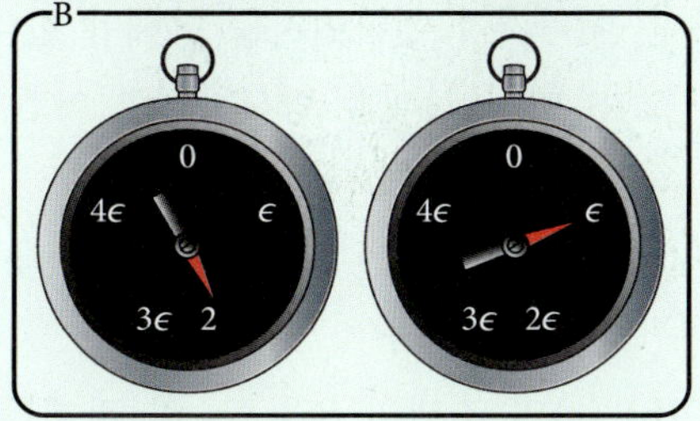

그림 10.10

가장 높은 방법을 구하라?

(c) (b)에서 확률이 가장 높은 에너지 배분 방식을 구했다. 오랫동안 계속 지켜보면 계가 그 분배 상태에 머무는 시간 비율은 얼마인가?

(d) $\epsilon = 0.01$ eV로 잡고 평형 상태에서 계 B의 온도를 추정하라. (주의: 마찬가지로 추정한 평형 상태의 계 A의 온도는 다를 것이다. 그 이유를 캐보는 것도 좋지만 이 문제에서 풀 필요는 없다.)

24. 10°C의 5 kg 통의 물을 실내 온도 27°C까지 데운다.

(a) 물의 비열은 4186 J/(kg K)이다. 물을 데우는데 필요한 열을 구하라 (통 자체를 데우는 열은 무시하라.)

(b) 방의 엔트로피는 얼마나 변하는가? **실마리:** 섭씨 온도를 쓰면 안된다. 왜?

(c) 물의 엔트로피는 얼마나 변하는가? **실마리:** 적분해야 한다.

(d) 이 과정에서 우주의 총 엔트로피는 증가, 감소 또는 유지 어느 쪽인가?

25. 냉장고는 콘센트에서 일 W를 받아 온도 T_C인 내부에서 열 Q_C를 빼내어 온도 T_H인 부엌으로 Q_H를 버린다 ($T_C < T_H$, 모든 값은 양수이다).

(a) 에너지 보존에 따르면 Q_C, Q_H 및 W는 어떤 관계인가?

(b) 우주의 총 엔트로피 변화가 0이라면 Q_C와 Q_H는 어떤 관계가 있는가?

(c) 냉장고의 "성능 계수"는 Q_C/W로 정의한다 (빼내는 열량을 필요한 일으로 나눈 값). 우주의 엔트로피가 유지되는 한계에서 (a)와 (b)의 답을 써서 냉장고의 성능 계수를 T_H와 T_C로 나타내라.

(d) 냉장고 온도가 4.5°C, 주방 온도가 27°C일 때 속에서 열 1줄을 뽑아내는데 드는 전기 에너지의 최소량은 얼마인가?

26. **[이 문제는 문제 25의 결과를 쓴다.]** 난방기 효율은 100%로 쓰는 모든 에너지를 열로 바꿀 수 있다. "열 펌프(heat pump)"는 추운 바깥에서 열을 뽑아 방안으로 들여 100%가 넘는 효율을 낼 수 있다.

(a) 바깥 온도가 T_C인 날 온도 T_H인 방을 데울 때 열 펌프가 낼 수 있는 최대 효율(Q_H/W)은 얼마인가?

(b) 열 펌프는 냉장고과 같은 구실을 한다: 추운 곳에서 열을 뽑아 더 많은 열을 따뜻한 곳으로 보낸다. 그 일을 전기적 일을 써서 한다. 그렇다면 이상적인 냉장고의 성능계수가 이상적인 열 펌프의 효율과 다른 이유는 무엇인가? 어느 것이 더 높은가?

27. 열기관은 온도 T_H에서 연료로부터 열 Q_H를 뽑아내어, 일 W를 하며, 온도 T_C인 "찬 곳"으로 폐열 Q_C를 버린다. 이러한 모든 값은 양수로 잡는다.

(a) 에너지 보존에 따르면 Q_C, Q_H 및 W는 어떤 관계가 있는가?

(b) 우주의 총 엔트로피 변화가 0이라면 Q_C와 Q_H는 어떤 관계가 있는가?

(c) 열기관의 효율 e는 W/Q_H(일 W를, 그것을 하는데 드는 열 Q_H로 나눈 값)으로 정의한다. (a)와 (b)의 답을 써서 우주의 엔트로피가 변하지 않는 한계에서 열기관의 효율을 끌어내라. 답은 T_H와 T_C만으로 나타내야 한다.

(d) 자동차가 연료를 2700°C에서 태우고 남는 열을 27°C인 대기에 버린다면, 앞으로 나아가는 일 1줄당 몇 줄의 폐열을 버려야 하는가? (실제로 자동차 기관의 효율은 이론적 한계보다 훨씬 작다.)

28. 고무줄

그림 10.11은 길이 L인 고무 줄에 매달린 질량 m인 추를 보여준다.

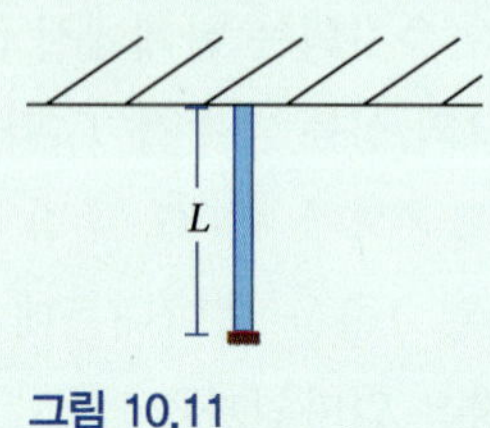

그림 10.11

그림 10.12는 고무줄 속을 들여다본 것으로, 분자 사슬로 상상한다. 왼쪽은 (길이 d인) 고리가 위에서 아래로 늘어진 사슬을 보여주고, 오른쪽은 그 고리 중 하나가 위로 접혀 고무줄이 짧아진 것을 보여준다.

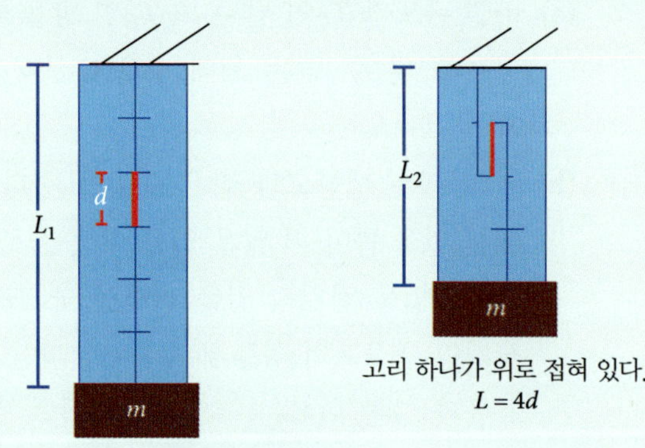

그림 10.12

고리 하나가 위로 접힌 사슬의 효과는 추를 바닥에서 2d 만큼 들어 올려 위치 에너지에 $2mgd$를 더하는 것이다. 총 $N_{위}$개의 고리가 위로 접히면 가장 낮은 에너지 상태에 대한 계의 총 에너지 E는 $2mgd\,N_{위}$이다.

이 계의 거시 상태를 명시하려면 고무줄이 얼마나 긴지, 얼마나 많은 고리가 접히는지 또는 고무줄의 총 에너지가 얼마인지를 말해야 한다. 세 가지 모두 같다. 미시 상태를 명시하려면 어떤 고리가 위로 접히는지 말해야 한다.

(a) 고리가 N개인 고무줄의 경우 다중도를 $N_{위}$의 함수로 구하라.

(b) (a)의 결과와 E와 $N_{위}$의 관계를 써서 엔트로피 S(다중도가 아님!)를 E의 함수로 구하라.

(c) (b)의 결과를 써서 고무줄의 온도를 에너지의 함수로 구하라. 다음 근사값을 쓸 수 있다.

$$\frac{d}{dx}\ln\binom{N}{x} \approx \ln\left(\frac{N-x}{x}\right)$$

(조심! 이 식의 왼쪽은 "조합" 기호, 오른쪽은 분수이다. 둘이 비슷해 보인다.)

(d) 고무줄을 데우면 길이가 짧아지는가, 길어지는가? 답의 근거를 대라.

10.4 볼츠만 분포

지금까지는 단순하지만 중요한 "고립계"를 다루었는데, 이것은 다른 계의 영향을 받지 않는다. 이제 또 다른 단순하지만 중요한 다른 예로서 훨씬 더 큰 계와 접촉하는 작은 계를 살펴보자.

10.4.1 발견 연습: 볼츠만 분포

상자성 원자 하나(A)가 원자 100개로 된 계와 접촉하고 있다. 101개의 원자는 모두 에너지 0 또는 ϵ을 가질 수 있고 결합된 계의 총 에너지는 4ϵ이다.

1. 전체 결합 계에 허용된 미시 상태는 몇 개인가?
2. 원자 A의 에너지가 0인 미시 상태와 ϵ인 미시 상태의 수는 각각 몇 개인가?

다음 웹사이트의 Check Yourself #15를 보라: www.cambridge.org/felder-modernphysics/checkyourself

3. 위에서 얻은 답을 바탕으로 A의 에너지가 0일 확률이 ϵ일 확률보다 훨씬 크다는 결론을 얻을 수 있다. 이것이 왜 통계 역학의 근본 가정에 어긋나지 않는가?

10.4.2 설명: 볼츠만 분포

아주 커서 유한한 에너지를 주거나 받아도 온도가 변하지 않는 계를 "(열)창고(reservoir)"라고 한다. 예를 들어 찬 물이 담긴 잔을 방안 탁자 위에 두면 물이 실온으로 데워진다. 그 과정에서 방 속의 공기가 잔 속의 물에 에너지를 주지만 방은 잔 속의 물보다 훨씬 커서 방의 온도는 눈에 띄게 변하지 않으며, 그래서 방은 창고로 본다. 하지만, 창문이 열려 있으면 바깥 대기가 방에 대해 창고가 된다.

잔 속의 물의 미시 상태 분포는 § 10.1의 "근본 가정"과 상당히 다르다.

- **고립계**: 총 에너지는 일정하며 에너지가 같은 모든 미시 상태는 어느 상태에든 있을 확률이 같다.
- **창고와 접촉한 작은 계**: 에너지는 흔들릴 수 있으며 에너지가 낮은 개별 미시 상태에 있을 확률이 에너지가 높은 미시 상태에 있을 확률 보다 높다.

이 책 전반에서 계는 저에너지 상태로 가는 경향이 있음을 강조했다. 예를 들어, 두 원자가 이온 결합을 하려면 "결합된 두 원자" 상태가 "결합되지 않은 두 원자" 상태보다 에너지가 낮아야 한다.

그러나 통계 역학에서는 다음 단계로 나아가 왜 계가 낮은 에너지 상태로 가는 경향이 있는지 물을 수 있다. 위의 발견 연습을 풀었다면 스스로 답을 찾았을 것이다. 계의 두 가지 다른 미시 상태가 정해지면 미시 상태의 에너지가 낮을 때 창고에 있는 에너지가 더 많으므로 엔트로피가 더 많아진다. 즉, 계의 에너지가 더 낮을 때가 더 높을 때보다 창고에 허용되는 미시 상태가 더 많다. (이 논리는 고립계에는 쓸 수 없다. 왜냐하면 허용되는 미시 상태의 에너지가 모두 같기 때문이다.)

문제 22에서 "볼츠만 분포"를 끌어내어 그 주장을 정식화한다.

볼츠만 분포

계 S가 온도 T인 창고와 평형 상태에 있다고 하자. 이 계 S가 에너지가 E인 특정 미시 상태에 있을 확률은 다음과 같다.

$$P = \frac{1}{Z} e^{-E/(k_B T)} \tag{10.4}$$

$e^{-E/k_B T}$는 특정 미시 상태의 "볼츠만 인자"이다. 무차원 비례 상수 $1/Z$는 계의 모든 허용된 미시 상태에 대해 똑같다. 분모 Z는 계의 "분배 함수(partition function)"이다.

이 공식은 온도를 켈빈(또는 절대 영도에서 시작하는 다른 척도) 단위로 잴 때만 맞다.

(비례 상수를 Z가 아니라 $1/Z$로 나타내는 것이 이상해 보이겠지만, 이렇게 정의하면 뒤에 많은 식이 더 단순해진다.)

이 장에서 가장 중요한 식은 볼츠만 분포이다. 이 장의 나머지 부분은 방 안의 공기, DNA 가닥, 태양 중심부의 양성자, 빈 통 속의 광선 및 기타 다양한 계에 대해 그 식의 결과를 끌어내는 데 쓴다.

다음 사항을 기억하면 셈을 하지 않고 이러한 계의 거동을 예측할 수 있을 때가 많다. [(10.4)와 그림 10.13을 계속 보면 이 모든 사항이 명확해진다.] 이것은 계가 창고와 접촉하여 열 평형 상태에 있을 때 적용됨을 기억하라.

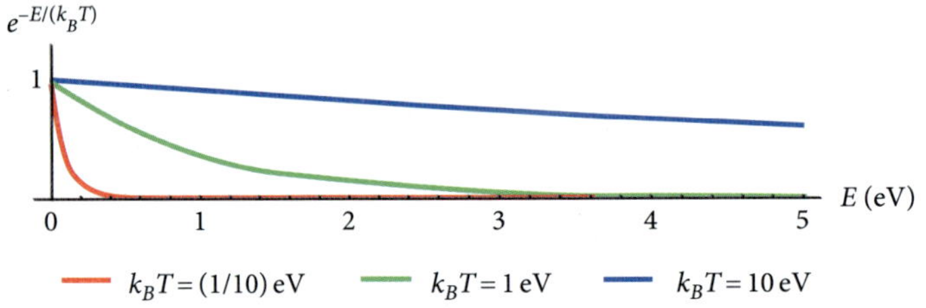

그림 10.13 세 온도에서의 볼츠만 인자의 에너지에 대한 변화.

- 볼츠만 인자 e^{-E/k_BT}는 E가 커지면 줄어든다. 이는 저에너지 미시 상태가 특정 고에너지 미시 상태보다 확률이 더 큼을 뜻한다.
- 그렇지만, 그것이 어떤 계의 에너지가 더 낮을 가능성이 더 크다는 것을 보장하지는 않는다. 에너지가 같은 미시 상태가 많을 수 있고, 그러한 미시 상태는 모두 확률이 같다. 계가 그 에너지를 가질 확률은 각 미시 상태에 있을 확률 뿐 아니라 미시 상태의 수에 따라서도 달라진다. 이 미묘하지만 중요한 차이점은 다음 쪽의 예 "겹침"에서 설명한다.
- T가 낮으면 지수적 감소가 매우 두드러진다. ($y = e^{-10x}$는 $y = e^{-x}$보다 훨씬 빨리 감쇠된다.) 따라서 계의 온도가 낮으면 높은 에너지 상태와 심지어 중간 에너지 상태에도 있을 확률이 매우 낮다. 입자는 허용되는 가장 낮은 에너지 상태로 떨어지는 경향이 있다.
- T가 높으면, 지수적 감소가 약해진다. 이것은 온도가 높으면 모든 입자가 허용되는 가장 높은 에너지 상태로 올라감을 뜻하지는 않는다. 그 보다는 확률 곡선을 평평하게 만든다. 따라서 (물리적으로 도달할 수 없는) 극한 $T \to \infty$에서는 허용되는 모든 미시 상태는 확률이 같다. (실제) 유한한 고온에서는 높은 에너지 준위까지 확률이 상당히 고르게 퍼진 다음 지수함수꼴로 감소한다.

마지막 두 요점은 요약하면 다음과 같다: 어떤 온도에서든 에너지가 $\sim k_BT$ 정도인 미시 상태는 확률이 거의 같으며 k_BT보다 훨씬 높은 미시 상태는 확률이 거의 0이다. 이 요점은 다음 절에서 다시 다룬다.

한편, 다음 예는 볼츠만 분포가 에너지 E인 특정 미시 상태를 찾을 확률이라는 사실을 보여준다. 이를 써서 계가 에너지 E일 (종종 매우 다른) 확률을 구할 수 있다.

예: 겹침

계 S에 허용된 미시 상태가 11개 있다: 에너지 0인 상태 하나, 에너지 $\epsilon = 0.05$ eV인 상태 10개. 환경은 27°C(실내 온도)이다. 에너지 0와 ϵ, 어디에 있을 확률이 더 클까?

답: 먼저 섭씨 온도를 절대 온도으로 바꾼다. 그러려면 273을 더하면 된다. 따라서 27°C는 300 K이다. 정해진 ϵ 및 T 값을 써서 $k_B T$ 값을 구하면 바닥상태에 있을 확률이 들뜬 미시 상태에 있을 확률보다 다음 인자만큼 더 크다:

$$\frac{e^{0/(k_B T)}}{e^{-\epsilon/(k_B T)}} = \frac{1}{0.1445} = 6.92$$

그러므로, 바닥상태에 있을 확률은 낱낱의 들뜬 미시 상태에 있을 확률의 약 7배고, 들뜬 미시 상태는 10개이므로 계는 에너지 ϵ에 있을 확률이 더 크다.

다음은 시간 절약 요령이다. 앞의 예에서 첫째 상태의 에너지가 $\epsilon_1 = 0.1$ eV이고 다른 상태의 에너지가 $\epsilon_2 = 0.15$ eV라고 하자. 이것은 셈이 더 복잡하다. 하지만 두 값에서 0.1 eV를 빼면 이 새 문제가 방금 푼 문제와 같아진다. 수식이 더 단순해지고, 최종 결과는 같다.

볼츠만 분포를 쓸 때마다 거의 늘 그 요령을 쓴다. 일반 규칙은 다음과 같다: 계의 모든 에너지 준위에서 같은 값을 빼면 볼츠만 분포는 바뀌지 않는다. 모든 에너지 준위에서 바닥상태 에너지를 빼준다. 그러면 새로운 바닥상태 에너지는 0이 되고 볼츠만 인자는 1이 된다.

그게 왜 합법적인가? 물리적으로 보면 위치 에너지의 기준점을 바꾸는 것으로 볼 수 있다 (늘 임의로 정함). 수학적으로 문제 21에서 이러한 기준점 이동의 결과 볼츠만 인자와 분배 함수 Z에 같은 인자가 붙어 확률은 바뀌지 않음을 보여준다.

볼츠만 분포 규격화

앞의 예는 볼츠만 분포를 써서 "바닥상태가 에너지가 더 높은 각각의 미시적 상태보다 확률이 7배 더 큼"과 같은 상대적 확률을 셈하는 방법을 보여준다. 각 상태의 실제 확률을 알려면 분배 함수 Z를 구해야 한다. 짐작하듯이 이것은 규격화 문제이다: 미지수 Z를 포함하여 모든 미시 상태에 대한 확률을 더하여 그 합을 1로 정한다.

능동 읽기 연습: 볼츠만 분포 규격화

앞의 예("겹침")에서 분배 함수의 값과 바닥상태에 있는 계를 찾을 확률을 구하라.

답은 다음을 보라: www.cambridge.org/felder-modernphysics/activereadingsolutions

이 문제를 풀면 알 수 있는 일반 규칙은 분배 함수는 허용된 모든 미시 상태에 대한 볼츠만 인자 $e^{-E/k_B T}$의 합이라는 것이다. (그래서 볼츠만 분포를 정의할 때는 $1/Z$을 쓰면 편리하다.)

예: 3-준위 계

계에 에너지가 0, 2 eV, 5 eV인 상태의 수가 각각 하나, 둘, 넷이다. 주변 온도가 1200 K일 때 에너지가 2 eV에 있을 확률을 구하라.

답: 먼저 $k_BT = 0.103$ eV를 셈한다. 바닥상태의 볼츠만 인자는 $e^0 = 1$이다. (계의 바닥상태 에너지를 0으로 잡으면 볼츠만 인자는 늘 1이다.) 2 eV 상태의 볼츠만 인자는 $e^{-(2\,\text{eV}/(0.103\,\text{eV})} = 0.380$, 5 eV 상태의 볼츠만 인자는 $e^{-(5\,\text{eV}/(0.103\,\text{eV})} = 0.00794$이다.

분배 함수는 7개의 볼츠만 인자의 합이다.

$$Z = 1 + 2(0.380) + 4(0.00794) = 1.792.$$

각 2 eV 미시 상태의 확률은 볼츠만 인자를 분배 함수로 나눈 값이다. 2 eV 상태에 있을 확률은 두 미시 상태에 있을 확률을 더한 값이다.

$$P = \frac{2e^{-E/(k_BT)}}{Z} = \frac{2(0.380)}{1.792} = 0.42$$

따라서 계가 에너지 2 eV인 상태에 있을 확률은 42%이다. (바닥상태에 있을 확률은 56%, 5 eV인 상태에 있을 확률이 2%이므로 확률을 모두 더하면 1이 되는 것도 확인할 수 있다.)

볼츠만 분포는 어디에서 오는가?

위에서 물 잔이 에너지가 높은 상태 보다는 낮은 상태에 있을 확률이 더 큰 까닭은 그 에너지 차이를 주변의 창고에 보낼 수 있기 때문이라고 했다. 다음 능동 읽기 연습에서는 그 논리에 살을 붙인다.

능동 읽기 연습: 작은 계, 큰 창고

창고와 접촉한 작은 계 S를 살펴보자. 창고는 원자 1,000개로 되어 있고, 각 원자의 에너지는 0, ϵ 또는 2ϵ 등이 될 수 있다. 전체 계(S와 창고의 합)의 에너지는 2ϵ이다.

1. 계 S가 에너지 ϵ인 미시 상태(M_1)에 있다고 하자. 창고의 에너지는 얼마인가? 창고에 허용된 미시 상태는 몇 개인가?
2. 이제 계 S가 에너지 2ϵ인 미시 상태(M_2)에 있다고 하자. 창고의 에너지는 얼마인가? 창고에 허용된 미시 상태는 몇 개인가?

다음 두 물음에 답할 때 볼츠만 분포를 쓰지 말고, 대신 결합된 계(S와 창고의 합)가 통계 역학의 근본 가정을 따른다는 사실을 써라.

3. 위에서 얻은 답을 바탕으로 계 S가 미시 상태 M_2보다 미시 상태 M_1에 있을 확률이 더 크다고 결론짓는 것이 합리적인가?
4. 위에서 얻은 답을 바탕으로 계 S 에너지가 2ϵ보다는 ϵ일 확률이 더 크다고 결론짓는 것이 합리적인가?

처음 두 물음의 답은 다음을 보라: www.cambridge.org/felder-modernphysics/activereadingsolutions

아래에서 마지막 두 물음에 대한 답이 각각 "예"와 "아니오"인 이유를 설명한다.

3: 계 S의 두 가지 특정 미시 상태를 비교할 때 에너지가 낮은 쪽이 확률이 더 크다. 왜? 창고에 더 많은 에너지를 남기기 때문이다. 에너지 준위가 더 많으면 허용된 미시 상태가 더 많고 그러면 확률이 더 커진다.

4: 그러므로 에너지가 더 낮은 준위가 늘 확률이 더 크다고 결론지을 수 없다. 왜냐하면 계 S는 에너지가 더 높은 미시 상태가 더 낮은 미시 상태 보다 더 많을 수 있기 때문이다.

4의 요점은 431쪽에서 예로 든 "겹침"이다. 계가 어느 한 미시 상태에 있을 확률은 저에너지 쪽이 고에너지 쪽의 7배이지만, 미시 상태의 수는 고에너지 쪽이 저에너지 쪽의 10배였다. 볼츠만 인자는 계의 미시 상태 낱낱의 상대적 확률을 알려준다. 계가 어떤 에너지를 가질 상대적 확률은 그 에너지에 대한 볼츠만 인자 곱하기 그 에너지의 겹침이다.

숨 돌리기: 볼츠만 분포는 언제 쓰는가?

볼츠만 분포는 물 한 잔, 구리 뭉치 또는 건물에 대한 미시 상태 확률을 결정할 수 있으며, 각각은 훨씬 더 큰 창고와 접촉한 계이다.

기체가 든 통을 밀봉하고 단열시킨 경우에는 기체의 미시 상태에 볼츠만 분포를 쓸 수 없다. 그러나 기체의 각 분자를 더 큰 창고, 즉 나머지 기체와 접촉하는 계로 볼 수 있다. 볼츠만 분포의 가장 일반적인 쓰임새는 거시적 계 내부의 개별 입자, 원자 또는 분자에 대한 것이다.

다른 주의할 점은 429쪽의 볼츠만 분포의 정의에 넣은 "평형"이라는 단어이다. 돌을 뜨거운 불 속에 넣으면 원자의 평균 에너지가 불에 들어가기 전보다 훨씬 더 높아질 것이다. 그 돌을 꺼내어 추운 방으로 옮겨 오면 이제 온도의 창고와 접촉하지만 돌 자체는 여전히 에너지가 상당히 높은 미시 상태에 있다. 돌이 방의 공기와 열평형을 이룰 때까지는 돌에 볼츠만 분포를 쓸 수 없다. 이것은 엔트로피에 대한 논의와 매우 유사하게 들릴 것이다; 계가 처음에는 저-엔트로피 상태에 있을 수 있지만 시간이 충분히 지나면 엔트로피가 가장 높은, 허용된 거시 상태로 이동한다.

볼츠만 분포를 단일 원자 또는 분자에 적용할 때 허용된 상태에 이르는 시간은 대체로 초 단위 이하이다. 반면에 돌이 평형에 이르는 데는 몇 시간 또는 몇 날이 걸릴 수 있다.

10.4.3 물음과 문제: 볼츠만 분포

개념 물음과 개념시험

1. 아래의 각 양이 무엇을 나타내는지에 간단히 설명하고, 그것을 재는 단위를 제시하라.

(a) e^{-E/k_BT}("볼츠만 인자")

(b) Z("분배 함수")

2. 볼츠만 인자 e^{-E/k_BT}에서,

(a) E는 무엇의 에너지인가?

(b) T는 무엇의 온도인가?

3. 볼츠만 분포는 어떤 상황에서 계에 적용되는가?

4. 온도 T인 방에 뜨거운 물 한 잔과 차가운 물 한 잔이 있다. 다음 중 미시 상태의 확률을 설명하는 것은 무

엇인가? (하나를 골라라.)

A. 둘 다 같은 창고와 접촉하므로 볼츠만 분포에서 뜨거운 물 잔이 어떤 미시 상태에 있을 확률이 찬 물 잔이 그에 대응되는 미시 상태에 있을 확률과 같다.

B. 뜨거운 물 잔의 확률 분포는 찬 물 잔의 확률 분포보다 높은 에너지 상태에 대한 가중치가 더 높으므로 둘 중 하나 또는 둘 다 온도 T인 볼츠만 분포를 따르지 않는다.

C. 둘 다 확률 분포는 같지만 한 물 잔이 다른 물 잔 보다 더 뜨겁다는 사실은 뜨거운 물 잔이 찬 물 잔 보다 에너지가 더 높은 미시 상태에 무작위로 도달했음을 알려준다.

D. 두 물 잔이 환경과 열평형을 이룰 때까지는 미시 상태의 확률을 따지는 것이 의미 없다.

5. 온도 T인 창고와 열평형을 이룬 계에 입자가 10개 있고, 입자마다 허용된 미시 상태가 30개 있는데, 모두 에너지가 다르다.

(a) 이 계가 $T \to 0^+$에 접근할 때의 상태를 기술하라.

(b) 이 계가 $T \to \infty$에 접근할 때의 상태를 기술하라.

(c) 전체 계가 바닥상태보다 첫째 들뜬 상태에 있을 확률이 더 큰 온도가 있는가?

(d) 이 입자들이 파울리 배타 원리를 따른다면 답이 어떻게 바뀔까?

6. 상자성체가 N개의 원자로 구성되며, 원자마다 에너지는 0 또는 ϵ이 될 수 있다. 들뜬 상태에 있는 원자 수의 $\lim_{T\to\infty}$ 의 극한값을 구하라. (하나를 고르고 볼츠만 분포를 써서 답을 설명하라.)

A. 0

B. $N/2$ 미만, 0 보다는 많음.

C. $N/2$

D. $N/2$ 이상 N 미만

E. N

7. 방 안 공기는 바깥의 훨씬 더 큰 공기 창고와 접촉하는 작은 계로 볼 수 있다. 방은 바깥과의 접촉을 빼고는 난방이나 냉방을 하지 않으며 바깥 공기는 일정한 온도를 유지한다고 하자. 방 안 공기 분자가 허용되는 가장 낮은 에너지 상태인 방바닥에 가라앉지 않는 이유는 무엇인가?

8. 작은 계가 큰 창고와 에너지를 교환할 수 있을 때 작은 계는 에너지가 낮은 미시 상태에 있을 확률이 에너지가 높은 미시 상태에 있을 확률 보다 크다. 그것은 창고의 고에너지 미시 상태가 저에너지 미시 상태보다 확률이 더 높음을 뜻하는가?

심층 토론

9. 수소 원자는 $E = -13.6$ eV인 바닥상태가 둘 이고 에너지가 차츰 0에 가까워지는 들뜬 상태는 한없이 많다. 0이 아닌 온도에서는 겹침을 고려하면 볼츠만 분포는 모든 수소 원자가 들뜬 상태에 있음을 시사하지만, 실제로는 실온에서 거의 모든 수소 원자는 바닥상태에 있다. 왜?

문제

10. 에너지가 0인 상태 하나, 0.1 eV인 상태 2개, 에너지 0.5 eV인 상태 4개인 계가 있다. 주변 온도는 1200 K이다.

(a) 이 계에 허용된 미시 상태 7가지 각각에 대해 볼츠만 인자 e^{-E/k_BT}를 셈하라.

(b) 정해진 미시 상태의 확률은 볼츠만 인자를 분배 함수 Z로 나눈 값이다. 분배 함수를 셈하여 확률 분포를 규격화하라.

(c) 계가 $E = 0.1$ eV인 미시 상태 중 어느 한 상태에 있을 확률은 얼마인가?

(d) 계의 에너지가 $E = 0.1$ eV일 확률은 얼마인가?

11. 상자성체가 외부 자기장 속에 있다. 각 원자의 에너지는 0 또는 0.02 eV일 수 있다. 온도가 300 K일 때 더 높은 에너지 상태에 있는 원자의 비율은 얼마인가? **실마리:** 어떤 상태에 있는 비율은 개별 원자가 그 상태에 있을 확률과 같다.

12. 창고와 열평형을 이룬 계의 경우 에너지가 충분히 높은 미시 상태에는 거의 갈 수 없다고 봐도 된다. 온도가 높을수록 갈 수 없는 에너지 준위가 높아진다. 아래의 온도에서 볼츠만 인자가 0.001 이하가 되려면

에너지가 얼마나 높아야 하는가? …

(a) $T = 100$ K(매우 차가움)?

(b) $T = 300$ K(실온)?

(c) $T = 1000$ K(매우 뜨거움)?

(d) 볼츠만 인자가 0.001인 미시 상태에 대해 물리적으로 무엇을 말할 수 있는가? **실마리:** 대답은 "계가 이 미시 상태에 있을 확률은 0.001이다"가 아니다.

13. 키틀(Charles Kittel)은 다음과 같은 DNA 모형을 제안했다.[6] DNA 가닥은 끝에서 잡아당겨 풀 수 있는 지퍼와 같다. DNA의 바닥상태는 완전히 물려 있다(잠김). 고리 하나가 풀리면 에너지는 약 0.3 eV 증가한다. 이렇게 풀린 고리는 온갖 방향을 향할 수 있으므로 이 준위의 겹침은 약 10,000이다. 요컨대, DNA는 겹치지 않은 바닥상태와 10,000-겹의 들뜬 상태가 있으며, 그 에너지는 바닥상태보다 0.3 eV 높다. 이 첫째 들뜬 에너지 준위 이상의 에너지 상태를 무시하면, DNA 분자의 몇 퍼센트가 섭씨 37°(체온)에서 바닥상태(완전히 잠김)에 있는가?

14. 수소 원자에는 2개의 바닥상태(각 전자 스핀에 대해 하나씩)와 에너지가 바닥상태보다 약 10 eV 높은 첫째 들뜬 상태 8개가 있다. 어떤 온도에서 수소 원자가 첫째 들뜬 상태와는 바닥상태에 있을 확률이 같을까?

15. "참"이라는 새로운 분자가 발견되었다. 바닥상태는 겹치지 않는다. 첫째 들뜬 상태는 겹침이 3인데, 이는 그 에너지의 분자상태가 셋 있음을 뜻한다. 첫째 들뜬 상태의 에너지는 바닥상태의 에너지보다 0.10 eV 높다. 다음 들뜬 상태는 6겹 상태이며 바닥상태의 에너지보다 0.15 eV 높다. 더 이상 높은 에너지 준위는 없다.

(a) 실온(298 K)에서 참 분자의 첫째 들뜬 에너지 준위의 비율을 구하라.

(b) 천문학자가 성간 먼지 구름의 분광선을 살펴보니 바닥상태와 첫째 들뜬 상태에 있는 참 분자의 수의 비율이 5:1이었다. 이 먼지 구름의 온도는 몇 도인가?

16. 수소 원자는 바닥상태가 둘이다 (전자 스핀당 하나씩). 다음 에너지 준위는 바닥상태보다 10.2 eV 위인 상태 8개, 그 다음 에너지 준위는 바닥상태보다 12.1 eV 위인 상태 18개이다.

(a) 수소 원자가 1000 K 기체로 둘러싸여 있다. 첫째 들뜬 상태 이상의 모든 상태를 무시하고 원자가 첫째 들뜬 상태에 있을 확률을 구하라.

(b) 그 다음 에너지 준위를 넣으면 (a)에 대한 답이 크게 바뀔까? 그것을 어떻게 아는가?

(c) 기체가 300 K(상온)에 있다고 보고, 그리고 다시 5000 K에 있다고 보고 (a)를 반복하라. 수소 원자의 특성은 온도에 따라 어떻게 변하는가?

17. 계 A는 두 입자로 구성되며 입자마다 허용된 세 상태의 에너지는 각각 0, ϵ 또는 2ϵ이다. 계 B는 세 입자로 구성되며 입자마다 허용된 두 상태의 에너지는 각각 0과 2ϵ이다. 그림 10.14를 보라.

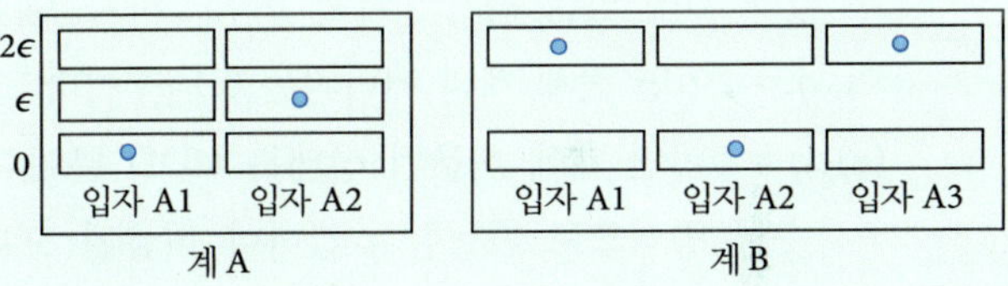

그림 10.14

각 계의 에너지를 $E = q\epsilon$로 쓸 수 있다. 변수 q는 계에 있는 에너지가 몇 단위인지를 나타내는 무차원 수이다. 예를 들어, 위 그림의 상태에서 $q_A = 1(E_A = \epsilon)$ 및 $q_B = 4(E_B = 4\epsilon)$. (이는 단지 예일 뿐이므로, 이 문제에서 $q_A = 1$ 및 $q_B = 4$라고 가정하지 마라.)

(a) 두 계는 서로 접촉하고(즉, 에너지를 교환할 수 있음) 결합된 계의 총 에너지는 4ϵ이다. 오래 기다린 다음 두 계를 살펴보면 두 계가 에너지를 고르게 분배(즉, 각각 두 에너지 단위)할 확률은 얼마인가?

(b) 이제 계 A를 제거하고 계 B를 온도 $T = 10,000$ K인 열창고와 접촉시킨다고 하자. 일단 평형에 이

6 Kittel, C., *Am. J. Phys.* **37**, 917(1969).

르면 계 B의 에너지가 2 단위일 확률은 얼마인가? ($\epsilon = 1$ eV로 가정하라.)

18. 물 분자는 두 수소 원자가 서로 다가갔다 멀어지며 진동할 수 있다. 양자역학적으로 이 진동은 단순 조화 진동자(겹침이 없는 등간격의 에너지 준위)와 같다. 에너지 간격은 대략 0.2 eV이다. 이 문제에서는 단순히 물 분자에게는 처음 세 상태만 허용된다고 가정한다: 바닥상태, 첫째 및 둘째 들뜬 상태.

(a) 일반적인 방에서 첫째 들뜬 상태에 있는 물 분자의 백분율을 구하라.

(b) 셋째 들뜬 상태 이상은 무시하는 것이 좋은 근사였는가? 답에 대해 설명하라.

(c) 추정 온도가 대략 5000 K인 지구의 중심부에 있는 물 분자를 생각하자. 셋째 들뜬 상태 이상을 무시하는 것이 여전히 좋은 근사일까? 이 답에 대해서는 셈을 하여 설명하라.

19. 원자 3개로 된 상자성체를 살펴보자. 각 원자(외부 자기장로 인해)는 에너지 0(D) 또는 0.05 eV(U)에 있을 수 있다. U에 있는 원자의 수를 q라고 하자. 예를 들어, $q = 2$이면 전체 계의 에너지는 0.1 eV이다.

(a) $q = 0$이면 계에 허용된 상태는 DDD 뿐이다. 비슷한 방식으로 가능한 q 값마다 허용된 모든 미시 상태를 나열하라.

(b) 주변이 20°C일 때 상자성체가 $q = 1$일 확률을 구하라.

20. 단순 조화 진동자의 에너지는 0, $\hbar\omega$, $2\hbar\omega$, $\cdots$ 등이 될 수 있다. [대체로 이들 각각에 바닥상태 에너지 $(1/2)\hbar\omega$가 더 있지만 여기에서는 바닥상태 에너지를 0으로 정의한다.] $|x| < 1$이면 무한 급수 $1 + x + x^2 + x^3 + \cdots$가 $1/(1-x)$에 수렴한다는 사실을 써서 이 계의 분배 함수를 구하라. 그 다음 에는 이를 써서 $\hbar\omega = 0.01$ eV이고 주변 온도가 400 K일 때 단순 조화 진동자가 둘째 들뜬 상태($E = 2\hbar\omega$)에 있을 확률을 셈하라.

21. 바닥상태 이동

양자역학 계에 바닥상태 E_0와 들뜬 상태 E_1의 두 상태만 있다고 하자. 계는 온도 T인 열창고와 접촉한다.

(a) 계가 들뜬 상태에 있을 확률에 대한 식을 써라.

(b) 이제 바닥상태 에너지를 0으로 잡으면 들뜬 상태 에너지는 $E_1 - E_0$이다. 이 새로운 에너지를 써서 계가 들뜬 상태에 있을 확률을 다시 셈하고 답이 (a)에서 얻은 것과 같음을 보여라.

22. 탐색: 볼츠만 분포 유도

온도 T인 열창고와 접촉한 작은 계 S의 에너지가 E_A 및 E_B인 두 미시 상태를 살펴보자. 목표는 계가 이들 미시 상태 중 하나에서 있을 확률이 e^{-E/k_BT}에 비례함을 보이는 것이다. 이는 두 상태에 있을 확률의 비가 $P_A/P_B = e^{-E_A/k_BT}/e^{-E_B/k_BT}$라고 말하는 것과 같다.

(a) 계가 상태 A와 B에 있을 때의 열창고의 다중도를 각각 Ω_A와 Ω_B라 하자. 비 P_A/P_B를 Ω_A와 Ω_B로 나타낸 다음 그것을 다중도 대신 열창고의 엔트로피로 고쳐 써라. 지수 함수의 속성을 써서 두 창고 상태의 엔트로피 차이로 $\Delta S_R = S_{R,\,B} - S_{R,\,A}$로 나타내라.

(b) 온도는 $T = 1/(dS/dE)$로 정의 되는데, $T = \Delta E/\Delta S$로 근사할 수 있다. 한없이 큰 창고의 극한에서 이 근사값가 정확해지는 이유를 설명하라. **실마리:** 이 한계는 온도가 일정한 창고에 해당함을 기억하라.

(c) $T = \Delta E_R/\Delta S_R$을 써서 P_A/P_B를 ΔE_R 및 T로 나타내라.

잠시 숨을 돌리고 이 모든 변수에 담긴 내용을 기억하자. P_A와 P_B는 계가 미시 상태 A와 B에 있을 확률이다. 다른 변수는 대부분 창고에 관한 것이다. 예를 들어, ΔE_R은 작은 계의 상태가 A에서 B로 바뀔 때의 창고 에너지의 변화이다.

(a) $\Delta E = E_B - \mathrm{E}_A$를 작은 계의 두 상태의 에너지 차이라 하자. ΔE는 ΔE_R과 어떤 관계인가?

(b) P_A/P_B를 ΔE로 나타내라. (답에 창고 온도 T가 들어간다.)

(c) 끝으로 P_A/P_B를 ΔE가 아니라 개별 에너지 E_A와 E_B로 다시 나타내라. 그 결과가 볼츠만 분포가 될 것이다.

10.5 볼츠만 분포의 응용

볼츠만 분포는 에너지 준위를 바탕으로 개별 미시 상태의 확률을 예측한다. 그러나 이 장의 첫 부분에서 강조했듯이 방 안 공기의 미시적 상태는 잴 수 없다. 볼츠만 분포는 유용하고 믿을 수 있다. 이 절에서는 볼츠만 분포가 실험적으로 검증할 수 있는 세 가지 물음에 대한 답으로 이어짐을 볼 것이다.

정해진 온도의 기체에 대해 …

1. 기체 분자의 평균 열 에너지?
2. 기체의 열용량?
3. 분자 속도의 분포 함수?

평균 열 에너지는 이 책의 뒷부분과 뒷장에서 중요한 개념이다. 열용량은 11장에서 다시 나오는데, 분자 속도 분포는 이 책의 다른 곳에서는 다루지 않는다.

10.5.1 발견 연습: 완벽하게 고른 상태 밀도

허용된 에너지 준위가 다음 셋인 계를 살펴보자: $E = 0, 3k_BT, 6k_BT$.

각각의 준위는 딱 하나의 미시 상태를 나타내며 그 확률은 볼츠만 분포 $P = (1/Z)e^{-E/k_BT}$를 따른다.

1. 기댓값 공식은 다음과 같다.

$$\langle E \rangle = \sum_E EP(E)$$

이 계의 에너지 기댓값을 셈하라. 답은 소수에 k_BT를 곱한 꼴이어야 한다.

다음을 보라:

www.cambridge.org/felder-modernphysics/checkyourself, Check Yourself #16

2. 결과가 뜻하는 바를 다음 꼴의 문장으로 간단히 설명하라: "이 입자 백만 개를 쟀다면, …"

10.5.2 설명: 볼츠만 분포의 응용

이 절의 쓰임새는 모두 거시적 계에서 하나의 입자, 원자 또는 분자에 볼츠만 분포를 적용한 것을 바탕으로 한다.

평균 에너지

분자로 채워진 기체와 같은 입자 집합을 고려하자. 개별 분자는 볼츠만 분포를 따르는 "계"이며 기체 자체가 창고 구실을 한다. 그 입자들의 **평균 열 에너지**는 얼마인가? ("열 에너지"는 위치 에너지나 운동 에너지가 아니라 거시적으로 "온기"로 느끼는 내부 에너지를 말함을 기억하자.)

이 물음에 대해 두 가지 답을 제시하겠다. 첫째 답은 자세히 설명할 상당히 넓은 조건에 맞는 계에 대한 대략적인 크기 근사값을 제시한다. 둘째는 더 좁게 정한 조건에서 더 정확한 답을 제시한다.

볼츠만 인자의 곡선을 보면 첫째의 대략적인 답을 얻을 수 있다. 그림 10.15는 개별 미시 상태의 에너지가 증가함에 따라 그 상태에 있을 확률이 어떻게 감소하는지 보여준다. 바닥상태를 $E = 0$으로 정의했다. § 10.4에서 설명했듯이 모든 에너지 준위에서 바닥상태의 에너지를 뺄 수 있으며 그래도 셈한 확률은 바뀌지 않는다.

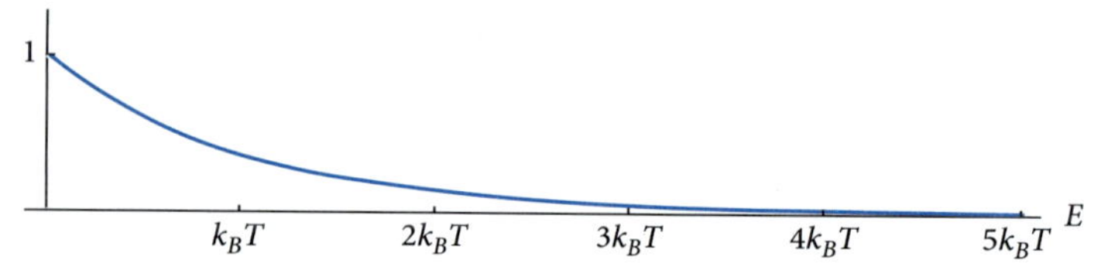

그림 10.15 볼츠만 인자 e^{-E/k_BT}.

그림 10.15는 에너지가 k_BT에 가깝거나 그 이하인 미시 상태에는 상대적으로 자주 머물지만, k_BT 보다 훨씬 높은 미시 상태에는 머무는 일은 드물다는 것을 나타낸다. 따라서 다음 지침이 나온다.

> 입자의 평균 열 에너지는 일반적으로 바닥상태보다 k_BT 정도 높다.

기호 ~를 써서 크기 정도의 추정값을 나타내어 $E \sim k_BT$로 쓴다.

이 일반 지침이 늘 적용되지는 않는다.

능동 읽기 연습: $E \sim k_BT$ 지침

입자 계가 볼츠만 분포를 따른다고 하자. 즉, 입자마다 에너지 E인 상태에 있을 확률이 e^{-E/k_BT}에 비례한다. 각 입자의 평균 에너지가 대략 k_BT라는 결론을 내리려면 어떤 가정을 추가해야 하는가?

아래에서는 이 물음에 대해 두 가지 중요한 답변을 제시한다. § 10.4에서 강조한 요점이므로 말하기 전에 적어도 하나는 스스로 찾아보라.

첫째 가정은 모든 에너지 준위에 대응되는 미시 상태의 수가 (적어도 대략적으로) 같다는 것이다. 볼츠만 분포는 각 에너지 준위가 아니라 각 미시 상태에 대한 확률을 제시한다는 점을 기억하자. 에너지가 낮은 미시 상태가 많고 에너지가 높은 미시 상태가 적으면 평균값이 낮아지는 경향이 있으며 그 반대의 경우도 마찬가지이다. 이것이 § 10.4에서 강조한 요점이다.

그림 10.16은 서로 다른 두 계의 모든 미시 상태를 나타내는 파란색 가로선을 그려서 이 점을 보여준다. 계 A에는 에너지가 낮은 많은 미시 상태가 많고 높은 미시 상태는 더 적다. 계 B는 그 반대이다. 두 계 모두 볼츠만 분포를 따르면 평균 에너지는 계 A가 계 B보다 낮다. 어느 쪽도 평균 에너지가 k_BT 근처가 아니다.

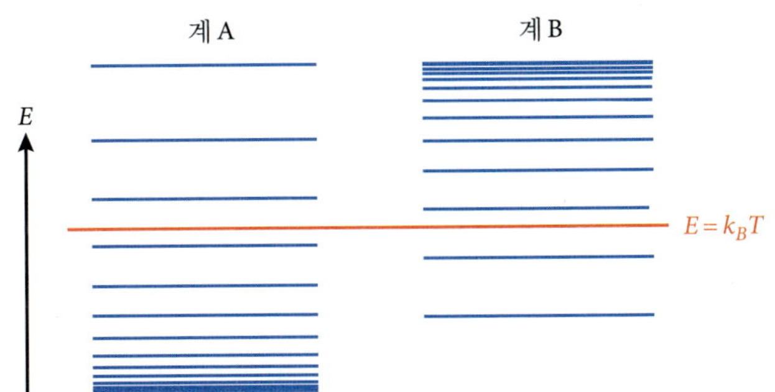

그림 10.16 파란 선은 정해진 에너지 준위의 미시 상태를 나타낸다. (준위가 겹치지 않는다고 가정한다.) 계 A는 계 B보다 평균 에너지가 훨씬 낮다.

둘째 가정은 그림 10.17의 두 계가 설명한다. 에너지 준위가 k_BT 근처에 있는 계와 그렇지 않은 계를 가려낼 수 있는가?

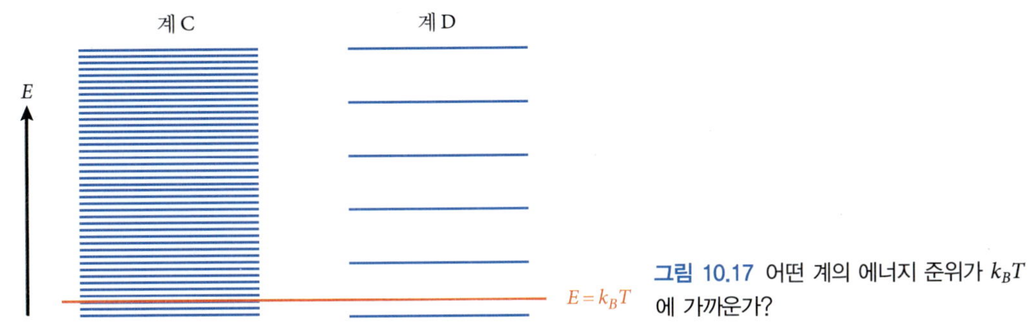

그림 10.17 어떤 계의 에너지 준위가 k_BT에 가까운가?

계 C의 에너지는 대략 k_BT와 같다. 계 C의 에너지 준위 그림을 보고 "평균이 k_BT보다 훨씬 높을 것이다"라고 생각한다면, 볼츠만 분포를 잊고 있는 것이다; 모든 높은 에너지 준위는 확률이 매우 낮다!

계 D는? 그것의 바닥상태의 볼츠만 인자는 다른 계와 마찬가지로 1이다. 그러나 첫째 들뜬 상태는 에너지가 훨씬 더 높으므로 확률이 거의 0에 가깝다. 따라서 계 D는 에너지가 0인 것이 거의 보장되어 평균 에너지가 매우 낮다. (이 절의 발견 연습을 했다면 이 결과를 얻었을 것이다.)

이것이 조금 익숙해졌는가? 이것이 3장에서 플랑크가 자외선 파탄 문제를 푼 방법이다. 그는 볼츠만 분포를 고치지 않았다. 대신 그는 에너지 준위가 불연속적이라고 제안했다. 그가 제시한 모형의 준위는 저주파에서는 계 C와 같이 촘촘하게 배치되어 고전 모형과 똑같은 평균 에너지로 이어지지만, 고주파에서는 계 D처럼 간격이 넓어서 실험 자료와 일치하는 매우 낮은 평균 에너지로 이어졌다.

이 문제는 더 많은 일상적 상황에서도 생긴다. 실온에서의 열 에너지는 대체로 분자 진동이나 전자 궤도를 바닥상태 이상으로 들띄우기에 충분하지 않다. 따라서 이러한 계와 다른 많은 계는 거의 모든 시간을 바닥상태에서 보낸다.

위의 두 가정을 "상태 밀도(density of states)"라는 용어를 도입하여 요약할 수 있는데, 이것은 단위 에너지 구간 속의 미시 상태의 수를 에너지의 함수로 나타낸 것이다:

> 볼츠만 분포를 따르는 계는 상태 밀도가 어느 정도 높고 균일하면 $E \sim k_BT$의 규칙을 따른다.

위의 계 A와 B는 상태 밀도가 불균일하며 계 D는 균일하지만 상태 밀도가 낮다. 4가지 중에서 계 C만이 평균 에너지가 k_BT 정도라고 할 수 있다.

§ 10.5.2의 앞 부분에서 평균 에너지를 추정하는 두 가지 규칙을 약속했다. $E \sim k_B T$의 규칙은 매우 거칠지만 광범위한 계에 적용된다. 더 좁은 상황에서는 더 정확한 규칙인 "등분배 정리"가 적용된다.

그 정리를 설명하려면 "자유도(degree of freedom)"라는 용어를 새로 도입해야 한다. 자유도의 엄밀한 정의는 복잡하지만 어느 정해진 때에 계의 상태를 정해주려면 명시해야 하는 변수로 볼 수 있다. 예를 들어, 공간에서 운동하는 입자는 고전적으로 x, y, z, v_x, v_y, v_z의 6개 변수로 기술한다. 힘을 받지 않는 자유 입자의 에너지는 $(1/2)m(v_x^2 + v_y^2 + v_z^2)$이다. 따라서 입자의 자유도는 6개이지만 힘을 받지 않을 때는 그 중 3개만이 에너지를 결정한다.

이 예에서 v_x, v_y, v_z를 "2차 자유도"라고 한다. 왜냐하면 에너지가 각각의 2차 함수이기 때문이다. 그리고 그 용어를 써서 등분배 정리를 제시할 수 있다.

등분배 정리

계가 온도 T인 창고와 열평형을 유지하면, 계의 자유도의 2차식인 에너지 항의 평균값은 $(1/2)k_B T$이다.

이것은 몇 가지 예를 들어 보여줄 수 있다. (아래 결과는 따로 말하지 않으면 비상대론적이다.)

- (위에서 논의한) 자유 입자는 2차 자유도가 세 개이므로 평균 열 에너지는 $(3/2)k_B T$이다.
- N개의 비상대론적 입자로 된 기체는 2차 자유도가 $3N$개이므로 열 에너지는 $(3N/2)k_B T$이다.
- 일차원 단순 조화 진동자는 2차 자유도가 2이다: $E = (1/2)mv^2 + (1/2)kx^2$. 따라서 평균 열 에너지는 $k_B T$이다.
- 수소 분자의 에너지는 다음과 같다: $E = (1/2)m(v_x^2 + v_y^2 + v_z^2) + (1/2)I(\omega_x^2 + \omega_y^2)$. (회전 방향이 왜 둘인지에 대해서는 아래에서 설명한다.) 따라서 병진 자유도 3개, 회전 자유도 2개로 자유도는 총 5개이고, 평균 열 에너지는 $(5/2)k_B T$이다.
- 상대론적 자유 입자는 자유도가 3개이지만 2차가 아니다: $KE = (1/2)mv^2$은 뉴턴 공식이다. 지침 $E \sim k_B T$는 여전히 각 자유도에 적용되지만 계수는 정확히 1/2이 아니다. 삼차원 상대론적 자유 입자의 열 에너지는 $(3/2)k_B T$가 아니라 $3k_B T$이다.

예: 공기 분자

전형적인 방 속의 질소 분자의 평균 속도를 추정하자.

(거친) 답 1: 분자의 운동 에너지가 $k_B T$ 정도라고 가정한다.

$$\frac{1}{2}mv^2 \sim k_B T \quad \rightarrow \quad v \sim \sqrt{\frac{2k_B T}{m}}$$

전형적인 실내 온도는 약 27°C이며 이는 300 K이다. 질소 분자의 질량은 약 5×10^{-26} kg이므로 $v \sim 400$ m/s이다.

(더 정확한) 답 2: 각 분자는 기본적으로 삼차원 공간에서 움직이는 자유 입자이므로 평균 열 에너지의 더 정확한 추정치는 $(3/2)k_BT$이다. 이 값을 넣고 질량은 더 정확한 값 $m = 4.65 \times 10^{-26}$ kg를 쓰면, 같은 식에서 이제 $v = 517$ m/s가 나온다. [이는 v의 평균값이 아니라 v^2의 평균값의 제곱근으로, 종종 "제평근(root-mean-square: rms)" 속도라고 한다.]

등분배 정리는 양자역학적 결과가 아니다: 관련된 모든 변수를 연속적이라고 가정한다. 양자화가 중요해지면 등분배 정리가 무너진다.

등분배 정리는 정성적으로 통계역학의 근본 가정의 또 다른 결과로 이해할 수 있다. 자유 입자와 수소 분자가 에너지를 교환하는 것을 상상하자. 에너지는 입자의 3 자유도와 분자의 5 자유도 등 8개의 통에 들어갈 수 있다. (에너지의 일부는 "x 방향으로 가는 입자"에 들어갈 수 있고 일부는 "y 방향으로 도는 분자"에 들어갈 수 있다.) 시간이 가면 각 통에 든 평균 에너지는 같아진다. 그래서 수소 분자의 평균 에너지는 입자의 평균 에너지의 5/3배가 된다. (이 인자는 또한 각 통의 상태 밀도에 따라 달라지며, 그래서 자유도의 2차항이 아닌 에너지 유형은 에너지 분포가 달라진다.)

수소 분자를 수소 원자 두 개로 쪼개면, 자유도가 늘어나 분자 자체보다 더 많은 에너지를 가질 수 있다(같은 온도에서).

열용량

§ 10.3에서 열용량을 물체를 데워 온도를 1도 높이는데 필요한 에너지로 정의했다: $C = dE/dT$. 평균 에너지에 대해 말한 내용을 바탕으로 이제 열용량을 추정할 수 있다.

능동 읽기 연습: 열용량

실온에서 대부분의 물체의 분자당 열용량의 크기를 추정하라. **실마리:** 분자당 평균 에너지에 대해 알고 있는 것을 생각해 보라.

대충 말하면, 대부분의 물체의 열 에너지는 분자(또는 원자)당 $E \sim k_BT$ 정도이다. 더 정확히 말하자면, 이것은 각 유형의 에너지(병진 운동 에너지, 회전 운동 에너지 등)에 적용되므로 E가 분자당 몇 k_BT가 될 것으로 예상된다. 따라서 분자당 열용량은 몇 k_B여야 한다.

표준 온도 및 압력에서 분자당 열용량은 공기는 대략 $2.5k_B$, 수은은 $3.4k_B$, 납은 $3.1k_B$이다. 그것들은 세 가지 매우 다른 물질(기체, 액체 및 고체)이지만 거시적 특성은 모두 볼츠만 분포로 설명할 수 있다.[7]

고체의 열용량은 11장에서 더 다루고, 여기서는 기체를 좀 더 다루겠다. 기체의 열용량을 더 정확하게 예측하려면 등분배 정리를 쓸 수 있다. 헬륨 원자 기체를 고려하자. 등분배 정리에 따르면

7 모든 물질의 비열이 거의 같다는 인상을 주려는 것은 아니다. 예를 들어, 물은 $9k_B$로 일반 물질 중 가장 높은 것에 속한다. 물 분자는 수소 결합에 의해 유지되는데, 이 결합 에너지는 열 운동에 의해 끊기기 적당한 범위에 있어서 결합 수와 열 에너지의 양이 온도에 따라 크게 변하기 때문이다. 그러나 일반 물질의 비열은 대개 $1.5 \sim 4k_B$이다.

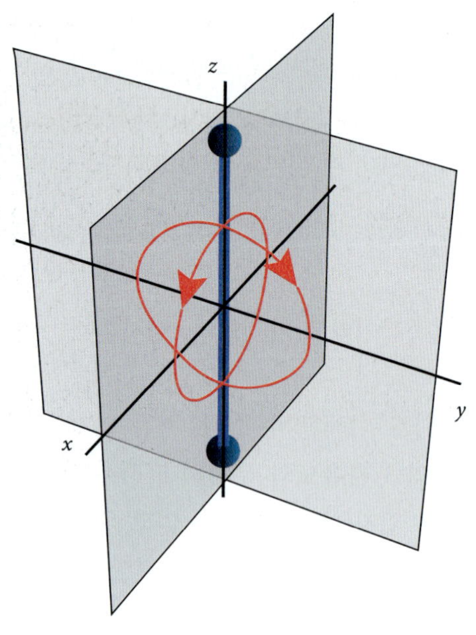

그림 10.18 수소 분자는 두 평면 안에서 회전할 수 있다. 모든 회전은 이 두 평면에서의 회전의 합으로 나타낼 수 있다.

분자의 평균 운동 에너지는 $(3/2)k_BT$이므로 헬륨 기체 원자당 열용량은 $1.5k_B$여야 한다. 측정값은 $1.505k_B$이다.

이제 수소 기체를 살펴보자. 헬륨은 불활성 기체이므로 분자를 이루지 않지만 수소는 실온에서 H_2 꼴이다. 각 분자는 (평균적으로) 여전히 $(3/2)k_BT$의 병진 운동 에너지를 갖지만 각 분자는 회전할 수도 있다. 수소 분자는 양 끝에 수소 핵이 있는 가는 막대로 볼 수 있다. 막대의 축을 z축으로 잡으면 xz 평면 또는 yz 평면에서 회전할 수 있다(그림 10.18).

수소 분자의 총 운동 에너지는 3개의 병진 운동 에너지 성분과 2개의 회전 운동 에너지 성분의 합이다: $(1/2)m(v_x^2 + v_y^2 + v_z^2) + (1/2)I(\omega_x^2 + \omega_y^2)$. 등분배 정리에 따르면 각 성분마다 평균 열 에너지가 $(1/2)k_BT$이므로 $E = (5/2)k_BT$ 및 $c = (5/2)k_B$이다. 측정 값은 $2.47k_B$이다.

그렇지만, $T = 40$ K에서는 회전 에너지 양자를 들띄우는 데 필요한 에너지는 k_BT보다 크다. 이 상황을 회전 자유도가 "얼었다"고 한다. 즉, 회전 에너지는 그림 10.17의 계 D처럼 보인다. 첫째 들뜬 상태조차도 너무 높아 올라갈 수 없다. 그러면 3개의 자유도만 남으므로 분자당 예상 열용량은 $(3/2)k_B$로 떨어진다. 측정 값은 $1.5k_B$이다.

반대로 상온에서는 분자의 진동이 얼지만, 훨씬 더 높은 온도에서는 중요해진다.

전형적인 열용량 표에서 볼 수 있는 값은 두 가지 이유로 여기에서 제시한 값과 다르게 보인다. 첫째, 표에 보이는 값은 몰 단위의 값인데 셈은 흔히 분자 단위로 한다. 둘째, 표 값은 종종 일정한 압력에서의 열용량(재기가 더 쉬움)인 반면, 셈은 대개 일정한 부피에서의 열용량(셈하기 더 쉬움)을 한다.

맥스웰 속력 분포

많은 상황에서 분자의 평균 열 에너지가 k_BT 정도임을 보았다. 그러나 어떤 경우에는 평균값을 아는 것만으로는 충분하지 않다.

태양의 핵을 살펴보자. 그 곳은 수소가 대부분 이온화되어, 양성자와 전자가 따로 논다. 두 양성자가 충분히 세게 충돌하면 융합될 수 있고 이러한 핵융합 반응에서 에너지가 생겨 태양은 그 에너지를 빛으로 사방에 뿌린다. 태양의 핵의 온도는 약 1.5×10^7 K이므로 평균 양성자의 에너지는 $k_BT = 10^{-16}$ J 정도이다. 이는 충돌하여 핵융합을 일으키는 데 필요한 에너지의 1% 미만인 것으로 밝혀졌다.

그렇다면 태양은 왜 빛날까? 핵융합에 충분한 에너지를 가진 양성자가 꼭 평균적인 양성자일 필요는 없기 때문이다. 충분한 에너지를 가진 양성자는 조금만 있어도 된다. 태양의 핵융합을 분석하려면 양성자가 갖가지 속력을 가질 확률을 살펴봐야 한다. 이러한 확률은 볼츠만 분포에서 나온다.

능동 읽기 연습: 속력 분포의 볼츠만 인자

온도 T인 기체의 분자 질량이 m이다. 분자에게 허용된 속력은 그 분자에 허용된 미시 상태에 따라 정해진다. (위치는 무시한다.)

1. 속력이 v인 미시 상태의 볼츠만 인자는 무엇인가?
2. 실온에서 속력이 300 m/s인 질소 분자의 볼츠만 인자는 600 m/s인 질소 분자의 볼츠만 인자의 약 5배이지만, 그렇다고 속력이 300 m/s인 질소 분자의 수가 600 m/s인 질소 분자의 수의 5배는 아니다. 왜?

볼츠만 인자는 에너지 $(1/2)mv^2$에 따라 달라진다. 여기서 $v = |\vec{v}|$는 분자의 속력이다. 따라서 볼츠만 인자는 $e^{-mv^2/2k_BT}$이다. $T = 300$ K와 질소 분자의 질량을 넣으면 $v = 300$ m/s의 인자가 600 m/s의 인자의 약 5배임을 확인할 수 있다. 그렇다면 확률의 비는 왜 다른가?

입자가 어떤 에너지를 가질 확률은 볼츠만 인자와 해당 에너지의 겹침에 따라 달라진다는 점을 기억하자. 이제 복잡한 상황을 만났다. 앞의 예제에는 에너지 상태가 불연속이었지만 속력은 연속 변수이다. 따라서 겹침 대신 상태 밀도 $g(E)$를 말해야 한다.

위에서 상태 밀도를 "단위 에너지 구간에 든 미시 상태의 수"로 정의했다. 미시 상태의 연속체가 있을 때 이는 엄격한 정의가 아니지만 기본 착상은 여전히 적용된다; 어떤 에너지 구간에는 미시 상태가 더 많이 들어있고, 확률 계산을 할 때는 그것이 들어간다.[8]

연속 변수의 경우 확률 밀도의 연속 분포를 쓰고 확률은 그것의 적분 값이다. 작은 계가 온도 T인 열창고와 접촉하고, 에너지가 연속 분포를 하면 에너지가 E_1과 E_2 사이에 있을 확률은 다음과 같다:

$$P(E_1 < E < E_2) = \int_{E_1}^{E_2} g(E)e^{-E/(k_BT)}dE$$

0에서 ∞의 이 적분 값을 1로 설정하여 확률 분포를 규격화한다.

이제, 분자 속도로 돌아가서 문제 26에서 상태 밀도는 v^2에 비례하므로 분자의 속력이 v일 확률은 $v^2e^{-mv^2/2k_BT}$에 비례함을 보일 수 있다. 그것을 규격화한 것이 "맥스웰 속력 분포"이다.

맥스웰 속력 분포

온도 T인 이상 기체에서 질량 m인 분자가 속력이 v_1과 v_2 사이에 있을 확률은 다음과 같다.

$$P = 4\pi \left(\frac{m}{2\pi k_B T}\right)^{3/2} \int_{v_1}^{v_2} v^2 e^{-mv^2/(2k_BT)} dv \tag{10.5}$$

8 많은 경우 에너지 고유 상태는 이산적이다. 예를 들어, 대기의 공기 분자는 에너지가 충분하지 않아 지구 중력을 벗어나지 못한다. 따라서 에너지 고유 상태는 기술적으로는 이산적이다. 그러나 허용된 상태가 아주 촘촘히 붙어 있으면 연속적이고, 어떤 에너지 구간에서는 다른 구간보다 밀도가 더 높다고 볼 수 있다.

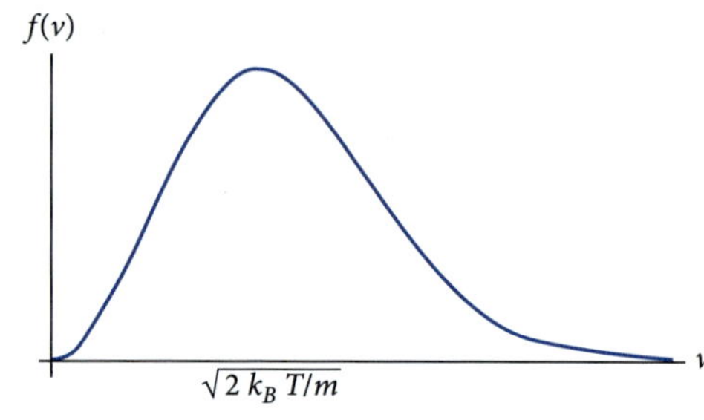

그림 10.19 맥스웰 속력 분포.

"이상 기체"라는 말은 기체 분자가 아주 잠깐 충돌할 때를 빼면 아무 힘도 주고받지 않음을 뜻한다.

그림 10.19는 분자 속력의 확률 분포를 보여준다. $T=0$ 및 $T\to\infty$에서는 0이 되고 $v=\sqrt{2k_BT/m}$에 봉우리가 있다. 이는 온도가 높아지면 속력이 더 빨라짐을 뜻한다(놀랍지 않다).

전자가 구리 뭉치에서 빠져나갈 확률을 맥스웰 속력 분포를 써서 셈하는 것으로 이 절을 마무리하자. 문제 18에서는 처음에 시작한 각본인 태양에서의 양성자 융합에 같은 기법을 쓸 수 있다.

예: 구리 탈출

구리 뭉치 속의 자유 전자는 대략 이상 기체로 볼 수 있다. 전자가 뭉치의 표면에 접근하여 구리를 벗어나려면 약 5 eV의 운동 에너지가 필요하다. (광전 효과에 대한 설명을 기억한다면 이 에너지를 구리의 "일 함수"라고 할 수 있다.) 구리 뭉치를 1000K(큰 모닥불)로 가열하면 전자가 탈출하는데 충분한 에너지를 가질 확률은 얼마인가?

답: 문제는 전자의 에너지가 일함수보다 크거나 같을 확률을 묻는다. $E=(1/2)mv^2$을 쓰면 필요한 속력은 $v_{최소}=1.325\times10^6$ m/s이고,

$$P=4\pi\left(\frac{m}{2\pi k_BT}\right)^{3/2}\int_{v_{최소}}^{\infty}v^2e^{-mv^2/(2k_BT)}dv$$

이다. $T=1000$ K를 넣고 이 적분을 셈하면 $P=6\times10^{-25}$이다. 즉, 0에 매우 가깝다. (그런데 구리가 녹는 온도는 약 1350 K로, 전자가 열 운동으로 탈출할 수 있는 온도보다 훨씬 낮다.)

10.5.3 물음과 문제: 볼츠만 분포의 응용

개념 물음과 개념시험

1. $E\sim k_BT$ 공식을 써서 근사 셈을 할 수 있다. (적용되는 것을 모두 고르고 간단히 설명하라.)
   A. 고립된 거시 계의 모든 입자의 평균 에너지.
   B. 고립된 거시 계의 모든 입자의 최대 에너지.
   C. 열창고와 접촉하는 작은 거시 계의 모든 입자의 평균 에너지.
   D. 열창고와 접촉하는 작은 거시 계의 모든 입자의 최대 에너지.
2. 본문에서는 태양의 핵융합을 볼츠만 분포를 써서 분석했다. 볼츠만 분포가 적용되는 계의 일반 유형은 무엇이며 태양이 해당 기준에 맞는 이유는 무엇인가?
3. 에너지가 k_BT보다 훨씬 큰 미시 상태는 거의 생기지 않는다고 했지만 에너지의 영점은 늘 마음대로 잡을 수 있다. 바닥상태 에너지를 k_BT보다 훨씬 높게 정의해도 발생 확률이 낮아지지 않는다. 그 사실이 볼츠만 분포와 어떻게 맞는지 설명하라.
4. 주변의 공기에서 어느 것이 더 빨리 움직일 것으로 예상하는가? (하나를 골라 설명하라.)
   A. 수소 분자
   B. 질소 분자

C. 둘 다 평균 속력이 같다.

5. (a) 수소의 열용량이 실온보다 40 K에서 더 작은 이유는?
(b) 약 1000 K 이상의 온도에서 수소의 열용량은 실온 값 이상으로 커진다. 왜?
(c) 방금 한 설명을 생각할 때 고온에서 수소 분자당 열용량은 얼마가 될까? (하나를 고르고 답을 간단히 설명하라.) **실마리:** 전자 들뜸 및 상대론적 효과는 무시할 수 있다.
A. $3k_BT$
B. $(7/2)k_BT$
C. $4k_BT$
D. $> 4k_BT$

6. 다음을 분자당 열용량이 가장 큰 것부터 차례대로 늘어 놓아라. (불활성 기체의 경우 "분자"를 "원자"로 읽어라.) 어떤 경우에는 두 값이 거의 같을 수 있다. 추론의 근거를 설명하라.
A. 상온의 헬륨
B. 실온의 수소
C. 10 K의 헬륨
D. 10 K의 수소

7. 물 분자는 가운데 산소 원자를 두고 양쪽에 수소 원자가 조금 꺾여 있다. 이 정보만을 바탕으로 다음 중 상온에서 수증기의 분자당 열용량을 가장 잘 예측한 것은 무엇인가? (하나를 고르고 답을 간단히 설명하라.)
A. $(1/2)k_B$
B. k_B
C. $(3/2)k_B$
D. $(5/2)k_B$
E. $3k_B$

8. 철수는 영희에게 특정 기체의 맥스웰 속력 분포를 셈해보면 200 m/s에서 1/3이므로 그 기체의 분자가 속력 200 m/s로 움직일 확률이 1/3이라고 말했다. 영희는 한숨을 쉬었다. "철수야, 그런 뜻이 전혀 아니야." 철수의 주장에서 무엇이 틀렸으며, 그 결과를 어떻게 해석했어야 할까?

9. 맥스웰 속력 분포가 $v = 0$ 및 $v \to \infty$에서 0이 되는 이유를 설명하라. 공식이 그렇다는 사실을 말하지 말고, 물리적으로 설명하라. 각 극한에 대해 한 두 개의 짧은 문장이면 충분하다.

10. 맥스웰 속력 분포가 이상 기체(힘을 받지 않는 분자 기체)에만 적용되는 이유는 무엇인가? 다시 말해, 이 공식에 대한 논리의 어떤 단계에서 분자가 서로 또는 외부로부터 힘을 받는다면 맞지 않을까?

11. 이상기체 분자에서 다음 속력을 빠른 것부터 차례로 나열하고 어떻게 아는지 설명하라. $\langle x \rangle$는 x의 평균값이다. 셈하지 않고도 그림 10.19를 보면 이 물음에 답할 수 있다. **실마리:** 둘은 같지 않다.
A. 맥스웰 속력 분포의 봉우리 속력
B. $\langle v \rangle$
C. $\sqrt{\langle v^2 \rangle}$

12. 441쪽에서 다음과 같이 썼다: "수소 분자를 수소 원자 두 개로 쪼개면, 자유도가 늘어나 분자 자체보다 더 많은 에너지를 가질 수 있다." 이것이 왜 에너지 보존 법칙에 어긋나지 않는가?

심층 토론

13. 분자 10^{23}개로 된 기체의 전형적인 열 에너지는 10^{23} k_BT이다. 그런데, 통 속의 기체의 미시 상태는 볼츠만 분포를 따른다. 그렇다면 분자 하나의 에너지가 대략 k_BT라는 논리가 기체 전체의 에너지가 대략 k_BT라는 논리로 연결되지 않는 이유는 무엇인가?

14. 수소 원자로 된 기체는 특정 온도 T_I 이상에서 이온화된다. 다음 중 온도 T_I에 대한 설명으로 옳은 것 하나를 고르고 간단히 설명하라.
A. $k_BT_I \ll 13.6$ eV
B. $k_BT_I \approx 13.6$ eV
C. $k_BT_I \gg 13.6$ eV

문제

15. 금속 안에는 어느 한 원자에 묶여있지 않고 금속 전체를 자유롭게 다닐 수 있는 자유 전자가 있다. 다음

물음은 700°C의 도가니에 있는 철 뭉치에 관한 것이다. 답의 크기 정도를 대략 추정할 수 있지만 이를 뒷받침하는 셈을 보여야 한다.

(a) 그 철 뭉치에 있는 자유 전자의 전형적인 에너지는 얼마인가?

(b) 그 철 뭉치에서 자유 전자의 전형적인 속력은 얼마인가?

16. 440쪽의 "공기 분자" 예에서 방정식 $E \sim k_B T$를 써서 일반적인 방에서 질소 분자의 평균 속력을 추정했다.

(a) 전형적인 속력은 517 m/s로 예측했다. 분자의 속력이 그 값의 50 m/s 안에 있을 확률은 얼마인가?

(b) 정해진 분자의 속력이 평균 속력의 두 배 이상일 확률은 얼마인가?

17. 폭 10^{-10} m인 무한 정사각 우물에 많은 전자가 갇혀 있다. (부록 C에서 무한 정사각 우물에 관한 공식이 있다.) 들뜬 상태에 있는 전자의 비율이 눈에 띄게 늘어나는 온도는 몇도로 예상하는가? 답을 대략 추정할 수 있지만 이를 뒷받침하는 셈을 보여야 한다.

18. 태양의 핵에 있는 양성자가 다른 양성자와 부딪친다. 간단히 둘째 양성자는 애초에 서 있다고 하자. 태양의 핵의 온도는 1.5×10^7 K이다. 두 양성자가 충분히 가까워져 융합하려면 움직이는 양성자의 운동 에너지는 적어도 1.24×10^{-14} J은 되어야 한다. 아래 문제의 답의 크기 정도를 추정할 수 있지만 뒷받침하는 셈을 보여야 한다.

(a) 두 양성자가 융합할 확률을 추정하라.

(b) 태양의 전형적인 양성자는 초당 약 1번씩 충돌한다. (a)의 답이 정해진 충돌에서 핵융합이 일어날 확률을 제공한다고 하고 일반적인 양성자가 융합될 때까지 걸리는 시간을 추정하라.

(c) 10^8 K의 온도로 핵반응로에 대한 셈을 다시 하라. (몇몇 핵융합 반응로는 잠깐 동안은 이 온도에 도달했지만, 그 반응은 복잡하므로 이 간단한 분석에서 얻을 수 있는 값을 너무 중요하게 생각하지 말아야 한다. 답을 얻으면 이러한 공식의 온도에 대한 변화를 알게 된다.)

19. 437쪽의 발견 연습에서 에너지 준위의 간격이 $\Delta E = 3k_B T$로 고른 계의 평균 에너지를 셈했다. 대략 $0.16 k_B T$를 얻었어야 한다.

(a) 여전히 세 에너지 준위를 쓰되 이번에는 $\Delta E = 6k_B T$로 잡아 연습을 반복한다. 답에 대해 간단히 설명하라.

(b) 이번에는 $\Delta E = (1/10)k_B T$인 60개의 에너지 준위를 써서 연습을 반복한다. 답에 대해 간단히 설명하라.

(c) $\Delta E \to 0$의 극한에서 합은 적분이 된다. E의 범위를 0에서 ∞로 잡아 적분을 구하라.

(a) 고전 단순 조화 진동자의 총 에너지에 대한 식을 써라.

(b) 등분배 정리는 그 진동자의 열 에너지의 평균값을 얼마로 예측하는가?

(c) 추를 용수철에 달고 방을 데워도 저절로 진동하는 것을 볼 수 없다. (b)에 대한 답과 어떻게 조화시킬 수 있는가?

(d) 어떤 상황에서 (b)의 예측이 유효하지 않을 것을 예상하는가?

21. 이 문제에서는 n이 커질 때 수소 원자의 상태 밀도의 증감을 결정한다. 답은 두 가지 인자에 따라 달라진다. (이 문제를 풀려면 부록 G를 보는 것이 좋다.)

(a) 바닥상태와 첫째 들뜬 상태의 에너지 간격, 첫째와 둘째 들뜬 상태 사이의 에너지 간격, 둘째와 셋째 들뜬 상태 사이의 에너지 간격을 적어라. 이를 바탕으로 상태 밀도가 느는지, 주는지 답하라.

(b) 이제 바닥상태, 첫째 들뜬 상태, 둘째 들뜬 상태로 나타내는 미시 상태의 수를 적어라. 이를 바탕으로 상태 밀도가 느는지, 주는지 답하라.

(c) 이제 문제에 답하고 그 근거를 대라.

(d) 이를 바탕으로 구한 평균 에너지의 예상값이 $k_B T$보다 큰가, 작은가?

(e) 사실 실온에서 $\langle E \rangle$가 $k_B T$보다 크거나 작은지에 대한 답은 (d)에서 얻은 결론과 반대이다. 왜?

22. (10.5)에는 함수 $4\pi\left(\frac{m}{2\pi k_B T}\right)^{3/2} v^2 e^{-mv^2/(2k_B T)}$가 들어 있다. 이 문제에서는 그 함수를 $f(v)$로 나타낸다 (적

분은 아님).

(a) $f(v)$의 봉우리 속력을 셈하라.

(b) (a)에 대한 답의 잘못된 해석은 "확률이 가장 큰 속력"이다. 이것이 그릇된 이유를 설명하고 더 나은 해석을 말하라.

(c) 이 함수의 규격화 조건을 나타내는 식을 써라. (상수는 해당 조건을 맞게 골라라.)

(d) 이 함수는 (a)에서 찾은 v-값에 대해 대칭인가? 그 답은 그 값에 가까운 입자의 속력에 대해 무엇을 뜻하는가?

(e) 기댓값 $\langle v \rangle$를 나타내는 적분을 적어라. 결과를 간단히 설명하라. (기댓값을 셈하는 식이 기억나지 않으면 § 4.3을 다시 보라.) 이 문제에 대한 최종 답은 적분이다. 문제 23에서 그 적분 값을 구한다.

23. **(a)** 461쪽에 정의한 맥스웰 속력 분포를 써서 적분식을 쓰고, 적분을 구하여 기댓값 $\langle v \rangle$를 구하라. **실마리:** 기댓값을 셈하는 방법을 기억나지 않으면 § 4.3을 다시 보라.

(b) **B.** $\sqrt{\langle v^2 \rangle}$로 정의되는 "제평근" 속력을 구하는 적분식을 쓰고, 적분값을 구하라.

(c) 얻은 답 중 등분배 정리의 예측과 일치하는 것은 무엇인가? 셈을 하지 않고 어떤 것이 등분배와 일치할지 어떻게 예측할 수 있는가?

24. (10.5)는 맥스웰 속력 분포를 나타낸다. 상수와 변수가 복잡하게 뒤섞여 있지만 변수를 u로 바꾸면 아주 단순해진다.

(a) 새로운 무차원 변수 x를 정의하여 $P = \int_{x_1}^{x_2} dx\, f(x)$ 꼴로 써라.

(b) 461쪽의 "구리 탈출" 예에서는 1000 K의 구리 뭉치에서 전자가 탈출할 확률을 셈했다. (a)에서 얻은 치환 적분을 써서 그 적분의 꼴을 고친 다음 그 적분을 셈하여 앞서 얻은 것과 같은 확률이 나오는지 확인하라!

25. 분광선을 내는 원자 중 일부는 검출기 쪽으로 가고 다른 원자는 멀어지므로 도플러 이동이 생겨 분광선이 퍼져 보인다. 그 결과 분광선의 진동수를 잰 값이 일정 범위에 퍼진다. 실온에서 도플러 선폭 퍼짐으로 생기는 라이만-알파 분광선(수소 원자가 $n = 2$에서 $n = 1$으로 전이하며 내는 빛)의 진동수 폭을 추정하라.

26. 맥스웰 속력 분포의 상태 밀도

고전적 자유 입자의 상태는 x, y, z, v_x, v_y, v_z의 6개 변수로 명시할 수 있다. 그 중 에너지를 결정하는 속도 성분의 자유도만 고려한다. 목표는 상태 밀도 또는 단위 에너지 구간 속의 상태의 수를 속력의 함수로 구하는 것이다. 속력은 연속 변수이므로, v_x, v_y, v_z의 값을 폭 Δv인 구간으로 쪼갠다.

(a) 간단한 일차원 공간 속의 입자로 시작하자. v_x축을 폭 Δv인 구간으로 쪼개어 그려라.

(b) 입자의 에너지가 E라고 하자. 이 입자의 가능한 상태를 v_x축에 그려라. 이 입자는 몇 개의 구간 속에 들어갈 수 있는가?

(c) 이제 2차원 공간 속의 입자를 살펴보자. 상태를 명시하려면 v_x, v_y의 두 축이 필요하다. 2차원 공간을 폭과 높이가 Δv인 작은 정사각형으로 쪼개 그려라.

(d) 2차원 도표에 에너지 E가 될 수 있는 모든 상태를 나타내는 곡선을 그려라. 이 곡선은 어떤 모양인가?

(e) Δv가 매우 작은 극한에서 그 곡선과 만나는 구간의 수는 곡선의 길이에 비례한다. 그 길이를 속력 v의 함수로 나타내라.

(f) 이제 삼차원 공간에서 상태 (v_x, v_y, v_z)로 움직이는 입자를 상상하자. 에너지 E가 될 수 있는 모든 상태의 집합은 어떤 모양일까?

(g) 위에서 구한 모양의 면적을 속력 v의 함수로 구하라.

(h) 입자가 삼차원 공간에서 움직인다면 상태 밀도 $g(v)$는 무엇인가? 미지의 상수에 v의 거듭제곱을 곱한 꼴로 답을 구하고 앞서 얻은 답을 바탕으로 이것을 어떻게 알 수 있는지 설명하라.

10.6 양자 통계

우주의 어떤 전자도 다른 모든 전자와 똑같다. 그 결과 전자의 거동은 서로 구별할 수 있는 입자의 거동과 크게 다르다.

이 절에서는 똑같은 입자 집합의 통계적 거동을 설명하는 "양자 통계"를 다룬다.

10.6.1 발견 연습: 양자 통계

10원 동전 세 닢을 던진다.

1. 가능한 모든 결과를 나열하라. 예를 들어, HHT와 HTH는 다르다. 이러한 결과가 나올 확률이 모두 같다면 앞면이 세 번 나올 확률은 얼마인가?
2. 가능한 모든 결과를 다시 나열하되, 이번에는 앞면과 뒷면이 나온 수만 보이자. 예를 들어 HHT와 HTH는 같다. 이제, 이 모든 결과의 가능성이 같다고 가정할 때 앞면이 세 번 나올 확률은 얼마인가?
   다음을 보라: www.cambridge.org/felder-modernphysics/checkyourself의 Check Yourself #17
3. 10원 동전 3닢을 던질 때 앞면이 3개 나올 확률은 위의 두 가지 중 어느 것인가?

10.6.2 설명: 양자 통계

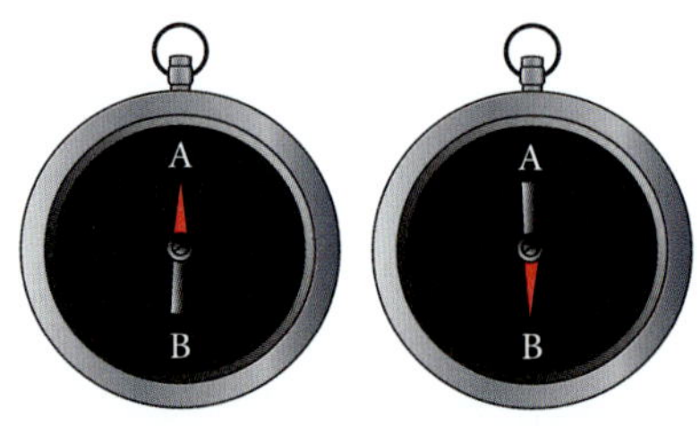

그림 10.20 각각 두 가지 상태가 있는 두 입자.

생각할 수 있는 가장 간단한 계 중 하나로 시작하자. 이 계에는 두 입자만 있고, 입자마다 A와 B의 두 상태만 있다(그림 10.20). 그리고 이 두 상태는 에너지가 같으므로 볼츠만 분포는 이 계의 모든 가능한 미시 상태가 같을 것으로 예측한다.

물음: 두 입자가 같은 상태에 있을 확률은 얼마인가?

정확하지 않은 답: 입자의 유형에 따라 세 가지 답이 있다.

8장에서 두 가지 입자가 있다고 했다. 페르미온(예: 전자, 양성자 및 중성자)은 두 입자가 같은 상태에 있지 못한다는 파울리 배타 원리를 따른다. 보손은 이 원리를 따르지 않는다. 이를 염두에 두고 세 가지 경우를 소개한다.

- **다른 입자 두 개.** 먼저 양성자와 중성자와 같이 두 입자가 다르다고 하자. 이 경우 허용된 상태는 네 가지다. 둘 다 A에 있는 것, 둘 다 B에 있는 것, 양성자가 A에 있고 중성자가 B에 있는 것, 또는 중성자가 A에 있고 양성자가 B에 있는 것. 이 네 가지 미세 상태 중 두 입자 모두 같은 상태에 있는 것이 둘이고, 따라서 확률은 1/2이다.
- **같은 페르미온 두 개.** 양성자 두 개 또는 중성자 두 개이면 둘이 같은 상태에 있을 확률은 0이다. 파울리 배타 원리를 따르기 때문이다.

- **같은 보손 두 개**. 끝으로, 동일 보손 두 개의 예로서 광자 두 개라고 하자. 이 계에 허용된 상태는 셋이다. 둘 다 A, 둘 다 *B*또는 각각 하나씩이다. 따라서 두 입자 모두 같은 상태에 있을 확률은 이제 2/3이다.

파울리 배타 원리는 이상한 양자 현상이지만 이제는 익숙해졌을 것이다. 여기서 새로 보는 이상한 점은 "두 광자" 계와 "양성자 하나와 중성자 하나" 계의 수학적 거동이 다른 것이다. 그것의 확률은 고전적인 계가 따르는 방식이 아니다! 동전 두 닢을 던지면 "첫째 동전의 앞면과 둘째 동전 뒷면"과 "첫째 동전의 뒷면과 둘째 동전 앞면"과 **다른** 상태이다. 두 동전을 동시에 던져도, 두 동전이 똑같이 생겨도 마찬가지다: 두 동전은 구별할 수 있든 없든 다르며, 둘 다 같은 면이 나올 확률은 1/2이다.

그러나 보손은 다른 규칙을 따른다. "이 광자는 A에 있고 저 광자는 B에 있다"와 "이 광자는 B에 있고 저 광자는 A에 있다"는 **같은** 상태이다—어느 두 광자도 완전히 맞바꿀 수 있다. 2 광자 계에는 세 가지 상태만 있으므로 통계 역학의 근본 가정은 각 상태에 있을 확률이 1/3이라고 예측하며, 그 예측은 맞는 것으로 밝혀진다.

일반화하면, 동일 보손은 서로 다른 입자들보다 같은 상태에 있을 확률이 통계적으로 늘 더 높다. 그 사실은 § 10.8에서 설명할 초전도성 및 초유동성과 같은 극적인 물리적 결과로 이어질 수 있다.

예: 두 입자와 세 상태

상호작용을 않는 입자 두 개가 에너지가 같은 세 상태(A, B 또는 C) 중 하나에 있을 수 있다. 입자 하나는 상태 A에, 다른 하나는 상태 B에 있을 확률을 다음 세 상황에서 구하라:

1. 구별되는 입자?
2. 같은 보손?
3. 같은 페르미온?

답: 계의 가능한 상태를 나열하고 "해당" 상태를 빨갛게 표시한다.

1. 첫째 입자가 상태 A에 있다는 것은 1A로 나타낸다. 가능한 상태는 다음과 같다.

   (1A 2A), (1A 2B), (1A 2C),
   (1B 2A), (1B 2B), (1B 2C),
   (1C 2A), (1C 2B), (1C 2C).

2. 이번에는 입자에 명패를 달 수 없으므로 단지 어떤 상태에 입자가 있는지만 나타낼 수 있다. 즉, AB와 BA를 다른 상태로 보지 않으므로 가능한 상태는 다음과 같다:

   (AA), (AB), (AC), (BB), (BC), (CC)

3. 이것은 파울리 배타 원리에 어긋나는 AA와 같은 상태는 뺀 것 말고는 앞의 사례와 같다.

   (AB), (AC), (BC).

따라서 세 상황의 확률은 각각 2/9, 1/6 및 1/3이다.

입자가 서로의 통계를 바꾸는데도 "상호작용을 않는다"고 하는 것은 모순처럼 보일 수 있다. 그러나 그것은 힘을 주고받지 않는다는 것을 뜻하는 일반 용어이므로 같은 입자의 통계를 빼고는 어떤 식으로도 상호 작용하지 않는다.

페르미-디랙 및 보스-아인슈타인 분포

444쪽의 예는 구리 뭉치의 전자를 살펴보았다. 전자도 광자처럼 구별할 수 없다. 따라서 그러한 계의 미시 상태를 나열할 때 "어떤 전자가 어떤 상태에 있다"라고 말하지 않는다. 그러한 말은 뜻이 없다. 대신 허용된 각 상태에 있는 총 전자 수를 나열한다. 이 숫자를 "점유수(occupation number)" 또는 상태의 "점유도(occupancy)"라고 한다.

전체 앙상블에 볼츠만 분포를 적용하면 원리적으로는 페르미온 또는 보손 계에 대해 정해진 단일 입자 상태의 평균 점유수를 셈할 수 있다. 실제로는 큰 계에서는 매우 어렵지만 다른 방법을 써서 매우 일반적인 문제를 풀었다. 그 방법을 배우면 문제 23, 24에서 다음 결과를 끌어낼 수 있다.

양자 분포 함수

온도 T, 에너지 E인 같은 입자 계에서 한 상태의 평균 입자 수는 다음과 같다.

$$\bar{n} = \frac{1}{e^{(E-\mu)/(k_B T)} + 1} \qquad \text{페르미-디랙(Fermi-Dirac) 분포, 페르미온에 적용} \qquad (10.6)$$

$$\bar{n} = \frac{1}{e^{(E-\mu)/(k_B T)} - 1} \qquad \text{보스-아인슈타인(Bose-Einstein) 분포, 보손에 적용} \qquad (10.7)$$

늘 그렇듯이 이 두 공식에 담긴 내용부터 이해하자.

- 이 공식은 "계에서 어떤 상태에 있는 입자 수"라는 물음에 대한 답이다. 답은 그 상태의 에너지의 함수이다. 따라서 8개의 다른 상태가 모두 에너지가 같으면 이 공식은 그 8개 상태 모두 같은 점유도를 예측한다. 그 점유도에 8을 곱하면 그 에너지 준위에 있는 입자의 수가 된다.
- 기호 $\bar{n}$은 그 상태의 점유수를 여러 번 잴 때 얻을 수 있는 평균이다. 각 개별 측정값은 정수이지만 $\bar{n}$은 일반적으로 양의 실수이다. 예를 들어, 페르미온 계에서는 정해진 상태에 있는 입자 수는 늘 0 또는 1이므로 $\bar{n} = 1/3$은 시간의 1/3 동안 그 상태에 입자가 있음을 뜻한다.
- 상수 μ(에너지 차원)는 "화학 전위(chemical potential)"이다. 이것은 규격화 상수 역할을 하며 계의 모든 상태에 대해 같다.[9] 보손 계의 경우 μ는 늘 바닥상태 에너지보다 작다; 페르미온 계의 경우 바닥상태 에너지보다 높거나 낮을 수 있다. 두 경우 모두 μ는 온도에 따라 변한다.

이러한 분포를 규격화하려면 모든 상태에 대한 점유수의 합을 계의 총 입자 수와 같게 둔다: $N =$

9 열역학을 더 배우면 온도가 에너지에 대한 엔트로피의 변화율을 나타내듯이 계의 화학 전위는 입자 수에 대한 엔트로피의 변화율을 나타냄을 알게 된다. 양자 분포에서 나타나는 화학 전위도 마찬가지이지만 결코 명백하지는 않다. 여기에서는 그것은 규격화 상수일 뿐이다.

$\sum_{상태} \overline{n}$. 큰 계의 경우 이러한 유형의 합은 셈하기 어려워 대개 적분으로 대체한다. 바닥상태 에너지를 0으로 잡으면,

$$N = \int_0^\infty \overline{n} g(E)\, dE$$

상태 밀도 $g(E)$는 $\int dE\, g(E)$가 정해진 에너지 범위 안에 든 상태의 수이므로 상태의 합과 같게 정의한다. (합을 적분으로 대체하는 것은 근사법이지만 $\overline{n} g(E)$가 급하게 변하지 않으면 잘 맞는다.)

비슷한 맥락에서 계의 총 에너지도 각 상태의 입자 수에 그 상태의 에너지를 곱하여 구할 수 있다.

$$E_{계} = \int_0^\infty \overline{n} E g(E)\, dE$$

한 가지 예는 상자에 든 같은 입자 기체인데, 이 장의 뒷 부분에서 여러 번 쓴다. 문제 31에서 부피 V인 상자에 든 질량 m인 입자 기체의 상태 밀도는 다음과 같음을 보일 수 있다.

$$g(E) = \frac{m^{3/2} V}{2^{1/2} \pi^2 \hbar^3} \sqrt{E} \qquad \text{부피 } V\text{인 상자에 든 입자의 상태 밀도.} \tag{10.8}$$

§ 10.7 및 § 10.8에서 보스-아인슈타인 분포의 몇 가지 쓰임새를 설명한다. 여기서는 특히 저온 극한에서 페르미-디랙 분포에 대해 조금 더 말하겠다.

겹친 페르미 기체

페르미-디랙 분포 (10.6)에 $E = \mu$를 넣으면 $\overline{n} = 1/2$이 된다. 따라서 페르미온의 경우 에너지가 μ보다 낮은 상태는 점유 확률이 높고, 높은 상태는 비어있을 확률이 높다. 아래의 연습은 매우 낮은 온도에서 이것이 뜻하는 바를 살펴본다.

능동 읽기 연습: 저온에서의 페르미-디랙 분포

페르미-디랙 분포 (10.6)을 바탕으로 아래 처음 두 물음에 답하자.

1. $E < \mu$일 때의 $\lim_{T \to 0^+} \overline{n}$을 구하라.
2. $E > \mu$일 때의 $\lim_{T \to 0^+} \overline{n}$을 구하라.
3. 위의 두 답을 바탕으로 저온 페르미온 계의 점유도를 설명하라. 이 답이 놀랍지 않은 이유를 간단히 설명하라.

저온 극한에서 $\overline{n}$은 모든 $E < \mu$에 대해 1에 접근하고 모든 $E > \mu$에 대해 0에 접근한다(그림 10.21). (10.6)에서 끌어낼 수(방금 끌어냈을 수도) 있지만 물리적으로도 뜻이 있다. 온도가 0인 극한에서 페르미온은 N개의 가장 낮은 에너지 상태를 모두 채우며, 그 위는 비어있다. 다시 말하면,

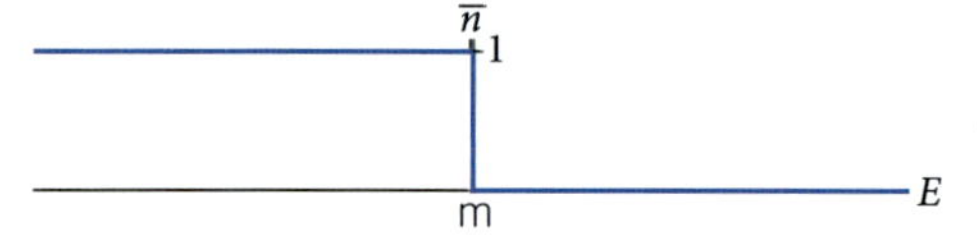

그림 10.21 $T = 0$에서의 페르미-디랙 분포. N개의 페르미온 계에서 N개의 최하위 상태의 에너지는 μ보다 작고, 모두 채워지고, 그 위의 상태는 비어있다. (온도가 높을수록 μ가 낮아지고 분포가 점점 감소한다.)

이미 알고 있는 볼츠만 분포를 따른다면 극한 $T \to 0^+$에서 계 전체는 바닥상태에 있어야 한다.

낯익은 예로 다전자 원자를 살펴보자. 네온(Ne) 원자는 전자가 10개이며 매우 낮은 온도에서는 파울리 배타 원리에 따라 10개의 가장 낮은 에너지 상태를 하나씩 채운다. 따라서 $n = 1$ 및 $n = 2$ 상태(총 10개 상태)의 경우 $\bar{n} = 1$이고 $n = 3$ 이상의 상태는 $\bar{n} = 0$이다. 10번째와 11번째 에너지 준위 사이의 중간에 있는 에너지가 네온 원자의 "페르미 에너지" ϵ_F이다. [실온(300 K)의 열 에너지는 대략 24 meV로 너무 작아서 원자 전이를 유도하지 못하므로 이 예에서는 실온은 "매우 낮은 온도"로 본다.]

아래 상자는 페르미 에너지를 정의하고 그것과 화학 전위 μ의 관계를 설명한다.

페르미 에너지

N개의 페르미온 계의 경우 페르미 에너지 ϵ_F는 N번째 입자 상태와 $(N + 1)$번째 입자 상태의 에너지 중간이다.

페르미 에너지는 온도와 무관하지만 극한 $T \to 0^+$에서에서 화학 전위 μ는 ϵ_F에 접근한다. 그 극한에서는 에너지 ϵ_F까지의 모든 상태는 채워지고 에너지가 더 높은 상태는 모두 비어있다.

근본 가정, 볼츠만 분포 및 양자 분포와 같은 모든 확률 분포는 평형 상태의 계에 대한 것임을 상기하자. 전자에 빛(광자)을 비추어 들띄우면 더 높은 상태로 올릴 수 있지만 정상 온도에서는 재빨리 바닥상태로 다시 떨어지며 주변 원자와의 무작위 상호 작용으로 인해 전자가 그 상태로 올라가는 일이 거의 없다.

모두 바닥상태에 있는 평형 상태의 페르미온 계를 "겹친(degenerate) 페르미 기체"라고 한다. 문제 32에서는 겹친 페르미 기체를 분석한다: 타버린 별의 반지름을 셈한다!

상태 분포와 대응 원리

"대응 원리"는 양자수가 커지면 양자 규칙이 고전 규칙에 접근해야 한다는 것이다. 빛이 충분히 세면 그것이 낱낱의 광자로 되어 있다는 사실을 무시할 수 있다. 거시적 용수철에 달린 추의 진동에서는 에너지가 에너지 준위 간격보다 훨씬 커서 이러한 준위를 연속적인 것으로 볼 수 있다. 이 절의 내용에는 대응 원리가 어떻게 적용될까?

구별되는 입자에 대해서는 "그 입자가 특정 미시 상태에 있을 확률"을 구할 때 볼츠만 분포를 쓴다. 똑같아서 구별이 안되는 입자의 경우 "이 입자"라는 말은 쓸 수 없다. 대신 낱낱의 입자에 허용된 각 상태의 점유수를 양자 분포(페르미-디랙 또는 보스-아인슈타인)를 써서 구한다. 구별되는 입자에 대한 식을 바탕으로 페르미온 또는 보손 계를 예측하면 충분히 높은 온도에서는 어쨌든 맞는 답을 얻을 수 있다. 그것이 이 경우의 대응 원리이다.

그것을 수학적으로 보려면 입자 상태의 점유수 $\bar{n}$을 볼츠만 분포를 써서 예측해야 한다. 볼츠만 분포를 낱낱의 입자(구별되는 입자에 유효함)에 적용하면 에너지 E인 상태에 있을 확률은 $e^{-E/k_BT}/Z$이다. 그러므로, N 입자 계의 경우, 해당 상태의 점유수는 $Ne^{-E/k_BT}/Z$이다.

이제 극한 $(E - \mu) \gg k_BT$에서 (10.6) 및 (10.7)이 어떻게 되는지 살펴보자. 그 극한에서 분모의 지수 항은 1에 비해 매우 크므로 두 식 모두 다음과 같아진다:

$$\bar{n} \approx \frac{1}{e^{(E-\mu)/(k_BT)}} = e^{\mu/(k_BT)}e^{-E/(k_BT)} \qquad (E - \mu \gg k_BT) \tag{10.9}$$

이것은 볼츠만 분포와 같다: 규격화 상수에 볼츠만 인자를 곱한 것이다. 규격화는 비례 상수가 두 경우 모두 같게 나오도록 보장하므로 양자 분포는 높은 에너지 극한에서 고전적 예측에 접근한다.

그림 10.22는 이것을 도표로 보여준다. 일정 온도에서 세 공식은 저에너지 준위에서는 전혀 다르지만, 고에너지 극한에서는 서로 접근한다.

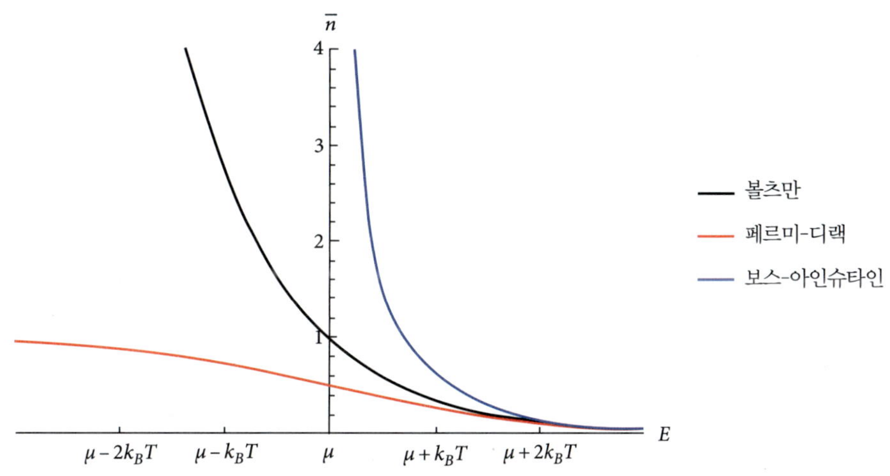

그림 10.22 세 가지 분포 함수. 오른쪽으로 가면 세 곡선이 접근한다.

이것이 고온에서 잘 맞는 근사식라고 말했지만 위의 논리는 그것이 고에너지에서 유효함을 보여주었다. 그 연결 고리는 온도가 높아지면 감소하는 μ와 관련이 있다. 충분한 고온에서는 점유된 상태는 모두 실질적으로 조건 $(E - \mu) \gg k_BT$에 맞고, 그러면 볼츠만 분포를 쓰면 정확한 결과를 얻는다.

많은 내용을 다음 물음-대답으로 요약할 수 있다.

물음: 개별 입자의 상태를 예측할 때 볼츠만 분포는 언제 유효한가?

답:

- 같은 입자 계의 경우 저온에서는 고에너지 상태에서만 맞다.
- 같은 입자 계의 경우 고온에서는 모든 상태에서 맞다.
- 구별되는 입자 계의 경우 늘 맞다.

이 결과는 양자 통계를 동일한 상태에서 둘 이상의 입자를 찾을 확률을 근본적으로 바꾸는 것으로 생각하면 합리적이다. 그 결과 저온에서 저에너지 준위의 점유도에서 큰 차이로 나타난다: 같은 상태에 있을 확률이 구별되는 입자의 경우에는 높고, 보손이면 더 높고, 페르미온이면 0이다. 그러나 아주 고에너지 상태에 있을 확률은 입자의 종류와 무관하게 거의 없다. 그리고 고온에서는 허용된 상태가 너무 많아 모든 상태에 대해 확률이 낮아진다. 따라서 이 상황에서는 세 가지 입자의 분포는 비슷하다.

같은 입자로 된 계의 예로 방에 있는 공기 분자를 생각해 보자. 거시적 기체 분자는 늘 동일하다. 극저온에서는 양자 거동이 중요하지만 정상 온도에서는 비양자 통계를 써서 거동을 꽤 잘 예측할 수 있다.

구별되는 입자 계의 예로 상자성체를 살펴보자. 각 원자는 고정된 고유한 위치로 식별할 수 있다. "여기는 위쪽, 저기는 아래쪽을 향한다"와 그와 반대인 상태는 다르다. 따라서 상자성체의 통계는 구별되는 입자의 통계이다. 모든 에너지 준위나 온도에서 각 원자에 볼츠만 분포를 적용하여 확률을 구할 수 있다.

10.6.3 물음과 문제: 양자 통계

개념 물음과 개념시험

1. 아래의 각 물리량에 대해 이 절에서 나타내는 내용과 이를 재는 단위를 간단히 설명하라:

(a) $\overline{n}$

(b) μ(동일 페르미온 집합)

2. 볼츠만 분포를 페르미-디랙 및 보스-아인슈타인 분포와 비교할 때는 서로 다른 것을 재므로 조심해야 한다. 입자 계가 있고 이 계의 입자의 상태의 에너지가 E_0라고 하자.

(a) 입자가 구별되고, 볼츠만 분포에 $E = E_0$를 넣으면 $e^{-E_0/(k_BT)}/Z = 0.1$라고 하자. 이 계에 대해 이 결과가 말해주는 것을 간단히 설명하라.

(b) 이제 입자가 보손이고 보스-아인슈타인 분포에 $E = E_0$를 넣어 $\overline{n} = 0.1$을 얻었다고 하자. 이 계에 대해 이 결과가 말해주는 것을 간단히 설명하라. **실마리:** (a)와 다르다!

(c) (a)의 계로 돌아가자. 그 계에 입자가 20개 있다면 에너지가 E_0인 미시 상태의 $\overline{n}$은 몇 개인가?

3. 동일 페르미온 계에 대해 $\overline{n} = 1/3$은 그 상태에서 입자를 발견할 확률이 1/3이라는 뜻이다. 보손 계에서도 $\overline{n} = 1/3$이면 그 해당 상태에서 입자를 발견할 확률을 유사하게 결정할 수 있는가? 그렇다면 확률은 얼마이며, 그렇지 않다면 그 이유는 무엇인가?

4. 본문에서는 동일 보손이 같은 상태에 있을 확률이 구별되는 입자의 경우보다 늘 더 크다고 했다. 그것이 참인 이유를 일반적인 논리로 설명하라.

5. 수소 원자의 페르미 에너지는 얼마인가?

6. 다음 두 경우의 페르미-디랙 분포의 도표를 그려라:

(a) 먼저 $T \to 0$의 극한

(b) 둘째, T가 0이 아닐 때

(c) 두 도표의 차이는 무엇인가?

7. 같은 입자로 된 계가 열창고와 접촉하고 있다. 볼츠만 분포가 적용되는 것을 아래에서 하나 골라라.

A. 계의 개별 입자

B. 계 전체

C. 둘 다

D. 둘 다 아님

8. § 10.2의 문제 20은 "깁스 역설"을 제시했다: 기체 통을 둘로 나누면 엔트로피가 줄어든 것처럼 보인다. 그 문제를 다시 읽어보라. (이 문제에 답하기 위해 풀

필요는 없지만 도움이 될 수 있다.) 역설 해결 방법을 설명하라.

심층 토론

9. $E - \mu \gg k_B T$이면 양자 분포가 볼츠만 분포에 접근한다고 했다. 이것은 고전적 근사가 저온에서 더 잘 작동함을 시사하는 것 같다. 그러나 사실은 저온에서 양자 통계와의 차이가 가장 중요해진다! 극저온에서 보스-아인슈타인 및 페르미-디랙 분포의 거동과, 그것이 고전적이 아닌 이유를 설명하라.

문제

10. 상온($T = 300$ K)의 기체에 μ보다 0.01 eV 높은 상태가 있다. 기체가 다음 입자로 된 경우 해당 상태의 평균 점유수를 셈하라.

(a) 페르미온

(b) 보손

(c) 그 상태에 입자가 전혀 없는 것을 발견할 수 있는가? 페르미온과 보손 모두에 대해 답하라.

(d) 그 상태에서 입자 5개를 발견할 수 있는가? 페르미온과 보손 모두에 대해 답하라.

11. 페르미온 기체가 상온($T = 300$ K)에 있다. 에너지가 다음과 같은 상태의 점유수를 셈하라.

(a) $\mu - 0.01$ eV

(b) μ

(c) $\mu + 0.01$ eV

(d) 위의 세 가지 예는 페르미-디랙 분포에서의 μ의 일반적인 요점을 보여주고자 골랐다. 그 점을 짧은 문장으로 요약하라.

12. 100 K의 보손 기체에서 점유수가 0.1로 떨어지는 에너지는? 답은 μ에 수(단위 포함)를 더한 꼴이다.

13. 449쪽의 "두 입자와 세 상태" 예제에 있는 각본에서 다음의 경우 같은 상태에서 두 입자를 발견할 확률을 셈하라.

(a) 구별되는 입자

(b) 동일 보손

(c) 동일 페르미온

(d) 본문에서는 동일 보손이 구별되는 경우보다 같은 상태에 있을 확률이 늘 더 크다는 일반적인 주장을 했다. 맞는가?

14. 동일 페르미온 5개가 에너지가 $(n + 1/2)\hbar\omega$인 단순 조화 우물 속에 있다($n = 0, 1, \cdots$).

(a) 이 계의 페르미 에너지를 구하라.

(b) 실온에서 이 계의 μ가 (a)의 답과 같을까 다를까? 이유를 간단히 설명하라.

15. 세 입자가 각각 에너지가 같은 세 상태 A, B, C 중 하나에 있을 수 있다. 다음의 경우 각 상태에 입자가 하나씩 있을 확률을 구하라:

(a) 구별되는 입자

(b) 동일 보손

(c) 동일 페르미온

16. 각각 에너지가 0, ϵ, 또는 2ϵ인 상태에 있을 수 있는 세 입자로 된 계가 있다. 계 전체의 에너지는 3ϵ이다. 다음의 경우 이 계의 엔트로피를 구하라.

(a) 구별되는 입자

(b) 동일 페르미온

(c) 동일 보손

17. 방금 보손도 페르미온도 아닌 새로운 입자인 트리온을 발명했다. 이 입자는 한 상태에 0개, 1개 또는 2개까지만 있을 수 있다.[10] 5개의 동일 트리온으로 된 계에 에너지가 같은 세 상태(A, B, C)가 있다면, 상태 A에 두 입자가 있을 확률은 얼마인가?

18. 허용된 단일-입자 상태가 k개이고, 모두 에너지가 같다. 이 계에 두 입자가 있다. 다음의 경우 두 입자를 같은 상태에서 발견할 확률을 구하라:

(a) 구별되는 입자.

(b) 동일 페르미온.

(c) 동일 보손.

19. 페르미온 기체가 온도 T인 열창고와 평형 상태에 있

10 그러한 입자가 양자역학적으로 불가능함을 입증할 수 있지만, 무시하고 문제를 풀어라.

다. 다음 중 어느 것의 확률이 더 큰가? 답을 얻는 계산 과정도 보여라

A. 에너지 $\mu - \Delta E$ 상태가 비어있다.

B. 에너지 $\mu + \Delta E$ 상태에 입자가 있다.

C. 위의 두 답의 확률이 같다.

D. 물음에 답할 정보가 부족하다.

20. 길이 $L = 0.3$ m인 일차원 통에 든 광자 기체를 살펴보자. (예: 광섬유와 같은 매우 가는 도파로.) 이 상황에서 광자에 허용된 에너지는 다음과 같다.

$$E_n = \frac{\pi \hbar c}{L} n$$

여기서 n은 양의 정수일 수 있다. (광자는 상대론적이므로 일반 무한 사각 우물의 에너지 준위와 다르다.) 광자는 질량이 없으므로 $\mu = 0$이다 (여기서 유도하지는 않는다). 통이 온도 $T = 300$ K인 환경과 평형 상태에 있을 때 광자 수가 1/2인 에너지 준위(즉, n의 값)를 구하라.

21. **[이 문제는 문제 20을 따른다.]** 문제 20에서 각 준위의 광자 수를 셈하라.

22. 허용된 두 상태의 에너지가 $E = 0$ 및 $E = \epsilon$인 두 동일 보손 계가 온도 T인 열창고와 접촉하고 있다. 바닥 상태의 점유수를 볼츠만 분포를 써서 셈하자. (한 입자씩 따로 셈하지 않는다).

(a) 계의 가능한 모든 미시 상태를 나열하라. 각각에 대해 바닥상태에 있는 입자의 에너지와 수를 제시하라.

(b) 볼츠만 분포를 써서 각 미시 상태의 확률을 셈하라.

(c) 이러한 확률의 가중 평균을 셈하여 바닥상태에 있는 입자의 평균수를 구하라.

23. 페르미-디랙 분포 유도

볼츠만 분포는 사실상 무한한 열창고와 에너지를 주고받는 계에 관한 것이다. 이러한 계를 "정준 앙상블(canonical ensemble)"이라고 한다. 계의 미시 상태마다 에너지 준위가 있고, 정해진 미시 상태에서 계를 찾을 확률은 계가 그 미시 상태에 있을 때의 총 에너지의 함수이다.

이제 에너지와 입자를 모두 열창고와 교환할 수 있는 계인 "대 정준 앙상블(grand canonical ensemble)"을 고려하자. 이제는 미시 상태의 특성은 계의 에너지 E와 입자 수 N의 함수로 나타난다. 정해진 미시 상태에 계가 있을 확률은 다음과 같다:

$$P = \frac{1}{\mathcal{Z}} e^{-(E-N\mu)/(k_B T)} \tag{10.9}$$

(여기서 $\mathcal{Z}$는 볼츠만 분포의 Z와 다르지만 비슷한 구실을 한다. N이 모든 미시 상태에 대해 같으면 $e^{N\mu/k_BT}$를 비례 상수 $1/\mathcal{Z}$에 흡수할 수 있고, 그러면 볼츠만 분포로 환원된다.)

대 정준 앙상블의 한 가지 예는 단일 입자 상태이다. 예를 들어 수소 원자 내부의 특정 상태는 전자 하나를 원자의 나머지 상태와 자유롭게 교환할 수 있다. 이러한 단일 입자 상태에 (10.9)를 적용하여 페르미-디랙 분포를 얻을 수 있다. 그것의 허용된 미시 상태는 "점유"($N = 1$, 에너지는 특정 값 E임)와 "비점유"($N = 0$ 및 $E = 0$)이다.

(a) 그 상태가 점유될 확률과 빌 확률을 써라.

(b) 두 확률의 합을 1로 두어 $\mathcal{Z}$를 구하라.

(c) 그 상태의 평균 점유수는 점유 확률과 같다. 이유를 설명해라.

(d) 상태의 평균 점유수에 대한 공식을 써라. 페르미-디랙 분포와 같다는 것을 보이려면 수식을 정리해야 할 수도 있다.

24. 탐색: 보스-아인슈타인 분포 유도

[이 문제는 문제 23의 결과를 씀.] 이제는 문제 23의 과정을 보손에 대해서 반복한다. 다시 한 번 단일 입자 상태가 (10.9)를 따르는 대 정준 앙상블 계로 본다. 다른 점은 점유수 N이 이제는 0이나 1이 아니라 음이 아닌 모든 정수가 될 수 있는 것이다. 정해진 미시 상태의 에너지는 NE며, 여기서 E는 그 상태에 있는 입자 하나의 에너지이다.

(a) $\mathcal{Z}$를 무한 급수로 표현하여 확률 분포를 규격화하라.

(b) 해당 상태의 평균 점유수는 $\bar{n} = \sum_{N=0}^{\infty} NP(N)$이며, 여기서 $P(N)$은 점유수 N일 확률이다. 이것을 써서 평균 점유수를 구하라. 답은 (무엇보다도)

상수 $\mathcal{Z}$가 든 무한 합이 될 것이다.

(c) $x \equiv (E-\mu)/k_BT$로 정의하면, 답은 함께 $\overline{n} = (1/\mathcal{Z})d\mathcal{Z}/dx$를 뜻한다.

(d) $\sum_{i=0}^{\infty} r^i = \frac{1}{1-r}$을 써서 $\mathcal{Z}$를 단순한 꼴로 나타내라.

(e) 모두 묶어 보스-아인슈타인 분포를 끌어내라.

25. 10,000 K의 기체 속에 헬륨 원자가 있다. 바닥상태(2겹)와 첫째 들뜬 상태(8겹)를 뺀 나머지 상태는 모두 무시한다. 바닥상태의 에너지를 0으로 잡으면, 첫째 들뜬 상태의 에너지는 약 20 eV이다 (이는 전자 하나의 에너지이다. 두 전자가 모두 첫째 들뜬 상태에 있으면 총 에너지는 40 eV가 된다.) 전자는 동일 페르미온임을 기억하자.

(a) 두 전자가 바닥상태에 있는 헬륨 원자의 상태는 몇 개인가?

(b) 전자 하나는 바닥상태에, 다른 하나는 첫째 들뜬 상태에 있는 헬륨 원자의 상태는 몇 개인가?

(c) 두 전자가 모두 첫째 들뜬 상태에 있는 헬륨 원자의 상태는 몇 개인가?

(d) (a)–(c)의 답과 볼츠만 분포를 써서 첫째 들뜬 상태에서 두 전자를 모두 찾을 확률을 구하라.

문제 26–30은 모두 페르-디랙 및 보스-아인슈타인 분포의 모양에 관한 것이다. (10.6)과 (10.7)을 적어두고 보면 도움이 될 것이다.

26. 이 문제는 모두 페르미-디랙 분포(10.6)에 관한 것이다.

(a) E가 커지면 $\overline{n}$이 단조 증가하는가, 단조 감소하는가, 아니면 커졌다 작아졌다하는가?

(b) $\lim_{E\to-\infty} \overline{n}$을 구하라.

(c) $\lim_{E\to-\infty} \overline{n}$을 구하라.

(d) $E=\mu$일 때의 $\overline{n}$을 구하라.

(e) 위에서 얻은 답을 바탕으로 이 공식이 어떤 정해진 온도에서 어떤 분포를 하는지 말로 설명하라. (기억해야 할 좋은 예는 다전자 원자이다.)

27. 이 문제는 모두 페르미-디랙 분포(10.6)에 관한 것이다.

(a) μ를 상수로 가정하고 $\lim_{T\to\infty} \overline{n}$을 구하라.

(b) (a)의 답이 물리적으로 맞지 않는 이유를 설명하라.

(c) 동일 페르미온 계에 대해 극한 $T\to\infty$에서 μ의 거동에 대해 어떤 결론이 나오는가?

(d) (c)에 대한 답이 나오면 페르미-디랙 분포는 고온 페르미온 계에 대해 무엇을 예측하는가?

28. 이 문제는 모두 보스-아인슈타인 분포(10.7)에 관한 것이다.

(a) (10.7)이 $E>\mu$를 뜻하는 이유를 설명하라. **실마리:** 수학 교수가 그 식을 보고 저절로 $E<\mu$이 정의역에서 벗어난다는 결론을 내리지는 않을 것이다.

(b) E가 커지면 $\overline{n}$이 단조 증가하는가, 단조 감소하는가, 아니면 커졌다 작아졌다하는가?

(c) $\lim_{E\to\mu^+} \overline{n}$을 구하라.

(d) $\lim_{E\to\infty} \overline{n}$을 구하라.

29. 이 문제는 모두 보스-아인슈타인 분포(10.7)에 관한 것이다.

(a) $E>\mu$일 때 $\lim_{T\to0^+} \overline{n}$을 구하라. ($\mu$는 상수로 보라.)

(b) 보손 계의 모든 상태에서 $E>\mu$임을 기억하고, (a)의 답이 물리적으로 맞지 않는 이유를 설명하라.

(c) 동일 보손 계에 대해 극한 $T\to0^+$의 극한에서 μ의 거동에 대해 어떤 결론이 나오는가?

(d) 큰 보손 계의 저온 거동에 대해 예상하는 바를 기술하라.

30. 몇 가지 온도에서의 페르미-디랙 분포의 도표를 그려라. 단순히 $\mu=0$로 잡을 수 있다(실제로는 온도에 따라 변한다). E 값의 범위는 은 음수가 양수가 들어가게 충분히 넓게 잡아 함수의 거동을 보여라.

31. 삼차원 통 속의 이상 기체의 상태 밀도

[이 문제는 다변수 미적분의 주제인 다중 적분이 필요하다.] 많은 중요한 공식에 계의 상태 밀도 $g(E)$가 들어간다. 그것을 어떻게 구할까? 한 가지 방법은 계의 총 입자 수가 다음과 같다는 사실을 쓴다: $N=\int dE\,\overline{n}\,g(E)$. N에 관한 식을 $N=\int dE\,\overline{n}$(에너지의 함수)꼴로 구

하면, 적분 함수에서 에너지의 함수가 $g(E)$라는 결론을 내릴 수 있다. 이 문제에서는 한 변이 L인 정육면체 속의 입자에 이 방식을 쓴다. 에너지 고유 상태는 3개의 양자수 n_x, n_y, n_z로 정의되며 에너지 고유값은 다음과 같다:

$$E = \frac{\pi^2\hbar^2}{2mL^2}\left(n_x^2 + n_y^2 + n_z^2\right)$$

총 입자 수 N은 모든 상태에 대한 $\bar{n}$의 합이다.

$$N = \sum_{n_x=1}^{\infty}\sum_{n_y=1}^{\infty}\sum_{n_z=1}^{\infty}\bar{n}$$

첫 단계는 합을 적분으로 근사하는 것이다:

$$N = \int_{v_{최소}}^{\infty} dn_x \int_{v_{최소}}^{\infty} dn_y \int_{v_{최소}}^{\infty} dn_z \bar{n}$$

(a) 이 근사법에 대한 다음 두 물음에 답하라. 첫째: $\sum f(x)$를 $\int dx f(x)$로 근사하면 대개 적분에 $1/\Delta x$를 곱해야 하는데, 이 경우에는 왜 그렇게 하지 않아도 되는가? 둘째: 합은 1에서 시작하는데 왜 적분은 0에서 시작하는가?

(b) n_x, n_y, n_z를 삼차원 공간의 직각 좌표로 볼 수 있다. 직각 좌표를 n(일반적인 r 대신), θ, ϕ의 구 좌표로 바꿔 적분하라. 야코비 행렬을 잊지 마라.

(c) 각적분을 하여 통 속의 에너지를 n에 대한 단일 적분으로 만들어라.

(d) n은 에너지의 고유상태의 에너지 E와 어떤 관계가 있는가? 그 관계를 써서 변수를 바꿔 공식을 E에 대한 적분으로 바꿔라. 공식에 L^3이 있는데, 그것을 통의 부피 V로 바꿔라.

(e) 얻은 식을 공식 $N = \int dE\, \bar{n} g(E)$와 비교하여 상태 밀도를 읽어내라.

(f) 위에서 얻은 $g(E)$에 대한 식이 페르미온에만 적용되는가, 아니면 모든 유형의 입자에 적용되는가? 추론을 간단히 설명하라.

(g) 어떤 다른 근사법을 썼는가? 어떤 상황에서 유도한 공식이 정확할까?

32. 탐색: 백색 왜성의 평형 반지름

태양은 중력이 안쪽으로 끄는 힘과 핵 반응으로 인한 바깥쪽으로 미는 힘이 평형을 이루고 있다. 핵연료를 다 쓰면 자체 질량 때문에 붕괴되어 밀도가 엄청나게 높은 "백색 왜성"이 된다. 백색 왜성의 근사 모형은 겹친 페르미 기체로서, 입자가 허용된 상태를 페르미 준위까지 모두 채운다.

(a) 통에 있는 입자의 상태 밀도 (10.8)을 써서 백색 왜성의 총 전자 수에 대한 적분 식을 써라. (양성자와 중성자는 무시하는 이유는 곧 알게 된다.) 그 적분에는 페르미-디랙 분포가 들어가지만 지금은 그것을 그냥 $\bar{n}$으로 둘 수 있다. 전자 상태의 스핀 중첩을 넣으려면 상태 밀도에 2를 곱해야 한다.

(b) 페르미-디랙 분포의 $T \to 0^+$ 극한을 넣는다. 적분의 상한을 페르미 에너지 ϵ_F로 바꾸는 이유를 설명하라.

(c) 적분을 구하고 그 결과를 써서 ϵ_F를 백색 왜성의 전자 수인 N_e의 함수로 구하라.

(d) 백색왜성의 총 열 에너지는 $E_{열} = \int_0^{\infty} dE\, \bar{n} E g(E)$이다. 이 에너지가 모두 운동 에너지라는 것을 어떻게 아는지 설명하라. (중력 위치 에너지는 뒤에 도입한다.)

(e) 이미 구한 페르미 에너지와 상태 밀도를 써서 $T = 0$에서 $E_{열}$에 대한 적분 값을 구하라.

(f) $E_{열}$에 대한 식을 살펴보고 양성자와 중성자의 열 에너지를 무시할 수 있는 이유를 설명하라.

(g) $E_{열}$에 대한 식에는 부피 V와 그 속의 전자의 수 N_e가 들어있어야 한다. 백색 왜성의 반지름 [$V = (4/3)\pi R^3$]과 총 질량으로 고쳐 써라. 후자의 경우 대략 양성자, 중성자 및 전자의 수가 같다고 가정한다. 전자의 질량은 무시할 수 있다.

(h) 균일한 공의 중력 위치 에너지는 $U = -(3/5) GM^2/R$이다. 이것을 열 에너지에 더하면 총 에너지가 된다. 총 에너지가 최소인 R 값을 구하라. 이것은 백색 왜성의 평형 반지름이다.

(i) 태양이 붕괴할 때 먼저 폭발하여 질량의 반 정도를 흩어버린 다음 나머지 반은 백색 왜성으로 붕괴된다. 얼마나 클까?

1910년대에 천문학자들은 우주에서 질량은 별과 비슷하고 크기는 지구와 비슷한 천체를 관찰하기 시작했다. 이러한 천체에 대한 이해는 양자역학의 발전을 기다려야만 했다. 생각해 볼 수 있는 몇 가지 다른 물음은 다음과 같다. 백색 왜성이 중력에 거슬러 붕괴되지 않게 하는 힘의 근원은 무엇인가? 태양을 이루는 입자가 보손이라면 어떻게 달라 보일까? 충분히 큰 별의 경우 엄청난 압력으로 인해 전자와 양성자가 모두 융합되어 중성자가 된다. 반경에 어떤 영향을 주는가?

10.7 흑체 복사

§ 3.4에서는 흑체 복사를 소개하고 "자외선 파탄"에 대한 플랑크의 해결책이 어떻게 양자역학으로 가는 첫 단계인지 설명했다. 그러나 그 절에서는 설명을 증명 없이 그냥 받아들일 때가 많았다. 이제는 흑체 복사가 무엇인지, 흑체 복사의 속성이 통계 역학에서 어떻게 나오는지, 그것이 집의 에너지 효율 개선에서 어둠 속의 물체를 보는 기술에 이르기까지 갖가지 쓰임새에 어떻게 쓰이는지 더 자세히 설명할 수 있다.

3장을 읽지 않았거나 오래 전에 읽었어도 이 절을 이해할 수 있다. 여기에서는 3장에서 설명한 내용을 말하겠지만 필요한 용어를 재정의하므로 3장을 다시 읽지 않아도 된다.

10.7.1 설명: 흑체 복사

모든 물체는 빛을 낸다. 태양이나 전구는 그것이 명백하지만 바위와 탁자, 사람도 빛을 계속 낸다는 사실은 많은 사람들에게는 믿기 어려운 놀라운 일이며 두 가지 물음이 즉시 떠오른다.

1. **물음**: 모든 물체는 왜 빛을 내는가?
   답: 여기서 말하는 빛을 "열복사"로, 물체를 이루는 분자 또는 입자의 끝없는 열운동에서 생긴다.
2. **물음**: 음, 그럼 왜 보이지 않는가?
   답: 대부분의 물체가 내는 빛은 주로 적외선 영역에 있으므로 우리 눈에는 보이지 않는다. 적외선 사진기를 쓰면 주변의 물체와 사람들이 내는 빛을 볼 수 있다.

물체를 데워 온도를 높이면 물체가 내는 빛이 더 세지고 중심 파장이 더 짧아진다. 예를 들어 쇳덩어리를 화덕에 넣고 달구면 처음에는 검붉게 빛나다가 더 뜨거워질수록 주황색으로 바뀌면서 더 밝아진다.

이 절에서 열복사를 살펴보면서 3장에서 다룬 것과 똑같은 기반을 밟아갈 것이다. 목표는 한번 더 플랑크 복사식을 설명하고 끌어내는 것이다. 그러나 이번에는 열역학 제2법칙, 온도의 정의, 볼츠만 분포 및 보스-아인슈타인 분포와 같은 적절한 도구를 써서 한다.

"흑체"가 무엇인지, 열복사 연구에 그것이 가장 좋은 까닭을 설명하는 것으로 시작한다.

흑체

물체가 빛을 받으면 흡수, 반사 또는 투과할 수 있다. 대부분의 물체는 불투명하므로 투과는 무시하고 반사와 흡수를 살펴본다. 물체의 색상은 흡수하는 빛에 따라 정해진다. 예를 들어 잎은 녹색 빛은 대부분 반사하고, 다른 색깔의 빛은 잘 흡수하므로 녹색으로 보인다. 흰 물체는 받는 거의 모든 가시광을 반사한다. 다른 극단으로 모든 빛을 흡수하는 물체를 "흑체"라고 한다.

이름은 잘 지었지만 오해할 수도 있다. 예를 들어 태양은 거의 완벽한 흑체이다. 태양이 내는 빛은 반사된 것이 아니라 스스로 내는 것이다.

그래서 이 절의 첫 문장으로 되돌아 온다: "모든 물체는 빛을 낸다." § 3.4에서는 흑체가 내는 빛은 화학적 또는 물리적 특성이 아니라 온도만이 결정한다고 했다. 이제는 그 이유를 설명할 준비가 되었다.

능동 읽기 연습: 두 흑체

크기, 모양 및 온도가 같은 두 흑체 A와 B가 가까이 있고, 그 주변은 진공이라고 하자. 두 흑체는 저마다 다른 흑체가 내는 빛을 흡수하여 에너지를 주고받는다. 그 결과는 일이 아니라 열로 간주된다.

1. 온도의 정의에 따라 두 계가 주고받는 에너지의 량에 대해 어떤 결론을 내릴 수 있는가?

이제 흑체 A가 흑체 B보다 빛을 더 많이 낸다고 하자.

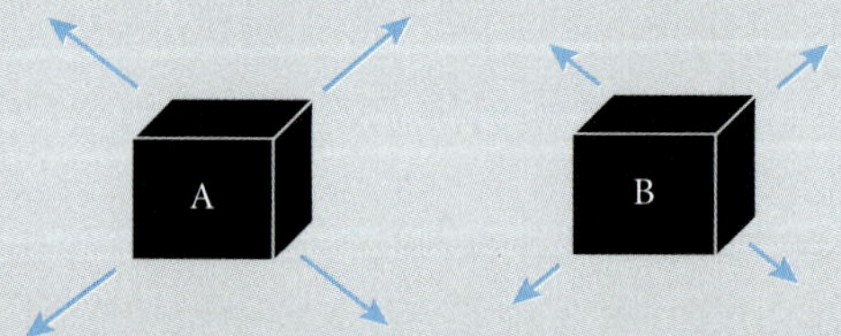

2. 흑체 A가 내는 빛의 일부가 흑체 B를 비추면 그 빛은 어떻게 되는가?
3. 2의 답에 따르면 흑체 A와 흑체 B 어느 것이 빛을 더 많이 흡수하는가, 아니면 같은가?
4. 위의 답은 논리적 모순을 드러낸다. 결론은 어떻게 나오는가?

위의 각본에서 흑체 B는 흑체 A보다 더 많은 광자를 받는다. (두 물체의 크기와 모양이 같다는 것을 기억하자.) 두 흑체는 받는 모든 빛을 흡수한다 (이것이 흑체의 정의이다). 따라서 흑체 A에서 흑체 B로 알짜 에너지 전달이 생긴다. 하지만 온도의 정의에 따르면 온도가 같은 두 물체는 주고받는 에너지가 같아야 하므로 모순이다.

결론은 위의 전제가 틀렸다는 것이다. 흑체 A와 B가 크기, 모양, 온도가 같다면 내는 빛의 양도 같아야 한다. 그렇지 않다면 온도가 같은 두 물체 사이에 알짜 열 전달이 생긴다.

위의 논리는 온도의 정의를 바탕으로 펼쳤지만, 그러한 모든 논리는 궁극적으로 열역학 제2법칙에 바탕을 둔다. 흑체 A가 흡수하는 것보다 더 많은 빛을 내면 에너지가 줄고 온도가 내려간다. 즉, dS/dE는 이제 흑체 B보다 흑체 A에서 더 커진다. 흑체 A에서 흑체 B로 에너지가 전달되면 전체 계의 엔트로피가 줄어들기 때문에 그러한 일은 생기지 않는다.

빈 통 복사의 플랑크 스펙트럼

§ 3.4에서는 밀폐된 빈 통 속의 에너지 스펙트럼을 분석했는데, 그것은 흑체가 내는 빛의 스펙트럼이기도 하다.

그 까닭은 빈 통 속의 흑체를 살펴볼 때(그림 10.23), 전체 계가 열평형에 이르면 흑체가 내는 빛의 스펙트럼과 흡수하는 빛의 스펙트럼은 똑같아야 한다. 따라서 흑체가 내는 빛의 스펙트럼은 빈 통 속의 복사 스펙트럼과 (나중에 논의할 비례 상수까지) 같아야 한다.

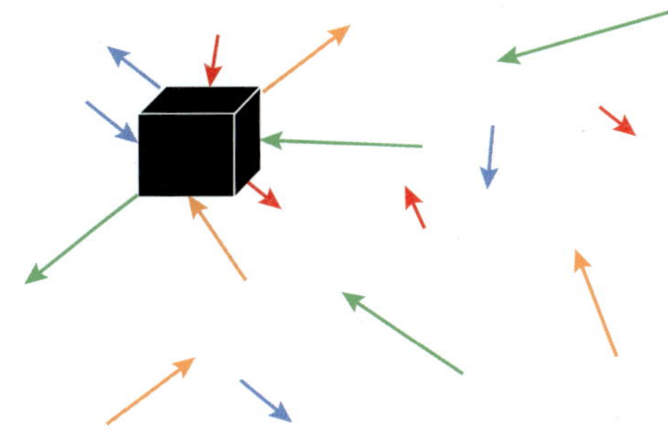

그림 10.23 밀폐된 빈 통 속의 흑체가 열평형 상태에서 내는 빛의 스펙트럼은 흡수하는 것과 똑같다.

이제 열평형 상태의 빈 통 속의 복사의 특성을 수식으로 나타내자. 플랑크가 했던 것처럼, 수식을 맞추어야 할 자료에서 시작하자.

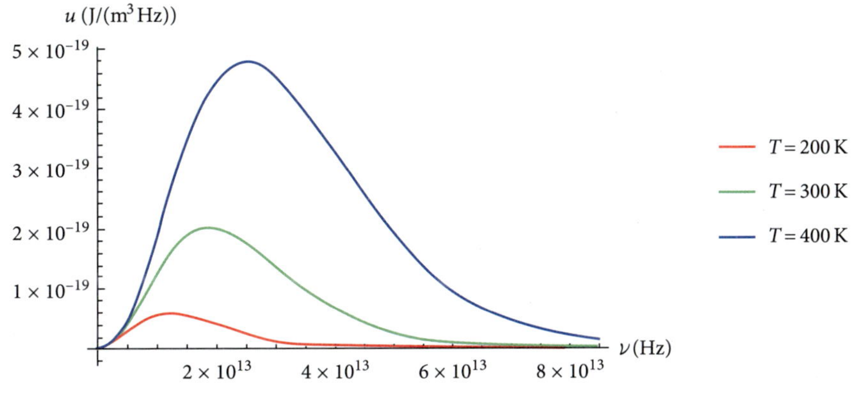

그림 10.24 빈 통 복사의 플랑크 스펙트럼.

그림 10.24는 세 가지 다른 온도에서의 복사 스펙트럼이다. 고온 복사의 총 에너지가 더 많고, 봉우리의 진동수가 더 높음을 바로 알 수 있다(세 곡선 모두 봉우리가 적외선 영역에 있다).

그러나 눈여겨 볼 요점은 종속 변수 $u(\nu)$의 단위이다. 그냥 에너지가 아니라 J/(m^3 Hz)로 **단위 진동수당, 단위 부피당** 에너지이다. 진동수 범위에 대해 적분하면 단위 부피당의 에너지가 된다:

$$\int_{\nu_1}^{\nu_2} u(\nu)d\nu \qquad \text{진동수 범위 } \nu_1\text{에서 } \nu_2\text{까지의 단위 부피당 에너지}$$

$\nu = 0$에서 ∞까지 적분하면 빈 통의 단위 부피당 총 에너지가 되며 이를 ρ라고 하자. ρ에 빈 통의 부피를 곱하면 총 에너지가 된다.

플랑크 스펙트럼 유도

플랑크가 흑체 복사를 연구할 때 빛은 완전히 파동으로 보았음을 기억하자. 맥스웰 방정식과 볼츠만 분포를 바탕으로 한 고전적인 셈은 더 높은 진동수에 늘 더 많은 에너지가 있을 것으로 예측했다. 플랑크는 양자화된 에너지 준위 $E = h\nu$를 제안하여 이론을 고쳤으며, 상수 h의 값은 그렇게 예측한 스펙트럼을 그림 10.24의 곡선에 맞추어 정했다.

플랑크의 연구에 따른 이론적 발전 덕에 같은 물음을 다른 출발점에서 접근할 수 있다. 플랑크는 빈 통 속의 빛을 전자기파(일부 이산 에너지 준위만 허용하는 전자기파)로 보고 파장과 진폭이 들어가는 셈을 했다. 여기에서는 빛을 광자 기체로 보고 셈을 한 다음 두 모형의 연결을 설명한다.

진동수 ν인 광자의 수를 셈하는 방법이 두 가지 있다. 하나는 볼츠만 분포를 직접 쓰는 것이다. 계는 "진동수가 특정값 ν인 모든 빛"이고 열창고는 "빈 통을 둘러싼 벽"이다. (물음 6에서 이것도 타당한 방식인 까닭을 설명하고, 문제 19에서는 수식을 정리한다.)

더 빠르고 쉬운 다른 방식은 보스-아인슈타인 분포를 쓰는 것이다. 둘째 방식에 필요한 핵심 정보는 광자 기체의 경우 μ가 늘 0이라는 것이다. (이것은 전혀 뻔하지 않지만, 문제 19는 실질적으로 그것을 증명한다.)

$$\overline{n}(\nu) = \frac{1}{e^{h\nu/(k_B T)} - 1} \tag{10.10}$$

다음 단계를 거치면 보스-아인슈타인 분포에서 플랑크 스펙트럼으로 이어진다.

- (10.10)은 상태의 점유도이다. (에너지 E 또는 동등하게 진동수 ν를 식별하여) 특정 상태를 정하면, $\overline{n}$은 그 상태에 있는 광자의 수의 기댓값이다.
- 이제 특정 ν와 $\nu + d\nu$ 사이의 좁은 진동수 범위 안에 광자가 몇 개나 있는지 알고 싶다고 하자. (10.10)의 $\overline{n}$에 그 범위 안에 있는 상태의 수를 곱하는데, 그 값은 $g(\nu)\,d\nu$이다. 여기서 $g(\nu)$는 에너지가 아닌 진동수로 표현한 상태 밀도이다.
- 그러나 실제로 알고 싶은 것은 ν와 $\nu + d\nu$ 사이의 좁은 진동수 범위 안에 에너지가 얼마나 많은지이다. 따라서 광자 수에 광자당 에너지 $h\nu$를 곱하면 된다.
- 적분하면 정해진 진동수 범위 안에 있는 총 에너지가 된다.

$$E = \int_{\nu_1}^{\nu_2} \overline{n}(\nu)\, g(\nu)\, h\nu\, d\nu \tag{10.11}$$

상태 밀도 $g(\nu)$는 빈 통의 부피에 비례하여 커진다. [각 상태의 점유수, $\overline{n}(\nu)$는 그렇지 않다.] 따라서 (10.11) 속에 숨어 있는 스펙트럼 함수 $u(\nu)$를 보려면 부피로 나눠주어야 한다.

문제 20에서 방금 설명한 과정을 한 변이 L인 정육면체에 적용할 수 있다. 그러한 정육면체의 상태 밀도는 이미 구했고, 그것이 (10.8)이다. 하지만 그 유도 과정은 비상대론적이었고 지금 다루는 것은 광자이다. 따라서 삼차원 통 속의 입자에 대한 에너지 고유 상태까지 거슬러 올라가 상태 점유도 (10.10)에서 스펙트럼 (10.12)까지의 단계를 다시 채워야 한다.

빈 통 복사의 플랑크 스펙트럼

온도 T에서 평형 상태에 있는 밀폐된 빈 통 속의, 진동수 범위 ν_1에서 ν_2까지 단위 부피당 전자기장 에너지는 다음과 같다.

$$\int_{\nu_1}^{\nu_2} u(\nu)d\nu \quad \text{여기서} \quad u(\nu) = \frac{8\pi h}{c^3}\frac{\nu^3}{e^{h\nu/(k_B T)} - 1} \tag{10.12}$$

두 모형 연결

§ 3.4에서는 빛의 파동 모형(이산화는 했지만)을 바탕으로 플랑크 스펙트럼을 끌어냈고, 여기서는 입자 모형에서 같은 결과를 끌어냈다. 이 둘은 서로 다른 두 가지 빛이 아니라, 같은 빛에 대한 두 가지 다른 설명이다. 이 파동/입자 이중성은 양자역학의 핵심이다.

- § 3.4는 한 파동의 에너지인 $E_w(\nu)$라는 변수로 시작된다. 스펙트럼 u에는 E_w와 정해진 진동수 구간 속의 파동의 수가 들어간다.
- 이 절의 유도 과정은 한 광자 상태의 점유도 $\bar{n}(\nu)$에서 시작한다. 스펙트럼 u는 부분적으로 $\bar{n}$에 바탕을 두지만 상태 밀도도 들어간다.

두 모형의 연결은 다음과 같다. 고전적 그림에서 허용된 정상파는 저마다 광자가 있을 수 있는 허용된 상태이다. 허용된 정상파의 수는 양자역학적 상태 밀도가 된다(고에너지 준위에서 점점 더 많아진다). 정해진 파동의 에너지 E_w는 해당 상태의 광자 수에 비례한다(고에너지 준위에서는 점점 더 적어진다). 에너지가 점점 더 높아지면 상태 밀도는 늘고 점유도는 줄어드니까 둘의 곱인 스펙트럼은 점점 더 높아져 봉우리를 만든 뒤 떨어진다.

흑체 복사

위에서 흑체가 내는 빛의 스펙트럼이 평형 상태에 있는 빈 통의 복사 스펙트럼에 비례해야 한다고 했다. 왜 같지 않고 비례할까? 가장 간단한 대답은 단위가 다르다는 것이다. 빈 통의 스펙트럼은 단위 부피당 단위 진동수당 에너지이다. 흑체의 스펙트럼은 단위 진동수, 단위 표면적, 단위 시간당 내는 에너지이다. 빈 통 속에 있는 흑체를 상상하면, 그 논리는 흑체가 단위 시간에 내는 스펙트럼이 그 동안 흑체 표면에 들어오는 빈 통 복사의 스펙트럼과 같아야 함을 실제로 보였다.

하나를 다른 것으로 바꾸려면 어떤 밀도의 광자가 속력 c로 사방으로 갈 때 정해진 표면에 단위 시간당 들어오는 광자가 얼마나 많은지를 살펴보는 기하학 문제를 풀어야 한다.

표면적을 작은 영역 dA로 줄이면 모양이 단순해진다. 한 가지 방법은 빈 통에 작은 구멍을 내는 것이다. 그 구멍에서 나오는 빛의 스펙트럼은 빈 통의 복사 스펙트럼에 비례한다. 사실 그 구멍이 흑체이다! 밖에서 구멍으로 들어가는 빛은 모두 흡수되므로 (빈 통 속으로 들어감) 구멍에서 나오는 빛의 스펙트럼은 흑체 스펙트럼이다. 문제 21에서 빈 통 복사 공식을 흑체 복사 공식으로 바꾸는 기하학을 살펴본다.

대부분의 결과는 거의 셈을 하지 않고도 예측할 수 있다. 위에서 제시한 단위를 보면 빈 통 복사를 흑체 복사로 바꾸려면 시간에 대한 거리, 즉 속력을 곱해야 함을 알 수 있다. 문제의 유일한 속력은 c이므로 흑체 스펙트럼은 빈 통 복사 스펙트럼에 c를 곱한 값임을 알 수 있다. 기하학을 따지면 비례 상수는 1/4이 된다.

흑체 스펙트럼

흑체가 내는 빛의 세기(단위 표면적이 단위 시간에 내는 에너지)는 다음과 같다.

$$I = \frac{2\pi h}{c^2} \int_0^\infty \frac{\nu^3}{e^{h\nu/(k_B T)} - 1} d\nu \tag{10.13}$$

이 식의 중요한 결과 두 가지는 다음과 같다.

- **빈 법칙**: 흑체 복사 스펙트럼의 봉우리는 $h\nu = 2.82k_BT$에 있다.
- **슈테판–볼츠만 법칙**: 흑체의 복사의 세기의 총 적분값은 σT^4이며, $\sigma = 5.67 \times 10^{-8}$ W/m^2 K^{4}은 “슈테판-볼츠만 상수”이다.

(10.13)은 흑체 복사는 저주파와 고주파 모두 0에 접근하고 중간에 봉우리가 있다고 말한다. 이것은 고전 물리학의 예측과는 다르며 플랑크는 실험적으로 검증된 사실에 이론을 맞추고자 빛 에너지가 양자화된다고 가정했음을 상기하자.

빈 법칙에 따르면 열복사 광자의 에너지는 대개 몇 k_BT 정도임을 이미 알고 있을 것이다. 일반적인 열 에너지는 거의 늘 k_BT 정도이다. 슈테판–볼츠만 법칙에 따르면 흑체의 총 복사 일률은 T^4에 비례하므로 온도의 작은 변화가 복사 일률에 큰 영향을 준다. 문제 22와 23에서 이러한 법칙을 끌어낼 수 있다.

(10.13)은 흑체에 적용되지만 흑체가 아닌 물체, 즉 들어오는 빛을 일부 반사하는 물체도 기본 거동은 같다. 다른 점은 같은 온도에서 흑체의 복사 일률이 다른 어떤 물체보다도 더 크다는 것이다. 특히, 특정 파장의 빛을 흑체의 반만 흡수하는 물체는 그 파장의 빛을 내는 양도 흑체의 반이다. 실제로 유일하게 완벽한 흑체는 블랙홀이지만[11] 대부분의 물체는 흑체가 내는 일률의 상당한 비율을 내므로 흑체 복사를 연구하면 주변의 거의 모든 물체가 내는 빛을 이해할 수 있다.

(10.13)의 온도 변화를 활용하면 흑체 스펙트럼을 온도계로 쓸 수 있다. 예를 들어 별의 스펙트럼을 재어 별의 온도를 추정한다. 정상적인 지구 온도에서 대부분의 물체는 주로 적외선을 낸다. 추운 날 집에서 내는 적외선을 재어 열이 새는 곳을 찾아 단열을 강화할 수 있다. 야시경(night-vision goggles)은 실제로는 적외선 사진기이다. 사람과 동물은 대개 주변보다 따뜻하여 적외선을 더 많이 내므로 어둠 속에서도 사람과 동물을 볼 수 있다.

그러나 흑체 스펙트럼이 기술하는 것은 분자 운동의 “열복사” 뿐임을 기억하자. 레이저나 LED 빛과 같은 광원이 다른 이유로 내는 빛은 물체의 열복사에 추가된다.

11 블랙홀은 충돌하는 모든 것을 흡수하고 아무것도 내지 않으므로 위의 주장이 옳지 않은 것 같다. 1974년 스티븐 호킹(Stephen Hawking)은 양자장 이론을 써서 블랙홀이 완벽한 흑체 복사를 낸다는 것을 증명하여 이 난제을 풀었다.

10.7.2 물음과 문제: 흑체 복사

개념 물음과 개념시험

1. 흑체 A와 흑체 B는 모양과 크기가 같지만 A가 B보다 더 뜨겁다. 다음 중 맞는 것은? (해당하는 것을 모두 골라라.)

A. A가 내는 총 일률이 B보다 더 많다.

B. A가 내는 빛은 평균적으로 B보다 진동수가 더 높다.

C. 낮은 진동수에서는 B가 A보다 빛을 더 많이 낸다.

D. 높은 진동수에서는 A가 B보다 빛을 더 많이 낸다.

E. A는 B보다 빛을 더 높은 비율로 흡수한다.

2. 아주 까맣지만 빛을 내지 않는 물체가 있다면 열역학 제2법칙에 어긋나는 이유를 설명하라.

(a) 검게 보이지만 아주 좋은 흑체는 아닌 물체가 있는가? 설명하라.

(b) (거의 완벽한) 흑체이지만 검게 보이지 않는 물체가 있는가? 설명하라.

4. 본문에서 크기, 모양 및 온도가 같은 두 흑체가 열평형 상태를 유지하려면 내는 복사의 양이 같아야 한다고 했다. 흑체 A가 흑체 B보다 크다면 그 주장은 어떻게 바뀔까? 이 둘은 여전히 내는 복사의 양이 같은가? 위의 논리에서 어떤 답이 나오는가?

5. 함수 $u(\nu)$는 열 평형 상태의 밀폐된 빈 통 속의 단위 진동수 구간의 단위 부피의 복사 에너지를 나타낸다. 총 에너지를 구하려면 모든 진동수에 대해 적분해야 하지만 부피 적분은 할 필요가 없이 빈 통의 부피를 곱하면 된다. 이 때 왜 부피 적분은 안 해도 되는가?

6. 볼츠만 분포를 찬 물 한 잔, 부엌의 공기 및 많은 개별 입자에 적용했다. 문제 19에서 볼츠만 분포를 "빈 통 속의 진동수 ν인 빛"에 적용하여 빈 통 복사 문제를 다룰 수 있다. 이 계의 열창고는 무엇인가? 계와 열창고의 에너지 교환은 무엇을 뜻하는가? 이 계에 왜 볼츠만 분포를 쓸 수 있는가?

7. 본문에서 크기, 모양 및 온도가 같은 두 흑체가 열평형 상태를 유지하려면 내는 빛의 양이 같아야 한다고 했다. 그 논리를 확장하여 복사 스펙트럼이 같아야 한다는 것, 곧 빛의 파장 분포가 같아야 한다는 것을 설명하라. **실마리:** 둘 사이에 색 필터를 넣는다고 상상하자.

심층 토론

8. 열역학 제2법칙을 어기지 않고는 어떤 물체도 같은 온도에서 흑체보다 더 많은 열복사를 낼 수 없다고 했다. 그러나 또한 LED와 같은 물체가 같은 온도에서 흑체가 내는 빛보다 더 강렬한 빛을 낼 수 있다고 했다. 열역학 제2법칙의 논리가 다른 유형의 빛에는 적용되지 않는 이유를 설명하라.

문제

9. 그림 10.25는 어떤 별의 스펙트럼을 잰 것이다.[12] 이 별의 온도를 추정하라.

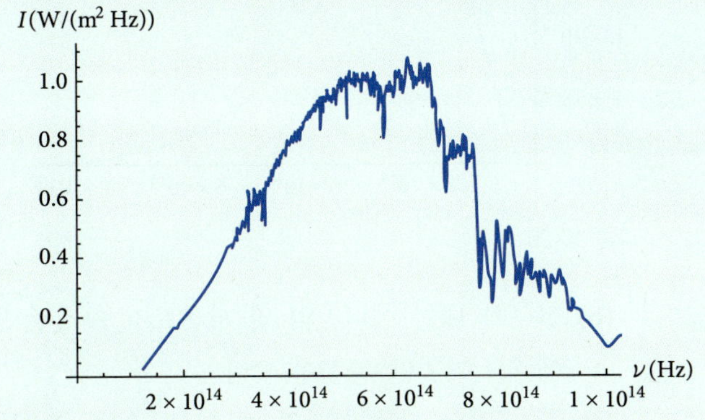

그림 10.25

10. 초기 우주는 이온화된 기체인 뜨거운 플라스마였으며, 흑체로서 빛을 냈다. 그 빛은 지금은 2.7 K의 흑체 복사로 전 우주를 채우고 있다. 이렇게 전 우주에 스며든 빛의 바다를 "우주 배경 복사(CMB)"라고 한다.

(a) CMB의 에너지 밀도는 얼마인가?

(b) CMB의 최대 진동수는 얼마인가?

(c) 우주에 있는 물질의 평균 밀도는 세제곱 미터당 양성자 약 1.5개이다. 그 물질의 에너지를 빛 에너지와 비교하라.

11. 요리중인 화덕 속의 총 복사 에너지를 셈하라. 이 때 모든 가정과 근사치를 명확하게 진술하라.

12. 우리 몸은 흑체로 근사할 수 있다.

(a) 몸이 내는 일률을 추정하라. 가정과 추정치를 명확하게 진술하라.

(b) 야시경은 따뜻한 물체가 내는 열복사를 감지하여 작동한다. 사람을 감지하려면 야시경이 대략 어떤 파장에 민감해야 하는가?

13. 1000 K 물체와 2000 K 물체의 흑체 스펙트럼을 도표 하나에 겹쳐 그려라.

14. 그림 10.26은 백열 전구의 (시늉낸) 발광 스펙트럼이다.

(a) 전구 필라멘트의 온도를 추정하라.

12 자료 제공: Suzan Edwards.

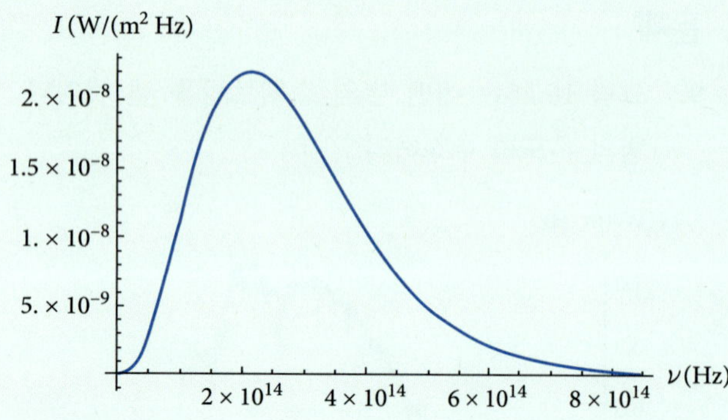

그림 10.26

(b) 전구가 내는 에너지의 몇 퍼센트가 가시광 범위에 있는가? (부록 D를 보라.)

(c) 물 분자의 진동 상태의 에너지는 0, ϵ, 2ϵ 등(최대 ∞)이며 겹치지 않는다. $\epsilon = 0.2$ eV이다. 전구의 필라멘트 부근에 있는 물 분자 중에서 첫 들뜸 상태(에너지 ϵ인 상태)에 있는 비율은 몇 퍼센트인가? (근사법을 쓸 경우, 그 내용과 그것을 정당화하는 이유를 명확히 말하라.)

15. 350 K의 물 1 m^3가 허공에 떠 있다고 하자. (이유는 묻지 마라.) 물의 비열은 4.2×10^6 J/(mK)이다.

(a) 이 물이 식어 온도가 1 K 내려가는데 얼마나 걸리는가? (복사 강도가 거의 일정하다고 가정하는 것이 합리적이므로 이 부분에 대해서는 미적분을 할 필요가 없다.)

(b) 물이 애초의 350 K에서 어는점인 273 K로 식는데 얼마나 걸리는가? (이제는 식는 동안 복사 강도의 변화를 고려해야 한다.)

16. 지구의 상층 대기는 1370 W/m^2의 햇빛을 받고, 그 중 약 반이 대기를 지나 지면에 이른다.

(a) 이 사실을 써서 더운 여름날 아스팔트의 온도를 추정하라. **실마리:** 아스팔트가 열평형에 이르면 받는 것과 같은 양의 에너지를 낸다.)

(b) 여름날 검은 아스팔트가 흰색 포장 도로보다 더 뜨거운 이유는 무엇인가?

17. 태양의 반지름은 7×10^8 m이고 표면 온도는 약 6000 K이다. 수성은 약 6×10^{10} m의 거리에서 공전한다. 태양을 보는 수성 표면이 열평형 상태에 있다고 가정하고 표면 온도를 추정하라.

18. (10.13)은 흑체 복사 스펙트럼을 진동수에 대해 적분한 식이다.

(a) 변수를 바꿔 파장에 대한 적분으로 고쳐라.

(b) 얻은 식의 도표를 그려라.

(c) 스펙트럼의 봉우리의 파장을 구하라. 그 파장이 $\lambda_{봉} = c/\nu_{봉}$과 다를 것이다. 구체적인 예를 들어 태양의 스펙트럼을 진동수로 나타내면 봉우리가 근적외선에서 있지만 파장으로 나타내면 봉우리가 가시광에 있다. 그것이 왜 모순이 아닌가?

문제 19–23은 § 10.7.1의 설명에서 빠진 단계를 채운다.

19. 볼츠만 분포에서 점유수로

본문에서는 보스-아인슈타인 분포를 써서 빈 통 속의 정해진 진동수의 광자 수를 구했지만 증명 없이 $\mu = 0$으로 두었다. 볼츠만 분포를 쓰면 이러한 가정 없이 이 점유수를 얻을 수 있다. (이 두 방법이 같은 결과를 낸다는 사실은 이 경우 $\mu = 0$임을 증명하는 한 가지 방법이다.)

"계"는 밀폐된 빈 통 속의 정해진 진동수의 빛이다. 이 파동은 빈 통 벽과 에너지를 주고받으므로 볼츠만 분포를 따른다. 고전물리학은 파동의 진폭이 커지거나 작아지는 것으로 기술하고, 양자역학은 에너지 $h\nu$인 광자 수가 늘거나 주는 것으로 기술한다.

(a) 파동이 N개의 광자로 구성될 확률을 볼츠만 분포로 구하면 얼마인가? 답에는 값이 확정되지 않은 상수 Z가 들어간다.

(b) Z를 무한 급수로 나타내라 (합산 기호 Σ를 써라).

(c) 빛의 평균 에너지는 광자 수의 확률과 그 광자 수의 에너지를 곱한 값을 모든 광자 수에 대해 더하여 얻는다. 이 평균 에너지에 대한 식을 무한 급수 꼴로 써라.

(d) § 10.6 문제 24의 방법을 써서 이 합을 해석적으로 구하거나 컴퓨터를 써서 구하라. 어느 쪽이든 빛의 평균 에너지에 대한 단순한 꼴이 된다.

(e) 그 에너지는 광자 몇 개에 해당하는가?

20. 점유수를 에너지 밀도로

[이 문제는 다중 적분이 필요하다. § 10.6의 문제 31의 결과를 쓴다.] § 10.6 문제 31에서 비상대론적 이

상 기체의 상태 밀도를 셈했다. 이 문제에서는 광자 이상기체에 대한 셈으로 고치고 그 결과를 써서 빈 통 복사의 에너지 밀도를 구한다.

(a) 폭 L인 육면체 상자 속의 광자의 상태 밀도를 구하자. 광자는 상대론적이므로 에너지 고유값은 다음과 같다.

$$\epsilon = \frac{hc}{2L}\sqrt{n_x^2 + n_y^2 + n_z^2}$$

이 과정은 에너지 고유 상태가 다른 것을 빼고는 비상대론적 과정을 거의 그대로 따른다. 각 광자의 편광 상태는 두 가지이므로 전자와 마찬가지로 양자수 n_x, n_y, n_z의 조합마다 허용된 상태는 둘이다.

(b) 상자 속의 빛의 총 에너지에 관한 식을 상태 밀도와 점유수를 포함하는 입자 에너지에 대한 적분으로 나타내라. 찾은 상태의 밀도와 $\mu = 0$인 보손의 점유수를 연결하자. 답을 상자의 부피로 나누어 에너지 밀도를 구하라.

(c) 플랑크 관계식 $E = h\nu$를 써서 피적분 함수의 변수를 에너지에서 진동수로 바꿔라. 빈 통 복사에 대한 플랑크 스펙트럼이 나와야 한다.

21. 빈 통의 에너지 밀도를 흑체 복사 일률로

[이 문제는 다중 적분이 필요하다.] 빈 통은 광자의 밀도(부피당 에너지) ρ로 차 있다. 상자 옆면에 크기 dA인 작은 구멍을 뚫으면 시간 dt 동안 그 구멍에서 얼마나 많은 빛 에너지가 나올까?

그림 10.27은 빈 통(위), 작은 구멍 및 바깥(아래)를 나타낸다.

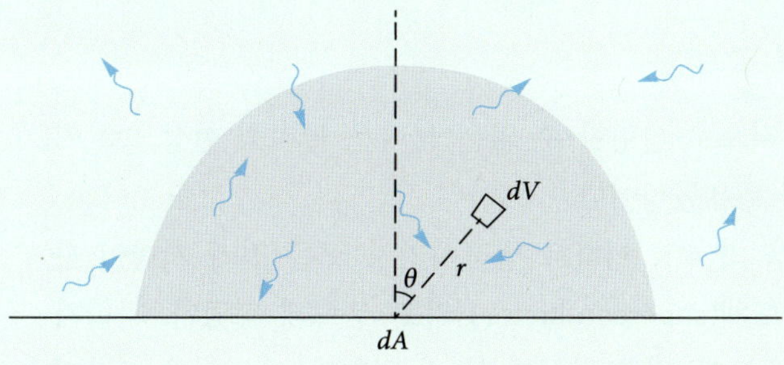

그림 10.27

(a) 도면의 반구형 회색 영역은 빈 통을 나타낸다. 시간 dt 동안 구멍에서 나온 모든 광자는 해당 음영 영역에서 온다. 그 반구의 반경은 얼마인가?

(b) 그 영역 속의 작은 부피 dV에는 에너지가 얼마나 들어 있는가? (이 일에 20초 이상 걸리면 생각을 너무 깊게 하는 것이다.)

작은 부피 속의 광자가 구멍에 오려면 방향이 맞아야 한다. 구멍은 광자로부터 거리 r인 곳에 있다. 광자가 그 거리를 가려면 애초에 있던 곳을 둘러싼 표면적 $4\pi r^2$인 구면 위 어딘가에 있어야 한다. 구멍에 올 확률은 구멍의 유효 면적 $\cos\theta\, dA$를 $4\pi r^2$로 나눈 값이다.

(c) 구멍의 유효 면적이 θ에 따라 달라지는 이유와 특히 그것이 θ가 클 때보다 작을 때 더 큰 이유를 설명하라. (막히면 $\theta = \pi/2$에서 시작하는 광자를 생각해 보라.)

(d) 모든 것을 묶어 시간 dt 동안 구멍으로 나가는 에너지의 양에 대한 삼차원 적분을 구하라.

(e) (d)와 (10.12)에 대한 답을 써서 흑체가 내는 빛의 강도(단위 면적당 단위 시간당 에너지)에 대한 식을 써라.

22. 빈 법칙

부록 1의 흑체 스펙트럼에서 시작하여 빈 법칙(부록에도 있음)을 끌어내라. 셈이 끝나면 해석적으로 풀 수 없는 방정식을 수치적으로 풀어야 한다. **실마리:** 그 때는 T와 상수를 묶어 새 변수 x를 정의하여 식을 단순하게 만들 수 있다.

23. 슈테판–볼츠만 법칙

부록 1의 흑체 스펙트럼에서 시작하여 슈테판–볼츠만 법칙(부록에 있음)을 끌어내라. **실마리:** 피적분 함수의 변수를 바꿔 상수를 모두 적분 밖으로 빼내어 적분을 단순화한 다음 직접 또는 컴퓨터로 적분한다.

10.8 보스-아인슈타인 응축

보손, 페르미온, 구별되는 입자의 통계적 차이는 한 상태에 여러 입자가 있을 확률과 관련된다. 계의 에너지가 충분하여 허용된 상태의 수가 입자 수보다 훨씬 더 많으면 한 상태에 여러 입자가 있는 일은 거의 없을 것이다. 따라서 고온에서는 여러 유형의 입자의 거동이 비슷하다. 예를 들어 상온의 기체에서는 공기 분자가 보손인지 페르미온인지에 따지지 않고 맥스웰 속력 분포를 쓸 수 있다. (궁금하다면, 대부분 보손이라는 점을 말해둔다.)

그러나 저온에서는 에너지가 가장 낮은 상태에 더 많은 입자가 모여들기 때문에 구별이 중요해진다. 극저온에서는 보손 계는 "보스-아인슈타인 응축" 상태가 될 수 있다. 이 상태에서는 바닥상태에 큰 비율의 입자가 함께 있어 여러 면에서 단일 입자처럼 거동하기 시작한다. 이는 점도가 0인 유체 및 저항이 0인 전류와 같은 효과를 낼 수 있다.

10.8.1 발견 연습: 보스-아인슈타인 응축

참고: 아래 물음은 셈 없이 답할 수 있다.

계 S_D는 각각 에너지가 0, ϵ, 2ϵ 등인, 구별되는 입자 10개로 되어있다.

1. 이 계에서 총 에너지가 0인 미시 상태는 몇 개인가?
2. 이 계에서 총 에너지가 ϵ인 미시 상태는 몇 개인가?

계 S_B는 각각 에너지가 0, ϵ, 2ϵ 등인 보손 10개로 되어있다.

3. 이 계에서 총 에너지가 0인 미시 상태는 몇 개인가?
4. 이 계에서 총 에너지가 ϵ인 미시 상태는 몇 개인가?

다음을 보라: www.cambridge.org/felder-modernphysics/checkyourself의 Check Yourself #18

5. 두 계 모두 볼츠만 분포를 따른다고 할 때 총 에너지가 0이 될 확률이 더 큰 계는 무엇인가? 간단히 설명하라.

10.8.2 설명: 보스-아인슈타인 응축

극저온에서 양자 통계는 거시적 수준에서 고전적으로 설명할 수 없는 놀라운 물리적 현상으로 이어질 수 있다. 두 가지 극적인 예는 초전도성과 초유동성이다.

1911년 온네스(Kamerlingh Onnes)는 수은을 약 4 K 이하로 냉각시키자 모든 전기 저항이 사라지는 현상을 발견했는데, 그것을 뒤에 "초전도체(superconductor)"라고 부르게 되었다. 과학자들은 초전도체 전류 고리를 여러 해 계속 관찰했는데, 전류 감쇠를 볼 수 없었다. 초전도체는 자기장을 밀어내는데, 그것은 쓰면 자석을 공중에 띄울 수 있다(그림 10.28, 왼쪽).

1938년에 Nature는 헬륨의 저온 거동에 대한 두 논문을 함께 실었는데, 하나는 카피짜(Pyotr

그림 10.28 왼쪽: 자석이 (고체) 초전도체 위에 떠 있다. 출처: Bobroff 및 Bouquet © 2010. 오른쪽: 작은 그릇에 초유체 액체 헬륨이 담겨 있다. 액체 헬륨은 스스로 그릇 표면을 따라 흘러 위쪽 테두리를 넘어 흘러 아래에 있는 초유체 웅덩이로 떨어진다(그림에서 볼 수 있음). 이 흐름은 그릇이 빌 때까지 계속된다. 출처: Leitner 1963.

Kapitsa)가, 다른 하나는 알렌(John Allen)과 미시너(Donald Misener)가 썼다. 두 연구진은 약 2 K 미만에서 헬륨이 모든 점성(흐름에 대한 저항)를 잃고 카피짜가 "초유체(superfluid)"라고 부르는 상태가 된다는 사실을 따로 발견했다. 초유체 헬륨은 지름이 원자의 몇 배 정도인 미세한 구멍을 통해 흐를 수 있고, 맴돌이 흐름을 한없이 지속할 수 있으며, 어떤 그릇의 벽도 타고 오를 수 있다(그림 10.28, 오른쪽).

초전도성과 초유동성은 둘 다 "보스-아인슈타인 응축"의 예이다. 여기에서 "응축"이라는 말은 거의 모든 입자가 바닥상태에 있는 저온 보손의 집합을 뜻한다. (이것은 증기가 모여 액체 방울이 되는 것을 뜻하는 "응축"의 보다 일반적인 뜻과 비슷하다: 두 경우 모두 원자가 모여 새로운 물질 상태를 이룬다.)

물음: 모든 입자가 바닥상태에 있는 것을 뜻하는 "응축" 상태에서 초전도성과 초유동성이 나타나는 까닭은 무엇인가?

답: 전류와 유체 흐름에서 저항은 충돌로 생긴다. 보스-아인슈타인 응축체에서는 모든 원자가 계의 바닥상태에 있다. 그것들은 정상 파동함수 하나로 기술되므로 충돌이나 산란이 없다.

물음: 보손 집합체는 왜 극저온에서 이러한 거동을 하는가?

답: 이것이 바로 이 절의 내용이다. 먼저 보손이 이런 식으로 거동하고 구별되는 입자는 그렇지 않은 이유를 설명한 다음 보손 기체가 응축하는 임계 온도를 대략적으로 유도한다.

보스-아인슈타인 응축의 장난감 모형

보스-아인슈타인 응축의 기본 메커니즘를 이해할 수 있게 비교적 단순한 각본으로 시작하자. (문제 9와 10에서는 이 각본을 더 현실적인 사례로 확장하고 너무 단순화한 버전이 실제로 꽤 잘 맞음을 볼 것이다.)

능동 읽기 연습: 두-상태 계의 응축, 1부(471쪽과 비교하라)

온도 T인, 비상호작용 입자 N개로 된 계를 살펴보자. 각 입자에 허용된 상태는 에너지가 $E = 0$인 상태와 $E = \epsilon$ 인 상태 둘 뿐이다.

1. 극한 $T \to 0^+$에서 입자는 어떻게 거동하는가? (이 부분은 셈이 불필요하며 구별되는 입자와 보손에 대한 답이 같다.)
2. 구별되는 입자는 온도 $T = \epsilon/k_B$에서 바닥상태에 대략 몇 개가 있는가? **실마리:** 볼츠만 분포를 단일 입자에 적용한다.
3. 동일 보손은 온도 $T = \epsilon/k_B$에서 바닥상태에 대략 몇 개가 있는가? **실마리:** 볼츠만 분포를 계 전체에 적용한다. (따라서 밖에 열창고가 있다고 가정한다.) 계에 허용된 상태는 $N + 1$개이지만 맨 아래 2~3개 이후에는 무의미해진다.

이 연습은 5분에서 10분 정도 걸릴 수 있지만—대부분의 능동 읽기 연습보다 더 길다—시간을 충분히 쓰는 것이 좋다. 답을 읽기 전에 세 연습을 모두 풀어내거나 최선을 다했는데도 막혔어도, 보스-아인슈타인 응축이 생기는 이유를 단지 유도과정을 그냥 읽을 때보다 더 잘 이해하게 될 것이다.

1. 볼츠만 분포에서는 극한 $T \to 0^+$에서 전체 계가 더 높은 에너지 상태에 있을 확률이 바닥상태에 있을 확률보다 무한히 작으므로 전체 계가 바닥상태에 있게 됨을 안다. 즉, 모든 입자의 에너지는 0이 된다.
2. 볼츠만 분포에서는 온도 $T = \epsilon/k_B$에서 구별되는 입자마다 첫째 들뜬 상태보다 바닥상태에 있을 확률이 인자 e만큼 더 높다. 입자의 대략 3/4은 바닥상태에 있다.
3. 보손 계는 정해진 에너지 준위에 있는 상태가 하나 뿐임을 기억하는 것이 중요하다. (예를 들어, $E = 5\epsilon$인 상태는 "다섯 개의 입자는 $E = \epsilon$에 있고 나머지 입자는 $E = 0$에 있다. "어떤 입자 5개?"라는 물음은 뜻이 없다.) 계가 바닥상태에 있을 확률은 첫째 들뜬 상태에 있을 확률보다 e배 더 크며 그 이상의 상태에 있을 확률은 무시할 수 있다. 따라서 계가 바닥상태에 있을 확률은 약 3/4이다. 수학은 구별되는 입자에 대한 앞의 셈과 매우 유사해 보이지만 이 결과는 계 전체의 상태에 적용된다.

방금 내린 결론을 확인하려면 10^{23}개의 입자가 있는 계를 살펴보자. 위의 결과는 구별되는 입자의 경우 이 온도에서 들뜬 상태에 있는 입자가 약 2×10^{22}개임을 시사한다. 그러나 이러한 입자가 보손이면 **모든 입자가 바닥상태에 있을 확률이 약 3/4이다.** (10^{23}개 중) 입자 하나가 들뜰 확률은 1/4이며, 그 이상이 들뜰 확률은 훨씬 적다.

위의 논리는 저온에서 보손이 "응축"하는 이유를 보여준다. 즉, 저온에서는 모두 바닥상태로 떨어진다. 또한 구별되는 입자가 같은 거동을 보이지 않는 이유도 설명하지만 두 가지 계에 대해 볼츠만 분포를 두 가지 다른 수준에서 적용하여 속임수를 쓴 것처럼 느낄 수도 있다. 두 계 모두 같은 접근 방식을 쓸 수 있으며—조심하면—같은 결론을 얻는다.

능동 읽기 연습: 두-상태 계의 응축, 2부

위에서 구별되는 입자 계는 볼츠만 분포를 단일 입자에 적용했고, 보손 입자 계는 볼츠만 분포를 전체 계에 적용했다. 이제 여전히 밖에 열창고가 있다고 가정하고 볼츠만 분포를 구별되는 입자 계 전체에 적용했다고 하자. 그 결과는 보손에 대한 셈과 어떻게 다를까? 그 차이가 결과에 어떤 영향을 줄까?

답은 다음을 보라: www.cambridge.org/felder-modernphysics/activereadingsolutions

이 이야기의 교훈은 보손 계에서 상태를 셈하는 방식은 구별되는 입자 계에서 셈하는 방식과 다르므로 보손은 한 상태에 모이는 통계적 성향이 강하다는 것이다. 고온에서는 허용된 상태가 너무 많아서 두 개 이상의 입자가 같은 상태에 있을 확률이 없으므로 이러한 경향이 중요하지 않다. (장난감 모형에는 두 가지 상태만 있었지만 대부분의 실제 계에는 무한히 많다.) 저온에서 보손이 한 상태에 뭉치는 경향은 엄청난 차이를 만든다.

입자 10^{23}개로 된 거시적 계에서는 반드시 상태를 공유하는 입자가 있을 것으로 생각할 수 있지만 허용된 상태의 수는 계 크기에 따라 증가한다. 실온의 거시적 계는 허용된 상태의 수가 종종 10^{23}보다 훨씬 크므로 고전적 통계가 잘 맞는다. 이에 대해 § 10.6에서 대응 원리의 예로 논의했다. 높은 에너지 준위의 양자 거동은 고전적으로 보이기 시작한다.

이상 기체의 보스-아인슈타인 응축

위의 논리는 허용된 에너지 준위가 둘 뿐인 장난감 입자 모형을 바탕으로 한다. 이제 보손의 이상 기체에 대한 보다 일반적인(그리고 보다 현실적인) 각본을 살펴보고 응축되는 임계 온도를 유도하자.

이상 기체의 입자는 상호 작용하지 않고 자유롭게 움직인다는 점을 기억하자. 간단히 입자를 한 변이 L인 정육면체 통에 넣고 평소와 같이 바닥상태 에너지를 0으로 잡는다.

정해진 상태의 입자 수는 보스-아인슈타인 분포를 따른다.

$$\overline{n} = \frac{1}{e^{(E-\mu)/(k_B T)} - 1}$$

통에 든 입자의 에너지 고유 상태는 알고 있다. 원리적으로는 $\overline{n}$을 모든 상태에 대해 더한 결과를 N으로 두어 μ를 구한 다음 $E=0$인 $\overline{n}$에 다시 넣어 정해진 온도에서 바닥상태에 있는 입자 수를 구할 수 있다. 해석적으로는 이 방식은 거의 희망이 없다. (문제 14에서 작은 계에 대해 수치셈을 할 수 있다.)

따라서 합 대신 적분을 써서 근사값을 구한다.

$$N = \sum_{\text{모든 상태}} \overline{n} \approx \int_0^\infty \overline{n} g(E) dE \qquad \text{(좋은 근사치는 아님).}$$

상태 밀도 $g(E)$는 단위 에너지 간격 속의 상태 수로 정의하므로 $\int_{E_1}^{E_2} dE\, \overline{n} g(E)$는 에너지가 E_1과 E_2 사이에 있는 상태 수와 같다. 즉, 위의 적분은 상태 당 입자 수인 $\overline{n}$을 모든 상태에 대해 더한 것과 거의 같다.

하지만 문제가 있다. 합을 구하는 함수가 합의 한 점에서 다음 점으로 갈 때 거의 바뀌지 않는 경우에는 합을 적분으로 바꾸어도 잘 맞는다(그림 10.29 참조). 그러나 응축체에는 많은 입자가 바닥상태에 있을 것으로 예상한다. 따라서 $\overline{n}$은 다른 상태보다 바닥상태에 훨씬 더 많을 것이고, 그것을 적분에 넣으면 근사값이 잘 맞지 않을 것이다.

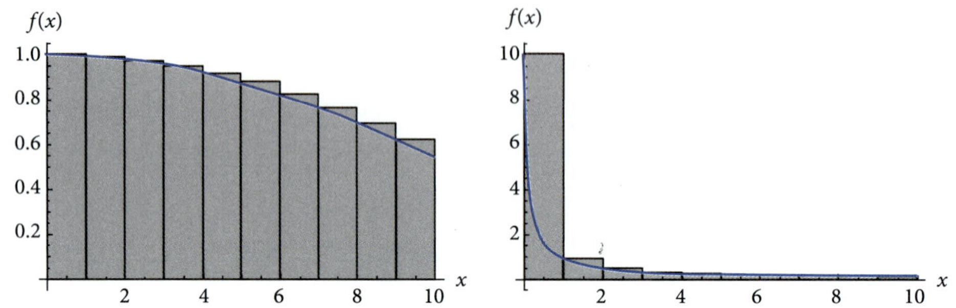

그림 10.29 왼쪽: 회색 상자로 표시한 합은 그 그림의 곡선의 적분으로 근사해도 잘 맞는다. 오른쪽: 함수가 첫째 구간에서 다음 구간으로 넘어갈 때 빨리 변하므로 곡선의 적분 근사가 잘 맞지 않는다. 그 다음 구간부터는 적분이 잘 맞는다.

이것을 바로 잡으려면 바닥상태에 있는 입자 수를 적분 밖으로 꺼내어 따로 더하면 된다. 바닥상태 위에서는 적분이 좋은 근사값이다:[13]

$$N = n_0 + \int_0^\infty \overline{n} g(E) dE$$

이제 $g(E)$가 필요하다. § 10.6에서 상자 속의 입자에 대해 상태 밀도를 끌어냈다. 그 공식을 적분에 넣으면 다음과 같다:

$$N = n_0 + \frac{m^{3/2}}{2^{1/2}\pi^2\hbar^3} V \int_0^\infty \frac{\sqrt{E}}{e^{(E-\mu)/(k_B T)} - 1} dE \tag{10.14}$$

(10.14)의 내용은 다음과 같다: 입자의 총 수는 바닥상태에 있는 수에 상태 밀도 $g(E)$와 보스-아인슈타인 점유수 $\overline{n}$을 곱한 다른 상태의 분포를 더한 값이다. 그러나 여전히 모르는 상수 μ가 들어 있다. 문제 12에서 저온에서는 $\mu \approx -k_B T/N$임을 보일 수 있으므로, 거시적 계에서는 μ는 거의 정확히 0이다. (바닥상태 에너지를 0으로 잡았음을 기억하자.) 바닥상태에서는 μ와 0의 아주 작은 차이가 중요하다. (그렇지 않으면 $\overline{n}$은 무한대가 된다.) 그러나 다른 모든 상태의 경우 $E - \mu$는 E와 구별할 수 없다. 적분은 들뜬 상태에 대해서만 하므로 $\mu = 0$으로 둘 수 있다.

$$N = n_0 + \frac{m^{3/2}}{2^{1/2}\pi^2\hbar^3} V \int_0^\infty \frac{\sqrt{E}}{e^{E/(k_B T)} - 1} dE \tag{10.15}$$

이제는 미지수가 남아 있지 않다. 적분에서 모든 상수를 적분기호 밖으로 꺼내 수치셈을 할 수 있다(문제 13). 최종 결과는 다음과 같다:

---

13 적분의 하한은 여전히 0이므로 바닥상태를 한 번 더 센다고 생각할 수 있다. 바닥상태에서 첫째 들뜬 상태까지의 에너지는 특히 $g(0) = 0$이므로 적분에 들어가는 값은 무시할 정도로 작다.

$$\frac{n_0}{N} = 1 - \left(\frac{T}{T_C}\right)^{3/2} \tag{10.16}$$

여기서 임계 온도는

$$T_C = 3.3\frac{\hbar^2}{mk_B}\left(\frac{N}{V}\right)^{2/3} \tag{10.17}$$

이다. 이 공식은 임계 온도 아래에서 바닥상태에 있는 입자의 비율이 빠르게 1에 접근함을 시사한다. 계는 $T = T_C$에서 응축되기 시작하고 $T \ll T_C$이면 모든 입자기 실질적으로 같은 양자 상태에 있다.

기체에서 보스-아인슈타인 응축을 처음 본 것은 1995년으로 코넬(Eric Cornell)과 위만(Carl Wieman)은 Rb을 써서(그림 10.30), 케털리(Wolfgang Ketterle)는 Na를 써서 성공했다. 세 사람은 그 공로로 2001년 노벨 물리학상을 같이 받았다.

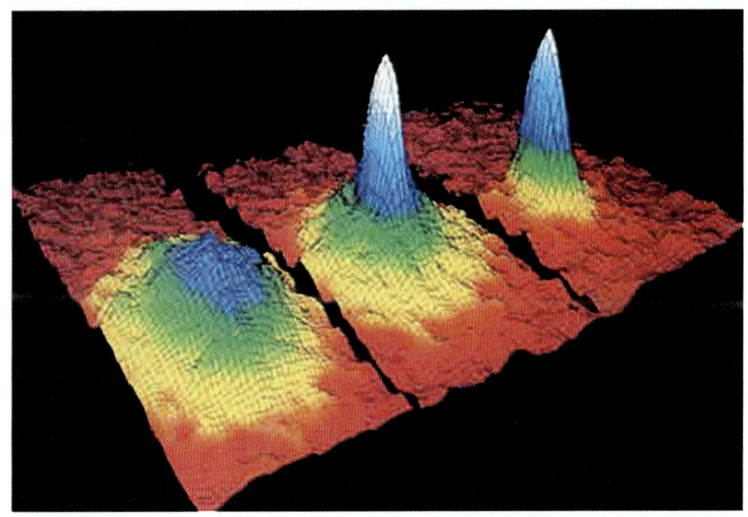

그림 10.30 코넬과 위만의 실험에서 순차적으로 낮은 세 온도에서 본 Rb 원자 기체의 속도의 공간적 분포. 세 도표 각각에서 평면축은 속도 성분 v_x 및 v_y이며 높이(색상으로 표시됨)는 특정 속도를 가진 원자의 수를 나타낸다. 왼쪽 도표에서 원자는 여러 상태에 퍼져 있고, 중간 도표에서는 상당한 부분이 중앙 상태에 있지만 중앙 봉우리 주변에는 여전히 다른 상태의 원자를 보여주는 눈에 띄는 동산이 있다. 오른쪽의 온도가 가장 낮은 도표에는 실질적으로 모든 원자가 바닥상태에 있다. 출처: 스웨덴 왕립 과학 아카데미.

10.8.3 물음과 문제: 보스-아인슈타인 응축

개념 물음과 개념시험

1. "보스-아인슈타인 응축체"를 스스로 정의하라.

2. 보손 계의 거동이 고온에서는 구별되는 입자 계와 비슷하지만, 저온에서는 다른 까닭은 무엇인가?

3. 본문에서는 입자 N개로 된 계를 설명하는데, 각 입자의 에너지 준위는 0과 ϵ이다. 바닥상태의 점유수가 n_0라 하자. (a)–(d)는 모두 객관식 물음으로 고를 수

있는 값은 다음과 같다: 0, 1, $N/2$, N 및 "맞는 값 없음" 답을 고르고 왜 그런지 간단히 설명하라.

(a) 구별되는 입자 계에서 $\lim_{T\to 0^+} n_0$를 구하라.

(b) 동일 보손 계에서 $\lim_{T\to 0^+} n_0$를 구하라.

(c) 구별되는 입자 계에서 $\lim_{T\to 0^+} n_0$를 구하라.

(d) 동일 보손 계에서 $\lim_{T\to 0^+} n_0$를 구하라.

(e) 이 두 극한 사이의 온도에서 보손 계의 n_0가 구별되는 입자 계의 n_0 보다 늘 더 클까, 더 작을 까, 아니면 둘 다 아닐까? 설명하라.

4. (10.16)과 (10.17)은 함께 저온에서 보손 이상 기체에 대한 중요한 사실을 나타낸다. 이 식의 맥락에서 다음 각 변수가 무엇을 나타내는지, 그리고 그 단위는 무엇인지 간단히 설명하라.

(a) V

(b) T_C

(c) n_0/N

5. (10.17)은 보손 이상 기체가 응축되는 임계 온도이다. 동일 보손이 가득찬 그릇을 살펴보자.

(a) 그릇 부피는 일정하게 유지한 채 그릇 속의 보손의 수를 두 배로 늘리면 임계 온도는 어떻게 되는가?

(b) 그릇에 든 보손의 수를 두 배로 늘리고 밀도는 일정하게 유지하면 임계 온도는 어떻게 되는가?

(c) 어떤 계의 물리량과 그 계의 복사본을 붙여 하나로 만든 것의 물리량 값이 같으면, 그 양을 "질적(qualitative)"이라고 정의했다. 예를 들어, 밀도가 3 kg/m^{3}인 똑같은 두 상자를 붙여 한 상자로 만들어도 밀도는 여전히 3 kg/m^{3}이므로 밀도는 질적이다. "양적" 물리량은 두 복사본을 붙여 하나로 만들면 두 배가 된다. 예를 들어, 질량 10 kg 상자 두 개를 붙이면 질량이 20 kg이 되므로 질량은 양적이다. T_C는 질적인가, 양적인가, 아니면 둘 다 아닌가?

6. (10.16)은 보손 이상 기체에 대한 바닥상태의 입자 비율을 나타낸다. T_C 이상의 온도에서 이 공식은 n_0가 음수가 된다! 설명하라.

심층 토론

7. 열역학 제2법칙의 결과 중 하나는 "영구 운동" 기계는 만들 수 없다는 것이다. 세상의 모든 상호 작용은 순 엔트로피를 증가시키므로 모든 거시적 순환 운동은 외부로부터 에너지를 받거나 아니면 결국 멈춘다. 그러나 본문에서는 초유체의 맴돌이나 초전도체의 전류는 에너지가 흩어지지 않으며 한없이 계속될 수 있다고 했다. 이러한 계는 어떻게 제2법칙에 어긋나지 않는가?

8. ^{4}He의 원자는 양성자 2개, 중성자 2개, 전자 2개로 되어 있다. 덜 흔한 동위원소 ^{3}He는 양성자 2개, 중성자 1개, 전자 2개로 되어 있다. ^{4}He는 약 2 K에서 초유체가 되지만 ^{3}He는 몇 mK로 식힐 때까지 초유체가 되지 않는다.

(a) ^{3}He 보다 ^{4}He 초유체를 만드는 것이 더 쉬운 까닭은 무엇인가?

(b) (a)에 대한 답을 구하면, ^{3}He는 어떻게 해서 초유체가 될 수 있는가? **실마리:** He가 무엇으로 되어 있고 그것이 어떻게 초유체가 될 수 있는지 생각해 보라.

문제

9. 470쪽에서 에너지 준위가 0과 ϵ 둘인 입자 N개로 된 계의 바닥상태의 점유수를 셈했다. 이제는 에너지 준위가 셋(0, ϵ 및 2ϵ)인 입자 계에 대해 그 셈을 다시 한다. 이 계의 본문의 계와과 마찬가지로 온도는 $T = \epsilon/k_B$이다.

(a) 입자가 모두 구별될 때의 바닥상태의 예상 점유수 n_0를 셈하라.

(b) 이제 입자가 모두 동일 보손이라고 하자. 이 계의 $E \le 3\epsilon$인 미시 상태 전체를 나열하라. (**실마리:** 많지는 않지만 4개 이상이다.) 각 미시 상태에 대해 바닥상태의 점유수 n_0와 총 에너지를 E로 구하라.

(c) 목표는 바닥상태의 예상 점유수를 셈하는 것이다. (b)에 나열하지 않은 모든 미시 상태를 무시하는 것이 합리적인 이유를 간단히 설명하라.

(d) 보손 계의 바닥상태의 예상 점유수 n_0를 셈하라.

10. [이것은 문제 9의 답을 쓴다.]

(a) 이번에는 계의 모든 입자의 에너지 준위가 0, ϵ, 2ϵ, 3ϵ, …로 한없이 많을 때 구별되는 입자와 동일 보손 모두에 대해 n_0를 구하라. 문제 9와 마찬가지로 볼츠만 인자를 무시할 수 있으면 덧셈을 끊어도 될 것이다.

(b) 얻은 결과는 이러한 계의 거동에 대해 무엇을 시사하는가?

11. 489쪽에서 에너지가 0과 ϵ인 입자 N개로 된 계가 온도 $T = \epsilon/k_B$일 때의 바닥상태의 점유수를 셈했다. 이 문제에서는 $N = 5$로 잡는다. 이 문제에는 컴퓨터가 불필요하지만 많은 반복 셈이 들어가므로 spreadsheet 또는 다른 계산법을 쓰는 것이 좋다.

(a) $T = \epsilon/2k_B$에서 $T = 10\epsilon/k_B$까지의 온도 범위 안에서 구별되는 입자 계의 바닥상태의 점유수 n_0를 셈하라. (T에 대한 n_0의 도표를 그릴 것이므로 그 모양을 명확하게 볼 수 있게 충분히 많은 점을 잡는다.) 이제 5개의 입자가 동일 보손이라고 하자. 계에 허용된 모든 미시 상태를 나열하라. 각 미시 상태에 대해 n_0(바닥상태의 입자 수) 및 E(계의 총 에너지)를 명시하라.

(b) (a)와 같은 온도에서 보손 계의 바닥상태 점유수의 기댓값을 구하라. 이번에도 온도가 오르면 바닥상태의 점유수의 기댓값이 줄어드는 것은 놀랍지 않다.

(c) 두 계의 n_0의 온도에 대한 변화를 도표 하나에 겹쳐 그려라. 무엇이 비슷하고 무엇이 다른가?

12. 저온 보손 기체의 μ의 근사값

$N(\gg 1)$개의 비상호작용 보손 계를 살펴보자. (거시적 기체의 경우 $N > 10^{23}$이므로 $N \gg 1$은 꽤 좋은 가정이다.) 바닥상태 에너지를 0으로 잡자.

(a) 극한 $T \to 0^+$에서 바닥상태의 점유수 $\bar{n}$을 구하라.

(b) (a)의 답과 보스-아인슈타인 분포의 바닥상태의 $\bar{n}$에 대한 공식이 어떻게 극한 $T \to 0^+$에서 μ가 거의 정확히 0이 되어야 함을 뜻하는지 설명하라.

(c) 이제 0이 아닌 낮은 온도에서 μ를 살펴보자. x가 작으면 $e^x \approx 1 + x$의 근사식을 써서 μ를 N과 T로 나타내라.

(d) 1 cm^3 통에 든 ^{4}He 원자의 경우 바닥상태와 첫째 들뜬 상태의 에너지 차이는 약 10^{-18} eV이다. 원자 10^{23}개로 된 기체에 대해 (c)에서 얻은 근사값을 써서 1 K에서의 μ를 구하라.

13. (10.15)에서 시작하여 변수 변환과 수치 적분을 써서 (10.16)을 끌어내라.

14. 탐색: 보스–아인슈타인 응축의 수치 셈

본문에서 μ를 엄밀하게 셈하는 방법은 $\bar{n}$을 모든 에너지 고유 상태에 대해 더한 값을 N에 맞추는 것이라고 했다. 그렇게 얻은 μ에 대한 방정식을 풀어, 그 결과를 $\bar{n}$에 관한 식에 넣어 특정 고유 상태의 점유수, 특히 바닥상태의 점유수를 구할 수 있다. 이 문제에서는 상자 안에 10개의 동일 보손이 있는 계에 대해 수치 셈을 한다. 에너지 준위는 다음과 같다:

$$E = \epsilon\left(n_x^2 + n_y^2 + n_z^2 - 3\right)$$

양자수 n_x, n_y, n_z는 각각 양의 정수이다. 바닥상태 에너지를 0으로 잡고자 −3을 넣었다. (꼭 그럴 필요는 없지만 그러면 μ의 값을 해석하기가 더 쉽다.) 처음에는 $T = 0.5\epsilon/k_B$를 살펴보자.

(a) $\bar{n}$을 μ와 양자수의 함수로 써라.

(b) $\mu = -0.04\epsilon$로 정하고 1부터 10까지의 모든 양자수 값에 대해 $\bar{n}$의 합을 구하라. (기술적으로는 그 합이 ∞로 발산하지만, 이 문제에서는 10으로 잡아도 충분히 정확하다.)

(c) 이 온도에서 올바른 μ 값을 찾을 때까지 μ 값을 달리 잡아 (b)를 반복한다. (어떤 것이 "올바른"지 어떻게 알까? 한 가지 방법은 컴퓨터로 여러 μ 값에 대한 결과를 셈하여 도표를 그려 그 도표를 보고 올바른 값을 찾는 것이다. 정확한 μ는 보간법으로 찾는다.)

(d) μ 값을 써서 $T = 0.5\epsilon/k_B$에서 바닥상태의 점유수를 구하라.

(e) 같은 과정을 반복하여 $T = \epsilon/k_B$에서 바닥상태의 점유수를 구하라.

(f) 온도를 두 배씩 올려가며 셈을 다시 하여 바닥상태의 점유수가 1 아래로 떨어질 때까지 계속한다. 온도를 두 배로 계속 셈하고 셈을 다시 수행한다. $k_B T/\epsilon$에 대한 n_0의 도표를 그려라.

(g) 이 계가 보스-아인슈타인 응축이 되는 임계 온도를 추정하라. (일반적으로 이러한 작은 계에는 이 용어를 쓰지 않지만 기본 과정은 똑같은 작동하는 것을 볼 수 있다.)

10장 요약

통계 역학은 많은 수의 미시적 물체(예: 10^{23}개의 분자)에 통계적 기법을 써서 거시적 물체(예: 방을 채운 공기)의 거동을 예측한다. 개별 원자는 양자역학적 무작위성의 영향을 받지만 이러한 큰 숫자를 기반으로 한 예측은 통계적 확실성이 있다.

이 장의 식은 부록 I에 정리되어 있다. 이 요약을 읽으면서 그 부록을 봐도 좋다.

10.1 미시 상태와 거시 상태

계의 "미시 상태"는 계의 모든 입자 상태에 대한 완전한 서술이다. 계의 "거시 상태"는 온도 및 압력과 같이 거시적으로 잴 수 있는 속성만을 나타낸다.

- "통계 역학의 근본 가정"은 충분히 오래 보면 고립계에 허용된 각각의 미시 상태에서 보낸 시간이 같다는 것이다.
- 그러므로, 그러한 계가 아주 오래 머무는 거시 상태는 대응되는 미시 상태가 상대적으로 아주 많다. 예를 들어, "공기가 방에 꽤 고르게 퍼져 있다"는 거시 상태에 대응되는 미시 상태는 아주 많다. 그리고 "방 안의 모든 공기가 바닥 쪽에 모여 있다"는 거시적 상태에 대응되는 미시적 상태는 훨씬 적다. 그래서 후자를 볼 가능성이 없다.
- 이 장에서 배우는 많은 계는 "2-상태 계"이다. 예를 들어 자석 속의 원자의 자기 모멘트는 위나 아래를 가리킬 수 있다. 이러한 계를 분석할 때는 "조합"을 셈하는 것이 종종 유용하다. 표기법 $\binom{n}{m}$은 n개의 서로 다른 항목에서 m개를 뽑아 만들 수 있는 경우의 수이다.

10.2 엔트로피와 열역학 제2법칙

엔트로피가 뜻하는 바를 이해하면 엔트로피가 증가하는 경향이 있다는 사실은 통계 역학의 근본 가정의 자연스러운 결과로서 알 수 있다.

- 거시 상태의 "다중도" Ω는 그것에 대응되는 미시 상태의 수이다.
- 거시 상태의 "엔트로피"는 $S = k_B \ln \Omega$이다.
- 열역학 제2법칙은 고립된 거시적 계에서는 엔트로피가 결코 줄지 않는다는 것이다. 이 법칙은 10.1에 제시한 통계 역학의 근본 가정에서 바로 나온다.
- 엔트로피가 증가하는 이러한 경향은 주변에서 볼 수 있는 모든 비가역 과정의 바닥에 깔려 있다.
- 계의 에너지가 증가하면 대체로 엔트로피도 증가한다. 에너지가 많을수록 에너지를 나눌 수 있는 방법이 더 많아지기 때문이다.

10.3 온도

온도는 에너지와 밀접하게 관련되지만 계의 총 에너지나 에너지 밀도의 척도는 아니다. 온도를 잘 이해하면 많은 물리적 과정의 진행 방향을 이해하는 데 도움이 된다.

- 온도의 작업적 정의는 다음과 같다: 에너지가 물체 A에서 물체 B로 저절로 흐를 때 A가 B보다 뜨겁다($T_A > T_B$).
- 온도의 정량적 정의는 $T = 1/(dS/dE)$이다.
- $T_A > T_B$를 가정하고 에너지가 A에서 B로 흐를 때 어떤 일이 생기는지를 살펴 두 정의를 연관시킬 수 있다. A의 엔트로피는 줄지만 B의 엔트로피는 더 많이 늘어나므로 계 전체의 엔트로피는 늘어난다. 반대쪽 흐름은 알짜 엔트로피가 줄어들기 때문에 저절로 생기지 않는다.
- 온도 정의에서 dE는 "열"(종종 Q로 나타냄)을 통한 에너지 전달이며, 이는 두 물체가 접촉할 때 저절로 생기는 에너지 전달을 뜻한다. 다른 꼴의 에너지 전달(예: 거시적 힘을 통한)은 "일"로 본다.
- 에너지 보존과 관계식 $\Delta S \geq Q/T$를 써서 냉장고 및 열펌프와 같은 장치의 한계효율을 셈할 수 있다.
- 계의 "열용량"은 $C = dE/dT$로 정의하며, 계의 온도를 1도 올리는 데 필요한 에너지의 양이다. 분자당 또는 kg당 계의 열용량을 "비열"이라고 한다.

10.4 볼츠만 분포

통계 역학의 근본 가정은 고립계에 적용된다: 모든 미시 상태에 있을 확률은 똑같다. 그러나 볼츠만 분포는 훨씬 더 큰 계("열창고")와 접촉하는 작은 계에 적용된다. 작은 계는 저에너지 미시 상태에 있을 확률이 고에너지 미시 상태보다 더 높다.

- 저에너지 상태에 있을 확률이 더 큰 까닭은 그에 대응되는 열창고는 에너지가 더 높은 상태—따라서 엔트로피가 더 큰 상태—이기 때문이다.
- 볼츠만 분포 식은 $P = (1/Z)e^{-E/k_BT}$이며 여기서 $1/Z$는 규격화 상수이다. Z는 "분배 함수", e^{-E/k_BT}는 "볼츠만 인자"이다.
- 이 공식은 계의 에너지가 E일 확률이 아니라 계가 에너지 E인 미시 상태의 어느 하나에 있을 확률이다. 계의 에너지가 E일 확률은 이 값에 에너지 E인 미시 상태의 총 수("겹침")를 곱한 것이다. 그래서 고에너지 준위에 있을 확률이 저에너지 준위에 있을 확률보다 더 클 수 있다.
- 볼츠만 분포는 온도가 아주 낮으면 모든 입자가 최저 에너지 미시 상태에 모이는 것을 예측한다. 온도 아주 높으면 확률이 대체로 균일해진다. 에너지가 k_BT 보다 훨씬 작은 상태에 있을 확률은 모두 거의 같다.

10.5 볼츠만 분포의 몇 가지 응용

볼츠만 분포를 써서 입자 계의 평균 열 에너지, 기체의 열용량 및 분자 속도의 분포 함수를 예측할 수 있다.

- 일반 지침으로 입자의 평균 열 에너지는 대체로 바닥상태보다 $k_B T$ 정도 높다.
- 이 지침은 "상태 밀도"(단위 에너지당 허용되는 미시 상태의 수)가 상당히 고르고 상당히 높을 때 적용된다. 상태 밀도가 매우 불균일하면 평균 에너지가 $k_B T$ 보다 훨씬 높거나 낮을 수 있다. (생각해 보면 이해될 것이다.) 상태 밀도가 매우 낮으면 평균 에너지가 훨씬 더 낮아질 수 있다. 왜냐하면 첫 째 들뜬 상태에 올라갈 수 없기 때문이다.
- 어떤 계에서는 "등분배 정리"를 써서 열 에너지를 더 정확하게 추정할 수 있다: 에너지의 어느 항이 계의 자유도의 2차 함수이면 그 항의 평균값은 $(1/2)k_B T$이다. 부록 I에 등분배 정리의 중요한 예 몇 가지를 보였다.
- 평균 열 에너지(간단한 답 $E \sim k_B T$ 또는 등분배 정리)를 알면 열용량을 다음 정의식을 써서 예측할 수 있다: $C = dE/dT$.
- 이상 기체의 분자 속도의 확률 분포는 "맥스웰 속력 분포"(부록 I)를 따른다.

10.6 양자 통계

모든 전자는 똑같다. 따라서 "이 두 전자 중 하나는 바닥상태, 다른 하나는 첫째 들뜬 상태에 있는" 미시 상태는 둘이 아니라 하나이다. 통계 역학은 모두 미시 상태 수를 바탕으로 하므로 이러한 셈의 차이는 통계 결과에서 중요한 차이를 낳는다.

- 페르미온은 "페르미-디랙 분포"를, 보손은 "보스-아인슈타인 분포"를 따른다. 두 공식(부록 I 참조)은 상태의 "점유수" $\overline{n}$ —그 상태에 있는 입자의 수를 여러 번 재어 얻는 평균값—을 그 상태의 에너지의 함수로 나타낸다.
- 두 공식 모두 규격화 인자인 "화학 전위" μ가 들어가며, 이는 많은 경우 온도에 따라 조금 변한다.
- 페르미온 N개가 든 계의 "페르미 에너지"는 $\epsilon_F = \lim_{T \to 0} \mu$이며, 이는 N번째 입자의 상태와 $(N+1)$번째 입자의 상태의 에너지의 중간 값이다. 매우 낮은 온도에서는 $E < \epsilon_F$인 상태는 모두 차고 $E > \epsilon_F$인 상태는 모두 빈다. 이러한 계가 "겹친 페르미 기체"이다.
- 대부분의 온도에서는 두 양자 분포가 매우 비슷하고 고전적 분포에 가깝다. 온도가 아주 낮을 때만 이 세 가지 계의 거동이 매우 달라진다.

10.7 흑체 복사

플랑크는 1900년에 흑체 복사를 연구할 때 온도, 엔트로피 및 볼츠만 분포를 이해하고자 했다. 3장에서 플랑크의 양자 가설을 소개할 때는 이 주제를 다루지 않았다. 그래서 이 절에서는 그 장에서는 슬쩍 넘어갔던 주제를 일관성 있게 다룬다.

- 물체는 빛을 받으면 흡수, 반사 또는 투과할 수 있다. "흑체"는 받는 빛을 모두 흡수하는 물체이다.
- 모든 물체는 빛을 내며 흑체는 다른 물체보다 더 많이 낸다. 흑체가 내는 빛은 그 크기와 온도만의 함수이다.
- 흑체 복사의 스펙트럼은 비례 상수를 빼면 평형 상태에 있는 밀폐된 빈 통의 복사 스펙트럼

과 똑같다. 이 스펙트럼은 진동수가 아주 높을 때와 아주 낮을 때 실험적으로 0이 된다.

- 이 절에서는 플랑크 스펙트럼을 이론적으로 차근차근 유도한다. 요약: 정해진 진동수의 광자 수는 보스-아인슈타인 분포를 따른다. 상태 밀도를 곱하여 진동수 범위 속의 광자 수를 얻은 다음 $E = h\nu$를 곱하여 정해진 진동수 범위 안의 빛 에너지를 얻는다.
- 흑체 복사 스펙트럼은 빈 통 복사 스펙트럼에서 끌어낼 수 있다. 봉우리 진동수는 온도에 비례하고("빈 법칙") 총 복사 세기는 T^4에 비례한다("슈테판-볼츠만 법칙"). 이 모든 공식은 부록 I에 있다.

10.8 보스-아인슈타인 응축

낮은 온도에서는 입자가 에너지가 가장 낮은 상태에 모이는 경향이 있다. 그런데 보손은 이러한 경향이 구별되는 입자보다 훨씬 더 커서 더 눈에 띄는 양자역학적 결과를 낸다. 대부분의 보손이 바닥상태에 모여 있는 계를 "보스-아인슈타인 응축체"라고 한다.

보스-아인슈타인 응축체는 전기 저항이 0으로 떨어지고 자기장을 밀어내거나("초전도성"), 모든 점성을 잃고 그릇 벽을 타고 기어오르는("초유동성") 등 놀라운 거동을 보일 수 있다. 이 절의 초점은 이러한 현상이 아니라 보손(및 구별할 수 없는 입자)이 충분히 낮은 온도에서 응축되는 까닭을 설명한다.

11 고체
Solids

물질에는 고체, 액체, 기체의 세 가지 상태가 있다고 배웠을 것이다. ('플라스마'라는 넷째 상태도 있지만, 태양 중심이나 물리학 실험실과 같은 극한 환경에서만 유지되므로 제외해도 괜찮다). 기체는 흐르면서 모양을 그릇에 맞출 수 있고 압축 또는 팽창할 수도 있으며, 액체는 흐르면서 모양을 맞출 수는 있지만 압축 또는 팽창하기 어렵고, 고체는 실제로 흐르거나, 모양을 맞출 수 없고, 압축 또는 팽창도 아주 어렵다. 이러한 차이는 물질을 이루는 원자 및/또는 분자의 상호 작용에서 생겨난다.

- 기체에서는 분자 간격이 분자 크기보다 훨씬 크다. 분자간 힘은 분자의 내부 결합력보다 훨씬 약하며, 분자를 서로 묶기에는 너무 약하다.
- 액체에서는 분자 간격이 분자 크기와 비슷하다. 분자간 힘은 분자를 가깝게 붙잡아 둘 수 있을 만큼은 세지만, 결합이 계속 깨졌다 다시 생길 정도로 약하므로 액체는 고정된 구조가 없다.
- 고체에서는 분자 간격이 좁고 분자간 힘이 세므로 원자 또는 분자가 고정된 구조를 유지한다.

이 장에서는 고체를 설명한다. 액체와 기체에 관한 장도 몇 개 있었지만 흘려보냈다. 미안하다.

11.1 결정

고체는 '비정질 고체'와 '결정'으로 나눌 수 있다.

유리나 플라스틱과 같은 비정질 고체는 분자 수준에서 보면 모든 분자가 마구 모여 있는 액체처럼 보인다. (분자들이 마구 모여 있어도 그 자리를 지키므로 고체이다.) 결정에서는 원자 또는 분자가 규칙적이고 반복적인 패턴으로 배열되어 있다.

이 장에서는 결정만을 다룬다. 장의 제목을 "결정"으로 할까 했지만 많은 학생이 홍옥과 금강석에 관한 것이라고 오해할 수도 있어서 피했다. 사실 '결정'에는 화강암, 구리 및 여러분의 생각 밖의 여러 다른 고체도 들어간다.

11.1.1 설명: 결정

결정은 규칙적인 원자 격자(lattice)로 구성된다. 격자의 구조를 명시하려면 격자를 이루는 가장 작은 원자 집단인 "단위 세포"를 서술한다. 전체 격자는 단위 세포가 반복된 것이다. (이 개념은 말처럼 단순하지 않으므로 이 절의 마지막 부분에서 다시 설명한다.)

가장 단순한 3D 구조는 "단순 입방 격자"로, 단위 세포는 정육면체이며, 여덟 개의 꼭지마다 원자가 하나씩 놓여 있다. 그러나 이 단순한 모양은 전형적으로 원자를 가장 효율적으로 꾸려 넣는 방법이 아니므로 그다지 흔히 볼 수는 없다. 표준 온도와 압력에서 단순한 정육면체 격자를 이루는 유일한 원소는 폴로늄(polonium)이다.

그림 11.1은 더 흔한 격자 유형 두 가지를 보여준다. 둘 다 위에서 설명한 단순 입방 격자로 시작하지만, "면심 입방(face-centered cubic: fcc)" 격자는 각 면의 중심에 원자가 더 있고 "체심 입방(body-centered cubic: bcc)" 격자는 육면체 중심에 원자가 더 있다. fcc 구조의 원소로는 알루미늄, 구리, 금, 은, 납이 있으며, bcc 구조는 리튬, 소듐, 포타슘, 크롬, 텅스텐에서 볼 수 있다.

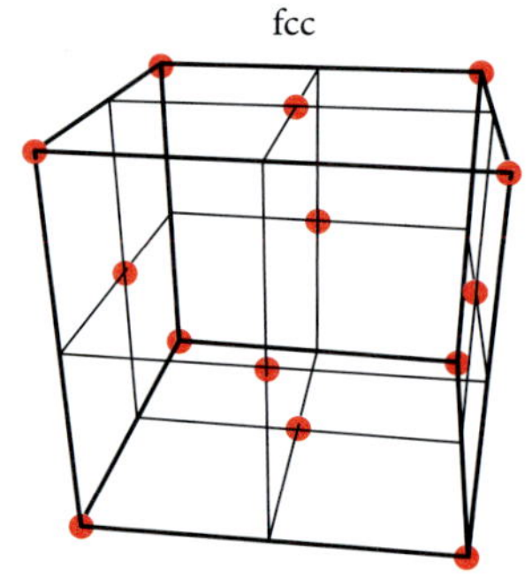

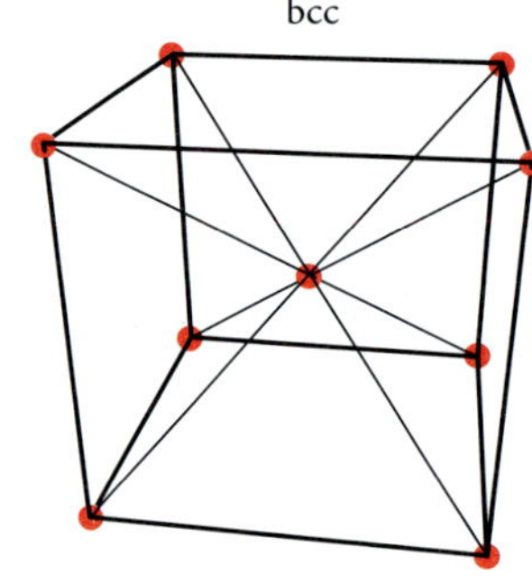

그림 11.1 "면심 입방" 격자(fcc)와 "체심 입방" 격자(bcc)의 단위 세포.

이 패턴이 격자 안에서 반복된다는 점을 기억하자. 따라서 한 육면체의 윗면(fcc의 경우 원자 5개, bcc의 경우 원자 4개)은 인접한 육면체의 아랫면이기도 하다.

금강석이나 수정과 같은 결정은 물체 전체에 원자가 규칙적으로 배열된 단결정이다. 그러나 이러한 대규모 규칙성은 예외적이며 얼음, 도자기, 대부분의 금속 및 암석과 같은 "다결정"이 훨씬 더 일반적이다. 다결정은 대체로 폭이 1 mm 미만인 "소결정(crystallite)"으로 구성된다. 소결정마다 방향이 다르지만, 각 소결정 안에서는 원자가 규칙적으로 배열되어 있다.

소금을 살펴보자. 9장에서는 NaCl 분자를 이온 결합의 원형으로 설명했다: 소듐 원자가 염소 원자에 전자를 주어 극성이 반대인 두 이온이 되고(전체 계의 에너지를 높임), 이 두 이온이 전기력으로 끌려 결합한다고 설명했다 (계의 에너지를 낮추면서 분자 결합을 만듦).

식탁에 있는 소금은 다르다. 소듐 양이온과 염소 음이온으로 되어 있으며, 서로 끌어당겨 에너지를 낮춘다. 그러나 이러한 이온은 분자로 식별할 수 있는 쌍으로 무리를 이루지 않는다. 대신 음이온과 양이온이 번갈아 가며 격자를 이루는 "이온 결정"이라는 훨씬 더 큰 구조를 이룬다. (흔히 "이온 고체"라고도한다.) 그림 11.2는 소금 결정의 반복 구조를 보여주는데, 소듐의 면심입방체(fcc) 세포와 염소의 같은 세포가 반씩 어긋나 겹쳐 있다.

응집 에너지

고체의 "응집 에너지(cohesive energy)"는 고체를 구성 원자로 분해할 때 드는 에너지이다. 분자를 떼어낼 때 드는 "해리 에너지(dissociation energy)"의 더 큰 규모의 에너지로 보면 된다.

응집 에너지에 가장 확실히 기여하는 것은 NaCl과 같은 이온결정에 적용되는 것으로, 이온의

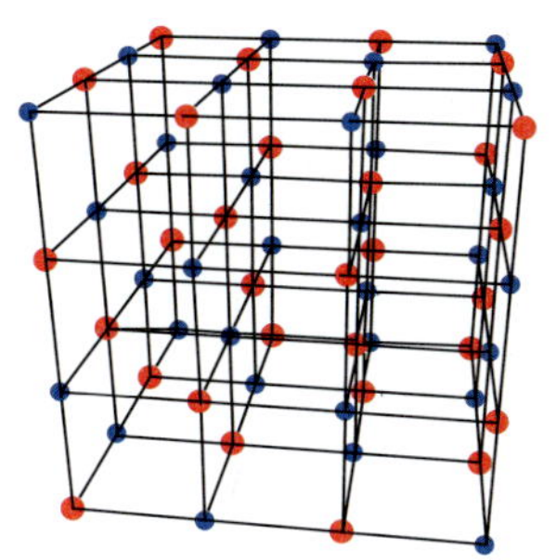
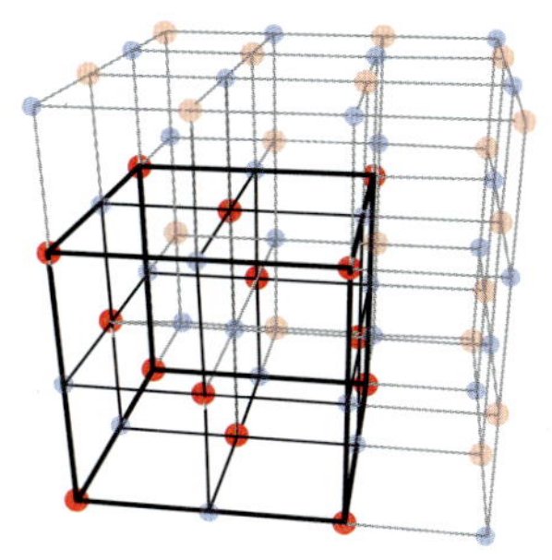
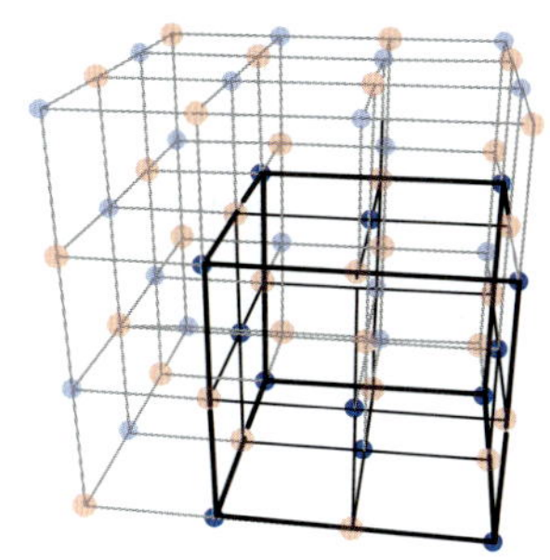

그림 11.2 NaCl의 격자 구조. 가운데와 오른쪽 그림은 각각 면심입방체인 Na 및 Cl 격자의 단위 세포를 강조해서 보여준다.

위치 에너지 에너지이다. 결정의 양이온의 위치 에너지는 모든 음이온이 끌어당기는 힘과 관련된, 값이 음수인 항과, 다른 모든 양이온이 밀어내는 힘과 관련된, 값이 양수인 항의 합이다. 결과적으로 각 이온의 위치 에너지는 다음과 같다.

$$U = -\alpha \frac{e^2}{4\pi\epsilon_0}\frac{1}{R} \tag{11.1}$$

이 상수 α가 결정의 "마델룽 상수(Madelung constant)"이며, 결정의 기하학적 구조에 따라 정해진다.

예를 들어, 그림 11.2의 어딘가에 있는 소듐 이온 하나를 생각하자. 이웃 염소 이온 6개가 주는 위치 에너지는 $-6e^2/4\pi\epsilon_0 R$이므로 마델룽 상수에 6을 더한다. [(11.1)에는 음성 부호가 있으므로 이 음성 에너지는 α에 6을 더해준다.]

다음으로 가까운 이웃은 거리 $\sqrt{2}R$인 12개의 소듐 이온이며, 이들이 주는 위치 에너지는 마델룽 상수에 $-12/\sqrt{2}$를 더해준다. 그 다음에는 거리 $\sqrt{3}R$인 8개의 염소 이온이 마델룽 상수에 $\frac{8}{\sqrt{3}}$개를 더해준다. 이 모든 것을 모으면 다음과 같은 무한 급수가 된다:

$$\alpha = 6 - \frac{12}{\sqrt{2}} + \frac{8}{\sqrt{3}} - \cdots \qquad \text{fcc 결정의 α를 계산하는 **잘못된** 방법.}$$

문제는 이 급수가 발산한다는 것이다! 실험 자료와 맞는 수렴 급수를 얻으려면 공이 아니라 정육면체를 점점 키워가며 셈해야 한다(문제 14 참조). 그러면 fcc 격자의 경우 $\alpha \approx 1.75$를 얻는다.

능동 읽기 연습: 응집 에너지

많은 소듐 원자와 염소 원자들이 아주 멀리 있다고 상상하자(이온이 아니다). 시간이 가면 이 원자들은 가까워져 몇 개의 전자를 교환한 뒤 그림 11.2의 격자를 이루게 된다.

애초의 구성(개별 원자)과 최종 구성(소금)의 에너지는 다른 점이 많다. (11.1)은 이 에너지 차이 중 두 가지를 나타낸다. 극성이 반대인 이온끼리의 인력은 최종 위치 에너지에 음수 항을 만들고, 극성이 같은 이온끼리의 척력은 양수 항을 만든다. 다른 항을 최대한 많이 나열하고, 각 항을 부호에 따라 분류하라.

몇 개나 생각해냈는가? 소듐의 이온화 에너지(양), 염소의 전자 친화도(음), 이온이 매우 가까워질 때 이온 사이의 힘을 변화시키는 효과, 즉 전자 구름이 겹칠 때 생기는 파울리 반발력(양), 가려지지 않은 핵끼리의 반발력(양)이 들어간다. 이 모든 것이 결정의 응집 에너지에 들어간다.

마지막에 넣은 양성자 간 반발력은 이온이 붕괴되는 것을 막는 힘이다. 분자에 대한 논의에서 원자가 충분히 가까워져 전자 구름이 겹치면 핵 전하가 덜 가려지므로 이미 넣은 전체 이온 간 반발력(또는 인력)에 더해 알짜 반발력이 생긴다는 점을 상기해 보라. 이 반발 에너지는 AR^{-n}으로 모형을 꾸밀 수 있다. 여기에서 R은 원자핵간 거리, A와 n은 자유 매개변수이다(문제 12 참조).

위에서 "응집 에너지"를 고체를 분해하는 데 드는 에너지로 정의했다. 딱하게도 이 용어의 쓰임새가 문헌에 따라 다르다. 우선, 계산 단위가 때로는 한 원자, 때로는 몰, 때로는 한 작은 원자 무리(예: 소금의 경우 Na 및 Cl 이온 한 쌍당)이다. 대체로 그 뜻은 단위(예: eV/원자 또는 kJ/mol)를 보면 알 수 있다. 또한 그 내용이 고체를 중성 원자로 분해하는 데 드는 에너지일 때도 있고, 고체를 개별 이온으로 분해하는 데 드는 에너지일 때도 있다. 여기서는 늘 고체를 중성 원자로 분해하는 데 드는 에너지("원자 응집 에너지"라고도 함)를 뜻한다.

결합의 유형

결정은 결합 방식에 따라 네 가지로 나눌 수 있다.

- **이온 결정**

  이온 결정은 양이온(전자를 내놓은 원자)과 음이온(전자를 얻은 원자)으로 구성되며, 위에서 살펴본 NaCl 결정과 같은 큰 구조를 만든다. 위에서 설명한 마델룽 상수는 이온 결정에만 적용된다.

  이온 결합을 하는 이온은 맨 바깥 전자 껍질에 전자가 완전히 채워져 있어 공 모양을 이루어 모여 있게 된다. (그림 11.2는 결정 구조를 명확하게 보여주고자 왜곡한 것이다. 더 정확하게 보려면 파란색과 빨간색 점을 전자 구름으로 보아 부풀려서 겹친다고 상상하라.) 모든 이온 결정이 NaCl처럼 면심 입방체로 겹쳐 있는 것은 아니다. 구조는 결정마다 다른데, 그 이유는 이온의 상대적 크기에 따라 가장 효율적인 구조가 정해지기 때문이다.

  이온 결정은 대개 물에 잘 녹는데, 그 이유는 극성 물 분자(한 쪽은 양이온 다른 쪽은 음이온)가 이온 결합을 떼어낼 수 있기 때문이다.

- **공유 결합 고체**

  짐작하듯이 공유 결합 결정은 공유 결합으로 묶여 있다. 예를 들어, 금강석은 각 탄소 원자가 4개의 다른 원자와 공유 결합한 결정이다. 격자의 구조는 이러한 결합의 모양에 따라 정해진다. 금강석의 경우 네 개의 탄소 결합이 같은 각도로 벌어져 사면체 구조를 이룬다. 이웃 탄소 원자 쌍마다 두 개의 전자를 공유한다.

- **금속**

  구리 및 금과 같은 금속 결정에서는, 각 원자의 바깥 전자의 일부를 전체 격자가 실질적으로 공유하여 하나의 거대한 공유 분자와 같이 된다. 이러한 전자 집단을 "전자 기체"라고 한다. 고체는 양전하를 띤 이온 격자와 음전하를 띤 전자 기체의 인력으로 결합된다.

  금속 결합은 원자끼리 직접 연결하지 않으므로 대체로 격자에 다른 원자를 끼워 넣을 수 있다. 따라서 다른 유형의 고체보다 금속에서는 합금—여러 물질이 갖가지 비율로 섞인 것—을 쉽게 만들 수 있다. 예를 들어, 인류 역사의 청동기 시대는 구리에 주석을 조금 넣어 녹이면 더 강한 금속이 된다는 것을 발견하여 시작되었다.[1]

- **분자 결정**
  지금까지 살펴본 결정은 격자를 원자가 채웠지만 얼음과 같은 결정은 분자가 채운다. 분자 자체는 구성원자가 강하게 결합되어 있고, 분자끼리는 원자간 결합력보다 훨씬 더 약한 힘으로 결합되어 결정을 이룬다(그러나 기체나 액체의 결합보다는 더 강하다).
  분자간 결합은 분자의 전기 쌍극자 모멘트에서 생긴다. 이러한 분자 쌍극자간 전기 인력이 "판데르발스(van der Waals)힘"이다. 이 힘이 만드는 결합은 비교적 약하므로 이러한 물질은 녹는점이 상당히 낮다.
  얼음에서는 산소와 수소의 공유 전자가 평균적으로 산소에 더 가까우므로 분자마다 영구 쌍극자 모멘트가 생긴다. 그 결과 한 분자 안에서 약한 음전하를 띤 산소가 다른 분자 안에서 약한 양전하를 띤 수소와 결합할 수 있다. 영구 쌍극자 모멘트가 있는 두 분자의 결합에 양전하를 띤 수소가 참여하면 "수소 결합"이라고 한다.
  판데르발스 결합 중에서 가장 약한 것은 영구 쌍극자 모멘트가 없는 분자간 결합이다. 예를 들어 두 수소 분자를 가까이 두면 서로 극성이 반대인 쌍극자 모멘트를 유도하여 끌어당긴다. 이렇게 생기는 결합력은 매우 약하고 거리에 대해 $1/R^6$에 비례하므로 이러한 유형의 고체는 매우 쉽게 분리된다. 예를 들어 수소는 녹는점이 14 K이다.[2]

여러 유형의 결정의 속성

결정의 결합 방식에 따라 결정의 속성을 일반화할 수 있다. 예를 들어:

- **녹는점.** 결정을 녹이려면 원자나 분자를 고정된 격자 구조에서 떼어내야 한다(하지만 서로 완전히 분리하지는 않는다). 고체에서 원자나 분자간 결합이 셀수록 떼어내기가 더 어렵다. 대체로 이온 결정과 공유 결정은 녹는점이 매우 높고, 금속 결정은 다소 낮으며, 분자 결정은 그보다 더 낮다. 녹는점이 가장 낮은 것은 영구 쌍극자 모멘트가 없는 분자 결정이다. 이온 결정과 공유 결정의 강한 결합은 녹는점을 높게 만들고 또한 결정을 단단하게 만드는 경향이 있다 (하지만 실제로는 이온 결정은 흔히 깨지기 쉽다).
- **전도도.** 이 장의 뒷부분에서 전기 전도를 설명하겠지만, 미리 조금 말해둔다. 금속 안에는 자유롭게 움직일 수 있는 전자가 많아서 다른 유형의 고체보다 전기와 열을 더 잘 전도하는 경향이 있다.
- **불투명도.** 광자가 고체에 들어오면 상호 작용을 거의 또는 전혀 없이 지나갈 수 있다(투과). 또는 고체 속의 전자를 들뜨게 할 수 있으며(흡수) 그 전자는 다시 바닥상태로 떨어지면서 새로운 광자를 낼 수 있다(반사). 따라서 고체 속의 전자가 가시광 스펙트럼의 광자를 받아 들뜨지 않는다면 그 고체는 그 빛에 대해 투명하다.

1 흥미로운 역사적 사실: 최초의 청동은 구리와 비소를 섞어 만들었다. 그 뒤에 주석이 훨씬 더 안전하다는 것을 알아냈다.

2 어떤 저자는 유도 쌍극자간 결합만을 "판데르발스" 결합이라고 한다. 그러나 IUPAC(International Union of Pure and Applied Chemistry)에서는 "판데르발스 힘"을 영구 또는 유도 쌍극자 분자간의 모든 힘을 포함하는 것으로 정의한다. 유도 쌍극자간의 판데르발스 힘은 "런던 힘(London force)"이라고도 한다.

이러한 가시광 광자는 대체로 에너지가 너무 작아서 전자를 한 껍질에서 다른 껍질로(예: 2s에서 3s로, 큰 에너지) 도약시킬 수는 없지만 동일한 전자 껍질 속의 한 버금 껍질에서 다른 버금 껍질로(예: 2s에서 2p로, 작은 에너지) 도약시킬 수는 있다. 이온 결정은 맨 바깥 전자 껍질에 낮은 수준의 들뜸이 없을 가능성이 높으므로 투명하다. 공유 결합 및 금속 결정에는 전자가 쉽게 들뜰 수 있는 상태가 많은 경향이 있으므로 대체로 불투명하다.

이 속성 목록을 너무 진지하게 받아들이면 안 된다. 이는 유용한 지침이고, 그것을 고려하면 고체의 분자 결합 특성을 이해하는 데 도움이 되지만 예외가 많다. 가장 흔하고 친숙한 이온 결정인 NaCl은 녹는점이 1074 K로 대부분의 금속(예: 구리의 경우 1358 K)보다 상당히 낮다. 대부분의 공유 결합 고체는 불투명하지만 금강석은 투명하다.

더욱이 모든 결정성 고체가 이러한 범주에 깔끔하게 들어맞지는 않는다. 분자 결합이 이온 결합에서 공유 결합에 이르는 스펙트럼에 해당하는 것처럼 고체 결합은 이러한 메커니즘이 다양하게 조합된 것일 수 있다. 또한, 나무와 같은 많은 일반적인 고체는 서로 다른 고체(셀룰로오스, 리그닌 등)가 갖가지 방식으로 결합된 혼합물이다.

그렇지만, 이 네 가지 기본 결합 메커니즘을 이해하면 고체의 결합 방식을 이해하는 데 많은 도움이 된다.

반복 패턴에 관한 생각

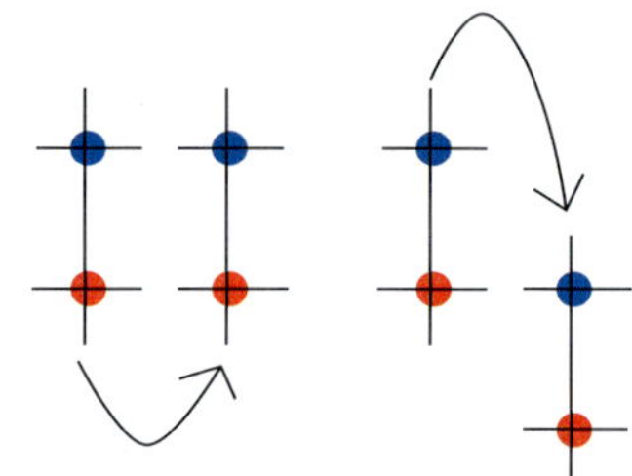

그림 11.3 NaCl 결정을 만드는 옳은 방법(오른쪽)과 그른 방법(왼쪽).

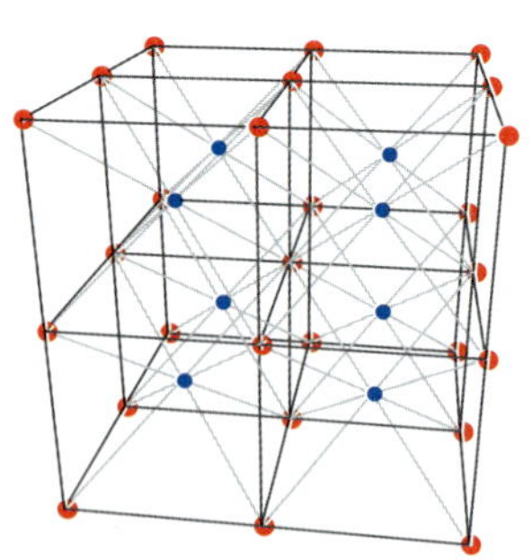

그림 11.4 염화세슘(CsCl)의 격자 구조.

앞에서 “단위 세포”를 “반복하여 전체 격자를 만들 수 있는 가장 작은 원자 무리”로 정의했다. 이를 염두에 두고 NaCl의 격자 구조 그림 11.2를 다시 살펴보자. 단위 세포에 든 원자는 몇 개인가?

아마도 합리적으로 (그러나 맞지 않게) “2”라고 대답할 것이다: 소듐 이온 하나와 염소 이온 하나의 거리는 R이다. 그 단위를 반복해서 두면 전체 격자를 만들 수 있지만 조심해야 한다. 복사본을 둘 때마다 이전 복사본에서 거리 R만큼 아래로 밀어야 한다(그림 11.3).

그 작은 2-이온 조각은 기술적으로 단위세포는 아니지만 결정의 가장 작은 단위이므로 결정의 거동을 예측하는 데 중요한 지침이 된다.

또 다른 예로 그림 11.4의 CsCl 결정을 살펴보자.

세슘 이온(빨간색)의 각 입방체 중앙에 염소 이온(파란색)이 있으므로 이것을 체심 입방 격자로 볼 수 있다. 하지만 bcc로 보지는 않는다. 중심 원자가 입방체에 있는 원자와 다르기 때문이다. NaCl과 마찬가지로 CsCl은 서로 다른 두 유형의 이온으로 구성된 두 격자가 겹쳐 있다고 볼 수 있다. 그러나 CsCl의 경우 각 이온의 격자는 단순 입방 격자이다. 마찬가지로 각 CsCl 쌍을 단일 점으로 그린 것을 상상할 수 있다. (예를 들어, 파란 점마다 바로 위, 뒤, 또는 오른쪽에 있는 빨간 점과 쌍을 이룰 수 있다.) 이러한 점으로 만드는 격자도 단순 입방 격자일 것이다.

11.1.2 물음과 문제: 결정

개념 물음과 개념시험

1. "결정"은 다른 고체와 무엇이 다른가?

2. (11.1)은 결정 격자에 있는 이온의 위치 에너지이다. 마델룽 상수 α는 격자에 있는 다른 모든 이온의 위치 에너지를 더한 값이다. 격자 전체의 위치 에너지를 구할 때 (11.1)에 이온의 수를 곱하면 값이 너무 커진다. 몇 배나 되고, 왜 그럴까? 첫째 유의 사항: 위치 에너지는 음수이므로 이 경우 "너무 크다"는 것은 "절대 값이 너무 큰 음수"를 뜻한다. 둘째 유의 사항: 에너지를 셈할 때 빠뜨린 것이 있다는 것이 아니라, 이온간 위치 에너지 항을 과하게 계산했다는 것이다.

3. 387쪽의 그림 9.6은 공유 결합의 바닥상태의 에너지를 핵간 거리의 함수로서 보여준다. (검은 곡선을 보라.) 평형 상태에서는 핵은 안정된 골짜기에(또는 불확정성 원리가 허용하는 범위 안에서) 서 있다. 그러나 온도를 올리면 핵이 진동하여 평균 에너지가 최소값 이상으로 올라간다.
   (a) 그림에서 평균 거리는… (하나를 고르고 설명하라.)
      A. 평형 거리보다 가깝다.
      B. 평형 거리와 같다.
      C. 평형 거리보다 멀다.
   (b) 이것이 결정 속의 원자간 공유 결합을 나타낸다면, 녹지 않을만큼만 가열하면 전체 결정이 어떻게 될까? 그 답이 (a)에 대한 답과 어떻게 이어지는지 설명하라.

4. 결정이 녹을 때 원자 또는 분자 수준에서 일어나는 일을 간단히 설명하라. 어떤 일반 속성이 어떤 고체를 다른 고체보다 잘 녹게 만드는가(즉, 녹는점을 낮추는가)?

5. 왜 한 가지 원소만으로는 이온 결정을 만들 수 없는가?

6. 왜 수소는 공유 결합 결정을 만들 수 없는가?

7. CsCl의 단위 세포에는 원자가 몇 개의 들어 있는가(그림 11.4)? (하나를 골라 설명하라.)
   A. 2
   B. 9
   C. 16
   D. 18
   E. 28

8. "이온 응집 에너지"는 이온 결정을 멀리 떨어진 이온으로 분해하는 데 드는 에너지이다(여전히 이온이지만 멀리 있음). "원자 응집 에너지"는 결정을 멀리 떨어진 중성 원자로 분해하는 데 드는 에너지이다. 어느 것이 더 높은가? 이들 중 하나에서는 넣고 다른 하나에서는 무시하는 에너지가 무엇인가?

문제

9. 그림 11.5는 이온이 모두 전하 q(파란색) 또는 $-q$(빨간색)를 띤 일차원 이온 결정을 보여준다. 이웃 이온의 거리는 R이다.

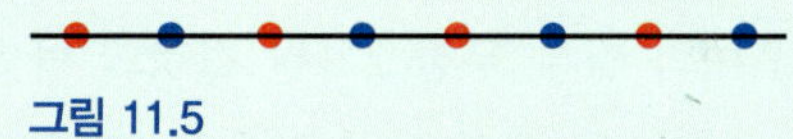

그림 11.5

이 문제에서는 이 결정의 마델룽 상수를 셈한다.
   (a) 격자에서 파란 점(양전하)을 하나 골라라. 그 점과 가장 가까운 이웃은 몇 개이며, 거리는 얼마인가? 파란 점과 그 이웃 사이의 인력 또는 척력과 관련된 총 위치 에너지를 적어라.
   (b) 다음으로 가까운 이웃은 몇 개이며, 거리는 얼마인가? 파란 점과 그 이웃 사이의 인력 또는 척력과 관련된 총 위치 에너지를 적어라.
   (c) 셋째로 가까운 이웃과 넷째로 가까운 이웃 집합에 대해 위의 과정을 반복하라.
   (d) 한 이온에 대해 모든 이웃들의 인력 및 척력과 관련된 총 위치 에너지에 대한 무한급수를 적어라. 그 답을 다음 꼴로 써라: $-\alpha q^2/4\pi\epsilon_0 R$. 여기서 α는 무한 급수이다.

(e) 방금 쓴 무한급수의 값을 찾아보아, 이 결정의 마델룽 상수 α를 구하라.

10. 좌표 평면의 모든 정수 쌍의 점에 양전하와 음전하를 번갈아 두어 만든 2차원 결정을 살펴보자. 각 점의 전하량은 q 또는 $-q$이고 수평 및 수직 간격은 R이다(그림 11.6).

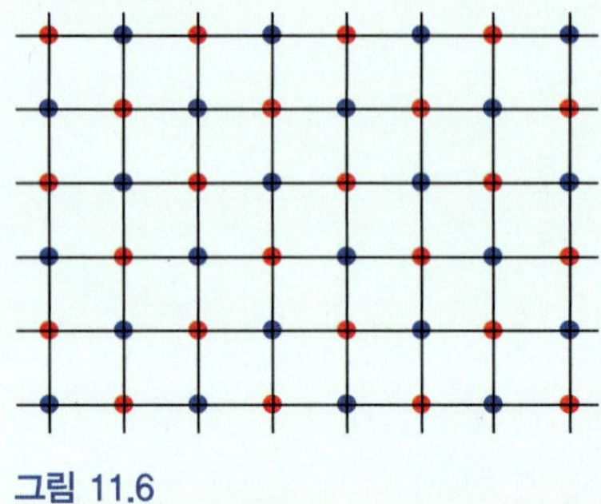

그림 11.6

한 이온의 위치 에너지를 그 주위의 한 정사각형에 있는 이온, 그 주위의 다음 정사각형에 있는 이온, 등에 대한 합으로 나타내면 이 결정의 마델룽 상수를 구할 수 있다.

(a) 처음 두 동심 정사각형에 있는 모든 이온을 넣어 마델룽 상수의 값을 써라. 최종 답은 (문자가 아닌) 숫자여야 한다. 막히면 문제 9를 먼저 풀면 도움이 될 것이다.

(b) 이와 같은 무한 2차원 결정의 마델룽 상수는 1.6이다. 두 개의 동심 정사각형만으로 구한 값의 상대 오차는 얼마인가?

11. (11.1)은 fcc 결정의 마델룽 상수의 처음 몇 항을 보여준다.

(a) 이 세 항만 써서 이 마델룽 상수를 추정하라. 상대 오차는 얼마인가?

(b) 넷째 항은 얼마일까? 이 항을 넣으면 상대 오차는 얼마인가? (넷째 항을 더하면 합이 답에서 훨씬 멀어지는 것을 알 수 있는데, 이는 이 급수가 실제로 발산한다는 첫째 실마리이다.)

12. NaCl과 같은 이온 결정의 응집 에너지에는 다음 세 항이 들어간다: 이온간 음성 위치 에너지, 핵간 척력 위치 에너지, 자유 이온과 자유 중성 원자의 에너지 차이($I_{Na} - \mathrm{Aff}_{Cl}$). 전자 구름끼리도 파울리 척력이 있지만 그것은 척력 위치 에너지에 넣어 전체 항을 $U_{rep} = AR^{-n}$으로 나타낼 수 있다. 여기서 R은 이온간 거리이다. 이 모두를 묶으면 이온 쌍(Na 및 Cl)당 위치 에너지는 다음과 같다:

$$U = I_{Na} - \mathrm{Aff}_{Cl} - \alpha \frac{q^2}{4\pi\epsilon_0 R} + AR^{-n}$$

(a) $dU/dR = 0$으로 잡고 R에 대해 풀어 평형 거리에 관한 식을 구하라. 답에는 A, n 및 마델룽 상수 α가 들어가야 한다.

(b) NaCl의 경우 평형 거리는 2.81×10^{-10} m이고 마델룽 상수는 1.75이다. 소듐의 이온화 에너지는 5.14 eV, 염소의 전자 친화도는 6.45 eV이다. 이온 쌍당 응집 에너지는 7.98 eV이다. 매개변수 n을 추정하라.

13. **[이 문제는 문제 12의 결과를 쓴다.]** 앞 문제에서 구한 A와 n 값을 써서 NaCl 결정의 위치 에너지를 이온 거리 R의 함수로 그려라.

14. **탐색: NaCl의 마델룽 상수, 두 방법**

정수 i, j, k에 대응되는 각 점(iR, jR, kR)에 이온이 있는 NaCl 결정을 살펴보자. 원점에 있는 이온의 위치 에너지를 구하려면 다른 모든 이온과의 위치 에너지 $\pm q^2/4\pi\epsilon_0 R\sqrt{i^2+j^2+k^2}$을 더한다. 여기서 부호 $\pm$는 그 이온의 전하에 따라 정해진다.

(a) i, j, k가 -1에서 1까지 가는 모든 이온에 대해 원점에 있는 이온의 위치 에너지를 셈하라. 이 26개 이온이 마델룽 상수에 기여하는 바를 구하라. 그 다음 지수를 2에서 2까지, 그리고 -3에서 3까지, 이런 식으로 반복한다. r에 대한 α의 변화를 보여주는 도표를 그려라. 여기에서 α를 셈할 때 각 방향에서 $-r$에서 r까지의 모든 점을 넣으며, 최대 $r = 20$이다. r을 키우면 α가 어떻게 되는지 설명하라. **실마리:** $r = 1$이면 $\alpha = 2.134$이다. r이 더 커짐에 따라 앞서 구한 값에 새로 얻는 값을 더해야 한다. 그러면 $r = 20$이면 모든 방향에서 -20에서 20까지의 모든 이온과의 위치 에너지가 들어간다.

(b) 이제 셈을 다시 하되 정육면체 대신 구로 바꾼다.

α의 첫째 값은 원점에 가장 가까운 이온을 쓰고 다음 값은 다음으로 가장 가까운 이온을 쓰는 식이다. 처음 몇 항은 483쪽에서 쓴 급수의 첫 부분임을 알게 될 것이다. r에 대한 α의 변화를 보여주는 도표를 그려라. 여기서 r은 구의 반지름이다. r을 키우면 α가 어떻게 되는지 설명하라. **실마리:** 각각의 새로운 구에 들어갈 이온을 찾는 한 가지 방법은 원점에서 20 × 20 × 20 육면체의 모든 이온까지의 거리를 셈한 다음 결과 목록을 반지름에 따라 정렬하는 것이다.

(c) (a)의 셈은 α의 올바른 값에 수렴한다. 많은 교재에서 (b)의 셈을 제시한다. 얻은 결과를 바탕으로 그것이 잘못되었음을 아는 방법을 간단히 설명하라!

11.2 띠 구조와 전도

모든 물리계의 가장 중요한 속성 중 하나는 에너지 준위의 구조임을 이제 알고 있을 것이다. 이 절에서는 결정에서 전자가 쓸 수 있는 에너지 값, 즉 결정의 "띠 구조(band structure)"에 대한 정성적 설명으로 시작한다. 이 절의 나머지 부분에서는 띠 구조를 써서 고체의 전기 및 열전도 특성을 예측하는 방법을 설명한다. § 11.3과 § 11.4에서는 반도체의 특성과 용도를 띠 구조를 바탕으로 다시 한 번 살펴보고, § 11.5에서는 결정의 격자 구조가 "띠"에서 허용되는 에너지 준위로 이어지는 이유를 설명한다.

11.2.1 설명: 띠 구조와 전도

자유 입자의 에너지 준위는 연속적이다. 자유 입자는 늘 에너지를 조금 더 흡수하거나 조금 잃을 수 있다. 속박 입자의 에너지 준위는 불연속적이다. 특정 양의 에너지만 얻거나 잃을 수 있다.

결정 속의 전자는 속박 입자이지만 그 에너지 준위는 "띠"를 이룬다. 예를 들어, 그림 11.7은 허용된 에너지 준위가 2~3 eV 사이에 띠를 이룬 것을 보여준다. 이 띠 속의 에너지 준위는 기술적으로는 불연속적이지만 상태 밀도가 매우 높아 실상은 연속적이다. 4~5 eV 사이에는 또 다른 띠가 있다; 이 영역에서는 전자가 기본적으로 어떤 에너지든 있을 수 있다. 그러나 이 결정에서 에너지가 3~4 eV 사이에 있는 전자는 절대로 발견할 수 없다. 사실상 연속적인 에너지 준위로 된 띠와 금지된 준위로 된 띠가 번갈아 있다.

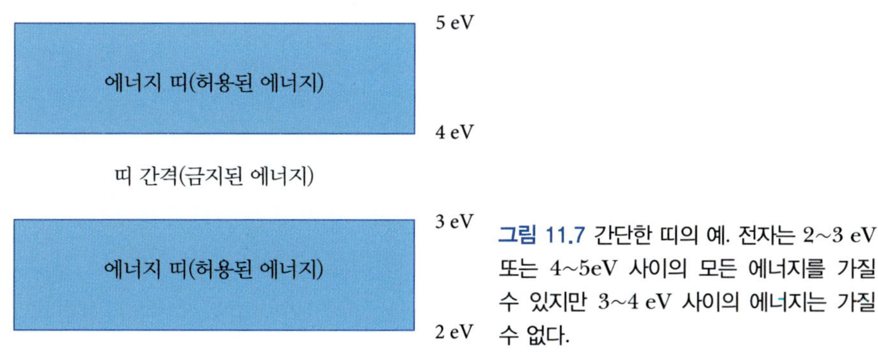

그림 11.7 간단한 띠의 예. 전자는 2~3 eV 또는 4~5eV 사이의 모든 에너지를 가질 수 있지만 3~4 eV 사이의 에너지는 가질 수 없다.

이 구조에서 에너지가 정확히 4 eV인 전자를 상상하자. 이 전자는 1/2 eV, 1/10 eV, 1/1000 eV를 더 얻을 수 있다. 그러나 이 전자는 1 eV 보다 적은 에너지를 잃을 수는 없다.

이 절과 § 11.3 및 § 11.4에서는 이 띠 구조가 일반 전도 속성과 특별히 반도체 속성을 어떻게 설명하는지 살펴본다. § 11.5에서는 결정의 격자 구조가 왜 허용되는 에너지 띠로 이어지는지 설명한다.

전류

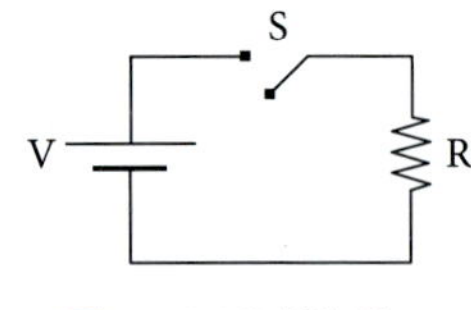

그림 11.8 간단한 회로.

그림 11.8은 전지와 스위치 그리고 저항으로 꾸민 간단한 회로도이다. 스위치를 닫으면 일정한 전류 $I = V/R$이 회로에 계속 흐른다.

그 전류는 금속(도선) 속의 전하(전자)의 흐름이다. 전지는 전기장을 만들어 전자를 고리를 따라 밀어낸다. 그러나 이 설명을 좀 더 깊이 살펴보자. 전기장은 전자에 힘을 주므로 전자는 회로를 따라가며 계속 가속되어야 한다. 실제로는 그런 일이 생기지 않는다. 정상 전류가 흐른다면 전자의 속도는 평균적으로 일정해야 한다. 무슨 일이 벌어지는 것일까?

고전적 설명은 간단하다. 고전적 전자는 이온화된 원자가 채운 격자를 통과하는 작은 총알과 같다. 전자가 이들 이온 중 하나와 충돌할 때마다 감속된다. 그런 다음 다시 가속되기 시작하고 이렇게 가속과 감속을 번갈아 하면서 도선을 통해 가므로 평균 속도는 일정하다. (이 상황은 항력이 있는 매질을 통해 물체를 밀어내는 것과 유사하다. 미는 힘과 매질 분자와의 지속적인 충돌로 인한 항력의 균형이 일정한 속도로 이어진다.)

같은 각본을 양자역학적으로 다루려면 전자의 파동 함수를 셈해야 한다. 외부 전원이 걸어준 전위(도선을 따라 가는 거리에 비례하여 증가한다고 볼 수 있음)와 도선의 이온 격자(고랑과 둔덕이 번갈아 있음)가 만드는 전위가 겹쳐 있다. 이러한 고랑과 둔덕에서 산란될 때마다 고전적 충돌과 마찬가지로 전자의 파동 뭉치가 감속될 것을 상상할 수도 있다. 하지만 그런 식으로 작동하지는 않는다.

이 양자역학 문제를 완전히 다루는 것은 이 책의 범위를 벗어나므로 그 결과에 대한 다음 설명은 그냥 믿어야 한다. 무한하고 완벽한 주기적 격자에서는 산란 확률은 0이다. 따라서 이 때도 전자가 일정한 전류로 흐르는 것이 아니라 임의의 빠른 속력으로 가속되어야 하는 것처럼 보인다.

§ 11.5에서 간단한 주기적 위치 에너지에서 슈뢰딩거 방정식의 일부 속성을 좀 더 자세히 살펴볼 것이다. 지금은 실제 결정에서는 격자가 완벽하게 주기적이 아니므로 저항이 있다는 점을 눈여겨보자. 그렇게 되는 주요 이유는 두 가지다.

1. 격자마다, 다른 원소의 원자가 결정 전체에 흩어져 있는 것과 같은 불완전성이 있다.
2. 원자는 무작위의 열 진동을 하여 격자의 대칭성을 깨뜨린다.

온도를 아주 낮춰 열 진동을 최소화하면 격자 결함이 지배적이 된다. 상온에서는 대체로 열 진동이 전자 산란에 더 많이 기여한다. 이 산란 과정을 자세히 분석하지는 않겠지만, 문제 8에서 열 진동 효과의 간단한 모형으로 금속 저항의 온도 변화를 정확하게 예측할 수 있음을 보일 것이다. 더 신중하게 다루면 이러한 양자화된 격자 진동을 "포논(phonon)"이라는 입자로 보아 격자를 통해 개별적으로 전파되는 전자와 포논의 충돌로 산란 모형을 꾸밀 수 있다. 포논에 대해서는 § 11.7에서 설명한다.

이 모든 가속 및 산란의 결과로 전자는 평균 속도를 얻는다. 그 "표류(drift) 속도"는 대체로 전자의 무작위 열 운동보다 훨씬 작다. 따라서 전류를 전자 무리가 그 방향으로 발맞추어 가는 것으로 상상하면 안된다. 보다 정확한 그림은 사방으로 마구 돌아다니는 전자 구름인데, 전류의 방향을 다른 방향보다 통계적으로 조금 더 선호하는 것이다.

전자의 진행 및 산란에 대한 이 전체 그림은 고체 속의 전자가 한 두 개의 핵에 단단히 결합되어 있는 것이 아니라 자유롭게 움직일 수 있다고 가정한다. 고체 속에 그러한 전자가 있어 전류가 흐를 수 있는지 여부는 띠 구조에 따라 정해진다.

절연체, 도체, 반도체

저온의 고체 속의 N개의 전자는 가장 낮은 N개 에너지 상태를 채운다. "페르미 에너지" ϵ_F는 N번째와 $(N + 1)$번째 최저 에너지 상태의 중간으로 정의하므로, 아주 낮은 온도에서는 $E < \epsilon_F$인 모든 상태에는 전자가 차고 에너지가 더 높은 상태는 모두 빈다. 상온에서는 페르미 에너지에 가까운 일부 전자가 열 에너지를 받아 에너지가 조금 더 높은 상태로 들뜬 수 있지만, 에너지가 가장 낮은 N개 상태는 거의 모두 차 있고 그 위의 상태는 거의 모두 비어 있다. 대부분의 물질에서는, 앞서의 진술이 더 이상 맞지 않을 때까지 온도를 높이면 기화되므로 거의 모든 고체는 온도가 0 K일 때의 페르미-디랙 분포에 가깝게 유지된다고 해도 틀리지 않는다.

그렇지만, 고체에서는 허용된 에너지 상태가 띠를 이룬다는 것을 기억하라.

능동 읽기 연습: 결정 속에서 쓸 수 있는 전자

489쪽의 그림 11.7에 보인 "금지된" 띠 1개와 "허용된" 띠 2개가 있는 띠 구조를 가진 결정을 상상하자.

1. $\epsilon_F = 2.5$ eV, 즉 전자가 찬 가장 높은 에너지 준위가 아래쪽 (허용된) 띠의 중앙에 있다고 하자. 밖에서 1/10 eV의 에너지를 주면 이를 흡수할 수 있는 전자가 있는가?
2. 이제 $\epsilon_F = 3.5$ eV, 즉 아래쪽 띠가 완전히 차고 위쪽 띠가 완전히 비어 있다고 하자. 밖에서 1/10 eV의 에너지를 주면 이를 흡수할 수 있는 전자가 있는가?

능동 읽기 연습을 제대로 풀었다면 도체와 절연체의 차이를 알 수 있을 것이다.

- 은이나 구리와 같은 도체에는 전자 상태의 띠 중에 일부만 채워진 것이 있다. 페르미 에너지에 가까운 전자는 열적으로 더 높은 상태로 들떠 $\epsilon_F - k_BT$에서 $\epsilon_F + k_BT$까지의 영역에는 무작위 충돌을 통해 에너지가 증감하는 전자가 들어있다.

  이제 전기장을 건다고 하자. 페르미 에너지에 가까운 전자의 일부는 전기력을 받아 그 방향의 운동량을 가지고 더 높은 에너지 상태로 밀려난다. 그 결과 전자 기체는 알짜 표류 속도를 얻는다.

  여기서 앞서의 설명을 쓸 수 있다. 걸어준 전기장은 전자에 에너지를 계속 주어 전자를 더 높은 에너지 상태로 밀어내지만 격자 결함에서 산란되어 에너지를 계속 잃는다. 그 결과 알짜 '표류 속도'가 생기고, 전류가 흐른다.

- 금강석과 같은 절연체는 띠에 전자가 가득 차 있는데, 페르미 에너지는 금지 영역의 중간에 있으므로 아래 띠는 가득 차 있고 위 띠는 비어 있다. 사실상 금지 영역의 간격을 뛰어넘어 위쪽 빈 띠로 올라갈 수 있을 만큼 충분한 에너지를 얻는 전자는 없다(문제 5 참조). 완전히 찬 띠의 상태에는 모든 방향의 운동량이 섞여있다. 약한 전기장은 전자 상태를 바꾸지 못하므로 전류가 흐르지 않는다. 전기장이 아주 세면 전자를 밀어 간격을 넘어 빈 띠로 올릴 수 있지만, 대부분의 절연체에서 이 때 필요한 전기장의 세기가 엄청나다.[3]
- 셋째 범주의 결정은 규소과 게르마늄과 같은 반도체이다. 이 결정은 위 띠가 완전히 차 있다는 점에서 절연체와 비슷한데, 다른 점은 다음 띠까지의 간격이 상대적으로 좁아서 상온에서 적은 수의 전자가 간격을 뛰어넘어 다음 띠로 올라가 전류가 흐를 수 있다는 것이다.

그림 11.9는 도체, 절연체, 반도체의 띠 구조를 보여준다.

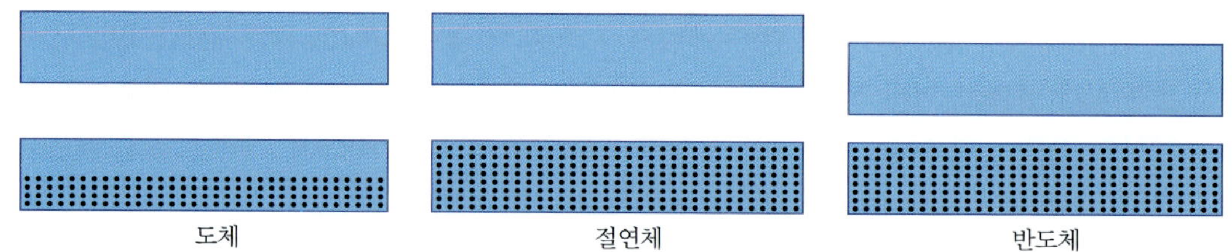

그림 11.9 띠에 전자가 일부만 찬 고체는 도체이다. 가장 높은 점유 띠가 완전히 찬 고체는 그 위의 빈 띠와의 간격이 넓으면 절연체, 좁으면 반도체가 된다.

절연체와 반도체의 차이에 대한 보편적인 정의는 없지만, 대체로 간격이 약 2 eV 미만이면 반도체로 본다. 그 간격이 규소는 1.14 eV, 게르마늄은 0.67 eV이다.

반도체의 전기 전도 특성은 매우 나쁘다. 길이 1 cm, 폭 1 mm인 규소 도선의 저항은 20 MΩ이다! 그러나 반도체는 저항을 크게 높이거나 낮출 수 있다. 즉, 제어 가능한 전자 장치를 꾸미는 데 쓸 수 있다. § 11.3과 § 11.4에서 반도체 소자를 살펴볼 것이다.

"도체"가 "금속"과 동의어라고 생각하기 쉽다. 금속이 대체로 도체라는 것은 참이지만 모든 도체가 금속이라는 것은 참이 아니다. 예를 들어, 그래핀은 띠가 반쯤 채워진 탄소 재료로서 전도도가 높지만, 그 구조를 유지하는 것은 주로 공유 결합이지 이온 격자와 자유 전자 기체의 인력이 아니므로 금속이 아니다.

전기 전도에 대한 논의를 마치기 위해 처음에 살펴본 회로로 돌아가 보자. 회로의 도선을 이루는 구리와 같은 도체는 매우 적은 저항으로 전류가 흐르게 한다. 절연체와 반도체는 매우 적은 양의 전류만 흐르게 하므로 원하지 않는 흐름을 막는 데 쓸 수 있다(예: 도선이 서로 닿는 곳에 입히는 막). 그렇다면 전류의 양을 조절하는 저항을 어떻게 만들까?

이 물음에 대한 답은 다양하지만 대부분 도체와 절연체를 갖가지로 조합하여 만든다. 예를 들어, 많은 저항기는 탄소 기반 도체와 절연 충진재를 곱게 갈아 섞어서 만든다. 도체 대 절연체의

---

3 예를 들어 금강석의 경우 이 때 필요한 전기장은 약 10 MV/cm이다. 따라서 금강석 반지에 전류를 흘릴려면 9 V 전지 1,100만 개를 직렬 연결해야 한다. 이 실험을 하다 부부 싸움을 해도 우리 책임은 없다.

조성비를 바꾸면 원하는 저항값의 소자를 만들 수 있다.

열전도

먼저 전기 전도를 생각하기 위해 도선을 다시 떠올리자. 구리 도선에 전위차를 걸면 전류가 흐른다. 구리는 좋은 도체이기 때문이다. 고무줄은 같은 효과를 내지 못한다.

이를 열전도와 비교하기 위해 보온병을 떠올리자. 보온병 전체를 금속으로 만든다면 끔찍할 것이다. 열이 통을 통해 흘러 곧 뜨거운 국이나 차가운 음료가 실온에 이를 것이다. 그러나 스티로폼과 같은 좋은 단열재는 열 전달이 훨씬 더디므로 따뜻한 밥을 잘 보온할 수 있다. (보온병은 대체로 스티로폼을 금속으로 싼 모양인데, 금속 통의 기능은 단열이 아니라 강성을 위한 것이다.)

요컨대, 물질의 전기 전도도는 전류가 얼마나 잘 흐르는지를 나타내듯이, 열전도도는 열이 얼마나 잘 흐르는지를 나타내는 것이다. 열전도 메커니즘을 살펴보지는 않겠지만, 많은 개념이 전기 전도와 비슷하다. 금속에 열을 주면 전자가 들떠 더 높은 에너지 상태가 된다. 전기 전도와 달리 이것은 전자에 알짜 속도를 주지는 않지만 여전히 전자가 뛰어들 수 있는 허용된 상태가 있어야 한다. 따라서 대체로 전기 전도도가 좋은 물질은 열전도도도 좋고 그 반대도 참이다.[4]

이러한 경향은 "비데만-프란츠 법칙(Wiedemann-Franz law)"으로 공식화되는데, $K/(\sigma T)$는 모든 금속에서 거의 같다. 여기서 K는 열전도도, σ는 전기 전도도이다. 열전도도는 온도에 대해 더 빨리 커진다. 그 이유는 그 온도 T에 비례하는 전자 기체의 열용량에 의존하기 때문이다.

4 그렇지만, 금강석은 절연체인데도 최고의 열전도 물질이다 – 옮긴이

11.2.2 물음과 문제: 띠 구조와 전도

개념 물음과 개념시험

1. 도체, 절연체 및 반도체의 차이점은 무엇인가? 그들의 거동이 어떻게 다른지, 그리고 그러한 다른 거동의 원인을 설명하라. 몇 개의 짧은 문장이면 충분하다.

2. 489쪽의 그림 11.7이 가상의 고체 비브라늄의 띠 구조의 일부를 보여준다고 하자.

(a) 비브라늄이 바닥상태에서 에너지 준위를 2.8 eV까지 채우는데 충분한 전자를 가지고 있다고 하자. (즉, $\epsilon_F = 2.8$ eV). 비브라늄은 절연체, 도체 또는 반도체 어느 것인가?

(b) 이제 비브라늄의 바닥상태에서 2–3 eV 띠는 완전히 차고 4–5 eV 띠는 완전히 비어 있다고 하자 (즉, $\epsilon_F = 3.5$ eV.) 이 비브라늄은 절연체, 도체 또는 반도체 어느 것인가?

(c) 비브라늄을 절연체로 만들려면 그림 11.7의 에너지 준위를 바꾸고 올바른 ϵ_F 값을 골라야 한다. 그림을 베껴 그렇게 하라.

3. 절연체에는 들뜰 수 있는 전자가 없다(**정말로** 전자를 들띄우지 않는 한). 그렇다면 절연체를 데워 온도를 몇 도 정도 올리면 그 에너지는 어디에 저장되는가?

4. 전자 기체의 전자를 (거의) 자유롭다고 보면 고유 함수는 $\psi(x) = e^{ikx}$이고 에너지 고윳값은 $E = \hbar^2k^2/2m$이다. k의 부호를 바꾸면 고유함수가 바뀌고 파동의 시간 진화 방향이 바뀌지만 에너지는 바뀌지 않는다.

그렇다면 모든 전자를 에너지 준위로 표시하는 대신(이 절에서 한 것처럼) k-값으로 표시하면 어떻게 될까?

그림 11.10은 고체(도체) 하나의 세 가지 다른 상황의 상태이다. 이 셋 중 하나에서 도체는 바닥상태에 있고; 다른 하나는 열원에서 열을 받아 들뜨고 있고; 셋째는 밖에서 걸어준 전압에 의해 들뜨고 있다. 각각 해당되는 그림을 찾고 어떻게 아는지 설명하라.

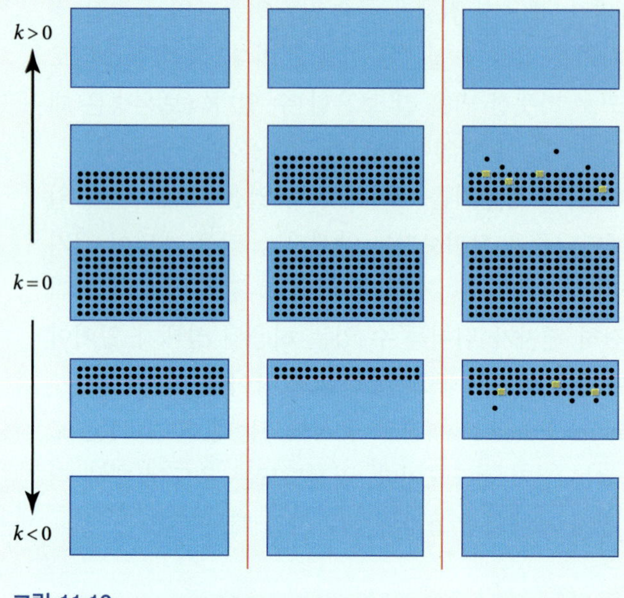

그림 11.10

문제

5. 금강석에서는 전자가 채워진 가장 높은 띠가 꽉 차 있으며, 그 위쪽 띠까지의 간격은 약 5.5 eV이다.

(a) 페르미-디랙 분포(부록 I 참조)를 써서 상온에서 전자가 찬 가장 높은 띠의 맨 밑에 있는 상태의 점유율을 추정하라. **실마리:** 금강석의 페르미 에너지, 즉 화학 전위 μ는 띠 간격의 중간에 있다.

(b) 20캐럿 금강석에는 약 2×10^{23}개의 원자가 있다. 원자마다 위쪽 띠 바닥 근처에 상태 하나씩 기여한다면 어느 순간에 평균적으로 얼마나 많은 상태에 전자로 차 있는지 (따라서 전기를 전도할 수 있는지) 추정하라. 이 답은 금강석이 왜 그렇게 좋은 절연체인지 설명한다.

6. 전도의 고전적 모형

은 덩어리를 상상하자. 이것은 은 원자마다 전자를 하나씩 내어놓은 은 이온이 격자를 이루고, 풀려난 전자가 기체를 이루어 격자 사이를 돌아다니는 것으로 모형을 꾸밀 수 있다. 은의 밀도(단위 부피의 질량)는 ρ, 은 원자의 질량은 $M_{은}$이다. (답은 값을 내라고 할 때까지는 이 문자로 나타내라.)

(a) 원자당 부피를 구하고 그 부피의 세제곱근을 취하여 은 이온의 간격을 추정하라. 원자가 공간을 완전히 채운다고 가정하면(전자 구름이 겹치므로 다소 참임) 전자가 충돌 사이에 이동하는 평균 자유 행로의 추정치로 그 거리를 쓸 수 있다.

(b) 등분배 정리(부록 I)를 써서 전자의 열 속도를 추정하고 평균 자유 행로를 써서 충돌 사이의 평균 시간을 구하라.

(c) 길이 L인 은 도선에 전위 V를 걸면 도선 속에 전기장 V/L이 생긴다. 충돌 사이에 그 전기장이 전자에 주는 평균 속력을 구하라.

(d) 도선의 단면적을 A로 잡아 도선의 전류—단위 시간당 전하—를 구하라. **실마리:** 전자의 수 밀도는 은 원자의 수 밀도와 같고, 앞서 정의한 글자로 나타낼 수 있다.

(e) 저항은 전압을 전류로 나눈 값이다. 비저항은 저항에 단면적을 곱한 값을 길이로 나눈 값으로 정의된다. 은의 비저항에 관한 식을 구하라.

(f) 20°C에서 은의 비저항의 값을 구하라. 전자 질량과 전자 전하뿐만 아니라 σ와 $M_{은}$의 값을 찾아봐야 할 것이다.

(g) 은의 비저항의 실험값은 1.59×10^{-8} Ωm이다. 앞서 고전적 모형의 예측값이 한 자릿수 이상 너무 컸을 것이다. 그 모형이 너무 큰 답을 내는 이유를 하나 이상 제시하라.

7. [이 문제는 문제 6의 결과를 쓴다.]

(a) 은의 비저항(잘못된 예측이 아닌 실험값)과 전자의 수 밀도를 써서 전기장 100 V/m를 걸 때의 은 전자의 표류 속력을 구하라.

(b) 은의 페르미 에너지는 5.49 eV이다. 은에서 전도 전자의 일반적인 열 속도는 얼마인가? (잘못된 고전적 예측이 아닌 실제 답을 내라.)

(c) 그 전자의 평균 자유 행로는 얼마여야 하는가? 그 자유 행로에 대응되는 격자 간격은 몇 개인가?

8. 전도의 온도 변화

금속의 전도도는 평균 자유 행로에 비례하고 전자의 평균 속력에 반비례한다. 영향을 미치는 다른 요인은 대부분 온도와 무관하다.

(a) 전도도가 평균 자유 행로와 평균 전자 속력에 그러한 방식으로 의존하는 이유를 설명하라.

(b) 고전 모형에서 평균 자유 행로는 이온의 간격이며 거의 일정하다. 전자를 (페르미온이라는 사실을 무시하고) 고전적 기체로 다루면 전자의 평균 속력은 온도에 따라 어떻게 변할까? 이것이 전도도가 온도에 따라 변하는 것을 어떻게 설명하는가?

(c) 양자 모형에서 전도 전자의 평균 속력은 온도와 무관하다. 왜?

(d) 양자 모형에서 실온에서의 평균 자유 행로는 일반적으로 열 격자 진동이 결정하며, 그 결과 평균 자유 행로는 온도에 반비례한다. 전도도는 실온에서 온도에 따라 어떻게 변화하는가?

(e) 훨씬 더 낮은 온도에서는 평균 자유 행로를 결함이 지배하여 온도와 무관하게 된다. 이 영역에서는 전도도가 온도에 따라 어떻게 변하는가?

11.3 반도체와 다이오드

반도체 자체의 거동은 절연체와 유사하다. 그러나 반도체는 전자가 채운 가장 높은 띠와 비어있는 가장 낮은 띠의 간격이 실제 절연체의 간격보다 좁으므로 가공하여 도체처럼 만들 수 있다. 이 절에서는 이러한 조작의 바탕이 되는 물리학을 설명하고 다이오드라는 중요한 회로 소자를 만드는 방법을 살펴본다. § 11.4에서는 똑같은 기술을 써서 훨씬 더 중요한 회로 소자인 트랜지스터를 만드는 방법을 살펴본다.

11.3.1 발견 연습: 반도체

반도체로 만든 도선을 살펴보자. § 11.2에서 설명했듯이 반도체라는 말은 세 가지를 함축한다: 전자로 완전히 찬 에너지 띠가 있고 바로 위의 띠는 완전히 비어 있으며 이 두 띠의 간격이 비교적 좁다(그림 11.11).

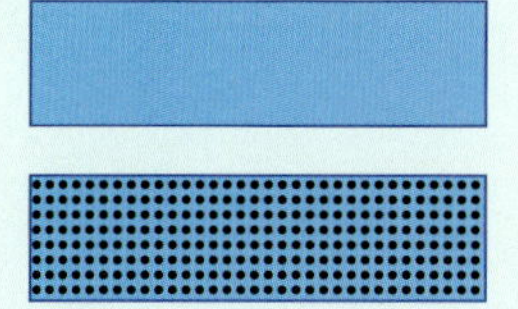

그림 11.11 반도체의 띠.

1. 이 도선에 전위차를 걸어도 전류는 거의 흐르지 않는다. 이유를 간단히 설명하라.

이제 도깨비가 전자 몇 개를 도선에 뿌린다고 상상하자. (도깨비는 또한 같은 수의 양이온을 격자에 더 박아 넣어 도선이 전기적 중성을 유지하게 한다.)

2. 그림 11.11에서 그 전자들은 어디로 갈까? 그림을 베껴 거기에 그려 넣거나 결과가 어떻게 되는지 말로 설명하라.
3. 그러면 도선의 저항은 어떻게 바뀌는가? 그 이유를 간단히 설명하라.

11.3.2 설명: 반도체와 다이오드

반도체는 그대로 두면 절연체처럼 거동한다. 즉, 저항이 매우 커서 높은 전압을 걸어도 전류는 아주 조금 흐른다.

반도체가 매우 쓸모 있는 이유는 저항을 조절할 수 있어서이다. 이 절에서는 원자 수준에서 반도체의 속성을 살펴보고 그 속성을 활용하여 저항을 낮추는 방법으로 시작한다. 그런 다음 그 기술을 써서 두 가지 중요한 전자 소자인 다이오드(이 절 후반부)와 트랜지스터(다음 절)를 만드는 방법을 설명한다.

반도체에 흐르는 전류

§ 11.2에서 반도체를 정의하기를 전자가 완전히 찬 띠와 완전히 빈 띠 사이의 간격이 비교적 작은(~2 eV) 고체라고 했다. 완전히 찬 띠를 "원자가 띠(valence band)", 그 위의 빈 띠를 "전도 띠(conduction band)"라고 한다. 그 띠를 전도 띠라고 하는 이유는 그 띠에 있는 전자는 에너지를 조금만 받아도 갈 수 있는 상태가 많아서 자유롭게 움직여 전류를 전도할 수 있기 때문이다.

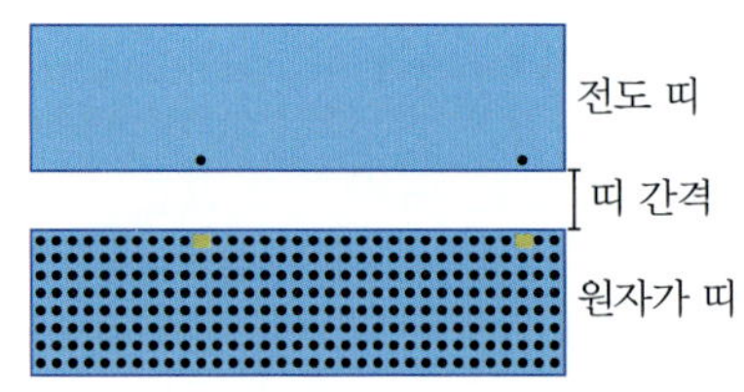

그림 11.12 반도체 속의 일부 전자는 열에너지가 충분하여 띠 간격을 건너 전도 띠로 올라가면서, 원자가 띠에 양공을 남길 수 있다. 전기장을 오른쪽으로 걸면 전도 띠의 전자는 왼쪽으로, 원자가 띠의 양공은 오른쪽으로 가서 전류가 오른쪽으로 흐른다.

원자가 띠에 있던 전자가 띠 간격을 건너 전도 띠로 올라가면, 그 전자가 있던 자리는 비어 "양공(hole)"이 된다(그림 11.12). 그 양공을 근처의 전자가 채우면서 다른 양공이 생기고 그것은 또 다른 전자가 채워 새 양공이 생길 수 있다. 양공은 전자의 이동과 반대 쪽으로 "가"므로 걸어준 전기장에 반응하여 원자가 띠를 따라 가는 양전하로 볼 수 있다.

반도체의 띠 간격은 대체로 실온의 k_BT보다 훨씬 크다. 실온에서 순수 규소의 경우 10억 개 미만의 원자가 전도 띠에 전자를 제공한다. 따라서 규소의 비저항(단위 길이당 저항에 단면적을 곱한 값)은 수천 Ωm로 도체보다 훨씬 더 크다.

반도체가 매우 흥미롭고 쓸모있는 이유는 "도핑(doping)" 과정을 통해 저항을 바꿀 수 있기 때문이다.

도핑

인(P)과 규소(Si)는 띠 구조가 비슷하지만 인은 주기율표에서 규소의 오른쪽에 있다. 즉, 원자당 전자가 하나 더 많다. 그 전자는 전도 띠의 바닥에 있어서 인은 도체이다(하지만 다른 도체보다 저항이 크다).

이제 규소 뭉치에서 원자 10,000개에 하나 꼴로 인 원자로 바꾼다고 상상하자. 바꿔 넣은 원자마다 전도 띠에 전자를 하나씩 준다. 순수 규소는 상온에서 원자 10억개에 하나 미만의 전자를 전도 띠에 준다는 점을 상기하면, 인 원자를 이렇게 조금 뿌려도 규소의 전도도가 1000배 이상 커진다!

인 원자 대신 알루미늄 원자로 바꾼다고 하자. 알루미늄은 주기율표에서 규소의 왼쪽에 있다. 즉 원자당 전자가 하나 더 적으므로 알루미늄 원자마다 원자가 띠에 전자가 빈 상태인 양공을 추가한다. 이 때도 규소의 전도도가 극적으로 커진다.

반도체에 불순물 원자를 넣어 전도성을 높이는 과정이 "도핑"이다. (§ 11.1에서 금속 결합은 원자 단위의 결합이 아니어서 다른 금속 원자를 이러한 방식으로 섞는 것이 상대적으로 쉽다는 것을 상기하자.) 순수 반도체를 "진성(intrinsic)", 도핑된 것을 "외인성(extrinsic)"이라고 한다.

반도체에 인과 같이 전자를 더 가진 원자를 조금 섞어 넣은 것을 "n-형" (외인성) 반도체라고 한다. "n"은 음성(negative)을 나타내며, 추가한 전하 운반자가 음전하를 띠기 때문이다. 양공이 추가된 반도체(예: 알루미늄으로 도핑한 규소)는 양공이 양전하를 띤 전하 운반자 구실을 하므로 양성(positive)을 나타내는 "p-형" 반도체라고 한다. 그림 11.13을 보라.

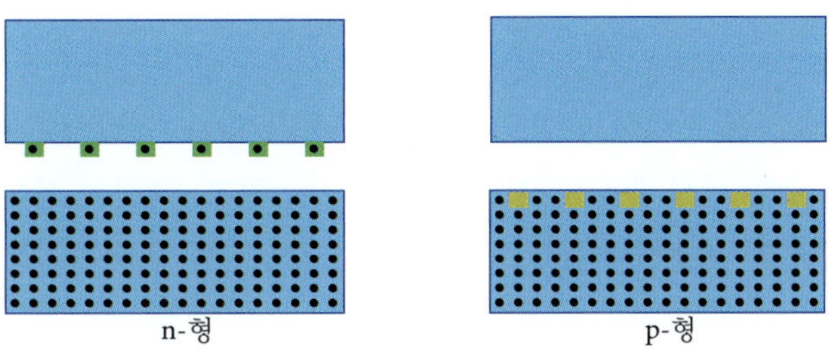

그림 11.13 n-형 반도체에는 전도 띠에 전자를 더 주는 원자가 있다. p-형 반도체에는 원자가 띠에 양공을 더 주는 원자가 있다. 도핑된 반도체의 전하 운반자는 대체로 열 요동으로 생기는 것보다 훨씬 많다.

다이오드

그림 11.14는 전지의 극성만 반대일 뿐 똑같은 두 회로를 보여준다. 두 회로에 전지와 저항만 있다면 전류의 방향만 다를 뿐 크기는 똑같다. 그러나 "다이오드"(회로도에 삼각형으로 표시함)라는 소자는 전류가 한 쪽으로만 잘 흐르게 하고 반대 쪽 흐름은 막는다.

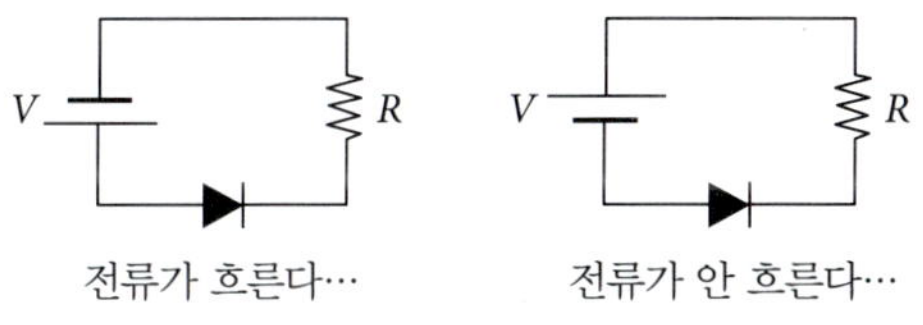

그림 11.14 다이오드는 전류가 한 쪽으로만 흐르게 하므로 왼쪽의 다이오드는 회로를 닫고 오른쪽 다이오드는 회로를 연다.

다이오드를 나타내는 삼각형의 꼭지는 전류가 흐르는 쪽을 가리킨다. 따라서 왼쪽 회로에는 일정 전류 $I = V/R$이 흐르지만, 오른쪽 회로에는 전류가 흐르지 않는다($I = 0$). (물리학 교재가 흔히 그렇듯이 전자회로 소자가 이상적이라고 가정한다. 실제의 다이오드에 대해서는 앞의 설명이 대충은 맞지만 완벽하게 맞지는 않는 이유는 조금 뒤에 설명한다.)

이러한 단방향 회로 소자는 어떻게 꾸밀까? 그 답은 p-형 반도체를 n-형 반도체에 밀어 붙여서 "p-n 접합"을 만드는 것이다. 이제 그 이유를 설명하겠다.

능동 읽기 연습: p-n 접합

아래 그림은 전지에 연결한 두 p-n 접합을 보여준다. 이 두 배열 중 p-n 접합에 전류가 흐르는 것은 어느 것인가?

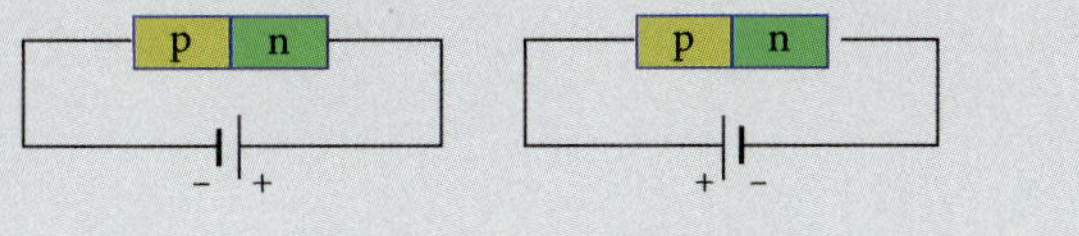

답을 몰라도 두 가지 구성이 어떻게 다를지 생각한 바를 적어 보라. 차이점은 접합의 n-쪽이 음전하를 띠거나 p-쪽이 양전하를 띠는 것이 아님을 기억하라. 둘 다 전기적으로 중성이다! 위에서 설명한 것처럼 차이점은 각 부분의 전하 운반자와 관련된다.

답은 음극 단자가 n-형 반도체와 연결된 오른쪽 회로에만 전류가 흐른다는 것이다. 회로도에서 이 다이오드는 오른쪽을 향한 화살표가 된다.

그 결과를 빨리 건너뛰고 싶을 것이다: 전자는 음극에서 양극으로 흐르지 그 반대는 아니다. 그러나 다이오드의 거동에 대한 설명은 그리 간단하지 않다. 왜냐하면 n-형 반도체에 알짜 음전하는 없기 때문이다. n-형 반도체에는 전도 띠에 전자가 있고, 그것이 전류를 흐르게 하므로, 그러한 전자의 배치가 어떻게 일방성 거동으로 이어지는지 살펴볼 필요가 있다. (p-형 반도체는 원자가 띠에 양공이 있다는 것도 똑같이 중요한 사실이다. 초점은 전자에 대한 설명에 맞추지만, 똑같은 논리가 정공에 어떻게 적용되고, 같은 방향의 전류로 이어지는지를 확인하라.)

오른쪽 회로에서는 걸어준 전압이 전도 전자를 n-영역에서 p-영역으로 밀어낸다. 다른 회로와 마찬가지로 흘러나간 전자만큼 전지에서 공급한 새 전자로 보충되어 일정한 전류가 흐른다.

왼쪽 회로에서는 걸어준 전압이 전자를 p-영역에서 n-영역으로 밀어내려는 경향이 있지만 p-영역에는 밀어낼 자유 전자가 없다. n-영역에서 있는 전도 전자는 접합을 가로질러 흐르지 않고 전지의 양극 쪽으로 끌린다. 곧 p-n 경계 근처의 영역에는 자유 전하 운반자가 없다. 요컨대, 전지가 밀려는 쪽으로 전류를 흐르게 할 것이 전혀 없다.

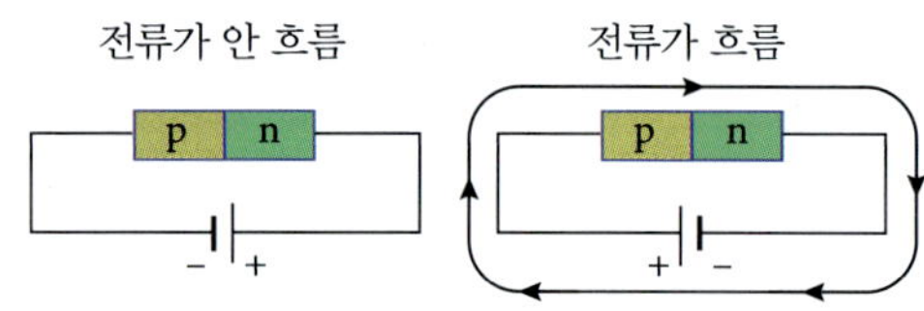

그림 11.15 왼쪽: 다이오드에는 역-전압이 걸려 있어 전류가 막힌다. 오른쪽: 다이오드에는 순-전압이 걸려 있어 전류가 흐른다.

그 결과 같이 전류는 그림 11.15의 p-영역에서 n-영역으로만 흐를 수 있다. 따라서 다이오드는 회로에 p-영역에서 n-영역을 가리키는 화살표로 나타낸다.[5]

다이오드에 전류가 흐르도록 전원을 연결하면 다이오드에 “순-전압”이 걸린다. 전압을 반대로 연결하면 “역-전압”이 걸려 전류가 막힌다.

방금 제시한 논리는 합리적인 대략적 설명이지만, 세부 내용은 이 단순한 그림이 제시하는 것보다 더 복잡하고 더 흥미롭다.

다이오드와 p-n 접합: 더 깊이 보기

전지를 연결하지 않은 p-n 접합만 따로 살펴보자. 위에서 강조했듯이 접합 양쪽은 전기적으로 중성이다. (예를 들어, n-형 반도체의 여분의 전자마다 대응되는 여분의 양이온이 있다.) 따라서 모든 전자가 정확히 있던 곳에 머물 것으로 가정할 수 있으며 대개는 그게 맞을 것이다.

그러나 여전히 무작위 열 운동이 있어, 때때로 n-쪽의 전자가 괜히 p-쪽으로 간다. 거기에 이르면 곧바로 원자가 띠의 양공으로 떨어진다. 그러한 무작위 이동이 반대쪽으로는 생길 가능성이 훨씬 적다. 왜냐하면 p-쪽의 전자는 n-쪽으로 가기 전에 먼저 원자가 띠에서 전도 띠로 올라가야 하

5 다이오드를 나타내는 기호인 화살표의 방향은 p → n인데, 전류가 양전하의 흐름이라고 생각한 프랭클린(Benjamin Franklin)이 정한 관습을 따른 것이다. 하지만, 실제로 흐르는 것은 전자이고, 그 방향은 전류와 반대이다.

기 때문이다.

이러한 비대칭적 전자 확산으로 n-쪽은 알짜 양전하를, p-쪽은 알짜 음전하를 띤다. 이러한 전하 불균형이 만드는 전기장은 전자를 n-쪽으로 다시 밀어내는 경향이 있다. 그 효과로 전자의 위치 에너지가 n-쪽 보다 p-쪽이 높아져 평형 상태의 위치 에너지 도표가 그림 11.16과 같게 된다.

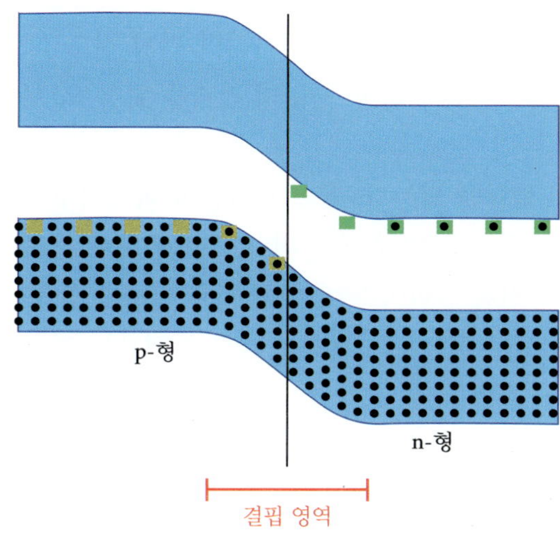

그림 11.16 평형 상태의 p-n 접합(외부 전압을 걸지 않음)의 위치 에너지. 접합 근처의 전하 운반자가 확산되어 자유 전하 운반자가 없는 "결핍 영역(depletion region)"이 생긴다. 여기에 생기는 전기장 때문에 p-쪽의 전자의 위치 에너지가 n-쪽 보다 높다.

오른쪽 n-쪽의 녹색 사각형은 애초에는 차 있던 전도 띠 준위를, 왼쪽 p-쪽의 노란 사각형은 애초에는 비어 있던 원자가 띠 준위를 나타낸다. 접합에서 멀리 있는 녹색 사각형은 여전히 전자가 차 있고 노란색 사각형은 여전히 비어 있다. 그러나 접합부 주변의 좁은 "결핍 영역"에서는 원자가 띠는 모두 차 있고 전도 띠는 모두 비어 있다.

그림 11.17은 접합을 가로질러 반대쪽으로 계속 흐르는 두 전류를 보여준다.

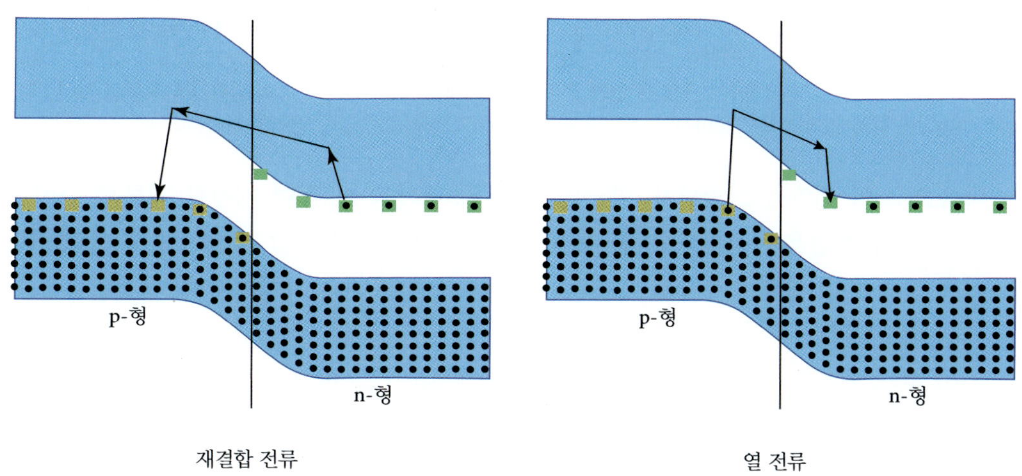

그림 11.17 평형 상태의 다이오드에 흐르는 두 가지 전류. 왼쪽: 전자가 n-쪽에서 p-쪽으로 확산되는 "재결합 전류"; 오른쪽: 반대쪽으로 가는, 전기장이 구동하는 "열 전류."

1. "재결합 전류": n-쪽 전도 띠의 전자는 무작위 운동으로 p-쪽으로 확산되어 간 뒤, 그 곳에서 원자가 띠로 떨어져 양공과 재빨리 결합한다.
2. "열 전류": p-쪽의 전자가 열 에너지를 받아 띠 간격을 넘어 전도 띠로 올라가면 전기장이 n-쪽으로 밀어낸다.

(위에서는 전자의 운동만 살펴봤지만, 양공도 p-쪽에서 n-쪽으로 가는 재결합 전류와 반대 방향으로 가는 열 전류가 있다.)

재결합 전류는 결핍 영역을 넓히고 열 전류는 결핍 영역을 좁히는 경향이 있다. 평형 상태에서는 이 두 효과가 상쇄되어 결핍 영역의 폭이 일정하게 유지된다.

이제 외부 전압을 걸면 어떻게 되는지 살펴보자. 열 전류는 기본적으로 영향을 받지 않는다. 그 이유는 외부 전압이 있든 없든 p-쪽의 전자가 n-쪽으로 건너가려면 먼저 전도 띠로 올라가야 하기 때문이다. 이러한 도약의 확률은 단순히 온도가 결정하며, 띠 간격을 뛰어 오르는 거의 모든 전자는 n-쪽으로 흐른다.

그렇지만, 재결합 전류는 외부 전압의 영향을 받는다. 먼저 전자를 n-쪽에서 p-쪽으로 밀어내려는 전기장을 만드는 순-전압을 살펴보자. 순-전압의 효과는 전자가 그 쪽으로 가려면 올라야 하는 전위 언덕을 낮춘다. 순-전압을 높일수록 전위 언덕이 낮아져 더 많은 전자가 언덕을 올라 흐를 수 있게 된다. 따라서 순-전압이 낮으면 회로는 대략 옴의 법칙을 따르고 전류는 걸어준 전압에 비례한다. 걸어준 전압이 특정 값이 되면 p-n 접합 내부 전위 언덕이 사라져 전류에 대한 저항이 아주 작아진다.[6] (그림 11.18 참조.) 일반적인 p-n 접합에서 그 전압은 1 V 이하이다.

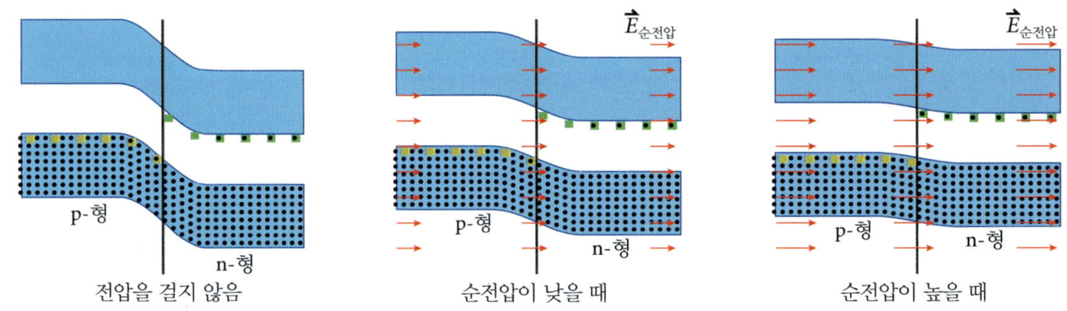

그림 11.18 p-n 접합에 순전압을 걸면 전위 언덕이 낮아져 더 많은 전자가 n-쪽에서 p-쪽으로 흐를 수 있다. 순전압이 낮으면 전류는 전압에 비례한다. 순전압이 충분히 높으면 본질적으로 전위 언덕이 사라져 p-n 접합은 도체처럼 작동한다. (맨 오른쪽보다 더 높은 순전압을 걸면 전위 언덕의 기울기가 뒤집혀 p-쪽의 전위가 n-쪽보다 낮아진다.) 순전압을 높이면 결핍 영역의 폭도 좁아진다. 전위 언덕의 기울기가 뒤집히면 결핍 영역이 사라진다.

다음으로 역-전압을 살펴보자. 역-전압은 전위 언덕을 더 높여 재결합 전류를 줄이므로 다시 한번 순 전류 흐름을 만든다. 하지만 재결합 전류는 0 이하로 줄일 수 없으므로 전위 언덕을 아주 높이면 전류가 열 전류 수준에서 포화된다. 그 열 전류는 매우 작기 때문에 역전압을 아주 높여도 전류는 매우 작다.

이 모든 것은 p-n 접합이 다이오드처럼 작동하는 이유와 이상적인 다이오드가 아닌 이유를 설명한다. 외부 전압을 어느 방향으로 걸든, 그 크기가 아주 작으면 대략 옴의 법칙을 따른다. 역 전압을 걸면 전류가 매우 작은 값에서 포화된다. 순 전압을 걸면 매우 큰 값으로 빠르게 증가한다.[7] 그림 11.19를 보라.

6 물론 그 때도 저항이 0은 아니고 일반 도체처럼 열 진동을 하는 이온과 충돌하여 제한된다. § 11.2를 보라.

7 대체로 p-n 접합에 역전압을 걸면 전류가 아주 조금 흐르지만, p-n 접합이 견딜 수 있는 항복 전압이 있다. 그 항복 전압은 일반 소자의 경우 약 50-100V 이상이므로 대개의 회로에서 문제가 되지 않는다. 항복 전압을 일부러 낮게 설계한 전자 소자가 있는데, 이 경우 항복 전압 근처의 작은 전압 변화가 전류의 큰 변화로 이어진다.

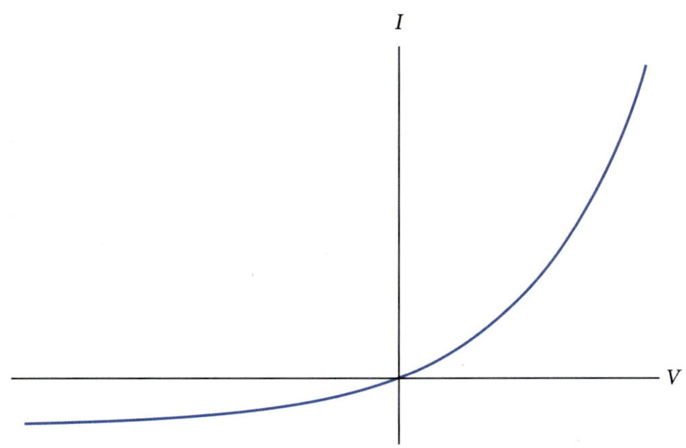

그림 11.19 p-n 접합의 전압-대-전류 곡선.

결핍 영역에 초점을 맞추면 같은 현상을 다른 방식으로 설명할 수 있다. 순전압은 결핍 영역을 줄여 전하 운반자를 접합에 더 가깝게 모은다. 별로 높지 않은 순전압을 걸어도 결핍 영역이 사라지며, 그러면 다이오드는 도체가 된다. 역전압을 걸면 결핍 영역이 넓어져 접합부에 이르는 두 유형의 전하 운반자가 아주 적어진다. 이 관점은 트랜지스터를 가장 명확하게 설명할 수 있으므로 § 11.4에서 다시 다룬다.

11.3.3 물음과 문제: 반도체와 다이오드

개념 물음과 개념시험

1. 아래의 각 용어를 간단히 설명하라.

(a) 진성 반도체

(b) 전도 띠

(c) p-형 반도체

(d) p-n 접합

(e) 재결합 전류

(f) 결핍 영역

(g) 다이오드

2. 규소를 인으로 도핑하면 인 원자마다 전자 하나씩를 전도 띠에 주고, 인 양이온이 되므로 n-형 반도체는 여전히 전기적으로 중성이다. 알루미늄으로 도핑한 규소에 대해 같은 방식으로 설명하라.

3. 그림 11.16은 평형 상태의 p-n 접합을 보여준다. p-쪽과 n-쪽 중 어느 쪽의 전위가 더 높은가? 그것을 어떻게 아는가? **실마리:** 전자는 음전하를 띤다.

4. 반도체에는 두 가지 전류가 흐른다. 전자가 한 쪽으로 표류하면 양공은 반대 쪽으로 표류한다. (이 두 흐름은 상쇄되지 않는다. 둘 다 같은 쪽의 전류를 만든다!) 그러나 "양공"은 실제로 움직이는 것이 아니다. 양공이 오른쪽으로 갔다는 것은 실제로는 오른쪽에 있던 전자가 양공으로 와 채운 것을 뜻한다. 그렇다면 이 두 가지 전류의 차이는 무엇인가?

5. n-형 반도체에서 페르미 에너지의 위치는 어디인가? (하나를 골라 설명하라.)

A. 원자가 띠 위쪽 근처

B. 띠 간격 중간 부근

C. 전도 띠 바닥 근처

D. 해당 사항 없음

6. 그림 11.17은 p-n 접합을 건너가는 전자의 재결합 및 열 전류를 보여준다. 양공의 재결합 및 열 전류를 보여주는 비슷한 그림을 그려라.

문제

7. 규소의 띠 간격은 약 1.1eV이다.
   (a) 페르미-디랙 분포를 써서 상온에서 전도 띠의 바닥상태의 전자 점유율을 추정하라. **실마리:** 규소의 페르미 에너지는 띠 간격의 중간에 있다.
   (b) 규소의 원자가 띠 위쪽에 있는 상태가 비어 있을(일명 양공) 확률은 얼마인가? 어떻게 아는지 간단히 설명하라.
   (c) 이제 규소를 도핑하여 원자 10,000개 중 1개를 알루미늄으로 대체한다고 하자. 그러면 양공의 수가 몇 배로 늘어나는가?

8. "광다이오드"는 빛을 받으면 전자가 전도 띠로 올라가 p-n 접합을 건너 흐르는 광전류가 생기는 다이오드로서, 빛 감지기에서 태양 전지에 이르기까지 쓰임새가 많다.
   (a) 이 광전류는 열 전류 또는 재결합 전류 어디에 속하는가? 설명하라.
   (b) 게르마늄의 띠 간격은 약 0.67 eV이다. 게르마늄 광다이오드가 감응하는 빛의 파장을 추정하라. 이것은 전자기 스펙트럼 중 어느 영역에 속하는가?
   (c) (b)에서 구한 파장은 게르마늄 광다이오드에 광전류를 만드는 빛의 파장의 상한인가 하한인가? 설명하라.

11.4 트랜지스터

1947년 벨 연구소의 세 연구원 쇼클리(William Shockley), 바딘(John Bardeen), 브래튼(Walter Brattain)이 작동하는 트랜지스터(transistor)를 처음으로 만들었다. 1956년에 노벨 물리학상을 받은 그들의 발명은 컴퓨터 혁명으로 이어졌다. 오늘날 사람들은 수십억 개의 트랜지스터가 든 전화기를 들고 다니는데, 그 소자가 해내는 계산으로 현대 사회가 바뀌고 있다. 이러한 모든 발전은 반도체의 고유한 특성 덕에 가능해졌다.

11.4.1 설명: 트랜지스터

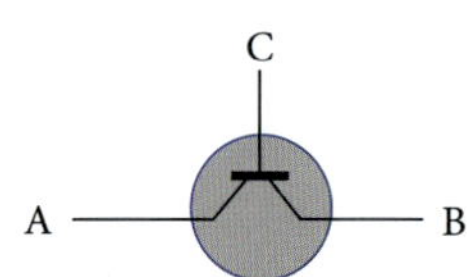

그림 11.20 트랜지스터에는 A, B, C로 표시한 세 단자가 있다. A와 B 사이에 전압을 걸면 전류가 흐른다. C에 건 전압을 높이거나 낮추면 A와 B 사이의 저항이 바뀌고 따라서 전류가 바뀐다.

그림 11.20은 세 단자 A, B, C가 있는 소자를 보여준다. 전류는 A와 B 사이의 도선을 따라 흐를 수 있지만 C로 또는 C에서 흐르지는 않는다. 그렇다고 C가 그냥 달려 있는 것은 아니다. C에 걸어준 전압을 조금 바꾸면 A와 B 사이의 저항이 바뀐다. 이것이 트랜지스터이다. 셋째 단자에 걸어준 전압을 통해 두 단자 사이의 전류를 제어하는 소자이다.

트랜지스터는 사실상 스위치임을 알 수 있다. 도선을 물리적으로 끊거나 잇지 않고도 회로를 열거나 닫을 수 있다. 실제로 트랜지스터는 켜고 끄는 데 시간이나 전력이 거의 들지 않으므로 종종 스위치로 쓰인다. 그러나 아래에서 볼 수 있듯이 쓰임새는 그 밖에도 훨씬 더 많다.

트랜지스터는 싸고 작게 만들 수 있고 상태를 빠르게 전환할 수 있어서 쓰기 쉬우므로 현대의 모든 전자 장치의 핵심소자가 되었다. 위에서 말했듯이 스마트폰에 한 대에는 수십억 개의 트랜지스터가 들어 있다. 1947년의 발명에서 21세기 초까지 10^{22}개 이상의 트랜지스터가 만들어졌다고 추정된다! (문맥을 잇기가 매우 복잡하지만 지구에 있는 모래알의 총 수는 아마 그보다 적을 것이다.)

먼저 트랜지스터를 만드는 방법을 설명하고 회로에서 트랜지스터를 쓰는 몇 가지 방법을 설명하겠다.

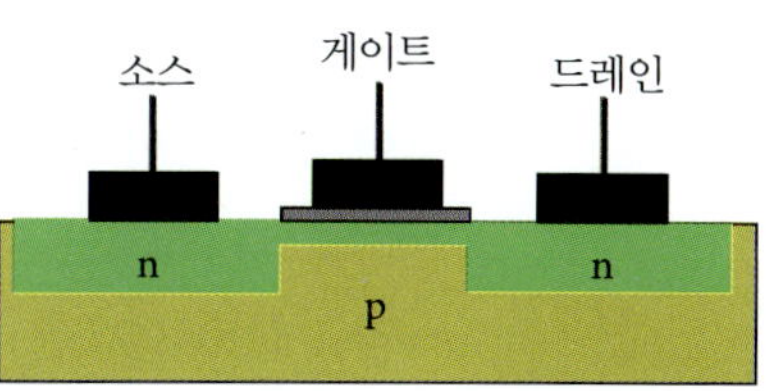

그림 11.21 전계 효과 트랜지스터(FET). 소스와 드레인 사이의 전류는 게이트 아래의 좁은 통로로 흐른다. 게이트에 작은 전압을 걸어 이 전류를 늘리거나 줄일 수 있다. 소스와 드레인은 n-형 반도체(녹색)에 전기적으로 연결되어 있고 게이트는 절연층(회색)으로 분리되어 있다.

대부분의 트랜지스터는 전계 효과 트랜지스터(field effect transistor: FET)이다. [가장 일반적인 유형은 "금속 산화물 반도체 전계 효과 트랜지스터(metal oxide semiconductor field effect transistor: MOSFET)"이다.][8] MOSFET의 기본 구조는 그림 11.21과 같다. 여기서 "게이트(gate)"는 그림 11.20의 단자 C에 해당하고, "소스(source)"와 "드레인(drain)"은 각각 단자 A와 B이다.

전류는 n-형 반도체 영역의 이쪽과 저쪽에 각각 연결된 소스와 드레인 사이로 흐른다. 두 영역 사이에는 p-형 기판 위에 좁은 n-형 통로가 있다. 그 기판에는 결핍 영역이 생기는데, 그림 11.21에서 그 영역은 녹색 영역의 아래 부분에 있다. 결핍 영역에는 전하 운반자가 없으므로 소스와 드레인 사이에서 전류가 흐를 수 있는 통로가 더 좁아진다.

능동 읽기 연습: 트랜지스터

그림 11.21의 게이트에 양 전압을 걸어 그 밑의 통로에 아래쪽을 향한 전기장을 만든다고 하자. 소스와 드레인 사이의 전류가 늘어나는가, 줄어드는가? 왜?

능동 읽기 연습에 대한 답은 전기장이 전류를 줄여 거의 완전히 막을 수 있다는 것이다. 이것은 트랜지스터 동작에 대한 핵심 통찰이므로 시간을 들여 확실히 이해하는 것이 좋다.

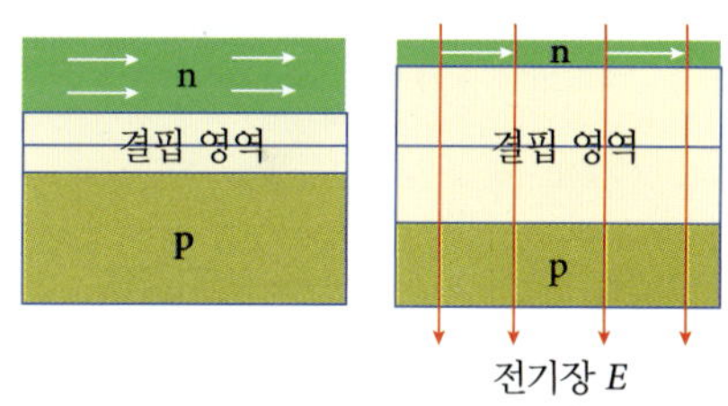

그림 11.22 그림 11.21의 n-형 통로를 확대한 것. 전류(흰 화살표)는 왼쪽의 소스와 오른쪽의 드레인 사이로 흐르지만 결핍 영역에는 전하 운반자가 없어서 흐를 수 없다. 게이트(그림 위)에 양 전압을 걸면 p-n 접합에 역전압이 걸려 결핍 영역이 넓어지므로 전류 통로가 좁아진다.

그림 11.22는 전류(흰색 화살표)가 소스에서 드레인으로 흐르는 좁은 통로를 확대하여 보여준다. 통로 바닥은 p-n 접합이어서 전하 운반자가 없는 결핍 영역이 있다. 결핍 영역의 중간에 있는 선은 n-도핑 물질과 p-도핑 물질의 경계를 나타낸다.

물리적 상황은 § 11.3에서 설명한 다이오드와 비슷하지만 두 각본의 차이에 유의하라.

- 다이오드에서는 전류가 p-n 접합을 관통하여 흐른다. n-쪽 영역의 전도 띠 전자가 결핍 영역을 지나 p-쪽 영역으로 흐른다.
- FET에서는 전류가 p-n 접합과 나란히 흐른다. 이는 전도 띠 전자가 n-형 영역을 통해 흐름을 뜻한다. 결핍 영역은 전자가 빠져나가지 못하게 막는다.

그렇다면 접합부에 역전압을 걸면 어떻게 될까? 결핍 영역이 넓어진다. 그 사실은 § 11.3에서 다이오드를 설명할 때 밝혔지만 다시 간단히 살펴보자. 역전압을 걸면 그림 11.22에서 전자가 위로 끌리지만 p영역과 결핍 영역에는 자유 전자(즉, 전도 띠의 전자)가 없다. 따라서 n-영역 바닥에 있

8 MOSFET은 1959년 Bell 연구소에서 아탈라(Martin Atalla)와 강대원(Dawon Kahng)이 발명했다—옮긴이.

는 전자가 유일한 자유 전자이다; 그것이 위쪽으로 가서 결핍 영역을 넓힌다. 그러므로, 전류의 통로인 n-영역이 좁아진다. (물음 1에서 다른 그림으로 이 논리를 다시 살펴볼 수 있다.) 최종 결과는 소스와 드레인 사이의 저항이 커지는 것이다.

약속대로 FET는 게이트 전압을 아주 조금 바꾸면 소스와 드레인 사이의 전류가 크게 바뀌는 소자이다. 현대의 여러 트랜지스터는 게이트에 어떤 전압을 걸면 통로가 충분히 넓게 열려 회로를 이어주고, 또 다른 전압을 걸면 통로가 실질적으로 완전히 막혀 전류가 흐르지 않게 회로를 끊어준다. 게이트에 미리 정한 고전압 또는 저전압을 걸면 전류를 켜거나 끌 수 있는 이진 스위치가 된다.

위에서는 p-형 기판에 꾸민 n-형 통로에 대해 설명했는데, 게이트 전압을 높이면 소스와 드레인 사이의 전류가 줄어든다는 결론을 내렸다. 대신 n-형 기판에 p-형 통로를 꾸미면 게이트 전압의 효과를 뒤집을 수 있다. 그리고 전혀 다른 방법으로 트랜지스터를 만들 수도 있다. 트랜지스터를 정의하는 특성은 한 단자의 작은 변화가 다른 두 단자 사이의 저항을 극적으로 바꾼다는 것이다.

논리 관문

컴퓨터의 핵심은 논리 관문(logic gate)으로 이루어져 있는데, 이것은 특정 입력 값에 따라 "켜짐" 또는 "꺼짐" 결과를 만들어내는 회로 소자이다.[9] 예를 들어 AND 관문에는 입력 단자가 둘, 출력 단자가 하나 있다. 출력 단자는 두 입력 단자가 모두 고전압일 때만 고전압("켜짐", "높음")이며, OR 관문은 입력 단자 중 어느 하나 또는 둘 모두가 켜질 때 출력이 켜진다. 그림 11.23을 보라.

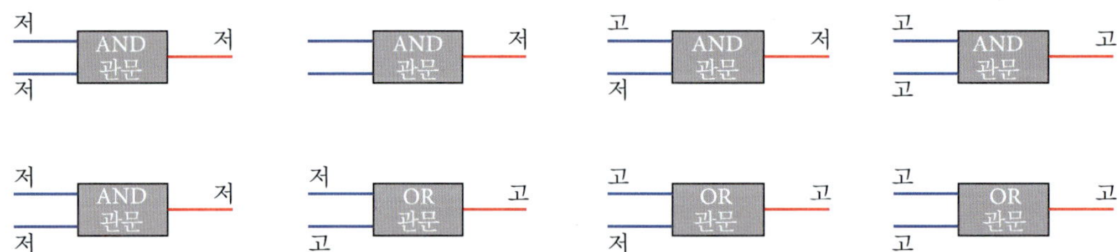

그림 11.23 윗줄은 AND 관문의 네 가지 가능한 상태를 보여준다. 왼쪽(파란색)의 입력은 각각 고전압 또는 저전압일 수 있다. 오른쪽(빨간색)의 출력은 첫째 입력과 둘째 입력이 모두 높을 때만 고전압이다. 아랫줄은 OR 관문이며 첫째 입력 또는 둘째 입력이 높으면 출력은 고전압이다.

다른 일반적인 논리 관문에는 XOR("배타적 OR" 입력 중 정확히 하나가 높으면 출력이 높지만 둘 다 높으면 높지 않음), NAND("not AND": 두 입력이 모두 높지 않으면 출력이 높음) 및 NOT(하나의 입력만 있고 출력은 입력의 반대이다)이 포함된다. .

이러한 모든 논리 관문은 트랜지스터로 꾸밀 수 있다. 이 설명에서는 트랜지스터에 대한 입력 전압이 높으면 전류가 흐르고 낮으면 전류가 막힌다는 규칙을 채택한다.

능동 읽기 연습: 논리 관문

아래 그림은 입력이 2개, 출력이 1개인 회로를 보여준다. 각 입력은 하나의 트랜지스터의 게이트에 연결된다. 앞서 트랜지스터에 대해 말한 것을 바탕으로 이 회로의 거동을 살펴보면

9 "논리 관문"에서 "관문(gate)"은 전계 효과 트랜지스터의 게이트 단자를 뜻하는 것이 아니다.

위에 나열한 논리 관문(AND, OR, XOR 또는 NAND) 중 어느 하나인가, 아니면 다른 것인가? 대답하려면 고전압과 저전압의 여러 조합을 입력으로 할 때 회로에서 어떤 일이 일어날지 알아내라. 저항에 전류가 흐르면 양단에 전위차가 있지만, 전류가 없으면 양단의 전위차는 0이 된다.

이 연습의 답은 다음을 보라: www.cambridge.org/feldermodernphysics/activereadingsolutions

11.4.2 물음과 문제: 트랜지스터

개념 물음과 개념시험

1. 그림 11.18(509쪽)은 순전압이 p-n 접합에 미치는 영향을 보여준다.
   (a) 역전압의 효과를 보여주기 위해 비슷한 그림을 그리고, 특히 p-형과 n-형 사이의 전위 강하 변화에 신경을 써라. (답은 두 그림이다: "전압을 걸지 않음"과 "높은 역전압을 건 상태")
   (b) 역전압이 결핍 영역을 넓히는 이유를 그림을 바탕으로 설명하라.
   (c) FET의 소스와 드레인 사이에 전위차를 두어 전류가 흐르게 한다고 하자(그림 11.21 참조). 게이트에 전압을 걸어 p-n 접합에 역전압을 걸면 소스-드레인 전류가 줄어드는 이유를 설명하라.

2. FET에서 소스와 드레인 사이의 전류는 소스와 드레인을 잇는 좁은 통로로 흐른다고 했다. 왜 아래의 p-형 기판으로는 전류가 흐르지 않을까?

3. 503쪽의 능동 읽기 연습과 그 뒤의 토론에서 전계 효과 트랜지스터에서 p-n 접합에 역전압을 걸면 통로에서 쓸 수 있는 전하 운반자의 수가 줄어 전류가 줄어든다고 했다. 친구 똑똑쇠는 다음과 같이 반박한다: "게이트에 전압을 걸지 않은 상태에서 p-n 접합이 평형을 이루면 전자는 n-쪽에서 p-쪽으로 간극을 가로질러 확산될 것이다. 양전압을 걸면 전자가 다시 끌려 좁은 n-형 통로의 전하 운반자 수가 늘어 전류가 증가한다." 그의 논리의 결함을 설명하라.

4. 그림 11.24의 회로는 504쪽의 능동 읽기 연습과 유사하다. 이 회로가 여러 입력 조합에 대해 어떻게 거동하는지 살펴보고, 이 회로가 어떤 논리 관문인지 알아내라.

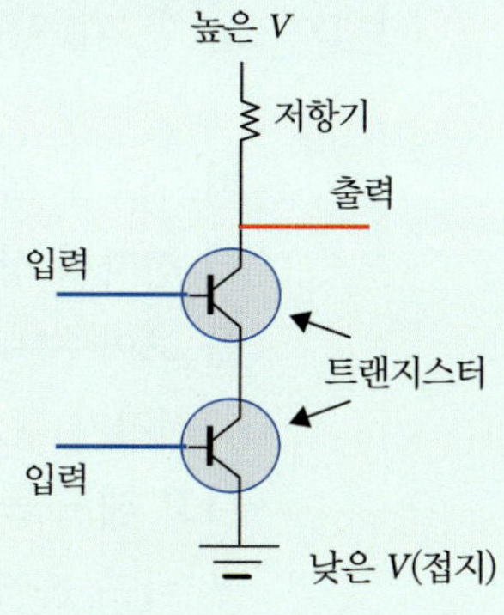

그림 11.24

5. 그림 11.25의 회로는 504쪽의 능동 읽기 연습과 유사하다. 이 회로를 논리 관문으로 쓸 수 없는 이유

를 설명하라.

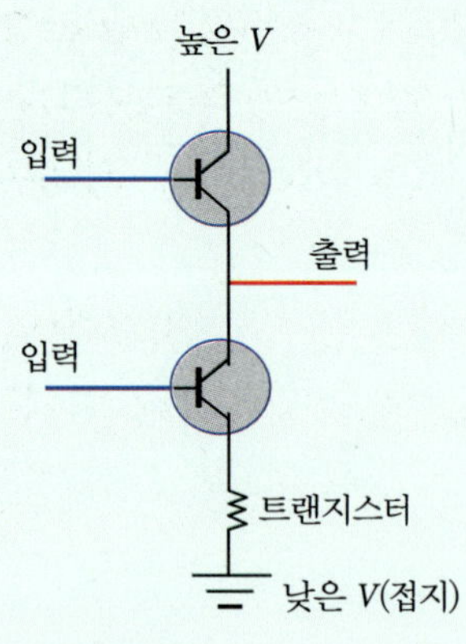

그림 11.25

문제

6. 다음 논리 관문 각각에 대한 회로도를 그려라. 504쪽의 능동 읽기 연습을 참고하라.
   (a) NOT
   (b) AND
   (c) OR

7. 형식 논리에서는 "논리적 OR"과 "배타적 OR"을 구분한다: "논리적 OR"은 OR로 나타내며, 입력 명제 중 하나 이상이 참이면 결과가 참이다. (욕조나 샤워기 어느 것이든 뛰어들면 젖는다.) "배타적 OR"은 XOR로 나타내며 입력 명제 중 하나만 참일 때만 결과가 참이다. (현역 의원 또는 도전자 어느 한 사람에게 투표했다면 시민의 의무를 다한 것이다.) 다른 관문(NOT, AND, OR 및/또는 NAND)을 써서 XOR 관문을 꾸미는 방법을 보여주는 회로도를 그려라.

8. NAND 관문은 두 입력이 높을 때를 뺀 모든 조합에 대해 출력이 높다. 다른 모든 논리 관문은 NAND 관문으로 꾸밀 수 있다. 예를 들어, NAND 관문으로 꾸민 OR 관문의 회로를 그려라. 회로도에 전원, 접지, 트랜지스터나 저항은 그리지 마라 (이 모두가 NAND 관문 안에 있지만). NAND 관문과 단자(입력 단자 2개, 출력 단자 1개 포함)만 표시하라.

9. 트랜지스터를 결합하여 논리 연산자(의 일부인) AND, OR, XOR 및 NOT 관문을 꾸밀 수 있다. 본문의 능동 읽기 연습에서 한 가지 예를 보였고, 위의 개념 문제 중 일부에서 다른 예제를 살펴보았을 것이다. 이제 다음 단계로 가서 두 자리 이진수 2개를 더하는 회로를 꾸며 보자. 각 입력 번호에 대해 2개씩 총 4개의 입력이 있다. 예를 들어 처음 두 개가 높음(1)과 낮음(0)이면 2진수로 숫자 2를 나타내고, 다음 두 개가 낮음(0)과 높음(1)이면 1을 나타낼 수 있다. 따라서 합은 3이 된다. 낼 수 있는 가장 큰 합은 6이므로 출력을 이진수로 표시하려면 3개의 출력 단자가 필요하다. 회로는 결국 트랜지스터로 꾸미지만, 그것을 보일 필요는 없고 대신 그것으로 꾸민 논리 관문을 보여주면 된다.

11.5 결정에 띠 구조가 왜 생기는가?

띠 구조를 설명하는 이상적인 방법은 사실상 무한히 크고 주기적인 양이온 격자가 만드는 전위 속의 전자의 상태를 수학적으로 분석하여, 슈뢰딩거 방정식을 풀고, 그 해에서 띠 구조가 나오는 것을 보여주는 것이다.

전자가 두 개인 원자에 대한 슈뢰딩거 방정식도 풀 수 없으므로, 여기에서 그 문제를 풀지 않는다고 해도 놀라지 않을 것이다. 하지만 그 해가 에너지 띠로 이어진다는 논거(실제로는 두 가지 매우 다른 논거)는 제시할 수 있다. 더 엄밀한(아직 완전하지는 않지만) 계산, 수치 해법, 실험 자료는 모두 고체의 에너지 준위가 띠 구조를 이룬다는 것을 확인시켜 준다.

11.5.1 발견 연습: 결정에 띠 구조가 왜 생기는가?

이 발견 연습의 처음 몇 문항은 결합 상태와 반결합 상태를 살펴본다. 이 문제들을 풀기 어려우면 § 9.2를 되새겨라.

그림 11.26은 양성자 근처에 있는 전자(수소 원자)의 에너지가 가장 낮은 네 상태를 보여준다. 전자의 바닥상태의 에너지는 13.6 eV이다(그림의 바닥 선). 스핀 때문에 이 에너지 상태는 둘이다.

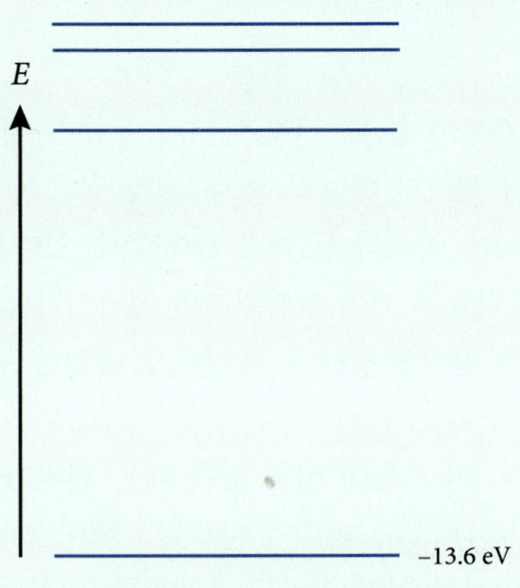

그림 11.26 수소의 맨 아래 네 에너지 준위.

이제 두 양성자 근처에 있는 전자를 살펴보자.

1. 두 양성자가 멀리 있는 극한에서 전자의 바닥상태 에너지는 얼마이고, 그 에너지에는 몇 개의 상태가 있는가?
2. 두 양성자가 대략 10^{-10} m 떨어져 있을 때(분자 속의 전형적인 핵간 거리), 에너지가 얼추 −13.6 eV인 전자가 있을 수 있는 상태는 몇 개인가? 그 상태의 에너지는 …
   A. −13.6 eV보다 더 높은가?
   B. −13.6 eV보다 더 낮은가?
   C. 어떤 상태는 더 높고 다른 상태는 더 낮은가?
3. 10^{-10} m 떨어져 있는 두 양성자 주위를 공전하는 전자의 에너지 준위를 그림 11.26과 비슷하게 그려보라.
   다음을 보라:
   www.cambridge.org/felder-modernphysics/checkyourself, Check Yourself #19

이 마지막 물음은 9장의 연장선에 있다.

4. 이제 멀리 있는 세 양성자 근처에 있는 한 전자를 상상하자. 이 전자가 쓸 수 있는 바닥상태는 몇 개일까?
5. 수소 원자 세 개를 아주 가까이 가져온다면 (방법은 따지지 마라), 전자 궤도의 에너지 준위는 어떻게 될까? 이 문제를 틀려도 괜찮지만, 최선을 다해 추론하고 그 이유를 한 두 문장으로 설명하라.

11.5.2 설명: 결정에 띠 구조가 왜 생기는가?

전기 전도도는 결정 속의 전자 준위의 "띠 구조"에 따라 달라짐을 보았다. 전자 준위는 왜 띠를 이루며, 그 띠의 에너지와 폭은 어떻게 정해질까?

이 절에서는 이 물음의 답을 두 가지 방법으로 찾겠다. 먼저 개별 원자의 에너지 고윳값을 살펴보고 원자를 가까이 가져갈 때 고윳값이 어떻게 변하는지 살펴본다. 그런 다음 주기적 전위에서 고유상태를 직접 살펴본다.

원자를 가까이 모으기

§ 9.2에서 두 원자핵을 가까이 둘 때 전자 에너지 상태가 어떻게 되는지 살펴보았다. 두 핵이 멀리 있을 때는 바닥상태가 핵마다 하나씩 총 두 개가 있다. (이 설명에서는 스핀은 무시한다. 스핀은 각 상태에 전자가 하나가 아니라 두 개가 들어갈 수 있다는 점을 빼면 여기서 설명하는 내용에 아무런 영향을 주지 않는다). 두 핵이 가까워지면 에너지가 같은 두 상태는 에너지가 조금 더 낮은 결합 상태와 조금 더 높은 반결합 상태의 두 상태로 바뀐다. 핵이 가까워질수록 에너지 준위가 "갈라진다(split)"고 한다.

이제 세 핵을 상상하자. 이 핵들이 멀리 있을 때는 전자가 있을 수 있는 바닥상태는 셋이고 서로 다르다. (고윳값은 같은데 고유 함수가 다르다.) 핵이 가까워지면 파동 함수는 더 복잡해지지만, 이 세 가지 상태는 여전히 어떤 꼴로든 존재한다. 모든 수식을 다루지 않고도 에너지 준위가 애초의 에너지에 가깝지만 똑같지는 않을 것으로 가정하는 것이 합리적이다. 즉, 바닥상태는 가까이 있는 세 에너지 준위로 갈라진다. 각 들뜬 상태도 비슷하게, 개별 원자의 에너지 준위와 비슷하지만 조금 다른 세 가지 상태로 갈라진다.

이제 여기에서는 고체를 다루므로 — 핵을 10^{23}개 모았다고 상상하자. 각 에너지 준위는 아주 촘촘한 간격의 여러 준위로 갈라지므로 연속적인 에너지 띠로 보는 것이 유용하다(그림 11.27 참조).

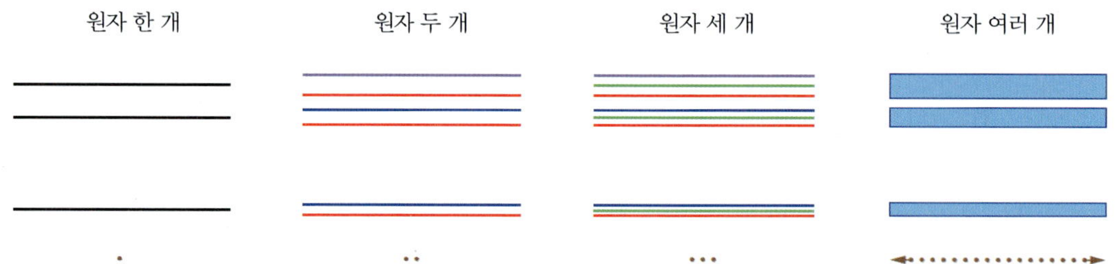

그림 11.27 단일 원자핵 주변과 여러 원자핵 주변에서 허용되는 전자 상태. 근처에 핵이 많은 극한에서는 상태가 벌어져 거의 연속적인 띠가 된다.

특정 띠의 상태 수는 원자 수에 비례한다. 그러나 띠의 폭, 즉 띠의 바닥과 상단의 에너지 차이는 격자 간격의 함수일 뿐 원자를 더 넣어도 바뀌지 않는다.

그림 11.27에서는 개별 원자의 각 에너지 고유상태가 결정에서는 하나의 띠로 바뀌는 것으로 보였지만, 실제로는 더 복잡할 수 있다. 원자가 가까워질수록 띠가 넓어지므로 밀집된 격자의 경우 이웃 원자의 전자 껍질이 겹쳐서 띠가 합쳐질 수도 있다. 반대로, 단일 원자에서 구대칭 전위는 에너지가 m_l과 무관함을 뜻하지만 결정에서는 대칭이 깨질 수 있으며 단일 전자 껍질이 두 개 이상의 띠로 갈라질 수도 있다. 따라서 애초의 원자 에너지 준위가 띠를 이루는 것은 맞지만, 원자

에너지 준위와 띠가 일대일로 대응되지는 않는다.

그래서 원자의 특성을 바탕으로 고체의 띠 구조를 예측하는 것은 어려운 문제이다. 그러나 분광 실험을 통해 띠의 에너지와 폭을 관찰할 수 있다.

주기적 격자의 슈뢰딩거 방정식

이제 같은 상황(결정 속의 전자)에서 다시 시작하여 같은 결과(허용된 에너지 준위의 띠)가 나오는지 확인해 보자. 하지만 멀리 있는 원자를 가까이 모아 문제를 간접적으로 푸는 대신 핵 격자에서의 슈뢰딩거의 방정식을 풀자.

물론 위치 에너지에서 시작한다. 그림 11.28의 왼쪽은 원자 격자에서 전자가 느끼는 위치 에너지 함수이고, 오른쪽은 이 전위를 어림한 더 간단한 함수인 "크로니그-페니(Kronig-Penney)" 모형을 보여준다. 크로니그-페니 전위의 고유상태는 정확히 풀 수 있으며, 문제 10에서 그 풀이 과정을 시작할 수 있다. 여기서는 그 고유상태의 꼴을 정성적으로 살펴보고 고윳값이 왜 띠를 이루는지 알아본다.

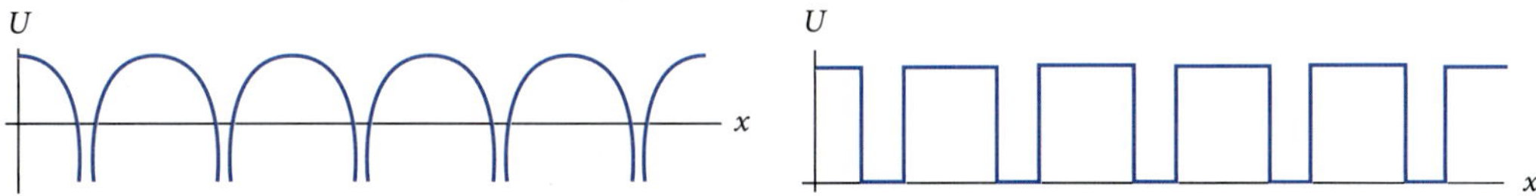

그림 11.28 왼쪽: 원자 격자에서 전자가 느끼는 위치 에너지 함수. 오른쪽: 크로니그-페니 모형. 이 모형을 완전히 풀면 에너지 고윳값을 알 수 있다.

거시적 고체는 원자 격자 간격보다 훨씬 크므로 주기 격자가 무한히 계속된다고 보아 결정 테두리의 경계 조건은 무시할 수 있다. (§ 11.1에서 마델룽 상수를 셈할 때도 같은 어림법을 썼다. 눈치챘는가?) 전위 장벽 사이에서는 전자는 자유 입자이다. 6장의 내용을 떠올리자:

- 자유 전자의 에너지 고유상태는 e^{ikx}의 꼴로 진행파를 나타내며, $k > 0$이면 오른쪽, $k > 0$이면 왼쪽으로 간다.
- 이 파동의 에너지는 $E = \hbar^2k^2/2m$이다.

또한 파동이 전위 계단 또는 구덩이를 만나면 투과파와 반사파로 나뉨을 보았다. 이 경우 파동의 시간변화를 살펴보면 흥미롭고 때로는 유용하다: "파동이 가다가 전위 장벽을 만나면 갈라진다." 하지만 각 고유상태는 언제, 어디에서나 세 성분(입사파, 투과파, 반사파)을 모두 포함하며, 각 부분은 모양이나 진폭의 변화 없이 속력 ω/k로 움직인다는 점을 기억하자. 어떤 입자가 입사파로서 장벽에 부딪힌 뒤 투과파와 반사파가 되어 밖으로 나가는 이야기는, 바로 이러한 모든 고유상태의 간섭 무늬로 구성된 파동 뭉치의 이야기이다.

6장에서는 전위 장벽이 하나 또는 둘 뿐인 각본에서 이 모든 것을 설명했다. 이제 무한히 많은 전위 장벽이 주기적으로 배열되어 있다고 상상하자. 즉, 입사 파동과 투과 파동의 구별이 없고 한 방향으로 가는 파동만 있다. 한편, 반대쪽으로 가는 반사파는 모든 전위 장벽에서 반사된 모든 파동이 중첩된 것이다. 대체로 이러한 반사파는 위상이 다르며 서로 소멸 간섭을 하므로, 전자는 본질적으로 $\psi = e^{ikx}$인 자유 입자처럼 거동한다.

그러나 어떤 진동수의 고유상태에서는 반사파가 서로 보강 간섭을 한다. 그 조건은 정수 n에 대해 $k = n\pi/R$이다(문제 8).[10] 알짜 반사파와 입사파가 결합하면 정상파를 이룬다.

이 반사파는 그 고유상태의 에너지를 바꾼다. 그 이유를 알려면, 고유상태의 총 에너지는 운동 에너지와 위치 에너지의 합임을 상기하라.

- 자유 입자 고유상태와 관련된 운동 에너지는 $E = \hbar^2k^2/2m$이다. (이것은 $U = 0$인 슈뢰딩거 방정식의 고윳값이다: 위치 에너지는 0이고, 에너지는 모두 운동 에너지.)
- 크로니그-페니 전위 속에서의 위치 에너지는 장벽 사이에서는 0이지만 장벽에서는 더 높다. 따라서 정해진 파동 함수의 위치 에너지는 장벽 속에서 입자를 발견할 확률에 비례한다. ($U = 0$인 곳에 있을 확률이 4/5, $U = 100$인 곳에 있을 확률이 1/5이면 위치 에너지의 기댓값은 20이다. 이치에 맞는지 확인하라!)

반사파가 거의 또는 전혀 없는 k 값의 경우, 파동 함수 $\psi = e^{ikx}$는 장벽 안팎의 모든 곳에서 입자를 찾을 확률이 같다. 따라서 장벽은 이러한 파동 함수의 총 에너지에 위치 에너지를 더해주지만 그 값은 모든 k 값에 대해 같다.

그러나 정상파로 이어지는 k-값은 완벽한 공진에 해당한다. 즉, 전위 장벽 사이에 정수 개의 파동이 들어맞는다. 이러한 전위 장벽에 파동의 마디가 있으면 고에너지 장벽에서 입자를 찾을 확률이 상대적으로 낮으므로 총 위치 에너지가 작고, 반대로 전위 장벽에 파동의 배가 있으면 총 위치 에너지가 크다. 그림 11.29는 이 두 상황을 보여준다.

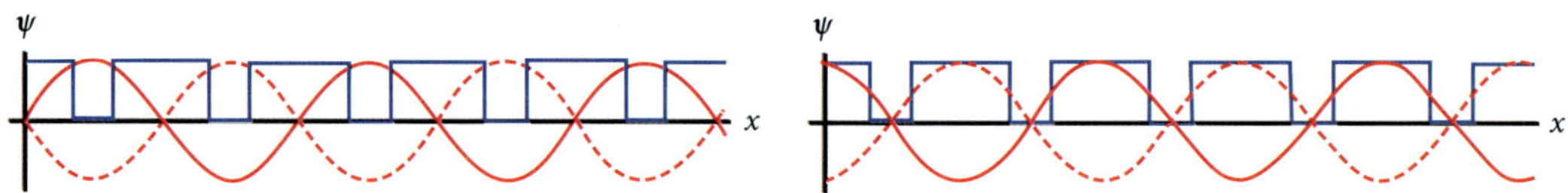

그림 11.29 주기 격자에 생길 수 있는 두 가지 정상파. 왼쪽의 정상파는 전위 장벽에 마디가 있고, 오른쪽의 정상파는 배가 있으므로 평균 위치 에너지는 왼쪽의 정상파가 더 낮다.

k 값이 $n\pi/R$에 가깝지만 조금 작아도 마디가 전위 장벽에 있는 정상파가 된다. 그러면 총 에너지가 줄어든다. k 값이 $n\pi/R$에 가깝지만 조금 크면, 배가 전위 장벽에 있는 정상파가 되어 총 에너지가 커진다(그림 11.30 참조). 여기에서 정당화할 수는 없지만, 이 결과는 주기적 전위의 고유상태를 셈하면 나오며, 이 결과를 바탕으로 띠 구조가 생기는 것을 설명할 수 있다.

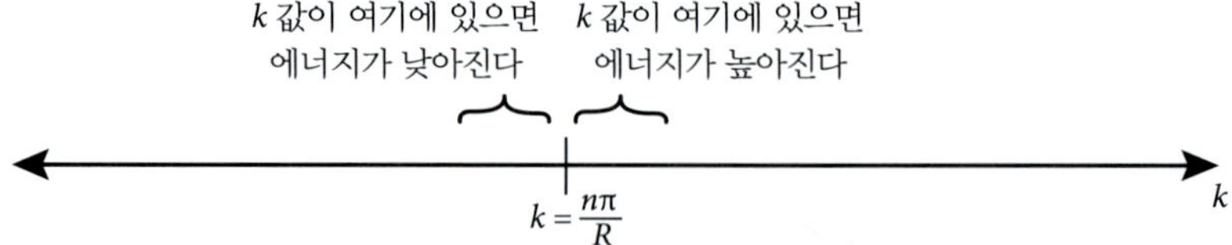

그림 11.30 k 값이 주기적 전위에서의 공진 조건 바로 위, 아래이면 주기적 전위의 영향이 다르다.

그림 11.31의 도표는 k에 대한 E의 변화를 보여준다.

---

10 엑스선을 결정 표면에 수직하게 비출 때의 "브래그 산란"에서도 아주 비슷한 이유로 같은 공식을 쓴다(120쪽의 문제 16 참조).

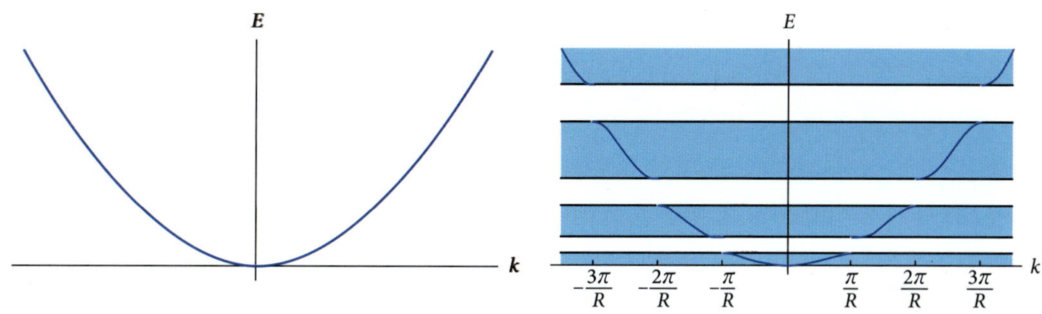

그림 11.31 파수 k의 함수로서의 에너지 E. 왼쪽: 자유 입자; 오른쪽: 주기적 격자 속의 입자. 자유 입자의 경우 E가 k의 이차식이다. 주기 격자의 경우 파수가 $n\pi/\mathrm{R}$ 에서 멀면 자유 입자처럼 보이지만, $n\pi/R$에서는 에너지가 불연속적으로 뛴다. 입자는 모든 k 값을 가질 수 있지만 에너지는 허용된 범위(음영 처리됨)의 값만 될 수 있다.

- k가 공진 값에서 멀면 도표는 자유 입자의 포물선과 비슷하다: $E = \hbar^2k^2/2m$에 위치 에너지의 일정한 값을 더한 포물선이다.
- k가 $n\pi/R$ 바로 아래면 정상파의 위치 에너지는 더 낮아진다.
- k가 $n\pi/R$ 바로 위면 정상파의 위치 에너지는 더 높아진다.

그 결과 $k = n\pi/R$에서 에너지가 불연속적으로 뛴다. 그림 11.31의 오른쪽을 살펴보면 허용된 에너지 띠와 금지된 에너지 띠가 번갈아 나타남을 알 수 있다.

11.5.3 물음과 문제: 결정에 띠 구조가 왜 생기는가?

개념 물음과 개념시험

1. 결정에서 허용되는 에너지 띠가 개별 원자의 에너지 준위와 일대일로 대응되지 않는 이유 두 가지를 대라.

2. 6장에서 자유 입자가 전위 장벽에 부딪히는 것을 살펴볼 때, 에너지 고유상태를 입사파, 투과파, 반사파의 세 부분으로 나누었다. 주기 격자에서 입자의 에너지 고유상태를 살펴볼 때는 두 부분만 살펴보았다. 왜 다를까?

3. 두 결정이 격자 간격은 같지만 구성 원자가 다르다면 띠 구조가 같을까, 다를까? 그 이유는?

4. 그림 11.28의 크로니그-페니 전위 함수를 베껴 격자 이온의 위치를 표시하라. 어떻게 아는가?

5. 같은 위치 에너지 함수에 대해 모든 곳에서 정의된, 서로 다른 두 파동 함수의 위치 에너지의 기댓값이 어떻게 다를 수 있을까?

6. 본문에서는 주기적 전위 속의 전자에 허용되는 에너지 띠와 금지된 에너지 띠를 예상하는 까닭을 논증했다. 이러한 주장은 어떤 상황에서 타당한가? (하나를 고르고 설명하라.)

A. 총 에너지가 전위 장벽의 상단보다 낮을 때 (따라서 고전적으로 입자는 한 우물에 갇힌다.)

B. 총 에너지가 전위 장벽의 상단보다 높을 때 (따라서 고전적으로 입자는 자유롭게 진행한다.)

C. 위의 두 상황 모두에 적용된다.

심층 토론

7. "자유" 전자라 해도 에너지가 결정에서 빠져나갈 정도로 충분하지는 않아서 실제로는 갇혀 있다. 즉, 전자의 고유상태는 이산적 양자수로 식별된다. 그렇다면 왜 전자의 파수 k는 아무 실수 값이나 될 수 있다고 하는가?

문제

8. 진행파 $\psi = e^{i(kx-\omega t)}$가 오른쪽으로 가고 있다. $x = 0$에서 파동의 일부는 왼쪽으로 반사된다. 이 파동의 일부를 W_1이라고 하자. 파동의 또 다른 일부는 계속 가서 $x = R$에서 다시 반사된다. 이 파동을 W_2라고 하자. (아마도 $x = R$에서 일부는 투과되겠지만 여기에서는 중요하지 않다.) 파동 W_1과 W_2의 파장은 같다.
   (a) $x < 0$에서, W_2는 W_1보다 얼마나 더 멀리 갔는가?
   (b) $x < 0$에서 파동이 보강 간섭을 할 수 있는 가장 긴 파장은 얼마인가?
   (c) (b)의 답이 x-값과 무관한 이유는 무엇인가?
   (d) 두 파동이 $x < 0$에서 보강 간섭을 할 수 있는 모든 파장에 대한 공식을 써라. 답에는 임의의 정수 n이 들어가야 한다.
   (e) 위의 공식을 k에 관한 공식으로 고쳐라. **실마리:** 파장과 파수의 관계는 부록 F에 있다. 반사파의 진폭이 큰 파수에 관한 본문의 공식이 재현되어야 한다.

9. 주기 R인 격자 속에 있는 전자를 살펴보자. 전자의 파동 함수의 파수가 k이면 운동량은 $\hbar k$이다. 이 문제에서 δ는 k의 작은 변화를 나타내며, $\delta \ll \pi/R$이다.
   (a) $k = \pi/R - \delta$인 상태의 운동 에너지는 $k = \pi/R + \delta$인 상태의 운동 에너지보다 작은가, 같은가, 더 큰가? 어떻게 아는지 간단히 설명하라
   (b) $k = \pi/R - \delta$인 상태의 위치 에너지는 $k = \pi/R + \delta$인 상태의 위치 에너지보다 작은가, 같은가, 더 큰가? 어떻게 아는지 간단히 설명하라 (수학은 불필요하며, 교재의 설명을 바탕으로 논증만 하면 된다.)
   (c) 그 결과가 시사하는 것이 $\hbar^2\pi^2/2mR^2$ 근처에 모여 있는 허용된 에너지 값의 띠인가, 아니면 금지된 에너지 값의 띠인가?

10. **크로니그-페니 전위**
   이 문제에서는 아래의 주기적인 크로니그-페니 전위 속의 입자의 에너지 고유상태의 해를 구하는 일을 시작한다:

$$U(x)=\begin{cases}0 & nR < x < (n+1)R-a \\ U_0 & (n+1)R-a \le x \le (n+1)R\end{cases}$$

$$n = -\infty, \cdots, -1, 0, 1, 2, \cdots, \infty$$

   $E > U_0$라고 하자. (다음 매개변수를 쓰면 식이 단순해진다: $\alpha = \sqrt{2mE}/\hbar$, $\beta = \sqrt{2m(E-U_0)}/\hbar$.
   (a) $nR < x < (n+1)R - a$ 영역의 에너지 고유상태에 대한 식을 써라.
   (b) $(n+1)R - a \le x \le (n+1)\ R$ 영역의 에너지 고유상태에 대한 식을 써라.
   (c) 블로흐(Felix Bloch)는 주기 R인 주기적 전위에서 입자의 고유상태는 $\psi(x) = u(x)e^{ikx}$꼴이 됨을 증명했다. 여기서 $u(x)$도 주기 R인 주기함수이다. $\psi(x)$에 e^{-ikx}를 곱하여 두 영역 각각에서 $u(x)$에 관한 식을 쓰고 정리하여 단순화하라. (k는 미지의 매개변수로 본다.)
   (d) 파동 함수에는 4개의 임의 상수가 들어가야 한다. $u(x)$의 주기가 R이라는 사실과 파동 함수가 연속이어야 한다는 조건을 써서 4개의 임의 상수에 관한 방정식을 세워라. 그 방정식을 풀 필요는 없다.

   원리적으로는 위에서 세운 방정식을 풀어 4개의 임의 상수 중 3개와 k 및 E와 관련된 조건을 구할 수 있다. 그 조건은 E가 특정 값일 때만 실수 해가 있는데, 그 값이 허용된 에너지이다.

11.6 자성 물질

초급 물리학 강좌에서 전류가 자기장을 만들고(예: 긴 직선 주위의 $B = \mu_0 I/2\pi r$). 자기장 속에서 움직이는 전하는 자기력($\vec{F} = q\vec{v} \times \vec{B}$)을 받는다는 것을 배웠을 것이다.

여기서 살펴보는 것은 자성 물질이다. 물질은 원자로 되어 있고 그 원자는 자기장을 만들 수 있

다. 관심사는 이러한 자기장이 정렬되어 대규모 자기 현상을 만드는 방식과 조건이다.

이 장의 초점은 고체의 자기 특성에 있지만 그 내용은 액체와 기체에도 적용된다.

11.6.1 설명: 자성 물질

왜 모든 물체가 자석이 되지 않는가?

바보 같은 물음인가? 전자는 각 운동량(스핀 및/또는 궤도)을 가진 하전 입자이므로 모든 전자는 자석이다. 대부분의 물체가 거시적 자기장을 만들지 않는 이유는 낱낱의 전자가 만드는 자기장의 방향이 마구 흐트러져 있어 서로 상쇄되기 때문이다.

그러나 밖에서 자기장을 걸면 물체 속의 전자가 정렬되어 스스로 자기장을 만들 수 있고, 그것을 잴 수도 있다. 유도된 자기장의 방향이 밖에서 걸어준 자기장과 반대이면 그 물체를 "반자성체(diamagnet)"라고 하고, 유도된 자기장의 방향이 밖에서 걸어준 자기장과 같아서 전체 자기장이 강화되면 그 물체를 "상자성체(paramagnet)"라고 한다. 그림 11.32를 보라.

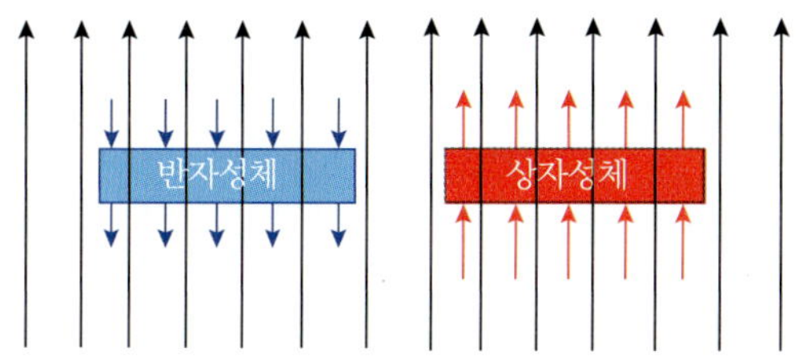

그림 11.32 밖에서 걸어준 자기장(검은색) 속에서 반자성체는 반대 쪽으로 약한 자기장(파란색)을 만들지만, 상자성체는 같은 쪽으로 약한 자기장(빨간색)를 만든다. 상자성체가 만드는 자기장은 대체로 반자성체가 만드는 자기장보다 세다.

이 절에서는 이 두 가지 효과를 살펴본 다음 드물지만 더 친숙한 "강자성체"를 설명한다. 밖에서 걸어준 자기장이 없어도 물체 스스로 자기장을 만드는 경우 먼저 그러한 효과가 생기는 이유를 정성적으로 설명한 다음 그러한 효과의 강도와 온도에 대한 변화를 조금 더 정량적으로 설명한다. 이러한 설명은 이러한 현상과 관련된 메커니즘에 대한 일반적인 개념을 제시하기 위한 것이고, 완전한 양자역학적 설명은 이 책의 범위를 벗어난다.

원자 자성: 간단한 되새김

원자 속의 전자가 자기장을 만드는 방법은 다음 두 가지다: 궤도 운동과 스핀. "핵 둘레를 도는 전자"와 "자전하는 전자"라는 고전적 그림을 그릴 수 있지만, 양자 거동은 고전역학의 예측과는 몇 가지 면에서 크게 다르다. 자기장은 각각 양자수 m_l 및 m_s와 연결되고, 측정할 때 잡은 축을 따라 양자화되며, 한 성분을 정밀하게 재면 다른 성분의 확실성이 사라진다. (또한 스핀이 만드는 자기장은 고전적으로 예측한 자전하는 전하 공이 만드는 자기장의 두 배이다; 7장 참조).

여기서는 궤도 운동과 스핀이 만드는 자기장을 구별할 필요가 없다. 알아야 할 것은 고체 속의 전자마다 자기장을 만들지만, 대부분의 고체에서는 어느 방향으로 재도 한 쪽과 그 반대 쪽 자기장 성분이 같아서 알짜 자기장은 0이 된다는 것이다.

고체가 위쪽 알짜 자기장을 만들게 하는 방법은 다음 두 가지이다.

- 고유 함수를 바꿔 "위쪽" 자기장을 만드는 상태는 더 센 자기장을 만들고, "아래쪽" 자기장을 만드는 상태는 더 약한 자기장을 만들게 한다.
- 확률을 바꿔 더 많은 원자가 아래쪽보다 위쪽 자기장을 만들게 한다.

이 두 가지 변화는 각각 반자성 및 상자성에 해당한다.

반자성

도선 고리에 자기장을 걸면 고리에 전류가 유도된다. 렌츠 법칙에 따르면 이 유도 전류는 걸어준 자기장과 반대되는 자기장을 만든다. 고리에 이미 전류가 흐르는 경우 유도 전류는 새로 걸어준 자기장과 반대 방향의 자기장이 생기도록 전류를 늘리거나 줄인다.

비슷한 방식으로, 고체에 자기장을 걸면 전자의 쌍극자 모멘트가 그 자기장을 지우는 쪽으로 이동한다. 그 결과 고체 안팎의 자기장이 (일반적으로 아주 조금) 줄어든다.

일부 문헌에서는 반자성을 렌츠 법칙이 적용되는 단순한 사례인 것처럼 설명하기도 한다. 기본 메커니즘은 관련이 있지만 중요한 차이가 있다. 걸어준 자기장에 고전적인 전류가 유도되는 것이 아니라 전자의 에너지 고유상태가 조금 바뀐다. 걸어준 자기장 방향의 원자 자기장은 조금 약해지고 반대쪽 자기장은 조금 세진다.

반자성이 고전적 유도와 다른 또 다른 요점이 있다. 렌츠 법칙의 거시적 효과는 자기장이 변할 때만 생긴다. 외부 자기장을 변화시키지 않고 그대로 두면 유도 전류는 거의 즉시 사라진다. (렌츠 법칙이 기술하는 유도 자기장은 외부 자기장이 아니라 외부 자기장의 시간 변화율에 비례한다.) 이에 반해, 반자성체가 만드는 자기장은 외부 자기장이 있는 한 지속된다. 외부 자기장이 사라지면 전자는 애초의 상태로 돌아가고 유도 자기장도 사라진다.

상자성

리튬이나 알루미늄 원자처럼 전자가 완전히 찬 버금 껍질과 여분의 전자가 하나 있는 버금 껍질이 있는 원자를 상상해 보자. 완전히 찬 버금 껍질 속의 전자는 위아래 스핀 수, 위아래 궤도 각운동량이 모두 같다. 요컨대, 이들이 만드는 자기장은 서로 완전히 상쇄된다. 그러나 여분의 전자의 스핀때문에 원자마다 영구 자기 쌍극자 모멘트가 있다. (슈테른과 게를라흐가 은 원자에 대해 무심코 발견한 사실을 떠올려보라!)

이제 이러한 원자로 이루어진 덩어리를 상상하자. 원자마다 쌍극자 모멘트가 있지만 보통은 그 방향이 저마다 다르므로 덩어리에 알짜 자기장이 생기지 않는다. 그러나 외부 자기장을 걸면 그 자기장이 원자마다 회전력을 준다. (자기장 속의 자기 쌍극자는 회전력을 받는다는 것을 상기하라.) 원자의 자기 쌍극자 모멘트는 외부 자기장 속에서 회전력을 받아 나란히 되는 경향이 있으므로 그것이 만드는 자기장은 더 이상 0이 아니다. 이것이 상자성이다.

앞서 말했듯이 내부 메커니즘을 살펴보면, 반자성체와 상자성체는 외부 자기장에 대한 반응이 매우 다르다. 반자성체는 "위" 및 "아래" 파동 함수와 관련된 자기장이 바뀐다. 상자성체는 확률이 바뀐다: 원자의 자기 모멘트는 외부 자기장과 나란히 정렬될 때 에너지가 더 낮으므로 확률이 더 높다. (10장에서 설명한 볼츠만 분포에서 에너지가 낮은 상태가 높은 상태보다 확률이 더 높음을 상기하라).

상자성에서 반자성과 다른 점 세 가지를 눈여겨 볼만하다:

1. 반자성체는 외부 자기장과 반대 방향의 자기장을 만든다; 상자성체는 같은 방향의 자기장을 만들어 외부 자기장을 강화한다.

2. 반자성체는 모든 원자에 영향을 주지만, 상자성체는 고유 자기 모멘트가 있는 원자에만 영향을 준다.
3. 끝으로, 상자성체가 만드는 자기장의 효과는 대체로 반자성체보다 훨씬 더 크다.

이 모든 것의 알짜 결과는 헬륨과 같은 원자에 외부 자기장을 걸면 작은 반대 (반자성) 자기장을 재게 되고, 리튬과 같은 원자에 외부 자기장을 걸면, 함께 작용하는 반자성 반응으로 조금 약화되기는 하지만 강화된 (상자성) 자기장을 재게 된다. 그래서 리튬을 상자성체로 분류한다.

흔히 보는 지침은 모든 전자가 짝이 있는 원자는 반자성, 짝이 없는 전자가 있는 원자는 상자성이라는 것인데, 이는 대체로 전자 하나가 상자성 효과를 내도 다른 모든 전자의 반자성 효과를 압도하기 때문이다. 모두 맞다. 예를 들어, 그것으로 모든 불활성 기체가 반자성인 이유를 설명할 수 있다.

하지만 이 지침을 써서 주기율표를 바탕으로 원소의 성질을 예측하면 맞을 때 만큼이나 틀릴 때도 많다. 문제는 불활성 기체를 빼면 원자는 대체로 홀로 다니지 않는다는 것이다. 질소 원자에는 짝이 없는 전자가 세 개 있지만, 주변에서 실제로 있는 질소인 N_2 분자에서는 전자가 모두 짝을 이룬다. 따라서 질소 분자는 반자성이다. 산소 분자는 짝-없는 전자가 있으므로 상자성이다. 고체의 전자 구조는 훨씬 더 복잡하고 예측하기 어렵다: 리튬은 상자성이지만, 붕소는 2p 버금 껍질에 전자가 하나뿐인데도 반자성이다.

결론은 여러 물질의 자기적 특성은 실험적으로 결정하며 이론적 예측은 지저분한 일이라는 것이다.

강자성

자성을 생각할 때 대체로 어떤 연구실의 실험에서 약간의 자기 속성을 보이는 물체를 떠올리지는 않는다. 대개 떠올리는 것은 냉장고에 메모지를 붙이는 자석이나 야외에서 북쪽을 가리키는 나침반이다. 물리학자들은 이러한 물체를 “강자성체(ferromagnet)”라고 하며, 외부 자기장이 없어도 스스로 자기장을 만드는 물체이다.

강자성체는 원자마다 영구 쌍극자 모멘트가 있다는 점에서 상자성체와 비슷하다. 그러나 강자성체에서는 이들 원자가 충분히 가까워 자기 쌍극자 모멘트가 상호 작용하여 나란히 정렬하는 경향이 있다.

강자성체에 대한 학생들의 흔한 오해 한 가지를 바로잡을 필요가 있다: 강자성체의 쌍극자의 상호작용은 한 원자의 자기장이 이웃 원자를 같은 방향으로 돌리는 경향을 보이는 고전적인 로런츠 힘을 빌리지 않는다. 그 힘은 너무 약해서 눈에 띌만한 영향을 주지 못한다(문제 9). 강자성체의 원자가 이웃 원자와 정렬하려는 경향은 “교환 상호작용(exchange interaction)”이라는 순수한 양자역학적 효과에서 비롯된다. 이 절의 맨 끝에서 이 메커니즘을 설명하겠지만, 여기서는 결과에 초점을 맞춘다: 촘촘히 배치된 일부 원자에서는 전자의 자기 쌍극자가 나란히 정렬될 때가 반대 방향으로 정렬될 때보다 에너지가 낮다.

이 사실을 전제로 그 결과를 살펴보자. 철 덩어리 속의 작은 영역을 확대해 보면 대체로 각 원자가 이웃 원자와 나란히 정렬된 것을 볼 수 있다. 그 근처에는 역시 나란히 정렬되어 있지만 첫째 무리와는 방향이 다른 또 다른 원자 무리가 있다. 이러한 “구역(domain)”은 대체로 폭이 몇 mm

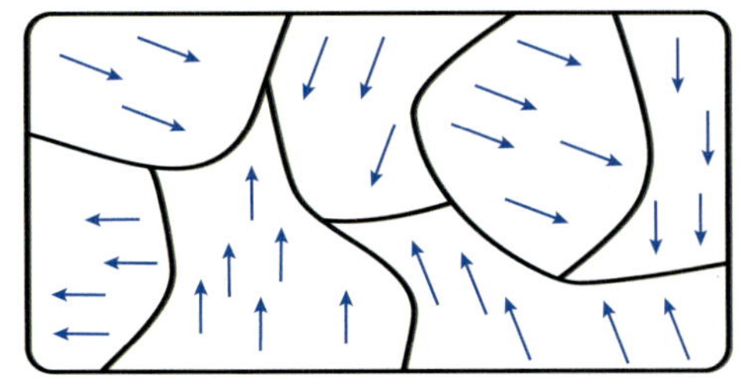
그림 11.33 철 덩어리의 자기 구역(자구).

에 불과하며, 각 구역의 배향은 서로 독립적, 무작위적이다(그림 11.33). 그 결과 대부분의 철 덩어리는 다른 대부분의 재료와 마찬가지로 알짜 자기장을 만들지 않는다.

철 덩어리를 외부 자기장 속에 두면 그 자기장에 따라 구역이 정렬되기 시작한다. 이는 두 가지 방식으로 진행된다. 일부 전체 구역은 자기장에 맞춰 돌고, 두 구역의 경계에 있는 일부 개별 원자가 돌아 한 구역이 이웃 구역을 잠식하면서 커진다. 그 결과 철 덩어리는 이제 자체적으로 자기장을 만드는데, 그 방향은 외부 자기장과 나란하다.

지금까지 설명한 강자성의 효과는 상자성과 비슷하지만 유도된 자기장이 대체로 훨씬 더 세다. 질적인 차이는 외부 자기장을 제거할 때 나타난다. 상자성체의 원자는 자기장 방향이 본질적으로 무작위인 상태로 빨리 돌아간다. 그러나 강자성체의 원자는 이웃 원자들과의 상호작용하여 방향을 유지하므로 강자성체의 자화가 지속된다. 방금 자석을 만들었다.

이 실험은 쉽게 할 수 있다. 강한 자석으로 바늘을 끌어 올려보라. 그런 다음 자석을 떼어내도 첫째 바늘이 이제 둘째 바늘을 끌어 올릴 수 있을 것이다. 금속을 자석의 자기장에 두어 자화시킨 것이다.

숫자와 공식

대체로 강자성이 상자성보다 강하고, 상자성이 반자성보다 강하다고 했다. 이러한 효과의 강도를 어떻게 정량화할 수 있을까?

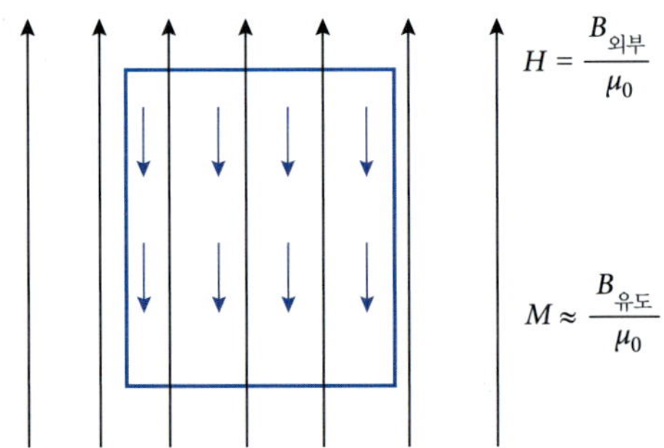

그림 11.34 물체에 외부 자기장 $B_{외부}$를 걸 때, $B_{외부}/\mu_0$를 H로 정의한다. 이 자기장은 물체를 자화시켜 자체 내부 자기장(유도 자기장) $B_{유도}$를 만들고, 자화밀도 M은 $B_{유도}/\mu_0$와 거의 같다. 이 그림에서 유도 자기장 $B_{유도}$는 걸어준 자기장 $B_{외부}$와 방향이 반대이므로 물체가 반자성체임을 나타낸다.

전류 I가 흐르는 면적 A인 작은 고리에는 "자기 쌍극자 모멘트"[11]가 있으며, 그 모멘트의 크기는 $|\mu| = IA$이고, 방향은 오른손 규칙에 따라 정해진다. $\vec{\mu}$의 이 정의는 외부 자기장 속에서 전류 고리의 에너지가 $E = -\vec{\mu} \cdot \vec{B}$임을 뜻한다. 고체의 쌍극자 모멘트는 원자 쌍극자 모멘트의 합이며, 물체의 "자화밀도" M은 단위 부피당 자기 쌍극자 모멘트로 정의한다.

대충 말하면, 자화밀도 M은 물질이 생성하는 내부 자기장의 지표이다: $B_{유도} \sim \mu_0 M$. 그림 11.34 참조. [정확한 자기장은 물체의 기하학적 구조에 따라 달라진다. 예를 들어, 내부 자기장은 균일한 원통 속에서는 $\mu_0 M$이고 균일한 공 속에서는 $(2/3)\mu_0 M$이다].

많은 반자성 및 상자성 물질에서 자화밀도는 외부 자기장에 비례한다. H는 걸어준 자기장을 μ_0로 나눈 값으로 정의하고, 재료의 "자기 감수율" χ를 $M = \chi H$으로 정의한다.

대부분의 상자성 및 반자성 재료의 경우, $|\chi| \ll 1$. 즉, 걸어준 자기장($\mu_0 H$)가 전체 자기장(B)와 거의 같으므로 $M \approx \chi B/\mu_0$이다.

11 자기 모멘트 μ를 상수 μ_0와 헷갈리지 마라.

능동 읽기 연습: 자기 감수율

1. 반자성체의 χ의 부호는?
2. 상자성체의 χ의 부호는?
3. 강자성체에 대해서는 같은 물음이 왜 의미가 없는가?

1. 반자성체의 유도 자기장은 걸어준 자기장과 방향이 반대이므로 $\chi < 0$이다. 전형적인 반자성체의 감수율은 -10^{-5} 정도이다.
2. 상자성체의 유도 자기장은 걸어준 자기장과 방향이 같으므로 $\chi > 0$이다. 전형적인 상자성체의 감수율은 10^{-4} 정도이다.
3. 강자성체의 자화밀도는 걸어준 자기장의 함수가 아니라 물체에 걸린 자기장의 전체 이력에 따라 달라진다. 따라서 강자성체에 대해서는 χ가 정의되지 않는다.

상자성체에서 에너지가 가장 낮은 상태는 모든 원자가 자기장과 나란히 정렬된 상태이다. 그러나 열 요동이 모든 원자의 완벽한 정렬을 방해한다. 그 결과 온도가 높을수록 χ는 줄어든다. "퀴리 법칙(Curie's law)"에 따르면 $\chi = 1/T$이다(문제 10). 이것은 거의 모든 쌍극자가 외부 자기장과 나란히 정렬하여 상자성체가 포화되기 시작하는 매우 낮은 온도까지 잘 맞는다.

매우 높은 온도에서는 강자성체의 원자 쌍극자가 이웃과 정렬하는 것을 멈춘다. 그렇게 되는 온도가 그 물질의 "퀴리 온도"로서, 대략 $k_B T$가 이웃 쌍극자 상호 작용 에너지와 비슷해지는 온도이다. 퀴리 온도 이상에서는 강자성체가 상자성체로 바뀌지만, 흔히 감수율이 매우 크다. (일부 물질의 경우 감수율이 10^5까지 될 수 있다.)

숨 돌리기: 다른 유형의 자성

지금까지 자성 물질의 세 가지 주요 유형을 기술했는데, 가장 약한 것부터 가장 강한 것까지 순서대로 요약하면 다음과 같다:

- **반자성체.** 반자성체에서는 외부 자기장이 전자의 자기 쌍극자 모멘트를 변화시켜 전자가 걸어준 자기장과 반대 방향의 자기장을 만든다. 모든 물질은 반자성이 있다.
- **상자성체.** 물질을 이루는 원자나는 분자에 짝-없는 전자가 있으면, 영구 쌍극자 모멘트를 가진다. 외부 자기장은 이러한 쌍극자를 같은 방향으로 정렬시키고, 정렬된 쌍극자는 외부 자기장과 같은 방향의 자기장을 만들어 (전형적으로) 반자성의 효과를 압도하여 전체 자기장은 더 세게 만든다.
- **강자성체.** 강자성체에서 각 원자는 영구 쌍극자이며, 원자는 충분히 가까워서 이웃 원자와 나란히 정렬하는 경향이 있다. 강자성체가 만드는 자기장은 외부 자기장을 강화하는 경향이 있고, 외부 자기장이 사라져도 자화밀도는 지속된다.

자성은 이것 말고도 더 있다. "반강자성체(antiferromagnet)"에서는 원자가 상호 작용할 수 있을 만큼 가까운 영구 쌍극자이지만, 그 상호 작용의 세부 사항으로 인해 이웃 원자끼리는 반대쪽으로 배열하는 경향이 있다. “준강자성체(ferrimagnet)”는 반강자성체과 마찬가지로 이웃 원자끼리 반대쪽으로 배열하지만, 구성 원자의 종류가 달라 쌍극자 모멘트가 서로 다르다. 방향이 다른 강 쌍극자와 약쌍극자가 짝을 이루므로 알짜 자기장이 생긴다. 그리고 많은 고체는 자기 속성이 서로 다른 물질의 조합으로 되어있다.

최종 간단한 설명: 교환 상호작용

반자성체 또는 상자성체의 원자는 외부 자기장에 대해 저마다 따로 반응하지만, 원자끼리는 상호 작용하지 않는다. 반면 강자성체에서는 원자끼리 상호작용하여 나란히 정렬하는 경향이 있다. 따라서 외부 자기장이 원자를 한 방향으로 정렬시키면 외부 자기장이 사라진 뒤에도 상호 작용을 통해 그 정렬이 유지된다.

자석에 대한 고전적인 이해에 따르면 가까이 있는 자석은 서로 힘을 주고받아 정렬할 수 있다. 강자성에 대해 이 설명이 완벽한 것 같지만 셈을 해보면 이야기가 달라진다. 이웃 원자끼리 주고받는 자기력을 고전적으로 셈해보면 너무 약해서 강자성 효과를 일으킬 수 없음을 알게 된다. 이 효과는 실제로 “교환 상호작용”에서 생긴다.

이 절의 설명을 따라가려면 교환 상호작용의 효과만 알면 되며, 그 원인은 몰라도 된다. 하지만 궁금할 수도 있으므로, 아래에 그 원인을 간략하게 설명한다. 그것은 전기 전도도, 투명도, 자성 등 고체의 거의 모든 성질은 양자역학적 거동에 그 뿌리가 있으며 고전적으로는 설명할 수 없다는 사실을 상기시킨다.

§ 8.1 문제 6에서는 파울리 배타 원리를 설명했다. 이 원리는 원자 속에서 둘 이상의 전자가 같은 양자역학적 상태에 있을 수 없다는 결론으로 이어지지만, 그 출발은 근본적인 규칙인, 두-전자를 기술하는 파동 함수 $\psi(x_1, x_2)$가 전자의 교환에 대해 “반대칭”이어야 한다는 것, 즉, 두 전자를 맞바꾸면 파동 함수의 부호가 바뀐다는 것이다.

전자의 상태는 공간 파동 함수와 스핀으로 기술된다는 것을 상기하자. 두-전자의 상태가 반대칭이라는 것은 무엇을 뜻할까? 두 전자의 스핀 상태가 같으면 공간 파동 함수가 반대칭이고, 스핀 상태가 반대칭이면 공간 파동 함수는 대칭이어야 한다.

그래서? 음, 두-전자의 공간 함수가 반대칭이면 대칭일 때보다 평균 거리가 멀다. 거리가 멀어지면 쿨롱 에너지가 줄어드니까 공간 함수가 반대칭인 상태는 대칭인 상태보다 에너지가 낮다. 따라서 스핀이 나란히 되는, 곧 강자성이 되는 경향이 있다.

11.6.2 물음과 문제: 자성 물질

개념 물음과 개념시험

1. 아래의 각 용어를 간단히 서술하고 그 단위를 적어라.

(a) 자화밀도

(b) 자기 감수율

(c) 퀴리 온도

2. “반자성체”, “상자성체”, “강자성체”을 정의해보라.

3. 영구 자석 근처에 다음 물체를 둘 때 자석에 끌리는 것을 골라라. (한 가지를 고르고 설명하라.)

A. 반자성체

B. 상자성체

C. 둘 다

D. 어느 쪽도 아님

4. 불활성 기체는 반자성인가, 상자성인가? 왜 그런지 설명하라. ("찾아봤다"는 설명이 아니다.)

5. 철 조각 속에서, 일반적으로 에너지 밀도가 더 높은 곳은 어디인가? 자기 구역 내부인가, 경계면인가? 설명하라.

6. 강한 자석 아래 철 조각(강자성체)을 두면 철 조각이 자기력을 받아 자석 쪽으로 끌려 올라간다. 철 조각 대신 알루미늄 조각(상자성체)을 두면 그것도 같은 방향으로 자기력을 받지만 끌려 올라가지는 않는다. (해보라!) 왜 안 될까?

심층토론

7. 반강자성을 결합 상태와 반결합 상태로 설명하라. 즉, 때로는 이웃 전자의 스핀 방향이 반대인 것이 에너지가 더 낮은 이유를 설명하라.

문제

8. 반자성의 반고전적 모형

전자(질량 m_e, 전하 $-e$)가 핵 주위를 완벽한 원궤도(반지름 R, 속력 v)를 따라 반시계 방향으로 돌고 있다(그림 11.35).

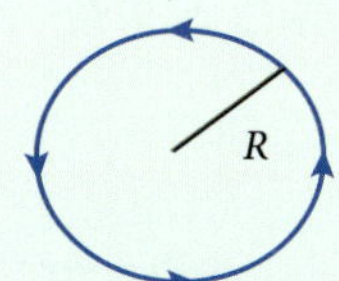

그림 11.35

이 문제의 모든 셈은 전자가 마법처럼 빛을 내지 않는다고 가정하는 점을 빼면 고전적이다. (보어 모형에서도 이러한 조건을 썼다.)

(a) 이 전자가 원 궤도를 돌 때의 전류를 셈하고, 이를 써서 핵이 있는 곳에 생기는 자기장 $B_{내부}$를 셈하라. 그 답을 R, v 및 상수의 함수로 나타내라.

(b) $B_{내부}$의 방향은 지면으로 들어가는가, 지면에서 나오는가? **실마리:** 전자가 음전하를 띤다는 점을 상기하라!

(c) 이 문제에서 전자는 핵의 쿨롱 인력만 받으며, 이 힘이 전자에 구심 가속도를 준다고 본다. 이 힘 F와 궤도 속력 v 및 반지름 R의 관계를 적어라.

이제 방향이 지면으로 들어가는 쪽인 외부 자기장 $B_{외부}$를 건다고 하자. 전자는 계속 반지름이 같은 원 궤도를 돈다고 하자.

(d) 이 자기장이 주는 힘의 방향은 핵에서 멀어지는 쪽일까(따라서 전자가 받는 알짜 힘이 약해짐), 그 반대쪽일까(알짜 힘이 세짐)? 설명하라.

(e) 지금까지 적은 식을 따라 살펴보면, 알짜 힘의 변화가 속력 v를 늘리는가, 줄이는가? 그 결과로 $B_{내부}$가 세지는가, 약해지는가?

(f) 최종 결과가, 예상되는 반자성 자기장의 방향에 맞는지 설명하라.

9. 철의 원자 간격은 약 3×10^{-10} m이고 원자당 영구 자기 쌍극자 모멘트는 약 2×10^{-23} Am^2(또는 이에 상응하는 2×10^{-23} J/T)이다. 이 문제에 필요한 공식은 초급 전자기학 교재에서 찾을 수 있다.

(a) 철 원자 하나가 이웃 원자가 있는 곳에 만드는 자기장을 셈하라. 간단히 원자가 첫째 원자의 자기 모멘트 방향의 축을 따라 줄지어 있다고 하자 (그림 11.36).

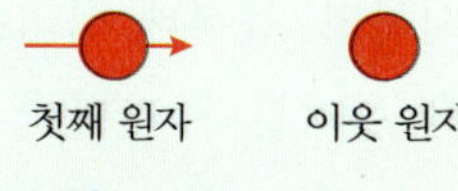

그림 11.36

(b) 그 이웃 원자의 정렬 방향이 자기장과 나란할 때와 반대 방향일 때의 에너지 차이는 얼마인가?

(c) 이 에너지 차이를 실온의 k_BT와 비교하면 어떻게 되는가? 그 답이 강자성과 어떤 관계가 있는지 설명하라.

10. 퀴리 법칙

"아래"를 향한 외부 자기장 속에 N개의 쌍극자로 된 상자성체가 있다. 각 쌍극자의 방향은 에너지 0(자기장과 나란함) 또는 E(자기장과 반대쪽임)가 될 수 있다. 상자성체의 자화밀도는 $m(N_{아래} - N_{위})/V$이며,

여기서 m은 각 쌍극자의 자기 모멘트, V는 상자성체의 부피이다.

(a) 볼츠만 분포를 써서 온도 T에서 상자성체의 자화 밀도에 대한 식을 끌어내라.

(b) $k_BT \gg \epsilon$이면 위의 식에서 퀴리의 법칙이 나옴을 보여라.

(c) 극한 값 $\lim_{T\to 0} M$을 구하라. 그 답이 물리적으로 타당한 까닭을 설명하라.

11. 탐구: 자기 이력

반자성 또는 상자성 물질의 경우 유도 자기장은 외부에서 걸어준 자기장의 함수임을 보았다. 그러나 강자성 물질은 관계가 더 복잡한데, 그 이유는 자구가 서로 정렬되는 경향이 물질에 이전 상태에 대한 일종의 "기억"을 제공하기 때문이다. 따라서 강자성체의 특성은 비례 상수 χ가 아니라 "이력(hysteresis) 곡선"으로 나타난다. 이 문제에서는 이 곡선의 일부를 그려 세로축에 M(자화밀도 또는 유도 자기장)을, 가로축에 $H_{외부}$(외부에서 걸어준 자기장)를 표시한다. 외부 또는 유도 자기장이 없음을 나타내는 원점에서 곡선을 시작한다.

(a) 외부 자기장을 걸면 강자성체가 자화하기 시작한다. 외부 자기장을 계속 키우면 유도 자기장의 증가는 점점 느려져 최대 값인 '포화점'에 가까워진다. 그 이유를 간단히 설명하고 곡선의 그 부분을 그려라.

(b) 이제 외부 자기장을 서서히 0으로 줄이면 유도 자기장도 줄지만 완전히 0이 되지는 않는다. 그 이유를 간단히 설명하고 곡선의 그 부분을 그려라.

(c) 이력 곡선은 다음을 보라: www.cambridge.org/felder-modernphysics/figures.

이제 이 곡선의 처음 두 부분에 대한 설명을 살펴보았다. 나머지 부분을 살펴보면서 각 단계의 거동을 설명하라.

11.7 열용량

§ 10.5에서는 대부분의 물체의 열용량은 볼츠만 상수 k_B의 몇 배 정도라는 매우 일반적인 규칙을 제시하고, 등분배 정리를 써서 여러 기체에 대해 더 구체적인 예측을 했다. 여기서는 고체의 열용량을 살펴본다. 간단한 모형에서 시작하여 더 복잡하고 정확도가 높은 모형을 꾸민다.

11.7.1 발견 연습

결정에는 N개의 핵이 격자 구조로 배열되어 있다. 각 핵의 위치는 격자에 고정되어 있지만, 그 점을 중심으로 작은 진동을 할 수 있다. 이러한 진동은 세 방향으로 할 수 있으므로 이 N개의 핵은 $3N$개의 단순 조화 진동자로 볼 수 있다.

1. 등분배 정리(부록 I)에 따르면, 이러한 진동자 집합의 총 열 에너지는 얼마인가?
   다음을 보라: www.cambridge.org/felder-modernphysics/checkyourself, Check Yourself #20
2. "열용량"은 대략 물체의 온도를 1도 올리는 데 필요한 에너지로 정의할 수 있음을 상기하자. 1의 답을 바탕으로, 이 결정의 열용량은 얼마인가?

11.7.2 설명: 열용량

§ 10.3에서 열용량을 다음과 같이 소개했다:

> **열용량**
>
> $$C = \frac{dE}{dT}$$
>
> 이 정의에 대한 한 가지 해석은 C를 물체의 온도를 1도 올리는 데 필요한 에너지로 보는 것이다.

열용량은 양적 성질로, 같은 벽돌 두 개의 열용량은 벽돌 한 개의 열용량의 두 배이다. 자주 볼, 또 다른 용어는 "비열(specific heat)"이다 (소문자 c로 나타낼 때가 많음): 이것은 단위당 열용량으로 물질의 속성을 나타낸다. 비열이 원자당, 몰당 또는 kg당인지는 문맥에서 판단해야 한다.

둘롱-쁘띠 법칙

1819년 둘롱(Pierre Dulong)과 쁘띠(Alexis Petit)는 몰 비열(몰당 열용량)이 모든 고체에서 실질적으로 같다는 사실을 발견했다. 이들의 결과는 다음과 같이 나타낼 수 있다.

$$c = 3R \qquad \text{여기서 } R\text{은 "이상 기체 상수"이다: } R = 8.3 \text{ J/(mol K)}. \tag{11.2}$$

발견 연습 11.7.1을 풀었다면 이 법칙이 일반적으로 성립하는 이유를 이미 알 것이다. (그렇지 않다면 아래의 논리를 살펴보라.) 표 11.1에서 보듯이 "둘롱-쁘띠 법칙"은 실온에서는 꽤 잘 맞지만 늘 그렇지는 않다. (물음 4에서 금강석을 다시 본다.)

표 11.1 상온 몰 비열과 둘롱-쁘띠 법칙의 예측값

	298 K에서의 $c\left(\frac{\text{J}}{\text{mol K}}\right)$
예측값	24.9
Al	24.2
Cu	24.5
C(금강석)	6.1
Au	25.4
Fe	25.1
Ag	24.9
Pb	27.1
Zn	25.2

격자상의 각 원자가 삼차원으로 진동한다고 생각하면 식 (11.2)를 이해할 수 있다. 등분배 정리에 따르면 결정의 각 자유도의 평균 열에너지는 $(1/2)k_BT$이다. 어떤 다른 결정으로 만들든, 원자

가 어떻게 배열되든 원자당 자유도는 똑같다. 따라서 모든 결정은 (정해진 온도에서) 원자당 열에너지가 같으므로 열용량도 같다. 열용량이 보통 $3R$이 되는 이유는 문제 11에서 자세히 살펴볼 수 있을 것이다.

둘롱–쁘띠 법칙은 열용량이 온도와 무관해야 한다고 예측한다. 그림 11.37에서 보듯이, 상온에서는 꽤 잘 맞는다. (150 K는 화씨 −200도에 가깝다!) 하지만 온도가 충분히 낮아지면 열용량은 0에 가까워진다. 이 거동을 이해하려면 양자역학을 고려해야 한다.

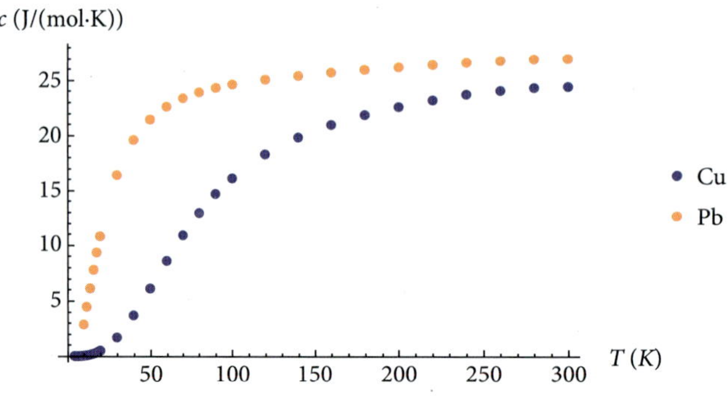

그림 11.37 구리와 납의 비열의 온도 변화

아인슈타인 열용량 모형

아인슈타인은 저온에서는 원자 진동을 양자역학적으로 다루는 것이 중요함을 깨달았다.[12] 양자역학적 단순 조화 진동자는 에너지 준위가 고른 간격으로 벌어져 있다: $(1/2)\hbar\omega$, $(3/2)\hbar\omega$, $\cdots$. 고온($k_BT \gg \hbar\omega$)에서는 진동자를 고전적으로 다룰 수 있으며 등분배 정리를 따른다. 그러나 k_BT가 $\hbar\omega$와 비슷하거나 더 작으면 등분배 정리가 더 이상 맞지 않다.

능동 읽기 연습: 아인슈타인 열용량 모형

1. $k_BT < \hbar\omega$이면, 진동자당 평균 에너지는 등분배 정리가 예측하는 것보다 높을까, 낮을까? 왜 그럴까?
2. 이것이 열용량에 어떤 영향을 미치는지 설명하라.

능동 읽기 연습의 첫 문제는 3장에서 흑체 복사에 대해, 10장에서 볼츠만 분포에 대해 살펴보았던 이슈를 다시 살펴본다. 답은 "더 낮다"인데, 이는 에너지가 진동자를 첫째 들뜬 상태로 들띄울 수 있을만큼 충분하지 않으므로 거의 모든 원자가 바닥상태에 머물기 때문이다. 더 높은 준위는 "얼어붙었다"고 하는데, 이 저온에서는 접근할 수 없기 때문이다.

이제 둘째 물음으로 넘어가자. 이 임계값 이하의 모든 온도에서 E는 0에서 거의 평평하기 때문에 열용량 $C = dE/dT$는 작다. 그래서 그림 11.37의 열용량 도표가 고온에서는 비교적 일정하지만 (둘롱–쁘티, 등분배 정리) 저온에서는 0으로 (들뜬 상태가 얼어붙음, 에너지는 온도와 거의 무

---

12 아인슈타인이 이것을 헤아린 때가 1907년이라는 것만 빼면 거의 당연해 보인다.

관함) 갑자기 떨어진다.

문제 12에서 양자 진동자의 시간 평균 에너지를 셈할 수 있다.[13]

$$E = \frac{1}{2}\hbar\omega + \frac{\hbar\omega}{e^{\hbar\omega/(k_B T)} - 1} \qquad \text{양자 진동자의 평균 에너지.} \tag{11.3}$$

결정의 에너지는 이것의 $3N$배이다 (각 원자가 본질적으로 3개의 양자 진동자이기 때문이다). 이 식을 미분하면 열용량에 대한 아인슈타인 공식을 얻는다(문제 13). 그 결과를 몰 비열로 나타내면 다음과 같다:

$$c = 3R\left(\frac{T_E}{T}\right)^2 \frac{e^{T_E/T}}{\left(e^{T_E/T} - 1\right)^2}, \quad T_E = \frac{\hbar\omega}{k_B} \qquad \text{아인슈타인의 몰 비열 공식} \tag{11.4}$$

이 식은 결정의 "아인슈타인 온도" $T_E = \hbar\omega/k_B$로 나타냈다. 물론 $\hbar$와 k_B는 상수이지만 각진동수인 ω는 결정의 특성이다. 아인슈타인 온도는 특정 유형의 결정에서 열용량이 온도에 따라 얼마나 심하게 변하는지를 나타낸다. $T \gg T_E$이면 아인슈타인의 공식은 고전적인 예측인 $c = 3R$에 가까워지고 (문제 14에서 확인할 수 있음), $T \to 0^+$이면 0에 가까워진다(문제 15). 이 두 극한은 모두 위에서 정성적으로 내린 예측 및 (더 중요한) 실험 결과와 일치한다.

그러나 아인슈타인 모형은 극한 $\lim_{T \to 0^+} c = 0$은 정확하게 예측하지만, 극저온에서는 함수 $c(T)$를 정확하게 예측하지는 못한다. 아인슈타인 모형은 $T \to 0^+$이면 열용량이 지수함수 꼴로 0에 접근한다고 예측하지만, 실험 결과는 저온에서 $c \propto T^3$임을 보여준다. 모형을 더 다듬으려면 원자끼리의 상호작용을 넣어야 한다.

디바이 열용량 모형

1912년 디바이(Peter Debye)는 아인슈타인의 모형을 크게 개선했다. (사실 이런 말을 얼마나 자주 할까?)

디바이의 착상을 간단한 일차원 모형을 써서 보여주겠다. 그림 11.38은 각각 위아래로 자유롭게 진동할 수 있는 똑같은 원자들이 수평으로 줄지어 있는 모습이다. 각 원자를 고전적인 단순 조화 진동자(둘롱-쁘띠) 또는 양자 조화 진동자(아인슈타인)로 볼 수 있다. 그러나 이 두 모형 모두 각 원자는 서로 독립적이라고 본다. 원자는 다 똑같으므로 고유 진동수가 같지만 진폭과 위상은 서로 무관하다.

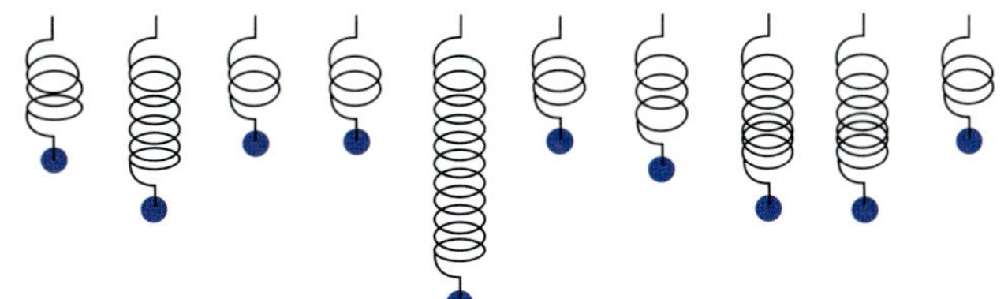

그림 11.38 이 원자 배열은 독립적인 단순 조화 진동자로 볼 수 있다. 그러나 이 결정 모형은 맞지 않는 것으로 밝혀졌다.

디바이는 원자가 서로 독립적이지 않음을 알아챘다. 한 원자가 진동하면 이웃 원자도 따라서 진동한다. 미분 방정식은 "연립 방정식"으로서, 각 원자가 받는 힘은 이웃 원자의 위치에 따라 달라진

13 § 3.4의 문제 38을 풀었다면, 같은 계산을 다른 방식으로 한 셈이다.

다. 따라서 해는 N개의 서로 다른 원자를 나타내는 N개의 서로 다른 함수가 아니라 계에 대한 완전한 서술 중의 하나이다.

선형 대수를 써서 연립 미분 방정식을 해석적으로 풀 수 있다.[14] 또는 격자 간격을 0에 접근시켜 원자의 줄이 연속적으로 진동하는 실처럼 작용하게 하면 연립 미분 방정식이 하나의 편미분 방정식으로 바뀌어 해를 어림할 수 있다. (문제 18에서 이 방정식을 살펴본다.) 어느 쪽이든, 일련의 파동으로 연결된 원자에 해당하는 해를 구한다.

그림 11.39는 진동하는 일차원 결정의 한 순간의 모습이다. 다음 순간에는 때까지 봉우리는 아래로 가고 골짜기는 위로 가서 계가 완전히 뒤집힌 다음 같은 과정이 되풀이된다. 즉, 이 계는 정상파를 기술한다. (§ 6.1에서 정상파를 간단히 살펴볼 수 있다. 관련 방정식은 부록 F에 있다.) 이 정상파는 격자 내 모든 원자의 위치가 조정되어 형성되며, 마치 경기장에서 응원꾼들이 "파도타기"를 하는 것과 비슷하다.

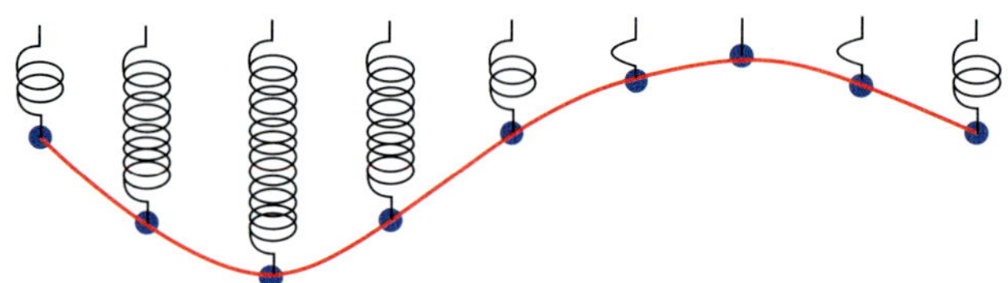

그림 11.39 결정 속의 원자 진동의 정상파 해.

결정을 들여다보면 원자들이 멋진 물결파를 그리며 줄지어 있는 것을 볼 수 있다는 말이 아니다. 어떤 순간의 패턴과 그 패턴의 시간 변화는 매우 복잡해서 거의 무작위로 보일 것이다. 그러나 이 무질서해 보이는 운동은 각각 특정 파장과 진동수를 가진 정상파의 중첩으로 나타낼 수 있다. 이러한 낱낱의 정상파—결정의 "진동 모드"—는 다음과 같은 특성이 있다:

- 결정의 테두리는 파동의 마디이다. 따라서 진동수는 결정의 길이에 따라 정의되는 특정값만 허용된다. 그러한 파동의 최대 파장(따라서 최저 진동수)은 결정 길이의 두 배이다.
- 파장 λ가 짧을수록 (시간) 진동수 ω는 높아진다. 즉, 파장이 매우 긴 진동 모드는 전체 진동을 마치는 데 시간이 오랜 걸린다.
- 끝으로, 개별 원자 간격이 R이면, 가장 짧은 파장(따라서 가장 높은 진동수)은 $2R$이다. 따라서 최소 진동수는 결정 길이가, 최대 진동수는 격자 간격이 결정한다.

지금까지는 이 계를 고전적으로 설명했다. 이것이 고전적인 계라면 각 모드의 진폭은 모든 값이 허용되고, 따라서 에너지도 마찬가지다. 양자역학적으로는 각 정상파는 허용되는 에너지가 이산적이다. 사실 각 정상파는 양자 진동자 구실을 하며, 허용되는 에너지는 정수 n에 대해 $n\hbar\omega$이다.[15] 단파장 모드의 경우 ω가 가장 크므로 이러한 모드는 허용되는 에너지 간격이 가장 크다.

어떤 의미에서 디바이 모형은 결정의 진동을 단순 조화 진동자 집합으로 기술한다는 점에서 아인슈타인 모형과 매우 비슷하다. 다른 점은 아인슈타인 모형에서는 모든 진동자가 진동수가 똑같은 개별 원자이지만, 디바이 모형에서는 진동자가 광범위한 진동수를 가진 정상파라는 점이다.

§ 3.4 또는 § 10.7의 빈 통 복사에 관한 설명을 상기하면 디바이 모델이 친숙하게 들릴 수 있다.

14 이 과정은 응집물질 물리학 또는 통계 역학에 관한 상급 교재 또는 수리물리학 교재에서 볼 수 있다.

15 허용된 에너지는 실제로는 $(n + 1/2)\hbar\omega$이지만, 바닥상태의 에너지 $1/2\hbar\omega$는 열용량과는 무관하다.

빈 통 속의 정상파 집합의 진동수는 빈 통의 크기에 따라 정해지는 이산값이다. 각 파동의 진동수는 파장에 반비례하며, 각 파동의 에너지는 $n\hbar\omega(n = 0, 1, 2, \cdots)$로 양자화된다. n은 빈 통 복사에서 빈 통 속에 있는 해당 진동수의 광자의 수이다. 양자화된 빛을 광자(photon)라고 하듯이, 디바이의 정상파의 들뜸을 "포논(phonon)"이라고 한다 [소리는 물질의 진동이며, 접두사 "photo(광)"과 "phono(음)"은 각각 빛과 소리를 나타낸다]. 정수 n은 각 진동수 ω인 포논의 수이다.

포논과 광자의 다른 점 하나는 고체 속의 포논은 최대 진동수가 격자 간격에 따라 정해지지만, 빈 통 속의 광자의 최대 진동수는 제한이 없다는 것이다. 그러나 일반 상황에서는 진동수에 따라 확률이 지수함수 꼴로 떨어지므로 $\hbar\omega \gg k_B T$인 광자를 너무 많이 발견할 수는 없어 이 차이가 대단하지는 않다.

빈 통의 총 복사 에너지를 계산한 것처럼, 고체에서 모든 정상파의 열 에너지 기댓값의 총합을 구할 수 있다. 이 셈의 자세한 내용은 다루지 않겠지만, 격자 진동의 총 에너지는 다음과 같다.

$$E = \frac{9Nk_B T^4}{T_D^3} \int_0^{T_D/T} \frac{x^3}{e^x - 1} dx \tag{11.5}$$

디바이 온도 T_D는 결정의 특성에 따라 달라지는 매개변수이다. (11.5)를 T에 대해 미분하면 열용량을 구할 수 있지만 (문제 17), 그 답은 복잡하고 특별히 밝혀주는 것도 없다. 대신 이 공식의 몇 가지 속성을 제시하겠다. [이 모든 속성은 (11.5)에서 나오지만 뻔한 것은 없다. 문제 16에서 고온 및 저온 극한을 확인할 수 있으며, 문제 17의 최종 답에서 T_D/T에 대한 변화를 확인할 수 있다.]

- 고온에서는 (11.5)는 고전적인 예측 $c = 3R$을 재현한다.
- 저온에서는 실험 결과 $c \propto T^3$를 재현한다.
- 디바이 열용량은 T_D/T의 함수이다. 고체의 고유 특성은 저마다 다른 T_D의 값으로 나타나며, 이것은 모든 고체에서 $c(T)$ 곡선은 모양은 같지만, 수평 방향의 축척이 달라 늘어나는 정도가 다름을 뜻한다.

갖가지 고체에 대한 실험값을 T/T_D에 대한 도표로 그릴 수 있다. 표시된 원소들은 온도에 따라 열용량이 매우 다르지만, T/T_D의 함수로 도표를 그리면 모두 디바이 예측에 아주 가깝게 떨어진다 (그림 11.40).

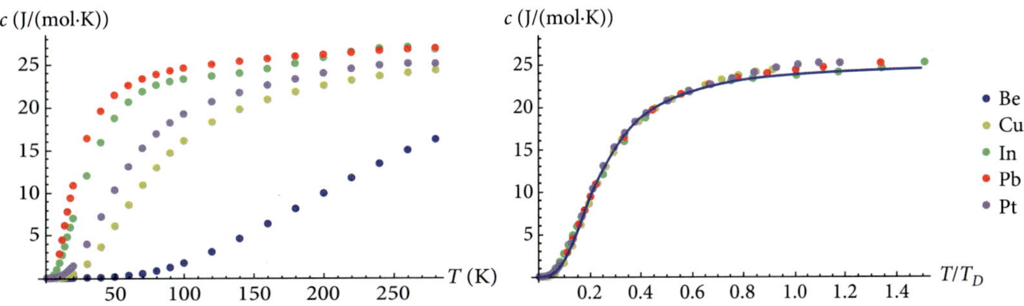

그림 11.40 왼쪽: 몰 비열의 온도에 대한 변화; 오른쪽: 몰 비열의 T/T_D에 대한 변화. 오른쪽의 검은 곡선이 디바이 공식의 예측값이다.

전자 기체

모형에 한 가지를 덧붙이자. 지금까지는 격자를 이루는 원자핵의 진동 에너지만 살펴보았다. 전자의 에너지는 어떨까? 전자의 수가 원자 수와 거의 같고 저마다 열 에너지가 k_BT 정도라면 전자 에너지가 격자 에너지와 비슷할 것이라고 추측하는 것이 합리적일 것 같다. 하지만 그렇지 않다.

그 이유를 알려면 전자가 하는 일을 살펴봐야 한다. 이러한 페르미온의 집합은 파울리 배타 원리와 페르미-디랙 분포를 따름을 상기하자(§ 10.6). 상온에서 이것이 어떻게 보이는지 기억하는가? 바닥상태의 점유도는 $\bar{n} = 1$에 가깝다("늘 점유됨"). 상위 준위는 점유도가 점점 더 작아지며, 에너지 μ에서는 $\bar{n} = 1/2$로 떨어지고, 고에너지 상태에서는 0에 가까워진다("결코 점유되지 않는다").

그러나 저온에서는 페르미-디랙 분포가 계단 함수처럼 보이기 시작한다. 즉, 모든 $E < \mu$에서는 $\bar{n} = 1$, 모든 $E > \mu$에서는 $\bar{n} = 0$과 매우 유사하다. 이 상태 — 모든 페르미온이 이 거의 항상 가장 낮은 에너지 상태에 있는 상태를 "겹친 페르미 기체"라고 하며, 고체는 온도가 실온보다 훨씬 높아질 때까지는 이것이 정상적인 상태임이 밝혀졌다. (사실 대부분의 고체는 이 분포에서 크게 벗어날 정도로 뜨거워지기 전에 기화된다.)

이제 고체에서 에너지가 아주 낮은 상태에 있는 전자를 살펴보자. 이 전자에 에너지가 있기는 하지만, **열** 에너지는 없다: 더 낮은 준위로 내려갈 수도 없고, 그 위의 준위에도 다른 전자가 있으므로 올라갈 수도 없어서 에너지 교환에 참여하지 못한다. 절연성 고체(유전체)의 경우, 그것이 전부이다: 전자가 모두 단단히 결합되어 있어 쉽게 들뜰 수 없다. 고체에 에너지를 주면(가열하면) 그 에너지는 전자가 아닌 핵이 받아 진동하므로 전자는 열용량에 기여하지 않는다.

그러나 도체에서는 이야기가 완전히 달라진다. 도체는 전도 띠의 반만 전자로 채워져 있으므로 그 띠의 전자는 쉽게 들뜰 수 있다. 도체를 가열하면 그 에너지의 일부는 전자를 들뜨게 하는 데 쓰이므로 전자가 열용량에 기여하게 된다. 얼마나 기여할까? 얼추, 열적으로 들뜨는 맨 위 전도띠의 전자 수는 T에 비례하며, 이들이 얻는 에너지는 k_BT 정도이므로 전자 기체의 열 에너지는 T^2에 비례하고 열용량은 T에 비례하여 커진다.

전자 기체의 열용량은 작지만 저온에서는 격자 기여도보다 더 천천히 줄어든다. 충분한 저온에서는 이것이 우세해지기 시작하여 0 K에 가까워지면 금속은 $c \propto T^3$에서 $c \propto T$로 바뀐다(그림 11.41).

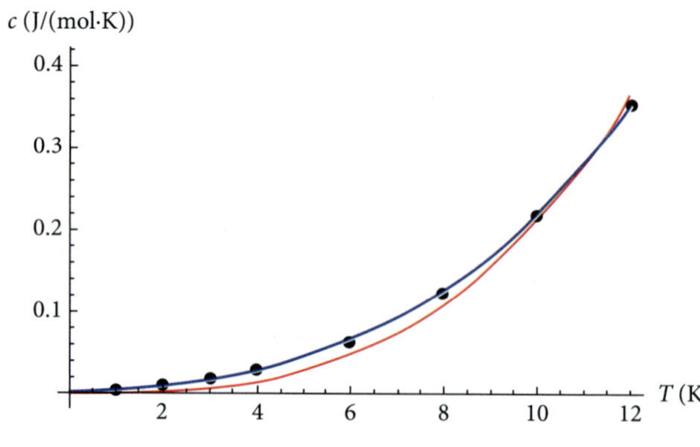

그림 11.41 백금의 열용량(점)과 가장 잘 맞는 3차 함수(빨간 선) 및 가장 잘 맞는 1차 함수와 3차 함수의 합(파란 선). 후자가 실험 결과와 더 잘 맞는다.

숨 돌리기: 열용량의 여러 모형

이 절에서는 고체의 열용량에 대해 점점 더 잘 맞는 네 가지 모형을 차례로 살펴봤다.

- 둘롱-쁘띠 법칙은 등분배 정리를 써서 모든 고체의 몰 열용량이 같고 온도와 무관하다고 예측한다. 이 모형은 양자 효과를 무시한다. 이 모형은 상온에서 대부분의 고체에 대해 잘 맞지만 모든 고체에 대해 맞지는 않으며 아주 저온에서는 모든 고체와 맞지 않는다.
- 아인슈타인 모형은 각 원자를 3D 양자 진동자로 보며, 그렇게 구한 열용량이 고온에서는 등분배 정리를 따르지만 저온에서는 0으로 떨어진다. 이 모형은 원자간 상호작용을 무시한다. 온도를 낮추면 열용량이 줄어드는 것을 정확하게 맞추지만 아주 저온에서는 함수 꼴이 맞지 않는다.
- 디바이 모형은 원자간 상호작용을 통해 격자로 퍼져가는 진동 모드, 즉 포논을 고려한다. 이 모형은 많은 결정성 고체의 경우 모든 온도에서 잘 맞지만 도체의 경우 아주 저온에서는 온도 변화가 맞지 않는다.
- 가장 정확한 예측 모형은 디바이 모형에 전자 기체의 기여도를 넣어 고친 것이다.

아인슈타인 모형과 디바이 모형이 제시하는 몰 열용량 함수의 변수는 T를 기준 온도 T_E와 T_D로 각각 나눈 것이다. 얼추 말하면 T_E와 T_D는 둘롱-쁘띠 법칙을 쓸 수 있는 온도이다. 구체적으로, 아인슈타인 모형에서는 $c(T = T_E) = 2.76R$, 디바이 모형에서는 $c(T = T_D) = 2.76R$이다. 기준 온도 T_E와 T_D는 물질마다 다르다. 대부분의 물질에서 이 온도는 실온보다 낮으므로 둘롱-쁘띠 법칙은 일상적인 상황에서 잘 맞는다.

전자 기체를 더한 디바이 모형이 가장 정확하다면, 왜 귀찮게 다른 모형도 배울까? 이유는 크게 두 가지다.

첫째, 더 간단한 모형이 쓰기가 훨씬 쉽다. 실온에서 고체의 열용량을 약 10% 이내의 오차로 알고 싶다면 대부분의 고체에 대해 "약 25 J/(mol K)"라고 하면 된다. 0 K에 너무 가깝지 않는 넓은 범위의 온도에 대한 변화를 알고 싶다면 아인슈타인 모형은 꽤 잘 맞는 간단한 공식이다. 물리학의 많은 부분은 셈을 쉽게 최소로 하면서도 하려는 일에 충분히 잘 맞는 어림값을 내는 것이다.

둘째, 모형마다 제공하는 물리적 통찰력이 다르기 때문이다. 거의 모든 결정의 비열이 고온에서 같아지는 이유를 안다면 등분배 정리를 잘 알고 있다는 뜻이다. 저온에서 왜 맞지 않는지를 안다면 고전적 열에너지 분포와 양자 열에너지 분포의 차이를 알고 있다는 뜻이다. 그리고 디바이 모형이 아인슈타인 모형보다 더 정확한 이유를 안다면 양자화된 진동 모드를 이해하고 있다는 뜻이다. 양자역학을 배우는 학생에게 이러한 기본 개념은 열용량을 이해하는 것만큼, 혹은 그 이상으로 중요하다.

11.7.3 물음과 문제: 열용량

개념 물음과 개념시험

1. 고체의 온도가 0 K에 가까워지면 열용량은 0에 가까워진다. 열용량은 대략 계의 온도를 1도 올리는 데 필요한 에너지의 양으로 정의할 수 있다. 이 정의에 따르면 열용량이 0에 가까워진다는 것은 무엇을 뜻하는가?

2. 등분배 정리에 따르면 계의 자유도당 열 에너지는 온도에 비례한다. 그렇다면 이 법칙을 쓴 고전적 셈에서 열용량이 왜 온도와 무관한가?

3. 결정 격자의 열용량이 저온에서 0에 가까워지는 이유는 무엇인가? 공식을 찾거나 셈을 하려는 것은 아니다. 온도가 0 K에 가까울 때는 왜 온도를 높여도 격자의 에너지가 거의 영향을 받지 않는가?

4. 금강석의 비열은 상온에서는 둘롱–쁘띠 법칙의 예측값보다 훨씬 낮다. 그 이유는? (하나를 고르고 설명하라.)
   - **A.** 금강석은 디바이 온도가 낮다.
   - **B.** 금강석은 디바이 온도가 높다.
   - **C.** 금강석은 디바이 모형과 잘 맞지 않는다.

5. 디바이 모형의 한 가지 주요 특징은 모든 진동에 대한 합을 최대 진동수까지만 하는 것이다. 이 것이 고온에서 더 중요한가, 아니면 저온에서 더 중요한가? 설명하라.

6. 금속에서는 전자 기체가 열용량에 기여한다고 했다. 더 단단히 결합된 전자는 왜 기여하지 않는가?

7. 알루미늄 원자의 분광학적 표기는 다음과 같다: $1s^22s^22p^63s^23p^1$. 0 K에 에 매우 가까운 온도에서 알루미늄의 열용량을 지배하는 것은 다음 중 무엇인가? (하나를 고르고 설명하라.)
   - **A.** 원자핵의 양성자와 중성자
   - **B.** $1s$ 껍질 속의 두 전자
   - **C.** $3p$ 껍질 속의 전자
   - **D.** 모든 전자
   - **E.** 모든 전자와 원자핵

8. 아래의 각 모형을 써서 아주 저온에서 금속의 비열을 예측한다고 하자. c가 가장 작은 것부터 가장 큰 것까지 순위를 매겨라.
   - **A.** 둘롱–쁘띠 법칙
   - **B.** 아인슈타인 모형
   - **C.** 전자 기체 기여가 없는 디바이 모형
   - **D.** 전자 기체 기여가 있는 디바이 모형

문제

9. 100 K에서 잰 구리의 비열은 16.1 J/(mol K)이다. 이 사실을 바탕으로 200 K에서의 비열을 다음을 써서 예측하라:
   - **(a)** 둘롱–쁘띠 법칙.
   - **(b)** 아인슈타인 열용량 모형.
   - **(c)** Cpt 디바이 열용량 모형.

   참고로 측정값은 22.6 J/(mol K)이다.

10. 백금의 비열은 1 K에서 0.004749 J/(mol K), 10 K에서 I.4384 J/(mol K)이다.
    - **(a)** 저온에서 디바이 모형(전자 구름 보정 포함)은 금속의 열용량을 $aT + bT^3$꼴로 예측한다. 이 두 자료를 써서 a와 b를 구하라.
    - **(b)** 백금 한 덩어리를 식힐 때, 열용량을 전자가 지배하기 시작하는 온도를 구하라.

11. **둘롱–쁘띠 법칙 유도**
    - **(a)** 10장 통계역학에서 보았듯이, 일차원 고전적인 단순 조화 진동자의 평균 열 에너지는 k_BT이다. 따라서 결정 격자가 각각 따로 세 방향으로 단순 조화 진동자 구실을 하는 원자 N개로 되어 있다면, 결정의 총 열 에너지는 얼마인가?
    - **(b)** 그 에너지를 온도에 대해 미분하여 결정의 열용량을 구하라.
    - **(c)** 1몰은 아보가드로 수(N_A)의 원자로 구성된다. 결

정의 몰 열용량은 얼마인가? $R = N_A k_B$의 관계를 써서 이상 기체 상수 R로 나타내라.

12. 진동자의 평균 에너지

단순 조화 진동자의 에너지 고윳값은 $(n + 1/2)\hbar\omega$이다. 바닥상태의 에너지를 무시하면 $\epsilon = \hbar\omega$를 정의하여, 이 에너지를 $n\epsilon$으로 쓸 수 있으며, 여기서 n은 음이 아닌 정수이다. 볼츠만 분포에 따르면 온도 T에서 진동자의 에너지가 $n\epsilon$일 확률은 $e^{-n\epsilon/k_BT}/Z$이다. 에너지의 시간 평균값은 $\sum_n n\epsilon e^{-n\epsilon/k_BT}/Z$이다. $\alpha = \epsilon/k_BT$로 정의하면 합산이 더 간단해진다:

$$\langle E\rangle = \frac{\alpha k_B T}{Z}\sum_{n=0}^{\infty} n e^{-\alpha n}$$

이 합을 구하는 요령을 보이겠다(이 요령은 여러 가지 까다로운 합산에 쓸 수 있다.)

(a) $S_1 = \sum_n n e^{-\alpha n}$라고 하자. S_1을 어떤 다른 합인 S_2의 α에 대한 도함수로 나타내라.

(b) S_2는 "기하 급수"로서 각 항이 앞 항에 상수 r을 곱한 것이다. $|r| < 1$이면 무한 기하 급수의 합은 $a_1/(1 - r)$이다. a_1은 첫 항이다. 이 공식을 써서 S_2를 구하라.

(c) S_2를 미분하여 S_1을 구하라.

(d) 정규화를 하려면 $Z = \sum_n e^{-\alpha n}$이 필요하다. 이 합을 셈하여 Z를 구하라. **실마리:** 이 어려운 문제는 이미 풀었다.

(e) 모든 결과를 이용하여 $\langle E\rangle$를 구하라. α와 ϵ에 대한 공식을 넣어 답을 ω와 T로 나타내고, 바닥상태의 에너지 $(1/2)\hbar\omega$를 다시 더하는 것을 잊지 마라.

13. (11.3)에서 (11.4)를 구하는 단계를 채워라.

14. 비열에 대한 아인슈타인 공식 (11.4)의 $T \to \infty$의 극한을 구하라. (방법은 여러 가지이다.) 답이 물리적으로 왜 타당한지 설명하라.

15. 비열에 대한 아인슈타인 공식 (11.4)의 $T \to 0^+$의 극한을 구하라. **실마리:** 이 극한에서는 $(e^{T_E/T} - 1)$을 $e^{T_E/T}$로 바꿀 수 있다. 그 이유를 알겠는가?

16. 이 문제에서는 디바이 에너지 공식의 고온 및 저온 극한을 셈한 다음 이를 미분하여 해당 극한에서 디바이 열용량을 구한다. 시작점은 (11.5)이다.

(a) $T \gg T_D$의 극한에서 적분의 상한은 매우 작으며, 이는 x의 값이 매우 작음을 뜻한다. 작은 x에 대한 근사 $e^x \approx 1 + x$를 써서 적분을 단순화한 다음, 이를 구하여 E에 대한 고온 어림값을 구하라.

(b) (a)의 답을 써서 도함수 dE/dT를 구하여 열용량 C를 구한 다음, N으로 나누어 원자 열용량을 구하라. 그 다음에는 아보가드로 수 N_A를 곱하여 몰 열용량을 구하라. (**실마리:** $N_A k_B = R$.). 셈을 하지 않고도 답을 예측할 수 있었을까?

(c) 이제 극한 $T \ll T_D$를 살펴보자. 이 극한계에서 E가 T^4에 비례하며, 따라서 c는 T^3에 비례하는 이유를 설명하라.

17. (11.5)에서 시작하여, 디바이 모형을 써서 고체의 몰 열용량을 구하라. **실마리:** 새 변수 $u = T_D/T$를 정의하여 쓰면 좋다.

18. 탐구: 파동 방정식

디바이는 결정 격자를 결합된 조화 진동자 배열로 보았다. 격자 간격이 0에 가까워지는 극한에서 이러한 계는 고전적 "파동 방정식"을 따른다:

$$\frac{\partial^2 y}{\partial x^2} = \frac{1}{v^2}\frac{\partial^2 y}{\partial t^2} \quad \text{일차원 파동 방정식.} \quad (11.6)$$

더 단순하게는 기타 줄이 위아래로 진동한다고 상상하라. v는 특정 현에 대해서 상수이지만, 그 값은 현마다 다르다.

(a) 함수 $y(x, t) = x$가 (11.6)의 유효한 해임을 보여라.

(b) 함수 $y(x, t) = x^2$은 (11.6)의 유효한 해가 아님을 보여라.

(c) (a)와 (b)에 대한 답은 기타 줄의 가능한 거동에 대해 무엇을 시사하는가? **실마리:** 기타 줄을 원하는 모양으로 시작할 수 있다. 파동 방정식은 현이 처음에 어떤 모양이 될 수 있는지 또는 없는지를 알려주는 것이 아니라, 현이 어떻게 거동할지를 알려준다.

(d) 함수 $y(x, t) = A\sin(3x)\sin(3vt)$가 (11.6)의 유효한 해임을 보여라.

(e) 함수 $y(x, t) = A \sin(4x) \sin(4vt)$가 (11.6)의 유효한 해임을 보여라.

(f) 함수 $y(x, t) = A \sin(3x) \sin(4vt)$가 (11.6)의 유효한 해가 아님을 보여라.

(g) (d)와 (e)에 대한 답을 바탕으로, 파동 방정식의 일반해를 임의의 상수 k가 든 일반 함수로 나타내라.

(h) (g)에서 쓴 함수는 정상파인가, 진행파인가, 아니면 둘 다 아닌가?

(i) (g)에서 쓴 함수의 공간 진동수와 (시간) 진동수는 어떤 관계가 있는가?

(j) 특히 파장과 진동수의 관계를 눈여겨보고 위에서 얻은 결과가 본문에서 열거한 결정 격자 속의 포논의 특성을 어떻게 예측하는지 설명하라.

11장 요약

많은 분자가 모여 단단한 구조를 이루면, 그 물질의 특성은 개별 분자의 특성과는 상당히 다를 수 있다. 이렇게 큰 입자 무리에 대한 슈뢰딩거 방정식을 풀 수는 없지만, 양자역학의 원리를 써서 이러한 입자의 모형을 세우고 고체의 거동을 예측할 수는 있다.

11.1 결정

"결정"은 보석뿐만 아니라 분자가 규칙적으로 배열된 격자를 뜻한다. 식탁용 소금, 구리 및 기타 많은 고체는 스스로 결정 구조를 이루며, 그 거동의 대부분은 이러한 기하학적 구조에 따라 결정된다.

- 결정은 주요 원자 결합 메커니즘에 따라 크게 네 가지로 나눌 수 있다.
  - "이온 결정"은 양이온과 음이온의 인력으로 결합된다.
  - "공유 고체"는 공유 결합으로 결합된다.
  - "금속"에서는 원자마다 일부 전자가 떨어져 나가 양이온과 자유 전자가 된다. 양이온을 격자를 이루고, 자유 전자는 격자의 빈 공간을 기체처럼 자유롭게 다닌다. 금속에서 이 전자 기체와 양이온 격자는 정전기 인력으로 결합된다.
  - "분자 결정"은 원자가 아닌 분자의 격자이다.
- 고체의 많은 성질은 결정의 결합 메커니즘에 따라 대충 예측할 수 있다. 예를 들어, 이온 결정과 공유 결정은 대체로 금속보다 녹는점이 높고, 이는 다시 분자 결정보다 녹는점이 높은 경향이 있다.
- 결정의 "단위 세포"는 반복하여 전체 격자를 만들 수 있는 가장 작은 원자 무리이다.
- 흔한 구조에는 "면심입방" 격자(단위 세포는 정육면체의 꼭짓점과 각 면의 중앙에 있는 원자)와 "체심입장" 격자(정육면체의 꼭짓점과 중앙에 있는 원자 1개)가 있다.
- 고체의 "응집 에너지"는 고체를 원자로 분해하는 데 필요한 에너지이다. 이온 결정의 경우, 이 에너지에 들어가는 한 가지 요소는 이온 사이의 쿨롱 위치 에너지이다. 이 위치 에너지는 결정 내 이온의 기하학적 배열과 관련된 '마델룽 상수'에 비례한다.

11.2 띠 구조 및 전도

결정에서 전자가 쓸 수 있는 에너지 준위는 "띠"를 이룬다. 허용된 에너지 범위인 띠 속의 에너지 준위는 불연속적이 아니라 사실상 연속적이다. 그러나 이러한 허용된 띠와 금지된 띠가 번갈아 있다.

결정의 전기 전도도는 해당 띠 구조 안에서 전자가 있는 가장 높은 에너지 준위가 띠의 어디에 있는지에 따라 결정된다.

- 도체는 에너지가 가장 높은 전자가 띠의 일부만을 채우고 있어서, 그 띠 속의 전자는 외부 전기장에 의해 쉽게 들뜰 수 있다.
- 절연체는 전자가 든 가장 높은 띠가 가득 차 있고, 그 위의 띠 간격이 넓어서 외부 전기장을 어지간히 세게 걸어도 전자를 그 위의 빈 띠로 올릴 수 없다.
- 반도체도 전자가 든 가장 높은 띠가 가득 차 있지만, 그 위의 빈 띠 사이의 에너지 간극이 비교적 작다($\lesssim 2$ eV).

열전도에는 전자가 더 높은 에너지 준위로 들뜨는 것도 들어가므로 대개 좋은 전기 도체는 좋은 열전도체이며 그 반대의 경우도 대체로 성립한다.[16]

11.3 반도체 및 다이오드

순수한("진성") 반도체는 저항이 매우 크지만, 다른 원소를 조금 섞어 넣으면("도핑") 저항을 줄일 수 있다.

- 반도체에서 전자가 채워진 가장 높은 에너지 띠를 "원자가 띠", 비어 있는 가장 낮은 에너지 띠를 "전도 띠"라고 한다.
- 전도 띠에 전자를 주는 원자를 섞어 넣어 "n-형" 반도체를 만든다.
- 원자가 띠에 전자가 빈 상태("양공")를 만드는 원자를 섞어 넣어 'p-형' 반도체를 만든다.
- n-형 반도체와 p-형 반도체를 붙여 놓으면 전류가 한 쪽으로 훨씬 더 잘 흐르는 회로 소자인 "다이오드"가 된다.

이 절의 대부분은 극성이 반대인, 두 도핑된 반도체를 붙여두면 왜 일방성 회로 소자가 되는지를 설명하는 매우 미묘한 문제를 다룬다. 이 설명과 트랜지스터에 관한 다음 절에서 중요한 것은 전하를 운반할 자유 전자나 양공이 없는 p-n 접합 근처 영역인 "결핍 영역"이다.

11.4 트랜지스터

트랜지스터는 단자가 3개인 회로 소자이다. 이 단자 중 하나의 전압을 조금만 바꿔도 다른 두 단자 사이의 저항이 크게 변한다.

- "전계 효과 트랜지스터(FET)"에서는 전류가 n-형 또는 p-형 반도체 통로로 흐른다. 통로에 극성이 반대인 반도체를 붙이고, 전압을 걸어주면 결핍 영역이 넓어지거나 좁아지므로 통로

16 그렇지만 금강석과 같은 예외도 있다—옮긴이.

가 좁아지거나 넓어져 전류가 차단되거나 더 잘 흐른다.

- "논리 관문"은 컴퓨터 구성 소자로서 출력 단자 전압이 입력 단자 전압의 조합에 따라 달라진다. 예를 들어, AND 관문은 두 입력이 모두 높을 때만 출력 단자도 높다. 트랜지스터는 전류에 대해 전자식 켜짐/꺼짐 스위치 구실을 하므로 트랜지스터를 결합하여 다양한 논리 관문을 만들 수 있다.

11.5 결정은 왜 띠 구조를 갖는가?

금속의 에너지 준위가 "띠"를 이룬다는 사실은, 반도체를 유용하게 만드는 특성을 포함하여 금속의 많은 중요한 성질을 설명한다. 에너지 준위가 띠 구조가 되는 이유를 탐구하려면 양자역학으로 돌아가야 한다.

- 이 현상을 이해하는 한 가지 방법은 9장의 결합 및 반결합 상태에 대한 설명을 상기하는 것이다. 두 원자를 가까이 두면 전자의 에너지 준위가 갈라진다. 많은 원자가 전자를 공유할 때, 이러한 에너지 준위는 상태 밀도가 매우 높은 넓은 띠를 이루어 에너지 준위는 사실상 연속적이 된다.
- 같은 현상에 대한 또 다른 설명은 주기적 전위(예: 결정 격자)에서 전자의 파동 함수 거동을 분석하는 것이다. 간단한 예로 간격이 고른 무한히 많은 전위 장벽으로 꾸민 "크로니그-페니" 모형을 들 수 있다.

11.6 자성 물질

고체의 모든 원자는 전자의 궤도 운동과 스핀 때문에 작은 자석과 같다. 만일 이 작은 자석이 만드는 자기장의 크기가 모두 같지만 방향은 저마다 다르면, 고체 전체가 만드는 자기장은 없다. 그러나 등방성이 깨져 어느 한 쪽으로 집중되면 거시적 자성이 생긴다.

- "반자성"은 밖에서 거는 자기장에 대해 반대쪽으로 자기장을 만든다. 외부 자기장 속의 반자성체는 자기장과 나란한 전자와 반대인 전자의 수가 같지만, 반대인 전자는 나란한 전자보다 더 센 자기장을 만든다.
- "상자성"은 밖에서 거는 자기장을 강화한다. 상자성은 원자나 분자에 짝-없는 전자가 있어 고유 자기 모멘트를 가진 물질에서 생긴다. 외부 자기장은 이러한 원자 또는 분자의 일부를 자기장과 나란히 정렬시켜 나란한 자기 모멘트가 반대로 정렬된 것보다 더 많게 한다.
- 고유 자기 모멘트를 가진 원자나 분자는 반자성과 상자성을 모두 나타내지만, 후자가 전자보다 훨씬 강하기 때문에 알짜 효과는 외부 자기장을 강화한다. 고유 모멘트가 없는 원자는 반자성만 나타내므로 알짜 효과는 외부 장에 반대하는 것이다.
- "강자성"은 상자성처럼 외부 자기장을 강화하지만 그 효과가 훨씬 더 세다. 강자성체는 반자성체 및 상자성체와 달리 외부 자기장이 사라진 뒤에도 계속 자기장을 만든다. 이는 원자 또는 분자가 이웃 원자와 정렬 상태를 유지하기 때문이다.

11.7 열용량

10장에서는 계의 온도를 1도 올리는 데 필요한 에너지인 열용량을 도입했다. 이 절에서는 온도에 대한 열용량의 변화를 더 정확하게 예측할 수 있는 다양한 모형을 살펴본다.

- "둘롱-쁘띠 법칙"은 모든 온도에서 모든 고체에 대해 몰 열용량이 같아야 한다고 예측한다. 이는 순전히 고전적인 고체 모형과 통계 역학의 원리에 따른 것으로, 결정의 모든 원자는 삼차원에서 자유 진동할 수 있으며, 등분배 정리(10장)는 각 자유도에 열에너지를 할당한다.
- "열용량의 아인슈타인 모형"은 각 원자를 독립적인 양자역학적 조화 진동자로 본다. 고온에서는 결과가 고전적 버전과 크게 다르지 않다(대응 원리). 그러나 저온에서는 첫째 들뜬 상태조차도 에너지가 너무 커서 올라갈 수 없으므로 에너지 준위의 양자화가 중요해진다. 따라서 아인슈타인 모형은 몰 열용량이 고온에서는 거의 일정하지만 저온에서는 0에 가까워질 것으로 예측한다.
- "열용량의 디바이 모형"은 원자를 따로 진동하는 개체가 아니라 서로 연결된 개체로 보아 각 원자의 진동이 이웃 원자의 진동에 영향을 준다고 본다. 디바이 모형에서 들뜸 자유도는 개별 진동이 아니라 "포논"이라는 진행파이며, 아인슈타인 모형과 마찬가지로 디바이 모형도 열용량이 고온에서는 일정하고, $T \to 0$ 극한에서는 0을 예측하지만, 저온에서의 변화를 더 정확하게 설명한다.
- 위에서 설명한 세 가지 모형은 모두 결정 구조의 원자핵에만 초점을 맞춘다. 금속의 경우 아주 저온에서의 열용량에는 전자 기체도 기여한다. 이 기여도를 디바이 모형에 덧붙이면 열용량의 온도 변화를 매우 정확하게 예측할 수 있다.

12 원자핵

The Atomic Nucleus

작은 것에 관한 간략한 역사.

- 17세기와 18세기: 과학자들은 물질이 눈에 보이지 않을 정도로 작은 입자로 이루어져 있음을 이해하고, 이러한 입자의 본질과 특성을 파악하고자 여러 가지 기발한 실험을 고안했다. 지금 생각해보면 이 일의 대부분은 원자와 분자를 명확히 구별하려는 노력이라고 할 수 있다.
- 19세기 초: 아보가드로는 "기본(elementary) 분자"로 구성된 "화합물(compound) 분자"를 기술하면서 둘을 구별했다. 이후 수십 년 동안 원자가 분자를 만드는 방식을 설명하고자 점점 더 정교한 모형이 나타났는데, 기하학적 구조와 심지어 표기법까지도 오늘날 쓰는 것과 같은 것이 많다.

근본이라고 생각한 입자에 붙인 이름 "원자(atom)"의 뜻은 "쪼갤 수 없는 것"인데, 점점 더 잘 알게 되자 원자를 실제로는 쪼갤 수 있다는 사실이 드러났다.

- 1897: 1897년: 톰슨이 원자에는 음전하를 띤 매우 작은 전자가 들어 있음을 보였다.
- 1911: 러더퍼드는 원자의 양전하가 가운데 작은 곳에 모여 있음을 보였고, 이를 "핵"이라고 이름 지었다.

여기까지가 4장까지의 이야기이다. 이제 중요한 순간이 하나 추가된다.

- 1932: 채드윅(James Chadwick)이 중성자를 발견했다. 이것이 원자핵에 대한 현대적 그림을 꾸미는데 필요한 마지막 조각이다: 원자핵은 양전하를 띤 양성자와 전하를 띠지 않은 중성자가 빽빽하게 뭉친 것이다.

이 장에서는 원자핵의 구조와 거동을 살펴본다. 이 장 전체를 읽을 시간이 없다면 § 12.1의 개요를 파악하고 넘어가도 좋다. 그 뒤의 절에서는 원자핵의 구조, 모형, 반응에 대한 몇 가지 실험적 증거에 대해 설명한다. 13장에서는 한 계단 더 내려가 양성자와 중성자 속을 살펴본다.

12.1 핵 속에는 무엇이 있는가?

원자는 양성자와 중성자가 뭉친 작은 덩어리를, 전자가 멀리서 둘러싸고 있는 것이다. 7장과 8장에서는 전자가 들어갈 수 있는 에너지 준위, 준위 사이의 전이 등 전자에 관해 설명했다. 그러나 이러한 설명에서 원자핵은 원자의 중심에 있는, 양전하를 띤 "검은 통"으로 다루었다. 통 속에는 무엇이 있을까?

12.1.1 발견 연습: 핵 속에는 무엇이 있는가?

핵 속의 두 양성자는 10^{-15} m 떨어져 있다. 이들은 엄청난 전기력으로는 서로 밀어내지만, 그보다 더 센 "강한 핵력"으로 붙어 있다.

1. 두 양성자의 (양성) 위치 에너지의 크기를 구하라.
   다음을 보라:
   www.cambridge.org/felder-modernphysics/checkyourself, Check Yourself #21
2. 양성자가 결합하여 원자핵을 이루려면 방금 셈한 전기적 위치 에너지보다 절댓값이 더 큰 음성 위치 에너지가 있어야 한다. 이 숫자를 맥락에 맞게 설명하자면, 두 양성자의 전위는 수소 원자에 있는 전자의 결합 에너지인 13.6 eV의 몇 배나 될까?

12.1.2 설명: 핵 속에는 무엇이 있는가?

핵은 원자 중심에 있는, 양전하를 띤 양성자와 전하를 띠지 않은 중성자의 집합체이며 공 모양이 아니다. 각 "핵자"(양성자 또는 중성자)의 질량은 전자 질량의 약 2000배이다. 그러나 중성자 질량은 양성자보다 약 0.1% 더 크다.

핵은 세 가지 (관련) 숫자로 기술한다:

Z	원자 번호	양성자의 수
N	중성자 수	중성자의 수
$A = Z + N$	질량 수	핵자의 총 수

Z와 A는 가장 일반적으로 쓰는 양이므로 N 대신 $A - Z$를 쓸 때가 많다.

핵에 관한 주요 사실 몇 가지를 요약하면 다음과 같다.

- 핵의 총 전하량은 eZ이다. e는 양성자 한 개의 전하이다.
- 핵의 총 질량은 대략 m_pA이다. m_p는 양성자 질량이다. (결합 에너지—여러 핵자를 한 덩어리로 묶는 음성 위치 에너지—가 총 질량을 줄이므로 실제 질량은 이보다 조금 작다. § 12.3의 "반경험적 질량 공식"을 쓰면 더 정확한 질량 추정값을 얻는다.)
- 전형적인 핵 반지름은 1~10 "펨토미터(femtometer: fm)"(1 fm = 10^{-15} m)로, 전형적인 원자 반지름의 약 10^{-4}배이다.
- 전형적인 핵 밀도는 약 10^{17} kg/m^{3}이다. (밀도가 핵과 같은 물 200 cm^{3}는 에베레스트 산보다 더 무겁다.) 서로 다른 핵도 밀도는 대체로 비슷하므로 반지름은 $A^{1/3}$에 비례한다(문제 8).

20세기 초에 물리학자들은 모든 핵의 전하가 수소 원자 핵의 전하의 정수 배(Z)이며, 질량도 수소 원자 핵의 질량의 대략 정수 배임을 알았다. 이 "정수 규칙"은 양성자가 모든 핵을 이루는 기본임을 시사했다.

그러나 핵 속에 양성자만 있다면 A와 Z는 늘 같을 것이다. 거의 모든 원자핵에서 $A > Z$라는 사실을 어떻게 설명해야 할까? 뻔한 대답은 원자핵에 양성자 A개와 전자 $A - Z$개가 들어 있다는 것이다. 전자는 질량에는 거의 기여하지 않지만 총 전하를 줄인다. 그러나 전자가 핵에 갇혀 있으면 불확정성 원리에 어긋난다(문제 11). 게다가 이 모형은 측정된 스핀 값에 맞출 수 없었다(문제 3). 이러한 문제들은 1932년 채드윅이 중성자를 발견하면서 풀렸고, 오늘날 쓰고 있는 원자핵의 기본 그림이 나왔다: 양성자 Z개, 중성자 $A - Z$개, 전자는 없다.

특정 핵 또는 원자는 ${}^{A}_{Z}X$로 나타낸다. 예를 들면 산소는 다음과 같다:

${}^{17}_{8}\mathrm{O}$ 핵 속에 양성자 8개, 중성자 $17 - 8 = 9$개가 있는 산소.

(이 원자는 대체로 전자가 8개 있지만, 이 장에서는 그것은 다루지 않는다). 원소는 양성자의 수로 정의됨을 기억하라. 따라서 산소 O는 $Z = 8$을 뜻하므로 Z는 빼고 간단히 ${}^{17}\mathrm{O}$로 나타내기도 한다.

원소를 정의할 때 왜 양성자만을 기준으로 할까? 원자 번호는 원소의 화학적 성질을 결정하기 때문이다. 수소 원자(${}^{1}\mathrm{H}$)에 중성자를 하나 더 주면 애초의 원자와 동일한 방식으로 결합하는 "중수소"(${}^{2}\mathrm{H} = {}^{2}\mathrm{D}$)라는 더 무거운 원자가 생긴다. 이 두 원자는 결합하여 수소 분자(D-H)가 되거나 산소와 결합하여 물 분자["중수(heavy water)"]가 될 수 있다.

따라서 원자 번호는 같지만 질량수가 다른 원자는 다른 원소가 아니라 같은 원소의 다른 "동위원소(isotope)"—주기율표에서 같은 곳에 있는 원소—라고 한다. 예를 들어, ${}^{16}_{8}\mathrm{O}$와 ${}^{26}_{8}\mathrm{O}$는 모두 산소의 동위원소이다. 전자는 안정된 동위원소이고, 후자는 불안정한 "방사성(radioactive)" 동위원소로서, 생기자마자 다른 핵으로 붕괴한다. (산소의 동위원소 범위는 $A = 11$에서 26까지이지만 16–18만이 안정적이다.)

"핵종(nuclide)"이라는 말은 특정 원소의 특정 동위원소를 뜻한다: ${}^{16}_{8}\mathrm{O}$, ${}^{17}_{8}\mathrm{O}$, ${}^{12}_{6}\mathrm{C}$는 모두 다른 핵종이다.[1]

"강력"(또는 "핵력")

원자핵 속의 양성자들은 가까운 있어 서로 밀어내는 전기력이 아주 세다. 그 핵 속의 양성자와 중성자는 대체로 "강력" 또는 "핵력"이라고 부르는 더 센 힘에 붙잡혀 있다.

여기서 아마도 정전기력의 공식 $F = kq_1q_2/r^2$에 해당하는 강력에 대한 식이 나오기를 기대할 것이다, 이 힘에 대한 그런 공식은 없지만 정성적으로 설명할 수는 있다.

비유로서 전기력은 어떻게 정성적으로 설명할 수 있을까? 같은 전하는 서로 밀어내고, 반대 전하는 서로 끌어당기고, 전하가 없는 입자는 힘을 주지도 받지도 않는 등 어떤 입자가 영향을 받는지 설명하는 것으로 시작할 수 있다. 그런 다음 두 양성자의 위치 에너지를 거리의 함수로 나타낸 그림 12.1을 보여줄 수 있다.

---

1 엄밀히 말하면, 이들의 바닥상태의 핵마다 한 가지 핵종이다. 들뜬상태의 핵은 다른 핵종이다.

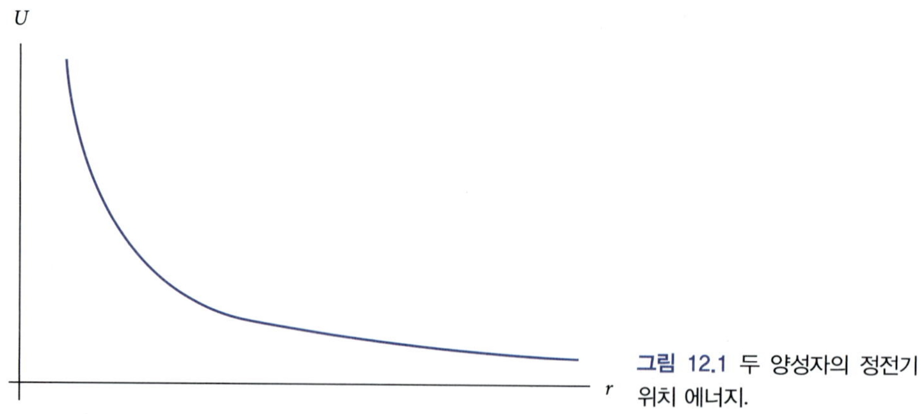

그림 12.1 두 양성자의 정전기 위치 에너지.

그림 12.1을 보면 특정 값이 없어도 두 양성자는 늘 멀어지려고 하며, 이 힘은 가까워질수록 세짐을 알 수 있다. 전기력은 거리에 따라 충분히 천천히 약해지므로 ($F \propto 1/r^2$) 거시적 규모에서도 상당한 영향을 주는 "장거리 힘"이라고 한다.

강력을 비슷한 방식으로 설명하려면 먼저 두 양성자, 두 중성자 또는 양성자와 중성자는 같은 힘을 주고받는다고 하자. 전자는 강력을 주지도 받지도 않는다.

그림 12.2에서 보듯이, 핵자가 주고받는 강력은 거리에 따라 지수적으로 약해지는 "단거리 힘"이며, 약 2 fm를 넘으면 실질적으로 무시할 수 있다. 2 fm 미만의 거리에서는 핵자 간의 인력이 같은 거리의 양성자간의 전기력의 약 100배로 더 강해서 핵자를 서로 붙잡아 둘 수 있다. 그러나 약 0.5 fm 미만의 거리에서는 강력이 반발력으로 바뀌므로 어떤 원자핵도 폭 1~2 fm의 영역 안으로 붕괴되지는 않는다.

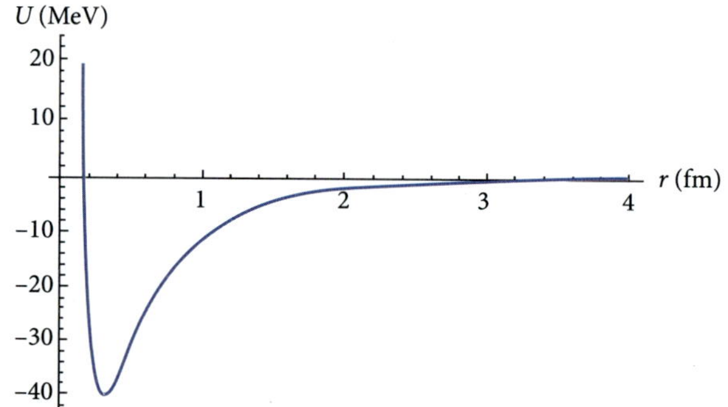

그림 12.2 두 핵의 강력 위치 에너지의 대략적인 모형.

13장에서는 모든 힘이 '힘 전달자'의 생성과 파괴로 인해 생기는 모형을 논의할 것이다. 이 장에서는 이 모형을 논의하지 않겠지만, 문제 12에서 이 모형을 핵력에 어떻게 쓰는지 살펴볼 수 있다.

분리 에너지

원자핵 속의 핵자는 거리 ~0.5 fm 이하에서의 핵자간 반발력 때문에 평균 거리 약 1.2 fm를 유지한다. 이 사실과 핵력의 인력의 짧은 범위(~2 fm)를 생각하면 핵력은 '포화'된다—핵 속의 각 핵자는 바로 옆의 핵자의 힘만 느낀다.

따라서 원자핵에 핵자를 더 넣으면 각 핵자가 받는 평균 힘은 거의 변하지 않는다. 포화는 모든 핵의 밀도가 실질적으로 같은 이유를 설명한다; 핵자간 거리를 약 1.2 fm로 유지시키는 힘의 균형을 결정하는 것은 핵자의 수가 아니라 각 핵자가 바로 옆의 핵자와 상호작용하는 방식이다.

어떤 핵자가 약 1.2 fm 떨어진 다른 핵자로 둘러싸여 있으면 알짜 힘을 거의 느끼지 못한다. 그러나 원자핵의 가장자리에 있는 핵자는 한쪽은 센 인력을 받지만 반대쪽은 아무 힘도 받지 않는다. 그래서 핵자가 받는 핵력의 모형은 대략 유한 사각 우물로 잡을 수 있다(그림 12.3). 각 핵은 핵 속에서는 자유롭게 움직이지만 표면에서는 높은 전위 장벽을 느낀다. 이 우물의 깊이는 일반적으로 수십 MeV이다.

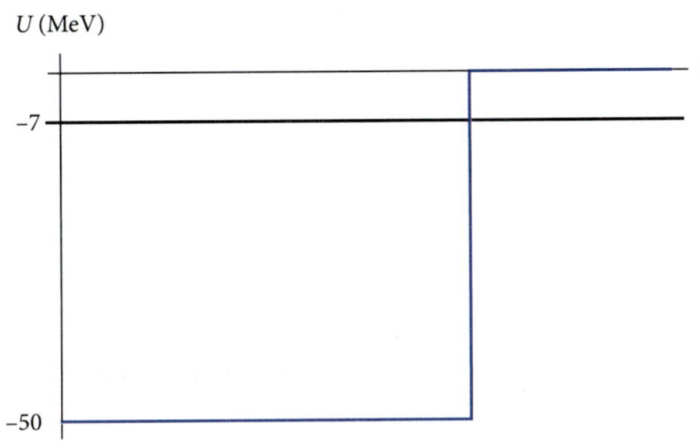

그림 12.3 전형적인 원자핵 속의 핵자가 느끼는 전위 우물. $E \approx -7$ MeV의 선은 핵자가 있는 가장 높은 에너지 준위를 나타내며, 이는 대부분의 원자핵에서 핵을 떼어내려면 약 7 MeV의 에너지가 필요함을 뜻한다. 안정된 핵에서는 양성자와 중성자에 대해 이 선이 거의 같다.

양성자가 핵을 벗어나는 데 필요한 에너지는 양성자가 있는 가장 높은 에너지 상태와 우물 꼭대기의 간격이다. 이것이 "양성자 분리 에너지(proton separation energy)"이다. 중성자에서 대응되는 에너지 간격은 "중성자 분리 에너지(neutron separation energy)"이다. 각 에너지는 전형적으로 약 6~8 MeV이다. 이에 비해 전자가 원자를 벗어나는 데 필요한 이온화 에너지는 전형적으로 수십 eV이다.

결합 에너지와 안정성

핵의 결합 에너지 B는 결합 상태(원자핵)와 비결합 상태(모든 구성 핵자가 서로 멀리 떨어져 있는 상태)의 에너지 차이이다. 결합 에너지가 클수록 핵은 더 안정적이다. 더 구체적으로, 핵은 핵자당 결합 에너지 B/A가 가장 높은 조합으로 배열되는 경향이 있다.

그림 12.4는 갖가지 질량 수에 대한 B/A 값의 변화를 보여주고, 그림 12.5는 원자 번호별 안정 동위 원소와 불안정 동위 원소를 보여준다. 이 장의 대부분은 이 두 그림의 정보를 중심으로 구성된다: § 12.3에서는 결합 에너지를 설명하고 예측하는 데 쓸 수 있는 모형을 제시하고, 뒷 절에서는 이러한 에너지 차이에서 생기는 핵 반응을 설명한다. 그래서 이 두 그림을 다음 웹사이트에 올렸는데, 이 장을 읽으면서 참고하면 편리할 것이다: www.cambridge.org/felder-modernphysics/figures.

그림 12.4에 익숙해지려면 다음 사항을 눈여겨 보라:

- 위에서 강조했듯이 그림 12.4는 총 결합 에너지가 아니라 핵자당 결합 에너지를 보여준다. B/A 값이 클수록 원자는 안정되는 경향이 있다. (B/A 값이 상대적으로 작은 원자 모음을 가져와서 B/A가 더 큰 원자로 재구성하면 알짜 에너지가 방출된다).
- 탄소부터 시작하면 이 양은 크게 달라지지 않는다: $Z \geq 6$인 원자의 B/A는 대략 8 MeV이다. 이는 전형적인 핵자는 바로 옆의 핵자와만 상호작용하므로 전체 원자핵에 핵자를 더 넣어도 기존 핵자에는 큰 영향이 없다는 점을 고려할 때 사리에 맞다.

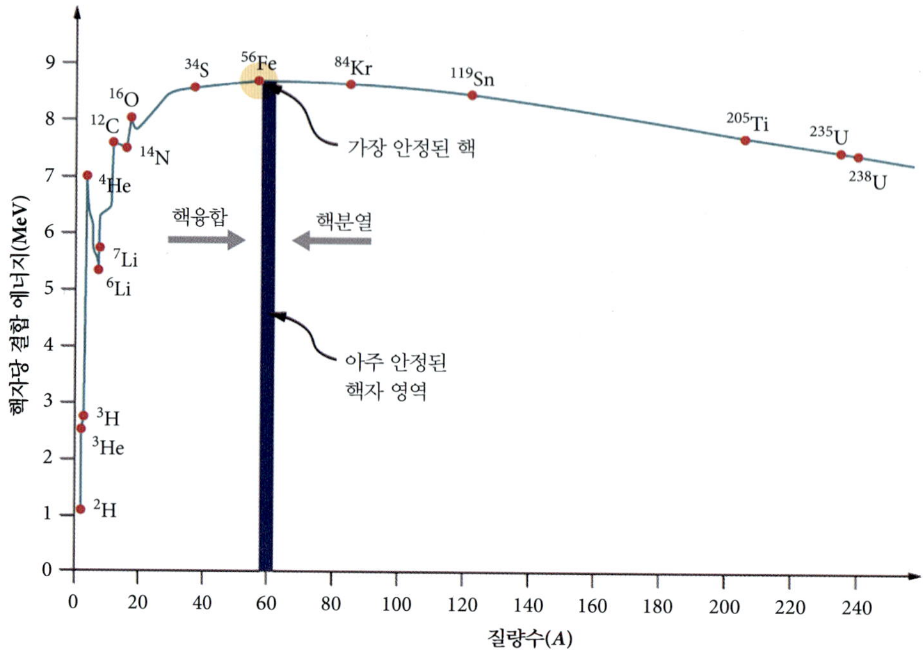

그림 12.4 핵자당 결합 에너지(B/A)의 질량수(A)에 대한 변화

- 탄소 아래에서는 B/A가 급격히 떨어진다. 이는 핵의 가장자리 근처에 있는 핵이 내부 핵보다 이웃이 적고 따라서 결합 에너지가 적으므로 사리에 맞다. 아주 작은 핵의 경우 대부분의 핵자가 가장자리에 있다.
- B/A의 값은 대체로 커지다가 줄며(몇 가지 눈에 띄는 예외를 빼고) 철 주변에서 봉우리에 이른다. (가장 안정적인 핵종은 ${}^{62}_{28}\mathrm{Ni}$이지만, 우주에서 대부분의 중원소를 생성하는 별의 생성 과정에서는 ${}^{62}_{28}\mathrm{Ni}$가 거의 생기지 않는다. 따라서 자연에서 전형적으로 발견되는 가장 안정적인 핵종은 ${}^{56}_{26}\mathrm{Fe}$이다. 그래서 많은 문헌에서 철을 가장 안정적인 원소라고 말한다.)
- 이 장의 뒷부분에서 핵융합과 핵분열을 설명하겠지만, 가장 중요한 통찰력은 이 그림에서 얻을 수 있다. $Z < 26$인 원자가 결합(융합)하여 철 쪽으로 원자 번호가 커지면 에너지를 방출한다. $Z > 26$인 원자가 쪼개져(핵분열) 철 쪽으로 원자 번호가 줄면 에너지를 방출한다.
- 끝으로 뾰족한 봉우리를 눈여겨 보라. 산소나, 특히 헬륨과 같은 핵은 부드러운 곡선이 예측하는 것보다 더 안정적이다. 물리학자들은 이를 "마법 수(magic number)"라고 하는데, Z 또는 N이 2, 8, 20 또는 그보다 큰 특정 값이면 결합 에너지가 비정상적으로 커진다. 뒤에 설명할 핵의 "껍질 모형"은 불활성 기체를 완전히 채워진 전자 껍질로 설명할 수 있듯이, 이러한 마법 수를 완전히 채워진 핵 껍질로 설명할 수 있음을 알게 될 것이다.

그림 12.5는 안정된 핵(파란색)을 만들거나, 불안정한 핵(녹색)을 만들거나, 아예 생기지 않는(흰색) 양성자와 중성자의 조합을 보여준다. 예를 들어, 도표를 잘 보면 도표에서 세로로 가장 긴 파란 선이 $Z = 50$에 있다. 이는 안정된 동위원소가 가장 많은 원소가 주석임을 알려주는데, 그 이유는 50이 위에서 말한 "마법 수" 중 하나이기 때문이다. (사실 주석은 안정된 동위원소가 ${}^{132}_{50}\mathrm{Sn}$을 포함하여 10개인데, 도표에 녹색으로 표시된 불안정한 동위원소도 29개 있다).

질량이 매우 작은 원자의 경우, 안정된 핵은 양성자와 중성자의 수가 균형을 이루는 경향이 있

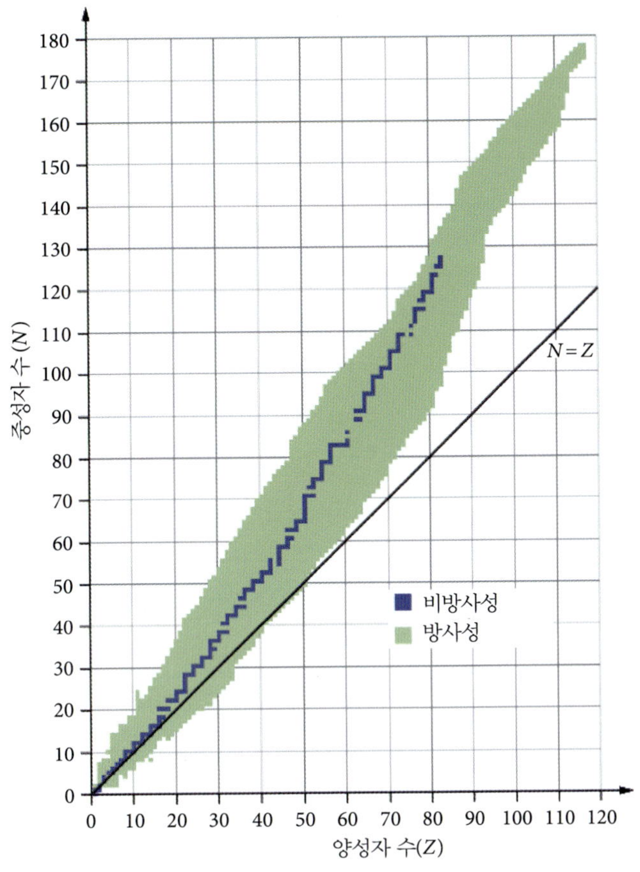

그림 12.5 "안정성 곡선." 안정적인 핵종은 파란색, 불안정한 핵종은 녹색이다. 흰색 영역에는 핵이 존재할 수 없다.

다. (이들은 $N = Z$선 위 또는 그 근처에 있다.) Z가 커지면 양성자보다 중성자가 더 많은 경향을 보인다. 이는 양성자가 더 많아지면 집단적 전기적 반발력이 더 세지므로 더 많은 중성자의 강한 인력으로 균형을 맞추지 않으면 핵이 불안정해질 수 있기 때문이다.

각운동량과 스핀

핵 내부의 각운동량 이야기는 원자 내부의 이야기와 매우 비슷하다.

- 각운동량의 원천은 두 가지다: 원자핵 내부의 핵자의 궤도 운동과 핵자의 고유 스핀이다 (다소 헷갈리게도 "스핀"이라는 말을 종종 핵 내부에서 이 두 가지 효과의 합을 지칭하는 데도 쓰지만, 전자에 대해서는 고유 스핀에만 쓴다).
- 양성자와 중성자는 전자와 마찬가지로 스핀을 재는 축에 대해 고유 스핀 $s = (1/2)\hbar$가 있다. 따라서 원자핵의 고유 스핀은 A가 짝수이면 $\hbar$의 정수 배, 홀수이면 반홀수 배이다.
- 핵의 스핀이 반홀수라면 그 핵은 페르미온이므로 파울리 배타 원리를 따름을 뜻한다. 그러나 이 원리는 같은 입자에만 적용됨을 기억하라. 따라서 각 중성자는 핵의 다른 모든 중성자가 없는 양자 상태를 채울 수 있지만 양성자는 그 영향을 받지 않으며 그 반대의 경우도 마찬가지다.
- 원자의 총 에너지는 핵의 자기 모멘트가 전자의 자기 모멘트와 나란하면 줄고, 반대이면 커진다. 이 아주 작은 효과가 "초미세 갈라짐"이며, 외부 자기장 속에서는 핵 제이만 효과도 생긴다.

12.1.3 물음과 문제: 핵 속에는 무엇이 있는가?

개념 물음 및 개념시험

1. 다음 각 용어를 간단히 정의하라.
- **(a)** 원자 번호
- **(b)** 질량 수
- **(c)** 펨토미터
- **(d)** 동위원소
- **(e)** 불안정(또는 방사성) 동위원소
- **(f)** 핵종
- **(g)** 포화
- **(h)** 양성자 분리 에너지
- **(i)** 핵의 결합 에너지

2. 양성자 8개와 중성자 9개로 된 산소를 ${}^{17}_{8}\mathrm{O}$로 나타낸다. 중성자가 143개인 우라늄을 나타내는 표기법을 써라.

3. 중수소, 즉 "무거운 수소"의 핵은 전하량은 일반 수소 핵(${}^{1}_{1}\mathrm{H}$)과 같지만 질량은 두 배이다.
- **(a)** 원자핵의 초기 모형에는 양성자와 전자만 들어 있었다. 이 모형은 중수소 핵에서 각각 몇 개가 있을 것으로 예상하는가?
- **(b)** 측정된 중수소 핵의 총 스핀은 1이다. 이것이 양성자-전자 모형과 맞지 않는 이유를 설명하라.
- **(c)** 중수소에서 잰 전하, 질량 및 스핀을 적절한 수의 양성자와 중성자가 어떻게 낼 수 있는지 설명하라.

4. 그림 12.2는 가까이 있는 두 핵자의 위치 에너지 곡선이 $r \gtrsim (1/2)$ fm이면 위로 올라가지만, r-값이 그 보다 작으면 아래로 내려감을 보여준다. r이 0에 가까워질 때 이 곡선이 ∞로 올라가지 않고 $-\infty$를 향해 계속 내려간다면 핵은 어떻게 거동할까?

5. 왜 그림 12.5의 $N = Z$선 아래에는 어떤 종류의 핵, 특히 안정된 핵이 거의 없는가?

6. 각 핵자는 바로 옆 핵자의 에너지만 낮추기 때문에 핵자당 결합 에너지는 대략 8 MeV에서 일정하게 유지된다(그림 12.4 참조). 이 논증에 따르면, A의 값이 매우 작을 때 왜 B/A가 그렇게 낮은가?

문제

7. 꼬마 똘똘이가 새로운 어린이용 원자핵 만들기™ 꾸러미를 가지고 놀고 있다. 그 꾸러미에는 양성자 3개와 중성자 3개가 들어 있다. (이 문제를 풀 때 그림 12.4를 보라.)
- **(a)** 똘똘이가 중수소 핵 ${}^{2}_{1}\mathrm{H}$ 세 개를 꾸미면 에너지가 얼마나 나오는가?
- **(b)** 똘똘이가 리튬 핵, ${}^{6}_{3}\mathrm{Li}$ 하나를 꾸미면 에너지가 얼마나 나오는가?
- **(c)** 똘똘이의 꾸러미에 수천 개의 양성자와 중성자가 있고 최대한 많은 에너지를 내고 싶다면, 어떤 원소를 가장 많이 만들어야 할까?

8. 모든 핵이 완벽한 공이고, 핵 질량이 그 공 전체에 고루 퍼져 있으며, 크기와 무관하게 모든 핵의 밀도가 똑같다 하자. (이 세 가정 중 어느 것도 완벽하게 맞지는 않지만, 모두 얼추 맞다.)
- **(a)** 이 가정이 $R = km^{1/3}$의 관계로 이어짐을 보여라. R은 핵의 반지름, m은 질량이며, k는 모든 핵에 대해 같은 상수이다.
- **(b)** 이 식이 왜 $R = R_0Z^{1/3}$이나 $R = R_0N^{1/3}$이 아니라 $R = R_0A^{1/3}$을 뜻하는지 설명하라.
- **(c)** 상수 R_0의 단위는 무엇인가?
- **(d)** 우라늄 핵의 반지름은 대략 5.9 fm이다. 이 사실을 써서 R_0의 어림값을 구하라.
- **(e)** 핵 반지름의 질량 수에 대한 변화 곡선을 그려라. 전체적인 모양이 정확해야 하며, 가장 작은 값(${}^{1}_{1}\mathrm{H}$)과 가장 큰 값을 구해야 한다(더 무거운 원자핵이 합성되었지만 천연 원소인 ${}^{238}_{92}\mathrm{U}$에서 끊는 것이 합리적이다).

9. 두 양성자는 서로 전기력($U = ke^2/r$)으로 밀어내고 강력으로 끌어 당긴다(그림 12.2).
- **(a)** $0 < r \leq 3$ fm 영역에서 총 위치 에너지의 거리에 대한 변화 곡선을 그려라. 도표는 정량적으로 정확하게 추론할 수 있어야 하므로 전기 상수 k와

양성자 전하 e의 값을 찾아봐야 한다 (단위에 주의하라!).

(b) 처음에 거리 4 fm에 서 있던 두 양성자가 **고전적으로는** 핵융합할 수 없는 이유를 설명하라.

(c) 이제 양자 터널링으로 두 양성자가 융합할 수 있다고 하자. 그렇게 된다면, 에너지가 얼마나 많이 나올까?

(d) 그 에너지가 광자 하나로 나온다면, 그 광자는 전자기 스펙트럼에서 어디에 있을까?

10. 두 양성자가 1 fm 떨어져 있다면, 총 위치 에너지의 대략 몇 퍼센트가 중력 에너지인가? **실마리:** 강력의 위치 에너지는 그림 12.2를 써서 추정할 수 있다.

11. 20세기 초 물리학자들은 핵을 Z개의 양성자와 $A - Z$개의 전자의 집합으로 상상했다. 이 "양성자-전자 모형"에서 전자는 핵 속에 갇혀야 하므로 불확정성 원리와 어긋난다. 예를 들어, $^4_2$He를 생각해 보자. 이 원자핵의 폭, 따라서 이 핵 속에 갇힌 입자의 위치의 최대 불확정성은 대략 1 fm = 10^{-15} fm이다.

(a) 이러한 전자의 운동량의 최소 불확정성을 셈하라.

(b) 방금 셈한 운동량에 대해 비상대론적 어림법이 맞지 않음을 보여라.

(c) 따라서 상대론 방정식을 써서, 그 운동량을 가진 전자는 쿨롱 힘으로는 핵 속에 갇힐 수 없음을 보여라. **실마리:** 전자의 탈출이 아니라 갇히는 데 필요한 조건을 생각해라.

12. 탐구: 양성자 교환으로서의 핵력

양자장 이론에서 힘은 입자 교환으로 본다. 예를 들어, 양성자와 전자의 전자기력은 각 입자가 내는 광자를 다른 입자가 흡수하여 생긴다. 두 핵의 인력은 "파이온"이라는 입자가 매개한다고 믿는다. 시간-에너지 불확정성 원리를 써서 양성자의 질량을 바탕으로 핵력의 짧은 범위를 설명할 수 있다.

(a) 양성자의 정지 에너지는 약 140 MeV이다. 파이온의 짧은 수명을 에너지 흔들림 ΔE로 본다면, 시간-에너지 불확정성 원리에 따르면 파이온이 존재할 수 있는 최단 시간은 얼마인가?

(b) (a)에서 셈한 시간 동안 파이온이 존재할 때, 갈 수 있는 가장 먼 거리는 얼마인가?

(c) 두 핵자의 단거리 반발력은 또 다른 입자가 매개할 수 있다고 추측한다. 그 입자는 양성자보다 더 무거울까, 더 가벼울까? 설명하라.

(d) 이 문제에서 이러한 논증은 왜 전자기력의 범위를 제한하지 않을까?

13장에서는 강력을 글루온의 관점에서 설명하는 더 근본적인 방법을 살펴본다.

12.2 핵의 속성에 관한 실험적 증거

이 절에서는 § 12.1의 정보를 결정하고 검증하는 모든 증거를 늘어놓지는 않는다. 그러나 중요한 역사적 실험을 살펴보고, 크기가 100조 분의 1 m(10 fm) 이하인 물체에 대한 모든 것을 어떻게 재고 결론을 내릴 수 있는지를 설명한다.

12.2.1 발견 연습: 핵의 속성에 관한 실험적 증거

러더퍼드 산란

4장에서 러더퍼드의 원자핵 발견을 설명했다. 간단히 되새기면, 러더퍼드는 고에너지 알파 입자(지금은 $^4_2$He 핵이라고 부른다)를 얇은 금박에 쏘았다.[2] 전자는 너무 가벼워 알파 입자를 밀어내지 못하므로 알파 입자가 큰 각도로 편향된 것은 금 원자의 양전하 때문일 것으로 추정된다. 당시 널리 퍼져 있던 원자의 "콩떡" 모형에서는 원자 속에 양전하와 음전하가 원자 전체에 고루 섞여 퍼져 있을 것으로 생각했다. 그렇다면 알파 입자의 편향이 매우 작았을 것이다.

그러나 러더퍼드는 산란된 알파 입자 중 적지만 무시할 수 없는 일부가 큰 각도로 되튀는 것을 발견했으며, 이는 원자의 질량과 양전하가 중앙의 작은 영역에 모여 있음을 시사한다. 물론 지금은 그 영역을 원자핵이라고 부른다.

알파 입자의 초기 운동 에너지와 금박의 단위 부피당 표적 핵의 수를 알면 알파 입자가 핵에 대해 정해진 거리 안을 지나갈 확률을 셈할 수 있다. (금박 표적의 경우 알파 입자 하나가 두 핵을 가까이 지날 확률은 무시할 수 있다.) 그리고 알파 입자가 핵에 근접하는 거리에 따라 편향 각도를 예측할 수 있다. 이 모든 것을 모아 러더퍼드는 원자의 핵 모형을 기반으로 특정 각도로 편향되는 알파 입자의 비율을 셈하는 "러더퍼드 산란 공식"을 만들었다.

러더퍼드 공식은 1911년에 처음 실시한 금박 실험에서 자료와 완벽하게 맞았다. 1919년에는 알루미늄 표적으로 실험을 반복했다. 이 공식은 저에너지 알파 입자에 대해서는 잘 맞았지만, 고에너지 입자에 대해서는 결과가 그의 예측과 크게 달랐다. 그는 알파 입자 중 일부가 핵 내부를 관통했기 때문이라고 정확하게 추론했다.

능동 읽기 연습: 핵의 유한한 크기

러더퍼드 산란 공식은 핵을 점으로 본 것이다. 이 모형은 알파 입자가 핵 밖에 있는 한 잘 맞는데, 구형 전하가 주는 힘은 전하가 모두 중심에 있을 때와 같기 때문이다. 그러나 가장 가까운 접근 거리가 핵의 반지름보다 작으면 러더퍼드의 공식은 맞지 않는다.

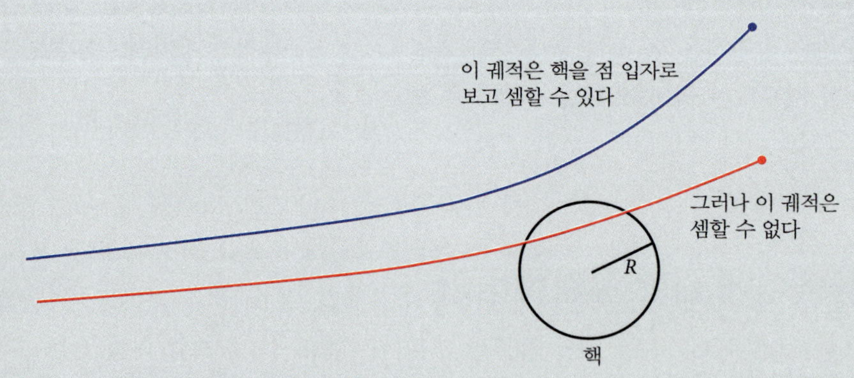

이 그림의 빨간 궤적의 경우, 러더퍼드의 공식이 예측하는 편향각은 더 클까 더 작을까?

알루미늄에 쏜 고에너지 알파 입자의 경우 러더퍼드의 공식이 예측한 편향각은 너무 컸다. 그 이유는 알파 입자가 핵을 지날 때 받는 알짜 힘은 모든 전하가 중심에 있을 때보다 더 작기 때문이다. 이러한 불일치 때문에 러더퍼드의 1919년 실험에서는 큰 각도로 편향된 산란입자가 모형이 예

2 엄밀히 말하면 그의 제자인 가이거(Johannes Wilhelm Geiger)와 마르스덴(Ernest Marsden)이 알파 입자를 쏘았지만, 러더퍼드가 실험을 지시했다고 확신한다.

측한 것보다 더 적게 나왔다.

이후 실험을 통해 갖가지 표적 핵에 대해 러더퍼드의 산란 공식에서 벗어난 편차를 확인할 수 있었다. 그림 12.6은 1954년 파웰(George Farwell)과 웨그너(Harvey Wegner)가 잰 은(Ag) 및 납(Pb) 핵에서의 알파 입자의 산란을 보여준다. 가로축은 알파 입자 에너지, 세로축은 60°로 편향된 알파 입자의 수에 비례한다. 저에너지의 경우, 핵의 $-k/r$ 전위에 대한 러더퍼드의 공식이 완벽하게 맞다. 고에너지에서는 이 큰 각도에서의 산란율이 공식의 예측 값보다 훨씬 작다.

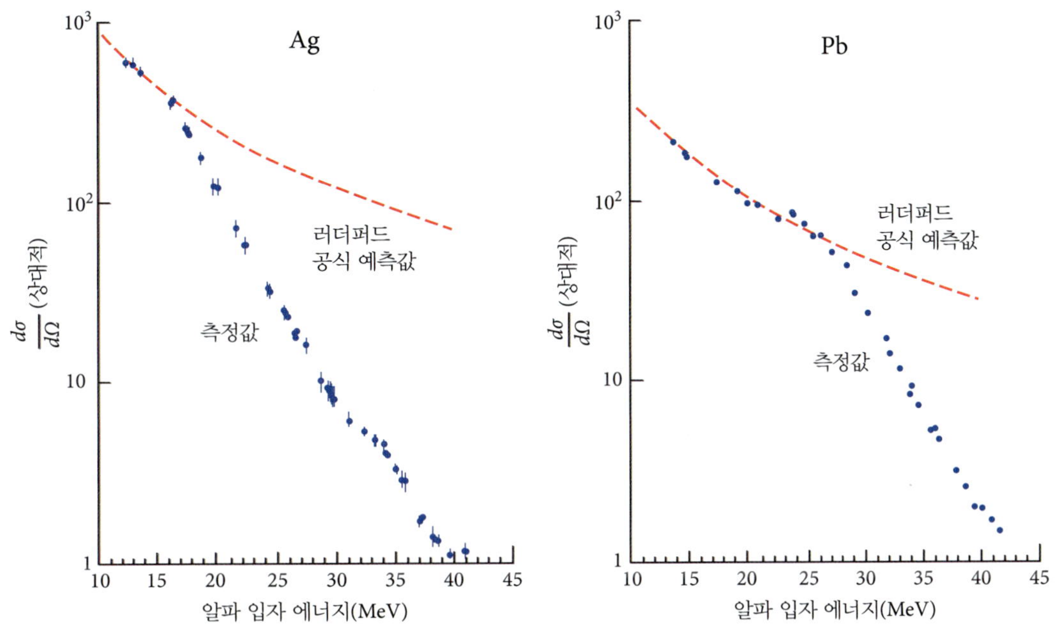

그림 12.6 은과 납 핵에서 60°로 산란되는 알파 입자의 수의 알파 입자의 에너지에 대한 변화. 고에너지에서 관찰된 값은 러더퍼드 공식의 예측보다 훨씬 작다.

이 편차가 시사하는 바를 알겠는가? 정해진 알파 입자 에너지에 대해 핵에 가장 가깝게 가는 거리를 셈할 수 있다. 각 표적 핵에 대해 러더퍼드 공식이 맞지 않는 알파 입자 에너지는 알파 입자가 핵 내부를 관통하는 깊이를 알려준다. 즉, 이러한 측정값을 통해 각 핵의 반지름을 추정할 수 있다. 파웰과 웨그너는 갖가지 원소의 핵 반지름이 대략 10 fm임을 발견했다.[3]

핵 반지름을 재는 다른 방법도 여러 가지 있다. 아래에서는 회절 방법을, 문제 8에서는 매우 다른 기법을 설명한다. 이 방법으로 얻는 답은 모두 일관되게 $R = R_0A^{1/3}$, $R_0 = 1\sim5$ fm이다. 이 값의 범위가 넓다는 것은 "핵 반지름"이 정확히 정의된 개념이 아니라는 사실을 나타낸다.

전자 산란

1953년 호프스태터(Robert Hofstadter)는 러더퍼드의 실험과 매우 유사한 실험을 하여 핵에 의한 산란을 쟀다. 하지만 호프스태터는 알파 입자가 아닌 전자 빔을 썼다. 전자를 쓰면 두 가지 주요 이점이 있다. 첫째, 전자는 강한 핵력을 받지 않으므로 전자가 핵을 관통할 때 전자기력만 받으므로 훨씬 단순하다. 둘째, 알파 입자 속의 양성자와 중성자가 교란되면 복잡한 내부 동역학이 생기

3 이 결과의 해석은 알파 입자의 반지름에 대한 가정이 들어가므로 다소 복잡하다.

지만, 전자는 점 입자이므로 그러한 복잡성을 피할 수 있다.

러더퍼드가 알파 입자 산란을 분석했을 때 알파 입자를 고전적으로 다룰 수 있었다. 그러나 호프스태터의 실험에서는 훨씬 더 가볍고 에너지가 높은 전자가 파동성을 보였다. 고에너지 전자를 표적에 쏘면 각 핵은 작은 원형 산란면처럼 작용하여 홑 실틈 회절과 본질적으로 같은 무늬를 만든다. 예를 들어, 그림 12.7의 산란 자료는 산란된 전자의 수(세로축)를 산락각(가로축)의 함수로 보여준다. 자료는 특정 각도에서 소멸 간섭으로 인해 산란된 전자가 매우 적은 구덩이가 생김을 보여준다.

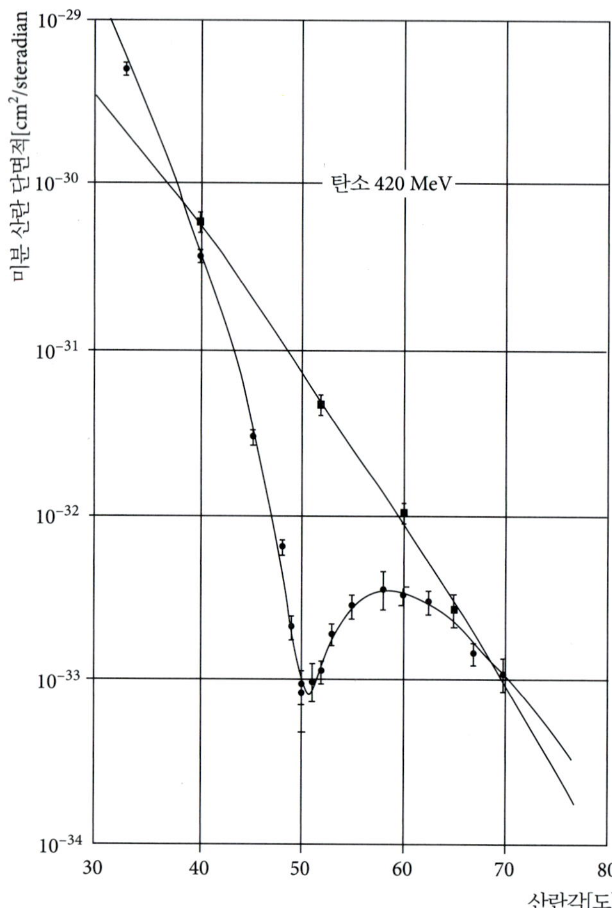

그림 12.7 ^{12}C 핵에 의한 420 MeV 전자의 미분 산란 단면적. 가로축은 산란각, 세로축은 그 각도로 산란된 전자의 수에 비례한다. 50°에 있는 구덩이는 회절 마디이다. (대략적인 선형 곡선은 여기 내용과 무관한 비탄성 산란에서 비롯된 것이다.)

호프스태터는 회절을 관찰하기 위해 파장이 핵의 크기와 비슷한 전자가 필요했다. 위에서 말한 전자의 장점에도 불구하고 전자는 질량이 작아서 드 브로이 파장이 상대적으로 길기 때문에 호프스태터는 입자 가속기를 써서 전자의 에너지를 수백 MeV까지 올려야 했다. (러더퍼드의 알파 입자가 약 7 MeV인 것과 비교하라.)

기억하겠지만 — 기억나지 않는다면 부록 E에 있다 — 회절 마디는 $\sin\mu\phi = n\lambda/w$로 정해진 각도에서 생긴다. 전자의 드 브로이 파장을 넣으면 첫째 마디($n = 1$)에 대해 ϕ를 재어 핵의 지름 w를 풀어낼 수 있다(문제 4 참조). 호프스태터는 전자 산란 연구로 1961년에 노벨상을 받았다.

전자 회절 무늬를 자세히 살펴보면 핵의 지름을 잴 수 있을 뿐 아니라 전하 밀도가 핵 전체에 매우 고르게 퍼져 있음을 알려준다. 이것은 양성자 자체가 핵 전체에 고르게 퍼져 있음을 뜻한다. (다른 증거에 따르면 중성자도 마찬가지다.)

질량 분석

질량 분석은 하전 입자의 질량을 재는 기법이다. 원자의 질량은 거의 전적으로 핵에 있으므로 이 기법을 이온화된 원자에 쓰면 그 결과는 사실상 핵 질량을 재는 것과 같다.

그림 12.8은 질량 분석기의 얼개를 보여준다. 먼저 단일 이온화된 원자의 흐름으로 시작한다. 낱낱의 이온의 전하는 $+e$이고, 질량 M은 모르는데, 이 장치를 써서 결정한다.

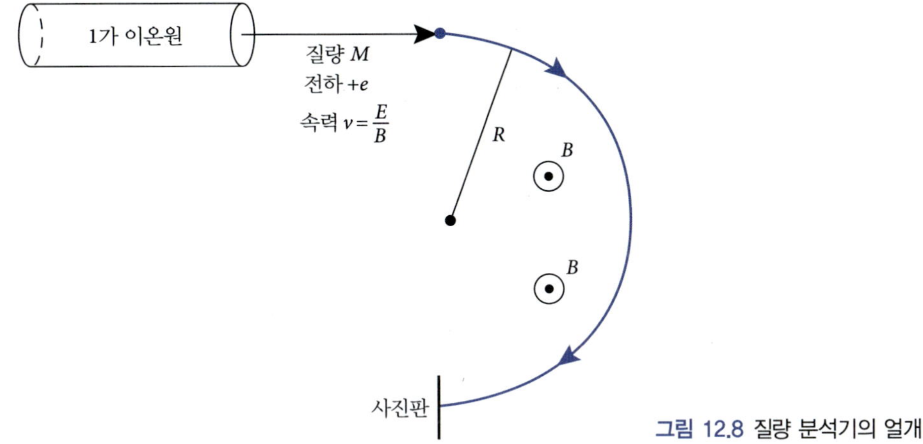

그림 12.8 질량 분석기의 얼개

이온 살은 먼저 그림의 "이온원"이라고 쓰인 원통에서 나와 전기장과 자기장이 직교하는 영역을 지난다. 이 영역을 편향되지 않고 곧바로 지나오는 유일한 이온은 $eE = evB$, 즉 $v = E/B$인 이온뿐이므로 원통은 속도가 엄격하게 제어되는 이온원 구실을 한다.

이온이 이온원을 떠난 후 전기장은 사라지지만 원자는 여전히 자기장(방향은 지면에서 나오는 쪽, 크기는 B)의 영향을 받으므로 사진판에 이를 때까지 원형 경로를 따라 간다. 이 사진 판에서 이온의 위치를 재면 원형 경로의 반지름 R을 잴 수 있다.

능동 읽기 연습: 질량 분석

그림 12.8의 이온이 원운동을 하게 하는 구심 가속도는 자기력 $\vec{F} = q\vec{v} \times \vec{B}$가 제공한다. 이 사실을 써서 이온의 질량 M을 e, R, B, E의 함수로 나타내라.

$M = eRB^2/E$의 결과를 얻었기 바란다. 전기장과 자기장의 세기를 세심하게 제어하고, 반지름을 정밀하게 재면 이 공식을 써서 이온 질량을 정확하게 잴 수 있다.

1911년 톰슨이 이 실험을 처음 했을 때 사진판의 두 곳에 네온 원자의 상이 생기는 것을 보고 놀랐다(그림 12.9). 네온 원자 질량 측정값 중 91%는 $A = 20$에, 나머지 9%는 $A = 22$에 해당했다. 그는 화학적으로는 같은 원소이지만 물리적으로 구별할 수 있는 여러 가지가 있다는 결론을 내렸다. 톰슨의 실험은 서로 다른 안정된 동위원소에 대한 최초의 증거였다.

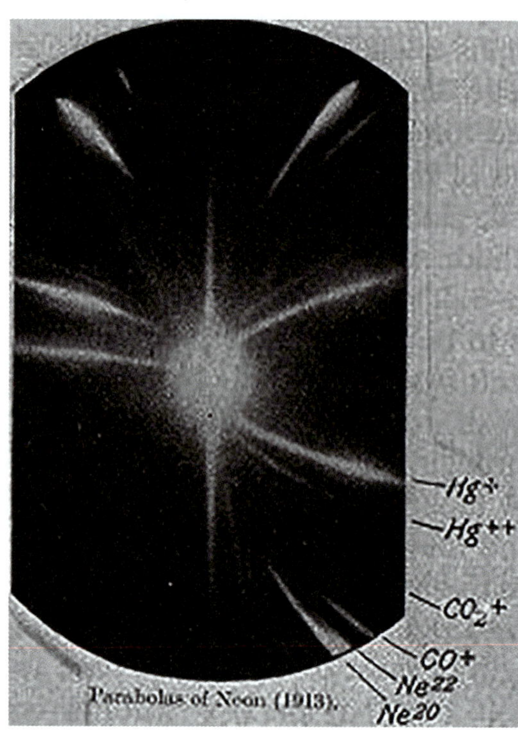

그림 12.9 톰슨의 사진 판, 오른쪽 아래 모서리에 ^{20}Ne와 ^{22}Ne에 대한 선이 뚜렷이 표시되어 있다.

12.2.2 물음과 문제: 핵의 속성에 관한 실험적 증거

개념 물음 및 개념시험

1. 알파 입자가 더 큰 핵에서 산란될 때, 최근접 거리가 핵 반지름보다 작지 않으면 두 핵을 모두 점 입자로 다루는 것도 합리적이다. 왜? **실마리:** 현대 물리학을 완전히 무시하고 고전역학의 문제로 다루어라.

2. 러더퍼드가 표적으로 알루미늄을 쓸 때는 실험 결과가 예측과 달랐지만 금을 쓸 때는 그렇지 않았던 이유는 무엇인가?

문제

3. 러더퍼드 산란 공식은 알파 입자가 실제로 핵 내부를 관통할 때 깨진다. 이 문제에서, 표적의 핵의 반지름은 $R = R_0A^{1/3}$이며, $R_0 = 1$ fm이고, 입사 핵(알파 입자)은 점 입자라고 가정한다.

(a) 알파 입자가 알루미늄 $^{27}_{13}$Al의 핵 반지름 안으로 침투하는데 필요한 운동 에너지를 셈하라.

(b) 알파 입자가 알루미늄 $^{197}_{79}$Au의 핵 반지름 안으로 침투하는데 필요한 운동 에너지를 셈하라.

(c) 러더퍼드의 산란 공식이 금 표적은 모든 입사 입자에 대해, 알루미늄 표적은 저에너지 입사 입자에 대해 맞지만, 알루미늄 표적을 고에너지 입자로 때릴 때는 맞지 않는 이유를 간략히 설명하라.

4. 그림 12.7은 ^{12}C 핵에서 420 MeV 전자의 산란을 보여준다. 각 핵은 회절 실험에서 "실틈" 역할을 한다.

(a) 자료를 써서 탄소 원자핵의 지름을 추정하라.

(b) 답을 써서 $R = R_0A^{1/3}$ 공식에서 R_0의 값을 추정하라

5. 200 MeV 전자가 원자핵에서 산란되는데, 그 핵을 폭 10 fm인 실틈으로 볼 수 있다고 하자. 그 결과로 생기는 회절 무늬의 첫째 마디는 어느 각도에서 생길까?

6. 그림 12.8과 같은 질량 분석 실험을 하는데 겹 이온화된 원자를 쓴다고 하자. 원자의 질량을 양성자 전하 e, 반지름 R, 전기장의 세기의 함수로 셈하라.

7. 러더퍼드는 전자는 너무 가벼워서 알파 입자를 많이 편향시키지 않으므로 알파 입자의 편향은 무거운 양전하와의 상호 작용으로 생긴다는 것을 알고 있었다. 하지만 호프스태터의 실험에서는 전자를 썼기 때문에 같은 논리가 적용되지 않는다. 왜 그 전자가 원자핵에 이르기 전에 원자 속의 전자에 의해 산란되지 않았을까?

(a) 이 셈을 고전적으로 하면 입사 전자는 실제로 표적의 전자에 의해 산란된다는 결론이 나온다. 이에 대한 어림값을 구하려면 에너지 및 운동량 보존에 대한 고전 방정식을 써서 질량 m인 물체가 서 있는 질량 m인 물체와 충돌할 때 45°까지 편향될 수 있음을 보여라. **실마리:** 두 입자가 원래의 경로에 대해 각도의 크기는 같고 부호는 반대로 갈 때 각도가 가장 크므로 이를 가정할 수 있다.

(b) 그러나 호프스태터의 전자는 빠르다. 500 MeV 전자의 경우, 에너지와 운동량의 관계는 고전적인 $E = p^2/2m$이 상대론적인 $E = pc$로 어림하는 것이 합리적임을 보여라.

(c) 입사 전자와 표적 전자가 모두 같은 속력으로 마주 오면(반대 각도 $\pm\theta$를 뜻함), 편향 각은 $\theta = 0$이어야 한다: 즉, 산란이 없음을 보여라.

8. 거울 핵

"거울 핵(mirror nuclei)"[또는 "거울 핵종(mirror nuclides)"]은 Z와 N은 다르지만 총 원자 번호는 같은 한 쌍의 핵이다 (예: ${}^{13}_{6}\mathrm{C}$와 ${}^{13}_{7}\mathrm{N}$). 강력은 전하와 무관하므로 두 거울 핵의 강력 결합 에너지는 같아야 하며, 그 에너지 차이는 정전기 위치 에너지에서만 생겨야 한다. 전하 q가 고르게 퍼진 공의 정전기 위치 에너지는 $(3/5)q^2/4\pi\epsilon_0 R$이다.

(a) 양성자가 Z개, 중성자가 N개인 원자핵과 양성자가 $Z - 1$개, 중성자가 $N + 1$개인 거울 핵의 에너지 차이를 셈하라. 두 핵의 반지름 R은 같다고 하자.

(b) 두 핵의 반지름이 같다고 가정하는 것이 왜 합리적인가?

(c) (a)에서 구한 방정식을 풀어서 R을 ΔE의 함수로서 구하라.

(d) ${}^{31}_{16}\mathrm{S}$가 ${}^{31}_{15}\mathrm{P}$로 붕괴할 때 5.4 MeV의 방사선을 내는데, 이는 황 원자핵의 에너지가 인보다 5.4 MeV 더 많음을 시사한다. 이 사실을 써서 이 핵의 반지름을 추정하라.

(e) 그 결과를 공식 $R = R_0 A^{1/3}$에 넣어 R_0를 추정하라.

12.3 핵 모형

7장에서는 수소 원자(또는 전자가 하나뿐인 다른 원자)의 거동을 슈뢰딩거 방정식에 적절한 전위를 넣고 풀어서 분석했다. 그러나 8장의 다전자 원자의 분석 방식은 상당히 달랐다: 모형, 정성적 추론, 전자가 하나인 경우의 그럴듯한 확장, 그리고 물론 실험 결과를 썼다. 다전자 원자에 대한 슈뢰딩거 방정식을 해석적으로 풀 수 없으므로 계의 거동을 예측하려면 더 간접적인 방법을 써야 한다.

마찬가지로 원자핵을 기술하는 명확한 방정식을 적고 그것을 풀 수는 없다. 대신 다양한 원자핵에서 관찰한 많은 특성과 상호작용을 설명하는 다양한 모형을 쓴다.

§ 12.1에서 말했듯이, 이 장에서는 그림 12.4와 12.5를 자주 참조한다. 이 절을 읽을 때는 이 그림들을 준비해 두는 것이 좋다. 다음을 보라: www.cambridge.org/felder-modernphysics/figures.

12.3.1 설명: 핵 모형

그림 12.4와 12.5의 자료는 측정값에서 나온 것이지만 이론적 모형으로도 많은 부분을 설명할 수 있다. 이 절에서는 핵에 대한 다양한 모형과 이러한 모형이 이러한 자료의 다양한 측면을 설명하는 방법을 살펴본다. 이 장의 나머지 부분에서는 주로 두 도표에 보인 핵의 차이로 인한 결과를 살펴본다.

물방울 모형

"물방울 모형"은 핵과 물방울의 다음과 같은 유사성을 바탕으로 한다.

- 단위 부피당 입자 수인 밀도는 내부 전체에서 거의 일정하다. 밀도는 또한 핵이나 물방울의 크기와 거의 무관하다.
- 입자(핵 또는 물 분자)는 대부분 바로 옆의 이웃에게만 끌린다. 즉, 내부의 입자는 알짜 힘을 거의 받지 않지만, 가장자리에 있는 입자는 중심을 향한 알짜 인력을 받는다.

물방울 모형의 핵심 통찰 중 하나는 표면 근처의 핵의 위치 에너지가 높을수록 표면 장력의 효과가 더 커져 표면적이 최소화된다는 것이다. 이는 원자핵도 물방울처럼 대략 구형이어야 함을 뜻한다. (핵은 실제로는 타원체형이지만 장축과 단축의 길이 차이는 대개 몇 퍼센트 이내이다).

모든 핵 모형의 목표 중 하나는 그림 12.4를 설명하는 것이다. 이러한 자료(다양한 핵종의 핵자당 결합 에너지)는 핵의 거동에 대해 많은 것을 알려주기 때문이다. 다음은 물방울 모형에서 얻을 수 있는 몇 가지 통찰이다.

- 그림 12.4의 맨 왼쪽에서 원자량이 매우 낮은 핵종은 B/A 값이 매우 낮음을 알 수 있다. 이는 위에서 말했듯이 핵의 표면 근처에 있는 핵자는 안쪽 깊이 있는 핵자보다 위치 에너지가 더 높다는, 즉 덜 결합되어 있다는 사실에 따른 것이다. $A = 7$인 원자핵에서는, 핵자의 상당 부분이 핵의 표면에 있으며, $A = 16$의 경우 이 비율은 훨씬 낮아진다.
- 그림 12.4의 오른쪽으로 가서 원자량이 60대 중반 이상으로 커지면 핵자당 결합 에너지가 줄기 시작하는 것을 볼 수 있다. 양성자를 더 넣으면 양성 쿨롱 위치 에너지가 증가한다. 전기력은 "장거리"임을 기억하자. 핵의 모든 양성자는 다른 모든 양성자를 밀어내지만, 모든 핵자는 바로 옆의 핵자만 끌어당긴다. 따라서 특정 점을 지나면 핵자당 양성 쿨롱 에너지는 음성 핵 결합 에너지보다 Z에 따라 더 빨리 커진다.

물방울 모형은 수십 년 동안 핵물리학을 지배해 왔으며, 여전히 매우 유용한 출발점이다. 그러나 "마법 수"(왜 ^{12}C의 B/A가 ^{14}N보다 큰가?)처럼 설명할 수 없는 중요한 현상들이 많다. 그리고 구형 원자핵에 단단히 밀집된 구형 양성자와 중성자 무리를 상상한다면, 이러한 그림은 유용하지만 한계가 있다는 점을 명심해야 한다. 핵자는 계속 움직이며 어쨌든 그 위치와 운동량은 늘 양자역학적 불확정성의 영향을 받는다.

페르미 기체 모형

물방울 모형은 고전적인 모형이며, 핵을 더 깊이 통찰하려면 핵의 양자적 특성을 고려해야 한다.

§ 12.1에서 핵자는 위치 에너지가 핵 내부에서는 일정하고 경계에서는 급격히 오르는 유한-사각 우물 속에 있다고 했다. 양성자와 중성자는 페르미온이므로 파울리 배타 원리를 따른다. 따라서 바닥상태에서는 양성자는 유한-사각 우물에서 Z개의 가장 낮은 에너지 준위를 채우고 중성자는 N개의 가장 낮은 에너지 준위를 채운다. (파울리 배타 원리는 같은 페르미온에만 적용되므로 양성자와 중성자는 같은 에너지 고유 상태에 있을 수 있다.)

평평한 전위 속의 페르미온의 집합을 "페르미 기체"라고 하며, 그래서 이 모형을 그렇게 부른다.

페르미 기체 모형은 그림 12.5에서 가장 중요한 경향 중 하나인 안정도 곡선을 설명한다. 이 그림에서 가볍고 안정적인 핵은 $N = Z$ 근처에 모이는 경향이 있는 반면, 무거운 핵은 N/Z 비율이 커져해야 함을 알 수 있다.

- 양성자보다 중성자가 훨씬 더 많은 핵을 상상하자. (이 논리는 반대로도 할 수 있다.) 이는 중성자의 가장 높은 에너지 준위가 양성자의 가장 높은 에너지 준위보다 높음을 뜻한다. 이러한 중성자 중 일부를 양성자와 맞바꾸면 핵의 총 에너지가 낮아지므로, 더 가벼운 핵 쪽에서 $N = Z$가 유리한 이유를 설명할 수 있다. 그림 12.10을 보라.
- 그러나 더 큰 핵에서는 양성자끼리의 반발 쿨롱 에너지가 더 중요해진다. 이는 위의 물방울 모형에서 설명했듯이 양성자를 더 많이 넣으면 모든 양성자가 다른 양성자로부터 받는 반발력이 커지기 때문이다. 따라서 핵을 안정적으로 유지하려면 더 많은 중성자가 더 강한 인력을 줘야 한다.

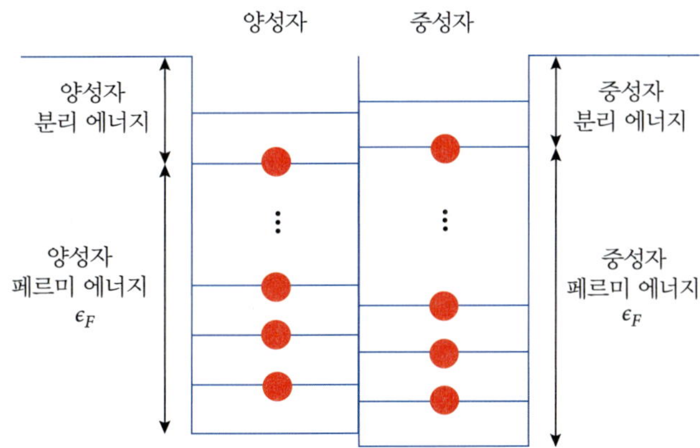

그림 12.10 원자핵의 양성자와 중성자는 각각 별도의 사각 우물을 차지한다. 페르미 에너지는 우물 바닥에서 입자가 있는 가장 높은 상태까지의 간격이고, 분리 에너지는 입자가 있는 가장 높은 상태에서 우물 위까지의 간격이다. 양성자 우물은 양성 쿨롱 위치 에너지 때문에 덜 깊어지는데, 이 효과는 Z가 클수록 커진다. 일부러 중성자가 있는 가장 높은 준위를 양성자가 있는 가장 높은 준위 보다 높게 잡았다.

바닥상태의 페르미 기체에서 입자가 있는 가장 높은 에너지 준위를 "페르미 에너지" ϵ_F라고 한다. ϵ_F를 셈하면 우물 바닥에서 가장 높은 준위까지의 에너지 간격을 알 수 있다 (대체로 40 MeV가 조금 넘음). 또한 양성자 또는 중성자 분리 에너지를 재어 입자가 있는 가장 높은 준위에서 우물 위까지의 에너지 간격(대체로 약 7 MeV)을 알 수 있다. 이 두 값의 합이 우물의 깊이이다. 문제 7을 보라.

껍질 모형

페르미 기체 모형의 가장 큰 한계는 각 핵이 핵 속에서 느끼는 전위가 평평하다는 가정이다. 이는 나쁘지 않은 근사치이지만, 더 현실적인 모형에서는 각 핵이 다른 모든 핵으로 구성된 대략 구 대칭 전위에서 움직인다는 점을 고려해야 한다.

이 전위는 전자가 느끼는 쿨롱 전위 $-k/r$와는 다르다. 이 전위 변화는 핵 안에서는 훨씬 더 완만하고 가장자리에서는 급격하다. 하지만 전위는 r과 함께 높아지므로 적어도 어느 정도는 유사성이 있다. 전자에 대한 슈뢰딩거 방정식을 풀었을 때, 전자의 에너지가 예를 들어 전자 방출 스펙트럼을 설명하는 불연속적인 "껍질"을 채울 수 있음을 발견했다. 핵의 껍질 모형은 핵도 마찬가지로 이산적인 에너지 준위, 즉 껍질을 가지고 있다고 말한다.

이 모형은 § 12.1에서 설명한 "마법 수"를 설명한다. 전자 껍질이 꽉 찬 원자는 불활성 기체로 화학적으로 불활성인 경향이 있고, 전자를 하나 더 넣으면 맨 바깥 전자가 느슨하게 결합되어 이온화되기 쉬운 알칼리 금속이 된다는 것을 기억하자. 아주 비슷하게, 중성자 껍질이 꽉 찬 핵은 유별나게 안정적이다; 중성자를 하나 더 넣은 동위원소는 그 중성자를 내놓고 자연 붕괴하여 마법 수로 돌아갈 가능성이 크다. 이러한 추가적 안정성은 그림 12.4에서 껍질이 완전히 찬 핵의 B/A가 유별나게 높은 뾰족 봉우리로 나타난다.

원자와 마찬가지로, 에너지가 가장 낮은 껍질에는 스핀이 반대인 동일 페르미온 두 개가 있을 수 있다. 따라서 헬륨은 "이중 마법 수"이다. 가장 낮은 양성자 껍질이 차 있고 (따로) 가장 낮은 중성자 껍질도 차 있다. 따라서 헬륨은 핵자당 결합 에너지가 매우 높다. 헬륨의 높은 B/A 값은 § 12.4에서 설명할 "알파 붕괴" 현상의 배경이다.

원자끼리의 스핀 상호작용을 고려하면 양성자 한 쌍과 중성자 한 쌍은 상대적으로 낮은-에너지 구성으로 결합하는 경향이 있다. (왜 이런 현상이 생기는지를 설명하려면 훨씬 더 복잡한 양자 계산이 필요한데, 여기에서는 하지 않는다.) 이러한 방식으로 핵이 짝을 이룬다는 사실은 Z와 N이 짝수인 핵이 둘 중 하나 또는 둘 다 홀수인 핵보다 더 안정적(B/A가 높음)인 경향이 있다는 관찰된 사실을 설명해준다.

집단 모형

"집단 모형(Collective model)"은 물방울 모형과 껍질 모형을 섞은 것이다.[4] 집단 모형에서 완전히 찬 껍질은 변형 가능한 물방울로 보며, 맨 바깥 껍질의 핵자는 내부 핵 주위를 공전하는 것으로 본다. 이러한 외부 핵과 액체 핵의 조석 상호작용은 다른 어떤 모형으로도 설명할 수 없는 자기 쌍극자 모멘트와 전기 4중극자 모멘트를 정확하게 예측한다.

4 이 집단 모형은 닐스 보어의 아들인 아게 보어(Aage Bohr)가 일부 개발했고, 두 사람은 노벨 물리학상을 받은 네 부자 중의 하나로 기록되었다.

반경험적 질량 공식

이 장의 뒷부분에서는 한 핵이 다른 핵으로 변환되는 과정을 살펴본다. 이러한 반응의 필수적인 특성은 생성물과 반응물의 에너지 차이인 "Q-값"이다. 따라서 정해진 핵종의 에너지 또는 그에 상응하는 질량을 정확하게 예측하는 것이 중요하다.

주석의 동위원소의 원자핵은 중성자 수가 다르지만, 들뜨지 않은 두 $^{132}_{50}$Sn의 핵은 거의 같고 질량도 같아야 한다. 대체로 말하자면, 모든 원자핵의 바닥상태의 질량을 나타내는 함수 M(Z,A) 가 있어야 한다.

이 함수에 대한 합리적으로 정확한 공식은 "반경험적 질량 공식"이다. 이 공식은 원래 폰 바이체커(Carl Friedrich von Weizsäcker)가 물방울 모형을 바탕으로 정식화했지만, 양자 효과의 보정이 들어 있다. 여러 면에서 이 공식은 여러 핵 모형에서 설명한 효과를 요약한 것으로 볼 수 있다.

양성자와 중성자는 질량 m_p가 어느 정도 같으므로, 이러한 공식에 대한 첫째 시도는 $M(Z, A) = m_p A$이다. 질량이 똑같지는 않으므로 더 정확한 추측은 $M(Z, A) = m_p Z + m_n(A - Z)$가 될 것이다.

그러나 상대론에 따르면 핵 내부의 에너지도 질량에 기여함을 상기하자. 따라서 완전한 분석은 핵에 저장된 모든 에너지를 넣어야 한다. 아래에는 모형에 넣어야 할 요소를 늘어놓았다. 여기서 모든 핵의 밀도가 같다고 가정하는 점에 유의하라. 이 가정은 부피는 A에 비례하고, 폭은 $A^{1/3}$, 표면적은 $A^{2/3}$에 비례한다고 가정함을 뜻한다.

개별 양성자와 중성자의 질량과 더불어…

- 강력으로 모든 핵자가 서로 당겨서 생기는 결합 에너지는 전체 에너지를 줄인다. 모든 핵자가 같은 전위에 있다고 가정하면, 이 에너지는 A에 비례해야 한다.
- 그러나 핵의 바깥쪽 가장자리에 있는 핵자는 안쪽에 있는 핵자보다 전위 우물의 덜 깊은 곳에 있으며 음성 위치 에너지의 절댓값이 더 작다. 이를 핵의 표면적($A^{2/3}$)에 비례하는 양성 보정 항을 써서 모형에 넣는다.
- 양성자끼리의 전기적 반발은 총 에너지에 양성 에너지를 더해준다. 문제 6에서 이 항은 $Z(Z-1)/A^{1/3}$에 비례함을 보일 수 있다.
- 페르미 기체 모형의 설명에서 말했듯이, 핵은 Z가 N에 가까워지는 경향, 즉 Z가 $A/2$에 가까워지는 경향이 있다. 이러한 경향을 $Z = A/2$이면 0이고, 그 상황을 벗어날수록 값이 점점 더 큰 양수가 되는 에너지 항을 써서 모형을 세운다. 이 항은 $(Z-A/2)^3/A$이다.
- 껍질 모형을 설명할 때 Z 값과 N 값이 짝수인 경향을 말했다. 따라서 모형에 "짝짓기" 항을 추가하여 두 값 중 하나가 짝수이고 다른 하나가 홀수이면 0, 둘 다 짝수이면 음성 에너지, 둘 다 홀수이면 양성 에너지가 된다. 이 항이 A에 비례하는 것은 끌어내기 어려우므로 A^k로 쓰며, k는 자료에 맞출 또 다른 경험적 계수로 본다. 현재 가장 좋은 자료는 $k = -1/2$을 시사한다.

이 모든 항을 합치면 비례 상수가 다섯 개인 공식이 나온다:

$$M(Z,A) = m_p Z + m_n(A - Z) - a_1 A + a_2 A^{2/3} + a_3 \frac{Z(Z-1)}{A^{1/3}} + a_4 \frac{(Z-A/2)^2}{A} + (\text{-1, 0 또는 1}) a^5 A^k \tag{12.1}$$

이 공식은 상수를 핵 질량의 실험적 측정값에 맞춰 정하므로 "반경험적"이다. 상수를 여섯 개로 잡으면 그 값을 모두 완벽하게 맞출 수 있고, 이는 어떤 이론도 검증할 수 없는데, 왜 그러지 않았나 궁금할 수 있다. 하지만 반경험적 질량 공식은 수백 개의 안정한 핵과 더 많은 불안정한 핵의 질량을 정확하게 예측하므로 기본 이론은 아마도 정확하다고 보는 것이 합리적이다.

하지만 이 공식에도 한계가 있다. A값이 작으면 잘 맞지 않으며, "마법 수"의 핵의 높은 결합 에너지, 즉 양성자 및/또는 중성자의 전체 껍질을 설명하지 못한다.

12.3.2 물음과 문제: 핵 모형

개념 물음 및 개념시험

1. 핵 속의 핵자 집합이 물방울 속에 있는 분자의 집합과 비슷한 점을 두 가지 이상, 그리고 다른 점도 두 가지 이상 나열하라.

2. 핵자 집합이 거의 완벽한 공 모양으로 배열되는 것이 왜 에너지의 관점에서 유리한가?

3. 껍질 모형(또는 파울리 배타 원리)이 왜 가장 낮은 에너지 상태에서 정확히 4개의 핵자를 허용하는가?

4. 원자핵에 양성자를 더 넣으면 총 전기 반발력이 커지지만 총 강력 인력도 커진다. 이것이 핵의 안정성을 어떻게 높이거나 낮출 수 있는지 쉽게 상상할 수 있다. 하지만 중성자를 더 추가하는 것은 인력만 있고 반발력은 없는 것처럼 보이다. 그렇다면 왜 핵에 중성자를 점점 더 많이 넣어도 안정성이 점점 더 높아지지 않을까?

5. 반경험적 질량 공식에서 $a_2 A^{2/3}$ 항은 원자핵의 바깥쪽 가장자리에 있는 핵자를 바탕으로 한다.

(a) 이 항은 왜 $A^{2/3}$에 비례하는가?

(b) 이 항은 왜 양수인가?

문제

6. 반경험적 질량 공식의 항 중 하나는 양성자끼리의 전기적 반발력을 나타낸다.

(a) 이 항의 부호가 왜 양성(+)인가?

(b) 양성자끼리는 서로 반발한다. 양성자가 Z개이면 양성자 쌍은 몇 개인가?

(c) 두 양성자의 위치 에너지는 $1/r$에 비례한다. 여기서 r은 두 양성자의 거리이다. 원자핵 속에 양성자는 고르게 퍼져 있다 (일정한 밀도). 따라서 이웃 양성자까지의 평균 거리는 거의 일정하지만, 양성자에서 핵의 다른 모든 양성자까지의 평균 거리는 핵 크기에 따라 커진다. 이 평균 거리가 어떤 상수 k에 대해 r^k에 비례한다면, 이 상수는 반드시 1이어야 함을 논증하라.

(d) 이 모든 것을 종합하여, 양성자 반발 항이 $Z(Z-1)/A^{1/3}$가 되는 이유를 설명하라.

7. 이 문제에서는 페르미 기체 모형을 써서 원자핵 내부에서 핵자가 느끼는 전위 우물의 깊이를 추정한다. 대략적인 추정을 위해 전위 우물의 에너지 고유값이 3D 무한 사각 우물과 같다고 하자. 이 경우 n개의 동일한 페르미온 집합의 페르미 에너지는 다음과 같다.[5]

$$\epsilon_F = \frac{3^{2/3}\pi^{4/3}\hbar^2 n^{2/3}}{2mV^{2/3}}$$

여기서 m은 입자 질량, V는 우물(이 경우 핵)의 부피이다. 이 페르미 에너지 공식은 전위 우물의 바닥을 기준으로 페르미 기체에서 에너지가 가장 높은 입자의 에너지가 얼마인지 알려준다. 양성자가 n개, 중성자가 n개 있고, 핵 밀도가 전형적인 10^{17} kg/m^{3}인 핵의 페르미 에너지를 셈하라. 이것은 추정치이지만, 답

5 § 10.6의 문제 32에서 이것을 셈했다.

이 (539쪽) 그림 12.3과 크기 정도가 맞는지 확인해야 한다.

8. 반경험적 질량 공식 (12.1)의 계수에 대한 합리적인 값 집합은 $a_1 = 15.8$ MeV, $a_2 = 18.3$ MeV, $a_3 = 0.714$ MeV, $a_4 = 92.8$ MeV, $a_5 = 12$ MeV, $k = -1/2$이다. 그림 12.5의 오른쪽에 있는 전체 "안정성 곡선"을 포함하여 이 모형의 예측을 Z와 A의 함수로 표를 만들어라. 그런 다음 핵종 질량표를 찾아보라. 이 공식이 다양한 질량 수에 걸쳐 얼마나 잘 맞는가? 잘 맞지 않는 곳을 찾았는가?

12.4 세 가지 핵 붕괴

"핵 붕괴"는 핵이 한 상태에서 다른 상태로 저절로 바뀌는 것이다. 물론 이러한 변화는 에너지가 높은 상태에서 낮은 상태로 가면서 일어나며 남는 에너지를 방사선으로 낸다. 앞 장에서 전자 전이로 나오는 광자를 재면 원자와 분자의 상태에 대한 정보를 얻을 수 있었듯이, 방사선을 재면 핵 상태에 대한 중요한 정보를 얻을 수 있다.

12.4.1 발견 연습: 세 가지 핵 붕괴

표 12.1에는 여러 핵종의 핵자당 결합 에너지가 MeV 단위로 나열되어 있다. 다음 핵 반응을 살펴보자:

$$^{238}\text{U} \rightarrow {}^{234}\text{Th} + {}^{4}\text{He}.$$

1. 반응 전후의 총 결합 에너지(핵자당 결합 에너지가 아님)를 셈하라.
   다음을 보라: www.cambridge.org/felder-modernphysics/checkyourself, *Check Yourself #22*
2. 이 반응이 저절로 일어날 것으로 예상하는가? 그 이유는?
3. 다음 핵 반응에 대해서도 같은 물음에 답하라: $^{84}\text{Kr} \rightarrow {}^{80}\text{Se} + {}^{4}\text{He}$.

표 12.1 여러 핵종의 핵자당 결합 에너지

핵종	^{238}U	^{84}Kr	^{234}Th	^{80}Se	^{4}He
B/A(MeV)	7.57	8.72	7.60	8.71	7.07

12.4.2 설명: 세 가지 핵 붕괴

앞서 말했듯이 저절로 붕괴할 수 있는 핵, 즉 에너지가 더 낮은 핵 조합으로 바뀌는 핵을 "불안정 핵" 라고 하며, 붕괴 과정에는 반드시 남는 에너지를 실은 일종의 입자가 나오므로 "방사성 핵"이라고도 한다.

상대론적으로 핵 붕괴에서 에너지 손실은 질량 손실로 설명할 수도 있다. 손실된 총 에너지를 반응의 "Q-값"이라고 한다:

$$Q = (M_{처음} - M_{최종})c^2$$

$Q > 0$인 반응만 저절로, 즉 밖에서 에너지를 넣지 않아도 일어난다.

가장 단순한 핵 붕괴는 핵이 단순히 핵자 중 하나를 방출하는 것이지만, 에너지를 따져보면 이것이 유리할 때가 거의 없다(문제 6 참조). § 12.5에서 설명할 핵분열을 빼면, 자연에서 흔히 일어나는 붕괴의 주요 유형은 세 가지다. 이 세 가지 붕괴 과정을 아직 잘 모를 때, 러더퍼드가 연구하고 각각의 과정에 이름을 붙였다. 따라서 그 이름은 "이것은 이상한 것을 내는 반응이다", "이것은 또 다른 이상한 것을 내는 반응이다"로 해석할 수 있으며, 갖가지 이상한 것에 그리스 문자를 붙였다. 오늘날은 그 과정과 생성물을 더 잘 알고 있지만 러더퍼드가 붙인 이름은 그대로 남아 있다.

- "알파 붕괴"에서는 핵이 붕괴하면서 ${}^4_2$He 핵을 내보낸다. 나오는 ${}^4_2$He 핵은 여전히 러더퍼드가 붙인 이름인 "알파 입자"라고 부른다.
- "베타 붕괴"는 중성자가 양성자로 또는 그 반대로 저절로 바뀌는 과정이다. 이 과정에서 핵은 전자 또는 양전자(이 맥락에서는 "베타 입자"라고 함)를 낸다. 러더퍼드를 따르던 과학자들이 다른 입자도 반드시 나와야 한다는 사실을 깨닫고 중성미자를 발견하게 되었다는 사실은 아래에서 설명한다.
- "감마 붕괴"는 원자핵이 들뜬 상태에서 저에너지 상태로 떨어지면서 고에너지 광자를 내는 것이다. 오늘날 이 진동수 범위의 빛을 "감마선"이라고 부른다.

알파 붕괴

위에서 핵이 핵자 하나를 방출하는 것이 에너지를 따질 때 유리한 경우는 거의 없다고 했다. 그러나 ${}^4_2$He 핵의 결합 에너지는 유별나게 높아서 무거운 핵($Z \gtrsim 82$)이 헬륨 핵을 내는 것이 유리할 때가 많다:

$$ {}^{A}_{Z}(\text{부모 핵}) \rightarrow {}^{A-4}_{Z-2}(\text{딸 핵}) + {}^{4}_{2}\text{He} \tag{12.2}$$

정해진 핵에 대해 알파 붕괴가 "에너지를 따질 때 유리하다"는 것은, 원래 구성(부모핵)의 총 질량 에너지가 최종 구성(딸핵과 알파 입자, 서로 멀리 있는 것으로 추정)의 총 질량 에너지보다 크다는 것이다. 이 차이는 알파 입자의 운동 에너지로 나타나며, 일반적으로 4~8 MeV이다.

그러나 "부모 핵" 상태와 "멀리 떨어진 딸 핵과 알파 입자" 상태 중간에 "알파 입자 바로 옆에 있는 딸 핵" 상태를 지나야 하는데, 이 상태에서는 약 30 MeV의 쿨롱 반발 에너지가 더 있다.

그림 12.11은 이러한 에너지를 보여주며, 이는 알파 입자의 위치 에너지를 핵까지의 거리 r의 함수로 보여준다. 알파 입자의 에너지는 핵 밖에 있어도 될 만큼 충분하지만 장벽을 넘어 핵 밖으로 나갈 수 있을 정도로 충분하지는 않다.

알파 붕괴는 양자 터널링으로 알려진 첫 사례이다. 6장에서 양자역학적 입자는 총 에너지가 장벽의 높이보다 작아도 전위 장벽 너머로 갈 확률이 0이 아님을 증명한 것을 상기하라.

알파 붕괴에 대한 쿨롱 위치 에너지의 최대 높이는 대부분의 핵에서 약 30 MeV이다. Q값이 클수록 계가 더 많은 위치 에너지로 시작하므로 알파 입자가 장벽을 넘는데 필요한 "도약"이 줄어든다. 터널링 확률은 장벽의 높이와 폭의 지수함수이므로 알파 붕괴의 수명은 Q-값에 따라 매우 민

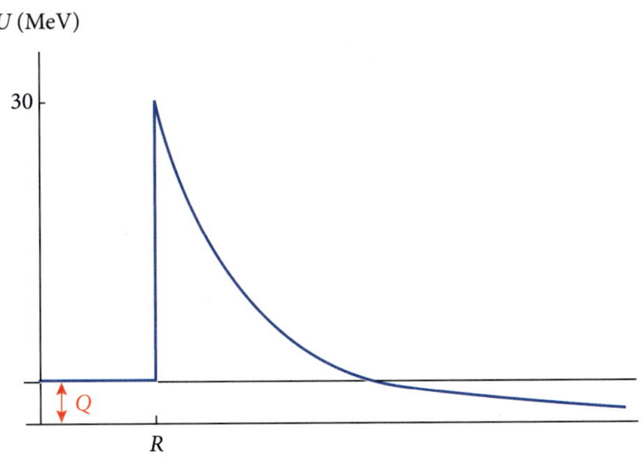

그림 12.11 알파 입자의 위치 에너지를 반지름 R인 핵의 중심까지의 거리의 함수로 보였다. $r > R$이면 위치 에너지는 쿨롱 반발 에너지이다. $r < R$이면 알파 입자는 따로 존재하지 않으며, 위치 에너지는 핵 내부에 있는 네 개의 원자핵의 결합 에너지를 반영한다. 핵 속에 있을 때의 에너지와 핵에서 멀리 있을 때의 에너지의 차이가 알파 붕괴의 Q-값이다.

감하게 변한다.

토륨(Th)의 두 동위원소를 비교하면 이 점을 설명할 수 있다. ^{218}Th의 알파 붕괴는 Q-값이 9.85 MeV이고, ^{232}Th의 알파 붕괴는 Q-값이 얼추 4.01 MeV이다. 2배가 조금 넘는 이 차이가 붕괴 시간을 얼마나 변화시킬까? 생각보다 많다. 후자의 반감기는 0.11 μs이고 전자의 반감기는 140억 년인데, 이는 대략 현재 우주의 나이와 비슷하다.

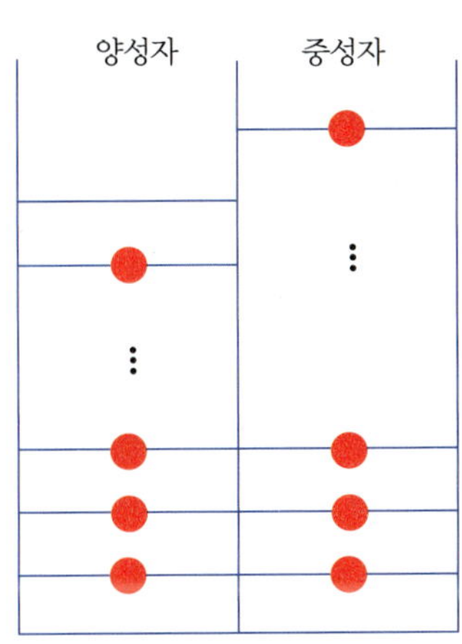

그림 12.12 정해진 질량수 A에 대해, 총 에너지를 최소화하는 중성자와 양성자의 비율이 있다. 원자핵 속의 한 가지 핵자가 과잉이면, 그 핵자가 채운 상태의 에너지는 다른 유형의 핵자가 비어있는 상태보다 더 높다.

베타 붕괴

핵 속의 양성자와 중성자는 각각 에너지 준위를 낮은 것부터 페르미 에너지까지 차례대로 모두 채운다. 둘 중 하나가 채운 상태의 에너지가 다른 하나가 비어 있는 상태보다 높으면 (그림 12.12), 핵은 때때로 중성자를 양성자로 또는 그 반대로 바꾸어 에너지를 낼 수 있으며, 그 과정이 "베타 붕괴"이다.

능동 읽기 연습: 베타 붕괴

중성자가 양성자로 붕괴하면 다른 입자도 생긴다.

1. 중성자가 양성자로만 붕괴하고 다른 입자는 생기지 않는다면 어떤 보존 법칙에 어긋나는가?
2. 이 과정에서는 또 어떤 보존 법칙을 따라야 할까? 세 가지 이상 생각해내 보라.

중성자가 양성자로만 붕괴하고 아무것도 남지 않는다면, 이는 전하 보존 법칙에 어긋난다. 따라서 중성자가 양성자로 베타 붕괴할 때는 반드시 전자도 생겨야 한다. 그렇다고 해서 전자가 중성자 안에 계속 숨어 있었다는 것은 아니다. § 12.1에서 말했듯이, 전자가 중성자 안에 갇혀 있으면 불확정성 원리에 어긋난다. 중성자가 붕괴하면서 이전에는 없었던 양성자와 전자가 생긴다. 러더퍼드는 지금은 헬륨 원자핵이라고 부르는 것을 "알파 입자"라고 불렀던 것처럼, 현재 전자로 알고 있는 "베타선"의 방출을 검출했다.

그러나 중성자, 양성자, 전자는 모두 스핀 1/2 입자이다. 중성자가 양성자와 전자로 붕괴하면 총 스핀 ±1/2로 시작하여 (양성자와 전자의 스핀이 정렬된 방식에 따라) 총 스핀 −1, 0 또는 1로 끝나는데, 이것은 각운동량 보존에 어긋난다.

1920년대에 베타 붕괴를 연구하던 물리학자들은 또 다른 문제를 만났다. 에너지 보존에 따르면 전자는 중성자와 양성자의 질량 에너지 차이인 0.78 MeV를 운동 에너지로 방출해야 한다. (양성자에 실린 운동 에너지는 왜 무시할 수 있는지 알겠는가? 문제 19를 보라.) 그러나 측정 결과 베타 붕괴에서 나오는 전자의 운동 에너지는 0~0.78 MeV에 이르는 것으로 나타났다. 일부 물리학자들은 이 불일치에 너무 짜증이 나서 에너지가 늘 보존되지는 않을 수도 있다고 진지하게 제안했다!

1931년 파울리는 스핀과 에너지 문제에 대해 더 나은 해결책을 제안했다. 그는 반응에서 제3의 입자가 나오는 것을 제안했는데, 이 입자는 검출하기는 매우 어렵지만 에너지와 각운동량이 있다 (그리고 전하가 없다). 오늘날 이 입자를 "중성미자(neutrino)"("작은 중성자"라는 뜻, ν로 표기)와 "반중성미자(antineutrino)"(중성미자의 반입자, $\overline{\nu}$로 표기)라고 부른다.

베타 붕괴로 분류하는 반응은 세 가지다. 반응마다 중성자를 양성자로 또는 그 반대로 바꾼다. 전자와 양전자는 전하 차이를 보충하고 중성미자와 반중성미자는 스핀과 에너지의 균형을 맞추는 역할을 한다:

전자 방출	$n \to p + e^- + \overline{\nu}$
전자 포획	$p + e^- \to n + \nu$
양전자 방출	$p \to n + e^+ + \nu$

전자 포획은 원자의 안쪽 전자 껍질에서 전자 하나를 훔치는 것이라 점에 유의하라! 이 과정은 대체로 양전자 방출보다 더 많은 에너지를 내므로 양전자를 저절로 내는 원자는 거의 없다.

중성자가 핵 바깥에 있으면 약 15분 안에 스스로 베타 붕괴한다. 핵 바깥에 있는 양성자는 절대 베타 붕괴하지 않는다(문제 9).

감마 붕괴와 뫼스바우어 효과

양자역학의 초기 증거 중 일부는 이산 분광선이었다는 사실을 상기하자. 원소마다 특정 진동수의 광자를 내고 그 진동수의 광자만 흡수한다. 원자에 대한 보어 모형은 이러한 값을 들뜬 전자 상태의 에너지 간격과 연관시켰다.

핵의 껍질 모형은 핵도 이산적인 에너지 준위에 있어야 한다고 예측하므로 핵의 상태 변화도 특정 진동수의 광자와 연관될 것으로 예상해야 한다. 그러나 전자를 들뜬 상태로 올리는 데 필요한 에너지는 전형적으로 수 eV 정도이지만, 핵의 들뜸 에너지는 MeV 범위이다. 따라서 별의 내부, 인공 원자로, 알파 및 베타 붕괴와 같은 매우 특수한 상황을 빼면 대체로 핵은 바닥상태에 가만히 있다. 핵이 상태를 바꿀 때 관련 광자는 전자기파 스펙트럼의 아주 높은 진동수 영역에 있으며, 위에서 말했듯이(러더퍼드의 작명에 따라) 여전히 "감마선"이라고 한다.

1958년 뫼스바우어(Rudolf Mössbauer)는 핵의 들뜬 상태를 정확하게 재는 기법을 발표했다. 그는 현재 "뫼스바우어 효과"라고 부르는 것으로 1961년 노벨상을 받았다.

기본 발상은 그림 12.13에 보였다. 원자 A는 들뜬 상태에 있다. 이 원자핵은 바닥상태로 떨어지면서 광자를 내고, 이 광자는 원자핵 B에 부딪힌다. 이 광자의 에너지는 바닥상태와 들뜬 상태의 에너지 차이와 같으므로, 원자핵 B를 똑같은 들뜬 상태로 올릴 수 있다.

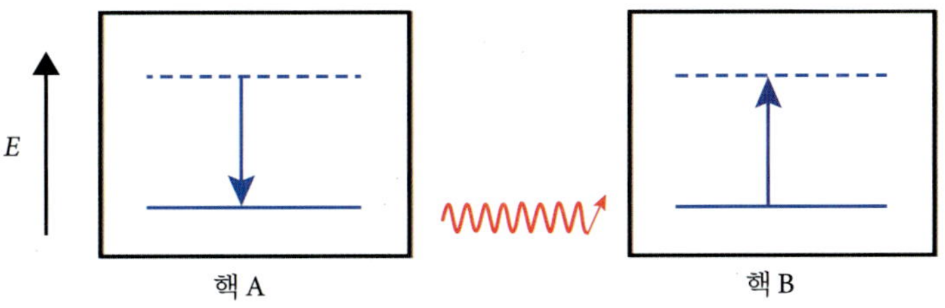

그림 12.13 한 핵이 들뜬 상태에서 바닥상태로 떨어지면서 광자를 낸다. 둘째 원자핵은 그 광자를 흡수하여 첫째 원자핵이 애초에 있던 것과 똑같은 들뜬 상태로 올라간다.

그러나 이런 일이 일반적으로 일어나지는 않는데, 그 이유는 다음과 같다. 원자핵 A가 떨어질 때, 그 에너지의 일부는 원자핵 자체의 반동 에너지로 쓰인다. 따라서 광자는 핵 B를 들띄우기에는 에너지가 조금 부족하다.

모스바우어의 해결책은 핵을 제자리에 단단히 고정하는 결정에 넣어 핵 전이의 모든 에너지가 감마선에 실리게 하는 것이었다(문제 10). 그러자 그 감마선은 다른 핵에 성공적으로 흡수되었다. 이러한 계는 "공명"한다고 한다: 감마선의 진동수가 표적 핵을 들띄우는 데 필요한 에너지에 맞다.

기본 장치 구성이 끝나면, 그것을 써서 핵의 상태 전이에 대해 아주 많이 배울 수 있다.

- 결정들을 상대 운동시켜 도플러 효과를 써서 감마선의 진동수를 더 높이거나 낮출 수 있다. 임계 속도를 넘으면 광자는 더 이상 표적 핵에 흡수되지 않는다. 이를 통해 들뜬 상태의 폭(에너지 불확실성)을 실험적으로 잴 수 있다.
- 예를 들어 외부 자기장(핵 제이만 효과)을 걸어 들뜬 상태의 에너지를 바꿀 수 있다. 방출 핵의 들뜸 에너지는 바뀌지만 표적 핵의 들뜸 에너지는 바뀌지 않으면(또는 그 반대의 경우) 광자는 더 이상 흡수되지 않는다. 그러면 다음과 같이 할 수 있다. 도플러 이동으로 다시 공명 상태가 될 때까지 핵을 상대 운동시킨다. 이 실험은 들뜸 에너지의 변화를 효과적으로 잰다.

핵 붕괴 사슬

대개는, 불안정한 핵이 붕괴하면 또 다른 불안정한 핵이 되고, 그 핵은 안정된 상태에 이를 때까지 계속 붕괴한다. 그 결과 그림 12.14에 보인 것과 같은 "붕괴 사슬"이 형성된다.

알파 붕괴는 핵의 질량을 4만큼 줄이지만, 베타 붕괴와 감마 붕괴는 핵의 질량을 그대로 유지하므로 핵 붕괴할 때 A mod 4의 값은 불변이다. 따라서 네 개의 다른 붕괴 사슬이 있다. 예를 들어, 그림 12.14는 "$4n + 3$ 계열"을 보여준다. 대부분의 알파 붕괴와 베타 붕괴는 선택 규칙 때문에 핵을 들뜬 상태로 남겨두고, 그것은 감마 붕괴를 하여 바닥상태로 떨어진다. 그러나 감마 붕괴는 Z나 A를 바꾸지 않으므로 일반적으로 붕괴 사슬의 일부로 넣지 않는다.

그림 12.5의 안정도 곡선을 보면 알파 붕괴는 기울기 1인 선을 따라 핵을 아래 왼쪽으로 이동

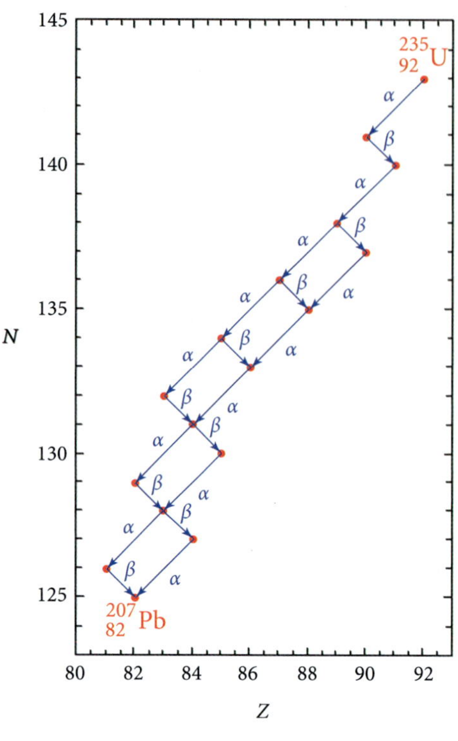

그림 12.14 붕괴 사슬. ^{235}U는 알파 붕괴하여 ^{231}Th로 바뀌고, 그것이 베타 붕괴하여 ^{231}Pa로 바뀐다. 사슬은 여러 곳에서 갈라지지만 늘 안정한 핵 ^{207}Pb에서 끝난다.

시키는 반면 베타 붕괴는 기울기 −1인 선을 따라간다. 그러나 안정성 곡선은 약 3/2의 기울기로 올라간다. 따라서 몇 번의 알파 붕괴 후 핵은 전형적으로 안정도 곡선을 유지하기 위해 베타 붕괴를 해야 한다.

$4n+1$ 계열의 핵은 대부분 자연에서 볼 수 없는데, 그 이유는 부모핵 ^{237}Np의 반감기가 약 300만 년에 불과하여 오래 전에 모두 붕괴했기 때문이다. 남은 것은 이 계열의 마지막 두 단계인 ^{209}Bi(반감기 10^{19}년 이상)와 ^{205}Th(안정)뿐이다. 나머지 세 계열은 모두 납의 동위원소로 끝난다.

붕괴율, 몇 가지 용어

n개의 방사성 핵이 든 표본이 있다면, 초당 붕괴하는 핵의 수는 방사성 핵의 수에 비례한다. 따라서 남은 핵의 수(또는 이에 상응하는 샘플의 질량)는 간단한 미분 방정식으로 서술할 수 있다:

$$\left.\begin{array}{lll} \text{방정식:} & \dfrac{dn}{dt} = -\lambda n & \lambda\text{는 양의 상수} \\ \text{해:} & n = n_0 e^{-\lambda t} & \end{array}\right\} \qquad (12.3)$$

이러한 붕괴 과정의 특성을 여러 가지 관련 용어로 나타낼 수 있다:

- "붕괴 상수" λ는 핵 하나가 단위 시간당 붕괴할 확률이다. "평균 수명" $1/\lambda$은 시료에 있는 핵의 $1/e$이 붕괴하는 데 걸리는 시간이다.
- "반감기" $t_{1/2} = (\ln 2)/\lambda$는 표본에 있는 핵의 반이 붕괴하는 데 걸리는 시간이다.
- "활성도(Activity)" $a = \lambda n$은 단위 시간당 붕괴되는 핵의 수이다. a는 n에 비례하므로, a도 지수적으로 감쇠된다: $a = a_0 e^{-\lambda t}$. 활성도의 국제 단위는 초당 1회의 붕괴에 해당하는 "베크렐(becquerel)"(Bq)이지만, 더 편리하고 자주 쓰는 단위는 초당 3.7×10^{10}회의 붕괴에 해당

하는 "퀴리(curie)"(Ci)이다 (대략 라듐 1그램의 활성도).

이 용어 중 가장 친숙한 것은 반감기로, 특정 붕괴가 전형적으로 얼마나 오래 걸리는지 설명하는 편리한 방법이다. 1그램의 물질이 있다면 반감기가 한 번 지나면 반그램이 남는다. 반감기를 한 번 더 기다리면 4분의 1로 줄어든다. ^{238}U의 반감기는 약 45억 년, ^{14}C의 반감기는 약 5700년, ^{12}O의 반감기는 약 6×10^{-22}초이다.

반감기가 매우 긴 ^{238}U와 같은 방사성 물질은 방사선을 매우 천천히 내므로 그다지 위험하지 않다. 반감기가 매우 짧은 물질은 방사선을 많이 내면 위험할 수 있지만 그 위험이 오래 가지는 않는다. 걱정해야 할 것은 반감기가 중간인 물질이다. 이러한 물질은 체내에 흡수되거나 섭취된 후 상당한 방사선을 낼 수 있을 만큼 오래 지속될 수 있다. 예를 들어, ^{210}Po는 반감기 약 140일로 알파 붕괴하므로 가장 위험한 방사성 물질로 알려진 것 중 하나이다.[6]

6 전 팔레스타인 지도자 아라파트(Yasir Arafat)의 암살을 포함한 여러 암살 사건에서 폴로늄 중독이 의심된다.

12.4.3 물음과 문제: 세 가지 핵 붕괴

개념 물음 및 개념시험

1. 부모핵이 알파 붕괴를 하려면 딸핵은 다음과 같아야 한다. (하나를 고르고 설명하라.)

A. 핵자당 결합 에너지가 어떤 최소값 보다 커야 한다.

B. 핵자당 결합 에너지가 어떤 최대값 보다 작아야 한다.

C. 핵자당 결합 에너지가 정확히 맞아야 한다.

D. 알파 붕괴의 가능성은 생성물의 핵자당 결합 에너지와 무관하다.

2. $^{215}_{84}$Po는 알파 붕괴 또는 베타 붕괴를 할 수 있다.

(a) 알파 붕괴를 한다면, 그 딸 핵은 무엇인가?

(b) 베타 붕괴를 한다면, 그 딸 핵은 무엇인가? **실마리:** 안정도 곡선을 보고 어떤 베타 붕괴가 에너지적으로 유리할지 결정하라.

3. 식 (12.2)는 알파 붕괴의 일반 꼴이다. 비슷한 표기법을 써서 큰 원자핵 속의 중성자가 (원자핵에 남아 있는) 양성자와 (방출되는) 전자 및 반중성미자로 변환되는 베타 붕괴를 나타내라.

4. 물질 A와 B 모두 식 (12.3)에 따라 붕괴하지만, A가 B보다 λ 값이 더 크다. 두 물질이 같은 원자 수로 시작한다면, 시간이 가면서 붕괴 과정이 어떻게 달라질까?

5. ^{238}U로 시작하는 붕괴 사슬에 ^{205}Tl이 들어갈 수 없는 이유를 설명하라.

6. 원자핵이 왜 핵자 하나를 내며 붕괴하는 것이 대체로 에너지를 따질 때 유리하지 않은가? **실마리:** 단일 원자핵 속의 핵자당 결합 에너지는 얼마인가?

7. 그림 12.5는 핵자당 결합 에너지가 가장 큰 원자 번호는 $A \approx 56$임을 보여준다. 따라서 A가 60을 넘는 원자핵은 대체로 알파 입자를 내어 원자핵당 결합 에너지를 키운다. 왜 알파 붕괴가 훨씬 무거운 핵에만 에너지적으로 유리할까? **실마리:** $^{4}_{2}$He의 핵자당 결합 에너지를 살펴보라.

8. 많은 동일한 핵이 전자를 내며 붕괴할 때, 함께 나오는 반중성미자는 허용된 운동 에너지의 범위 안에 있다. 많은 동일한 핵이 맨 안쪽 껍질에서 전자를 포획하여 붕괴할 때, 나오는 중성미자는 (하나를 고르고 설명하라.)

A. 운동 에너지가 허용된 여러 값을 가진다.

B. 운동 에너지가 모두 거의 같다.

9. (핵 밖에 나온) 고립된 양성자는 왜 베타 붕괴를 할 수 없을까?

10. 원자핵이 들뜬 상태에서 떨어지면서 광자를 낼 때, 운동량 보존에 따라 원자핵이 반동하므로, 광자는 전이 에너지를 모두 가질 수 없다. 뫼스바우어는 어떻게 결정에 핵을 넣어 공명을 시킬 수 있었을까? (이 문제는 "문제"가 아닌 "물음"이지만, 답에는 몇 가지 식이 들어가야 한다.)

11. 중성자는 불안정하다. 중성자는 약 15분 뒤에 저절로 베타 붕괴한다. 그렇다면 핵은 어떻게 존재할 수 있을까?

문제

12. 처음에 서 있던 ^{238}U 원자가 알파 붕괴하여 ^{234}Th 원자로 변한다. 핵자당 결합 에너지는 ^{238}U는 7.570 MeV, ^{234}Th은 7.597 MeV, 알파 입자는 7.074 MeV이다. 나온 알파 입자의 운동 에너지의 예상값을 셈하라. **실마리:** 관련된 속도는 상대론적 공식이 필요없다.

13. ^{69}As의 들뜬 상태는 수명이 72 fs(72×10^{-15}초)인 것으로 측정되었으며, 약 8 MeV의 감마선을 내며 붕괴했다. 시간-에너지 불확정성 원리를 써서 이 전이로 나오는 감마선의 에너지 퍼짐을 추정하라.

14. 식물이나 동물은 살아 있는 동안 체내 탄소 동위원소 비율을 ^{12}C 원자 10^{12}개당 ^{14}C 원자 1개를 유지한다. (동물은 식물을 먹고 식물은 대기권에서 탄소를 흡수하며, 대기권 비율은 1:10^{12}이다). 식물이나 동물이 죽으면 탄소 축적이 중단되고 체내의 ^{14}C는 약 5700년의 반감기로 붕괴된다. 따라서 ^{14}C의 양을 재면 유기 시료의 연대를 대략적으로 추정할 수 있는데, 이것이 "방사성 탄소 연대 측정"이다. 유기 시료의 탄소가 ^{14}C의 10^{14}분의 1로 밝혀지면 얼마나 오래 전에 죽은 것일까?

15. 식 (12.3)에 따라 붕괴하는 원자의 집합은 "반감기"가 일정하다: 그만큼 기다리면 물질의 반만 남는다. 그 뒤에도 물질의 1/3이 남는 일정한 "1/3 감소 수명"이 있을까? 그렇다면 "1/3 감소 수명"이 반감기와 어떤 관계가 있는지 찾아보고, 그렇지 않다면, 그 이유를 설명하라.

16. 식 (12.3)은 방사성 붕괴에 대한 미분 방정식과 그 해를 모두 제시한다. 해가 실제로 미분 방정식을 충족시킴을 보여라.

17. 서 있던 부모핵 X가 붕괴하여 딸핵 Y와 알파 입자 α가 서로 반대쪽으로 날아간다. 붕괴할 때 내는 에너지 Q는 두 최종 입자의 운동 에너지가 된다: $Q = K_\alpha + K_Y$.

(a) 운동량 보존 법칙을 써서 K_Y를 소거하여 Q, K_α, M_α, M_Y에 관한 방정식을 써라. **실마리:** 이 문제의 에너지는 핵 질량보다 훨씬 작으므로 비상대론적 공식을 쓸 수 있다.

(b) 각 핵(알파 입자 포함)의 질량을 m_pA로 어림하고 (a)에서 끌어낸 방정식을 풀어서 Q와 A_X에만 의존하는 K_α의 방정식을 구하라. 가능한 한 단순화하라.

(c) $^{228}_{90}$Th의 결합 에너지는 1.743077 GeV, $^{224}_{88}$Ra의 결합 에너지는 1.720301 GeV, $^{4}_{2}$He의 결합 에너지는 28.296 MeV이다. 토륨이 라듐으로 알파 붕괴하는 것을 보는데 알파 입자가 5.14 MeV만 가지고 나온다고 하자. 라듐 핵의 운동 에너지의 차이는 무시할 수 있고, 초과 에너지는 결과물인 $^{224}_{88}$Ra 핵의 들뜬 상태로 들어간다고 하자. 그 핵이 이후 바닥상태로 붕괴할 때, 나오는과 감마선의 에너지는 얼마일까?

(d) (c)에서 R라듐 핵의 운동 에너지의 변화를 무시하는 것이 왜 타당한가?

18. 오늘날 지구에 있는 핵은 반감기가 적어도 지구 나이의 상당 부분인 핵이어야 한다고 생각할 수 있지만, 반감기가 몇 분의 1초인 핵을 발견한다. 이것이 어떻게 가능한지 다음 예를 통해 알아보자. ^{235}U는 반감기가 약 7억 년이 지나면 ^{231}Th로 붕괴하고, 그 뒤 반감기가 하루인 ^{231}Pa로 붕괴한다. ^{235}U나 ^{231}Th는 다른 어떤 과정에서도 유의미한 양으로 생성되거나 파괴되지 않는다. 현재 지구에서 ^{231}Th와 ^{235}U의 비율

은 얼마인가? **실마리:** 토륨은 붕괴 속도가 생산 속도와 같은 정상 상태에 있다고 가정할 수 있다.

19. 이 문제에서는 처음에는 서 있던 중성자가 붕괴하여 양성자와 전자만 나온다고 하자.(이것은 파울리가 중성미자를 제안하기 전에 베타 붕괴를 이해한 방식이다.)

(a) 이 문제에서는 나온 양성자는 느리고(고전 방정식을 쓸 수 있음), 전자는 빠르다고 하자 ("초상대론적" 어림식 $pc \gg mc^2$을 쓸 수 있다). 이 가정이 합리적인 이유를 간단히 설명하라.

(b) 이 가정을 바탕으로, 양성자의 운동 에너지와 전자의 운동 에너지에 대한 공식을 운동량의 함수로 써라.

(c) 이 반응에 대한 에너지 보존 방정식을 써라. $p_{중성자} = 0$이라는 것을 기억하라. 따라서 운동량 보존은 다음과 같다. $p_{양성자} = p_{전자}$. 따라서 그냥 p로 쓸 수 있다.

(d) p에 대한 방정식을 풀어라.

(e) $KE_{양성자}/KE_{전자}$ 비를 구하하라. 답은 세 입자의 질량을 모두 품는 식이어야 한다.

(f) 세 질량 값을 넣어, 반응의 Q 값이 거의 전적으로 방출된 전자의 운동 에너지로 나타나야 함을 보여라.

20. ^{57}Fe가 첫째 들뜬 상태에서 바닥상태로 떨어지면 14.4 keV 광자를 낸다. 두 ^{57}Fe 표본을 결정에 넣어 반동을 무시할 수 있게 하면, 상대 속도 $v \geq 5 \times 10^{-5}$ m/s로 서로를 향해 움직일 때까지는 한 표본에서 나온 광자가 다른 표본을 들띄울 수 있음을 알 수 있다. ^{57}Fe의 첫째 들뜬 상태의 폭 ΔE를 구하라. **실마리:** 계산기의 유효숫자가 충분히 많지 않으면 컴퓨터 소프트웨어나 웹 사이트를 쓸 수 있다.

12.5 핵분열과 핵융합

이 장은 더 작은 입자의 발견에 대한 간략한 역사로 시작했다. 1932년 채드윅의 중성자 발견으로 정점을 찍은 이 역사는 핵분열과 핵융합을 향한 길로 이어졌다. 그 여정에서 중요한 몇 가지 이정표를 소개한다.

- 1932: 올리펀트(Mark Oliphant)가 실험실에서 수소 핵융합에 성공했다.
- 1938: 한(Otto Hahn)과 슈트라스만(Fritz Strassmann)이 무거운 원소의 핵분열을 발견했다.
- 1939: 마이트너(Lise Meitner)와 프리쉬(Otto Frisch)가 한의 발견에 대한 이론적 설명과 이름을 제시했다.
- 1939: 베테(Hans Bethe)의 논문 "Energy Production in Stars"에서 핵융합이 태양 에너지의 뿌리임을 밝혔다.
- 1945: 뉴멕시코 사막에서 최초의 핵분열 폭탄을 터뜨렸다.
- 1952: 마셜 제도에서 최초의 핵융합 폭탄을 터뜨렸다.
- 1954: 전력망에 전기를 공급하는 최초의 핵분열 발전소가 소련의 오브닌스크(Obninsk)에서 가동을 시작했다.
- 미래: 핵융합 발전소는 깨끗하고 지속 가능한 에너지를 무제한으로 생산한다.

우리가 미래를 낙관하고 희망을 가지지 않았다면 교재를 쓰지도 않았을 것이다.

12.5.1 발견 연습: 핵 분열

다음 핵분열 반응을 살펴보자:

$$^{236}_{92}\text{U} \rightarrow ^{92}_{36}\text{Kr} + ^{141}_{56}\text{Ba} + ?$$

1. 양성자 수와 중성자 수를 보존하려면 최종 생성물(물음표)은 무엇이어야 하는가?
2. 그림 12.4를 써서 이 세 가지 핵종 각각의 핵자당 결합 에너지를 추정하라. 이 값과 윗 문제의 답을 바탕으로, 이 반응에서 나오는 에너지를 추정하라.

12.5.2 설명: 핵 분열과 핵 융합

그림 12.4의 가장 중요한 교훈 중 하나는 가장 안정적인 핵자 집합은 Z가 26–28인 원자핵이라는 것이다(이는 A가 56–62인 원자핵에 해당). 따라서 더 큰 핵을 쪼개거나 더 작은 핵을 융합하면 에너지를 얻을 수 있다. 이 두 과정이 각각 핵분열과 핵융합이다.

이 절에서는 이 두 과정을 설명하는데, 먼저 일반 핵반응, 특히 그 확률을 재는 데 쓰는 "단면적"이라는 지표를 설명하겠다.

일반 핵반응에서는 고에너지 입자가 서 있는 원자핵을 때린다. 그 결과 새로운 핵(여전히 거의 서 있는 상태)과 하나 이상의 방출 입자가 생긴다:

$$n + ^{21}_{10}\text{Ne} \rightarrow ^{18}_{8}\text{O} + ^{4}_{2}\text{He} \qquad \text{핵반응의 예} \tag{12.4}$$

이러한 반응의 전형적인 시간 척도는 10^{-20}초 정도이다. 중성자가 양성자로 또는 그 반대로 바뀌는 베타 붕괴는 이보다 훨씬 더 오래 걸리므로(10^{-10}초 이상) 이러한 매우 빠른 반응에서는 Z와 N이 따로 보존된다. 예를 들어, (12.4)에서 중성자가 네온 표적을 때리는 반응 전에는 양성자 10개와 중성자 12개가 있고, 반응 후 남는 산소 핵과 나오는 알파 입자에는 양성자 10개와 중성자 12개가 있다.

반응 단면적

고에너지 입자를 박막 표적에 쏘는 것을 상상하자. 이러한 실험에서는 여러 가지 결과가 나올 수 있다. 입자가 핵에 부딪쳐 중성자 하나나, 두 개, 또는 세 개를 튕겨낼 수도 있고, 알파 입자를 튕겨낼 수도 있고, 입자가 핵반응을 일으키지 않고 그냥 반대편으로 빠져나갈 수도 있다. (마지막 과정이 확률이 가장 높을 때가 많다.)

이제 표적을 향해 입자를 쏘고 각 결과가 얼마나 자주 생기는지 잰다고 하자. 입자 100개를 쏘면 1개에서 중성자 하나가 나오고, 1000개 중 1개에서 알파 입자가 나온다고 하자.

실험 결과를 기록할 때는 이러한 확률을 간단히 보고할 수 있지만, 더 두껍거나 밀도가 높은 박막 조각으로 실험을 반복하는 사람은 아마도 다른 값을 얻을 수도 있다. 그래서 물리학자들은 "단면적"이라는 측정값을 써서 반응 확률을 보고한다.

단면적이라는 용어는 단순한 허구로 정의된다. "중성자 한 개 방출" 반응의 단면적을 구하려면 입자가 핵에 부딪힐 때마다 그 반응이 일어난다고 가정한다. 이 반응은 1/100의 확률로 일어나므로, 이 가상 각본에서 핵은 박막 면적의 1/100을 채운다고 볼 수 있다. 확률(1/100)을 박막의 단위 면적당 핵의 수(가상 수치가 아닌 실제 수)로 나누면 이 가상 각본에서 각 핵의 유효 면적을 구할 수 있다. 이 핵당 유효 면적은 σ로 나타내며, 중성자 하나가 방출되는 반응의 "반응 단면적"이라고 한다:

$$\sigma = \frac{\text{특정 반응의 확률}}{\text{표적 박막 단위 면적 속의 핵의 수}} \qquad \textbf{얇은 표적의 경우} \qquad (12.5)$$

단면적 σ의 단위는 면적이며 일반적으로 "반(barn)" 단위로 잰다($1\ \text{b} = 10^{-28}\ \text{m}^2$).

단면적의 좋은 점 하나는 확률을 간단한 그림으로 제시하는 것이다. 각 핵은 면적 σ를 차지하며, 그 면적이 클수록 입사 입자가 그 중 하나를 때릴 확률이 커진다(그림 12.15). 그러나 σ는 핵의 실제 단면적이 아님을 기억하는 것이 중요하다. 핵은 반지름이 정확히 정의되지 않으며, 단면적은 실제로는 확률을 나타내는 편리한 방법일 뿐이다. 앞서 설명한 예에서 같은 원자핵이라도 중성자 방출 단면적이 알파 입자 방출 단면적 보다 10배 더 클 수 있다. 특정 반응의 단면적은 입사 입자의 에너지에 따라 달라진다.

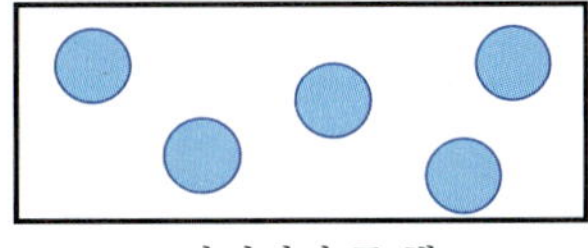

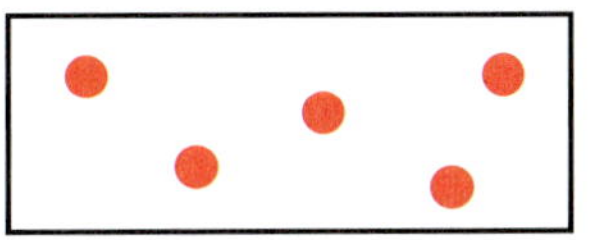

그림 12.15 똑같은 핵자 집합의 단면적이 반응에 따라 다를 수 있다. 단면적은 핵의 "실제 면적"(잘 정의되지 않음)이 아니라 반응 확률을 나타내는 편리한 방법일 뿐이다.

"단면적"의 정의식 (12.5)는 표적이 얇아 한 핵이 다른 핵을 가릴 확률을 무시할 수 있는 극한에서만 유효하다. 표적이 그렇게 얇으면 반응 확률은 단순히 단면적에 단위 면적당 핵의 수를 곱한 값이다. 표적이 두꺼우면, 단면적에서 확률을 셈하는 일이 더 복잡하다. 그러나 단면적의 뜻은 똑같이 적용된다. 핵이 단단한 구체여서 충돌 입자가 그 중 하나와 충돌할 경우에만 반응이 일어나도록 보장된다면, 측정된 확률을 재현하려면 그 구체가 얼마나 커야 할까?

핵분열

엄밀히 말하면 알파 붕괴도 핵분열의 한 형태이지만 일반적으로는 별개의 과정으로 본다. 따라서 핵분열은 아주 큰 핵이 쪼개져 비교적 큰 두 개의 다른 핵이 되는 것을 뜻한다.

그렇지만, 알파 붕괴의 기본 물리학 중 일부는 핵분열에도 적용된다. 핵분열은 생성물의 핵자당 평균 결합 에너지가 부모 핵의 결합 에너지보다 클 때만 저절로 일어날 수 있다. 이 때도 핵분열 생성물은 더 이상 강력으로 묶이지 않으면서 충분히 가까워서 엄청난 쿨롱 반발력을 받는 중간 반지름을 지나야 한다.

모든 천연 원소의 경우 알파 붕괴의 전위 장벽은 핵분열의 전위 장벽보다 낮으므로 알파 붕괴는 핵이 저절로 더 작은 조각으로 쪼개지는 주요 방식이다. 그러나 일부 원소는 외부 입자가 핵을 들

뜬 상태로 밀어올려 전위 장벽 상단에 가까워지면 핵분열을 하게 된다.[7]

어떤 입자가 무거운 원자핵을 때려 에너지를 주어 두 개의 작은 원자핵으로 쪼개지도록 유도한다고 하자. 핵분열은 베타 붕괴보다 훨씬 빠르게 일어나므로 딸 핵은 부모 핵과 동일한 총 중성자 대 양성자 비율로 나타난다. 그러나 안정성 곡선(그림 12.5)에서 알 수 있듯이, 가벼운 핵이 안정되려면 양성자당 중성자 수가 무거운 핵보다 적어야 한다. 따라서 딸핵은 즉시 여러 개의 고에너지 중성자를 낸다.

그러면 이들 중성자가 옆의 무거운 핵을 때려 핵분열을 유도하여 연쇄 반응이 일어날 수 있다. 연쇄 반응의 속력에 따라 그 결과는 핵반응로 또는 핵폭탄이 될 수 있다. 첫째 가능성을 설명하겠다.

핵 반응로

핵분열 연쇄 반응을 지속할 수 있는 원소가 "핵분열성 물질(fissile material)"이며, 가장 흔한 예는 ^{235}U이다. (다른 핵분열성 물질도 있는데, 특히 ^{239}Pu가 유명하다.) 핵분열 반응의 생성물은 예측할 수 없을 정도로 다양하므로 같은 시작 조건에서도 정확히 무엇이 나올 수 있을지 예측할 수 없다. 때로는 세 가지 생성물도 있다 ["삼원 핵분열(ternary fission)"]. 훨씬 더 흔한 것은 두 가지 생성물["이원 핵분열(binary fission)"]인데, 하나는 $A \approx 95$이고 다른 하나는 $A \approx 135$이다. 전형적인 반응은 아래와 같다:

$$n + {}^{235}\mathrm{U} \;\rightarrow\; {}^{92}_{36}\mathrm{Kr} + {}^{141}_{56}\mathrm{Ba} + 3n \tag{12.6}$$

^{235}U 원자 하나가 핵분열하면 일반적으로 중성자 두세 개가 나오므로 연쇄 반응을 쉽게 시작할 수 있을 것 같다. 하지만 두 가지 문제가 있다.

첫째 문제는 나오는 중성자는 에너지가 매우 크고, 중성자가 ^{235}U와 반응하는 단면적은 중성자 에너지가 클수록 급격히 감소하는 것이다. 해결책은 중성자의 속력을 늦추는 것이다. 그래서 핵연료를 "감속재(moderator)"로 둘러싸는데, 이것은 보통 물도 쓸 수 있다. 중성자는 물 분자와 충돌하여 에너지를 잃어 ^{235}U 핵과 반응하여 또 다른 핵분열을 일으킬 수 있을 만큼 느려진다. 딱하게도 물 분자는 종종 중성자를 흡수하여 ^{1}H 핵을 ^{2}H("중수소")로 바꾼다. 따라서 더 나은(그러나 더 비싼) 감속재는 물 분자의 수소가 중수소로 치환된 "중수"이다.

둘째 문제는 필요한 ^{235}U가 천연 우라늄의 0.7% 뿐이라는 것이다. 나머지는 ^{238}U로, 고에너지 중성자를 잘 흡수하지만 결과적으로 핵분열을 거의 하지 않는다. 그러나 ^{238}U의 중성자 포획 단면적은 에너지에 따라 커진다 (^{235}U와는 반대). 따라서, 중성자를 감속하는 것이 다시 또 해결책이다. 너무 많은 중성자가 ^{238}U에 흡수되기 전에 속도를 늦추면 연쇄 반응을 지속하기에 충분히 많은 중성자가 ^{235}U를 만나게 된다.

실제로 보통 물을 감속재로 써서 원자로를 돌리려면 먼저 우라늄을 농축하여 ^{235}U를 최소 3~5%로 높여야 한다. ^{235}U과 ^{238}U은 화학적 성질이 같으므로 질량을 기준으로 분리하는 원심분리기를 써야 하는데, 이 일은 어렵다. 다른 선택안은 중수로로, 중성자를 충분히 효율적으로 감속시켜 천연 우라늄을 써서 연쇄 반응을 유지할 수 있다.

하지만 그 연쇄 반응은 정밀하게 제어해야 핵분열마다 평균적으로 정확히 또 하나의 핵분열을

7 $Z \gtrsim 100$인 일부 인공 동위 원소의 경우 자발적 핵분열이 알파 붕괴보다 우세할 수 있다.

일으킨다. 각 반응이 유발하는 다른 반응이 하나보다 더 적으면 반응은 멈춘다; 하나 이상이 되면 반응이 폭주하여 그 열로 원자로의 노심이 녹을 수 있다. 이 미세 조정은 중성자를 흡수하는 붕소나 카드뮴과 같은 물질로 만든 "제어봉"을 써서 한다. 제어봉을 원자로 노심 안팎으로 움직이면 반응 속도를 안정적으로 유지할 수 있다.

한 번의 핵분열 반응에서 얼마나 많은 에너지가 나올까? 정확한 답은 특정 반응물과 생성물에 따라 다르지만 크게 다르지는 않다. 그림 12.4를 다시 보면 핵자당 결합 에너지는 반응물(우라늄, 플루토늄 또는 그 범위의 기타)이 대략 7.6 MeV, 생성물이 8.5 MeV이다. 따라서 대략 0.9 MeV가 나온다. ^{235}U 핵 하나에서 약 200 MeV가 나온다. (핵자의 결합 에너지가 전자의 결합 에너지보다 훨씬 크므로 이는 화학 반응에서 나오는 원자당 에너지의 10^8배 정도 더 큰 값이다. ^{235}U 1 kg이 핵분열로 내는 에너지는 석탄 1 kg을 태울 때 얻는 에너지의 약 300만 배이다).

세계 최초의 핵분열 반응로

1972년 과학자들은 아프리카의 현대 국가인 가봉(Gabon)의 오클로(Oklo)라는 곳에서 20억 년 전에 우라늄 원자로가 저절로 생겼다는 사실을 발견했다. 오클로 원자로는 감속재 역할을 하기에 충분한 물이 스며든 사암층에서 수십만 년 동안 작동했다. 물론 이 물은 중수가 아닌 일반 물이었으며, 당시에는 원심분리기를 통해 우라늄을 처리할 수 있는 사람이 아무도 없었다. 그렇다면 어떻게 이것이 가능했을까?

^{235}U은 ^{238}U보다 훨씬 빨리 붕괴하므로 지구가 형성된 이래로 천연 우라늄 매장지의 ^{235}U 비율은 계속 감소해 왔다. 20억 년 전에는 ^{235}U의 비율이 우라늄의 0.7%가 아닌 몇 퍼센트 였기 때문에 연쇄 반응이 일어날 수 있었다. 물이 제어봉의 역할도 했다고 믿는다. 반응이 너무 빨리 일어나기 시작하면 열이 물을 증발시켜 감속재를 제거하여 반응 속도를 늦췄다.

과학자들이 오클로 원자로를 발견하게 된 것은 그곳에 매장된 ^{235}U의 농도가 지구상의 다른 곳에서 흔히 볼 수 있는 0.720%가 아닌 0.717%임을 발견했기 때문이다. 이 작은 차이는 ^{235}U 일부가 더 일찍 쓰였다는 신호로 충분했고, 후속 연구에서 천연 핵분열로 생긴 딸 핵을 발견함으로써 결론을 확인했다.

핵융합

에너지원으로서의 핵분열은 엄청나게 강력하고 효율적이지만, 동시에 치명적 단점도 있다. 핵분열의 생성물은 방사능이 매우 높아서 현재로서는 마땅한 해결책이 없는 핵폐기물 문제로 이어진다. **핵융합** 반응에서 생기는 헬륨은 이러한 문제가 없다. 적절한 기술만 있다면 말 그대로 태양의 에너지를 활용하여 전 세계가 필요한 만큼의 청정에너지를 생산할 수 있다. 그러나 아직 핵융합로 가동에 드는 것보다 더 많은 에너지를 생산하는 핵융합로를 만들지 못했다. 2025년 현재 그 임계값을 넘을 수 있는 반응로가 몇 개 건설되고 있다.

§ 6.5에서 태양에서의 핵융합이 양자역학적 터널링의 한 예임을 관찰했다. 두 양성자가 가까워지면 쿨롱 반발력 때문에 위치 에너지가 커진다. 두 양성자가 더 가까워져 강력을 받으면 위치 에너지가 현저히 줄어든 헬륨 핵으로 융합된다. 그러나 그 중간 거리에서는 쿨롱 반발력이 만드는 높은 "쿨롱 장벽" 때문에 가까이 가지 못해 강한 핵력을 받아 융합될 수 없다(그림 12.16). 태양이

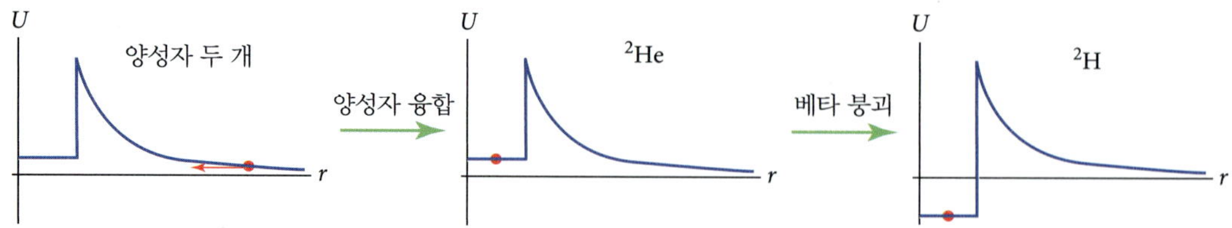

그림 12.16 충돌하는 두 양성자의 위치 에너지의 거리에 대한 변화. 두 양성자가 멀리 있으면 전기적 반발력을 받고, 둘이 가까울수록 더 세지지만, 핵 거리 안으로 들어오면 강한 핵력을 받아 융합될 수 있다. 그 결과 생긴 핵이 베타 붕괴하여 알짜 에너지를 방사선으로 내고 중수소 핵이 된다.

빛나는 것은 양성자가 이 장벽을 통과하여 융합할 수 있기 때문이다.

예상할 수 있듯이, 운동 에너지가 크면 쿨롱 장벽이 실질적으로 낮아지므로 터널링 단면적은 온도가 높을수록 크게 증가한다. 효율적인 핵융합을 하려면 전형적으로 10^8°C 이상의 온도와 매우 높은 밀도가 필요하다. 그러나 태양의 심부의 온도는 약 1.5×10^7 K 밖에 안되므로 핵융합 과정이 오래 지속되며, 평균적으로 태양의 양성자가 충분한 에너지를 얻어 충돌하여 융합되려면 수십억 년이 걸린다.

따라서 핵융합로를 만들려면 태양의 심부보다 훨씬 더 뜨거운 조건을 만들어야 한다. 하지만 이 온도에서 원자는 이온화되어 있으므로 빠른 속도로 서로를 밀어내어 그릇 벽과 부딪치려 하는 또 다른 문제가 있다. 이 문제의 한 가지 해결책은 센 자기장을 걸어 이온을 고리모양의 통에 가두는 핵반응로인 "토카막(tokamak)"이다. 또 다른 주요 방법은 "관성 유폐(inertial confinement)"로, 연료를 매우 빠르게 가열하고 압축하여 핵융합을 일으킨 뒤 날아가게 하는 것이다. 예를 들어, 작은 연료 공에 여러 방향에서 강력한 레이저를 비추어 이 일을 할 수 있다.

핵분열과 달리 핵융합은 연쇄 반응으로 진행되지 않는다. 수소는 융합할 수 있는 온도까지 밖에서 가열해야 하며, 방출된 에너지는 추가 융합 반응을 일으키는 꼴로 나오지 않는다. 핵융합은 연쇄 반응이 없기 때문에 핵분열보다 유지하기가 더 어렵지만, 핵융합로는 핵분열 반응로와 같은 치명적 용융 사고의 위험이 없다. (물론 핵융합 기반 폭탄도 있지만, 모든 수소를 핵융합 온도로 가열하려면 외부에서 충분한 에너지를 공급해야 한다. 그렇게 할 수 있는 유일한 방법은 수소를 핵분열 폭탄으로 둘러싸는 것이다!)

핵융합에서 나오는 대부분의 에너지는 고에너지 중성자의 형태이다. 이 에너지는 중성자를 흡수할 수 있는 리튬과 같은 표적과 충돌시켜 에너지를 열로 전환함으로써 포획할 수 있다. 중성자를 모두 흡수하지 않으면 핵반응로가 파괴되거나 주변 물질이 방사성 물질로 바뀔 수 있으므로 중성자를 모두 흡수하는 것이 중요하다. 따라서 핵융합에는 여러 가지 도전 과제가 있다.

핵융합 과정을 몇 가지 측면에서 너무 단순화했다는 사실에 놀라지 않을 것이다. 아마도 가장 중요한 것은 헬륨 핵은 양성자 두 개만으로 되어 있지 않다는 것이다. 따라서 핵융합 과정은 몇 가지 뚜렷한 단계를 거친다:

1. 양성자 두 개가 융합하면 ^{2}He가 되는데, 때로는 이것을 "쌍양성자"라고도 한다. 이 과정은 실제로 에너지를 높이므로 이를 위해서는 알짜 에너지 투입이 필요하다.
2. 쌍양성자는 높은 에너지 때문에 불안정하여 다시 붕괴하여 두 개의 양성자로 쪼개지는 경향이 있다. 그렇지만, …
3. 쌍양성자가 충분히 오래 남아 있으면 양성자 중 하나가 베타 플러스 붕괴하여 중성자가 될

수 있다. 그 결과 안정한 ^{2}H(중수소)가 생성된다. 베타 붕괴는 초기 핵융합에 쓴 에너지보다 더 많은 에너지를 내므로 전체 과정은 발열 과정이다.

4. 일단 중수소가 형성되면 다른 양성자와 반응하여 ^{3}He를 만들 수 있으며, 이는 여러 가지 가능한 다른 핵융합 반응(예를 들어 다른 ^{3}He 또는 ^{4}He와 융합하여 각각 생성물을 생성한 다음 붕괴)을 거칠 수 있다.

최종 생성물은 주로 ^{4}He와 많은 에너지이지만 거기에 이르는 길은 복잡하다.

12.5.3 물음과 문제: 핵 분열과 핵 융합

개념 물음 및 개념시험

1. 핵 반응의 단면적을 변화시키는 요인을 골라라 (해당되는 것을 모두 골라라.)

A. 입사 입자의 유형

B. 표적 핵의 유형

C. 입사 입자의 에너지

D. 표적의 두께

2. 질량수 A_X인 핵 X가 쪼개져 질량수 A_Y와 A_Z인 핵 Y와 Z가 된다고 하자. 이 반응이 저절로 일어난다면 세 핵의 핵자당 결합 에너지는 어떤 관계여야 하는가? (답을 식의 꼴로 써라).

3. 상상할 수 있는 가장 간단한 반응은 원자 핵이 두 개의 똑같은 원자 핵으로 쪼개지는 것($^{A}_{Z}$대 $\rightarrow 2^{A/2}_{Z/2}$소)과 그 반대($2^{A/2}_{Z/2}$소 $\rightarrow {}^{A}_{Z}$대)이다.

(a) 이 핵분열 반응이 에너지를 내려면 (Q-값이 양수가 되려면) A가 얼마나 커야 하는가?

(b) 이 핵분열 반응이 에너지적으로 유리할 때에도 [즉, (a)에서 셈한 A 값에 대해서도], 이러한 유형의 균등 분할은 대체로 일어나지 않는다. 왜 그럴까?

(c) 이 핵융합 반응이 에너지를 내려면 A가 얼마나 작아야 하는가?

4. 식 (12.5)는 핵 반응의 단면적과 그 반응의 확률 관계를 나타내지만, 이 관계는 얇은 표적에서만 맞다. 표적이 두꺼우면 반응 확률이 단순히 단면적에 단위 면적당 핵의 수를 곱한 값이 아닌 이유를 설명하라.

5. 입사 중성자의 속력을 높이면 ^{235}U 반응의 단면적은 줄고 동시에 ^{238}U 반응의 단면적은 커진다.

(a) 이 문장이 뜻하는 바를 “단면적” 또는 “면적”이라는 단어를 쓰지 말고 반응 확률로 설명하라.

(b) 핵분열 반응로에서 그 사실을 어떻게 써서 바람직하지 않은 반응이 아닌 바람직한 반응의 가능성을 높이는지 설명하라.

6. 핵분열 반응로에서, 각 핵분열 반응에서 나와 다른 핵분열 반응을 일으키는 중성자의 평균 수가 k라고 하자.

(a) k가 1보다 크면, 반응율(초당 반응 수)이 시간에 비례하여 커지는가, 2차 식에 비례하여 커지는가, 아니면 지수적으로 커지는가? 그 이유도 간단히 설명하라.

(b) $k < 1$이면, 반응율이 어떻게 줄어드는가? 그 이유도 간단히 설명하라.

(c) k의 값에 영향을 주는 요인을 세 가지 이상 말하라.

7. 핵분열 반응로는 핵분열성 물질을 물로 둘러싸고 다른 물질로 만든 제어봉을 물 속에 넣는다. 물이 중성자에 미치는 영향과 제어봉이 미치는 영향에 대해 간단히 설명하라. 이 두 가지 효과가 어떻게 다른지 특히 관심이 있다.

8. 1945년 뉴멕시코에서 최초의 원자폭탄이 터졌을 때, 일부 물리학자들은 강력한 열이 수소 융합을 촉발하여 연쇄 반응을 일으켜 지구 대기가 폭발할 수 있다

고 우려했다. 왜 그런 일이 일어나지 않았을까?

심층 토론

9. 정상 핵융합 과정에서는 니켈($Z = 28$, A는 대부분 58–60)보다 무거운 원소를 생성할 수 없다. 그러나 우라늄과 같은 무거운 원소는 니켈까지의 원소와 많은 자유 중성자로 채워진 매우 뜨겁고 밀도가 높은 플라스마인 초신성에서 생길 수 있다. 이러한 조건에서 어떻게 이러한 무거운 원소들이 생길 수 있는지 설명하라. **실마리:** 이 과정의 각 단계가 관련된 핵의 가능한 가장 안정적인 배열로 넘어갈 필요는 없지만, 각 단계는 이전 단계보다 총 결합 에너지가 높아야 한다. 자유 중성자는 결합 에너지가 0이다.

문제

10. 다음 자발적 핵분열 반응을 살펴보자:

$$^{256}_{100}\text{Fm} \rightarrow {}^{125}_{49}\text{In} + {}^{131}_{51}\text{Sb}$$

$^{256}_{100}$Fm와 $^{125}_{49}$In의 핵자당 결합 에너지는 각각 7.432 MeV와 8.408 MeV이다. 이 반응이 저절로 일어나려면 $^{131}_{51}$Sb의 핵자당 결합 에너지의 최소값은 얼마여야 하는가? (실제 값은 8.393 MeV이므로 이보다 작은지 확인하면 답을 확인할 수 있다.)

11. 두께 d, 수 밀도 n(단위 부피당 핵 수)의 얇은 표적에 입자 흐름이 R의 비율(단위 시간당 입자 수)로 들어온다. 알파 입자 방출 단면적이 σ_α이면, 단위 시간에 나오는 알파 입자의 수는 몇 개인가?

12. 100 MeV 알파 입자를 ^{133}Cs의 표적에 쏠 때, 핵 반응을 시작하는 단면적은 2.2반이다. 세슘의 밀도는 1900 kg/m^{3}이다. 세슘 표적의 두께가 1 mm이면, 알파 입자가 핵 반응을 일으킬 확률은 얼마인가? **실마리:** A를 써서 세슘 원자의 질량을 추정할 수 있다 (또는 그냥 찾아보라).

13. § 12.5.2의 설명에서 ^{235}U가 핵분열을 할 때 핵 하나당 약 0.9 MeV의 에너지를 낸다고 했다.

(a) ^{235}U 1 kg이 핵분열을 하면 얼마나 많은 에너지가 나오는가?

(a) 우리나라는 연간 약 3.4백만 GWh의 에너지를 쓰며,[8] 우라늄의 밀도는 약 20,000 kg/m^{3}이다. 1년 동안 전력을 공급하려면 ^{235}U 몇 m^{3}가 필요한가?

(b) 중수소 핵과 삼중수소 핵의 융합인 "D-T 핵융합 반응"은 한 번에 17.6 MeV를 낸다. 1년 동안 전력을 공급하려면 중수소와 삼중수소 각각 몇 kg이 필요한가?

8 우리나라의 2024년 1차 에너지 소비량은 약 3,386,000 GWh 수준이다(GPT로 조사)–옮긴이.

12장 요약

이 장에서는 원자핵을 훑어보았다. 수식을 모아놓은 부록은 없지만, 핵심은 여러 원자에서 핵자의 결합 에너지를 보여주는 그림 12.4(540쪽 또는 웹사이트)이다. 이 장의 내용은 대부분 이 그림에 있는 값이 어디에서 왔는지 설명하거나 그 값이 어떤 반응으로 이어지는지 탐구하는 것이다.

12.1 핵 속에는 무엇이 있는가?

이 절에서는 원자핵의 속성과 원자핵을 하나로 묶는 강력을 요약한다.

- 특정 핵 또는 원자 X의 핵 속성을 나타내는 표기법은 $^{A}_{Z}$X이다. Z는 양성자의 수, A는 양성자와 중성자의 수를 더한 값이다.

- 핵속의 핵자들은 "강력"(또는 "강한 핵력")으로 서로 붙잡혀 있다. 1/2~2 fm 범위의 거리에서 이 힘은 양성자끼리의 전기적 반발력보다 훨씬 더 세게(100배 정도) 양성자와 중성자를 끌어당긴다. 약 1/2 fm보다 가까워지면 이 힘은 반발력이 된다.
- "양성자 분리 에너지"는 핵에서 양성자 하나를 떼어내는 데 드는 에너지이다. "중성자 분리 에너지"는 물론 중성자 하나를 떼어내는데 드는 에너지다.
- 핵의 "결합 에너지" B는 결합된 핵과 서로 멀리 떨어져 있는 두 핵의 에너지 차이이다. 핵자당 결합 에너지(B/A)가 클수록 핵은 더 안정적이다.
- 그림 12.4는 질량 수에 대한 B/A 값의 변화를 보여준다. 이 값은 $A = 62$에서 봉우리에 이르므로, 가벼운 원소가 이 값 쪽으로 더 커지거나(핵융합) 무거운 원소가 이 값 쪽으로 더 작아질 때(알파 붕괴 또는 핵분열) 에너지가 나온다. 양성자 또는 중성자의 소위 "마법 수"를 가진 일부 원소는 결합 에너지가 비정상적으로 높다.
- 그림 12.5는 원자 번호별로 안정 동위 원소와 불안정 동위 원소를 보여준다.
- 원자의 전자와 마찬가지로 원자핵의 핵자는 궤도 운동과 고유 스핀으로 각운동량을 가진다. 양성자와 중성자는 스핀 1/2이며, 이는 페르미온으로서 파울리 배타 원리를 따름을 뜻한다.

12.2 핵의 속성에 관한 실험적 증거

이 절에서는 원자핵의 구조를 이해하게 된 몇 가지 실험을 설명한다.

- 앞서 § 4.1에서 설명한 러더퍼드 산란은 원자의 "콩떡" 모형과 어긋나며 작고 조밀한 양전하 핵이 있음을 시사했다. 8년 후, 러더퍼드는 자신의 공식이 실제로 고에너지 입자로 알루미늄 박막을 때리면 그 입자가 핵에 침투하여 핵 반지름을 추정할 수 있음을 발견했다.
- 러더퍼드의 실험 40여 년 후, 호프스태터는 고에너지 전자살로 표적을 때렸다. 그 실험에서 표적 핵은 전자살을 회절시키므로 전자의 산란 무늬의 마디와 배의 위치를 살펴 핵 반지름을 알 수 있다.
- 질량 분석에서는 자기장 속에서의 하전 입자의 궤적을 통해 입자의 질량을 셈할 수 있다. 질량 분석법을 써서 같은 원소의 여러 동위원소의 질량을 잴 수 있다.

12.3 핵 모형

핵자 집합에 대한 슈뢰딩거 방정식을 직접 풀어서 핵을 분석할 수는 없지만, 갖가지 핵 모형을 써서 핵의 거동을 통찰할 수 있다.

- "물방울 모형"은 핵을 이루는 핵자 집합과 물방울을 이루는 물분자 집합의 유사성을 활용한다. 핵 내부에서 핵의 밀도는 거의 일정하며 핵은 알짜 힘을 거의 받지 않는다. 핵의 가장자리에 있는 핵자는 위치 에너지가 더 높아서 중심을 향한 인력을 받는다(표면 장력과 대략적인 구형 핵으로 이어짐).
- "페르미 기체 모형"은 물방울 모형을 양자역학적 고려 사항으로 보완하여, 핵을 대체로 바닥 상태인 페르미온의 집합으로 본다. 이 모형은 질량이 작은 핵은 안정성 곡선에서 $N = Z$ 선에 상당히 가까이 있는 경향이 있는 반면, 질량이 큰 핵은 양성자보다 중성자가 더 많이 필요한 것을 설명한다.

- "껍질 모형"은 원자 속의 전자에 허용되는 준위(또는 껍질)가 있는 것처럼 핵에서도 양성자와 중성자에 허용되는 에너지 준위가 있다고 가정한다. 전자의 껍질이 가득 차면 반응성이 거의 없는 원자(불활성 기체)가 되는 것처럼, 양성자 또는 중성자의 껍질이 가득 차면 매우 안정적인 핵("마법 수"에 해당)이 된다.
- "집합 모형"은 채워진 핵의 껍질을 변형이 되는 물방울로 보며, (채워지지 않은) 맨 바깥 껍질에 있는 핵은 이 내부 심지 주위를 공전한다고 본다. 이 모형은 핵의 자기 쌍극자 모멘트와 전기 4중극자 모멘트를 정확하게 예측한다.
- "반경험적 질량 공식"은 이러한 많은 고려 사항을 넣어 핵의 질량에 대한 수학적 모형으로 Z와 A의 함수를 꾸민다. (질량은 단순히 양성자와 중성자 질량의 합이 아니라 결합 에너지의 모든 변화가 질량 변화로 들어감을 기억하라). 이 공식은 수백 개의 핵의 질량을 정확하게 예측한다.

12.4 세 가지 핵 붕괴

핵 반응의 "Q-값"은 초기 상태와 최종 상태의 에너지 차이이다: $Q = E_{초기} - E_{최종}$. $Q > 0$이면 반응이 저절로 일어난다.

- 알파 붕괴는 핵에서 헬륨 핵("알파 입자"라고도 함)을 내는 것이다:

$$^{A}_{Z}(\text{부모 핵}) \;\rightarrow\; ^{A-4}_{Z-2}(\text{딸 핵}) + {}^{4}_{2}\text{He}.$$

- 베타 붕괴는 중성자가 양성자로 또는 그 반대로 변하는 핵반응이다. 전하 보존 법칙에 따라 핵이 전자 또는 양전자를 내거나 때로는 원자에서 전자를 포획한다. 에너지 보존과 각운동량 보존 법칙에 따라 중성미자 또는 반중성미자도 함께 낸다.
- 감마 붕괴는 원자핵이 들뜬 상태에서 더 낮은 상태로 떨어지면서 고에너지 광자를 내는 것이다. 뫼스바우어 효과를 이용한 감마 붕괴 연구를 통해 핵 에너지 준위를 더 잘 알게 되었다.
- 질량이 큰 핵은 최종적으로 안정된 핵이 될 때까지 알파 및 베타 붕괴의 "사슬"을 거칠 때가 많다.
- 방사성 원자 표본은 지수적으로 붕괴된다.

12.5 핵분열과 핵융합

원자당 결합 에너지(B/A)는 철 주변에서 가장 커지므로, 더 무겁거나 더 가벼운 원자핵은 원자량을 약 56으로 이동시켜 에너지를 낮출 수 있다.

- 고에너지 입자가 표적을 때릴 때 어떤 반응을 일으킬 확률은 그 반응의 "단면적"으로 나타낸다. 단면적은 각 핵의 유효 표적 면적으로 볼 수 있다. 이 (가상의) 상에서, 입사 입자는 그 유효 표적에 맞을 때만 그 반응을 일으킨다.
- 올바른 에너지를 가진 중성자가 ^{235}U와 같은 "핵분열성 물질"의 핵을 때리면 그 핵이 쪼개져 두 개의 더 작은 핵과 몇 개의 중성자가 된다. 이 과정에서 많은 에너지가 나오는데, 이는 생성물의 총 결합 에너지가 애초의 핵의 결합 에너지보다 더 크기 때문이다. 나온 중성자들이 잇달아 다른 핵을 때려 연쇄 반응을 일으킬 수 있다.

- 핵분열 반응로에서 "감속재"(대개 물)는 자유 중성자의 에너지를 줄여 연쇄 반응이 일어나게 한다. "제어봉"은 너무 많은 중성자를 흡수하여 반응 속도를 안정적으로 유지한다.
- 태양은 수소 핵이 헬륨 및 기타 무거운 원소와 융합하여 총 결합 에너지를 늘림으로써 에너지를 얻는다. 인공 핵융합로도 같은 원리로 작동하지만, 2025년 현재까지 쓰는 에너지보다 더 많은 에너지를 내지 못했다.

13 입자 물리학
Particle Physics

1932년 채드윅이 중성자를 발견한 이후, 모든 물질은 100개 미만의 원소의 다양한 조합으로 설명할 수 있고, 그 원소들은 다시 양성자, 중성자, 전자의 다양한 조합으로 설명할 수 있는 것처럼 보였다. 광자를 추가하면 우주를 거의 다 설명할 수 있을 것으로 생각했다. 물리학자들이 좋아하는 모형, 즉 몇 가지 간단한 구성 요소에서 발생하는 복잡한 거동이 바로 이런 것이다.

하지만 그 자신감은 오래가지 못했다. 1932년 앤더슨(Carl Anderson)이 양전하를 띤 전자를 발견했고 [Physical Review에서는 "양전자(positron)"라고 불렀다], 이후 수십 년 동안 수백 개의 새로운 입자가 발견되었다. 노벨상을 받은 라비(Isidor Rabi)는 전자와 본질적으로 같지만 질량이 더 큰 입자[현재는 '뮤온(muon)'이라고 부름]에 대한 소식을 듣자 이렇게 말했다: "누가 그걸 주문했지?" 페르미(Enrico Fermi)는 이렇게 대답했다고 한다: "내가 이 모든 입자의 이름을 기억할 수 있었다면 식물학자가 되었을 것이다."

1960년대에 겔만(Murray Gell-Mann)은 해결책을 찾았다. 그는 기본 입자로 보이는 입자 대부분이 "쿼크(quark)"라는 더 기본적인 성분으로 되어 있다고 제안했다. 1970년대에 겔만의 쿼크를 포함한 소수의 기본 입자 무리가 "입자 물리학의 표준 모형"으로 정식화되었고, 그 모형은 지금도 쓰인다. 그 모형은 지금까지 관측된 모든 입자와 알려진 자연의 네 가지 기본 힘 중 세 가지를 설명한다.

이 장의 처음 두 절에서는 수십 년에 걸친 실험을 통해 등장한 많은 입자가 득실거리는 "동물원"과 그 혼돈에 질서를 가져다준 표준 모형을 살펴본다. 입자 물리학에 대한 일반적인 개요를 원한다면 이 두 절만 읽어도 된다. 셋째 절에서는 수많은 입자를 밝혀낸 몇 가지 실험적 증거를 설명한다. 나머지 장에서는 만유인력, 보존 법칙과 대칭성, 양자장 이론(이 모든 입자가 상호작용하는 방식을 설명할 때 쓰는 이론)과 같은 주제를 살펴본다. 그 과정에서 오늘날 입자 물리학에서 활발히 연구하는 몇 가지 미해결 문제와 연구 분야를 강조한다.

13.1 힘과 입자

이 절에서는 1930년대부터 1960년대까지의 입자 물리학을 살펴보는데, 이 때는 기본 입자가 어지럽게 폭증했다. 다음 절에서는 1960년대와 1970년대의 "표준 모형"이 어떻게 입자 목록을 약 20개로 단순화했는지 살펴본다.

13.1.1 설명: 힘과 입자

입자의 유형은 어떻게 정의할까?

이러한 물음은 아마도 한 번도 생각해 본 적이 없을 것이다. 레고 블록 무더기를 여러 유형으로 분류하여 정리할 때는 모양이나 크기, 색깔을 살펴볼 수 있다. 하지만 전자와 중성미자는 모양, 크기, 색이 없다. (냄새, 질감, 무늬, 비열 또는 좋아하는 축구 팀도 마찬가지이다.) 무엇을 기준으로 이 두 입자가 다르다고 할까?

능동 읽기 연습: 여러 가지 입자

두 점 입자를 생각해 보자. 이 두 입자를 구별할 수 있는, 유형이 다른 입자라고 말할 수 있는 모든 속성을 나열해 보라. (조금 생각해보면 아래에 나열한 세 가지를 떠올릴 수 있을 것이다.)

가장 분명한 속성은 아마도 질량일 것이다. 모든 전자는 질량이 똑같다. 덜 분명한 속성은 스핀이다. "페르미온"은 측정 축 방향의 스핀 성분이 1/2(반홀수)이며 파울리 배타 원리를 따르지만, "보손"은 스핀이 정수이고 배타 원리를 따르지 않다는 점을 기억하라.

셋째 속성은 전하이지만, 입자의 주요 속성 중 하나인 힘에 대한 반응이라는 더 큰 범주의 일부로 설명하고자 한다. 전자는 전기력을 받아 끌리거나 밀릴 수 있지만 강력의 영향은 받지 않는다. 중성자는 강력에 끌릴 수 있지만 전기력의 영향은 받지 않는다. 양성자는 두 가지 힘을 모두 받는다.

30년 동안의 새로운 입자 발견은 주로 여러 힘에 대한 반응이 다른 입자의 발견이었다. 그러므로 입자를 분류하기 전에 힘에 대한 현대적 개념을 살펴볼 필요가 있다.

힘은 무엇인가?

뉴턴 제1법칙에 따르면 물체가 힘을 받지 않으면 등속으로 간다. 따라서 고전역학에서 힘은 입자를 그 거동에서 벗어나게 하는 모든 것으로 정의할 수 있다.

양자역학에서는 입자의 위치, 속도, 가속도가 명확하게 정의되지는 않지만 이와 유사하게 정의할 수는 있다. 힘을 받지 않으면, 즉 위치 에너지가 일정한 곳에 있는 입자는 일차원 자유 입자의 에너지 고유 상태와 시간 진화 $\psi(x, t) = e^{i(kx-\omega t)}$가 같다. 거동을 바꾸게 하는 모든 것이 힘이다.

이렇게 정의된 힘은 잴 수 있는 여러 효과가 있다. 물론 기본적으로 입자에 0이 아닌 평균 가속도를 주는 고전적인 효과도 있다. 또한 힘이 파동 함수를 투과파와 반사파로 가르거나, 힘이 입자를 묶어 에너지 준위를 특정 이산 값으로 제한하는 등의 예도 보았다. 하지만 여러분이 생각하지 못한 또 다른 반응이 있다:

> 한 유형의 입자가 다른 유형으로 바뀌는 것은 힘에 대한 반응이다.

"힘"이라는 단어를 뜻의 한계를 넘어 썼다고 생각할 수도 있다. 입자 붕괴는 가속도와 같은 개념이 아니며, 슈뢰딩거 방정식에서 나오는 고유 상태의 변화도 아니다. 사실 입자 붕괴는 슈뢰딩거 방정식으로는 전혀 예측할 수 없다. 표준 양자역학에 새로운 가설로 도입해야 한다. 그렇다면 이것이 "힘"이라는 단어와 연관된 모든 것과 어떤 관련이 있을까?

그 연관성은 현재 입자 거동에 대한 가장 완벽하고 정확한 모형인 양자장 이론에서 명확해진다. 사실 양자장 이론의 틀 안에서 모든 힘, 즉 모든 입자 상호작용은 입자 변환을 바탕으로 한다! § 13.5에서 양자장 이론에 대한 일반 개요를 제공하고 나머지는 그 뒤에 다루겠다. 하지만 여기서는 입자를 발견하고 분류할 때, 입자가 힘을 받지 않으면 같은 입자로 남아 자유 입자로서 진화한다는 것만 알아두면 충분하다. 다른 모든 거동은 힘에 대한 반응이다.

현재 이론에서는 네 가지 기본 힘을 인정하며, 각 힘의 가장 중요한 효과는 다음과 같다:

- 중력은 우주의 모든 물체가 다른 모든 물체를 끌어당기게 한다.
- 전자기력은 하전 입자끼리 끌어당기고 밀어내게 한다.
- 강력은 핵자(양성자와 중성자)가 서로 끌어당기게 하여 핵자를 묶어 둔다.
- 약력은 한 유형의 핵이 다른 입자(예: 전자 및 중성미자)를 내면서 다른 유형의 핵으로 변하는 베타 붕괴를 하게 한다.

네 가지 힘의 속성

지구와 달은 모두 양성자, 중성자, 전자로 가득 차 있다. 그러나 지구와 달의 상호 작용은 모두 중력이며, 전자기력과 강력은 완전히 무시할 수 있다. 반면에 물 분자에서 산소 원자와 수소 원자 두 개가 결합하는 것을 분석할 때는 전자기력만 살펴본다. 그리고 핵에 있는 두 양성자의 경우 강력이 지배적이다.

정해진 상황에서 어떤 힘이 우세한지는 주로 표 13.1에 요약한 이들 힘의 특성이 결정한다:

표 13.1 이 표의 값은 모두 정확하게 정의되지는 않았지만, 네 가지 힘의 속성에 대해 일반적인 개념을 제시한다.

	힘을 받는 입자	상대적 세기	작용 범위	고유 시간 척도
강력	강입자, 글루온	1	10^{-15} m	$< 10^{-22}$ s
전자기력	하전 입자	10^{-2}	장거리	$10^{-20} - 10^{-14}$ s
약력	모두	10^{-8}	10^{-18} m	$10^{-13} - 10^{-8}$ s
중력	모두[1]	10^{-39}	장거리	없음

- **(힘을 받는) 입자**: 중력은 우주의 모든 것에 영향을 미친다. (이제 중력을 시공간 자체를 뒤틀리게 하는 힘으로 보기 때문에 그래야만 한다.) 약력은 또한 모든 입자(적어도 현재 우리가 알고 있는 모든 입자)에 영향을 준다. 전자기력은 아다시피 하전 입자에만 영향을 준다. 또한 강력은 양성자와 중성자에는 영향을 주지만 전자에는 영향을 주지 않는다는 것도 알고 있겠지만, 아래에서는 이 규칙을 힘을 받는 입자와 그렇지 않은 입자로 일반화한다.
- **세기**: 입자마다 받는 힘의 영향이 다르고 거리에 따라 변화하는 방식도 다르므로 힘끼리의 세기 비교는 다소 임의적이다. 그렇지만 각 힘에 세기와 관련된 무차원 "결합 상수"를 연관

1 "광자와 글루온은 제외한다. 예를 들면 중력렌즈 효과의 경우 광자가 중력의 영향을 받는 것이 아니라 중력의 영향을 받아 굽은 시공간에서 광자가 최단 거리를 따라 움직이는 것 뿐이다.—옮긴이"

시킬 수 있다. (전자기학의 경우, 결합 상수는 7장에서 소개한 미세 구조 상수인 1/137이다.) 이 결합 상수는 강력이 중요할 때 그 힘이 실제로 가장 세다는 것을 알려준다. 그 다음이 전자기력, 약력 순이다. 중력은 입자 수준에서는 무시할 수 있다.[2]

- **범위**: 중력과 전자기력은 모두 위치 에너지 함수가 $1/r$에 비례한다. (이 함수의 미분 또는 둘 이상의 차원에서 기울기를 구하면 낯익은 $1/r^2$에 비례하는 힘의 변화를 얻는다.) 먼 거리에서는 이러한 "장거리 힘"이 약해지지만 그 영향은 여전히 중요할 수 있다. 강력과 약력, 즉 "단거리 힘"은 전위가 거의 $e^{-r/r_0}/r$에 비례하며, 훨씬 더 빨리 감쇠한다. 강력은 거리가 수 fm를 넘으면 무의미해지고 약력은 은 작용 범위가 그것의 1000분의 1에 불과하다![3]
- **시간 척도**: "불안정한" 입자는 충분한 시간이 지나면 다른 입자로 붕괴하며, 이러한 붕괴는 위에 늘어놓은 힘 중 하나가 일으킨다는 점을 기억하라. 입자 붕괴의 정확한 반감기는 관련 입자의 세부 사항에 따라 다르지만 대체로 각 힘에는 해당 힘과 관련된 붕괴의 특징적인 시간 척도 범위가 있다. 이 시간 척도는 힘의 세기에 대략 반비례한다. 예를 들어, 입자가 10^{-22}초 안에 붕괴한다면 강력에 의한 붕괴라고 볼 수 있고, 10^{-17}초 정도 걸린다면 전자기적 과정에 의한 붕괴라고 볼 수 있다. 이러한 특징적인 시간 척도는 거의 겹치지 않으므로 입자 상호 작용에서 일어나는 일을 파악하는 데 중요한 정보가 된다.[4]

입자 동물원

입자 분류에 도움을 주고자 힘을 살펴보기 시작한 것을 상기하자. 한 가지 중요한 입자 분류 방법은 입자가 강력을 주고받는지 여부이다. (그림 13.1의 범주에는 광자나 § 13.2에서 논의할 몇 가지 다른 입자는 들어있지 않다.)

강입자는 강력을 주고받는다	
중간자는 스핀이 정수이다: $\pi^+, \pi^-, \pi^0, \eta, \eta', \eta_c, \eta_b, K^+, K_s^0, K_l^0, D^+, D^0, D_s^+$, 등등	중입자는 스핀이 반홀수이다: $p, n, \Lambda^0, \Lambda_c^+, \Lambda_b^0, \Sigma^+, \Sigma^0, \Sigma^-, \Xi^0, \Xi^-, \Xi_c^+ \Omega_c^0, \Omega_b^-, \Omega_{cc}^+, \Omega_{cb}^0$, 등등

렙톤은 스핀이 1/2이고 강력을 느끼지 않는다:

$e, \nu_e, \mu, \nu_\mu, \tau, \nu_\tau$ (더는 없음)

그림 13.1 1960년대의 입자 물리학. 더 최신의 시각은 § 13.2에서 제시한다.

- "렙톤(lepton)"은 강력 상호작용을 하지 않는다. 모든 렙톤은 스핀이 1/2이다. 이들을 기본 입자로 보며, 0이 아닌 반지름을 잰 적이 없다. 전자, 뮤온, 타우 입자, 세 가지 유형의 중성미자 등 모두 여섯 가지다.
- "강입자(hadron)"는 강력 상호 작용을 한다. 처음에는 강입자를 기본 입자로 여겼지만, 지금은 강입자가 "쿼크"로 구성된다는 것을 알고 있다(§ 13.2에서 설명한다). 강입자의 반지름은

---

2 좀 더 정확하게는 에너지 척도 또는 거리 척도에 따라 상수가 변한다–옮긴이.

3 1/1000 펨토미터는 아토미터(am: attometer)이다.

4 똑같은 약력 상호작용으로 붕괴하는 Z보손과 힉스 보존의 반감기는 각각 10^{-25}초와 10^{-22}초이지만, 중성자 베타 붕괴의 반감기는 10분 정도이다–옮긴이.

대체로 약 1 fm이다. 수백 개의 강입자가 알려져 있으며, 강입자는 두 무리로 나뉜다:

- "중간자(meson)"는 스핀이 정수인 강입자이다. 가장 일반적인 유형의 중간자는 "파이온"으로 음(π^-), 양(π^+), 중성(π^0)의 세 가지가 있다.
- "중입자(baryon)"는 스핀이 반홀수(예: 1/2 또는 3/2)인 강입자이다. 가장 잘 알려진 예는 각각 스핀이 1/2인 양성자와 중성자이다.

스핀은 입자가 페르미온인지 보손인지를 결정한다는 것을 기억하자. 렙톤과 중입자는 페르미온이며 파울리 배타 원리를 따른다. 중성자는 보손이며, 배타 원리를 따르지 않는다.

반물질

위에서 설명한 각 입자에는 질량과 상호 작용 유형은 같지만 전하가 반대인 반입자도 있다. 입자가 자신의 반입자를 만나면 두 입자는 소멸하고 그 에너지는 다른 형태(주로 광자)로 변환된다. 예를 들어 중성자와 반중성자는 거의 똑같이 거동하지만, 둘을 일반 중성자 옆에 놓고 어느 쪽이 폭발하는지 확인하면 구별할 수 있다.

반전자는 "양전자"라고 부르지만, 대부분의 반입자는 특별한 이름이 없고 그냥 "반(anti)-"이라는 접두사를 붙인다. 반입자를 나타내는 기호는 입자를 나타내는 기호 위에 가로막대를 붙인다(예: 반중성자의 경우 $\overline{n}$). 또는 하전된 반입자는 전하를 명시하여 표시할 수도 있다. 예를 들어 반양성자는 p^-로 나타낼 수 있다.[5,6]

광자와 같은 몇몇 입자는 그 자체로 반입자이다. 광자는 서로 만날 때 소멸되지 않으므로 (소멸된다면 무엇이 생길까?) 광자에는 반입자가 없다고 할 수도 있다. 양자장 이론의 기술적 이유로 광자는 그 자체로 반입자라고 한다.

우리는 주변의 입자를 "물질"이라고 부르고 실험실에서 만들어내는 반입자로 된 이질적인 대응물질을 "반물질"이라고 부르지만, 물리 법칙은 둘 다 거의 똑같다. 따라서 반물질로 이루어진 우주의 일부가 있을 수 있으며, 그곳의 과학자들은 아마도 우리가 하는 것과 반대되는 이름을 쓸 것이다. 그러나 보이는 모든 은하가 물질로 되어있다고 믿을 만한 충분한 이유가 있다.

보존법칙과 다른 입자 범주

20세기 중반은 입자와 성질에 대한 방대한 목록을 발견한 시기라고 여러 번 말했다.

> 오늘날 원자는 갑자기 불쑥 나타나 공중제비를 도는 것처럼 보인다. 과거의 물리학은 모차르트의 음악에 맞춰 춤을 추는 무도회장의 춤 같았다면, 지금은 거울, 미로, 과녁 맞추기 놀이터, 호객 행위를 하는 사람들이 있는 놀이공원에 더 가깝다.
>
> *Uno y el Uiniverso*(하나와 우주)의 "Física escandaloso(터무니없는 물리학)"
>
> Ernesto Sabato(1945)

이러한 발견의 대부분은 보존법칙 덕분이었다. 입자 물리학은 세 가지 고전적 보존 법칙(에너지,

---

5 양전자는 e^+로 쓸 수 있지만 p^+로 쓰면 절대 안된다. 왜냐하면 양성자를 p로 나타내기 때문이다.

6 실제로는 이 보다는 반중성자를 $\overline{n}$으로 나타내듯이 반양성자는 $\overline{p}$로 나타낼 때가 많다−옮긴이.

운동량, 각운동량) 외에도 새로운 보존량을 도입했다. 예를 들어, 12장에서 스핀 보존 법칙 덕분에 물리학자들은 $n \to p + e$ 반응에서 다른 입자가 반드시 생겨야 한다는 결론을 내렸다. 그 입자가 반중성미자이다. 기본 입자의 확장은 보존 법칙의 확장과 함께 진행되었다.

여기서 우리의 목표는 이 격동기에 등장한 모든 입자와 성질을 늘어놓는 것이 아니라 그 과정을 이해하는 것이다. 이를 위해 케이온(kaon)의 예를 들어보겠다. 이 입자("K 중간자"라고도 함)는 1940년대에 처음 발견되었다. 이 입자의 거동은 너무 헷갈려서 이 입자와 이와 유사한 다른 입자들은 "이상한" 입자로 분류되었다.

강력 상호작용을 이용한 실험을 통해 허용되는 붕괴 유형의 패턴이 밝혀졌다:

일어남: $p + p \to p + p + K^0 + \bar{K}^0$

일어나지 않음: $p + p \to p + p + K^0$

왜 케이온은 입자-반입자 쌍으로는 생기지만 홀로는 생기지 않을까? 뻔한 추론은 어떤 보존량이 관련된 것이다. 그러나 케이온은 전하와 스핀이 없으며,[7] 당시 알려진 다른 보존량도 적용되지 않았기 때문에 연구진은 "기묘도(strangeness)"라는 새로운 양을 발명했다. 케이온-반케이온 쌍생성은 기묘도가 보존되므로 일어난다. 단일 케이온 생성은 이 보존 법칙에 어긋나므로 절대 일어나지 않는다.

그러나 다른 실험은 이 결론을 의심하게 만든다:

$K^0 \to$ 갖가지 중간자와 렙톤 $\sim 10^{-10}$초의 시간 척도로 일어난다.

중간자과 렙톤은 기묘도가 없는데 왜 붕괴가 허용될까? 중요한 단서는 위에서 말한 것과는 달리 이 상호작용이 약력에 대한 반응이라는 것을 보여주는 증거인 시간 척도이다. 이 모든 것을 종합한 결론은 강력 상호작용에서는 기묘도가 보존되지만 약력 상호작용에서는 보존되지 않는다는 것이다. (또한 전자기 상호작용에서도 보존되는 것으로 보인다.)

강력에서의 기묘도 보존은 몇 가지 다른 관찰과 함께 케이온의 생애를 서술할 수 있게 해준다:

- 케이온은 강력 상호작용을 통해 생성된다. 따라서 기묘도 보존은 케이온이 혼자 생기는 것이 아니라 늘 반케이온과 같이 생길 것을 요구한다.
- 그렇지만, 케이온(또는 반케이온)이 붕괴할 수 있는 더 가벼운 "이상한" 입자는 없다. 따라서 10^{-22}초가 지나면 아무 일도 일어나지 않는다. 케이온은 강력에서는 붕괴될 수 없다.
- 그러나 10^{-10}초 정도의 오랜 시간이 지난 뒤에는 케이온은 약력 상호작용을 통해 붕괴된다. 반케이온도 따로 같은 과정을 거친다.

다른 이야기를 제시할 수도 있다. 케이온과 반케이온이 생성된 후 강력 상호작용을 통해 서로 소멸시켜 기묘도를 보존할 수는 없을까? 대답은 가능하다 이지만, 대체로 그런 일은 일어나지 않는다. 전형적으로는 위에서 설명한 대로 서로 떨어져나가 따로 붕괴된다.

다시 말하지만, 여기서 케이온과 기묘도는 20세기 초중반 입자 물리학의 한 예일 뿐이다. 기묘

7 엄밀히 말하면 K^0로 나타내는 특정 유형의 케이온을 말하는 것이지만, 전하를 띤 다른 케이온도 있다. 그것만으로도 지금 말하는 헷갈림을 짐작할 수 있다.

도를 발견한 뒤, 강력 상호작용에서는 보존되지만, 약력 상호작용에서는 보존되지 않는 것으로 보이는 또 다른 속성을 가진 입자 무리가 발견되었다. 물리학자들은 그 속성에 "맵시(charm)"라고 계속 기발한 이름을 붙였다.

… 그리고 그렇게 계속되었다. 1960년대에는 100개 이상의 강입자가 발견되었는데, 질량, 스핀, 보존 또는 준보존량, 붕괴 시간 및 기타 겉보기에 무작위로 보이는 다양한 속성의 조합으로 나타났다. 이 모든 입자와 그 속성이 더 깊은 설명이 없는 기본 입자라고 믿기가 점점 더 어려워졌다.

1960년대와 1970년대에 이러한 입자와 그 성질을 훨씬 더 적은 수의 입자 집합으로 설명하는 이론이 개발되었다. 입자 물리학의 표준 모형인 그 이론이 다음 절의 주제이다.

13.1.2 물음과 문제: 힘과 입자

개념 물음 및 개념시험

1. 지구와 달의 상호작용에 관련된 힘은 중력뿐이다.

(a) 두 물체 모두 강입자가 많지만, 강력 상호 작용은 관련이 없다. 왜?

(b) 두 물체 모두 하전 입자가 많지만, 전자기 상호 작용도 중요하지 않다. 왜?

이 절에서 설명한 1960년대 물리학을 바탕으로 (a)와 (b)의 답은 달라야 한다. § 13.2에서는 두 설명이 더 평행한, 갱신된 모형을 제시한다.

2. 문제 1에서 중력, 강력, 전자기력의 세 가지 힘을 살펴보고 왜 첫째 힘만 지구와 달의 상호 작용에 관여하는지 설명했다.

(a) 이 세 힘 중 물 분자의 산소 원자와 두 수소 원자의 상호작용에서 지배적인 힘은 어느 것인가? 이 각본에서 다른 두 힘을 무시할 수 있는 이유를 각각 설명하라.

(b) 이 세 힘 중 원자핵 속의 두 양성자의 상호작용을 지배하는 힘은 무엇인가? 이 각본에서 다른 두 힘을 무시할 수 있는 이유를 각각 설명하라.

3. 보존되는 두 가지 중요한 양은 중입자 수(중입자의 수에서 반중입자의 수를 뺀 수)와 렙톤 수(렙톤의 수에서 반렙톤의 수를 뺀 수)이다. "중간자 수"는 보존되지 않는다. 다음 반응 각각을 "일어난다" 또는 "일어나지 않는다"로 분류하라: (여기서 p는 양성자, n은 중성자, π^0은 파이온이다.)

(a) $p + p \to p + p + \pi^0$

(b) $p + p \to p + p + \pi^0 + \pi^0$

(c) $p + p \to p + p + n$

4. 단일 입자가 붕괴할 때, 붕괴 생성물의 질량의 총 합은 애초의 입자의 운동 에너지가 아무리 커도 애초의 입자 질량 보다 더 클 수 없다. 하지만 두 입자가 충돌하면 애초의 입자의 질량의 총 합보다 질량이 더 큰 입자로 변환될 수 있다. 이것이 충돌에서는 가능하지만 단일 입자 붕괴에서는 불가능한 이유를 설명하라. **실마리:** 기준틀을 잘 잡아라.

문제

5. 두 양성자가 충돌하면 쿨롱 반발력 때문에 서로 튕겨져 나가는 경향이 있다. 그러나 충분히 가까워지면 강력이 작용하여 서로 융합한다. 정확한 융합 가능성은 에너지에 따라 복잡하게 달라지며 터널링 확률도 포함되지만, 합리적인 모형으로서 에너지가 충분하여 거리가 1.85×10^{-14} m 이내로 가까워질 수 있으면 융합한다고 말할 수 있다.

(a) 두 양성자가 충돌하여 융합하려면 운동 에너지가 얼마나 커야 할까?

(b) 한 양성자가 서 있는 기준 틀에서, 다른 양성자가 얼마나 빨리 와야 두 양성자가 융합할까?

(c) 태양 중심의 온도는 약 1,500만 K이다. 맥스웰 속력 분포(부록 I)를 써서 양성자 충돌이 핵융합으

로 이어질 확률을 추정하라. 한 양성자는 서 있고 다른 양성자는 그 양성자를 정확하게 때린다고 단순하게 가정할 수 있다. **실마리:** 계산기로 적분을 구할 수 없으면 wolframalpha.com과 같은 수학 소프트웨어를 써도 된다.

(d) 태양의 중심에 있는 양성자는 초당 약 10^8번 다른 양성자와 충돌한다. 양성자가 다른 양성자와 융합하는데 대략 얼마나 오래 걸릴까?

13.2 표준 모형

1950년대에 강입자 목록이 쌓였는데 질량, 전하 및 기타 속성이 제멋대로인 것처럼 보여 다루기 힘들었다. 1964년 겔만과 츠바이크(George Zweig)는 강입자가 더 작은 입자로 되어 있다면 이러한 특성을 모두 설명할 수 있음을 따로 깨달았다. 이러한 입자는 종종 3개 무리로 발견되기 때문에 겔만은 조이스(James Joyce)의 소설 *Finnegan's Wake*에 나오는 글 "Three quarks for Muster Mark"에서 따온 "쿼크"라고 명명했다.

겔만은 원래 세 가지 쿼크를 제안했지만, 그것만으로는 불충분함이 드러났다. 물리학자들은 겔만의 원래 모형을 6가지 유형으로 확장하여 지금까지 발견되고 분류된 모든 중간자와 중입자를 설명할 수 있었다. 이러한 바탕 위에 오늘날 입자 물리학의 기초가 되는 "표준 모형"을 만들었다. 이 절에서는 이 모형이 20개 미만의 기본 입자를 써서 말 그대로 더 이상 기본 입자가 아닌 수백 개의 입자, 세 가지 힘, 질량 자체의 존재를 설명하는 방법을 보이겠다. 표준 모형으로 설명할 수 없는 알려진 우주의 몇 가지 성분을 말하고 마무리한다.

13.2.1 발견 연습: 표준 모형

네 가지 조각이 든 조각맞춤 꾸러미를 받았다:

- "아래(down) 쿼크"는 전하 −1/3, "반아래(antidown) 쿼크"는 전하 +1/3이다.
- "위(up) 쿼크"는 전하 +2/3, "반위(antiup) 쿼크"는 전하 2/3이다.

받은 꾸러미의 모든 쿼크는 스핀이 1/2이지만, 유연한 추가 규칙이 있다: 스핀 −1/2 입자 두 개를 결합할 때 나란히 두면 스핀이 0, 반대로 두면 스핀이 1이 된다.

네 가지 모두 얼마든지 쓸 수 있다. 쿼크를 결합하여 다음 입자를 만드는 방법을 보여라:

1. 양성자 (전하 +1, 스핀 1/2)
2. 중성자 (전하 0, 스핀 1/2)
3. 중성 파이온 (전하 0, 스핀 0)
4. 음성 파이온 (전하 −1, 스핀 0)

13.2.2 설명: 표준 모형

§ 13.1에서는 입자를 강입자와 렙톤으로 나누고 강입자를 다시 중입자과 중간자로 나누었다. 이는 지금까지 실험실에서 발견된 우주의 입자들을 포괄하는 간단한 체계이다. 그렇다면 무엇이 문제일까?

위키피디아(Wikipedia)의 입자 목록을 훑어보면 무엇이 문제인지 잘 알 수 있다. 그 목록에는 6개의 렙톤이 모두 들어 있다. 하지만 약 100가지 중입자와 그보다 훨씬 더 많은 중간자도 들어 있다. 각 입자 유형에는 아이소스핀(isospin), 반전성(parity), 붕괴 거동과 같은 어려운 속성 목록이 함께 제공된다. 이 목록은 입자의 주기율표처럼 깔끔한 행과 열로 속성을 질서정연하게 명시하고, 아직 발견되지 않아 앞으로 발견해야 하는 입자의 빈 칸이 가끔씩 있는 식으로 읽히지는 않는다. 마치 난수 생성기가 만든 식품 목록처럼 보인다. 새 입자는 저마다 놀라운 속성이 있고 어떤 입자가 다음에 올지 실마리가 전혀 없다.

같은 속성 목록에서 시작하여 질량, 전하, 스핀, 기묘도 등 여러분이 원하는 속성의 입자를 쉽게 생각할 수 있다. 하지만 그 입자는 존재하지 않을 확률이 매우 높다. 왜 그럴까? 왜 이런 성질의 입자는 있는데 저런 성질의 입자는 없을까? 왜 이 특정 속성은 보존되지만 저 속성은 보존되지 않을까? 그러다 보면 20세기 중반에 물리학자들이 더 단순한 기본 구조가 있어야 한다고 믿게 된 이유를 알 수 있다.

혼돈에 질서를 주는 열쇠는 강입자가 현재 "쿼크"라는 더 작은 입자로 되어 있다는 사실을 깨닫는 데서 나왔다. 현재 입자 물리학의 "표준 모형"에 있는 모든 입자를 보여주는 그림 13.2에서 이 변화의 효과를 확인할 수 있다. 이 그림에는 강입자는 없는데, 더 이상 기본 입자로 보지 않기 때문이다. 대신 20개 미만의 입자 목록으로 실험실에서 생성한 모든 중입자, 중성자 또는 기타 입자를 설명할 수 있다.

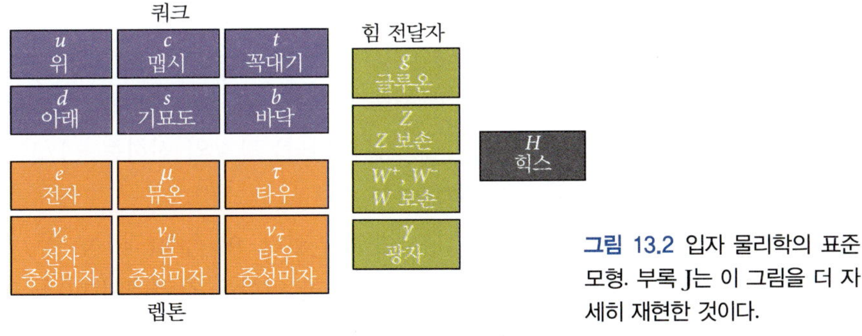

그림 13.2 입자 물리학의 표준 모형. 부록 J는 이 그림을 더 자세히 재현한 것이다.

이 절에서는 표준 모형의 각 부분을 설명한다.

쿼크와 렙톤, 물질의 구성 요소

그림 13.3은 표준 모형의 첫째 부분인 쿼크와 렙톤을 보여준다. 입자 물리학에서 "물질"이라는 단어는 일반적으로 이러한 입자 또는 입자로 만들어진 모든 것을 뜻한다.

입자 동물원의 혼돈과 비교하면 그림 13.3은 목록이 짧을 뿐만 아니라 주기율표가 원소 연구에 제시한 질서를 느끼게 해준다. 각 열은 네 입자로 구성된 "가족"이다. 각 행의 세 입자는 서로 거의

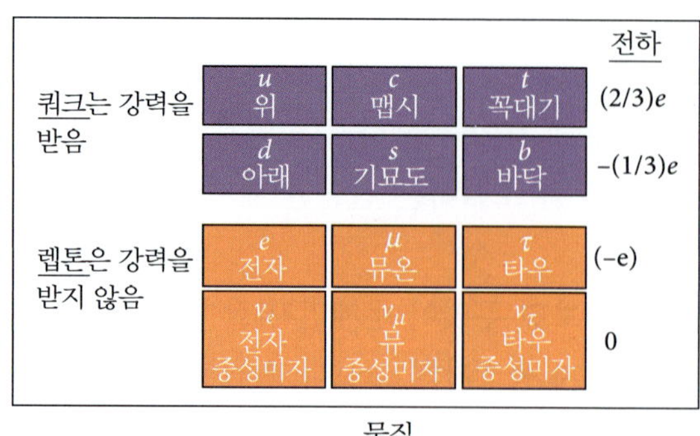

그림 13.3 물질을 이루는 입자. 각 쿼크 상자는 "맛깔(flavor)"[위(up), 아래(down), 등]을 나타낸다. 두 쿼크와 두 렙톤으로 이루어진 각 열이 "가족"이며, 각 행의 전하를 띤 입자는 오른쪽으로 갈수록 질량이 더 커진다.

같지만 왼쪽에서 오른쪽으로 갈수록 질량이 커진다.[8] (뮤온은 전자보다 질량이 더 크고 타우 입자는 그보다 더 크다.) 이러한 질량 차이로 둘째와 셋째 가족은 불안정해서 첫째 가족의 입자로 붕괴한다. 전자 대신 뮤온이 있거나 위(up), 아래(down)가 아닌 기묘도(strangeness) 및 맵시(charm) 쿼크가 있는 원자를 만들 수도 있다. 그러나 이러한 이색적인 원자는 오래 지속되지 않으므로 자연에서 관찰되는 모든 물질은 첫째 가족으로 만들어진다. 양성자와 중성자는 각각 위,아래 쿼크로 만들어지고(uud 및 udd) 전자는 그냥 전자이다.

쿼크 모형이 혼란스러운 강입자 목록에서 기본 질서를 밝혀낼 수 있었던 것은 쿼크의 결합 방식이 간단한 규칙을 따르기 때문이다. 이러한 규칙을 알면 어떤 강입자가 존재할지, 그리고 그 강입자의 많은 속성을 예측할 수 있다. 이러한 규칙은 그림 13.3에 표시되지 않은 속성, 즉 "색깔(color)"이라는 속성을 바탕으로 한다.

쿼크, 색깔, 그리고 강입자를 만드는 방법

§ 13.1에서 강입자를 강력 상호작용을 하는 입자로 정의했다. 이제 좀 더 근본적인 정의를 할 수 있다: 강입자는 쿼크로 된 입자이다.

그림 13.3은 쿼크의 여섯 유형[또는 "맛깔(flavor)"]을 보여준다: 위, 아래 등. 모든 쿼크는 스핀이 1/2이므로 페르미온임을 알 수 있다. 맨 윗줄의 쿼크(위, 맵시, 꼭대기) 각각의 전하는 +2/3(양성자의 전하 단위), 맨 아래 줄의 쿼크(아래, 기묘, 바닥) 각각의 전하는 −1/3이다. 그림에 보이지 않은 이들의 반입자의 전하는 부호가 반대이다.

그러나 모든 쿼크는 "색깔"이라는 또 다른 속성이 있다. 이 속성(적, 녹, 청, 반적, 반녹, 반청)은 전자기력에서 전하(양 또는 음)가 하는 역할과 유사한 역할을 강력에서 한다.

쿼크의 색깔은 가시광의 실제 색깔과는 아무 관계가 없다. 이 비유를 고른 까닭은 우리 눈이 삼원색의 온갖 조합을 모든 색으로 인식하기 때문이다. (쿼크 색은 그림 13.3의 색 구성과 관련이 없고, 혼란을 최소화하기 위해 그림에 적색, 녹색 또는 청색을 쓰지 않았다).

따라서 모든 쿼크의 특성은 (그림 13.3에 표시한) 맛깔과 (그림에 표시하지 않은) 색깔로 정해진다. 예를 들어, 적, 청, 녹의 세 가지 위 쿼크는 각각 전하가 $(2/3)e$이다. 이들 각각은 색깔과 전하가 모두 반대인 반쿼크[예: 반위 쿼크의 색은 반적, 전하는 $-(2/3)e$]가 있다. 따라서 표준 모형에서 "위"라고 표시한 상자는 6개의 가능한 입자를 나타내고, "아래"라고 표시한 상자는 또 다른 6

8 중성미자의 경우 아직 모른다—옮긴이.

개의 입자를 나타내는 식이다.

색깔은 쿼크 사이의 강력이 인력일지 반발력일지를 결정하며, 이는 전하가 전기력에서 하는 역할과 유사하다. 서로 다른 색은 끌어당기고 (예: 청색은 적색을 끌어당김), 같은 색은 밀어낸다(청색은 청색을 밀어냄). 색깔이 같은 쿼크끼리의 반발력은 색깔이 다른 쿼크끼리의 인력보다 더 세다. 반색깔과 상호작용하는 색깔의 경우, 반대 색깔은 끌어당기고 다른 쌍은 밀어낸다(청색은 반청색을 끌어당기지만 반청색과 반녹색은 밀어낸다). 쿼크 사이의 힘의 세기는 말 그대로 **톤** 정도이다.

쿼크 사이의 인력과 반발력의 다양한 조합은 모든 강입자를 설명하는 다음과 같은 간단한 규칙을 만들어낸다(문제 4):

> 쿼크는 색깔의 균형을 이루는 조합으로 결합한다.

세 가지 흔한 색깔-균형 조합이 있다. (좀 더 이색적인 조합은 문제 7을 보라.)

- 적-녹-청은 중입자이다.
- 반적-반녹-반청은 반중입자이다.
- 어떤 색깔과 그 반색깔의 조합은 모두 중간자가 된다. (중간자-반중간자 쌍에서 어느 것을 입자라고 할 지는 종종 임의적이다.)

특정 유형의 강입자는 그 맛깔의 조합이 정의한다. 예를 들어, *uud*(위 쿼크 2개와 아래 쿼크 1개)는 양성자이다. 이 세 쿼크에는 적, 청, 녹색이 각각 하나씩 들어가야 하지만, 어떤 색이 어떤 맛과 어울리는지는 중요하지 않다. 마찬가지로 $u\bar{d}$는 π^+ (양성 파이온)이다. 위 쿼크가 적색이면, 반아래 쿼크는 반드시 반적이 되어야 하며, 청색이나 녹색도 마찬가지이지만 입자의 거동은 이 세 가지 경우 모두 같으므로 세 가지 답을 모두 π^+라고 부른다.

능동 읽기 연습: 강입자 만들기

아래 물음에서 "쿼크 함량"은 쿼크 맛깔(예: 양성자의 경우 uud)을 나타낸다.

1. 전하가 −1인 가장 가벼운 중입자의 쿼크 함량은 무엇인가?
2. 전하가 −1인 가장 가벼운 중간자의 쿼크 함량은 무엇인가?

답은 다음을 보라: www.cambridge.org/felder-modernphysics/activereadingsolutions

모든 강입자를 기본 입자로 생각했을 때 실험적으로 발견한 몇 가지 사실을 설명하는 데 강입자를 색깔 균형이 잡힌 쿼크의 조합으로 보는 관점이 어떻게 도움이 되는지 몇 가지 예를 살펴보자.

- 한 가지는 모든 강입자의 전하량이 정수라는 것이다(문제 3). 예를 들어, 양성자는 *uud*로 이루어져 전하가 1이고, 중성자는 *udd*로 이루어져 전하가 0이다.
- 스핀 합은 정렬에 따라 달라지므로 더 복잡하다. 결합된 세 쿼크 중 두 스핀이 나란하고 셋째가 반대 방향이면 양성자나 중성자에서 보듯이 총 스핀은 1/2가 된다. 세 스핀이 모두 나

란하면, 결과물인 중입자의 총 스핀은 3/2이다. 1950년대 사이클로트론 실험에서 양성자와 비슷하지만 스핀이 3/2인 입자를 발견했을 때 새로운 유형이라고 생각했지만, 현재는 이 "Δ^+ 중입자"는 양성자의 들뜬 상태로 알고 있다.

- 표준 모형 이전에는 중입자는 1, 반중입자는 −1, 중간자는 0으로 정의되는 "중입자 수"가 보존된다고 생각했고, 유사하게 보존되는 "중간자 수"는 없다고 생각했다. 이제는 (물음 5) 보존되는 "쿼크 수"를 가정하여 이 두 가지 관측 결과를 모두 설명할 수 있다. (역사적 이유로 이 값은 여전히 "중입자 수"라고 하며 쿼크에는 1/3, 반쿼크에는 −1/3의 값을 주어 원래의 정의를 유지한다).
- 표준 모형 이전에는 일부 강입자에 "기묘도"나 "맵시"와 같은 양이 있다고 생각했다. 어떤 입자가 이러한 특성을 갖는지 설명할 만한 근거가 거의 없었지만, 이러한 특성은 강력 상호 작용에서 보존된다고 알려져 있었다. 이제는 각 쿼크 맛깔마다 하나씩 정확히 6개의 양을 인식한다. 예를 들어, 기묘도는 기묘 반쿼크의 수에서 기묘 쿼크의 수를 뺀 값이다. (이 규칙은 예상과 반대인 까닭은 이전의 정의에 맞춘 탓이다.) 그리고 아래 쿼크, 꼭대기 쿼크 등에도 비슷한 양이 있다. 이 여섯 가지 양은 각각 강력 상호작용에서는 따로 보존되지만 약력 상호작용에서는 변할 수 있다. 예를 들어 붕괴 반응은 다음과 같다. $K^+ \to 2\pi^+ + \pi^-$는 약력 상호작용으로 일어나며, 강력 시간 척도에서는 생길 수 없다. 왜냐하면 이 반응은 기묘도와 아래가 모두 변화하기 때문이다.

이 속성 목록에서 빠진 것이 질량이다. 입자 물리학에서 질량은 중요하다. 질량은 입자 유형의 특성으로, 모든 양성자는 다른 모든 양성자와 질량이 같다.[9] 그리고 질량 에너지를 포함한 총 에너지는 모든 상호작용에서 보존된다. 따라서 중요한 입자 속성 목록에서 질량을 빼놓을 수는 없다.

그러나 위의 목록은 강입자를 이루는 쿼크의 특성으로부터 결정할 수 있는 특성이며, 질량은 이 목록에 들어가지 않는다. 쿼크는 결코 따로 발견되지 않으므로 질량을 따로 잴 수 없다. 또한, 강입자는 쿼크와 "가상 입자"(강입자 속에서 계속 생겼다 사라지는 입자-반입자 쌍)로 구성되어 있다. 가상 입자에 대해서는 § 13.5에서 설명하겠지만, 여기서는 강입자의 질량이 개별 쿼크의 질량의 합이 아니라는 점을 강조하는 것으로 충분하다. 총 질량은 늘 그보다 크며 때로는 훨씬 더 크다.

개별 쿼크를 관측한 적이 없는데도 쿼크 모형을 믿는 데에는 여러 이유가 있다. 아마도 가장 직접적인 증거는 "깊은 비탄성 산란" 실험에서 찾을 수 있다. 고에너지 전자로 핵을 때려 여러 각도에서 산란된 전자를 잰다. 러더퍼드 산란이 원자의 중심에 작은 양전하 덩어리가 있다는 것을 증명한 것처럼, 이 실험에서 얻은 산란 전자의 각분포는 양성자 속에 전하가 고르게 퍼져 있다면 설명할 수 없고, 핵 속에 세 개의 작은 분수 전하 덩어리가 있어야 설명할 수 있다.

색깔의 존재에 대한 간접적 증거도 있다. 같은 유형의 쿼크 세 개로 구성된 중입자(예: uuu로 된 Δ^{++} 중입자)이 있을 수 있다. 이 입자의 질량으로부터 세 쿼크가 모두 바닥상태임을 추론할 수 있는데, 이 세 쿼크가 구별되지 않는다면 파울리 배타 원리에 따라 금지될 것이다.

9 무거운 입자는 시간-에너지 불확정성 원리에 따라 붕괴 수명과 관련된 양자 불확정성이 질량에 조금 들어갈 수 있다.

렙톤

그림 13.3의 아래쪽 무리인 렙톤은 강력을 받지 않는다. 가장 친숙한 예로 전자를 들 수 있다. 뮤온과 타우 입자는 전하, 스핀 등이 전자와 본질적으로 같다—다만 질량은 훨씬 더 크다 ($m_\mu \approx 200m_e$, $m_\tau \approx 3500m_e$).

중성미자는 전하가 없는 렙톤이므로 약력(및 중력) 상호 작용만 한다. 그 결과 중성미자는 고체 물질을 거의 상호작용 없이 통과한다. 태양에서 나오는 중성미자는 지구의 1 cm^2를 매초 약 1,000억 개씩 지나가며, 거의 모든 중성미자가 1초도 채 안되어 지구 반대편으로 나온다. 중성미자 선속이 1광년 두께의 납 덩어리를 만나면 약 절반이 그냥 통과한다.

중성미자는 일부 반응에서 각운동량이 겉보기에 보존되지 않는 것에서 그 존재를 처음 깨달았다. 이제는 수 톤의 액체 통를 써서 중성미자를 검출할 수 있다. 엄청나게 많은 중성미자가 지나가므로 때때로 중성미자가 액체 속의 입자와 상호 작용하여 빛을 내면 통 주변의 검출기로 잡아낼 수 있다.

중입자 수가 모든 상호작용에서 보존 되듯이 렙톤 수(렙톤은 양수, 반렙톤은 음수)도 마찬가지다. 사실, 아래에서 설명할 한 가지 예외를 빼면 렙톤 수는 대체로 각 가족 안에서 보존된다 (그림 13.3의 열). 예를 들어, 베타 붕괴 $n \to p + e + \overline{\nu}$에서 반중성미자는 반드시 전자 중성미자여야 한다. 그렇지 않으면 반응은 전자 가족에서는 렙톤 수가 양수가 되지만 다른 가족 중 하나에서는 음수가 된다.

이 규칙의 예외는 중성미자 자체가 시간이 가면서 세 가지 다른 맛깔 사이에서 진동하는 것이다. 이 중성미자 진동은 태양에서 나오는 중성미자를 잰 결과 이론의 예측값의 1/3에 불과한 것으로 드러나면서 발견되었다. 그 까닭은 검출기가 전자 중성미자에만 민감했기 때문인 것으로 밝혀졌다. 태양에서 생기는 중성미자는 모두 전자 중성미자이므로 문제가 될 것으로 예상되지 않았다. 그러나 지구에 이르는 중성미자는 세 가지 유형이 거의 같은 비율로 섞여있다.[10] 다른 중성미자 유형에 민감한 검출기는 이제 태양에서 나오는 중성미자의 총 흐름률이 이론적 예측과 맞음을 확인했다. 중성미자 진동은 문제 15-18에서 살펴본다.

힘 전달자

그림 13.3이 쿼크와 렙톤의 전체 목록이고, 쿼크와 렙톤이 실험실에서 발견한 우주의 기본 입자들을 구성한다고 이미 말했으니, 이제 무엇이 남아 있을까?

이 물음에 대한 답으로 이 책에서 여러 번 말했지만 이 절에서는 아직 다루지 않은 입자, 즉 광자를 떠올릴 수 있을 것이다. 광자와 부록 J에서 광자와 함께 묶은 다른 입자들은 물질 입자들이 서로 힘을 줄 수 있게 해준다.

이것이 뜻하는 바를 알아보려면 이미 알고 있지만 동시에 고려하지는 않았던 세 가지 사실을 생각해 보라:

- 고전 전자기 이론에 따르면 하전 입자는 다른 하전 입자에 힘을 직접 주지 않는다. 대신, 첫째 입자는 주변 공간에 전기장과 자기장을 만들고 이 장이 둘째 입자에 힘을 준다. 전기장과

10 생겨난 위치와 에너지에 따라 다르다.—옮긴이.

자기장은 두 입자 사이에서 힘을 전달한다.

- 고전 전자기 이론에서도 빛은 전기장과 자기장으로 되어 있다고 설명한다.
- 양자역학에 따르면 빛은 광자라는 입자의 집합으로 기술할 수도 있다.

현대의 이해는 이러한 사실을 한 단계 더 발전시켜 모든 전기장과 자기장은 광자로 이루어진다는 것이다. 따라서 하전 입자 하나가 다른 하전 입자에 힘을 주면 그 효과는 광자에 의해 한 입자에서 다른 입자로 전달된다.

힘이 양자역학적으로 어떻게 작용하는지에 대해서는 § 13.5에서 자세히 설명한다. 여기서 중요한 점은 물질 입자 사이의 힘을 입자가 전달한다는 것이다. 이러한 입자를 "힘 전달자(force carrier)"라고 한다.[11] 전자기장의 힘 전달자는 광자이고, 강력은 글루온(gluon)이 전달한다. 약력은 양전하를 띤 W^+, 음전하를 띤 W^-, 그리고 중성인 Z가 전달한다.

그림 13.4의 이들 입자의 몇 가지 특성을 간략히 살펴보자.

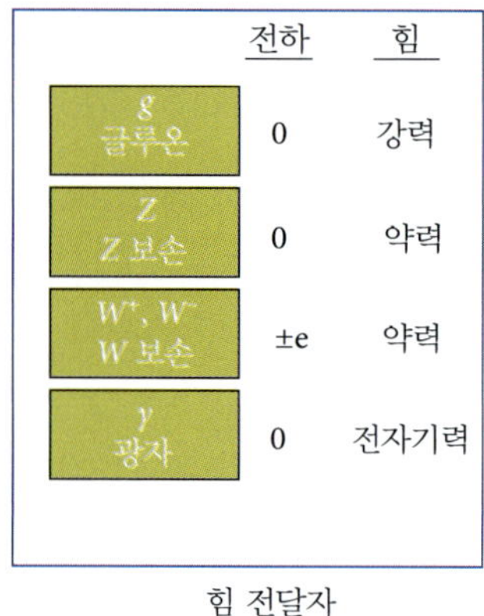

그림 13.4 힘마다 전달 입자가 다르다. 따라서 이들 입자는 쿼크나 렙톤과 같은 물질의 구성 요소는 아니지만 표준 모형의 중요한 구성 요소이다.

- **질량**: 광자와 글루온은 질량이 없지만 약력 전달자는 질량이 있다. § 13.5에서 설명할 이유 때문에, 힘 전달자가 질량이 있으면 힘의 범위가 짧아진다. 따라서 W 및 Z 보손의 질량(각각 전자 질량의 15만 배 이상)은 약력의 범위가 왜 그렇게 짧은지 설명한다. (지금까지 주의 깊게 읽었다면 이제 강력에 대해서 헷갈릴 것이다. 잠시 생각해보라.)
- **전하**: 광자와 글루온에는 전하가 없다. 앞서 언급했듯이, 전하가 세 가지 유형의 약력 전달자를 구별한다.
- **스핀**: 모든 힘 전달자는 스핀 1 입자이며, 따라서 보손이다.
- **색깔**: 광자와 약력 전달자는 색깔이 없다. 하지만 글루온은 색깔이 있으며, 색깔은 입자가 강력에 참여하는지를 결정하므로 중요하다. 광자는 전자기력을 전달하지만 그 자체는 전하가 없으므로 전자기력의 영향을 받지 않는다는 점을 기억하라. 글루온은 강력을 전달하고 서로 강력을 주고받는데, 그래서 강력이 전자기력보다 모형을 꾸미기가 더 복잡하다.

질량에 대한 논의가 모순되는 것처럼 보임을 눈치챘을 것이다. 질량이 큰 힘 전달자는 그 힘의 작용 범위를 짧게 만든다면, 글루온은 질량이 없는데, 강력이 왜 단거리 힘일까?

11 "게이지 보손(gauge boson)"이라고도 하는데, 그 이유는 여기에서 자세히 설명하지 않는다.

답은 두 쿼크 사이의 강력은 원리적으로 장거리 힘이지만, 색깔 균형을 이루는 강입자가 상호작용할 때 그 힘이 대부분 상쇄되기 때문이다. 이 상황은 극성 분자 사이의 힘과 유사하다. 수소 분자는 중성이지만 두 분자를 가까이 두면 서로 반대 극성을 띠어 끌어당긴다. 하전 입자의 전기력은 $1/r^2$으로 줄지만, 두 수소 분자의 판데르발스 힘은 $1/r^6$으로 줄어든다. 비슷한 방식으로 두 개의 고립된 쿼크는 서로 장거리 힘을 줄 수 있지만, 쿼크는 고립되어 공간을 돌아다니지 않고 양성자나 케이온처럼 색깔이 균형 잡힌 조합으로만 존재한다. 이러한 입자는 전체적으로 색깔이 중립적이지만 편극을 통해 서로 강력을 주며, 그 효과는 거리가 멀수록 매우 빨리 사라진다.

또한 표준 모형에는 중력의 힘 전달자가 없다. 물리학자들은 "중력자(graviton)"라는 가상의 힘 전달자를 이야기하지만, 중력은 입자 수준에서 매우 약하여 가까운 미래에 중력자를 검출할 가능성은 없다.

힉스 보손

그림 13.2 또는 부록 J의 표준 모형을 살펴보았다면, 아직 논의하지 않은 유일한 입자가 자신의 범주를 갖는다는 것을 알고 있을 것이다: 그림 13.5를 보라.

H 힉스
스핀 0
전하 0

그림 13.5 힉스 입자는 홀로 있다.

힉스 입자는 표준 모형에서 유일한 스핀 0 입자이다. 알려진 다른 모든 스핀 0 입자는 스핀이 0이 아닌 기본 입자로 만들어지는데, 스핀이 상쇄된 것이다.

힉스 입자는 1950년대와 1960년대의 이론 모형에 문제가 있었기 때문에 제안되었다. 이 모형들은 관측된 입자와 그 상호작용의 많은 특성을 성공적으로 예측했지만, 자연의 모든 기본 입자는 질량이 없어야 한다고 예측하기도 했다. 상상할 수 있듯이, 이로 인해 이론과 실험이 조금 어긋났다. (쉬운 실험적 검증: 방의 모든 것이 광속으로 움직이는가?)

1960년대에 몇몇 연구진이 독립적으로 입자가 고유 질량은 없고 장과 상호작용하여 질량을 얻는다면 이 문제가 풀린다는 사실을 깨달았다. 이 "힉스 장(Higgs field)"[12]은 모든 우주를 고르게 채우고 있다. 비유하자면, 모든 곳에 자기장이 고르게 퍼진 우주를 상상할 수 있다. 그러나 힉스 장은 스칼라 장이므로 자기장과는 달리 공간에 방향성을 주지는 않는다.

힉스 장이 어떻게 질량을 주는지 설명할 때 종종 물체를 물속에 밀어 넣는 것을 비유한다. 질량은 가장 기본적인 수준에서 물체가 움직이기 어렵게 만드는 성질이다. 물체를 물속에 잠그면 공기 중에 있을 때보다 밀기가 더 어려운 것처럼, 질량이 큰 물체는 힉스 장에 "잠겨" 있어서 움직이기 어려운 것이라고 상상할 수 있다.

이 비유는 쓸모 있지만 한계도 있다.

능동 읽기 연습: 힉스/물 비유

물체가 물 속에 있을 때는 공기 중에 있을 때보다 움직이기가 더 어려우므로 질량이 더 큰 것처럼 느낀다. 물체의 질량 이외에 물 속에서 더 크게 느껴지는 물체의 속성 두 가지 이상을 나열하라.

12 이 장을 처음 제안한 사람 중 한 명이 영국의 이론 물리학자 힉스(Peter Higgs)이다.

이 연습에 대한 답은 다음을 보라: www.cambridge.org/feldermodernphysics/activereadingsolutions

힉스 장이 물과 비슷하다는 비유가 도움이 된다면 꼭 기억하자. 하지만 완벽한 비유는 없음을 명심하라.

어쨌든 입자마다 힉스 장과 상호작용하는 고유 강도가 있으며, 그 강도를 입자의 질량이라고 한다. 광자나 글루온과 같은 질량이 없는 입자는 힉스 입자와 상호작용을 하지 않는다.

"힉스 보손"은 힉스 장의 입자 같은 들뜸이다. 2012년 대형 강입자 충돌기(LHC: Large Hadron Collider)의 과학자들이 힉스 입자를 발견했다고 발표했을 때, 이는 우주에 고르게 스며있는 힉스 장에서 작고 국소적인 양자 파동을 들뜨우고 관찰했음을 뜻한다. 이 잔물결, 즉 힉스 입자는 표준 모형에서 마지막으로 발견된 입자였다.

숨 돌리기: 표준 모형 너머

1970년대 초에 표준 모형이 개발되었을 때, 그것은 그 때까지 발견된 모든 입자를 성공적으로 설명했다. 또한 다른 입자의 존재도 예측했는데, 실제로 표준 입자 모형이 개발될 때에는 표준 입자의 기본 입자 중 반도 발견되지 않았다. 그 후 수십 년 동안 모든 입자가 발견되었으며, 그 모든 특성이 모형의 예측과 맞았다. 표준 모형이 최종적으로 확인된 것은 2012년 대형 강입자 충돌기에서 힉스 입자를 발견하면서이다.

그렇지만, 기초 물리학에는 지금까지 알아낸 것보다 더 많은 것이 분명히 있다.

- "암흑 물질(dark matter)"은 관측 가능한 우주 전체 물질의 약 85%[13]를 차지한다. 암흑 물질은 일반 물질에 대한 중력 효과를 통해 검출할 수 있으며, 암흑 물질이 표준 모형의 입자로 되어있지 않다고 할 수 있을 만큼 암흑 물질에 대해 충분히 알고 있다.
- 다른 천체물리학적 관측에 따르면 관측 가능 우주에 스며들어 은하를 서로 멀어지게 하는 에너지 장이 있다. 이 장을 "암흑 에너지(dark energy)"라고 하며, 이것도 표준 모형에는 없다.

암흑 물질과 암흑 에너지에 대해서는 14장에서 더 자세히 이야기한다. 그때 강조하겠지만, 지금도 강조하고 싶은 것은 이 둘은 이름만 비슷할 뿐, 다르다는 것이다. 누구나 이 둘을 혼동하지만, 여러분은 이제 그러면 안된다.

어쨌든 둘 다 표준 모형으로 설명하지 못하는 에너지의 형태이다. 표준 모형을 넘어서는 물리학에 대한 실마리 몇 가지는 다음과 같다.

- 1960년대에 몇몇 물리학자들은 전자기력과 약력이 실제로는 하나의 기본 힘의 다른 표현이라는 것을 보였는데, 이를 "전기약력"이라고 한다. 이 이론이 W 및 Z 보손의 성질을 성공적으로 예측하여 표준 모형 개발의 일부가 되었다는 점을 빼고는 전기약력을 논의하지는 않겠다.
- 전기약력 이론의 성공으로 전기약력과 강력을 유사하게 통합하는 이론을 찾게 되었다. 이러한 이론을 "대통일 이론(grand unified theories: GUT)"라고 한다. 몇 가지 가능한 버전이 제시되었고, 모두 표준 모형에는 없는 매우 무거운 입자가 더 있어야 한다. 딱하게도 이러한

13 2025년 현재의 추정값이다. 원문에는 90%로 되어 있다–옮긴이.

이론을 검증할 수 있을 만큼 무거운 입자를 생성할 수 있는 가속기는 아직 없다.

- 중력에는 독특한 문제가 있다. 중력을 물질과 시공간의 상호작용으로 보는 아인슈타인의 일반 상대성 이론은 중력에 대해 현재 가장 잘 이해하고 있는 이론이다. 아인슈타인의 특수 상대론이 극도로 빠른 물체에 대해 새로운 법칙(저속에서 뉴턴의 법칙에 접근하는 규칙)을 도입하고 양자역학이 극도로 작은 물체에 대한 새로운 법칙(거시적 크기에서 뉴턴의 법칙에 접근하는 규칙)을 도입한 것처럼, 일반 상대론은 극도로 거대한 물체에 대한 새로운 법칙(중력이 중력장일 때 뉴턴의 법칙에 접근하는 규칙)을 도입한다.

  양자장 이론은 특수 상대론과 일치하며 느린 물체와 빠른 물체 모두에 대해 적용되지만, 양자역학과 일반 상대론을 자체적으로 일관된 이론으로 통합하는 방법은 아직 아무도 찾지 못했다. 현재 이해하는 우주는 아주 작은 물체에 대해서는 한 가지 법칙을 따르고, 아주 큰 물체에 대해서는 완전히 다른 법칙을 따르는 것처럼 보이며, 이 두 법칙은 중간에 뉴턴에 편리하게 접근하고 있다.[14] 양자 중력의 통일 이론["만물 이론(theory of everything)"이라고도 함]에 대한 가장 유망한 시도 중 하나는 "끈 이론(string theory)"이지만, 그 수학이 너무 복잡하여 방정식은 매우 특수한 조건에서만 풀 수 있으며 지금까지 검증 가능한 예측을 하지 못했다.

이러한 모든 이유와 그 너머는 표준 모형이 성공적이긴 했지만 최종 결론은 아님을 시사한다.

마지막 순간 추가: 이 책을 펴내기 직전에 페르미 연구소는 뮤온의 자기회전 비(gyromagnetic ratio)("g-인자"라고도 함)에 대한 자료를 발표했다. g-인자는 뮤온의 자기 모멘트의 무차원 척도이다. 그 측정값은 $2.00233184122 \pm 0.00000000082$로 표준 모형의 예측값인 $2.00233183620 \pm 0.00000000086$과 비교하면 차이가 백만 분의 1도 안 되지만, 실험적 불확실성에 비하면 매우 커서 무작위적 우연으로 생겼을 확률이 1/40,000 미만이다. 이 측정 결과가 확인되면 표준 모형의 첫째 실패가 될 것이다.[15]

---

14 원리적으로 작은 공간에 충분한 질량을 넣으면 양자 효과와 일반 상대론적 효과를 동시에 관측할 수 있다. 이러한 현상이 생기는 밀도를 "플랑크 밀도"라고 하며, 약 10^{96} kg/m^3, 즉 원자핵 크기에 10억 개의 은하가 모여 있는 밀도와 비슷하다. 이 밀도를 실험실에서 곧 만들 수는 없을 것이다. 양자역학과 일반 상대성 이론을 조화시키는 방법을 알기 전까지는 자연에서 유일하게 알려진 플랑크 밀도 물질의 존재인 대폭발의 초기 순간이나 블랙홀의 중심을 설명할 수 없을 것이다.

15 이 실험 결과 발표 이후 최근 활발히 진행된 이론적 예측은 오히려 측정값과 오차범위 내에서 일치하는 것으로 나왔다. 또 한지상 관측에서 표준모형의 최초 실패는 이것이 아니고 중성미자의 진동 현상으로 보는 것이 맞다.—옮긴이

13.2.3 물음과 문제: 표준 모형

개념 물음 및 개념시험

1. 반입자와 색깔 차이를 모두 고려할 때, 그림 13.3의 쿼크 부분은 몇 가지 유형의 입자를 나타내는가?

2. 각 중입자는 세 가지(반드시 다른 것은 아니다) 쿼크 맛깔의 조합이다(예: 양성자의 경우 *uud*). 세 가지 맛깔을 아무 제한이 없이 조합하면 중입자가 되는가, 아니면 색깔 균형 규칙이 조합을 제한하는가?

3. 쿼크의 색깔 균형 규칙을 써서 모든 강입자의 전하가 정수임을 증명하라.

4. 두 쿼크는 멀리서도 서로 엄청난 힘을 준다. 그러나 두 중입자(예: 두 중성자)는 몇 fm 이상 떨어지면 강

력을 거의 주지 않는다. 이 사실을 바탕으로, 색깔이 같은 두 쿼크의 반발력과 색깔이 다른 두 쿼크의 인력의 상대적 강도에 대해 어떤 결론을 내릴 수 있는가?

5. 1960년대 이전의 물리학자들은 총 중입자 수가 보존된다는 것에 주목했다. (중입자가 생길 때, 반중입자도 생겨야 한다.) 그들은 또한 그에 상응하는 중간자 수는 보존되지 않는다는 사실에 주목했다. 쿼크 수의 보존에 근거하여 이 두 가지 관찰 결과를 설명하라.

6. 왜 중입자는 모두 스핀이 반홀수이며 중간자는 모두 스핀이 정수인가?

7. 쿼크가 색깔 중립 조합으로 결합한다는 규칙은 중입자과 중간자 외에도 각각 5개의 쿼크 또는 반쿼크로 이루어진 "펜타쿼크"의 존재를 허용한다. 수십 년에 걸친 연구 끝에 2015년 스위스의 LHC에서 펜타쿼크를 처음으로 발견하여 널리 인정받았다. (각각 4개의 쿼크로 된 "테트라쿼크"도 발견되었다.)

(a) 펜타쿼크는 무엇인가(하나를 골라 설명하라):

A. 페르미온?

B. 보손?

C. 둘 다일 수 있다.

(b) 펜타쿼크가 될 수 있는 다섯 가지 쿼크 색깔의 예를 제시하라. (맛깔은 신경 꺼라.)

8. § 13.1에서는 케이온에 대해 설명했다. 케이온을 애초에는 기본 입자로 생각했으나, 이제는 1족 쿼크(위 또는 아래) 하나와 기묘 쿼크 하나의 조합으로 알려져 있다. 예를 들어, K^+는 위 쿼크와 기묘 반쿼크의 결합이다.

(a) K^+의 전하량은 얼마인가?

(b) K^+를 찾아보면 스핀 0 입자로 나열되어 있다. 스핀만 다를 뿐 모든 특성이 똑같은 다른 입자로 나열된 K^{*+}를 찾을 수도 있다. K^+와 K^{*+}는 쿼크 함량이 똑같은데, 스핀이 서로 다르게 되는 차이는 무엇이며 K^{*+}의 스핀은 얼마일까? (이 물음에 답하기 위해 정보를 찾을 필요는 없다.)

(c) 위 쿼크와 기묘 쿼크(둘 중 하나 앞에 "반"이 없는)로 만든 비슷한 입자가 존재할 수 있는가? 왜?

(d) 케이온은 가속기에서 핵이 서로 부딪칠 때 강력 상호작용으로 생긴다. 왜 늘 케이온-반케이온 쌍으로 생기지 따로 생기지는 않는지 설명하라.'

9. Σ^+ 입자는 두 개의 위 쿼크와 한 개의 기묘 쿼크로 되어 있다.

(a) 이 입자는 중입자인가, 아니면 중간자인가?

(b) 이 입자의 총 전하량은 얼마인가?

(c) Σ^+를 찾아보면 스핀 $-1/2$ 입자로 나열되어 있다. 스핀을 뺀 모든 속성이 똑같은 다른 입자로 나열된 Σ^{*+}를 찾을 수도 있다. Σ^+와 Σ^{*+}는 쿼크 함량이 똑같은데, 스핀이 서로 다르게 되는 차이는 무엇이며 Σ^{*+}의 스핀은 얼마일까? (이 물음에 답하기 위해 정보를 찾을 필요는 없다.

(d) 시그마(Σ) 입자는 가속기에서 핵이 서로 부딪칠 때 강력 상호작용으로 생긴다. 왜 늘 시그마-반시그마 쌍으로 생기지 따로 생기지는 않는지 설명하라.

10. 아래의 각 부분에는 가상의 입자의 속성을 나열했다. 각각에 대해, 이러한 성질을 가질 수 있는 중입자 또는 중간자의 가능한 쿼크 구성을 제시하거나 그러한 입자가 불가능한 이유를 설명하라. (나열된 전하는 양성자 전하 단위이다. 기묘 반쿼크는 +1, 기묘 쿼크는 1임을 기억하라.)

(a) 전하 = 1, 스핀 = 1/2, 기묘도 = 0

(b) 전하 = 2, 스핀 = 3/2, 기묘도 = 0

(c) 전하 = 2, 스핀 = 1, 기묘도 = 0

(d) 전하 = 2, 스핀 = 1/2, 기묘도 = −1

(e) 전하 = 4/3, 스핀 = 0, 기묘도 = 0

11. 질량이 약 2520 MeV/c^2이고 전하가 2이며 스핀이 3/2인 강입자를 잰다.

(a) 이 입자의 가능한 쿼크 구성은 무엇인가? 어떻게 알았는지 설명하라. 부록 J의 쿼크 속성을 보면 도움이 될 수 있다

(b) 나열한 여러 가능성을 구별하려면 어떤 속성을 더 재야하는가? (측정 방법은 걱정마라.)

12. 뮤온이 온전히 첫째 "가족" 속의 입자로 붕괴할 수 있는 허용된 붕괴 과정을 설명하라.

13. 지구와 달의 상호작용에 관련된 유일한 힘은 중력이다. 두 물체 모두 많은 쿼크가 있지만, 강력 상호작용은 관련이 없다. 그 이유는 무엇인가? (절 13.1의 문제 1에 답한 경우, 여기의 답은 그 답과 다를 수 있다.)

심층 토론

14. 양자장 이론에서 "장"과 "입자"는 궁극적으로 같은 것이다. 예를 들어, 광자는 개별 입자이지만 10^{20}개의 광자가 함께 움직이면 고전 전자기장의 파동처럼 보이다. 원리적으로 표준 모형의 모든 입자에 대해 이와 유사하게 장을 연관시킬 수 있다. 그렇다면 왜 "전자 장"은 "광자 장"(일명 "전자기장")을 보는 것과 같은 방식으로 보지 않을까?

문제

이 절의 문제는 중성미자 진동을 탐구한다.

특정 순간에 중성미자의 상태는 세 가지 중성미자 맛깔 (ν_e, ν_μ, ν_τ)의 중첩 상태일 수도 있고, 특정 중성미자 맛깔의 고유 상태일 수도 있다. 중성미자는 또한 세 가지 다른 질량의 중첩 상태이거나 명확한 질량의 고유 상태일 수 있다. 그러나 명확한 맛깔의 고유 상태는 명확한 질량의 고유 상태가 아니므로, 한 번에 하나만 명확할 수 있다!

문제 15–18에서는 이것이 중성미자와 맛깔 사이에서 진동하는 경향에 대해 무엇을 뜻하는지 살펴본다. 여기서는 전자 중성미자와 뮤 중성미자 두 가지 맛깔만 있는 단순한 모형을 쓴다. 맛깔의 고유 상태는 질량 고유 상태 ψ_1과 ψ_2의 중첩으로 다음과 같이 표현할 수 있다.

$$\left.\begin{aligned} \psi_e &= \cos\theta\ \psi_1 + \sin\theta\ \psi_2 \\ \psi_\mu &= -\sin\theta\ \psi_1 + \cos\theta\ \psi_2 \end{aligned}\right\} \tag{13.1}$$

여기서 ψ_1과 ψ_2는 각각 은 질량 m_1과 질량 m_2인 고유 상태를 나타낸다. "혼합 각" θ는 실험적으로 결정된 매개변수이다.

15. (13.1) 해석

(a) θ가 0이면 이 식이 무엇을 알려주는지 간단히 설명하라. (실제로는 θ는 0이 아니다.)

(b) 파동함수의 시간 진화 규칙에 근거하여, ψ_1 상태의 중성미자는 질량이 늘 명확하게 m_1이지만, ψ_e 상태의 중성미자는 명확한 전자-중성미자 상태를 유지하지 않는 이유를 설명하라. (각 경우의 중성미자는 운동량 값이 명확하다고 가정하라.)

(c) θ가 0이면 ψ_e가 정상 상태가 되는 이유를 설명하라.

(d) 두 질량 상태가 겹치면($m_1 = m_2$) ψ_e도 정상 상태가 되는 까닭을 설명하라.

(e) ψ_1과 ψ_2를 적절히 정규화하면, ψ_e와 ψ_μ도 정규화됨을 보여라.

16. 중성미자 진동의 해석적 셈

태양에서 생기는 중성미자는 그 생성 반응 때문에 전자 중성미자이다. (렙톤 가족 수 보존이 중성미자 진동에서는 깨짐을 기억하라). 이 문제에서는 이러한 중성미자를 나중에 재면 뮤 중성미자로 나올 확률을 살펴본다.

(a) (13.1)을 풀어서 질량 고유 상태 ψ_1과 ψ_2를 맛깔 고유 상태로 표현하라. (선형 대수에 익숙하다면 이것은 2×2 행렬을 뒤집는 것으로 볼 수 있다. 아니면 두 연립 방정식을 풀면 된다.)

(b) 태양 중성미자가 애초에 상태 ψ_e로 생긴 뒤 시각 t의 파동함수를 써라. 답에는 에너지 E_1과 E_2가 들어간다.

(c) (a)와 (b)의 답을 써서 시각 t에 중성미자의 파동함수를 상태 ψ_e와 ψ_μ의 중첩으로 써라. 답의 확인으로, $t = 0$에는 ψ_e이어야 한다.

(d) 시각 t에 중성미자의 성질을 재면, μ 중성미자로 나타날 확률을 구하라. 답을 최대한 단순화하여 에너지 차이 $\Delta E = E_2 - E_1$로 나타내고, 개별 에너지 E_1이나 E_2는 나타나지 않아야 한다. (여기서 고유 함수는 적절히 규격화되었다고 가정한다.)

(e) 물론 $t = 0$에는 답이 0이어야 한다. 그러나 문제 15의 논리에 따라 $\theta = 0$ 또는 $\Delta E = 0$일 때도 0이어야 한다. 세 조건을 모두 써서 공식을 확인하라. (문제 15를 풀어야 이 문제를 풀 수 있는 것은 아니다.)

17. 중성미자 진동의 수치 셈

[이 문제는 문제 16의 결과를 쓴다.] 태양의 중성미자는 총 에너지가 질량 에너지보다 훨씬 크다. $mc^2 \ll E$이면 상대론적 에너지 공식을 (매클로린 급수 또는 이항 전개를 통해) $E \approx E_0 + m^2c^4/(2E_0)$로 어림할 수 있으며, 여기서 $E_0 = pc$는 거의 입자의 총 에너지이다. 따라서 $\Delta E \approx \Delta(m^2)c^4/(2E_0)$이다. ($E_0$가 ΔE 보다 훨씬 크므로 E_0의 값으로 E_1이나 E_2 어느 것을 써도 된다.)

(a) 이 근사치를 써서 문제 16의 답, 즉 시각 t에서 뮤 중성미자를 잴 확률을 $\Delta(m^2)$으로 나타내라.

(b) 태양 중성미자가 거의 정확히 c로 간다는 사실을 써서 식을 중성미자가 생긴 뒤 지난 시간 t가 아니라 이동한 거리 L의 함수로 고쳐 써라.

(c) 관측 결과는 $\theta \approx 0.58$ rad, $\Delta(m^2) \approx 7.5 \times 10^{-5}$ eV^{2}이다. 태양 중성미자가 생길 때의 총 에너지가 400 keV라면, 뮤 중성미자로 검출될 수 있는 확률이 최대가 되려면 얼마나 멀리 가야 하며, 그 확률은 얼마인가? SI 단위로 바꾸는 것보다 모든 것을 eV 단위로 지키는 것이 더 쉬움을 알게 될 것이다.

(d) 검출기를 태양에 대해 적당한 거리에 두면 검출한 모든 태양 중성미자가 전자 중성미자로 나타나게 할 수 있는가? 설명하라.

18. 중성미자 진동의 도표 표현

[이 문제는 문제 17의 결과를 쓴다.] 태양 중성미자가 생길 때의 총 에너지가 400 keV이다. 이 중성미자가 전자 중성미자로 검출될 확률과 뮤 중성미자로 검출될 확률을 중성미자가 생기는 곳으로부터의 거리의 함수로 보여주는 도표를 겹쳐 그려라.

13.3 입자 검출

이 장의 처음 두 절에서는 입자(그리고 더 많은 입자, 더욱 더 많은 입자)의 발견이 궁극적으로 입자 물리학의 표준 모형으로 이어진 과정을 설명했다. 이 절에서는 이러한 발견의 배경이 된 몇 가지 실험을 살펴본다.

§ 12.2와 마찬가지로, 여기서 다루는 것은 기술적 내용이 아니라, 아주 작은 물체를 조작하거나 아주 빠른 변화를 볼 수 없는 실험가들이 어떻게 지속 시간이 겨우 10^{-23}초 정도인 입자를 감지하고 그 속성을 자세히 잴 수 있는지를 대체로 전달하고자 한다. 20세기 대부분 동안 입자 검출을 지배했던 두 가지 기술, 즉 최초의 구름 상자와 이후의 거품 상자에 초점을 맞춘다.

13.3.1 설명: 입자 검출

윌슨(Charles Wilson)은 1911년 “구름 상자”를 발명했으며, 그 업적으로 1927년 노벨 물리학상을 받았다. 구름 상자는 수십 년 동안 입자 물리학의 주요 도구로 쓰였다.

구름 상자의 기술은 간단하다. 드라이아이스와 소독용 알코올을 써서 직접 만드는 방법을 인터넷에서 찾을 수 있으며, 이를 써서 우주선(cosmic rays)을 추적할 수 있다. 기본 착상은 과포화 증기로 통을 채우는 것이다. (윌슨은 원래 수증기를 썼지만, 이후 대부분의 구름 상자는 알코올을 썼다.) 고에너지 하전 입자가 상자를 지나면서 그 경로의 원자를 이온화한다. 이들 이온은 극성 분자인 수증기의 끌어당겨 입자의 경로를 따라 물방울을 응결시킨다. 이러한 물방울의 흔적은 사진으로 찍을 수 있다.

센 자기장을 걸면 하전 입자는 검출기를 지나면서 곡선 경로를 따라간다. 고속 입자의 경로를 눈에 띄게 굽히려면 매우 센 자석이 필요하므로 집에서는 이 일을 할 수 없다. 하지만 1932년 앤더슨은 실험실에서 이 일을 하여 그림 13.6의 왼쪽 그림을 얻었다. 입자가 상자 속에 둔 납 판을 지난 것을 궤적에서 확인할 수 있다.

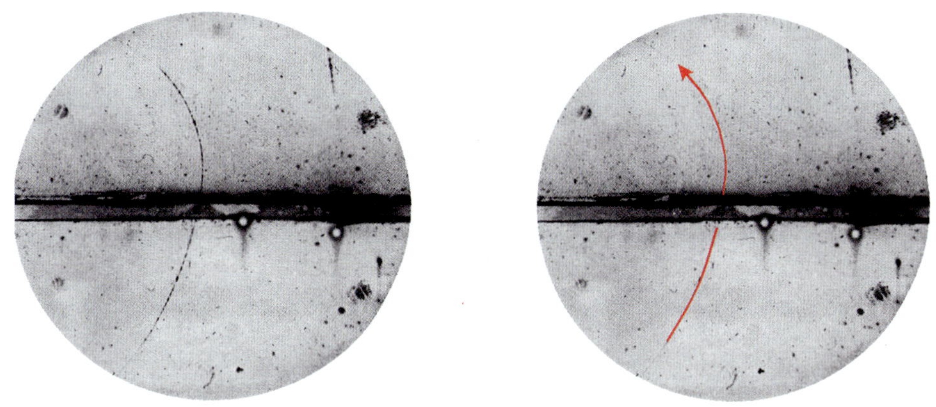

그림 13.6 왼쪽: 앤더슨이 양전자를 발견한 1932년 구름 상자 사진. 오른쪽: 양전자의 경로를 강조하기 위해 색상과 화살표를 추가했다. 가운데의 굵고 검은 수평선은 입자의 속도를 늦추는 데 쓰는 납판이다.

이 그림에서 배울 수 있는 몇 가지 사항이 있다.

- 고른 자기장 속에서 그 자기장에 수직으로 움직이는 하전 입자는 원을 그리며 간다는 것을 알고 있다. 문제 6에서 원의 반지름이 입자의 운동량에 비례함을 알 수 있다. 따라서 앤더슨은 사진에서 원 궤도의 반지름을 재어 입자의 운동량을 결정했다.
- 입자가 납판을 지날 때 에너지를 잃고 속도가 느려진다. 방금 설명한 것처럼, 이로 인해 입자는 반지름이 더 작은 원(경로의 "곡률"이 더 크다고도 함)을 따라 간다. 사진은 납판 위쪽 경로의 곡률이 아래쪽보다 더 큰 것을 보여 주며, 그래서 앤더슨은 입자가 위로 갔다고 판단했다. 오른쪽의 고친 사진에서 그 방향을 화살표로 나타냈다. (재미있는 사실: 밀리칸은 모든 우주선은 위에서 온다고 가정해야 한다고 주장하면서 앤더슨이 실험 장치에 납판을 넣는 것을 반대했다).
- 운동 방향을 알고 나면 곡선의 방향을 통해 입자의 전하 부호를 알 수 있다. 앤더슨의 자기장은 그림 속으로 들어가는 방향인데, 입자의 경로는 왼쪽으로 굽었으므로 양전하를 띠고 있다.
- 끝으로, 이 궤적을 그린 입자는 질량이 양성자보다 훨씬 작아야 한다. 왜냐하면 이 궤적이 보여주는 운동량을 가진 입자의 질량이 크다면 운동 에너지가 충분하지 크지 않아 납판을 통과할 수 없기 때문이다(문제 8과 9).

앤더슨은 이 모든 것을 종합하여 질량은 전자와 같지만 양전하를 띤 입자인 양전자를 발견했다. 4년 후, 이 발견으로 노벨상을 받은 해에 그는 뮤온을 발견했다!

1952년 글레이저(Donald Glaser)는 "거품 상자(bubble chamber)"를 발명했다. 거품 상자(그림 13.7)는 구름 상자와 비슷하지만 액체 매질, 보통 액체 수소를 쓴다. 입자를 감지하기 직전에 상자를 빠르게 팽창시킨다. 그러면 압력이 떨어져 액체는 과열 상태가 되어 끓을 만큼 뜨겁지만 액체가 아주 균일하여 기포를 만들 "핵 형성 부위"가 없으면 기포가 생기지 않는다. 이것도, 상자를

그림 13.7 CERN의 거품 상자 "가가멜(Gargamelle)." 사람들이 작업하고 있는 원통이 액체가 든 거품 상자이다. 피스톤은 액체 상자를 약 1% 팽창시킬 수 있다. 커다란 흰색 코일은 전자석이다. 출처: CERN © 1977–2022

지나는 하전 입자는 경로에 있는 원자를 이온화하고, 그 이온이 수소 기포가 생기는 핵이 되어 입자의 경로를 따라 수소 기포가 생긴다. 이러한 기포는 사진에서 볼 수 있을 정도로 빨리 커진다.

거품 상자도 구름 상자처럼 하전 입자의 경로를 편향시키는 큰 자석으로 둘러싸여 있어 입자의 속성을 결정할 수 있다.

거품 상자는 구름 상자보다 훨씬 더 크게 만들 수 있고 에너지가 더 큰 입자를 검출할 수 있어 입자 검출의 표준 도구로 빠르게 자리 잡았고, 글레이저는 1960년에 노벨상을 받았다.

더 잘 빠져나가는 입자들

구름 상자와 거품 상자는 작은 입자를 검출하는 문제를 해결했다. 입자가 남긴 거품 흔적은 쉽게 사진을 찍을 수 있는 크기로 커진다. 그러나 일부 입자는 쉽게 비밀을 열지 않는다. 여기서는 전하를 띠지 않은 입자와 수명이 매우 짧은 입자, 두 가지 난제를 살펴본다.

먼저 전기적 중성 입자부터 살펴보겠다. 이 입자의 문제가 보이는가? 전기적 중성 입자는 상자를 통과할 때 원자를 이온화하지 않으므로 눈에 보이는 흔적을 남기지 않는다.

하지만 이러한 입자는 더 큰 과정의 중간 단계에서 생겼다 사라진다는 점을 기억하자. 하전 입자가 중성 입자로 붕괴되고, 중성 입자가 다시 다른 하전 입자로 붕괴될 때 거품 상자에서는 눈에 띄는 간격이 있는 궤적이 나타난다. 이러한 간격을 보존 법칙에 따라 세심하게 분석하면 전기적 중성 입자의 특성을 알 수 있다. 그림 13.8에서 그 예를 볼 수 있다. 문제 11과 12에서 이 사진을 분석하여 관련된 중성 입자의 질량을 결정한다.

살펴봐야 할 또 다른 어려움은 수명이다.

10^{-7}초 동안만 존재하는 입자의 궤적을 감지할 수 있을까? 대답은 "그렇다"이며, 쉽게 할 수 있다. 고에너지 입자 실험에서 대부분의 입자는 광속에 가깝게 움직이므로 이러한 입자는 붕괴되기 전에 거품 상자를 가로질러 선명한 흔적을 남긴다(그리고 멀리 사라진다).

실제로 현대 기술과 세심한 사진 기술을 쓰면 거품 상자의 궤적을 약 10^{-6} m의 길이까지 검출할 수 있으므로 수명이 10^{-14}초 이하인 입자도 검출할 수 있다. 하지만 많은 입자의 수명은 이보다 훨씬 짧다. 이때는 상대성이 도움이 된다.

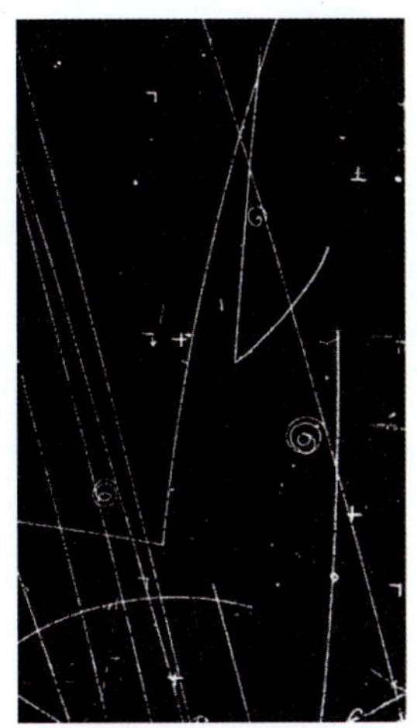

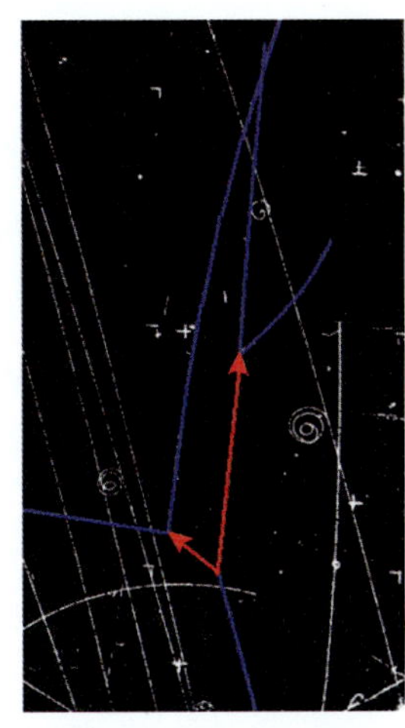

그림 13.8 왼쪽: 1957년 10월 17일에 찍은 거품 상자 사진이다. 오른쪽: 집중할 궤적은 파란색으로 강조 표시하고, 전하를 띠지 않아서 눈에 보이는 궤적을 남기지 않은 두 입자의 추론된 경로를 빨간색으로 그렸다. 출처: © 캘리포니아 대학교 로렌스 버클리 국립 연구소

능동 읽기 연습: 상대성과 거품 상자

하전 입자가 0.99995 c로 거품 상자를 지난다고 하자.

1. 실험실 틀에서 이 입자가 10^{-6}m의 궤적을 그리는 데 걸리는 시간은 얼마인가?
2. 그 입자가 궤적을 그리는 동안 자체 기준틀에서는 얼마의 시간이 흐르는가?
3. 그 입자의 수명이 두 답의 중간이라면, 검출할 수 있을 만큼 충분히 긴 궤적을 그릴 수 있는가?

이 연습의 답은 다음을 보라: www.cambridge.org/felder-modernphysics/activereadingsolutions.

입자는 매우 빨리 움직이므로 극단적인 시간 팽창을 경험하고, 따라서 (실험실 틀에서) 더 오래 지속되며 상대성 이론이 없을 때 예상하는 것보다 더 긴 궤적을 남긴다.

그러나 시간 팽창이 있어도 수명이 약 10^{-16}초 미만인 입자의 거품 상자 궤적은 감지할 수 없다. 강력 상호작용을 통해 붕괴하는 입자는 모두 제외되는데, 그렇다면 어떻게 그 많은 강입자를 모두 찾을 수 있었을까? 이 물음에 답하려면 입자 충돌을 지금까지보다 조금 더 자세히 살펴봐야 한다.

입자가 충돌할 때 나가는 입자의 속도는 에너지 보존 법칙과 운동량 보존 법칙을 따르지만, 대체로 이러한 보존 법칙만으로는 결과를 유일하게 결정할 수 없다. 이를 순전히 고전적인 용어로 생각해 볼 수 있다(문제 10). 두 당구공의 2차원 탄성 충돌은 보존 법칙에 의해 유일하게 결정된다. 2D에서 보존 법칙에서 세 방정식이 나오고 나가는 속도는 네 성분이 있으므로 가능한 결과의 분포가 있다. 어떤 결과가 나타날지는 두 공이 충돌할 때 맞닿은 곳 등 충돌의 세부 사항에 따라 달라진다.

입자 실험은 커다란 탁자에 많은 당구공을 넓게 벌려놓고 거의 같은 속도로 나란히 쏘아 탁자 너머 잘 펼쳐놓은 표적 공을 맞추는 것으로 상상할 수 있다. 당구공이 표적을 맞히면 에너지와 운동량 보존법칙에 따라 가능한 모든 결과 중 어느 정도 무작위로 분포된 최종 속도로 날아간다.

이를 염두에 두고 전자와 양성자의 고에너지 충돌을 살펴보자. 이 충돌의 가능한 결과 중 하나는 양성자가 중성자와 중간자로 대체되는 것이다:

$$e + p \rightarrow e + n + \pi^+ \tag{13.2}$$

예상대로 실험을 여러 번 반복하면 나오는 세 입자의 속도는 늘 에너지 및 운동량 보존 법칙에 맞는 광범위한 분포를 한다. 그러나 결과는 그 범위 전체에 고르게 퍼져지 않고, 그림 13.9와 같이 특정 결과가 늘 나오지는 않지만 불균형적으로 자주 나오는 뾰족 봉우리를 볼 수 있다. (그림 13.9에서 "Z 매개변수"를 그렇게 정의한 이유는 곧 설명하겠지만, 여기서 중요한 것은 이것이 나가는 입자의 에너지와 운동량을 기술한다는 점이다.)

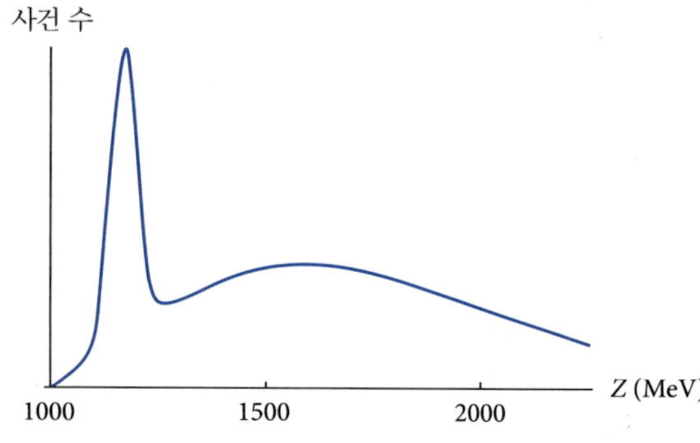

그림 13.9 매개변수 Z의 여러 값에 대해 관측된 사건 수의 도표: $Z = \sqrt{(E_{\pi^+} + E_n)^2 - |\vec{p}_{\pi^+} + \vec{p}_n|^2 c^2}$. 1200 MeV 근처에 있는 뾰족한 봉우리는 중간자와 중성자가 수명이 짧고 질량이 같은 입자에서 생겨났음을 시사한다.

충돌 이론(고전역학 또는 양자역학)에서 (13.2)에 기술한 과정이 특정 결과를 높은 빈도로 내야 한다고 시사하는 것은 아무것도 없다. 그것은 다른 과정을 가정하여 설명한다:

$$e + p \rightarrow e + \Delta^+ \rightarrow e + n + \pi^+ \tag{13.3}$$

(13.3)은 "델타 중입자"라는 새로운 입자를 가진 중간 단계를 도입한다. 이 Δ^+는 애초의 충돌에서 나오고, 짧은 시간 5.6×10^{-24}초를 채운 다음 붕괴하여 원래의 충돌에서 나올 수 있는 것과 똑같이 π^+ 및 n 입자가 된다.

그러나 이번에는—여기서 중요한 차이가 있다—이러한 최종 입자는 충돌이 아닌 단일 입자의 붕괴에서 비롯되므로 최종 에너지가 훨씬 더 일관성이 있다.

따라서 그림 13.9는 상당히 상세한 이야기를 들려준다. 이 그림은 충돌이 (13.2)의 과정을 따르는 경우가 많아 Z값이 매끄럽고 다소 종 모양인 곡선을 그리지만, 때로는 (13.3)의 과정을 따르는 경우도 있어 결과의 범위가 훨씬 더 좁아진다. 이러한 통계를 분석하면 정해진 충돌이 첫째 과정 또는 둘째 과정으로 이어질 확률을 셈할 수 있다. 또한 방금 존재를 추론한 새로운 입자의 질량(다음 능동 읽기 연습 참조) 및 평균 수명(문제 7)과 같은 속성을 결정할 수도 있다.

능동 읽기 연습: 수명이 짧은 입자 검출

실험실 틀에서 서 있는 Δ^+ 입자가 π^+와 n으로 붕괴한다. 생겨난 두 입자를 잡아 에너지와 운동량을 잰다. Δ^+ 입자의 질량을 잰 값으로 나타내는 식을 써라. 이 입자들은 상대론적 속도로 움직이므로 상대론적 공식을 써야 한다(부록 B).

나가는 입자의 에너지의 합과 운동량의 합은 각각 Δ^+의 에너지와 운동량과 같다. 상대론적 식

$E^2 = p^2c^2 + m^2c^4$을 쓰면 다음 결론을 얻는다:

$$m_{\Delta^+}c^2 = \sqrt{(E_{\pi^+} + E_n)^2 - |\vec{p}_{\pi^+} + \vec{p}_n|^2 c^2}$$

이제 그림 13.9과 같은 도표에서 왜 최종 입자—이 예에서는 파이온과 중성자—에 대한 "Z 매개변수" $\sqrt{(E_{\pi^+} + E_n)^2 - |\vec{p}_{\pi^+} + \vec{p}_n|^2 c^2}$가 가장 편리한 독립변수인지 알 수 있다.

이 실험을 한 번 하여 얻은 Z 매개변수의 값이 정확히 1200 MeV라고 해서 Δ^+ 입자가 관련되었다는 뜻은 아니다; 그 수명이 아주 짧아 그 존재를 직접 확인할 수 없다는 점에 유의하라. 그러나 특정 Z 값에서 높고 뾰족한 봉우리가 생겼다는 것은 일부 사건에 그 질량을 가진 입자가 관련되어 있음을 시사한다. 입자 물리학의 많은 발견은 많은 측정을 한 뒤 통계적으로 그 중 일부가 특정 입자—Δ^+, 힉스 입자 또는 찾고 있는 다른 입자—와 관련되었을 것이라는 결론을 내리는 과정을 거치지만, 개별 측정에 대해서는 결코 확신할 수 없다.

현대 검출기

구름 상자는 1920년대부터 1950년대까지 입자 물리학의 많은 발견의 배경이 되었으며, 거품 상자는 그 후 수십 년 동안 입자를 검출하는 주요 도구였다. 하지만 거품 상자에는 여러 가지 한계가 있어 더 이상 널리 쓰이지 않는다. 예를 들어, 거품 상자는 쓴 뒤 재사용 준비에 몇 초가 걸리는 반면 최신 검출기는 초당 수천 장의 영상을 찍을 수 있다.

"섬광 계수기(Scintillation counter)"는 고에너지 입자가 부딪히면 섬광을 낸다. "실리콘 검출기"와 "다중도선 비례 계수기(multiwire proportional counter)"는 입자가 부딪히면 전류를 생성한다. 최신 입자 검출기에 대한 자세한 설명은 길고 금방 구식이 될 수 있지만, 대체로 전자 장치를 기반으로 컴퓨터에서 쓸 수 있는 꼴의 자료를 빠르게 생성한다.

13.3.2 물음과 문제: 입자 검출

개념 물음 및 개념시험

1. 앤더슨은 구름 상자 사진에서 양전자를 발견했을 때 납판을 지나는 양전자의 운동을 살펴 사진에서 양전자가 어느 쪽으로 갔는지 알아냈다. 그의 발견을 확인하는데 그 정보가 왜 필요했는가?

2. 하전 입자가 지면에 나란히 처음에는 곧바로 위로 간다. 일정한 자기장이 지면 밖으로 튀어 나온다.

(a) 양전하를 띤 입자의 경로를 그려라. 이동 방향을 화살표로 나타내라!

(b) 음전하를 띤 입자의 경로도 그려라.

(c) 둘째 음전하를 띤 입자는 첫째 입자와 질량과 전하가 같지만 더 느리게 간다. 그 경로를 그려라. 이 경로가 앞의 경로와 어떻게 다른가?

(d) 이 문제의 중요성에 대해 이 절의 자료와 관련하여 간략히 설명하라.

3. 입자의 전하를 알면 거품 상자 속의 궤적의 곡률을 재면 입자의 운동량을 구할 수 있지만, 삼차원으로 여러 각도에서 사진을 찍을 수 있어야만 가능하다. 왜 사진 한 장으로는 이것을 알아낼 수 없을까?

4. 597쪽의 능동 읽기 연습에서 시간 팽창을 써서 입자가 비상대론적 셈이 예측하는 것보다 거품 상자에 만

드는 궤적이 더 긴 이유를 설명했다: 입자의 "붕괴 시계"가 느리게 가기 때문이다. 하지만 이 설명은 실험실 틀에서만 통한다. 입자 틀에서는 입자의 시계가 완벽하게 정상적으로 간다. (실험실의 시계는 느리게 가지만 붕괴 시간을 결정하지 않으므로 문제가 안된다.) 입자가 붕괴하지 않고 거품 상자의 한쪽 끝에서 다른 쪽 끝까지 갈 때, 입자의 기준 틀에서 이를 어떻게 설명할 수 있을까?

5. 현재 쓰는 입자 검출기 한 종류를 조사하고, 그 기능과 방법에 대해 한 문단 분량의 설명을 작성하라. 이 현대식 검출기가 구름이나 거품 상자보다 어떻게 더 나은지에 대한 설명을 넣어야 한다!

문제

6. 전하 q인 입자가 거품 상자 안에서 자기장 B에 수직 방향으로 움직인다. 입자의 운동량을 B, q, 입자의 곡선 궤도의 반지름 R로 나타내라. (거품 상자 속의 입자는 상대론적 속도로 움직이지만, 이 경우 상대론적 셈이 내는 답은 뉴턴식 셈과 같다).

7. 충돌 산물의 Z 매개변수 도표를 써서 수명이 짧은 입자의 존재를 추론할 수 있다고 했다. 예를 들어, 그림 13.9는 질량이 약 1200 MeV/c^2인 Δ^+ 입자의 존재를 시사한다. 그 그림에서 시간-에너지 불확정성 원리를 써서 Δ^+의 수명을 추정하려 한다. 그 방법을 설명하고 그림을 써서 값을 구하라.

8. 두 상대론적 입자의 운동량이 같다면, 질량이 더 큰 입자의 운동 에너지가 늘 더 작다는 것을 증명하라.

9. 앤더슨은 곡선의 방향에서 그 입자가 양전하를 띠고 있음을 알았다. 하지만 그것이 양성자일 수도 있었다. 그 입자의 운동 에너지가 납판을 통과하기에 충분하다는 사실로 때문에 그 가능성은 배제되었다. **실마리:** 이 문제는 단위를 국제 단위로 바꾸지 말고 MeV와 cm로 두면 더 쉽게 풀 수 있다.

(a) 앤더슨은 경로의 곡률을 바탕으로 입자의 운동량이 납 판에 부딪히기 전에 63 MeV/c였음을 알았다. 이 입자가 양성자였다면, 그 운동 에너지는 얼마였을까?

(b) 이 에너지의 양성자는 납을 지날 때 cm당 약 680 MeV의 운동 에너지를 잃는다. 그러한 양성자는 납 판 속에서 얼마나 멀리까지 갈 수 있을까?

앤더슨이 쓴 납 판 두께는 6mm 였다. 입자가 납판을 지나갔으므로, (앤더슨이 그랬던 것처럼) 입자가 양성자일 수 없다고 결론을 내렸어야 한다.

10. 질량 m_1인 공이 속도 $v_{1,0}$으로 가다가 처음에 서 있는 질량 m_2인 둘째 공에 탄성 충돌한다. 이 두 공의 속도는 뉴턴의 셈이 합리적일 만큼 충분히 느리다.

(a) 이 충돌이 일차원적일 때, 두 공의 최종 속도 $v_{1,f}$와 $v_{2,f}$를 정해진 양으로 나타내라.

(b) 이제 충돌이 2차원적이고 공이 각도 θ_1과 θ_2로 산란된다고 하자. 에너지 보존 법칙과 운동량 보존 법칙을 쓰고, 더 많은 정보 없이는 이 방정식을 풀 수 없는 이유를 수학적으로 설명하라.

11. 그림 13.8은 거품 상자의 사진이다. 이 사진에서 양성자가 케이온과 람다로 붕괴하고, 람다가 양성자와 파이온으로 붕괴되는 것을 보여주는 부분의 영상으로 연결되는 인터넷 웹사이트는 다음과 같다: www.cambridge.org/felder-modernphysics/figures.

이 문제에서는 람다 입자의 질량을 결정하고자 둘째 붕괴 반응인 $\Lambda^0 \to p + \pi^-$를 분석한다. 양성자의 질량은 1.7×10^{-27} kg, 파이온의 질량은 2.5×10^{-28} kg이고 전하량은 전자와 같다.

(a) 전하 q인 입자의 운동량 p는 궤적의 곡률 반지름 R과 $p = qRB$로 관련된다(문제 6). 이 실험에 쓴 자기장의 세기는 1.5 T이고 양성자 궤적의 곡률 반지름은 0.05 m이다. 양성자의 운동량의 크기를 구하라.

양성자의 궤적이 너무 곧아 곡률을 잴 수 없지만, 람다가 움직이는 방향을 알면 운동량 보존을 통해 구할 수 있다. 람다 입자가 생긴 곳에서 붕괴한 곳까지 직선을 따라 갔다고 가정할 수 있기 때문에 이를 알아낼 수 있다.

(b) 왜 람다가 직선을 따라 갔다고 가정할 수 있는가?

(c) 양성자의 초기 속도의 방향은 람다의 경로에 대해 오른쪽으로 35°였다. 양성자가 람다의 경로를

따라 곧바로 계속 간 것처럼 보이지만, 자세히 재보면 초기 경로가 왼쪽으로 0.32° 벗어난 것으로 나타났다. 양성자의 운동량의 크기를 구하라.

(d) 람다의 운동량의 크기를 구하라.

(e) 람다의 총 에너지를 구하라. 뉴턴 근사법은 여기서 맞지 않으므로 부록 B의 상대론적 방정식이 필요하다.

(f) (d)와 (e)의 결과를 써서 람다의 질량을 셈하라. 답을 MeV/c^2으로 나타내라. (답은 표에 있는 Λ^0 입자의 질량에 상당히 근접해야 한다).

12. [이 문제는 문제 11의 답을 쓴다.] 문제 11과 유사한 분석을 하여 케이온의 질량을 추정하라. 케이온의 경로에 대한 두 파이온의 경로의 각도를 재야 한다. (온라인 도표을 인쇄하면 도움이 될 수 있다.) 또한 π^+의 궤적의 곡률 반지름을 재야 한다. 그러려면 다음을 하라. 호의 두 끝을 잇는 선분을 그려라. L이 선분의 길이, s가 선분의 중간점에서 호까지의 수직 거리이면, $r = L^2/8s + s/2$이다. 셈이 끝나면 반지름을 셈한 후에는 출력물 크기에서 실제 상의 크기로 다시 맞춰야 한다.

13. 여러분은 다음과 같은 상호작용을 관찰하는 입자 실험을 많이 했다: $e + p \rightarrow e + n + \pi^+$. 단순화를 위해 방향이 같은 모든 초기 속도와 최종 속도를 쟀다고 하자. 친구인 이론가는 초기 충돌이 Δ^+를 생성한 다음 파이온와 중성자로 붕괴한 것일 수 있다고 제시한다. 여러분이 잰 파이온의 에너지는 950 MeV이다. 친구 말이 맞다면 중성자의 에너지는 얼마일까? 입자 자료를 찾아보고 상대론적 공식을 써서 답을 구하라.

14. 파이온 π^+(140 MeV/c^2)가 양성자 p(938 MeV/c^2)와 충돌하여 Σ^+(1189 MeV/c^2)와 K^+(494 MeV/c^2)를 생성한다. 최종 질량의 합은 초기 질량의 합보다 605 MeV/c^2 더 크다. 초기 질량의 합보다 크므로, 에너지 보존 법칙에 따르면 파이온의 운동 에너지는 최소 605 MeV는 되어야 한다.

(a) 왜 실제로는 그보다 훨씬 더 많은 운동 에너지를 가져야 할까?

(b) 정해진 총 운동량에 대해, 두 입자의 총 에너지가 가장 작은 것은 두 입자의 속도가 같을 때임을 증명하라.

(c) 이 반응을 일으키려면 파이온은 운동 에너지가 최소 얼마가 되어야 하는가? (이것을 반응의 "문턱 에너지"라고 한다.)

13.4 대칭성과 보존 법칙

이 절에서는 물리 이론이 가질 수 있는 두 가지 속성에 대해 설명한다.

- **보존 법칙**은 불변량을 기술한다. 예를 들어, 외부 힘이 없을 때 뉴턴 역학에서 운동량($m\vec{v}$)은 보존량이지만, 상대론에서는 보존량이 아니다. 따라서 "운동량 보존"은 어떤 물리 이론의 특성을 나타내지만 다른 이론에서는 그렇지 않다.
- **대칭성**은 계의 거동이 바뀌지 않게 유지하면서도 계를 변화시킬 수 있음을 나타낸다. 예를 들어, 사건의 시각을 t에서 $t + \Delta t$로 바꾸면 그 사건이 주변의 물체에 주는 영향은 다를 수 있다. 하지만 우주의 모든 사건의 시각을 Δt만큼 바꾸어도, 우주는 이전과 똑같이 전개된다; 우주의 법칙은 $t = 1$에서나 $t = 2$에서나 똑같다. "시간-이동 대칭성"이라는 이 속성은 알려진 모든 물리 이론에 적용된다.

1915년 독일의 수학자 뇌터(Emmy Noether)는 이 두 가지 속성의 놀라운 연관성을 증명했다. 그녀는 특정 유형의 대칭성이 있으면 보존량을 끌어낼 수 있음을 보였다. 여기서는 이 정리를 증명하지는 않겠지만 입자 물리학에서 중요한 대칭성과 그것이 시사하는 보존 법칙을 간략히 설명한다.

13.4.1 발견 연습: 대칭성

여러분은 공이 땅에 떨어졌다가 다시 튀어 오르는 동영상을 보고 있다. 하지만 그 동영상이 조작된 것으로 의심된다. 다음 각 조작에 대해 감지할 수 있는지, 있다면 어떻게 할지 설명하라.

1. 동영상이 90° 돌아 현실에서는 "아래" 방향이 동영상에서는 "오른쪽"이다.
   다음을 보라: www.cambridge.org/felder-modernphysics/checkyourself, Check Yourself #23.
2. 동영상을 거꾸로 재생하고 있다.
3. 동영상 속도가 빨라졌다.
4. 동영상의 좌우가 바뀌었다.

13.4.2 설명: 대칭성과 보존 법칙

1000개의 Λ^0 중입자를 만든다면 모두 붕괴할 것이다. 그러나 붕괴 시간도, 생성물도 다양할 것인데, 이는 초기 조건이 달라서가 아니라 양자역학적 무작위성 때문이다. 하나는 양성자와 π^- 파이온으로, 다른 하나는 중성자와 π^0 파이온으로 붕괴할 수 있으며, 그 밖에도 여러 가지 가능성이 예측 가능한 확률로 나온다. 그러나 Λ^0가 양성자와 Λ^0로 붕괴하는 것은 절대 볼 수 없다. 왜냐하면 전하 보존 법칙에 어긋나기 때문이다.

지금까지 보존 법칙을 제한 사항으로 논의해 왔으며, 이 법칙에 어긋나는 모든 사건은 금지되어 있다. 하지만 양자장 이론은 훨씬 더 강력한 주장을 한다:

> 일어날 수 있는 붕괴, 즉 모든 보존 법칙에 맞는 붕괴는 결국 일어난다.

즉, 허용되는 붕괴의 확률은 0보다 크므로 그 붕괴는 언젠가는 일어난다. 특정 붕괴가 한 번도 일어나지 않는다면 그 붕괴를 막는 보존 법칙이 있다.

예를 들어, 중성자는 양성자와 렙톤-반렙톤 쌍으로 자연 붕괴할 수 있다. 왜냐하면 고립된 중성자는 불안정하기 때문이다.

반면에 양성자는 중성자보다 가볍기 때문에 양성자는 중성자 및 다른 입자로 붕괴할 수 없다. 사실, 양성자는 만들 수 있는 가장 가벼운 중입자이므로 에너지 보존 법칙이 다른 중입자으로 붕괴하는 것을 막는다. 그리고 중입자 수 보존 법칙은 양성자가 비-중입자로 붕괴하는 것을 막는다. 따라서 양성자는 이러한 보존 법칙을 따르면서 붕괴되어 바뀔 수 있는 다른 입자가 없으므로 양성자 붕괴는 결코 측정된 적이 없다.

근사 보존법칙

전하처럼 늘 보존되는 양이 있음을 보았다. 다른 양은 특정 유형의 상호작용에서만 보존된다. 예를 들어 쿼크의 맛깔은 강력 상호작용에서는 보존되지만 약력 상호작용에서는 보존되지 않는다.

렙톤은 두 가지 유형 모두의 보존 사례를 제공한다. 총 렙톤 수(렙톤 수에서 반렙톤 수를 뺀 값)는 늘 보존된다. **특정 가족 내의** 렙톤 수는 대부분의 상호작용(뮤온이 붕괴할 때 뮤 중성미자를 생성해야 함)에서 보존되지만 중성미자 진동(뮤 중성미자가 나중에 전자 중성미자로 변할 수 있음)에서는 보존되지 않는다.

특정 양이 늘 보존되는 규칙을 "정확한" 보존 법칙, 조건부 규칙을 "근사" 보존 법칙이라고 한다. 모든 근사 보존 법칙의 배경에는 허용된 전이가 금지된 전이보다 훨씬 느리다는 시간 척도의 문제가 있다. 따라서 한 가지 맛깔의 쿼크가 다른 맛깔의 쿼크로 붕괴하는 것을 볼 수는 있지만, 이는 (상대적으로 짧은) 강력의 시간 척도가 아니라 (상대적으로 긴) 약력의 시간 척도에서 일어난다. 마찬가지로, 뮤 중성미자는 아마도 그것을 생성한 붕괴 과정이 한참 지난 후에야 전자 중성미자로 진동한다. 따라서 모든 근사 보존 법칙은 "이런-저런 시간 안에는 이런-저런 붕괴 과정을 볼 수 없다"라고 말할 수 있다.

근사 보존의 개념을 알고 나면, 알고 있다고 생각한 규칙이 의심스러워질 것이다. 어쩌면 중입자 수와 렙톤 수 보존이 알려지지 않은 매우 느린 과정에서 깨질 수도 있다. 양성자는 충분히 오래 기다리면 실제로 붕괴할지도 모른다!

사실 강약 상호작용을 하나의 힘 법칙으로 통일하는 이론은 중입자 수와 렙톤 수 보존이 깨져야 함을 시사하므로, 이 이론이 맞다면 양성자 붕괴가 가능해야 한다. 2021년 현재, 실험적 탐색에 따르면 자발적 양성자 붕괴의 하한은 10^{34}년 이상이다. 따라서 중입자 수가 근사 보존 법칙이라고 해도, 매우 좋은 보존 법칙이다.

대칭성

보존 법칙은 특정 물리 이론의 특성을 나타내는 중요한 방법이다. 물리 이론의 또 다른 중요한 특성은 "대칭성"이다. 이 절의 주요 목표는 대칭성의 개념을 설명하고 입자 물리학에서 가장 중요한 대칭성 몇 가지를 살펴보는 것이다. 하지만 결국은 되돌아가서 대칭성과 보존 법칙의 깊고 놀라운 연관성을 살펴본다.

대칭성은 감지할 수 있는 효과 없이 우주를 바꿀 수 있는 무언가이다. 예를 들어 두 우주선이 상호 작용하는 동영상을 본다고 하자. 두 우주선이 서로 밀어내고 추진기를 켠 다음 한 우주선에서 다른 우주선으로 발사체를 쏜다. 동영상 속의 운동을 주의 깊게 재고 모두 뉴턴 역학을 따르는지 확인한다. 이제 누군가 같은 동영상을 90° 돌려 보여준다. 새 동영상에서는 움직임이 모두 다른 방향으로 진행되지만 여전히 뉴턴 역학을 완벽하게 따른다. 우리는 뉴턴 물리학이 "회전 대칭"이라고 말한다.

회전 대칭은 물리학의 기본 속성이라고 생각하지만, 일상적으로 겪는 속성은 아니다. 친구과 함께 동영상을 90° 돌려 재생하면 모두 수직 벽을 따라 걷고 있기 때문에 그 변화가 분명히 드러날 것이다! 우리는 실내에서 회전 대칭이 "저절로 깨진다"고 말한다. 국소적 조건 때문에 한 방향(위아래)의 거동이 다른 두 방향의 거동과 다르다. 하지만 동영상을 충분히 축소(zoom out)하여 아주 멀리서 보는 것으로 바꾸면 여러분은 지구에 의해 화면의 측면에 고정되어 있는 것을 볼 수 있다. 뉴턴 물리학은 이 동영상에서도 여전히 성립한다.

표 13.2에 물리학에서 가장 중요한 대칭성 세 가지를 요약했다.

표 13.2 연속 대칭성

알려진 모든 물리 법칙은 다음 대칭성을 정확히 따른다.	
회전 대칭성	물리 법칙은 어느 방향에서나 같다.
병진 대칭성	물리 법칙은 어디에서나 같다.
시간-이동 대칭성	물리 법칙은 언제나 같다.

1장을 상기하면 한 가지 더 떠올릴 수 있을 것이다. 10번 문제에서 다시 상기시키겠다.

C, *P* 및 *T* 대칭성

회전, 병진, 시간-이동은 모두 "연속 대칭"으로, 얼마든지 작은 값으로 변할 수 있는 물리량에 적용된다. "이산 대칭성"도 있는데, 여기서는 표 13.3에 요약한 가장 중요한 세 가지 대칭을 설명하겠다.

표 13.3 이산 대칭성

알려진 모든 물리 법칙은 다음 이산 대칭성을 근사적으로 따른다.	
전하 공액(C)	물리 법칙은 모든 "전하"의 부호를 바꿔도 (근사적으로) 같다. 아래의 설명처럼 전하라는 말의 뜻은 보통의 뜻 보다 더 넓게 일반화한 것이다.
반전성(P)	물리 법칙은 거울 상에서도 (근사적으로) 같다
시간-반전(T)	물리 법칙은 시간을 거꾸로 흐르게 해도 (근사적으로) 같다

둘째부터 시작하겠다. 실제 우주 대신 거울에 비친 우주를 본다면 어떨까? 물리 법칙에 "반전성(parity)"—흔히 P로 나타냄—대칭성이 있다면 거울 속의 우주에서도 그 법칙이 똑같이 작용할 것이므로 변화를 알아낼 길이 없을 것이다.

셋째, 당구공 두 개의 충돌을 찍은 동영상을 순서를 뒤집어 재생하면 어떻게 보일까? "시간 반전"(T) 대칭성이 있다면 이 운동은 여전히 정상적인 충돌 법칙을 따르므로 순서가 뒤집힌 것을 알아낼 수 없다. (시간이 미래로 흐르는 것과 과거로 흐르는 것을 전혀 다르게 느끼는 것은 기본 법칙의 비대칭성에서 비롯된 것이 아니라 엔트로피의 증가에서 비롯된 것이다. 이에 대해서는 10장에서 설명했으며, 7번 문제에서 간단한 예를 들어 설명한다.)

끝으로, 입자의 양전하와 음전하를 모두 서로 맞바꾸면 어떻게 될까? 이는 생각보다 미묘한 문제이다. 다음을 생각해 보자:

- 전자의 전하는 $-e$, 렙톤 수는 1이다.
- 양전자의 전하는 $+e$, 렙톤 수는 -1이다.
- 그러나 알려진 입자 중 전하는 $-e$, 렙톤 수는 -1인 것은 없다.

(렙톤 수는 보존량이므로 어떤 붕괴는 허용되고 어떤 붕괴는 금지되므로 중요하다는 것을 기억하

라). "전하 대칭성"이 있는 다른 우주에는 셋째(존재하지 않는) 입자, 즉 전하의 부호가 반대인 것을 빼면 특성이 양전자와 똑같은 입자가 있어야 한다. 따라서 우리 우주는 전하에 대해 대칭이 아님을 알 수 있다. 같은 예는 렙톤 수에 대해서도 우주가 대칭적이 아님을 보여준다.

따라서 전하나 렙톤 수의 반전에 대해 따로따로 이야기하지 않는다. "전하 대칭성"(C)은 전하뿐만 아니라 모든 입자의 중입자 수, 렙톤 수, 색깔(청색 ↔ 반청색 등)을 포함한 모든 전하를 뒤집어도 우주가 변하지 않음을 말한다. 이러한 변환을 해도 표준 모형의 입자 목록은 바뀌지 않는다.

20세기 대부분의 기간 동안 C, P, T는 자연의 정확한 대칭이라고 믿었다. 이 세 대칭성은 대부분의 상황에서 실제로 성립하지만, 셋 모두에서 예외가 발견되었다.

치엔-슝 우와 대칭성 위반

위의 대칭성 중 깨지는 것이 처음 발견된 것은 반전성으로 1957년 치엔-슝 우(Chien-Shiung Wu)가 거울상의 중성미자는 다르게 보인다는 것을 보여줄 때였다. 아래의 능동 읽기 연습을 통해 이 실험에 대한 중요한 통찰력을 얻을 수 있다.

능동 읽기 연습: 오른손 시계

그림의 시계에서는 시계 바늘이 문자판 위에서 돌면서 오른쪽으로 가고 있다. 시계와 거울에 비친 시계를 함께 보자.

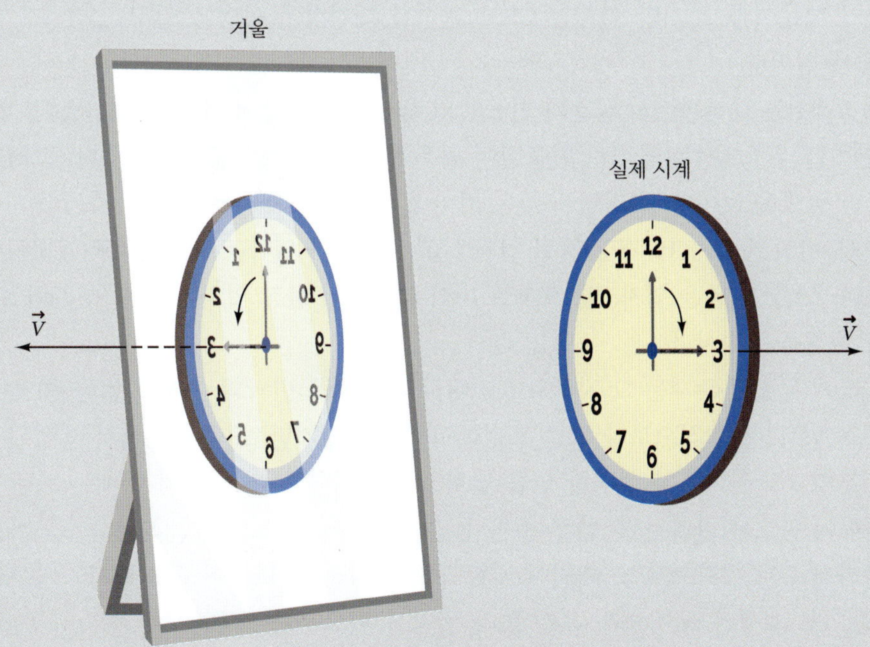

1. 실제 시계 바늘의 각 운동량 벡터의 방향은 어느 쪽인가?
2. 거울 상의 시계 바늘의 각운동량 벡터의 방향은 어느 쪽인가?
3. "오른손 시계"는 각운동량 벡터가 운동량 벡터와 평행하고, "왼손 시계"는 두 벡터가 반대 방향이다. 실제 시계와 거울 시계를 오른손 시계인지 왼손 시계인지 분류하라.

시계는 오른손 시계이고 시계의 거울 상은 왼손 시계로 판단했기 바란다. 입자도 비슷한 구분을 할 수 있는데, 입자의 스핀(시계 바늘이 아닌)이 각운동량을 제공한다. 이 중 어느 것도 반전성 대칭인 P를 위반하는 것을 의미하지는 않는다. 오른손 입자와 왼손 입자가 무작위로 퍼져있는 세계를 상상할 수 있으며, 그러한 세계는 거울 상도 같은 법칙을 따를 것이다.

그러나 우는 코발트-60의 베타 붕괴를 쟀을 때 생기는 반중성미자가 오른손으로 나오는 경향이 있음을 발견했다. 중성미자의 거동은 그 반대여서 대체로 왼손으로 나온다. 그 뒤로 많은 실험에서 약력 상호작용에서 생성되는 반중성미자와 중성미자의 손지기(handedness) 편향성이 확인되었다.

이 결과의 의미를 알겠는가? 그것은 두 가지 대칭성의 한계를 동시에 보여준다!

- 우의 코발트 붕괴 동영상을 거울을 통해 보면 왼손 반중성미자 무리를 볼 수 있다. 따라서 그 거울 속의 동영상은 직접 보는 우주의 물리 법칙을 따르지 않음을 알 수 있다. 그러므로 P는 정확한 대칭성이 아니다.
- 우의 코발트를 "반코발트"로 바꾸면(모든 입자의 전하를 바꾸면), 붕괴에서 반중성미자 대신 중성미자가 생길 것이다. 그러나 그 결과로 생기는 입자의 왼손지기에서 그 변화를 알 수 있다. 그러므로 C도 정확한 대칭성이 아니다.

C와 P가 깨질 수 있음을 안 뒤에도 대개는 CP 조합은 여전히 유효한 대칭성이라고 믿었다. 거울을 통해 본, 전하가 바뀐 우주는 애초의 우주와 똑같이 보이거나 적어도 우의 실험에서는 그렇게 보였기 때문이다. 하지만 이제는 CP도 완벽한 대칭성이 아님을 알고 있다. 그 대칭성이 깨진 것도 좋은 일이다.

14장에서는 대폭발에서 물질과 반물질의 생성을 설명할 것이다. 자세한 설명 없이도 CP 대칭성이 완벽한 우주에서는 물질과 반물질이 같은 양 생겼을 것임을 알 수 있다. 그러면 서로 소멸하여 광자만 남았을 것이다. 그러면 우주는 밝아졌겠지만 별 재미는 없었을 것이다.

대신, 반물질 입자 10^9개당 물질 입자 $(10^9 + 1)$개가 있다는 증거는 CP 대칭성이 근사적임을 보여준다. 소멸 후 남은 입자, 말 그대로 10억 분의 1의 물질 입자가 현재 우주의 모든 별과 행성 및 기타 물질을 구성한다.

따라서 물질의 존재는 그 자체로 CP 대칭성 깨짐의, 반박의 여지가 없는 증거이다.[16] CP 깨짐은 이론적으로나 실험적으로나 표준 모형에서 발견되었지만 초기 우주에서 생성된 물질과 반물질의 10억분의 1의 차이조차 설명할 만큼 강력하지 않기 때문에 물질의 존재는 표준 모형을 넘어서는 물리학이 있어야 한다는 또 다른 증거가 된다.

따라서 C는 깨지고, P도 깨지며, CP 조합도 깨진다. T는 어떻게 될까? 거꾸로 재생된 동영상은 앞으로 재생된 동영상과 같은 물리 법칙을 따르는가? 자연계에 정확한 이산 대칭성이 있을까?

그렇다. 적어도 하나의 정확한 이산 대칭성이 있는데, 그것은 T가 아니다. 모든 양자장 이론은

---

16 우주에 처음부터 물질이 조금 더 있었다고 말하여 이 문제를 풀 수 있다. 14장에서 설명할 이유 때문에, 초기 우주가 물질이나 반물질이 없는 단계를 거쳤다고 확신한다. CP-대칭성을 깨는 어떤 과정에서 물질이 반물질보다 더 많이 만들어졌을 것이다.

대칭 CPT를 따라야한다는 정리가 있다. 모든 유형의 전하를 뒤집어 동영상의 거울상을 만든 다음 시간을 거꾸로 재생하면 실제 우주에서 실제 과정을 찍은 동영상과 구별할 수 없을 정도로 똑같아 보일 것이다. 이 사실은 CP가 깨졌다는 사실과 결합하여 T 자체가 또 다른 근사 대칭성이어야 함을 뜻한다.

뇌터 정리: 대칭성과 보존 법칙

이 절에서는 보존 법칙과 대칭성이라는 두 가지 중요한 개념을 설명했다. 1915년 뇌터는 이 두 가지가 연관되어 있음을 증명했다.

> 연속 대칭성이 있으면, 뇌터 정리를 써서 대응되는 보존량을 찾을 수 있다.

예를 들어, 문제 14에서 뇌터 정리가 "뉴턴 물리학은 병진에 대해 대칭적이다"로 시작하여 "뉴턴 물리학에서 운동량은 보존된다"는 결론으로 이어짐을 보일 수 있다: 수학을 하기 전에 증명할 결과를 생각해 보자. 별 주위를 도는 행성을 상상해 보라. 행성과 항성계 전체가 대칭을 이루며 공전하고 있다. (두 x-값에 5를 더해도 아무것도 변하지 않다.) 따라서 전체 계의 운동량은 보존된다. 그러나 별의 중력장을 통해 이동하는 행성 자체는 병진에 대해 대칭이 아니다. (행성을 별에 더 가까이 이동하면 행성의 거동이 바뀐다!) 그리고 행성으로만 정의된 계의 경우 운동량이 보존되지 않는다. 따라서 이 간단한 예에서 대칭과 보존 법칙은 실제로 함께 작용한다.

뇌터 정리는 매우 일반적이다. 뉴턴의 역학, 맥스웰의 전자기장, 아인슈타인의 상대론(특수 상대론과 일반 상대론 모두) 등 모든 비양자 이론에 적용될 수 있기 때문이다. 이후 이론가들은 이를 양자역학("원래의 처방"과 양자장 이론 모두)으로 확장할 수 있었다. 요컨대, 모든 물리 이론은 뇌터 정리를 따른다.[17]

가장 유명한 세 가지 쓰임새는 위에서 설명한 세 가지 연속 대칭성이다.

- 물리 법칙이 병진 대칭이라는 사실은 운동량이 보존되어야 함을 뜻한다.
- 물리 법칙이 회전 대칭이라는 사실은 각운동량이 보존되어야 함을 뜻한다.
- 물리 법칙이 시간-이동 대칭이라는 사실은 에너지가 보존되어야 함을 뜻한다.

뇌터 정리는 원래 연속 대칭성의 관점에서 정식화되었지만, 이산 대칭성에서도 유사한 결과가 일부 입증되었다. 예를 들어, 각 입자 유형에 "반전성" 값을 줄 수 있으며, 전체 반전성은 (P 대칭을 따르는) 강력 및 전자기 상호작용에서는 보존되지만 (그렇지 않은) 약력 상호작용에서는 깨진다.

17 초급 역학을 배웠다면 라그랑지안과 작용량을 잘 알 것이다. 뇌터 정리는 작용량의 대칭성 측면에서 정식화되었으며, 이러한 모든 물리 이론은 작용량과 관련된 원리에서 끌어낼 수 있으므로 모든 물리 이론에 적용될 수 있다. 뇌터 정리를 양자장 이론으로 확장한 것이 "와드-타카하시(Ward-Takahashi) 항등식"이며, 이는 와드(John Ward)와 타카하시(Yasushi Takahashi)의 이름을 딴 것이다.

13.4.3 물음과 문제: 입자 검출

개념 물음 및 개념시험

1. 친구가 사하라 사막에서 찍은 동영상과 태평양 한가운데서 찍은 동영상을 쉽게 구별할 수 있으므로 병진이 타당한 대칭성이 아니라고 말한다. 뭐라고 대답해야할까?

2. 지금까지 우주의 물리 법칙에 적용되는 대칭성을 이야기했지만, 특정 상황에서 적용되는 대칭성도 있다. 예를 들어, 정육면체 격자 안의 전자는 주기적 전위를 느낀다.
   (a) 그 주기성은 연속 대칭성일까, 아니면 불연속 대칭성일까? 설명하라.
   (b) 입자가 자연의 보편적 대칭성이 아닌 대칭성을 느끼는 상황의 다른 예를 한 가지 이상 들어라.

3. 양성자 붕괴에 대한 실험적 탐색은 수십 년 동안 계속되었다. 그 정도 기간에 진행된 연구로 어떻게 양성자 수명에 10^{34}년이라는 하한선을 정할 수 있을까? (참고로 10^{34}년은 현재 우주 나이의 1조 배 이상이다).

4. C, P, T 대칭성을 자신의 말로 정의하라.

5. C 대칭성은 "모든 입자의 전하를 반전시키는 것"으로 정의되기도 하는데, 여기서 "전하"라는 말은 전하뿐만 아니라 색깔 전하, 중입자 수 등을 지칭하는 것으로 이해된다. 다른 문헌에서는 C 대칭성을 "모든 입자와 반입자를 맞바꾸는 것"으로 정의하는 것도 볼 수 있다. 이 두 가지 정의가 완벽하게 같지는 않은 이유를 설명하라.

6. 입자의 스핀이 운동량과 평행하면 오른손 입자, 반대이면 왼손 입자로 정의한다.
   (a) "스핀이 다른 방향을 가리키거나 운동량과 평행하지 않으면 어떻게 될까?"라는 물음에 대해 걱정하는 사람은 왜 없을까?
   (b) 이 이름들은 임의로 고른 것이 아니다. 이 두 정의는 "오른손"과 "왼손"과 어떤 관련이 있을까?

7. T를 자연의 근사 대칭성이라고 설명했지만, 거시적 세계에서는 그것이 전혀 유지되지 않는 것 같다. 두 우주선이 충돌하여 거대한 파편 구름이 되어 날아갈 수는 있지만, 거대한 파편 구름이 모여 두 우주선이 되어 서로 반대 방향으로 날아가는 것은 결코 볼 수 없다. 이와 같은 예가 있는데도 어떻게 T가 근사 대칭성이라고 말할 수 있을까? 마찬가지로, 20세기 후반까지 물리학자들은 어떻게 T가 자연의 정확한 대칭성이라고 믿을 수 있었을까?

8. 아래의 각 반응에 대해, 이 반응이 때때로 일어날 수 있는지 표시하라. 만약 그렇지 않다면, 그 이유를 한 가지 이상 대라. 각 글자는 중성자(n), 양성자(p), 전자(e), 양전자(e^+), 중성미자(ν), 파이온(π^0), 또는 반중성미자($\overline{\nu}$)를 나타낸다.
   (a) $n \to p + e + \overline{\nu}$
   (b) $n + p \to n + p + e + \overline{\nu}$
   (c) $n + n \to p + e + \nu$
   (d) $n + p \to n + e^+ + \overline{\nu}$
   (e) $n + p \to n + n + e^+ + \nu$
   (f) $n + p \to n + n + e^+ + \overline{\nu}$

9. "바보(moron)"라는 새로운 입자 m을 발견했다. 이 입자는 약 10^{-23}초 안에 $m \to p + p^- + n$의 반응을 거친다.
   (a) 이 바보는 중입자, 메손, 렙톤 어느 것인가? 어떻게 아는가?
   (b) 바보의 붕괴를 지배하는 힘은 무엇인가?
   (c) 바보의 전하는 얼마인가?
   (d) 바보의 정확한 스핀을 알아내기에는 정보가 부족하지만, 두 가지 가능성으로 좁힐 수 있다. 무엇일까?
   (e) 바보의 쿼크 함량에 대해 무엇을 말할 수 있는가?
   (f) 바보의 반입자를 "배움(lesson)"이라고 한다.[18] 이

18 알겠는가?

입자에 대해 위의 모든 물음에 답하라.

10. 병진 대칭성은 우주의 모든 입자의 위치 x를 $x + \Delta x$로 바꿔도 실험 결과는 같다는 것이다. 모든 입자의 속도 v_x를 $v_x + \Delta v_x$로 바꾸면 뉴턴 물리학에서는 대칭이지만 특수 상대론에서는 대칭이 아니다. 상대론에서 이에 해당하는 것은 무엇인가?

11. 우가 반전성 깨짐을 증명한 실험은 과학소설 작가 가드너(Martin Gardner)가 "오즈마 문제(Ozma problem)"라고 불렀던 문제에 대한 첫째 해였다: 외계 종족에게 전언을 보낸다고 상상하자. 외계인이 있는 곳도 모르고 같이 볼 수 있는 물체도 없다. 전언은 (외계인이 이해할 수 있는) 단어로 적혀 있지만 그림은 들어 있지 않다. "오른쪽"과 "왼쪽"이 어느 쪽을 뜻하는지 어떻게 알 수 있을까? 반전성 대칭성이 완벽한 우주에서는 이 문제를 풀 수 없다는 데 대체로 동의한다. 우리가 사는 우주에서 이 문제를 어떻게 풀지 설명하라.

심층 토론

12. "모든 물체를 30° 돌려도 아무것도 바뀌지 않는다"는 대칭성이 있는 우주에서 "모든 물체를 60° 돌려도 아무것도 바뀌지 않는다"고 명시할 필요는 없다: 30° 회전을 두 번 하면 60° 회전이 되므로 전자는 후자를 시사한다. 비슷한 논리로 우주의 회전 대칭성(어떤 쪽으로든 얼마든지 돌 수 있음)이 반전성(어떤 면에 대해서나 반전시킬 수 있음)를 뜻한다고 생각할 수도 있지만, 그렇지 않다. 왜 아닐까?

13. 친구가 이산 대칭 목록에 색깔을 넣어야 한다고 주장한다: "청색과 반청색 입자, 적색과 반적색 입자, 녹색과 반녹색 입자를 맞바꿔도 아무것도 바뀌지 않는다다." 여러분은 동의하지 않는다: "전하가 (2/3)이고 반청색인 쿼크 같은 것은 없다. 색을 바꾸면 전하도 바뀌야 한다." 하지만 친구는 계속 말한다: "그건 그냥 말장난일 뿐이야. 색깔만 바꾸고 다른 것은 그대로 둔다고 하자. 내가 무엇은 바꾼 것을 보여줄 수 있는 실험은 없어." 친구 말이 맞는가? 왜?

문제

14. 뉴턴 물리학에서의 뇌터 정리

뇌터 정리는 "라그랑지안", 즉 운동 에너지에서 위치 에너지를 뺀 값으로 표현할 수 있다. 2차원의 뉴턴 라그랑지안은 다음과 같이 쓸 수 있다.

$$L = \frac{1}{2}m\dot{x}^2 + \frac{1}{2}m\dot{y}^2 - U(x, y).$$

점은 시간 도함수를 나타내므로 $\dot{x}$는 dx/dt를 뜻한다. 직각 좌표는 라그랑지안을 표현하는 한 가지 방법일 뿐이며 늘 가장 편리한 것은 아니므로 v_x 대신 이 표기법을 쓴다. 좀 더 일반적으로 라그랑지안을 어떤 공간 좌표 집합으로 표현하고 그 공간 좌표 중 하나를 q라고 하자. 그러면 뇌터 정리는 다음과 같다:

라그랑지안이 $q \to q + \delta q$(q의 한없이 작은 변화)의 변환에 대해 불변이면, $\frac{\partial L}{\partial \dot{q}}\delta q$는 보존량이다.

이 문제는 이 매우 일반적인 관계가 특정 대칭성과 친숙한 보존 법칙을 어떻게 연결하는지 보여준다.

일반적으로 δq는 좌표의 함수가 될 수 있지만, 이 문제에서는 상수 변환만 살펴볼 것이므로 뇌터 정리는 $\frac{\partial L}{\partial \dot{q}}$가 보존량임을 약속한다.

(a) 병진 대칭은 라그랑지안이 상수 δx와 δy에 대한 변환 $x \to x + \delta x$와 $y \to y + \delta y$에서 불변이라고 말한다. 이 대칭성은 위치 에너지가 모든 곳에서 일정하다는 말과 같음을 보여라.

(b) (a)에서 정의한 병진 대칭성이 있으면, 뇌터 정리는 운동량 보존이 됨을 보여라. (이것은 위치 에너지가 일정한 장 속에서는, 곧 외부 힘이 없으면 운동량이 보존된다는 결론으로 이어진다—놀랍지 않다!).

(c) 이제 회전 대칭성을 살펴보자. $x = \rho\cos\phi$ 및 $y = \rho\sin\phi$의 관계를 써서 라그랑지안을 극 좌표 ρ와 ϕ로 나타내라. (극 좌표는 문자 r과 θ에 더 익숙할 수 있지만, 상관없다.) 확인을 위해, 반지름 방향과 접선 방향의 운동에 대한 운동 에너지 항으로 답을 확인할 수 있다.

(d) 원점을 중심으로 한 회전을 극 좌표 ρ와 ϕ로 나타내면 어떻게 되는가?

(e) 이러한 회전에 대해 라그랑지안이 대칭이라고 가정하고, 뇌터의 정리가 약속하는 보존량—ρ, ϕ, $\dot{\rho}$ 및 $\dot{\phi}$의 어떤 조합의 함수—을 구하라.

(f) (e)의 답이 입자의 각운동량임을 보여라.

15. [이 문제는 문제 14의 답을 쓴다.] 문제 14의 (e)를 다시 풀되, 라그랑지안을 x와 y로 나타낸다.

(a) 원점을 중심으로 $\delta\phi$ 돌 때의 변환 항 δx와 δy를 구하라. 이 항은 일정하지 않음을 알 수 있을 것이다.

(b) 이와 같이 동시에 수행되는 두 변환(x와 y)에 대칭성을 적용할 때 보존량은 두 양의 합이다: $\frac{\partial L}{\partial \dot{x}}\delta x + \frac{\partial L}{\partial \dot{y}}\delta y$. 이를 셈하여 이것을 문제 14 (e)의 답과 일치하도록 고쳐 쓸 수 있다. [다시 또 "(어떤 양)에 상수를 곱한 양이 보존된다"는 것을 알게 되면 이를 "(어떤 양)이 보존된다"로 단순화할 수 있다.]

13.5 양자장 이론

초급 고전역학 강좌는 세 가지 물음에 답한다:

1. 기본 법칙이 무엇인가?
   뉴턴 법칙. 특히 방정식 $F = ma$는 물체가 힘을 받으면 어떻게 움직이는지를 기술한다.
2. 그렇다면 힘은 무엇인가?
   중력, 전기력, 장력, 용수철 힘 등 여러 가지가 있다.
3. 물체는 무엇이며 그 속성은 무엇인가?
   로켓, 자전거 타이어, 마찰이 없는 직사각형 뭉치는 모두 특징이 명확하다. 이러한 물체를 도입할 때는 질량, 마찰 계수, 관성 모멘트와 같은 중요한 속성을 명시해야 한다.

예를 들어, 상호 작용하는 두 전자의 가속도를 고전적으로 풀려면 뉴턴 제2법칙과 쿨롱의 힘 법칙, 전자의 전하와 질량을 알아야 한다.

현대 물리학에서는 답은 바뀌지만 이 세 물음은 여전히 유용하다. 이 장에서는 지금까지 셋째 물음(입자 나열)에 초점을 맞추었으며, 둘째 물음(힘 나열)에는 약간의 공간을 할애했다. 첫째 물음인 기본 법칙에 대한 답은 현재 입자 수준에서 가장 잘 알려진 것이 "양자장 이론(quantum field theory: QFT)"이다.

13.5.1 설명: 양자장 이론

"양자역학"이라는 문구는 1900년 플랑크가 양자화된 에너지 준위를 처음 제시하면서 시작되어 1920년대에 보어, 슈뢰딩거, 하이젠베르크 등의 연구로 본격적인 발전을 이룬 일련의 개념의 집합을 기술한다. 그 뒤 수십 년 동안 더 발전된 이론인 "QFT"가 개발되었는데, 현재 입자의 거동에 대한 가장 정확한 예측 도구이고, 우주의 근본적인 지배 법칙을 설명하기 위한 최선의 시도 중 하나이다.

이 절에서는 "양자역학"을 양자장 이론 이전의 이론만을 부르는 용어로만 쓴다. (일부 문헌에서는 이 문구를 더 광범위하게 써서 두 이론을 모두 그렇게 부르며, 이전 이론은 "슈뢰딩거 역학"이라고 부르기도 한다.)

양자장 이론은 양자역학의 두 가지 빈 칸을 채운다:

1. 양자역학의 위대한 승리는 수소 원자였다. § 7.4에서 보았듯이 슈뢰딩거 방정식은 전자를 별 주위를 도는 행성과 같은 고전 입자로 보지 않고, 이산 에너지 준위와 불확실한 위치 같은 전자의 양자역학적 특성을 전자의 거동에 대한 중요한 단서로 삼는다. 하지만 그 때는 알아채지 못했을 수도 있지만, 같은 식에서 전기장은 고전적인 양으로 다룬다. 입자와 전기장을 상호 작용하는 양자 실체로 보면 양자장 이론의 영역으로 넘어간다.
2. 이 장의 대부분은 슈뢰딩거 방정식으로 서술할 수 없는 입자의 붕괴와 생성 문제를 다룬다. 원자의 전자가 상태를 바꾸고 광자를 내는 등의 과정은 양자역학적으로 셈하지만, 이러한 셈에는 양자역학에없는 것을 임시로 가정해야 한다. 양자장 이론은 이러한 변환을 이론의 필수적인 부분으로 다루며, 모든 입자 상호 작용, 즉 모든 힘을 실제로 입자가 생기고 소멸되는 것으로 기술한다.

양자장 이론은 양자역학의 원래 형식과는 달리 특수 상대론과도 양립할 수 있다. 일반 상대론과는 호환되지 않는다.

이 절의 내용은 정성적이다. 일부 QFT 셈에 대해 논의하겠지만, 이 책의 범위를 벗어난 수학을 쓰는 셈을 실제로 하지는 않는다.

경로 적분

양자장 이론을 소개하기 전에 1948년 파인만이 개발한 일반 양자역학의 규칙을 다시 한 번 설명하겠다.

가장 좋아하는 양자역학 실험인 겹 실틈을 떠올려 보라. 광자는 위치를 아는 광원에서 나와 앞벽의 두 실틈을 지난 뒤 뒷벽에 이른다. 광자가 뒷벽의 어떤 곳 x(오차 범위 Δx 이내)에 올 확률은 어떻게 셈할까?

전통적인 형식에서는 광자가 두 실틈을 동시에 지나 스스로 보강 간섭과 소멸 간섭을 하여 뒷벽에 도달하는 파동 함수를 셈한다. 뒷벽의 어떤 곳의 확률 밀도는 그 파동 함수의 크기의 제곱이다. 그 밀도에 Δx를 곱한 것이 확률이다.

파인만은 같은 문제에 대해 수학적으로 다른 접근법을 찾아냈다. 어떤 결과의 확률을 셈하려면 다음과 같이 한다:

1. **광자가 출발점에서 종점까지 가는 모든 경로를 나열한다.** 이 예에서는 경로가 각 실틈을 지나는 두 가지 경로만 있다고 볼 수 있다. 그러나 파동은 모든 곳에서 사방으로 퍼져 간다는 것을 기억하자. 따라서 광자가 뒷벽의 어떤 곳에 가기 위해 취할 수 있는 공간 궤적은 무한히 많다. 그리고 정해진 공간 궤적은 여전히 무한히 많은 경로를 나타낸다. 왜냐하면 광자는 다른 또는 다양한 에너지로 그 궤적을 따라 갈 수 있기 때문이다.

   그렇지만, 가능한 모든 경로의 집합을 기술할 수 있다. 한없이 긴 목록으로 생각하면 된다.

2. **각 경로에 대해 특정 셈을 하여 "확률 진폭"을 구한다.**
   확률 진폭은 특정 경로와 관련된 복소수이다. 이 셈에 대한 자세한 내용은 뒤에 설명한다.
3. **최종 결과가 같은 모든 경로의 확률 진폭을 더한다.** 가능한 모든 경로의 집합은 연속적이므로 이 합은 실제로는 "경로 적분"이라는 적분이다: 이것은 다른 수학적 주제이므로 생략한다. 하지만 기억할 것은 소멸 간섭을 할 수도 있으므로 0이 아닌 확률의 진폭의 합이 0이 될 수도 있다.
   최종 답의 크기의 제곱이 실험에서 그 결과를 얻을 확률이다.

자세한 수학적 설명 없이도 이 셈은 실제로는 거의 늘 불가능함을 알 수 있다! 하지만 파인만은 이 셈을 할 수 있거나 합리적인 근사치를 구할 수 있을 때 그 결과인 확률이 전통적인 슈뢰딩거 셈과 일치함을 증명했다.

따라서 파인만이 알려준 것은 동등하지만 덜 유용한 형식의 양자역학이다. 그러나 파인만의 접근 방식은 슈뢰딩거 방정식이 다룰 수 없는 문제, 즉 입자가 생기거나 소멸되는 과정까지 확장된다.

파인만 도표

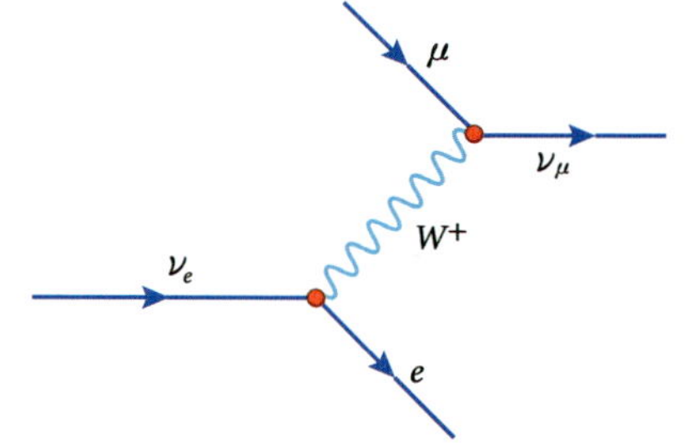

그림 13.10 전자 중성미자는 전자와 W^+ 보손으로 붕괴된다.[16] 그 다음 이 보손은 뮤온과 충돌하여 뮤 중성미자로 변한다.

파인만의 가장 중요한 공헌 중 하나는 입자 상호 작용의 시각화 도구인 "파인만 도표(Feynman diagram)"이다. 그림 13.10은 한 가지 예이다.

그림 13.10에 보인 반응은 확률은 낮지만 가능하다. 하지만 파인만 도표의 여러 중요한 특징을 간단히 보여준다. (여기서 쓰는 규칙은 일반적이지만 보편적은 아니다.)

- 직선은 물질 입자를 나타낸다.
- 물결 모양 선은 힘을 전달하는 입자를 나타낸다. 이 특정 물결 모양 선은 W^+ 보손으로 표시된다. 명패가 없는 물결선은 늘 광자를 나타낸다고 가정한다.
- 선이 만나는 꼭짓점은 상호작용을 나타낸다.
- 수평 방향은 시간을 나타내며, 왼쪽에서 오른쪽으로 흐른다. 그림 13.10에서 ν_e 상호작용의 꼭짓점은 μ 상호작용의 꼭짓점보다 더 왼쪽에 있는데, 이것은 이 상호작용이 더 일찍 일어났음을 나타낸다. 이를 통해 ν_e가 W^+를 내고 μ가 이를 흡수했음을 짐작할 수 있다.
  그렇지만, 눈금은 없다. 왼쪽에서 오른쪽으로의 순서는 사건의 순서를 나타내지만 거리는 사건 사이에 흐른 시간에 대해서는 아무 것도 말해주지 않는다.
- 수직 방향은 아무것도 나타내지 않는다. 파인만 도표을 그릴 때는 2차원 공간에 사건의 순서를 가능한 한 명확하게 표현하면 된다.

따라서 그림 13.10은 다음과 같이 읽을 수 있다:

전자 중성미자와 뮤온이 들어오고, 전자와 뮤 중성미자가 나오는 것을 관찰했다.

---

19 정확하게는 "전자 중성미자와 뮤온이 하전류(charged current) 상호작용을 한다"고 서술한다–옮긴이.

> 이 결과에 대한 한 가지 가능한 경로는 전자 중성미자가 전자와 W 보손으로 붕괴한 다음 뮤온과 W^+는 뮤 중성미자로 붕괴하는 것이다.[20]

"한 가지 가능한 경로"라는 문구를 눈여겨보라. 관련 공식을 알려주면—알려주지 않는다—이 반응의 확률 진폭을 셈할 수 있고, 똑같은 최종 결과(전자와 뮤 중성미자)로 이어질 수 있는 다른 모든 경로의 확률 진폭을 셈할 수 있다. 그 다음에는 이 확률 진폭을 더하고 크기를 제곱하면 그 결과의 확률을 얻는다.

그러나 실험실에서 이 결과를 정밀하게 보았다면, 이 특정 경로(W^+)를 따랐는지 아니면 다른 경로를 따랐는지 확인할 방법이 없다. 아주 현실적인 뜻에서 이 물음은 뜻이 없다. 그래서 여러분이 본 적도 없고, 있었을 수도, 없었을 수도 있는 보손을 "가상 입자"라고 부른다.[21]

곧 파인만 도표 해석 능력을 검사하겠다. 먼저 반물질 입자는 일반적으로 오른쪽에서 왼쪽을 가리키는 화살표로 나타낸다는 규칙 하나를 더 소개한다. 파인만은 1949년에 반물질을 시간을 거꾸로 가는 일반 물질로 해석하면 모든 예측을 제대로 할 수 있음을 보였다. (이는 § 13.4에서 설명한 CPT 대칭성에서 비롯된 것이다.) 그러나 우리는 늘 반물질 입자가 시간 축에서 앞으로 간다고 말하고, 뒤로 가는 화살표는 단순히 그것이 반물질 입자를 나타낸다는 시각적 표시로 볼 것이다.

능동 읽기 연습: 파인만 도표 읽기

아래의 두 파인만 도표는 두 개의 다른 사건 집합을 나타낸다. 두 도표 모두 실험실에서 볼 수 있는 결과, 즉 들어오는 입자와 생기는 입자는 같다. 따라서 이는 같은 반응에 대한 두 가지 다른 경로라고 부른다.

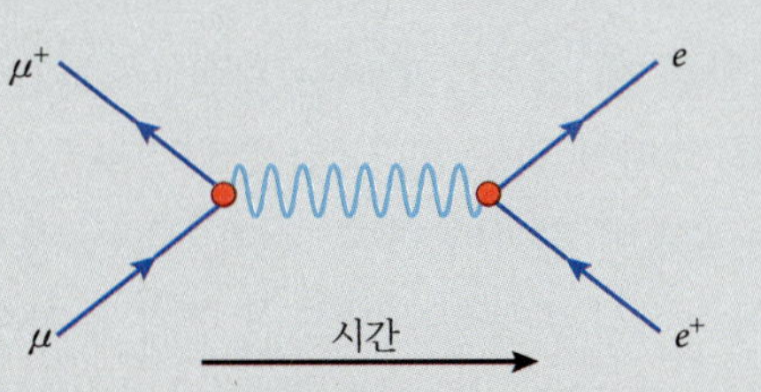

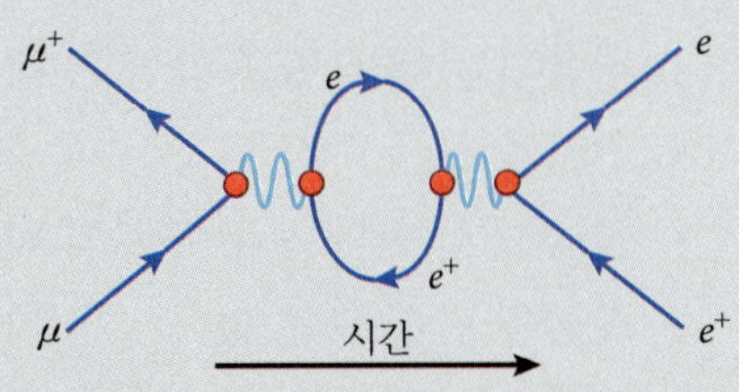

1. 이 반응에서는 어떤 입자가 들어가고, 어떤 입자가 나오는가? (시간은 늘 왼쪽에서 오른쪽으로 흐르며, 반대쪽 화살표는 반물질 입자를 나타낸다.)
2. 왼쪽 그림으로 표시된 과정을 단계별로 기술하라.
3. 오른쪽의 더 복잡한 도표로 표시된 과정을 단계별로 기술하라.

도표에서 다음 내용을 알아냈기 바란다.

1. 이 반응에는 뮤온과 반뮤온이 들어가, 전자와 양전자가 나온다.

---

20 그림 13.10의 설명과 마찬가지로 정확하지 않은 표현이다–옮긴이.

21 가상입자는 "에너지-운동량 관계식이 성립하지 않지만, 진공의 진동을 통해 아주 짧은 시간과 거리에서 생기는 입자"이다–옮긴이.

2. 왼쪽의 경로에서 뮤온과 반뮤온이 쌍소멸하고 그 에너지를 광자로 방출한다. 그 다음 이 광자는 전자와 양전자 쌍을 생성한다.
3. 오른쪽의 경로는 한 단계를 더한다. 화살표가 가리키는 대로 가운데의 고리를 시계 방향으로 따라가면 안 된다는 점을 잊지 마라. 그 대신 늘 왼쪽에서 오른쪽으로 간다. 첫째는 전자와 양전자 쌍을 생성하고, 그것은 쌍소멸하여 광자를 형성한 다음 그것이 최종 생성물을 쌍으로 생성한다.

파인만은 각 도표와 관련된 확률 진폭을 셈하는 일련의 규칙도 개발했다. 뮤온과 반뮤온이 만나면 가능한 결과 중 하나는 전자와 반전자가 생기는 것이다. 이 일이 일어날 확률을 셈하려면 능동 읽기 연습에 있는 두 도표의 확률 진폭과 이 특정 결과에 기여하는 다른 모든 도표의 확률 진폭을 더해야 한다.

양자전기역학 또는 QED

뉴턴 물리학에서는 뉴턴의 법칙을 아는 것만으로는 충분하지 않다고 말했다: 사물이 어떻게 거동할지 알려면 힘의 법칙을 알아야 한다. 마찬가지로, 파인만 도표에서 확률 진폭을 셈하는 방법을 아는 것만으로는 충분하지 않다 (이 책에서는 설명하지 않는다); 어떤 도표가 허용되는 과정을 나타내는지도 알아야 한다.

초기 입자 집합과 최종 입자 집합을 비교할 때 모든 관련 보존 법칙을 따라야 한다는 것은 이미 알고 있다. 그러나 초기 상태와 최종 상태 사이에서 진행되는 과정에는 다른 제한이 있을 수 있다. 여기서는 전자기학의 양자장 이론인 “양자 전기 역학”(quantum electrodynamics: QED)의 제약에 초점을 맞춘다:

- 허용되는 QED 도표의 모든 꼭짓점은 정확히 세 경로가 만나는 것을 나타내야 한다.
- 전자와 같은 하전 입자는 이 중 두 경로를 그려야 하고, 광자는 셋째 경로를 그려야 한다.
- 한 점에서 만나는 두 경로의 하전 입자는 유형이 같아야 한다: 전자, 뮤온, 광자가 만나는 꼭짓점을 만들 수는 없다. 그러나 이러한 목적에서 반물질은 별도의 입자 집합으로 보지 않으므로 입자 중 하나가 전자라면 다른 입자는 전자 또는 양전자 중 하나일 수 있다.

이제 허용되는 꼭짓점에 대한 규칙을 알았다. 그러나 하나의 허용되는 꼭짓점이 나타내는 허용 반응은 방향에 따라 다를 수 있다. 그림 13.11은 같은 꼭짓점을 두 번 보여준다. 첫째 예에서는—항상 왼쪽에서 오른쪽으로 읽는다는 것을 기억하라—전자가 들어가고 전자와 광자가 나간다. 즉, 전자가 광자를 방출한다. 둘째 예에서는 전자와 양전자가 쌍소멸하여 광자를 생성한다.

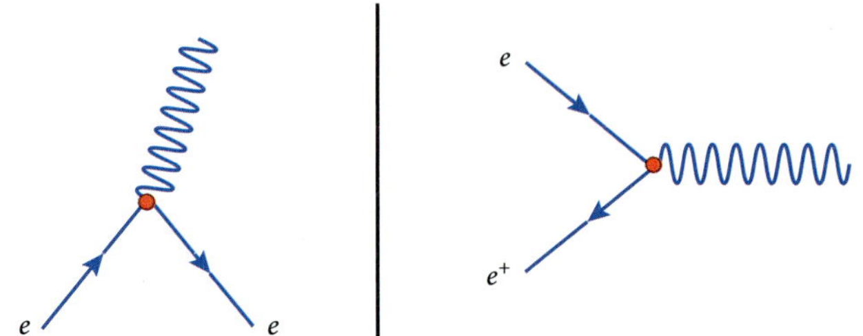

그림 13.11 같은 꼭짓점이 나타내는 반응은 방향에 따라 다를 수 있다. 왼쪽: 전자가 광자를 방출한다. 오른쪽: 전자와 양전자가 쌍소멸하여 광자를 생성한다.

능동 읽기 연습: 경로 더 만들기

613쪽의 능동 읽기 연습에서는 뮤온과 반뮤온이 충돌하여 전자와 양전자를 생성하는 과정에 대한 두 개의 파인만 도표를 보여준다. 두 도표 모두 허용된 QED 꼭짓점으로 구성된다. 동일한 과정(초기 입자와 최종 입자의 목록이 같음을 의미)에 대해 허용되는 다른 파인만 도표를 두 개 그려라.

몇 가지 가능한 답은 다음을 보라: www.cambridge.org/felder-modernphysics/activereadingsolutions

가장 중요한 착상은 입자가 광자를 방출했다가 재흡수하고, 광자가 저절로 전자-양전자 쌍을 생성한 다음 소멸하는 등의 특정 과정을 이러한 과정에 임의의 횟수만큼 넣을 수 있다는 것이다. 이렇게 넣을 때마다 최종 결과의 전체 확률에 기여하는 새로운 경로가 생긴다.

따라서 뮤온-반뮤온 충돌을 관찰하여 나오는 전자와 양전자를 잰다고 하자. 이제 이 과정에 대한 다섯 가지 파인만 도표를 제시했다(능동 읽기 연습의 답을 포함해서)—생각이 떠오르면 얼마든지 더 제시할 수 있다—그리고 어떤 도표가 실험실에서 일어난 사건을 나타내는지 물을 수 있다. 중간 단계에서 몇 개의 다른 광자 또는 입자 쌍이 나타났다가 사라졌을까?

이 물음이 합리적으로 들릴지 모르지만, 양자역학은 겹 실틈 실험에서 광자가 어느 실틈을 지났는지 묻는 것은 뜻이 없다고 하는 것처럼 양자장 이론은 그러한 물음을 허용하지 않는다. 뮤온과 반뮤온이 들어오는 것을 쟀고, 우주는 거기서 일어날 수 있는 모든 과정을 중첩시켰다가 그 결과를 측정할 때 나온 전자와 양전자로 상태를 붕괴시켰다. 그 측정 확률은 그것을 기술하는 도표의 모든 확률 진폭의 합에서 나왔다.

여러 번 말했듯이 셈은 하지 않는다. 그러나 이 시점에서 특정 반응(입력 및 출력 입자 집합)에 대해 무한히 많은 가능한 과정을 나타내는 파인만 도표도 무한히 많다는 점을 분명히 해야 한다. 어떻게 이 모든 것을 더할 수 있을까? QED에서 이러한 셈을 할 수 있게 만드는 두 가지 사실을 알려줄 수 있다:

- QED 도표의 모든 꼭짓점은 미세 구조 상수 $\alpha \approx 1/137$의 제곱근 정도의 값을 준다.
- 전체 도표의 확률 진폭을 셈하는 일의 일부는 모든 꼭짓점과 관련된 숫자를 곱하는 것이다.

이 두 가지 사실이 무엇을 뜻하는지 알겠는가? 꼭짓점이 10개인 도표는 확률 진폭이 상당히 작고, 꼭짓점이 30개인 도표은 확률 진폭이 매우 작다. 따라서 다음과 같은 이점을 얻을 수 있다. 대부분의 사건의 확률에 대해서 비교적 적은 수의 도표 집합을 셈하여 매우 정확한 답을 얻을 수 있다.[22]

참고로 입자 물리학자들이 일반적으로 따지는 것은 도표에 있는 꼭짓점의 수가 아니라 닫힌 고리의 수이다. 정해진 입자의 초기 및 최종 집합에 대해 정점을 추가하려면 닫힌 고리를 추가해야

22 여기서는 너무 단순화했다. 앞서 말했듯이 파인만 도표에서 꼭짓점의 수 n을 늘리면 그 도표의 확률 진폭은 줄어든다. 그러나 꼭짓점이 n개인 도표의 총 개수는 n에 따라 급격히 늘어난다. 이론 물리학자이자 수학자인 다이슨(Freeman Dyson)은 QED에서 확률 진폭 셈에 쓰는 급수가 수렴이 아니라 "점근" 급수임을 보였다. 도형을 무한정 더하면 결국 합이 정답을 향해 수렴하다가 발산하기 시작한다. 이 사실은 이론적으로는 흥미롭지만 실제적 영향은 없는 것으로 밝혀졌다. 도표를 실제로 셈할 수 있는 것만큼 더하면 실험값에 더 가까운 결과를 얻을 수 있다.

하고 그 반대의 경우도 마찬가지이다.

QED는 지금까지 개발된 물리학 이론 중 가장 정확하게 검증된 이론이다. 335쪽에서 전자의 자기 모멘트와 스핀 각운동량의 "자기회전" 비를 살펴본 것을 상기하자. 이 글을 쓰는 현재 QED 예측의 정확도는 10자리 이상이다.

양자색역학 또는 QCD

강력을 설명하는 양자장 이론을 양자색역학(quantum chromodynamics: QCD)이라고 한다. ["색(chromo)"은 강력 전하를 "색깔(color)"이라고 부르는 데서 왔다.] QCD의 기본 규칙은 도표를 그리고 확률 진폭을 합하는 등 QED의 규칙과 매우 유사하다. QCD 도표의 기본 꼭짓점도 쿼크는 두 개의 직선, 글루온은 하나의 물결선으로 친숙해 보인다. 이 정점은 방향에 따라 쿼크가 글루온을 방출하거나 흡수하는 모습, 또는 쿼크와 반쿼크의 쌍 생성 또는 쌍 소멸을 보여줄 수 있다.

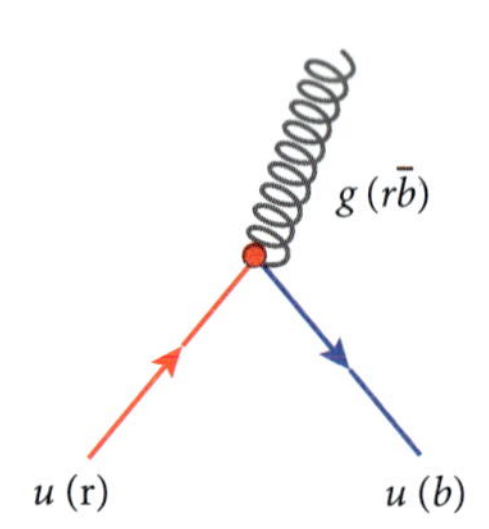

그림 13.12 위 쿼크가 글루온을 방출하면서 적색에서 청색으로 바뀌는 QCD 꼭짓점. (이 그림에서는 이 점을 설명하고자 위 쿼크에 색깔을 칠했지만, 보통 파인만 도표에는 색깔이 없다.)

그러나 이 두 가지 힘에는 중요한 차이가 있다. QED 꼭짓점은 전하를 전달하는 두 입자와, 힘을 전달하지만 전하는 없는 광자를 나타낸다. QCD 꼭짓점은 색깔을 띤 두 쿼크와 색깔을 띤 글루온을 나타낸다. 실제로 글루온마다 색깔과 반색깔이 하나씩 있다(예: $g\bar{b}$). 즉, 그림 13.12에서 보듯이 쿼크는 색깔 보존에 따라 꼭짓점에서 색깔을 바꿀 수 있다.

QED에서는 전하를 띤 입자가 광자를 방출하거나 흡수할 수 있다. 마찬가지로, QCD에서는 색깔을 띤 입자가 글루온을 방출하거나 흡수할 수 있다. 그러나 글루온도 색깔을 띤 입자이므로 글루온을 방출하고 흡수할 수 있다. 즉, 쿼크는 없고 글루온만 있는 QCD 꼭짓점도 있을 수 있다. 원리적으로 글루온으로만 구성된 결합 입자가 있어야 하지만, 이 글을 쓰는 현재로서는 그러한 "글루온 공(glue-ball)"은 실험적으로 검출되지 않았다.

QED와 QCD의 또 다른 중요한 차이점은 상호 작용의 세기이다. 도표에 꼭짓점을 추가할 때마다 확률 진폭이 약 $\sqrt{\alpha}$배씩 줄고, α는 매우 작은 수이므로 상대적으로 적은 수의 도표로도 높은 정확도로 QED 확률을 셈할 수 있다. QCD에서 해당 숫자는 크기 정도가 1이므로 그 방법이 통하지 않는다. (테일러 급수와 마찬가지로 파인만 도표의 전개식은 아무리 많은 항을 넣어도 정확한 값에 접근하지 못할 때가 있다.)

QFT에서의 힘

뉴턴은 힘을 두 물체의 직접적인 장거리 상호작용으로 보았다. 뒤에 우리는 힘을 장이 매개하는 것으로 보는 방법을 배웠다. 즉, 전자가 전기장을 만들고, 그 전기장이 다른 전자에 힘을 준다. 양자역학에서는 이러한 장 자체가 양자화되어, 즉 이산 입자로 구성되어 있어 첫째 전자가 광자의 바다를 방출하고 그 광자가 둘째 전자와 상호 작용한다고 말할 수 있다.

그러나 양자역학에는 입자가 다른 입자를 방출하고 흡수하는 것을 체계적으로 기술하는 모형이 없다. 양자장 이론은 바로 그 모형을 제공하며, 실제로 앞서 말했듯이 이러한 과정은 힘에 대한 모든 QFT 서술의 기초가 된다. 다시 말해, 상호 작용이 상대적으로 약하고 불확실성이 작은 고전적 한계에서는 이러한 입자 상호 작용의 최종 결과가 고전적 힘으로 나타남을 보일 수 있다.

파인만 도표는 이러한 힘을 셈할 때 쓸 수 있는 강력한 도구이며, 기본 과정을 직관적으로 파악할 때 유용하다. 하지만 다음 연습에서 알 수 있듯이 이 직관적인 그림을 고전적인 방식으로 해석할 때는 조심해야 한다.

능동 읽기 연습: 입자 교환으로서의 힘

아래 파인만 도표에는 두 꼭짓점이 있는데, 둘 다 위에서 설명한 QED 규칙을 따른다. 이 도표는 "산란" 과정을 설명하는데, 이는 시작하는 입자 집합과 끝나는 입자 집합이 같다. 왼쪽에서 오른쪽으로 흐르는 시간을 따라가면 "입자 A가 광자와 상호작용하는" 사건이 입자 B의 유사한 사건보다 먼저 일어나므로, 이 도표를 입자 A가 방출한 광자를 입자 B가 흡수했다고 읽을 수 있다.

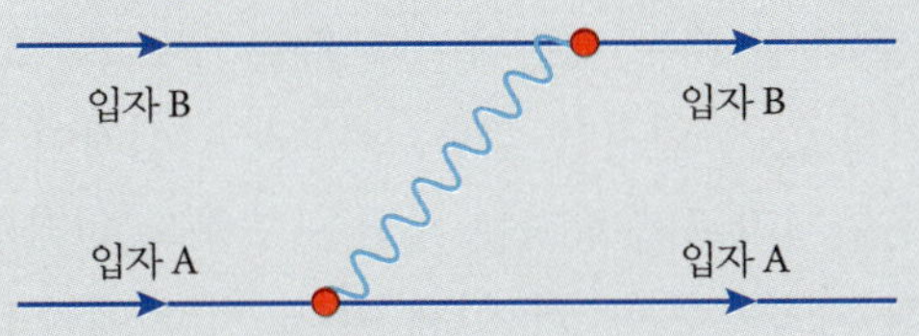

고전적 운동량 보존 법칙에 따르면 이 상호 작용은 …

A. 두 입자가 서로 당겨 가속하는가?
B. 두 입자가 서로 밀어 가속하는가?
C. 하나는 당기고 다른 하나는 미는가?

답을 간단히 설명하라.

힘은 반발력이라는 결론을 내렸기를 바란다. 입자 A가 광자를 방출하면 반동하고, 입자 B가 그 광자를 흡수하면 다시 밀려난다. 두 입자가 서로 밀려나므로 총 운동량은 보존된다.

원했던 답은 "서로 멀어진다"인데, 그 까닭은 고전적으로 합리적인 답이기 때문이다. 그러나 실제로는 이것이 전부는 아니다. QFT는 이와 같은 상호작용을 써서 인력과 반발력을 포함한 모든 힘을 기술한다. 광자 교환이 어떻게 인력을 만들 수 있을까?

일부 문헌에서는 교환 입자(광자)를 양쪽을 끌어당기는 용수철로 나타내거나, 뒤로 던져도 한 바퀴 돌아 되돌아오는 부메랑으로 표현하는 등 정교한 그림으로 이 물음에 답하기도 한다. 그 그림이 재미는 있지만, 기술하는 물리학은 실제 QFT 셈과는 거의 관련이 없다.

참된 답은 파인만 도표를 고전적 입자 궤적의 집합으로 해석할 수 없다는 것이다. 각 도표는 하나의 가능한 입자 교환 집합을 나타내며, 최종 확률은 이러한 모든 집합의 수학적 간섭에 따라 달라진다. 직선과 곡선은 입자를 나타내지만, 입자의 물리적 여정을 나타내지는 않는다. 따라서 운동 방정식을 따를 필요가 없으며, 심지어 에너지와 운동량을 관련시키는 상대론적 공식과 같은 방정식을 어길 수도 있다.

이러한 셈을 직관적으로 설명하는 그림이나 설명은 찾지 못했지만, 수학은 제대로 작동한다. 두 반대 전하의 경우, 반발력의 확률 진폭은 소멸 간섭하고 인력의 확률 진폭은 보강 간섭하여 최종 결과는 인력으로 나타난다.

가상 입자

파인만 도표에서 생성되고 소멸되는 수명이 짧은 입자를 "가상 입자"라고 부르는 반면, 실험의 시작과 끝에서 실제로 검출되는 입자를 "실제 입자"라고 부른다.[23]

물리학자들은 종종 실제 입자와 가상 입자를 명확히 가르는 선이 있는 것처럼 말하지만, 그 구별이 애매한 경우도 있다. 초신성에서 양전자와 전자가 소멸하여 광자를 방출하고 그 광자 중 하나가 수백만 년을 날아 지구에 와서 대기에 부딪혀 전자와 양전자를 쌍을 생성한 것을 검출한다면, 그 광자를 가상 입자라고 부르는 것은 조금 이상하다. 그 광자가 초신성에서 지구로 왔다는 것을 알고, 그것이 언제 생겼는지, 에너지가 얼마인지, 언제 소멸되었는지도 안다. 따라서 우리의 간접 측정은 광자 자체를 직접 재는 것만큼이나 확실하다. (§ 13.3에서는 선행 입자와 후행 입자를 기반으로 흔적을 남기지 않은 입자를 검출, 분석하고 심지어 발견하는 방법을 설명했다. 이렇게 발견된 입자가 실제가 아니라고 주장하는 사람은 아무도 없다!)

실제로 입자는 오래 지속될수록 "더 실제"이다. 시간-에너지 불확정성 원리에 따르면 10^{-25}초 사이에 생겼다 사라지는 입자는 에너지가 잘 정의되지 않지만, 백만 년 동안 지속되는 입자는 에너지가 잘 정의된다.

따라서 입자가 빠르게 생겼다 사라지는 실험의 경우, 측정값으로는 해당 입자의 특성이나 어떤 유형의 입자가 관련되어 있는지 알 수 없으며, 이러한 입자를 가상 입자라고 부른다. 초신성의 예에서, 이 과정이 아주 오래 걸리기 때문에 초기 순간과 마지막 순간 사이에 무슨 일이 일어났는지 불확실성이 거의 없으며, 모든 의도와 목적에서 지구에 충돌한 입자가 참된 광자라고 말할 수 있다.[24]

---

23 수명이 짧지만 에너지-운동량 관계식을 만족하는 실제 입자도 중간 과정에서 생성되고 붕괴될 수 있다 2012년 LHC에서 발견된 힉스 입자가 그 예이다–옮긴이.

24 마찬가지로 가상의 토끼라도 측정되면 실제 토끼가 되고, 그 뒤로는 늘 실제 토끼이다.

13.5.2 물음: 양자장 이론

개념 물음 및 개념시험

1. 612쪽 그림 13.10의 파인만 도표는 다음과 같이 기술할 수 있다: "전자 중성미자와 뮤온이 들어와, 전자 중성미자는 W^+를 방출하고 전자로 변한다; 뮤온은 그 W^+를 흡수하여 뮤 중성미자로 변한다." 그림 13.13의 각 파인만 도표에 대해 비슷한 이야기를 말하라.

2. 그림 13.14는 다섯 개의 서로 다른 파인만 도표로, 각 도표는 고유한 확률 진폭이 있다. 확률을 셈할 때 이 중 어떤 확률 진폭을 더하는 것이 합리적이며, 어떤 사건에 대한 확률을 셈하는가?

3. 다음 5단계 과정을 보여주는 파인만 도표를 그려라:

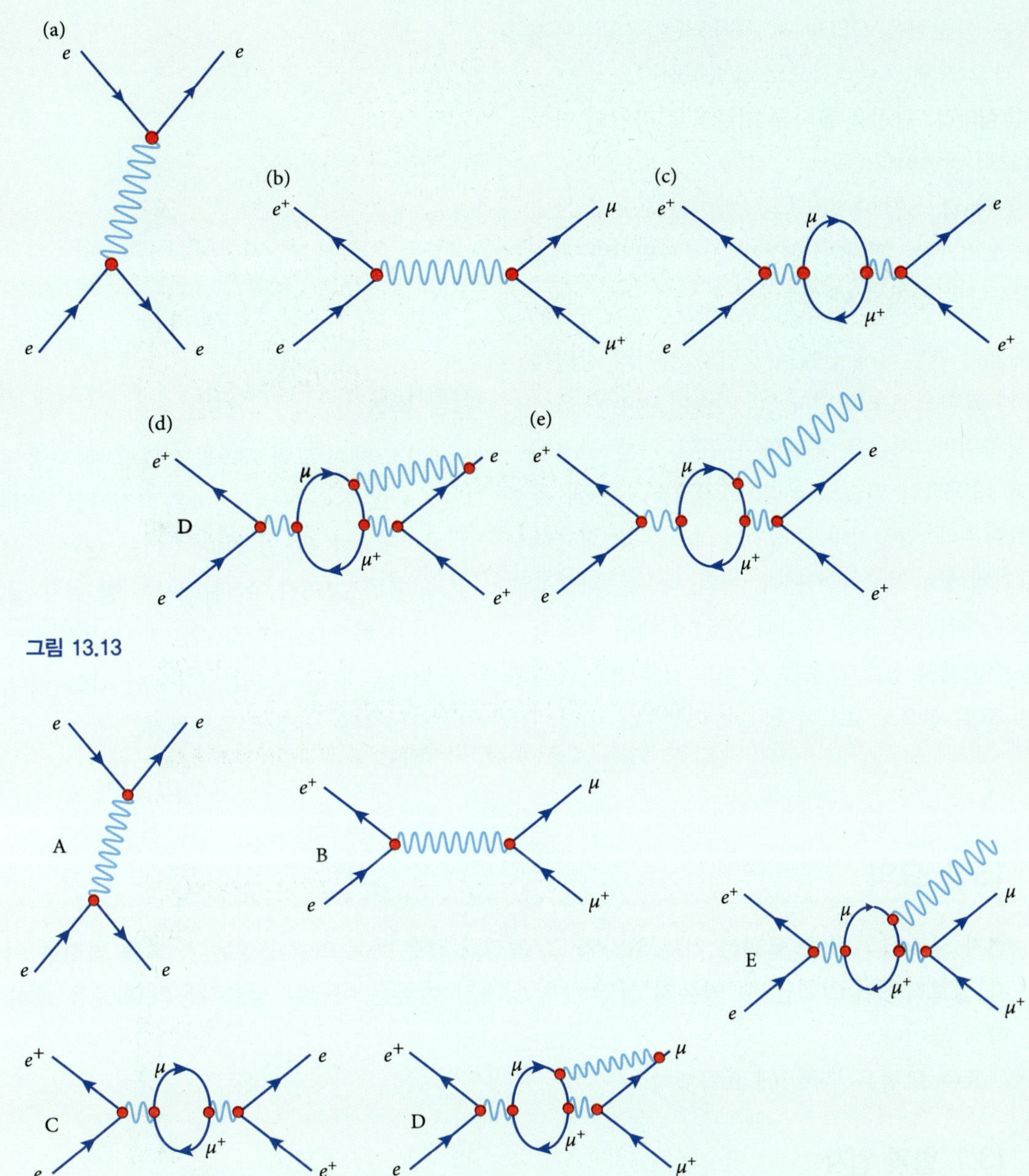

그림 13.13

그림 13.14

전자와 뮤온이 들어와, 뮤온이 광자를 방출하고, 그 광자가 전자-양전자 쌍을 생성하고, 이 쌍이 소멸하면서 또 다른 광자를 방출한다. 그 광자는 원래의 전자에 흡수된다.

4. 그림 13.11(614쪽)은 해석이 다른 두 가지 가능한 방향의 QED 꼭짓점 보여준다.

(a) 오른쪽 그림은 물결선이 완벽하게 수평이지만, 왼쪽 그림은 완벽하게 수직이 아니다. 왜 그럴까?

(b) 같은 꼭짓점을 각각 180°씩 돌려 다른 두 방향으로 그리고, 이 두 새로운 꼭짓점이 무엇을 나타내는지 간단히 설명하라.

5. 파인만 도표을 위아래를 뒤집었다고 하자 (회전이 아닌 거울상). 새로운 도표에 기술된 사건의 집합이 애초의 도표에 기술된 사건의 집합과 어떻게 다른가?

6. "두 전자가 서로 산란하는" 과정에 대한 파인만 도표를 네 개 그려라.

7. 그림 13.11(614쪽)의 오른쪽의 전자-양전자 소멸을

나타내는 꼭짓점은 QED에서 허용되는 꼭짓점이지만, 이 과정 자체는 물리적으로 불가능하다.

(a) 왜? **실마리:** 관점을 올바른 기준틀로 바꾸면 답이 비교적 간단하다.

(b) 허용된 쌍 소멸 과정에 대한 파인만 도표를 그려라. 초기 계는 전자와 양전자로 구성되지만 최종 계는 단일 광자가 아니다.

8. 쿼크 이론이 개발되기 전에는 강입자 사이의 강력을 파이온의 교환으로 기술했다. 그 기술이 여전히 옳다고 생각하지만, 지금은 쿼크와 관련된 기본 과정에 대한 더 대략적인 기술로 본다. 그림 13.15는 핵 과정을 보여준다. 양성자와 중성자가 파이온을 교환하고, 그 과정에서 정체가 바뀐다. 이와 똑같은 과정을 기술하는 파인만 도표를 그리되, 강입자 대신 쿼크와 글루온 수준에서 상호 작용을 보여라. 글루온을 다음과 같이 코일 선으로 표시한다:

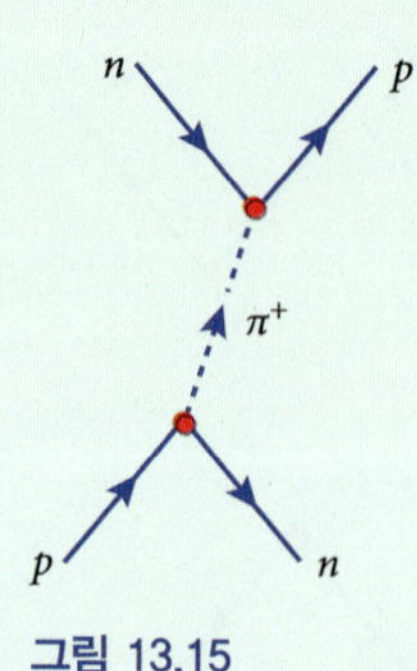

그림 13.15

심층 토론

9. § 13.3에서 그림 13.9를 설명할 때, 다음 과정 $e + p \to e + \Delta^+ \to e + \pi^+ + n$은 직접적인 과정 $e + p \to e + \pi^+ + n$이 잴 수 있는 차이를 낸다는 사실에 바탕을 두었다. 그러나, 이 절에서는 한 입자 집합이 다른 입자 집합으로 변환될 때, 그 사이에 어떤 입자가 생성되었는지 알 수 있는 유일한 답이 없다고 주장했다. 이 모순을 어떻게 풀겠는가?

13장 요약

입자 물리학의 표준 모형은 기본 입자와 그 속성의 작은 목록으로 구성된다. 보존 법칙은 어떤 입자 상호작용이 일어날 수 있는지 설명하며, 양자장 이론은 이러한 상호작용의 확률을 셈하는 수학적 틀이다.

표준 모형은 부록 J에 요약했다.

13.1 힘과 입자

이 절에서는 쿼크와 표준 모형이 도입되기 전의 입자와 힘의 분류를 설명한다.

- 입자 분류에서 중요한 한 가지는 힘에 대한 반응에 따르는 것이다. (예를 들어, "전하"라는 속성은 전자기력에 대한 입자의 반응을 설명한다.) 따라서 입자를 늘어놓기 전에 힘에 대한 양자역학적 개념을 이해하는 것이 중요하다.
- 양자역학에서 힘은 입자에 가속도를 주는 고전적인 효과뿐 아니라 다른 효과를 줄 수 있다. 특히 입자가 다른 유형의 입자로 붕괴하는 것도 힘에 대한 반응이다.
- 중력, 전자기력, 강력, 약력 등 네 가지 기본 힘은 대체로 서로 다른 효과를 주고, 서로 다른 입자 집합에 작용하며, 서로 다른 시간 틀에서 서로 다른 거리에 걸쳐 작용한다. 이들의 기본 속성은 부록 J의 표에 요약했다.
- 관측되는 모든 물질 입자는 강력을 받는 강입자와 받지 않은 렙톤으로 나뉜다. 강입자는 다시 중간자(정수 스핀)과 중입자(반홀수 스핀)으로 나뉜다.

- 모든 입자에는 속성은 같지만 전하는 반대인 반입자가 있다.
- 이 절에서는 이 시대에 입자가 어떻게 발견되었는지를 보여주는 예로서 케이온에 대한 논의와 붕괴 패턴을 설명하기 위해 발명된 보존량(이 경우 "기묘도")의 종류를 설명한다.
- 겉보기에는 무작위로 보이는 수백 개의 기본 입자가 발견되면서 이론가들은 근본적인 구조가 있을 것이라고 믿게 되었다.

13.2 표준 모형

표준모형은 강입자의 구성 요소로 쿼크를 도입하여 "입자 동물원"의 혼돈을 기본 입자의 간결한 목록으로 정리했다. 이 작은 목록의 입자가 어떻게 상호 작용하고 결합하는지 이해하면 훨씬 더 큰 중간자와 중입자의 목록과 그 특성을 예측할 수 있다. 표준 모형은 부록 J에 있다.

- 쿼크에는 위, 아래, 맵시, 기묘도, 꼭대기, 바닥 등 여섯 가지 "맛깔"이 있다. 각 맛깔에는 청색, 녹색 또는 적색의 세 가지 "색깔"이 있다. 각 쿼크에는 전하가 반대이고 색깔도 반대(반청, 반녹, 반적)인 반쿼크도 있다.
- 렙톤도 여섯 가지가 있다: 각각 전하 $-e$를 띤 전자, 뮤온, 타우 입자와 그에 대응되는 (전하가 없는) 중성미자가 있다. 렙톤도 저마다 반입자가 있다.
- 세 쿼크(각 색깔 하나씩)는 중입자를 만든다. 두 쿼크(한 색깔과 그 반색깔)는 중간자를 만든다. 강입자의 쿼크 구성을 알면 그 전하를 예측할 수 있을 뿐 아니라 기묘도와 같은 더 이색적인 보존량도 예측할 수 있지만 질량은 예측할 수 없다.
- 쿼크는 혼자는 결코 관찰되지 않으며 강입자를 이루는 색깔-균형 조합으로만 관찰된다.
- 표준 모형에는 쿼크와 렙톤 외에도 "힘을 전하는" 입자도 있다. 예를 들어, 두 입자의 전자기력은 광자가 전해준다.
- 표준 모형의 마지막 조각은 힉스 입자로서, 다른 입자의 질량을 맡는다.

표준 모형은 많은 입자들이 발견되기도 전에 그 존재와 특성을 예측했다. 이후 그러한 입자들이 발견되자 과학자들은 이 모형이 맞다고 확신하게 되었다. 동시에 암흑 물질과 암흑 에너지(14장)와 같이 표준 모형 이상의 설명이 필요한 현상들도 알려져 있다.

13.3 입자 검출

이 절에서는 20세기 대부분 동안 대체로 너무 작고, 너무 빠르고, 너무 수명이 짧아 보이지 않던 입자를 검출하는 데 썼던 기술을 간단히 설명한다.

- "구름 상자"는 과포화 증기로 차 있다. 이 상자를 지나는 하전 입자는 그 경로에 있는 원자를 이온화하여 물방울 흔적을 남겨, 사진을 찍을 수 있게 한다. 이후 기술인 "거품 상자"는 증기를 액체 매질로 대체한다.
- 전기적 중성인 입자는 흔적을 남기지 않지만, 그 앞뒤로 오는 하전 입자의 경로를 통해 그 특성을 유추할 수 있다.
- 붕괴 시간이 너무 짧아, 보이는 흔적을 남기지 않는 입자는 붕괴하여 생긴 입자를 바탕으로 그 특성을 유추할 수 있다.

거품 상자는 구름 상자보다 훨씬 개선되었다. 두 기술 모두 입자를 더 빨리 감지하고 자료를 컴퓨터에 직접 입력하는 최신 검출기로 대체되었다.

13.4 대칭성과 보존 법칙

모든 물리 이론의 한 가지 속성은 "보존 법칙"으로, 모든 상황 또는 어떤 상황에서 무엇이 불변량인지 알려준다. 모든 물리 이론의 또 다른 속성은 "대칭성", 즉 계를 바꾸어도 어떤 거동은 바뀌지 않는다는 것이다. "뇌터 정리"는 이 두 가지 속성이 놀랍게도 매우 일반적으로 연관되어 있음을 보여준다.

- 표준 모형에서 어떤 물리량은 "정확히" 보존된다. 즉, 늘 보존된다. 현재 우리가 아는 한 정확히 보존되는 양은 에너지, 운동량, 각운동량, 전하, 중입자 수(중입자 수에서 반중입자 수를 뺀 수), 렙톤 수(렙톤 수에서 반렙톤 수를 뺀 수)이다.
- 어떤 물리량은 "근사적으로" 보존된다; 이 양은 특정 상황에서만 보존된다. 예를 들어, 맵시(맵시 쿼크의 수에서 맵시 반쿼크의 수를 뺀 값)는 강력 상호작용에서는 보존되지만, (훨씬 느린) 약력 상호작용에서는 보존되지 않을 수 있다. 나머지 다섯 가지 쿼크 맛깔에도 같은 규칙이 적용된다.
- 보존 법칙을 따르는 모든 상호작용은 발생할 확률이 0이 아니다.
- 입자 상호작용을 30° 기울여 찍은 동영상을 본다면, 그 상호작용은 기울이지 않고 찍은 동영상과 똑같은 물리 법칙을 따를 것이다. 이것을 물리 법칙이 "회전에 대해 대칭"이라고 말한다. 다른 정확하고 연속적인 대칭성으로는 공간 병진에 대한 대칭성과 시간 이동에 대한 대칭성이 있다.
- 이산 대칭성 "C"는 모든 입자의 전하의 부호를 바꿔도(양전하를 음전하로, 청색을 반청색으로 바꾸는 등) 우주는 변하지 않는다고 말한다. 이산 대칭성 "P"와 "T"는 각각 거울에 비춰보면 물리 법칙이 똑같이 보인다는 것(반전성)과 시간의 흐름을 뒤집어도 물리 법칙이 똑같이 작용한다는 것을 뜻한다. 세 가지 대칭성 모두 모든 상황은 아니지만 대부분의 상황에서 적용된다.
- CPT 대칭성은 전하와 반전성, 시간을 바꾼 우주를 우리가 있는 우주와 구별할 수 없을 것이라고 말한다. 이 대칭성은 정확하다고 믿는다.
- 뇌터 정리에 따르면 이론의 모든 연속 대칭성은 관련된 보존 법칙이 있음을 뜻한다. 이후 연구에서는 불연속 대칭성 일부도 같은 형태를 보인다는 것을 확인하였다.

13.5 양자장 이론

양자장 이론은 앞 장에서 설명한 양자역학을 일반화한 이론이다. 양자장 이론에서는 모든 힘을 입자 상호 작용과 붕괴로 기술한다.

- 물리적 과정은 "파인만 도표"로 시각화할 수 있으며, 최종 상태와 초기 상태 사이에서 발생하는 입자 상호작용의 집합을 보여준다.
- 파인만 도표에는 광자가 방출되었다가 재흡수되거나 물질-반물질 입자 쌍이 생성되고 소멸

되는 등 많은 중간 반응이 들어갈 수 있다. 이러한 중간 단계의 “가상 입자”는 검출되지는 않지만 최종 결과의 전체 확률에 기여한다.

- 파인만 도표는 사건의 순서를 (왼쪽에서 오른쪽으로) 보여주지만, 사건 사이의 공간적 경로나 경과 시간은 보여주지 않는다.
- 파인만 도표는 “확률 진폭”이라는 복소수와 연관되어 있다. 최종 결과의 확률을 구하려면 해당 결과에 이르는 모든 가능한 경로의 확률 진폭을 더하면 된다. (이러한 확률 진폭은 보강 또는 소멸 간섭할 수 있다.) 최종 합의 진폭의 제곱이 확률이다.
- “전자와 양성자가 서로 끌어당긴다” 또는 “전자와 양전자가 소멸되어 뮤온과 반뮤온이 생긴다”와 같은 입자 상호작용에 대한 전통적인 설명은 양자장 이론에서는 무한히 많은 입자 상호작용의 보강 및 소멸 간섭의 결과로 설명된다. 실험으로 검증한 결과, 양자장 이론의 예측은 현재 알려진 그 어떤 물리 이론보다 정확하다.

14
우주론
Cosmology

이 책의 많은 부분은 원자에서 핵을 거쳐 기본 입자로 크기를 점점 줄여가며 초점을 맞추었다. 우주론은 그 반대 쪽 극단으로서 우주의 전반적 구조와 역사를 살펴본다. 이 장은 우주론의 대폭발 모형, 그것이 우주의 역사에 대해 설명하는 것과 하지 않는 것, 그리고 그 모형의 몇 가지 증거를 소개한다. 그 다음에는 대폭발 모형으로 설명되지 않는 몇 가지 문제와 그 중 일부를 대폭발 후 1초 안에 "급팽창(inflation)"이라는 사건으로 풀어내는 방법을 설명한다.

14.1 우주의 역사

이 절에서는 "우주가 팽창하고 있다"는 말의 뜻과 대폭발이 무엇인지를 설명한다. (둘 다 대부분의 사람의 생각과는 조금 다르다.) 그런 다음 대폭발 이후의 우주의 시간적 전개를 제시한다.

우주론을 넓게 살펴 본 뒤 끝내고 싶으면 이 절을 읽은 뒤 마무리할 수 있다. 그러나 계속 읽어가면 많은 의문과 문제가 나오는데, 그에 관해서는 이 장의 뒷부분에서 자세히 살펴본다.

14.1.1 설명: 우주의 역사

먼저 우주에 무엇이 있는지 그리고 그 규모를 상상할 수 있게 몇 가지 심상을 제공하겠다.

애덤스(Douglas Adams)는 다음과 같은 유명한 말을 했다. "우주는 크다. 참으로 크다. 그 크기가 얼마나 엄청난지 믿을 수 없을 것이다. 약국이 멀다고 생각할 수도 있지만, 그것은 우주에 비하면 단지 깨알일 뿐이다."[1]

우주와 관련된 크기를 헤아리려면 지구의 크기가 1 mm(얼추 모래 알갱이)라고 상상하자.

- 태양의 지름은 11 cm로 야구공보다 조금 더 크다.
- 태양과 지구는 약 12 m 떨어져 있으므로 모래알과 야구공이 버스의 앞과 뒤에 붙어 있는 것을 상상하면 된다.
- 태양계의 맨 바깥쪽 행성(해왕성)은 태양에서 약 350 m 떨어져 있을 것이다. 태양을 땅에 두

1 애덤스의 공상 과학 소설 The Hitchhiker's Guide to the Galaxy(은하수를 여행하는 히치하이커를 위한 안내서)에 나오는 문장–옮긴이.

고 그 위에 버스 한 대를 세워 지구를 그 위에 두면 해왕성은 롯데 타워의 약 2/3 높이에 떠 있을 것이다.

- 태양계가 서울 롯데 타워에 있다면, 다음 태양계는 태국의 방콕 정도 떨어져 있으며, 터키의 이스탄불 보다 더 가까운 곳에 있는 다른 태양계는 둘 뿐일 것이다. 은하계는 대부분이 상상하는 것보다 훨씬 더 텅 비어 있다!
- 은하계는 지구에서 태양까지의 중간쯤에 이를 것이고, 수십억 개의 태양계와 닮은 행성계로 차 있는데, 각각의 폭은 롯데 타워의 폭의 2.5배이고 간격은 수천 km이다. 이것을 상상할 때 행성계는 저마다 종종 모래알 크기의 행성으로 둘러싸인 야구공 크기의 별임을 기억하라.
- 은하계와 가장 가까운 다른 큰 은하인 안드로메다는 토성 너머 어딘가에 떠있을 것이다. 이 축척 모형에서 관측 가능한 우주의 반경은 거의 우리에게서 다음 태양계까지 뻗어 있을 것이다. 은하계와 안드로메다가 롯데 타워의 반대편 끝에 있게 규모를 줄이면 관측 가능한 우주는 지구 대부분을 포함할 것이다.

이제 우주의 대략적인 모양을 어느 정도 알았으니, 시간이 가면서 우주가 어떻게 변했는지를 살펴보자.

팽창하는 우주

우주의 역사를 어디에서 시작해야 할까? 이 물음에 대한 답은 누구나 알고 있다. 부피가 0이고 밀도가 무한한 곳에 우주가 처음 있게 된 순간인 대폭발(Big Bang)에서 시작한다. 그러나 자주 벌어지는 일처럼 "누구나 아는" 이것은 맞지 않다. 이 우주가 꼭 대폭발의 순간부터 있게 된 것도 아니고, 대폭발이라고 부르는 순간의 우주의 부피가 0이거나 밀도가 무한하지도 않았다.

대폭발이 무엇을 뜻하는지 말하려면 먼저 우주가 팽창하고 있다는 말이 무슨 뜻인지 살펴볼 필요가 있다. 우리가 있는 방은 시간이 지나도 커지지 않는다. 지구도 점점 커지지 않고, 태양계도 커지지 않고, 은하계도 커지지 않는다.

그렇지만 은하들의 거리는 점점 멀어지고 있다. 가까이 있는 은하의 경우 늘 그렇지는 않다: 우리 이웃에서 은하를 중심으로 공전하는 일부 왜소 은하를 볼 수 있고 안드로메다는 충돌 경로를 따라 우리 은하로 다가 오고 있다. 그러나 큰 그림을 보면 은하들이 서로 멀어지는 것이 보인다.

그렇다면 우주가 "점점 커진다"고 해야 할까? 아마도. 우주가 유한하다면 점점 더 커지고 있는 것이고, 무한하다면 "커진다"는 말은 뜻이 없다. § 14.3에서는 유한 우주와 무한 우주에 대한 개념과 우리가 어느 우주에 살고 있는지 모르는 이유를 살펴볼 것이다. 팽창은 실제로 우주의 밀도가 점점 낮아지고 있음을 뜻한다.

시간이 가면서 우주의 밀도가 낮아진다면 과거에는 밀도가 더 높았을 것이다.[2] 10억년 전 우주는 오늘날보다 밀도가 높았고 20억년 전에는 그보다 더 높았다. 계속 거슬러 올라가면 약 138억 년 전에는 우주의 밀도가 약 10^{96} kg/m^{3}이 되며, 이 값을 "플랑크 밀도(Planck density)"라고 한다.

그러나 거슬러 올라가는 능력은 그 때에서 멈춘다. 가장 큰 규모(일반 상대론)에서 가장 작은 규모(양자장론)에 이르기까지 알려진 물리 법칙은 플랑크 밀도 이상의 물질에는 적용되지 않는다.

2 이러한 멋진 통찰력이 있으면 좋지 않을까?

그렇게 조밀한 물질에 대해 과학적으로 의미 있는 어떤 것도 말할 수 없다. 13장에서는 물리학 이론의 이러한 한계에 대한 이유를 간략하게 설명했다. 짧은 버전은 플랑크 밀도 이상에서는 일반 상대론과 양자장론이 어긋나며 두 이론을 맞추는 방법을 모른다는 것이다. 이 장의 요점은 알려진 물리 법칙을 써서는 밀도가 더 높은 시간으로 거슬러 올라갈 수 없다는 것이다.

> 대폭발 모형은 우주가 플랑크 밀도에 있던 순간부터 시작된다.

그 순간에 우주가 생겨났는가? 아니면 그 전부터 한없이 오래 존재 해 왔는가? 우주는 플랑크 밀도까지 수축했다가 거꾸로 다시 팽창하기 시작했는가? 이러한 물음에 제대로 답할 물리학은 모르기 때문에 어느 것도 가능하다고 볼 수 있다.

따라서 아래 시간 전개는 "$t = 0$"인 순간에서 시작한다. 이 순간에 꼭 우리 우주가 탄생할 필요는 없지만 우리가 아는 가장 빠른 순간이다. 그 순간 우주는 상상할 수 없을 정도로 밀도가 높고, 상상할 수 없을 정도로 뜨겁고, 빠르게 팽창하고 있었으며, 우리가 모르는 물리 법칙을 따랐다.

그 순간부터 지금까지 세 가지 광범위한 추세를 기술할 수 있다.

1. 우주는 팽창했다. 즉, 밀도가 낮아졌다. 이것의 대부분은 단순히 관성의 결과였다; 물체는 이미 서로 멀어지고 있었으므로 계속 멀어졌다. 그러나 이 장의 뒷부분에서 이 운동을 지지 또는 반대하는 관련된 힘에 대해 더 많이 말할 것이다.
2. 우주가 식었다. 이것은 첫째 추세의 자연스러운 결과이다. 기체는 팽창하면서 식는다.
3. 물체가 결합하여 점점 더 큰 구조가 되었다. 쿼크는 결합하여 양성자와 중성자를 만들고 나중에 핵으로 융합되고 나중에 전자와 결합하여 원자를 이룬 다음 분자를 이루고 나중에 별과 행성 및 은하를 이루었다. 이것은 둘째 추세의 결과이다: 고온에서는 결합이 끊어지므로 온도가 내려가자 안정적인 구조를 만들 수 있었다.

아래에서 그 여정에서 두드러진 점 일부를 소개한다.

우주의 연대기

아래 설명의 시각과 온도는 어림값이다.

$t = 0$: 플랑크 밀도

이 순간의 우주는 상상할 수 없을 정도로 밀도가 높고 뜨겁고 매우 빨리 팽창하고 있었다. 그 조건을 만든 원인이 무엇인지 또는 우주가 어떻게 존재하게 되었는지 전혀 모른다. 그리고 그 순간 이전에 일어난 일을 설명할 물리학이 없다. 대폭발 모형은 그 때부터 오늘날까지 어떻게 진화했는지를 설명한다.

$t =$ 모르지만 아주 짧은 시간 뒤: 급팽창

대폭발 직후, 우주는 시간이 가면서 거리가 지수적으로 멀어지는 "급팽창" 기간을 겪었다. 급팽창 기간의 정확한 시간과 지수적 증가율은 모르지만, 이론의 가장 단순한 버전에서는 약 10^{-35}초 동안에 거리가 10배에서 10의 100만 제곱(10^{10^6})으로 증가했다.

이제 이런 생각이 들 것이다. "그런 일이 어떻게 생길 수 있지?" 또는 "그런 넋 나간 이론을 누가 믿어?" 이러한 물음에 대한 설명은 § 14.7에서 하고, 또 이 짧은 기간의 초가속 팽창이 이 연대기의 나머지 모든 사건에 대한 초기 조건을 설정하는 방법도 설명한다.

$t \ll 1$초: 물질 형성

급팽창 말기에 § 14.7에서 살펴볼 특이한 꼴의 에너지가 많았지만 그 에너지는 빠르게 감쇠되어 물질과 전자기파로 바뀌었다. 그 물질에는 전자, 쿼크, 중성미자와 이에 상응하는 모든 반입자가 들어간다. 이때 암흑 물질과 암흑 에너지도 생겼다. 이에 대해서는 § 14.5에서 설명한다.

$t = 10^{-5}$초: 쿼크가 결합하여 양성자와 중성자를 만듦. 온도 10^{12} K

쿼크는 생겨난 뒤 처음 10만분의 1초 동안은 에너지가 너무 높아서 결합할 수 없었다. 온도와 밀도가 충분히 낮아지자 쿼크는 서로 결합하여 양성자와 중성자를 만들었다. 반쿼크는 반양성자와 반중성자로 결합되었다. 그 뒤로 우주에는 실질적으로 자유 쿼크가 없었다.

$t = 1$초: 중성미자 분리, 반물질 소멸. 온도 10^{10} K

대폭발 후 약 1~3초에 두 가지 중요한 사건이 우연히 겹쳤다. 우주는 중성미자에 대해 투명해졌고 반물질은 우주에서 사라졌다.

중성미자는 거의 모든 것을 상호작용 없이 그냥 통과할 수 있지만, 첫째 순간에는 밀도가 너무 높아서 중성미자조차도 다른 입자와 계속 충돌했다. $t = 1$초에 우주의 밀도가 충분히 낮아져 중성미자에 대해 투명해졌고 그 때 있던 중성미자는 그 뒤로 온 우주를 자유롭게 다니고 있을 것이다. 이 "우주 배경 중성미자(cosmic neutrino background: CvB)"는 2015년에 처음 검출되었다.[3]

물질-반물질 쌍 생성과 쌍 소멸은 둘 다 이 때까지($t \lesssim 1$초) 계속 진행되었다. 그러나 온도가 내려가면서 쌍 생성을 할 수 있을 정도로 에너지가 충분히 큰 광자가 드물어지자 소멸이 생성을 앞지르기 시작했다. 이것은 양성자–반양성자 및 중성자–반중성자 쌍에서 처음 일어났고 뒤에는 전자–양전자 쌍에서 일어났다.

물질과 반물질이 완벽하게 균형을 이룬 우주를 상상할 수 있고, 그 우주에서는 모든 물질과 반물질이 서로 소멸하여 빛만 남는다. 그러나 우리 우주는 그렇게까지 대칭적이지 않았다. 그 이유는 아직 모르지만 반물질 입자 10억 개마다 물질 입자 10억 1개가 있었다. 따라서 쌍소멸 뒤에도 10억 분의 1의 비율로 입자가 남았고 오늘날 우리가 보는 우주를 이루는 모든 물질이 되었다. 이 반물질 소멸 과정은 약 3초에 거의 끝났다.

$t = 1$분: 핵합성. 온도 10^9 K

대폭발 후 1분이 지나자 양성자와 중성자가 융합되어 가벼운 핵이 되는 "핵합성"이 시작되었다.

능동 읽기 연습: 핵합성

우주가 대폭발 후 1분이 채 안되었을 때는 온도가 너무 높아 양성자와 중성자가 결합할 수 없었다. 온도가 충분히 내려간 뒤 핵이 생기기 시작했다.

강력은 대폭발 뒤로 1분 전이나 1분 후나 똑같이 셌다. 그렇다면 온도가 충분히 내려가기 전에는 핵이 왜 안생겼을까?

3 사실이 아니다. 우주 배경 중성미자는 아직 측정되지 않았고 이제 겨우 실험 개념들이 제안되고 있다–옮긴이.

양성자 2개와 중성자 2개가 핵 속에 결합되어 있으면 위치 에너지 함수가 최소값이 되어, 서로 멀리 있을 때보다 총 에너지가 적다. (그렇지 않으면 핵자가 붙어 있을 수 없다.) 그러나 입자의 운동 에너지가 충분히 커서 모두 떨어져 나갈 수 있으면 그 입자는 위치 에너지 최소값에 머물지 않는다.

약 1분이 채 안된 때에는 양성자와 중성자의 평균 열 속도가 핵의 탈출 속도보다 빨라서 입자가 붙어있지 못했다. 온도가 충분히 내려가자, 입자의 에너지가 위치 에너지 우물을 다시 빠져나갈 수 있을 만큼 충분하지 않아서 우물 안에 갇히기 시작했다. 그러한 사건은 대폭발 이후 약 10초 뒤에 시작되었겠지만 약 1분 정도 지나자 진행이 극적으로 빨라졌다.

핵합성은 오래 지속되지 않았다. 3분 정도 지나자 진행이 급격히 느려졌고, 20분에 거의 완전히 끝났다. 그것이 멈춘 이유는 우주가 더 식었기 때문이다. 두 양성자가 융합하려면 전기적 반발력을 이겨내고 끌어당기는 단거리 핵력이 지배할 수 있을 만큼 충분히 가까워져야 한다. 몇 분 동안은 우주가 적절한 온도 범위에 있었다. 즉, 양성자가 서로 가까워질 수 있을 만큼 충분히 뜨거웠지만, 달라붙었다가 다시 떨어져나갈 수 있을 만큼 너무 뜨겁지는 않았다.

대폭발 핵합성 이후 우주의 핵은 질량 기준으로 수소(단일 양성자)가 약 75%, 헬륨($^4_2$He)이 약 25%였다. 또한 미량의 리튬($^7_3$Li)과 수소 및 헬륨의 다른 동위원소도 있었다. (단일 중성자는 불안정하므로 핵에 묶인 중성자만 남아 있다.) 이러한 원소의 혼합비는 별의 핵에서 다시 핵융합이 시작될 때까지 수백만 년 동안 변하지 않았다.

처음 20분 뒤, 다음 수십만 년은 비교적 지루했다. 우주는 핵과 전자의 플라스마와 중성미자, 빛, 암흑 물질 및 암흑 에너지로 구성되었다. 플라스마는 전하를 띤 전자와 핵 때문에 빛에 대해 불투명했다. 광자는 짧은 평균 자유 행로를 간 뒤 계속 산란되거나 흡수되었다가 다시 방출되었다.

우주는 여전히 팽창하고 있었다—즉, 밀도와 온도가 모두 낮아지고 있었지만 극적인 변화는 없었다.

t = 370,000년: 재결합. 온도 4000 K

거의 400,000년 뒤에 우주는 전자와 핵이 결합하여 원자가 될 수 있을 만큼 충분히 식었으며, 이 과정을 “재결합”이라고 하는데, 이 이름은 잘못 지은 것이다.[4] 이로서 우주는 “플라스마”(원자에 묶이지 않은, 자유로이 움직이는 입자의 집합체)에서 “기체”(현재의 상태)로 전환된다.

이 중요한 전환에서 가장 중요한 잔류물은 흑체 복사이다. 고온 물체는 많은 빛을 낸다(§ 3.4 또는 § 10.7을 상기하자). 재결합하기 전에 우주를 가득 채운 플라스마는 거의 완벽한 흑체로서 모든 곳에서 모든 방향으로 빛을 계속 냈다. 그러나 각 광자는 멀리 가지 못했다. 나오자마자 주변의 하전 입자(핵 또는 전자) 중 하나에 흡수되었다. 이에 반해 재결합 뒤 우주를 채운 기체의 주 성분은 중성 수소 원자인데, 빛을 많이 내거나 흡수하지 않았다.

따라서 플라스마에서 기체로 전환되는 짧은 기간 동안 많은 빛이 나온 다음 흡수되지 않았다. 그 빛은 그 뒤로 온 우주를 자유롭게 다니고 있다. 뒤에 살펴보겠지만 “우주 배경 복사”라는 그 빛의 검출은 대폭발 모형의 중추적인 초기 증거가 된다.

---

4 그 이름은 우주론자들이 팽창과 수축이 한없이 반복되는 순환 우주 개념을 선호하던 때에 지은 것이다. 순환 우주론에서는 각각의 수축이 거의 끝날 때마다 원자가 깨지고 다음 팽창 단계에서 재결합한다고 생각한다. 순환 우주의 개념은 여전히 연구되고는 있지만 대부분의 우주론자들은 있을 법하지 않다고 본다. 대폭발 모형에서는 대폭발 이후로 그 때까지 전자와 핵이 결합하여 원자가 된 적이 없다.

재결합 이후 별이 처음 생길 때까지 약 1억년 동안은 새로운 빛이 생기지 않았기 때문에 "암흑기(dark ages)"라고 한다. 배경 빛은 물론 여전히 주변에 있었다. 그래서 만약 당신이 암흑기가 시작될 때에 있었다면 주위에서 붉은 빛을 보았을 것이다. 그러나 우주가 팽창하면서 그 빛은 에너지를 잃어 적외선으로 바뀌었다. 그 뒤의 암흑기는 말 그대로 어둡게 보였을 것이다.

암흑기 초기의 우주는 밀도가 거의 완벽하게 균일했다. 재결합 당시 우주에서 밀도가 가장 높은 곳은 가장 낮은 곳 보다 1/100,000 정도 더 높았다! 그렇지만, 중력은 이러한 차이를 천천히 키웠다. 밀도가 평균보다 조금 더 높은 곳은 물질을 끌어당기는 경향이 있었고, 밀도가 평균보다 조금 낮은 곳은 당기는 힘이 약해 물질을 잃는 경향이 있었다. 그 결과 물질의 덩어리가 생기기 시작했고 그 사이에 빈 공간이 생겼다.

t = 3천만–2억년: 별의 탄생

관측 가능 우주에서 최초의 별이 언제 생겼는지는 아무도 모른다. 우리는 우주의 나이가 약 4억년일 때 나온 별빛[5]을 관찰했으며 가까운 장래에 그 기록을 더 뒤로 밀게 될 것이다.

암흑기의 끝에는 우주가 더 이상 균질하지 않으므로 온도를 정할 수 없다. 온도가 모든 곳에서 4000K였기 때문에 "재결합하는 동안은 온도가 4000 K였다"와 같은 진술을 할 수 있다. 그러나 별과 은하가 형성될 무렵에는 우주의 어떤 곳은 매우 찼고 다른 곳은 매우 뜨거웠다.

별과 은하의 형성은 암흑기 내내 지속된 중력 응집의 결과였다. 중력이 기체 구름을 충분히 조밀하게 만들자, 그 구름의 일부 영역은 자체 중력에 의해 뭉쳤고 그 결과 온도와 압력이 충분히 올라가 핵융합이 시작되었다. 그리하여 별이 생겨났다. 별에서는 핵융합으로 생겨난, 밖으로 밀어내는 압력과, 안으로 당기는 중력이 균형을 이루는 평형 상태에 이르렀다.

첫째 별은 거의 완전히 수소와 헬륨으로 이루어졌다. 그들은 태양보다 훨씬 더 크고 더 뜨거웠으며 수소를 훨씬 더 빨리 태웠다. 별들이 너무 많은 연료를 소진하여 평형을 유지하지 못하게 되자, 안쪽으로 붕괴되고 뜨거워진 다음 폭발했다. 천문학자들은 이 초기 별들의 수명이 수백만 년 정도로 짧았을 것으로 추측한다.

이 초기 별에서 진행된 핵융합으로 무거운 원소가 생겼고, 이 별들의 폭발은 그 원소를 우주로 내보냈다. 다음 세대의 별들이 생길 때, 그들은 그러한 무거운 원소들 중 일부를 포함했다.

태양은 약 46억년 전에 생긴 3세대 별이다. 천문학자들은 현재부터 시간을 거꾸로 세는 경향이 있으므로 태양과 같은 별을 "집단 I(Population I)"이라고 한다. 그 보다 앞선 세대의 별은 "집단 II"이고, 우주에 처음 생긴 별들은 "집단 III"이다. 이 책을 쓰는 시점까지는 집단 III의 별은 확인된 것이 없지만, 우리 은하에서 집단 I 및 II 별은 많이 볼 수 있다.

은하계는 암흑기가 끝난 뒤 얼마 지나지 않아 생겼고 집단 III 별도 있었을 것이라고 믿는다. 하지만 그것을 볼 수 없는 까닭은 아마도 그것들이 오래 전에 다 타버려서 그럴 것이다.

태양과 같은 집단 I이 별이 붕괴하는 먼지 구름 속에서 생겨나면 무거운 원소 중 일부는 새 별의 둘레를 도는 원반에 남는다. 물질의 작은 조각들이 충돌하고 뭉쳐 행성, 소행성 및 기타 물체로 이루어진 태양계를 이룬다. 은하계에 있는 대부분의 별은 둘레를 도는 행성을 가지고 있다.

5 관찰한 빛은 초기 은하를 이루는 별 집단이 내는 빛이다. 그 거리에서는 낱낱의 별을 확인할 수 없다.

미래

우주의 미래에는 두 가지 주요 가능성이 있다.

은하들의 상호 중력이 충분히 세면 언젠가는 우주가 팽창을 멈출지도 모른다. 그 경우에 물질은 다시 서로 당길 것이다. 별이 타버리고 남은 것과 은하계는 충돌하고 합쳐져 전체적인 밀도가 높아져서 점점 더 큰 블랙홀을 이룰 것이다. 결국 평균 밀도는 플랑크 밀도에 이를 것이고, 우리는 플랑크 밀도 이상의 물리학을 모르기 때문에 그 뒤에는 어떻게 될지 모른다. 이 붕괴 각본을 "대파쇄(Big Crunch)"라고 한다.

상호 중력이 충분히 세지 않으면 팽창은 영원히 계속된다. 모든 별과 은하계가 타버릴 것이다. 무한한 시간에는 모든 거시적 물체는 결국 붕괴된다. 양자역학적 이유로 블랙홀도 충분한 시간 뒤에는 증발할 수 있으므로 결국 우주는 영원히 팽창하고 식어 옅게 퍼진 입자와 빛만 남는다. 이 각본을 우주의 "열죽음(Heat Death)"라고 한다.

§ 14.4에서는 이 두 각본 중 어떤 것을 따를 지를 결정하는 것이 무엇인가와 언젠가 우주의 궁극적인 운명을 어떻게 결정할 수 있는지 살펴본다.

14.1.2 물음과 문제: 우주의 역사

개념 물음과 개념시험

1. "핵합성"은 양성자와 중성자가 융합하여 원자핵이 되는 것이다.

(a) 대폭발 이후 첫 1분 동안 우주는 너무 뜨거웠다. 그 때는 핵합성이 왜 안되었는가?

(b) 약 20분 뒤에는, 우주가 너무 식었다. 그 때는 핵합성이 왜 안되었는가?

(c) 수백만 년 뒤, 핵합성이 다시 진행되기 시작했다. 왜?

2. 핵합성 적정 온도가 재결합 적정 온도보다 훨씬 더 높은 까닭은 무엇인가?

3. 재결합 시 우주는 왜 오늘날 CMB라고 부르는 광자를 냈는가? (아래에서 하나를 골라라.)

A. 재결합 직전의 뜨거운 플라스마가 방출한 흑체 복사였다.

B. 입자가 더 들뜬 상태에서 덜 들뜬 상태로 떨어진 결과였다.

C. 물질-반물질 소멸의 결과였다.

D. 핵융합의 에너지 부산물이었다.

4. 우주가 암흑기 초기에는 밀도가 거의 균일했지만 완벽하게 균일하지는 않았다. 그러한 우주가 어떻게 진화하는지에 관한 다음 기술 중 하나를 고른 다음 왜 그렇게 진화해야 하는지 설명하라.

A. 밀도 분포는 통계적으로 같게 유지되지만 밀도가 더 높거나 낮은 특정 영역은 이동한다.

B. 시간이 가면서 밀도 변화가 매끄러워져 밀도가 더 균일해진다.

C. 시간이 가면서 밀도 변화가 커져 밀도가 더 고르지 않게 된다.

5. 본문은 우주에 대해 가능한 두 가지 장기적 운명인 "대파쇄"와 "열죽음"을 기술한다. 어느 것도 멋진 각본은 아니다. 앞 장에서 설명한 어떤 근본 물리 법칙이 이 우주에 별과 행성을 야생화와 놀이기구와 함께 무한정 계속 있을 가능성을 배제하는가?

6. 본문에서 제시한 우주의 축척 모형은 지구를 모래알의 크기로 잡아 시작한다. 유사한 모형에서 지구 지름을 나노미터(대략 분자 크기)로 잡아 시작하여 거리를 보여주는 예와 함께 설명하라.

심층 토론

7. 대폭발 뒤 약 3초 뒤에 전자-양전자 쌍을 생성할 정도로 에너지가 충분히 큰 광자가 주변에 없었기 때문에 양전자(전자에 대한 반물질)는 거의 모두 소멸되었다고 한다. 그러나 전자-양전자 소멸로 그 정도의 에너지를 가진 광자가 생겼을 텐데 왜 쌍 생성이 중단되는가?

8. 통계역학을 배웠다면(예: 10장), 기체 입자의 평균 운동 에너지는 $(3/2)k_BT$임을 알 것이다. 이를 13.6 eV로 잡아 셈하면 $T \approx 100{,}000$ K 미만에서는 전자와 양성자가 결합하여 수소 원자를 만든다는 것을 알 수 있다. 하지만 재결합은 우주가 약 4000 K로 식은 뒤에야 일어났다. 왜?

문제

9. 양자 중력 효과가 중요해지는 밀도 추정에 차원 분석을 쓸 수 있다. 양자 효과의 크기는 $\hbar$가 지배하고 상대론적 효과의 크기는 c와 G가 지배한다.

(a) 이들 상수를 결합하여 차원이 밀도인 국제 단위(SI)의 값을 구하라. 그 결과가 플랑크 밀도이다. 그 답은 이 절에서 제시한 추정값과 크기 정도가 같아야 한다.

(b) 지구의 질량은 약 6×10^{24} kg이다. 플랑크 밀도가 되려면 지구의 반경이 얼마로 줄어야 하는가?

10. 가장 약하게 결합된 핵은 양성자 두 개가 붙어 있는 ^{2}H이고, 입자당 위치 에너지는 약 1 MeV이다. 이 문제에 답하려면 등분배 정리(§ 10.5)를 잘 알아야 한다.

(a) 평균 양성자가 결합하여 ^{2}H를 만들기에는 에너지가 너무 큰 온도는 몇 도인가?

(b) 사실, 많은 핵이 생기기 시작한 온도는 (a)에서 셈한 값보다 조금 낮다. 그럴듯한 이유를 적어도 한 가지는 대라.

14.2 그것을 어떻게 아는가?

우주가 백수십억 년 전 대폭발에서 시작되었고 그 뒤로 계속 팽창하고 있다는 생각에 익숙하다. 그러나 최근 20세기 초까지만 해도 과학자들은 대부분 우주가 영원하다고 보았고, 심지어 아인슈타인도 대폭발 모형을 처음 소개했을 때 터무니없다고 생각했다. 그렇다면 과학계가 § 14.1에서 설명한 대폭발 개념과 우주의 진화 이야기를 받아들이게 된 이유는 무엇일까?

이 절에서는 뒷 이야기를 두 부분으로 나누어 살펴본다. 먼저 역사의 일부를 살펴본다. 팽창 우주와 대폭발에 대해 일부 과학자들은 가정하고 다른 과학자들은 결국 믿게 만든 이론적 및 실험적 증거이다. 그런 다음 이 연구와 관련된 광대한 거리를 재는 데 쓴(그리고 쓰는) 기술 중 일부를 설명한다.

14.2.1 발견 연습: 별까지의 거리

어느 날 밤 당신은 하늘의 태양에 대해 정확히 90° 방향에 있는 어떤 별을 잰다. 6개월 뒤 지구가 태양의 반대쪽으로 갔을 때 그 별을 재보니 태양에 대해 89.9999045° 방향에 있었다 (그림 14.1).

지구에서 태양까지의 거리를 1.5억 km로 하여 별까지의 거리를 셈하여 답을 광년 단위로 나타내라. **실마리:** 거리를 재는 기준점을 처음 잴 때의 지구, 둘째로 잴 때의 지구, 태양 어느 것으

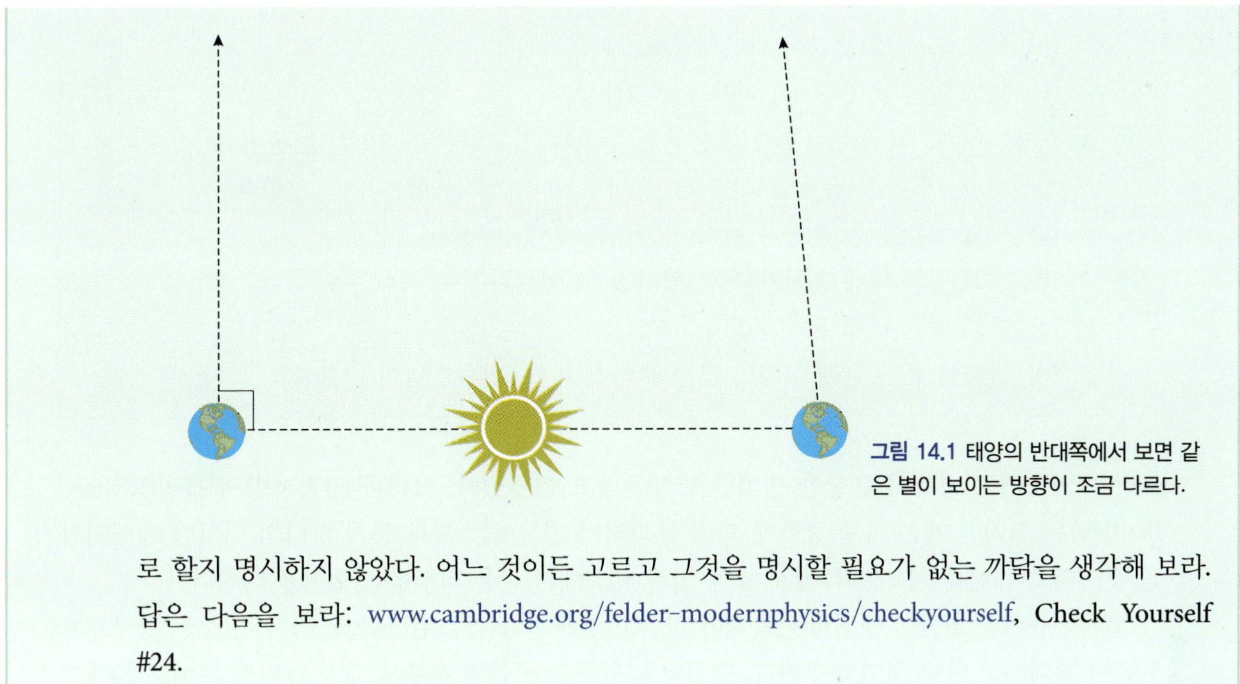

그림 14.1 태양의 반대쪽에서 보면 같은 별이 보이는 방향이 조금 다르다.

로 할지 명시하지 않았다. 어느 것이든 고르고 그것을 명시할 필요가 없는 까닭을 생각해 보라. 답은 다음을 보라: www.cambridge.org/felder-modernphysics/checkyourself, Check Yourself #24.

14.2.2 설명: 그 모든 것을 어떻게 아는가?

§ 12.2와 § 13.3에서는 직접 보거나 재기에는 너무 작거나 수명이 너무 짧은 물체를 재는 방법을 설명했다. 이제 반대 물음을 생각해 보자. 지구를 모래알로 보았던 축소 모형을 다시 생각해 보면 모래알 위에 사는 대략 원자 크기의 사람들이 토성까지의 거리를 어떻게 잴 수 있을까? 우주 팽창과 대폭발과 같은 생각을 어떻게 가정하고 옹호했을까?

이러한 물음에 답하고자 먼저 대폭발 모형의 개발로 이어진 약간의 역사를 설명하겠다. 그런 다음 모형이 개발된 이후 축적된 일부 증거에 대해 이야기한다. 끝으로 천문학적 거리를 재는 방법을 설명한다.

뉴턴, 아인슈타인, 허블, 르메트르

밤마다 별이 동쪽에서 떠서 서쪽으로 지는 것을 본다. 뉴턴 시대에는 이것과 몇 가지 다른 주기적인 항성 운동이 실제로는 지구의 움직임의 결과라는 것을 알았다. 우리가 보는 밤하늘은 선조들이 수천 년 전에 본 것과 거의 같으므로 뉴턴과 당시의 대부분의 과학자들은 별이 영원하고 변하지 않는다고 믿었다.

능동 읽기 연습: 정적 우주 또는 팽창 우주?

1. 2초 동안 밖을 본다고 하자. 그 2초 동안 공중에 떠 있는 공이 보인다. 이 공이 받는 유일한 힘은 지구의 중력이다. (다음 물음은 시시하다.)

(a) 보고 있는 내내 공이 아래로 움직일 수 있는가?

(b) 보고 있는 내내 공이 위로 움직일 수 있는가?
(c) 보고 있는 내내 공이 서 있을 수 있는가?

2. 이제 우주에 떠 있는 100개의 은하로 구성된 전체 우주를 10억 년 동안 보고 있다고 상상하자. 이 우주에는 그것뿐이고, 은하끼리 주고받는 힘은 중력 뿐이다.
(a) 보고 있는 내내 은하가 서로 가까워질 수 있는가?
(b) 보고 있는 내내 은하가 서로 멀어질 수 있는가?
(c) 보고 있는 내내 은하가 모두 서 있을 수 있는가?
(d) 한없이 큰 공간에 한없이 많은 은하가 퍼져 있다면 답이 다를까?

뉴턴은 처음에는 별들이 유한한 영역만을 채운다고 가정했다. 그러나 성직자인 벤틀리(Richard Bentley)는 그러한 계는 자체 중력에 의해 붕괴되어 결국에는 모두 뭉쳐 하나의 커다란 덩어리가 될 것이라고 뉴턴을 설득했다. 앞서 능동 읽기 연습에서 같은 확신을 얻었기를 바란다.

그래서 뉴턴은 별들이 영원히 존속해야 한다고 결론지었다. 그런 식으로 각 별은 모든 방향으로 똑같이 당겨지고 알짜 힘이 0이 된다. 항성의 영원하고 무한한 우주에 대한 뉴턴의 견해는 20세기까지 서양 과학에서 유지되었다.

1916년 아인슈타인은 일반 상대론(general relativity: GR)을 발표했다. 이 책의 다음 웹사이트에서 일반 상대론의 핵심 개념 중 일부를 설명한다: www.cambridge.org/felder-modernphysics/onlinesections

일반 상대론은 방대하고 밀도가 높은 주제이며 위의 웹사이트의 내용은 간략한 소개일 뿐이다. 그렇지만, 이 장의 많은 착상은 GR에서 나온다. 따라서 여러 경우에 "다음 결과는 일반 상대론에서 증명할 수 있지만 지금은 그에 관한 설명을 그냥 받아들여야 한다"고 말할 수 밖에 없다.

그리고 지금이 그 첫 순간이다: GR에 따르면 우주는 팽창(물체가 평균적으로 서로 멀어짐) 또는 수축(물체가 평균적으로 서로 가까워짐) 해야 한다.

이 결론에 이르는 수식을 보이지는 않겠지만 GR에서 우주가 정적일 수 없는 물리적 이유는 본질적으로 뉴턴이 그의 유한한 우주에서 직면한 것과 같은 문제이다: 모든 별이 서로 끄는 힘이 그들을 한 덩어리로 만든다. 공중에 있는 공이 위 아래로 움직일 수 있지만 한 곳에서 맴돌지는 않는 것처럼 우주는 팽창(및 속도 감소) 또는 수축(및 속도 증가)할 수 있다. GR의 방정식은 그것이 유한하든 무한하든 상관없이 정적 우주를 허용하지 않는다.

우주가 서 있을 수 없다는 결론은 천문학적 관측과 정면으로 어긋나는 것처럼 보였다. 별들이 움직이는 것은 20세기 초에 알려졌지만, 그것들은 마치 웅덩이 수면의 나뭇잎처럼 아무 방향으로나 움직이는 것처럼 보였다. 서로 가까워지거나 멀어지는 일관된 운동의 증거는 없었다. 1917년 아인슈타인은 일반 상대론에 상수항을 넣어 이 문제를 처리했다. 우주 상수라는 새로운 항을 넣어 중력에 반발 성분을 더함으로써 정적 우주 모형을 꾸몄다.

이제는 우주가 팽창하고 있음을 안다. 1916년에는 이것이 분명하지 않았던 이유는 천문학자들이 대부분 우리 은하 안에 있는 별을 관찰하고 있었기 때문이다.[6] 그러나 일반 상대론이 발표되기

6 은하계처럼 은하계의 별들도 중력 때문에 서로 멀어지거나 가까워져야 한다고 생각할 수도 있다. 물음 2를 보라.

전에도 일부 측정에서 이 팽창을 발견했다.

- 1915년: 슬리퍼는 성운 15개의 속도 측정값을 발표했다. 성운은 기원을 알 수 없는 하늘의 흐릿한 얼룩으로, 둘을 뺀 모든 성운이 모든 별의 측정 속도보다 훨씬 빨리 우리에게서 멀어지고 있음을 발견했다. (아래에서 그가 이러한 속도를 잴 수 있었던 방법을 설명한다.)
- 1916–17년: 아인슈타인은 일반 상대론을 발표했고 1년 뒤 방정식을 정적 우주와 조화시키고자 "우주 상수"를 넣어 고쳤다.
- 1923년: 허블(Edwin Hubble)이 안드로메다까지의 거리를 재어 은하수 밖에 있는 또 다른 은하임을 증명했다. 거의 모든 슬리퍼 성운이 사실상 은하임이 곧 분명해졌다.
- 1927년: 르메트르(Georges Lemaitre)는 일반 상대론으로 기술되는 팽창 우주에서 다른 은하들이 우리까지의 거리에 비례하는 속도로 우리에게서 멀어지는 것을 봐야 한다고 계산한 논문을 발표했다. 아인슈타인은 그해 후반에 르메트르를 만나 그의 물리학이 "끔찍하다"고 말했다.[7]
- 1929년: 허블은 24개의 은하까지의 거리를 쟀고 그들의 후퇴 속도(주로 슬리퍼가 잰 속도)가 우리에 대한 거리에 비례함을 보였다.
- 1931년: 르메트르는 우주 팽창을 거꾸로 추적하는 논문을 발표했는데, 거슬러 올라가 초기의 뜨겁고 밀도가 높은 상태를 "원시 원자(Primeval Atom)"라고 불렀다.

허블의 발견 이후, 아인슈타인은 우주 상수를 철회하면서 그것을 인생에서 가장 큰 실수라고 불렀다. 1931년 르메트르의 강연에 참석한 후 아인슈타인은 "이것은 들어본 중에 창조에 대한 가장 아름답고 만족스러운 설명이다"라고 했다.

은하가 우리에 대한 거리에 비례하는 속력으로 멀어진다는 사실을 '허블 법칙'이라고 불러왔지만, 2018년 국제천문연맹은 이를 "허블–르메트르 법칙(Hubble-Lemaitre law)"으로 바꾸기로 투표로 결정했다.

허블-르메트르 법칙

은하가 우리에게서 멀어지는 속도(v)는 우리에 대한 현재의 거리(d)에 비례한다:

$$v = Hd$$

비례 상수 H는 "허블 상수"라고 한다. 하지만 뒤에 보겠지만 이 이름은 오해의 소지가 있었다. 왜냐하면 H는 공간 전체에서 일정하지만 시간이 가면서 변하기 때문이다. 지금은 대체로 "허블 매개변수"라고 한다.

르메트르의 원시 원자에 대한 현대적 용어는 따로 이름이 없다가 1949년에 그 이론의 노골적 반대자인 호일(Fred Hoyle)이 창조 우주의 착상을 조롱하면서 "대폭발(Big Bang)"이라고 하자, 그것이 이름이 되었다.

7 당신의 계산은 맞지만, 당신의 물리학은 끔찍하다(Vos calculs sont corrects, mais votre physiqeu est abominable).

대폭발 모형의 증거

르메트르의 원시 원자는 논란거리였다. 허블의 관측은 멀리 있는 은하들이 거리에 비례하는 속도로 서로 멀어지고 있음을 결정적으로 보여주었다. 그러나 많은 과학자들은 초기 우주가 모든 공간을 채운 고온의 고밀도 플라스마였다는 결론을 의심했다.

1948년에 호일, 본디(Hermann Bondi), 골드(Thomas Gold)는 관찰된 팽창을 영원불변의 우주와 조화시키려는 시도인 "정상 상태" 모형을 발표했다. 그들의 주장은 알 수 없는 과정을 통해 우주가 팽창하지만, 물질이 계속 생겨 전체 밀도는 일정하게 유지된다는 것이었다. 물질 생성 속도는 직접 감지하기에는 너무 낮아서 이 이론은 알려진 모든 관찰과 일치했다.

그러나 향후 수십 년 동안 대폭발 모형을 뒷받침하는 증거가 쌓였다.

호일, 본디 및 골드가 논문을 발표한 해에 알퍼(Ralph Alpher), 베테(Hans Bethe) 및 가모우(George Gamow)의 논문[8]은 대폭발 핵합성 이론을 제시했다(§ 14.1의 "t = 1분" 참조). 초기 우주에서 가벼운 원소의 생성에 대한 후속 계산은 수소, 헬륨, 리튬 및 일부 동위원소가 생성될 때의 상대적 비율(relative abundance)을 예측했다. 이러한 상대적 비율은 관측으로 확인되었으며 정상 상태 모형에서는 이를 설명하지 못했다.

가장 중요한 증거는 CMB(§ 14.1의 "t = 370,000년") 측정에서 나왔다. 그 존재는 알퍼와 허만(Robert Hermann)이 처음으로 예측했다 (또 1948년). 그들은 초기 우주가 뜨거운 플라스마로 차 있었다면 흑체 복사를 냈을 것이고 그 빛이 오늘날 온 우주를 채우고 있어야 함을 깨달았다. 우주가 팽창함에 따라 그 빛의 파장은 늘어날 것이었다. 알퍼와 허만이 셈한 결과 적색 편이된 그 빛은 여전히 흑체 복사이지만 온도는 더 낮은 것으로 나타났다. 지금은 그것이 거의 전적으로 극초단파여야 한다.

그러한 약한 극초단파 신호를 검출할 수 있는 기기가 개발되기까지는 알퍼와 허만의 논문 이후 15년 이상이 걸렸다. 1964년 펜지어스(Arno Penzias)와 윌슨(Robert Wilson)은 은하수의 전파원에서 오는 신호를 재고자 극초단파 검출기를 설치했다. 그들은 우주론에 대해 거의 몰랐고 그들의 검출기가 하늘의 모든 방향에서 오는 극초단파 신호를 기록한 것을 발견하고 짜증이 났다. 결국 그들은 프린스턴 대학교의 우주론 연구진과 논의를 했고 초기 우주에서 생겨 남아있는 빛을 발견한 것이라는 소식을 받았다.

펜지어스와 윌슨의 관찰 이후 거의 모든 우주론자들은 대폭발 모형이 결정적으로 검증되었다고 생각했고, 펜지어스와 윌슨은 그 발견으로 1978년에 노벨 물리학상을 받았다.

CMB가 그렇게 설득력이 있는 까닭은 하늘 전체에서 거의 완벽하게 균일하게 오기 때문이다. 가시광이나 무선 신호 또는 거의 모든 종류의 신호를 잴 때 검출기가 별이나 은하와 같은 원천을 마주 볼 때는 신호가 매우 크지만 그 사이의 빈 공간을 마주 볼 때는 신호가 거의 없다. 그러나 CMB는 모든 방향에서 거의 똑같이 온다. 이는 방출된 것이 무엇이든 한때 모든 공간을 균일하게 채웠음을 시사한다.

대폭발 모형에 대한 증거 목록에는 다음도 들어갈 수 있다.

- 별의 생성에서 소멸까지의 진화 과정에 대해 잘 검증된 모형이 있으며 이러한 모형을 써서

8 이 논문은 알퍼의 박사학위 논문이었고 가모우는 그의 지도교수였다. 베테는 관련이 없었지만 가모우는 그를 공저자로 넣으면 저자 목록이 "alpha-beta-gamma"처럼 들려 재미있을 것이라고 생각했다.

별의 나이를 추정할 수 있다. 많은 별들이 현재 우주의 나이보다 더 오래 살 것으로 예상하지만, 관찰된 가장 오래된 별은 현재의 팽창 속도에서 추론하는 우주의 나이보다 조금 더 젊다.

- 초기 우주 이론은 CMB 훨씬 이전에 방출된 우주 배경 중성미자(§ 14.1의 "t = 1초")를 예측한다. 그 배경 중성미자는 2015년에 측정되었다.[9]
- 어느 방향으로든 충분히 멀리 보면 수십억 년 전의 은하계가 보인다. 관찰되는 은하의 특성은 모든 방향에서 같지만 거리에 대한 변화 방식은 대폭발 모형에서 설명한 은하의 진화와 일치한다.

1964년 이후로 대폭발 모형의 정확성에 대한 심각한 과학적 논쟁은 없었다. (정상 우주론의 주요 지지자로 대폭발 모형에 완강히 반대했던 호일은 2001년에 사망했다.) 1970년대에는 대폭발 모형이 설명할 수 없었던 우주의 특징 몇 가지가 명확해졌다. § 14.6에서는 이러한 문제를 설명하고 § 14.7에서는 대폭발 이후 1초까지의 여러 순간에 대한 이해를 재고하여 문제가 어떻게 풀렸는지 설명한다.

그러나 여기에서 또 다른 물음이 나온다. 우주 팽창에 대한 애초의 발견은 다른 은하의 속도와 거리 측정이 필요했다.

속도는 매우 정확하게 잴 수 있다. 4장에서 원소마다 고유 진동수의 빛을 내고 흡수한다는 것을 배운 것을 상기하자. 각 원소의 고유 분광선의 파장 분포를 살펴보면 천체의 구성 원소를 알 수 있다. 1장에서는 움직이는 물체가 내는 빛은 그것이 멀어질 때 더 낮은 진동수로 이동함("적색편이")을 배운 것을 상기하자. 그래서 슬리퍼와 허블은 은하의 분광선이 서 있는 은하의 분광선에 비해 적색편이가 얼마나 큰지 확인하여 은하의 속도를 쟀다.

천문학적 거리를 재는 것은 훨씬 더 어렵다. 아래에서는 이러한 측정에 쓸 수 있는 두 가지 기법인 시차 및 표준 촛불에 대해 설명한다.

연주 시차

한 물체를 다른 두 곳에서 보면 그 물체의 방향(각도)이 달라 보인다. 두 곳의 거리와 두 곳에서 본 물체의 각도를 알면 그 물체가 얼마나 멀리 있는지 셈할 수 있다. 이것이 삼각 측량법의 원리이다. (우리가 두 눈으로 물체를 보아, 두 눈의 시차를 바탕으로 가까운 물체의 거리를 잴 때 머리 속에서 이 기법을 쓴다.)

하지만 별은 아주 멀리 있어서, 지구 반대편에서 재더라도 그 각도 차이가 너무 작아 사실상 잴 수 없다. 그러나 지구의 공전 궤도를 쓰면 훨씬 더 긴 기선을 얻을 수 있다. 그림 14.2는 지구가 태양의 반대편에 있게 되는 6달 간격으로 잰 별의 두 측정값을 보여준다.

이 기선이 거의 3억 km에 이르지만 각도 변화는 아주 작다. 별의 시차를 최초로 성공적으로 잰 것은 1838년으로 베셀(Friedrich Bessel)이 지구 궤도의 양쪽에서 백조자리 61(61 Cygni)의 각도를 재어 구한 시차는 0.28 각초 또는 약 8천만분의 1도였다. 그 결과는 그 별까지의 거리가 10광년이 조금 넘음을 시사했다.

---

9 정확하지 않은 설명이다. 우주 배경 중성미자는 아직 측정되지 않았고 이제 겨우 실험 개념들이 제안되고 있다. 628쪽 각주 참조–옮긴이.

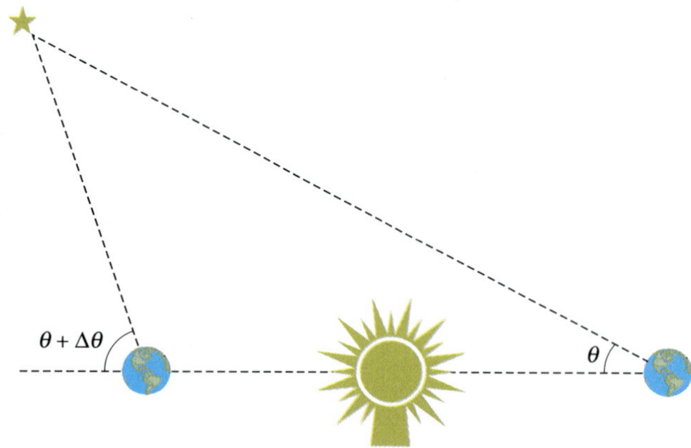

그림 14.2 천문학자들은 별의 각도를 6달 간격으로 재어 그 별까지의 거리를 셈할 수 있다.

천문학자들은 흔히 거리 단위로 "파섹(parsecs)"을 쓰는데, 이것은 연주시차(**par**allex shift)가 1각초(arc**sec**ond)가 되는 거리로 정의된다. 1파섹은 3광년이 조금 넘으므로 백조자리 61의 거리는 3.6(≈ 1/0.28) 파섹이다. 이 장에서는 아마도 더 친숙할 광년 단위를 쓰겠다.

이 글을 쓰는 때에 위성 망원경은 연주시차 기법을 써서 수만 광년 떨어져 있는 10억 개가 넘는 별의 거리를 쟀다. 이러한 측정이 인상적이기는 하지만, 우리 은하 너머의 거리를 재려면 다른 기법이 필요하다.

표준 촛불과 세페이드 변광성

1920년 천체물리학자 샤플리(Harlow Shapley)와 커티스(Heber Curtis)는 우주의 본질에 대해 공개 토론을 했다. 논쟁의 핵심은 성운의 본질, 우주 전체에 흩어져 있는 빛나는 빛 덩어리였다. 커티스는 성운이 각각 엄청난 수의 별을 품은, 은하계 밖의 다른 은하[그는 "섬 우주(island universe)"라고 부름]라고 주장했다. 샤플리는 은하계 너머에는 아무것도 없으며 성운은 별 사이의 기체와 먼지 구름이라고 주장했다.

지금은 성운 중 일부는 은하계 안의 기체와 먼지 구름이고 일부는 다른 은하임을 알고 있다. 그러나 이를 판단하려면 은하 간 거리를 재야하는데, 그것은 시차 기법의 범위를 훨씬 넘어선다.

그래서 … 캄캄한 밤에 밖에 서 있는데 친구 100명이 여기저기 흩어져서 모두 똑같은 손전등을 당신에게 비추고 있다고 하자. 가까운 손전등은 더 밝게, 먼 손전등은 더 어둡게 보인다. 구체적으로 광도(단위 면적당 일률)는 $1/r^2$으로 줄어드니까 손전등 A의 겉보기 밝기가 B 보다 4배 더 밝다면 A까지의 거리가 B의 1/2이라고 추론할 수 있다.

딱하게도 별은 밝기가 저마다 다른 손전등과 비슷하다. 은하도 마찬가지로 밝기가 엄청나게 다양하다. 상대적 밝기를 모르면 상대적 거리를 알 수 없으며 그 반대도 마찬가지다. 거리를 셈하려면 고유 밝기가 똑같은 개체 무리인 "표준 촛불"이 필요하다. 놀랍게도 우주에는 몇 가지 표준 촛불이 있다.

1908년 레빗(Henrietta Swan Leavitt)은 소 마젤란 성운(Small Magellanic Cloud: SMC)에 있는 "세페이드 변광성(Cepheid variable stars)" 표본을 분석했다. 그녀는 SMC의 정체는 몰랐지만(지금은 왜소은하라고 부른다), 그 크기가 지구까지의 거리보다 훨씬 작다고 합리적으로 추측했다. 그것은 그녀의 표본에 있는 모든 세페이드까지의 거리가 거의 같고 관찰된 밝기는 고유 밝기에 비례해야 함을 뜻했다.

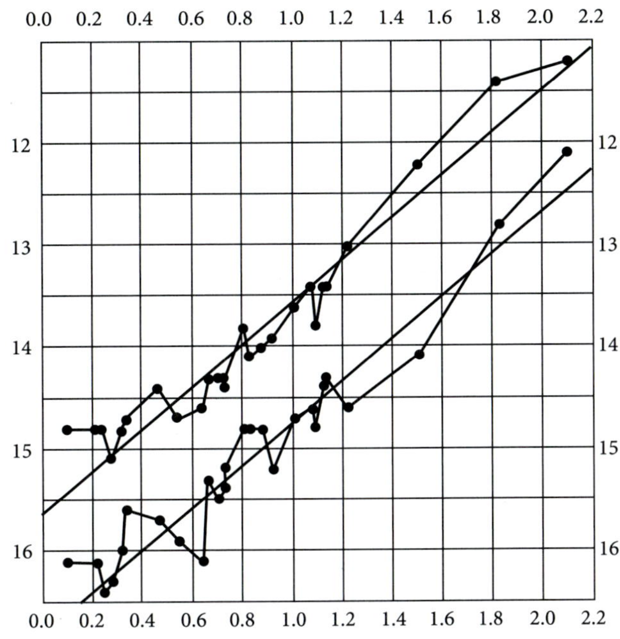

그림 14.3 레빗의 세페이드 변광성의 도표. 세로축은 "겉보기 등급"의 로그이고 가로축은 진동 주기의 로그이다. 두 줄의 자료는 가장 희미한 점과 가장 밝은 점의 진동이다. 겉보기 등급은 광도의 로그의 음수에 비례하므로 도표 상단의 더 작은 숫자가 더 밝은 별을 나타낸다. 출처: 레빗(Leavitt)과 피커링(Pickering)의 1912년 논문.

그러나 세페이드에는 또 다른 중요한 특성이 있다. 광도가 규칙적으로 진동하며 그 주기는 수일에서 수개월에 이른다. 그녀가 1912년 논문에 실은 세페이드 표본의 주기 대 고유 밝기를 보여주는 로그-로그 도표는 두 양이 비례함을 보여주었다(그림 14.3). 따라서 두 세페이드의 주기를 재면 상대 밝기를 알 수 있다. 즉, 표준 촛불이다! 고유 밝기의 비율을 알면 실제로 재는 밝기의 변화는 상대적 거리를 알려준다.

레빗의 논문이 발표된 지 1년 후 헤르츠스프룽(Enjar Hertzsprung)은 시차를 써서 우리 은하에 있는 여러 세페이드의 거리를 쟀으며 따라서 주기와 고유 밝기의 비례 상수를 결정할 수 있었다. 이렇게 눈금을 맞추면 다른 세페이드 천체의 밝기를 바탕으로 거리를 정확하게 잴 수 있다.

1924년 허블은 샤플리에게 편지를 썼다. "내가 안드로메다 성운에서 세페이드 변광성을 발견했다는 소식을 들으면 흥미로울 것입니다." 허블은 관측을 통해 안드로메다가 은하계에 있기에는 너무 멀다는 것을 증명할 수 있었고 다른 은하의 존재에 대한 논쟁이 사라졌다.

오늘날은 수십억 광년의 거리에 있는 수 조 개의 은하를 잰다. 수천만 광년 떨어진 세페이드를 재고 그 세페이드를 써서 더 먼 곳에서 관찰할 수 있는 다른 표준 촛불을 보정할 수 있다. 한 거리에서 잰 값을 써서 더 멀리 있는 물체의 거리 측정을 보정하는 이 방식을 "우주 거리 사다리(cosmic distance ladder)"라고 한다.

14.2.3 물음과 문제: 그것을 어떻게 아는가?

개념 물음과 개념시험

1. 허블 매개변수를 재는 데 쓸 수 있는 단위는 무엇인가?

2. 우주는 정적일 수 없다. 왜냐하면 모든 은하가 서로 끌어당겨 모일 것이기 때문이다. 그렇지만, 우리 은하는 팽창도 수축도 하지 않는다. 이 주장이 은하계의 별들에 적용되지 않는 이유는?

3. 은하계 안의 별까지의 거리를 재는 데 시차 방법을

쓴다.

(a) 이 방법을 태양계의 다른 행성까지의 거리를 재는 데 쓸 수 없는 이유는?

(b) 이 방법을 다른 은하까지의 거리를 재는 데 쓸 수 없는 이유는?

4. 표준 촛불은 고유 밝기가 같은 천체의 유형으로 정의한다. 이것을 쓰면 두 촛불의 상대적 밝기를 재어 거리를 비교할 수 있다. 이 정의에 따르면 세페이드 변광성은 일부의 고유 밝기가 다른 것과 다르므로 기술적으로는 표준 촛불이 아니다. 그런데도 어떻게 여전히 실질적인 표준 촛불로 쓸 수 있는가?

5. 레빗은 SMC에서 세페이드 표본의 주기와 밝기의 관계를 확립했다.

(a) 그녀는 결론을 얻기 위해 SMC에 대해 어떤 가정을 해야 했는가?

(b) 레빗의 발견을 활용하여 다른 은하의 거리를 쟀다. 그렇지만, 헤르츠스프룽은 그 측정을 하기 전에 우리 은하 안의 세페이드를 재야 했다. 이것이 왜 꼭 필요했을까?

6. 때때로 사람들이 우주 팽창과 특정 속력(종종 광속)를 연관시키는 것을 듣게 될 것이다. "우주 팽창 속력은 다음과 같다"고 말할 수 없는 까닭은? 그럴 수 없다면 팽창률의 값을 어떻게 정할까?

7. 633쪽의 능동 읽기 연습은 팽창 우주를 공중에 뜬 공으로 비유했다. 우주의 은하들이 중력에 의해 서로 끌리듯이 공은 중력에 의해 아래로 끌리므로 이 비유를 다시 살펴보자.

(a) 땅에서 위로 올라가는 공을 상상하자. 처음에는 공을 위로 던졌지만 이제 아래쪽 중력 말고는 받는 힘이—공기 저항도—없다. 그 공은 결국 어떻게 될까? **실마리:** 답은 "상황에 따라 다르다."로 시작한다. 무엇 때문에 어떻게 되는가?

(b) 그 비유에 따르면 우주의 궁극적인 운명은 무엇인가? 무엇 때문에 어떻게 되는가?

심층 토론

8. 일부 가까운 은하들은 우리 쪽으로 오지만 일정 거리 이상에서는 모든 은하가 우리에게서 멀어지는 이유는 무엇인가? **실마리:** 대답은 은하계의 중력이 근처에서 가장 세기 때문만은 아니다.

9. 철수는 지구에 대해 $0.1c$로 가는 우주선 안에 있다. 그가 지구를 지나는 순간 그는 멀리 있는 많은 은하의 속도(적색편이를 써서)와 거리(세페이드를 써서)를 잰다. 그의 측정 결과가 허블–르메트르 법칙을 따를까? (하나를 골라 설명하라.)

A. 그렇다

B. 아니다

10. 시차를 재려면 6달 간격으로 별의 각도를 두 번 재야 한다. 그런데 지구는 발 아래에서 자전하는데, 6달 전에 망원경이 어느 쪽을 가리키고 있었는지 어떻게 그렇게 높은 정확도로 알 수 있을까? **실마리:** 별의 각도를 태양에 대해 재면 된다고 할 수 있다. (실제로 우리는 그림을 그렇게 그린다고 생각할 수도 있다.) 그러나 밤에는 태양을 볼 수 없고 낮에는 별을 볼 수 없으므로 이 방법은 일반적으로 쓸 수 없다. 따라서 이러한 측정을 하려면 다른 표준이 필요하다.

문제

11. 638쪽의 그림 14.2는 6달 간격으로 잰 별의 두 측정값을 보여준다.

(a) 이 그림을 복사하여 삼각형의 세 각을 모두 θ와 $\Delta\theta$로 채워라. (θ가 삼각형에 있으므로 하나는 이미 했다.)

(b) 지구에서 태양까지의 거리를 D라고 하자. (D는 삼각형의 밑변의 반이다.) 사인 법칙은 삼각형의 세 꼭지 모두 꼭지각의 사인 값과 대변의 길이의 비가 같다는 것이다. 사인 법칙을 써서 별에서 도표의 가장 왼쪽 위치까지의 거리인 r에 대한 방정식을 써라. 답은 θ와 $\Delta\theta$ 및 D에 관한 식이어야 한다.

(c) 지구–태양 거리를 3억 km로 잡자. 한 곳에서 잰 어떤 별의 각도는 135.000001°이고, 6달 뒤에 잰 각도는 135°이다. 이 별의 거리는 얼마인가?

12. 은하 UGC 8365의 거리는 약 18 Mpc로 측정되었다.

(약 5900만 광년이지만 이 문제의 경우 Mpc로 두는 것이 더 쉬울 것이다.)

(a) 허블 매개변수의 현재 값은 73 km/(s Mpc)이다. [km/(s Mpc)는 천문학자들이 일반적으로 쓰는 단위이다.] 허블-르매트르 법칙에 따르면 UGC 8365는 얼마나 빨리 멀어지고 있는가? (셈하는데 20초면 충분하다.)

(b) 물체의 "적색편이" z는 다음과 같이 정의된다: $1 + z = \lambda_{관찰}/\lambda_{방출}$. UGC 8365의 거리를 기준으로 적색편이를 예측하면 얼마일까?

(c) 천문학에서 중요한 분광선은 수소가 초미세 전이(전자와 양성자 스핀이 나란한 상태에서 반대인 상태로의 전이)를 할 때 내는 파장 21 cm인 빛(극초단파)이다. UGC 8365의 속도에서 이 분광선의 파장은 얼마나 바뀔까?

14.3 무한 우주, 유한 우주, 관측가능 우주

우주가 유한한지, 무한한지는 아무도 모른다. 유한 우주와 무한 우주를 가를 수 있는 속성이 있는데, 그것은 에너지 밀도와 "곡률"이라는 더 특이한 속성이다. 그러나 우주의 유, 무한성을 가릴 수 있을 정도로 이 두 속성을 정확하게 잴 수는 없다.

이 절에서는 유한 우주와 무한 우주 각각의 모습을 살펴본다. 또한 "관찰 가능 우주", 즉 어떤 방식으로든 보거나 잴 수 있는 공간을 설명한다.

14.3.1 발견 연습: 무한, 팽창, 일차원 우주

(철수와 영희가 살고 있는 우주는 한없이 긴 눈금자처럼 보이는데, 눈금이 cm 단위로 새겨져 있다. 어느 날, 괜히 눈금자가 길이 방향으로 늘어난다. 눈금자의 모든 간격이 정확히 1초 동안에 두 배로 늘어났다(그림 14.4 참조).

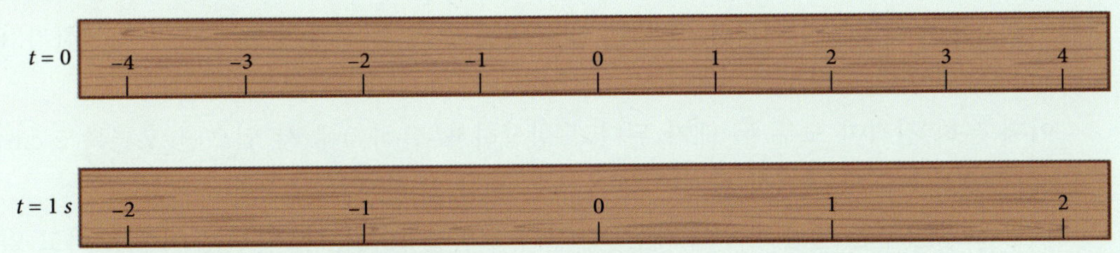

그림 14.4 철수와 영희의 우주, 대팽창 전후.

1. 철수는 대팽창이 일어날 때 눈금 0에 서 있다. 그는 1초 뒤에 다른 모든 눈금까지의 거리가 두 배로 늘어나 있는 것을 본다. 예를 들어, 눈금 2는 오른쪽으로 2 cm였지만 지금은 오른쪽으로 4 cm이다. 눈금 2가 1초 동안 이동하는 동안 철수가 계산한 평균 속도를 적어라.
2. **1.**을 반복하여 눈금 −2, −1, 1의 속력을 구하라.
3. 우주의 허블-르메트르 법칙에 따르면 은하가 멀어지는 속력은 거리에 비례한다. 철수는 그의 우주에서도 같은 법칙을 얻을까?

   다음을 보라: www.cambridge.org/felder-modernphysics/checkyourself, Check Yourself #25.

4. 영희는 눈금 1에 서 있다. 같은 시간에 영희가 잰 눈금 −1, 0, 2, 3의 평균 속력은 얼마인가?
5. 영희가 자신을 우주의 중심이라고 생각한다면 (우리 자신도 그렇게 믿고 있다), 그녀도 허블-르메트르 법칙을 따르는가? 아니면 수정된 법칙이 필요한가? 계산 결과를 보여라.

14.3.2 설명: 무한 우주, 유한 우주, 관측가능 우주

우주는 유한한가, 무한한가? 우리는 모르지만 두 대답 모두 문제가 있다.

- 우주가 유한하다면 그 너머에는 무엇이 있을까? 우주의 가장자리에 서서 경계 너머를 내다보는 것을 상상하면, 그곳에서 보는 모든 것은 비록 빈 공간일지라도 여전히 우주의 일부로 간주된다.
- 하지만 우주가 무한하다면 어떻게 팽창할 수 있을까? 무한한 것보다 더 커질 수는 없다.

둘째 물음부터 다루자: 무한한 우주가 어떻게 팽창할 수 있을까? 그런 다음 첫째 문제를 다루자: 우주를 '존재하는 모든 것'으로 정의한다면 어떻게 유한할 수 있을까? 끝으로 우리가 사는 이 우주가 어떤 종류인지 구별하는 방법과 지금까지 구별할 수 없었던 이유를 설명하겠다.

무한 우주

우리가 무한을 상상할 수 없는데도 (무한을 본 적도 경험한 적도 없다) 그것에 대해 토론하고, 논리적 결론을 끌어내고, 수학을 할 수 있다는 것은 정신의 놀라운 특징 중 하나이다.

무한 우주를 생각하는 데 도움이 되도록 무한 일차원 우주의 가장 간단한 경우로 시작하자.

양쪽으로 영원히 뻗는 선을 상상하고 그 선을 따라 고른 간격으로 퍼져 있는 은하를 나타내는 점을 상상하자. 우리 은하를 0번으로 부르자. 오른쪽은 은하 1, 은하 2 등이고, 왼쪽은 은하 −1, 은하 −2 등으로 끝없이 이어진다. 명확한 상을 얻기 위해 점 간격이 1 cm라고 가정하자. (그러면 은하는 매우 작아야 한다.)

이제 은하 간격이 모두 두 배가 된다고 상상하자. 은하 0에 서 있으면 오른쪽 2 cm에 은하 1, 4 cm에 은하 2 등이 여전히 한없이 뻗어 있는 것을 볼 수 있다.

그림 14.5는 무한 팽창 우주에 대한 몇 가지 요점을 보여준다. 일부는 아주 뻔하고 일부는 그렇지 않다.

- 무한 우주가 '팽창'한다고는 말할 수 있지만 '커진다'고 말할 수는 없다. 우주가 지금 무한하다면 그것은 늘 무한했다; 그 어떤 것도 유한한 것을 무한하게 만들 수 없으며 그 반대도 마찬가지다. 엄밀한 수학적 언어를 쓰면 무한 우주가 두 배로 팽창한 뒤에도 그 우주의 길이는 전과 같이 무한대라고 말할 수 있다.
- 그러나 팽창으로 더 커지지는 않아도 밀도는 줄어든다. 이 예에서 일차원 우주의 밀도는 1 m당 은하 100개에서 1 m당 은하 50개로 줄었다.
- 덜 명백하지만, 이러한 균일 팽창(두 점의 거리가 두 배가 됨)은 허블-르메트르 법칙을 시사

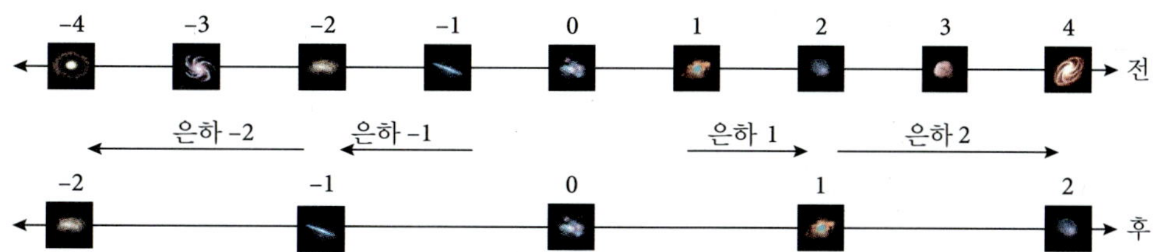

그림 14.5 일차원 무한 팽창

한다. 멀리 있는 은하가 멀어지는 속력은 그 은하까지의 거리에 비례한다. 각 은하가 같은 시간에 얼마나 멀리 갔는지는 위의 도표에서 볼 수 있다. 은하 0에서 가장 먼 은하가 가장 빨리 움직였다.

- 아마도 가장 덜 명백하지만, 중요한 것은 팽창의 중심이 없다는 것이다. 물론 우리가 보기에 우리 은하(자기중심적으로 0으로 표시한 은하)가 팽창의 중심처럼 보인다: 맨 오른쪽 은하는 오른쪽으로 빨리 가고, 맨 왼쪽 은하는 왼쪽으로 빨리 가고 있다. 그러나 은하 3에서 밖을 내다본 명춘은 우주가 그에게서 멀어지는 것을 볼 것이다. 은하 3000에 있는 현희는 우주가 그녀에게서 멀어지는 것을 볼 것이다. 그들은 아마도 자신의 은하계를 "은하 0"으로 정하고 우리와 똑같이 허블-르매트르 법칙을 관찰할 것이다.

이 그림을 2차원으로 확장하여 압정이 꽂힌 고무판을 상상해 보라. 고무판을 사방에서 당겨 늘리면 모든 압정의 간격이 벌어진다. 3차원에서는 화덕에서 부풀어 오르는 콩떡을 상상해 보라. 떡이 부풀면 모든 콩 간격도 함께 벌어진다. 균일 팽창하는 우주는 어떤 차원에서든 모든 관찰자가 보기에 허블-르메트르 법칙을 따른다.

유한 우주

이상으로 무한 우주가 어떻게 팽창하는지 간단히 설명했다. 유한 우주는 어떨까? 우주가 어떻게 유한할 수 있을까?

공간의 어느 곳도 우주의 끝이 될 수 없다. 우주의 가장자리가 있다면 그 너머는 그것이 단지 빈 공간일지라도 여전히 우주의 일부로 간주된다.

그러나 그 논리는 실제로 우주가 무한해야 함을 뜻하지는 않는다. 대신 우주가 유한하다면 "주기적"이이어야 한다는 것이다. 즉, 어떤 방향으로든 충분히 멀리 가면 떠났던 곳으로 되돌아오게 된다.

유한하고 주기적인 우주는 어떤 면에서 무한한 우주보다 상상하기가 더 어렵다. 이 때도 도움이 될만한 비유가 있지만, 이 비유는 조금 뒤에 설명하듯이 오해의 소지도 있다.

비유는 지구 표면과 같은 구면이다. 구면에 사는 2차원적 생명체를 상상하여, 그의 이름을 납작쇠라고 하자.

납작쇠가 북극에서 출발하여 어느 방향으로든 가기 시작하면 결국 남극에 이른다. 방향을 그대로 계속 가면 결국 출발했던 북극점에 다시 오게 된다(그림 14.6).

납작쇠가 사는 주기적 2차원 우주는 여러 면에서 우리가 사는 삼차원 우주에 대한 좋은 비유가 된다.

- 납작쇠는 방금 설명한 길을 따라 걸어갈 때 그 길이 굽은 것이 아니라 곧다고 생각한다. 그

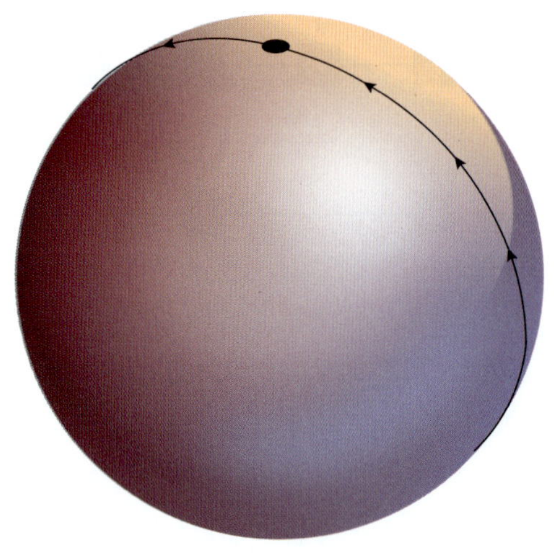

그림 14.6 유한한 우주에서 방향을 바꾸지 않고 계속 가면 출발한 곳으로 돌아온다. 구면은 유한한 2차원 우주에 비유된다.

리고 그가 출발할 때 어떤 방향으로 가든, 결국 출발한 곳으로 되돌아온다.

- 납작쇠의 우주는 유한하지만 중심도 가장자리도 없다. 달리 말하면, 그의 우주의 어떤 곳도 다른 곳과 마찬가지로 중심이라고 주장할 수 있다. ("구의 실제 중심은 있잖아요?"라고 묻는다면 조심하라. 그 점은 구면에 있지 않고, 공간 전체가 구면이다.)
- 이제 납작쇠의 구면 우주가 완벽한 공모양의 풍선처럼 부풀기 시작하면 어떻게 될까? 신중한 측정은 그를 허블-르매트르 법칙으로 이끌 것이다: 모든 점이 그에 대한 거리에 비례하는 속도로 그로부터 멀어진다. 그리고 납작쇠도 그가 어디에 있든 간에 이 결론에 이를 것이다. 어느 점도 특별하지 않다.

이 비유는 강력하지만 오해의 소지가 있다. 우리는 납작쇠의 우주를 내려다보는 삼차원적 존재로서, 그가 실제로는 직선을 따라 가지 않았기 때문에 그가 출발한 곳으로 되돌아갔다는 결론을 내린다. 그가 지구의 중심을 파고들 수 있거나 지면에서 날아오를 수 있다면 그가 참된 직선을 따라간다면서 출발점으로 결코 돌아오지 않을 것이다.

그것은 참이지만 비유의 한계일 뿐이다. 지면 속 영역 또는 지면 밖 영역은 없다. 지면이 전체 우주이며, 그 자체로 다시 연결되는 이 이상한 수학적 속성이 있다. 우주를 구면으로 상상하는 것은 그것이 뜻하는 바를 그려보기 위해 쓰는 요령일 뿐이다.

우리의 삼차원 우주가 유한하다면 지구에서 어떤 방향으로든 선을 그으면 그 끝이 결국 다시 지구에 올 것이라는 특성이 있다. 그것은 우리 우주가 어떤 사차원 영역을 감싸는 곡면임을 뜻하지 않는다. 이 모형에서는 삼차원 공간이 전체이고 주기적이다. 주기적인 곡면도 있는데 그것을 문자 그대로 받아들이지 않는다면 유용한 심상이 될 수 있다.

마지막으로, 무한 우주는 실제의 부피가 바뀌지 않으면서도 팽창할(밀도가 낮아질) 수 있음을 기억하라. 유한 우주가 팽창하면 그 크기—전체 공간의 부피—는 시간이 가면서 커진다. 우리 우주가 유한하다면 출발한 곳으로 돌아오기 위해 가야 할 거리는 10억 년 전보다 지금 더 길어졌다.

관측 가능 우주

우리의 우주가 어떤 유형인지 쉽게 판단할 수 있을 것처럼 보인다. 어느 방향으로든 충분히 멀리까지 보면, 우주가 유한하다면 자신의 뒷모습이 보여야 한다.

모든 방향으로 볼 수 있는 한 멀리 내다보아도 우주가 반복되는 것이 보이지 않는다. 따라서 이 우주는 무한하거나, 유한하지만 우리가 볼 수 있는 것보다 더 크다는 결론이 나온다.

그렇다면 더 나은 망원경을 만드는 것이 답일까? 아니다. 우리는 이미 물리적으로 볼 수 있는 가장 먼 우주를 보고 있다. 그 이유는 광속과 관련이 있다.

우리가 보는 태양의 모습은 8분 전의 모습이다. 1장의 설명을 상기하면 그 시간은 상대론이 결정하는 근본적 한계이다. 태양에서 정오에 일어나는 사건은 12시 8분 이전에는 지구에서 어떤 사건도 일으킬 수 없으므로 우리는 12시 8분까지 그 사건에 대해 알 수 없다. 우리가 보는 안드로메다 은하는 200만 년 전의 모습이고, 일부 은하는 수십억 년 전의 모습이다.

이제 1000억 광년 떨어진 은하를 상상하자. 1000억 년 전에 그 은하를 떠난 빛을 볼 수 있는가? 아니다, 볼 수 없다. 왜냐하면 대폭발은 140억년 전에 일어났기 때문이다. 그렇게 먼 곳에는 은하계가 없다고 믿을 이유도 없지만, 은하계가 있다고 해도 그 빛은 앞으로도 수백억 년 동안 우리에게 오지 못할 것이다.

이 모든 것이 "우주"(존재하는 모든 것)와 "관찰 가능 우주"(우리가 볼 수 있는 모든 것)의 구별로 이어진다.

현대 망원경은 우주에 처음 생긴 은하, 즉 대폭발 이후 불과 몇 억 년 뒤에 생긴, 우리가 볼 수 있을 정도로 멀리 있는 은하를 보여준다. 그 이전에는 우주 배경 복사가 보인다. 이 빛은 대폭발 이후 불과 수십만 년 뒤에 뜨겁게 빛나는 기체가 냈으므로 우리가 검출하는 극초단파는 백수십억 광년 떨어진 곳에서 온다는 것을 상기하자. 더 멀리서는 대폭발 이후 불과 1초 후에 방출된 중성미자를 검출한다. 그보다 훨씬 더 먼 것은 보거나 감지할 수 없다. 그 곳에는 아무 것도 없어서가 아니라, 무엇이 있어도 우리에게 도달할 수 없기 때문이다.

관측 가능 우주는 우리를 중심으로 반지름이 450억 광년이 조금 넘는 구체이다. 다른 은하계의 관측자들은 관측 가능 우주가 다를 것이다. 우리는 은하계에서 원리적으로 볼 수 있는 우주의 일부이다.

지성이 예리하다면 대폭발이 불과 140억 년 전에 일어났는데 관측 가능 우주가 어떻게 해서 450억 광년 이상으로 팽창할 수 있는지 궁금할 것이다. 이에 답하려면 대폭발 직후에 생긴 은하를 생각해 보라. 140억년 동안 그 은하의 빛은 우리에게 왔지만 은하 자체는 우리에게서 멀어졌다. 따라서 그 은하가 생길 때 나온 빛을 지금 막 우리가 받았다면 그 은하는 현재 우리로부터 거의 450억 광년 떨어져 있다. (잠깐만. 140억년…, 450억광년…그것은 은하계가 광속보다 더 빨리 움직이고 있다는 뜻인가? 사실 그렇다. 거리가 c/H 보다 더 먼 모든 은하는 우리에게서 c보다 빨리 멀어진다. 상대론은 공간 속에서의 물체의 운동이 아니라 공간 자체의 팽창으로 생기는 속력은 광속을 넘는 것을 허용한다.)

망원경을 통해 보면 우주가 최소한 관측 가능 우주만큼 크다는 결론이 나오며, 그것은 반경인 대략 450억 광년인 구체이다. 전체 우주의 너비는 얼마일까 1조 광년? 1조의 제곱 광년? 무한? 모른다. 그 까닭은 우리 시야가 유한하기 때문이다.

납작쇠에게 이 모든 것이 어떻게 보일지 살펴보는 것이 도움이 될 수 있다. 우리의 삼차원 관측 가능 우주가 우리를 중심으로 하는 구체인 것처럼 납작쇠의 2차원 관측 가능 우주는 그를 중심으로 하는 원이다. 그 원이 전체 구면의 작은 부분만을 덮고 있다면 그는 그의 우주가 주기적인지 아닌지 알 수 없다(그림 14.7).

그림 14.7 납작쇠의 관측 가능 우주(녹색 원)가 전체 우주의 작은 부분이라면 그는 자신의 우주가 유한한지 알 수 없다.

우주 전체를 보지 못해도 원리적으로 우주의 유무한성을 알아내는 방법이 있다. 먼저 우주의 단위 부피당 에너지인 밀도 ρ를 잰다. 그런 다음 이를 "임계 밀도" $\rho_{임계}$라는 셈할 수 있는 특정 밀도와 비교한다. 일반 상대론에 따르면 우주는 $\rho > \rho_{임계}$이면 유한하고, $\rho \leq \rho_{임계}$이면 무한하다. 이 결과는 일반적으로 "밀도 매개변수"라고 하는 비율 $\Omega = \rho/\rho_{임계}$로 나타낸다. 우주는 $\Omega > I$이면 유한하다.

임계 밀도는 앞으로 더 많이 쓸 것이므로 그 개념에 대해 몇 마디 더 말할 필요가 있다.

- 우주의 밀도 ρ는 알다시피 시간이 가면서 변하며, 임계 밀도 $\rho_{임계}$도 마찬가지다. 바뀌지 않는 것은 부등식이다: 대폭발 때 $\rho > \rho_{임계}$였다면, 지금도 마찬가지고 우주는 유한하다.
- 부등식 $\rho > \rho_{임계}$가 유한한 우주를 뜻하는 까닭은 전혀 설명하지 않았으며 앞으로도 설명하지 않는다. 이것은 일반 상대론의 결과를 그냥 받아들이는 것이다.

그래서 관측 가능 우주의 총 에너지 양을 재고 그것을 관측 가능 우주의 크기로 나누어 밀도를 셈했다. 그 결과 관측 가능 우주는 임계 밀도에 너무 가까워서(1% 미만) 어느 부등식이 맞는지 알 수 없다. 이 장의 뒷부분에서 설명하는 이유 때문에 우리는 측정을 통해서는 어느 부등식이 맞는지 결코 알 수 없을 것으로 생각한다. 그래서 다시 또 우주가 무한한지 유한한지 알 수 없다.

숨 돌리기: 지식의 한계

대폭발 모형은 현재의 우주를 보고 과거에 어땠을지 거꾸로 추론한 것에 바탕을 두고 있다. § 14.1은 플랑크 밀도 이상의 물질을 기술하는 물리학 이론이 없다는 사실에 의해 이 추론이 제한된다는 생각을 소개했다. 따라서 현재 우리의 지식은 우주가 플랑크 밀도에 있었던 약 138억년 전까지만 거슬러 올라간다. '대폭발'이라는 말은 그 순간을 가리킨다.

이 절에서는 다른 한계를 소개했다. 광속이 유한하고 우주의 나이가 유한하기 때문에 우리는 우주를 그만큼까지만 볼 수 있다. 관측 가능 우주 너머에서 대폭발 이후 무슨 일이 일어났든 아직 우리에게 어떤 영향도 미치지 못했기 때문에 그 너머에 대해서는 존재 여부를 포함하여 아무것도 알 수 없다.

수백 년 동안 우주를 더 멀리까지 볼 수 있는 더 나은 망원경을 만들었다. 그 진행은 이제 끝났다. 앞으로도 더 나은 기술로 더 명확하게는 볼 수 있겠지만 더 멀리 볼 수는 없다.

반면에 기술적 개선이 없어도 관측 가능 우주는 지금보다 100억 년 뒤에는 훨씬 더 커질 것이다. 우주론자처럼 생각한다면 너무 긴 시간이 아니다.

14.3.3 물음과 문제: 무한 우주, 유한 우주, 관측가능 우주

개념 물음과 개념 시험

1. 천문학자 팀이 우주에서 대폭발이 일어난 곳을 찾았다고 발표한다. 다음 반응 중 가장 적절한 것은? (하나를 골라라.)

A. 믿지 않는다. 왜냐하면 허블-르매트르 법칙에 따르면 팽창은 어디에서나 똑같이 보이므로, 대폭발이 어디에서 일어났는지 알 수 없기 때문이다.

B. 믿지 않는다. 왜냐하면 대폭발은 아마도 관측 가능 우주 밖에서 일어났으므로 우리는 그것을 볼 수 없기 때문이다.

C. 믿지 않는다. 왜냐하면 대폭발은 특별한 곳에서 일어나지 않았기 때문이다.

D. 그들을 믿는다.

2. 유한 우주가 주기적이어야 하는 이유를 설명하라.

3. 관측 가능한 우주의 나이가 140억 년 미만인데, 그 안에 있는 물체가 200억 광년 떨어져 있을 수 있는 까닭을 설명하라.

4. 일차원 무한 우주가 허블-르메트르 법칙과 다르게 팽창할 수 있는가? 그렇지 않다면 왜 안 되는가? 된다면 어떻게 팽창하는가?

5. 10억 광년 떨어진 은하를 관찰하는데, 반대 쪽에서 관찰되는 30억 광년 떨어진 은하도 똑같은 것으로 확신한다고 하자.

(a) 우주의 크기는 얼마인가? **실마리:** 유한 우주에 대한 거의 모든 개념 물음처럼, 한 차원 아래로 내려가서 2차원 납작쇠가 구면에서 이러한 관찰을 한다고 상상하면 그림이 쉽게 떠오를 것이다.

(b) 두 방향에서 똑같은 은하를 보고 있는 것이 맞더라도 그 상 중 하나는 다른 것보다 별이 더 많은 은하처럼 보일 수 있다. 왜? (두 상에서 별을 정확하게 셀 수 있을 만큼 선명하다고 가정한다.)

6. 당신이 유한한 우주에 있고 관찰 가능 우주가 충분히 커서 멀리 자신의 모습이 보인다고 하자. 당신의 어느쪽 모습이 보이겠는가? 그리고 그 까닭은? **실마리:** 유한 우주에 대한 거의 모든 개념 물음처럼 한 차원 아래로 내려가서 2차원 납작쇠가 구면에서 이러한 관찰을 한다고 상상하면 그림이 쉽게 떠오를 것이다.

7. 허블-르메트르 법칙에 따르면 은하의 후퇴 속도는 거리에 비례한다: $v = Hd$. 친구 똑똑쇠는 이 법칙이 우주가 유한해야 함을 뜻한다고 주장한다. c/H보다 먼 은하는 빛보다 빨리 이동할 것이기 때문이다. 친구 꽃분이는 과학 책에서 우주는 무한할 수 있다는 것을 읽었고 과학책에는 결코 그릇된 내용이 없다고 생각하기 때문에 똑똑쇠가 틀렸을 것이라고 반박한다. 당신은 꽃분이의 논리는 믿지 않지만 똑똑쇠의 논리에도 문제가 있다고 생각한다. 논쟁을 어떻게 정리하겠는가?

심층 토론

8. GR의 방정식은 우주가 팽창이 아니라 수축할 가능성도 허용한다. 그러한 우주도 허블-르메트르 법칙, $v = Hd$를 따르므로 충분히 먼 은하들은 c보다 더 빨리 다가올 것이다. 그러한 은하가 빛을 낸다면 그 은하가 빛보다 먼저 우리에게 올 수 있을까? 옳은지, 그른지 그 이유도 함께 말하라.

문제

9. 그림 14.5는 일차원 우주를 보여준다. 위치 x인 은하계에 서 있는 똑똑쇠가 위치가 $x + \Delta x$인 은하 A와 위치 $x + k\Delta x$인 은하 B를 보고 있다고 상상하자. 그림에 보인 것처럼 우주가 갑자기 팽창한다. 똑똑쇠의 은하는 이제 위치 $2x$에 있다.

(a) 똑똑쇠가 본 은하 A의 위치 변화를 셈하라.

(b) 똑똑쇠가 본 은하 B의 위치 변화를 셈하라.

(c) 똑똑쇠가 본 우주 팽창을 허블-르메트르 법칙이 기술하는가? 셈한 결과를 바탕으로 설명하라.

10. [이 문제는 문제 9의 결과를 쓴다.] 꽃분이는 똑똑쇠에 대해 등속 v로 날아 시각 $t = 0$에 똑똑쇠를 지나간다. 물론 그녀의 관점에서는 그녀는 서 있다. 그렇지만, 허블-르메트르 법칙이 그녀가 보는 우주 팽창을 기술하지 않음을 보여라. **실마리:** $v \ll c$를 가정하고 뉴턴식 셈을 해도 된다.

11. 그림 14.5는 일차원 우주 팽창을 보여주며, 그 우주는 허블-르메트르 법칙을 따른다.

(a) 허블-르메트르 법칙을 은하의 위치 x와 속도 dx/dt에 관한 미분 방정식으로 나타내라.

(b) 이제 이 일차원 우주에서 허블 매개변수가 시간에 대해 불변이라고 가정하고(실제 우주에서는 그렇지 않음) 미방을 풀어 함수 $x(t)$를 구하라. 그 해에는 은하의 초기 위치인 상수 x_0가 들어가야 한다.

(c) 그 우주에서 먼 은하가 후퇴하는 것을 볼 때 어떻게 보일지 짧게 정성적으로 서술하라.

12. 간격이 L인 완벽한 그물에 은하가 배치된 무한 2차원 우주를 살펴보자. 은하는 $(0, 0)$, $(0, L)$, (L, L), $(L, 2L)$ 등에 있다. 시간 Δt가 지나면 모든 거리가 두 배가 된다. (각 L이 $2L$로 바뀐다.)

(a) 당신은 원점에 있다. 처음에 $(0, L)$, (L, L), $(L, 2L)$에 있던 세 은하의 당신에 대한 초기 거리와 시간 Δt 동안의 평균 속력을 구하라. 이 세 은하는 허블-르메트르 법칙을 따르는가?

(b) 처음에 (L, L)에 있던 은하를 기준으로 같은 계산을 반복하여 다른 두 은하와 당신의 초기 거리와 평균 속도를 구하라. 그 관찰자도 허블-르메트르 법칙을 확인하는가?

13. 올버스 역설

뉴턴은 우주가 무한한 공간으로서 우주 전체에 별들이 다소 고르게 퍼져 있다고 생각했다. 그러한 우주에서는 "올버스 역설(Olbers' Paradox)"[10]이라는 개념 문제가 생긴다. 이 역설을 설명하려면 각 별이 점과 같은 물체로 어떤 별도 다른 별을 가리지 않는다고 가정하자. 또한 각 별이 정확히 같은 양의 빛을 내고 별의 밀도가 우주 전체에 균일하다고 가정하자. 이 가정 중 어느 것도 긴요하지는 않지만 설명이 더 명확해진다.

(a) 거리 R에 있는 별을 생각하자. 그 별이 내는 총 일률(단위 시간당 내는 빛 에너지)이 L이고 A_E가 두 눈의 동공의 면적의 합이라면 별에서 나와 눈에 들어오는 빛의 일률은 얼마인가? **실마리:** 별 주위에 반지름이 R인 구면을 그리고 그 구면에서 눈의 동공이 차지하는 부분을 구하라.

(b) 이제 전체 하늘이 똑같은 별로 균일한 밀도(단위 부피당 별의 수) ρ로 채워져 있다고 하자. 거리 R과 $R + \Delta R$ 사이에 있는 모든 별을 살펴보자. $\Delta R \ll R$이면 이 영역의 부피를 표면적 $4\pi R^2$과 두께 ΔR의 곱으로 어림할 수 있다. 또한 이 영역의 각 별이 낸 빛이 우리 눈에 들어오는 양이 같다고 볼 수 있다. 왜냐하면 거리 R이 모두 같기 때문이다. 이러한 어림법을 써서 거리 R과 $R + \Delta R$ 사이에 있는 모든 별에서 나와 눈으로 들어오는 빛의 총 일률을 구하라.

(c) 이제 거리 $2R$에 있는 별 하나를 생각하자. 그 별에서 나와 눈으로 들어오는 빛의 총 일률을 구하라.

(d) $2R$과 $2R + \Delta R$ 사이에 있는 모든 별에서 나와 눈으로 들어오는 빛의 총 일률을 구하라.

(e) 위에서 얻은 결과를 바탕으로 모든 별에서 나와 눈으로 들어오는 빛의 총 일률을 구하라. 그 결과

---

10 이 역설은 1823년 이에 관한 글을 쓴 올버스(Heinrich Olvers)의 이름을 붙였지만, 적어도 16세기부터 이에 관한 글을 쓴 사람들이 있었다.

를 간단히 설명하라.

밤하늘이 무한히 밝아야 한다는 결론이 나왔을 것이다. 별의 폭이 작고 원리적으로는 다른 별을 가릴 수 있다는 점을 고려하면 어느 정도 우회할 수는 있지만, 그래도 이 논리는 밤하늘이 태양의 표면처럼 밝아야 한다는 결론이 나온다. 그 수수께끼는 20세기에 명확한 해결책을 찾을 때까지 수세기 동안 천문학자들을 괴롭혔다.

(f) 유한하고 주기적인 우주에서도 올버스 역설이 생기는가? 가든 부든 그 이유도 함께 말하라.

(g) § 14.3의 착상이 올버스 역설을 해소하는지 설명하라.

14.4 프리드만 방정식

이 장에는 수식이 별로 없었다, 그렇지 않은가?

수식 없이도 우주론을 많이 배울 수 있지만, 그 중 많은 부분이 설명을 그냥 받아들이는 것일 뿐이다. 기본 수식을 더 많이 배울수록 모든 것을 더 잘 알게 된다.

이 장의 문제를 수학적으로 온전히 다루려면 일반 상대론을 써야 한다. 그러나 우주가 균질하고 등방성이라고 가정하면 상대론의 핵심 방정식은 우주가 팽창 또는 수축하는 방식을 기술하는 미분 방정식 두 개로 환원된다. 이들 방정식을 끌어내지는 않지만, 그로부터 끌어낼 수 있는 몇 가지 결론에 대해서는 이야기한다.

14.4.1 발견 연습: 프리드만 방정식

반지름이 $r(t)$인, 물질로 채운 공이 균일하게 부푸는 것을 생각하자. 이 공의 바깥쪽 가장자리에 은하 X가 있다. 이 연습에서는 오직 뉴턴 물리학을 써서 이 공의 역학을 분석한다.

1. 은하 X의 알짜 중력을 적어라. 답은 은하의 질량 m_X와 공 전체의 질량 M_S의 함수이다.
2. 은하 X의 중력 위치 에너지를 적어라.
3. 은하 X의 에너지 보존을 나타내는 방정식을 적어라. 그 방정식에는 r, $\dot{r}$(dr/dt를 나타내는 기호) 및 임의의 상수가 들어가야 한다.
   다음을 보라: www.cambridge.org/felder-modernphysics/checkyourself, Check Yourself #26.
4. 방정식을 고쳐 매개 변수를 M_S 대신 단위 부피당의 질량 ρ로 바꿔라.
5. 상수 k_1 및 k_2를 잘 골라 쓰면 방정식이 다음 꼴이 됨을 보여라:

$$\left(\frac{\dot{r}}{r}\right)^2 = k_1\rho - \frac{k_2}{r^2}$$

방금 뉴턴 물리학을 써서 끌어낸 방정식이 일반 상대론에서 팽창 우주를 기술하는 방정식으로 드러난다. 이 단원에서는 이 방정식에 담긴 내용의 일부를 살펴본다.

14.4.2 설명

일반 상대론의 중심 방정식은 "아인슈타인 방정식"이다. 이는 물질의 에너지와 운동량을 기술하는 4 × 4 행렬과 시공간의 곡률을 기술하는 또 다른 4 × 4 행렬을 연결한다. 1922년 프리드만(Alexander Friedmann)은 우주가 균질(어디나 같음)하고 등방성(모든 방향이 같음)이라고 가정하여 아인슈타인 방정식을 분석했다. 두 가정은 매우 큰 규모에서는 합리적이지만, 더 작은 규모에서는 아니다. 그는 그러한 상황에서는 아인슈타인 방정식의 모든 성분이 다음 두 방정식으로 환원됨을 보였다:[11]

$$\left(\frac{\dot{a}}{a}\right)^2 = \frac{8\pi G}{3c^2}\rho - \frac{kc^2}{a^2} \tag{14.1}$$

$$\frac{\ddot{a}}{a} = -\frac{4\pi G}{3c^2}(\rho + 3P) \tag{14.2}$$

- a는 우주의 팽창을 기술하는 "눈금 인자(scale factor)"라는 시간의 함수이다. 점은 시간 도함수를 나타내므로 $\dot{a}$는 da/dt를, $\ddot{a}$는 d^2a/dt^2을 뜻한다.
- k는 공간의 곡률과 관련된 상수이다.
- G와 c는 각각 뉴턴 중력 상수와 광속이다.
- ρ와 P는 각각 우주를 채우는 유체의 에너지 밀도(단위 부피당 에너지)와 압력이다. 그것들은 상수가 아니다. (그렇다면 지금 바로 두 방정식의 해를 적어둘 수 있다!) 그러나 그것들은 우주를 채우는 물질의 종류에 기반한 "상태 방정식"으로 서로 관련되어 있다. 이것은 방정식에 넣으면 풀 수 있다.

아래에서 a, k 및 ρ와 P의 관계를 살펴보자.

눈금 인자 및 허블 매개변수

눈금 인자 $a(t)$는 팽창 우주에서 물체의 거리의 무차원 척도이다. 원하는 기준 시각에 $a = 1$로 둘 수 있다. $a = 0.5$인 시각은 모든 거리가 기준 시각의 거리의 반이 되는 때이다.

a는 물체의 거리에 비례하므로 $\dot{a}$는 그 물체의 상대 속도에 비례한다. 그러므로 두 값의 비 $\dot{a}/a$는 은하의 후퇴 속도를 그 은하까지의 거리로 나눈 값으로 정의한 허블 매개변수 H이다. 따라서 첫째 프리드만 방정식은 허블 매개변수에 대한 방정식을 물질 밀도와 공간 곡률의 함수로 나타낸 것이다.

"$a = 0.5$"라는 말은 그 자체로는 아무 뜻이 없다. 왜냐하면 눈금($a = 1$)은 임의로 잡을 수 있기 때문이다. 그러나 허블 매개변수 $H = \dot{a}/a$는 의미 있는 양이다: 현재의 우주에서는 그 값이 약 7×10^{-11}년$^{-1}$이다. $1/H$를 때때로 "허블 시간"이라고 하며, 그 값은 우주의 현재 나이이자 모든 거리가 지금의 두 배가 될 때까지 걸리는 시간이다(문제 10 참조).

---

11 이 장의 뒷 부분에서 이 방정식을 많이 참조할 것이므로, 쉽게 찾아볼 수 있게 적어 두면 편리할 것이다.

우주의 곡률

매개변수 k는 일반 상대론의 핵심 특징인 유클리드 기하에 대한 편차를 기술한다.

예를 들어 납작쇠의 구면 우주로 돌아가 보자. 납작쇠가 보기에는 우주가 구면이 아니다. 그가 걷는 길은 우리에게는 엉뚱해 보이지만 그가 보기에는 완벽한 직선이다. 그는 자신의 구면을 벗어날 수 없다. 왜냐하면 그에게는 구면 위나 아래가 말 그대로 존재하지 않기 때문이다; 이 비유에서 전체 우주는 2차원 구면이다. 그의 관찰 가능 우주는 자신을 둘러싼 원반이다. 관찰 가능 우주가 전체 구면보다 작다면 그는 광선이 출발점으로 돌아오는 것을 결코 볼 수 없다.

하지만 납작쇠가 자신이 사는 우주의 곡률을 결정하기 위해 할 수 있는 또 다른 실험이 있다. 그가 삼각형(모든 직선!)을 그리고 꼭지각을 주의 깊게 재면 그 각도의 합이 180°를 넘는다는 것을 알게 될 것이다.

그림 14.8은 납작쇠 우주의 큰 영역에 걸쳐 있는 삼각형을 보여준다. 그가 더 작은 삼각형을 그리더라도 내각의 합은 180°가 넘지만 차이가 크지는 않다. 납작쇠의 삼각형이 작을수록 우주의 곡률을 감지하려면 더 정확하게 재야 한다.

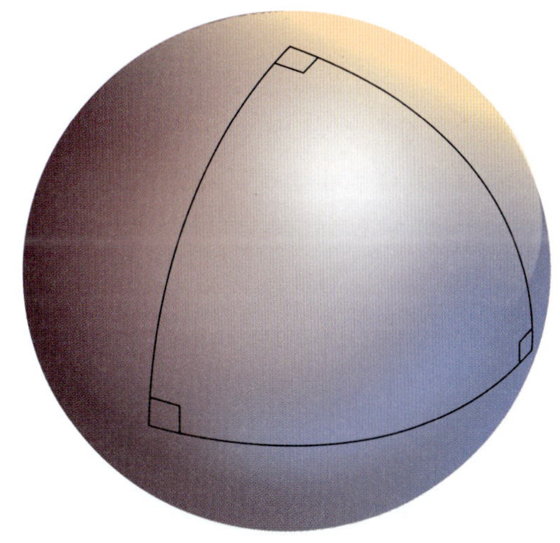

그림 14.8 유한하고 주기적인 우주에서는 꼭지각이 모두 직각인 삼각형을 그릴 수 있다. 이 우주의 2차원 관찰자가 보기에는 이 삼각형의 세 변이 모두 직선이다.

"닫힌 우주"는 구면처럼 거동하는 우주이다. 닫힌 우주는 주기적이고 유한하며 삼각형의 내각의 합은 180° 보다 크다. 수학적으로는 닫힌 우주는 프리드만 방정식에서 k가 양수인 우주이다.

또 다른 우주 두 가지가 더 있다. $k < 0$이면 "열린 우주"이다. 열린 우주는 무한하며 삼각형의 내각의 합은 180° 보다 작다. 구면은 닫힌 2차원 우주의 기하를 완벽하게 나타내지만 열린 2차원 우주의 기하를 정확하게 보여주는 2차원 곡면은 없다. 그렇지만, 고갯길 곡면을 그려보면 합리적인 심상을 얻을 수 있다(그림 14.9).

셋째 유형인 "평평 우주"는 정확히 $k = 0$이다. 완벽한 유클리드 기하 공간이다. 따라서 납작쇠는 삼각형의 내각을 재어 그가 살고 있는 우주의 유형을 판단할 수 있다. 그 삼각형이 충분히 크고 내각을 충분히 정확하게 재면 그 합이 180°에서 얼마나 벗어나는지 보아 우주의 곡률을 알 수 있다.

2차원에서는 적어도 어림으로라도 구면, 고갯길 곡면 및 평면을 시각화하여 모든 것을 그려볼 수 있다. 닫힌 우주나 열린 우주를 삼차원으로 그려볼 수는 없지만 어쨌든 그 안에 살 수 있다. 그

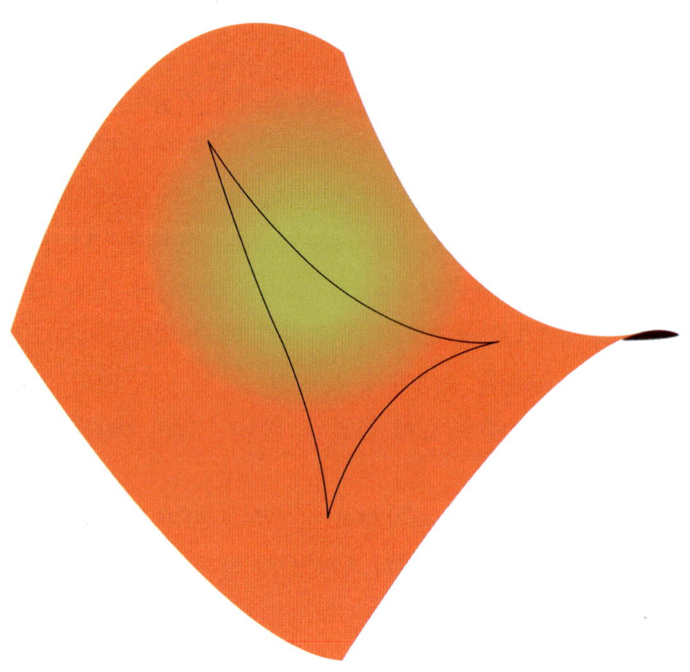

그림 14.9 열린 우주에서는 삼각형의 내각의 합이 180°보다 작다. 고갯길을 덮는 곡면에 삼각형을 그리면 만나는 두 변이 안쪽으로 굽기 때문에 꼭지각이 평면에 그린 삼각형보다 작고, 따라서 내각의 합은 180°보다 작다.

래서 우리는 실험을 했다. 과학자들은 말 그대로 수십억 광년 동안 달려온 광선으로 형성된 삼각형을 관찰했다. 현재의 기술로 가능한 최상의 측정을 하여 내각을 합한 결과는 180°이다.

§ 14.3에서 실제 밀도와 임계 밀도의 비를 재면 우주가 유한한지 무한한지 알 수 있지만 실제로는 결과가 1에 너무 가까워 판단할 수 없다고 했다. 이제는 삼각형의 모양을 재어 우주가 유한한지 무한한지를 재는 또 다른 방법을 보았다. 이번에도, 결과는 이 우주가 평평함에 너무 가까와 어떤 유형인지 말하기어렵다. 말할 수 있는 것은 이 우주가 놀랍도록 완벽하게 평평하다는 것이다.

곡률과 임계 밀도

우주의 곡률은 첫째 프리드만 방정식에서 kc^2/a^2 항이 정한다. 매개변수 k는 상수이므로 해당 항의 시간 변화는 전적으로 분모 a^2에서 나온다.

a의 값은 언제든지 1로 잡을 수 있지만 곡률 kc^2/a^2은 잴 수 있는 값이 들어가므로 a의 값을 조정할 때는 k의 값도 따라서 조정하여 보상해야 한다.[12]

곡률을 나타내는 더 일반적인 방법은 밀도로 나타내는 것이다.

능동 읽기 연습: 임계 밀도

팽창 우주의 허블 매개변수가 H일 때, "임계 밀도" $\rho_{임계}$는 평평한($k = 0$) 우주의 밀도이다.

1. 첫째 프리드만 방정식을 써서 임계 밀도 $\rho_{임계}$에 대한 식을 H의 함수로 나타내라.
2. 닫힌 우주($k > 0$)에서, 실제 밀도 ρ가 $\rho_{임계}$보다 큰가, 같은가, 작은가? 어떻게 아는가?

12 우주론에서 k는 보통 닫힌 우주 또는 열린 우주에 대해 ±1로 잡으며, 그러면 원리적으로 $a = 1$인 순간이 고정된다. 우리 우주에서는 측정의 한계 안에서 $k = 0$이므로 $a = 1$인 순간은 마음대로 잡을 수 있다.

첫 물음에 답하려면 첫째 프리드만 방정식에 $k = 0$을 넣고 ρ에 대해 푼다. 그러면 다음 식을 얻는다:

$$\rho_{임계} = \frac{3c^2}{8\pi G}H^2 \tag{14.3}$$

둘째 물음에 답하려면 k를 0으로 두지 않고 ρ에 대해 풀어 다음 식을 얻는다:

$$\rho = \frac{3c^2}{8\pi G}H^2 + \frac{3c^4}{8\pi G}\frac{k}{a^2} = \rho_{임계} + \frac{3c^4}{8\pi G}\frac{k}{a^2} \tag{14.4}$$

첫째 프리드만 방정식에서 이 식을 얻는 것이 어렵지 않지만, 이 식에 담긴 내용을 찬찬이 살펴보자:

- § 14.3에서는 임계 밀도 $\rho_{임계}$의 개념을 소개하고 이를 우주의 유, 무한성에 대한 물음과 연결했다. 이제는 임계 밀도를 무엇이 결정하는지 알 수 있다: (14.3)은 평평 우주의 $\rho_{임계}$이다. $\rho_{임계}$는 H의 함수이고 $\rho_{임계}$는 시간이 가면서 변하므로 (첫째 프리드만 방정식에 따라) $\rho_{임계}$도 변한다.
- (14.4)에서 $k > 0$은 $\rho > \rho_{임계}$를 뜻하고 그 역도 성립함을 알 수 있다. 그래서 밀도를 곡률과 연결할 수 있다. 닫힌 우주를 (앞서 했듯이) 속성 $k > 0$으로 정의하는 대신, $\rho > \rho_{임계}$로 정의할 수 있다.

첫째 프리드만 방정식은 허블 매개변수를 밀도 항과 곡률 항의 합으로 나타낸다. 밀도 항이 곡률 항보다 훨씬 크면 우주는 거의 평평하다($\rho \approx \rho_{임계}$). 곡률 항이 밀도 항과 비슷하거나 더 크면 곡률이 중요하다. (완벽한 평평도는 밀도 항이 완전히 우세함을 뜻한다. 즉, $k = 0$이다.)

k는 상수이지만 a와 ρ는 모두 변할 수 있어 그 방정식의 균형이 바뀔 수 있다. 아래에서 우주가 팽창하면 곡률이 덜 평평해지거나 어떤 비정상적 상황에서는 더 평평해질 수 있음을 볼 것이다.

상태 방정식

프리드만 방정식은 수학적으로는 시간 함수 a, ρ, P에 대한 두 개의 연립 상미분 방정식이다. 따라서 방정식이 하나 더 있어야 풀 수 있다. 물리적으로 추가 정보가 필요한 이유는 우주 팽창 방식은 그 안에 무엇이 있느냐에 달려 있기 때문이다. 따라서 프리드만 방정식을 완성하려면 우주를 이루는 에너지의 어떤 속성을 기술해야 한다.

그 추가 정보는 대체로 우주를 채운 물질의 압력과 에너지 밀도와 관련된 "상태 방정식"의 꼴이다. 가장 중요한 두 가지 경우는 물질로 채워진 우주와 빛으로 채워진 우주이다. 위에서 말했듯이, 우리 우주의 곡률은 매우 작다는 것을 알고 있으므로 간단히 이 두 경우를 모두 $k = 0$일 때를 살펴보자. 이 절의 뒷부분에서 되돌아와서 곡률이 우주의 진화를 어떻게 바꿀 수 있는지에 살펴본다.

물질: 우주론자들은 압력이 0인 모든 꼴의 에너지를 "물질"이라고 부른다. 기체는 압력이 있고 대폭발 이후 처음 몇 백만 년 동안에는 그 압력이 사람의 기준으로 보면 극도로 높았다는 점을 들어 합리적으로 반박할 수 있다. 그러나 (14.2)를 보면 문제는 에너지 밀도에 비해 압력이 얼마나

큰가이다.[13] 입자의 속력이 광속보다 훨씬 느린 한 에너지는 질량 에너지(mc^2)가 지배하며 압력은 에너지 밀도에 비해 무시할 수 있다. 따라서 물질의 상태 방정식은 P = 0이다. 문제 14에서 이 가정을 프리드만 방정식에 넣어 다음을 보일 수 있다.

$$\text{물질:} \qquad P = 0 \;\rightarrow\; a \propto t^{2/3},\ \rho \propto a^{-3}$$

빛: 맥스웰 방정식에서 빛의 압력과 에너지 밀도의 관계가 $P = \rho/3$임이 나온다. 문제 15에서 이 관계를 프리드만 방정식에 넣어 다음 결과를 얻는다:

$$\text{빛:} \qquad P = \rho/3 \;\rightarrow\; a \propto t^{1/2},\ \rho \propto a^{-4}$$

ρ와 a의 관계가 이렇게 다른 것을 바탕으로 팽창 우주에서 물질의 총 에너지와 빛의 총 에너지의 거동이 다를 것이라는 결론을 바로 내릴 수 있다.

능동 읽기 연습: 물질, 빛, 에너지 밀도

공간의 어떤 영역이 팽창하여 눈금 인자 $a(t)$가 결국 처음 값의 두 배가 된다고 하자.

1. $a(t)$는 물체의 거리에 대한 무차원 척도임을 기억하라. a가 두 배가 되면 그 영역의 부피는 어떻게 되는가?
2. 물질은 관계식 $\rho \propto a^{-3}$을 따른다. 여기서 ρ는 에너지 밀도이다(예를 들어 J/m^3 단위로 잼). 따라서 a가 2배가 되면 물질의 에너지 밀도는 1/8배로 준다. 이것과 위에서 셈한 부피 변화를 바탕으로 그 영역의 물질의 총 에너지를 구하라.
3. 빛은 관계식 $\rho \propto a^{-4}$을 따른다. 이것과 방금 셈한 부피 변화를 바탕으로 그 영역의 총 빛 에너지를 구하라.

이 각본에서 부피는 8배 커지고, 물질의 에너지 밀도는 1/8배로 줄며, 빛 에너지 밀도는 1/16배로 준다. 이로부터 팽창 영역의 총 에너지에 대한 중요한 결론이 나온다:

> 우주가 팽창하면 물질 속의 총 에너지는 불변이지만, 빛의 총 에너지는 줄어든다.

물질에 대해서는 예상할 수 있는 결과이다: 처음에 mc^2이 있었고 나중에도 mc^2이 있는데 더 넓은 영역에 퍼졌다. 그러나 빛은 어떻게 되었는가?

이 결과를 이해하는 한 가지 방법은 빛을 광자 기체로 보는 것이다. 우주가 팽창하면 물질 입자의 총 수가 일정하게 유지되듯이 모든 영역의 광자 수도 일정하게 유지된다. 그러나 공간의 팽창은 a에 비례하여 각 광자의 파장을 늘린다. 광자의 에너지는 파장에 반비례하므로 빛의 총 에너지는 a에 반비례하여 줄어든다.

광자 논리는 $\rho \propto a^{-4}$의 결과를 정확하게 예측하지만 여전히 명백한 물음을 던진다: 그 모든 에

13 단위 면적이 받는 힘(압력)과 단위 부피의 에너지(에너지밀도)의 단위가 같으므로(쉽게 확인할 수 있다) 이 둘을 비교하는 것이 뜻이 있다.

너지는 어디로 갔는가? 답은 다음과 물음에 대한 답과 유사하다. "공을 공중에 던지면 공의 운동 에너지는 어디로 가는가?" 공이 올라가면 운동 에너지를 잃지만, 공을 다시 아래로 내리면 운동 에너지를 다시 얻을 수 있음을 안다. 그래서 운동 에너지가 위치 에너지로 저장된다고 말한다. 그 위치 에너지는 공이 높은 곳에 있을 때 직접 영향을 주지는 않는다. 그것은 단순히 공이 다시 떨어질 때 되찾는 운동 에너지의 양의 척도이다.

빛이 지배하는 우주는 팽창할 때 에너지를 잃지만 다시 수축한다면 모든 에너지를 되찾는다. 그래서 잃어버린 에너지를 우주 팽창과 관련된 위치 에너지로 해석한다. 공의 위치 에너지와 마찬가지로 우주의 위치 에너지는 어떤 것에도 직접 영향을 주지 않는다. 특히 프리드만 방정식의 ρ 항에는 들어있지 않다.

곡률과 우주의 운명

위에서는 물질과 에너지에 대한 상태 방정식을 준 다음 그에 따르는 ρ의 a와 t에 대한 변화를 살펴보았다. 이러한 계산(문제 14와 15)에서는 유클리드(평평한) 우주에 해당하는 $k = 0$으로 가정한다. 그렇지만, 곡률 항이 매우 작아도 우주의 미래에는 큰 영향을 줄 수 있다.

능동 읽기 연습: 우주의 운명

허블 매개변수 $H = \dot{a}/a$는 우주가 얼마나 빨리 팽창하는지를 나타낸다. (14.1)은 허블 매개변수의 제곱을 두 항의 차이로 나타낸다: 첫 항은 밀도 ρ(그 자체가 시간의 함수임)가, 둘째 항은 곡률 k(상수)가 결정한다.

우주가 팽창함에 따라 ρ는 줄고(첫 째 항이 준다) a는 커진다(둘째 항도 준다).

1. 물질-지배 우주에서는 $\rho \propto a^{-3}$이다. a가 두 배가 되면 (14.1)의 ρ-기반 항과 k-기반 항은 각각 몇 배로 주는가? 어느 것이 더 빨리 주는가?
2. 물질-지배 우주에서 $k > 0$이라면 1에 대한 답은 H가 결국 어떻게 된다는 것인가? 우주 팽창은 어떻게 되는가?

물질-지배 우주에서 (14.1)의 밀도 항은 $1/a^3$처럼 줄고 곡률 항은 $1/a^2$처럼 준다. 두 항 모두 줄지만 밀도 항이 더 빨리 준다. 길게 보면 우주는 어떻게 될까?

닫힌 우주: $k > 0$이면 곡률 항이 밀도 항보다 클 수 없다. (그렇지 않으면 H가 허수가 된다.) 그러나 우주가 팽창함에 따라 곡률 항은 결국 밀도 항을 따라잡아 같아진다. $H = 0$이 되는 순간 우주 팽창이 멈춘다. 지면에서 탈출 속도보다 느린 속도로 위로 올라가는 공을 생각해 보라. 공은 잠시 위로 가지만 결국 중력이 공을 세워 한 순간 속도가 0이 된다. 그 다음에는 공은 지구의 중력에 끌려 다시 떨어진다. 물질-지배 우주에서 $k > 0$이면 은하들은 서로 멀어지다가 점점 느려져 어느 순간 멈출 것이고, 그 다음에는 중력 때문에 그들은 서로 다시 끌어당길 것이다. [(14.1)은 $\dot{a}^2$에 관한 것임을 기억하라; 공의 $mv^2/2$에 대한 식처럼 속도가 양수이든 음수이든 똑같아 보인다.) 우주는 다시 수축하여 § 14.1에서 설명한 각본에 따라 "대파쇄"된다.

열린 우주 또는 **평평 우주**: $k < 0$이면 (14.1)의 오른쪽에 있는 두 항은 양수이지만 감소한다. H는

점근적으로 0에 접근할 것이므로 우주는 탈출 속도보다 빨리 올라가는 공처럼 점점 더 천천히 팽창하지만 멈추지는 않을 것이다. $k = 0$(평평 우주)이면 정성적인 면은 열린 우주와 같지만 나중에 $a(t)$의 수학적 꼴은 다르다(문제 16). 어느 쪽이든 장기적인 미래는 § 14.1에서 설명한 "열죽음"처럼 보인다.

빛-지배 우주에서도 결론은 물질-지배 우주와 같다. 이 경우 $\rho \propto a^{-4}$이므로 곡률 항이 훨씬 빨리 밀도 항을 따라잡는다.

표 14.1에 세 가지 기하를 요약했다. 이 표에는 이 절에서 말한 것이 거의 모두 들어 있지만 그 근원이 무엇인지 확실히 알아야 한다.

표 14.1 세 가지 기하

	곡률	밀도	크기	운명 (물질- 또는 빛-지배)
닫힌 우주	$k > 0$	$\rho > \rho_{임계}$	유한	결국 재붕괴
열린 우주	$k < 0$	$\rho < \rho_{임계}$	무한	영원한 팽창
평평 우주	$k = 0$	$\rho = \rho_{임계}$	무한	영원한 팽창

- $k > 0$은 $\rho > \rho_{임계}$를 뜻하고 그 역도 성립한다는 것은 첫째 프리드만 방정식에서 직접 나온다.
- 이러한 진술과 우주의 운명은 프리드만 방정식으로 연결되지만 물질-지배 또는 빛-지배 우주에 대한 상태 방정식을 얻어야만 가능해진다. § 14.5에서는 닫힌 우주를 영원히 팽창시킬 수 있는 또 다른 유형의 에너지를 소개한다.
- $k > 0$이 유한 우주를 시사하고 그 역도 성립한다. 이 사실은 "일반 상대론을 배울 때까지는 그냥 받아들이자."

혼합 우주

온전한 물질-지배 우주와 온전한 빛-지배 우주를 살펴 보았다. 이 둘이 섞인 (그리고 앞으로 보게 될 다른 유형도 포함한) 우주는 더 복잡하다. 그러나 수학적으로는 서로 다른 에너지 유형은 따로 다룰 수 있다. 물질의 에너지 밀도는 a^{-3}에, 빛의 에너지 밀도는 a^{-4}에 비례한다. 그 결과 빛 에너지에 대한 물질 에너지의 비는 우주가 팽창함에 따라 커진다.

대폭발 이후 대략 1초 뒤, 모든 반물질과 거의 모든 물질이 쌍소멸되자, 우주의 빛 에너지는 물질 에너지의 약 10억 배가 되었다. 우주는 그 뒤로 약 50,000년 동안 $a \propto t^{1/2}$로 팽창했으며, 그 다음부터는 물질이 빛을 능가하여 우주의 지배적인 에너지가 되었다.

그 뒤로 수십억 년 동안 물질이 지배했다. 그러나 오늘날 우주에 있는 대부분의 에너지는 상태 방정식이 매우 다른 "암흑 에너지"이다. 암흑 에너지와 그것이 우주의 미래에 미치는 영향에 대해서는 § 14.5에서 살펴본다.

14.4.3 물음과 문제: 프리드만 방정식

개념 물음과 시험

1. 우주에 물질과 빛이 있고, 곡률이 양수($k > 0$)일 때 다음 중 가장 빨리 주는 것은? (하나를 고르고 설명하라.)
   A. 물질의 에너지 밀도
   B. 빛의 에너지 밀도
   C. 첫째 프리드만 방정식의 곡률 항(650쪽)

2. (14.1)은 $\dot{a}^2$에 대한 것이다. 우주가 팽창($\dot{a} > 0$)하든 수축($\dot{a} < 0$)하든 식은 똑같아 보인다. [그것은 마치 공이 어느 쪽으로 가든, 운동 에너지는 $mv^2/2$로 똑같은 것과 같다.] ($k > 0$일 때의 각본처럼) $\dot{a} = 0$이 되면 우주는 계속 팽창하지 않고 다시 수축된다는 것을 정성적으로 설득하라.

3. 130억년 전에 우주가 열린 상태로 정해졌다고 하자 ($\Omega < 1$, 여기서 $\Omega = \rho/\rho_{임계}$). 다음 중 현재의 우주에 대해 참인 것을 골라라. (하나를 고르고 설명하라.)
   A. 지금까지 진화한 과정에 따라 열린-, 평평-, 또는 닫힌-우주일 수 있다.
   B. 지금도 확실히 열린-우주이지만 Ω는 그때와는 값이 다를 수 있다.
   C. Ω는 지금도 그때와 똑같다.

4. (14.1)의 곡률 항이 밀도 항보다 더 클 수 있는가? (하나를 고르고 설명하라.)
   A. 그렇다, 하지만 닫힌 우주에만 해당된다.
   B. 그렇다, 하지만 열린 우주에만 해당된다.
   C. 그렇다, 유니버스 유형과 무관하다.
   D. 아니다, 우주의 유형과 무관하다.

5. 물질—또는 빛-지배에 대해 열린 우주는 영원히 팽창하고 닫힌 우주는 결국 다시 수축한다고 했다. 평평 우주($k = 0$)는 어떻게 될까? (하나를 고르고 첫째 프리드만 방정식에서 어떻게 알 수 있는지 설명하라.)
   A. 영원히 팽창한다.
   B. 결국 다시 수축한다.
   C. 다른 요인에 따라 둘 중 하나가 된다.

심층 토론

6. 공간 영역이 균일하지만 등방성이 아닌 상황의 예를 제시하라.

7. (14.1)에서 $k > 0$인 물질-지배 우주는 언젠가는 팽창을 멈추고 순간적으로 선다고 주장했다. 그 다음에는 중력 때문에 은하계가 서로 끌려 우주가 수축하기 시작한다는 물리적 근거를 댔다. 그러나 이 물리적 직관이 옳은지 어떻게 알 수 있는가? (14.1)은 a가 그 순간부터 상수로 남고 $H = 0$이어서 오른쪽의 두 항이 크기는 같고 부호는 반대인 상태로 일정하게 유지된다면 완벽하게 맞을 것이다. 물리적 직관을 제쳐두고, 그 순간에 우주가 서 있지 않고 수축할 것을 어떻게 알 수 있는가?

문제

8. 프리드만 방정식에서 $k > 0$이면 $\rho > \rho_{임계}$이고 그 역도 성립함을 보여라. $\rho_{임계} = 3c^2H^2/8\pi G$이다.

9. k가 (14.1)에 미치는 영향을 살펴보자:
   (a) 정해진 에너지 밀도 ρ에 대해 방정식이 허용하는 k의 최대값은 얼마인가?
   (b) (14.1)에 따라 H^2의 도표를 k의 함수로 그려라. 도표가 두 축과 교차하는 점에 값을 표시하고 열린 우주, 닫힌 우주 및 평평 우주에 해당하는 도표 영역을 표시하라.

10. 평평한 물질-지배 우주($a = a_0t^{2/3}$)를 살펴보자. 시각 t_0에 관찰을 시작할 때 거리가 두 배가 되는데 걸리는 시간을 "허블 시간" $1/H_0$로 나타내라. 여기서 H_0는 시각 t_0의 허블 매개변수의 값이다.

11. 첫째 프리드만 방정식에서 곡률 항을 무시할 수 있으면 다음 식이 된다.

$$\frac{dr}{dt} = \kappa\sqrt{\rho}\, r$$

여기서 r은 임의로 고른 은하까지의 거리이고 κ는 상수이다.

(a) 이 문제에서 방정식의 ρ를 $Mc^2/[(4\pi/3)r^2]$으로 바꾼다. 이 공식에서 상수 M은 무엇의 질량인가? 이 공식은 우주를 구성하는 에너지에 대해 어떤 가정을 하는가?

(b) (a)의 밀도 공식을 써서 미분 방정식을 풀어 $r(t)$를 구하라.

(c) 답을 $r = (Qt + C)^{2/3}$ 꼴로 쓸 수 있음을 보이고, 상수 Q를 문제에서 정해준 상수로 나타내라. C는 지금은 임의의 상수로 두자.

(d) 모든 거리가 0이 되는 순간을 $t = 0$으로 잡아 임의의 상수 C를 구하라.

(e) 우리 우주의 나이는 현재 138억년이다. 이 문제의 가정 하에서 먼 은하의 거리가 지금의 두 배가 되려면 앞으로 얼마나 걸릴까?

12. 밀도 매개변수 Ω를 $\rho/\rho_{임계}$(임계 밀도에 대한 실제 밀도의 비)로 정의했다. 이 문제에서는 우주의 유일한 에너지가 물질이라고 가정하고 우주가 팽창할 때의 Ω의 거동을 살펴본다 (그러나 밀도 항이 꼭 곡률 항보다 우세하다고 가정할 필요는 없다). 편의상 $G = c = \hbar = 1$인 단위를 써서 플랑크 밀도가 1이 되게 하자. 초기($t = 0$으로 둘 수 있음) 조건으로 ρ를 플랑크 밀도의 10분의 1로 둔다. 우리는 물질을 살펴보고 있으므로 뒤에 밀도는 $\rho = \rho_0/a^3$이 된다. 간단히 초기에는 $a = 1$로 둘 수도 있고, 그러면 (14.1)과 초기 조건에는 숫자와 미정의 매개변수 k만 남는다.

(a) (14.1)의 초기 조건을 $k = 0,\ 0.01,\ -0.01$로 잡아 각각 수치 해를 구하고, Ω의 시간 변화 도표를 시각 $t = 0$에서 $t = 1000$까지 그려라.

(b) 세 각본 중 하나는 수직 점근선에 접근한다. (점근선은 그림에서 명확하지 않을 수 있지만 그림과 어긋나면 안된다.) 세 각본 중 어느 것이 그러하며, 그 거동이 우주의 장기적 운명에 관해 무엇을 말하는가? **실마리:** Ω에서 $\rho_{임계}$, H, $\dot{a}$로 차례로 바꾼 다음, $\dot{a}$의 거동을 바탕으로 우주가 어떻게 될지 헤아릴 수 있다.

(c) 다른 두 도표는 어떤 꼴이며, 우주의 장기적 운명에 대해 무엇을 시사하는가?

13. 입자 기체는 입자의 평균 속력이 c보다 훨씬 느린 한 압력이 없다고 볼 수 있다 ($P \ll \rho$). 등분배 정리를 써서 양성자 기체가 사실상 압력이 없어지는 온도를 추정하라. (그런데 우주는 대폭발 후 약 10^{-5}초 뒤에 이 온도 이하로 식었다.)

14. 물질 지배($P = 0$) 평평 우주($k = 1$)를 살펴보자:

(a) 두 프리드만 방정식에서 ρ를 소거하여 $a(t)$에 대한 단일 미분 방정식을 구하라.

(b) 해를 $a = a_0 t^p$꼴로 추측한다. 지수 p의 값은 아직 모른다. 이 해를 (a)의 미분 방정식에 넣어 p를 구하라.

(c) a의 해를 첫째 프리드만 방정식에 넣어 $\rho(t)$를 $\rho_0 t^n$ 꼴로 나타내라. 이 식에서 멱수 n은 명시된다.

(d) $a(t)$와 $\rho(t)$의 해를 써서 ρ를 a의 함수로 나타내라.

15. 빛-지배($P = \rho/3$), 평평 우주에 대해 문제 14의 모든 단계를 밟아라. 이 문제를 풀기 위해 14번 문제를 풀 필요는 없다.

16. 우주의 에너지가 물질 뿐이고 $\rho \propto a^{-3}$라고 하자. 열린 평평한 기하에 대한 이 우주의 후기 거동을 구하려 한다. 답이 간단하도록 $a = 0$인 때를 $t = 0$으로 나타내자.

(a) 먼저 $k < 0$(열린 우주)이라고 하자. 나중에 (14.1)의 오른쪽에 있는 항 중 어떤 항이 우세할까? 열세 항을 0으로 둔 미분 방정식을 풀어 $a(t)$의 후기 거동을 구하라.

(b) 이제 $k = 0$에 대해 같은 일을 하라.

(c) 위에서 얻은 답을 바탕으로 이 두 각본 각각에서 나중에 멀리 떨어진 은하의 운동을 서술하라.

17. 탐색: 관측 가능 우주의 크기

관측 가능 우주의 크기를 셈하려면 지금 우리가 받고 있는 빛을 가장 먼저 보낸 물체가 얼마나 멀리 있는지 셈한다. 내용이 같고 더 간단한 방법은 우리가 있는 곳에서 그 때 나온 빛이 지금 도달한 거리를 셈하는 것이다. 어떤 순간 t에 빛다발이 우리로부터 거리 x에 있고 곧바로 멀어지고 있다고 하자. 시간 dt에 자체 운동으로 거리 cdt 만큼 더 멀리 간다. 또한 그것은 우주 팽창 때문에 더 멀어진다.

(a) 우주 팽창의 결과로 빛다발은 시간 dt 동안 얼마나 더 멀리 가는가? 답은 허블 매개변수 H에 따라 달라진다.

(b) 두 운동(빛의 고유 운동과 우주 팽창)을 더하여 시간 dt 동안 우리에 대한 거리의 증가분 dx를 구하라. 양변을 dt로 나누어 dx/dt의 식을 구하라.

(c) 이제 평평한, 물질-지배 우주 $a \propto t^{2/3}$를 가정하자. $H(t)$를 셈하여 위에서 구한 dx/dt의 식에 넣어 $x(t)$에 관한 미분 방정식을 구하라.

(d) 선형 1계 미분방정식 $dx/dt + f(t)x = g(t)$의 일반해는 다음과 같다.

$$x(t) = \frac{1}{I(t)} \int I(t)g(t)dt, \qquad I(t) = e^{\int f(t)dt}$$

$x(t)$에 관한 미분 방정식을 풀어 우리에 대한 빛다발의 거리 $x(t)$를 시간의 함수로 구하라.

(e) 해에는 항이 두 개 있어야 한다. 어떤 항이 나중에 해를 지배하는가?

(f) 덜 중요한 항을 무시하고 나중에 유효한, $x(t)$에 대한 간단한 식을 써라. 나머지 문제의 답은 이 식을 써서 구할 수 있다.

(g) 대폭발($t = 0$)부터 현재($t = 138$억 년)까지 우주가 물질-지배였다면 관측 가능 우주의 반지름은 얼마일까?

(h) 실제 반지름은 약 460억 광년이다. 이것이 위에서 얻은 답과 다른 까닭은 무엇인가?

18. 탐색: 둘째 프리드만 방정식 유도

프리드만 방정식[(14.1) 및 (14.2)]은 모두 아인슈타인의 방정식에서 직접 끌어낼 수 있다. 그러나 열역학을 쓰면 첫째 방정식에서 둘째 방정식을 끌어낼 수 있다.

(a) (14.1)의 양변에 r^2을 곱한 다음 양쪽을 시간 미분하라. 결과 식에는 a, $\ddot{a}$, $\dot{\rho}$가 들어가야 한다.

(14.2)를 얻으려면 $\dot{a}$와 $\dot{\rho}$를 소거해야 한다.

(b) 반지름이 a인 공 영역 속의 총 에너지(에너지 밀도가 아님)를 E라고 하자. (늘 처음에 R을 재는 단위로 $a = R$을 정의할 수 있으며, 정의에 따라 a와 R은 같은 비율로 증가한다.) ρ를 E의 함수로 나타내고 (시시한 일이다), 그것을 써서 $\dot{\rho}$를 $\dot{E}$의 함수로 나타낸다 (짧은 셈이 필요함). 이것을 $\ddot{a}$에 관한 식에 넣으면 이제 $\dot{\rho}$ 대신 $\dot{E}$에 관한 식이 된다.

(c) 열역학에 따르면 압력이 P인 유체의 부피가 dV만큼 팽창할 때 잃는 에너지는 $dE = -P\,dV$이다. 이 사실을 써서 $\ddot{a}$에 대한 방정식을 $\dot{E}$ 대신 $\dot{V}$에 관한 식으로 고쳐라.

(d) $\dot{V}$(공의 부피 변화율)를 $\dot{a}$(반지름의 변화율)로 써라. 그 결과를 써서 $\ddot{a}$에 대한 방정식에서 $\dot{V}$를 소거하라.

(e) 끝으로 방정식을 E가 아닌 ρ에 관한 식으로 바꿔, $\ddot{a}$에 관한 방정식을 ρ와 P 그리고 상수에 관한 식으로 만들어라. 식을 정리하여 (14.2)를 얻어라.

14.5 암흑 물질과 암흑 에너지

우주는 무엇으로 되어 있는가? 주변에서 볼 수 있는 것은 양성자와 중성자(그것은 다시 쿼크로 되어 있음)와 전자로 되어 있다. 광자(기술적으로 우리가 볼 수 있는 유일한 입자)도 있다. 일상 경험에서는 그것이 거의 전부다. 또한 수많은 입자 목록에 "중성미자"를 추가할 수 있지만, 그것은 상호 작용이 거의 없어 일반 물질을 그냥 지나므로 검출하려면 특수 장비가 필요하다.

이들 알려진 입자와 우리가 만들거나 검출한 다른 모든 입자를 더하면 우주 에너지의 약 5%가 되는 것으로 밝혀졌다. 나머지는 우리가 직접 관찰한 적이 없는 "암흑 물질"과 "암흑 에너지"의 두 가지 꼴로 존재한다. 이 절에서는 그들의 존재를 어떻게 아는지, 그리고 그들의 속성에 대해 아는 것과 모르는 것을 설명한다.

14.5.1 발견 연습: 회전 곡선

우리 은하에는 많은 별이 모여 있고, 넓은 원반 꼴로 퍼져 중앙의 팽대부를 중심으로 돌고 있다. 간단히 은하의 실질적인 모든 질량 M이 팽대부에 모여 있고 그 밖에 있는 별들은 원궤도를 돌고 있다고 가정하자.[14]

이러한 가정과 함께 뉴턴 제2법칙과 뉴턴 중력 법칙을 써서 은하계 중심까지의 거리의 함수로 팽대부 밖의 별의 궤도 속력 $v(r)$을 셈하고, 그것의 도표를 그려라.

이 절에서는 실질적으로 모든 은하에 대해 관측된 함수 $v(r)$이 방금 셈한 것과 매우 다르다는 것을 알 수 있다. 예측과 관측의 불일치는 관측 가능 우주의 전체 에너지에 가장 크게 기여하는 두 요소 중 하나인 "암흑 물질"의 발견으로 이어졌다.

14.5.2 설명: 암흑 물질 및 암흑 에너지

관측 가능 우주를 이루는 각 유형의 에너지 비율을 우주의 "에너지 예산"이라고 한다. 현재 최고의 모형은 다음과 같다.

- 에너지의 약 68%는 관측 가능 우주 안의 모든 공간을 채우는 균일한 장인 "암흑 에너지"이다.
- 약 27%는 은하 내부와 주변에 모여 있는 미지의 유형의 입자인 "암흑 물질"이다.
- 나머지 5%는 지금까지 직접 관찰한 모든 유형의 에너지이다. 그 5%는 대부분 양성자와 중성자이다.

암흑 물질과 암흑 에너지가 있다는 것을 그들의 중력 효과를 관찰해서 알고 있지만, 2025년 현재 어느 것도 아직 직접 검출하지 못했다.

암흑 물질

암흑 물질은 은하계에서 별이 어떻게 공전하는지, 은하단에서 은하계가 어떻게 공전하는지 관찰하여 발견했다.

우리 은하와 같은 큰 나선 은하는 중심에 고밀도 팽대부가 있고 그 팽대부 주위를 공전하는 별들이 가느다란 고리를 이룬다. 이러한 바깥쪽 별의 거동을 예측하려면 궤도를 유지하게 하는 구심력이 중앙 팽대부가 주는 중력(인력)임을 눈여겨보자:

$$\frac{m_{\text{별}} v^2}{r} = \frac{G M_{\text{은하}}\, m_{\text{별}}}{r^2}$$

14 둘째 가정은 합리적이다. 첫째 가정은 아니다—중앙 팽대부의 질량은 우리 은하에서 관측된 질량의 반보다 적다. 그러나 여기에서 설명하려는 정성적 요점을 명확히 하는데 도움이 된다.

따라서 은하의 모든 질량이 중앙 팽대부에 있다면 별의 공전 속력은 $1/\sqrt{r}$ 에 비례할 것이라는 결론이 나온다. 여기서 r은 별에서 은하 중심까지의 거리이다.

$v \propto 1/\sqrt{r}$ 의 관계는 태양계의 행성 궤도에는 매우 잘 맞는데, 그 까닭은 태양계의 질량이 거의 모두 태양에 모여 있기 때문이다. 이에 반해 은하계에서는 중앙 팽대부의 질량이 전체 질량의 반이 안되므로 $v(r)$의 셈이 더 복잡하다. 그러나 은하의 밀도 분포를 잴 수 있고 다소 복잡한 수학(여전히 중력이 구심력으로 작용한다고 봄)을 써서 은하의 회전 운동을 예측할 수 있다. 셈의 결과는 중앙 팽대부 밖의 별의 공전 속력은 반지름이 클수록 느려지며, 아주 먼 곳에서는 $v \propto 1/\sqrt{r}$ 에 접근한다고 예측한다.

그 예측은 관측 결과와 맞지 않는 것으로 드러났다.

1970년대에 루빈(Vera Rubin)은 여러 은하계에서 별의 궤도 속력을 재고 그림 14.10과 같은, 반지름에 대한 속도 도표인 "회전 곡선(rotation curve)"을 그렸다. 그녀는 위에서 설명한 대로 반경이 클수록 속력이 느려질 것으로 예상했으나, 그녀가 얻은 회전 곡선은 평평하거나(속력이 반지름과 무관함) 많은 경우 매우 큰 반경에서 올라갔다.

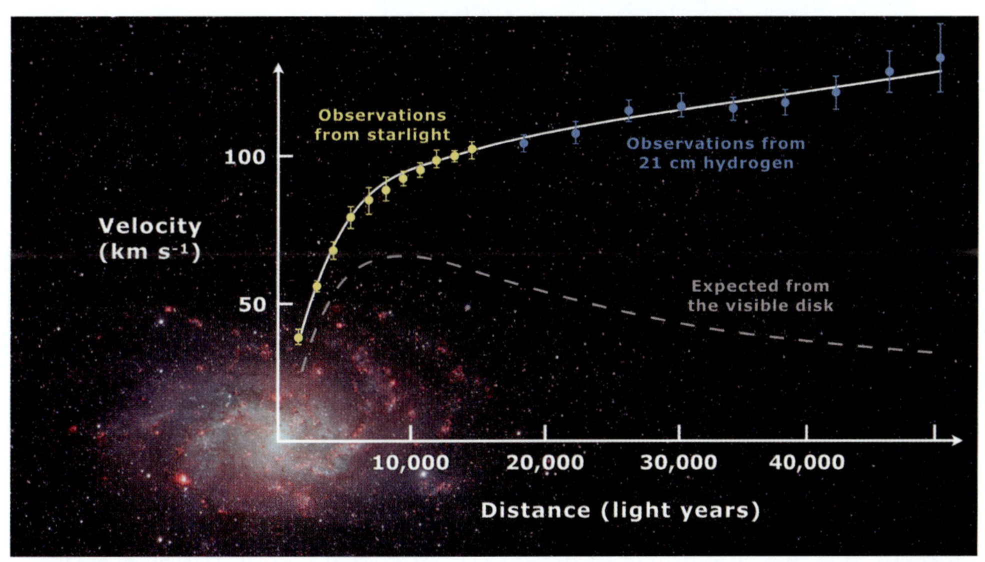

그림 14.10 은하 M33의 회전 곡선. 측정값 분포와 가시 물질을 바탕으로 예측한 값. 원자료: *De Leo* © 2018.

루빈의 결론은 모든 은하의 질량은 우리가 볼 수 있는 것보다 5–10배 더 많으며 이 질량은 우리가 보는 것보다 중앙 팽대부에 덜 모여 있다는 것이다. 이 가정한 물질은 보이지 않는다: 그것은 가시광, 라디오파, 또는 우리가 천체를 관측하면서 재는 다른 어떤 진동수의 빛도 방출, 흡수 또는 반사하지 않는다.

사실, 1933년 츠비키(Fritz Zwicky)가 거대한 은하 집단인 코마 성단(Coma Cluster)의 중심 질량을 공전하는 은하의 회전 곡선을 쟀을 때 같은 결론을 얻었다. 츠비키는 "암흑 물질"이라는 용어를 만들어 냈지만 1970년대 루빈의 작업이 있기 전까지는 그의 결론을 따로 검증할 수 없었다. 루빈의 연구 이후 천문학계는 암흑 물질의 존재를 받아들였다.

측정된 회전 곡선이 정해지면 암흑 물질의 밀도가 은하 내부와 주변에 어떻게 퍼져 있는지 추론할 수 있다. 결론은 모든 은하가 암흑 물질 "후광(halo)"에 싸여 있다는 것이다. 가시 물질은 흔히 (우리 은하처럼) 납작한 원반 꼴로 있지만, 암흑 물질 후광은 거의 공 모양이다(그림 14.11). 중심에서 멀어지면 암흑 물질의 밀도는 가시 물질의 밀도보다 더 천천히 떨어지며 암흑 물질은 가시 물질보다 중심에서 몇 배나 더 먼 곳까지 퍼져있다. (원반 너머의 암흑 물질은 은하계를 공전하는 왜소은하와 같은 물체의 궤도 속도를 재어 측정한다.)

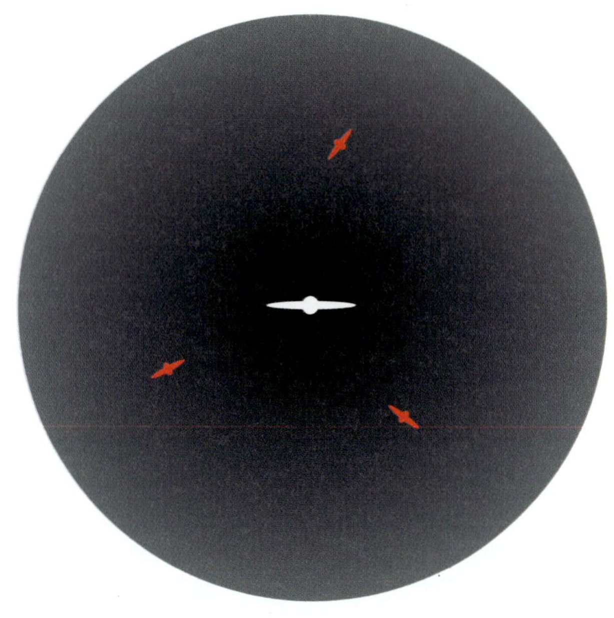

그림 14.11 은하계(흰색)는 가시 물질의 원반보다 5배 이상 큰 공 모양의 암흑 물질 후광에 싸여 있다. 우리는 왜소은하(빨간색)의 회전을 잼으로써 원반 너머에 있는 암흑 물질까지 잴 수 있다.

암흑 물질의 존재는 이제 여러 다른 측정을 통해 확인되었다. 가장 직접적인 것은 "중력 렌즈 효과(gravitational lensing)"로, 빛이 강한 중력원 근처를 지날 때 굽는 현상이다. 은하단에 의한 중력 렌즈 효과를 잰 값은 회전 곡선에 의해 측정된 암흑 물질의 양과 일치하는 질량의 효과를 보여준다.

암흑 물질은 또한 구조 형성 전산 모사를 통해 간접 확인되었다. 다른 측정에서 암흑 물질의 양이 드러난다면 전산 모사가 재현하는 은하 모양은 우리가 보는 것과 일치한다. 암흑 물질이 없거나 분포가 상당히 다르면 모양이 달라진다. 그 전산 모사는 암흑 물질이 "차가운" 것을, 곧 입자가 비 상대론적 속력으로 움직임을 일러준다. 이는 암흑 물질이 일반 물질과 똑같이 $\rho \propto a^{-3}$ 규칙을 따름을 뜻한다.

암흑 물질은 입자 이론의 "표준 모형"에 있는 입자로 되어있지 않다. 우리는 암흑 물질이 다른 물질과의 상호 작용이 매우 약한 입자로 되어 있다고 믿는다. 이 글을 쓰는 현재 암흑 물질의 비중력 상호 작용 효과는 관측되지 않았지만, 암흑 물질 입자를 직접 검출하려는 연구를 많이 하고 있다.

암흑 에너지

암흑 에너지는 우주의 팽창이 시간에 따라 어떻게 변하는지를 재면서 발견되었다.

물질로 가득 찬 팽창 우주에서는 은하의 중력 때문에 시간이 가면서 팽창이 점차 느려진다. 우리가 보는 먼 은하는 먼 과거의 모습이므로 그 우주가 오늘날의 우주보다 더 빨리 팽창하고 있었다는 사실을 잴 수 있어야 한다.

1990년대에 펄머터(Saul Perlmutter)가 이끄는 연구진과 슈미트(Brian Schmidt)와 리스(Adam Riess)가 이끄는 연구진이 이러한 측정을 시작했다. 1998년에 두 연구진 모두 자료를 공개했는데, 결론이 같았다: 은하계는 실제로 우리에게서 멀수록 속도가 빨라진다!

공을 위로 던진다고 상상해보라. 공은 한동안 올라갔다가 다시 내려온다. 공을 (탈출 속력보다 더 빠른 속력으로) 충분히 세게 던질 수 있다면 공은 우주로 탈출하여 다시는 떨어지지 않을 것이다. 그러나 어떠한 경우에도 공이 손을 떠난 뒤 위로 계속 가속되지는 않는다. 하지만, 은하들은 바로 그런 것처럼 보인다.

이 결과는 모든 은하 전체가 서로 끌어당기는 힘 보다 더 센 반발력을 무엇인가가 주고 있음을 시사한다. 그것이 무엇인지 몰라서 터너(Michael Turner)는 미확인 "암흑 물질"과 유사하게 "암흑 에너지(dark energy)"라고 불렀다. 암흑 물질과 암흑 에너지는 모두 보이지 않는다는 뜻에서 그리고 잘 모른다는 뜻에서 "암흑"이다. 그러나 비유는 거기서 끝난다. 암흑 에너지는 반발력을 유발하는 반면, 암흑 물질은 관측 가능한 우주에서 인력의 대부분을 담당한다.

암흑 에너지는 뜻밖의 수수께끼이지만 일반 상대론과는 부합된다. § 14.4에서 우주를 채우는 물질[함수 $\rho(a)$의 꼴로]에 대한 서술로 시작할 수 있었고 첫째 프리드만 방정식에서 우주가 어떻게 팽창할 것인지 예측할 수 있었다 [함수 a(t)]. 물질의 경우 $\rho \propto a^{-3}$은 $a \propto t^{2/3}$으로 이어진다. 빛의 경우 $\rho \propto a^{-4}$은 $a \propto t^{1/2}$을 예측한다. 암흑 에너지도 같은 프리드만 방정식을 따르지만 밀도 관계가 달라 팽창 패턴도 다르다.

능동 읽기 연습: 암흑 에너지

우주가 팽창하는데, 그 밀도 ρ는 일정하게 유지되는 것을 살펴보자. (일정한 것은 총 에너지가 아니라 에너지 밀도이다.) 평평 우주의 경우 첫째 프리드만 방정식은 다음과 같다.

$$\left(\frac{\dot{a}}{a}\right)^2 = \frac{8\pi G}{3c^2}\rho \quad \text{(상수)}$$

이 방정식을 그대로 풀 수도 있지만, $\dot{a}/a$를 H로 두면 식이 더 단순해 보인다:

$$\left(\frac{\dot{a}}{a}\right)^2 = H^2 \quad \text{(상수)}.$$

1. 이 방정식을 풀어 $a(t)$를 구하라. 해에는 상수 H가 들어간다.
2. 구한 해에서 먼 은하의 운동이 빨라지거나 느려지는 것을 볼 수 있는가? 어떻게 아는가?

방정식의 어떤 것도 음수가 아니므로 양쪽에서 "제곱"을 지워도 문제가 없다. 그렇게 얻은 방정식을 변수 분리법으로 풀거나, 아마도 그냥 살펴보아 $a = a_0 e^{Ht}$의 해를 얻을 수 있다. 요컨대, 에너지 밀도가 일정한 우주에서는 시간이 가면서 거리가 지수적으로 늘어난다.

가속도를 얻으려면 $\ddot{a}$를 셈한다. 물질- 또는 빛-지배의 경우 $\ddot{a}$는 음수이며 은하가 우리에게서 멀어지면서 속도가 점점 느려짐을 뜻한다. 에너지 밀도가 일정한 우주에서는 a는 지수적으로 커지고 $a > 0$이므로 은하들은 서로 멀어질수록 속력이 더 빨라진다.

에너지 밀도가 일정하면 가속 팽창됨을 보였다. 에너지 밀도가 변해도, 그 변화가 충분히 느리면 가속 팽창을 얻을 수 있지만(문제 8), 우리 우주에서 잰 가속 팽창 결과는 암흑 에너지 밀도가 거의 완벽하게 일정함을 나타낸다.

암흑 에너지의 효과를 "가속 팽창"으로 서술하지만 이 문구를 해석할 때 조심하라. 우주의 팽창률을 허블 매개변수로 재는데, H는 증가하지 않는다. 지금부터 10억년 뒤에, 예를 들어 50억 광년 떨어진 은하들은 현재 50억 광년 떨어진 은하들이 멀어지는 것보다 더 천천히 멀어질 것이다. 그러나 $\ddot{a} > 0$이라는 사실은 10억년 동안에는 각각의 특정 은하가 현재 더 빨리 멀어질 것임을 뜻한다.

이 모든 것은 우주가 팽창해도 암흑 에너지의 밀도는 일정하게 유지된다는 놀라운 사실에서 비롯된다. 어떤 유형의 에너지가 그럴 수 있을까? 이것은 에너지 보존에 어긋나지 않는가?

둘째 물음부터 답하겠다. § 14.4에서 우주가 팽창함에 따라 우주의 모든 영역에서 빛의 총 에너지는 줄고 사라진 에너지는 일종의 중력 위치 에너지로 저장된다고 했다. 우주가 팽창함에 따라 모든 영역의 암흑 에너지 총량이 커지므로 우주가 음성 위치 에너지를 저장하고 있음을 뜻한다. 그러나 팽창과 관련된 이 위치 에너지는 프리드만 방정식의 에너지 밀도 ρ의 일부가 아니므로 그 효과를 잴 수 없음을 기억하라.

그런 식으로 거동하는 에너지가 무엇인지에 관한 물음이 여전히 남아 있다. 우주론자들은 주로 두 가지 가능성을 말하는데, 그 중 하나가 암흑 에너지를 설명할 수 있다.

- 입자 물리학의 힉스 장과 같은 "스칼라 장"은 어떤 상황에서 ρ가 상수가 될 수 있다. § 14.7에서 이 가능성에 대해 더 설명한다.
- 또 다른 가능성은 아인슈타인이 우주를 안정시키고자 일반 상대론에 넣은 우주 상수이다.

아인슈타인은 첫째 프리드만 방정식의 왼쪽에 상수항으로 들어간 우주상수를 중력에 대한 물질의 반응을 결정하는 법칙을 고친 것으로 생각했다.[15] 현대 우주론자들은 우주상수를 중력 법칙의 수정이 아니라 새로운 형태의 에너지로 본다. 효과는 같지만 지금은 대체로 첫째 프리드만 방정식의 우변에 상수로 넣는다.

에너지 밀도가 일정한 스칼라 장과 우주 상수의 차이는 스칼라 장은 결국 붕괴되어 해당 에너지를 잃을 수 있다는 것이다. 암흑 에너지가 참된 우주 상수라면 우주 자체의 고유 에너지 밀도가 있음을 뜻한다. 이 "진공 에너지"는 아마도 영원히 변하지 않을 것이다. 따라서 스칼라 장으로서의 암흑 에너지와 우주 상수로서의 암흑 에너지의 차이를 지금은 식별할 수 없지만, 우주의 궁극적인 운명을 결정하는 데 중요할 수 있다. 암흑 에너지가 결코 붕괴하지 않는다면 우주는 열려 있든 닫혀 있든 평평하든 관계없이 영원히 팽창할 것이다(물음 3).

암흑 에너지가 무엇이든 측정된 가속 팽창률을 통해 관측 가능 우주 에너지의 약 68%를 구성함을 알 수 있다. 암흑 에너지는 (가시적 또는 암흑) 물질과 달리 우주 전체에 고르게 퍼져 있는 것처럼 보인다.

---

15 아인슈타인은 프리드만 방정식을 끌어내는 텐서 방정식의 한쪽에 상수항을 넣었지만 그 상수는 결국 프리드만 방정식에 나타난다.

암흑 에너지에 대한 꽤 결정적인 증거는 증가하는 우주 팽창률이다. 그러나 또 다른 독립적인 증거가 있는데, 그것은 우주의 곡률이다.

프리드만 방정식이 우주의 밀도와 곡률을 연결한다는 점을 상기하자. 우주의 밀도가 임계 밀도 미만이면($\rho < \rho_{임계}$) 우주의 곡률은 음수이다($k < 0$, 열린 우주). 1990년대 초반에 잰 낮은 ρ-값을 바탕으로 구한 곡률은 음수이고 잴 수 있어야 한다. 하지만 실제로는 그렇지 않다. § 14.4에서 말했듯이 우주의 곡률을 재려는 모든 시도에서 아무것도 나오지 않았다.

암흑 에너지는 그 결과를 완벽하게 설명한다. 물질(대부분 암흑 물질)의 팽창으로부터 추론한 암흑 에너지를 더하면 $\rho = \rho_{임계}$이고, 이것은 우리가 잴 수 있는 가장 높은 정확도로 평평 우주($k = 0$)를 예측한다. 우주론자들이 암흑 물질과 암흑 에너지 측정을 확신하는 많은 이유는 두 양 $\rho_{암흑}$과 $\rho_{물질}$에 대한 세 가지 독립적인 측정 결과가 서로 잘 맞기 때문이다.

1. 회전 곡선과 중력 렌즈 효과를 써서 은하와 성단을 관찰하여 관측 가능 우주의 물질의 평균 밀도를 더할 수 있다. 여기에는 가시 물질과 암흑 물질이 모두 들어간다. 그 결과는 $\rho_{물질}$이 임계 밀도의 약 1/3이라는 것이다.
2. 팽창률의 시간 변화를 잼으로써 암흑 에너지의 반발 효과와 물질의 인력 효과의 차이를 잰다. 그 결과는 $\rho_{암흑} - \rho_{물질}$이 임계 밀도의 약 1/3임을 보여준다.
3. 관측 가능 우주의 곡률을 재어 총 에너지 밀도를 결정할 수 있다. 결과는 $\rho_{암흑} + \rho_{물질}$가 임계 밀도와 같다는 것이다.

이 세 가지 측정의 어느 둘만으로도 물질의 밀도가 임계 밀도의 약 1/3이고 암흑 에너지의 밀도가 임계 밀도의 약 2/3라는 결론을 내리기에 충분하다. 이 세 가지가 모두 잘 맞으므로 현재의 우주 모형을 확신할 수 있다.

14.5.3 물음과 문제: 암흑 물질과 암흑 에너지

개념 물음과 개념시험

1. 암흑 물질과 암흑 에너지가 있다는 것을 어떻게 아는지 간단히 설명하라. (두 답이 다르다.)

2. 은하 A가 현재 80억 광년 떨어져 있고 은하 B가 30억 년 뒤에 80억 광년 떨어져 있게 된다고 하자. (우리 우주처럼) 암흑 에너지가 지배하는 우주에서 이러한 은하에 대해 다음 중 무엇이 참인가? (맞는 것을 모두 골라라)

A. 30억년 뒤, 은하 A는 지금보다 더 빨리 멀어진다.
B. 30억년 뒤, 은하 A는 지금보다 더 천천히 멀어진다.
C. 30억년 뒤, 은하 B는 은하 A가 현재 멀어지는 것보다 더 빨리 멀어진다.
D. 30억년 뒤, 은하 B는 은하 A가 현재 멀어지는 것보다 더 천천히 멀어진다.

3. 우주 상수가 지배하는 우주가 k의 부호와 무관하게 영원히 팽창하는 이유를 설명하라. **실마리:** § 14.4에서 k의 부호가 물질- 및 빛-지배 우주의 운명을 결정하는 까닭에 대한 논리를 되새겨라.

4. 반물질이 소멸한 직후에는 빛 에너지가 물질 에너지보다 훨씬 많았다. 그때는 암흑 에너지의 밀도는 … (하나를 골라 설명하라.)

A. 물질의 밀도보다 훨씬 작은가?
B. 물질의 밀도와 비슷한가?

C. 물질의 밀도보다 훨씬 큰가?

5. 암흑 물질의 중력 렌즈 효과를 관찰하여 그것이 있음을 확인할 수 있다고 했다. 암흑 에너지의 밀도는 암흑 물질의 두 배나 되지만 중력 렌즈 효과는 관찰되지는 않는다. 그 까닭은?

심층 토론

6. 암흑 에너지의 이상한 특징 중 하나는 음압이 있다는 것이다. 양압이 은하들을 가속시켜 서로 멀어지게 한다면, 음압은 그들을 빨아들여 중력의 인력을 강화시킬 것으로 생각하는 것이 합리적이다. 그러나 프리드만 방정식에서 반발 중력에 필요한 것은 우주가 팽창함에 따라 증가하는 일종의 에너지임을 알고 있다. 음압을 가진 유체가 팽창 우주의 모든 곳에서 전체 에너지를 늘리는 이유를 설명하라.

문제

7. 상태 방정식 $P(\rho)$가 어떤 꼴이어야 에너지가 가속 팽창($\ddot{a} > 0$)을 일으키는가?

8. § 14.4와 이 절에서 물질-지배 우주($\rho \propto a^{-3}$)가 $a \propto t^{2/3}$로 팽창하고, 빛-지배 우주($\rho \propto a^{-4}$)가 $a \propto t^{1/2}$로 팽창하며, 에너지 밀도가 일정한 암흑 에너지가 지배하는 우주는 $a = a_0 e^{Ht}$로 팽창한다.
   (a) 물질- 및 빛-지배 우주는 가속도가 음수인 반면 암흑 에너지-지배 우주는 양수임을 보여라.
   (b) $\rho \propto a^x$이고 x는 상수라고 하자. 첫째 프리드만 방정식에서 시작하여 우주가 가속 팽창하기 위한 x의 조건을 구하라. 우주는 평평하다고 하자.

9. 평평하고($k = 0$) 암흑 에너지가 지배하는(ρ는 상수, $a = a_0 e^{Ht}$) 우주를 살펴보자:
   (a) 프리드만 방정식(672쪽)을 모두 써서 암흑 에너지의 P와 ρ에 관한 상태 방정식을 구하라. 식에는 P와 ρ만 있어야 한다.
   (b) 위의 결과는 암흑 에너지 영역이 주변에 주는 힘에 대해 무엇을 말하는가? 압력은 유체 속에서 단위 면적이 받는 힘으로 정의된다.

10. 현재 우주는 팽창이 가속되고 있지만($\ddot{a}$가 양수) 허블 매개변수 H는 줄고 있다. 이 문제의 두 부분에 대한 답은 정의 $H = \dot{a}/a$에서 나온다.
   (a) 감속 우주($\ddot{a}$가 음수)에서는 H가 늘 줄어야 함을 보여라.
   (b) 가속 우주에서는 H가 $\ddot{a}$가 작을 때는 줄지만 $\ddot{a}$가 충분히 크면 증가한다. $\ddot{a}$의 문턱값을 a와 $\dot{a}$의 함수로 구하라.

11. 아인슈타인의 우주 상수는 첫째 프리드만 방정식의 왼쪽에 넣은 상수 Λ이다.

$$\left(\frac{\dot{a}}{a}\right)^2 - \Lambda = \frac{8\pi G}{3c^2}\rho - \frac{k}{a^2}$$

우주론자들은 종종 이 새로운 항을 진공 에너지로 해석하고 이 방정식에서는 ρ를 우주에 있는 다른 모든 것의 밀도로 본다. 이 해석에서 진공의 에너지 밀도는 무엇인가? **실마리:** 그것은 Λ에 따라 변하기는 해도 단위가 맞지 않으므로 Λ는 아니다.

12. 첫째 프리드만 방정식을 풀어 우주의 $a(t)$를 구한다: 현재 에너지의 1/3이 물질($\rho \propto a^{-3}$), 2/3가 암흑 에너지(ρ는 상수)인 평평 우주이다. 현재 에너지 밀도는 10^{-9} J/m^{3}이다. 처음에 $t = 0$ 및 $a = 1$로 잡을 수 있다.
   (a) 오늘부터 거리가 현재의 10배가 되는 때까지 $a(t)$의 도표를 그려라.
   (b) 오늘부터 거리가 두 배가 될 때까지 얼마나 걸리는가?
   (c) 거리가 10배가 되기까지 얼마나 걸리는가?
   (d) 그 때 암흑 물질과 암흑 에너지의 비는 얼마가 될까?

14.6 대폭발 모형의 문제

대폭발 바로 뒤의 순간부터 거의 140억 년이 지난 오늘날까지 우주의 진화를 정확하게 서술하여 대폭발 모형을 뒷받침하는 증거는 엄청나게 많다. 그러나 문제도 있다. 이 절에서는 이러한 문제 중 일부를 서술하고 § 14.7에서는 "급팽창"이라는 대폭발 모형을 추가하여 그 문제를 푸는 방법을 설명한다.

14.6.1 발견 연습: 대폭발 모형의 문제

우주의 밀도가 플랑크 밀도 아래로 내려갔을 때, 우리가 아는 한 곡률의 값은 얼마든 될 수 있었다. 그러나 현재의 관측 결과를 바탕으로 그 값을 제한할 수 있다.

간단히 이 연습 전체에서는 우주가 태초부터 지금까지 물질-지배라고 가정한다.

1. 오늘날 우주의 나이가 138억 년이라면, 우주 나이가 1초일 때 이후로 눈금 인자가 몇 배 커졌는가?
   다음을 보라: www.cambridge.org/felder-modernphysics/checkyourself, Check Yourself #27.
2. 오늘날 관찰하면 첫째 프리드만 방정식의 밀도 항이 곡률 항보다 적어도 100배 더 크다. 현재의 밀도 항은 $t = 1$초의 값의 몇 배인가?

14.6.2 설명: 대폭발 모형의 문제

§ 14.2에서는 초기에 많은 물리학자들이 대폭발 이론을 받아들이기를 꺼렸으나 결국 받아들이게 설득한 증거를 설명했다. 그 증거는 오늘날에도 그 어느 때보다 설득력이 있다. 지금은 대폭발 모형이 지난 140억 년 정도의 우주 역사에 대한 정확한 설명이 아니라는 것을 심각하게 시사하는 어떤 발견도 상상하기 어렵다.

그렇지만, 애초의 이론에는 심각한 문제가 있었다. 이러한 문제를 풀어내자 아주 초기 우주에 대한 새로운 착상이 탄생했다.

평평도 문제

§ 14.4에서 우주는 잴 수 있는 범위 안에서 평평하다는 것을 관찰했다. 수학적으로 이것은 첫째 프리드만 방정식의 ρ-항이 k-항을 지배하여 후자가 중요하지 않음을 뜻한다.

$$\frac{8\pi G}{3c^2}\rho \gg \frac{kc^2}{a^2}$$

그게 왜 문제인가? 우주 역사의 대부분 동안 에너지 밀도는 $\rho \propto a^{-3}$인 물질이 지배해왔다. a가 두 배가 될 때마다 k-항은 1/4배로 줄지만 ρ-항은 1/8배로 줄어든다. 따라서 초기 비율이 무엇이든 우주가 충분히 팽창하면 결국 곡률 항이 우세하게 된다.

현재의 우주는 꽤 팽창했다. 대폭발 후 약 50,000년 뒤에 물질이 우주를 지배하게 되자 눈금 인자는 거의 3000배로 커졌다. 그에 앞서 빛-지배 기간에는 $\rho \propto a^{-4}$로 줄었으므로 밀도는 곡률보다 더 빨리 줄었다.

곡률 항이 오늘날처럼 덜 중요해지려면 플랑크 밀도의 시기에 밀도 항의 10^{-29}배를 넘지 않아야 한다는 것을 셈하여 알 수 있다(문제 8). 곡률이 밀도와 관련이 있으므로 달리 말할 수 있다: 우주의 초기 밀도는 임계 밀도와 유효숫자 29자리까지 같아야 했다.

우리 이론의 어떤 것도 ρ가 $\rho_{임계}$와 유효숫자 29자리까지 같아야 한다거나, 그러면 안된다고 하지 않는다. 당신이 금강석 반지를 잃어버렸는데, 다음 날 "친구"가 끼고 온 똑같이 생긴 반지의 금강석 무게가 유효 숫자 29자리까지 같다고 하자. 우연이라고 생각하겠는가?

완벽하게 나와야 할 때 우연의 일치는 더욱 의심스러워 보인다. ρ가 아주 조금 더 크게 시작했다면 우주는 너무 빨리 재붕괴되어 어떤 구조도 만들지 않았을 것이고, 조금 더 작게 시작했다면 우주는 너무 빨리 팽창하여 어떤 구조도 만들 수 없었을 것이다. 밀도가 $\rho_{임계}$와 거의 같아야만 흥미로운 우주를 만들 수 있는데, 초기 밀도가 바로 그 값이었지만 그 이유는 모른다.

오늘날 우리가 보는 우주가 되려면 우주의 초기 곡률이 매우 정밀하게 미세 조정되었어야 한다는 사실이 "평평도 문제(flatness problem)"이다.

균질성과 지평선 문제

주변의 세상은 균질하지 않다. 앉아 있는 단단한 바위는 원자가 빽빽하게 있고 머리 위 수백 km인 곳은 거의 진공에 가깝다. 우리는 별들로 가득한 은하계에 있고 수백만 광년 너머에는 또 다른 은하가 있고 그 사이의 공간은 대부분 비어 있다.

그러나 관측 가능 우주의 규모에서 보면 그것은 모두 국소적 변이일 뿐이다. 시야를 넓혀 수억 광년이 넘는 영역을 살펴보면 대체로 거의 같아 보인다. 하늘의 어느 방향에서든 관찰 가능 우주의 큰 덩어리는 다른 방향의 큰 덩어리와 다소 비슷해 보인다: 평균 밀도, 은하 유형 분포 등이 모두 같다

그러나 중력 때문에 고밀도 영역이 저밀도 영역의 물질을 끌어당기므로 시간이 가면 균질성이 줄어드는 경향이 있음을 기억하라. 따라서 현재의 우주가 대규모로 대체로 균질하려면 초기 우주는 극단적으로 균질해야 한다. 그 사실은 CMB 측정으로 확인된다: 가장 밝은 쪽과 가장 어두운 쪽의 밝기의 상대적 차이는 10^{-5} 정도이다.

더 거슬러 올라가면, 플랑크 밀도 시기에는 현재의 관측 가능 우주 영역이 거의 완벽하게 균질했었을 것이다. 어떻게 그렇게 되었을까?

어떤 과정이 초기 우주의 밀도를 조절하여 거의 완벽한 균질성을 맞춰 놓았기 때문에 모든 것의 균질성이 유지된다고 설명하려 들 수 있다. 하지만 그 논리는 맞지 않는데, 그 이유는 다음과 같다.

관측 가능 우주의 가장자리를 "지평선"이라고 한다. 지평선은 우리가 볼 수 있는 한계이며, 어떤 식으로든 우리에게 영향을 미칠 시간이 있었던 가장 먼 곳이다. 표준 대폭발 모형에서는 플랑크 밀도 이후 발생한 어떤 물리적 과정도 여기의 조건과 여기에서 약 450억 광년 이상 떨어진 곳의 조건 사이에 상관관계를 만들 수 없었다.

한 방향으로 450억 광년 떨어진 공간 영역과 반대 방향으로 같은 거리 떨어진 다른 공간 영역을 보면 서로의 지평선 밖에 있는 두 영역이 보인다. 그래서 어떤 초기-우주 과정도 그 두 영역이 그렇게 비슷한 밀도를 갖도록 인과적으로 설정할 수는 없어 보인다; 지금까지 서술한 대폭발 모형에서 이러한 균질성은 우연의 일치일 수밖에 없다.

수수께끼를 더 어렵게 만드는 것은, 현재의 관측 가능 우주가 초기에는 지금 보다 더 작은 우주를 나타냈다는 것이다. 이것이 뜻하는 것은 단지 우주가 팽창하고 있다는 것만이 아니라, 관찰 가능 영역이 팽창보다 더 빠르게 넓어지고 있으므로 시간이 가면서 더 많은 은하가 지평선 안에 들어온다는 것이다(그림 14.12).

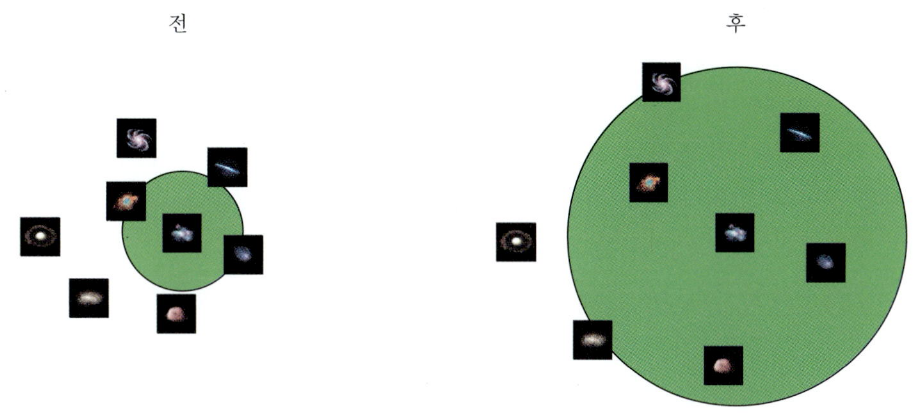

그림 14.12 물질-지배 우주에서 관측 가능 우주(녹색)는 우주의 팽창보다 더 빠르게 커지므로 시간이 가면서 우주의 더 많은 부분이 시야에 들어온다.

현재의 관측 가능 우주에는 재결합할 때 아직 서로 인과적으로 영향을 미칠 시간이 없었던 수천 개의 지역이 들어 있다. 그렇지만, 관찰된 바로는 그들 모두 밀도가 1/100,000 이내에서 똑같다. 어떻게 된 일일까?

초기 우주의, 설명할 수 없는 높은 수준의 균질성이 "균질성 문제"이고, 초기 우주에서 인과적으로 단절된 영역 사이에 어떤 종류의 상관관계가 있다는 사실은 "지평선 문제"이다.

홀극 문제

주변의 우주는 거의 전적으로 양성자, 중성자, 전자, 광자, 중성미자, 암흑 물질 및 암흑 에너지로 되어 있다. 입자 가속기는 케이온, 타우 입자, 힉스 입자, 전체 표준 모형과 같은, 앞의 목록에 없는 많은 입자를 만들어낸다. 그렇지만, 이들 다른 입자들은 불안정하며 빠르게 붕괴되어 방금 나열한, 상대적으로 적은 수의 안정적인 입자가 된다.

그러나 "대통일 이론(GUT)"이라는 특정 종류의 입자 이론은 "자기 홀극(magnetic monopole)"이라는 안정된 입자의 존재를 예측하는데, 아직 관측되지 않았다.

우리가 아는 모든 자성 입자는 자기 쌍극자로서, 그림 14.13와 같이 북극과 남극이 늘 붙어 있다. 자기 홀극이 있다면, 하전입자에서 전기장선이 나가고 들어오듯이, 자기장선이 나가고 들어올 것이다. 또한 GUT에 따르면 질량은 약 10^{16} GeV로 현재 가속기로 얻을 수 있는 가장 높은 에너지보다 10^{10}배 더 크다.

그러나 자기 홀극의 질량이 너무 커서 현재 실험실에서는 만들 수 없지만, 초기 우주의 에너지

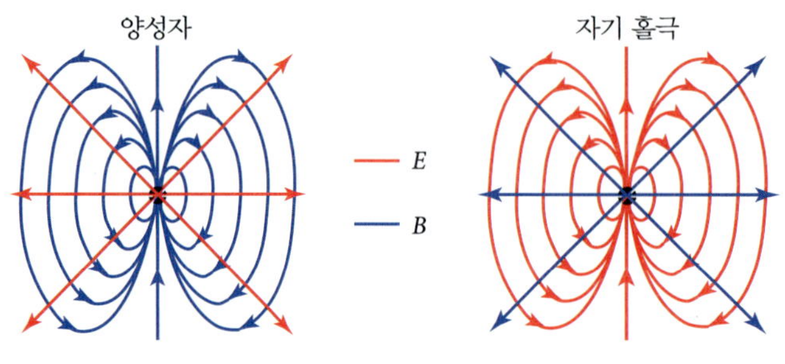

그림 14.13 양성자는 전기 홀극이자 자기 쌍극자이다. 자기 홀극은 있다면, 전기 쌍극자일 것이다.

수준 안에 있다. 1979년에 GUT 이론을 연구하던 입자 물리학자 구스(Alan Guth)는 대폭발 직후 밀도가 높고 뜨거운 조건에서 얼마나 많은 자기 홀극이 생겨야 했는지 계산했다. 그의 계산 결과는 자기 홀극의 수 밀도가 양성자의 수 밀도와 거의 같아야 함을 보여주었다. 자기 홀극은 안정적이므로 그 일대일 비율은 현재도 여전히 유지될 것으로 예상된다.

자기 홀극 하나의 질량이 양성자 10^{15}개 보다 더 크므로 현재 우주의 질량과 에너지를 완전히 지배할 것이다. 그러나 관측 가능 우주에는 자기 홀극이 존재한다는 증거가 없다. 초기 우주에서 많이 생겼다면 어디로 갔을까?

초기 우주에서 생겼다고 추정하는 많은 자기 홀극과 현재 전혀 없는 것의 불일치가 "자기 홀극 문제"이다. 초기 우주에서 생겨 주변에 있을 것으로 예상되는 다른 안정된 입자의 존재를 예측하는 고에너지 이론이 있는데, 그 입자들은 대체로 "유물 입자"라고 한다. 그러나 자기 홀극의 존재는 이러한 이론적 예측 중 가장 강력한 것이다.

숨 돌리기: 대폭발 모형의 문제가 얼마나 심각한가?

이 절에서 설명한 문제는 대폭발 이론이 틀렸음을 뜻하지는 않지만 애초의 모형이 불완전함을 나타낸다. 그 모형에는 아주 미세하게 맞춘 초기 조건이 필요하고 심지어 그런 다음에도 자기 홀극 생성에 대한 예측은 틀린 것 같다.

공정하게 말하면 미세 조정 문제(평평도, 균질성 및 지평선)를 다음과 같이 말하여 무시할 수도 있다: "우리는 플랑크 밀도 이상의 물리학은 모르므로 플랑크 밀도 시간 이전에 일어난 모든 일이 곡률이 매우 작은(또는 아마도 0인) 거의 균질한 영역을 만들었을 것이다."

자기 홀극은 우주가 플랑크 밀도 아래로 떨어진 뒤에 생성되었어야 하므로 그 문제는 더 어렵다. 그러나 GUT에 대한 실험적 증거는 없으므로 오늘날 우주에 자기 홀극이 없다는 것은 이러한 이론이 틀렸음을 시사한다고 결론지을 수 있다.

그렇지만 GUT를 믿을 수 있는 좋은 이론적 이유가 있지만, 플랑크 밀도 이상에서 적용되는 미지의 물리학이 대폭발 모형의 모든 미세 조정 문제를 마법처럼 풀 것으로 가정하는 것은 만족스럽지 않다. 1981년 구스는 여기에서 설명한 문제를 풀고 대폭발 모형이 설명한 후속 진화에 필요한 초기 조건을 설정한 초기 우주에 대한 새로운 이론을 설명하는 논문을 발표했다. 그 이론을 § 14.7에서 설명한다.

14.6.3 물음과 문제: 대폭발 모형의 문제

개념 물음과 시험

1. 다음 각 항목을 자신의 말로 정의하라.
   (a) 평평도 문제
   (b) 균질성 문제
   (c) 지평선 문제
   (d) 자기 홀극 문제

2. 구스의 계산은 주변에 자기 홀극이 없다는 것이 수수께끼로서 설명이 필요함을 보여주었다. 그러나 타우 입자, 힉스 입자 및 표준 모형의 다른 많은 부분이 없다는 점은 풀어야 할 수수께끼로 보지 않았다. 왜 그런가? (하나를 골라라.)
   A. GUT는 그러한 입자가 존재할 수 없다고 예측한다.
   B. 중성미자와 같은 입자는 물질과 거의 상호 작용하지 않아 검출이 거의 불가능하다.
   C. 이러한 입자는 생긴 뒤 거의 즉시 붕괴된다.
   D. 이러한 입자는 극한의 온도와 압력 조건에서만 존재할 수 있다.

3. 우리는 재결합 당시에 관측 가능 우주 영역이 서로 영향을 미칠 시간이 없었던 수천 개의 영역으로 구성되었지만 모두 거의 같다고 했다. 그 영역이 130억 년 전에 거의 같았음을 어떻게 알 수 있는가?

4. 방의 공기는 전형적으로 극도로 균질하여 밀도가 어디나 같다. 하지만 그것이 문제라거나 중대한 우연의 일치라고 보지 않는다. 그렇다면 재결합 당시 우주를 구성하는 유체가 매우 균질했다는 것이 놀라운 이유는 무엇인가?

심층 토론

5. 초기 우주에서 자기 홀극이 생겼다면 현재도 여전히 있어야 한다. 그것은 안정적이어야, 곧, 결코 붕괴되지 않아야 한다. 왜?
   (a) 13장에서는 붕괴될 수 있다면, 언젠가는 붕괴된다는 규칙을 설명했다. 따라서 완벽하게 안정된 입자는 말 그대로 다른 어떤 것으로도 붕괴될 수 없다. 양자장 이론에 따르면 어떤 붕괴 반응을 불법으로 만드는 것은 무엇인가?
   (b) 자기 홀극이 현재 알려진 어떤 입자로도 붕괴되지 않게 하는 특성은 무엇인가?

6. 납작쇠의 2차원 구면과 같은 유한 우주를 상상하면 우주가 팽창함에 따라 표면이 더 평평해짐을 알 수 있다. 그렇다면 현재 관찰하는 우주가 매우 평평하다는 사실이 왜 놀라운가?

7. 관찰 가능 우주가 우주의 팽창보다 더 빠르게 커진다고 말했다. 우주의 팽창보다 느리게 커질 수 있는가? 답의 이유는?

문제

8. 암흑 에너지가 평평도 문제를 해결하는가? (이 절의 발견 연습을 풀었다면 이 문제의 앞 부분은 이미 푼 셈이다. 이제 셈을 더 자세히 할 수 있다.)
   (a) 우주가 늘 물질-지배적이었고 현재 138억 년 되었다면 1초 때보다 규모가 몇 배 커졌는가?
   (b) 현재 관찰한 바로는 첫째 프리드만 방정식의 밀도 항이 곡률 항보다 적어도 100배 더 크다. (a)의 답을 바탕으로 현재의 밀도 항은 $t = 1$초 때의 몇 배여야 하는가?

   답은 아주 큰 숫자여야 한다. 오늘날 주변에서 볼 수 있는 우주가 되려면 매우 평평 우주에서 시작해야 했을 것이다. 하지만 그 계산은 오직 물질-지배 우주를 바탕으로 한 것이다. 이제 여전히 단순화했지만 실제에 조금 더 가까운 우주를 살펴보자: 물질-지배 기간 뒤에 암흑 에너지-지배 기간이 온다.

   (c) 암흑 에너지가 지배하는 우주에서 a가 두 배가 될 때 곡률에 대한 밀도의 비율이 몇 배나 커지거나 작아지는가?
   (d) 관측 가능 우주에는 물질보다 암흑 에너지가 두 배나 많다는 점을 감안할 때, 암흑 에너지가 처음으로 지배적 에너지로서 물질을 추월한 이후로 눈금 인자가 얼마나 커졌는가?

(e) (d)에 대한 답을 써서 암흑 에너지가 물질을 기간을 셈하라. $H = 2.33 \times 10^{-18}\ s^{-1}$을 써라.

(f) (b)에서 물질-지배하는 우주를 가정하여 대폭발 1초 뒤 프리드만 방정식에서 곡률 항에 대한 밀도 항의 비율을 셈했다. 그 셈을 다시 하는데—여전히 현재의 적어도 100:1의 비를 바탕으로—하지만 이번에는 (e)에서 셈한 순간에 물질에서 암흑 에너지로 완전히 전환된 우주를 가정하라.

(g) 암흑 에너지를 도입하면 평평도 문제가 어떻게 되는지 다음 중 하나를 고르고 그 답이 위의 셈에서 어떻게 나오는지 간단히 설명하라.

A. 악화된다.

B. 크게 바뀌지 않는다.

C. 완화되지만 여전히 풀어야 할 상당한 문제는 남는다.

D. 풀린다.

14.7 급팽창과 아주 초기 우주

급팽창 이론은 1981년 구스가 처음 발표했으며, 현재는 플랑크 밀도 아래로 떨어진 뒤 1초도 안 되는 아주 초기 우주에 대한 주류 이론이다. 이 이론은 상대적으로 적은 가정으로 우주가 대폭발 모형이 서술하는 후속 진화를 위한 초기 조건을 어떻게 갖게 되었는지 설명하고 현재 자기 홀극이나 다른 무겁고 안정적인 유물 입자를 관찰하지 못하는 이유를 설명한다.

14.7.1 발견 연습

우주가 팽창함에 따라 암흑 에너지가 일정한 에너지 밀도(예를 들어 J/m^3 단위로 잰 값)를 유지한다는 놀라운 사실을 설명했다. § 14.6의 문제 8을 풀었다면 암흑 에너지-지배적이 되면 우주의 곡률이 줄지만 현재의 측정값인 극도로 작은 곡률을 설명하기에는 불충분함을 확인했다.

그러나 우주가 플랑크 밀도 아래로 떨어진 직후에 속성이 같은 다른 유형의 에너지가 주변에 있었다면 어떻게 될까?

1. 기억하겠지만, 첫째 프리드만 방정식에서 에너지 밀도가 일정하고 곡률을 무시할 수 있으면 팽창해 $a = a_0 e^{Ht}$를 얻는다. 여기서 $H = \sqrt{8\pi G/(3c^2)}$이다. 에너지 밀도가 플랑크 밀도(4.6×10^{113} J/m^3)이고 우주가 이런 식으로 10^{-35}초 동안 팽창한다면 눈금 인자는 얼마로 커질까?
   다음을 보라: www.cambridge.org/felder-modernphysics/checkyourself, Check Yourself #28.
2. 방금 셈한 10^{-35}초 팽장을 시작할 때 (14.1)의 ρ 항이 곡률 항보다 10배 더 크다고 하자. 그 기간 에 ρ는 일정하게 유지되고 a는 커진다. 그 팽창의 끝에 ρ 항은 몇 배 더 커질까?

14.7.2 설명: 급팽창 및 아주 초기 우주

급팽창 이론은 대폭발 이론을 대체할 수 없다. 급팽창은 대폭발 이론 안에서 우주가 플랑크 밀도 아래로 떨어진 뒤 첫째 단계 중 하나를 채우면서 일어난다. 이 새로운 단계는 § 14.6에서 설명한 평평도, 균질성, 수평선 및 자기 홀극 문제를 푸는 조건을 만들었다.

급팽창 이론은 초기 우주에 지배적 에너지가 "스칼라 장"인 때가 있었다고 주장한다. § 14.5에서 다음과 같이 말했다: 우주가 팽창함에 따라 특정 상황에서 스칼라 장의 에너지 밀도가 본질적으로 일정할 수 있고, 그것이 에너지 밀도를 지배한다면 우주는 지수적으로 팽창한다: $a = a_0 e^{Ht}$(H는 상수).

스칼라 장이 무엇이고 왜 이상한 거동을 하는지에 대해 뒤에 더 자세히 말하겠지만 먼저 그 장이 § 14.6에서 설명한 문제를 어떻게 푸는지 보이겠다. 부수 이득으로 이 이론이 관측 가능 우주의 모든 구조의 기원을 설명한다는 것을 알게 될 것이다.

암흑 에너지 때문에 우리 우주는 지수적 팽창의 새로운 시기에 들어가고 있다. 급팽창(대폭발 이후 1초 만에 발생)과 현재 팽창의 차이는 지수 H이다. 프리드만 방정식은 (ρ 항이 k항을 지배하는 한) $H^2 \propto \rho$라고 말하므로 플랑크 밀도에 가까운 곳에서 발생하는 지수 팽창은 현재 경험하는 가속 팽창보다 지수가 거의 10^{70}배 더 크다.

구체적으로 플랑크 밀도 근처의 밀도에서는 $H = 5.4 \times 10^{43}\ \mathrm{s}^{-1}$이다. 그 비율에서는…. 여기 이 절에서 가장 중요한 문장이 나온다….

> 급팽창할 때 눈금 인자는 10^{-35}초 안에 10^{100}배 보다 훨씬 더 커졌을 수 있다.

10^{-35}초는 이 책에서 말한 아주 짧은 시간(예: 핵반응의 경우 10^{-20}초)보다 훨씬 더 짧다. 그리고 숫자 10^{100}은 무엇과 비교할 수 있을까? 대폭발 이후 흐른 시간을 초 단위로 센 값 10^{16}은 그 값 근처에도 못간다. 관측 가능 우주의 기본 입자 수는 어떤가? 약 10^{86}인데, 여기에 천만(10^7)을 곱한 다음 그 값에 다시 천만(10^7)을 곱하면 10^{100}이 된다.

따라서 급팽창 이론은 우주가 플랑크 밀도 아래로 떨어진 직후 상상할 수 없을 정도로 짧은 시간에 상상할 수 없는 규모의 변화를 겪었다고 말한다. 그리고 급팽창이 멈추고 우주는 "전통적인" 대폭발 이론이 예측한 여유로운 팽창을 시작했다.

놀랍게도, 이미 보았듯이 프리드만 방정식은 이러한 팽창을 예측할 수 있다. 그러나 훨씬 더 놀라운 것은 애초의 모형이 할 수 없었던 많은 수수께끼를 설명한다.

평평도

평평도 문제는 이것이다. 물질이나 빛이 팽창하는 동안 첫째 프리드만 방정식의 밀도 항은 곡률 항보다 더 빨리 줄어든다. 충분히 팽창하면 곡률 항이 결국 그 방정식을 지배하게 될 것을 예상할 수 있다. 그러나 측정 결과는 현재 우주에서 곡률 항은 무시할 수 있음을 나타낸다. 그것은 우주가 140억년 전에는 틀림없이 놀라울 정도로 평평했음을 뜻하며, 최초의 대폭발 이론의 어떤 것도 왜 그래야 했는지 설명하지 못한다.

이제 급팽창을 살펴보자. k-항은 a가 커짐에 따라 감소한다—그것도 그 짧은 순간에 엄청나게 감소했다. 그러나 스칼라 장에 대한 ρ-항은 일정하게 유지된다. 따라서 a를 늘리면 k-항이 덜 중요해진다. 급팽창 전에 밀도와 곡률 항이 비슷하다고 가정하면 10^{-35}초 뒤에는 밀도 항이 곡률 항보다 10^{200}배 이상 커진다.

§ 14.6에서 지난 140억 년 동안 곡률 항에 대한 밀도 항의 비가 10^{-29}배로 줄었다고 했다. 그 140억 년 전에 앞서 1초도 안 되는 동안 급팽창했다면 곡률 항은 오늘날에도 여전히 완전히 무시할 수 있을 것이다.

급팽창이 평평도 문제를 푸는 방식을 그려보려면 구면에 사는 납작쇠로 돌아가자. 그의 관측 가능 우주는 전체 우주(구면)에 비해 너무 작아서 그가 그릴 수 있는 가장 큰 삼각형이 모두 유클리드 삼각형처럼 보이므로 그의 우주가 닫혀 있음을 모른다. 그러나 그의 우주가 팽창함에 따라 그의 관찰 가능 우주는 점점 더 많은 구면을 차지하게 되고 결국 그는 곡률을 알아차린다.

이제 납작쇠의 우주가 급팽창하기 시작하여 가로 10^{100}미터 이상이 되었다고 상상하자(그림 14.14). 급팽창 기간 뒤에는 빛이나 입자가 살아남지 못하므로 140억 년 후에도 그가 볼 수 있는 가장 먼 물체는 여전히 반경 약 450억 광년인 관측 가능한 우주 내에 있다. 그가 볼 수 있는 범위 안에서 본 광선이 이루는 삼각형으로는 곡률을 검출할 기회가 없다. 시간이 가면서 그의 관찰 가능 우주는 커지겠지만 전체 우주에 비해서는 무시할 정도로 작을 것이다.

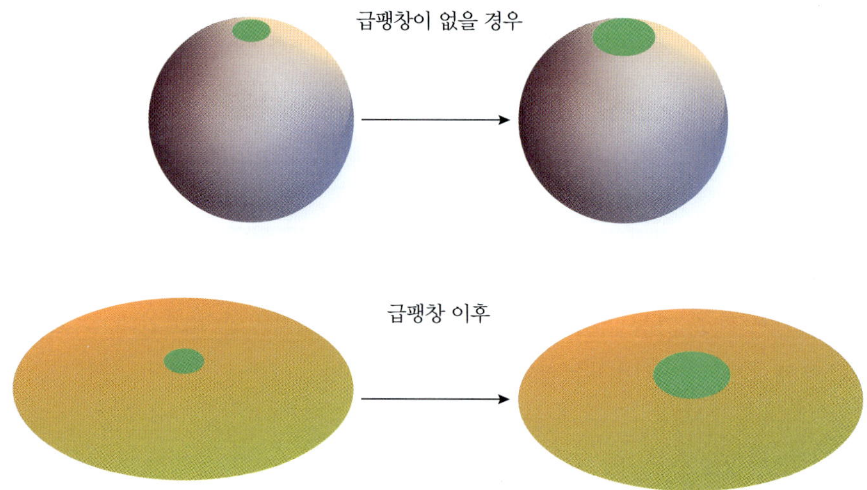

그림 14.14 급팽창이 없는 닫힌 우주에서 관찰 가능 우주가 관찰자가 곡률을 검출할 수 있을 만큼 전체 우주에 비해 충분히 커질 수 있다. 급팽창 이후의 우주에서는 관측 가능 우주가 전체 우주의 아주 작은 부분이므로 곡률 검출에는 상상할 수 없을 정도로 오랜 시간이 걸린다. 아래의 두 영상은 급팽창 이후 우주의 작은 조각 하나를 확대한 것을 보여준다.

급팽창이 우리 생각대로 일어났다면, 평평도를 벗어난 정도를 재기 훨씬 전에 모든 별이 타버렸을 것이다.

균질성과 지평선

균질성 문제는 이것이다: 우주의 밀도가 관측 가능 우주 전체에 걸쳐—매우 큰 규모에서—균질해 보이는 특별한 이유가 있는가? 특히 지평선 문제는 우리의 관측 가능 우주 안에 있는 영역으로서 서로 관측 불가능하거나 수십억 년 전에 불가능했던 다른 영역의 밀도가 어떻게 연결될 수 있는지 묻는다.

지금까지 우주가 플랑크 밀도에 있을 때 급팽창이 시작되었다고 가정해 왔지만 그렇게 가정할 특별한 이유는 없다. 그러면 단지 값을 더 쉽게 구할 수 있을 뿐이다. 균질성과 지평선 문제를 살펴보려면 그 가정을 완화하는 것이 더 낫다.

몇 가지 명확한 값을 알아보기 위해 우주가 플랑크 밀도(약 5×10^{-44}초)에 이른 뒤 "플랑크 시간"이 시작되었다고 하자. 그때까지 일반적인 인과 과정은 폭이 약 10^{-35} m인 균질 영역을 만들 수 있었다. 이제 급팽창이 일어났다.

위에서 쓴 (임의의) 값을 계속 쓰면 10^{-35}초 뒤에 이러한 균질 영역이 약 10^{65} m가 될 것이라고 할 수 있다. 이것은 현재의 관측 가능 우주의 크기보다 크기 정도가 거의 40배 더 크다. 따라서 급팽창이 멱제곱-법칙 팽창보다 앞서면 균질성과 지평 문제가 사라진다.

흔들림

급팽창은 균질성 문제를 풀지만 그 해가 너무 좋다. 우주가 10^{100}배로 지수적으로 팽창한다면 (그리고 대부분의 급팽창 모형에서는 그보다 훨씬 더 팽창한다), 모든 흔들림은 관찰할 수 있는 것보다 더 멀리 퍼질 것이고 관찰 가능 우주 전체가 오늘날은 완벽하게 균질하게 보일 것이다. 궁극적으로 중력 응집으로 별, 은하 등이 생기려면 밀도의 흔들림이 있어야 한다.

그 방법은 다음과 같다. 양자장 이론은 모든 장에 작은 무작위 흔들림이 있음을 알려준다. 일반적으로 이러한 흔들림은 너무 작고 수명이 너무 짧아 거시적 규모에 눈에 띄는 영향을 주지 않는다. 그러나 급팽창 중에 생긴 미세한 흔들림은 나머지 스칼라 장과 함께 즉시 늘어나고 팽창한다.

급팽창 시작 근처의 흔들림은 관측 가능한 우주보다 훨씬 더 크게 빨리 팽창했다. 즉, 급팽창 이전의 흔들림과 마찬가지로 검출할 수 없게 되었다. 그러나 급팽창이 끝날 무렵에 생긴 흔들림은 거시적인 크기로 팽창했지만 여전히 관찰 가능 우주의 규모에서 눈에 띄게 변할 만큼 충분히 작았다. 다시 말해서 그것이 만든 약간의 밀도 변화가 뒤에 구조의 씨앗이 되었다.

듣기에는 합리적인데 실제로 일어났을까? 글쎄, 그렇다면, 그 결과로 생긴 작은 흔들림은 CMB에서 작지만 감지할 수 있는 변화로 나타나야 한다. 1980년대 우주론자들은 급팽창 직후에 나타나야 할 밀도 흔들림과 그에 따른 CMB 흔들림을 예측하기 위해 계산을 했다.

그들은 "분광 일률(power spectrum)"를 예측했다. 대충 말하면, CMB 분광 일률은 두 방향의 사이각의 함수로 CMB의 강도가 두 방향에서 평균적으로 얼마나 다른지를 잰 것이다.[16]

그림 14.15는 CMB의 분광 일률 관측 값과 급팽창 이론의 예측 값을 보여준다. 두 값이 잘 맞기 때문에 대부분의 우주론자들이 현재 급팽창이 맞다고 생각한다.

자기 홀극

아마도 급팽창이 시작되기 전에 자기 홀극이 많이 생겼을 것이다. 그러나 그 뒤 우주는 10^{100}배 이상 급팽창했고, 그것이 끝날 무렵에는 자기 홀극의 밀도가 너무 낮아서 관측 가능 우주에서 자기 홀극을 발견할 확률은 거의 정확히 0이 되었을 것이다.

그래서 자기 홀극 문제가 풀렸다. 맞는가? 문제는 너무 잘 풀렸다는 것이다. 급팽창은 자기 홀

16 분광 일률은 푸리에 변환(§ 6.2)과 유사하며 위치의 함수를 공간 진동수의 함수로 나타내어 사인파 성분의 진폭으로 나타낸다. 이 경우 측정한 CMB는 위치가 아닌 각도의 함수이므로 사인파 대신 "구 조화함수"의 합으로 나타낸다.

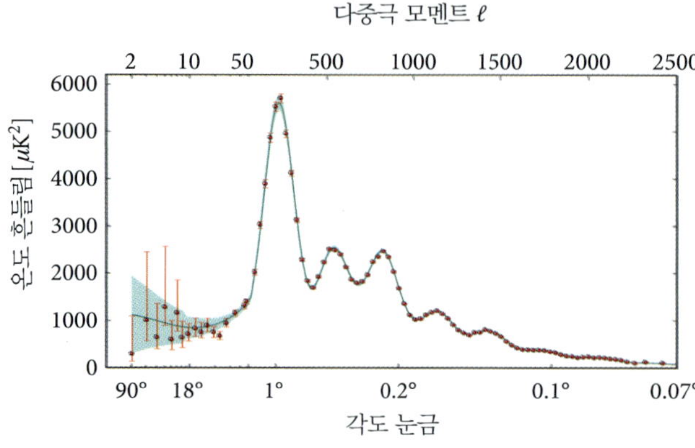

그림 14.15 CMB의 분광 일률. 오른쪽으로 가면 더 작은 각도 눈금에서 변동을 볼 수 있다. 점은 측정 값, 곡선은 급팽창 이론의 예측값이다. 출처: BSA와 플랑크 협업.

극을 제거하지만 양성자, 전자 및 거의 모든 것도 제거한다. 급팽창을 일으킨 스칼라 장의 밀도는 우주가 팽창함에 따라 거의 일정하게 유지되므로 급팽창이 끝날 때까지 우주에 남아 있는 중요한 에너지 형태는 스칼라 장뿐이다.

그렇다면 어떻게 물질과 빛으로 가득 찬 우주로 끝날까?

답은 대부분의 에너지 형태와 마찬가지로 스칼라 장이 불안정하다는 것이다. 순식간에 입자와 빛으로 붕괴되어 에너지를 잃는다. 급팽창 말기에 에너지 밀도가 충분히 낮았다면, 이 둘째 입자 생성 폭발은 양성자, 전자 및 오늘날 우주를 구성하는 다른 입자를 만들었을 것이지만 자기 홀극을 만들지는 않았을 것이다.

스칼라 장

좋다. 우리는 우주가 팽창하는 동안 에너지 밀도를 거의 일정하게 유지하는 (거의 있을 수 없는) 속성을 가진 "스칼라 장"을 상정했다. 이 상태 방정식과 플랑크 밀도에 가깝게 설정된 밀도 상수를 쓰면 프리드만 방정식은 엄청난 지수적 팽창을 예측한다. 그러한 놀라운 성장의 짧은 분출은 관측 가능 우주를 극도로 평평하고, 완전하지는—않지만—극단적으로 균질하고, 자기 홀극이 없는 전통적인 대폭발 모형에 필요한 초기 조건을 설정한다.

이제 스칼라 장이 무엇이며 그것이 어떻게 급팽창을 일으킬 수 있는지 살펴보자.

수학적으로 "장(field)"은 위치의 함수이다. 따라서 방의 온도는 스칼라 장 $T(x, y, z)$이고 공기의 속도는 벡터 장 $\vec{v}(x, y, z)$이다. (물론 장은 시간 변화할 수 있으므로 더 일반적으로는 x, y, z 및 t의 함수이다.)

그러나 입자 물리학에서 쓰는 '장'은 더 좁은 뜻으로서, 현실의 물리적 구성 요소 중 하나이다. 온도나 공기의 속도는 그 정의에 맞지 않으므로 대신 전기장이나 자기장을 생각하자. 그 장이 무엇으로 되어있느냐고? 대답은 '그 장은 다른 무엇으로 된 것이 아니다'는 것이다. 물리 법칙에서는 자기장이 있다고 가정하고, 그 장이 양성자와 전자 등과의 어떻게 상호 작용하는지 기술하는 법칙을 적는다.[17]

17 전기장과 자기장이 광자로 "되어있다"고 반박할 수도 있고, 어떤 면에서는 그 주장이 옳다. 양자장 이론에서 모든 기본 장마다 입자가 있는데, 그것은 그 장의 들뜸이 양자화된 것이다. 그래서 전기장과 자기장을 우주의 기본 개체로 가정하고, 이론은 이러한 장에 양자화된 잔물결만 생긴다고 말하며, 그것을 광자라고 한다. 양자장 이론은 실제로 모든 유형의 입자가 기본 장의 양자화된 들뜸이라고 말한다. 예를 들어 전자는 전자장(electron field)—전기장(electric field)과는 전혀 다르다—의 들뜸이다.

입자 물리학에는 많은 벡터 장이 있지만 하나의 물리적 스칼라 장인 힉스 장만 관찰했다. 그러나 대부분의 고에너지 입자 물리학 이론은 매우 높은 에너지에서만 들뜰 수 있는, 아직 모르는 다른 스칼라 장도 있다고 예측한다. 이러한 이론은 정해진 스칼라 장 $\phi(x, y, z)$와 위치 에너지 함수 $U(\phi)$를 연관시킨다. 그리고 다른 물리계와 마찬가지로 특정 위치 에너지 함수를 가정하면, 이를 써서 계의 거동을 예측할 수 있다.

예를 들어, 어떤 장의 위치 에너지 함수가 $U = (1/2)k\phi^2$라 하자. 이는 단순한 조화 진동자에 대한 위치 에너지 함수처럼 보인다. 물리적으로, 추가 달린 용수철을 말하는 것이 아니다. 위, 아래로 움직이는 물체가 없지만, 수학적으로는 계가 완벽하게 유사하다. 공간의 특정 점에서 장의 값은 최대값 $\phi_{최대}$와 최소값 $-\phi_{최대}$ 사이를 영원히 진동한다.

그러나 입자의 위치 에너지 함수와 달리 $U(\phi)$는 위치 에너지 밀도, 즉 단위 부피당 위치 에너지이다. 총 에너지를 구하려면 유한한 공간 영역에 대해 ϕ를 적분한다. 그러나 관측 가능 우주 전체에서 ϕ가 균질하다고 가정하면 적분을 피할 수 있다—그것은 급팽창 과정이 모든 불규칙성을 지웠기 때문에 일반적으로 할 수 있다. 그래서 공간적으로 균질하지만 시간에 따라 변하는 스칼라 장의 효과를 살펴보겠다.

구스의 통찰력 중 하나는 그림 14.16에서 보듯이 $U = 0$이 아닌, 위치 에너지 함수의 국소 최소값에 갇혀 있는 스칼라 장을 살펴보는 것이었다.

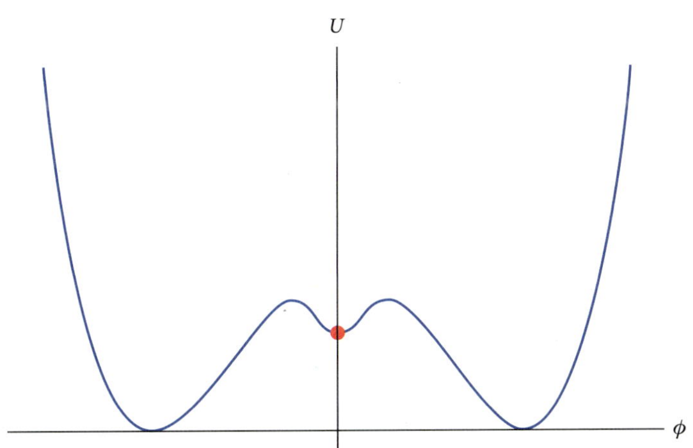

그림 14.16 위치 에너지 함수의 극솟값에 갇힌 장은 에너지 밀도가 일정하다.

우주가 팽창해도 그 장의 에너지 밀도는 일정하게 유지된다. 왜냐하면 에너지가 양쪽 언덕을 넘어갈 수 있을 만큼 충분하지 않기 때문이다. 그리고 위에서 본 것처럼 일정한 에너지 밀도는 지수적 팽창으로 이어진다. 급팽창은 장이 국소 우물에서 빠져나와 더 깊은 우물로 가는 양자역학적 터널링 통로를 찾을 때 끝난다. 그 때는 $U = 0$으로 내려가는 길을 찾는다. 이것은 물리적으로는 스칼라 장이 붕괴하여 물질과 빛이 되는 것에 해당한다.

구스의 애초의 모형은 터널링으로 급팽창을 끝낸 것인데, 실제로는 통하지 않는다. 장이 터널링하여 최소값으로 가는 시각이 곳곳마다 다를 것이므로 급팽창으로 생겨난 거의 완벽한 균질성이 망가질 것이다. 구스는 애초의 논문에서 이 문제를 인정했고, 그 초록을 매우 이례적인 문장으로 끝냈다: "딱하게도 이 각본은 터무니없는 결과를 내므로 각본을 고쳐야 한다."

1982년 린데(Andrei Linde)가 해결책을 찾았고 얼마 지나지 않아 알브레히트(Andreas Albrecht)

와 슈타인하르트(Paul Steinhardt)가 따로 또 해결책을 찾았다. "새 급팽창(new inflation)"이라고 부르는 린데의 모형은 국소 최소값을 매우 평평한 위치 에너지 언덕으로 대체한다. 장이 매우 완만한 경사를 따라 천천히 이동하므로 에너지 밀도는 거의 일정하며(그림 14.17) 장은 과정 전체에서 균질하게 유지된다(작은 양자 흔들림 제외).

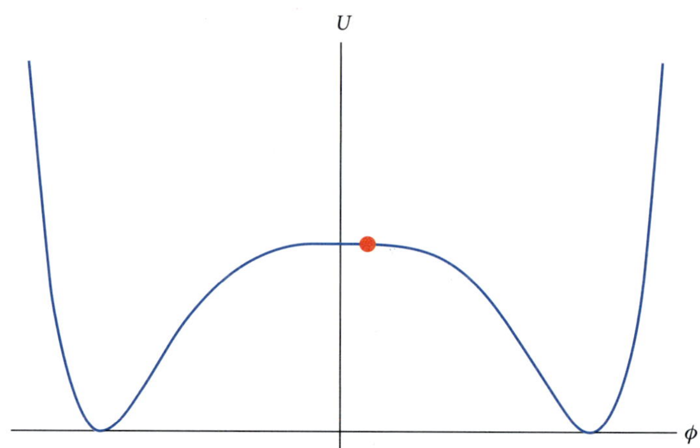

그림 14.17 "새 급팽창"에서 스칼라 장이 매우 평평한 위치 에너지 언덕을 따라 갈 때 에너지 밀도는 거의 일정하게 유지된다. 그것이 최소 골짜기로 떨어지면 급팽창이 끝난다.

새 급팽창이 나온 이후 많은 다른 모형이 제안되었다. 그들의 공통점은 급팽창을 스칼라 장이 구동하며, 그것의 에너지는 대부분 위치 에너지가 지배한다는 것이다. 그러나 이러한 고에너지 스칼라 장은 관찰한 적이 없어서 위치 에너지 함수를 모른다. 그래서 "급팽창이 10^{-35}초 지속된다면…"이라고 한다. 우리는 급팽창이 지속된 시간도, 그 동안 우주가 얼마나 팽창했는지도, 그것이 끝났을 때의 에너지 밀도도 정확히 알지 못한다. 왜냐하면 급팽창의 모든 특징은 결정하는 스칼라 장의 속성을 모르기 때문이다.

가장 단순한 급팽창 모형은 이러한 문제를 푸는 데 필요한 것보다 훨씬 더 크게 우주를 팽창시킨다. 당신이 꾸밀 수 있는 가장 간단한 모형에서 급팽창 동안 눈금 인자는 10^{10^6}배 이상 증가했을 것이다(문제 8 참조)!

숨 돌리기: 개정된 우주의 역사

우주의 이해는 여전히 플랑크 밀도에서 시작한다. 그 이전의 어떤 것도 현재의 물리학으로 설명할 수 없기 때문이다.

최초의 대폭발 모형에서 관측 가능 우주로 성장한 우주의 일부는 플랑크 밀도에서 (완벽하지는 않지만) 거의 균질하게, 임계 밀도와 소수점 이하 29자리 이상이 같은 밀도로 시작했고, 어떻게든 자기 홀극에 의해 완전히 지배되는 것을 피해야 했다.

급팽창 모형에서는 플랑크 밀도 직후의 초기 조건이 특정 길이 눈금에서도 균질할 필요가 없고 기하학적으로 평평할 필요가 없으며 거의 모든 임의의 입자 및 장을 포함할 수 있다. 꼭 지켜야 하는 초기 조건 한 가지는 그 우주 어딘가에는 주로 위치 에너지가 지배하는 스칼라 장의 형태인 영역이 아무리 작더라도 있다는 것이다.

그것이 우주의 어딘가에서 생기는 한 그 영역은 부풀었을 것이고, 나머지 부분은 부풀지 않았을 것이므로, 순식간에 그 팽창 영역이 본질적으로 우주 부피의 100%를 구성했을 것이다.

그 다음에는 그 스칼라 장이 붕괴되고 급팽창이 끝났다. 그 때부터 우주는 멱제곱 법칙에 따라 팽창했다.

- 급팽창의 끝에 스칼라 장은 아마도 다른 불안정한 장과 입자로 붕괴되었을 것이며, 그것은 또 다른 불안정한 장과 입자로 붕괴되는 과정을 거듭하다가, 결국 오늘날의 우주를 이루는 몇 가지 저에너지, 안정된 입자로 붕괴되면서 붕괴 사슬이 끝났을 것이다.
- 스칼라 장의 붕괴 산물에는 빛, 물질 및 반물질이 포함된다. 물질과 반물질은 쌍소멸되었지만 스칼라 장이 붕괴할 때 물질이 반물질보다 약간 더 많이 생겼기 때문에 물질의 아주 적은 잔류물이 남았다.
- 급팽창이 끝나고 약 1초 후인 그 때부터 우주는 대폭발 모형이 애초에 예측한 대로 진화했다.

우주론에는 아직 모르는 것이 많다. 플랑크 밀도 전에 무슨 일이 있었을까? 스칼라 장이 붕괴할 때 왜 물질이 반물질보다 더 많이 생겼을까? 전체 우주가 우리의 관측 가능 우주처럼 보일까, 아니면 아주 달리 보일 곳이 있을까? 대폭발은 전 존재에 걸친 동시적 사건이었을까, 아니면 140억 년 전의 대폭발은 계속 일어나는 많은 사건 중 하나였을까? 이러한 물음과 다른 열린 물음에 대한 우주론자들의 연구 내용 중 일부에 관해서는 다음을 보라: www.cambridge.org/felder-modernphysics/onlinesections

14.7.3 물음과 문제: 급팽창과 아주 초기 우주

개념 물음과 개념시험

1. 급팽창이 평평도, 균질성, 지평선 및 자기 홀극 문제를 어떻게 푸는지 간단히 설명하라.

2. 에너지 밀도가 일정하고 곡률이 0인 우주는 지수적으로 팽창할 것이라고 말한 다음 그 결과를 써서 급팽창이 어떻게 곡률 항을 무시할 수 있게 만드는지 설명했다. 이것은 순환논리로 보일 수도 있다. 밀도 ρ가 일정하게 유지된다고 가정할 때 곡률 항이 밀도 항과 비슷하게 시작된 경우에도 급팽창 기간 동안 우주가 얼마나 팽창하고 급팽창 후 곡률 항을 무시할 수 있다는 결론이 여전히 유효한 이유를 설명하라. 계산할 필요는 없다.

3. 오늘날 우주의 지배적 에너지 형태는 암흑 에너지로서 그 에너지 밀도는 우주가 팽창해도 일정하게 유지되는 것처럼 보인다. 이것은 수학적으로 지수적 팽창의 둘째 시기에 접어들고 있음을 뜻한다. 이 지수적 팽창은 왜 관측 가능 우주에서 입자들을 초기 우주 급팽창처럼 순식간에 비우지 않았는가?

4. 구스의 애초의 급팽창 모형[지금은 "옛 급팽창(old inflation)"이라고 함]은 급팽창 중에 생성된 균질성이 급팽창이 끝나면 파괴되는 "우아한 출구 문제"로 시달렸다.

(a) 이 모형에서 급팽창이 끝나면 우주가 매우 비균질하게 되는 이유는 무엇인가?

(b) 새 급팽창은 우아한 출구 문제를 어떻게 푸는가?

5. 급팽창이 끝난 후, 급팽창을 유발한 스칼라 장은 $U = 0$인 최소값으로 안정된다. 왜 영원히 일정한 진폭으로 진동하지 않고 안정되는가?

심층 토론

6. 벡터 장에도 위치 에너지 함수가 있고 원리적으로 국소 최소값에 갇혀 지수적 팽창을 유발할 수도 있다. 그러나 급팽창은 틀림없이 스칼라 장이 유도했다고 생각한다. 한때 균질 벡터장이 우주의 에너지를 지배했을 가능성을 배제하는 우주의 특징은 무엇인가?

7. 새 급팽창에 대한 스칼라 장 위치 에너지 도표에서 스칼라 장을 봉우리에서 약간 오른쪽에 표시했다. 정확히 봉우리에서 시작했다고 상상하자. 그러면 어떤 곳에서는 오른쪽으로, 다른 곳에서는 왼쪽으로 떨어질 것이다. 그것은 구스의 애초의 모형에서 터널링이 했던 것과 거의 같은 방식으로 비균질성을 만드는 것처럼 보일 것이다. 그러나 장이 봉우리에서 시작해도 새 급팽창은 관찰 가능 우주에서 관찰된 균질성과 양립할 수 있다. 왜? **실마리:** 정해진 순간에 ϕ는 x, y 및 z의 연속 함수이다.

문제

8. 탐색: 혼돈 급팽창

"혼돈 급팽창(Chaotic inflation)"은 1983년에 린데가 발표한 모형으로, 급팽창은 위치 에너지 함수의 국소 골짜기 또는 국소 봉우리가 아닌 곳의 스칼라 장에서 생길 수 있다.

팽창 우주에서 균질 스칼라 장의 운동 방정식은 다음과 같다: $\ddot{\phi} + 3H\dot{\phi} + dU/d\phi = 0$, 여기서 $U(\phi)$는 위치 에너지 함수이다. (U는 총 에너지가 아니라 위치 에너지 밀도임을 상기하라.) 이 문제에서는 위치 에너지 함수 $U(\phi) = (1/2)m^2\phi^2$을 살펴본다. 여기서 m은 (0이 아닌) 상수 매개변수이므로 방정식은 다음과 같다.

$$\ddot{\phi} + 3H\dot{\phi} + m^2\phi = 0$$

이것은 허블 매개변수가 감쇠 항을 주는 감쇠 조화 진동자 방정식으로 볼 수 있다. 이 문제를 단순하게 만들기 위해 $G = c = \hbar = 1$인 "플랑크 단위"를 쓰고 플랑크 밀도를 1로 잡자. 또한 $k = 0$(평평 우주)이라고 하자. 끝으로, 스칼라 장 에너지는 위치 에너지 $\rho \approx U(\phi)$가 지배한다고 하자.

(a) 첫째 프리드만 방정식을 써서 ϕ의 운동 방정식에서 H를 소거하고 $\phi(t)$와 상수만 들어간 미분 방정식으로 고쳐라.

(b) $\ddot{\phi} = 0$이 되는 "종단 속도" $\dot{\phi} = v$를 구하라.

(c) ϕ가 종단 속도로 움직이는 한 $\phi(t) = \phi_0 + vt$이다. 이 함수를 프리드만 방정식에 넣어 $a(t)$를 구하라.

(d) 2계 도함수 $\ddot{a}$를 셈하라. 답에 $\phi_0 + vt$가 들어있으면 ϕ로 바꿔 $\ddot{a}(\phi)$에 t가 없게 만들어라. ϕ의 어떤 값에 $\ddot{a}$가 양수가 될까?

(e) $\phi_0 = 1/m$이라고 하자. 이것은 우주 팽창이 플랑크 밀도의 1/2에서 시작됨을 뜻한다. 급팽창의 끝을 $\ddot{a}$가 양수가 아닌 때로 정의하면 급팽창 기간 동안 거리는 몇 배로 늘어나는가?

(f) CMB 흔들림의 관찰로부터 이 모형에서 $m = 10^6$임을 셈할 수 있다 (이 문제에서 쓰는 단위로). 이 모형에서 급팽창은 얼마나 오래 지속되며 그 동안 거리는 몇 배로 늘어나는가? (시간을 플랑크 단위에서 초로 바꾸려면 10^{44}로 나눈다.)

14장 요약

이 장은 우주의 기원, 역사, 그리고 궁극적 운명을 짧게 요약한다.

14.1 우주의 역사

"우주가 팽창하고 있다"는 말은 "은하가 평균적으로 멀어지고 있다"로 해석해야 한다. 바꿔 말해 우주의 평균 밀도가 낮아진다는 것이다.

- 현재의 추세를 과거로 연장하면, 과거로 갈수록 우주 밀도가 더 높아진다.
- 추세를 과거로 연장할 수 있는 한계는 “플랑크 밀도” 10^{96} kg/m^{3}이다. 그 이전에 대해서는 알 수 없는데, 그 까닭은 그 상황에서는 현재 아는 물리 법칙을 쓸 수 없기 때문이다. 그래서, 그 때를 “대폭발”이라고 하는데, 그 말이 뜻하는 바는 실제로 우주의 시작—그러한 사건이 있었다면—이 아니라, 플랑크 밀도에 이른 때이다.
- 그 때부터 지금까지, 우주는 계속 팽창해왔고, 그것은 평균 온도가 계속 낮아져 왔음을 뜻한다. 온도가 낮아지면서 점점 더 큰 구조가 생겨났다; 핵자-핵-원자-별과 은하.
- 우주의 궁극적 운명은 “열 죽음”—에너지가 온 우주에 고르게 퍼져 밀도가 아주 작은 값이 되는 것—또는 “대파쇄”—다시 붕괴되어 플랑크 밀도에 이르는 것이고, 그 너머는 알 수 없다—이다.

14.2 그것을 어떻게 아는가?

우주 팽창은 이론적으로 예측되었고 (정적 우주는 중력 때문에 뭉친다) 관측으로 확인되었다(허블은 먼 은하의 후퇴 속력을 도플러 이동을 써서 쟀다). 이론과 관측 모두 우주 팽창이 “허블-르메트르 법칙” $v = Hd$를 따르는 것을 지지한다: 은하가 멀수록 후퇴 속력이 더 빠르다.

- 대폭발의 가장 중요한 증거는 우주 배경 복사이다. 대폭발 모형을 바탕으로 셈한 결과는 우주의 모든 방향에서 극초단파가 온다고 예측했고, 바로 그것을 1964년에 검출했다.
- 대폭발 모형의 또 다른 강력한 증거는 관측된 별중 가장 오래된 것의 나이, 우주 중성미자 배경, 그리고 은하의 시간적 진화이다.
- 이러한 관측에는 먼 천체까지의 거리를 정확히 재는 것이 요구된다. 한 가지 기법은 “시차”이다: 먼 천체의 방향을 재고, 6달 뒤에 또 그 천체의 방향을 재어 그 차이를 구하면, 그 천체까지의 거리를 추정할 수 있다. 이 기법으로 잴 수 있는 거리는 수만 광년이며, 그러한 천체는 모두 우리 은하 속에 있다.
- 더 먼 천체는 “표준 촛불”을 써서 잴 수 있다. 어떤 유형의 모든 천체의 밝기가 같고, 그 중의 하나의 거리를 잴 수 있으면 (예: 시차), 나머지 천체의 밝기를 재면 거리를 알 수 있다. 세페이드 변광성은 밝기가 변광 주기와 관련되므로 믿음직한 표준 촛불로 쓸 수 있다.

14.3 무한 우주, 유한 우주, 관찰가능 우주

전체 우주가 유한한지, 무한한지 모르지만, 우리가 볼 수 있는 부분은 광속이 제한한다.

- 무한한 팽창 우주를 그려보려면 길이 방향으로 늘어나는 자를 상상하자. 자의 어느 한 곳에서 보면 허블-르메트르 법칙을 확인할 수 있다: “다른 모든 점이 멀어지고, 그 속력은 거리에 비례한다.” 이 일차원 모형은 쉽게 2-차원 또는 3-차원으로 확장할 수 있다.
- 유한 우주는 그려보기 더 어렵다. 어느 한 방향으로 직선을 연장하면 결국 출발점으로 되돌아온다는 뜻에서 “주기적”이다. 비유하자면 구면을 2-차원 우주로 상상하자. 구면이 부풀면 그 위의 점들은 허블-르메트르 법칙을 따른다. 기억할 것은 이러한 비유를 쓸 때 구면 안, 밖의 공간이 따로 있지 않다는 것이다; 구면이 바로 우주이다.

- 우주의 나이는 겨우 138억년이므로 450억 광년 이상 멀리 있는 천체에서 나오는 빛은 아직 우리에게 오지 않았다. 따라서 "관측 가능 우주"—존재하는 모든 것이 아니라, 우리가 어떻게든 볼 수 있는 모든 것—은 우리를 중심으로 한 유한한 공이다.

14.4 프리드만 방정식

프리드만 방정식 (14.1)과 (14.2)는 아인슈타인의 일반 상대론을 균질, 등방성 우주에 적용하면 나온다.

- 프리드만 방정식은 우주 전체의 눈금의 척도인 a에 관한 미분 방정식이다. 아무 순간에 $a = 1$로 둘 수 있다. 그러면 $a = 2$이면 그 뒤로 은하간 거리가 2배가 되었다는 뜻이다.
- 첫째 프리드만 방정식에는 시공간의 곡률을 나타내는 상수 k가 들어있다. $k > 0$이면 우주는 "닫혀" 있고 유한하다 (2차원으로 비유하면 구면과 같다). $k < 0$이면 우주는 "열려"있다(2차원으로 비유하면 고갯마루와 같다). 지금까지 잰 바로는 $k = 0$이다: 우주는 "평평"하다.
- 물질 또는 빛이 지배하는 우주의 궁극적 운명은 닫혀 있으면 재붕괴하고 열려 있으면 영원히 팽창한다.
- 프리드만 방정식을 풀면 $k > 0$은 우주의 밀도가 어떤 임계 밀도보다 큰 것을 뜻함을 보일 수 있다: $\rho > \rho_{임계}$ 또는 $\Omega = \rho/\rho_{임계} > 1$. 지금까지 잰 바로는 $\rho = \rho_{임계}$이다.
- 프리드만 방정식을 풀려면 우주를 이루는 에너지의 본성을 기술하는 "상태 방정식"을 넣어야 한다. 식에 물질 방정식을 넣으면 $a \propto t^{2/3}$이고 $\rho \propto a^{-3}$이다. 한편 우주에 물질보다 빛 에너지가 더 많으면 $a \propto t^{1/2}$이고 $\rho \propto a^{-4}$이다.

14.5 암흑 물질과 암흑 에너지

우주의 에너지의 많은 비율이 "암흑 물질"이고 그 보다 더 많은 비율이 "암흑 에너지"여서 우리가 주변에서 보고 재는 모든 것은 비율이 훨씬 작다.

- 뉴턴 법칙은 궤도를 따라 도는 물체의 궤도 반지름과 속도의 관계를 예측한다. 그 법칙은 태양계의 행성의 궤도는 정확하게 기술하지만, 은하 또는 은하단의 회전 운동은 정확하게 기술하지 못한다. 이 차이가 "암흑 물질"의 존재를 시사한다. 그것은 투명하고, 보통의 물질과는 중력 상호작용만 하지만, 은하에는 우리가 보는 별과 행성 보다 훨씬 더 많이 들어있다.
- (뉴턴 이론이든 상대론이든) 중력은 우주의 팽창이 감속된다고 예측하지만, 실제로는 가속되고 있다. 이 점은 보통의 물질이나 암흑 물질과는 달리 물질을 끌어당기는 대신 밀어내는 "암흑 에너지"가 있음을 시사한다.
- 암흑 에너지가 물질을 밀어내는 효과는 프리드만 방정식에서 예측되는데, 우주가 팽창해도 밀도 ρ를 일정하게 유지하는 에너지가 있다고 가정하면 된다.
- 암흑 에너지가 계속 영원히 존재한다면 우주는 닫혀있든, 평평하든, 열려있든 영원히 팽창한다. 암흑 에너지가 언젠가 물질과 빛으로 붕괴한다면 우주의 운명은 k의 부호에 따라 정해진다.

14.6 대폭발 모형의 문제

대폭발 모형이 기술하는 우주의 일반 역사는 충분히 확인되어 널리 받아들이게 되었지만, 애초의 이론에는 풀어야 할 문제가 몇 개 있다:

- "평평도" 문제: 우주는 팽창함에 따라 곡률이 커진다. 현대의 우주가 우리가 잰 바와 같이 평평하려면 초기 우주가 거의 완벽하게 평평해야 한다. 그러한 일치($\rho = \rho_{\text{임계}}$가 인자 10^{-29}까지 같아야 함)는 우연치고는 너무 완벽하다.
- "균질성"과 "지평선" 문제: 평평도 문제와 비슷하게, 초기 우주가 완벽하게 균질한 것도 설명이 필요하다. 그렇지만 그 설명을 꾸며내기 어려운데, 부분적으로는 초기 우주에서 서로 "관측 가능 우주"에서 벗어나 아무런 인과 관계가 없는 부분들도 똑같이 균질해야 하기 때문이다.
- "홀극" 문제: 아주 초기의 우주의 조건에서 자기 홀극 및 다른 "유적 입자"가 아주 많이 생겨났어야 한다. 이들은 안정적이어야 하므로 오늘날에도 있어야 한다. 그러나 이들은 전혀 발견되지 않았다.

14.7 급팽창과 아주 초기 우주

급팽창 이론은 우주가 플랑크 밀도에서 벗어난 직후, 초가속-팽창을 했음을 가정한다: 10^{-35}초 안에 크기가 10^{100}배로 부풀었다. 이 이론은 그러한 팽창이 왜 일어났는지를 설명하고, 그 팽창으로 § 14.6의 문제를 풀어낸다.

- 급팽창으로 아주 작은 영역이 현재의 관측 가능 우주보다 훨씬 더 큰 영역으로 커졌으므로 평평도와 균질성이 우리가 관측할 수 있는 정도를 훨씬 벗어나 있다. 이 이론은 관측 가능 우주보다 훨씬 더 큰 눈금에서는 불균질할 가능성을 배제하지 않는다.
- 급팽창으로 홀극의 밀도가 낮아져 거의 0이 되어, 관측 가능 우주 안에는 그러한 입자가 없다. 지금 보는 물질은 급팽창 이후에 생겨난 것인데, 그 때는 온도가 홀극이 생겨나기에는 너무 낮았다.
- 급팽창은 "스칼라 장"의 결과이다: 그것은 우주가 팽창하는 동안 밀도를 일정하게 유지하는 에너지이다. 암흑 에너지도 속성이 같음을 상기하면, 현재의 우주 팽창이 가속된다. 급팽창이 훨씬 더 극적(지수가 아주 큰 지수함수꼴 팽창)인 까닭은 밀도가 아주 높기 때문이다.

부록 A
현대물리학 연대기
A Chronology of Modern Physics

중요 논문에 대한 참조를 포함한 더 광범위한 연대기는 다음을 보라:
www.cambridge.org/felder-modernphysics/onlinesections

1900년	플랑크(Max Planck)가 자외선 파탄 문제를 풀기 위해 공동 복사의 양자화를 제안함.	§ 3.4
1905년	아인슈타인(Albert Einstein)이 특수상대론을 발표함.	1~2장
1905년	아인슈타인이 광자 모형을 써서 광전 효과를 설명함.	§ 3.5
1909년	테일러(G. I. Taylor)가 겹-실틈 실험에서 광자를 하나씩 보내어도 간섭 무늬가 생기는것을 보임.	§ 3.3
1911년	러더퍼드(Ernest Rutherford)가 원자핵의 존재를 증명함.	§ 12.2
1913년	보어(Niels Bohr)가 원자 속의 전자가 양자화된 에너지 준위에 있다고 제안함.	§ 4.1
1915년	아인슈타인이 중력을 통합한 일반 상대론을 발표함.	online
1915년	뇌터(Emmy Noether)가 모든 연속 대칭이 보존 법칙에 대응됨을 증명함.	§ 3.4
1922년	슈테른(Otto Stern)과 게를라흐(Walther Gerlach)는 각운동량의 양자화를 시연함.	§ 7.5
1924년	드 브로이(Louis de Broglie)가 물질파를 제안함.	§ 4.2
1925년	파울리(Wolfgang Pauli)가 배타 원리를 제안함.	§ 8.1
1925년	구스밑(Samuel Goudsmit)과 �렌벡(George Uhlenbeck)은 슈테른-게를라흐 결과를 설명하고자 스핀을 제안함.	§ 7.5
1926년	슈뢰딩거(Erwin Schrödinger)가 슈뢰딩거 방정식을 발표함.	§ 6.6
1926년	보른(Max Born)이 파동함수의 확률적 해석을 제안함.	§ 4.3
1927년	하이젠베르크(Werner Heisenberg)가 불확정성 원리를 제안함.	§ 4.4
1929년	허블(Edwin Hubble)이 은하의 후퇴 속도가 거리에 비례하는 것을 보임	§ 14.2
1964년	벨(John Bell)이 양자역학이 국소성과 조화될 수 없음을 보임.	online
1964년	펜지아스(Arno Penzias)와 윌슨(Robert Wilson)이 우주 배경 극초단파를 재어 대폭발 모형을 확인함.	§ 14.2
1964년	겔만(Murray Gell-Mann)과 츠바이크(George Zweig)가 따로 렙톤에 대한 쿼크 모형을 제안함.	§ 13.2
1980년	루빈(Vera Rubin)이 은하 회전 곡선을 제시하여 암흑 물질의 존재를 보임.	§ 14.5
1981년	구스(Alan Guth)가 급팽창 이론을 발표함.	§ 14.7
2012년	표준 모형의 입자 중에서 마지막으로 남은 입자인 힉스 보손(Higgs boson)이 발견됨.	§ 13.2

부록 B

특수 상대론의 수식

Special Relativity Equations

이 부록의 수식은 1장과 2장에서 설명했다.

- 이 부록의 공식은 기준틀 R′이 틀 R에서 속도 $u\hat{i}$로 움직인다고 가정한다. 틀 R에서 $x = y = z = t = 0$인 사건은 틀 R′에서는 $x' = y' = z' = t' = 0$인 사건이다.
- 붓점은 도함수가 아니라 틀 R에서의 측정량에 대응되는, 틀 R′에서의 측정량을 나타낸다.
- 아래의 많은 수식에는 $\gamma = \dfrac{1}{\sqrt{1-u^2/c^2}}$이 들어간다. $0 < u < c$이면 $\gamma > 1$임을 유의하라.

로런츠 변환

$$t' = \gamma\left(t - \frac{ux}{c^2}\right) \qquad x' = \gamma(x - ut) \qquad y' = y \qquad z' = z$$

다른 공식

- **시간 팽창**: 틀 R에서 두 사건이 같은 곳에서 시간차 Δt로 생긴다고 하자(예: R에 서 있는 시계의 두 시각). 틀 R′에서 대응되는 두 사건의 시간차는 $\Delta t' = \gamma\Delta t$이다.
- **길이 수축**: 틀 R에서 물체가 서 있는데 x 방향으로 길이가 L이라고 하자. 틀 R′에서의 물체의 길이는 $L' = L/\gamma$이다.
- **동시성의 상대성**: 두 사건 $x = 0,\ t = 0$과 $x = a,\ t = ua/c^2$이 틀 R′에서는 동시에 일어난다.
- **시공간 간격**: 간격 $s = \sqrt{c^2\Delta t^2 - \Delta x^2 - \Delta y^2 - \Delta z^2}$은 모든 기준틀에서 똑같다.
- **속도 변환**: 틀 R에서의 물체의 속도가 $\vec{v}$이면, R′에서의 속도 $\vec{v}'$은 다음과 같다:

$$v'_x = \frac{v_x - u}{1 - v_x u/c^2} \qquad v'_y = \frac{v_y}{\gamma}\frac{1}{1 - v_x u/c^2} \qquad v'_z = \frac{v_z}{\gamma}\frac{1}{1 - v_x u/c^2}$$

- **도플러 이동**: 틀 R에서 서 있는 물체가 낸 진동수 ν인 빛을 틀 R′에서 보면 그 빛의 진동수는 다음과 같다: $\nu' = \nu\sqrt{\dfrac{1 \pm u/c}{1 \mp u/c}}$. 이 공식의 부호는 물체가 가까워지면 위쪽, 멀어지면 아래쪽이다.
- **운동량 및 에너지**:

$$\vec{p} = \gamma m\vec{v} \qquad E = \gamma mc^2 = \sqrt{p^2c^2 + m^2c^4}$$

에너지는 정지 에너지 mc^2과 운동 에너지 $(\gamma - 1)mc^2$으로 나눌 수 있다.

부록 C
양자역학 수식
Quantum Mechanics Equations

유의: 7장에서 설명한 수소 원자에 관한 수식은 부록 G에 요약했다.

슈뢰딩거 방정식(§§ 5.2, 6.6, 7.2)

일차원:

$$-\frac{\hbar^2}{2m}\frac{d^2\psi}{dx^2}+U(x)\psi(x)=E\psi(x) \qquad \text{일차원 시간-불변 슈뢰딩거 방정식}$$

$$-\frac{\hbar^2}{2m}\frac{\partial^2\Psi}{\partial x^2}+U(x)\Psi(x,t)=i\hbar\frac{\partial\Psi}{\partial t} \qquad \text{일차원 시간-변화 슈뢰딩거 방정식}$$

삼차원:

$$-\frac{\hbar^2}{2m}\nabla^2\psi(x)+U(x)\psi(x)=E\psi(x) \qquad \text{삼차원 시간-불변 슈뢰딩거 방정식}$$

$$-\frac{\hbar^2}{2m}\nabla^2\Psi(x,y,z,t)+U(x,y,z)\Psi(x,y,z,t)=i\hbar\frac{\partial\Psi}{\partial t} \qquad \text{삼차원 시간-변화 슈뢰딩거 방정식}$$

일차원에서의 위치(§ 4.3)

입자를 구간 $[a,\ b]$ 안에서 발견할 확률: $P(a\le x\le b)=\int_a^b|\psi(x)|^2\,dx$

규격화 조건: $\int_{-\infty}^{\infty}|\psi(x)|^2\,dx=1$

기댓값: $\langle x\rangle=\int_{-\infty}^{\infty}x\,|\psi(x)|^2\,dx$

시간 진화 (§ 5.6)

고윳값이 E_n인 에너지 고유상태가 $\Psi(x,\ 0)=\psi_n(x)$이면

$$\Psi(x,\ t)=\psi_n(x)e^{-iE_nt/\hbar}$$

파동함수가 에너지 고유상태의 중첩이면, 이 규칙이 낱낱의 고유상태에 적용된다.

푸리에 변환과 운동량(§§ 6.2, 6.3)

- 고윳값이 $p = \hbar k$인 운동량 고유상태는 $\psi(x) = Ce^{ikx}$
- $\psi(x) = \dfrac{1}{\sqrt{2\pi}} \displaystyle\int_{-\infty}^{\infty} dk\, \hat{\psi}(k) e^{ikx}$
- $\hat{\psi}(k) = \dfrac{1}{\sqrt{2\pi}} \displaystyle\int_{-\infty}^{\infty} dx\, \psi(x) e^{-ikx}$
- $\displaystyle\int_a^b dk \left|\hat{\psi}(k)\right|^2$은 입자의 운동량이 범위 $\hbar a \le p \le \hbar b$ 안에 있을 확률이다.

이 공식 앞의 상수를 위치 분포와 운동량 분포 어느 한 쪽이 규격화되게 맞추면, 다른 쪽도 규격화된다.

하이젠베르크 불확정성 원리(§ 4.4)

- $\Delta x \Delta p \ge \dfrac{\hbar}{2}$
- 불확정성은 가우스 함수 $\psi(x) = Ae^{-k(x - x_0)^2}$에서 최소이다: $\Delta x\, \Delta p = \dfrac{\hbar}{2}$. 다른 파동함수에서는 그 보다 더 크다.
- $\Delta E \Delta t \ge \dfrac{\hbar}{2}$

무한 사각 우물(§§ 5.3, 7.2)

범위가 $0 \le x, y, z \le L$인 무한 사각 우물 속의 입자의 에너지 고윳값과 고유상태는 다음과 같다:

일차원 에너지 고유상태: $\psi_n(x) = \sqrt{\dfrac{2}{L}} \sin\left(\dfrac{\pi n}{L} x\right)$ (n은 양의 정수)

에너지 고윳값: $E_n = \dfrac{\pi^2 \hbar^2}{2mL^2} n^2$

삼차원 에너지 고유상태: $\psi_{abc}(x, y, z) = \sqrt{\dfrac{8}{L^3}} \sin\left(\dfrac{a\pi}{L} x\right) \sin\left(\dfrac{b\pi}{L} y\right) \sin\left(\dfrac{c\pi}{L} z\right)$

에너지 고윳값: $E_{abc} = \dfrac{\pi^2 \hbar^2}{2mL^2} \left(a^2 + b^2 + c^2\right)$ (a, b, c: 0 또는 양의 정수; 모두 0은 아님)

단순 조화 진동자(§ 5.4)

단순 조화 진동자는 위치 에너지가 다음과 같은 역학계이다: $U(x) = (1/2) m\omega^2 x^2$

- 에너지 고윳값 $E_n = (n + 1/2)\hbar\omega$ (n은 0 또는 양의 정수)
- 에너지 고유상태 $\psi_n(x) = \left(\dfrac{m\omega}{\pi\hbar}\right)^{1/4} \dfrac{1}{\sqrt{2^n n!}} H_n\left(\sqrt{\dfrac{m\omega}{\hbar}}\, x\right) e^{-m\omega x^2/(2\hbar)}$

$$H_n(x) = (-1)^n e^{x^2} \frac{d^n}{dx^n}\left(e^{-x^2}\right)$$ 에르미트 다항식(Hermite polynomial)

- 처음 두 고유상태는 다음과 같다:
  - 바닥상태 $\psi_0 = \left(\dfrac{m\omega}{\pi\hbar}\right)^{1/4} e^{-m\omega x^2/(2\hbar)}$ $E_0 = (1/2)\hbar\omega$
  - 첫째 들뜬 상태 $\psi_1 = \left(\dfrac{m\omega}{\pi\hbar}\right)^{1/4} \sqrt{\dfrac{2m\omega}{\hbar}}\, x e^{-m\omega x^2/(2\hbar)}$ $E_1 = (3/2)\hbar\omega$

자유 입자(§§ 6.2, 6.4)

자유 입자는 위치 에너지가 다음과 같은 곳에서 움직인다: $U(x) = 0$.

- 에너지 고유 함수와 고윳값은 다음과 같다: $\psi(x) = Ce^{ikx}$, $E = \dfrac{k^2\hbar^2}{2m}$.
- 파동함수의 시간 진화는 다음과 같다: $\Psi(x, t) = Ce^{i(kx-\omega t)} = Ce^{i(px-Et)/\hbar}$.
- 부호를 눈여겨보자: e^{i3x}와 e^{-i3x}는 에너지는 같지만, 다른 상태의 파동함수이다. 앞의 것은 오른쪽으로 가고, 뒤의 것은 왼쪽으로 간다.

부록 D

전자기파 스펙트럼

The Electromagnetic Spectrum

아래의 도표와 표는 여러 유형의 전자기파의 진동수 범위를 보여준다. 각 유형의 경계는 명확하지 않고, 대략적이다.[1] 표의 세로 줄은 진동수 ν, 파장($\lambda = c/\nu$), 그 진동수의 광자의 에너지($E = h\nu$) 및 그 진동수에 플랑크 복사 공식의 봉우리가 있는 흑체의 온도($T \approx h\nu/2.82k_B$)이다. 표에 따라 여러 진동수 범위를 묶어서 이름을 정한다.

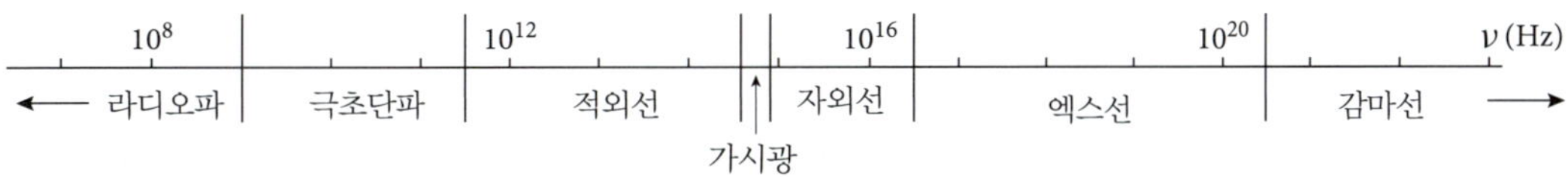

범주	진동수 [Hz]	파장 [m]	광자 에너지 [eV]	흑체온도 [K]
감마선	$> 3 \times 10^{20}$	$< 10^{-12}$	$> 1.2 \times 10^{8}$	$> 5 \times 10^{9}$
엑스선	$3 \times 10^{16} \sim 3 \times 10^{20}$	$10^{-12} \sim 10^{-8}$	$120 \sim 1.2 \times 10^{8}$	$5 \times 10^{5} \sim 5 \times 10^{9}$
자외선	$7.7 \times 10^{14} \sim 3 \times 10^{16}$	$10^{-8} \sim 3.9 \times 10^{-7}$	$3 \sim 120$	$13000 \sim 5 \times 10^{5}$
가시광	$3.8 \times 10^{14} \sim 7.7 \times 10^{14}$	$3.9 \times 10^{-7} \sim 7.8 \times 10^{-7}$	$1.6 \sim 3$	$6000 \sim 13000$
적외선	$3 \times 10^{11} \sim 3.8 \times 10^{14}$	$7.8 \times 10^{-7} \sim 0.001$	$0.0012 \sim 1.6$	$5 \sim 6000$
극초단파	$10^{9} \sim 3 \times 10^{11}$	$0.001 \sim 0.3$	$4 \times 10^{-6} \sim 0.0012$	$0.02 \sim 5$
라디오파	$< 10^{9}$	> 0.3	$< 4 \times 10^{-6}$	< 0.02

가시광		
색	진동수 [THz]	파장 [nm]
빨강	384 ~ 482	622 ~ 781
주황	482 ~ 503	596 ~ 622
노랑	503 ~ 520	577 ~ 596
초록	520 ~ 610	492 ~ 577
파랑	610 ~ 659	455 ~ 492
보라	659 ~ 769	390 ~ 455

1 여기에 보인 값은 다음 세 자료의 조합이다: NASA 웹사이트 www.nasa.gov/directorates/heo/scan/spectral/txt_electromagnetic_spectrum.html, ISO 표준 "ISO 21348: 태양 복사 스펙트럼 범주의 정의"; 광학, 조재흥 외 옮김, Eugene Hecht 원저(자유아카데미, 2018).

유의 사항

- 물리학자들은 종종 핵 전이에서 나오는 빛을 “감마선,” 고에너지 전자 전이에서 나오는 빛을 “X선”[2]이라고 한다. 이러한 정의는 기준이 진동수가 아니라 광원이므로 두 범위가 겹칠 수 있다. 예를 들어 “광학”(E. Hecht 원저, 조재흥 외 옮김)에서는, 감마선의 범위를 2.4×10^{18} Hz까지, X선의 범위를 최대 5×10^{19} Hz까지 넓힌다.
- 문헌마다 색상의 진동수(파장) 범위가 다를 뿐 아니라 색상의 이름도 다르다. 한때 초중등 학교에서 널리 가르친 색상 분류 “빨주노초파남보(ROYGBIV)”는 물리학에서는 대체로 쓰지 않는다.
- 많은 문헌에는 극초단파의 일부 범위를 “라디오파”에 넣는다. 그러나 다른 사람들은 라디오파 범위의 끝은 극초단파가 시작되는 곳으로 본다. ISO 표준은 라디오파 범위를 넓혀 극초단파를 넘어 적외선의 일부와 겹치는 곳까지 잡는다.
- 일부 문헌은 라디오파의 최소 진동수 및/또는 감마선의 최대 진동수를 정의하지만 해당 범위를 넘는 전자기파에 대해 일반적으로 인정한 이름은 없다.
- 가시광을 색깔로 세분하듯이 다른 진동수 대역에도 중요한 세분화가 있다. 예를 들어, 적외선은 일반적으로 “근적외선”, “중적외선“ 및 “원적외선”으로 나눈다(“원, 근”의 기준은 가시광에 먼가, 가까운가 이다). 이러한 구분의 경계에 대한 보편적인 규약은 없다. 라디오파는 주로 통신에서 쓰면서 정밀하게 정의하여 세분되어 있다[예: “초고주파(very high frequencies: VHF)” 및 “극고주파(ultra high frequencies: UHF)”].

2 과학자들을 날뛰는 녹색 괴물로 만드는 모든 방사선은 감마선으로 분류해야 한다는 데 대체로 동의한다.

부록 E
간섭 및 회절
Interference and Diffraction

간섭과 회절은 주로 3장과 4장에서 설명한다.

아래의 각 절에서는 서로 다른 기하학적 상황을 설명한다. 각각의 경우에 파동은 둘 이상의 경로를 따라 간다. 경로가 다른 파동이 보강 간섭하여 진폭이 최대가 되는 곳을 "배(antinode)," 소멸 간섭하여 진폭이 0이 되는 곳을 "마디(node)"라고 한다. 이들은 밝은 줄무늬와 어두운 줄무늬를 만든다.

겹 실틈

파장 λ인 파동이 간격 $2d$로 벌어진 좁은 실틈을 지난 다음 실틈이 있는 벽 A에서 거리 L인 뒷벽 B에 오는 파동의 세기를 잰다(그림 E.1).

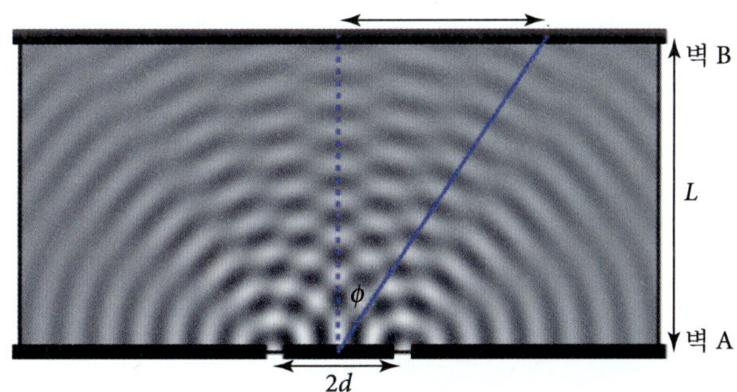

그림 E.1 겹 실틈 실험.

뒷벽의 중심에서 n번째 배까지의 거리는 다음과 같다:

$$x = \frac{n\lambda}{2}\sqrt{\frac{4\left(d^2 + L^2\right) - n^2\lambda^2}{4d^2 - n^2\lambda^2}}$$

이것과 아래의 근사식에서 n에 대해 반홀수 값을 넣으면 마디의 위치가 나온다.

먼-곳 근사법: $L \gg d$(뒷벽이 실틈 간격보다 훨씬 더 멀리 있음)이면, 배는 다음 조건에 맞는 곳에 고른 간격으로 생긴다(그림 E.1 참조).

$$\sin\phi \approx \frac{\lambda}{2d}n \quad (n = 0, \pm 1, \pm 2, \cdots)$$

작은 각도 근사법: $d \gg n\lambda$(실틈 간격이 빛의 파장 보다 훨씬 김)의 조건을 더하면 $\phi \ll 1$이므로 $\sin\phi \approx \tan\phi = x/L$이 된다. 따라서 뒷벽에 배가 고른 간격으로 생긴다: $x = (\lambda L/2d)n$.

회절 격자: 회절 격자는 실틈 여러 개를 고른 간격으로 벌려놓은 것이다. 뒷벽이 충분히 멀리 있어 모든 실틈을

지난 빛이 한 점에 오는 각도가 거의 같다면 마디와 배의 위치는 겹-실틈에서 얻은 식에 따라 정해진다. 다른 점은 실틈이 많을수록 간섭 무늬의 봉우리가 실틈의 수의 제곱에 비례하여 높아지고, 폭은 실틈의 수에 반비례하여 좁아져 훨씬 더 뾰족하게 된다는 것이다.

브래그의 법칙

브래그의 법칙은 결정에 들어간 파동이 결정 속의 여러 원자층에서 산란되어 중첩될 때 보강 간섭이 일어나는 조건에 관한 것이다(그림 E.2).

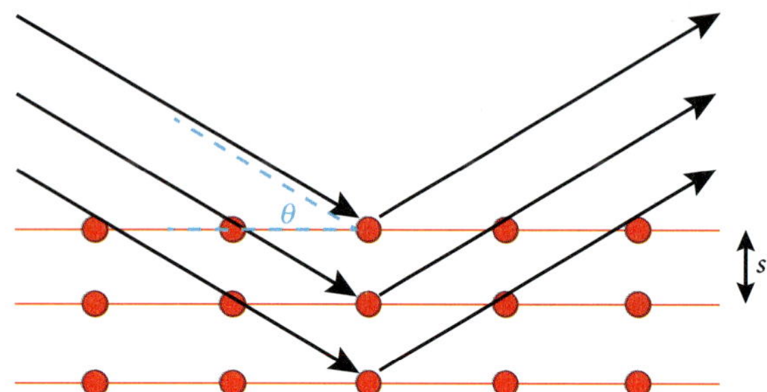

그림 E.2 결정에서 산란되는 파동.

입사각 θ가 다음 조건에 맞을 때 산란된 파동이 다중 보강 간섭을 한다:

$$\sin\theta = \frac{n\lambda}{2s} \qquad (n = 0,\ 1,\ 2,\ \cdots)$$

이것은 겹-실틈의 보강 간섭 공식과 유사해 보이지만 여기서 θ는 관례적으로 들어오는 빔이 원자층과 이루는 각도로 정의하며 s는 원자층의 간격이다.

홑-실틈

파장 λ인 파동이 폭 w가 파장과 비슷한 실틈을 지날 때 옆으로 퍼지는 현상이 회절이다(그림 E.3).

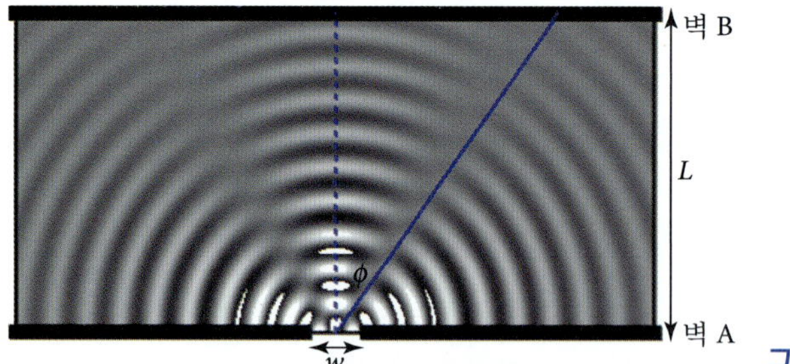

그림 E.3 홑-실틈 회절.

이 때 뒷벽 가운데에 아주 밝은 봉우리가 생기고, 그 옆에 어두운 마디가 생긴 다음 다시 덜 밝은 봉우리가 생기고, 다시 또 어두운 마디가 생기고, 등이 반복된다. 봉우리가 생기는 각도 ϕ는 다음과 같다:

$$\phi = \frac{n\lambda}{w} \qquad (n = 0,\ 1,\ 2,\ \cdots)$$

부록 F
파동의 속성
Properties of Waves

이 부록의 수식은 3장과 6장에서 설명한다.

실수 값 단일 변수 사인 함수

$$y = A\sin(\omega t) = A\sin(2\pi\nu t) = A\sin\left(2\pi\frac{t}{T}\right)$$

$$y = A\sin(kx) = A\sin(2\pi fx) = A\sin\left(2\pi\frac{x}{\lambda}\right)$$

매개변수 (시간)	식		등가 매개변수 (공간)
A: 진폭			A: 진폭
T: 주기			λ: 파장
ω: 각 진동수	$\omega = 2\pi\nu$	$k = 2\pi f$	k: 각 파수
ν: 진동수	$\nu = \frac{1}{T}$	$f = \frac{1}{\lambda}$	f: 파수(공간진동수)

복소 지수 함수 파동

사인 파동은 복소 지수 함수로도 나타낼 수 있으며, 그 함수는 오일러 공식에 따라 사인 및 코사인 함수와 다음 관계가 있다: $e^{ix} = \cos x + i\sin x$.

$y = Ae^{i\omega t}$는 진폭이 A, 각진동수가 ω인 복소 함수 파동이다.

정상파와 진행파

정상파는 마디와 배가 공간에 고정되고 진폭이 시간에 따라 변하는 파동이다:

$$y = A\sin(\omega t)\sin(kx) \qquad \text{진폭이 } A\text{, 각진동수가 } \omega\text{, 파수가 } k\text{인 정상파}$$

진행파는 진폭과 모양을 그대로 유지하면서 공간을 진행하는 파동이다:

$$y = A\sin(kx - \omega t) \quad \text{또는} \quad y = Ae^{i(kx - \omega t)} \qquad \text{속력 } v = \omega/k\text{로 진행하는 파동}$$

진행파의 속력은 다음과 같이 쓸 수도 있다: $v = \lambda\nu$.

단순 조화 진동자 방정식

많은 파동은 다음 미방의 해로 기술된다:

$$\frac{d^2y}{dt^2} = -\omega^2 y \qquad \text{단순 조화 진동자 방정식}$$

아래의 세 가지 일반해는 등가이다: 어느 하나를 다른 것으로 고쳐 쓸 수 있다:

$$y(t) = A\sin(\omega t) + B\cos(\omega t)$$
$$y(t) = C\sin(\omega t + \phi)$$
$$y(t) = De^{i\omega t} + Fe^{-i\omega t}$$

부록 G

수소의 에너지 고유상태

Energy Eigenstates of the Hydrogen Atom

- § 7.1에서는 수소 원자 고유상태의 일반적인 특성과 양자수 n, l, m_l의 내용을 설명한다.
- § 7.4에서는 고유상태를 유도한다.
- § 7.5에서는 스핀의 기본 특성을 설명한다.
- 이 부록은 이 장의 핵심 사항을 요약하고 수소 원자 고유상태의 완전한 수식을 제공한다.

수소 원자의 에너지 고유상태는 다음과 같다:

$$\psi_{nlm_l}(r, \theta, \phi) = R_{nl}(r)Y_l^{m_l}(\theta, \phi)$$

수소 원자의 양자 상태를 온전히 명시하려면 전자의 스핀 상태(↑ 또는 ↓)도 넣어야 한다.

양자수

수소 원자의 에너지 고유상태는 에너지, 각운동량의 크기 및 z 성분이 명확한 상태이다. 이들 물리량의 값은 각각 양자수 n, l, m_l으로 나타낸다. 이 세 양자수는 정수이며 스핀양자수 m_s는 1/2(스핀-↑) 또는 -1/2(스핀-↓)이어야 한다. 기타 제한 사항은 다음과 같다.

기호	이름	값의 범위	물리적 내용
n	주 양자수	$1 \leq n < \infty$	$E_n = -(1/n^2)\text{Ry}$ (1 Ry ≈ 13.6 eV)
l	각운동량 양자수	$0 \leq l \leq n-1$	$\lvert\vec{L}\rvert = \sqrt{l(l+1)}\hbar$
m_l	자기 양자수	$-l \leq m_l \leq l$	$L_z = m_l\hbar$
m_s	스핀 양자수	$m_s = \pm 1/2$	$S_z = m_s\hbar$

수소 원자의 에너지 고윳값은 n에 따라 정해진다(잘 맞는 어림식). 다음 공식은 전자의 질량으로 m_e, 전하로 e를 쓴다:

$$E_n = -\frac{m_e e^4}{32\pi^2\epsilon_0^2\hbar^2 n^2} = -\frac{1}{2n^2}m_e c^2\alpha^2 = -\frac{1}{n^2}1\,\text{Ry} = -\frac{1}{n^2}13.6\,\text{eV} = -\frac{1}{n^2}2.18\times10^{-18}\,\text{J}$$

- 다음 "미세구조 상수"를 도입했다: $\alpha = \dfrac{1}{4\pi\epsilon_0}\dfrac{e^2}{\hbar c} \approx \dfrac{1}{137}$ (§ 7.7).
- 양성자 Z개와 전자 1개로 된 "수소-같은" 원자의 경우 에너지에 Z^2을 곱한다.

확률 분포

삼차원 파동함수가 ψ인 입자의 경우 정해진 영역의 확률 밀도는 $|\psi|^2$이다. 수소 원자에 있는 전자의 에너지 고유상태가 ψ_{nlm_l}이면 확률 분포는 다음과 같다:

- 반지름 r_1과 r_2 사이에서 전자를 발견할 확률; $\int_{r_1}^{r_2} dr\, r^2 R^2$.
- 어떤 각도 범위 안에서 전자를 발견할 확률; $\int_{\phi_1}^{\phi_2} d\phi \int_{\theta_1}^{\theta_2} d\theta \sin\theta |Y_l^{m_l}|^2$

이 적분은 다음과 같이 규격화된다: $\int_0^{\infty} dr\, r^2 R^2 = 1$, $\int_0^{2\pi} d\phi \int_0^{\pi} d\theta \sin\theta |Y_l^{m_l}|^2 = 1$

함수 $R_{nl}(r)$ 및 $Y_l^{m_l}(\theta, \phi)$: 속성과 예

참고: "구 조화함수(spherical harmonics)" 및 "연관 르장드르 다항식(associate Legendre polynomial)"과 같은 특수 함수를 찾아보면 문헌마다 정의가 조금씩 다르다. 그러나 수소 원자의 에너지 고유상태는 어느 문헌이나 같으며, 위 함수들에서 다른 것은 상수를 어느 함수 쪽에 붙이는가이다. 여기에서 따르는 규약은 위의 확률 분포가 적절히 규격화되게 한 것이다.

"구 조화함수" $Y_l^{m_l}(\theta, \phi)$는 $\sin\theta$ 및 $\cos\theta$의 다항식에 $e^{im_l\phi}$를 곱한 것이다. $R_{nl}(r)$은 r의 다항식에 감쇠 지수함수 $e^{-r/n\,a_0}$를 곱한 것이며, a_0는 "보어 반지름"이다:

$$a_0 = \frac{4\pi\epsilon_0\hbar^2}{m_e e^2} \approx 5 \times 10^{-11}\,\text{m}$$

아래는 반지름 및 각도 파동함수 처음 몇 개다.

수소 원자의 반지름 파동함수 $R_{nl}(r)$ 처음 몇 개

$$n = 1 \qquad R_{1,\,0} = 2a_0^{-3/2} e^{-r/a_0}$$

$$n = 2 \qquad R_{2,\,0} = \frac{1}{\sqrt{2}} a_0^{-3/2}\left(1 - \frac{r}{2a_0}\right) e^{-r/2a_0} \qquad R_{2,\,1} = \frac{1}{\sqrt{6}} a_0^{-3/2} \frac{r}{2a_0} e^{-r/2a_0}$$

$$n = 3 \qquad R_{3,\,0} = \frac{2}{\sqrt{27}} a_0^{-3/2}\left[1 - 2\frac{r}{3a_0} + \frac{2}{3}\left(\frac{r}{3a_0}\right)^2\right] e^{-r/3a_0}$$

$$R_{3,\,1} = \frac{8}{9\sqrt{6}} a_0^{-3/2}\left(1 - \frac{1}{2}\frac{r}{3a_0}\right)\frac{r}{3a_0} e^{-r/3a_0}$$

$$R_{3,\,2} = \frac{4}{9\sqrt{30}} a_0^{-3/2}\left(\frac{r}{3a_0}\right)^2 e^{-r/3a_0}$$

구 조화함수 $R_{nl}(r)$ 처음 몇 개

$$l = 0 \qquad Y_0^0 = \sqrt{\frac{1}{4\pi}}$$

$$l = 1 \qquad Y_1^0 = \sqrt{\frac{3}{4\pi}} \cos\theta \qquad Y_1^{\pm 1} = \mp\sqrt{\frac{3}{8\pi}} \sin\theta e^{\pm i\phi}$$

$$l = 2 \qquad Y_2^0 = \sqrt{\frac{5}{16\pi}} (3\cos^2\theta - 1) \qquad Y_2^{\pm 1} = \mp\sqrt{\frac{15}{8\pi}} \sin\theta\cos\theta e^{\pm i\phi} \qquad Y_2^{\pm 2} = \sqrt{\frac{15}{32\pi}} \sin^2\theta e^{\pm 2i\phi}$$

$R_{nl}(r)$의 온전한 정의

반지름 파동함수는 다음과 같이 정의된다:

$$R_{nl}(r) = \sqrt{\left(\frac{2}{na_0}\right)^3 \frac{(n-l-1)!}{2n[(n+l)!]^3}} \left(\frac{2r}{na_0}\right)^l e^{-r/(na_0)} L_{n-l-1}^{2l+1}\left(\frac{2r}{na_0}\right)$$

이 정의의 끝에 있는 L은 "연관 라귀에르 다항식(associated Laguerre polynomial)"로 다음과 같이 정의된다:

$$L_p^k(x) = (-1)^k \frac{d^k}{dx^k}\left[e^x \frac{d^{p+k}}{dx^{p+k}}\left(e^{-x}x^{p+k}\right)\right]$$

참고: $k = 0$이면 위의 공식은 "0차 도함수"가 되는데, 그것은 그 함수 차제이다.

예: 반지름 함수 셈하기

위의 공식을 써서 $R_{2,0}$을 구하라.

답: $n = 2, 1 = 0$을 넣으면

$$R_{2,0}(r) = \left(\frac{1}{a_0}\right)^{3/2} \frac{1}{4\sqrt{2}} e^{-r/(2a_0)} L_1^1\left(\frac{r}{a_0}\right)$$

이제 $L_1^1(r)$을 구해야 한다:

$$L_1^1(x) = (-1)^k \frac{d}{dx}\left[e^x \frac{d}{dx}\left(e^{-x}x^2\right)\right] = \cdots = 4 - 2x$$

$x = r/a_0$를 넣고, 그 결과를 $R_{2,0}(r)$에 넣으면

$$R_{2,0}(r) = a_0^{-3/2} \frac{1}{\sqrt{2}} e^{-r/2a_0}\left(1 - \frac{r}{2a_0}\right)$$

$Y_l^{m_l}(\theta, \phi)$의 정의

구 조화함수는 ϕ에 대한 복소 지수함수와 $\cos\theta$의 다항식의 곱이다:

$$Y_l^{m_l}(\theta, \phi) = \pm\sqrt{\frac{2l+1}{4\pi}\frac{(l-|m_l|)!}{(l+|m_l|)!}} P_l^{m_l}(\cos\theta)e^{im_l\phi} \qquad l\text{과 } m_l\text{은 정수, } -l \leqq m_l \leqq l,\ l \geq 0$$

이 정의에서 두 가지는 설명이 필요하다: 첫째, $P_l^{m_l}$은 "연관 르장드르 다항식(associated Legendre polynomial)"으로서 다음과 같이 정의된다:

$$P_l^{m_l}(x) = (1-x^2)^{|m_l|/2} \frac{d^{|m_l|}}{dx^{|m_l|}}\left[\frac{1}{2^l l!}\frac{d^l}{dx^l}\left(x^2-1\right)^l\right]$$

둘째, 왼쪽 맨 앞의 ±는 구 조화함수의 위상에 관한 것으로서, m_l이 음수이거나 짝수이면 +1, 홀수인 양수이면 1이다. 따라서 $Y_l^{m_l}$과 $Y_l^{-m_l}$의 다른 점은, m_l이 홀수일 때의 부호 차이와 $e^{im_l\phi}$의 지수 부호가 다른 것이다.

부록 H

주기율표

The Periodic Table

8장은 다전자 원자의 양자역학이며, 아래의 주기율표의 구조를 설명한다.[3]

3 원소의 한글 이름은 대한화학회의 "표준 주기율표 (2018)"를 따랐음–옮긴이.

버금껍질은 주양자수 n을 나타내는 숫자와 궤도 양자수 l을 나타내는 다음 영문자로 나타낸다:
$s\ (l = 0), p\ (l = 1), d\ (l = 2), f\ (l = 3)$

전자 배치는 대개 $n + l$ 규칙을 따른다. 예외는 아래에, 불활성 기체에 전자를 추가한 것으로 나타냈다.
(윗글자가 없는 버금껍질에는 전자가 하나 있다)

□ : 금속 ▒ : 반금속 ■ : 비금속

전이금속

	알칼리족 1	알칼리 토류족 2			3	4	5	6	7	8	9	10	11	12		13	14	15	16	할로겐족 17	불활성기체 18
1s	1 **H** 수소																				2 **He** 헬륨
2s	3 **Li** 리튬	4 **Be** 베릴륨													2p	5 **B** 붕소	6 **C** 탄소	7 **N** 질소	8 **O** 산소	9 **F** 플루오린	10 **Ne** 네온
3s	11 **Na** 소듐	12 **Mg** 마그네슘													3p	13 **Al** 알루미늄	14 **Si** 규소	15 **P** 인	16 **S** 황	17 **Cl** 염소	18 **Ar** 아르곤
4s	19 **K** 포타슘	20 **Ca** 칼슘		3d	21 **Sc** 스칸듐	22 **Ti** 타이타늄	23 **V** 바나듐	24 **Cr** 크로뮴 $[Ar]4s3d^5$	25 **Mn** 망가니즈	26 **Fe** 철	27 **Co** 코발트	28 **Ni** 니켈	29 **Cu** 구리 $[Ar]4s3d^{10}$	30 **Zn** 아연	4p	31 **Ga** 갈륨	32 **Ge** 저마늄	33 **As** 비소	34 **Se** 셀레늄	35 **Br** 브로민	36 **Kr** 크립톤
5s	37 **Rb** 루비듐	38 **Sr** 스트론튬		4d	39 **Y** 이트륨	40 **Zr** 지르코늄	41 **Nb** 나이오븀 $[Kr]5s4d^4$	42 **Mo** 몰리브데넘 $[Kr]5s4d^5$	43 **Tc** 테크네튬	44 **Ru** 루테늄 $[Kr]5s4d^7$	45 **Rh** 로듐 $[Kr]5s4d^8$	46 **Pd** 팔라듐 $[Kr]4d^{10}$	47 **Ag** 은 $[Kr]5s4d^{10}$	48 **Cd** 카드뮴	5p	49 **In** 인듐	50 **Sn** 주석	51 **Sb** 안티모니	52 **Te** 텔루륨	53 **I** 아이오딘	54 **Xe** 제논
6s	55 **Cs** 세슘	56 **Ba** 바륨	란탄족	5d	71 **Lu** 루테튬	72 **Hf** 하프늄	73 **Ta** 탄탈럼	74 **W** 텅스텐	75 **Re** 레늄	76 **Os** 오스뮴	77 **Ir** 이리듐	78 **Pt** 백금 $[Xe]6s4f^{14}5d^9$	79 **Au** 금 $[Xe]6s4f^{14}5d^{10}$	80 **Hg** 수은	6p	81 **Tl** 탈륨	82 **Pb** 납	83 **Bi** 비스무트	84 **Po** 폴로늄	85 **At** 아스타틴	86 **Rn** 라돈
7s	87 **Fr** 프랑슘	88 **Ra** 라듐	악티늄족	6d	103 **Lr** 로렌슘 $[Rn]7s^2 5f^{14} 7p$	104 **Rf** 러더포듐	105 **Db** 두브늄	106 **Sg** 시보귬	107 **Bh** 보륨	108 **Hs** 마이트너륨	109 **Mt** 두브늄	110 **Ds** 다름슈타튬	111 **Rg** 뢴트게늄	112 **Cn** 코페르니슘	7p	113 **Nh** 니호늄	114 **Fl** 플레로븀	115 **Mc** 모스코븀	116 **Lv** 리버모륨	117 **Ts** 테네신	118 **Og** 오가네손

란탄족 (희토류) 4f	57 **La** 란타넘 $[Xe]6s^2 5d$	58 **Ce** 세륨 $[Xe]6s^2 4f5d$	59 **Pr** 프라세오디뮴	60 **Nd** 네오디뮴	61 **Pm** 프로메튬	62 **Sm** 사마륨	63 **Eu** 유로퓸	64 **Gd** 가돌리늄 $[Xe]6s^2 4f^7 5d$	65 **Tb** 터븀	66 **Dy** 디스프로슘	67 **Ho** 홀뮴	68 **Er** 어븀	69 **Tm** 툴륨	70 **Yb** 이터븀
악티늄족 5f	89 **Ac** 악티늄 $[Rn]7s^2 6d$	90 **Th** 토륨 $[Rn]7s^2 6d^2$	91 **Pa** 프로트악티늄 $[Rn]7s^2 5f^2 6d$	92 **U** 우라늄 $[Rn]7s^2 5f^3 6d$	93 **Np** 넵투늄 $[Rn]7s^2 5f^4 6d$	94 **Pu** 플루토늄	95 **Am** 아메리슘	96 **Cm** 퀴륨 $[Rn]7s^2 5f^7 6d$	97 **Bk** 버클륨	98 **Cf** 캘리포늄	99 **Es** 아인슈타이늄	100 **Fm** 페르뮴	101 **Md** 멘델레븀	102 **No** 노벨륨

부록 I

통계 역학 방정식

Statistical Mechanics Equations

이 부록의 수식은 10장에서 설명하거나 유도한다. 흑체 복사도 § 3.4에서 설명한다.

정의

이름	기호	정의
이항 계수	$\binom{n}{m}$	$\frac{n!}{m!\,(n-m)!}$ 서로 다른 개체 n개에서 $m(\le n)$개를 골라내는 경우의 수
볼츠만 상수	k_B	1.38×10^{-23} J/K 또는 8.62×10^{-5} eV/K
상태 밀도	$g(E)$	단위 에너지 구간 속에 든 상태의 수
엔트로피	S	$k_B \ln \Omega$
열	Q	뜨거운 물체에서 찬 물체로 저절로 전달되는 에너지 물체로 열 Q가 들어오면 $\Delta S \ge Q/T$
열용량	C	$\frac{dE}{dT}$(dE는 열만 들어올 때의 에너지 증분) 열 전달 과정이 일정 압력이면 C_P, 일정 부피이면 C_V. 대체로 $C_P > C_V$
이상 기체		상호작용을 하지 않는 자유 분자로 된 기체
다중도	Ω	거시 상태와 연관된 미시 상태의 수
온도	T	$\frac{1}{dS/dE}$(dE는 열만 들어올 때의 에너지 증분)
일	W	열 이외의 에너지 전달(예: 거시적 힘이 하는 일)

볼츠만 분포

온도 T인 큰 열통과 열평형을 이루는 물체가 에너지 E인 미시 상태에 있을 확률은

$$P = \frac{1}{Z}e^{-E/(k_B T)}$$

"분배 함수" Z는 확률을 규격화한다:

$$Z = \sum_{\text{모든 상태}} e^{-E/(k_B T)} = \sum_{\text{모든 에너지}} \Omega(E)e^{-E/(k_B T)}$$

등분배 정리

온도 T인 큰 열 창고와 열평형을 이루는 물체의 에너지가 연속 자유도(예: x, y, v_x, ω_x, $\cdots$)의 2차 함수이면, 그 자유도와 관련된 평균 열 에너지는 $(1/2)k_BT$이다.

- 자유도가 양자화되면 에너지 준위 간격이 계의 에너지에 비해 작은 극한에서는 등분배 정리가 여전히 성립한다.
- 등분배 정리의 조건이 맞지 않을 때도 상태 밀도가 비교적 고르고 허용된 에너지 준위 간격이 k_BT 보다 훨씬 작으면, 단일 입자, 원자 또는 분자의 열 에너지는 대체로 k_BT 정도이다.
- 등분배 정리의 흔한 예는 다음과 같다:
  - 삼차원공간의 고전 자유 입자는 병진 운동 에너지가 세 자유도(v_x, v_y, v_z)의 2차 함수이므로 평균 열 에너지는 $(3/2)k_BT$이다.
  - 단원자(He)는 회전 자유도가 없다. 이원자 분자(H_2)는 회전 자유도가 2개이므로 $KE_{회전} = k_BT$이다. 다원자 분자(CO_2)는 회전 자유도가 3개이므로 $KE_{회전} = (3/2)k_BT$이다. (분자 진동은 대체로 실온에서 동결된다.)
  - 일차원 단순 조화 진동자는 $E = (1/2)mv^2 + (1/2)kx^2$으로 2차 자유도가 2개이므로 평균 열 에너지는 k_BT이다.

양자 통계

똑같은 입자로 된 물체가 온도 T인 큰 열통과 열평형을 이루면, 미시 상태의 평균 점유수는 다음과 같다:

페르미-디랙 분포 (페르미온) $$\bar{n} = \frac{1}{e^{(E-\mu)/(k_BT)} + 1}$$

보스-아인슈타인 분포 (보손) $$\bar{n} = \frac{1}{e^{(E-\mu)/(k_BT)} - 1}$$

μ는 "화학 전위(chemical potential)"로 총 점유도를 1로 규격화하는 매개변수이다: $\sum \bar{n} = N$.

- 광자처럼 질량이 없는 입자의 경우 $\mu = 0$이다.
- 페르미온의 경우 에너지 준위가 μ 보다 더 낮으면 $\bar{n} \geq 1/2$, 더 높으면 $\bar{n} < 1/2$이다.
- 보손의 경우 μ는 늘 바닥상태보다 더 낮다.

흑체 분광분포

온도 T인 열평형 상태의 닫힌 통 속의 빛의 에너지 밀도는 "플랑크 분광분포"의 적분이다:

$$\rho = \int_0^\infty u_\nu(\nu)d\nu = \int_0^\infty u_\lambda(\lambda)d\lambda$$

$$u_\nu(\nu) = \frac{8\pi h}{c^3}\frac{\nu^3}{e^{h\nu/k_BT} - 1} \qquad u_\lambda(\lambda) = \frac{8\pi hc}{\lambda^5}\frac{1}{e^{hc/\lambda k_BT} - 1}$$

흑체가 내는 빛의 세기(단위 면적에서 단위 시간에 내는 에너지)는 통 속의 빛의 에너지 밀도에 $c/4$를 곱한 값이다:

$$I = \frac{2\pi h}{c^2}\int_0^\infty \frac{\nu^3}{e^{h\nu/k_BT}-1}d\nu = 2\pi hc^2\int_0^\infty \frac{1}{\lambda^5}\frac{1}{e^{hc/\lambda k_BT}-1}d\lambda$$

- 봉우리 진동수에 관한 빈 법칙: $h\nu_{봉} = 2.82\ k_BT$(파장으로 나타내면 $hc/\lambda_{봉} = 4.97\ k_BT$).
- 총 세기에 관한 슈테판-볼츠만 법칙: $I = \sigma T^4$, $\sigma = 5.67 \times 10^{-8}\ \mathrm{W/m^2\ K^2}$

맥스웰 속력 분포

온도 T인 이상기체의 질량 m인 (비상대론적) 분자의 속력 v가 범위 $v_1 < v < v^2$ 안에 있을 확률은 다음과 같다:

$$P = 4\pi\left(\frac{m}{2\pi k_BT}\right)^{3/2}\int_{v_1}^{v_2} v^2 e^{-mv^2/2k_BT}dv$$

부록 J
입자 물리학의 표준 모형
The Standard Model of Particle Physics

이 부록의 내용은 13장에서 설명한다.

그림 J.1은 입자 물리학의 표준 모형의 입자를 보여주며, 이들의 자세한 속성은 729쪽에 있다.

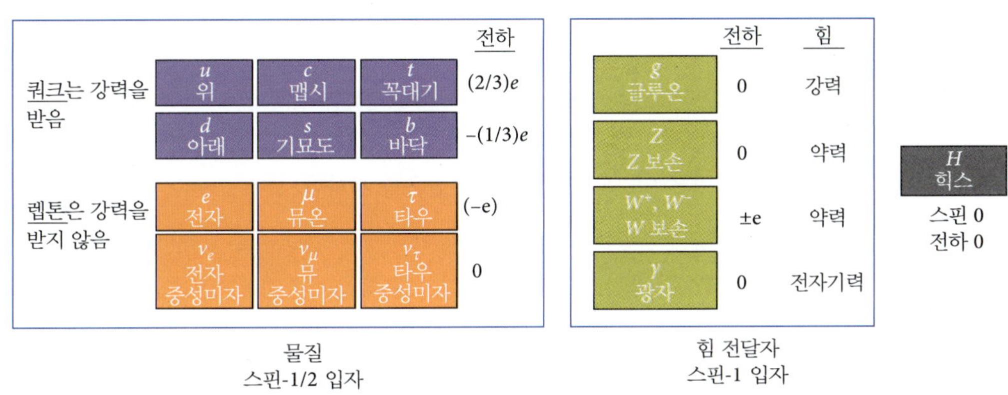

그림 J.1 표준 모형

유의 사항

- 모든 쿼크는 맛깔(favor)(표에 보인 6가지 유형)와 색깔(color)(표에 보이지 않음)이 있다. 예를 들어 위 쿼크는 적색, 청색 또는 녹색일 수 있다.
- 쿼크와 렙톤마다 반입자가 있는데, 표에는 보이지 않았다. 예를 들어, 반 위 쿼크는 전하가 $-(2/3)e$이고 그 색깔은 반적색, 반청색, 반녹색이 될 수 있다.
- 쿼크와 렙톤의 각 세로줄을 "족(family)"이라고 한다. 왼쪽 족이 가장 가볍고 오른쪽 족이 가장 무겁다.
- 강입자는 쿼크로 구성된 입자이다. 여기에는 양성자(uud)와 중성자(udd)가 포함된다. 따라서 모든 원자는 위의 첫째 열에 있는 입자로 만들어진다.
- 중입자는 세 개의 쿼크(적, 녹, 청)로 되어 있다. 반중입자는 3개의 반 쿼크(반적색, 반녹색, 반청색)로 되어 있다. 중간자는 색깔이 반대인, 쿼크와 반쿼크의 짝으로 구성된다.

힘

	범위	상대적 세기	고유 시간 눈금	힘 운반자
강력	10^{-15}m	1	$< 10^{-22}$ s	g
전자기력	장거리	10^{-2}	$10^{-20} - 10^{-14}$ s	γ
약력	10^{-18} m	10^{-8}	$10^{-13} - 10^{-8}$ s	Z , W^+, W^-
중력	장거리	10^{-39}	없음	중력자(graviton)

이 표의 모든 양이 정확히 정의된 것은 아니지만 위의 값은 네 가지 힘의 속성을 잘 나타낸다. 모든 입자는 중력을 받고 알려진 모든 입자는 약력 상호 작용을 한다. 전자기력은 하전 입자끼리 주고받는다. 강력은 쿼크와 글루온이 주고받는다.

보존량 (정확한 보존량과 근사 보존량)

보존량	유의 사항
에너지	입자가 더 가벼운 입자로만 붕괴할 수 있음을 시사함.
운동량	
각운동량	붕괴할 때 스핀이 보존됨을 시사함.
전하	
색깔	글루온에는 색깔과 반색깔이 있으므로 쿼크가 글루온을 흡수 또는 방출하면 색깔이 바뀐다.
중입자 수	대통일 이론에서는 중입자 수와 렙톤 수 각각은 보존되지 않지만 이들의 차이는 보존된다.
렙톤 수	중입자 수나 렙톤 수 보존 법칙이 깨지는 것은 실험에서 관찰되지 않았다.
아래의 양은 상호 작용에 따라 보존되기도 하고, 보존되지 않기도 한다.	
쿼크 맛깔	강력 상호작용에서는 보존되나, 약력 상호작용에서는 보존되지 않는다. 기묘도, 맵시 등이 포함된다.
족 안에서의 렙톤 수	중성미자 진동에서 보존되지 않는다.

입자의 속성[4]

	이름	기호	질량[MeV/c^2]	전하	스핀
쿼크	아래	d	4.2	−1/3	1/2
	위	u	2.2	2/3	1/2
	기묘도	s	96	−1/3	1/2
	맵시	c	1280	2/3	1/2
	바닥	b	4180	−1/3	1/2
	꼭대기	t	173,000	2/3	1/2
렙톤	전자	e	0.511	−1	1/2
	전자 중성미자	ν_e	??	0	1/2
	뮤온	ν	106	−1	1/2
	뮤 중성미자	ν_μ	??	0	1/2
	타우 입자	τ	1777	−1	1/2
	타우 중성미자	ν_τ	??	0	1/2
힘 운반자	글루온	g	0	0	1
	제트 보손	Z	0	0	1
	더블유 보손	W^+, W^-	80.4	±1	1
	광자	γ	0	0	1
힉스	힉스 보손	H(또는 H^0)	125	0	0

- 입자 물리학의 질량은 일반적으로 전자 볼트(eV) 단위의 질량 에너지로 제공된다. 전자의 질량이 0.5 MeV/c^2이라고 말하는 것은 전자의 질량이 대략 9×10^{-31} kg이라고 말하는 것과 같다.
- 자유 쿼크는 관찰되지 않으므로 쿼크 질량은 근사치이다. 가상 입자 때문에 강입자의 질량은 늘 구성 쿼크의 질량의 합보다 크다.
- 2021년 현재 중성미자 질량은 아직 모르지만 0은 아니다. 전자 중성미자는 2.2×10^{-6} MeV/c^2 미만, 뮤 중성미자는 0.170 MeV/c^2 미만, 타우 중성미자는 15.5 MeV/c^2 미만으로 알려져 있다.[5]
- 전하의 단위는 양성자 전하인 1.6×10^{-19} C이다.

4 입자 이름은 물리학용어집(2008)을 따랐다−옮긴이.

5 사실 전자 중성미자, 뮤 중성미자, 타우 중성미자는 질량 고유상태가 아니므로 각각의 질량은 정의되지 않는다. 다만 질량 고유상태 중성미자들의 중첩된 상태로서, 예를 들어 전자 반중성미자의 유효 질량은 최근 실험 결과 0.45 eV 미만인 것으로 확인되었다. 가장 강한 상한값을 제공하는 우주론적 관측 결과에서 세 중성미자의 질량의 합은 약 0.1 eV 이하로 알려져 있다—옮긴이.

찾아보기
Index

ㄴ

ㄷ

ㄹ

ㅇ

ㅈ

ㅊ

ㅋ

ㅌ

ㅍ

ㅎ

현대물리학

초판 1쇄 인쇄 | 2026년 2월 05일
초판 1쇄 발행 | 2026년 2월 10일

지은이 | Gary N. Felder, Kenny M. Felder
옮긴이 | 김명훈, 김진승, 신서동, 조덕용
펴낸이 | 조승식
펴낸곳 | (주)도서출판 북스힐

등 록 | 1998년 7월 28일 제 22-457호
주 소 | 서울시 강북구 한천로 153길 17
전 화 | (02) 994-0071
팩 스 | (02) 994-0073

홈페이지 | www.bookshill.com
이메일 | bookshill@bookshill.com

정가 52,000원

ISBN 979-11-5971-729-1

Published by Bookshill, Inc. Printed in Korea.